	種類						
Amine	**Aldehyde**	**Ketone**	**Carboxylic acid**	**Ester**	**Amide**	**Nitrile**
—C—N—	R-C(=O)-H	—C-C(=O)-C—	C(=O)-OH	C(=O)-O-C—	C(=O)-N—	—C≡N:
RNH_2 R_2NH R_3N	RCH (O) $RCHO$	RCR (O) $RCOR$	$RCOH$ (O) $RCOOH$ RCO_2H	$RCOR$ (O) $RCOOR$ RCO_2R	$RCNH_2$ (O) $RCNHR$ (O) $RCNRR$	RCN
CH_3NH_2	CH_3CH (O) (CH_3CHO)	CH_3CCH_3 (O) (CH_3COCH_3)	CH_3COH (O) (CH_3CO_2H)	CH_3COCH_3 (O) $(CH_3CO_2CH_3)$	CH_3CNH_2 (O) (CH_3CONH_2)	$CH_3C\equiv N$
Methan-amine	Ethanal	Propanone	Ethanoic acid	Methyl ethanoate	Ethanamide	Ethanenitrile
Methyl-amine	Acetal-dehyde	Acetone	Acetic acid	Methyl acetate	Acetamide	Acetonitrile

ソロモンの 新有機化学

〔I〕

<table>
<tr><td></td><td>大阪大学招聘教授</td><td></td></tr>
<tr><td>京都薬科大学名誉教授</td><td>元京都薬科大学教授</td><td>兵庫県立大学名誉教授</td></tr>
<tr><td>池田 正澄</td><td>上西 潤一</td><td>奥山 格</td></tr>
</table>

<table>
<tr><td></td><td>大阪大学名誉教授</td></tr>
<tr><td>元武庫川女子大学教授</td><td>広島大学名誉教授</td></tr>
<tr><td>西出 喜代治</td><td>花房 昭静</td></tr>
</table>

監 訳

第 11 版

東京 廣川書店 発行

―――― 訳　者　一　覧（五十音順）――――

池田　篤志	広島大学大学院工学研究院教授	永澤　秀子	岐阜薬科大学教授
池田　正澄	京都薬科大学名誉教授	西出　喜代治	元武庫川女子大学教授
上西　潤一	大阪大学招聘教授 元京都薬科大学教授	花房　昭静	大阪大学名誉教授 広島大学名誉教授
奥山　格	兵庫県立大学名誉教授	山下　正行	京都薬科大学教授

―――― 翻訳協力者一覧（五十音順）――――

石津　隆	福山大学薬学部教授	町支　臣成	福山大学薬学部教授
浦田　秀仁	大阪薬科大学教授	長光　亨	北里大学薬学部教授
遠藤　泰之	東北医科薬科大学薬学部教授	林　一彦	金城学院大学薬学部教授
加藤　正	東北医科薬科大学薬学部教授	原　脩	名城大学薬学部教授
川崎　郁勇	武庫川女子大学薬学部教授	藤岡　晴人	福山大学薬学部教授
河瀬　雅美	松山大学薬学部教授	増田　寿伸	第一薬科大学教授
北川　敏一	三重大学大学院工学研究科教授	森　裕二	名城大学薬学部教授
來海　徹太郎	武庫川女子大学薬学部教授	安池　修之	愛知学院大学薬学部教授
坂本　武史	城西大学薬学部教授	山﨑　哲郎	九州保健福祉大学薬学部教授
田村　修	昭和薬科大学教授	渡邉　真一	金城学院大学薬学部教授

ソロモンの新有機化学［第11版］〔Ⅰ〕

監訳者　池田　正澄　　西出　喜代治　　平成27年2月26日　初版発行©
　　　　上西　潤一　　花房　昭静　　　平成31年3月20日　3刷発行
　　　　奥山　格

発行所　株式会社　廣川書店

〒113-0033　東京都文京区本郷3丁目27番14号
電話 03(3815)3651　FAX 03(3815)3650

All Rights Reserved.
This translation published under licesnse.
Authorized translation from the English language edition published by
John Wiley & Sons, Inc.

© 2015 日本語翻訳出版権所有　廣川書店
無断転載を禁ず．

ORGANIC CHEMISTRY

T.W. Graham Solomons
University of South Florida

Craig B. Fryhle
Pacific Lutheran University

Scott A. Snyder
Columbia University

11E

WILEY

―― 表紙について ――

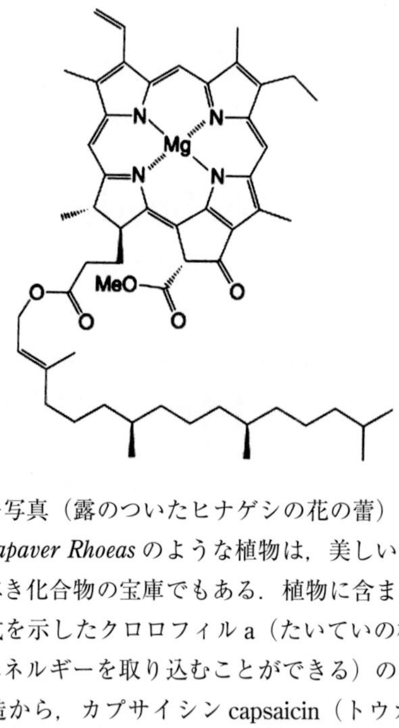

　表紙のカバー写真（露のついたヒナゲシの花の蕾）のヒナゲシ（別名虞美人草）*Papaver Rhoeas* のような植物は，美しいばかりでなく，まことに驚くべき化合物の宝庫でもある．植物に含まれる化合物は，上にその構造式を示したクロロフィル a（たいていの植物の緑色に関係し，光からエネルギーを取り込むことができる）のように比較的大きく複雑な構造から，カプサイシン capsaicin（トウガラシの辛味成分）やキニーネ（世界で最初にマラリアの治療に用いられた化合物）に至るまで実に幅広い．すべての化合物が炭素，窒素，酸素，水素原子からできており，それらがユニークに結合し，さまざまな非常に貴重な性質をもった物質を作り出している．Soromons, Fryhle と Snyder による「新有機化学 第 11 版」で，諸君はこれらの有機化合物のそれぞれについて，それらの原子がどのように結合しているのかを理解する上で必要な原理について，あるいは研究室でそれらを合成するのに必要なツールとしての化学反応についてさらに詳しく学ぶことになるだろう．

訳者序文

　高校の化学の中に含まれている「有機化学」のレベルと，大学の「有機化学」のレベルには大きな開きがある．多くの大学ではほとんど無からの出発といっていい．それをスムーズにあるレベルまで引き上げるためには先生にとっても学生諸君にとってもかなりの努力が必要である．本書の初版が「ソロモンの新有機化学」として日本で最初に刊行されたのは実に三十年以上も前の 1984 年である．その後，何度かの改訂を重ねてきた．その間，いかにして高校の有機化学のレベルから大学の有機化学のレベルに引き上げるかを基本理念として，最大の努力を払ってきたつもりである．やさしく読みやすい日本語で，ゆったりと，楽しく学べるように，その時代の新しいトピックスを織り交ぜ，演習問題も改善に改善を重ねてきた．

　もともとこの日本語版のテキストは Solomons 先生の *Fundamentals of Organic Chemistry* を翻訳して作られてきたものである．ところがこの本が第 5 版で打ち切りになり，並列して出版されてきた Solomons 先生の *Organic Chemistry* のみになった．その上著者に若手の Fryhle 先生と今回から Snyder 先生が加わり，最新の IT 技術を取り入れ，内容も充実された．

　しかし，この原著は本格的な有機化学のテキストで，これをそのまま翻訳したのではこれまでの理念に反することになる．そこでこれまでの理念を踏襲して，そのまま訳すのではなく理解の困難な部分を割愛している．例えば，量子化学の概念がかなり導入されてきたが，その多くを割愛し（または活字のポイントを落として残した），内容的に高度であると思われるノーベル化学賞の対象となった遷移金属触媒を用いる炭素-炭素結合形成反応やペリ環状反応，あるいは生化学の内容に近い酵素反応などを割愛している．しかし，なかにはもっと詳しく知りたいという学生諸君は活字のポイントを落とした部分も勉強するとよい．原著の問題数が激増したのも大きな変化であるが，学生諸君の負担を考え，難しい問題を割愛し，1 章当たりの問題数を原著より大幅に減らした．その代わり本文中に「解き方と解答」の付いた「例題」が増えたことは学生諸君が問題を解く上で大いに参考になるだろう．また，今回から本文中に重要な要点を箇条書きにして，簡単にまとめられているのも学生諸君の勉学の助けになるだろう．「スタディガイド」は，問題の解答だけでなく，まとめや追加の問題が載せられているので学生諸君の勉学の支えになるだろう．

　スペクトルに関する項目は多くの大学で別に機器分析学等の科目で学習すると考えられるためにこれまで割愛してきたが，一方で入れてほしいという希望も強いことから，今回からⅢ巻として取り入れることにした．また，生体成分の化学も別に生化学や薬品化学などの科目を設けている大学が多いと思われるが，こちらのほうはこれまでと同様，主として有機化学的な内容に限定して掲載した．

　薬学教育が 6 年制になり，薬学教育の中で有機化学のあり方が真剣に討議され，その結果「薬学教育モデル・コアカリキュラム」が策定されていたが，2013 年にその改訂が行われ，内容的にはむしろ削減されることになった．その中で，特に「硫黄の化学」と「合成化学」が削減の対象となった．しかし，有機化学のテキストとして最低限これだけは残したいという希望もあり，改訂版ではこれらを割愛することなく残すことにした．「チオールおよびその関連化合物」や「アルカロイド」はもともとトピックスとして別に取り扱われていたものであるが，今回の改訂版ではウェブサイトに移動し見られなくなったので，第 9 版のまま残している．

用語，人名，化合物名等については次のようなルールに従った．

1）化合物名は本文中では原則として日本語名で記載し，図表や問題中では逆に英語名とした．これは英語名に慣れるためである．反応式や構造式中の化合物名は原則的には英語名としたが，命名法の項では日本語名を併記した．しかし，官能基名や名称の中で最新のIUPAC命名規則で変更されているものは，原著とは関係なく修正した．例えば，hydroxyl group の代わりに hydroxy group（ヒドロキシ基），carboxyl group の代わりに carboxy group（カルボキシ基），hydroxonium ion の代わりに oxonium ion（オキソニウムイオン），aminium salt の代わりに ammonium salt（アンモニウム塩），rare gas（希ガス）の代わりに noble gas（貴ガス）などである．

2）人名や人名反応は原則として英語のままであるが，各章の初出のところでカタカナでルビを付けた．しかし，人名については「人名事典」やウェブサイトなどを参考にしたが，必ずしも正確とはいえない．日本の学会でなら十分通用するものである．

3）重要用語には各章の初出のところに原則的には単数形で英語を加えた．索引の日本語に英語を付け，日本語の用語を引けばその英語がわかるように配慮した．その代わり英語の索引は割愛した．

4）学術用語はおおむね「文部省学術用語集化学編（増訂2版）」に従ったが，若干の変更を行っている（カッコ内が用語集の用語）．例えば，enantiomer はエナンチオマー（鏡像体），electron-withdrawing は電子吸引（電子求引），annulene はアヌレン（アンヌレン），reagent は反応剤（試薬），nucleophile は求核剤（求核試薬），electrophile は求電子剤（求電子試薬），hetrocyclic compound はヘテロ環化合物（複素環式化合物），codon はコドン（コードン）とした．

5）「殻」「共役」「蟻酸」「肉桂」「丁子」など読みにくい漢字にはひらがなでルビを付けた．

6）（訳注）［訳者による注釈］を大幅に増やし，理解の助けになるようにした．

7）**「イオンの命名法」**は，原著には特にまとめて書かれていないので，イオンの命名法のまとめを「スタディガイド」の最後に掲載した．本文にも（訳注）として要所要所に説明を追加している．

8）本書の内容を，マンガなどを使ってやさしく解説した**「ポイント有機化学演習」**（池田正澄他三名共著，廣川書店）があるので参考にしてほしい．

最後に，本書の出版を企画推進された廣川書店会長故廣川節男氏，社長廣川治男氏，取締役営業企画室長野呂嘉昭氏，ならびに編集に当たられた荻原弘子氏をはじめ多くの方々に厚くお礼申し上げる．

平成27年2月

訳者一同

「それが有機化学だ！」

これこそが学生諸君が有機化学に精通したあと，君たちに叫んでほしい言葉である．私たちが認識しようとしまいと，私たちの生命は有機化学を中心にして回っている．有機化学を理解すれば，いかに生命そのものが有機化学なしには不可能であるかということ，いかに私たちの生活の質がそれに依存しているかということ，いかに有機化学の実例があらゆる方向から私たちの目にとまるかということを，知ることになるだろう．私たちの中心テーマである有機化学が，いかに深く私たちの存在にかかわっているかについて，友人や家族に説明するようなことがあったとき，私たちは「それが有機化学だ！」と情熱的に叫ぶような学生諸君を脳裏に浮かべるのである．私たちは有機化学の目を通して世界を見ることのすばらしさを学生諸君が体験することを助けたいと思う．また，事象を統一し単純化しようとする有機化学という学問の性質が，いかに自然について多くのことを理解するのに役立つかということを体験する手助けをしたいと思う．

学生諸君が有機化学を十分に学ぶこと，有機化学が私たちの生命や日常生活にかかわっているすばらしい点を知ることを本書は可能にするだろう．批判的思考，問題点の解析とその解決能力——それらはどのような仕事を選んだとしても，今日の世界で非常に重要な能力であり技能である．有機化学にたけることは，医療の分野からエネルギー，持続性社会や環境の分野にわたって，この時代に必要な解決策を与えてくれる．つまるところ，「それが有機化学だ！」．

これらのゴールに導かれ，これまで以上に本書を学生諸君にとってより親しみやすいものにしたいと考えて，この版では多くの変更を行った．

この版で新しくなったところ

この版では Scott A. Snyder (Columbia University) を共著者として迎えた．私たちは彼がわれわれのチームに入ってくれたことを非常に喜んでいる．彼は本書に新しい視点に立った豊富な情報——特に複雑な分子の合成の分野において——をもたらしてくれた．彼はまた私たちの目的を達成するにふさわしい，エキサイティングな化学の新しい例や応用を取り上げてくれた．

基礎を早い時期に置くこと ある種のツールは，有機化学で成功する鍵である．なかでも，構造式を手早く正確に書く能力はそのうちの一つである．この版では，学生諸君がこれらの技能をこれまでより早い時期に身に付けられるように，構造式とカーブした矢印 (3.2 節) をテキストの前のほうに移動して，Lewis(ルイス)構造，共有結合，ダッシュ構造式についての説明を織り込んで構成した．その結果，学生諸君は，アルカン，アルケン，アルキン，あるいはハロゲン化アルキルなどの例を用いて，これらの互いに関係の深い有機化学のスキルをまとめて習得することができるようにした．これは「有機化学を教えるのに有機肥料を使う use organic to teach organic*」アプローチといってよい．

問題点の核心へ早く到達すること 酸と塩基の化学，および求電子剤と求核剤は有機化学の中心的なテーマである．学生諸君はこれらのことを早いうちからよく理解していなければ，有機化学の科目をマスターすることは難しいだろう．この版では以前よりも早く，Chap. 3 でこれら

---

* (訳注) "use organic" の organic は有機肥料と有機化学を掛けている．有機肥料は，合成肥料を用いる大量生産方式と異なり，野菜をじっくりと価値あるものに育てる．ここでは学生諸君をじっくりと良い化学者に育てるイメージでいっているのであろう．

の項目を学ぶようにした．このことは，学生諸君にとって，これらの重要な概念をマスターするのに能率的かつ非常に有効なルートを提供することになるだろう．

コア領域─置換反応の改善　すべての有機化学の指導者は，学生諸君が置換反応をきちんと理解することがいかに重要であるかわかっている．このことは本書が，これまでずっと評価されてきた理由の一つである．この版では置換反応の項を一層強化した．例えば，S_N1 反応（6.10 節）の導入部を Hughes（ヒューズ）の古典的な加水分解反応に変更し，また置換反応に及ぼす溶媒効果についても書き改めた．

合成反応のバランスを考慮したこと　学生諸君は役に立つ，できるだけ環境にやさしい有機合成法を学ぶ必要がある．この版には，Swern（スワーン）酸化（11.4 節）を加えた．この反応は古くから用いられ，場合によってはクロム酸酸化より毒性の少ない代替法として用いられてきたものである．また，Wolff-Kishner（ヴォルフ キシュナー）還元（16.8C 節）と Baeyer-Villiger（バイヤー ビリガー）酸化（16.12 節）を復活させた．両者は時とともにその重要性が証明されるようになった．さらにラジカル反応の化学についても NBS によるアリル位置換反応などを加えて強化した．一方で，アルケンへの硫酸の付加や Kolbe 反応は実際にはほとんど使われないので割愛した．

明瞭性の保持　これまで版を改訂するたびに，トピックス，反応，あるいは図表の表示を改善してきた．この版でも，Diels-Alder（ディールス アルダー）反応におけるエンド／エキソ遷移状態の議論や図およびジエンの立体化学の効果（12.10B 節），芳香族スルホン化の反応機構の図（14.5 節）などに改良を加えた．

どのように反応が進行するかを示すこと　有機反応を反応機構的に理解することは，学生諸君が有機化学で成功する鍵である．反応機構は常に本書の中心的課題であり，例えばこの版では新しく，Swern 酸化とクロム酸によるアルコールの酸化（11.4 節）が共通の機構的な枠組みをもっていることを示した．すなわち，アルコールの酸化はヒドロキシ基が結合している炭素に付いている水素と酸素からの脱離基が外れることによって起こっている．

伝統的な教育法の強化

例題　有機化学の問題を解くに当たって，「どこから手をつければよいか」を知ることは，今日の学生諸君の直面する最大の困難の一つである．問題を解く手法をモデル化することによって，学生諸君は有機化学に固有のパターンを理解し，その知識を新たな状況に応用することを学ぶことができる．この版では，さらに多くの例題を追加した．これらの例題は，問題解決のための手法を学生諸君に提供することになる．例題には通常関連する問題を演習のために付けている．

演習問題　学生諸君には，有機化学の問題を解くために新しく手に入れた手法を練習し，応用する多くの機会が必要である．学生諸君が学びながらその進歩を確かめる機会を増やせるように演習用の「問題」を多くした．学生諸君はその「問題」が解ければ次に進んでよいが，もしできなければその前の項を復習することを勧める．

章末の補充問題　運動選手や音楽家は「習うより慣れろ」という．練習が第一である．これは有機化学にも当てはまる．章末問題は，学生諸君に必須の演習を提供し，その章で述べた概念と技能の専門知識を植え付けるのに役立つであろう．章末の補充問題の多くは，構造式や図を用いた視覚的な形で用意されている．

反応機構　　反応機構を理解し，そのパターンを認識できることは，学生諸君が有機化学で成功するかどうかを決定する鍵となる要素である．反応がどのように進行するかについて，段階的に詳しく示す「反応機構」ボックスを作った．これによって学生諸君は，有機反応を暗記するよりも，理解する手段をもつことになるだろう．

箇条書きにして鍵となる要点を示す　　有機化学がカバーする内容の量は，学生諸君にとっては多すぎる．学生諸君が最も重要なトピックスに焦点を合わせるのに役立つように，鍵となる要点を箇条書き（•で示した）にして強調した．箇条書きを作るに当たって，コアとなる考えを正確にかつはっきりと伝える簡単な文章に濃縮した．しかし，単純化しすぎることによってその整合性が損なわれる場合は，そのトピックスを箇条書きにはしなかった．

「How to（ハウツー）」の項目　　学生諸君が概念を学ぶために，重要なスキル（技能）を身に付ける必要がある．本書のあちこちに設けた「ハウツー」の項は，学生諸君が重要なことを行うに当たって手引きとなるように，ステップごとの説明を加えた．例えば，「カーブした矢印の使い方」「形式電荷の求め方」「Lewis 構造の書き方」「いす形配座の書き方」「Grignard（グリニャール）合成の計画の立て方」などである．

「～の化学」の項目　　ほとんどの指導者は，有機化学が研究分野とどうかかわっているか，あるいは日常生活の体験とどうかかわっているかを明らかにすることを目標にしている．この版では「～の化学」という囲みを設けて，その章の内容に関係している興味ある実例を提供することにしている．

構成—基本の強調

　有機化学の大部分は論理的であり，したがってもし学生諸君が少しの基本的な概念を覚え，応用することができれば一般化することができる．そこに有機化学の美がある．もし学生諸君が基本的な原理を学びさえすれば，暗記が成功に必要ないことがわかるであろう．

　最も重要なことは，学生諸君が構造について，例えば軌道の混成と形，立体障害，電気陰性度，極性，形式電荷，あるいは共鳴などをしっかりと理解することである．そうすれば，反応機構は直観的に理解できるようになる．

　Chap. 1 ではまずこのようなトピックから始める．Chap. 2 ではいろいろな官能基を紹介する．そうすることによって，これらの概念をどこに応用するかについてのよりどころを得ることになる．また，分子間力についてもここで導入する．本書全般にわたって，理論計算によって求められた分子軌道のモデル図，電子密度面，そして静電ポテンシャル図が登場する．これらのモデルによって，化学構造がその化合物の性質や反応性に及ぼす役割についての理解を一層深めることになろう．

　反応機構については，Chap. 3 の酸塩基の化学から始める．酸塩基反応は有機反応の基本であり，早い段階から学生諸君が知っていなくてはならないいくつかの重要なトピックス，例えば (1) 反応機構を書くために必要な「カーブした矢印」の使い方，(2) 自由エネルギー変化と平衡定数の関係，(3) 誘起効果と共鳴効果，さらに溶媒効果の重要性，を導入することができる．

　Chap. 3 には，Brønsted-Lowry（ブレンステッド ローリー）と Lewis の酸塩基の原理を例にして，「反応機構」ボックスとして最初のボックスが登場する．以後，本書全般にわたって私たちはこのような「ボックス」を

使って，鍵となる反応機構を示すことにした．

　私たちの有機化学への取り組みの中心テーマは，化学構造と反応性との関係を明らかにすることである．そのために，伝統的な官能基別のアプローチの長所と反応機構を基礎にしたアプローチの長所を融合して構成することを選択した．その基本的な考え方は，学生諸君の反応機構的な知識と直観を応用するためには官能基が重要な鍵を握っていることを示しながら，反応機構と基本原理を強調することである．そのアプローチのうち，「構造化学的側面」は有機化学とは何かを学生諸君に示すことであり，「反応機構的側面」は有機化学がどのようにうまく機能するかを示すことである．また，機会があるごとに，生体系の中で，あるいは私たちの身のまわりの世界で，有機化学がどのようにかかわり機能しているかを示すことである．

　まとめると，本書は学生諸君が有機化学を学ぶのを助け，その知識を使ってこの世界をよりよくするために，私たちが教師としてしなくてはならないことを反映するように作られている．このテキストは長年にわたって学生諸君が有機化学を学ぶのを助けてきた．第11版の改訂によって有機化学が一層身近に，わかりやすくなっているものと確信している．

Chap.1 有機化学の基礎：化学結合と分子構造　　　　　　　　　　　　　　　*1*

- 1.1 生命と炭素化合物の化学 …………………………………… 1
- 1.2 原子の構造 …………………………………… 4
- 1.3 化学結合とオクテット則 …………………………………… 5
- 1.4 Lewis 構造の書き方 …………………………………… 9
- 1.5 形式電荷とその計算法 …………………………………… 14
- 1.6 異性体：同じ分子式をもつ異なる化合物 …………………………………… 17
- 1.7 構造式の書き方と見方 …………………………………… 18
- 1.8 共鳴理論 …………………………………… 26
- 1.9 量子力学と原子の構造 …………………………………… 29
- 1.10 原子軌道と電子配置 …………………………………… 31
- 1.11 分子軌道 …………………………………… 33
- 1.12 メタンとエタンの構造：sp^3 混成 …………………………………… 36
- 1.13 エテンの構造：sp^2 混成 …………………………………… 40
- 1.14 エチンの構造：sp 混成 …………………………………… 46
- 1.15 量子力学から得られる重要な概念のまとめ …………………………………… 49
- 1.16 分子の形：原子価殻電子対反発（VSEPR）モデル …………………………………… 50
- 1.17 基本原理の適用 …………………………………… 55
- 補充問題 …………………………………… 56

Chap.2 炭素化合物の種類：官能基と分子間力　　　　　　　　　　　　　　　*59*

- 2.1 炭化水素：代表的なアルカン，アルケン，アルキンおよび芳香族化合物 …………………………………… 60
- 2.2 極性共有結合 …………………………………… 63
- 2.3 極性分子と無極性分子 …………………………………… 65
- 2.4 官能基 …………………………………… 68
- 2.5 ハロゲン化アルキルまたはハロアルカン …………………………………… 70
- 2.6 アルコールとフェノール …………………………………… 72
- 2.7 エーテル …………………………………… 75
- 2.8 アミン …………………………………… 76
- 2.9 アルデヒドとケトン …………………………………… 78
- 2.10 カルボン酸，エステル，およびアミド …………………………………… 79
- 2.11 ニトリル …………………………………… 81
- 2.12 重要な官能基のまとめ …………………………………… 82

2.13	物理的性質と分子構造	83
2.14	電気的引力のまとめ	91
2.15	基本的原理の適用	91
補充問題		93

Chap.3　酸と塩基：有機反応と反応機構序論　　　97

3.1	酸塩基反応	98
3.2	カーブした矢印による反応の表し方	100
3.3	Lewis の酸と塩基	103
3.4	炭素との結合のヘテロリシス：カルボカチオンとカルボアニオン	105
3.5	Brønsted-Lowry の酸と塩基の強さ：K_a と pK_a	108
3.6	酸塩基反応の結果の予測	114
3.7	構造と酸性度の関係	116
3.8	エネルギー変化	121
3.9	平衡定数と標準自由エネルギー変化（$\Delta G°$）の関係	123
3.10	酸性度：カルボン酸とアルコール	124
3.11	酸性度に及ぼす溶媒の効果	129
3.12	塩基としての有機化合物	130
3.13	有機反応の機構	131
3.14	非水溶液中の酸と塩基	133
3.15	酸塩基反応とジュウテリウムおよびトリチウム標識化合物の合成	134
3.16	基本原理の適用	137
補充問題		137

Chap.4　アルカンとシクロアルカン：命名法と立体配座　　　139

4.1	アルカンとシクロアルカン	139
4.2	アルカンの形	140
4.3	アルカン，ハロアルカン，およびアルコールの IUPAC 命名法	143
4.4	シクロアルカンの命名法	152
4.5	アルケンとシクロアルケンの命名法	155
4.6	アルキンの命名法	158
4.7	アルカンとシクロアルカンの物理的性質	160
4.8	シグマ結合と結合の回転	163
4.9	ブタンの配座解析	165
4.10	シクロアルカンの相対的安定性：環ひずみ	167

4.11	シクロヘキサンの立体配座：いす形と舟形	169
4.12	置換シクロヘキサン：アキシアルとエクアトリアル水素	172
4.13	二置換シクロアルカン：シス-トランス異性	176
4.14	二環式および多環式アルカン	182
4.15	アルカンの化学反応	184
4.16	アルカンとシクロアルカンの合成	184
4.17	分子式から得られる構造に関する情報：水素不足指数	186
4.18	基本的原理の適用	188

補充問題 ……………………………………………………… 188

Chap.5　立体化学：キラルな分子　　　　191

5.1	キラリティーと立体化学	191
5.2	異性体：構造異性体と立体異性体	193
5.3	エナンチオマーとキラル分子	195
5.4	キラル中心を1個もつ分子はキラルである	197
5.5	キラリティーの生物学的重要性	200
5.6	キラリティーの判別：対称面	202
5.7	エナンチオマーの命名法：(R-S) 規則	203
5.8	エナンチオマーの性質：光学活性	208
5.9	エナンチオマー混合物	213
5.10	キラル分子の合成	215
5.11	キラルな医薬品	217
5.12	キラル中心を2個以上もつ分子	219
5.13	環式化合物の立体異性	225
5.14	キラル中心の結合が開裂しない反応を使って立体配置を関係付けること	228
5.15	エナンチオマーの分離：光学分割	232
5.16	炭素以外のキラル中心をもつ化合物	233
5.17	キラル中心をもたないキラル分子	233

補充問題 ……………………………………………………… 235

Chap.6　イオン反応：ハロゲン化アルキルの求核置換反応と脱離反応　　　　237

6.1	ハロゲン化アルキル	237
6.2	求核置換反応	239
6.3	求核剤	241
6.4	脱離基	244
6.5	求核置換反応の速度論：S_N2 反応	244
6.6	S_N2 反応の機構	246

6.7	遷移状態論：自由エネルギー図	247
6.8	S_N2 反応の立体化学	251
6.9	塩化 t-ブチルと水酸化物イオンの反応：S_N1 反応	254
6.10	S_N1 反応の機構	255
6.11	カルボカチオン	257
6.12	S_N1 反応の立体化学	260
6.13	S_N1 および S_N2 反応の速度に影響する因子	263
6.14	有機合成：S_N2 反応を用いる官能基の変換	276
6.15	ハロゲン化アルキルの脱離反応	277
6.16	E2 反応	280
6.17	E1 反応	281
6.18	置換反応と脱離反応のどちらが起こりやすいか	283
6.19	まとめ	286
補充問題		287

Chap.7 アルケンとアルキンⅠ：性質と合成．ハロゲン化アルキルの脱離反応　　291

7.1	はじめに	291
7.2	アルケンのジアステレオマーの（E-Z）規則	292
7.3	アルケンの相対的安定性	294
7.4	シクロアルケン	297
7.5	脱離反応によるアルケンの合成	298
7.6	ハロゲン化アルキルの脱ハロゲン化水素	298
7.7	アルコールの酸触媒脱水	306
7.8	カルボカチオンの安定性と転位反応	311
7.9	末端アルキンの酸性度	314
7.10	脱離反応によるアルキンの合成	316
7.11	末端アルキンは C—C 結合形成のための求核剤に変換できる	318
7.12	アルケンの水素化	321
7.13	水素化：触媒の役割	322
7.14	アルキンの水素化	324
7.15	有機合成化学へのいざない．その1	326
補充問題		331

Chap.8 アルケンとアルキン II：付加反応　　　335

- 8.1　アルケンの付加反応 …… 336
- 8.2　アルケンへのハロゲン化水素の求電子付加：
  反応機構と Markovnikov 則 …… 338
- 8.3　アルケンへのイオン的付加反応の立体化学 …… 344
- 8.4　アルケンへの水の付加：酸触媒水和 …… 345
- 8.5　アルケンのオキシ水銀化-脱水銀によるアルコールの合成：
  Markovnikov 付加 …… 348
- 8.6　ヒドロホウ素化-酸化によるアルケンからアルコールへの変換：
  逆 Markovnikov-シン水和 …… 351
- 8.7　ヒドロホウ素化：アルキルボランの合成 …… 352
- 8.8　アルキルボランの酸化と加水分解 …… 355
- 8.9　アルケンの水和のまとめ …… 358
- 8.10　アルキルボランのプロトン化分解 …… 359
- 8.11　アルケンへの臭素および塩素の求電子付加 …… 359
- 8.12　立体特異的反応 …… 363
- 8.13　ハロヒドリンの生成 …… 365
- 8.14　2価の炭素化合物：カルベン …… 367
- 8.15　アルケンの酸化：シン 1,2-ジヒドロキシ化 …… 369
- 8.16　アルケンの酸化的開裂 …… 372
- 8.17　アルキンへの臭素と塩素の求電子付加 …… 375
- 8.18　アルキンへのハロゲン化水素の付加 …… 376
- 8.19　有機合成化学へのいざない．その2
  合成計画をどう立てるか …… 377
- 補充問題 …… 382

Chap.9 ラジカル反応　　　385

- 9.1　はじめに：どのようにしてラジカルが生成し，また反応するか …… 385
- 9.2　結合解離エネルギー（$DH°$） …… 387
- 9.3　アルカンとハロゲンの反応 …… 391
- 9.4　メタンの塩素化：反応機構 …… 394
- 9.5　高級アルカンのハロゲン化 …… 397
- 9.6　アルキルラジカルの構造 …… 400
- 9.7　四面体形キラル中心ができる反応 …… 401
- 9.8　アリル位置換とアリル型ラジカル …… 402
- 9.9　ベンジル位置換とベンジル型ラジカル …… 406

9.10 アルケンへのラジカル付加：臭化水素の逆 Markovnikov 付加 … 407
9.11 アルケンのラジカル重合：連鎖重合体 … 410
9.12 その他の重要なラジカル反応 … 412

Chap.10 アルコール，エーテル，およびチオール：合成と反応　　417

10.1 構造と命名法 … 417
10.2 アルコールとエーテルの物理的性質 … 421
10.3 重要なアルコールとエーテル … 423
10.4 アルケンからアルコールの合成 … 425
10.5 アルコールの反応 … 428
10.6 酸としてのアルコール … 429
10.7 アルコールからハロゲン化アルキルへの変換 … 431
10.8 アルコールとハロゲン化水素の反応による
　　 ハロゲン化アルキルの合成 … 432
10.9 アルコールと PBr_3 または $SOCl_2$ の反応による
　　 ハロゲン化アルキルの合成 … 435
10.10 メシラート，トシラート，トリフラート：
　　　よい脱離基をもつアルコール誘導体 … 436
10.11 エーテルの合成 … 439
10.12 エーテルの反応 … 445
10.13 エポキシド … 446
10.14 エポキシドの反応 … 449
10.15 エポキシド経由によるアルケンのアンチ 1,2-ジヒドロキシ化 … 451
10.16 クラウンエーテル … 456
10.17 アルケン，アルコールおよびエーテルの反応のまとめ … 457
10.18 チオール … 459
補充問題 … 462

Chap.11 カルボニル化合物からアルコールの合成：
　　　　　酸化還元と有機金属化合物　　465

11.1 カルボニル基の構造 … 465
11.2 有機化学における酸化と還元 … 467
11.3 カルボニル化合物の還元によるアルコールの合成 … 470
11.4 アルコールの酸化 … 474
11.5 有機金属化合物 … 481
11.6 有機リチウム化合物と有機マグネシウム化合物の合成 … 482
11.7 有機リチウムと有機マグネシウム化合物の反応 … 483
11.8 Grignard 反応によるアルコールの合成 … 487

| | | 目　次 | xvii |

| 11.9 | 保護基 | 497 |
| 補充問題 | 499 |

Chap.12　共役不飽和系　505

12.1	はじめに	505
12.2	アリルラジカルの安定性	506
12.3	アリルカチオン	510
12.4	共鳴理論のまとめ	512
12.5	アルカジエンとポリ不飽和炭化水素	517
12.6	1,3-ブタジエン：電子の非局在化	519
12.7	共役ジエンの安定性	521
12.8	紫外可視光の吸収と色	523
12.9	共役ジエンへの求電子攻撃：1,4 付加	524
12.10	Diels-Alder 反応：ジエンの 1,4 付加環化反応	529
補充問題	539

Chap.13　芳香族化合物　543

13.1	ベンゼンの発見	543
13.2	ベンゼン誘導体の命名法	544
13.3	ベンゼンの反応	548
13.4	ベンゼンの Kekulé 構造	549
13.5	ベンゼンの熱力学的安定性	551
13.6	ベンゼンの構造の現代的理論	552
13.7	Hückel 則：$(4n+2)\pi$ 電子則	556
13.8	その他の芳香族化合物	564
13.9	ヘテロ環芳香族化合物	568
13.10	生化学における芳香族化合物	571
補充問題	573

Chap.14　芳香族化合物の反応　577

14.1	芳香族求電子置換反応	577
14.2	芳香族求電子置換反応の一般的反応機構：アレーニウムイオン	578
14.3	ベンゼンのハロゲン化	582
14.4	ベンゼンのニトロ化	583
14.5	ベンゼンのスルホン化	584
14.6	Friedel-Crafts アルキル化	586
14.7	Friedel-Crafts アシル化	588

- 14.8 Friedel-Crafts 反応の制約 ……………………………………… 591
- 14.9 Friedel-Crafts アシル化の有機合成への応用：
  Clemmensen 還元と Wolff-Kishner 還元 …………………………… 594
- 14.10 置換基の影響：反応性と配向性 ………………………………… 596
- 14.11 芳香族求電子置換反応における置換基効果の詳細 ……………… 602
- 14.12 アルキルベンゼンの側鎖の反応 ………………………………… 614
- 14.13 アルケニルベンゼン ……………………………………………… 618
- 14.14 有機合成への応用 ………………………………………………… 620
- 14.15 ハロゲン化アリルとハロゲン化ベンジルの求核置換反応 ……… 625
- 14.16 芳香族化合物の還元 ……………………………………………… 626
- 補充問題 ……………………………………………………………………… 628

索　引　　　　　　　　　　　　　　　　　　　　　　　　　　　　　1

II巻主要目次

- Chap. 15　アルデヒドとケトン：カルボニル基への求核付加
- Chap. 16　カルボン酸とその誘導体：アシル炭素における求核付加-脱離
- Chap. 17　カルボニル化合物のα炭素における反応：
エノールとエノラートイオンの化学（その1）
- Chap. 18　カルボニル化合物の縮合および共役付加：エノラートイオンの化学（その2）
- Chap. 19　アミン
- Chap. 20　フェノールとハロゲン化アリール：芳香族求核置換反応
- Chap. 21　炭水化物
- Chap. 22　脂　質
- Chap. 23　アミノ酸とタンパク質
- Chap. 24　核酸とタンパク質合成

Chapter 1

有機化学の基礎：
化学結合と分子構造

　有機化学は，われわれの生活のあらゆる面で数えきれない役割を演じている．衣類から，テレビやコンピューターディスプレイの画素，食品保存剤，本書のカラーに使うインクまですべて有機化合物である．有機化学を理解し，その考え方を学べば，社会を変革する力を身に付けたことになるといってよい．実際，有機化学によって，新しい医薬品を合成し，こげた焼き肉がなぜがんの原因となり，その影響をなくすにはどうすればよいかを理解し，砂糖のカロリーを取り除き，しかも食品を甘く美味しくするにはどうすればよいかを計画することができる．また，有機化学は，老化，神経機能，心臓停止などの生化学過程を説明することができ，どうすれば寿命を延ばし充実した生涯を送ることができるかを教えてくれる．有機化学はオールマイティーだといってよい．

　本章で学ぶこと：
- どのような原子が有機分子を構成しているか
- 有機分子の中で原子がどのように結合するかを決めている原理
- 有機分子の構造をどのように書くのがいちばんよいか

1.1　生命と炭素化合物の化学

　有機化学は炭素原子を含む化合物，有機化合物 organic compound，**の化学である**[*]．一方，炭素原子を含まない化合物を無機化合物 inorganic compound という．
　裏表紙の見返しにある周期表を見てみよう．そこには 100 種類以上の元素が表になっている．そこで，有機化学の全分野が，炭素というたった一つの元素を含む化合物に基づいているのはなぜだろうかという疑問が生じる．それにはいくつかの理由があるが，第一の理由は次のようにい

［写真提供：衣類：© Sandra van der Steen/iStockphoto; インク：© Andrey Kuzman/iStockphoto; 薬：© cogal/iStockphoto］

[*] （訳注）例外として，一酸化炭素，二酸化炭素，炭酸塩，シアン酸塩などは無機化合物に含まれる．

える.**炭素化合物は生物体で最も重要な位置を占めており,地球上の生命の存在の根源であり,われわれの存在は炭素化合物に基づいている.**

自然が生物体に炭素を選んだ理由は何だろうか.二つの理由がある.炭素原子は別の炭素原子と強い結合を形成し,炭素原子の環や鎖を作ることができるだけでなく,水素,窒素,酸素,硫黄などの元素とも強い結合を作ることができる.このような結合形成能力のために,炭素は極めて多数の変化に富んだ化合物を作ることができ,これが生物体の出現を可能にしたのである.

SF作家は,ときに,別の元素(例えば,炭素に最もよく似たケイ素)の化合物からなる生命体が他の惑星に存在する可能性について書いている.しかし,ケイ素原子は炭素のように互いに強い結合を作ることはできないので,ケイ素をもとにしてわれわれが知っているような生命体を生み出す可能性はほとんどないといえる.

超新星は重い元素を生み出すつぼであった.
[NASA/Photo Researchers, Inc.]

1.1A 炭素の起源

現在では,物理学者と宇宙科学者の研究によって,元素がどのように誕生してきたかがわかってきた.最初に水素やヘリウムのような軽い元素がビッグバンの中で生まれた.ついで,宇宙が少し冷えてくるとともに次の3元素,リチウム,ベリリウムとホウ素が生成した.さらに,その後何百万年かの間に星の内部で軽い元素の原子核が融合して重い元素を形成していった.

星のエネルギーはおもに水素核の核融合によってヘリウム核ができるときに発生するものである.この核反応が星の輝きのもとである.最後に水素がなくなると,崩壊し,爆発する.これが超新星である.超新星の爆発によって重い元素が全宇宙にばらまかれる.その一部が地球のような惑星の引力で引き付けられ,その一部になったのである.

1.1B 生命体の誕生

生命体がどのようにして誕生したかは現在でもよくわかっていない.その可能性がいろいろとあり,よく理解できないからである.しかしわかっていることは,かなり複雑な有機化合物が地球外の宇宙でも見つかっており,隕石に含まれて地球に落下してくる.1969年,オーストラリア・ビクトリア州に落ちた隕石には,90種類以上のアミノ酸が含まれており,そのうち19種類は地球上の生物に含まれるものと同じであった.これは生命が地球の外で誕生したことを意味するものではないが,地球外で起こったことが地球上の生命の起源に関係している可能性を否定できない.

1924年にA. Oparin(オパーリン)(Moscow State Universityの生化学者)は,原始地球にメタン,水素,水,アンモニアからなる"スープ"が存在し,そこで徐々に炭素化合物が進化することによって生命が生まれたという仮説を発表した.1952年に,S. Miller(ミラー)とH. Urey(ユーリー)(University of Chicago)は実

験によってこの仮説を検証しようとした．前出の4種類の化合物の混合物（原始大気と想定）を含むフラスコに火花放電（稲妻を想定）することによって，アミノ酸や他の複雑な有機化合物が合成できることを示した．MillerとUreyは翌年，論文で（タンパク質の成分である）5種類のアミノ酸が生成したことを報告した．2008年には，保存されていたMillerとUreyの実験に使われた溶液を用いて再分析したところ，報告された5種類のアミノ酸だけではなく，22種類のアミノ酸が実際に生成していることが確かめられた．

また，同じような実験で，他の生体物質の前駆体も生成することが示された．例えば，RNAの成分であるリボースとアデニンである．RNAの中にはDNAのように遺伝情報を保存できるばかりではなく，酵素のように触媒作用をもつものもある．

この"スープ"の化合物がどのようにして生命体になったかを正しく説明するにはまだまだわからないことが多いが，一つだけ確かなことは，われわれの身体を作り上げる炭素原子が星団で生まれたことであり，したがって，われわれは星くずであるといえよう．

1.1C 科学としての有機化学の発展

科学としての有機化学は，19世紀の"生気説 vitalism"を引き継いで花開いてきた．生気説によれば，有機化合物は生命体からしか生成し得ない．生物だけが"生命力 vital force"を用いて有機化合物を合成できる．一方，無機化合物は生命のないものから得られると考えられていた．しかし，1828年にF. Wöhlerは，有機化合物の尿素（尿の成分）が無機化合物であるシアン酸アンモニウム ammonium cyanate の水溶液を加熱濃縮することによって得られることを発見した．この有機化学物の合成がきっかけとなって，科学としての有機化学の展開が始まった．

$$\text{NH}_4^+\text{NCO}^- \xrightarrow{\text{加熱}} \underset{\textbf{Urea}}{\text{H}_2\text{N}-\overset{\overset{\displaystyle O}{\|}}{\text{C}}-\text{NH}_2}$$

シアン酸アンモニウム　　　　Urea

天然物の化学

生気説が科学から消えたにもかかわらず，"有機 organic"という言葉は今でも使われている．"生物有機体 living organism"からきていることを意味するために"有機ビタミン"や"有機肥料"というような言葉を使う人がいる．よく用いられる"有機食品"という言葉は，合成肥料や合成殺虫剤を使うことなく育てられたことを意味している．"有機ビタミン"といえば，この人たちにとっては，ビタミンが化学工場で合成されたものではなく，天然の原料から取り出されたことを意味している．殺虫剤が残存する食品を使わないようにすることは健全な考えであり，有機農業を行うことは環境にやさしいことであろう．天然のビタミンは合成ビタミンよりも有益な成分を含んでいるかもしれないが，例えば純粋な"天然"ビタミンCが，純粋な"合成"ビタミンCよりも健康によいということはあり得ない．両者はどこから見ても全く同一の物質である．生物体に含まれる化合物の研究は現代科学では天然物化学とよばれている．

Vitamin C

1.2 原子の構造

炭素化合物の化学について考える前に，元素と原子の構造について，基本的なことを復習しておこう．

- **化合物** compound は**元素** element が一定の比率で結合して作られる．
- **元素**は**原子** atom からなり，原子は正電荷をもつ**原子核** nucleus とそれを取り巻く**電子雲** electron cloud で構成されている（図1.1）．原子核には**陽子** proton と**中性子** neutron が含まれる．

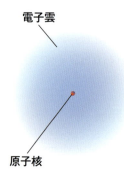

図 1.1 原子は小さい原子核とそれを取り巻いて大きく広がった電子からなる
原子核には陽子と中性子が含まれる．代表的な原子の直径は原子核の直径の約 10,000 倍である．

陽子は1価の正電荷をもち，電子は1価の負電荷をもつ．中性子は電気的に中性で電荷をもたない．陽子と中性子の質量はほぼ等しく（約1原子質量単位 **a**tomic **m**ass **u**nit:amu），電子の質量の約1,800倍である．したがって，原子の質量の大部分は原子核からきており，電子の寄与は無視できる．しかしながら，原子の内容積はほとんど電子（雲）によって占められており，その直径は原子核の直径の約10,000倍である．

有機化合物に含まれる元素は，通常，炭素，水素，窒素，酸素，リン，硫黄，それにハロゲン（フッ素，塩素，臭素，ヨウ素）である．

元素は，**原子番号** atomic number（Z），すなわち**原子核に含まれる陽子の数**によって区別される．原子は電気的に中性なので，**原子番号は核のまわりの電子の数とも等しい**．

1.2A 同位体

ここで，同一の元素の中に質量の異なる原子が含まれていることを述べておく必要がある．例えば，炭素は原子核に6個の陽子をもつ，すなわち原子番号6の元素である．ほとんどの炭素原子は，原子核に6個の中性子をあわせもつので，このような炭素原子は質量数12であり ^{12}C と表す．

- 同一元素のすべての原子の原子核は同じ数の陽子をもつが，中性子の数が異なるために質量が異なる原子もある．そのような原子を**同位体**（または同位体元素）isotope という．

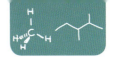

例えば，炭素原子の約1%は原子核に中性子を7個もつので，質量数が13である．このような原子を ^{13}C と書く．ごく微量の炭素原子は中性子を8個もち，質量数が14である．炭素-14は，炭素-12や炭素-13と違って，放射性であり，年代測定（放射性炭素年代測定）carbon dating に用いられる．3種類の炭素，^{12}C，^{13}C，^{14}C は互いに同位体である．

水素原子のほとんどは，原子核に陽子を1個だけもち，中性子をもたない．その質量数は1であり，^{1}H と書かれる．しかし，天然に存在する水素原子の約 0.015% は，中性子を1個もっている．これらの原子は**ジュウテリウム** deuterium（または重水素）とよばれ，質量数は2で，^{2}H（または D）と書かれる．**トリチウム** tritium（^{3}H または T）とよばれる不安定な放射性の水素同位体は中性子を2個もつ．

問題 1.1 窒素には2種類の安定な同位体，^{14}N と ^{15}N, がある．それぞれの同位体は何個の陽子と中性子をもつか．

1.2B 価電子

原子の電子配置については，1.10 節で詳しく述べる．ここでは，簡単に原子核のまわりの電子が殻 shell に存在することだけを説明する．殻は，原子核からの距離が大きくなるとともにエネルギーも増大する．その中でも最も重要なのは最外殻であり，**原子価殻** valence shell という．他の原子と結合して分子を作るためには，原子価殻の電子，すなわち**価電子**（原子価電子ともいう）valence electron が使われる．

- 原子価殻に入っている電子（価電子）の数は，どうしたらわかるのだろうか．それは周期表を見ればよい．典型元素の価電子数は族番号（1, 2 族）あるいは族番号（13 〜 18 族）から10を差し引いた数に相当する．例えば，炭素原子は **14 族**であるから，4個の価電子をもち，窒素原子は **15 族**であるから，5個の価電子をもつ．酸素原子は **16 族**であるから，6個の価電子をもつ．**17 族**のハロゲンは7個の価電子をもつ．

問題 1.2 次の原子はそれぞれ何個の価電子をもつか．
  (a) Na   (b) Cl   (c) Si   (d) B   (e) Ne   (f) N

1.3 化学結合とオクテット則

化学結合に関する最初の説明は，1916 年 G. N. Lewis（ルイス）（University of California, Berkeley）と W. Kössel（ケッセル）（University of Munich）によって提案された．それによると，化学結合は大きく2種類に分けられる．

1. **イオン結合** ionic bond：一つの原子から別の原子に 1 個またはそれ以上の電子が移動してできた反対符号をもつイオンが作る結合.
2. **共有結合** covalent bond：二つの原子が電子を共有することによってできる結合.

結合に関する彼らの中心的な考え方は，貴ガス noble gas の電子配置をもたない原子は一般に貴ガスの電子配置をとるように反応するというものである．この電子配置は非常に安定であることが知られており，ヘリウムを除くすべての貴ガスは原子価殻に電子を 8 個もっている．

- **原子価殻**は原子の最外殻である．
- 原子がその原子価殻に電子を 8 個もつ電子配置をとろうとする傾向を**オクテット則** octet rule という．

Lewis と Kössel が初めて提案したこの概念は，今日の有機化学で取り扱う多くの問題の説明にも十分通用する．そこで，この 2 種類の結合について近代的な考え方を説明しよう．

1.3A　イオン結合

原子は電子をもらうか失うことによって，**イオン** ion という電荷をもつ粒子を作る．

- **イオン結合**は逆符号の電荷をもつイオン間の引力に基づく結合である．

このようなイオンは，電気陰性度（表 1.1）の差の大きい原子間での電子のやりとりによって生じる．

- **電気陰性度** electronegativity は原子が電子を引き付ける能力の尺度である．
- 電気陰性度は，周期表の同じ行（同じ周期）では左から右にいくにつれて大きくなり，同じ列（同じ族）では上にいくにつれて大きくなる（表 1.1）．

イオン結合のできる様子をリチウムとフッ素原子との反応を例にとって見てみよう．

典型的な金属であるリチウムの電気陰性度は極めて小さい．一方，非金属であるフッ素はすべての元素の中で最も電気陰性度の大きい元素である．リチウムから電子（負に荷電した粒子）が

表 1.1　代表的な元素の電気陰性度

電気陰性度が増大する →

			H 2.1					
Li 1.0	Be 1.5	B 2.0	C 2.5	N 3.0	O 3.5	F 4.0		
Na 0.9	Mg 1.2	Al 1.5	Si 1.8	P 2.1	S 2.5	Cl 3.0		
K 0.8						Br 2.8		

電気陰性度が増大する ↑

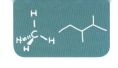

1個取れると，リチウムイオン Li⁺ ができる．一方，フッ素原子が1電子を受け取るとフッ化物イオン F⁻ ができる．

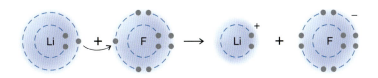

- イオンができるのは，両方の原子が電子をやりとりすることによって，ともに貴ガスの電子配置をとるからである．

原子価殻に2電子をもつリチウムイオンは貴ガスのヘリウムに似ており，原子価殻に8電子をもつフッ化物イオンは貴ガスのネオンと似ている．さらにフッ化リチウムの結晶は，リチウムイオンとフッ化物イオンとからできている．このとき，フッ化物イオンはリチウムイオンに取り囲まれ，反対にリチウムイオンはフッ化物イオンに取り囲まれている．この結晶状態においては，各イオンはそれを生じたもとの原子の状態よりもエネルギー的にずっと低い状態にある．すなわち，リチウムとフッ素は結晶性のフッ化リチウムを作ることによって"安定化"される．フッ化リチウムは，その最も簡単な表し方で，LiFと表記される．

イオン性の物質は，その内部の静電力が強いために非常に融点が高く，1000 ℃を超える場合が多い．水のような極性溶媒 polar solvent 中では，イオンは溶媒和されており（2.13D 項参照），そのような溶液は通常電導性を示す．

- イオン性化合物は，塩 salt とよばれることが多いが，電気陰性度の大きく異なる原子間で電子をやりとりし，イオンになることによってのみ形成される．

問題 1.3 次の組合せの元素のうち，電気陰性度の大きいのはどちらか．周期表を見て答えよ．
　　(a) Si, O　　　(b) N, C　　　(c) Cl, Br　　　(d) S, P

1.3B　共有結合と Lewis 構造

電気陰性度が等しいかほぼ等しい二つ以上の原子が反応する場合には，電子の移動は完全には起こらない．このような場合には，原子は電子を共有することによって貴ガス構造をとる．

- 共有結合は，電気陰性度のあまり違わない原子間で電子を共有して貴ガスの電子配置をとることによって形成される．
- 分子 molecule は，原子が共有結合によってつながって形成される．

分子は電子点式で表すこともできるが，結合は線で表すほうが便利である．

- 結合を線で表す構造式では，1本の線は二つの原子間で共有される2個の電子を表している．

以下にいくつかの例を示す.

1. 水素（1族元素）は価電子を1個だけもつ．水素原子二つが2電子を共有して水素分子 H_2 を作る．

$$H_2 \quad H\cdot + \cdot H \longrightarrow H:H \quad 通常次のように書く \quad H—H$$

2. 塩素（17族元素）は価電子を7個もつ．二つの塩素原子が2電子（各塩素から1電子ずつ）を共有して Cl_2 分子を作ることができる．

$$Cl_2 \quad :\ddot{C}l\cdot + \cdot\ddot{C}l: \longrightarrow :\ddot{C}l:\ddot{C}l: \quad 通常次のように書く \quad :\ddot{C}l—\ddot{C}l:$$

3. 炭素原子（14族元素）は価電子を4個もつので，これらの電子の1個ずつを使って四つの水素原子とそれぞれ2電子共有してメタン分子 CH_4 を形成できる．

$$CH_4 \quad \cdot\dot{C}\cdot + 4\,H\cdot \longrightarrow H:\overset{H}{\underset{H}{\ddot{C}}}:H \quad 通常次のように書く \quad H-\overset{H}{\underset{H}{C}}-H$$

Methane

二つの炭素原子が電子対を共有して**炭素–炭素単結合** carbon-carbon single bond を作り，さらに水素原子や他の原子と結合してオクテットを達成することもできる．エタンがその例である．

$$C_2H_6 \quad H:\overset{H}{\underset{H}{\ddot{C}}}:\overset{H}{\underset{H}{\ddot{C}}}:H \quad 結合を線で書くと \quad H-\overset{H}{\underset{H}{C}}-\overset{H}{\underset{H}{C}}-H$$

Ethane

これらの構造式は **Lewis 構造** Lewis structure とよばれることが多い．Lewis 構造を書くときには，すべての価電子を点で示す．結合を線で表す場合には，非共有電子対を点で示し，結合電子対は線で示す．

4. 原子は二組以上の電子対を共有して**多重共有結合** multiple covalent bond を作ることができる．例えば，二つの窒素原子（15族元素）は5個の価電子をもつが，**三重結合** triple bond を形成できる．

$$N_2 \quad :N::N: \quad 結合を線で書くと \quad :N\equiv N:$$

炭素原子も，別の原子と二組以上の電子対を共有して多重結合を作ることができる．例として，エテン（エチレン）の**炭素–炭素二重結合** carbon-carbon double bond とエチン（アセチレン）の**炭素–炭素三重結合** carbon-carbon triple bond がある．

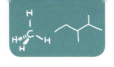

C₂H₄　　H:C::C:H （Hが各Cに2つ）　結合を線で書くと　H₂C=CH₂
Ethene

C₂H₂　　H:C:::C:H　結合を線で書くと　H—C≡C—H
Ethyne

5. イオンにも共有結合が含まれることがある．例として，アンモニウムイオン ammonium ion がある．

NH₄⁺　　H:N:H （H四方に）⁺　結合を線で書くと　H—N⁺(—H)(—H)—H

問題 1.4　次の化合物に含まれる結合は，イオン結合か共有結合か説明せよ．
(a) KCl　　(b) F₂　　(c) PH₃　　(d) CBr₄

1.4　Lewis 構造の書き方

正しい Lewis 構造を書くための簡単な規則をあげておく．

1. **Lewis 構造は，分子やイオンを構成している原子の結合をその価電子だけを用いて表す**．
2. **典型元素* main group element の場合，電荷をもたない原子の価電子数は周期表の族に基づいている**（周期表は裏表紙の見返しにある）．例えば，14 族の炭素は 4 個の価電子をもち，17 族のハロゲン（フッ素など）は 7 個の価電子をもつ．1 族の水素は 1 電子である．
3. **アニオン（陰イオン）の構造を書く場合には，負電荷 1 価当たり価電子を 1 個付け加える．カチオン（陽イオン）の構造を書く場合には，正電荷 1 価ごとに 1 電子を差し引く．**
4. **Lewis 構造を書くとき，各原子が貴ガスの電子配置をとるようにする**．そのために，原子が電子を共有して共有結合を作るようにしたり，電子を移動させてイオンにしたりする．
   a. 水素は他の原子と電子を 1 個ずつ出し合って共有し，共有結合を一つ作る．2 個の価電子をもつことにより，貴ガスのヘリウムと同じ電子構造になる．
   b. 炭素は，その 4 個の価電子と他の原子の 4 個の価電子を共有して四つの共有結合を作り，8 電子をもつことができる．これはネオンの電子配置と同じであり，オクテット則を満たしている．
   c. 窒素，酸素，ハロゲンのような原子は価電子のオクテットを達成するために，その価電子の一部だけを使って他の原子と共有結合を作り，残りの電子は非共有電子対として残し

---

* （訳注）周期表の元素のうち，水素を含む 1 族と 2 族および 12 から 18 族の元素をいう．これに対して 3 族から 11 族の元素は遷移元素 transition element という．

ておく.
5. Lewis 構造を書くとき，結合を線で表してもよい．

次の例題にこの方法の適用例を示す.

例題 1.1
CH_3F の Lewis 構造を書け．

解き方と解答：

1. すべての原子の価電子の総数を算出する．

$$4 + 3(1) + 7 = 14$$
$$\uparrow \quad \uparrow \quad \uparrow$$
$$C \quad 3H \quad F$$

2. 電子を2個ずつ用いて結合している原子間に結合を作る．結合は線で表すことにする．この例では四組の電子対（14個の価電子のうち8個）が必要である．

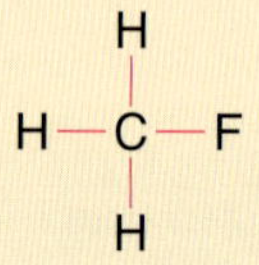

```
    H
    |
H — C — F
    |
    H
```

3. 次に水素は2電子を，またその他の原子は8電子（オクテット）をもつように，残った電子を対にして書き加える．この場合には，残った6電子を3組の非共有電子対としてフッ素原子に書き加える．

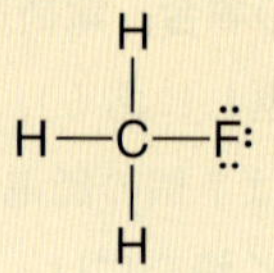

```
    H
    |
H — C — F̈:
    |
    H
```

問題 1.5 次の分子の Lewis 構造を書け．
  (a) CH_2F_2 (difluoromethane, ジフルオロメタン)
  (b) $CHCl_3$ (chloroform, クロロホルム)

例題 1.2
Methylamine (メチルアミン) CH_3NH_2 の Lewis 構造を書け．

解き方と解答：

1. すべての原子の価電子の総数を算出する．

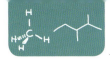

1.4　Lewis 構造の書き方

$$4 + 5 + 5(1) = 14 = 7\text{組}$$
$$\uparrow\ \uparrow\ \uparrow$$
$$\text{C}\ \text{N}\ 5\text{H}$$

2. 電子を 2 個用いて炭素と窒素の間に結合を作る.

$$\text{C} - \text{N}$$

3. 炭素と 3 個の水素原子の間に三組の電子対を使って単結合を作る.
4. 窒素と 2 個の水素原子の間に二組の電子対を使って単結合を作る.
5. これで, 1 組の電子対が残るので窒素原子上の非共有電子対として使う.

問題 1.6　Methanol (メタノール) CH$_3$OH の Lewis 構造を書け.

6. **必要ならば, オクテット則を満たすように多重結合を使って, 原子が貴ガスの電子配置をとるようにする.** その例として炭酸イオン (CO$_3^{2-}$) を示す.

$$\left[\begin{array}{c}\ddot{\text{O}}\\ \vdots\ddot{\text{O}}-\text{C}-\ddot{\text{O}}\vdots\end{array}\right]^{2-}$$

有機分子のエテン (C$_2$H$_4$) とエチン (C$_2$H$_2$) は, それぞれ二重結合と三重結合をもっている.

H₂C=CH₂ と H−C≡C−H

例題 1.3

Formaldehyde (ホルムアルデヒド) CH$_2$O の Lewis 構造を書け.

解き方と解答:

1. すべての原子の価電子の総数を算出する.

$$2(1) + 1(4) + 1(6) = 12$$
$$\uparrow\ \ \uparrow\ \ \uparrow$$
$$2\text{H}\ \ 1\text{C}\ \ 1\text{O}$$

2. (a) 2 電子を使って単結合を作る.

$$\begin{array}{c} H \\ | \\ H-C-O \end{array}$$

(b) どの原子の原子価殻がすでに満たされており，どの原子がそうでないかを調べ，これまでに何個の価電子を使ったかを確かめる．この場合，価電子6個をすでに使い，水素原子の原子価殻は満たされているが，炭素と酸素はまだ満たされていない．

(c) 残りの電子は結合か非共有電子対に使って，まだ満たされていない原子価殻を満たすがオクテットを超えないようにする．ここでは，12電子のうち6電子が残っているので，2電子を炭素と酸素のもう一つの結合に使って炭素の原子価殻を満たし，もう4電子を酸素の2組の非共有電子対として用いれば酸素の原子価殻も満たされる．

$$\begin{array}{c} H \\ | \\ H-C=\ddot{O}\mathord{:} \end{array}$$

問題 1.7 Acetaldehyde（アセトアルデヒド）CH_3CHO のLewis構造を書け．

7. Lewis構造を書く前に，原子が互いにどういう順に結合しているかを知っておく必要がある．例えば，硝酸を考えてみよう．HNO_3 と書くことが多いが，水素は実際には窒素ではなく酸素に結合している．構造は HNO_3 ではなく，$HONO_2$ である．したがって，正しい結合順序は次のようになる（ただし，正しい構造式にするためには，1.5節で述べる形式電荷を付けなくてはならない）．

であって　　H—N—Ö—Ö:　　ではない．

例題 1.4

有毒ガスであるシアン化水素 HCN のLewis構造を書け．原子のつながり方は化学式に書いたとおりである．

解き方と解答:

1. すべての原子の価電子の総数を算出する．

$$1 + 4 + 5 = 10$$
$$\uparrow\ \uparrow\ \uparrow$$
$$H\ C\ N$$

2. 水素原子と炭素原子の単結合に一組の電子対を使い，炭素と窒素の三重結合に三組の電子対を使っている．残りは2電子であり，これらを窒素原子の非共有電子対として使

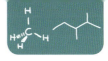

1.4 Lewis 構造の書き方

う．これですべての原子が貴ガスの電子配置をもっている．水素原子は2電子（ヘリウムと同じ），炭素と窒素原子はそれぞれ8電子（ネオンと同じ）もっている．

$$H—C≡N:$$

問題 1.8 次の分子あるいはイオンの Lewis 構造を書け．

(a) HF (c) CH_3F (e) H_2SO_3 (g) H_3PO_4
(b) F_2 (d) HNO_2 (f) $\overline{BH_4}$ (h) H_2CO_3

1.4A オクテット則の例外

原子が電子を共有するのは貴ガスの電子配置をとるためだけではない．共有電子対が原子核（正電荷をもつ）間の電子密度を増加させるためでもある．こうして生じた原子核と電子の引力は原子同士をくっつける"のり"の働きをする（1.11節参照）．

- 周期表の第2周期の元素は最大4個の結合（すなわち，そのまわりに8電子をもつ）しか作れない．これらの元素の結合に使える軌道は2s軌道一つと2p軌道三つしかないからである．

これらの軌道は2個ずつ電子を収容でき，8電子でいっぱいになる（1.10A項）．したがって，**オクテット則**はこれらの元素にのみ適用できるものであり，第2周期の元素でもベリリウムとホウ素の化合物に見られるように，8電子より少なくてもよい．

- 第3周期以降の元素はd軌道をもっており，d電子も結合に使える．

そのため，これらの元素は，その原子価殻に8個以上の電子を収容することができ，したがって四つ以上の共有結合を作ることができる．例えば，PCl_5 や SF_6 のような化合物である．次の式で，⫽⫽⫽（点線のくさび）で書いた結合は紙面より後ろ側に出ており，／（実線のくさび）で書いた結合は手前に出ていることを示している．

例題 1.5

硫酸イオン SO_4^{2-} の Lewis 構造を書け（ヒント：硫黄原子は四つの酸素原子と結合している）．

解き方と解答：

1. イオンの2価の負電荷に相当する余分の2電子を含めて，価電子の総数を算出する．

$$6 + 4(6) + 2 = 32$$
$$\uparrow \quad \uparrow \quad \uparrow$$
$$S \quad 4O \quad 2e^-$$

2. 硫黄原子と四つの酸素原子の間に4組の電子対を使って結合を作る.

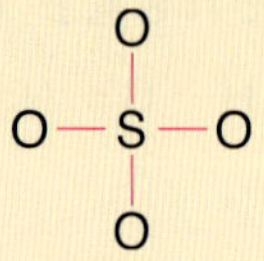

$$\begin{array}{c} O \\ | \\ O-S-O \\ | \\ O \end{array}$$

3. 残りの24個の電子を，酸素原子上の非共有電子対および硫黄原子と二つの酸素原子間に二重結合を作る電子として書き加える．これで各酸素原子は8個，硫黄原子は12個の電子をもつことになる．

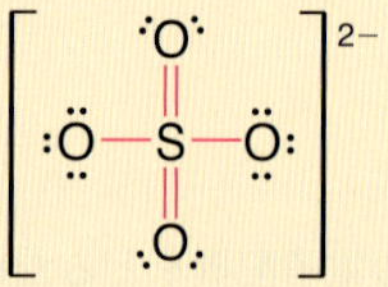

$$\left[\begin{array}{c} :\ddot{O}: \\ \| \\ :\ddot{O}-S-\ddot{O}: \\ \| \\ :\ddot{O}: \end{array} \right]^{2-}$$

　非常に反応性の高い分子またはイオンの中には，その原子価殻に8個よりも少ない電子しかもたない原子を含むものがある．例えば，三フッ化ホウ素（BF_3）がそれである．BF_3分子の中央のホウ素原子は価電子を6個しかもっていない．

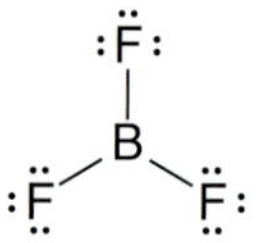

$$\begin{array}{c} :\ddot{F}: \\ | \\ :\ddot{F}-B-\ddot{F}: \end{array}$$

1.5　形式電荷とその計算法

　多くの **Lewis 構造** は，構成原子が **形式電荷** formal charge をもっているかどうか決めなければ完全なものとはいえない．Lewis 構造の中の原子の形式電荷の計算は，単に価電子の数合せの方法にすぎない．

- まず，各原子の結合していない状態での価電子数を（周期表を参考にして）決める（価電子数の求め方は1.2B項参照）．

次に，Lewis 構造の中の原子に割りふられる価電子数を次のようにして調べる．

- 各原子に，別の原子と共有している電子の半分と非共有電子対すべてを割りふる．

したがって，その原子に対しては次のように計算する．

形式電荷＝価電子数－(1/2)共有電子数－非共有電子数

- 注意：分子あるいはイオンの形式電荷すべての和をとると，それはその化学種の全電荷に等しい．

この計算法の応用を次のいくつかの例で考えよう．

アンモニウムイオン（$\overset{+}{NH_4}$） このイオンは非共有電子対をもっていない．すべての共有結合電子を結合している原子間で二分すると，各水素原子には1電子が割りふられる．これを1（中性の水素原子の価電子数）から引くと0となり，各水素原子の形式電荷は0ということになる．窒素原子には4電子（各結合から1個ずつ）が割りふられる．この数を5（中性の窒素原子の価電子数）から引くと，窒素の形式電荷は+1となる．

イオンの総電荷 = 4(0) + 1 = +1

硝酸イオン（NO_3^-） このイオンは酸素原子に非共有電子対をもっている．窒素原子に+1の形式電荷，二つの酸素原子に−1の形式電荷があり，もう一つの酸素原子の形式電荷は0である．

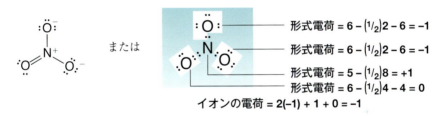

形式電荷 = 6 − (1/2)2 − 6 = −1
形式電荷 = 6 − (1/2)2 − 6 = −1
形式電荷 = 5 − (1/2)8 = +1
形式電荷 = 6 − (1/2)4 − 4 = 0

イオンの電荷 = 2(−1) + 1 + 0 = −1

水とアンモニア 分子を作っている各原子の形式電荷の合計は0になるはずである．次の例で考えてみよう．

水

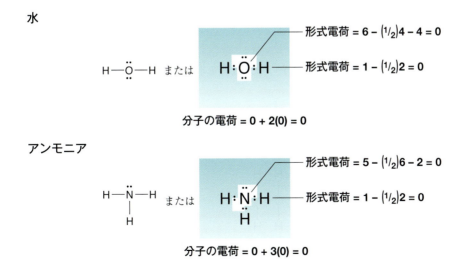

形式電荷 = 6 − (1/2)4 − 4 = 0
形式電荷 = 1 − (1/2)2 = 0

分子の電荷 = 0 + 2(0) = 0

アンモニア

形式電荷 = 5 − (1/2)6 − 2 = 0
形式電荷 = 1 − (1/2)2 = 0

分子の電荷 = 0 + 3(0) = 0

問題 1.9 次のアニオンの Lewis 構造を書き，負の形式電荷をもつ原子を示せ．

(a) CH_3O^- (c) ^-CN (e) HCO_3^-

(b) $^-NH_2$ (d) HCO_2^- (f) HC_2^-

1.5A 形式電荷についてのまとめ

以上述べてきたことから，酸素原子が分子やイオンの中で —Ö: の形をとっているときは −1 の形式電荷をもち，=Ö または —Ö— の形をとるときの形式電荷は常に 0 であることがわかる．同様に —N— の形式電荷は +1，—N̈— は 0 である．このようなよく出てくる構造を表 1.2 にまとめた．

表 1.2 形式電荷のまとめ

族	形式電荷 +1	形式電荷 0	形式電荷 −1
13		—B⟨	—B̈—
14	⁺C⟨, =C⁺—, ≡C⁺	—C⟨, =C⟨, ≡C—	—C̈—, =C̈—, ≡C:
15	—N⁺⟨, =N⁺⟨, ≡N⁺—	—N̈—, =N̈—, ≡N:	—N̈—, =N̈:⁻
16	—Ö⁺—, =Ö⁺⟨	—Ö—, =Ö	—Ö:
17	—Ẍ⁺—	—Ẍ: (X = F, Cl, Br, または I)	:Ẍ:⁻

問題 1.10 次の構造式中の赤色で示した原子の形式電荷を求めよ．

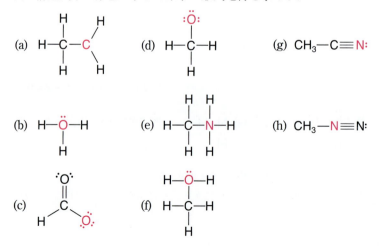

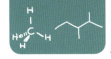

1.6 異性体：同じ分子式をもつ異なる化合物

Lewis 構造について学んだので，ここで異性体について説明しよう．

- **異性体** isomer とは，同じ**分子式** molecular formula をもつが異なる構造式をもつ化合物のことである．

異性体には何種類かあるが，ここではまず構造異性体について考える．

- **構造異性体** constitutional isomer とは，同じ分子式をもちながら原子の**結合順序** connectivity が異なる化合物である．

アセトンとプロピレンオキシドは互いに異性体である．アセトンはマニキュアの除光液や塗料の溶剤として用いられ，プロピレンオキシドは海草抽出物とともに食品増粘剤あるいはビールの泡安定剤などに用いられる．いずれも同じ分子式 C_3H_6O をもち，したがって同じ分子量をもつ．しかし，両者は明らかに異なる沸点をもち，反応性も異なるので，結果として明らかに異なる用途に応用される．同じ分子式であることから，簡単にその違いを理解することは難しい．したがって，それらの構造式を考えなければならない．

アセトンとプロピレンオキシドの構造式を調べてみると，重要な点で明らかな相違がある（図 1.2）．アセトンは酸素原子と中央の炭素原子の間に二重結合をもつのに対して，プロピレンオキシドは二重結合をもたないが，3 原子がつながって環を形成している．結合順序は両者で明らかに異なる．これらは同じ分子式をもつが原子配置が異なり，構造異性体である．

- 構造異性体は，物理的性質（融点，沸点，密度など）や化学的性質（反応性）も異なる．

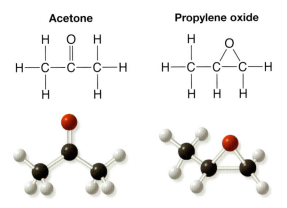

図 1.2 Acetone と propylene oxide の構造の違いを示す球・棒分子模型と化学式

例題 1.6

分子式 C_2H_6O をもつ構造異性体は 2 種類ある．これらの異性体の構造式を書け．

解き方と解答:
　炭素が4価で，酸素が2価，水素が1価であることを考えれば，次の構造異性体を書くことができる．

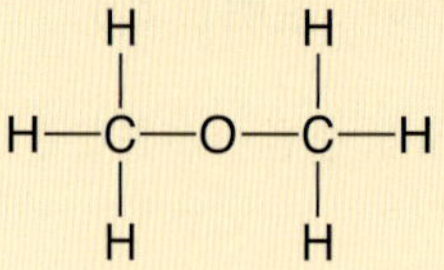

$$\text{Dimethyl ether} \qquad \text{Ethanol}$$

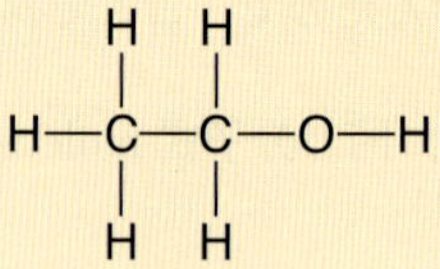

　これらの異性体二つは明らかに異なる物理的性質をもつ．室温，1気圧では dimethyl ether（ジメチルエーテル）は気体であるが，ethanol（エタノール）は液体である．

例題 1.7
　次の化合物のうち，どれが互いに構造異性体になっているか．

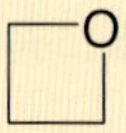

A 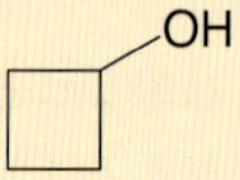　　B 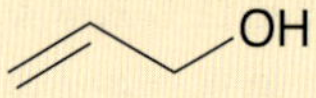　　C 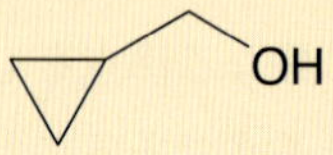　　D 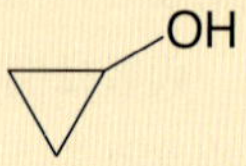　　E

解答:
　まず各化合物の分子式を決めるとよい．化合物 **B** と **D** は，同じ分子式（C_4H_8O）をもつが結合順序が異なるので互いに構造異性体である．**A**，**C**，**E** も，同じ分子式（C_3H_6O）をもつので互いに構造異性体である．

1.7　構造式の書き方と見方

　有機化学者は分子の**構造式** structural formula を書くのにいろいろな方法を用いる．すでに前節で電子点式（Lewis 構造）とダッシュ式（Lewis 構造の結合を線で書いた式）が出てきた．もう二つの重要な書き方は，簡略化式と結合・線式である．プロピルアルコールを例にとって，図 1.3 に 4 種類の構造式を示す．
　電子点式は分子のすべての価電子を示しているが，書くのに手間と時間がかかる．他の書き方のほうが便利でよく使われる．
　化合物の化学的性質（反応性）を考えない場合には，構造式に非共有電子対を書かないこともあるが，一般的には非共有電子対を書くのがよい．化学反応を書く場合には，反応に関与する非共有電子対を含めて書く必要があることがわかるだろう．したがって，構造式を書くときには，非共有電子対を書くように習慣付けておくのがよい．

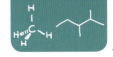

1.7 構造式の書き方と見方

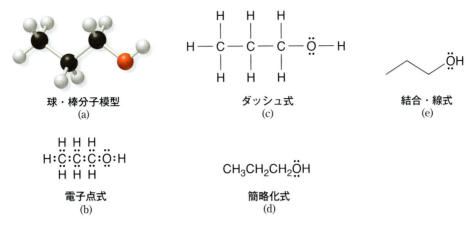

球・棒分子模型	ダッシュ式	結合・線式
(a)	(c)	(e)

電子点式	簡略化式
(b)	(d)

図 1.3 Propyl alcohol の構造式

1.7A ダッシュ構造式について

- **ダッシュ構造式**（以後，略してダッシュ式とする）dash structural formula では，結合電子対を線で表し，分子中のすべての原子を元素記号で示す．

図 1.3 (a) に示したプロピルアルコールの球・棒分子模型を見て，図 1.3 (b) 〜 (d) の電子点式，ダッシュ式，簡略化式と比べると，これらの構造式では原子鎖を直線状に書いてあることがわかる．分子の実際の形をより正確に表している球・棒分子模型では，原子鎖が直線状になっているものは全くない．もう一つ重要なことは，**単結合でつながった原子は比較的自由に回転できる**ことである（その理由については 1.12B 項で説明する）．このような自由回転は，プロピルアルコールの原子鎖が次に示すようにいろいろな配置をとれることを意味する．

Propyl alcohol の種々のダッシュ式

上に示した構造式はすべて等価であり，すべて同じプロピルアルコールを表している．このようなダッシュ式は原子が互いにどうつながっているかを示しているが，分子の実際の形を表しているものではない（プロピルアルコールに 90°の**結合角**はなく，四面体形の結合角になっている）．ダッシュ式は，いわゆる原子の**結合順序**だけを示している．構造異性体（1.6 節）は結合順序が異なるので，異なる構造式をもっている．

次にイソプロピルアルコールについて考えてみよう．その式は次のように書ける．

Isopropyl alcohol の種々のダッシュ式

イソプロピルアルコールはプロピルアルコールの構造異性体（1.6節）である．その原子の結合順序は異なるが，両者の分子式 C_3H_8O は同じである．イソプロピルアルコールでは OH 基が中央の炭素に結合しているが，プロピルアルコールでは末端炭素に結合している．

- "ある分子式をもつすべての異性体の構造式を書け"という問題がよくある．同じ化合物の構造式を異なった書き方で書いて，異なる構造異性体と取り違えるような間違いをしないようにしよう．

問題 1.11 分子式 C_3H_8O の構造異性体は実際には 3 種類ある．そのうちの二つ，propyl alcohol と isopropyl alcohol を見たが，第三の異性体の構造式をダッシュ式で示せ．

1.7B 簡略化構造式

簡略化構造式（以後，略して簡略化式とする）condensed structural formula は，ダッシュ式よりも少し手早く書ける．この構造式に慣れれば，簡略化式にはダッシュ式と同じ情報がすべて表されていることがわかる．簡略化式では，ある炭素に結合している水素原子は，通常すべてその炭素のすぐ後ろ（右側）に続けて書く．完全に簡略化した式では，炭素に結合している原子はすべて，その炭素の後ろに水素を筆頭にして書く．次に 2-クロロブタンの例を示す．

イソプロピルアルコールの簡略化式は 4 通りの方法で書くことができる．

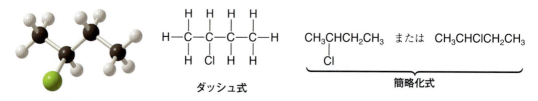

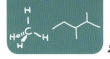

1.7 構造式の書き方と見方　　21

例題 1.8

次の化合物の簡略化式を書け.

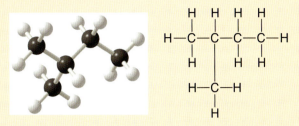

解答：

$$\text{CH}_3\text{CHCH}_2\text{CH}_3 \text{ または } \text{CH}_3\text{CH(CH}_3)\text{CH}_2\text{CH}_3 \text{ または } (\text{CH}_3)_2\text{CHCH}_2\text{CH}_3$$
$$|$$
$$\text{CH}_3$$

$$\text{または } \text{CH}_3\text{CH}_2\text{CH(CH}_3)_2 \text{ または } \text{CH}_3\text{CH}_2\text{CHCH}_3$$
$$|$$
$$\text{CH}_3$$

問題 1.12　次の化合物の簡略化式を書け.

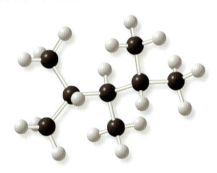

1.7C　結合・線式

有機化学者が構造式を書くとき最もよく使うのは，**結合・線式** bond-line formula であり，いちばん手早く書ける．図 1.3 (e) の式がプロピルアルコールの結合・線式である．諸君も結合・線式の使い方に早く慣れれば，ノートをとったり問題を解いたりするときに，分子を手早く書けるようになるだろう．ダッシュ式や簡略化式ですべて示されていた元素記号を省略することによって，原子の結合順序や分子式の違いがかえってわかりやすくなる．

結合・線式の書き方

- 一つの線分が結合一つを表す．
- 線の**角**と**末端**は，何も書いてなければ，炭素原子を表す．
- 通常炭素原子の C は書かない．例外的に炭素鎖や分枝の末端の CH_3 を書くことがある．
- 三次元構造（次節参照）を示すために必要なとき以外は，水素原子の H を書かない．
- 各炭素の結合している水素原子数については，（炭素に形式電荷がなければ）炭素の原子価殻を満たすのに必要なだけ結合しているものとする．
- 炭素と水素以外の原子がある場合には，その元素記号を適当な位置に書く．
- 炭素以外の原子（酸素や窒素など）に結合している水素は書き込む．

結合・線式で書いた次の分子の例を考えてみよう．

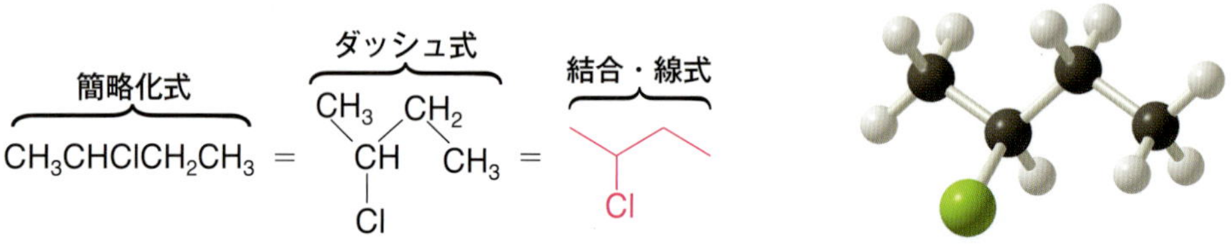

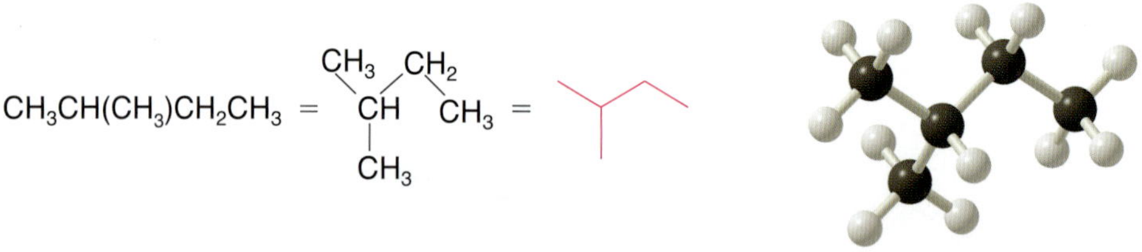

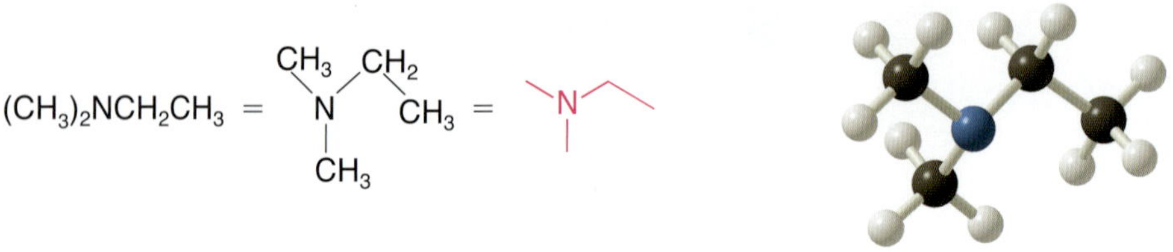

結合・線式を用いれば，多重結合をもつ分子や環状分子も簡単に書ける．次にいくつかの例を示す．

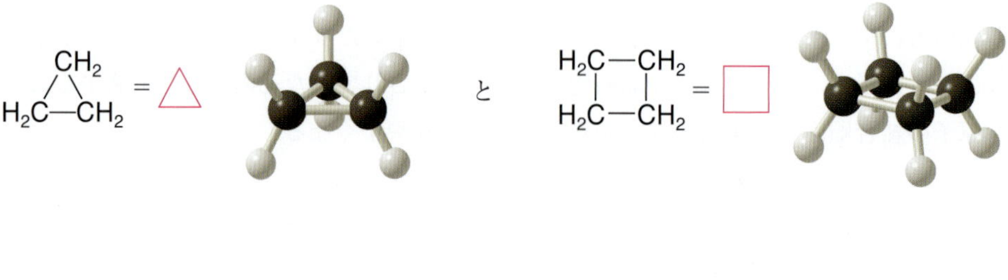

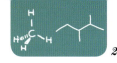

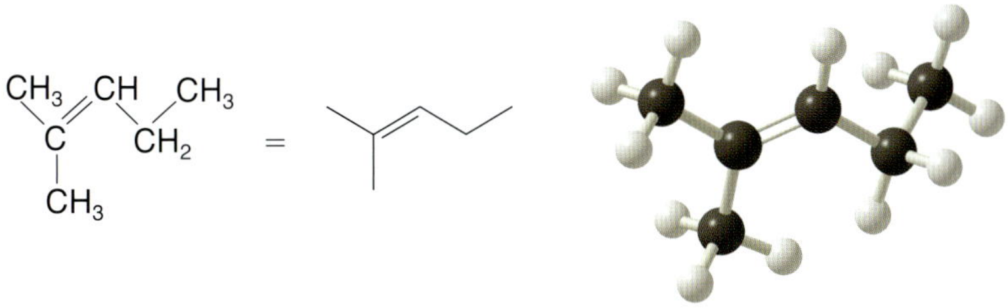

1.7 構造式の書き方と見方

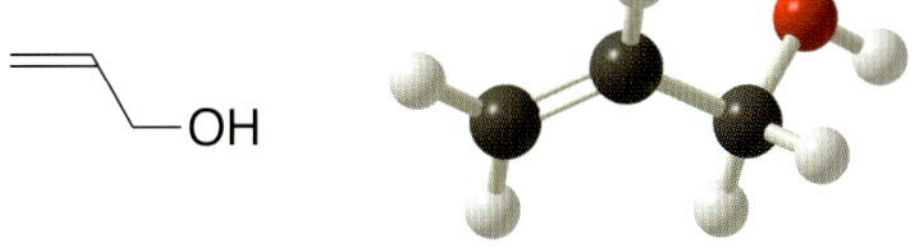

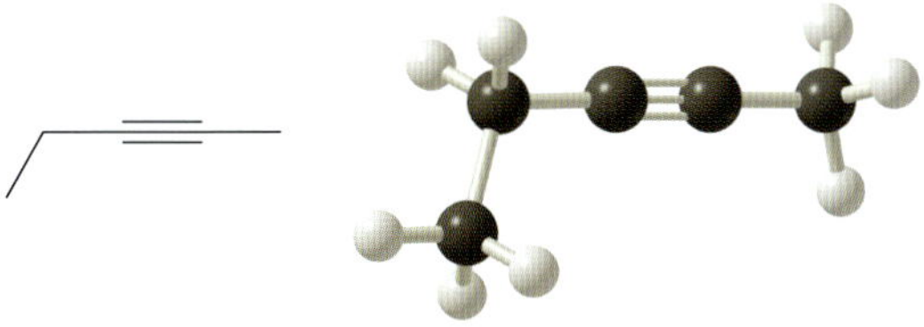

例題 1.9

次の化合物を結合・線式で書け.

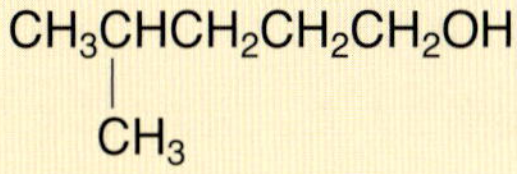

CH₃CHCH₂CH₂CH₂OH
　　|
　　CH₃

解き方と解答:

最初に, OH 基を含めて炭素骨格の輪郭を次のように書く.

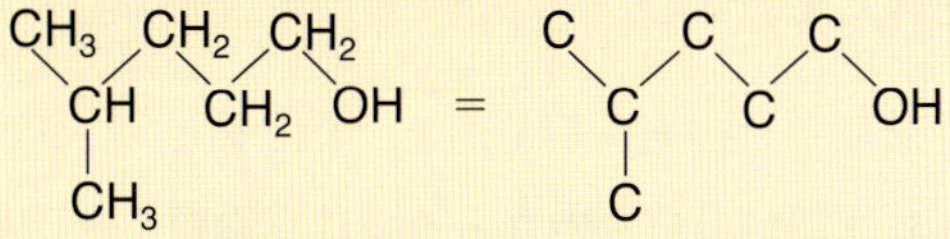

次に結合・線式を 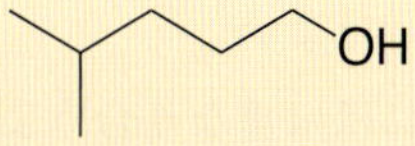 のように書く. 慣れれば中間に書いた上の構造式は飛ばして, 直接結合・線式を書いてもよい.

問題 1.13 次の簡略化式で表した分子を結合・線式で書け.

(a) (CH₃)₂CHCH₂CH₃
(b) (CH₃)₂CHCH₂CH₂OH
(c) (CH₃)₂C=CHCH₂CH₃
(d) CH₃CH₂CH₂CH₂CH₃
(e) CH₃CH₂CH(OH)CH₂CH₃
(f) CH₂=C(CH₂CH₃)₂
(g) 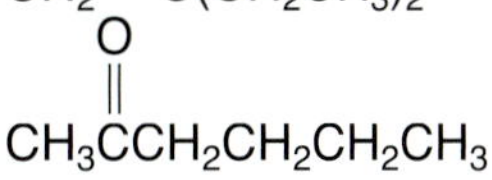 CH₃C(=O)CH₂CH₂CH₂CH₃
(h) CH₃CHClCH₂CH(CH₃)₂

問題 1.14 問題 1.13 に示した分子のうち, 構造異性体の関係にあるのはどれか.

問題 1.15 次の結合・線式で表した分子を，ダッシュ式で書け．

(a) [構造式] (b) [構造式] (c) [構造式]

1.7D　三次元式

これまでに説明した構造式は，原子が三次元的な空間でどのような配置をとるかは示していない．分子は三次元構造をもっている．分子の三次元構造を表すには実線と点線のくさびと直線を用いる．

- 点線のくさび（⫽⫽⫽）は紙面から後ろ側に出ている結合を表す．
- 実線のくさび（◀）は紙面から手前に出ている結合を表す．
- 通常の直線（—）は紙面上の結合を表す．

例えば，メタン CH_4 の四つの C—H 結合は，炭素を正四面体の中心に置いて各頂点に向かって出ており，C—H 結合間の角度は 109°28′ になっている．このことは 1874 年に，J. H. van't Hoff（ファント ホッフ）と L. A. Le Bel（ル ベル）によって初めて提案された．図 1.4 にメタンの正四面体形構造を示す．

単結合，二重結合，あるいは三重結合をもつ炭素の配置についての物理的基礎については，1.12～1.14 節で説明する．ここでは，点線と実線のくさび結合を用いて，これらの結合様式を三次元的に表すための指針について考えてみよう．

単結合だけをもつ炭素を書く場合：

- **四つの単結合**をもつ炭素原子は四面体形であり（1.12 節），二つの結合をおよそ 109°になるように紙面上に書き，もう二つの結合のうち一つは点線のくさびを用いて紙面から後ろに向け，一つは実線のくさびを用いて手前に向けて書けばよい．
- 点線と実線のくさび結合は，四面体形の中で互いにほぼ重なり合うように見えるはずである．

二重結合あるいは三重結合をもつ炭素を書く場合：

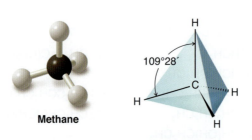

図 1.4 Methane の正四面体形構造

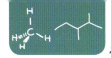

1.7 構造式の書き方と見方

- **二重結合**の炭素原子は平面三方形 trigonal planar* であり（1.13 節），結合はすべて紙面上にあり，120°の角度をもつように書けばよい．
- **三重結合**の炭素原子は直線状であり（1.14 節），二つの結合は紙面上で 180°の角度をもつように書けばよい．

最後に，分子の三次元式を書く場合：

- 通常の線を用いてできるだけ多くの炭素原子を紙面上に書き，置換基や三次元構造を表すのに必要な水素原子に実線や点線のくさび結合を用いて表すのがよい．

次に三次元式の例を示す．

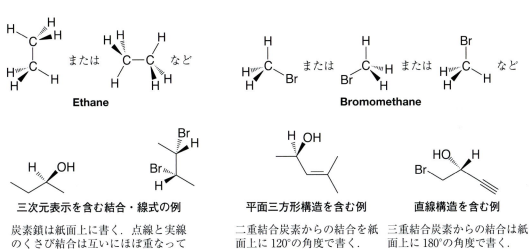

例題 1.10

塩素原子が結合している炭素のところで三次元であることがわかるように，次の化合物の結合・線式を書け．

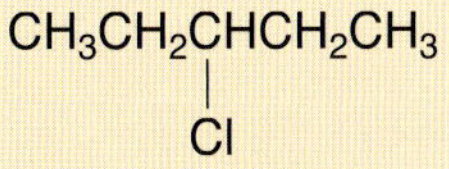

$$CH_3CH_2CHCH_2CH_3$$
$$|$$
$$Cl$$

解き方と解答：

まず，できるだけ多くの炭素原子（この場合はすべて）が紙面上にくるように炭素骨格を書く．

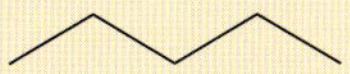

次に，適切な炭素に三次元表記で塩素原子を書き加える．

---

* （訳注）平面三方形は，中心原子から三つの結合が正三角形の頂点に向けて出ている構造を表している．

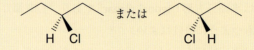

問題 1.16 くさび結合を用いて次の分子の三次元式を書け．
 (a) CH_3Cl　　(b) CH_2Cl_2　　(c) CH_2BrCl　　(d) CH_3CH_2Cl

1.8　共鳴理論

分子やイオンに対して等価な Lewis 構造が二つ以上書けることがよくある．例えば，炭酸イオン CO_3^{2-} に対しては，互いに異なる三つの等価な構造 **1 〜 3** が書ける．

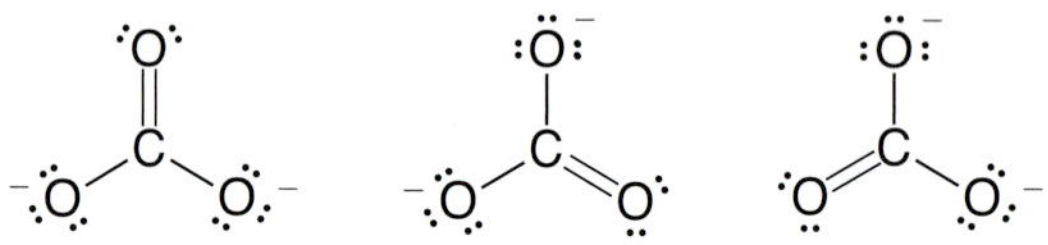

これらの式には二つの重要な特徴がある．一つは，各原子が貴ガスの電子配置をもっていることであり，もう一つは，これは特に重要なことであるが，**単に電子の位置を変える**だけで一つの構造から別の構造に変えられることである．このとき原子核の位置を変える必要はない．例えば，構造 **1** の電子対を<u>カーブした矢印</u>*curved arrow で示したように動かせば，構造 **2** になる．

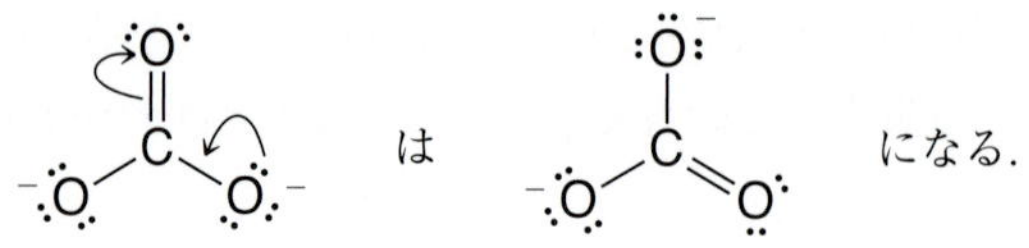

は　　　　　　　になる．
1　　　　　　　**2**

同様に構造 **2** は構造 **3** に変わる．

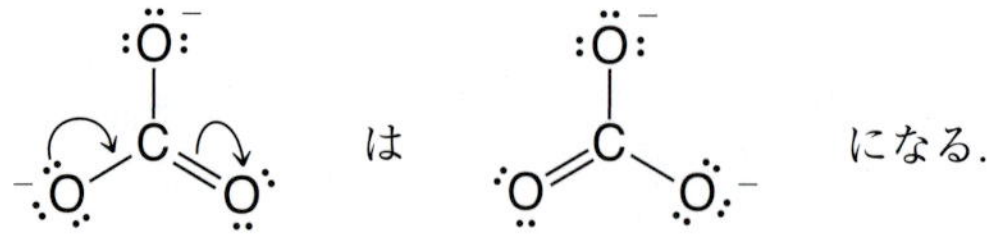

は　　　　　　　になる．
2　　　　　　　**3**

構造 **1 〜 3** は同じではないが，等価である．しかし，これらのどの構造をとっても，それ一つ

---

* 巻矢印 curly arrow ともいう．カーブした矢印は電子対の動きを示すもので，原子の動きを示すものではない．矢印の尾は電子対の今ある位置から始まって，矢印の頭は新しい構造における電子対の位置に向けて書く．カーブした矢印は最も有用なツールとして有機反応を理解するために用いられる（3.2 節）．

だけでは炭酸イオンの次の実験結果と合わない.

X 線構造解析の結果によると，通常の C＝O 結合は C—O 結合よりも短い．しかし，炭酸イオンでは，すべての C—O 結合の長さが等しいことがわかっている．構造 **1** ～ **3** のどれからも予想されるように一つが他の二つより短いということはない．構造 **1** ～ **3** はどれも，一つの C—O 結合が二重結合で他の二つは単結合である．したがって，どの構造も正しくない．それでは炭酸イオンはどのように表せばよいのだろうか.

この問題の一つの解決法は**共鳴理論** resonance theory に基づいている．共鳴理論によれば，分子またはイオンが二つ以上の Lewis 構造で表され，電子の位置だけが異なるときには，常に次の二つのことがいえる．

1. これら一つ一つの構造は真の分子やイオンを正しく表していない．これらはどれもその化合物の物理化学的性質と一致しない．
2. これらの Lewis 構造は，**共鳴構造** resonance structure または**共鳴寄与体** resonance contributor とよばれ，実際の分子やイオンはこれらの構造の**混成体** hybrid として最もよく表される．

- **共鳴構造は実際の分子やイオンの構造式を表すのではなく，単に紙の上で存在するだけである**．したがって共鳴構造の一つを単離することはできないし，どの共鳴構造もそれ一つではその分子やイオンを正確には表していない．炭酸イオンは勿論実在するものであり，共鳴理論では，実際の構造を三つの**仮想的**な共鳴構造の**混成体**として表すのである．

構造 **1** ～ **3** の混成体とはどのようなものであろうか．特定の結合，例えば図の上のほうに出ている C—O 結合に注目してみよう．この結合は構造 **1** では二重結合であるが，他の二つの構造 **2** と **3** では単結合である．実際の C—O 結合はこれらの混成体であるから，二重結合と単結合との中間のはずである．すなわち，C—O 結合は二つの構造で単結合，一つの構造でのみ二重結合であるので，実際は二重結合より単結合に近く，およそ 1＋1/3 重結合くらいであろう．これを部分二重結合 partial double bond という．ここに述べたことは他の二つの C—O 結合についても同じである．すなわち，これらはすべて部分二重結合であり，かつすべて等価である．これらはすべて長さが同じであるはずであり，これは実験結果と一致する．すべて 1.28 Å であり，この値は C—O 結合（1.43 Å）と C＝O 結合（1.20 Å）の中間の値である（1Å＝1×10⁻¹⁰ m）.

- もう一つ重要な点は，共鳴構造を書くときはそれらが架空のものであり，実在しないものであることを明瞭に示すために，共鳴構造を両頭の矢印（↔）で結ぶという規則である．例えば，炭酸イオンは次のように表される．

これらの矢印や"共鳴"という言葉から，炭酸イオンはこれらの構造の間を振動していると考えてはいけない．これらの共鳴構造は単に紙の上で便宜上考えるだけであって，実際の炭酸イオ

ンは共鳴構造の混成体であって，それらの間を振動しているわけではない．

- 共鳴構造は**平衡** equilibrium を表すものではない．

二つまたはそれ以上の化学種の間の平衡を考える場合は，異なった構造式や原子の移動（または振動）を考えてもよいが，共鳴の場合にはそうしてはいけない．共鳴では原子は動かず，共鳴構造は単に紙の上で存在するだけである．**平衡は ⇌ で表され，共鳴は ↔ で表される**．

それでは，炭酸イオンを実際の構造に近い形で表現するにはどうすればよいか．その方法は二通りある．その一つは，今書いたようにすべての共鳴構造を書いて，見る人に頭の中で実際の姿を混成体として組み立ててもらう方法であり，もう一つは混成体を直接表すような非 Lewis 構造で表す方法である．すなわち，炭酸イオンは次のように表される．

混成体　　　　　　　　　寄与している共鳴構造

左側の構造では，結合を実線と点線との組合せで表しているが，これは結合が単結合と二重結合の中間であることを示している．すべての共鳴構造に存在する結合は実線で，一部の共鳴構造にしか存在しない結合は点線で示す．また各酸素が単位電荷以下の負電荷をもつことを示すために，各酸素にはδ−（部分負電荷 partial minus と読む）を付してある（この例では各酸素は 2/3 価の負電荷をもつ）．

理論計算によると，炭酸イオンにおける各酸素の電荷密度は等しい．図 1.5 は炭酸イオンについて計算された電子密度の**静電ポテンシャル図** electrostatic potential map を示す．静電ポテンシャル図では，負電荷の存在する領域は赤色，電子密度の低い領域は青色で示される．炭酸イオンの結合の長さが等しいこと（上記の混成体で示される部分二重結合）は，このモデルでもはっきりわかる．

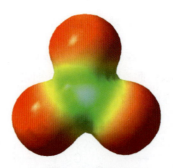

図 1.5　炭酸イオンの静電ポテンシャル図
三つの酸素原子が同じ電荷密度をもつことを示している．このような静電ポテンシャル図においては，赤色系に傾くほど負電荷が増大し，青色系に傾くほど負電荷が減少（あるいは正電荷が増大）することを意味している．したがって，負電荷密度は赤色＞黄色＞緑色＞青色の順に減少する．

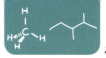

例題 1.11

次に示すのは硝酸イオンの構造の書き方の一つである．

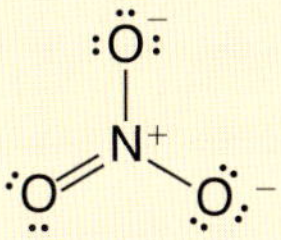

しかし，物理的な多くの証拠から三つのN—O結合がすべて等価で，長さも等しく，単結合と二重結合の中間の長さであることがわかっている．共鳴理論を用いてこれを説明せよ．

解き方と解答：

次のように電子対を動かすと異なるが等価な硝酸イオンの構造が三つ書ける．

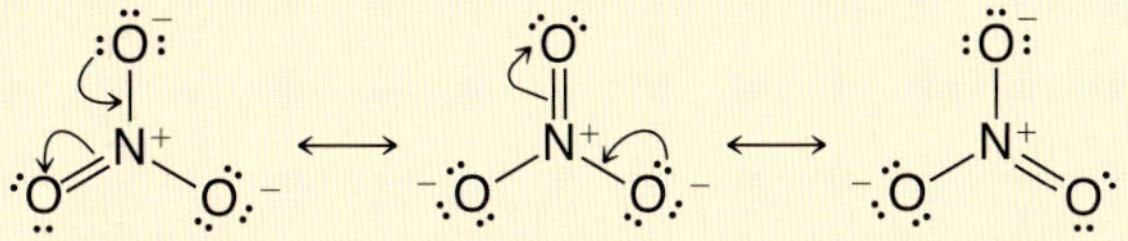

これらの構造は互いに電子の位置だけが異なっているので，共鳴構造である．このように，どの構造を一つだけとっても硝酸イオンを正しく表すことはできない．実際のイオンはこれら三つの構造の混成体によって最もよく表される．この混成体はすべての結合が等価で，部分二重結合を使って次の構造で表すこともできる．また，それぞれの酸素原子は同じ部分負電荷をもっていることを示している．この電荷分布は実験で観測された結果と一致している．

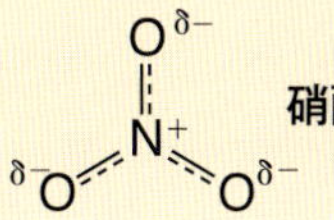

硝酸イオンの混成体

問題 1.17 (a) ギ酸イオン HCO_2^- の二つの共鳴構造を書け（ヒント：水素と酸素は炭素に結合している）．(b) これらの構造からギ酸イオンのC—O結合の長さと，(c) 酸素原子の電荷を予測せよ．

1.9 量子力学と原子の構造

原子と分子の構造に関する理論が，1926年にほとんど同時に独立して三人の科学者，E. Schrödinger（シュレーディンガー），W. Heisenberg（ハイゼンベルク），およびP. Dirac（ディラック）によって発表された．Schrödingerが**波動力学** wave mechanicsとよび，Heisenbergが**量子力学** quantum mechanicsとよんだこの理論は，分子の結合を理解するための基礎となっている．量子力学の中心になるのは**波動関数** wave functionとよばれる方程式［ギリシャ文字 ψ（プサイ）で表す］である．

- 各**波動関数**（ϕ）は電子のエネルギー状態に対応する．
- 各エネルギー状態には電子が1個か2個入ることができる．
- 電子の状態に対応する**エネルギー**は波動関数で計算できる．
- ある位置における電子の**存在確率**は波動関数で計算できる（1.10節）．
- 波動関数の解は正，負，あるいは0の値をもつ（図1.6）．
- 波動方程式の**位相符号** phase sign は，解の正負に相当する．

波動関数は，二つが相互作用すると強め合う場合と打ち消し合う場合がある．

- 相互作用する波動関数の位相符号が同じであれば，強め合う重なりになり，波動関数の振幅が大きくなる．
- 相互作用する波動関数の位相符号が異なっていると，重なりは引き算になり，波動関数の振幅が0になったり，符号が変わったりすることもある．

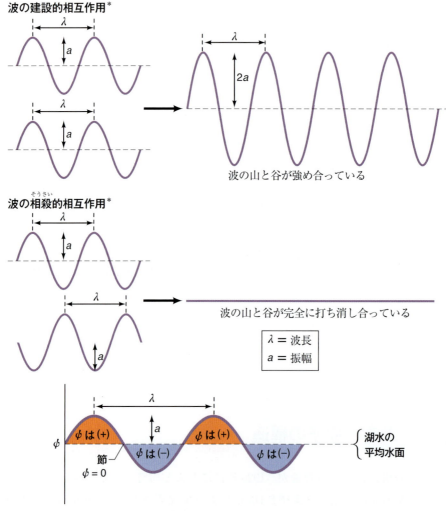

図1.6　湖水を横切っていく波の断面図

波動関数 ϕ は，山のところでは正（＋），谷のところでは負（－）である．平均水面のところでは0であり，この位置は節とよばれる．波と谷の大きさは振幅（a）であり，一つの山から次の山までの距離は波長（λ）である．

---

* （訳注）"波の建設的相互作用 constructive interference of wave" と "波の相殺的相互作用 destructive interference of wave" はいずれも物理学の用語であって，必ずしもこの用語を覚える必要はないが，意味する内容は難しいことではない．

実験によれば、電子は波動と粒子の両方の性質をもっている。この考えは L. de Broglie によって 1923 年に初めて提案されたものである。しかし、ここでは電子を波動のようなものとして説明する。

1.10 原子軌道と電子配置

電子の波動関数に関する物理的な解釈は、M. Born によって 1926 年に発表された。

- 特定の位置 (x, y, z) における波動関数の二乗 (ψ^2) は、その位置における電子の存在確率を表す。

単位体積当たりの ψ^2 が大きければ、その体積中における電子の存在確率は高い。このとき、**電子の確率密度** electron probability density が大きいという。逆に別の部分での単位体積当たりの ψ^2 が小さければ、電子の存在確率は低い[*]。

- **軌道** orbital は、電子の存在確率が高い空間領域である。
- **原子軌道** atomic orbital（AO）は ψ^2 の値を三次元的にプロットしたものであり、このプロットによって s, p, d 軌道の形ができあがる。

軌道を図示するときには、電子を 90〜95% 含む体積部分を示す。原子核からの距離がさらに遠いところでの電子の存在確率は、有限ではあるが極めて小さい。

s 軌道と p 軌道の形を図 1.7 に示す。

すべての **s 軌道**は球形である。1s 軌道は単純な球である。2s 軌道は内部に節面（$\psi^2 = 0$）をもつ球であり、節面の内側の部分（ψ_{2s}）の位相は負になっている。

p 軌道はほとんど接した二つの球の形をしている。それぞれの球をローブ lobe という。2p 軌道の波動関数（ψ_{2p}）の位相符号は一方のローブで正、もう一方では負である。節面が p 軌道の

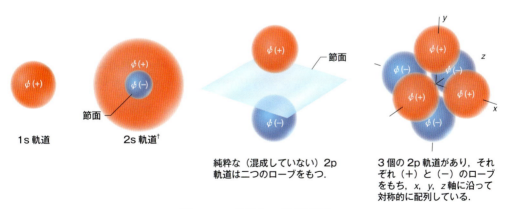

図 1.7 s 軌道と p 軌道の形

純粋な（混成していない）p 軌道はほとんど接した二つの球の形をしている。混成した原子においても p 軌道は二つのローブをもっている（1.13 節）。

---

[*] ψ^2 を全空間で積分すると 1 になる。すなわち、全空間のどこかに電子が存在する確率は 100% である。

[†]（訳注）この 2s 軌道は断面図として内部の節面を示している。

二つのローブを隔てている．一定のエネルギー準位の3個のp軌道は，直交座標のx, y, z軸に沿って配列している．

- 波動関数の（+）と（−）の符号は正と負の電荷とは無関係であり，電子の存在確率の大小を示すものでもない．
- 電子の存在確率を示すϕ^2は常に正である（負の数も二乗すれば正になる）．

したがって，p軌道のどちらのローブでも電子の存在確率は同じである．（+）と（−）符号の意味は原子軌道からどのように分子軌道が作られるかを後で述べるとき明らかになる．

1.10A　電子配置

第一と第二電子殻の原子軌道の相対的エネルギーは次のようになる．

- 1s軌道の電子は正電荷をもつ原子核に最も近いので，そのエネルギーは最も低い．
- 2s軌道の電子は次にエネルギーが低い．
- 3個の2p軌道の電子はそれぞれ同じエネルギーをもつが，2s軌道の電子よりは高い．
- エネルギーの等しい軌道（例：3個の2p軌道）は，**縮退軌道** degenerate orbital とよばれる．

これらの相対的エネルギーを使って，周期表の第1と第2周期の原子の電子配置を決めることができる．そのためには，次の簡単な規則を守ればよい．

1. **組立て原理** aufbau principle：電子はエネルギーの低い軌道から順に入る（aufbauはドイツ語で"組み立てること，建設"を意味する）．
2. **Pauliの排他原理** Pauli exclusion principle：一つの軌道には最高2電子まで収容できる．ただし，2電子のスピンは逆向きでなければならない．電子はそれ自身の軸のまわりでスピン（自転）spinしている．ここではその理由を十分説明することはできないが，電子は二つの可能なスピン方向の一方しかとれない．通常，このスピン方向を↑または↓の矢印で表す．したがって，対になった逆向きのスピンをもつ2個の電子は↑↓で表し，対になっていない同じ向きのスピンをもつ2個の電子は↑↑（または↓↓）で表すが，同一の軌道には入れない．
3. **Hundの規則** Hund's rule：3個のp軌道のように，エネルギーの等しい軌道（縮退軌道）に電子が入るとき，電子は1個ずつ，別々の軌道に（スピンを同じ向きにして）分かれて入る（これによって互いに反発する電子ができるだけ離れて存在できる）．すべての縮退軌道に1電子ずつ入ってしまった後に，2個目の電子がそれぞれの軌道にスピンを逆向きにして（スピンが対になって）入る．

これらの規則を周期表の第2周期元素のいくつかに適用すると，図1.8に示すような結果になる．

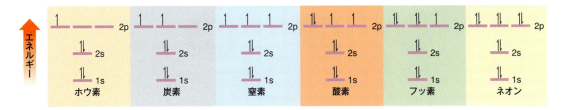

図 1.8 代表的な第 2 周期元素の基底状態電子配置

1.11 分子軌道

原子軌道を用いることによって，どのようにして原子が共有結合を作るかを理解できる．ここでは非常に単純な例，すなわち水素原子が二つ結合して水素分子を生成する場合（図 1.9）について述べる．

二つの水素原子が互いに遠く離れているとき，その全エネルギーは単に独立した二つの水素原子のエネルギーの和である（Ⅰ）．しかし，共有結合ができると系の全エネルギーは減少する．水素原子が互いに近付くと，各原子核は相手の原子の電子を引き付け始める（Ⅱ）．この引力は二つの原子核（または 2 個の電子）間の反発を十分に補ってあまりある．その結果が共有結合の生成である（Ⅲ）．そのとき，核間距離は，2 電子を 2 原子で共有でき，しかも同時に原子核間の反発相互作用を避けることができるような理想的なバランスになっている．この理想的核間距離は 0.74 Å であり，これを水素分子の結合距離 bond length という．もし，原子核がこれ以上近付くと，正電荷をもつ二つの核の反発のほうが優勢になり，系のエネルギーは上昇する（Ⅳ）．

それぞれの H· のまわりにはぼやけた領域があり，原子核の正確な位置が不確かであることを示している．電子は常に動き回っている．

- **Heisenberg の不確定性原理** Heisenberg uncertainty principle によれば，電子の位置と運動量を同時に知ることはできない．

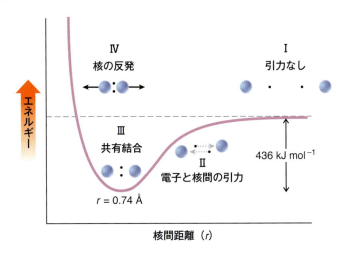

図 1.9 水素分子のポテンシャルエネルギーと核間距離の関係

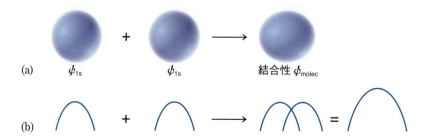

図 1.10　結合性分子軌道
(a) 同位相（同じ色で表している）の水素 1s の AO が二つ重なって結合性分子軌道を作る．(b) 二つの波動が同じように同位相で重なると振幅が増大する．

これらのぼやけた領域が軌道を表しており，量子力学の原理を適用するとこの結果が得られる．波動関数の 2 乗（ϕ^2）をプロットすると，軌道とよばれる三次元の領域が得られ，その領域における電子の存在確率は非常に高い．

- **原子軌道** atomic orbital（AO）は，孤立した原子において電子の存在確率の高い空間領域である．

図 1.10 の水素のモデルでは，ぼやけた球は各水素原子の 1s 軌道を表している．二つの水素原子が互いに近付くにつれて，その 1s 軌道が重なりはじめ，原子軌道が結合して分子軌道になる．

- **分子軌道** molecular orbital（**MO**）は，分子において電子の存在確率が高い空間領域である．
- 軌道（AO でも MO でも）は，スピンが対になった電子（Pauli 排他原理）を 2 個まで収容できる．
- AO が結合して MO ができるとき，**MO の数は常に結合した AO の数に等しい**．

したがって，水素分子ができる場合，二つの AO（ϕ_{1s}）が結合すると二つの MO ができる．二つの軌道ができるわけは，波動関数の数学的性質からきており，波動関数は和あるいは差によってのみ結合できるからである．すなわち，軌道は同じ位相で重なるか，または逆位相で重なるのである．

- **結合性分子軌道** bonding molecular orbital（ϕ_{molec}）は，二つの軌道が同位相で重なってできる（図 1.10）．
- **反結合性分子軌道** antibonding molecular orbital（ϕ^{*}_{molec}）は，二つの軌道が逆位相で重なってできる（図 1.11）．

最低エネルギー（基底）状態の水素分子の結合性分子軌道には，二つの水素原子からきた 2 電子が入っている．ϕ（したがって ϕ^2）の値は二つの原子核の間で大きく，電子を共有して共有結合を作るという考え方によく一致している．

基底状態の水素分子の反結合性分子軌道には，電子が入っていない．しかも，ϕ（したがって ϕ^2）の値は二つの原子核の間で 0 になり節（$\phi=0$）を作っている．反結合性分子軌道は原子間に電子密度をもたないので，結合には関与していない．

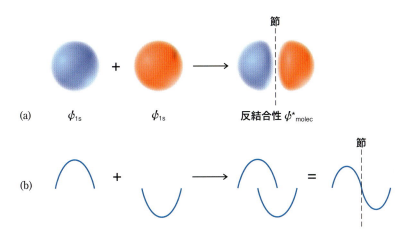

図 1.11　反結合性分子軌道

(a) 逆位相（異なる色で表している）の水素 1s の AO が二つ重なって反結合性分子軌道を作る．(b) 二つの波動が同じように逆位相で重なると振幅が減少し，逆位相の波動が完全に相殺して波動関数の値が 0 になる位置に節ができる．

ここで述べたことは，**LCAO**（linear combination of atomic orbital：原子軌道の線形結合）法とよばれる数学的方法である．LCAO 法では，新しい MO の波動関数を得るために AO の波動関数の線形結合（すなわち，和または差）を用いる．

AO と同じように，MO は電子の特定のエネルギー状態に対応する．計算によると，水素分子の結合性分子軌道の電子のエネルギーは，水素原子の ϕ_{1s} AO の電子のエネルギーよりかなり低く，また反結合性分子軌道の電子のエネルギーは ϕ_{1s} AO の電子のエネルギーよりかなり高い．

水素分子の MO のエネルギー図を図 1.12 に示す．電子は，AO に入るときと同じようにして MO に入る．すなわち，2 電子はスピンを逆にして結合性分子軌道に入り，電子の全エネルギーは，別々の AO にある場合よりも低くなる．すなわち，これが水素分子の最低電子状態あるいは基底状態とよばれるものである．励起状態とよばれる状態では，1 電子が反結合性分子軌道に入る．この状態は基底状態にある分子（図 1.12）が適当なエネルギー（ΔE）の光量子 photon を吸収したときに生成する．

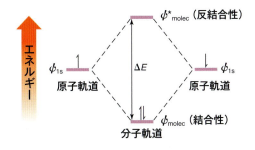

図 1.12　水素分子のエネルギー図

二つの原子軌道 ϕ_{1s} が結合して，二つの分子軌道 ϕ_{molec} と ϕ^*_{molec} ができる．ϕ_{molec} のエネルギーは独立の原子軌道のそれよりも低い．分子状水素の最低電子エネルギー状態では，この分子軌道に電子が 2 個入っている．

1.12 メタンとエタンの構造：sp³ 混成

1.10 節で示した炭素原子の量子力学的表現に使われる s 軌道と p 軌道は，水素原子の計算に基づいたものである．これらの s 軌道や p 軌道を単独で考えても，メタン CH_4 の 4 価で正四面体形の炭素に対する満足な説明は得られない．しかし，これは，量子力学に基づく**軌道混成** orbital hybridization という考え方によって説明できる．軌道混成というのは s および p 軌道の個々の波動関数を組み合わせて，新しい軌道の波動関数を得る数学的方法にすぎない．新しい軌道には，もとの軌道の性質がさまざまな割合で残っている．これらの新しい軌道は**混成原子軌道** hybrid atomic orbital（単に混成軌道ともいう）とよばれる．

量子力学によれば，**基底状態** ground state（最低エネルギー状態）の炭素原子の電子配置は次のとおりであり，炭素原子の価電子（結合に使われる電子）は 2s と 2p 電子である．

C　⇅　⇅　↑　↑
　　1s　2s　$2p_x$　$2p_y$　$2p_z$
炭素原子の基底状態

1.12A　メタンの構造

メタンの構造を説明するために使われる混成軌道は，炭素の 2s 軌道と三つの 2p 軌道の波動関数から次のようにして得られる（図 1.13）．

- 基底状態炭素の 2s, $2p_x$, $2p_y$, $2p_z$ 軌道の波動関数を混ぜ合わせると，新しい等価な sp³ 混成軌道が四つできる．
- **sp³** という表現は，この混成軌道が 1：3 の割合で s 軌道性と p 軌道性をもつことを示している．
- 計算結果によると，四つの sp³ 混成軌道は互いに 109.5°の角度で配向している．これは正確にメタンの四つの C—H 結合の配向と一致している．H—C—H 結合角は 109.5°である．

sp³ 混成の炭素原子と四つの水素原子からメタンが形成される過程を想像すると，図 1.14 のようになるだろう．ここでは簡単にするために，各 C—H 結合の**結合性分子軌道**だけを示している．こうして，sp³ 混成炭素によってメタンの正四面体形構造ができ，また四つの等価な C—H 結合ができていることがわかる．

軌道混成の理論によると，メタンの形が説明されるだけでなく，炭素と水素との間の強い結合についてもよく説明できる．この理由を理解するために，図 1.15 に示した個々の sp³ 軌道の形を考えてみよう．sp³ 軌道はもとの p 軌道の性質をもっているので，sp³ 軌道の正のローブは大きく，炭素原子核から空間的に遠くまで広がっている．

水素の 1s 軌道は sp³ 軌道のこの大きなローブと重なり，C—H 結合の結合性分子軌道を形成する（図 1.16）．sp³ 軌道の正のローブは大きく，空間的に広がっているので水素の 1s 軌道の重なりも大きい．その結果，C—H 結合は非常に強い．

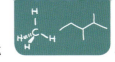

1.12 メタンとエタンの構造:sp³ 混成

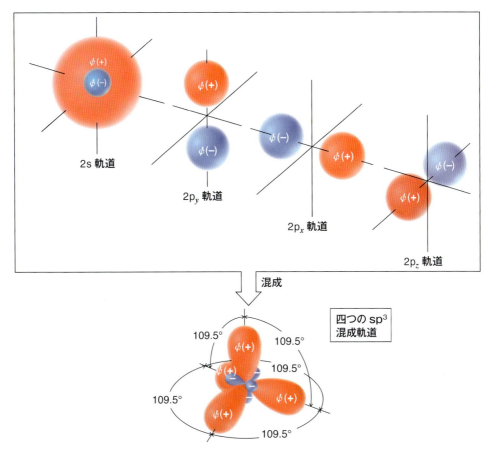

図 1.13　炭素の純粋な原子軌道の混成により sp³ 混成軌道が生成する

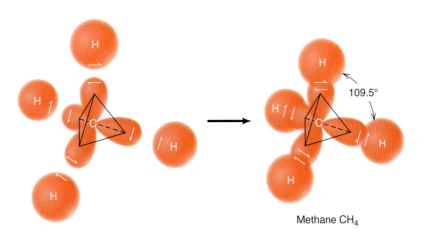

図 1.14　sp³ 混成炭素原子と四つの水素原子からの methane の生成

　軌道混成においては電子ではなく軌道を混ぜ合わせる．電子は結合形成に必要なように後から混成軌道に入れられる．しかし，常に Pauli の原理に従って，各軌道には逆スピンをもつ 2 電子しか入れない．左の図では炭素の混成軌道に 1 電子ずつ入れてあり，右の図では C—H 結合の結合性分子軌道だけを示してある．最低エネルギー状態の分子にはこれらの軌道に電子が入っている．

図 1.15 sp³ 軌道の形 図 1.16 C—H 結合の生成

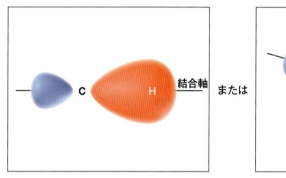

図 1.17 σ 結合

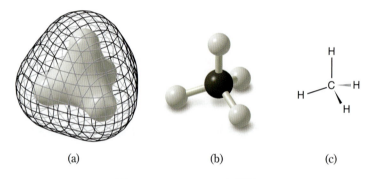

図 1.18 Methane の構造

(a) 量子力学計算に基づく methane のこの構造では，内部の灰色の表面は電子密度の高い領域を示している．電子密度はそれぞれの結合のまわりの領域で高い．外側の網目状の表面はほぼこの分子の全電子密度の広がりを示している．(b) Methane の球・棒分子模型．(c) この構造式は，methane の構造をどう書くかを示している．普通の実線は二つの結合が紙面上にあることを示し，実線のくさびは結合が紙面から手前に出ていることを示し，点線のくさびは結合が紙面から後ろ側に出ていることを示している．

sp³ 軌道と 1s 軌道との重なりによって形成される結合は，**シグマ（σ）結合** sigma bond の一つである（図 1.17）．

- **シグマ（σ）結合**は，結合軸に沿って見たとき円状の対称な横断面をもっている．
- すべての純粋な**単結合** single bond は σ 結合である．

これ以降，通常は結合性分子軌道だけを示すことにする．基底状態の分子では，電子はこの軌道にしか入っていないからである．反結合性分子軌道は分子が光を吸収したり，反応を説明したりするときには重要になるが，これについてはそのときに述べることにする．

図 1.18 は理論計算で得られたメタンの構造を示している．正四面体形構造が軌道の混成からきていることを示している．

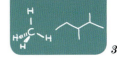

1.12B エタンの構造

エタンやその他のアルカンの炭素原子の結合角は，メタンと同様に四面体角である．エタンの形は sp³ 混成炭素原子で説明できる．図 1.19 はエタン分子の結合性分子軌道が 2 個の sp³ 混成炭素原子と 6 個の水素原子からできる様子を示している．

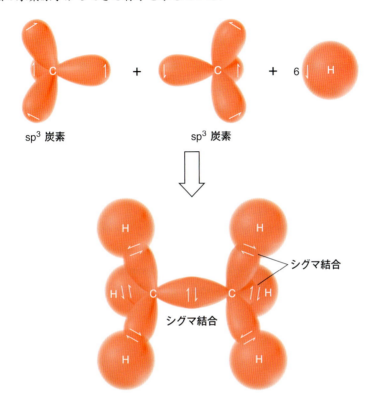

図 1.19　2 個の sp³ 混成炭素原子と 6 個の水素原子からの ethane の結合性分子軌道の生成
すべての結合は σ 結合である．反結合性 σ 分子軌道（σ* 軌道ともいう）も同時に生成するが，わかりやすくするために示していない．

エタンの C—C 結合は二つの sp³ 軌道の重なりによってできた σ 結合であり，円筒対称（結合軸に関して対称）になっている（C—H 結合も σ 結合であり，炭素の sp³ 軌道と水素の 1s 軌道の重なりによってできている）．

- 単結合で結ばれた基の回転には，あまり大きなエネルギーを必要としない．

したがって，単結合で結ばれた基は互いに比較的自由に回転する（この点については 4.8 節でさらに詳しく述べる）．図 1.20 には，計算によって得られたエタンの構造を示している．軌道の混成によって形成された四面体形構造が明らかである．

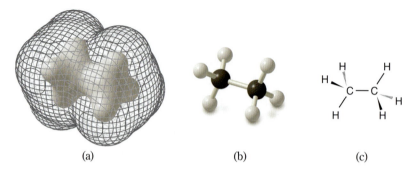

図 1.20　Ethane の構造
(a) 量子力学計算に基づく ethane の構造では，内部の灰色の表面は電子密度の高い領域を示している．電子密度はそれぞれの結合のまわりの領域で高い．外側の網目状の表面はほぼこの分子の全電子密度の広がりを示している．(b) Ethane の球・棒分子模型．(c) 実線とくさび結合を用いて書いた ethane の構造式で各炭素の四面体形構造を三次元的に示している．

理論計算で得られる分子モデルの化学：電子密度面

本書では量子力学計算によって得られた分子モデルを用いる．これらのモデルは分子の形を視覚化し，分子の性質や化学反応性を理解するのに有用である．モデルの一つは**電子密度面** electron density surface であり，特定の同じ電子密度をもつ点をつなぎ合わせてできる分子のまわりの三次元的な面である．低い電子密度の値をつなぎ合わせた面は van der Waals 面で，分子の電子雲の形を大まかに示し，分子のおおよその形を表している．一方，電子密度が比較的高い点を結んだ面は分子の共有結合領域を表している．ここにジメチルエーテルのモデルを示す．メタンとエタンの同じような分子モデルを図 1.18 と 1.20 に示した．

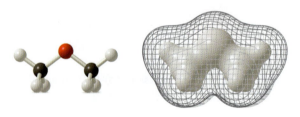

Dimethyl ether

1.13　エテンの構造：sp² 混成

今まで述べてきたアルカン分子中の炭素原子は，4 個の価電子を使って他の四つの原子と一つずつ結合して四つの単結合（σ 結合）を作っていた．しかし，炭素原子が別の原子一つと 4 個以上の電子を共有している重要な有機化合物も数多くある．これらの化合物の分子には多重共有結合がある．例えば，二つの炭素原子が 2 組の電子対（4 電子）を共有すると，炭素-炭素二重結合ができる．

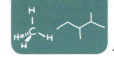

1.13 エテンの構造：sp² 混成

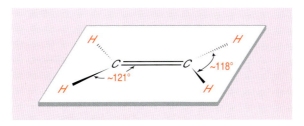

図 1.21　Ethene の構造と結合角
分子の面は紙面に垂直である．点線のくさび結合は紙面から後ろ側に，実線のくさび結合は紙面から手前に出ていることを示している．

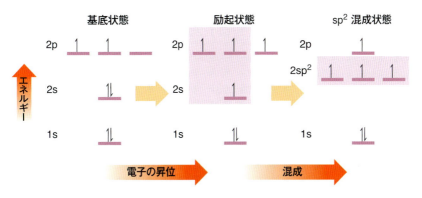

図 1.22　sp² 混成炭素原子の生成過程

C＝C 結合を含む炭化水素を**アルケン** alkene という．例えば，エテン C_2H_4 とプロペン C_3H_6 はともにアルケンである（エテンはエチレン ethylene ともよばれる）．エテンのただ一つの炭素-炭素結合は二重結合である．プロペンには C—C 結合と C＝C 結合が一つずつある．

$$\begin{array}{cc} \text{Ethene} & \text{Propene} \end{array}$$

アルケンにおける原子の空間的配列はアルカンの場合とは異なる．エテンを構成する 6 個の原子はすべて同一平面上にあり，各炭素原子に結合した 3 原子は三角形に配列している（図 1.21）．

- C＝C 結合は sp² 混成の炭素原子で形成される．

軌道が数学的に混じり合うことによって **sp² 軌道** ができる．その様子を図 1.22 に示す．2s 軌道が二つの 2p 軌道と混じり合い（混成し），sp² 混成軌道を三つ作る（混成するのは軌道であり，電子ではない）．残りの 2p 軌道一つはそのまま混成しないで残る．こうしてできた三つの sp² 軌道に電子が 1 個ずつ入り，1 電子が 2p 軌道に残る．

混成してできた三つの sp² 軌道は正三角形の頂点の方向を向いている（すなわち sp² 軌道間の角度は 120° である）*．混成に使われなかった炭素の p 軌道は，sp² 混成軌道によって作られる三

---

* （訳注）三つの sp² 混成軌道は平面三方形になっていると表現できる．

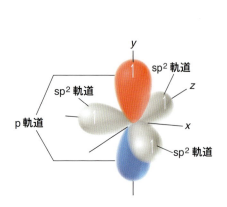
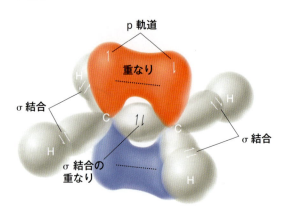

図 1.23　sp² 混成炭素原子

図 1.24　2 個の sp² 混成炭素原子と 4 個の水素原子から作られる ethene の結合性分子軌道のモデル

角形の平面に対して垂直になっている（図 1.23）.

エテンのモデル（図 1.24）を見ると，次のことがわかる.

- 2 個の sp² 混成炭素原子は，それぞれ sp² 軌道のうち一つずつを使って炭素原子同士の間で σ 結合を作っている．残った炭素の sp² 軌道は，4 個の水素原子の 1s 軌道と重なって σ 結合を形成している．これらの五つの結合は，エテンの 12 個の結合電子のうちの 10 個に相当し，エテン分子の **σ 結合骨格**を作っている．
- 残り 2 個の結合電子は，混成しないで残っている各炭素原子の p 軌道に入っている．これらの p 軌道が互いに側面で重なり合って 2 電子を収容し，**パイ（π）結合** pi bond を形成する．この軌道の重なりを図 1.24 に示す．

sp² 混成炭素原子に基づいて予想される結合角（すべて 120°）は，実際に観測された結合角に極めて近い（図 1.21）.

また，図 1.25 に示すように，エテンの計算で得られた分子軌道のモデルによって，p 軌道が互いに相互作用している様子を視覚的に表すことができる．平行な p 軌道は **σ 結合骨格の平面**

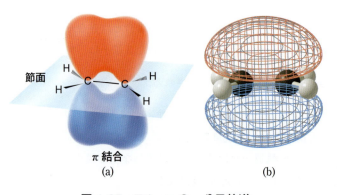

図 1.25　Ethene の π 分子軌道
(a) Ethene の σ 結合骨格をくさび表示で示し，隣接 p 軌道が重なり合ってできた π 結合を示している．
(b) 理論計算で得られた ethene の構造．青色と赤色は π 分子軌道のローブの位相符号の違いを表す．Ethene の π 結合を示す網目の中に σ 結合の球・棒分子模型が見える．

1.13 エテンの構造:sp² 混成

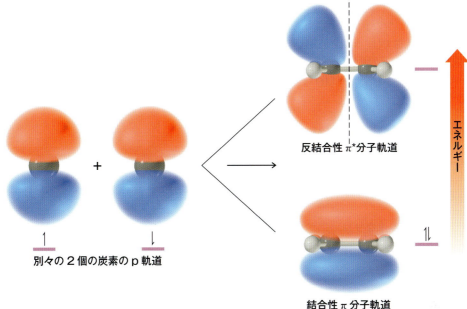

図 1.26 二つの p 軌道から二つの π 分子軌道ができる様子
エネルギーの低いほうが結合性 π 分子軌道で,高いほうが反結合性 π* 分子軌道であり,いずれも C と H を含む面に節をもつ.反結合性分子軌道はもう一つ節をもっている.

の上下で重なっている.

π 結合の結合性分子軌道の形は σ 結合の場合とはかなり異なっている.σ 結合は結合軸に関して円筒対称であるのに対して,π 結合は,結合軸を含み,かつ π 分子軌道のローブの間に節面をもっている.

- 二つの p 軌道が重なり合って π 結合を作ると,二つの **π 分子軌道**ができる.一つは**結合性 π 分子軌道**で,もう一つは**反結合性 π* 分子軌道**である.

結合性 π 分子軌道は同じ符号(同位相)の p 軌道のローブが重なってできたものであり,反結合性 π* 分子軌道は逆符号(逆位相)の p 軌道のローブが重なってできたものである(図 1.26).

- **まとめ**:C=C 結合は,σ 結合と π 結合の二つからできている.

結合性 π 分子軌道はエネルギーの低いほうの軌道であって,基底状態では逆向きのスピンをもつ電子が 2 個入っている.結合性分子軌道で電子の存在確率の高い領域は二つの炭素原子の間にあり,かつ σ 結合骨格の面の上下にある.反結合性 π*(パイ・スターと読む)分子軌道のエネルギーは高いので,基底状態では電子が入っていない.しかし,分子が適当な振動数の光を吸収して,電子が低いエネルギー準位から高い準位に上がると,この軌道にも電子が入る.反結合性分子軌道は二つの炭素原子の間に節面を

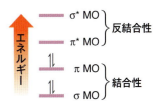

σ 結合と π 結合に含まれる電子の相対的エネルギー関係

もっている.

σ結合は二つの sp² 軌道の正面からの重なりによって形成され，C—C 結合軸に関して対称である．π結合は二つの p 軌道の側面での重なりによって形成され，p 軌道と同じように節面をもっている．基底状態では，π結合の電子は σ 結合骨格が作る面の上下にある．

π結合の電子は σ 結合の電子よりもエネルギーが高い．前ページ下の図にその基底状態の相対的エネルギー関係を示す（σ* MO は反結合性 **σ 軌道**である）．

1.13A　回転の制約と二重結合

C＝C 結合の σ-π モデルを用いると，**二重結合**の重要な性質もよく説明できる．

- 二重結合の回転に対しては大きなエネルギー障壁がある．

π結合の p 軌道の重なりは，二つの p 軌道の軸が正確に平行であるときに最も大きくなる．一方，二重結合の一方の炭素原子を 90° 回転すると π 結合は切れる（図 1.27）．p 軌道の軸が直交し，p 軌道同士の重なりが全くなくなるからである．熱化学的計算によると，π結合の強さは 264 kJ mol⁻¹ であって，これが二重結合の回転のエネルギー障壁になる．これは C—C 単結合の回転障壁（13〜26 kJ mol⁻¹）に比べるとはるかに大きい．単結合によって結ばれた基は室温でかなり自由に回転するが，二重結合によって結ばれた基は回転しない．

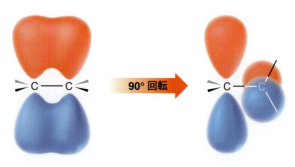

図 1.27　C＝C 結合の切断
二重結合の一方の炭素を 90° 回転すると π 結合が切れる．

1.13B　シス-トランス異性

二重結合で結ばれた基の回転障害によって新しい形式の異性が生じる．その例をジクロロエテンで示す．

cis-1,2-Dichloroethene　　　*trans*-1,2-Dichloroethene

- 上の二つの化合物は互いに異性体である．すなわち，同一の分子式をもつ異なった化合物である．

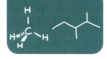

1.13 エテンの構造：sp² 混成

両者が異なる化合物であることは，一方の分子模型をもう一方の分子模型に重ね合わせてみるとよくわかる．両者は重なり合わない．重なり合うとは，一方の分子模型をもう一方の分子模型の上に置いたときすべての点で両者が一致するということである．

- これらが異性体であることを示すために，*cis*（シス）または *trans*（トランス）という接頭語をその名称の前に付ける（*cis* はラテン語で"こちら側"，*trans* はラテン語で"向こう側"という意味である）．

cis-1,2-ジクロロエテンと *trans*-1,2-ジクロロエテンは構造異性体ではない．両者の原子の結合順序は同じであり，**原子の配列が空間的に異なるだけである**．この種の異性体は**立体異性体** stereoisomer に分類されるが，通常は単にシス-トランス異性体とよばれている（立体異性については Chap. 4 と Chap. 5 でさらに詳しく述べる）．

シス-トランス異性 *cis-trans* isomerism が存在するための構造上の必要条件は，次のいくつかの例を見れば明らかになるだろう．1,1-ジクロロエテンと 1,1,2-トリクロロエテンにはこの形式の異性体は存在しない．

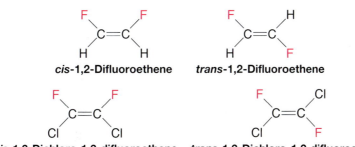

1,2-ジフルオロエテンと 1,2-ジクロロ-1,2-ジフルオロエテンにはシス-トランス異性体が存在する．二つの同じ置換基が同じ側に付いている異性体をシス体とよぶ．一方，反対側に付いている異性体をトランス体とよぶ．

以上の例からわかるように，**二重結合を作っている少なくとも一方の炭素に二つの同じ置換基が結合している場合にはシス-トランス異性はない**．

例題 1.12

分子式 C_3H_5F の異性体の構造式をすべて書け．

解答:
シス-トランス異性と環状構造の可能性を考慮すると次の五つの構造式が考えられる．

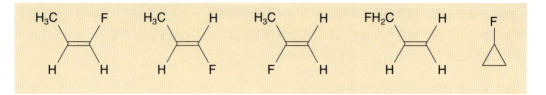

問題 1.18 次のアルケンのうち，シス-トランス異性体が存在するのはどれか．存在するものについては，その構造式を書け（分子模型を用いて二つの異性体が重なり合わないことを確かめよ）．

(a) $CH_2\!=\!CHCH_2CH_3$ (c) $CH_2\!=\!C(CH_3)_2$
(b) $CH_3CH\!=\!CHCH_3$ (d) $CH_3CH_2CH\!=\!CHCl$

1.14 エチンの構造：sp 混成

　三重結合をもつ炭化水素を**アルキン** alkyne という．三重結合では 2 個の炭素が 3 組の電子対を共有している．二つの最も単純なアルキンはエチンとプロピンである．

$$H-C\equiv C-H \qquad CH_3-C\equiv C-H$$
Ethyne　　　　　　　**Propyne**
(acetylene)　　　　　　　(C_3H_4)
(C_2H_2)

　エチンは**アセチレン** acetylene ともよばれ，原子が直線状に並んでいる．すなわち，エチン分子の H—C≡C の結合角は 180° である．

$$H-C\equiv C-H$$
180° 180°

　エチンの構造も，エタンやエテンの場合と同じように，軌道の混成を用いて説明することができる．1.12B 項で示したエタンでは炭素の軌道は sp^3 混成であった．また 1.13 節で示したエテンでは炭素の軌道は sp^2 混成であった．一方，エチンの炭素原子は **sp 混成**である．
　エチンの sp 混成軌道ができる数学的過程は，図 1.28 のように表すことができる．

- 炭素の 2s 軌道と一つの 2p 軌道が混成して，二つの **sp 軌道**を作る．
- 残りの二つの 2p 軌道は混成せずにそのまま残る．

　計算によると，二つの sp 混成軌道は，大きな正のローブが互いに 180° の角度をなすように直線上で反対方向に向いている．混成に使われなかった二つの 2p 軌道は，二つの sp 軌道の中心を通る軸からそれぞれ垂直に出ている（図 1.29）．
　エチンの結合性分子軌道のできる様子を，図 1.30 に示す．

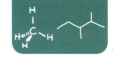

1.14 エチンの構造:sp混成

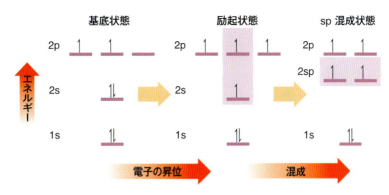

図 1.28 sp 混成炭素が生成する過程

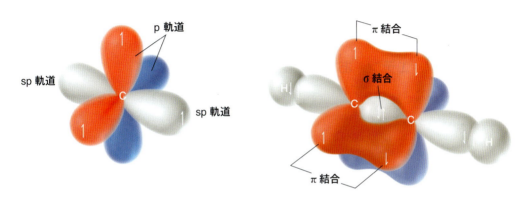

図 1.29 sp 混成炭素原子

図 1.30 sp 混成炭素原子二つと水素原子二つから ethyne の結合性分子軌道ができる様子
（反結合性分子軌道も同時にできるが簡単にするために省略している）

- 2個の炭素原子の sp 軌道が重なって二つの炭素間に σ 結合ができる．これが三重結合のうちの一つの結合である．各炭素に残ったもう一つの sp 軌道は水素の 1s 軌道と重なって，二つの C—H 結合を作る．
- 各炭素上の二つの p 軌道は側面で重なって二つの π 結合を作る．これが三重結合の残り二つの結合である．
- このように，C≡C 結合は二つの π 結合と一つの σ 結合からできている．

理論計算によって得られた分子軌道と電子密度に基づくエチンの構造を図 1.31 に示す．三重結合の長軸に沿って円筒対称になっている（図 1.31 (b)）．結果として，三重結合と結合した基にはアルケンのような回転障壁はなく，また回転が起こっても構造は変化しない．

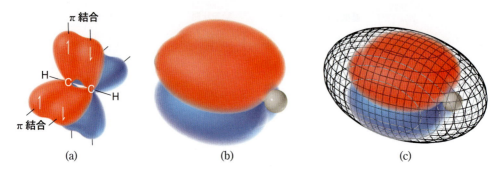

図 1.31　Ethyne の構造

(a) 2 組の p 軌道が重なって二つの π 結合ができる様子を σ 結合骨格とともに示す．(b) 理論計算で得られた π 分子軌道．2 組の π 分子軌道のローブがあり，赤色と青色のローブは，それぞれの π 結合で逆位相であることを示す．(c) この構造の網目面は ethyne におけるほぼ全電子密度の広がりを示している．全電子密度は水素原子上まで広がっているが，π 電子はそうではない．

1.14A　エチン，エテン，およびエタンの結合距離

C≡C 結合は C=C 結合より短く，C=C 結合は C—C 結合より短い．**結合距離**は炭素の混成状態に依存するからである．

- 炭素の s 性が大きいほど，結合は短い．その理由は，s 軌道が球形でその電子が p 軌道よりも原子核の近くに存在するからである．
- 炭素の p 性が大きいほど，結合は長い．その理由は，p 軌道がローブの形をして原子核から遠くまで広がっているからである．

混成軌道について見れば，sp 混成軌道は s 性 50％，p 性 50％である．sp^2 混成軌道では，s 性 33％，p 性 67％である．sp^3 混成軌道では，s 性 25％，p 性 75％である．したがって，全体的な傾向は次のようになる．

- sp 混成炭素を含む結合は sp^2 混成炭素を含むものより短く，sp^2 混成炭素を含む結合は sp^3 混成炭素を含むものよりも短い．この傾向は C—C 結合にも C—H 結合にも当てはまる．

エチン，エテン，およびエタンの結合距離と結合角を図 1.32 にまとめてある．

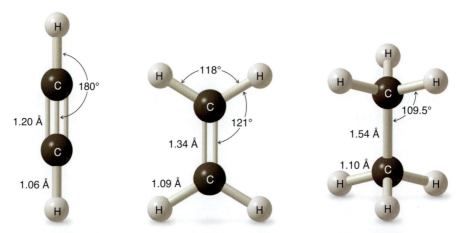

図 1.32　Ethyne, ethene, および ethane の結合距離と結合角

1.15 量子力学から得られる重要な概念のまとめ

1. **原子軌道** atomic orbital (**AO**) は,単一原子の核のまわりで,電子の存在確率の高い空間領域に相当する.s 軌道は球形である.一方,p 軌道は互いにほぼ接している 2 個の球のような形をしている.各軌道はスピンが対になっていれば最大 2 個まで電子を収容できる.軌道は波動関数で記述され,各軌道は一定のエネルギーをもっている.軌道の位相の符号は (+) か (−) である.

2. 原子軌道が重なり合うと結合して**分子軌道** molecular orbital (**MO**) ができる.分子軌道は 2 個(またはそれ以上)の原子核のまわりの,電子の存在確率の高い空間領域に相当する.原子軌道と同様に,一つの分子軌道はスピンが対になっていれば最大 2 電子まで収容できる.

3. 同じ位相の原子軌道が重なると,**結合性分子軌道** bonding molecular orbital ができる.

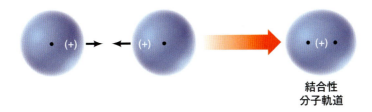

結合性分子軌道の電子密度は,二つの核間の空間領域で大きい.それによって,負電荷をもつ電子が正電荷をもつ核をつなぎとめる役目を果たしている.

4. 逆の位相の軌道が重なると**反結合性分子軌道** antibonding molecular orbital ができる.

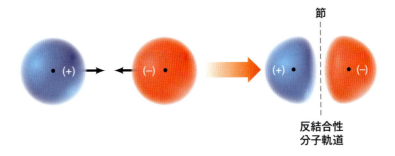

反結合性分子軌道は結合性軌道よりもエネルギーが高い.核間領域での電子密度は低く,**節面** nodal plane があり,その部分では $\phi=0$ である.したがって,反結合性分子軌道に電子が入っても核を結合させるのには役立たない.核間の反発が生じて,核を遠ざけようとする.

5. 結合性分子軌道の**電子のエネルギー**は,結合前の AO の電子のエネルギーよりも低い.反結合性分子軌道の電子のエネルギーは,結合前の AO の電子のエネルギーよりも高い.

6. **分子軌道の数**は,それを作るために結合した AO の数に等しい.二つの AO が結合すると常に二つの MO(結合性と反結合性分子軌道)を生じる.

7. **混成原子軌道** hybrid atomic orbital は,同一原子の異なった種類の軌道(例えば s と p)の波動関数が混じり合う(混成する)ことによってできる.

8. s軌道一つとp軌道三つが混成すると，四つの**sp³ 軌道**ができる．sp³ 混成した原子は，四つのsp³ 軌道の軸を正四面体の頂点に向けている．メタンの炭素はsp³ 混成をしており，**正四面体形** tetrahedral である．

9. s軌道一つとp軌道二つが混成すると三つの**sp² 軌道**ができる．sp² 混成した原子は三つのsp² 軌道の軸を正三角形の頂点に向けている．エテンの炭素はsp² 混成をしており，**平面三方形** trigonal planar である．

10. s軌道一つとp軌道一つが混成すると二つの**sp 軌道**ができる．sp 混成した原子の二つのsp 軌道の軸は逆方向（角度180°）を向いている．エチンの炭素はsp 混成をしており，エチンは**直線状** linear 分子である．

11. **シグマ（σ）結合** sigma bond （単結合）は結合軸のまわりの回転に関して対称な結合である．一般に有機化合物の骨格はシグマ結合でつながれた原子によってできている．

12. **パイ（π）結合** pi bond （二重結合と三重結合に含まれる）は，二つの隣接する平行なp軌道が側面で重なり合ってできたものである．

1.16 分子の形：原子価殻電子対反発（VSEPR）モデル

これまで量子力学の理論に基づいて分子の形を述べた．しかし量子力学によらなくても，**原子価殻電子対反発** valence shell electron-pair repulsion （**VSEPR**）モデル*とよばれる方法によっても，分子やイオンの形を予想することができる．

VSEPR モデルは次のような手順で適用される．

1. 中心原子が二つ以上の原子または基と共有結合している分子（またはイオン）を考える．
2. 中心原子のまわりのすべての原子価電子対を考える［電子対には，**結合電子対** bonding pair （共有結合に関与している電子対）と**非共有電子対** unshared pair （非結合性電子対 nonbonding pair，孤立電子対 lone pair ともいう）がある］．
3. 電子対は互いに反発するので，原子価電子対はできるだけ離れようとする傾向がある．通常非共有電子対間の反発は結合電子対同士の反発より大きい．
4. すべての結合電子対および非共有電子対を考慮して分子の形を決めるが，分子またはイオンの形を記述するには電子対の位置ではなく，原子核（すなわち原子）の位置で示す．

1.16A メタン

メタンの原子価殻は4組の結合電子対からできている．正四面体配置においてのみ，この4組の電子対が最も離れた等価な位置をとりうる（図1.33）．正四面体以外の配置，例えば，平面正方形のような配置では電子対は互いにもっと近付くことになる．したがって，メタンは正四面体

---

* （訳注）この用語は長くて覚える必要はないが，内容は単純である．この考え方は1939年に槌田龍太郎（大阪大学）によって初めて提案された．

1.16 分子の形：原子価殻電子対反発（VSEPR）モデル

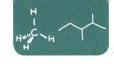

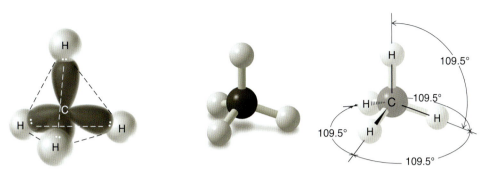

図 1.33　Methane の正四面体形構造
結合電子対が互いに最も離れた位置になる．

図 1.34　Methane の結合角
Methane の結合角は 109.5° である．

形である．

　正四面体構造をとっているすべての原子の結合角 bond angle は 109.5° である．図 1.34 にはメタンの結合角を示している．

1.16B　アンモニア

　アンモニア ammonia（NH_3）の分子は**三角錐** trigonal pyramid である．窒素の原子価殻には，3組の結合電子対と1組の非共有電子対の合わせて4組の電子対がある．アンモニア分子の結合角は 107°であり，これは正四面体角（109.5°）に近い．この場合も，非共有電子対を四面体の頂点に向ければ，アンモニアに対しても四面体形構造が書ける（図 1.35）．電子対の四面体形配列によって4原子の三角錐構造（非共有電子対を除く）が説明できる．非共有電子対は結合電子対よりも空間を大きく占めるので，その結合角は 109.5°より小さくなり，107°である．

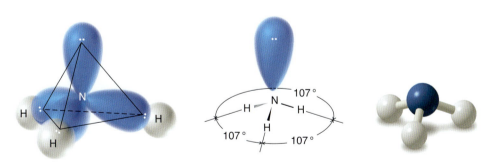

図 1.35　アンモニアの四面体形構造
（球・棒分子模型は非共有電子対を示していない）

問題 1.19　アンモニアの結合角から窒素の混成状態について考察せよ．

1.16C 水

水 H₂O の分子は**折れ曲がった形** bent shape をしている．水分子の H—O—H 結合角は 104.5° であり，これはメタンの結合角である 109.5° に近い．

2 組の非共有電子対を四面体の頂点に向ければ，水の分子を四面体形構造で書くことができる（図 1.36）．電子対の四面体形配列によって，水の 3 個の原子の曲がった配置が説明される．非共有電子対は結合電子対より反発が大きいので，結合角は 109.5° よりも小さい．すなわち，完全な正四面体ではない．

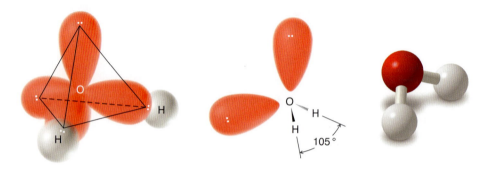

図 1.36　水分子の四面体形構造

問題 1.20　水の結合角から酸素原子の混成状態について考察せよ．

1.16D 三フッ化ホウ素

13 族の元素であるホウ素は，価電子を 3 個しかもっていない．三フッ化ホウ素 boron trifluoride（BF₃）では，これらの 3 電子は三つのフッ素原子と共有される．その結果，BF₃ のホウ素原子のまわりには 6 電子（すなわち，3 組の結合電子対）しか存在しない．3 組の結合電子対が正三角形の頂点に向くとき，結合電子対は最も遠く離れる．三フッ化ホウ素分子では，3 個のフッ素原子が正三角形の頂点に位置する（図 1.37）．その結合角は 120° であり，BF₃ は平面三方形の構造をもつ．

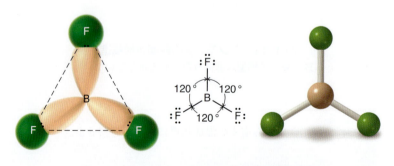

図 1.37　三フッ化ホウ素の平面三方形構造

問題 1.21 三フッ化ホウ素の結合角からホウ素の混成状態について考察せよ．

1.16E 水素化ベリリウム

水素化ベリリウム BeH_2 の中央のベリリウム原子は2組の電子対しかもっていない．両方とも結合電子対である．この2組の電子対は，次の構造に示すように互いに中心原子の反対側にくると，最も遠く離れる．このことから BeH_2 が直線構造をとり，結合角が180°になることが説明される．

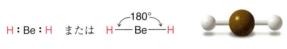

BeH_2 の直線構造

問題 1.22 水素化ベリリウムの結合角からベリリウム原子の混成状態について考察せよ．

問題 1.23 VSEPR モデルを使って次の分子やイオンの形を予測せよ．

(a) $\bar{B}H_4$ (c) $\overset{+}{N}H_4$ (e) BH_3 (g) SiF_4
(b) BeF_2 (d) H_2S (f) CF_4 (h) $:\bar{C}Cl_3$

1.16F 二酸化炭素

多重結合を含む分子の形は，多重結合の電子をまとめて一つの単位として考えることにより，VSEPR モデルを用いて予想することができる．

二酸化炭素 CO_2 分子を例にとって考えてみよう．二酸化炭素の中央の炭素原子は各酸素原子と二重結合で結合しており，直線構造をとっていることが知られている（結合角は180°である）．

それぞれの二重結合の4個の電子は，まとまった単位として互いに最大限離れる．

この構造は，結合電子4個からなる2組の単位が最も遠く離れた形になっている．酸素原子上の非共有電子対は，分子の形には何の影響も与えない．

問題 1.24 次の分子の結合角を予想せよ．

(a) $F_2C=CF_2$ (b) $CH_3C\equiv CCH_3$ (c) $HC\equiv N$

VSEPR モデルで予想される簡単な分子またはイオンの形を表1.3に示す．中心原子の混成状態も併せて示してある．

表 1.3　VSEPR モデルによって予想される分子とイオンの形

中心原子の電子対の数			中心原子の混成状態	分子またはイオンの形*	例
結合	非共有	合計			
2	0	2	sp	直線	BeH_2
3	0	3	sp^2	平面三方形	$BF_3, \overset{+}{C}H_3$
4	0	4	sp^3	四面体形	$CH_4, \overset{+}{N}H_4$
3	1	4	$\sim sp^3$	三角錐	$NH_3, \overset{-}{C}H_3$
2	2	4	$\sim sp^3$	折れ曲がり	H_2O

*原子の位置のみで，非共有電子対を除いた形を示す．

病気の治療に用いられる天然物の化学

地球上の生物は，ほとんど炭素，水素，窒素と酸素だけからなる有機化合物を作っている．まれにハロゲンや硫黄のような原子が含まれることがある．これらの化合物はこれらの生物の毎日の機能として必要であるだけでなく，捕食者から身を守るのにも役立っている．これらの有機化合物には，太陽光のエネルギーを利用する緑色植物にあるクロロフィル a（構造式は裏表紙参照）がある．カプサイシ

［Image Source］

ンはトウガラシ属の植物によって合成される辛味成分で，この植物を食べにくる昆虫や鳥を追い払うのに役立っている．サリチル酸は柳の木によって合成される信号ホルモンである．ロバスタチンはヒラタケ oyster mushroom 中に含まれ，バクテリアの攻撃から身を守る．

　これらの化合物はすべて天然物で，近代社会の発展の多くはそれらの研究と利用の結果であるといってよい．カプサイシンは有効な鎮痛剤であることがわかった．皮膚に塗ると痛みを和らげるので市販されている．サリチル酸は鎮痛剤であると同時に抗ニキビ剤である．ロバスタチンはヒトの血中コレステロール値を下げる薬として用いられている．現代有機化学の力は，天然にはわずかしか存在しないこれらの物質でも，簡単に入手できる安価な出発物質から大量に作り出し，社会のすべての人々が恩恵を受けるようにするところにある．さらに重要なことは，有機化学がこれらの天然物の構造を変えることによって，それらの化合物を別のもっとすばらしい性質をもつ化合物にすることができることにある．例えば，サリチル酸に少し原子を加えることによってアスピリンの発見に至った．アスピリンはサリチル酸よりも鎮痛作用がずっと強く，副作用が少ない．同様に，化学者はロバスタチンの構造から発展させて，同じような活性をもつ医薬品としてアトルバスタチンを開発した．

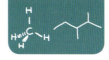

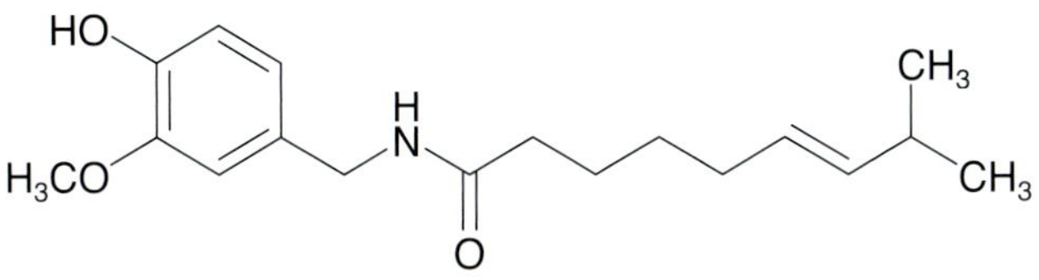

Capsaicin

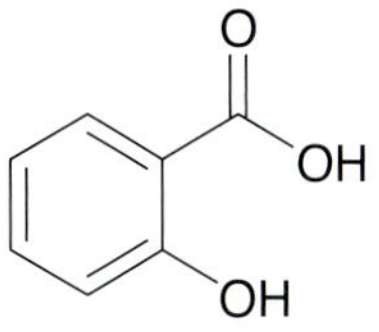

Salicylic acid

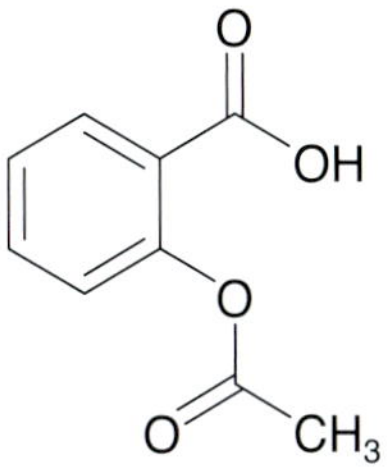

Aspirin

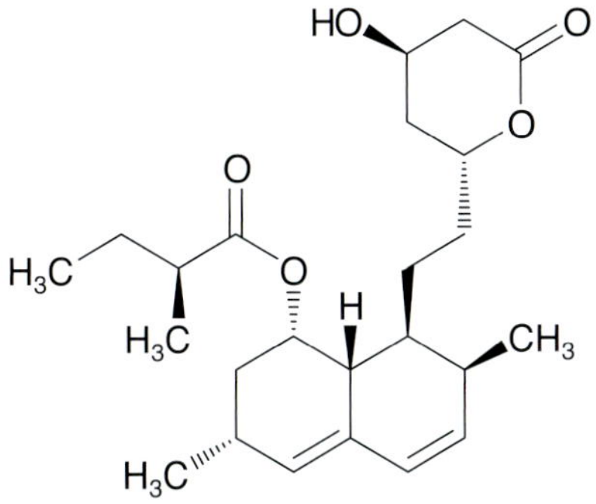

Lovastatin

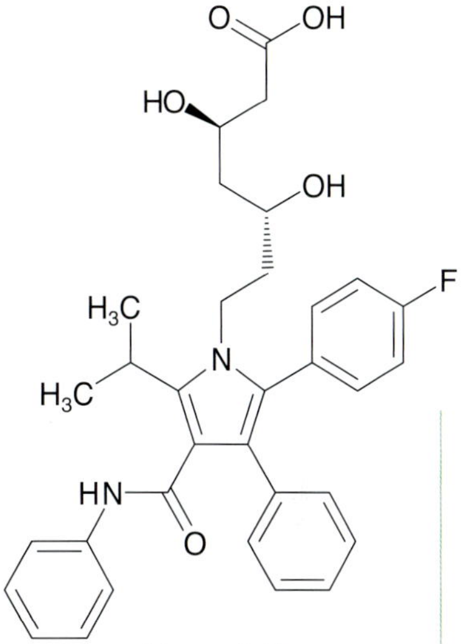

Atorvastatin

1.17　基本原理の適用

　本書の初めの数章では，これから勉強しようとしている化学の基礎となる基本的原理について復習することにする．次の原理について考え，本章でどのように適用されているか考えよう．

　正電荷と負電荷は引き合う　　この原理は共有結合とイオン結合の説明に使われている（1.3A項）．共有結合の説明の根拠になっているのは，正電荷をもつ原子核と負電荷をもつ電子の間の引力である．イオン結合を説明するのは，結晶中のアニオン（陰イオン）とカチオン（陽イオン）の引力である．

　同符号の電荷は反発する　　分子の三次元構造を説明するVSEPRモデルの根本原理は，分子を形成している原子の原子価殻の電子間の反発である．また，これはそれほどわかりやすくはないが，軌道の混成による分子の三次元構造の説明も同じ因子に基づいている．混成軌道の配向の計算には電子間反発が考慮されているからである．

　自然はポテンシャルエネルギーの低い状態に傾く　　この原理はわれわれのまわりの多くの現象を説明する．水は低いほうに流れる．水のポテンシャルエネルギーは山の頂上にあるよりもふもとにあるほうが低いからである．水はふもとにあるほうが安定であるといってもよい．この原理は組立て原理（1.10A項）の基礎になっている．基底状態では，原子の電子は最もエネルギーの低い軌道に入る．しかし，HundとPauliの原理が適用され，一つの軌道に2電子までしか入

◆補充問題

1.25 次のイオンのうち，貴ガスの電子配置をもつものはどれか．

(a) Na^+ (c) F^+ (e) Ca^{2+} (g) O^{2-}
(b) Cl^- (d) H^- (f) S^{2-} (h) Br^+

1.26 次の化合物を簡略化式で示せ（黒色は炭素原子，赤色は酸素原子，白色は水素原子を示す）．

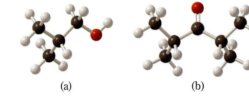

(a)　　　　　　　(b)　　　　　　　(c)　　　　　　　(d)

1.27 次に示す構造式の組合せは，それぞれ同一の化合物か，構造異性体か，あるいは異性体の関係にない異なる化合物か，答えよ．

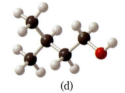

(g) 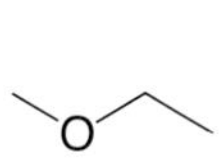 CH₃OCH₂CH₃ と (CH₃)₂C=O

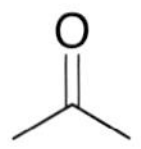

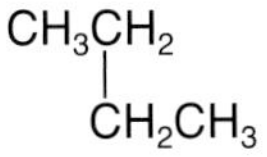

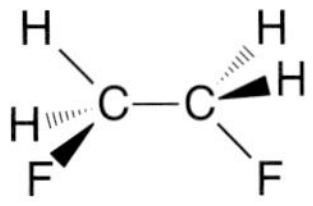

(h) (CH₃CH₂)₂CHCH₂CH₃ と CH₃CH₂CH₂CH₃

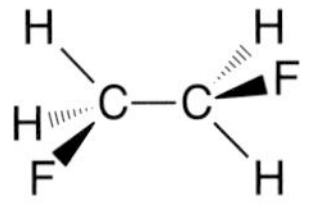

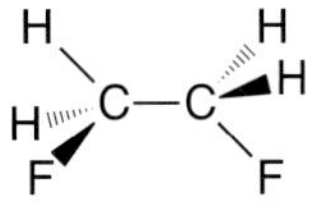

(o) CHF₂–CH₂F と CHF₂–CH₂F

(p) CHF₂–CH₂F と CH₂F–CHF₂

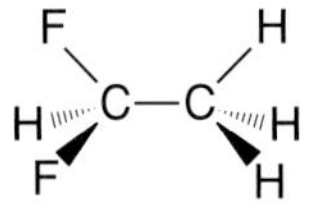

1.28 次の分子を結合・線式で表せ．

(a) 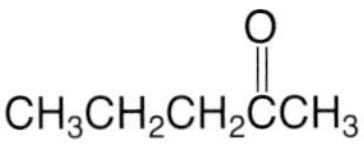 CH₃CH₂CH₂COCH₃

(b) 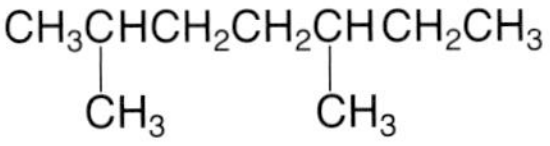 CH₃CHCH₂CH₂CHCH₂CH₃
　　　　|　　　　　|
　　　　CH₃　　　CH₃

(c) (CH₃)₃CCH₂CH₂CH₂OH

(d) 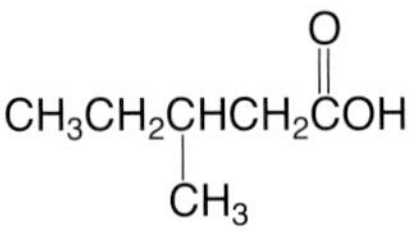 CH₃CH₂CHCH₂COOH
　　　　　　|
　　　　　　CH₃

(e) CH₂=CHCH₂CH₂CH=CHCH₃

(f) 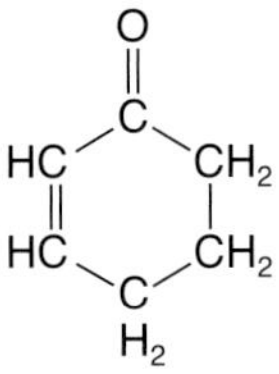 シクロヘキサノン

Chapter

2

炭素化合物の種類：官能基と分子間力

　本章では，官能基の概念を導入することによって有機化学が著しく単純化されることを示そう．官能基とは特別な配列をもった原子の集団であり，それによって分子の反応性や性質の予想が可能になる．何百万にものぼる有機化合物があるが，共通の官能基の性質について学ぶだけで，その種類の化合物すべてに関して多くのことが容易に理解できるとわかれば気が休まるだろう．

　例えば，すべてのアルコールには，炭素に水素だけが付いた飽和炭素に結合した –OH（ヒドロキシ）官能基がある．アルコールは，アルコール飲料に含まれるエタノールのような単純なものから，避妊ピルに含まれるエチニルエストラジオール（2.1C項）のように複雑なものまで，この共通の構造単位（OH）をもっている．すべてのアルデヒドは，＞C＝O（カルボニル）基をもっており，そのカルボニル炭素の一方には水素，もう一方には炭素が結合している．その一例はアーモンドに含まれるベンズアルデヒドである．ケトンもカルボニル基をもっているがカルボニル炭素には両側に別の炭素が結合している．ゼラニウムやスペアミントに含まれる天然の精油，メントンがその例である．

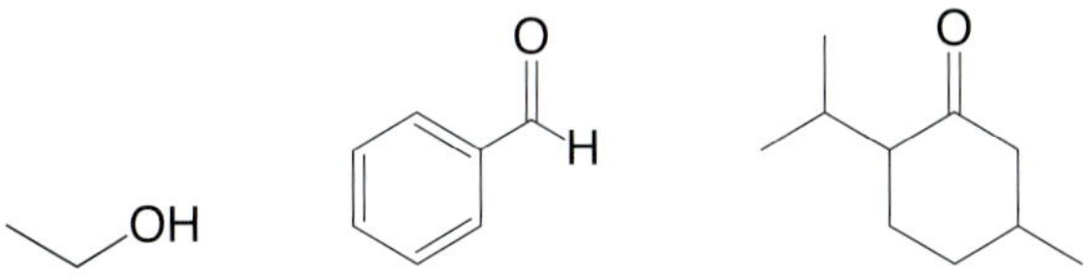

Ethanol　　**Benzaldehyde**　　**Menthone**

　同じ官能基をもつ化合物は共通の化学的性質や化学反応性をもっているので，これに基づいて有機化学の知識を系統的に整理することができる．本章を読み進むに従って，よく見られる官能基の原子配列がどうなっているかについて学ぶことができるだろう．その知識は有機化学を学習するために非常に重要なものとなる．

本章で学ぶこと：
- おもな官能基
- 官能基と分子の性質そして分子間相互作用との関係

［写真提供：© Valencyn Volkov/iStockphoto］

2.1 炭化水素：代表的なアルカン，アルケン，アルキンおよび芳香族化合物

本章は，炭素と水素だけを含む化合物について説明することから始める．そして，アン -ane，エン -ene およびイン -yne で終わる化合物名によって，どのような C—C 結合を含む化合物を表しているかについて見ていく．

- **炭化水素** hydrocarbon は炭素と水素だけを含む化合物である．

例えば，メタン methane（CH_4）とエタン ethane（C_2H_6）は炭化水素である．これらはアルカンとよばれる炭化水素の仲間である．

- **アルカン** alkane は炭素原子間に多重結合をもっていない炭化水素である．個々の化合物は**アン** -ane で終わる名称で表す．

他に，炭素原子間に二重結合または三重結合をもつ炭化水素もある．

- **アルケン** alkene は C=C 結合を少なくとも一つもっている．個々の化合物は**エン** -ene で終わる名称で表す．
- **アルキン** alkyne は C≡C 結合を少なくとも一つもっている．個々の化合物は**イン** -yne で終わる名称で表す．
- **芳香族化合物** aromatic compound は特別な環，最も一般的な例ではベンゼン環をもっている．芳香族化合物の名称には特別な接尾語はない．

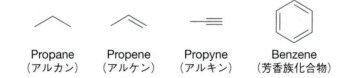

Propane（アルカン）　Propene（アルケン）　Propyne（アルキン）　Benzene（芳香族化合物）

それぞれの炭化水素の種類について，代表的な例を以下の項で取り上げる．

一般に，単結合のみでできているアルカンのような化合物は，炭化水素がもちうる最大数の水素をもっている．そのために**飽和化合物** saturated compound といわれる．多重結合を含むアルケン，アルキンや芳香族炭化水素のような化合物は，最大数より少ない水素をもち，適当な条件下でまだ水素と反応できるので**不飽和化合物** unsaturated compound といわれる．これについては Chap. 7 でさらに詳しく述べる．

2.1A　アルカン

アルカンのおもな供給源は天然ガスと石油である．低分子量のアルカン（メタンからブタンまで）は室温 1 気圧で気体である．メタンは天然ガスの

Methane

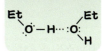

2.1 炭化水素：代表的なアルカン，アルケン，アルキンおよび芳香族化合物

主成分である．高分子量のアルカンの大部分は石油の精製で得られる．最も単純なアルカンであるメタンは，地球の原始大気の主成分の一つであった．メタンは今なお地球大気中に見出されるが，もはや問題になるほどの量ではない．しかし，木星，土星，天王星，海王星の大気の主成分はメタンである．

ある生物は二酸化炭素と水素からメタンを作り出している．これらの原始生物は，メタノゲンス methanogens とよばれ，地球上で最も古い生物と考えられており，別の進化過程を代表するものであろう．メタノゲンスは嫌気性（すなわち，酸素のない）環境下でのみ生存でき，海溝，泥，汚水や牛の胃の中などに見出される．

2.1B アルケン

エテンとプロペンは，最も単純なアルケンであり，最も重要な工業化学薬品に数えられる．エテンはエタノール，エチレンオキシド，アセトアルデヒド，高分子ポリエチレン（9.11節）など多くの化学製品の合成原料として使われる．プロペンは高分子ポリプロピレン（9.11節）やアセトン，クメン（20.4B項）の合成原料となる．

Ethene

エテンはまた植物ホルモンとして天然にも存在する．トマトやバナナのような果物自身によって作られ，これらの果物の成熟過程に関与している．トマトやバナナなどは未熟果のほうが輸送中に受ける損傷が少ないため，未熟の状態で摘果される．そして後に人工的に熟させるためにエテンが果物産業で多く使用されている．

他にも天然に多くのアルケンが存在するが，次に二つの例をあげる．

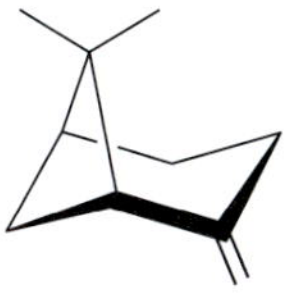

β-Pinene（β-ピネン）
（テレピン油の一成分）

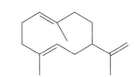

アブラムシの警報フェロモン

例題 2.1

Propene CH$_3$CH=CH$_2$ はアルケンの一つである．Propene の構造異性体の構造式を書け（ヒント：その異性体はアルケンではなく，二重結合をもたない）．

解き方と解答：

環をもつ化合物は同じ炭素数のアルケンと同じ分子式をもつ．Cyclopropane が propene (C$_3$H$_6$) の構造異性体である（シクロプロパンは麻酔作用をもつ）．

Cyclopropane

2.1C アルキン

最も単純なアルキンはエチン（アセチレン acetylene ともよばれる）である．アルキンは天然にも存在するし，実験室でも合成できる．

生合成によって生成する数多くのアルキンの中から，二つの例として，抗かび剤カピリンとペントバルビタールの代謝阻害活性をもつ海洋天然物ダクチリンを示す．またエチニルエストラジオールはエストロゲン様作用をもつ合成アルキンで経口避妊薬として用いられる．

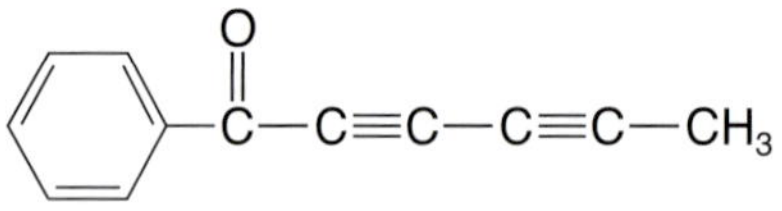

Ethyne

Capillin

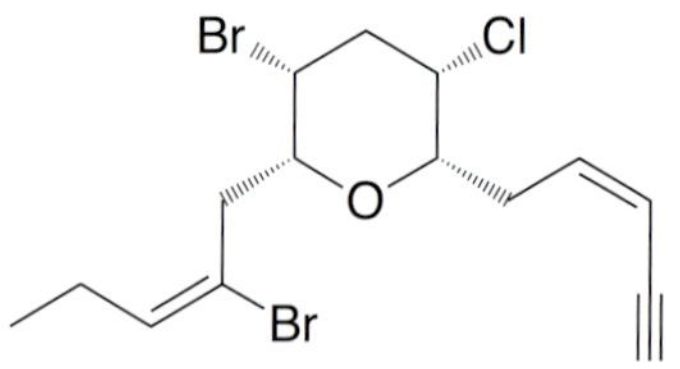

Dactylyne

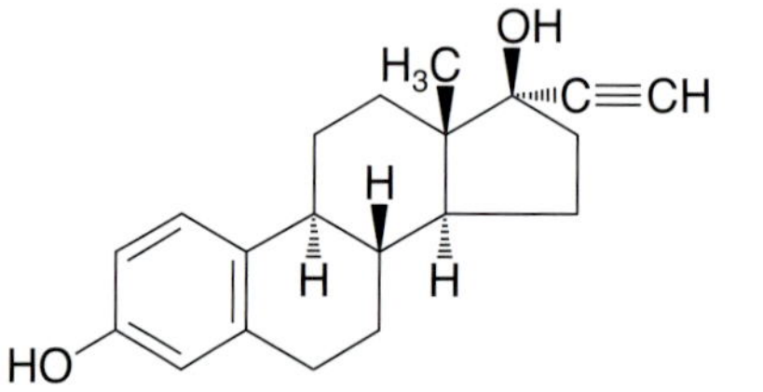

Ethinyl estradiol
[17α-ethynyl-1,3,5(10)-estratriene-3,17β-diol]

2.1D ベンゼン：代表的芳香族炭化水素

Chap. 13 で**芳香族化合物**として知られる一群の不飽和環状炭化水素について詳しく述べる．**ベンゼン** benzene はその代表例である．ベンゼンは単結合と二重結合を交互にもった 6 員環として書くことができ，この構造式を初めて考え出した A. Kekulé にちなんで **Kekulé 構造式**とよばれている．

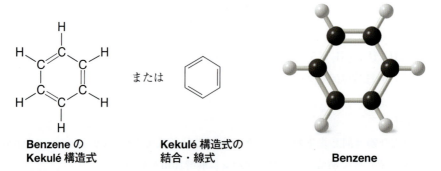

Benzene の Kekulé 構造式　　Kekulé 構造式の結合・線式　　Benzene

Kekulé 構造式はベンゼン環を含む化合物にしばしば使われているが，この表示法が不十分で正しくない証拠はたくさんある．例えば，Kekulé 構造式が示すようにベンゼンが単結合と二重結合を交互にもっているとすれば，C＝C 結合と C―C 結合に対して予測される結合の長さ

（図 1.31）で短いものと長いものとが交互になるはずである．実際には，ベンゼンの C—C 結合はすべて同じ長さ（1.39 Å）であり，これは C＝C 結合と C—C 結合の中間の値である．この問題を取り扱うには共鳴理論による方法と分子軌道理論を用いる方法の二つがある．このことについては Chap. 13 で詳しく説明する．

2.2 極性共有結合

化学結合について 1.3 節で説明したとき，LiF のように電気陰性度の差が非常に大きい 2 原子間に結合をもつ化合物について考えた．このような例では，電子移動が完全に起こって**イオン結合**をもつことになる．

フッ化リチウム（lithium fluoride）はイオン結合をもつ

フッ化リチウムの結晶モデル

また結合を作る 2 原子の電気陰性度の差が小さい場合や同じ化合物についても考えた．例えば，エタンの C—C 結合では，電子は 2 原子間に等しく共有される．

エタンは共有結合をもつ．電子は 2 個の炭素原子に等しく共有されている

しかし，これまで，共有結合の電子対が二つの原子で非等価に共有される可能性については考えてこなかった．

- 結合している二つの原子の電気陰性度が異なるが，その差があまり大きくない場合，電子対の共有は等価ではなく，結果として**極性共有結合** polar covalent bond が生成する．
- 注意：**電気陰性度** electronegativity の定義の一つは原子が共有電子を引き付ける能力である．

そのような極性共有結合の一例として，塩化水素の結合がある．塩素は電気陰性度が大きいので，結合電子を自分のほうに引き寄せる．そのため，水素は幾分電子不足になるので部分正電荷（$\delta+$）をもつ．一方，塩素原子はその分だけ電子過剰となり，部分負電荷（$\delta-$）をもつ．

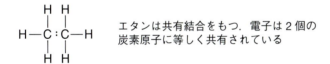

このように塩化水素分子は部分的に正の末端と部分的に負の末端をもつので，**双極子** dipole となり**双極子モーメント** dipole moment をもつことになる．

極性結合の極性 polarity の方向は矢印（⊢→）で表される．矢印の十字の端は正の末端で，頭は負の末端を表す．

（正の末端）⊢→（負の末端）

例えば，HCl では双極子モーメントの方向を次のように表す*．

$$\text{H}\!-\!\text{Cl}$$
$$\longrightarrow$$

問題 2.1 次の分子の中で極性分子に対して，各原子に $\delta+$ と $\delta-$ を書き，双極子モーメントの矢印を書け．

(a) HF　　　(b) IBr　　　(c) Br_2　　　(d) F_2

双極子モーメントは実験的に測定できる物理的性質であり，静電単位（esu）で表された電荷の大きさとセンチメートル（cm）で表された距離の積と定義される．

$$双極子モーメント = 電荷（esu）\times 距離（cm）$$
$$\mu = e \times d$$

電荷は通常 10^{-10} esu，距離は 10^{-8} cm くらいの大きさの値であるので，双極子モーメントは 10^{-18} esu・cm くらいの大きさとなる．便宜上，1×10^{-18} esu・cm を 1 **デバイ** debye とし，D と略す（この単位はオランダ生まれの化学者 P. J. W. Debye にちなんで付けられたものである．Debye は 1936 年にノーベル賞を受賞している）．SI 単位では 1 D = 3.336×10^{-30} クーロンメートル（C・m）である．

必要な場合には，矢印の長さが双極子モーメントの大きさを示すのに用いられる．双極子モーメントは，2.3 節で述べるように，化合物の物理的性質を説明するのに非常に有用な値である．

極性共有結合は分子の物理的性質と化学反応性に大きな影響を及ぼす．多くの場合，極性共有結合は**官能基** functional group の一部をなしている．これについてはすぐに 2.5 ～ 2.13 節で説明する．官能基は分子中の一定の原子配置をもった基であり，その分子の官能性（反応性と物理的性質）を決めている．官能基は，電気陰性度が異なり非共有電子対をもつ原子を含むことが多い（共有結合を作り非共有電子対をもっている酸素，窒素，硫黄，ハロゲンなどの原子は**ヘテロ原子** heteroatom とよばれる）．

2.2A　静電ポテンシャル図

分子の電荷の分布を示す方法の一つに**静電ポテンシャル図** map of electrostatic potential（MEP）がある．MEP では，電子密度表面の中で負の領域を赤色で表す．この領域は別の分子の正電荷を引き付ける（あるいは負電荷を反発する）．正の領域は青色で示され，他の分子の電子を引き付ける．MEP の赤色から青色への色の変化は，強く負電荷を帯びている領域から正電荷を帯びている領域までの変化を表している．

図 2.1 は塩化水素の MEP を示している．電気陰性度から予測したとおり，負電荷は塩素原子近くに集まり，正電荷は水素原子の近くに局在していることをはっきりと見ることができる．さらに MEP は分子の電子密度の低い表面（van der Waals 表面；2.13B 項参照）をプロットしているから，分子全体の形も表している．

---

* （訳注）有機化学では伝統的に極性を表す矢印を用いて，正の末端から負の末端に向かって双極子モーメントの方向を表しているが，電磁気学（物理化学）の定義によると逆向き（負の末端から正の末端へ）になるので注意すること．

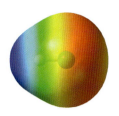

図 2.1　塩化水素の静電ポテンシャル図

赤色は負電荷の領域，青色は正電荷の領域を表している．負電荷は塩素の近くに局在しており，その結果この分子は大きな双極子モーメントをもつ．

2.3　極性分子と無極性分子

前節の双極子モーメントの説明では，単純な 2 原子分子だけを考えた．異なる原子からなる 2 原子分子は（2 原子の電気陰性度が異なるので）すべて必然的に双極子モーメントをもつことになる．一般に，双極子モーメントをもつ分子は**極性分子** polar molecule である．しかし，表 2.1 を見ると 3 個以上の原子からなる多くの化合物（例えば CCl_4 や CO_2）が，極性結合をもつにもかかわらず，双極子モーメントをもたないことがわかる．われわれはすでに分子の形について学んだ（1.12 〜 1.16 節）ので，この理由を説明できる．

四塩化炭素（CCl_4）分子を考えてみよう．塩素の電気陰性度は炭素より大きいので，CCl_4 の一つ一つの C—Cl 結合は極性結合である．したがって，各塩素原子は部分負電荷をもち，炭素はかなり正に荷電している．しかし，四塩化炭素分子は正四面体形である（図 2.2）ため，正電荷の中心と負電荷の重心が一致し，したがって分子全体としては正味の双極子モーメントをもたない．

これをもう少し違った方法で表現すると次のようになる．各々の結合の極性の方向を矢印（⟶）で示すと，結合モーメントは図 2.3 に示したようになる．この場合，結合モーメントは，正四面体形に配置された同じ大きさのベクトルであるので，これらの効果は打ち消し合って，ベクトルの和は 0 となり，分子は正味の双極子モーメントをもたないことになる．

クロロメタン（CH_3Cl）分子は 1.87 D の双極子モーメントをもつ．この場合，炭素と水素の電

表 2.1　単純な分子の双極子モーメント（μ）

分子式	μ (D)	分子式	μ (D)
H_2	0	CH_4	0
Cl_2	0	CH_3Cl	1.87
HF	1.83	CH_2Cl_2	1.55
HCl	1.08	$CHCl_3$	1.02
HBr	0.80	CCl_4	0
HI	0.42	NH_3	1.47
BF_3	0	NF_3	0.24
CO_2	0	H_2O	1.85

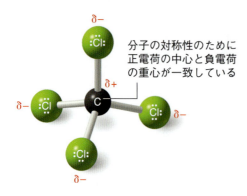
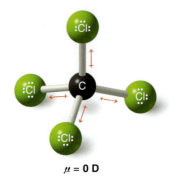

図 2.2　Carbon tetrachloride の電荷分布
この分子は正味の双極子モーメントをもたない.

図 2.3　Carbon tetrachloride の結合モーメント
大きさの等しい四つの結合モーメントは正四面体形構造によってその効果が打ち消されている.

電気陰性度はほぼ等しい（表 1.2 参照）ので，三つの C—H 結合は分子全体の双極子への寄与は無視できる．これに対して，炭素と塩素との電気陰性度の差は大きく，この極性の高い C—Cl 結合が CH_3Cl の大きな双極子モーメントの原因になっている（図 2.4）.

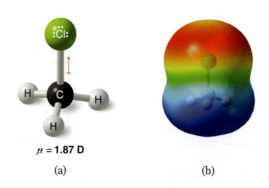

図 2.4　Chloromethane の双極子モーメント
(a) Chloromethane の双極子モーメントは，主として極性の高い C—Cl 結合に起因する．(b) 静電ポテンシャル図は chloromethane の極性を表している.

例題 2.2

二酸化炭素（CO_2）分子は極性結合（酸素は炭素より電気陰性である）をもっているが，CO_2 は双極子モーメントをもたない（表 2.1）．この結果から CO_2 分子の構造についてどのような結論が得られるか.

解き方と解答：

CO_2 分子が双極子モーメントをもたないためには，2 個の C＝O 結合の結合モーメントが互いに打ち消し合わなければならない．これは CO_2 の分子が直線であるときにのみ可能である.

$$\overset{\longleftrightarrow}{\ddot{O}=C=\ddot{O}}$$
$$\mu = 0 \text{ D}$$

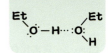

2.3 極性分子と無極性分子

問題 2.2 三フッ化ホウ素 boron trifluoride（BF₃）は双極子モーメントをもたない（μ＝0）．この結果は，VSEPR モデルによって予測される BF₃ の分子の形を確認することになるだろうか．

問題 2.3 Tetrachloroethene（CCl₂＝CCl₂）は双極子モーメントをもたない．この分子の形からこの結果を説明せよ．

問題 2.4 二酸化硫黄 sulfur dioxide（SO₂）は双極子モーメント（μ＝1.63 D）をもつが，二酸化炭素（CO₂）はもたない（例題 2.2 を見よ）．この事実から二酸化硫黄分子の形について考察せよ．

非共有電子対は水やアンモニアの双極子モーメントに大きく寄与している．非共有電子対にはその負電荷を中和する原子が結合していないので，非共有電子対は，中心原子から離れる方向に大きなモーメントを生じる原因となる（図 2.5）(O—H と N—H の結合モーメントもかなり大きい)．

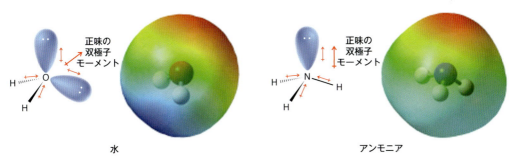

図 2.5 水とアンモニアの結合モーメントと双極子モーメント

問題 2.5 三次元式を用いて CH₃OH の双極子モーメントの方向を示せ．原子に δ＋ と δ− の記号を書き入れよ．

問題 2.6 Trichloromethane（CHCl₃；chloroform ともいう）は CFCl₃ より大きな双極子モーメントをもつ．三次元式と結合モーメントを用いてこれを説明せよ．

2.3A アルケンの双極子モーメント

アルケン（1.13B 項）のシス-トランス異性体は異なる物理的性質をもつ．それらの融点と沸点は異なり，双極子モーメントも著しく異なることが多い．表 2.2 に 1,2-ジクロロエテンと 1,2-ジブロモエテンのシス-トランス異性体の物理的性質をいくつかまとめた．

表 2.2 代表的なシス-トランス異性体の物理的性質

化合物	融点(℃)	沸点(℃)	双極子モーメント (D)
cis-1,2-Dichloroethene	-80	60	1.90
trans-1,2-Dichloroethene	-50	48	0
cis-1,2-Dibromoethene	-53	112	1.35
trans-1,2-Dibromoethene	-6	108	0

例題 2.3

表 2.2 によると *cis*-1,2-dichloroethene は大きな双極子モーメントをもつのに，トランス体の双極子モーメントは 0 である．その理由を説明せよ．

解き方と解答：

結合モーメントから正味の双極子モーメントを概算すると，*cis*-1,2-ジクロロエテンでは結合モーメントが互いに増強するようになっているのに対して，トランス体では結合モーメントが互いに打ち消し合っている．

結合モーメント（赤色）はほぼ同じ方向を向いており，正味の双極子モーメント（黒色）は大きい．

cis-1,2-Dichloroethene
$\mu = 1.9\ \mathrm{D}$

trans-1,2-Dichloroethene
$\mu = 0\ \mathrm{D}$

結合モーメントが打ち消し合って双極子モーメントは 0 になっている．

問題 2.7 次の化合物の結合モーメントの方向を示せ（C—H 結合は無視してよい）．また分子の正味の双極子モーメントの矢印を書け．もし，双極子モーメントがない場合は $\mu = 0\ \mathrm{D}$ と書け．

(a) *cis*-CHF＝CHF (c) $CH_2 = CF_2$
(b) *trans*-CHF＝CHF (d) $CF_2 = CF_2$

問題 2.8 次の分子式に相当するすべてのアルケンの構造式を書け．また，それぞれについてシス-トランス異性体を示し，その双極子モーメントを例題と同じように予測せよ．

(a) $C_2H_2Br_2$ (b) $C_2Br_2Cl_2$

2.4 官能基

- **官能基**は，特定の原子配列をもった基であり，分子の性質と反応性を決めている．

例えば，アルケンの官能基は C＝C 結合である．アルケンの反応を詳しく見ると（Chap. 8），その大部分は C＝C 結合の反応であることがわかる．

アルキンの官能基は C≡C 結合である．アルカンは官能基をもたない．アルカンは C—C 結合と C—H 結合からできているが，これらの結合はほとんどすべての有機化合物に存在し，通常の官能基に比べてはるかに反応性が低い．2.5〜2.11 節で一般的な官能基とその性質を簡単に説明する．表 2.3（2.12 節）にはほとんどの重要な官能基をまとめてある．しかし，まず最初に，おもなアルキル基を見ておこう．アルキル基は，炭素と水素からなるグループであり，官能基には分類されない．

2.4A アルキル基と記号 R

アルキル基 alkyl group は化合物を命名するときに使用される炭化水素基である．これはアルカンから水素原子を 1 個取り除くことによって得られる．

アルカン	アルキル基	略号	結合・線式	分子模型
CH_3—H Methane	CH_3- Methyl	Me-		
CH_3CH_2—H Ethane	CH_3CH_2- Ethyl	Et-		
$CH_3CH_2CH_2$—H Propane	$CH_3CH_2CH_2$- Propyl	Pr-		
$CH_3CH_2CH_2CH_2$—H Butane	$CH_3CH_2CH_2CH_2$- Butyl	Bu-		

メタンとエタンから導かれるアルキル基は 1 種類だけである（それぞれ**メチル基**と**エチル基**）が，プロパンからは 2 種類のアルキル基が導かれる．末端の炭素から水素が引き抜かれると**プロピル基**が得られ，中央の炭素から引き抜かれると**イソプロピル基**ができる．これらの基の名称と構造は有機化学で広く用いられる．ブタンや他のアルカンから導かれる枝分れしたアルキル基の構造と名称については 4.3C 項に出てくる．

ここで有機化合物の一般的な構造を示すためによく使われる記号 R を導入しておくと，以後の議論が大幅に簡略化される．**R はすべてのアルキル基を表す一般的な記号である**．例えば，R はメチル基でも，エチル基でも，プロピル基でも，あるいはイソプロピル基であってもよい．

CH_3- Methyl
CH_3CH_2- Ethyl
$CH_3CH_2CH_2$- Propyl
CH_3CHCH_3 Isopropyl

これらを含めてすべて R で表される

したがって，アルカンの一般式は R—H で表される．

2.4B　フェニル基とベンジル基

ベンゼン環が分子中で他の原子団と結合しているとき，それは**フェニル基** phenyl group とよばれ，次のようにいろいろな方法で表される．

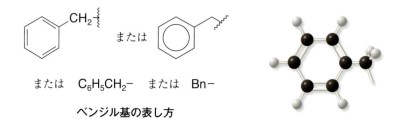

または　φ−　または　Ar−　（環に置換基がある場合）

フェニル基の表し方

フェニル基と**メチレン基** methylene group（−CH₂−）が結合した基は**ベンジル基** benzyl group とよばれ，次のように表される．

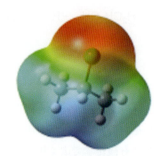

または　C₆H₅CH₂−　または　Bn−

ベンジル基の表し方

2.5　ハロゲン化アルキルまたはハロアルカン

ハロゲン化アルキル alkyl halide は，アルカンの水素原子が1個ハロゲン原子（フッ素，塩素，臭素またはヨウ素）と置き換わった化合物である．例えば，CH₃Cl や CH₃CH₂Br はハロゲン化アルキルである．ハロゲン化アルキルは**ハロアルカン** haloalkane ともよばれる．一般的な構造は R—$\ddot{\underset{..}{X}}$:(X = F, Cl, Br, I) である．

2-Chloropropane

ハロゲン化アルキルは第一級，第二級，または第三級に分類される．**この分類はハロゲンが直接結合している炭素の結合様式に基づいて行われる．** ハロゲンの結合している炭素が他に炭素1個だけと結合しているとき，その炭素は**第一級炭素** primary carbon とよばれ，そのハロゲン化アルキルは**第一級ハロゲン化アルキル**に分類される*．ハロゲンの結合している炭素に別の炭素が2個結合しているとき，その炭素は**第二級炭素** secondary carbon であり，そのハロゲン化アルキルは**第二級ハロゲン化ア**

---

* （訳注）この定義から，メチルの炭素は第一級炭素には分類されない．したがって，ハロゲン化メチルは第一級ハロゲン化アルキルには含まれない．ハロゲン化メチルとして別に扱う．

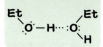

2.5 ハロゲン化アルキルまたはハロアルカン

ルキルである．ハロゲンの結合している炭素に3個の炭素が結合しているとき，その炭素は**第三級炭素** tertiary carbon であり，そのハロゲン化アルキルは**第三級ハロゲン化アルキル**である．次に第一級，第二級および第三級ハロゲン化アルキルの例を示す．

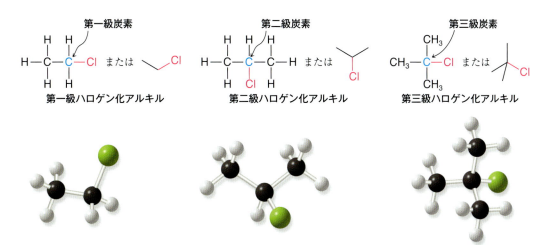

ハロゲン化アルケニル alkenyl halide は，アルケンの炭素にハロゲンが結合した化合物である．**ハロゲン化アリール** aryl halide（芳香族ハロゲン化物）は，ハロゲンがベンゼン環のような芳香環に結合した化合物である．

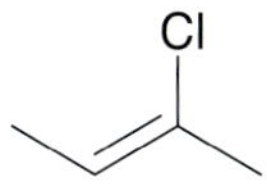

塩化アルケニルの一種

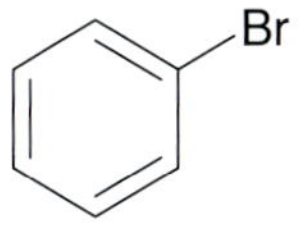

臭化アリールの一種
（これは phenyl bromide である）

例題 2.4

分子式 C_5H_{12} で第二級炭素も第三級炭素ももたないアルカンの構造式を書け（ヒント：この化合物は第四級炭素をもつ）．

解き方と解答：

炭素原子の分類様式から，第四級炭素は4個の炭素と結合した炭素である．この炭素原子に4個の炭素原子を付け，それに必要な水素原子を付けると可能なアルカンは一つだけになる．他の4個の炭素はすべて第一級で，第二級と第三級炭素はない．

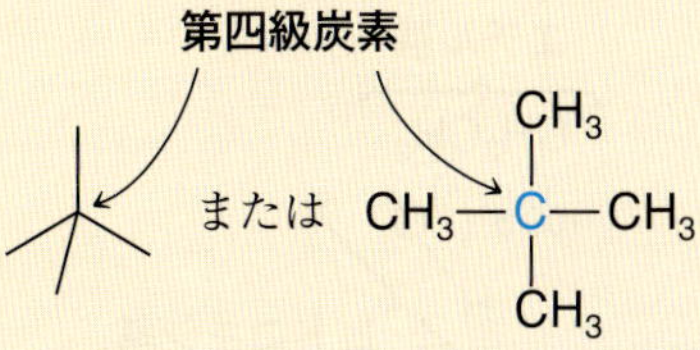

第四級炭素

または $CH_3-C(CH_3)_2-CH_3$

問題 2.9 次の化合物の構造式を結合・線式で書け．(a) 分子式 C_4H_9Br をもつ 2 種類の第一級臭化アルキルの構造異性体，(b) 同じ分子式をもつ第二級臭化アルキル，(c) 同じ分子式をもつ第三級臭化アルキル．それぞれの分子模型を組み立ててその結合の違いを調べよ．

問題 2.10 命名については後で詳しく述べるが，ハロゲン化アルキルの命名法の一つは非常に簡単なのでここで述べる．英語名の場合は，ハロゲンに結合した alkyl 基の名称をまず書き，その後に fluoride, chloride, bromide, iodide を付ける（日本語名ではフッ化，塩化，臭化，ヨウ化をまず書き，これにハロゲンの付いているアルキル基名を付ける）．(a) Ethyl fluoride（フッ化エチル），(b) isopropyl chloride（塩化イソプロピル）の構造式を書け．また，(c) ◯Br，(d) ◯F，および (e) C_6H_5I を命名せよ．

2.6 アルコールとフェノール

メチルアルコール methyl alcohol（メタノール methanol ともいう）の構造式は CH_3OH であり，**アルコール** alcohol として知られる有機化合物群の中では最も単純な化合物である．アルコールに特徴的な官能基は sp^3 混成炭素原子に結合したヒドロキシ基 hydroxy group（-OH）である．もう一つのアルコールの例としてはエチルアルコール，CH_3CH_2OH（エタノール ethanol ともいう）がある．

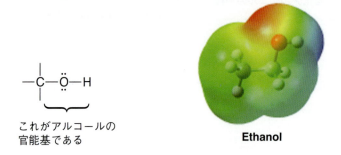

Ethanol

アルコールは構造的に (1) アルカンのヒドロキシ誘導体，あるいは (2) 水のアルキル誘導体の二つの見方ができる．例えば，エチルアルコールはエタン分子の水素を 1 個ヒドロキシ基に置換したものとみることもできるし，水の水素を 1 個エチル基に置換したものとみることもできる．

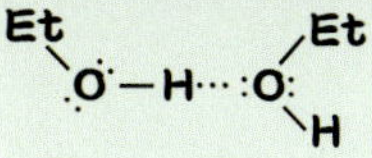

2.6 アルコールとフェノール

ハロゲン化アルキルと同じように，アルコールも第一級，第二級，第三級アルコールに分類される．**この分類はヒドロキシ基が直接結合している炭素の結合様式によって行われる**．その炭素に他の炭素が1個しか結合していなければ，その炭素は**第一級炭素**とよばれ，そのアルコールは**第一級アルコール**に分類される*．

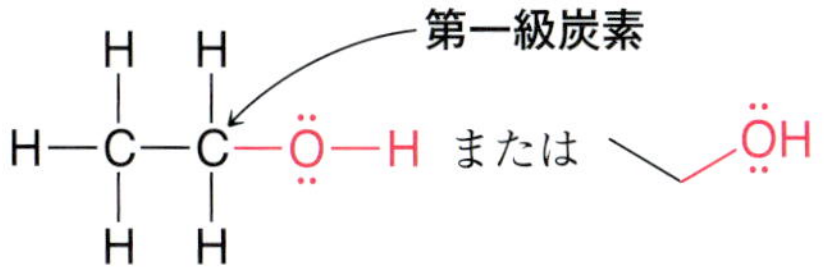

Ethyl alcohol
（第一級アルコール）

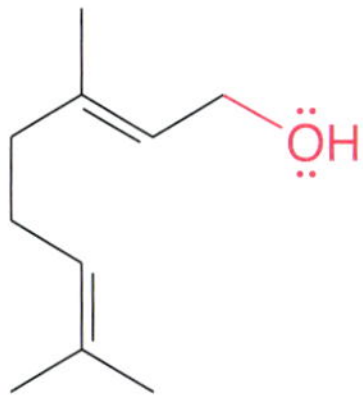

Geraniol
（第一級アルコール）

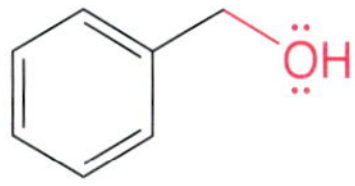

Benzyl alcohol
（第一級アルコール）

ヒドロキシ基と結合した炭素が2個の別の炭素と結合している場合，その炭素は第二級炭素とよばれ，そのアルコールは第二級アルコールである．

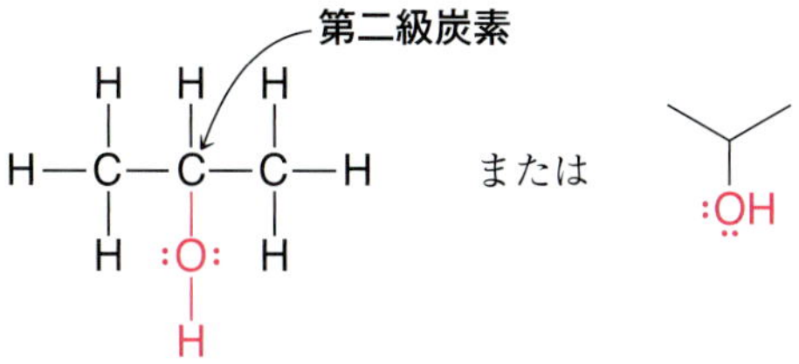

Isopropyl alcohol
（第二級アルコール）

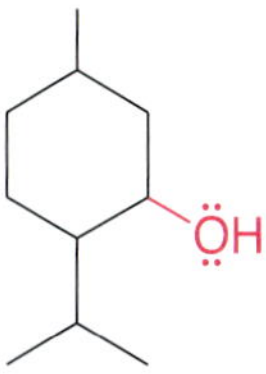

Menthol（メントール）
（ハッカ油に含まれる
第二級アルコール）

ヒドロキシ基と結合した炭素が3個の別の炭素と結合している場合，その炭素は第三級炭素とよばれ，そのアルコールは第三級アルコールである．

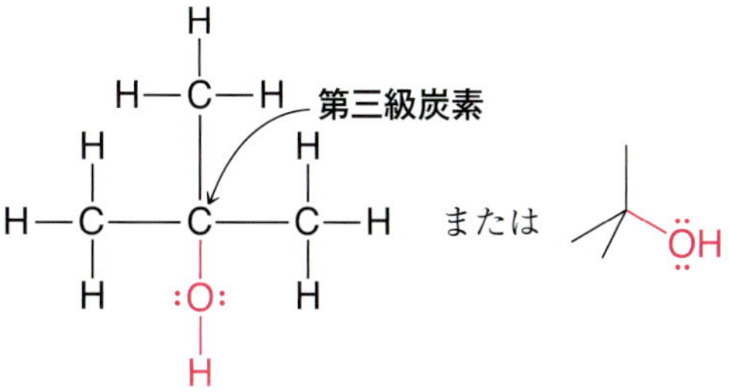

***t*-Butyl alcohol**
（第三級アルコール）

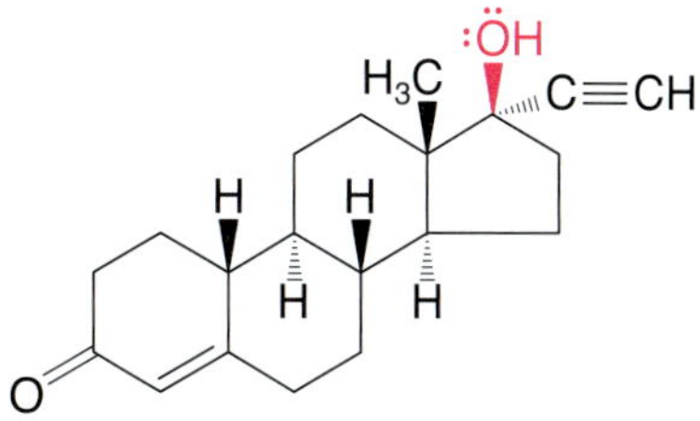

Norethindrone（ノルエチンドロン）
（ケトン，C＝C結合とC≡C結合とともに，
第三級アルコールを含む経口避妊薬）

---

* （訳注）この定義から，メチルアルコールは第一級アルコールには含まれない．メチルアルコールとして別に扱う．

問題 2.11 C₄H₁₀O の分子式をもつ (a) 2 種類の第一級アルコール，(b) 第二級アルコール，(c) 第三級アルコールの構造式を結合・線式で書け．

問題 2.12 アルコールの命名法の一つとして，まずヒドロキシ基の結合したアルキル基を命名してこれに alcohol（アルコール）という語を付け加える方法がある．(a) Propyl alcohol（プロピルアルコール），(b) isopropyl alcohol（イソプロピルアルコール）の構造式を結合・線式で書け．

ヒドロキシ基がベンゼン環に結合しているとき，その化合物は総称してフェノール phenol とよばれる．フェノール類はアルコールに比べて酸性度がかなり異なる（Chap. 3 参照）ので，別の官能基として考える．

Thymol
（チモール）
（タイムに含まれるフェノールの一種）

Estradiol
（アルコールとフェノール部位の両方を含む性ホルモン）

例題 2.5

Estradiol（エストラジオール）の中で (a) フェノールの官能基と (b) アルコールの官能基を形成している原子を丸で囲んで示せ．(c) このアルコールを第一級，第二級，第三級に分類せよ．

解き方と解答：
(a) フェノール官能基はベンゼン環とヒドロキシ基からなる．(b) アルコール官能基は estradiol の 5 員環部分にある．(c) アルコールのヒドロキシ基が結合している炭素は別の 2 個の炭素と結合しているので，第二級アルコールである．

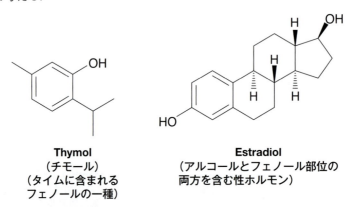

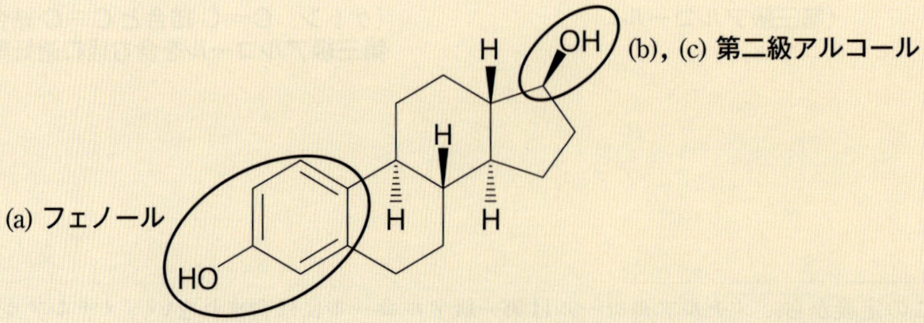

2.7 エーテル

エーテル ether は一般式 R—O—R または R—O—R′ で表される化合物である．ここで R′ は R とは異なるアルキル（またはアリール）基であることを意味する．これは水の水素を両方アルキル基で置換した誘導体と考えられる．エーテルの酸素の結合角は水よりやや大きい．

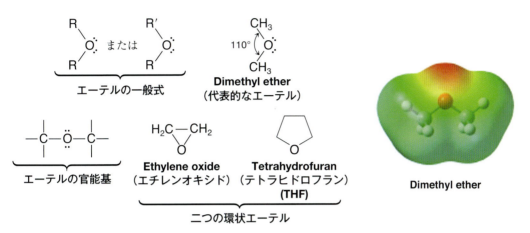

問題 2.13 エーテルの命名法の一つとして，まず酸素に直結したアルキル基を命名してアルファベット順に並べ，これに ether（エーテル）という語を付け加える方法がある．2個のアルキル基が同じ場合は接頭語 di-（ジ）を付けて dimethyl ether（ジメチルエーテル）というように命名する（注意：エーテルの日本語名は一語にする）．(a) Diethyl ether（ジエチルエーテル），(b) ethyl propyl ether（エチルプロピルエーテル），および (c) ethyl isopropyl ether（エチルイソプロピルエーテル）の構造式を結合・線式で書け．また，(d) [構造式: CH₃CH₂CH₂OMe], (e) [構造式: イソプロピル-O-イソプロピル], (f) $CH_3OC_6H_5$ を命名せよ．

問題 2.14 Eugenol（オイゲノール）は丁子油の主成分である．Eugenol に含まれるすべての官能基を丸で囲み，その名称を書け．

[構造式: Eugenol]

全身麻酔薬としてのエーテルの化学

酸化二窒素（N_2O，かつては亜酸化窒素 nitrous oxide といわれた）は笑気ガスともよばれ，1799年に初めて麻酔薬として用いられた．これだけでは十分な麻酔効果が得られないが，今でも使われている．エーテルすなわちジエチルエーテルが初めて強い麻酔薬として用いられたのは1842年のことである．それ以来，何種類かの別のエーテル，おもにハロゲン置換基をもつエーテルが優れた麻酔薬として使われてきた．その理由の一つは，強い引火性をもつジエチルエーテルと違って，ハロゲン化エーテルには引火性がないからである．現在，吸入麻酔薬として使われている二つのハロゲン化エーテルは，デスフルランとセボフルランである．

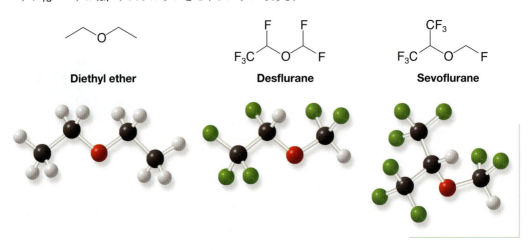

2.8 アミン

アルコールやエーテルが水の誘導体とみなせるのと同様に，アミン amine はアンモニアの誘導体とみなすことができる．

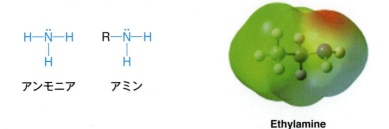

アミンも第一級，第二級，および第三級アミンに分類されるが，**この分類は窒素原子に結合したアルキル基の数によって行われる**．

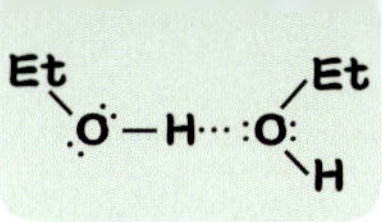

この点はアルコールやハロゲン化アルキルの分類とは異なるので注意しなければならない．例えば，イソプロピルアミンの場合，–NH₂基は第二級炭素に結合しているが第一級アミンである．すなわち，この窒素にはアルキル基が1個しか結合していないので第一級アミンに分類される．

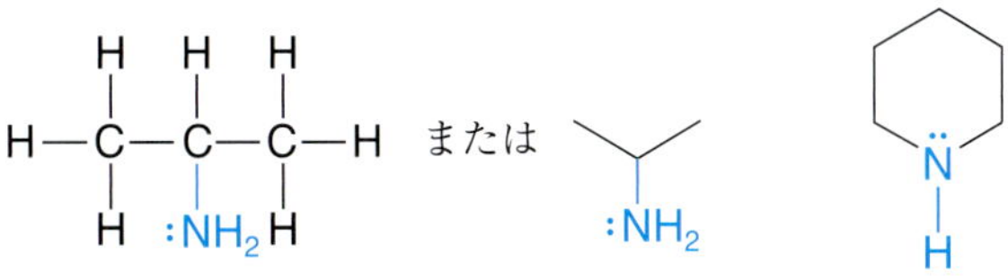

Isopropylamine
（第一級アミン）

Piperidine
（環状第二級アミン）

アンフェタミンは強力で危険な覚醒剤の一つであり，第一級アミンである．ドーパミンは重要な神経伝達物質であり，その不足がParkinson(パーキンソン)病と関係している．これも第一級アミンである．ニコチンはタバコに含まれる有毒物で，このために喫煙が習慣性になる．これには二つの第三級アミン部位がある．

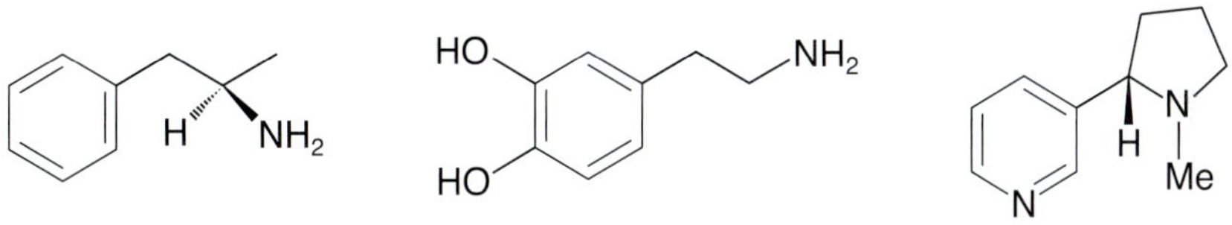

Amphetamine　　**Dopamine**　　**Nicotine**

アミンは三角錐構造 trigonal pyramidal shape をとっている点で，アンモニア（1.16B項）に似ている．トリメチルアミンのC—N—C結合角は108.7°であり，この値はメタンのH—C—H結合角に非常に近い．したがって，実質的にはアミンの窒素は，一つの軌道を占めている非共有電子対を入れて，sp³混成であると考えられる（次図参照）．このことは非共有電子対がむき出しになっていることを意味する．アミンのほとんどすべての反応に非共有電子対が関与していることから，このことは重要である．

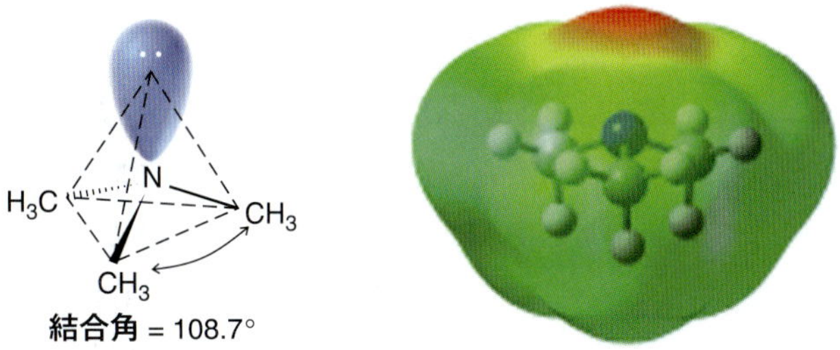

結合角 = 108.7°

Trimethylamine

問題 2.15 アミンの命名法の一つに，窒素原子に直結するアルキル基名をアルファベット順に並べ，このとき同じアルキル基があれば接頭語 di-（ジ）や tri-（トリ）を付け，これに -amine（アミン）という接尾語を付ける方法がある（注意：アミンの英語名は一語にする）．一例としては，前述の isopropylamine（イソプロピルアミン）がある．(a) ～ (d) を命名せよ．また，分子模型を組み立てよ．

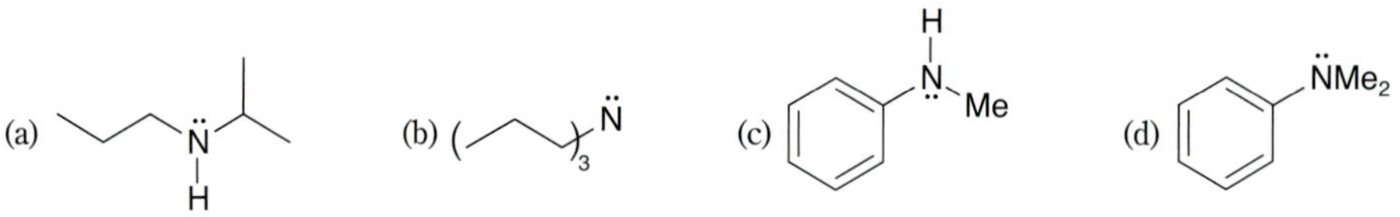

(a), (b), (c), (d) の構造式

(e) Propylamine（プロピルアミン），(f) trimethylamine（トリメチルアミン），および (g) ethylisopropylmethylamine（エチルイソプロピルメチルアミン）の構造式を結合・線式で書け．

問題 2.16 問題 2.15 のアミンを (a) 第一級アミン，(b) 第二級アミン，(c) 第三級アミンに分類せよ．

問題 2.17 アミンは弱塩基であるという点でアンモニアに似ている．すなわち，非共有電子対を使ってプロトンを受け取る．(a) Trimethylamine と HCl との間で起こる反応を示せ．(b) この反応の生成物の窒素原子はどのような混成状態か．

2.9 アルデヒドとケトン

アルデヒド aldehyde とケトン ketone はともに**カルボニル基** carbonyl group を含む化合物である．カルボニル基は炭素原子が酸素原子と二重結合で結合している基である．

カルボニル基

Acetaldehyde

アルデヒドのカルボニル基の炭素は水素原子1個と炭素原子1個とに結合している（ホルムアルデヒドは例外で，2個の水素と結合している唯一のアルデヒドである）．ケトンのカルボニル炭素は2個の炭素と結合している．R を使うとアルデヒドとケトンは次の一般式で書ける．

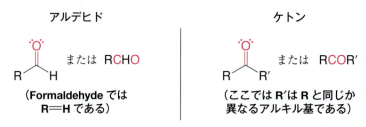

アルデヒドとケトンの具体的な例を次に示す．

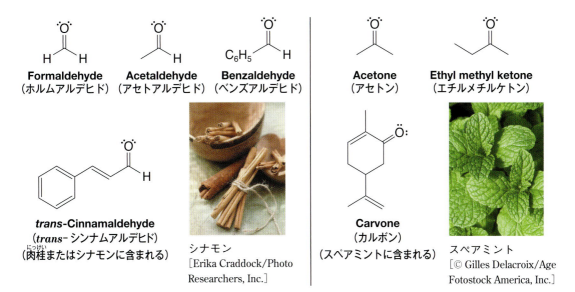

アルデヒドとケトンのカルボニル炭素のまわりの基は平面三方形に配向している．その炭素原子は sp² 混成である．例えば，ホルムアルデヒドの結合角は次のとおりである．

レチナールはビタミン A から生成し，視覚において決定的に重要な役割を演じている．

Retinal

2.10 カルボン酸，エステル，およびアミド

カルボン酸，エステルおよびアミドは，酸素または窒素原子と結合したカルボニル基をもっている．後の章で学ぶように，これらの官能基は反応によって相互変換できる．

2.10A カルボン酸

カルボン酸 carboxylic acid はヒドロキシ基と結合したカルボニル基をもち，一般式で下のように表される．官能基は**カルボキシ基** carboxy group（**carbo**nyl + hydroxy）とよばれる．

カルボン酸の例にはギ酸 formic acid，酢酸 acetic acid や安息香酸 benzoic acid がある．

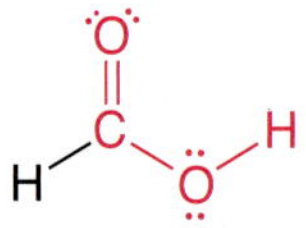 または 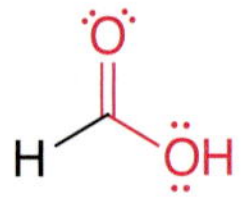 または HCO_2H

Formic acid

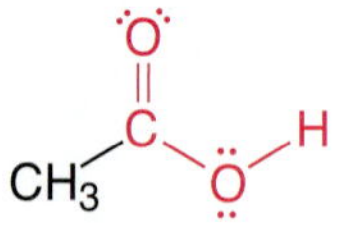 または 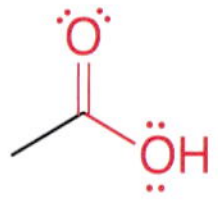 または CH_3CO_2H

Acetic acid

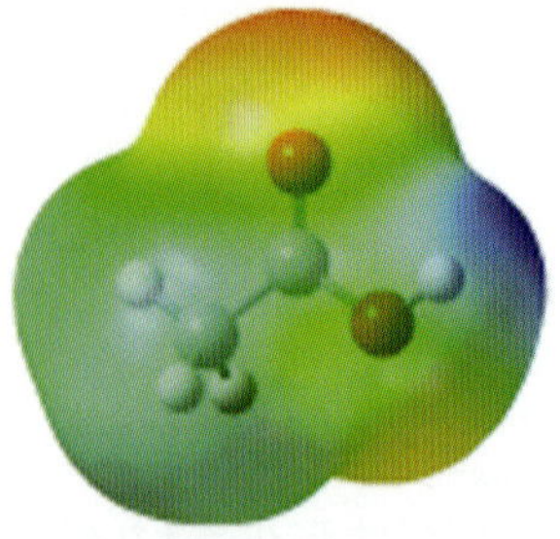

Acetic acid

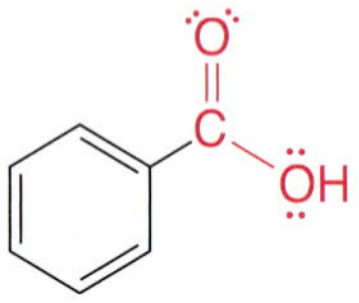 または 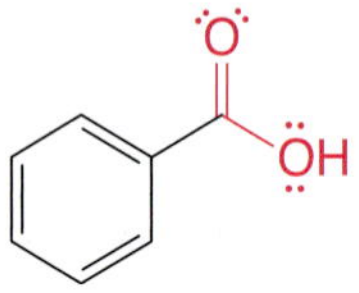 または $C_6H_5CO_2H$

Benzoic acid

ギ酸（以前は蟻酸(ぎさん)と書いていた）は蟻(あり)によって産生される刺激性の液体である（蟻にかまれると痛いのは，皮下に注入されたギ酸によるものである）．酢の酸味成分である酢酸は，酒に含まれるエチルアルコールが特殊な細菌によって空気で酸化されると生成する．

例題 2.6

Formic acid から塩基にプロトンが移動すると，ギ酸イオン formate ion（HCO_2^-）が生成する．(a) ギ酸イオンと formic acid の共鳴構造をそれぞれ二つ書け．(b) Chap. 1 で学んだ共鳴の規則を復習して，ギ酸イオンと formic acid のどちらが共鳴によってより強い安定化を受けているか説明せよ．

解き方と解答：

(a) 次に示すように電子対を動かす．

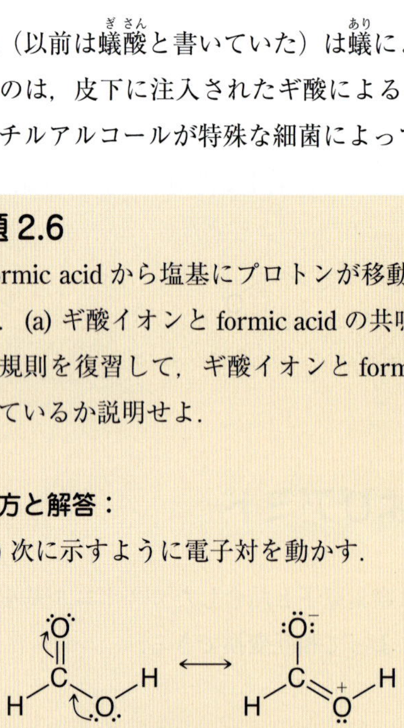

Formic acid

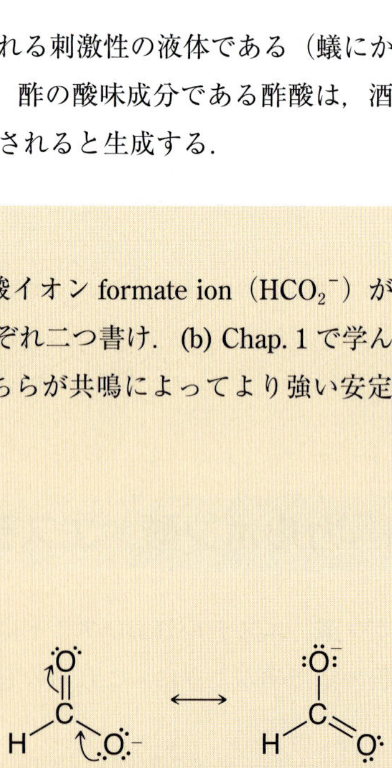

ギ酸イオン

(b) 電荷分離がないので，ギ酸イオンのほうがより強く安定化されていると考えられる．

2.10B エステル

エステル ester は一般式 RCO_2R'（または RCOOR′）で表される化合物で，カルボニル基はアル

コキシ基（-OR）と結合している．

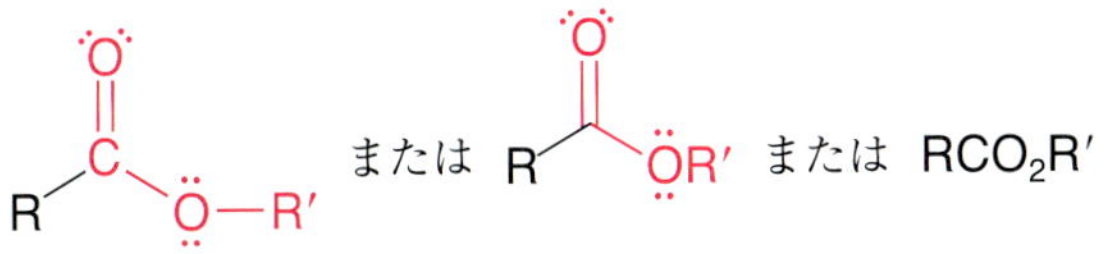

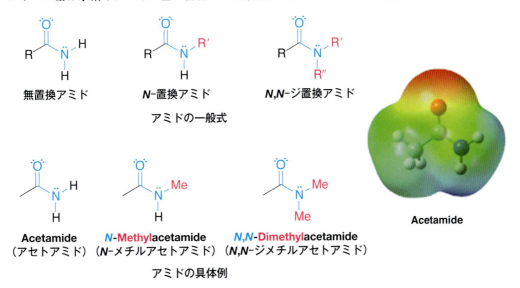

エステルの一般式

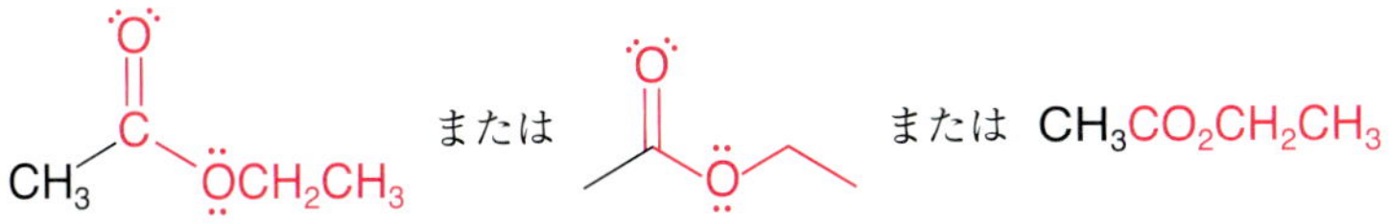

Ethyl acetate（酢酸エチル）は重要な溶媒である．

Ethyl acetate

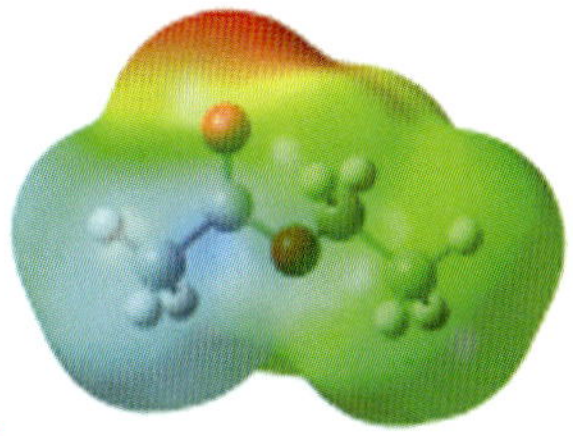

2.10C　アミド

アミド amide は一般式 $RCONH_2$，RCONHR′ または RCONR′R″ で表される化合物で，そのカルボニル基は水素やアルキル基が結合した窒素原子と結合している．一般式と具体例を示す．

無置換アミド　　***N*-置換アミド**　　***N,N*-ジ置換アミド**

アミドの一般式

Acetamide（アセトアミド）　　***N*-Methylacetamide（*N*-メチルアセトアミド）**　　***N,N*-Dimethylacetamide（*N,N*-ジメチルアセトアミド）**

アミドの具体例

Acetamide

N- や *N,N*- の接頭語は置換基が窒素原子に付いていることを示している．

2.11　ニトリル

ニトリルは構造式 R—C≡N:（または R—CN）をもつ．ニトリルの炭素と窒素は sp 混成である．IUPAC 名では非環式ニトリルは相当する炭化水素名に，接尾語 -nitrile（ニトリル）を付ける．-C≡N 基の炭素原子に番号 1 を付ける．Acetonitrile（アセトニトリル）は CH_3CN に対して，また acrylonitrile（アクリロニトリル）は CH_2═CHCN に対して認められている慣用名である．

82　Chap. 2　炭素化合物の種類：官能基と分子間力

$\overset{2}{C}H_3-\overset{1}{C}\equiv N:$
Ethanenitrile
（エタンニトリル）
(acetonitrile)

$\overset{4}{C}H_3\overset{3}{C}H_2\overset{2}{C}H_2-\overset{1}{C}\equiv N:$
Butanenitrile
（ブタンニトリル）

$\overset{3}{C}H_2=\overset{2}{C}H-\overset{1}{C}N$
Propenenitrile
（プロペンニトリル）
(acrylonitrile)

$\overset{5}{C}H_2=\overset{4}{C}H-\overset{3}{C}H_2-\overset{2}{C}H_2-\overset{1}{C}\equiv N:$
4-Pentenenitrile
（4-ペンテンニトリル）

Acetonitrile

環状ニトリルは $-C\equiv N$ 基の付いている環の名称に接尾語 carbonitrile（カルボニトリル）を付ける．Benzonitrile（ベンゾニトリル）は C_6H_5CN に認められている慣用名である．

Benzenecarbonitrile
（ベンゼンカルボニトリル）
(benzonitrile)

Cyclohexanecarbonitrile
（シクロヘキサンカルボニトリル）

2.12　重要な官能基のまとめ

重要な官能基を表紙の見返しにまとめた．これらの一般的な官能基がもっと複雑な分子に出てきたとき，すぐわかるようにしよう．

2.12A　生化学的に重要な化合物の官能基

表紙の見返しにまとめた官能基の多くは生体物質にも非常に重要なものである．例えば，代表的な糖のグルコースは，アルコールのヒドロキシ基（-OH）をいくつももっており，（一つの形では）アルデヒド基ももっている．油脂はエステル基を，タンパク質はアミド基をもっている．次の例の中で，アルコール，アルデヒド，エステル，そしてアミド基がどこにあるか確かめよう．

Glucose

典型的な油脂

タンパク質の部分構造

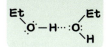

2.13 物理的性質と分子構造

これまでは，有機化合物の最も明白な特徴の一つであるその物理的状態，すなわち，相 phase についてはほとんど触れなかった．ある物質が固体であるか液体であるか，または気体であるかということは，最初に観察されることの一つである．相の間で転移が起こる温度，すなわち，融点と沸点とは，いずれも比較的容易に測定できる**物理的性質** physical property であり，有機化合物を同定したり，単離したりするときに役立つ．

例えば，室温1気圧で液体であることがあらかじめわかっている有機化合物の合成を行うとする．もしその生成物の沸点や反応混合物中に共存する他の副生物や溶媒の沸点がわかれば，蒸留で目的の生成物が単離できるかどうか判断できるだろう．

生成物が固体である場合，結晶化によってその物質を単離するには，その融点といろいろな溶媒に対する溶解度を知る必要がある．

既知の有機化合物の物理定数はハンドブックや学術雑誌で簡単に調べられる．表2.3には本章に出てきた化合物の融点と沸点をまとめた．

しかし，研究中には合成した化合物が新規化合物，すなわちこれまでに記載されたことのない化合物，にぶつかる場合がある．このような場合に，その新規化合物の単離に成功するかどうかは，その物質の融点，沸点，溶解度をどの程度合理的に正しく予測できるかどうかにかかっている．このような物理的性質を予測するには，その物質の構造と，分子やイオン間に働く力を知っていることが必要である．沸点や融点の相変化が起こる温度は分子間力の強さを反映している．

表 2.3 代表的な化合物の物理的性質

化合物	構造式	mp (℃)	bp (℃) (1気圧)
Methane（メタン）	CH_4	-182.6	-162
Ethane（エタン）	CH_3CH_3	-172	-88.2
Ethene（エテン）	$CH_2={=}CH_2$	-169	-102
Ethyne（エチン）	$HC{\equiv}CH$	-82	74
Chloromethane（クロロメタン）	CH_3Cl	-97	-23.7
Chloroethane（クロロエタン）	CH_3CH_2Cl	-138.7	13.1
Ethyl alcohol（エチルアルコール）	CH_3CH_2OH	-114	78.5
Acetaldehyde（アセトアルデヒド）	CH_3CHO	-121	20
Acetic acid（酢酸）	CH_3CO_2H	16.6	118
Sodium acetate（酢酸ナトリウム）	CH_3CO_2Na	324（分解）	
Ethylamine（エチルアミン）	$CH_3CH_2NH_2$	-80	17
Diethyl ether（ジエチルエーテル）	$(CH_3CH_2)_2O$	-116	34.6
Ethyl acetate（酢酸エチル）	$CH_3CO_2CH_2CH_3$	-84	77

2.13A　イオン性化合物：イオン間力

- 物質の**融点** melting point とは，規則正しく並んだ結晶状態と不規則な液体状態との間で平衡が成立している温度である．

その物質が酢酸ナトリウム（表 2.3）のようにイオン性化合物である場合，イオンを結晶状態に保とうとする**イオン間力** ion-ion force は，結晶構造における正と負のイオン間に働く強い静電的な**格子間力** lattice force である．図 2.6 でわかるように，各ナトリウムイオンは負電荷をもつ酢酸イオンに囲まれ，各酢酸イオンは正のナトリウムイオンに囲まれている．そのため，規則正しく配列した結晶構造を壊して，不規則で自由な構造をもつ液体にするには，多量の熱エネルギーが必要である．このため，酢酸ナトリウムが融ける温度（実際にはこの温度で分解する）は非常に高く 324 ℃である．イオン性化合物の**沸点** boiling point はさらに高く，ほとんどのイオン性有機化合物は沸騰する前に分解（望ましくない化学反応による変化）してしまう．酢酸ナトリウムもこの例外でない．

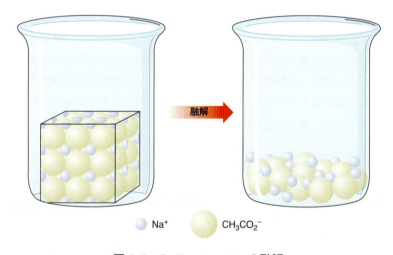

図 2.6　Sodium acetate の融解

2.13B　分子間力

分子間に働く力はイオン間に働く力ほど強くないが，完全に無極性の分子でも液体や固体状態で存在しうるという事実は，分子間力によって説明される．これらの**分子間力** intermolecular force は，すべて本質的には電気的なものである．ここでは次の 3 種類の相互作用について考えるが，双極子-双極子相互作用と分散力をあわせて一般的に **van der Waals 力**（ファン デル ワールス）という．

1. 双極子-双極子相互作用
2. 水素結合
3. 分散力

2.13 物理的性質と分子構造

双極子-双極子相互作用　ほとんどの有機化合物は完全なイオンではなく，結合電子の不均等な分布によって生じる永久双極子モーメントをもっている（2.3節）．アセトンとアセトアルデヒドは極性の大きいカルボニル基をもつので，このような永久双極子をもつ分子の例である．これらの化合物における分子間の引力は理解しやすい．液体または固体状態では，分子は**双極子-双極子相互作用** dipole-dipole force によって，一つの分子の正末端が別の分子の負末端のほうに引き付けられるように配列する（図2.7）．

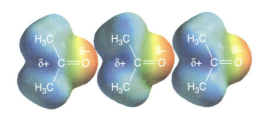

図 2.7　Acetone 分子の静電ポテンシャル図
正の領域と負の領域が引き合って（双極子-双極子相互作用によって），アセトン分子が配列する様子を示している．

水素結合

- 電気陰性度の大きい原子（O, N, F など）に結合した水素原子と，そのような電気陰性度の大きい原子上の非共有電子対との間には非常に強い双極子-双極子相互作用が生じる．このような分子間力を**水素結合** hydrogen bond という．

水素結合（結合解離エネルギーは約 4～38 kJ mol^{-1}）は通常の共有結合より弱いが，通常の双極子-双極子相互作用（例えば，前出のアセトンの場合）よりずっと強い．

水，アンモニア，およびフッ化水素の沸点がいずれも，分子量がほぼ等しいにもかかわらず，メタン（bp −162 ℃）よりもはるかに高い理由は水素結合で説明できる．

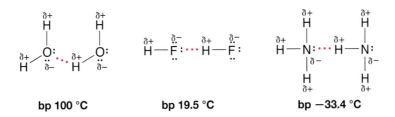

水素結合を赤色の点線で示してある

水が 25 ℃ で気体ではなく液体であるという事実は，水素結合の結果として生じる最も重要な現象の一つである．もし水素結合がなければ，水の沸点は −80 ℃ 程度になってもよいという計算がある．それ以下の温度にならなければ水は液体にならないことになる．もしそうであれば，生命が地球上で誕生することも極めて難しかったであろう．

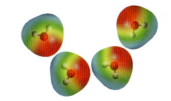

水分子は水素結合で会合している

水素結合はDNAの二重らせんの塩基対を支えている（24.4節参照）．チミンはアデニンと水素結合し，シトシンはグアニンと水素結合する．

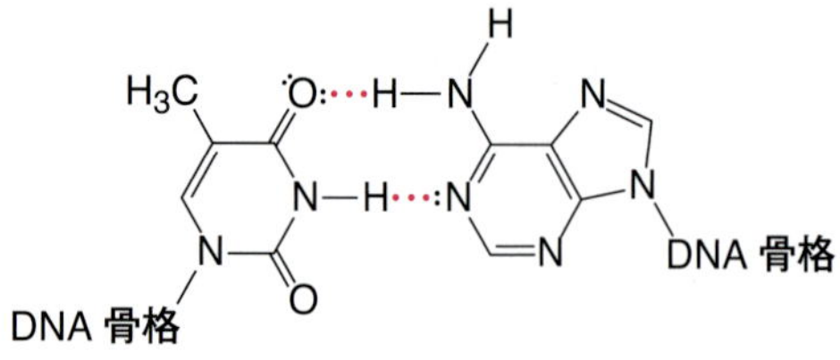

Thymine — Adenine

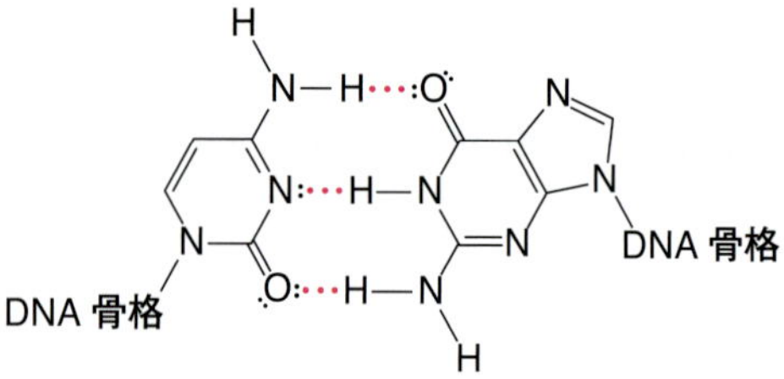

Cytosine — Guanine

エタノールとジメチルエーテルとは分子量が同じであるにもかかわらず，沸点は前者（+78.5 ℃）のほうが後者（-24.9 ℃）よりずっと高い．これは水素結合の有無によって説明される．エタノールは酸素と共有結合した水素をもつので，互いに強い水素結合を作ることができる．一方，ジメチルエーテルには電気陰性度の大きい原子に結合した水素がないので水素結合できない．ジメチルエーテルの分子間力は弱い双極子-双極子相互作用のみである．

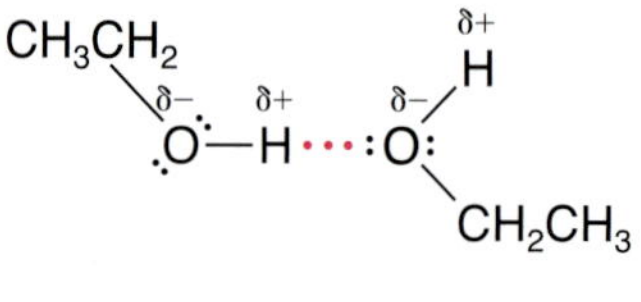

> 赤色の点線は水素結合を表す．強い水素結合は O，N または F と結合した水素原子をもつ分子に限られる

問題 2.18 (a) ～ (c) に示す組合せの二つの化合物の分子量はそれぞれ等しいかほぼ等しい．沸点が高いと考えられる化合物はどちらか．また，その理由を説明せよ．

(a)  CH₃CH₂CH₂CH₂OH と CH₃CH₂OCH₂CH₃

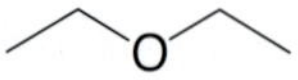

(b) $(CH_3)_3N$ と CH₃CH₂NHCH₃

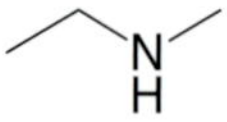

(c)  CH₃CH₂CH₂CH₂OH と HOCH₂CH₂CH₂OH

多くの有機化合物の融点に影響を及ぼす因子には，極性や水素結合の他に各分子の大きさと柔軟性がある．

- 対称性の高い化合物は一般に高い融点をもつ．例えば，t-ブチルアルコールは他の異性体よりはるかに融点が高い．

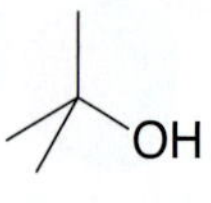

t-Butyl alcohol (mp 25 °C) 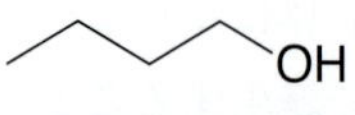　　Butyl alcohol (mp -90 °C) 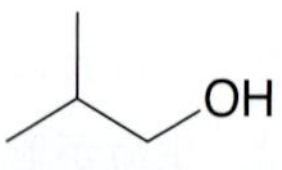　　Isobutyl alcohol (mp -108 °C) 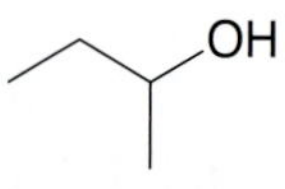　　*s*-Butyl alcohol (mp -114 °C)

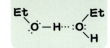

問題 2.19　Propane と cyclopropane とではどちらの融点が高いと考えられるか．また，その理由を説明せよ．

分散力　メタンのように無極性の物質の場合は，融点と沸点とがずっと低く，それぞれ，−182.6 ℃ と −162 ℃ である．"メタンがなぜ低温で融けたり，沸騰したりするのか"と問うよりも，次のように問うほうがより適切であろう．"非イオン性で無極性のメタンが，一体どうして液体や固体になるのであろうか．"この問いに対する答えは，**分散力** dispersion force（またはLondon 力）とよばれる分子間引力によって説明される．

分散力についての正確な説明には量子力学が必要である．しかし，次のように考えることによってこの力の起源が一応理解できる．メタンのような無極性分子中での電荷の平均的分布は一定の時間にわたって観測すると均一である．しかし，ある瞬間ごとに電子は動いているので，電荷も均等に分布しているとは限らない．ある瞬間には電子は分子の一方の側にほんの少しかたよることがあるだろう．その結果小さな一時的双極子が生じる（図 2.8）．この一時的双極子がある分子に生じると，まわりの分子に逆の（引力的な）双極子が誘起される．すなわち，ある分子の一部分に負（または正）の電荷が生じると，隣接する分子のすぐ近くの電子雲をひずませて，逆の電荷がその部分に生じる．この一時的な双極子は常に変化している．しかし，そのような双極子があるために，無極性分子間にも弱い引力が生じ，そのためメタンでも液体や固体状態での存在が可能になる．

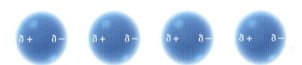

図 2.8　無極性分子の一時的双極子と誘起双極子

分散力の大きさを決める重要な因子が二つある．

1. **原子に含まれる電子の分極率**　分極率 polarizability とは電場の変化に対していかに容易に電子が対応できるかという能力である．ヨウ素のような大きな原子の電子はゆるくしか核にしばられていないので分極しやすいが，フッ素のような小さい原子の電子は核に非常に強く引き付けられているので分極率はずっと小さい．

CF_4 と CI_4 はいずれも無極性分子である．しかし，CI_4 分子間の分散力は CF_4 分子間よりもはるかに大きい．分子に含まれるヨウ素原子の分極率がフッ素原子よりもずっと大きいからである．

2. **分子の表面積の大きさ**　表面積が大きいほど，分散力による分子間の引力は大きい．一般に，分子が長く，平たく，円筒形であるほうが球形の分子よりも分子間相互作用に関与する表面積が大きく，分子間の引力も大きくなる．このことは，ペンタン（分枝していない C_5H_{12} 炭化水素）をネオペンタン（最も高度に分枝した C_5H_{12} 異性体）と比べれば明らかである．ペンタンの沸点は 36.1 ℃ で，ネオペンタンの沸点は 9.5 ℃ である．この沸点の違いは，ペンタン分子間の引力がネオペンタン分子間よりも強いことを示している．

大きい分子では，このような小さい分散力が正味として大きな引力相互作用になりうるのである．

2.13C 沸点

- 液体の**沸点**は，その液体の蒸気圧がそのときの大気圧と等しくなる温度である．

液体の沸点は圧力に依存するので，沸点は常に特定の圧力，例えば1気圧（または760 mmHg）で測ったというようにして報告される．1気圧で150℃で沸騰する液体は，圧力を，例えば0.01 mmHg（真空ポンプで容易に得られる圧力）まで下げるとはるかに低い温度で沸騰する．通常液体の沸点とは1気圧での沸点を指す．

ある液体が気体状態に変化する際，その物質の個々の分子（またはイオン）は，ばらばらにならなくてはならない．イオン性有機化合物が沸騰する前にしばしば分解するというのはこのためである．すなわち，イオンを完全に離れ離れにする（沸騰させる）には非常に大きな熱エネルギーを必要とするので化学反応（分解）のほうが先に起こってしまうのである．

分子間力が非常に弱い無極性化合物は，1気圧でも低い温度で沸騰するのが普通である．しかし，いつもこうとはかぎらない．分子量や分子の形や表面積といった他の因子が関係するからである．分子が重くなると，液体表面から逃れるのに十分な速度を得るには，それだけ大きな熱エネルギーが必要となる．そして，分子の表面積が大きくなると，分散力による分子間引力もずっと大きくなる．このような因子のために，無極性のエタン（bp −88.2℃）はメタン（bp −162℃）よりも1気圧で高い温度で沸騰する．同じ理由で，重くて大きな無極性分子のデカン（$C_{10}H_{22}$）は1気圧で174℃で沸騰する．ネオペンタン（2,2-ジメチルプロパン；bp 9.5℃）とペンタン（bp 36.1℃）は同じ分子量をもっているが，分散力と表面積の関係から，ネオペンタンのほうが低沸点である理由を説明することができる．

例題 2.7

次の化合物を沸点の高くなる順に並べよ．これらの化合物の分子量はほぼ等しい．

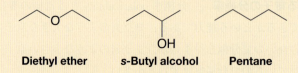

Diethyl ether　　**s-Butyl alcohol**　　**Pentane**

解き方と解答：

Pentane は極性基をもっていないので，その分子間力は分散力だけである．したがって，沸点は最も低いだろう．Diethyl ether は極性のエーテル基をもっているので，分散力よりも強い双極子-双極子相互作用をもつ．したがって，沸点は pentane よりも高いだろう．s-Butyl alcohol は OH 基をもっているので強い水素結合を形成できる．したがって，最も沸点が高いだろう．

pentane ＜ diethyl ether ＜ s-butyl alcohol

沸点の上昇 →

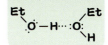

問題 2.20 次の化合物を沸点の高くなる順に並べよ．各化合物における分子間力から解答を説明せよ．

(a)　　　　　　(b)　　　　　　(c)　　　　　　(d)

 フルオロカーボンとテフロンの化学

フルオロカーボン（炭素とフッ素だけを含む化合物）は，同じ分子量の炭化水素と比べると異常に低い沸点をもっている．フルオロカーボンの C_5F_{12} は，ペンタン C_5H_{12} よりも分子量ははるかに大きいが，沸点はわずかに低い．このような性質は，すでに述べたようにフッ素原子の分極率が非常に低いために分散力が極めて小さいことによる．

テフロンとよばれるフルオロカーボン高分子（CF_2CF_2）$_n$（9.10 節参照）は自己潤滑性をもつので，"焦げ付かない" フライパンや軽量ベアリングに応用されている．

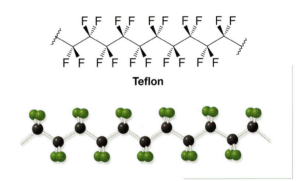

[Leonard Lessin/Photo Researchers, Inc.]

2.13D　溶解度

分子間力は物質の**溶解度** solubility の説明にも非常に重要である．固体が液体に溶解する現象は，多くの点で固体が融解するのに似ている．固体の規則的な結晶構造が壊され，その結果溶液中では分子またはイオンの配列が不規則になる．溶解の過程においては，さらに分子またはイオンは離れ離れになる．この二つの変化に対してエネルギーを供給する必要がある．格子間力と分子間引力あるいはイオン間引力に打ち勝つだけのエネルギーは，溶液中の溶質と溶媒との間の新しい引力によって供給される．

例としてイオン性化合物の溶解を考えてみよう．この場合，格子間力とイオン間引力はともに大きい．水とごく少数の極性溶媒のみがイオン性化合物を溶解できる．これらの溶媒はイオンを**水和** hydration または**溶媒和** solvation することによってイオン性化合物を溶解する（図 2.9）．

水分子は非常に小さくコンパクトな形をしており，しかも大きな極性をもつために，結晶格子

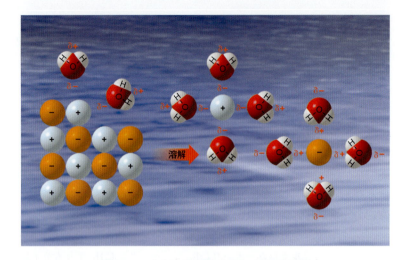

図 2.9 イオン性固体の水に対する溶解
極性の大きい水分子によって正と負のイオンが溶媒和されている様子を示している．イオンは水分子に三次元的に取り囲まれている．

からイオンが離れてくると，これを有効に取り囲むことができる．正のイオンは水分子の双極子の負の末端が正のイオンのほうを向くようにして取り囲まれる．負のイオンは逆の形で溶媒和される．水は極性が非常に大きく，強い水素結合を作り得るために，引力として働く**イオン-双極子間力** ion-dipole force も非常に大きくなる．このような引力によって供給されるエネルギーは非常に大きいので，結晶の格子エネルギーとイオン間引力に打ち勝つことができる．

溶解性を予測する経験則として，極性から見て"似たものは似たものを溶かす（like dissolves like）"というのがある．

- 極性化合物やイオン性固体は，極性溶媒に溶ける傾向がある．
- 極性の液体同士は通常混じり合う．
- 無極性の固体は無極性の溶媒に溶けるのが普通である．
- 無極性の液体同士は通常混じり合う．
- 極性の液体と無極性液体は，水と油のように，あまり溶け合わない．

メタノールと水はどのような割合でも混じり合う．エタノールと水，プロピルアルコール（あるいはイソプロピルアルコール）と水も同様である．これらの場合，アルコールのアルキル基は比較的小さく，分子はアルカンより水に似ている．そして，もう一つの要因は分子が互いに強い水素結合を作ることができることである．

分子あるいは分子の一部は親水性であったり疎水性であったりする．メタノール，エタノール，

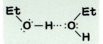

プロパノールなどのアルキル基は疎水性であり，ヒドロキシ基は親水性である．

- **疎水性** hydrophobic は水と相容れないことを意味する（hydro "水"；phobic "恐れる，または避ける" の意味）．
- **親水性** hydrophilic は水となじむことを意味する（philic "好む，または求める" の意味）．

デシルアルコールは10個の炭素鎖からなり，疎水性のアルキル基が親水性のヒドロキシ基の効果を打ち消しているので，水にはほとんど溶けない．

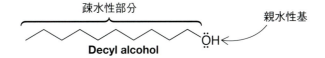

長いアルキル鎖のような無極性の基が水性の環境を避けようとする理由，いわゆる**疎水性効果** hydrophobic effect の原因を説明するのは複雑で難しい．最も重要な因子の一つは水中における**不利なエントロピー変化**であろう．エントロピー変化（3.9節）は，比較的秩序立った状態から無秩序な状態への変化，あるいは逆の変化と関係している．秩序から無秩序の状態への変化は有利であり，逆は不利である．無極性の炭化水素鎖が水中に入ると，水分子は炭化水素鎖のまわりに配列した構造を作らなければならない．このためにそのエントロピー変化は不利である．

疎水性基と親水性基の存在がセッケンや界面活性剤の重要な要素になることを22.2C項で述べる．

2.13E 水に対する溶解度の指標

通常，ある有機化合物が水 100 mL に 3 g 以上溶けるとき，その化合物は水溶性であると定義する．親水性基を1個もつ化合物，したがって強い水素結合を作り得る化合物に対しては，次の指標が役に立つ．炭素数1個から3個までは水に可溶であり，4個と5個は境界線上にあり，そして炭素数6個以上になると水に不溶である．

化合物が2個以上の親水性基をもつ場合，これらの指標は当てはまらない．多糖類（Chap. 21），タンパク質（Chap. 23），核酸（Chap. 24）はすべて多数の炭素原子をもつが，その多くが水溶性である．多数の親水性基をもっているために水に溶けるのである．

2.14 電気的引力のまとめ

これまでに学んだ分子とイオンの間に生じる引力を，表2.4にまとめる．

2.15 基本的原理の適用

本章で学んだ現象に対して，どのように基本的原理が適用されているかを復習しよう．

極性のある結合は電気陰性度の違いによって生じる　2.2節で電気陰性度の異なる原子が共有結合をすると，電気陰性度の大きい原子が負電荷をもち，電気陰性度の小さい原子は正電荷を

表 2.4 電気的引力

電気的な力	相対的な強さ	タイプ	例
カチオン-アニオン（結晶中）	非常に強い	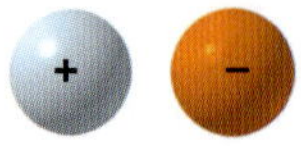 +　−	塩化ナトリウムの結晶格子
共有結合	強い（140〜523 kJ mol^{-1}）	共有電子対	H—H (436 kJ mol^{-1}) CH$_3$—CH$_3$ (378 kJ mol^{-1}) I—I (151 kJ mol^{-1})
イオン-双極子	中程度	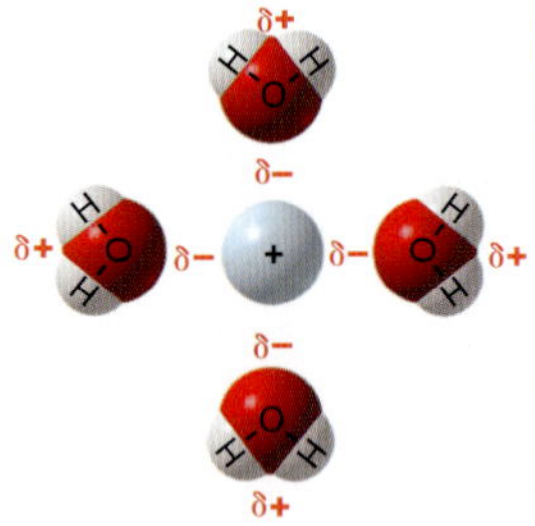	水中の Na$^+$ イオン（図 2.9）
水素結合	中程度から弱い（4〜38 kJ mol^{-1}）	—Z$^{\delta-}$:···H$^{\delta+}$—	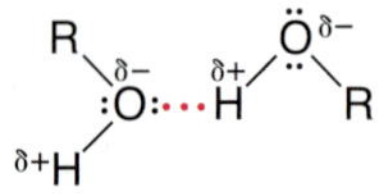
双極子-双極子	弱い	$\overset{\delta+}{CH_3}\overset{\delta-}{Cl}$···$\overset{\delta+}{CH_3}\overset{\delta-}{Cl}$	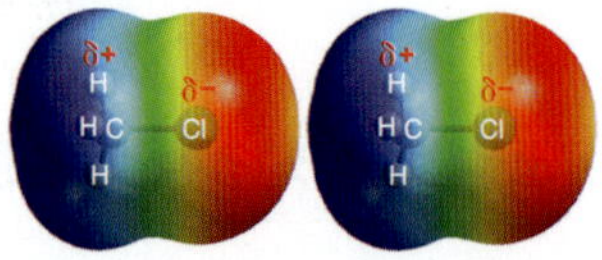
分散力	多様	一時的な双極子	メタン分子同士の相互作用

もつことを学んだ．結合は極性結合になり，双極子モーメントをもつ．双極子モーメントは分子の物理的性質を説明する上で重要である．

正電荷と負電荷は引き合う　この原理は，有機化合物の物理的性質を理解する上で非常に重要な位置にある（2.13 節）．個々の分子間に働くすべての力は，逆の電荷をもつ分子またはイオン間，あるいは逆の電荷をもつ分子の部分の間に働き，沸点，融点および溶解度に影響を与える．例えば，イオン性化合物の結晶中で逆の電荷をもつイオンの間に働くイオン間力（2.13A 項），極性分子の逆符号に荷電した部分間に働く双極子−双極子相互作用（2.13B 項）や水素結合とよばれる非常に強い双極子間力，あるいは一次的に分子に生じる双極子間に見られる弱い分散力（または London 力）などがある．

分子構造によって性質が決まる　2.13 節で，物理的性質が分子構造にどのように関係しているかを学んだ．

◆補充問題

2.21 次の化合物をアルカン，アルケン，アルキン，アルコール，アルデヒド等に分類せよ．

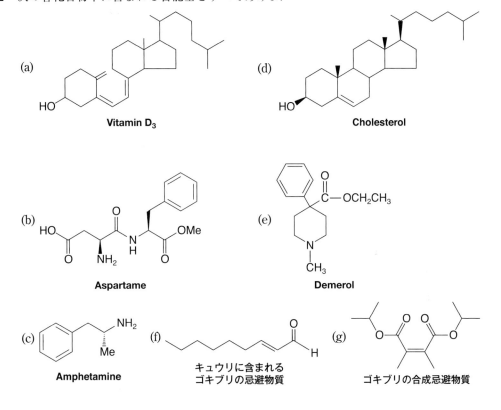

2.22 次の各化合物中に含まれる官能基をすべてあげよ．

2.23 次のアルコールを第一級，第二級，または第三級アルコールに分類せよ．

2.24 次のアミンを第一級，第二級，または第三級アミンに分類せよ．

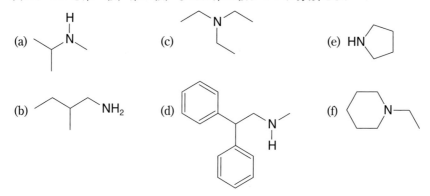

2.25* (a) Vitamin A の疎水性部分と親水性部分を示せ．またこの化合物が水溶性かどうかについて述べよ．(b) Vitamin B$_3$（Niacin ナイアシンともいう）についてはどうか．

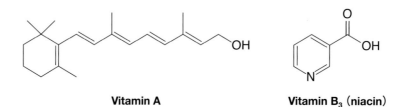

Vitamin A   Vitamin B$_3$ (niacin)

2.26 次の分子の三次元式を，くさび結合を用いて書け．分子が正味の双極子モーメントをもっている場合には，その方向を矢印（⟷）で示せ．双極子モーメントをもっていないときは，そのように述べよ（C—H 結合の極性は小さいので無視してよい）．

(a) CH_3F　　(c) CHF_3　　(e) CH_2FCl　　(g) BeF_2　　(i) CH_3OH
(b) CH_2F_2　　(d) CF_4　　(f) BCl_3　　(h) CH_3OCH_3　　(j) CH_2O

2.27 次の分子の中心原子（O, N, B, Be）のまわりの結合角を予測し，その混成状態を述べよ．また，これらの分子が双極子モーメントをもつかどうかについて述べよ．

(a) Dimethyl ether $(CH_3)_2O$　　(c) Trimethylborane $(CH_3)_3B$
(b) Trimethylamine $(CH_3)_3N$　　(d) Dimethylberyllium $(CH_3)_2Be$

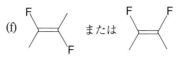

2.28* 次の各組の化合物のうち,どちらの沸点が高いかを予測し,その理由を述べよ.

(a)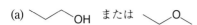

(b)  ～OH または 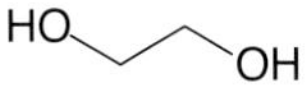 HO～OH

(c) 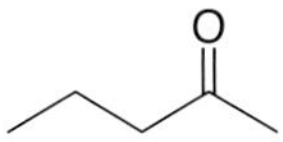 （ケトン構造） または ～～OH

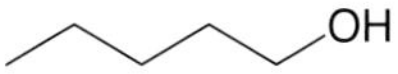

(d) 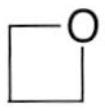 □-O または △-OH

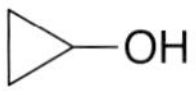

(e) 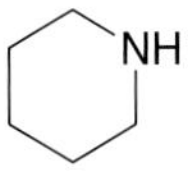 （piperidine NH） または （N-methylpyrrolidine）

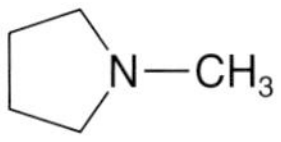

(f)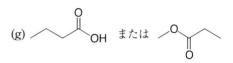

(g)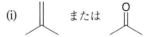

(h) (hexane) CH₃(CH₂)₄CH₃, または (nonane) CH₃(CH₂)₇CH₃

(i) （イソブチレン） または （アセトン）

Chapter 3

酸と塩基：
　有機反応と反応機構序論

　初心者にとっては，化学反応はマジックのように見えるに違いない．化学者は試薬を一つか二つフラスコに入れ，しばらく待ってから，入れたものとは全く異なる化合物をフラスコから取り出す．その反応の詳細がわからなければ，手品師がリンゴとオレンジを帽子に入れ，かき回してウサギやインコを取り出すのと同じように見えるだろう．まるでマジックのような例を上の写真に見ることができる．固体のナイロン糸がフラスコの2層になった溶液の界面から引き出されている．ナイロンの合成はマジックではない．実にすばらしいことであり驚くべきことである．このような反応がわれわれの世界を変革してきたのである．

　有機化学の講義の目標の一つは，実際この化学マジックともいえる反応がどう起こるのかを理解することにある．われわれは反応の生成物がどのようにしてできるのかを説明できるようになりたいと思っている．その説明は反応機構の形で行われる．反応機構は，**反応物が生成物になるときに分子レベルで起こっている事象を記述するもの**である．多くの場合に見られるように，反応が2段階以上で起こっているときには，各段階の間に生成する中間体とよばれる化学種が何であるかも知る必要がある．

　有機化学を学ぶ場合に最も重要なことの一つは，膨大で複雑な集積された知識が，反応機構によって順序立てて整理され，理解できるようになることである．今や何千万という有機化合物が知られており，これらの化合物がかかわる何千万もの反応がある．これらをすべて機械的に暗記しなければならないとしたら，すぐにあきらめてしまうことになるだろう．しかしながら，そうする必要はない．官能基が化合物を体系化したのと同じように，反応機構が反応を体系化してくれる．しかも幸いなことに，基本的な反応機構はあまり多くない．

| 本章で学ぶこと：
- 酸と塩基および電子豊富な位置と電子不足な位置という見方で，分子内の反応中心となる基をどのように分類するかを示す規則

［写真提供：（ナイロンの合成）Charles D. Winters/Photo Researchers, Inc.;（マジシャンの手）© AndyL/iStockphoto］

- 化学反応の段階ごとの過程とその過程をいくつかの特徴的な理解しやすい種類に分類する方法

3.1 酸塩基反応

化学反応と反応機構について学ぶために，酸塩基の化学の基本原理から始めよう．それには次のような理由がある．

- 有機化学で見られる反応の多くは酸塩基反応そのものであるか，そのどこかに酸塩基反応を含んでいる．
- 酸塩基反応は，反応機構を書くために"カーブした矢印"の使い方を学ぶのにふさわしい基本的な反応である．

3.1A Brønsted-Lowry の酸と塩基

有機化学の基礎になる酸塩基反応 acid-base reaction には，Brønsted-Lowry（ブレンステッド ローリー）の酸塩基反応と Lewis（ルイス）の酸塩基反応の2種類がある．まず，Brønsted-Lowry の酸塩基反応について説明する．

- **Brønsted-Lowry の酸塩基反応**はプロトン移動を含む．
- **Brønsted-Lowry 酸**はプロトンを与える物質である．
- **Brønsted-Lowry 塩基**はプロトンを受け取る物質である．

では，実例をいくつか見てみよう．
塩化水素（HCl）は気体であるが，塩化水素ガスを水に吹き込むと，次の反応が起こる．

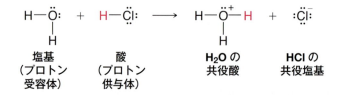

塩基（プロトン受容体）　酸（プロトン供与体）　H_2O の共役酸　HCl の共役塩基

アジサイの花の色はその土壌の酸性度によっても変わる．［Media Bakery］

この反応では，HCl はプロトンを与えているので，Brønsted-Lowry 酸として働いている．水は HCl からプロトンを受け取っているので，Brønsted-Lowry 塩基として働いている．生成物はオキソニウムイオン（H_3O^+）*と塩化物イオン Cl^- である．

- 酸がプロトンを与えて生成した分子あるいはイオンは**共役塩基** conjugate base とよばれる．先の例では塩化物イオンが共役塩基である．
- 塩基がプロトンを受け取って生成した分子あるいはイオンは**共役酸** conjugate acid とよばれる．オキソニウムイオンが水の共役酸である．

HCl は，水中でプロトン移動が実質的に完結するまで進行するので，強酸と考えられる．水に溶かしたときプロトン移動が完全に起こるような強酸には，他に，ヨウ化水素，臭化水素，硫酸などがある．

$$HI + H_2O \longrightarrow H_3O^+ + I^-$$
$$HBr + H_2O \longrightarrow H_3O^+ + Br^-$$
$$H_2SO_4 + H_2O \longrightarrow H_3O^+ + HSO_4^-$$
$$HSO_4^- + H_2O \rightleftharpoons H_3O^+ + SO_4^{2-}$$

- 酸が水のような Brønsted 塩基にプロトンを与える程度は，酸としての強さの尺度になる．したがって，酸の強さはイオン化の割合（パーセント）の尺度であり，濃度ではない．

硫酸は 2 個のプロトンを供与できるので二塩基酸（あるいはジプロトン酸）diprotic acid といわれる．このプロトン移動は段階的に起こる．第一のプロトン移動は完全に進行するが，第二のプロトン移動は 10% 程度である［したがって，第二のプロトン移動の式（上の一番下の式）には平衡の矢印を付けてある］．

3.1B　水中における酸と塩基

- オキソニウムイオンは水中で存在しうる最強の酸である．オキソニウムイオンよりも強い酸は水分子にプロトンを与えてオキソニウムイオンを生成するだけである．
- 水酸化物イオンは水中で存在しうる最強の塩基である．水酸化物イオンよりも強い塩基は水からプロトンを取って水酸化物イオンを生成する．

イオン性化合物が水に溶けると，イオンは溶媒和される．例えば，水酸化ナトリウムを水に溶かすと，正電荷をもつナトリウムイオンは水分子の非共有電子対との相互作用で安定化され，水酸化物イオンはその非共有電子対が水分子の部分的に正に荷電した水素と水素結合を作ることによって安定化される．

---

* （訳注）一般に -ium は，通常の原子価より一つ価数の多いカチオン（陽イオン）を表す接尾語である．酸素の場合（$-\overset{+}{O}-$）はオキソニウムイオン oxonium ion となり，窒素の場合（$-\overset{+}{N}-$）はアンモニウムイオン ammonium ion，ハロゲンの場合（$-\overset{+}{X}-$）はハロニウムイオン halonium ion となる．

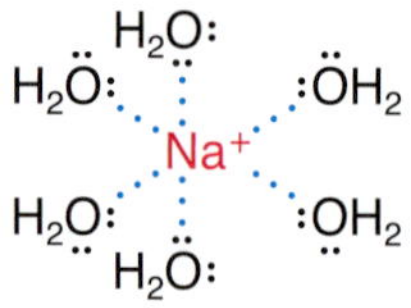

溶媒和されたナトリウムイオン 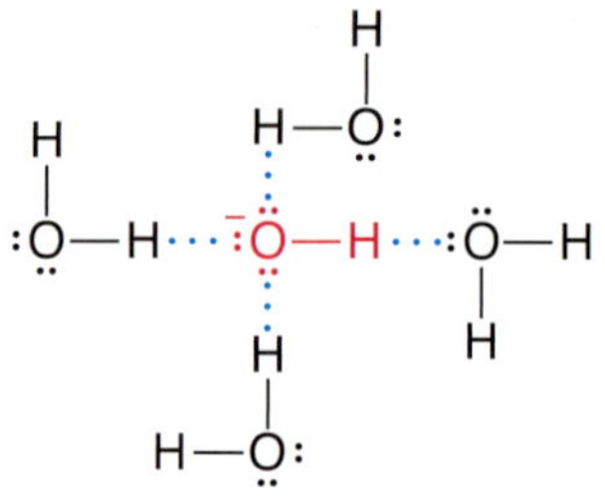　　　溶媒和された水酸化物イオン

　水酸化ナトリウムの水溶液を塩化水素の水溶液（塩酸 hydrochloric acid という）と混ぜたときに起こる反応は，水酸化物イオンとオキソニウムイオンとの間の反応である．ナトリウムイオンと塩化物イオンは酸塩基反応には関与しないので，**傍観イオン** spectator ion とよばれる．

全イオン反応

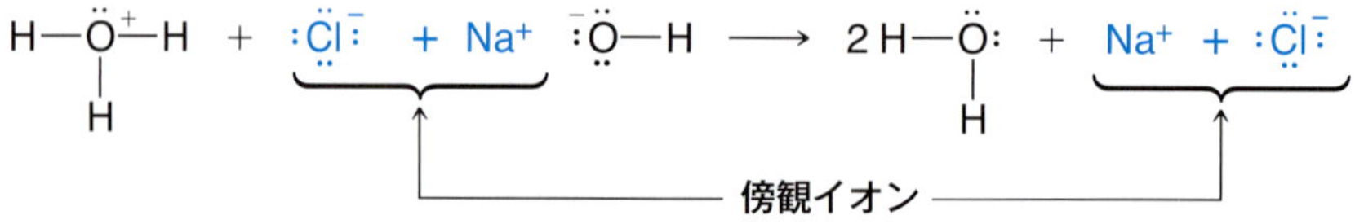

$$H_3O^+ + Cl^- + Na^+ + {^-}OH \longrightarrow 2H_2O + Na^+ + Cl^-$$

傍観イオン

　今，上で塩酸と水酸化ナトリウム水溶液の反応について述べたことは，すべての強酸と強塩基の水溶液を混ぜたときにもいえることであって，正味の**イオン反応** ionic reaction は単に次の反応にすぎない．

正味のイオン反応

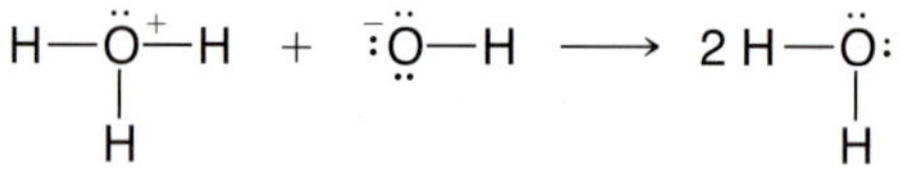

$$H_3O^+ + {^-}OH \longrightarrow 2H_2O$$

3.2　カーブした矢印による反応の表し方

　これまで反応における結合変化がどう起こるかは示さなかったが，カーブした矢印を用いれば簡単に反応変化を表すことができる．**カーブした矢印** curved arrow は反応機構における電子の流れの向きを示す．

1. カーブした矢印は，電子対の供給源からそれを受け取る原子を指すように書く（カーブした矢印は通常 2 電子の動きを示すが，1 電子の動きを示すこともできる．そのような 1 電子の動きを含む反応については Chap. 9 で説明する）．
2. 電子の流れは常に電子密度の高いところから低いところに向かうように示す．
3. **カーブした矢印を原子の動きを示すために決して使ってはならない**．原子は電子対の移動の結果として動くにすぎない．
4. カーブした矢印で示した電子対の移動が第 2 周期の元素のオクテット則に違反していないかどうか注意しよう．

3.2 カーブした矢印による反応の表し方

　塩化水素と水の反応は，カーブした矢印を用いてどのように反応を表すかを示す簡単な例になる．これ以降よく出てくる"反応機構"のボックスをここで初めて導入する．このボックスでは，反応機構の重要な段階をすべて示し，化学式をカラーでわかりやすく表し，説明文を付ける．

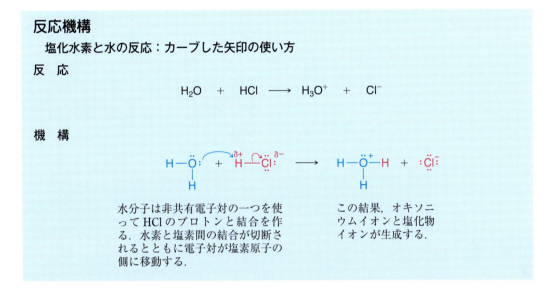

　カーブした矢印は共有結合または非共有電子対（電子密度の高いところ）から始まり，電子不足の位置を指す．この例では，水分子が塩化水素分子と衝突すると，非共有電子対のうちの一つ（青色で表示）を使ってHClのプロトンと結合を作る．これは酸素原子の負に荷電した電子が正に荷電した水素に引き付けられた結果である．同時に H—Cl 結合が切れて，HClの塩素は水素との結合に使われていた電子対をもって離れていく．もし H—Cl 結合が切れないと，水素は二つの共有結合をもつことになり，これは勿論不可能なことである．したがって，結合の開裂にもカーブした矢印を使う．H—Cl の結合から Cl に矢印を向けることによって，この矢印は結合が切れ，電子対は塩化物イオンとともに離れていくことを示している．

　次にカーブした矢印を使って，いくつかの酸塩基反応を示す．

例題 3.1

次の反応式にカーブした矢印を書いて，結合生成と結合切断における電子の流れを示せ．

(a) [反応式: 1-メチルシクロヘキサノール + HCl → オキソニウムイオン + Cl⁻]

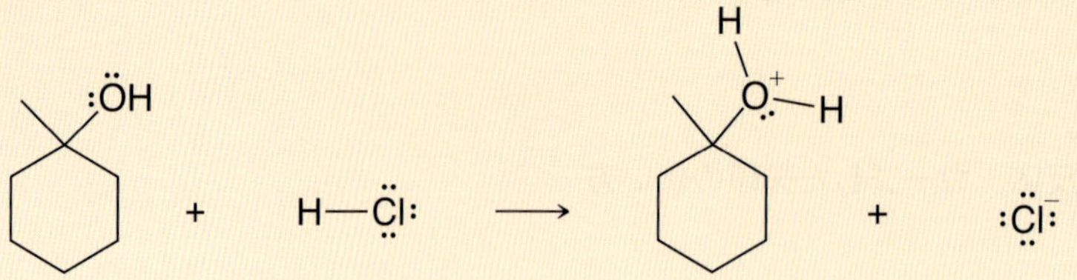

(b) [反応式: トリエチルアミン + 酢酸 → 酢酸イオン + トリエチルアンモニウムイオン]

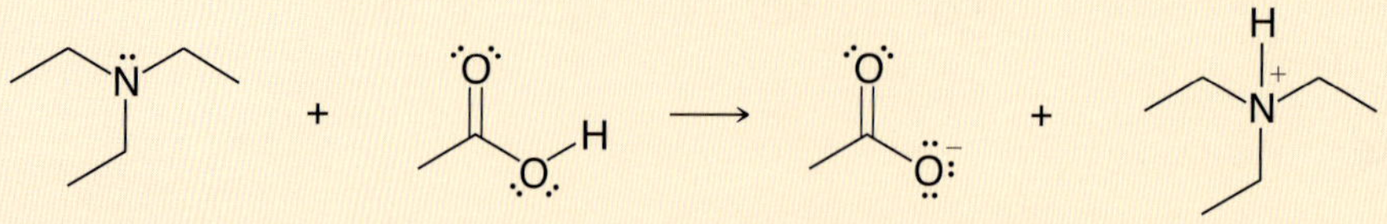

解き方と解答：

3.2 節の最初に出てきたカーブした矢印の使い方の規則に注意しよう．カーブした矢印は電子対の供給源からそれを受け取る原子に向けて書く．常に電子密度の高いところから低いところを指している．また，水素原子は 2 電子を超えないよう，第 2 周期元素はオクテット（8 電子）を超えないようにしなければならない．さらに，形式電荷に注意し，反応の前後で電荷の増減がないことにも注意しなければならない．

(a) では，Cl の電気陰性度のために HCl の H は部分的な正電荷をもつ（求電子的である）．アルコールの酸素は電子対の供給源（Lewis 塩基）となり，部分的な正電荷をもつ水素に電子を与えることができる．しかし，その水素は電子対を受け取るとともに塩素との結合電子対を離さなければならない．そこで，塩素が水素との結合電子対を受け取り塩化物イオンとなり，水素はアルコール酸素と結合してオキソニウムイオンとなる．

(a) [カーブした矢印つき反応式]

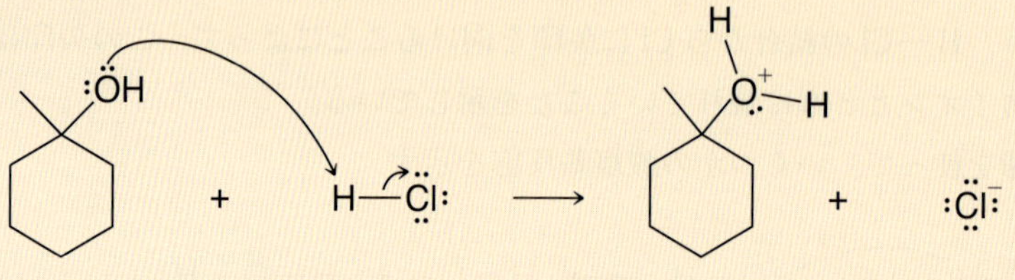

(b) では，カルボン酸の水素が部分的な正電荷をもち求電子的である．そしてアミンが非共有電子対を出しカルボン酸の水素と結合を作るとともに，カルボン酸イオンが外れていく．

(b) [カーブした矢印つき反応式]

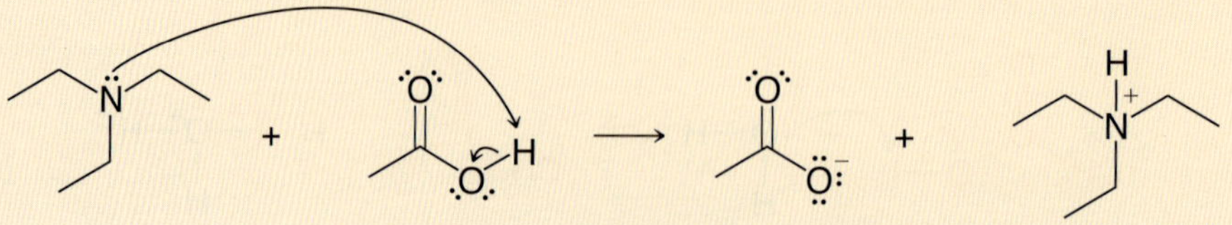

問題 3.1 次の反応式にカーブした矢印を書いて，結合生成と結合切断における電子の流れを示せ．

3.3 Lewis の酸と塩基

酸塩基の考え方は1923年にG. N. Lewisによって大きく拡張された．**Lewisの酸塩基理論**を理解することは種々の有機反応を理解する上で極めて有用である．Lewisは酸と塩基を次のように定義した．

- 酸は電子対受容体 electron-pair acceptor である．
- 塩基は電子対供与体 electron-pair donor である．

Lewis の酸塩基理論によれば，プロトン供与体だけが酸ではなく，他の多くの化学種も酸になりうる．例えば，塩化水素や塩化アルミニウムはプロトン供与体と同じようにアンモニアと反応する．アンモニア（Lewis塩基）からの電子対供与をカーブした矢印で表すと次のようになる．

上の塩化水素との反応では，電子対受容体の水素原子は窒素と新しい結合を作るためには，水素は塩素との共有電子対を失わなければならない．この水素原子は最初から塩素との共有結合によって満たされた原子価殻（最外殻）をもっているからである．ところが，塩化アルミニウムのアルミニウム原子の原子価殻は，最初は満たされていなかった（原子価殻には6電子しかなかった）ので，どの結合を切ることもなく電子対を受け入れることができる．アルミニウム原子は窒素から電子対を受け取り，その結果負の形式電荷をもつことになるが，オクテットになる．Lewisの定義によれば，塩化アルミニウムが電子対を受け取るとき，それは酸として反応したことになる．

塩基については，Lewis の酸塩基理論においても Brønsted-Lowry の酸塩基理論においてもあまり差がない．Brønsted-Lowry の酸塩基理論でも，塩基はプロトンを受け取るために電子対を供与しなくてはならないからである．

- Lewis の酸塩基理論によって酸の定義が拡張されたために，Brønsted-Lowry の反応はもちろん，今後述べる多数のその他の反応も，この酸塩基理論で説明が可能になった．ほとんどの有機反応が Lewis 酸塩基反応を含んでいるので，Lewis 酸塩基の化学を十分理解すれば，大きな助けになるだろう．

電子不足の原子はすべて Lewis 酸となりうる．ホウ素やアルミニウムのような13族元素を含む化合物の多くは Lewis 酸である．これらの化合物の中で13族の原子が価電子を6個しかもっていないからである．これら以外にも空の軌道をもつ化合物の多くが Lewis 酸となる．例えば，ハロゲン化亜鉛やハロゲン化鉄（Ⅲ）は有機反応においてしばしば Lewis 酸として使われる．

例題 3.2

臭化鉄（$FeBr_3$）と臭素（Br_2）の反応について，Lewis 酸と Lewis 塩基を示す反応式を書け．

解答：

Lewis 塩基　　　Lewis 酸

3.3A　正電荷と負電荷は引き合う

- Lewis の酸塩基理論では，多くの有機反応に見られるように，逆符号の電荷をもつ化学種の引力が反応性の基本である．

もう一つの例として，塩化アルミニウムよりももっと強力な Lewis 酸である三フッ化ホウ素とアンモニアとの反応を考えてみよう．三フッ化ホウ素の静電ポテンシャル図（2.2A 項に示した HCl の静電ポテンシャル図と同様な図）を図 3.1 に示す．この図から BF_3 は，ホウ素原子上にかなりの正電荷をもち，負電荷は3個のフッ素原子上にある（これは電気陰性度からも予想できる）ことがわかる（図の青色はより正を帯びた領域を表し，赤色はより負を帯びた領域を表している）．一方，アンモニアの静電ポテンシャル図を見ると，（これも予想されるように）負電荷はアンモニアの非共有電子対の領域に局在していることがわかる．このように，これら二つの分子の静電的な性質は，Lewis の酸塩基反応に適している．反応がこれら分子の間で起こるとき，アンモニアの非共有電子対は三フッ化ホウ素のホウ素原子を攻撃し，ホウ素の原子価殻を満たす．その結果ホウ素は形式負電荷をもち，窒素は形式正電荷をもつことになる．図 3.1 に示した生成

3.4 炭素との結合のヘテロリシス：カルボカチオンとカルボアニオン

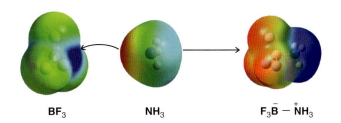

図 3.1　BF₃ と NH₃ およびその反応生成物の静電ポテンシャル図
BF₃ の正の領域と NH₃ の負の領域の間の引力が反応を引き起こす．生成物の静電ポテンシャル図を見ると，フッ素原子が形式負電荷の電子を引き付け，水素原子をもつ窒素原子が形式正電荷をもっていることがわかる．

物の静電ポテンシャル図から電荷の分布がはっきりとわかる．この分子の BF₃ 部分にはかなりの負電荷が存在し，窒素の側にかなりの正電荷が局在していることがわかる．

　計算によって得られた静電ポテンシャル図は電荷の分布や分子の形をよく表しているが，軌道の混成（1.12～1.14節），VSEPRモデル（1.16節），形式電荷（1.5節），電気陰性度（1.3A項，2.2節）を用いて得られる BF₃，NH₃，およびこれらの反応生成物の構造からも同じ結論が得られる．

問題 3.2　次の場合に起こる Lewis 酸塩基反応を示す反応式を書け．
　　(a) Methanol（CH₃OH）と BF₃ の反応
　　(b) Chloromethane（CH₃Cl）と AlCl₃ の反応
　　(c) Dimethyl ether（CH₃OCH₃）と BF₃ の反応

問題 3.3　次のうちどれが Lewis 酸で，どれが Lewis 塩基か．

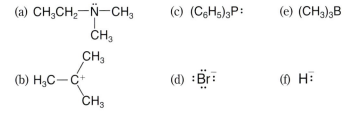

3.4　炭素との結合のヘテロリシス：カルボカチオンとカルボアニオン

　炭素との結合が**ヘテロリシス** heterolysis を起こすと 2 種類のイオンのどちらかができる．すなわち，**カルボカチオン**（炭素陽イオン）carbocation とよばれる炭素に正電荷をもったイオン，または**カルボアニオン**（炭素陰イオン）carbanion とよばれる炭素に負電荷をもったイオンである．

$$-\overset{\delta+}{C}-\overset{\delta-}{Z} \xrightarrow{\text{ヘテロリシス}} -\overset{|}{C}{}^+ \quad + \quad :Z^-$$
カルボカチオン

$$-\overset{\delta-}{C}-\overset{\delta+}{Z} \xrightarrow{\text{ヘテロリシス}} -\overset{|}{C}:^- \quad + \quad Z^+$$
カルボアニオン

- **カルボカチオン**は電子不足で，原子価殻に6電子しかもっていない．そのためにカルボカチオンは**Lewis酸**である．

したがって，カルボカチオンは BF_3 や $AlCl_3$ に似ている．また，ほとんどのカルボカチオンは寿命が短く反応性が高い．カルボカチオンが有機反応の中間体として生成すると，すばやくLewis塩基（安定なオクテット，すなわち貴ガスの電子配置になるために必要な電子対を供与できる分子またはイオン）と反応する．

$$-\overset{|}{C}{}^+ \quad + \quad :B^- \longrightarrow -\overset{|}{C}-B$$
カルボカチオン　　アニオン
（Lewis酸）　　（Lewis塩基）

$$-\overset{|}{C}{}^+ \quad + \quad :\overset{..}{\underset{H}{O}}-H \longrightarrow -\overset{|}{C}-\overset{+}{\underset{H}{O}}-H$$
カルボカチオン　　水
（Lewis酸）　　（Lewis塩基）

- **カルボアニオン**は電子豊富であり，非共有電子対をもっている．したがって，カルボアニオンはLewis塩基であり，**Lewis塩基として反応する**（3.3節）．

3.4A　求電子剤と求核剤

カルボカチオンは電子を求める反応剤であるから，**求電子剤** electrophile（電子を好むという意味）とよばれる．

- **求電子剤**は，反応によって貴ガスと同じ安定な原子価殻になるように電子対を求める反応剤である．
- **すべてのLewis酸は求電子剤である**．カルボカチオンはLewis塩基から電子対を受け入れて原子価殻を満たす．

カルボカチオン　　Lewis塩基
Lewis酸で求電子剤

3.4 炭素との結合のヘテロリシス：カルボカチオンとカルボアニオン

- 結合の分極のために電子不足になった炭素原子は（カルボカチオンではなくても）求電子剤になりうる．Lewis 塩基の電子豊富な部位と，次のように反応する．

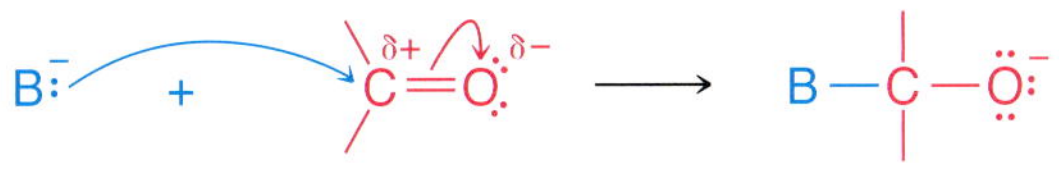

$$\text{B}^- \; + \; \overset{\delta+}{\text{C}}=\overset{\delta-}{\text{O}} \longrightarrow \text{B}-\text{C}-\text{O}^-$$

Lewis 塩基　　　Lewis 酸
　　　　　　　（求電子剤）

カルボアニオンは Lewis 塩基である．カルボアニオンはプロトンや他の正電荷中心を求めて，電子対を与えることにより，自らの負電荷を中和する．

Lewis 塩基が，プロトン以外の正電荷中心を求めて，特に炭素原子と結合するとき，その Lewis 塩基を**求核剤** nucleophile（核を好むという意味であり，*nucleo-* は核 nucleus に由来し，原子の正の部分である）という．

- **求核剤**は，正電荷をもつ炭素原子のような正電荷中心と反応する Lewis 塩基である．

求電子剤は Lewis 酸であり求核剤は Lewis 塩基であるというのに，化学者はどうして 2 種類のよび方をするのだろうか．Lewis 酸と Lewis 塩基は一般的なよび方であり，通常は炭素原子と反応するときにのみ求電子剤または求核剤という．

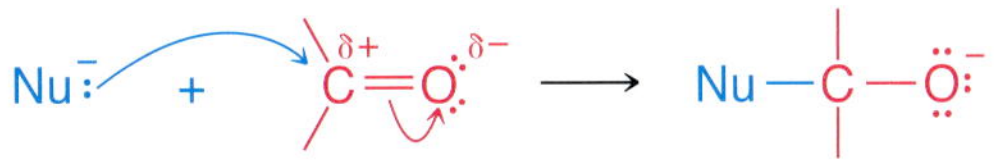

$$\text{Nu}^- \; + \; \overset{\delta+}{\text{C}}=\overset{\delta-}{\text{O}} \longrightarrow \text{Nu}-\text{C}-\text{O}^-$$

求核剤　　　　求電子剤

$$\text{C}^+ \; + \; {}^-\text{Nu} \longrightarrow \text{C}-\text{Nu}$$

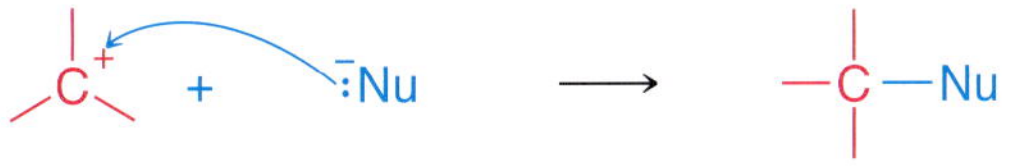

求電子剤　　　求核剤

例題 3.3

次の反応においてどれが求電子剤と求核剤であるか示し，カーブした矢印で結合生成と結合切断における電子の流れを示せ．

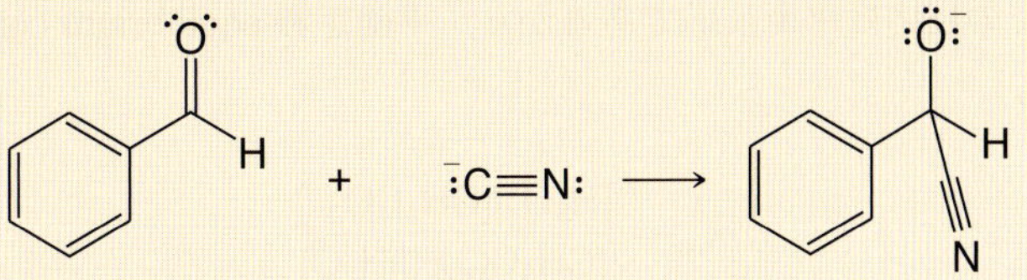

$$\text{PhCHO} \; + \; {}^-\text{C}\equiv\text{N}{:} \longrightarrow \text{Ph-CH(O}^-\text{)-CN}$$

解き方と解答：

カルボニル酸素の電気陰性度のためにアルデヒドの炭素は求電子的である．シアン化物イオンは Lewis 塩基として働き，求核剤になる．すなわち，⁻CN がカルボニル炭素に電子対を供与し，結合電子対を酸素のほうへ押し出してどの原子もオクテットを超えないように反応する．

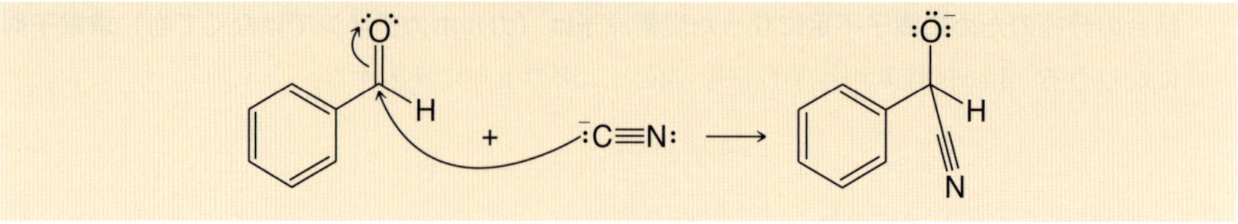

問題 3.4 Dimethylamine $(CH_3)_2NH$ と BF_3 との間で起こる反応をカーブした矢印を用いて書け. どれが Lewis 酸, Lewis 塩基であるかを示し, 形式電荷も書け.

3.5 Brønsted-Lowry の酸と塩基の強さ：K_a と pK_a

多くの有機反応は, 酸塩基反応によるプロトン移動を含む. したがって, 反応において Brønsted-Lowry の酸または塩基となりうるような化合物の相対的な強さを考えることは重要である.

HCl や H_2SO_4 のような強酸に比べて, 酢酸ははるかに弱い酸である. 酢酸を水に溶かしても, 次の反応は完全には進行しない.

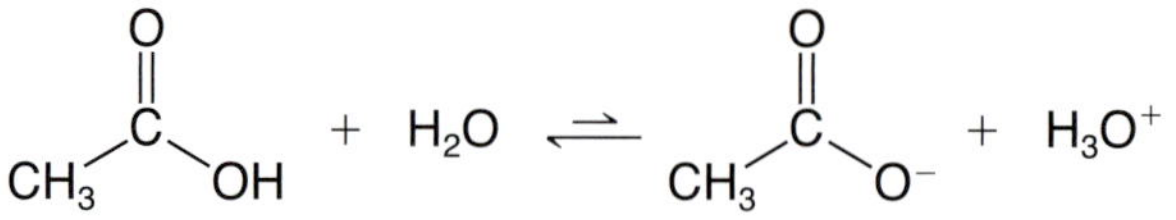

$$CH_3COOH + H_2O \rightleftharpoons CH_3CO_2^- + H_3O^+$$

実験によると, 25℃において酢酸の 0.1 M 水溶液中では, 酢酸分子のわずか 1% が（プロトンを水に与えて）イオン化しているに過ぎない. したがって, 酢酸は弱酸である. **酸の強さ** acid strength は**酸性度定数** (K_a) または pK_a 値で表される.

3.5A 酸性度定数 K_a

酢酸の水溶液中での反応は平衡反応であるから, **平衡定数** equilibrium constant (K_{eq}) は次式で表すことができる.

$$K_{eq} = \frac{[H_3O^+][CH_3CO_2^-]}{[CH_3CO_2H][H_2O]}$$

希薄水溶液中では水の濃度はほぼ一定（約 55.5 M）であるので, **酸性度定数** acidity constant とよばれる新しい定数 K_a を使って書き直すことができる*.

---

* (訳注) この考え方は物理化学的には正しくない. 熱力学の定義により純溶媒を標準状態とするので, 溶媒の活量は 1 となる. したがって, 平衡定数に溶媒の濃度項は入ってこない. すなわち, K_a は平衡定数そのものである.

3.5 Brønsted-Lowry の酸と塩基の強さ：K_a と pK_a

$$K_a = K_{eq}[H_2O] = \frac{[H_3O^+][CH_3CO_2^-]}{[CH_3CO_2H]}$$

酢酸の酸性度定数は，25℃において 1.76×10^{-5} である．

水に溶けるすべての弱酸に対して同様の式を書くことができる．一般式 HA で表される酸について，水中の反応は，

$$HA + H_2O \rightleftharpoons H_3O^+ + A^-$$

となり，酸性度定数は次式で表される．

$$K_a = \frac{[H_3O^+][A^-]}{[HA]}$$

この一般式において，プロトン移動後の生成物の濃度が分数式の分子に，非解離の酸の濃度が分母に示されるから，**K_a が大きいほどその酸は強酸であり，小さいほど弱酸である**．K_a が 10 よりも大きければ，その酸は 0.01 M 以下では水中で事実上完全に解離しているといってよい．

例題 3.4

Phenol の K_a は 1.26×10^{-10} である．(a) Phenol の 1.0 M 水溶液におけるオキソニウムイオンのモル濃度を求めよ．(b) この溶液の pH はいくらか．

解き方と解答：

酸解離平衡に対する K_a の式を用いる．

$$\underset{\text{Phenol}}{C_6H_5OH} + H_2O \rightleftharpoons \underset{\substack{\text{フェノキシド}\\\text{イオン}}}{C_6H_5O^-} + \underset{\substack{\text{オキソニウム}\\\text{イオン}}}{H_3O^+}$$

$$K_a = \frac{[H_3O^+][C_6H_5O^-]}{[C_6H_5OH]} = 1.26 \times 10^{-10}$$

(a) 平衡における H_3O^+ の濃度 x はフェノキシドイオンの濃度と等しいので，次の関係が得られる．

$$\frac{(x)(x)}{1.0} = \frac{x^2}{1.0} = 1.26 \times 10^{-10}$$

したがって，オキソニウムイオン濃度は $x = 1.1 \times 10^{-5}$ M である．

(b) pH $= -\log(1.1 \times 10^{-5}) = 4.96$

問題 3.5* Formic acid（ギ酸；HCO_2H）の K_a は 1.77×10^{-4} である．(a) Formic acid の 0.1 M 水溶液中のオキソニウムイオンとギ酸イオン（HCO_2^-）のモル濃度を求めよ．(b)

Formic acid の何％が解離しているか.

3.5B　酸性度と pK_a

酸性度定数 K_a は，その負の対数 pK_a で表されることが多い．

$$pK_a = -\log K_a$$

これはオキソニウムイオン濃度を pH で表すのと似ている．

$$pH = -\log[H_3O^+]$$

酢酸の pK_a は 4.75 である．

$$pK_a = -\log(1.76 \times 10^{-5}) = -(-4.75) = 4.75$$

pK_a の大きさと酸の強さとの間には逆の関係がある．

- **pK_a の値が大きいほど，その酸は弱い．**

例えば，酢酸（pK_a = 4.75）はトリフルオロ酢酸 [pK_a = 0（K_a = 1）] よりも弱い酸である．塩酸 [pK_a = -7（K_a = 10^7）] はトリフルオロ酢酸よりずっと強い酸である（正の pK_a は負の pK_a より大きい）．

$$CH_3CO_2H < CF_3CO_2H < HCl$$

pK_a = 4.75　　　　pK_a = 0　　　　pK_a = -7
弱い酸　　　　　　　　　　　　　　非常に強い酸

→ 酸性度が増大する

　表 3.1 に代表的な酸の pK_a 値を示す．この表の中央付近にある pK_a = 0～14 の値は水溶液中で測定したものなので正確である．しかし，表の上のほうにある非常に強い酸や下のほうにある非常に弱い酸の pK_a 値を得るためには特別の方法が用いられる*．そのため，これらの値はおよその値である．本書に出てくるすべての酸はエタン（極端に弱い酸）と HSbF$_6$（"超強酸 superacid" とよばれるほど強い酸）の間に入る強さの酸である．表 3.1 を見て，その酸性度の幅が非常に広い（10^{62} 程度）ので戸惑わないようにしなくてはいけない．

問題 3.6* 　(a) ある酸（HA）の K_a は 10^{-7} である．pK_a はいくらか．(b) 別の酸（HB）の pK_a は 5 である．K_a はいくらか．(c) どちらが強い酸か．

＊（訳注）H$_3$O$^+$ より強い酸や $^-$OH より強い塩基は，水と完全に反応してしまう（**水平化効果** leveling effect といわれる．3.2B 項と 3.14 節参照）ので，これらの酸の K_a を水中で測定することはできない．他の溶媒を用いるなど特別な方法が用いられるが，これについては触れない．

3.5 Brønsted-Lowryの酸と塩基の強さ：K_aとpK_a

表 3.1 代表的な酸とその共役塩基の強さの比較

	酸	およそのpK_a	共役塩基	
最強の酸	$HSbF_6$	< -12	SbF_6^-	最も弱い塩基
	HI	-10	I^-	
	H_2SO_4	-9	HSO_4^-	
	HBr	-9	Br^-	
	HCl	-7	Cl^-	
	$C_6H_5SO_3H$	-6.5	$C_6H_5SO_3^-$	
	$(CH_3)_2\overset{+}{O}H$	-3.8	$(CH_3)_2O$	
	$(CH_3)_2C=\overset{+}{O}H$	-2.9	$(CH_3)_2C=O$	
	$CH_3\overset{+}{O}H_2$	-2.5	CH_3OH	
酸性度が増大	H_3O^+	-1.74	H_2O	塩基性度が増大
	HNO_3	-1.4	NO_3^-	
	CF_3CO_2H	0.18	$CF_3CO_2^-$	
	HF	3.2	F^-	
	$C_6H_5CO_2H$	4.21	$C_6H_5CO_2^-$	
	$C_6H_5\overset{+}{N}H_3$	4.63	$C_6H_5NH_2$	
	CH_3CO_2H	4.75	$CH_3CO_2^-$	
	H_2CO_3	6.35	HCO_3^-	
	$CH_3COCH_2COCH_3$	9.0	$CH_3CO\overset{-}{C}HCOCH_3$	
	$\overset{+}{N}H_4$	9.2	NH_3	
	C_6H_5OH	9.9	$C_6H_5O^-$	
	HCO_3^-	10.2	CO_3^{2-}	
	$CH_3\overset{+}{N}H_3$	10.6	CH_3NH_2	
	H_2O	15.7	HO^-	
	CH_3CH_2OH	16	$CH_3CH_2O^-$	
	$(CH_3)_3COH$	18	$(CH_3)_3CO^-$	
	CH_3COCH_3	19.2	$^-CH_2COCH_3$	
	$HC\equiv CH$	25	$HC\equiv C^-$	
	$C_6H_5NH_2$	31	$C_6H_5\overset{-}{N}H$	
	H_2	35	H^-	
	$(i\text{-Pr})_2NH$	36	$(i\text{-Pr})_2N^-$	
	NH_3	38	$^-NH_2$	
	$CH_2=CH_2$	44	$CH_2=\overset{-}{C}H$	
最も弱い酸	CH_3CH_3	50	$CH_3\overset{-}{C}H_2$	最強の塩基

水自身は非常に弱い酸であり，酸や塩基がなくても自己イオン化している．

$$H\text{-}\ddot{\underset{H}{O}}\text{:} + H\text{-}\ddot{\underset{H}{O}}\text{:} \rightleftharpoons H\text{-}\overset{\pm}{\underset{H}{O}}\text{-}H + \text{:}\ddot{O}\text{-}H$$

25℃の純水中のオキソニウムイオンと水酸化物イオンの濃度は10^{-7} Mである．純水中の水の濃度は55.5 Mであるので，水のK_aは次のようになる．

$$K_a = \frac{[H_3O^+][^-OH]}{[H_2O]} \qquad K_a = \frac{(10^{-7})(10^{-7})}{55.5} = 1.8 \times 10^{-16} \qquad pK_a = 15.7$$

例題 3.5

オキソニウムイオン（H_3O^+）の pK_a は -1.74（表 3.1）であることを計算で確かめよ．

解き方と解答：

H_3O^+ が水溶液中で酸として反応すると，その平衡は次のようになる．

$$H_3O^+ + H_2O \rightleftharpoons H_2O + H_3O^+$$

結果として K_a は水のモル濃度に等しくなる．

$$K_a = \frac{[H_2O][H_3O^+]}{[H_3O^+]} = [H_2O]$$

純粋な水の $[H_2O]$ は 1,000 g（1 L）の H_2O のモル数に相当する．すなわち，$[H_2O]=1{,}000/18=55.5$．したがって，$K_a=55.5$，すなわち $pK_a=-\log 55.5 = -1.74$ となる．

3.5C 塩基の強さの予測

これまで酸の強さのみを取り上げてきたが，**塩基の強さ** base strength も全く同じように比較できる．簡単にいうと，

- 酸が強ければ強いほど，その共役塩基は弱い．

したがって，塩基の強さはその共役酸の pK_a と関係付けることができる．

- **共役酸の pK_a が大きいほど，その塩基は強い．**

次の例を考えてみよう．

	塩基性度が増大する →	
Cl^-	$CH_3CO_2^-$	HO^-
非常に弱い塩基	弱い塩基	強塩基
共役酸（HCl）の $pK_a=-7$	共役酸（CH_3CO_2H）の $pK_a=4.75$	共役酸（H_2O）の $pK_a=15.7$

水酸化物イオンはこれら三つの中で最強の塩基である．その共役酸の水が最も弱い酸であるためである（水の pK_a がこの中では最大であるから水は最も弱い酸である）．

アミンはアンモニアと同様弱い塩基である．アンモニアを水に溶かすと，次のような平衡になる．

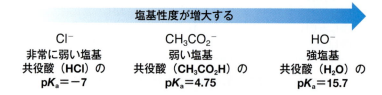

塩基　　　酸　　　　共役酸　　共役塩基
　　　　　　　　　$pK_a=9.2$

3.5 Brønsted-Lowry の酸と塩基の強さ：K_a と pK_a

メチルアミンを水に溶かすと同様な平衡になる.

$$CH_3-NH_2 + H-OH \rightleftharpoons CH_3-NH_3^+ + {}^-OH$$

塩基 　　 酸 　　 共役酸 　　 共役塩基
　　　　　　　　　pK_a = 10.6

　この場合にもこれらの化合物の塩基性をその共役酸の強さに関係付けることができる．アンモニアの共役酸はアンモニウムイオン（$\overset{+}{N}H_4$）であり，アンモニウムイオンの pK_a は 9.2 である．メチルアミンの共役酸は $CH_3\overset{+}{N}H_3$（メチルアンモニウムイオンという）であり，その pK_a は 10.6 である．メチルアミンの共役酸のほうがアンモニアのそれより弱い酸であるからメチルアミンのほうがアンモニアよりも強い塩基であるといえる．

例題 3.6

表 3.1 の pK_a 値によると，CH_3OH と H_2O のどちらが塩基として強いといえるか．

解き方と解答：

表 3.1 の水と methanol の共役酸の pK_a 値によると，その強さは次のようになる．

より弱い酸　　　　　　　　　　　　　　　　より強い酸

$H-\overset{+}{O}H_2$ 　　　　　　$H_3C-\overset{+}{O}H_2$

pK_a = −1.74　　　　　pK_a = −2.5

水は，より弱い酸の共役塩基であるので，より強い塩基である．

より強い塩基　　$H-\ddot{O}-H$ 　　　$H_3C-\ddot{O}-H$ 　　より弱い塩基

問題 3.7　表 3.1 の類似の化合物の pK_a 値を用いて，次の各組のどちらが強い塩基であるか予想せよ．

(a) $C_6H_5O^-$ と $(CH_3)_2CHO^-$

(b) $(CH_3)_3CO^-$ と $HC\equiv C^-$

(c) $(CH_3)_2NH$ と CH_3OCH_3 の O^-

(d) $CH_3CH_2CO_2^-$ と $HOCO_2^-$

例題 3.7
水酸化イオン HO⁻ とアンモニア NH₃ では，どちらがより強い塩基か．

解き方と解答:
HO⁻ の共役酸は H₂O であり，表 3.1 によると pK_a = 15.7 である．一方，NH₃ の共役酸であるアンモニウムイオン $\overset{+}{\text{NH}}_4$ の pK_a = 9.2 である．すなわち，アンモニウムイオンは水よりも強い酸であるので，共役塩基を比べると，アンモニアのほうが弱い塩基である．いいかえると，HO⁻ のほうが NH₃ よりも強い塩基である．

問題 3.8 アニリニウムイオン anilinium ion（C₆H₅$\overset{+}{\text{NH}}_3$）の pK_a は 4.6 である．Aniline（C₆H₅NH₂）は methylamine より強い塩基か，それとも弱い塩基か．

3.6 酸塩基反応の結果の予測

表 3.1 に代表的な化合物の pK_a 値を示した．この値を全部覚える必要はないが，よく用いる酸や塩基の強さのおよその順序を知っていることは必要であろう．表 3.1 の例は，その官能基をもつ化合物の代表例としてあげられている．例えば，酢酸の pK_a は 4.75 であり，カルボン酸の pK_a はこの値に近い（pK_a = 3〜5）．エタノール（pK_a = 16）はアルコールの代表例としてあげられており，アルコールの pK_a 値は 15〜18 の範囲にある．勿論例外はある．

酸性度の相対的な尺度がわかれば，ある酸塩基反応が実際に起こるかどうか予想することができる．

- その一般則は，**酸塩基反応は常により弱い酸とより弱い塩基が生成するほうにかたよる**というものである．

その理由は，酸塩基反応の結果は平衡位置によって決まるからである．そのため，酸塩基反応は **平衡支配** equilibrium control であるといわれる．このような反応では常に最も安定な（最もポテンシャルエネルギーの低い）生成物が生成する．より弱い酸や塩基はより強い酸や塩基より安定である（ポテンシャルエネルギーが低い）．

この原理を用いると，カルボン酸（RCO₂H）は NaOH 水溶液と次のように反応すると予想できる．この反応ではより弱い酸（H₂O）とより弱い塩基（RCO₂⁻）が生成する．

$$\underset{\substack{\text{より強い酸}\\ \text{p}K_a = 3\sim 5}}{\text{R-CO-O-H}} + \text{Na}^+ \underset{\text{より強い塩基}}{\text{:O-H}} \longrightarrow \underset{\text{より弱い塩基}}{\text{R-CO-O:}^-} \text{Na}^+ + \underset{\substack{\text{より弱い酸}\\ \text{p}K_a = 15.7}}{\text{H-O-H}}$$

二つの酸の pK_a 値には非常に大きな差があるので，その平衡の位置は生成物のほうに大きくかたよ

よる．このような場合には，反応は平衡ではあるが，一方向の矢印で表してよい．

例題 3.8

Phenol, C_6H_5OH と NaOH の水溶液を混ぜ合わせたとき，起こるとすればどのような酸塩基反応が起こるか（表3.1 参照）．

解き方と解答:

Phenol の酸性度と塩基の水酸化物イオンの共役酸である水の酸性度を比較すればよい．

より強い酸の phenol からより弱い酸の水が生成するので，次の反応が起こる．それはまた，より強い塩基の NaOH からより弱い塩基の C_6H_5ONa を生成することになる．

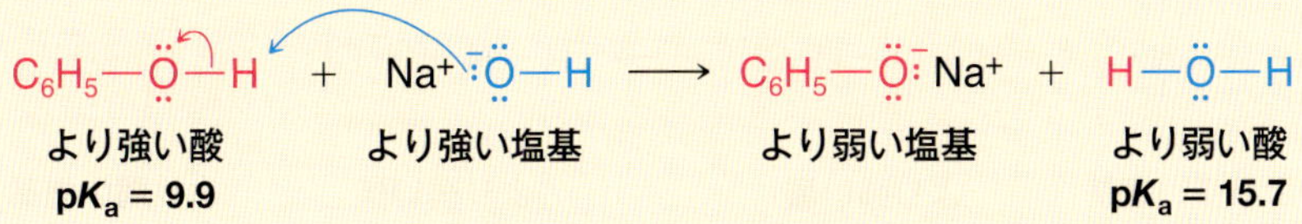

$$C_6H_5\text{—}\ddot{\text{O}}\text{—H} + Na^+\ :\ddot{\text{O}}\text{—H} \longrightarrow C_6H_5\text{—}\ddot{\text{O}}^-\ Na^+ + H\text{—}\ddot{\text{O}}\text{—H}$$

より強い酸　　　　より強い塩基　　　　より弱い塩基　　　　より弱い酸
$pK_a = 9.9$ 　　　　　　　　　　　　　　　　　　　　　　　　　　$pK_a = 15.7$

例題 3.9

表 3.1 を用いて，NaH（H^- の供給源）と CH_3OH の反応が

$$CH_3\ddot{\text{O}}H + :H^- \longrightarrow CH_3\ddot{\text{O}}:^- + H_2$$

のように起こり，次のようには起こらない理由を説明せよ．

$$CH_3\ddot{\text{O}}H + :H^- \not\longrightarrow\ :\bar{C}H_2\ddot{\text{O}}H + H_2$$

解答:

ヒドリドイオン H^- は，非常に弱い酸 H_2（$pK_a = 35$）の共役塩基であるので，非常に強い塩基である．H^- は CH_3OH の最も酸性の強い H を引き抜く．CH_3OH は表 3.1 にはないが，CH_3CH_2OH と同様にヒドロキシ基の pK_a は 16 程度と考えられ，これは炭素に結合した H よりも酸性が強いと考えられる（官能基をもたない CH_3CH_3 の $pK_a = 50$ である）．酸素に結合した水素のほうが炭素に結合した H よりもずっと酸性度が強いので，そのほうが選択的に引き抜かれる．

問題 3.9 次の反応の結果を予想せよ．

$$\diagup\!\!\!\equiv\ +\ ^-NH_2 \longrightarrow$$

3.6A　塩形成による水溶化

酢酸や炭素数が4以下のカルボン酸は水に可溶であるが，分子量の大きいカルボン酸はそれほ

ど水に溶けない．しかし，水に不溶のカルボン酸も，水酸化ナトリウム水溶液には溶ける．反応して水溶性のナトリウム塩を作るからである．

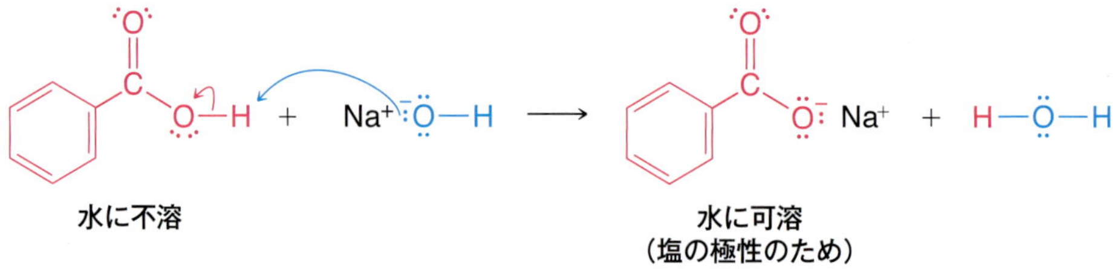

[反応式：安息香酸 + NaOH → 安息香酸ナトリウム + H₂O]
水に不溶　　　　　　　　　　　　　　水に可溶
　　　　　　　　　　　　　　　　　（塩の極性のため）

アミンと塩酸とは次のように反応すると予想できる．

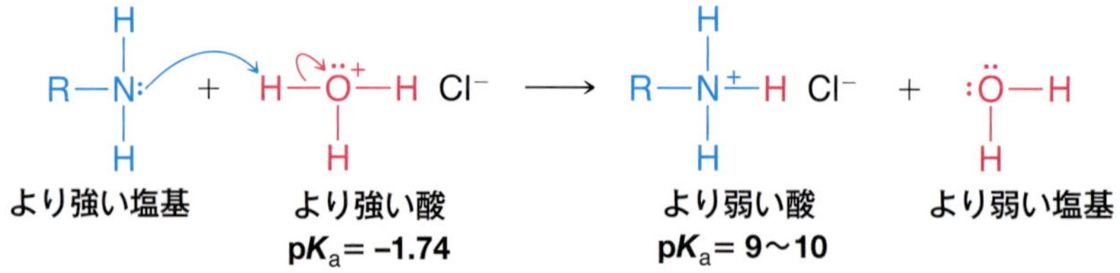

[反応式：R-NH₂ + H₃O⁺Cl⁻ → R-NH₃⁺Cl⁻ + H₂O]
より強い塩基　　より強い酸　　　　　より弱い酸　　より弱い塩基
　　　　　　　pK_a = -1.74　　　　　pK_a = 9〜10

メチルアミンや多くの低分子量のアミンは水によく溶けるが，アニリン（$C_6H_5NH_2$）のような高分子量のアミンは水にほとんど溶けない．しかし，このような水に不溶性のアミンも酸塩基反応によって可溶性の塩を形成するので，塩酸には溶ける．

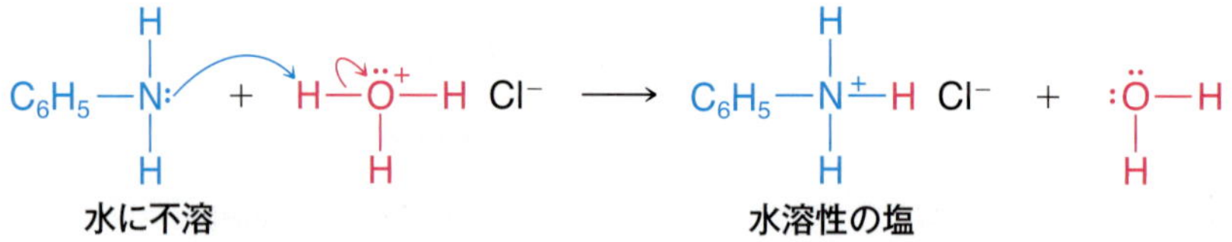

[反応式：$C_6H_5NH_2$ + H₃O⁺Cl⁻ → $C_6H_5NH_3^+$Cl⁻ + H₂O]
水に不溶　　　　　　　　　　　　　　水溶性の塩

問題 3.10 ほとんどのカルボン酸は，炭酸水素ナトリウム（$NaHCO_3$）水溶液中でより極性の高いカルボン酸塩を生成して溶ける．カルボン酸の一般式を用いて $NaHCO_3$ との反応でカルボン酸塩と H_2CO_3 が生成する様子をカーブした矢印で示せ（実際には，H_2CO_3 は不安定で分解して二酸化炭素と水になるが，この過程は書かなくてもよい）．

3.7 構造と酸性度の関係

Brønsted-Lowry の酸の強さは，どの程度解離してプロトンを塩基に渡せるかによって決まる．プロトンを取るには，水素との結合を切断し，電気的により陰性な共役塩基を生成しなければならない．

周期表の縦の列（同族）の元素の化合物を比較するとき，水素との結合の強さが重要である．

3.7 構造と酸性度の関係

- 同じ族で周期表の下にいくにつれて水素との結合が弱くなり、酸性が強くなる。

それは水素の1s軌道とより大きな原子の軌道との重なりの効率が減少するためである。軌道の重なりの効率が悪くなるほど、結合は弱くなり、より強い酸になる。

ハロゲン化水素の酸性度の例を見てみよう。

	pK_a	
	3.2	H—F
17族	−7	H—Cl
	−9	H—Br
	−10	H—I

酸性度が増大する →

ハロゲン化水素の酸性度を比べると、HFが最も弱い酸で、HIが最も強い酸である。H—F結合が最も強く、H—I結合が最も弱いからである。

HI、HBrとHClは強酸であるので、その共役塩基（I⁻、Br⁻、Cl⁻）はすべて非常に弱い塩基である。しかし、HFは他のハロゲン化水素より酸性が弱く、その共役塩基は他のハロゲン化物イオンよりも塩基性が強い。といっても、フッ化物イオンは水酸化物イオンのように通常の塩基といえるほどの塩基性はない。

- 周期表の横の列（同一周期）で左から右にいくほど、その元素の化合物の酸性度は強くなる。

結合の強さは少し変わるが、重要な因子は、水素が結合している原子の電気陰性度である。原子の電気陰性度は酸性度に対して2通りの方法で影響する。その一つはプロトンの付いている結合の極性に関与し、もう一つはプロトンが取れてできるアニオン（共役塩基）の安定性にかかわっている。

化合物 CH_4、NH_3、H_2O および HF の酸性度を比較し、この効果を見てみよう。これらの化合物はすべて第2周期元素の水素化物であり、元素の電気陰性度は左から右へいくにつれて大きくなる（表1.1）。

電気陰性度が大きくなる →

C　N　O　F

フッ素は最も電気陰性度が大きいから、H—F結合は最も大きく分極し、H—FのHは最も陽性である。したがって、HFはこの中では最もプロトンを離しやすいので、酸性が最も強い。

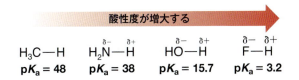

酸性度が増大する →

H_3C—H	H_2N—H	HO—H	F—H
pK_a = 48	pK_a = 38	pK_a = 15.7	pK_a = 3.2

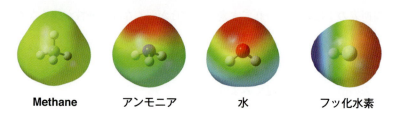

Methane アンモニア 水 フッ化水素

図 3.2 CH₄, NH₃, H₂O および HF の静電ポテンシャル図
周期表の第 2 周期で左から右へいくにつれて元素の電気陰性度は大きくなる．この効果は，methane，アンモニア，水，およびフッ化水素の静電ポテンシャル図に明白に示されている．

　これらの化合物の静電ポテンシャル図は，電気陰性度と水素との結合の極性の増加に基づくこの傾向を直接表している（図 3.2）．メタンの水素にはほとんど正電荷（青色系の広がりで示される）はない．アンモニアの水素にもほとんど正電荷は存在しない．これは炭素と窒素の電気陰性度がいずれも水素との差が小さいことと，メタンとアンモニアが極めて弱い酸（pK_a はそれぞれ 48 と 38）であることと一致している．水は水素の部分にかなりの正電荷を示しており（pK_a はアンモニアより 20 以上小さい），フッ化水素は明らかにその水素部分に最も大きな正電荷をもち，酸性は強い（pK_a = 3.2）．

　HF はこの系列では最も強い酸であるから，その共役塩基であるフッ化物イオン（F⁻）は最も弱い塩基である．フッ素は最も電気陰性度の大きい原子であるから，負電荷を最も保持しやすい．

←―――― 塩基度が増大する

⁻CH₃   H₂N⁻   HO⁻   F⁻

　メタニドイオン（メチルアニオンともいう）methanide ion（⁻CH₃）はこの 4 種類のアニオンの中では最も不安定である．炭素は電気陰性度が最も小さく，負電荷を保持しにくい．したがっ

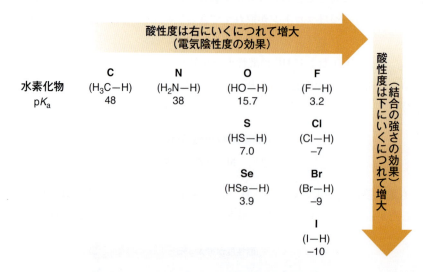

図 3.3 周期表における酸性度の傾向のまとめ

てメタニドイオンは最も強い塩基である[**カルボアニオン**であるメタニドイオンとアミドイオン($^-NH_2$)は特に強い塩基である.極めて弱い酸の共役塩基であるからである.3.14 節で,これらの強塩基の利用について述べる].

周期表における酸性度の変化を図 3.3 にまとめた.

3.7A 混成の効果

- アルキンの水素は弱い酸性をもつが,アルケンとアルカンの水素はほとんど酸性ではない.

エチン,エテン,およびエタンの pK_a 値はこの傾向を示している.

H—C≡C—H   H₂C=CH₂   H₃C—CH₃

Ethyne   **Ethene**   **Ethane**
pK_a = 25   pK_a = 44   pK_a = 50

この酸性度の順序はそれぞれの炭素の混成状態の違いによって説明できる.2s 軌道の電子は 2p 軌道の電子より平均的に核に近く,したがってエネルギーが低い(軌道の形を考えてみよ.2s 軌道は球状であり,核の中心に近い.一方,2p 軌道は核の両側にローブをもち,より広がっている).

- **混成軌道の s 性** s character **が大きいほど,アニオンの電子のエネルギーが低く,そのアニオンは安定である**.

エチンの C—H 結合の sp 混成軌道の s 性は(s 軌道一つと p 軌道一つの混成でできているので)50%であり,エテンの sp² 混成軌道の s 性は 33.3%,エタンの sp³ 混成軌道の s 性は 25%である.このことから,エチンの sp 炭素原子は,エテンの sp² 炭素やエタンの sp³ 炭素と比べて電気陰性度が大きいといえよう(電気陰性度は原子が結合電子をどのくらい核に近く引き付けるかという尺度であり,電子は核に近いほど安定になることを思い出そう).

- sp 炭素原子は sp² 炭素よりも電気陰性度が大きく,sp² 炭素は sp³ 炭素よりも大きい.

酸性度に及ぼす炭素の混成とその電気陰性度の効果は図 3.4 に示すエチン,エテン,エタンの

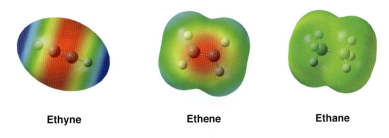

Ethyne   Ethene   Ethane

図 3.4 Ethyne, ethene, ethane の静電ポテンシャル図

静電ポテンシャル図にも見られる．いくらかの部分正電荷（青色で示される）がエチン（$pK_a = 25$）の水素には存在するが，エテンやエタンの水素にはほとんど存在しない（どちらもエチンより20単位以上大きいpK_aをもつ）．

結論として，エチン，エテン，エタンの相対的な酸性度と各化合物の混成炭素原子の電気陰性度とはよく対応していることがわかる．

炭化水素の相対的酸性度：HC≡CH > H$_2$C=CH$_2$ > H$_3$C—CH$_3$

酸と共役塩基の関係から，sp^{3}カルボアニオンは一連の混成状態の中で塩基として最も強く，spカルボアニオン（アルキニドイオン alkynide ion）が最も弱い塩基である．この傾向は，エタン，エテン，エチンの共役塩基の強さに見られる．

カルボアニオンの相対的塩基性度：H$_3$C—$\overset{..}{\overset{-}{C}}H_2$ > H$_2$C=$\overset{..}{\overset{-}{C}}$H > HC≡C$\overset{..}{\overset{-}{:}}$

3.7B　誘起効果

エタンのC—C結合は，結合の両端は同じメチル基なので，完全に無極性である．

$$\text{CH}_3\text{—CH}_3$$
Ethane
C—C結合は無極性である

しかし，フッ化エチル（フルオロエタン）のC—C結合になるとそうではなくなる．

$$\overset{\delta+}{\text{CH}_3}\rightharpoonup\overset{\delta+}{\text{CH}_2}\rightharpoonup\overset{\delta-}{\text{F}}$$
$$\quad\ 2\qquad\ \ 1$$

フッ素原子に近いほうの炭素がより正になっている．このC—C結合の分極はフッ素の電気陰性度に基づく電子吸引性からきており，これは分子の結合と空間を通して伝わる．これを誘起効果という．

- **誘起効果** inductive effect は結合を通して伝わる電子効果であり，**電子供与性** electron donating か**電子吸引性** electron withdrawing である．誘起効果は置換基からの距離とともに弱くなる．

図 3.5　Ethyl fluoride の静電ポテンシャル図
表面を一部切り取った中に双極子モーメントを示している．

フッ化エチルの場合には，フッ素によって生じる正電荷はフッ素に近い C1 のほうが C2 より大きい．

図 3.5 には，フッ化エチルの双極子モーメントを示している．また，静電ポテンシャル図には，電気的に陰性なフッ素のまわりの負電荷の分布が赤色ではっきりと示されている．

3.8　エネルギー変化

<u>エネルギー</u> energy は仕事をする能力と定義される．エネルギーには**運動エネルギー** kinetic energy と**ポテンシャルエネルギー** potential energy の二つがある．

運動エネルギーは運動している物体がもつエネルギーで，物体の質量に速度の 2 乗を掛けて 2 で割った値〔$(1/2)mv^2$〕に等しい．

ポテンシャルエネルギーは貯蔵エネルギーである．このエネルギーは物体間に引力または斥力が働く場合にのみ存在する．二つの球をバネで結んだ場合，バネを伸ばすか縮めるとポテンシャルエネルギーは増大する（図 3.6）．バネを伸ばすと球の間に引力が生じる．バネを縮めると斥力が生じる．いずれの場合も手を離すと球のポテンシャルエネルギー（貯蔵エネルギー）は運動エネルギーに変えられる．

化学エネルギーは一種のポテンシャルエネルギーである．これは異なる分子間に引力または斥力が働くことによって生じる．核は電子を引き付けるが，核同士あるいは電子同士は互いに反発する．

ある物質に含まれるポテンシャルエネルギーの絶対的な量を示すことはあまり意味がない（また，多くの場合それは不可能である）．したがって，相対的なポテンシャルエネルギーを用いて考察する．すなわち，ある系が他の系に比べてポテンシャルエネルギーが大きいか小さいかで議論する．

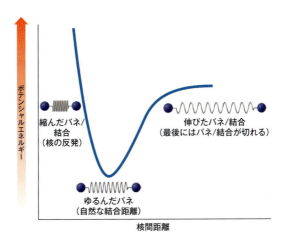

図 3.6　互いに引き合うか反発する物体の間にはポテンシャルエネルギーが存在する
共有結合で結ばれた原子またはバネでつながれた物体の場合，最も低いエネルギー状態は原子が理想的な核間距離にあるとき，または物体間のバネがゆるんだときである．結合距離を長くするか短くするか，またはバネを伸ばすか縮めるかすると，ポテンシャルエネルギーは増大する．

これに関連して化学者がしばしば用いるもう一つの用語は，**安定性** stability または**相対的安定性** relative stability という用語である．ある系の相対的安定性は相対的ポテンシャルエネルギーと逆の関係になる．

- ある物体のもつポテンシャルエネルギーが大きいほど，それはより不安定である．

例として，山の斜面に高く積もった雪と谷底に積もった雪の相対的安定性と相対的ポテンシャルエネルギーを考えてみよう．重力のために山の雪は谷の雪より相対的に高いポテンシャルエネルギーをもち，はるかに不安定である．この山の雪の大きなポテンシャルエネルギーはなだれの際，大きな運動エネルギーに変わる．これに比べて，谷の雪はポテンシャルエネルギーが小さく安定性が大きいため，このようなエネルギーを放出することはできない．

3.8A　ポテンシャルエネルギーと共有結合

原子や分子は化学エネルギーとよばれるポテンシャルエネルギーをもっており，これは原子や分子が反応するときに熱として放出される．熱は分子運動と関連しているので，熱の放出はポテンシャルエネルギーから運動エネルギーへの変換の結果として生じる．

共有結合について見ると，ポテンシャルエネルギーが最大の状態は遊離原子の状態，すなわち原子が互いに全く結合を作っていない状態である．このことは，化学結合が形成されると常に原子のポテンシャルエネルギーは下がる（図 1.9 参照）ことから，間違いないことがわかる．2個の水素原子から水素分子を生じる場合を考えてみよう．

$$\text{H·} + \text{H·} \longrightarrow \text{H—H} \qquad \Delta H° = -436 \text{ kJ mol}^{-1*}$$

水素原子のポテンシャルエネルギーは共有結合の形成によって 436 kJ mol^{-1} だけ減少する．これを図示すると図 3.7 のようになる．

分子の相対的ポテンシャルエネルギーを簡便に表すには，相対的な**エンタルピー** enthalpy，H を用いる（enthalpy は *en + thalpein*，ギリシャ語の"熱する"に由来する）．化学変化における反応物と生成物の相対的なエンタルピーの差は**エンタルピー変化** enthalpy change とよばれ，$\Delta H°$ で示される [量の前に付ける Δ（デルタ）は量の差や変化を表し，上付きの ° は標準状態で

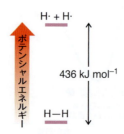

図 3.7　水素原子と水素分子の相対的ポテンシャルエネルギー

---

* （訳注）SI 単位におけるエネルギーの単位はジュール J であり，1 cal = 4.184 J（すなわち 1 kcal = 4.184 kJ）である．1 kcal のエネルギーは 15 ℃ の水 1 kg の温度を 1 ℃ 上昇させるのに必要な熱量である．

測定が行われたことを示す］．

約束によって，**発熱反応** exothermic reaction（熱を出す反応）の $\Delta H°$ の符号を負と決める．**吸熱反応** endothermic reaction（熱を吸収する反応）では $\Delta H°$ は正である．反応熱 $\Delta H°$ は反応物（出発物質）が生成物に変化するときのエンタルピーの変化を示す．発熱反応では反応物は生成物よりもエンタルピーが大きい．吸熱反応においては逆になる．

3.9 平衡定数と標準自由エネルギー変化（$\Delta G°$）の関係

平衡定数（K_{eq}）と**標準自由エネルギー変化** standard free-energy change（$\Delta G°$）*の間には次式で示される重要な関係がある．

$$\Delta G° = -RT \ln K_{eq}$$

ここで R は気体定数で $8.314\,\mathrm{JK^{-1}\,mol^{-1}}$ に等しく，T は絶対温度で，ケルビン（K）で表す．

この方程式から次のことがわかる．

- **平衡に達したとき生成物に有利になる反応では $\Delta G°$ は負の値である**．いいかえると，反応物が生成物になるとき自由エネルギーが減少する．すなわち，反応はエネルギーの山を下ることになる．$\Delta G°$ が約 $-13\,\mathrm{kJ\,mol^{-1}}$ 以上負になると，平衡に達したとき反応物の 99％ 以上が生成物に変化するので，反応は完結するといえる．
- **$\Delta G°$ が正の値をとる反応では，平衡状態で生成物の生成には不利になる**．平衡定数は 1 より小さくなる．

自由エネルギー変化（$\Delta G°$）は二つの項，**エンタルピー変化**（$\Delta H°$）と**エントロピー変化** entropy change（$\Delta S°$）からなる．この三つの熱力学量の間の関係は次式で表される．

$$\Delta G° = \Delta H° - T\Delta S°$$

3.8節で $\Delta H°$ は反応によって起こる結合の変化に関係していることを述べた．もし出発物よりも生成物のほうに強い結合ができる場合には $\Delta H°$ は負になる（反応は発熱反応である）．逆の場合には $\Delta H°$ は正になる（反応は吸熱反応である）．**$\Delta H°$ が負の場合，$\Delta G°$ が負になるように寄与することになるから，生成物の生成に有利となる**．酸解離の場合には，$\Delta H°$ が正の値で小さくなるほどまたは負の値が大きくなるほど，酸はより強くなる．

エントロピー変化はその系の秩序の変化と関係している．**その系が乱雑であるほど，そのエントロピーは大きい**．したがって，正のエントロピー変化（$\Delta S° > 0$）は秩序正しい系から乱雑な方向への変化を示している．負のエントロピー変化（$\Delta S° < 0$）はその逆の過程を示している．式 $\Delta G° = \Delta H° - T\Delta S°$ においてエントロピー変化（T を掛けているが）には負の符号が付いてい

---

* 標準自由エネルギー変化（$\Delta G°$）は生成物も反応物もともに標準状態（気体なら 1 気圧，溶液なら 1 M）で測定されたとみなす．自由エネルギー変化は Gibbs（ギブズ）エネルギー変化ともいわれる．

る．これは，正のエントロピー変化（整然から乱雑さへ）が $\Delta G°$ に対しては負の寄与をし，エネルギー的に生成物の生成を有利にするということになる．

生成物分子の数と反応物分子の数が等しいような反応（例えば，2 分子が反応して 2 分子を生成する場合）では，エントロピー変化は小さい．このような場合には，特に高温（$\Delta H°$ が小さくても $T\Delta S°$ 項は大きくなる）でない限り，$\Delta H°$ の値が生成物の生成に有利になるかどうかを決めることになる．$\Delta H°$ が負で大きい場合（発熱反応），その反応は平衡状態で生成物の生成に有利になる．また，逆に $\Delta H°$ が正であれば（吸熱反応），生成物の生成に不利になる．

問題 3.11* 次の各反応についてエントロピー変化（$\Delta S°$）が正，負またはほぼ 0 かどうか述べよ．ただし，反応は気相で起こるものとする．
(a) A + B ⟶ C　　(b) A + B ⟶ C + D　　(c) A ⟶ B + C

3.10　酸性度：カルボン酸とアルコール

カルボン酸は pK_a 値 3 〜 5 の弱酸である．これに対してアルコールの pK_a 値は 15 〜 18 で，非常に強い塩基が相手でないかぎりほとんどプロトンを出すことはない．

この違いの理由を理解するために，単純なカルボン酸とアルコールの例として酢酸とエタノールについて考えてみよう．

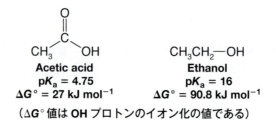

（$\Delta G°$ 値は OH プロトンのイオン化の値である）

酢酸の pK_a 値（4.75）から，酢酸のカルボキシプロトンのイオン化の自由エネルギー変化（$\Delta G°$）は $+27$ kJ mol^{-1} と計算できる（3.9 節）．$\Delta G°$ 値が正であるから，吸エルゴン（不利な）過程である．エタノール（$pK_a = 16$）では，OH のイオン化の自由エネルギー変化は $+90.8$ kJ mol^{-1} で，さらに吸エルゴン的な（もっと不利な）過程である．これらの計算結果はエタノールが酢酸よりずっと酸性が弱いことを示している．図 3.8 はこれらのエネルギー変化の大きさを図示したものである．

カルボン酸の酸性度がアルコールに比べて大きいことはどのように説明されるのだろうか．まず酢酸とエタノールが酸として水にプロトンを与えたときに起こる構造上の変化を見てみよう．

3.10 酸性度：カルボン酸とアルコール

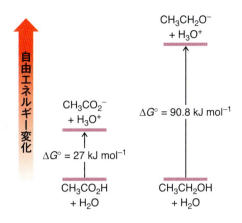

図 3.8 Acetic acid と ethanol のイオン化に伴う自由エネルギー変化の比較
Ethanol のイオン化には正の大きな自由エネルギー変化が伴い，イオン化しにくいことから弱い酸である．

酸として働く酢酸

Acetic acid + 水 ⇌ 酢酸イオン + オキソニウムイオン

酸として働くエタノール

Ethanol + 水 ⇌ エトキシドイオン + オキソニウムイオン

着目しなければならないことは，カルボン酸とアルコールの共役塩基の相対的な安定性である．カルボン酸（酢酸）のイオン化の自由エネルギー変化がアルコール（エタノール）と比べて小さいことは，アルコキシドイオンと比べてカルボン酸イオンの負電荷がより大きく安定化されているということである．カルボン酸イオンがより大きく安定化されている要因は二つ考えられる．すなわち，(a) 電荷の非局在化（カルボン酸イオンの共鳴構造で表される．3.10A 項）と (b) 電子吸引性誘起効果（3.7B 項）である．

3.10A 非局在化の効果

負電荷の非局在化はカルボン酸イオン（またはカルボキシラートイオン）carboxylate ion では可能であるが，アルコキシドイオンでは不可能である．酢酸イオンの共鳴構造を書いてみると，非局在化がカルボン酸イオンでは可能であることを示すことができる．

酢酸イオンに書ける二つの共鳴構造

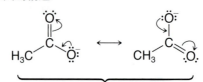

酢酸イオンの共鳴安定化
（構造は等価で電荷分離もない）

ここに書いた二つの共鳴構造はカルボキシラト carboxylato 基（$-CO_2^-$）の両方の酸素原子に負電荷が広がり，これによって電荷が安定化されている．これが共鳴による**非局在化効果** delocalization effect である．これに対して，アルコキシドイオンには共鳴構造は書けない（共鳴構造の書き方については 1.8 節を復習すること）．

$$CH_3-CH_2-\ddot{O}-H \; + \; H_2O \; \rightleftharpoons \; CH_3-CH_2-\ddot{\underset{..}{O}}{:}^- \; + \; H_3O^+$$

共鳴安定化がない　　　　　　　　　共鳴安定化がない

エタノールにもエトキシドイオンにも共鳴構造は書けない

頭に入れておかなくてはならない規則は，**電荷が非局在化すると，常に安定化要因となる**ことである．カルボン酸からカルボン酸イオンの生成のエネルギー変化は，電荷の安定化のために，アルコールからアルコキシドイオンの生成のエネルギー変化より小さい．イオン化のエネルギー変化がアルコールよりもカルボン酸のほうが小さいので，カルボン酸のほうが強い酸である．

3.10B 誘起効果

カルボン酸イオンの負電荷が共鳴によって二つの酸素上に非局在化されることを上で示した．しかし，これらの酸素原子の電気陰性度がさらに電荷を安定化する．これは**電子吸引性誘起効果** inductive electron-withdrawing effect とよばれる．カルボン酸イオンでは，電気陰性度の高い 2 個の酸素原子によって，1 個の酸素原子しかもたないアルコキシドイオンよりも，電荷がより安定化されている．このことがカルボン酸イオンのエネルギーを下げ，カルボン酸をアルコールよ

酢酸イオン

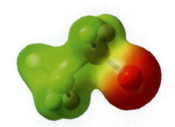

エトキシドイオン

図 3.9　酢酸イオンとエトキシドイオンの静電ポテンシャル図
両アニオンは同じ -1 の負電荷をもっているが，酢酸イオンは 2 個の酸素に電荷を分散させることによって安定になっている．

3.10　酸性度：カルボン酸とアルコール

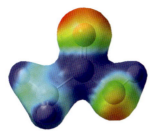

Acetic acid　　　　　　　　　　Ethanol

図 3.10　Acetic acid と ethanol の静電ポテンシャル図
Acetic acid のカルボニル炭素の正電荷が，ethanol のヒドロキシ基の付いた炭素に比べるとはっきりと青色で表されている．カルボン酸のカルボニル基の電子吸引性誘起効果が，この官能基の酸性に寄与している．

りも強い酸にしている．この効果は二つのアニオンの静電ポテンシャル図を見るとよくわかる（図 3.9）．（静電ポテンシャル図の赤色で示されるように）酢酸イオンの負電荷は 2 個の酸素に均等に分布しているのに対して，エトキシドイオンの負電荷は酸素原子 1 個に局在している．

カルボン酸がアルコールより強い酸であることは，（プロトンが外れる前の）中性分子を比較することによっても説明できる．両者とも非常に分極した O—H 結合をもち，そのためにこの結合は弱くなっている．しかも酢酸には電子吸引性のカルボニル基があるので，さらにプロトンが外れやすくなっている．エタノールにはそのような電子吸引性の基がないので，結果的にカルボン酸の水素はアルコールの水素よりも非常に酸性が強くなっている．

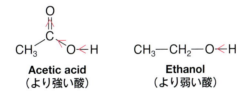

Acetic acid　　　　　　　Ethanol
（より強い酸）　　　　　（より弱い酸）

酢酸とエタノールの静電ポテンシャル図（図 3.10）は，エタノールの CH_2 基に比べて，酢酸のカルボニル炭素に正電荷があることを示している．

3.10C　酸と共役塩基の強さのまとめと比較

以上の説明をまとめると，カルボン酸の酸性が強いのは，おもにその共役塩基（カルボン酸イオン）の負電荷がアルコールの共役塩基（アルコキシドイオン）よりも安定化されているためである．いいかえると，カルボン酸の共役塩基はアルコールの共役塩基より弱い塩基である．したがって，酸と共役塩基の間にはその強さに関して逆の関係にあることから，カルボン酸はアルコールよりも強い酸である

3.10D　他の置換基の誘起効果

カルボニル基以外の電子吸引性基が酸性度を強める効果をもつことは，酢酸とクロロ酢酸の酸

性度を比較することによってわかる．

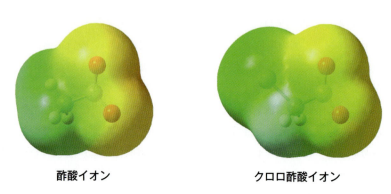

これは**置換基効果** substitution effect の一例である．クロロ酢酸の高い酸性度は，電気陰性度の大きい塩素原子による大きな電子吸引性誘起効果が一因になっている．カルボニル基と酸素の誘起効果にこの置換基の効果を加えることによって，クロロ酢酸の OH の水素は酢酸のそれよりもより正になっている．この効果はさらに，プロトンが取れてできたクロロ酢酸イオンの負電荷を分散させ安定化することにも効いている（図3.11）．

酢酸イオン　　　　　　　　クロロ酢酸イオン

図 3.11　酢酸イオンとクロロ酢酸イオンの静電ポテンシャル図
クロロ酢酸イオンの負電荷はより分散している．

電荷の分散（広がりあるいは非局在化）は常にその化学種を安定化する．これまでに数例で見てきたように，**酸の共役塩基を安定化する要因はすべて酸性度を強める**（溶媒のエントロピー変化もクロロ酢酸の酸性度を強めるのに重要であることを 3.11 節で述べる）．

例題 3.10

次の各組でどちらが強い酸か．その理由も説明せよ．

(a) F置換ブタン酸 と Br置換ブタン酸　　(b) 3-F ブタン酸 と 2-F ブタン酸

解き方と解答：
まず，それぞれの組合せで似ているところと異なるところを確かめよう．

(a) では，カルボニル基に隣接する炭素に結合したハロゲン置換基が異なる．フッ素のほうが臭素よりも電気陰性度（表1.1）が大きい（電子吸引性が大きい）ので，プロトンが外れてできたアニオンの負電荷を分散できる．したがって，一つ目の化合物のほうが，酸性が強い．(b) では，フッ素置換基の位置が異なる．二つ目の化合物のほうが，フッ素がカルボキシ基により近く，共役塩基アニオンの負電荷を分散しやすい．したがって，二つ目の化合物のほうが，酸性が強い．

問題 3.12 次の各組でどちらが強い酸か．その理由も説明せよ．

(a) CH_2ClCO_2H と $CHCl_2CO_2H$　　(c) CH_2FCO_2H と CH_2BrCO_2H

(b) CCl_3CO_2H と $CHCl_2CO_2H$　　(d) CH_2FCO_2H と $CH_2FCH_2CO_2H$

3.11 酸性度に及ぼす溶媒の効果

ほとんどの酸の酸性度は，溶媒がない状態すなわち気相では，溶媒中にある場合よりもはるかに弱い．気相では，例えば，酢酸の pK_a は約 130（$K_a =$ 約 10^{-130}）であると推定されている．その理由は，気相で酢酸分子が水分子にプロトンを与えるとすると，生成するイオンは正と負に荷電しており，これらのイオンを別々に引き離さなければならないからである．

$$CH_3COOH + H_2O \rightleftharpoons CH_3COO^- + H_3O^+$$

しかし，溶媒のない状態でこれを引き離すことは難しい．溶液中では，溶媒分子がイオンを取り囲んで，安定化し，気相中よりイオンの分離を容易にしているのである．

プロトン性溶媒とよばれる水のような溶媒中では，水素結合による溶媒和が重要である（2.13D 項）．

- **プロトン性溶媒** protic solvent とは，酸素や窒素のような電気陰性度の大きい原子に結合した水素原子をもつ溶媒である．

このような水素原子は，酸やその共役塩基の酸素（または窒素）原子の非共有電子対と水素結合ができる．ただし，酸とその共役塩基を同等に安定化するわけではない．

- 共役塩基は，対応する酸よりもよく溶媒和されると，それだけ大きく安定化される．

しかし，相対的な酸性度は，溶媒和からだけでは予測できない．溶媒和に影響する立体的因子や溶媒分子の配列の乱れの程度（エントロピー項）も酸性度に影響する．

3.12 塩基としての有機化合物

有機化合物が非共有電子対をもつ原子を含んでいれば，それは塩基となりうる．3.5C項では，窒素原子に非共有電子対をもつ化合物（すなわち，アミン）が塩基として働くことを示した．ここでは酸素原子に非共有電子対をもつ有機化合物が同じように塩基として働くいくつかの例を考えてみよう．

HCl ガスをメタノール中に溶かすと，水に溶かした場合と同様に酸塩基反応（3.1A項）が起こる．

$$H_3C-\ddot{O}-H + H-\ddot{C}l: \longrightarrow H_3C-\overset{+}{\ddot{O}}-H + :\ddot{C}l:^-$$

Methanol　　　　　　　　　　　　　メチルオキソニウムイオン
　　　　　　　　　　　　　　　　　（プロトン化されたアルコール）

アルコールの共役酸はしばしば**プロトン化されたアルコール** protonated alcohol とよばれるが，正式名は**アルキルオキソニウムイオン** alkyloxonium ion であり，総称名で単に**オキソニウムイオン** oxonium ion といってもよい．

アルコールは一般に HCl，HBr，HI，H_2SO_4 のような強酸の溶液と反応させると，次のように同じ反応をする．

$$R-\ddot{O}-H + H-A \longrightarrow R-\overset{+}{\ddot{O}}-H + :A^-$$

アルコール　　強い酸　　　　　アルキル　　　　弱い塩基
　　　　　　　　　　　　オキソニウムイオン

エーテルも同様に反応する．

$$R-\ddot{O}-R + H-A \longrightarrow R-\overset{+}{\ddot{O}}-H + :A^-$$
　　　　　　　　　　　　　　　　　R

エーテル　　強い酸　　　　　ジアルキル　　　　弱い塩基
　　　　　　　　　　　　オキソニウムイオン

カルボニル基をもつ化合物もまた，強酸があると，塩基として反応する．

$$\underset{R}{\overset{R}{>}}C=\ddot{O} + H-A \rightleftharpoons \underset{R}{\overset{R}{>}}C=\overset{+}{\ddot{O}}-H + :A^-$$

ケトン　　　強い酸　　　プロトン化された　　　弱い塩基
　　　　　　　　　　　　　　ケトン

このようなプロトン移動反応は，アルコール，エーテル，アルデヒド，ケトン，エステル，カ

ルボン酸の反応の多くに見られる第一段階である．表3.1にはこれらのプロトン化されたいくつかの中間体の pK_a 値も示されている．

有機化合物が塩基性を示すのは，非共有電子対のある原子をもつ場合だけとは限らない．アルケンの π 結合も同じ働きをする．後で学ぶが，アルケンは強酸と反応すると，第一段階で，次に示すようにプロトンを受け取る．

この反応ではアルケンの π 結合の電子対は，アルケンの一つの炭素と強酸のプロトンとの間で結合を生成するのに使われる．この過程では二重結合の π 結合と酸 H—A の結合の二つの結合が切れる．そしてアルケンの炭素とプロトンの間に新しい結合が一つ生成する．この過程はアルケンのもう一方の炭素を3価で電子不足とし，形式正電荷をもたせる．このような化学種を**カルボカチオン**とよぶことは前に述べた（3.4節）．カルボカチオンは不安定な中間体であり，さらに反応して安定な分子になる．

3.13 有機反応の機構

Chap. 6から有機反応の機構を本格的に学ぶが，ここでは**反応機構**の一端を紹介しよう．本章で学んできた化学にも生かせるし，同時にカーブした矢印の使い方を復習できる．

濃塩酸中に t-ブチルアルコールを溶かすと，直ちに塩化 t-ブチルが生成する．この反応は**置換反応** substitution reaction である．

実際に実験をしてみれば，反応が起こるのがすぐにわかる．t-ブチルアルコールは水層に溶けているが，塩化 t-ブチルは溶けないので，フラスコの中で水層から別のもう一層が分離してくる．この層を取り出し，蒸留によって精製すると塩化 t-ブチルが得られる．

多くの証拠については後で述べることにして，どのように反応が起こるのかを次に示そう．

反応機構

t-ブチルアルコールと濃塩酸との反応

段階1

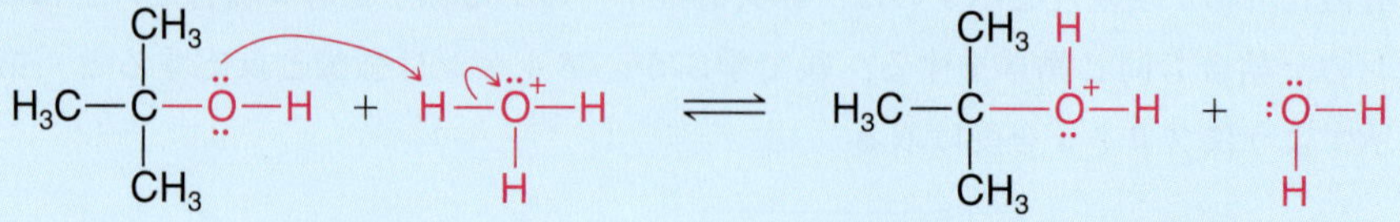

t-ブチルアルコールは塩基として働きオキソニウムイオンからプロトンを取る（塩化物イオンはこの段階では傍観イオンである）．

生成物はプロトン化されたアルコールと水である（共役酸と塩基）．

t-ブチルオキソニウムイオン

段階2

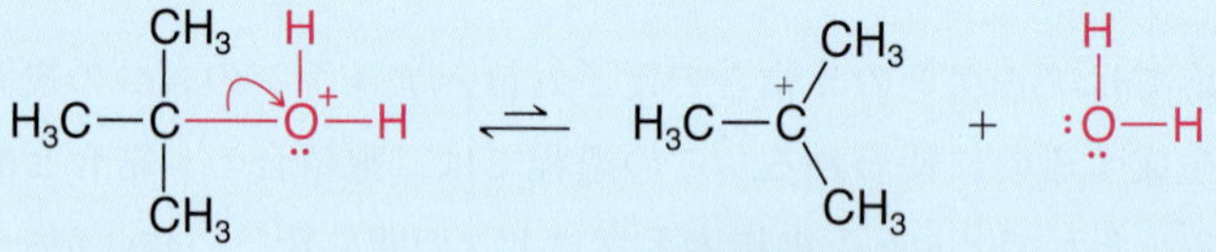

t-ブチルオキソニウムイオンのC―O間の結合がヘテロリシスで切れ，カルボカチオンと1分子の水を生成する．

カルボカチオン

段階3

カルボカチオンはLewis酸として働き，塩化物イオンから電子対を取り生成物になる．

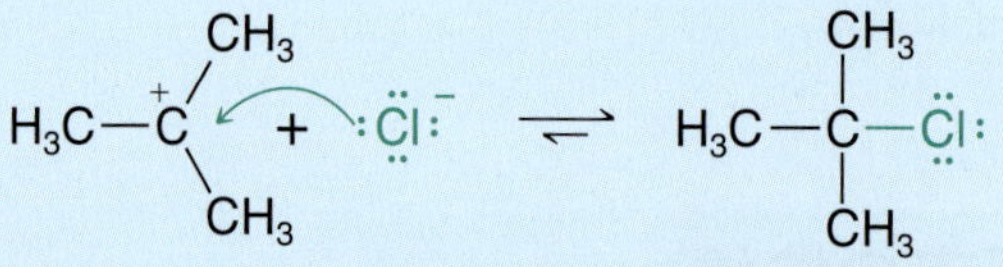

t-Butyl chloride

酸塩基反応がすべての段階に含まれていることに注目しよう．段階1はBrønstedの酸塩基反応であり，アルコール酸素がオキソニウムイオンからプロトンを取る．段階2はLewisの酸塩基反応の逆である．ここでは，プロトン化されたアルコールのC―O結合がヘテロリシスで切れ，1分子の水が結合電子対をもって離れる．この反応が起こる一因は，アルコールがプロトン化されていることにある．プロトン化されたアルコールの酸素上の形式正電荷が，C―O結合の電子を引き寄せることにより，C―O結合を弱めている．段階3はLewis酸塩基反応である．塩化物イオン（Lewis塩基）がカルボカチオン（Lewis酸）と反応して生成物ができる．

　ここで疑問が起こるだろう．どうして塩化物イオンの代わりに水分子（Lewis塩基）がカルボカチオンと反応しないのだろうか．水は溶媒であり，まわりには大量の水分子が存在しているはずである．この反応は実際に起こっているというのがその答えである．しかし，これは単に段階2の逆反応にすぎない．いいかえると，すべてのカルボカチオンが直接生成物になるわけではない．中には水と反応してt-ブチルオキソニウムイオンになるものもある．これが解離して再びカルボカチオンとなる（プロトンを失ってもとのアルコールに戻るものもあるだろうが）．結局，この反応条件下では，生成物が反応混合物からもう一つの層に分離するために，最終段階の平衡が右に傾いて反応が完結し，ほとんどのアルコールが生成物の塩化t-ブチルになる．

3.14 非水溶液中の酸と塩基

　水溶液中で非常に強力な塩基としてアミドイオン amide ion（⁻NH₂）を用いてある反応を行う目的で，ナトリウムアミド（NaNH₂）を水に加えたとすると，目的の反応が起こる前に，直ちに次の反応が起こる．

$$\text{H-\ddot{O}-H} + :\text{NH}_2^- \longrightarrow \text{H-\ddot{O}}^- + :\text{NH}_3$$

より強い酸　　　より強い塩基　　　　より弱い塩基　　より弱い酸
pK_a = 15.7　　　　　　　　　　　　　　　　　　　　　　pK_a = 38

アミドイオンは水と反応して水酸化物イオン（⁻NH₂よりもずっと弱い塩基）とアンモニアからなる溶液が得られるだけである．これを溶媒の<u>水平化効果</u>という．溶媒の水は水酸化物イオンより強い塩基にはそのプロトンを与えてしまう．そのため水溶液中では，水酸化物イオンより強い塩基を用いることができない．

　しかし，水より弱い酸を溶媒として用いれば水酸化物イオンより強い塩基を用いることができる．NaNH₂をヘキサン，ジエチルエーテルあるいは液体アンモニア（bp −33 ℃：アンモニアガスを低温で液化したもので，通常の化学実験室にあるアンモニアの水溶液ではない）のような溶媒中で用いれば，アミドイオンとして用いることができる．これらの溶媒は非常に弱い酸（通常は酸とは考えない）であって，強い塩基であるアミドイオンにプロトンを与え，より弱い塩基に変えてしまうということはない．

　例えば，液体アンモニア中で NaNH₂ をエチンに作用させると，その共役塩基に変えることができる．

$$\text{H-C}\equiv\text{C-H} + :\text{NH}_2^- \xrightarrow{\text{液体 NH}_3} \text{H-C}\equiv\text{C}:^- + :\text{NH}_3$$

より強い酸　　　より強い塩基　　　　　　　より弱い塩基　　より弱い酸
pK_a = 25　　　（NaNH₂から）　　　　　　　　　　　　　　pK_a = 38

　末端アルキン terminal alkyne（三重結合の炭素に水素をもつアルキン）の pK_a 値は約 25 である．したがって，これらのアルキンはエチンと同じように液体アンモニア中で NaNH₂ と反応する．これを一般式で書くと次のようになる．

$$\text{R-C}\equiv\text{C-H} + :\text{NH}_2^- \xrightarrow{\text{液体 NH}_3} \text{R-C}\equiv\text{C}:^- + :\text{NH}_3$$

より強い酸　　　より強い塩基　　　　　　　より弱い塩基　　より弱い酸
pK_a ≅ 25　　　　　　　　　　　　　　　　　　　　　　　　pK_a = 38

　アルコールはよく有機反応の溶媒として用いられる．それは水より少し極性が低いので，極性の低い有機化合物をよく溶かすからである．アルコールを溶媒として用いると RO⁻イオン（**アルコキシドイオン** alkoxide ion*）を塩基として用いることができるという利点がある．アルコ

---

* （訳注）一般に –ide はアニオン（陰イオン）を表す接尾語である．次頁のヒドリドイオン hydride ion もアルカニドイオン alkanide ion も同様である．

キシドイオンは水酸化物イオンより少し強い塩基である．例えば，エタノールに水素化ナトリウム sodium hydride（NaH）を加えることによってナトリウムエトキシド（CH$_3$CH$_2$ONa）の溶液を作ることができる．エタノールは溶媒にもなるので，大過剰用いる．ヒドリドイオン hydride ion（H$^-$）は強塩基であるのでエタノールと容易に反応する．

$$CH_3CH_2\ddot{\underset{..}{O}}-H \;+\; :H^- \xrightarrow{\text{ethanol}} CH_3CH_2\ddot{\underset{..}{O}}:^- \;+\; H_2$$

より強い酸　　　より強い塩基　　　　　　より弱い塩基　　　より弱い酸
pK_a = 16　　　（NaH から）　　　　　　　　　　　　　　pK_a = 35

t-ブチルアルコール（CH$_3$)$_3$COH 中の t-ブトキシドイオン（CH$_3$)$_3$CO$^-$ は，エタノール中のエトキシドイオンより強い塩基であり，エトキシドイオンと同じようにして作られる．

$$(CH_3)_3C\ddot{\underset{..}{O}}-H \;+\; :H^- \xrightarrow{t\text{-butyl alcohol}} (CH_3)_3C\ddot{\underset{..}{O}}:^- \;+\; H_2$$

より強い酸　　　より強い塩基　　　　　　より弱い塩基　　　より弱い酸
pK_a = 18　　　（NaH から）　　　　　　　　　　　　　　pK_a = 35

アルキルリチウム（RLi）の C—Li 結合は強い共有結合性をもつが，次のように分極して炭素が負になっている．

$$\overset{\delta-}{R} \leftarrow \overset{\delta+}{Li}$$

アルキルリチウムは，あたかもアルカニドイオン alkanide ion（R:$^-$）のように反応する．アルカンの共役塩基であるから，R$^-$ アニオンは，われわれの扱う塩基の中では最も強い．例えば，エチルリチウム（CH$_3$CH$_2$Li）はエタニドイオン ethanide ion（CH$_3$CH$_2$:$^-$）のように振る舞うから，エチンと次のように反応する．

$$H-C\equiv C-H \;+\; :CH_2CH_3^- \xrightarrow{\text{hexane}} H-C\equiv C:^- \;+\; CH_3CH_3$$

より強い酸　　　より強い塩基　　　　　　より弱い塩基　　　より弱い酸
pK_a = 25　　　（CH$_3$CH$_2$Li から）　　　　　　　　　　pK_a = 50

アルキルリチウムは，臭化アルキルと金属リチウムをエーテル溶媒（例えば，ジエチルエーテル）中で反応させて簡単に作ることができる（11.6 節参照）．

3.15 酸塩基反応とジュウテリウムおよびトリチウム標識化合物の合成

特定の水素を区別する方法として，1個かそれ以上の水素原子をジュウテリウム（重水素）やトリチウム原子と置き換えた化合物（標識化合物 labeled compound という）を使うことがある．ジュウテリウム deuterium（^{2}H または D）とトリチウム tritium（^{3}H または T）はそれぞれ 2 と 3 原子質量単位（amu）の質量をもつ水素の同位元素である．

ジュウテリウムやトリチウム原子を分子の特定位置に導入する方法の一つは，強塩基を D$_2$O または T$_2$O（水素原子をジュウテリウムまたはトリチウムで置き換えた水）で処理するとき起こる酸塩

3.15 酸塩基反応とジュウテリウムおよびトリチウム標識化合物の合成

基反応を用いる方法である．例えば，$(CH_3)_2CHLi$（isopropyllithium）を含む溶液を D_2O で処理すると，中央炭素が重水素で標識された 2-ジュウテリオプロパンを生成する．

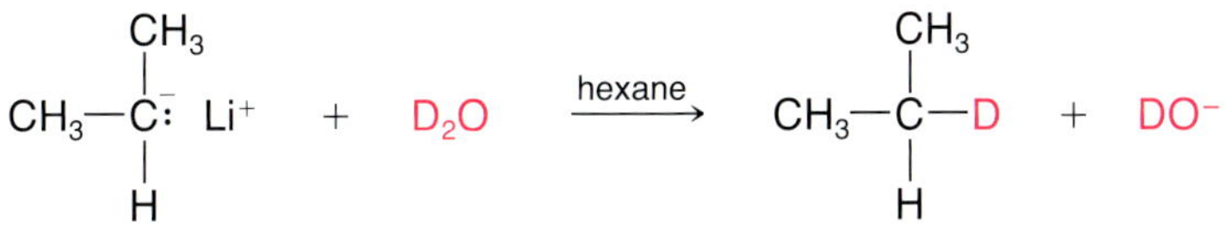

$$CH_3-\underset{H}{\underset{|}{\overset{CH_3}{\overset{|}{C}}}}{:}^-Li^+ + D_2O \xrightarrow{hexane} CH_3-\underset{H}{\underset{|}{\overset{CH_3}{\overset{|}{C}}}}-D + DO^-$$

Isopropyl-lithium　　　　　　　　　　　　　2-Deuterio-propane
（より強い塩基）　（より強い酸）　　　　　（より弱い酸）　（より弱い塩基）

例題 3.11

Propyne，液体 NH_3 中の $NaNH_2$ と T_2O が手に入るものとして，propyne のトリチウム標識化合物（$CH_3C\equiv CT$）をどのようにして調製するかを示せ．

解答：

最初に液体アンモニア中のナトリウムアミドにプロピンを加える．そのとき次の酸塩基反応が起こる．

$$CH_3C\equiv CH + :\ddot{N}H_2^- \xrightarrow{液体 NH_3} CH_3C\equiv C:^- + :NH_3$$

より強い酸　　より強い塩基　　　　　　　より弱い塩基　　より弱い酸

次にその溶液に T_2O（NH_3 よりも強い酸）を加えると $CH_3C\equiv CT$ が生成する．

$$CH_3C\equiv C:^- + T_2O \xrightarrow{液体 NH_3} CH_3C\equiv CT + TO^-$$

より強い塩基　　より強い酸　　　　　　　より弱い酸　　より弱い塩基

問題 3.13 次の酸塩基反応を完成せよ．

(a) $HC\equiv CH + NaH \xrightarrow{hexane}$

(b) (a) で得られた溶液 $+ D_2O \longrightarrow$

(c) $CH_3CH_2Li + D_2O \xrightarrow{hexane}$

(d) $CH_3CH_2OH + NaH \xrightarrow{hexane}$

(e) (d) で得られた溶液 $+ T_2O \longrightarrow$

(f) $CH_3CH_2CH_2Li + D_2O \xrightarrow{hexane}$

反応機構の知識なしに化学の発見に結びついた珍しい例

1630 年代の最初の発見から 20 世紀の半ばまで，天然物のキニーネはマラリアの唯一の治療薬であった．しかし，それは遠隔地から少量得られるのみであったから，限られた富裕な人か縁故のある人だけに利用される医薬品であった．このことから考えて，科学者たちはキニーネを研究室で合成できないかと考えはじめた．最初に試験してみようと考えたのは，1856 年イギリスの W. H. Perkin（パーキン）という大学院の学生であった．Perkin の合成計画は，彼の先生である A. W. von Hofmann（ホフマン）（12.12A 項）によって 1849 年に仮定された「キニーネはコールタールの成分から合成できるのではないか」というアイディアに基づくものであった．そのアイディアというのは下に示した分子式を釣り合わせるだけのものであった．まだキニーネの構造式はわかっていなくて，分子式だけしか知られていなかった．今日から見ればこの試みに成功する可能性はないということはすぐにわかる．

しかし，幸運はときに予想外にやってくるものである．

$$C_{10}H_{13}N + C_{10}H_{13}N + 3/2\ O_2 \longrightarrow C_{20}H_{24}N_2O_2 + H_2O$$

N-アリルトルイジン　　*N*-アリルトルイジン　　Quinine

　Perkin は最も重要な実験を彼の自宅の実験室で行った．彼の先生のアイディアを少し変えて別の出発物質（かなりの不純物としてトルイジンを含むアニリン）を用い，強い酸化剤（二クロム酸カリウム）と加熱した．得られた生成物はアスファルトのような黒いタールであった．このような生成物は反応がうまくいかなかったときによくあることであるが，Perkin はタールのようなものの中に何か得られていないかどうかを調べてみようと，いろいろな溶媒を加えて溶かしてみた．エタノールを加えたとき，美しい紫色の溶液が得られた．この溶液は薄い色の織物を同じ紫色に染めることができることがわかった．キニーネではなかったが，Perkin が発見したものは世界初の合成染料であり，一財産を築くことになった．それまでは紫色の色素を得る唯一の方法は，地中海の巻貝の粘稠な分泌物から面倒な抽出を行うことであり，ロイヤルパープルとよばれる貴重なものであった．彼はこれをモーブ mauve と名付けたが，実際にはモーベイン mauveine と総称される化合物の混合物であった（現在では 12 種類の類似の構造をもつ化合物が同定されている）．しかし，もっと重要なことは，有機化学が世界を変えることができることを示したことである．

W. H. Perkin
[SPL/Photo Researchers, Inc.]

Aniline
（不純物を含む）

→ 二クロム酸カリウム →

"Mauveine"
（R = H または CH₃）

　ここで重要な教訓は，この話はどんなにすばらしいとはいえ，化学的知識なしにこのようなよい結果を得るケースというのはめったにないということである．大きな発見はある化合物が反応したときに，どうなるかわかっている場合に行われるものである．そうでなければ有機化学は錬金術になってしまうだろう．このことはキニーネが研究室で合成されるまでに，なぜもう 1 世紀もかかったかを説明することにもなるだろう．

3.16 基本原理の適用

基本原理が本章で学んだ概念にいかに適用されているか復習しよう.

電気陰性度の差は結合を分極する 3.4 節で学んだように,共有結合のヘテロリシスは,原子の電気陰性度の差によって分極していると起こりやすい.この原理は 3.7 節と 3.10B 項で酸性度を説明するのに適用された.

分極した結合は誘起効果のもとである 3.10B 項で分極した結合は誘起効果を説明するのに適用された.この効果は,カルボン酸の酸性がアルコールより強い理由の一つになっている.

正電荷と負電荷は引き合う この原理は Lewis の酸塩基理論を理解するための基本的原理である (3.3A 項). 電子対受容体となる分子の正電荷中心は,電子対供与体の負電荷中心に引き付けられる. 3.4 節ではこの原理をカルボカチオン(正に荷電した Lewis 酸)とアニオン(負に荷電している)やその他の Lewis 塩基との反応に適用した.

自然は低いポテンシャルエネルギーの状態を好む 3.8A 項でこの原理を,共有結合が生成するときに起こるエンタルピー変化といわれるエネルギー変化に適用した.また, 3.9 節では反応の平衡定数の大小を説明するのに,エネルギー変化が果たす役割について述べた.生成物のポテンシャルエネルギーが低いほど平衡定数が大きく,平衡に達したとき生成物の生成が有利になる.本章ではまた関連する原理,すなわち自然は整然さより乱雑さを好む,いいかえれば,ある反応の正のエントロピー変化は平衡で生成物の生成に有利になることを学んだ.

共鳴効果は分子またはイオンを安定化する 分子またはイオンが 2 個またはそれ以上の共鳴構造で表されるとき,その分子またはイオンは電荷の非局在化によって安定化される(ポテンシャルエネルギーが下がる). 3.10A 項でこの効果によってカルボン酸の酸性度がアルコールに比べて高くなることを説明した.

◆補充問題

3.14 次の酸の共役塩基を書け.

(a) NH_3 (b) H_2O (c) H_2 (d) $HC\equiv CH$ (e) CH_3OH (f) H_3O^+

3.15 問題 3.14 で答えた塩基を塩基性の弱くなる順に並べよ.

3.16 次の塩基の共役酸を書け.

(a) HSO_4^- (b) H_2O (c) CH_3NH_2 (d) $\bar{N}H_2$ (e) $CH_3CH_2^-$ (f) $CH_3CO_2^-$

3.17 問題 3.16 で答えた酸を酸性が弱くなる順に並べよ.

3.18 次の反応でどれが Lewis 酸でどれが Lewis 塩基かを示せ.

(a) $CH_3CH_2-Cl + AlCl_3 \longrightarrow CH_3CH_2-\overset{+}{Cl}-\overset{-}{Al}(Cl)_2-Cl$ (with Cl substituents)

(b) $CH_3-OH + BF_3 \longrightarrow CH_3-\overset{+}{O}(H)-\overset{-}{B}F_3$

(c) $(CH_3)_3C^+ + H_2O \longrightarrow (CH_3)_3C-\overset{+}{O}H_2$

3.19 カーブした矢印に従って生成物を書け．

(a) アセトン + BF₃ ⟶

(b) エーテル (O) + BF₃ ⟶

(c) 酢酸 (CH₃CO₂H) + H—Cl ⟶

(d) エーテル + CH₃CH₂CH₂CH₂—Li ⟶

3.20 次の各組の化合物を混ぜ合わせたときに起こる酸塩基反応をカーブした矢印を用いた反応式で表せ．平衡が不利で特に反応が起こらないときには，そのように明示せよ．

(a) NaOH 水溶液と $CH_3CH_2CO_2H$　　(d) Hexane 中 CH_3CH_2Li と ethyne

(b) NaOH 水溶液と $C_6H_5SO_3H$　　(e) Hexane 中 CH_3CH_2Li と ethanol

(c) Ethanol 中 CH_3CH_2ONa と ethyne

3.21 (a) 次の化合物を酸性の弱くなる順に並べ，その序列を説明せよ．
$CH_3CH_2NH_2$, CH_3CH_2OH, $CH_3CH_2CH_3$

(b) (a) の酸の共役塩基を塩基性の強くなる順に並べ，その序列を説明せよ．

3.22 次の各組の化合物を酸性の弱くなる順に並べよ．

(a) $CH_3CH=CH_2$, $CH_3CH_2CH_3$, $CH_3C\equiv CH$

(b) $CH_3CH_2CH_2OH$, $CH_3CH_2CO_2H$, $CH_3CHClCO_2H$

(c) CH_3CH_2OH, $CH_3CH_2\overset{+}{O}H_2$, CH_3OCH_3

3.23 次の各組の化合物を塩基性の強くなる順に並べよ．

(a) CH_3NH_2, $CH_3\overset{+}{N}H_3$, $CH_3\bar{N}H$　　(c) $CH_3CH=\bar{C}H$, $CH_3CH_2\bar{C}H_2$, $CH_3C\equiv C^-$

(b) CH_3O^-, $CH_3\bar{N}H$, $CH_3\bar{C}H_2$

Chapter 4

アルカンとシクロアルカン：命名法と立体配座

　ダイヤモンドは極めて硬度の高い物質である．ダイヤモンドがそのように硬い物質である理由の一つは，C—C 結合の堅固な網目構造をもっているからである．一方，筋肉も多くの C—C 結合をもっているが，強いけれども同時に非常に柔軟である．堅固なダイヤモンドから柔軟な筋肉まで対照的な性質は，C—C 結合一つずつが回転できるかどうかにかかっている．本章では，配座解析という方法を用いて，C—C 結合まわりの回転によって生じる分子構造とエネルギーの変化について考える．

　Chap. 2 では，官能基によって有機化学の学問が整理できることを学んだ．ここでは官能基が付いていない炭化水素骨格を中心に考える．すなわち，炭素と水素原子だけからなる基本骨格について説明する．

> **本章で学ぶこと：**
> - 単純な有機分子の命名法
> - 有機分子の柔軟な三次元構造
> - アルケンとアルキンをアルカンへ変換する有機反応

4.1　アルカンとシクロアルカン

　炭化水素 hydrocarbon は炭素間の結合の種類によっていくつかのグループに分けられる．すべての C—C 結合が単結合 single bond でできている炭化水素は**アルカン** alkane，C=C 結合を含む炭化水素は**アルケン** alkene，C≡C 結合を含む炭化水素は**アルキン** alkyne とよばれる．

　シクロアルカン cycloalkane は炭素原子の全部または一部が環状に結合しているアルカンである．アルカンは一般式 C_nH_{2n+2} で表されるが，環を一つだけもつシクロアルカンでは水素が 2 個減って一般式は C_nH_{2n} となる．

［写真提供：© Evgeny Terentev/iStockphoto］

4.1A アルカンの供給源：石油

アルカンの供給源は石油である．石油はおもにアルカンと芳香族化合物（Chap. 13 参照）からなる有機化合物の複雑な混合物である．石油は他に少量の酸素，窒素，硫黄をもつ化合物を含んでいる．

石油に含まれる分子の中には明らかに生物を起源にしているものがある．多くの科学者は石油が原始生物の分解によって生成したものと考えている．死んだ微生物が海底にたまり，水成岩の中に埋まり，地球殻からの熱によって最終的に石油になったのであろう．

炭化水素は宇宙でも発見されている．小惑星や彗星には種々の有機化合物が含まれる．メタンや他の炭化水素が木星，土星，天王星の大気中に見出されている．土星の衛星タイタンの表面にはメタンと水が氷結した固まりになって存在しているし，その大気にはメタンが豊富にある．起源が地上にあろうが，天上にあろうが関係なく，われわれはアルカンの性質を理解する必要がある．その形と名称から始めることにしよう．

4.2 アルカンの形

すべてのアルカンとシクロアルカンの炭素原子は四面体形構造，すなわち sp^3 混成である．アルカン分子の形を表すと図 4.1 のようになる．

ブタンやペンタンのようなアルカンを直鎖アルカン straight-chain alkane という．しかし，三次元の分子模型を見れば，実際には四面体形炭素のために炭素鎖はジグザグになっており，決して直線になっているわけではない．図 4.1 に示した構造式は鎖をできるだけ直線になるように引きのばしたものである．C—C 結合のまわりで回転させるともっと直線性の悪い形ができる．直鎖というより**枝分れのない** unbranched という表現のほうがよい．その意味は炭素鎖を構成している各炭素が最高 2 個の炭素としか結合していないということであり，いいかえれば，第一級と第二級炭素だけからできているということである（第一級，第二級，第三級炭素は 2.5 節で定義した）．

イソブタン，イソペンタンやネオペンタン（図 4.2）は枝分れアルカン branched-chain alkane

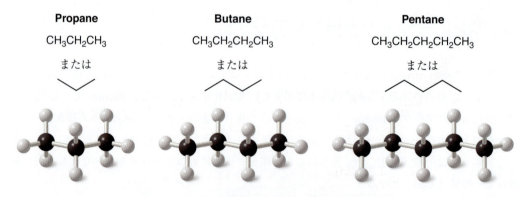

図 4.1　三つの単純なアルカンの球・棒分子模型

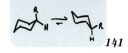

石油精製の化学

石油精製の第一段階は分留である．その目的は石油の成分をその揮発性によって分けることにある．個々の化合物に完全に分けることは経済的に現実的ではなく，技術的にも不可能である．200℃以下で沸騰する石油留分には500種類以上のいろいろな化合物が入っており，また，その多くの化合物はほとんど同じ沸点をもっている．したがって得られる留分は沸点のよく似たアルカンの混合物である（下表参照）．幸いアルカンの混合物は，そのままで燃料，溶剤，潤滑油などに用いても全く支障がない．

石油の分留によって得られる代表的な分画

留分の沸点幅（℃）	炭素数	利 用
20以下	1〜4	天然ガス，液化ガス，石油化学製品
20〜60	5〜6	石油エーテル，溶媒
60〜100	6〜7	リグロイン，溶媒
40〜200	5〜10	ガソリン
175〜325	12〜18	灯油，ジェット燃料
250〜400	12以上	ガス油，燃料油，ディーゼル油
不揮発性液体	20以上	精製鉱物油，潤滑油，グリース
不揮発性固体	20以上	パラフィンワックス，アスファルト，タール

［J. R. Holum, *General, Organic, and Biological Chemistry*, 9th ed., John Wiley & Sons, Inc., 1995, p. 213. から許可を得て改変］

ガソリンの需要は石油の分留によって得られる量よりもはるかに多い．したがって，石油工業における重要なプロセスは，他の炭化水素をガソリンに変えることである．灯油（C_{12}以上）成分の炭化水素混合物を高温（約500℃）で種々の触媒の存在下に加熱すると分子は切断され，より小さな枝分れの多い5〜10個の炭素を含むアルカンに分解される．このプロセスを**接触クラッキング** catalytic cracking という．クラッキングは触媒がなくても起こり，そのプロセスは**熱クラッキング** thermal cracking とよばれる．しかし，その生成物は"オクタン価 octane rating"の低い枝分れのないものになる傾向がある．

2,2,4-Trimethylpentane ("isooctane")

2,2,4-トリメチルペンタン（石油工業では"イソオクタン"とよばれている）は自動車のエンジンに使用するとノッキングを起こさずに燃えるので，ガソリンのオクタン価を決める基準物質の一つとして使われる．この基準では，イソオクタンのオクタン価を100とするのに対して，激しくノッキングを起こすヘプタン $CH_3(CH_2)_5CH_3$ のオクタン価を0とする．そしてイソオクタンとヘプタンのいろいろな割合の混合物をオクタン価の0〜100までの標準として用いる．例えば，あるガソリンが2,2,4-トリメチルペンタン87％-ヘプタン13％の混合物と同じ性質を示すとき，そのオクタン価は87であるという．

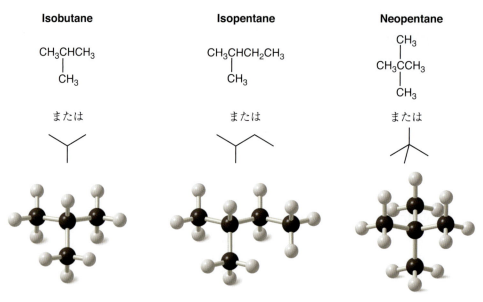

図 4.2 三つの枝分れアルカンの球・棒分子模型
どの化合物も 3 個以上の炭素原子と結合した炭素原子を 1 個もっている.

の例である．ネオペンタンでは，中央の炭素に 4 個の炭素原子が結合している．

　ブタンとイソブタンは同じ分子式 C_4H_{10} をもっている．二つの化合物は各原子の結合順序が異なっており，したがって**構造異性体** constitutional isomer である（1.6 節）．ペンタン，イソペンタンやネオペンタンもまた構造異性体である．これらは同じ分子式（C_5H_{12}）をもっているが構造式が異なる．

問題 4.1　C_7H_{16} のすべての構造異性体を簡略化式と結合・線式で書け（全部で 9 種類の構造異性体がある）．

　前にも述べたように，構造異性体の物理的性質は異なっている．その差は必ずしも大きくないが，構造異性体はそれぞれ異なる融点，沸点，密度，屈折率などをもっている．表 4.1 に C_6H_{14} の異性体の物理的性質をいくつかあげている．

　有機化合物の命名法の体系は 19 世紀末までは進展が見られなかった．それ以前にすでに多くの有機化合物が発見されたり合成されたりしており，これらの化合物に与えられた名称はその化合物の起源によるものが多かった．例えば，acetic acid（酢酸，系統的名称はエタン酸 ethanoic acid）は酢から得られ，ラテン語の"酢"を表す *acetum* にその名の由来がある．Formic acid（ギ酸，系統的名称はメタン酸 methanoic acid）はアリから得られ，その名はラテン語の"蟻" *formicae* からきている（以前は蟻酸と書いた）．このような古い化合物名は慣用名 common name あるいは通俗名 trivial name とよばれるが，今でもなお広く使われている．

　今日では化学者は系統的命名法を使う．この命名法は，"国際純正および応用化学連合 International Union of Pure and Applied Chemistry（IUPAC）"によって提案されたものである．

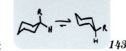

表 4.1 ヘキサンの異性体の物理定数

分子式	簡略化式	結合・線式	mp (℃)	bp (℃)[a] (1 気圧)	密度, d^{20} [b] (g mL^{-1})	屈折率[c] (n_D^{20})
C_6H_{14}	$CH_3CH_2CH_2CH_2CH_2CH_3$		−95	68.7	0.6594	1.3748
C_6H_{14}	$CH_3CHCH_2CH_2CH_3$ 　　CH_3		−153.7	60.3	0.6532	1.3714
C_6H_{14}	$CH_3CH_2CHCH_2CH_3$ 　　　　CH_3		−118	63.3	0.6643	1.3765
C_6H_{14}	$CH_3CH-CHCH_3$ 　CH_3 CH_3		−128.8	58	0.6616	1.3750
C_6H_{14}	CH_3 $CH_3-C-CH_2CH_3$ 　　　CH_3		−98	49.7	0.6492	1.3688

[a] 特に示さない限り，本書の沸点はすべて1気圧（または760 mmHg）におけるものである．
[b] 20℃で測定した値．
[c] 屈折率はアルカンが光線を曲げる（屈折する）能力である．ここに示したのはナトリウムのD線を用いて測定した値（n_D）である．添字の20は20℃で測定したことを示す．

IUPAC 命名法の基本にあるのは，**異なる化合物は一つ一つ紛らわしくない異なる名称をもつ**という原理である．

4.3 アルカン，ハロアルカン，およびアルコールの IUPAC 命名法

アルカンを命名する **IUPAC 命名法** IUPAC system は非常に簡単で，その原理は他のグループの有機化合物を命名するのにも用いられる．そこで IUPAC 命名法の学習をまずアルカン，ハロアルカンとアルコールの命名法から始めることにしよう．

枝分れのないアルカンの名称を表 4.2 に示す．alkane（アルカン）の名称は語尾 **-ane**（アン）で終わる．大部分のアルカン（C_4 以上）の名称の接頭部分はギリシャ語とラテン語に由来している．接頭部分を覚えることは，有機化学の分野で数の数え方を覚えるようなものである．例えば，1，2，3，4，5 は meth-, eth-, prop-, but-, pent- である*．

4.3A 枝分れのないアルキル基の命名法

アルカンから水素1個を除いて得られる基は，alkane（アルカン）の語尾 -ane を **-yl**（イル）

* （訳注）日本語名は英語名を字訳の規則に従ってローマ字読みに近い表現で書く．

表 4.2 枝分れのないアルカン

名 称	炭素数	構 造	名 称	炭素数	構 造
Methane（メタン）	1	CH_4	Undecane（ウンデカン）	11	$CH_3(CH_2)_9CH_3$
Ethane（エタン）	2	CH_3CH_3	Dodecane（ドデカン）	12	$CH_3(CH_2)_{10}CH_3$
Propane（プロパン）	3	$CH_3CH_2CH_3$	Tridecane（トリデカン）	13	$CH_3(CH_2)_{11}CH_3$
Butane（ブタン）	4	$CH_3(CH_2)_2CH_3$	Tetradecane（テトラデカン）	14	$CH_3(CH_2)_{12}CH_3$
Pentane（ペンタン）	5	$CH_3(CH_2)_3CH_3$	Pentadecane（ペンタデカン）	15	$CH_3(CH_2)_{13}CH_3$
Hexane（ヘキサン）	6	$CH_3(CH_2)_4CH_3$	Hexadecane（ヘキサデカン）	16	$CH_3(CH_2)_{14}CH_3$
Heptane（ヘプタン）	7	$CH_3(CH_2)_5CH_3$	Heptadecane（ヘプタデカン）	17	$CH_3(CH_2)_{15}CH_3$
Octane（オクタン）	8	$CH_3(CH_2)_6CH_3$	Octadecane（オクタデカン）	18	$CH_3(CH_2)_{16}CH_3$
Nonane（ノナン）	9	$CH_3(CH_2)_7CH_3$	Nonadecane（ノナデカン）	19	$CH_3(CH_2)_{17}CH_3$
Decane（デカン）	10	$CH_3(CH_2)_8CH_3$	Icosane（イコサン）	20	$CH_3(CH_2)_{18}CH_3$

に換えて命名する．総称名では**アルキル基** alkyl group とよばれる．アルカンに枝分れがなく，取り除かれる水素が末端水素 terminal hydrogen である場合の名称は簡単に付けられる．

枝分れのないアルキル基の命名法

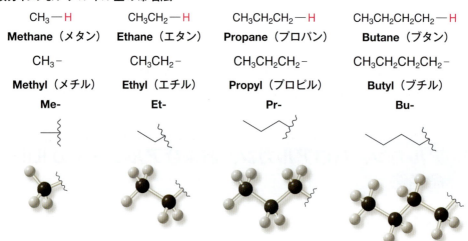

4.3B 枝分れアルカンの命名法

枝分れアルカンは次の規則によって命名される（日本語名を英語名の下または横にカッコ内に示した）．

1. **分子中の最長の連続した炭素鎖（母体鎖）を選び出し，alkane（アルカン）の基本名とする．** 例えば，次の化合物では最長連続鎖が 6 個の炭素原子であるので，まず hexane（ヘキサン）と命名する．

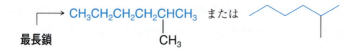

4.3 アルカン，ハロアルカン，およびアルコールの IUPAC 命名法　　145

最長連続の炭素鎖は，式の書き方によっては常に明白であるとは限らない．例えば，次のアルカンは最長鎖が 7 個の炭素原子であるので heptane（ヘプタン）である．

2. 置換基に近いほうの末端からその母体鎖に番号を付ける．この規則によると上記二つのアルカンは次のように番号が付けられる．

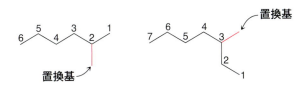

3. 規則 2 で付けた番号を置換基の位置を示すために使う．基本名を最後に置き，位置番号を付けた置換基名を最初に置く．数字と文字の間にはハイフンを入れる．上の化合物はそれぞれ 2-methylhexane（2-メチルヘキサン）と 3-methylheptane（3-メチルヘプタン）となる．

4. 2 個以上の置換基があるときは，各置換基にその位置番号を付けて，母体鎖における位置を示す．置換基はアルファベット順に並べる（すなわち ethyl が methyl の前にくる）．アルファベット順を決める場合，"di-" や "tri-" のような置換基数を示す接頭語は無視する．例えば，次の化合物は 4-ethyl-2-methylhexane（4-エチル-2-メチルヘキサン）と命名する．

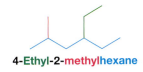

5. 2 個の置換基が同一炭素に付いている場合，その位置番号を 2 回用いる．

6. 2 個以上の置換基が同一の場合には，接頭語 di-（ジ），tri-（トリ），tetra-（テトラ）などを用いる．すべての置換基に位置番号が付いていることを確認する．数字と数字の間にはコンマを入れる．

2,3-Dimethylbutane
（2,3-ジメチルブタン）

2,3,4-Trimethylpentane
（2,3,4-トリメチルペンタン）

2,2,4,4-Tetramethylpentane
（2,2,4,4-テトラメチルペンタン）

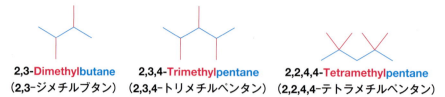

以上，六つの規則を用いるとほとんどのアルカンを命名することができる．しかし，ときには以下の二つの規則が必要になることもある．

7. 長さの等しい炭素鎖が母体鎖として2種類考えられるときは，置換基の数の多いほうを母体鎖とする．

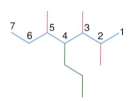

2,3,5-Trimethyl-4-propylheptane
（2,3,5-トリメチル-4-プロピルヘプタン）
（4個の置換基）

8. 母体鎖の両方の末端から等距離の位置に枝分れがあるときは，最初に差の現れる位置の番号が小さくなるほうを選ぶ．

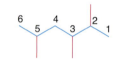

2,3,5-Trimethylhexane
（2,3,5-トリメチルヘキサン）
（2,4,5-trimethylhexane ではない）

例題 4.1

次のアルカンのIUPAC名を書け．

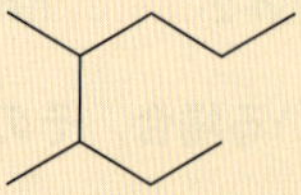

解き方と解答：

最長鎖は C_7（青色で示した）であるから母体名は heptane である．メチル基（赤色で示した）が二つあるので，一つ目のメチル基に最小の番号が付くように鎖に番号を付ける．したがって，正しい名称は 3,4-dimethylheptane（3,4-ジメチルヘプタン）である．鎖に反対側から番号を付けると 4,5-dimethylheptane となり，正しくない名称になる．

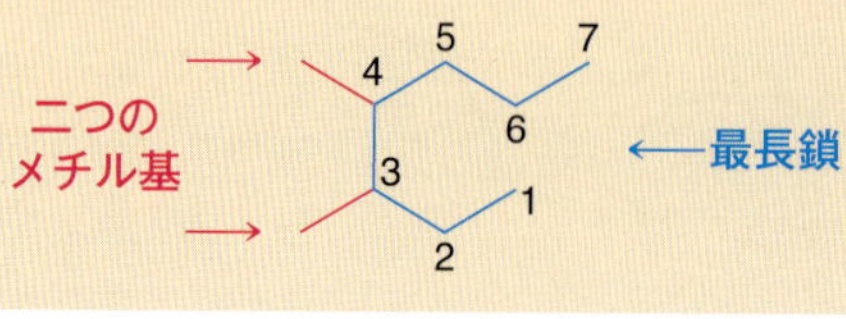

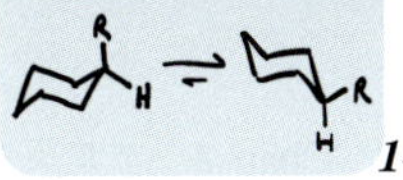

4.3 アルカン，ハロアルカン，およびアルコールの IUPAC 命名法

問題 4.2 次のどの構造式が 2-methylpentane を表していないか．

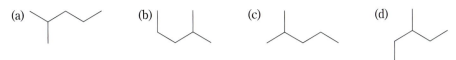

4.3C 枝分れアルキル基の命名法

4.3A 項でアルカンの末端水素を 1 個除去することによってできるメチル，エチル，プロピル，ブチル基などの枝分れのないアルキル基の命名について述べた．3 個以上の炭素原子をもつアルカンからは 2 種類以上のアルキル基が誘導できる．例えば，プロパン propane からは 2 種類のアルキル基が導かれる．すなわち，末端の水素を除去すれば**プロピル基** propyl group が，中央の水素を除去すれば **1-メチルエチル** 1-methylethyl すなわち**イソプロピル基** isopropyl group が得られる．

3 個の炭素を含むアルキル基の命名

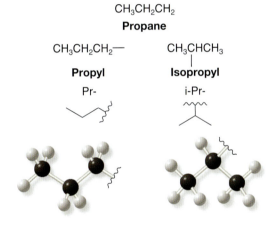

1-メチルエチルという名称は IUPAC 命名法によるものであり，イソプロピルは慣用名である．アルキル基の IUPAC 命名法は，その基が母体鎖に付いている位置番号を常に 1 とする以外は枝分れアルカンの場合と同じようにする．4 個の炭素を含むアルキル基は 4 種類ある．そのうち 2 種類はブタン butane から，あとの 2 種類はイソブタン isobutane* から導かれる．

---

* （訳注）Isobutane（イソブタン）は IUPAC 命名法で認められている methylpropane（メチルプロパン）の慣用名である．この場合，位置番号 2- はなくてもよい．この他，2,2-dimethylpropane（neopentane）も位置番号はなくてもよい．なぜか考えてみよう．

4個の炭素を含むアルキル基の命名

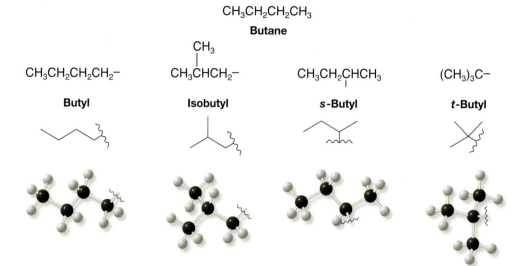

次の例は，これらの基の名称がどのように用いられているかを示すものである．

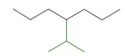

4-(1-Methylethyl)heptane または **4-isopropylheptane**
[4-(1-メチルエチル)ヘプタンまたは4-イソプロピルヘプタン]

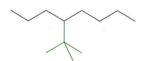

4-(1,1-Dimethylethyl)octane または **4-*t*-butyloctane**
[4-(1,1-ジメチルエチル)オクタンまたは4-*t*-ブチルオクタン]

イソプロピル isopropyl，イソブチル isobutyl，*s*-ブチル *s*-butyl，*t*-ブチル *t*-butyl 基の慣用名はIUPAC命名法でも認められており，現在でも広く用いられている．これらの基をよく覚えて，どのように書かれていても識別できるようにしておこう．これらの基のアルファベット順を決定する際，イタリック体で書かれハイフンで結ばれている接頭語は無視する．例えば，*t*-butyl は ethyl より前にくるが，isobutyl は ethyl より後になる*．

5個の炭素を含むアルキル基の中で，その慣用名がIUPAC命名法で認められているものがあるので覚えておこう．それは 2,2-ジメチルプロピル 2,2-dimethylpropyl 基で，通常ネオペンチル neopentyl 基とよばれる．

---

* （訳注）略号の *s*- と *t*- は，それぞれ *sec*-（secondary の略，第二級）と *tert*-（tertiary の略，第三級）と書くこともある．

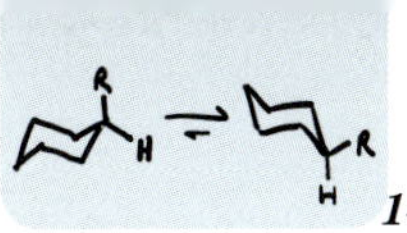

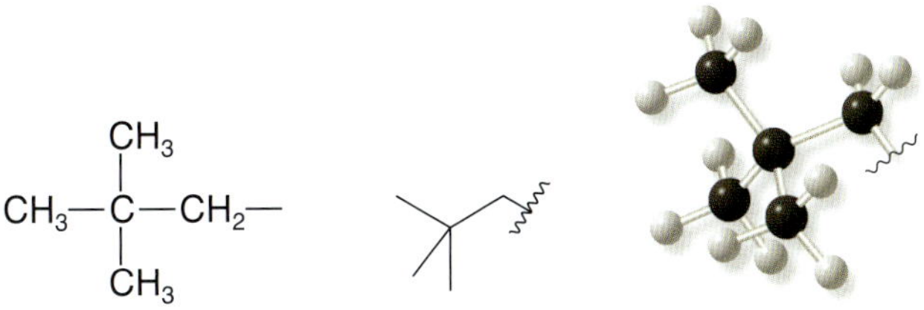

4.3 アルカン，ハロアルカン，およびアルコールの IUPAC 命名法

2,2-Dimethylpropyl または **neopentyl group**

4.3D 水素の分類

アルカンの水素はそれが結合している炭素の種類によって分類される．例えば，第一級炭素に結合している水素は第一級水素といわれる．2-メチルブタンは第一級，第二級，および第三級水素をもっている．

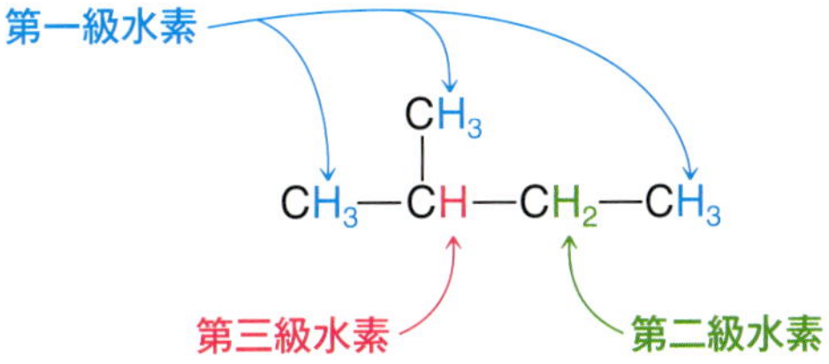

一方，2,2-ジメチルプロパン（ネオペンタンともいう）は第一級水素しかもっていない．

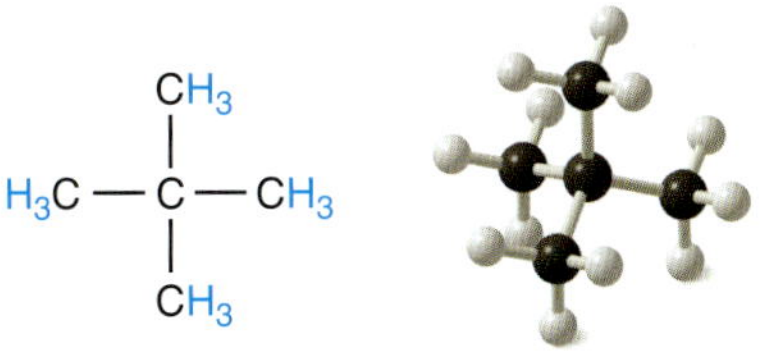

2,2-Dimethylpropane (neopentane)

4.3E ハロアルカンの命名法

ハロゲン置換基をもつアルカンは，IUPAC 命名法によれば，下に示すように haloalkane（ハロアルカン）と命名される．

CH_3CH_2Cl　　　$CH_3CH_2CH_2F$　　　$CH_3CHBrCH_3$

Chloroethane　　　**1-Fluoropropane**　　　**2-Bromopropane**
（クロロエタン）　　（1-フルオロプロパン）　　（2-ブロモプロパン）

- 母体鎖にハロゲンとアルキル置換基の両方が結合している場合は，置換基の種類に関係なく末端から最初に現れる置換基の位置番号が小さくなるように番号を付ける．もし，両方の置換基が末端から等距離の位置にあるときは，アルファベット順で優先する置換基の位置番号が小さくなるように番号を付ける．

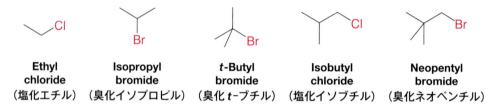

2-Chloro-3-methylpentane 2-Chloro-4-methylpentane
（2-クロロ-3-メチルペンタン） （2-クロロ-4-メチルペンタン）

しかし，多くの単純なハロアルカンには慣用名のほうがよく用いられ，ハロアルカンはalkyl halide（ハロゲン化アルキル）*と命名される（次に示す例はIUPAC命名法でも認められている）．

| Ethyl chloride | Isopropyl bromide | t-Butyl bromide | Isobutyl chloride | Neopentyl bromide |
| （塩化エチル） | （臭化イソプロピル） | （臭化 t-ブチル） | （塩化イソブチル） | （臭化ネオペンチル） |

4.3F　アルコールの命名法

IUPACの**置換式命名法** substitutive nomenclature では，化合物名は四つの部分からなる．すなわち，**位置番号** locant, **接頭語** prefix, **母体化合物**（基本骨格）parent compound, **接尾語** suffix である．次の化合物について考えてみよう．

CH₃CH₂CHCH₂CH₂CH₂OH
　　　　|
　　　CH₃
4-Methyl-1-hexanol

位置番号 接頭語 位置番号 母体化合物 接尾語

位置番号 4- は置換基の **methyl** 基（接頭語）が母体化合物の C4 に付いていることを示している．母体化合物は6個の炭素原子からなり，多重結合は含まれていない．したがって基本名は **hexane** である．アルコールであるので -e を取って接尾語 -ol（オール）を付ける．位置番号 1- は C1 にヒドロキシ基が付いていることを示している．一般に，**母体鎖の番号は接尾語となる基の近いほうの末端から始める**．

接尾語となる官能基の位置番号は，この例のように，母体化合物名の前に置いてもよいが，1993年の IUPAC 命名法の改訂によって接頭語の直前に置くことが認められた．したがって，上の化合物は **4-methylhexan-1-ol**（4-メチルヘキサン-1-オール）と命名してもよい．

アルコールの IUPAC 命名法は次のとおりである．

1. ヒドロキシ基 hydroxy group を含む最長連続炭素鎖（母体鎖）を選び出し，この炭素鎖に対応する alkane の最後の -e をとって接尾語 -ol（オール）を付ける．
2. ヒドロキシ基をもつ炭素の番号ができるだけ小さくなるように母体鎖に番号を付け，母体名の前か，接尾語の直前に置く．他の置換基（接頭語）の位置も対応する番号で示す．

---

*（訳注）日本語名と英語名で順序が逆になることに注意しよう．

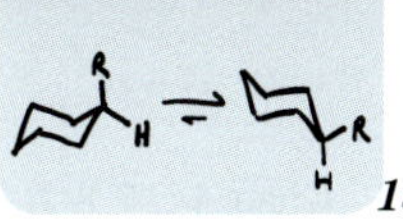

4.3 アルカン，ハロアルカン，およびアルコールの IUPAC 命名法   151

上の規則の応用例を次に示す．

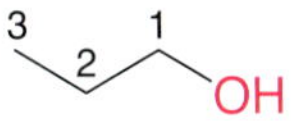

1-Propanol
（1-プロパノール）
または propan-1-ol
（プロパン-1-オール）

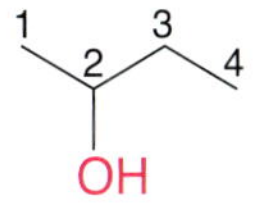

2-Butanol
（2-ブタノール）
または butan-2-ol
（ブタン-2-オール）

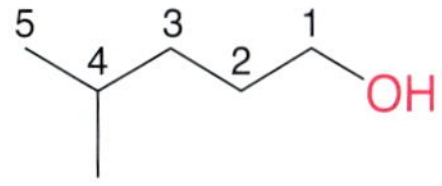

4-Methyl-1-pentanol
（4-メチル-1-ペンタノール）
または 4-methylpentan-1-ol
（4-メチルペンタン-1-オール）
（2-methyl-5-pentanol ではない）

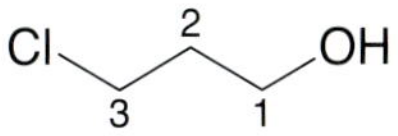

3-Chloro-1-propanol
（3-クロロ-1-プロパノール）
または 3-chloropropan-1-ol
（3-クロロプロパン-1-オール）

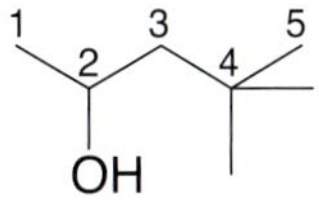

4,4-Dimethyl-2-pentanol
（4,4-ジメチル-2-ペンタノール）
または 4,4-dimethylpentan-2-ol
（4,4-ジメチルペンタン-2-オール）

例題 4.2
次に示す化合物の IUPAC 名を書け．

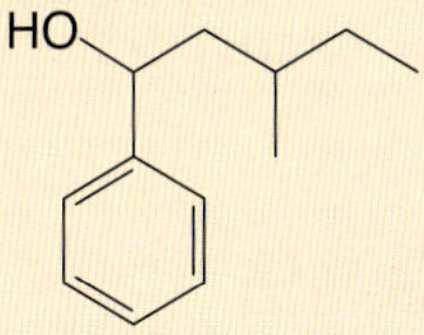

解き方と解答：
　最長炭素鎖（赤色）は 5 個の炭素からなり，最初の炭素に OH が付いている．したがってこの部分は 1-pentanol（あるいは pentan-1-ol）と命名できる．フェニル基が C1 に，メチル基が C3 に付いているので，化合物名は 3-methyl-1-phenyl-1-pentanol（3-メチル-1-フェニル-1-ペンタノール）となる（あるいは 3-methyl-1-phenylpentan-1-ol でもよい）．

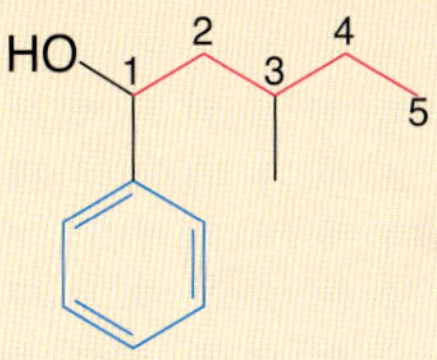

　単純なアルコールは慣用名でよばれることが多く，これは IUPAC 命名法でも認められている．その例としては 2.6 節ですでに述べた methyl alcohol, ethyl alcohol, isopropyl alcohol の他にも，次のようなものがある．

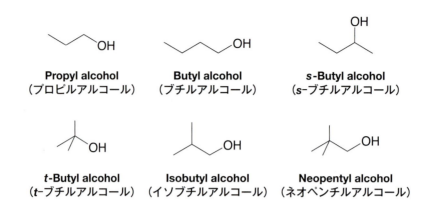

ヒドロキシ基を2個もつアルコールは一般に **glycol（グリコール）**とよばれる．IUPAC命名法では **diol（ジオール）**である．

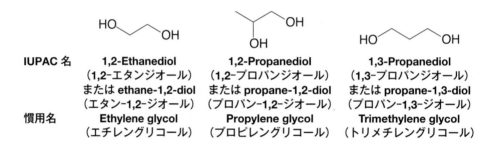

4.4 シクロアルカンの命名法

4.4A 単環式シクロアルカンの命名法

Cycloalkane（シクロアルカン）は母体名の前に"cyclo（シクロ）"を付けて命名する．

1. 環を一つだけもち置換基をもたないシクロアルカン：環の炭素数を数え，同数の炭素をもつ alkane の名称の前に cyclo を付ける．例えば，cyclopropane は炭素を3個，cyclopentane は炭素を5個もっている．

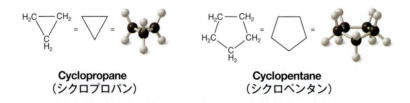

2. 環一つと置換基1個だけをもつシクロアルカン：置換基名を母体のシクロアルカンの前に付けるだけでよい．例えば，イソプロピル基をもつシクロヘキサンは isopropylcyclohexane である．置換基が1個しかないときはその位置を示す番号はいらない．

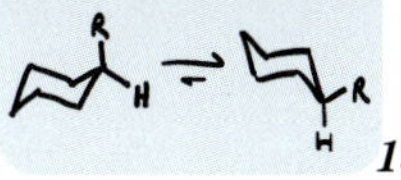

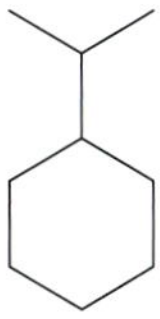

4.4 シクロアルカンの命名法

Isopropylcyclohexane
（イソプロピルシクロヘキサン）

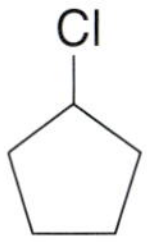

Chlorocyclopentane
（クロロシクロペンタン）

3. 環が一つで2個以上の置換基をもつシクロアルカン：置換基が2個ある場合には，アルファベット順で優先される置換基から始めて，二つ目の置換基の位置番号ができるだけ小さくなるように環炭素に番号を付ける．3個以上の置換基がある場合は，位置番号が全体として最小になるようにする．置換基は（位置番号順ではなく）アルファベット順に並べる．

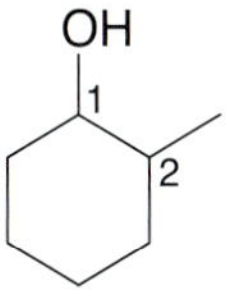

2-Methylcyclohexanol
（2-メチルシクロヘキサノール）

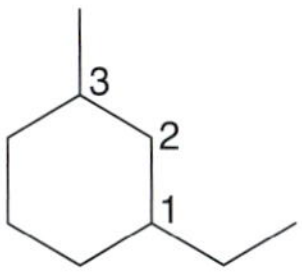

1-Ethyl-3-methyl cyclohexane
（1-エチル-3-メチルシクロヘキサン）
（1-ethyl-5-methylcyclohexane ではない）

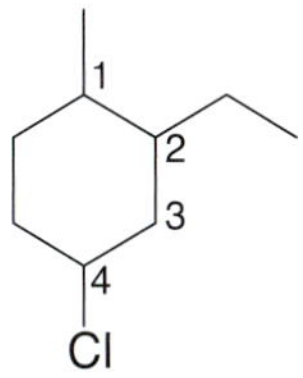

4-Chloro-2-ethyl-1-methylcyclohexane
（4-クロロ-2-エチル-1-メチルシクロヘキサン）
（1-chloro-3-ethyl-4-methylcyclohexane ではない）

4. 一つの環がその炭素数より多いアルカン鎖に付いている場合や二つ以上の環がアルカン鎖に付いている場合には，cycloalkylalkane（シクロアルキルアルカン）と命名するほうがよい．

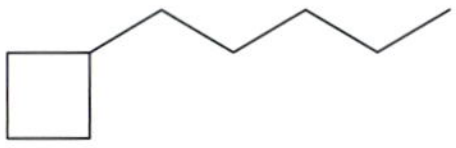

1-Cyclobutylpentane
（1-シクロブチルペンタン）

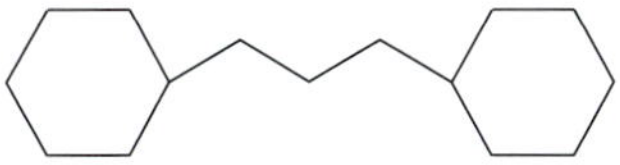

1,3-Dicyclohexylpropane
（1,3-ジシクロヘキシルプロパン）

問題 4.3 次の置換シクロアルカンを命名せよ．

(a) (b) (c) (d) (e) (f)

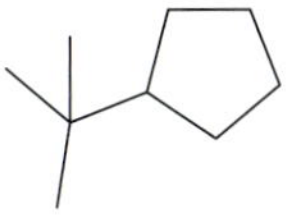

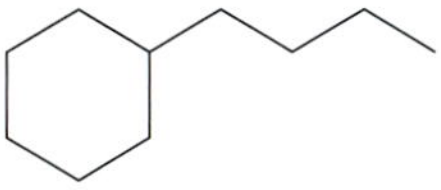

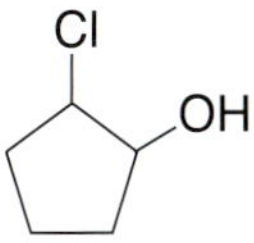

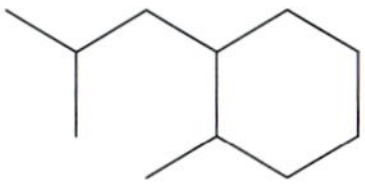

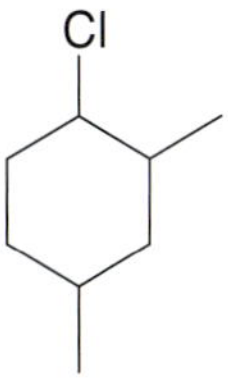

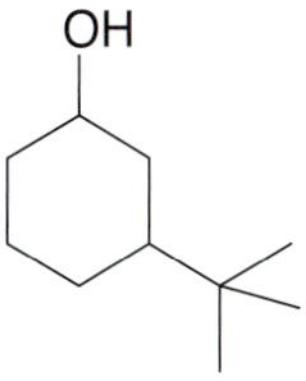

4.4B 二環式シクロアルカン

1. 二つの環が縮合または橋かけした二環式化合物は，縮合環 fused ring または橋かけ環 bridged ring とよばれ，環を構成する炭素の総数に対応するアルカンの名称を母体名として bicycloalkane（ビシクロアルカン）と命名される．例えば，次の化合物は7個の炭素原子からできているので母体名は bicycloheptane（ビシクロヘプタン）である．両方の環に共通の炭素原子は橋頭 bridgehead とよばれ，橋頭原子を結ぶ各結合あるいは鎖は橋 bridge とよばれる．

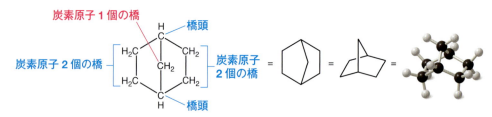

Bicycloheptane（ビシクロヘプタン）

2. それぞれの橋の構成炭素の数（大きい順に）をカッコに入れて名称の中間に挿入する．縮合環では橋の炭素数を0とする．

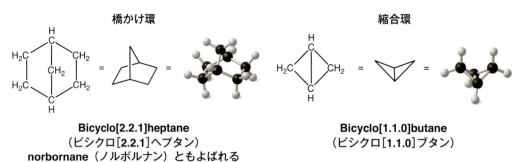

橋かけ環
Bicyclo[2.2.1]heptane
（ビシクロ[2.2.1]ヘプタン）
norbornane（ノルボルナン）ともよばれる

縮合環
Bicyclo[1.1.0]butane
（ビシクロ[1.1.0]ブタン）

3. ビシクロアルカンに置換基があるときには，位置番号を次のように付ける．まず一方の橋頭を1とし，最長の橋を通ってもう一方の橋頭に行き，次に2番目に長い橋を通って最初の橋頭に戻り，最後に最短の橋に番号を付ける．

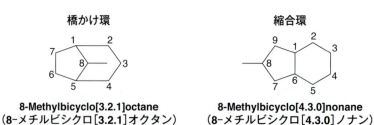

橋かけ環
8-Methylbicyclo[3.2.1]octane
（8-メチルビシクロ[3.2.1]オクタン）

縮合環
8-Methylbicyclo[4.3.0]nonane
（8-メチルビシクロ[4.3.0]ノナン）

例題 4.3
7,7-Dichlorobicyclo[2.2.1]heptane の構造式を書け．

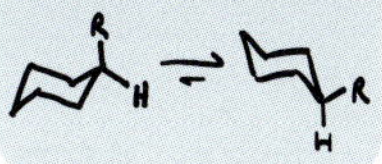

解き方と解答：

まず bicyclo[2.2.1]heptane 環を書き，番号を付ける．それから適当な位置に置換基（2 個の塩素原子）を加える．

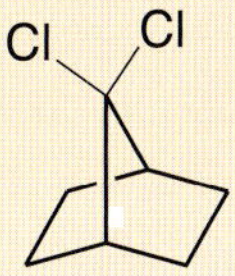

問題 4.4　(a) ～ (e) のビシクロアルカンを命名せよ．

(a)

(c)

(e)

(b)

(d)

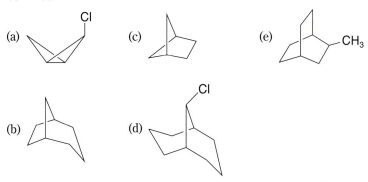

(f) Bicyclo[2.2.0]hexane の構造異性体であるビシクロ化合物の構造式を書き，命名せよ．

4.5　アルケンとシクロアルケンの命名法

Alkene（アルケン） の古い名称は今でも慣用名としてよく使われている．例えば，propene（プロペン）はよく propylene（プロピレン）とよばれ，2-methylpropene（2-メチルプロペン）を isobutylene（イソブチレン）と書くことも多い．

IUPAC名：	Ethene （エテン）	Propene （プロペン）	2-Methylpropene （2-メチルプロペン）
慣用名：	Ethylene （エチレン）	Propylene （プロピレン）	Isobutylene （イソブチレン）

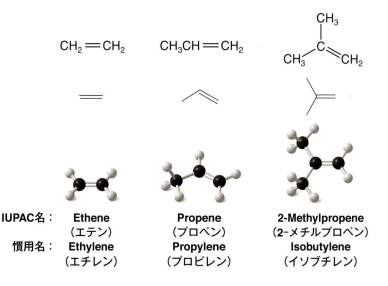

アルケンの IUPAC 命名法は多くの点でアルカンと似ている．

1. **二重結合を含む最長鎖を選んで母体鎖とし，同じ長さの alkane（アルカン）の語尾 -ane（アン）を -ene（エン）に変える．** 例えば，最長鎖に5個の炭素原子があれば，そのアルケンの母体名は pentene（ペンテン）となるし，6個の炭素原子があれば hexene（ヘキセン）となる．

2. **母体鎖に二重結合の2個の炭素原子を含むようにして，二重結合に近いほうの末端から番号を付ける．二重結合の位置を示すために，二重結合を作っている炭素原子の小さいほうの番号を母体名の前に付けるか，接尾語（ene）の直前に置く．** 次に例を示す．

$$\overset{1}{CH_2}=\overset{2}{CH}\overset{3}{CH_2}\overset{4}{CH_3}$$
1-Butene
（1-ブテン）
または but-1-ene
（ブタ-1-エン）
（3-butene ではない）

$$CH_3\overset{}{CH}=\overset{}{CH}CH_2CH_2CH_3$$
2-Hexene
（2-ヘキセン）
または hex-2-ene
（ヘキサ-2-エン）
（4-hexene ではない）

3. **置換基の位置を示すには，それが付いている炭素原子の番号を使用する．**

2-Methyl-2-butene
（2-メチル-2-ブテン）
または 2-methylbut-2-ene
（2-メチルブタ-2-エン）

2,5-Dimethyl-2-hexene
（2,5-ジメチル-2-ヘキセン）
または 2,5-dimethylhex-2-ene
（2,5-ジメチルヘキサ-2-エン）

$$\overset{}{CH_3}\overset{}{CH}=\overset{}{CH}\overset{}{CH_2}\overset{}{\underset{|}{C}}\overset{}{CH_3}$$
$$\underset{1 \quad 2 \quad\quad 3 \quad 4 \quad 5 \quad 6}{}$$

5,5-Dimethyl-2-hexene
（5,5-ジメチル-2-ヘキセン）
または 5,5-dimethylhex-2-ene
（5,5-ジメチルヘキサ-2-エン）

$$\overset{4}{CH_3}\overset{3}{CH}=\overset{2}{CH}\overset{1}{CH_2}Cl$$

1-Chloro-2-butene
（1-クロロ-2-ブテン）
または 1-chlorobut-2-ene
（1-クロロブタ-2-エン）

4. **置換シクロアルケンについては，二重結合の炭素原子が1と2の番号になるように，かつ，置換基の位置を示す番号がより小さくなるようにする．** この場合，二重結合はいつも C1 と C2 になるので，二重結合の位置を示す番号を付ける必要はない．次の二つの例でこれらの規則の適用法を示す．

1-Methylcyclopentene
（1-メチルシクロペンテン）
（2-methylcyclopentene ではない）

3,5-Dimethylcyclohexene
（3,5-ジメチルシクロヘキセン）
（4,6-dimethylcyclohexene ではない）

5. 二重結合一つとヒドロキシ基1個をもつ化合物は alkenol（アルケノール）または cycloalkenol（シクロアルケノール）と命名し，ヒドロキシ基の付いた炭素により小さい位置番号を付ける．

4-Methyl-3-penten-2-ol
（4-メチル-3-ペンテン-2-オール）
または **4-methylpent-3-en-2-ol**
（4-メチルペンタ-3-エン-2-オール）

2-Methyl-2-cyclohexen-1-ol
（2-メチル-2-シクロヘキセン-1-オール）
または **2-methylcyclohex-2-en-1-ol**
（2-メチルシクロヘキサ-2-エン-1-オール）

6. **ビニル基** vinyl group と**アリル基** allyl group はよく出てくるアルケニル基である．

Vinyl group
ビニル基

Allyl group
アリル基

IUPAC 命名法では，これらの基はそれぞれエテニル ethenyl とプロパ-2-エニル prop-2-enyl 基である．次の例でこれらの基名がどのように用いられるかを示す．

Bromoethene
（ブロモエテン）
または **vinyl bromide**
（臭化ビニル）
（慣用名）

Ethenylcyclopropane
（エテニルシクロプロパン）
または **vinylcyclopropane**
（ビニルシクロプロパン）

3-Chloropropene
（3-クロロプロペン）
または **allyl chloride**
（塩化アリル）
（慣用名）

3-(Prop-2-enyl)cyclohexanol
［3-(プロパ-2-エニル)シクロヘキサノール］
または **3-allylcyclohexanol**
（3-アリルシクロヘキサノール）

7. もし同じか同じような基が2個とも二重結合の同じ側にあればそれはシス *cis* であり，反対側にあればトランス *trans* である．7.2節で二重結合の立体配置のもう一つの表示法を述べる．

cis-**1,2-Dichloroethene**
（*cis*-1,2-ジクロロエテン）

trans-**1,2-Dichloroethene**
（*trans*-1,2-ジクロロエテン）

例題 4.4

次の分子の IUPAC 名を書け.

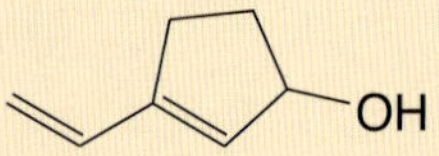

解き方と解答:

ヒドロキシ基から始めて二重結合の位置番号が小さくなるように環に番号を付けると下に示すようになる. そして, 置換基 (エテニル ethenyl 基), 二重結合 (エン -ene-), およびヒドロキシ基 (オール -ol) をその位置番号とともに名称に加える. したがって, IUPAC 名は 3-ethenyl-2-cyclopenten-1-ol (3-エテニル-2-シクロペンテン-1-オール) となる.

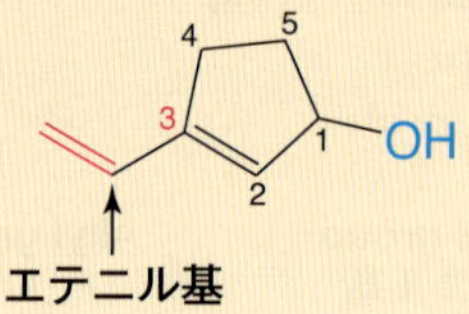

問題 4.5 次のアルケンの IUPAC 名を書け.

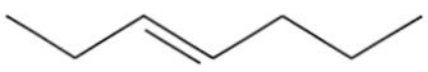

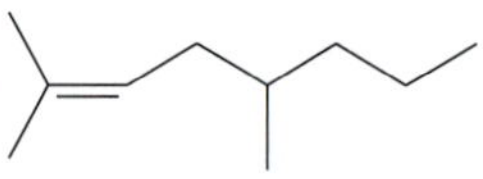

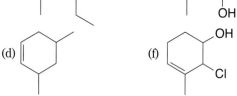

問題 4.6 次の化合物の結合・線式を書け.

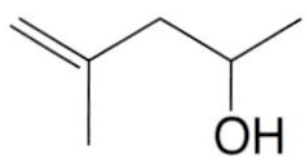

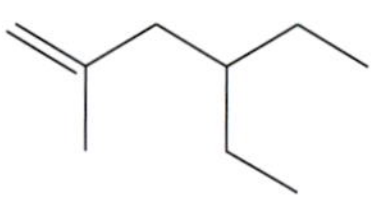

(a) *cis*-3-Octene
(b) *trans*-2-Hexene
(c) 2,4-Dimethyl-2-pentene
(d) *trans*-1-Chlorobut-2-ene
(e) 4,5-Dibromo-1-pentene
(f) 1-Bromo-2-methyl-1-(prop-2-enyl)cyclopentane
(g) 3,4-Dimethylcyclopentene
(h) Vinylcyclopentane
(i) 1,2-Dichlorocyclohexene
(j) *trans*-1,4-Dichloro-2-pentene

4.6 アルキンの命名法

Alkyne (アルキン) はアルケンと同じように命名される. 例えば, 枝分れのないアルキンは対応する alkane (アルカン) の語尾 **-ane (アン)** を **-yne (イン)** に置き換える. 鎖の部分は三重結合の炭素原子ができるだけ小さい番号になるように番号を付ける. 三重結合の2個の炭素のうち小さいほうの番号で三重結合の位置を示す. 次に3種類の枝分れのないアルキンの IUPAC 名を示す.

4.6 アルキンの命名法

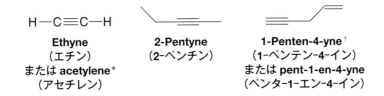

枝分れアルキンや置換アルキンの置換基の位置は番号で示す．アルキノールでは，ヒドロキシ基のほうが三重結合より優先する．

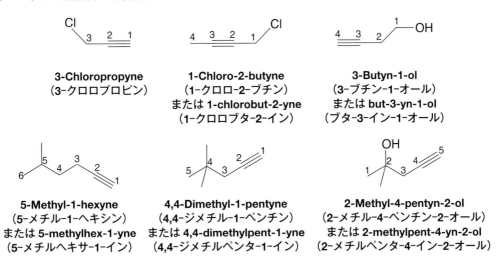

1-アルキンを**末端アルキン** terminal alkyne といい，その三重結合に付いている水素原子を**アセチレン水素** acetylenic hydrogen という．

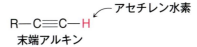

置換基として命名するときは，HC≡C- 基をエチニル基 ethynyl group という．

アセチレン水素が引き抜かれて得られるアニオンは，アルキニドイオン alkynide ion‡ といわれる．7.11 節で述べるように，このアニオンは合成化学上有用である．

---

* Acetylene の名称は IUPAC 命名法で HC≡CH の慣用名として認められている．

† 二重結合と三重結合があるときは，その位置番号の和が小さくなるように，和が同じになるときは二重結合の位置を小さい番号で示す．

‡ （訳注）一般に -ide はアニオン（陰イオン）を表す接尾語である．

4.7 アルカンとシクロアルカンの物理的性質

表 4.2 で枝分れのない**アルカン**をよく見ると，$-CH_2-$ が 1 個ずつ増えていることに気が付く．例えば，ブタンは $CH_3(CH_2)_2CH_3$ でペンタンは $CH_3(CH_2)_3CH_3$ である．このような一連の化合物群では順々に一定の単位だけ異なっており，**同族列** homologous series とよばれる．同族列に含まれる化合物は**同族体** homologue とよばれる．

室温（25 ℃），1 気圧において，枝分れのないアルカンの同族列の最初の四つは気体である（図 4.3 (a)）．C_5 から C_{17} までの枝分れのないアルカン（ペンタンからヘプタデカンまで）は液体であり，18 個以上の炭素原子をもつ枝分れのないアルカンは固体である．

沸点　枝分れのないアルカンの沸点は分子量の増加に伴って規則的に高くなる（図 4.3 (a)）．しかし，アルカン鎖の枝分れは沸点を低下させる．表 4.1 中のヘキサン異性体がこの傾向を示している．

この効果は 2.13D 項で学んだ分散力で説明される．枝分れのないアルカンは，その分子量が大きくなるに従って分子は大きくなるが，さらに重要なことは分子の表面積が増えることである．表面積が増えると分子間の分散力は強くなり，分子をバラバラにし沸騰させるのにより多くのエネルギー（より高い温度）を必要とする．一方，枝分れがあると分子はよりコンパクトになって表面積が減少する．そのため分子間に働く分散力は弱くなり，沸点が低下する．このことを，二つの C_8 異性体で図 4.4 に示している．

融点　枝分れのないアルカンの融点には，沸点で見られたような分子量の増加に伴う規則的な上昇は見られない（図 4.3 (b) の青線）．偶数の炭素原子をもつ枝分れのないアルカンから奇数の炭素数のアルカンとで融点はジクザグになっている．しかし，偶数と奇数のアルカンを別々の曲線でプロットすると（図 4.3 (b) の白線と赤線），分子量の増加とともに融点は滑らかに上昇する．

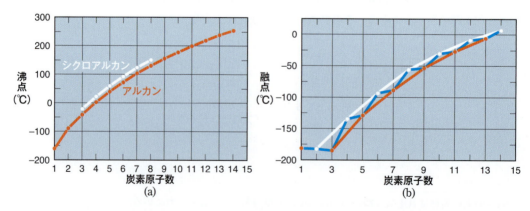

図 4.3　(a) 枝分れのないアルカン（赤線）とシクロアルカン（白線）の沸点，
　　　　(b) 枝分れのないアルカン（青線）の融点

4.7 アルカンとシクロアルカンの物理的性質

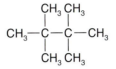

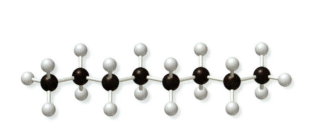

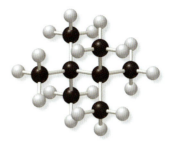

(a) **Octane** (bp 125.6 °C)　　　(b) **2,2,3,3-Tetramethylbutane** (bp 106.3 °C)

図 4.4　アルカンの沸点に対する枝分れの影響
枝分れがあると，(b) の C_8 異性体のように，分子の表面積が小さくなり，分子間に働く分散力が弱くなるので，枝分れしていない異性体 (a) よりも沸点が低くなる

X線回折 X-ray diffraction の研究によって，この一見異常な現象の理由が明らかになっている．偶数の炭素原子をもつアルカンは奇数のものより結晶状態で密に詰まっている．その結果個々の鎖間の引力が大きく，融点は高くなるのである．

シクロアルカンは対応する鎖状アルカンよりかなり高い融点を示す（表 4.3 と図 4.3 (b)）．

密度　アルカンとシクロアルカンは化合物群として，すべての有機化合物の中で密度が最も小さい．すべてのアルカンとシクロアルカンの密度は 1.00 g mL^{-1}（4℃における水の密度）よりかなり小さい．そのため，石油（アルカンに富む炭化水素の混合物）は水に浮く．

溶解度　アルカンとシクロアルカンは非常に極性が低く，水素結合を作れないので水にはほとんど溶けない．液体のアルカンとシクロアルカンは互いに混じり合い，一般に極性の低い溶媒に溶ける．これらの溶媒としてはベンゼン，四塩化炭素，クロロホルム，および他の炭化水素がよい．

表 4.3　シクロアルカンの物理定数

炭素原子数	名　称	bp (℃)(1 気圧)	mp (℃)	密度, d^{20} (g mL^{-1})	屈折率 (n_D^{20})
3	Cyclopropane	−33	−126.6	—	—
4	Cyclobutane	13	−90	—	1.4260
5	Cyclopentane	49	−94	0.751	1.4064
6	Cyclohexane	81	6.5	0.779	1.4266
7	Cycloheptane	118.5	−12	0.811	1.4449
8	Cyclooctane	149	13.5	0.834	—

フェロモンの化学：化学物質による情報伝達法

昆虫は，仲間と音や視覚による交信ではなく，**フェロモン** pheromone とよばれる化学物質を使って情報を伝達している．フェロモンは昆虫から極めて微量分泌されるだけであるが，それで十分かつ広範な生物的効果をもたらす．いくつかのフェロモンを昆虫は性誘引物質として求愛に使っている．この他にフェロモンを警報物質としても使っているし，また集合化合物とよばれる化学物質を分泌して仲間を集めるために使っている．これらのフェロモンの多くは単純な化合物で，炭化水素が多い．例えば，ある種のゴキブリは集合フェロモンとしてウンデカンを使っている．雌のヒトリガが交尾を求めるときには，雄を誘引する香気物質 2-メチルヘプタデカンを分泌する．

[Danilo Donadoni/Photoshot Holdings Ltd.]

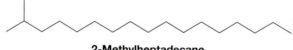

Undecane
（ゴキブリの集合フェロモンの一つ）

2-Methylheptadecane
（雌のヒトリガの性誘引物質）

イエバエ（*Musca domestica*）の性誘引物質は，C_9 と C_{10} の間にシス二重結合をもつ 23 個の炭素からなるムスカルアというアルケンである．

Muscalure
（イエバエの性誘引物質）

昆虫の性誘引物質が数多く合成され，昆虫を捕集器に引き寄せるために使われているが，これは殺虫剤よりも環境にやさしい昆虫の制御法である．

研究によると，人間の生活にもフェロモンがかかわっていることが示唆されている．例えば，共同生活したり一緒に働いたりしている女性の間で，月経周期が同調してくる現象は恐らくフェロモンによって引き起こされているものといわれている．アンドロステロンのようなステロイドと大環状ケトンやラクトン（環状エステル）などを含むジャコウ（musk）に対する嗅覚の鋭敏さも，女性では周期的に変わり，性差がある．これらの化合物の中にはシヴェトン（ジャコウネコの腺から単離された天然物）やペンタリド（合成ジャコウ）などのように香水に用いられているものもある．

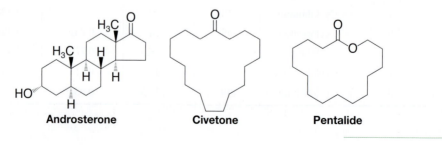

Androsterone　　**Civetone**　　**Pentalide**

4.8 シグマ結合と結合の回転

単結合のみで結合している二つの基は,互いにその結合のまわりで回転できる.

- 単結合まわりの回転によって生じる一時的な分子の形を分子の**立体配座** conformation という.
- エネルギー極小値にある立体配座を**配座異性体***または**コンホーマー** conformer という.
- 基が単結合のまわりで回転することによって生じる分子のエネルギー変化の解析を**配座解析** conformational analysis という.

4.8A Newman 投影式とその書き方

配座解析を行うとき,特別な構造式を使うと便利である.その一つは **Newman 投影式** Newman projection formula である.もう一つは**木びき台式**(木びき台は材木をのこぎりで切るときに使う台のこと)sawhorse formula で,これはこれまで使ってきたくさびを用いる三次元式に似ている.配座解析には Newman 投影式を使うことが多い.

Newman 投影式   木びき台式

Newman 投影式を書くには:

- ある結合の一方の端(通常は炭素)から結合軸に沿って,もう一つの原子(通常は炭素)を見るものとする.
- 手前の炭素と三つの結合を ⊥ で表す.
- 後ろ側の炭素と三つの結合を ◯ で表す.

図 4.5 (a), (b) に,エタンのねじれ形配座を球・棒分子模型と Newman 投影式で示す.分子の**ねじれ形配座** staggered conformation は C—C 結合のそれぞれの結合間の**二面角** dihedral angle が 180° になり,C—C 結合の各端に結合している原子または基が最も遠く離れている.エタンのねじれ形配座の 180° の二面角を図 4.5 (b) に示している.

エタンの重なり形配座を球・棒分子模型と Newman 投影式を用いて図 4.6 に示した.**重なり形配座** eclipsed conformation では C—C 結合の各端の炭素に結合している原子は互いに直接向き合っている.その二面角は 0° である.

---

*(訳注)配座異性体を立体配座と同じ意味で使っている場合があるが,異性体は寿命をもった化合物である必要があり,この場合はねじれ形立体配座に限定される.IUPAC の Basic Terminology of Stereochemistry(**http://www.chem.qmul.ac.uk/iupac/stereo/**)が参考になる.

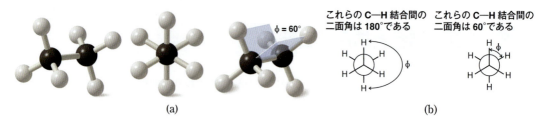

図 4.5　Ethane のねじれ形配座
(a) 球・棒分子模型，(b) ねじれ形配座の Newman 投影式．

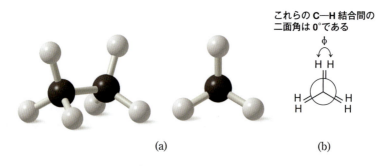

図 4.6　Ethane の重なり形配座
(a) 球・棒分子模型，(b) 重なり形配座の Newman 投影式．

4.8B　配座解析の方法

　エタンの配座解析を考えてみよう．エタンの C—H 結合間の二面角をほんの少し変えるだけでねじれ形配座と重なり形配座を含む無数の立体配座ができる．しかし，これらの異なった立体配座はすべて同じ安定性をもつわけではない．エタンのねじれ形配座が最も安定な立体配座である（すなわち，ポテンシャルエネルギーの最も低い立体配座である）．ねじれ形配座の安定性はおもに結合電子対間の反発（立体反発）と関係している．重なり形配座では C—H 結合からくる電子雲が互いに近く反発し合う．それに対して，ねじれ形配座では C—H 結合の電子対が最大限に離れているのでその反発が最小になっている．それに加えて，ねじれ形配座では被占 σ 軌道と空 σ* 軌道の間の結合性相互作用による**超共役** hyperconjugation という現象がある．この超共役がねじれ形配座の安定化に寄与している．しかし，より重要なのは立体反発が小さいということである．超共役については，カルボカチオンの安定性と関連して Chap. 6 で詳しく説明する．

- エタンの立体配座間のエネルギー差を**ポテンシャルエネルギー図** potential energy diagram でグラフに表すと，図 4.7 のようになる．

　エタンにおけるねじれ形配座と重なり形配座とのエネルギー差は約 12 kJ mol^{-1} である．この小さな回転障壁を，単結合の**ねじれ障壁** torsional barrier という．この障壁のために，ある分子はねじれ形配座またはそれに近い配座でゆれ動いているが，少し余分のエネルギーをもっている分子は回転して重なり形配座を通って別のねじれ形配座になる．温度が特に低く（−250 ℃）ないかぎり，いかなる瞬間においても，多くのエタン分子はこの障壁を跳び越えるのに十分なエネ

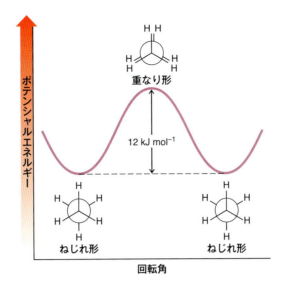

図 4.7 Ethane の C—C 結合まわりの回転によるポテンシャルエネルギーの変化

ルギーをもっている.

　これらのことをエタンに当てはめてみると，二つの考え方ができる．もし，エタン分子1個だけについて考えるなら，その分子は最もエネルギーの低いねじれ形配座かまたはそれに近い立体配座でいる時間が最も長いと考えられる．しかし，何度も他の分子と衝突することによってねじれ障壁を越えるだけのエネルギーを得て，重なり形配座を通って回転するだろう．またもし多数のエタン分子について考えると（このほうが実際に近い），ある瞬間において大部分のエタン分子がねじれ形配座，またはこれに近い立体配座をとっていると考えられる*.

4.9　ブタンの配座解析

　ブタンの C2—C3 結合のまわりの回転を考えると，回転障壁はエタンの場合よりもいくぶん大きくなるが，まだブタンのコンホーマー間の回転を阻止できるほどには大きくない．

- 回転障壁に含まれる要因はまとめて**ねじれひずみ** torsional strain といわれる．それには結合している基の電子雲間の反発的な相互作用も含まれ，**立体反発** steric repulsion といわれる．

　ブタンにおけるねじれひずみは，C2 と C3 に結合した末端のメチル基と水素原子による立体障害と二つのメチル基の直接的な立体障害からきている．これらの相互作用によって次に示す I 〜 VI の6個の重要な立体配座が生じる．

---

* ある立体配座が優先的に存在するという考え方は J. H. van't Hoff（ファント ホッフ）の業績に基づく．彼は化学反応速度論に関する業績によって第1回のノーベル化学賞（1901）を受賞している．

166 Chap. 4 アルカンとシクロアルカン：命名法と立体配座

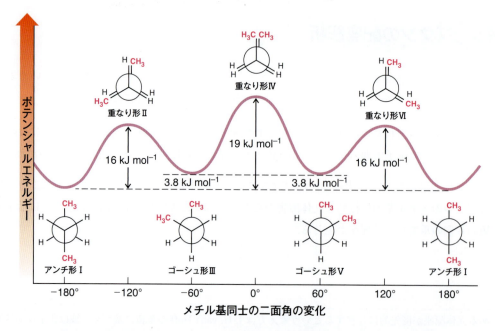

I	II	III
アンチ形配座	重なり形配座	ゴーシュ形配座

IV	V	VI
重なり形配座	ゴーシュ形配座	重なり形配座

アンチ形配座 anti conformation（I）では，基同士が互いにねじれ形で，またメチル基が遠く離れているのでねじれひずみは存在しない．したがって，アンチ形配座が最も安定である．**ゴーシュ形配座** gauche conformation（III と V）においてはメチル基同士がかなり近くなり，立体反発が作用する．すなわち二つのメチル基の電子雲が近いために互いに反発する．この反発のためにゴーシュ形配座はアンチ形配座よりおよそ 3.8 kJ mol^{-1} だけ高いエネルギーをもつ．

　重なり形配座（II，IV，VI）はポテンシャルエネルギー図（図 4.8）においてエネルギー極大に相当する．重なり形配座 II と VI にはメチル基と水素の重なりによる立体反発がある．重なり形配座 IV はすべての立体配座の中でエネルギーが最大である．これはメチル基同士の重なりによる大きな立体反発があるからである．

図 4.8 Butane の C2—C3 結合のまわりの回転によるエネルギー変化

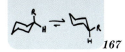

4.10 シクロアルカンの相対的安定性：環ひずみ　　　　**167**

ブタン分子の回転障壁はエタンの場合（4.8 節）よりは大きいが，室温でアンチ形やゴーシュ形配座が単離できるほど大きくはない．分子がこれらの障壁を越えるだけのエネルギーをもてなくなるのはごく低温にしたときだけである．

配座解析は分子の三次元の形と立体化学を考える方法の一つにすぎない．今後，単結合まわりの回転だけでは相互変換できないような別のタイプの立体異性体があることを学ぶ．それらにはシス-トランスのシクロアルカン異性体（4.13 節）や Chap. 5 で述べるような立体異性体がある．

問題 4.7　2-Methylbutane の C2—C3 結合のまわりで置換基を回転したときに生じるエネルギー変化を，図 4.8 を参考にして，同様の図で示せ．エネルギー変化の数値は書き入れなくてもよいが，曲線の極大と極小に対応する立体配座は書き入れよ．

4.10　シクロアルカンの相対的安定性：環ひずみ

シクロアルカン cycloalkane は安定性の上ですべて同じであるわけではない．実験によるとシクロヘキサンがシクロアルカンの中で最も安定であり，シクロプロパンやシクロブタンはかなり不安定である．この相対的安定性の違いは**環ひずみ** ring strain によるものであり，環ひずみは**結合角ひずみ**と**ねじれひずみ**からなる．

- **結合角ひずみ** angle strain は，構造の制約（環の大きさなど）のために引き起こされる理想的結合角からのずれによって生じる．
- **ねじれひずみ** torsional strain は，結合回転の制約のために起こる電子雲間の静電反発によって生じる．

4.10A　シクロプロパン

アルカンの炭素原子は sp^3 混成である．sp^3 混成原子の正常な四面体形結合角は 109.5° である．シクロプロパン（正三角形の分子）では，内角は 60° でなくてはならない．したがって，理想的な値（109.5°）から 49.5° も大きくずれている．

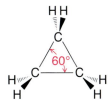

シクロプロパンの C—C σ 結合を作る sp^3 軌道は，アルカンの場合（完全な正面からの重なり

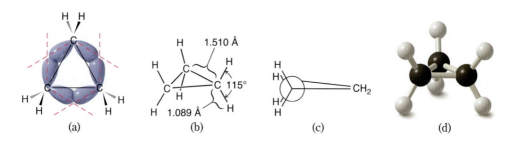

図 4.9　Cyclopropane の結合と構造
(a) Cyclopropane の C—C 結合の軌道は完全に正面から重なり合うことはできない．この結果，弱い"曲がった"結合となり，結合角ひずみが生じる．(b) 結合距離と結合角．(c) 一つの C—C 結合に関する Newman 投影式は重なり形水素の存在を示す（他の二つの C—C 結合においても同じ結果になる）．(d) 球・棒分子模型．

が可能である）のように効果的に重なり合うことができない（図 4.9 (a)）ために，結合角ひずみが生じる．シクロプロパンの C—C 結合はしばしば"曲がっている bent"といわれる（これらの結合に用いられる軌道は，純粋な sp³ ではなく，かなり p 性を含んでいる）．シクロプロパンの C—C 結合は弱く，分子は大きなポテンシャルエネルギーをもつことになる．

シクロプロパンの環ひずみの大部分は結合角ひずみで説明できるが，それだけではない．環は平面をとらざるを得ないので，環の水素原子はすべて重なり形となり（図 4.9 (b)，(c)），分子はねじれひずみももつことになる．

4.10B　シクロブタン

シクロブタンもかなりの結合角ひずみをもっている．結合内角は 88°で正規の四面体形結合角（109.5°）から 21°以上ずれている．シクロブタン環は平面ではなくわずかに"折れ曲がって"いる（図 4.10 (a)）．もしシクロブタン環が平面であれば，結合角ひずみはわずかに小さくなるが（内角が 88°でなく 90°となる），その代わり 8 個すべての水素が重なり形となるからねじれひずみが大きくなる．折れ曲がることによって，多少結合角ひずみは増えるが，それ以上にねじれひずみが小さくなる．

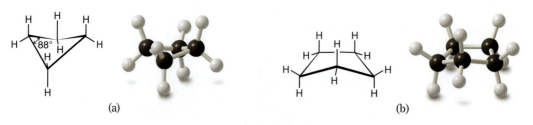

図 4.10　Cyclobutane と cyclopentane の配座
(a) Cyclobutane の"折れ曲がった"配座．
(b) Cyclopentane の"曲がった"または"封筒"形配座　この構造では手前の炭素原子が上に上がっている．実際には分子は固定しているのではなく，常に一つの立体配座から別の立体配座に移り変わっている．

4.10C シクロペンタン

　正五角形の内角は 108°で正常な四面体形の結合角 109.5°に極めて近い．もしシクロペンタン分子が平面であっても，結合角ひずみはほとんどない．しかし，平面では 10 個の水素がすべて重なり形となるため，ねじれひずみが大きくなる．そのために，シクロペンタンも環の炭素原子の 1 個または 2 個が他の原子で作る平面からずれて，ほんの少し曲がった立体配座をとる（図 4.10 (b)）．そうすることによってねじれひずみがいくぶんか解消する．さらに C—C 結合はほとんどエネルギーの変化なしに順番に少しねじれ，面外にあった炭素原子が面内に入り，面内にあったものが面外に出る．このように，この分子は動くことができ，常に一つの立体配座から別の立体配座に移り変わっている．ねじれひずみと結合角ひずみが小さいので，シクロペンタンはシクロヘキサンと同じくらい安定である．

4.11　シクロヘキサンの立体配座：いす形と舟形

　シクロヘキサンはどのシクロアルカンよりも安定である．その重要な立体配座をいくつか説明する*．

- シクロヘキサンの最も安定な立体配座は**いす形配座** chair conformation である．
- シクロヘキサンのいす形には結合角ひずみもねじれひずみもない．

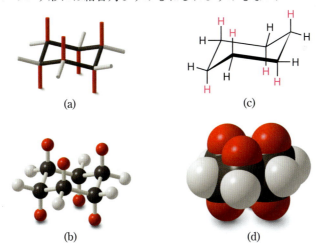

図 4.11　Cyclohexane のいす形配座の表示法
(a) チューブ式分子模型，(b) 球・棒分子模型，(c) 線表示，(d) 空間充填分子模型．2 種類の水素があることに注意しよう．赤色で示した上下に出ている水素と灰色で示した環の面にほぼのっている水素で，詳しくは 4.12 節で述べる．

---

* D. H. R. Barton（バートン）(1918-1998) と O. Hassel（ハッセル）(1897-1981) は "立体配座の概念の発展と化学への適用" の功績により 1969 年度ノーベル化学賞を授与された．この研究によって，シクロヘキサン環の立体配座だけでなくシクロヘキサン環を含むステロイド（22.4 節）やその他の化合物の構造についての基本的理解が深まった．

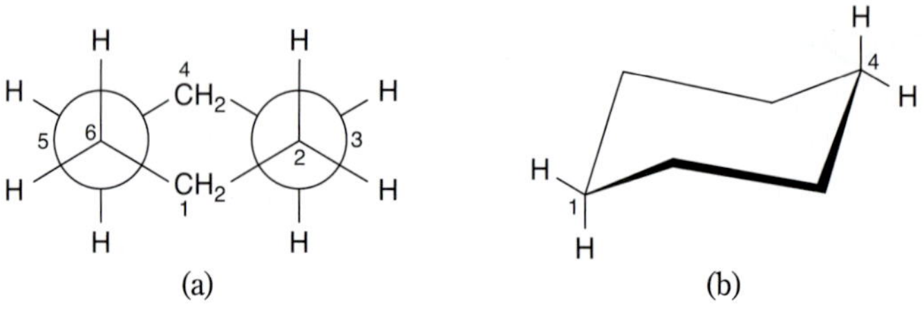

図 4.12 Cyclohexane のいす形配座

(a) Newman 投影式（実際に分子模型と比べてみると，この式がよく理解できる．また他の C—C 結合をとってみても同じようなねじれ形配座であることがわかる．(b) いす形配座では環の反対側の炭素（C1 と C4 で表示）上の水素間の距離が大きいことを示している．

このいす形配座（図 4.11）においては，C—C の結合角はすべて 109.5° であり結合角ひずみは全くないし，また，ねじれひずみもない．どの C—C 結合をとってみても（図 4.12 のように端から構造式を見ると）すべて完全なねじれ形である．さらに，シクロヘキサン環の反対側にある炭素（例えば，C1 と C4）上の水素は最大限に離れている．

- 環の C—C 単結合を単に回転するだけで，いす形配座は**舟形配座** boat conformation とよばれるもう一つの立体配座に変わる（図 4.13）．
- 舟形配座にもいす形配座と同様に結合角ひずみはないが，ねじれひずみがある．

舟形配座の分子模型で両側の C—C 結合（C2—C3 と C5—C6）に沿ってみると（図 4.14 (a)），これらの炭素上の C—H 結合が重なっていて，ねじれひずみの原因になっているのがわかる．さらに，C1 と C4 の 2 個の水素は接近し，立体反発を生じる（図 4.14 (b)）．この反発を舟形配座の"旗ざお"間相互作用 "flagpole" interaction という．ねじれひずみと旗ざお間相互作用によって舟形配座はいす形配座よりもかなり高いエネルギーをもつことになる．

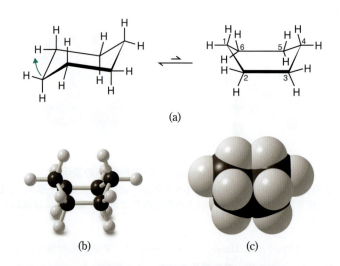

図 4.13 Cyclohexane の舟形配座の表示法

(a) いす形の一方の端だけを"反転する"と舟形配座ができる．この反転は C—C 結合の回転だけでできる．(b) 舟形配座の球・棒分子模型．(c) 空間充填分子模型．

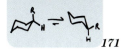

4.11 シクロヘキサンの立体配座：いす形と舟形

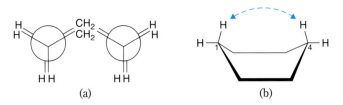

図 4.14　Cyclohexane の舟形配座
(a) 舟形配座の Newman 投影式による重なり形配座の表現．(b) 舟形配座における C1 と C4 水素間の旗ざお間相互作用．この相互作用は図 4.13 (c) でもよくわかる．

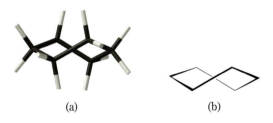

図 4.15　Cyclohexane のねじれ舟形配座
(a) チューブ式分子模型．(b) 結合・線式．

　いす形配座は舟形配座に比べて安定であり，変形しにくい．これに対して舟形配座は変形しやすく，新しい形，ねじれ舟形配座 twist boat conformation（図 4.15）にねじれることによって，一部のねじれひずみを解消すると同時に旗ざお間相互作用も減少させることができる．

- ねじれ舟形配座は完全な舟形配座よりも安定であるが，いす形配座ほど安定ではない．

　このねじれによって得られる安定性は不十分で，ねじれ舟形配座がいす形配座ほど安定になる

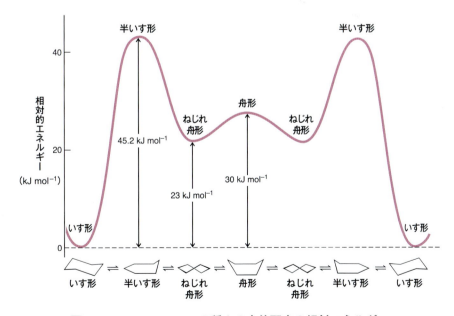

図 4.16　Cyclohexane の種々の立体配座の相対エネルギー
最もエネルギーの高いのは半いす形配座とよばれる立体配座で，環の半分が平面になっている．

わけではない．いす形配座はねじれ舟形配座よりエネルギーが約 23 kJ mol^{-1} 低いと推定されている．

シクロヘキサン環のいす形，舟形とねじれ舟形配座間のエネルギー障壁は低いので，室温でこれらを単離することはできない（図 4.16）．室温では分子の熱エネルギーが大きく，そのため毎秒約 100 万回の相互変換が起こっていると考えられる．

- いす形配座の大きな安定性のために，ある瞬間では全分子の 99% 以上がいす形配座をとっていると見積もられる．

4.11A　高級シクロアルカンの立体配座

　シクロヘプタン，シクロオクタン，シクロノナン，さらに炭素数の多い高級シクロアルカンも非平面形立体配座をとっている．これらのシクロアルカンに見られるわずかな不安定性は，主としてねじれひずみとトランスアンニュラー（渡環）ひずみ transannular strain といわれる環内の水素同士の立体反発によると考えられる．しかし，これらの環は非平面構造をとっているので結合角ひずみはほとんどない．

　シクロデカンの X 線結晶解析によると最も安定な立体配座の C—C—C の結合角は 117°である．このことから若干の結合角ひずみのあることがわかる．結合角を少し大きくして環を広げ，それによって環内の水素同士の立体反発を最小にしているのである．

　環が特に大きくないかぎりシクロアルカンの中央にはほとんど空間がない．計算によると，シクロオクタデカンがメチレン鎖（–CH$_2$CH$_2$CH$_2$–）を通すことのできる最小の環である．大きな環に炭素鎖を通した化合物やその炭素鎖の両端を結んで輪にした化合物が合成されている．後者は**カテナン** catenane とよばれている．

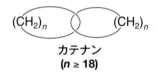

カテナン
($n \geq 18$)

　1994 年，イギリスの J. F. Stoddart（当時 University of Birmingham）とその共同研究者は，5 個の環が横につながったカテナンの合成に成功した．この環はオリンピックのシンボルマークと同じように連結されているので，彼らはその化合物を olympiadane（オリンピアダン）と命名した．

4.12　置換シクロヘキサン：アキシアルとエクアトリアル水素

　6 員環は天然有機化合物中に見られる最も一般的な環である．そのため，特にこの環に注目したい．すでにシクロヘキサンではいす形配座が最も安定な立体配座であり，シクロヘキサン分子はほとんどこの立体配座で存在していることを述べた．

　シクロヘキサンのいす形配座には，環から出ている結合に 2 種類の大きく異なる配向があることがわかる．これらの結合は，図 4.17 のシクロヘキサンに示すようにアキシアルとエクアトリアルとよばれる．

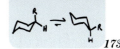

4.12 置換シクロヘキサン：アキシアルとエクアトリアル水素

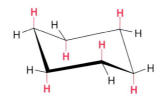

図 4.17　Cyclohexane のいす形配座
アキシアル水素原子を赤色で，エクアトリアル水素原子を黒色で示している．

- シクロヘキサンの**アキシアル結合** axial bond は環の平均的平面に垂直である．アキシアル結合はシクロヘキサン環の上下の面にそれぞれ三つあり，その向きは交互に逆（上向きと下向き）になっている．
- シクロヘキサンの**エクアトリアル結合** equatorial bond は環の周囲から外に広がっている．エクアトリアル結合は交互にわずかに上と下を向いている．
- シクロヘキサンが二つのいす形配座間の変換（**環反転** ring flip）を起こすと，アキシアル結合がすべてエクアトリアル結合に，逆にエクアトリアル結合がすべてアキシアル結合になる．

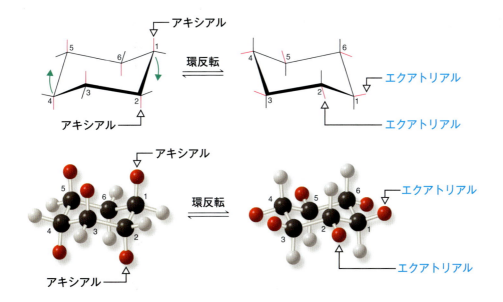

4.12A　いす形配座構造の書き方

明瞭ないす形配座の構造を，アキシアルとエクアトリアル結合をはっきり区別してきれいに書くために，次の指針が助けになる．

- 図4.18 (a) を見るとわかるように，平行な2本の線（赤色）がいす形の反対側の結合になっている．また，エクアトリアル結合（赤色）は，両側の結合を一つ隔てた環結合と平行になっている．いす形の構造を書くときにこれらの平行な結合に注意して書くとよい．

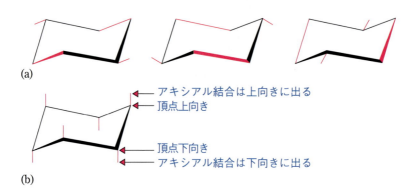

図 4.18 いす形配座の構造の書き方
(a) 環を構成する平行な結合とそれに平行なエクアトリアル結合. (b) アキシアル結合はすべて垂直である. 環の頂点が上向きのときはアキシアル結合も上向きであり, 逆も成り立つ.

- 図4.18のようにいす形配座を書くと, アキシアル結合はすべて垂直方向で上と下を向いている. 環の結合の頂点が上向きのときには, その位置のアキシアル結合は上向きで同じ炭素のエクアトリアル結合はやや下向きになる. 逆に環の結合の頂点が下向きのときには, その位置のアキシアル結合は下向きで同じ炭素のエクアトリアル結合はやや上向きになる.

ここで, 自分でいす形配座の構造を（アキシアルとエクアトリアル結合も含めて）書く練習をしよう. 少し練習すればすぐきれいに書けるようになる.

4.12B　メチルシクロヘキサンの配座解析

ここで, メチルシクロヘキサンについて考えよう. メチルシクロヘキサンには二つのいす形配座が可能であり, これらは環の単結合のまわりの部分的回転によって環反転して相互変換できる（図 4.19, ⅠとⅡ）. 立体配座Ⅰではメチル基（空間充填模型で黄色の水素をもつ）はアキシアル位をとり, 立体配座Ⅱではそのメチル基はエクアトリアル位をとっている.

- 一置換シクロヘキサン（環炭素の一つが水素以外の置換基を一つもつ）の最も安定な立体配座は, 置換基をエクアトリアル位にもつものである.

これまでの研究によると, エクアトリアル位にメチル基をもつ立体配座はアキシアル位のものより約 7.6 kJ mol^{-1} 安定である. したがって, 平衡混合物においてはエクアトリアル位にメチル基をもつ立体配座が優先し, 約 95% を占める. このような平衡混合物中に最も多く存在している立体配座を**優先配座** preferred conformation という.

エクアトリアルメチル基をもつメチルシクロヘキサンがより安定になる理由は, 図 4.19 (a), (b) に示したそれぞれ二つの立体配座を比べてみれば理解できる.

- 二つの立体配座の分子模型を組み立てて調べてみると, メチル基がアキシアル位にあると環の同じ側に出ている 2 個のアキシアル水素（C3 と C5 に結合している）と非常に近いため, 両者間に**立体反発**が生じることがわかる.

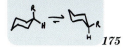

4.12 置換シクロヘキサン：アキシアルとエクアトリアル水素

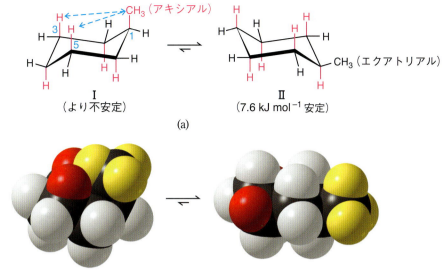

図 4.19 Methylcyclohexane の立体配座

(a) メチル基がアキシアル（I）およびエクアトリアル（II）の立体配座．アキシアルメチル基をもつ立体配座には 2 個のアキシアル水素とメチル基の間に 1,3-ジアキシアル相互作用（点線矢印）が存在する．しかしエクアトリアルメチル基をもつ立体配座は混み合いが少ない．(b) アキシアルメチルとエクアトリアルメチル基をもつ立体配座の空間充填模型．アキシアルメチル配座のメチル基の水素（黄色）は 1,3-ジアキシアル水素（赤色）との間で混み合いがある．しかし，エクアトリアルメチル配座にはそのような 1,3-ジアキシアル相互作用はない．

- このような立体ひずみは，C1 のアキシアル置換基と C3（または C5）のアキシアル水素の間の相互作用から生じるので **1,3-ジアキシアル相互作用** 1,3-diaxial interaction といわれる．
- 他の置換基について調べても，**水素よりも大きい基がエクアトリアル位をとっているほうが一般に反発は小さい**．

メチルシクロヘキサンの 1,3-ジアキシアル相互作用によって生じるひずみは，ブタンのゴーシュ形のメチル基水素が接近するために生じるひずみ（4.9 節）と同じである．ゴーシュ形ブタンはこの相互作用（ゴーシュ相互作用 gauche interaction という）のためにアンチ形ブタンより 3.8 kJ mol^{-1} 不安定となっていることを思い出そう．次の Newman 投影式を見ると，これら二つの相互作用が本質的に同じであることがよくわかるであろう．中央の図に示したように，アキシアルメチルシクロヘキサンの C1–C2 結合を見ると，1,3-ジアキシアル相互作用というのはメチル基水素と C3 位水素の間のゴーシュ相互作用に他ならないことがわかる．

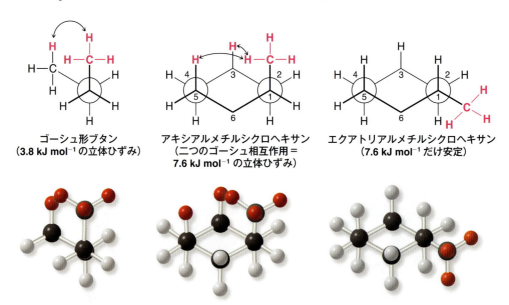

ゴーシュ形ブタン
($3.8\ kJ\ mol^{-1}$ の立体ひずみ)

アキシアルメチルシクロヘキサン
(二つのゴーシュ相互作用＝
$7.6\ kJ\ mol^{-1}$ の立体ひずみ)

エクアトリアルメチルシクロヘキサン
($7.6\ kJ\ mol^{-1}$ だけ安定)

メチルシクロヘキサンのC1—C6結合に沿って見る（分子模型を用いよ）と，メチル基水素とC5位の水素との間にもう一つのゴーシュ相互作用のあることがわかる．したがって，アキシアルメチルシクロヘキサンのメチル基は二つのゴーシュ相互作用をもち，これがすなわち 7.6（3.8×2）$kJ\ mol^{-1}$ のひずみとなる．エクアトリアルメチルシクロヘキサンのメチル基は，C3とC5に対してアンチの関係にあるので，ゴーシュ相互作用はない．

4.12C　t-ブチル基の 1,3-ジアキシアル相互作用

もっと大きな置換基をもつシクロヘキサン誘導体においては，1,3-ジアキシアル相互作用によるひずみはさらに顕著になる．t-ブチルシクロヘキサンでは，t-ブチル基をエクアトリアル位にもつ立体配座のほうがアキシアル位のものより約 $21\ kJ\ mol^{-1}$ も安定になる（図 4.20）．二つの立体配座間でこのように大きなエネルギー差があるということは，室温においてはt-ブチルシクロヘキサン分子のほぼ 99.99 %が t-ブチル基をエクアトリアル位にもつことになる（しかし，この分子も立体配座的に固定されているのではない．一つのいす形配座からもう一方への反転が起こっている）．

4.13　二置換シクロアルカン：シス-トランス異性

シクロアルカンの異なる炭素に二つの置換基が存在すると，1.13B項で述べたアルケンの場合と同じように，**シス-トランス異性** *cis-trans* isomerism の可能性がある．このシス-トランス異性体は原子の空間配列のみが異なるから，**立体異性体**である．1,2-ジメチルシクロプロパン（図 4.21）を例として考えてみよう．

シクロプロパン環の平面性からシス-トランス異性の関係は明らかである．左の構造では，2

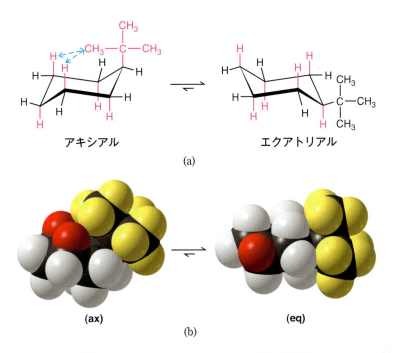

図 4.20　*t*-Butylcyclohexane の立体配座

(a) 大きな *t*-ブチル基をアキシアルにもつ立体配座には 1,3-ジアキシアル相互作用があって，そのために 99.99 % が *t*-ブチル基をエクアトリアルにもつ立体配座で存在する．(b) アキシアル（ax）とエクアトリアル配座（eq）の *t*-butylcyclohexane の空間充填模型．1,3-水素（赤色）と *t*-ブチル基（黄色の水素）に色を付けてある．

個のメチル基は環の同じ側にある．すなわちシスである．右の構造では，2 個のメチル基は反対側にある．すなわちトランスである．

このようなシスとトランス異性体は，C–C 結合を切らないかぎり相互変換できず，異なる物理的性質（沸点，融点など）をもっている．したがって両者は分離できる．

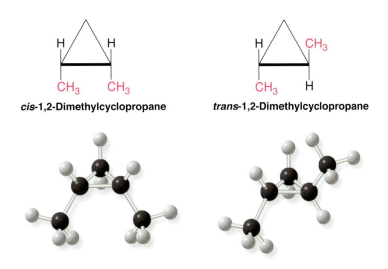

図 4.21　1,2-Dimethylcyclopropane のシス-トランス異性体

問題 4.8 (a) 1,2-Dichlorocyclopentane と (b) 1,3-Dibromocyclobutane のシスとトランス異性体の構造式を書け．(c) 1,1-Dibromocyclobutane にシス-トランス異性は可能か．

4.13A　シス-トランス異性とシクロヘキサンの立体配座

トランス 1,4-二置換シクロヘキサン　ジメチルシクロヘキサンを考えるとき，シクロヘキサン環は平面ではないので，問題はいくらか複雑になる．一番わかりやすいと思われる *trans*-1,4-ジメチルシクロヘキサンから見てみると，この分子には二つのいす形配座が考えられる（図4.22）．一方の立体配座においては二つのメチル基はともにアキシアルであり，もう一方の立体配座ではともにエクアトリアルである．ジエクアトリアル配座が予想どおり安定な立体配座であり，平衡状態では99％の分子がジエクアトリアル配座で存在している．

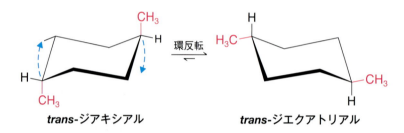

図 4.22　*trans*-1,4-Dimethylcyclohexane の二つのいす形配座
ジエクアトリアル形がジアキシアル形よりも 15.2 kJ mol^{-1} だけ安定である．

trans-1,4-ジメチルシクロヘキサンのジアキシアル形がトランス体であることはわかりやすい．二つのメチル基が互いに環の反対側にあることは明らかである．しかし，ジエクアトリアル形の二つのメチル基がトランスの関係にあることは必ずしもはっきりしない．

二つの置換基がシスかトランスかを調べるにはどうしたらよいだろうか．トランス二置換シクロヘキサンであることを見分ける一般的な方法は，一方の置換基が炭素の二つの結合のうち上の結合を，もう一方が下の結合を使って炭素と結合していることを確かめる方法である．

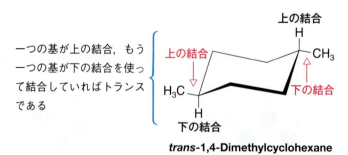

trans-1,4-Dimethylcyclohexane

4.13 二置換シクロアルカン：シス-トランス異性

シス二置換シクロヘキサンでは両方の置換基がどちらも上の結合または下の結合で炭素と結合している．

シス 1,4-二置換シクロヘキサン

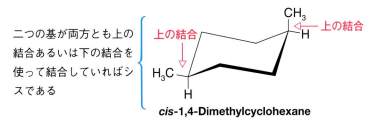

cis-1,4-Dimethylcyclohexane

cis-1,4-ジメチルシクロヘキサンは二つの等価ないす形配座（図 4.23）で存在している．どちらの立体配座でも二つのメチル基の一つはエクアトリアル位でもう一つはアキシアル位となる．

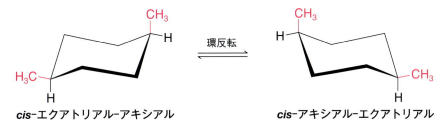

cis-エクアトリアル-アキシアル　　　*cis*-アキシアル-エクアトリアル

図 4.23 *cis*-1,4-Dimethylcyclohexane の二つの等価ないす形配座

例題 4.5

次の立体配座構造式はそれぞれシスとトランスのどちらの異性体を表しているか．

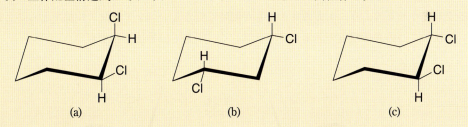

(a)　　　　　　　　(b)　　　　　　　　(c)

解答：
(a) 両方の塩素原子とも各炭素の上の結合を使って結合している．すなわち，分子面の同じ側に付いているので，シス異性体であり，これは *cis*-1,2-dichlorocyclohexane（*cis*-1,2-ジクロロシクロヘキサン）である．(b) この例では両塩素原子はともに下の結合を使って結合しており，やはり同じ側に付いているのでシス異性体である．すなわち *cis*-1,3-dichlorocyclohexane である．(c) この例では一方の塩素原子は上の結合，もう一方は下の結合を使って結合している．両者は分子面の反対側に付いているのでトランス異性体である．すなわち，*trans*-1,2-dichlorocyclohexane である．分子模型を使って確かめよ．

二つの置換基が異なる場合には，シス 1,4-二置換シクロヘキサンの二つの立体配座は等価にはならない．cis-1-t-ブチル-4-メチルシクロヘキサンの立体配座を考えてみよう．

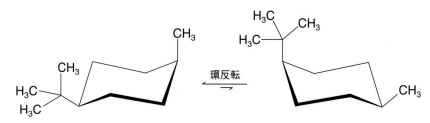

（大きい基がエクアトリアルなのでより安定）　　（大きい基がアキシアルなのでより不安定）

cis-1-t-Butyl-4-methylcyclohexane

ここで見るように，より安定な立体配座は，大きいほうの置換基をエクアトリアル位にもつものである．一般的な原理として：

- 環置換基の一方が大きくて，両方ともがエクアトリアルになれないときには，大きいほうの置換基をエクアトリアル位にもつ立体配座のほうが安定である．

問題 4.9 (a) cis-1-Isopropyl-4-methylcyclohexane の二つのいす形配座を書け．(b) これらの二つの立体配座は等価であるか．(c) もし等価でなければ，どちらが安定か．(d) 平衡状態ではどちらが優先配座か．

トランス 1,3-二置換シクロヘキサン　　trans-1,3-ジメチルシクロヘキサンでは，シス 1,4-二置換シクロヘキサンのように両方のメチル基が同時に好ましいエクアトリアル位をとることはできない．次の二つの立体配座のエネルギーは等しく，平衡では等量存在する．

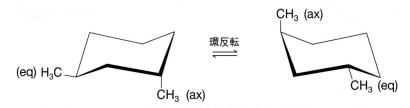

trans-1,3-Dimethylcyclohexane
二つのいす形配座はエネルギーが等しく，等量分布している．

しかし，trans-1-t-ブチル-3-メチルシクロヘキサンでは，二つの環置換基が異なるので，事情が異なる．より安定な立体配座は，次に示すように大きい置換基がエクアトリアルになったものである．

4.13 二置換シクロアルカン：シス-トランス異性

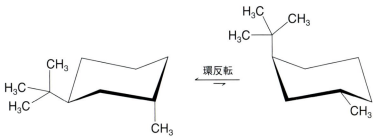

（大きい基がエクアトリアルなのでより安定）　　（大きい基がアキシアルなのでより不安定）

***trans*-1-*t*-Butyl-3-methylcyclohexane**

シス 1,3-二置換シクロヘキサン　　*cis*-1,3-ジメチルシクロヘキサンは両方のメチル基がともにエクアトリアルか，ともにアキシアルかの二つの立体配座をとる．予想どおり，メチル基が二つともエクアトリアルになった立体配座がより安定である．

トランス 1,2-二置換シクロヘキサン　　*trans*-1,2-ジメチルシクロヘキサンは両方のメチル基がともにエクアトリアルか，ともにアキシアルかの二つの立体配座をとる．予想どおり，メチル基が二つともエクアトリアルになった立体配座がより安定である．

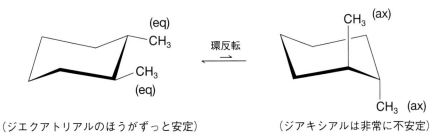

（ジエクアトリアルのほうがずっと安定）　　　　（ジアキシアルは非常に不安定）

***trans*-1,2-Dimethylcyclohexane**

シス 1,2-二置換シクロヘキサン　　*cis*-1,2-ジメチルシクロヘキサンの二つの立体配座は，どちらでもメチル基の一つがアキシアルでもう一つがエクアトリアルであり，安定性も等しい．

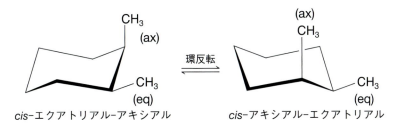

cis-エクアトリアル-アキシアル　　　　*cis*-アキシアル-エクアトリアル

***cis*-1,2-Dimethylcyclohexane**
二つの立体配座はエネルギーが等しく，等量分布している．

例題 4.6

1,2,3-Trimethylcyclohexane の立体配座で，すべてのメチル基がアキシアル位になっているものを書け．ついでもっと安定な立体配座を示せ．

解答:
環反転すると，すべてのメチル基がエクアトリアルになるので，ずっと安定になる．

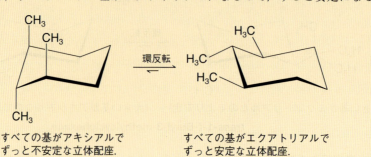

すべての基がアキシアルで
ずっと不安定な立体配座．

すべての基がエクアトリアルで
ずっと安定な立体配座．

問題 4.10 1-Bromo-3-chloro-5-fluorocyclohexane の立体配座で，すべての置換基がエクアトリアルになっているものを書け．ついで環反転した立体配座を書け．

問題 4.11 (a) *cis*-1-*t*-Butyl-2-methylcyclohexane の立体配座を二つ書け．(b) ポテンシャルエネルギーが低いのはどちらの立体配座か．

4.14 二環式および多環式アルカン

有機化学に出てくる分子の中には二つ以上の環を含んでいるものも多い（4.4B 項参照）．最も重要な二環式化合物 bicyclic compound の一つはビシクロ[4.4.0]デカンで，この化合物は慣用名でデカリンとよばれている．

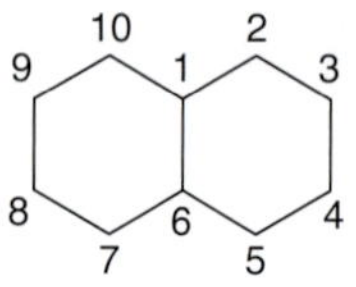

Decalin* (bicyclo[4.4.0]decane)
（C1 と C6 は橋頭位炭素原子である）

デカリンにはシス-トランス異性体が存在する．

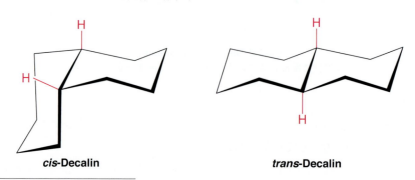

cis-Decalin   *trans*-Decalin

---
*（訳注）最後に e が付いていないことに注意すること．e が付くと全く別の化合物になる．

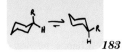

4.14 二環式および多環式アルカン

cis-デカリンにおいては橋頭位炭素に結合している水素は環の同じ側にあり，*trans*-デカリンでは反対側にある*．これは次のような構造式で表される．

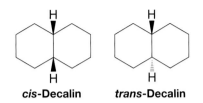

cis-Decalin　　**trans-Decalin**

単に C—C 結合を回転させるだけでは *cis*-デカリンと *trans*-デカリンは相互変換されない．これらは立体異性体であり，物理的性質も異なる．

アダマンタンはシクロヘキサン環が三次元に配列した三環式化合物 tricyclic compound で，そのシクロヘキサン環はすべていす形である．ダイヤモンド diamond の炭素原子はすべて四面体形の結合をもち，sp^3 混成である．ダイヤモンドの構造はアダマンタン（4.14 節）の構造を三次元的に拡張していけば得られる．ダイヤモンドの異常な硬さはダイヤモンドの全結晶が一つの大きな分子であり，数百万の強固な共有結合によって結ばれているためである．

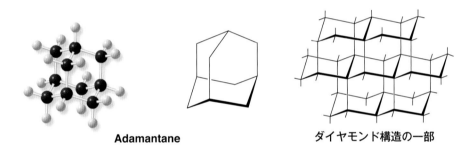

Adamantane　　　　　ダイヤモンド構造の一部

極度に高いひずみをもったキュバン，プリズマン，ビシクロ[1.1.0]ブタンのような炭化水素も合成されている．このように大きなひずみをもった化合物は天然にも存在する．その一つは最近になって細菌から単離された物質でペンタシクロアナモキシック酸とよばれるものであり，そのメチルエステルは実験室でも合成されている．この化合物は 5 個の四員環がはしごまたは階段のような三次元の形を作っているので，ラダーラン ladderane（ladder ははしごのこと）というニックネームによっても知られている．

---

* （訳注）*cis*-デカリンは環反転が可能であるが，*trans*-デカリンは不可能である．これを分子模型で確かめよ．

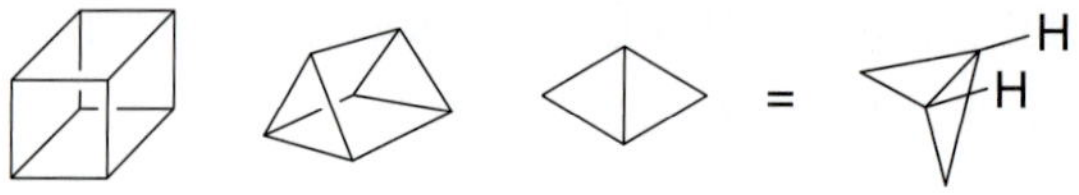

Cubane　Prismane　Bicyclo[1.1.0]butane
(キュバン)　(プリズマン)　(ビシクロ[1.1.0]ブタン)

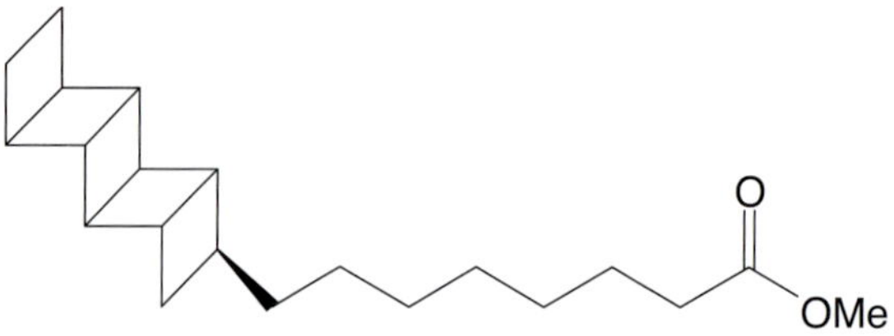

Pentacycloanammoxic acid methyl ester
(ペンタシクロアナモキシック酸メチルエステル) ラダーランの一つ

4.15　アルカンの化学反応

　アルカンは多くの化学試薬と反応しないということで特徴付けられる．C—C 結合や C—H 結合は非常に強く，非常に高温に加熱しないかぎり切れない．炭素と水素とは電気陰性度がほぼ等しいので，アルカンの C—H 結合にはほとんど極性がない．その結果，一般に塩基の攻撃を受けない．またアルカン分子には酸の攻撃対象となる非共有電子対もない．アルカンの試薬に対するこの低い反応性のために，アルカンは**パラフィン** paraffin（ラテン語の *parum affinis* "低親和性"に由来している）とよばれていた．

　しかし，パラフィンという名称は適当なよび方ではない．酸素と適当に混ぜて点火するとアルカンが激しく反応することは誰でも知っている．この燃焼は自動車のシリンダーや石油燃焼炉で起こっている．また，加熱すればアルカンは塩素や臭素とも反応し，フッ素とは爆発的に反応する．これらの反応については Chap. 9 で述べる．

4.16　アルカンとシクロアルカンの合成

　化学合成では，どの段階かで，炭素-炭素二重結合や三重結合を単結合に変換することが必要になることもある．香水の一成分として使われる次の化合物の合成にその例が見られる．

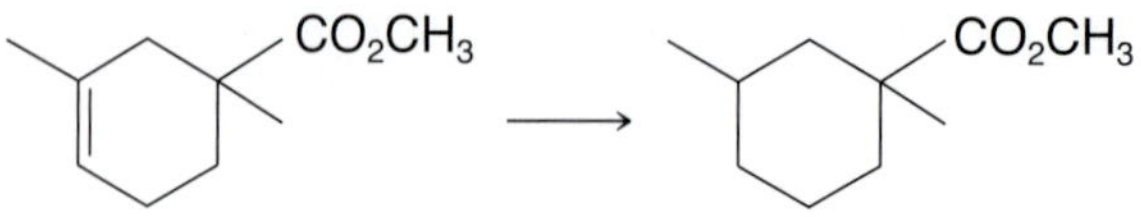

（香水の一成分）

　この変換は**水素化** hydrogenation という反応で簡単に行うことができる．水素化の反応条件はいくつかあるが，水素ガスと白金，パラジウム，あるいはニッケルのような固体金属触媒を用い

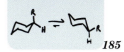

4.16A アルケンとアルキンの水素化

- アルケンとアルキンはニッケル,パラジウム,白金のような触媒の存在下に水素化されアルカンを与える.

一般的な反応では,水素分子の2原子が C=C 結合または C≡C 結合の各炭素に付加する.これによってアルケンやアルキンをアルカンに変換できる.

一般式

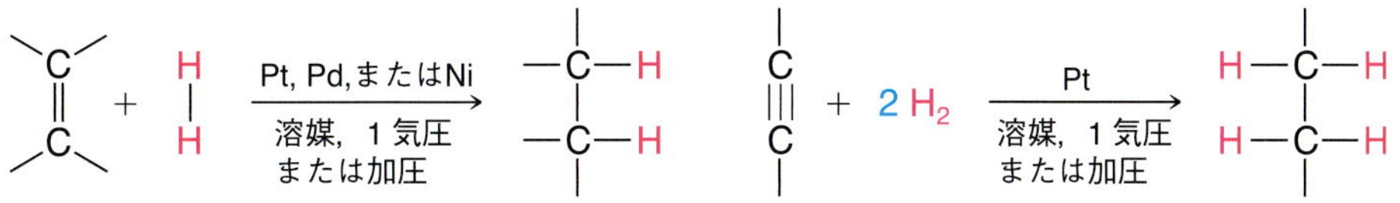

アルケン + H₂ →(Pt, Pd,またはNi / 溶媒,1気圧または加圧)→ アルカン

アルキン + 2 H₂ →(Pt / 溶媒,1気圧または加圧)→ アルカン

この反応は通常,アルケンやアルキンをエタノール(C_2H_5OH)に溶かし,金属触媒を加え,その混合物を特殊な容器に入れ,1気圧(常圧)または加圧下に水素ガスを作用させて行われる.アルケンをアルカンに還元するには1モルの水素が必要であり,アルキンをアルカンに還元するには2モルの水素が必要である(この反応の機構は Chap. 7 で説明する).

具体例

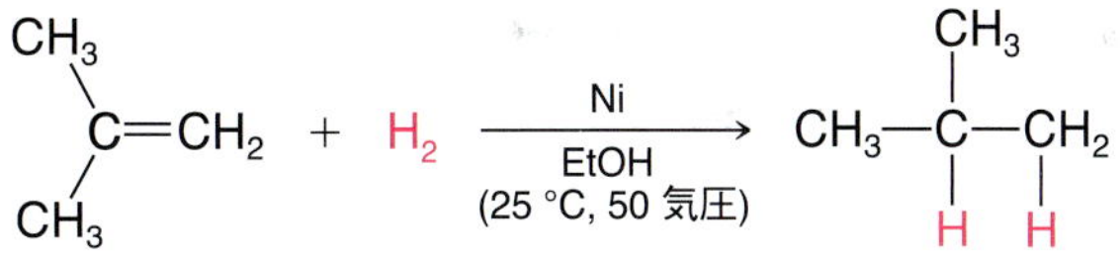

2-Methylpropene + H₂ →(Ni / EtOH / (25 ℃, 50 気圧))→ Isobutane

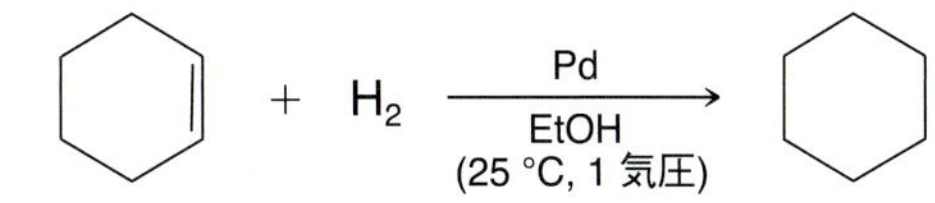

Cyclohexene + H₂ →(Pd / EtOH / (25 ℃, 1 気圧))→ Cyclohexane

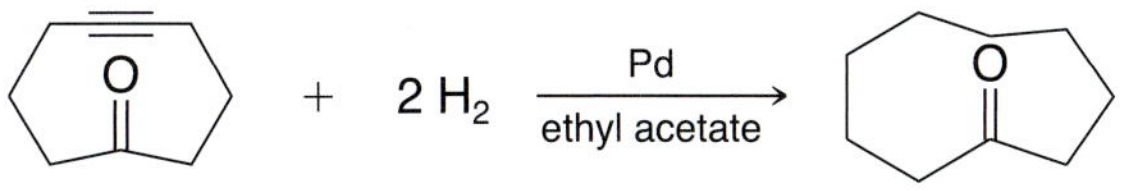

Cyclonon-5-ynone + 2 H₂ →(Pd / ethyl acetate)→ Cyclononanone

例題 4.7

水素化によって pentane を生成する3種類の pentene 異性体の構造式を書け.

解答：

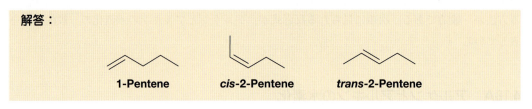

4.17 分子式から得られる構造に関する情報：水素不足指数

構造のわからない化合物を研究している化学者は，その化合物の分子式と水素不足指数とから，その構造について多くの情報を得ることができる．化合物の分子式はいろいろな方法で決定することができ，その分子式から**水素不足指数**を計算することができる．

- **水素不足指数** index of hydrogen deficiency（IHD）*とは，問題の分子の分子式が対応する非環状アルカンの分子式から何対の水素原子を取ればできるかを示す数であると定義される．

飽和の非環状炭化水素の一般分子式は C_nH_{2n+2} である．飽和化合物の分子式と比べると，二重結合あるいは環一つごとに水素原子数が2ずつ減少する．したがって，二重結合または環が一つあれば，水素不足指数1単位に相当する．例えば，1-ヘキセンとシクロヘキサンは同じ分子式（C_6H_{12}）をもっており，両者は互いに構造異性体である．

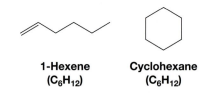

1-ヘキセンとシクロヘキサン（C_6H_{12}）の水素不足指数は，いずれも1（1対の水素原子を意味する）である．この場合，対応する非環状アルカンはヘキサン（C_6H_{14}）である．

$$C_6H_{14} = 対応するアルカン（ヘキサン）の分子式$$
$$C_6H_{12} = 化合物（1\text{-}ヘキセンまたはシクロヘキサン）の分子式$$
$$H_2 = 差 = 1対の水素原子$$
$$水素不足指数 = 1$$

アルキンとアルカジエン alkadiene（二重結合を2個もつアルケン）の一般式は C_nH_{2n-2} である．またアルケニン alkenyne（三重結合と二重結合をそれぞれ1個ずつもつ炭化水素）やアルカトリエン alkatriene（二重結合を3個もつアルケン）は一般式 C_nH_{2n-4} をもつ．

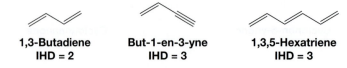

水素不足指数は，ある化合物の分子式とその水素化生成物の分子式を比べることによって簡単に決めることができる．

---

* 水素不足指数は"不飽和度 degree of unsaturation"ともいわれる．

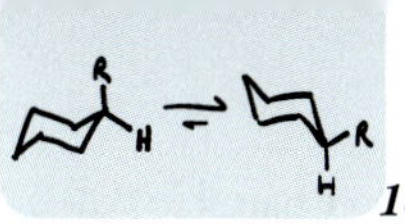

4.17 分子式から得られる構造に関する情報：水素不足指数

- 二重結合1個につき1分子の水素を吸収するので水素不足指数1に相当する．
- 三重結合1個につき2分子の水素を吸収するので水素不足指数2に相当する．
- 環は水素化されないが，環1個は水素不足指数1に相当する．

したがって，水素化によって環と二重結合または三重結合を区別することができる．もう一度分子式 C_6H_{12} をもつ二つの化合物，1-ヘキセンとシクロヘキサンを考えてみよう．1-ヘキセンは1分子の水素を付加してヘキサンを与えるが，同じ条件でシクロヘキサンは反応しない．

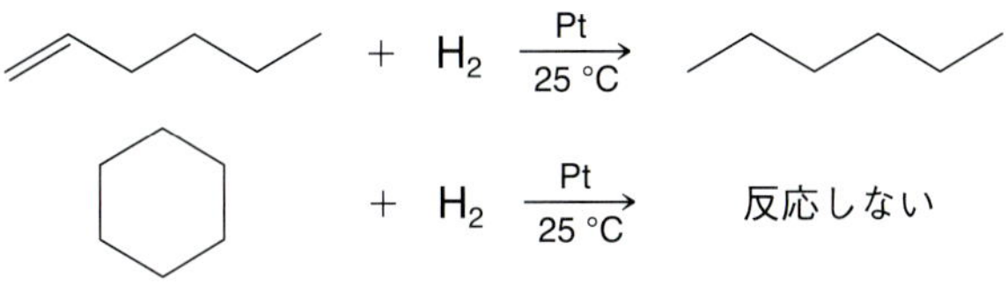

もう一つ例をあげる．シクロヘキセンと1,3-ヘキサジエンは同じ分子式（C_6H_{10}）をもつ．どちらの化合物も触媒存在下で水素を吸収するが，シクロヘキセンは1個の環と1個の二重結合をもっているから1分子の水素しか吸収しないが，1,3-ヘキサジエンは2分子の水素を吸収する．

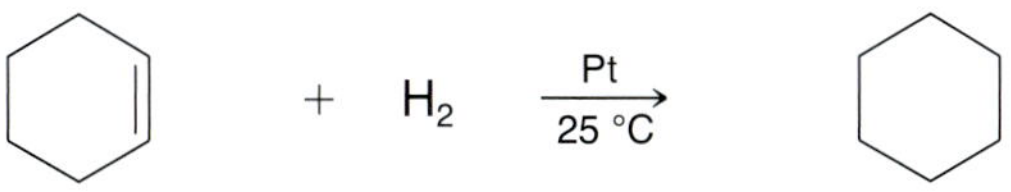

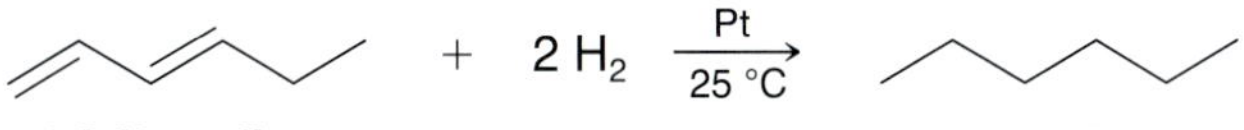

問題 4.12 (a) 2-Hexene の水素不足指数はいくらか．(b) Methylcyclopentane の水素不足指数はいくらか．(c) 水素不足指数は炭素鎖の中の二重結合の位置について何か知見を与えるか．(d) 環の大きさについて何か知見を与えるか．(e) 2-Hexyne の水素不足指数はいくらか．(f) $C_{10}H_{16}$ の分子式をもつ化合物にはどのような構造式の可能性があるか．

4.18 基本的原理の適用

本章では特に基本原理の一つだけが繰り返し出てきた．

自然は低いポテンシャルエネルギーの状態を好む　この原理は 4.8 ～ 4.13 節の配座解析の説明の基礎となっている．エタンのねじれ形配座（4.8 節）は，そのポテンシャルエネルギーが最も低いことから，より好ましく，したがってより多く存在する．同様にブタンのアンチ形配座（4.9 節）とシクロヘキサンのいす形配座（4.11 節）は，ともに最も低いポテンシャルエネルギーをもっているので，優先配座となっている．同じ理由でメチルシクロヘキサン（4.12 節）はおもにエクアトリアルのメチル基をもついす形配座で存在している．二置換シクロヘキサン（4.13 節）は，可能なら両方の置換基がエクアトリアルの立体配座をとり，もしそれができなければ，大きいほうの置換基がエクアトリアルになるような立体配座をとる．いずれにしても優先配座は最もポテンシャルエネルギーが低いものである．

本章でも出てきたし，またこれからも何度も出てくるもう一つの効果は，**立体効果**である．これは分子の安定性と反応性に影響を及ぼす．置換基同士の好ましくない空間的な相互作用が，ある立体配座のエネルギーを押し上げるのを説明するのによく用いられる．しかし，基本的にはこの効果も"同じ電荷は反発する"という原理からきている．近くの置換基の電子間の反発的な相互作用が，ある立体配座のポテンシャルエネルギーを高める．この効果は立体障害（または立体反発）とよばれている．

◆補充問題

4.13 次の化合物の構造式を結合・線式で書け．

(a) 1,4-Dichloropentane
(b) *s*-Butyl bromide
(c) 4-Isopropylheptane
(d) 2,2,3-Trimethylpentane
(e) 3-Ethyl-2-methylhexane
(f) 1,1-Dichlorocyclopentane
(g) *cis*-1,2-Dimethylcyclopropane
(h) *trans*-1,2-Dimethylcyclopropane
(i) 4-Methyl-2-pentanol
(j) *trans*-4-Isobutylcyclohexanol
(k) 1,4-Dicyclopropylhexane
(l) Neopentyl alcohol
(m) Bicyclo[2.2.2]octane
(n) Bicyclo[3.1.1]heptane
(o) Cyclopentylcyclopentane

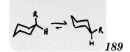

4.14 次の化合物の IUPAC 名を書け．

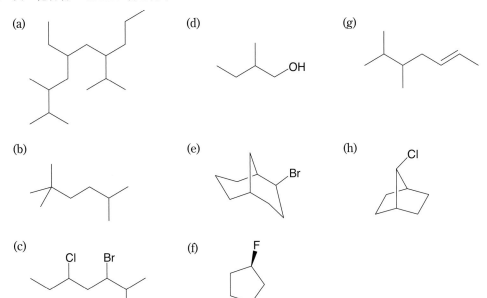

4.15* 次の二環式アルカンの構造式を書け．

(a) Bicyclo[1.1.0]butane (c) 2-Chlorobicyclo[3.2.0]heptane
(b) Bicyclo[2.1.0]pentane (d) 7-Methylbicyclo[2.2.1]heptane

4.16 1-*t*-Butyl-1-methylcyclohexane の二つのいす形配座を書き，どちらが安定か，その理由を説明せよ．

4.17 図 4.8 にならって，次の化合物の C2—C3 結合のまわりの回転によって生じるエネルギーの変化を示せ．エネルギー変化の数値は書き入れなくてもよいが，曲線の極大と極小に対応する立体配座を書き入れよ．

(a) 2,3-Dimethylbutane (b) 2,2,3,3-Tetramethylbutane

4.18 1,2-Dimethylcyclopropane のシスとトランス異性体ではどちらが安定か説明せよ．

4.19 次の化合物のいす形配座をそれぞれ二つ書き，どちらが安定か示せ．

(a) *cis*-1-*t*-Butyl-3-methylcyclohexane   (c) *trans*-1-*t*-Butyl-4-methylcyclohexane
(b) *trans*-1-*t*-Butyl-3-methylcyclohexane (d) *cis*-1-*t*-Butyl-4-methylcyclohexane

Chapter 5

立体化学：キラルな分子

普段目にする物体の中には，手袋や靴のように"手の左右性 handedness"をもつものがある．右の手袋は右手だけに合い，左の靴は左足だけにしか合わない．他の多くの物体も右手形と左手形になっている可能性がある．このようなものは"キラル"である．例えば，上の写真のねじはキラルである．一つのねじは右巻きの溝をもち，右利きの人にとって使いやすい．もう一方は左巻きの溝をもっており，左利きの人に使いやすい．本章では，キラリティーが化学においても重要な結果をもたらすことについて学ぶ．

本章で学ぶこと：
- どのようにしてキラルな分子を見分け，分類し，命名するか
- キラリティーがどのように有機化合物の化学反応と生化学的な挙動に影響するか

5.1 キラリティーと立体化学

キラリティー chirality は，全宇宙に広く見られる現象である．ある物体がキラル chiral であるか**アキラル** achiral である（キラルでない）かは，どうすればわかるだろうか．

- ある物体がキラリティーをもつかどうかを見分けるには，その物体と鏡像を調べればよい．

すべての物体は鏡像をもつが，多くの物体はアキラルである．"アキラル"とは，ある物体とその鏡像が同一である，すなわち，互いに重ね合わせることができるということである．ここで重ね合わせることができるというとき，二つの物体が細部まで互いに完全に一致することを意味する．単純な幾何学的物体の球や立方体はアキラルであり，ガラスコップもアキラルである．

- キラルな物体は，その鏡像と重ね合わせることができない．

［写真提供：Nicholas Eveleigh/Stockbyte/Getty Images, Inc.］

192   Chap. 5   立体化学：キラルな分子

図 5.1　右手の鏡像は左手である
［写真提供：Michael Watson for John Wiley & Sons, Inc.］

図 5.2　右手と左手は重ね合わせられない
［写真提供：Michael Watson for John Wiley & Sons, Inc.］

　われわれの片方の手はキラルである．右手を鏡の中で見ると左手に見える（図 5.1）．しかし，図 5.2 に示すように，右手と左手は重ね合わせられないので，同一ではない．手はキラルであり，実際"キラル chiral"という言葉はギリシャ語の cheir "手"に由来する．マグカップのようなものはキラルなものもアキラルなものもある．無地のものはアキラルだが，片側にロゴや絵が付いていればキラルになる．

ガラスのコップとその鏡像は重ね合わせることができる．
［写真提供：Craig B. Fryhle］

このマグカップは，鏡像と重ね合わせることができないのでキラルである．
［写真提供：Craig B. Fryhle］

5.1A　キラリティーの生物学的重要性

　ヒトの身体はキラルである．心臓は左側に，肝臓は右側にある．巻貝はキラルで，ほとんどは右巻きらせんになっている．植物も支柱につるを巻き付けるときにはキラリティーを示す．スイカズラのつるは左巻きであるが，アサガオやヒルガオは右巻きである．DNA はキラルな分子であり，その二重らせんは右巻きである．

　しかし，分子のキラリティーは，右手形と左手形の立体配座をとる分子があるということよりも，もっと多くの問題を含んでいる．本章で見ていくように，特定の原子に結合している基の性質によって分子がキラルになる．実際，天然のタンパク質を作っている 20 種類のアミノ酸のうち一つを除いてすべてキラルであり，すべて左手形に分類される．天然の糖の分子はほとんどす

5.2 異性体：構造異性体と立体異性体

ヒルガオ *Convolvulus sepium*（上の写真）は，DNA と同じように右巻きである．
[Perennou Nuridsany/Photo Researchers, Inc.]

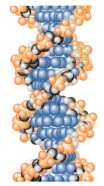
DNA らせん
[L. Neal, *Chemistry and Biochemistry: A Comprehensive Introduction*, McGraw-Hill Companies, 1971 から許可を得て転載]

べて右手形に分類される．事実，生命体を作るほとんどの分子はキラルであり，一方の鏡像体になっている．

キラリティーは，われわれの日常生活においても非常に大きな意味をもっている．ほとんどの医薬品はキラルである．通常，鏡像体の一方だけが有効であり，他方は効能がないか，効果があっても弱い．場合によっては，医薬品のもう一方の鏡像体は強い副作用や毒性をもっていることもある（サリドマイドについて 5.5 節で述べる）．われわれの味覚や臭覚もキラリティーに依存している．後で述べるように，キラル分子の一つの鏡像体があるにおいや味をもっているとしても，もう一方の鏡像体のにおいや味は全く異なる．われわれが食べる食物は，一方の鏡像体の分子でできているといってよい．もしも，何らかの理由で非天然型の鏡像体の分子でできた食物を食べることになったとしたら，餓死してしまうだろう．それは，われわれがもっている酵素がキラルであり，天然の鏡像体分子とだけ選択的に反応して消化するからである．

では，なぜ分子がキラルになるのだろうか．異性体の問題にもどって考えてみよう．

5.2 異性体：構造異性体と立体異性体

5.2A 構造異性体

異性体 isomer とは，同じ分子式をもちながら異なる化合物のことである．これまでは，構造異性体とよばれる異性体を中心に学んできた．

- **構造異性体** constitutional isomer は原子の結合順序が異なっているために生じる異性体であり，次に 2, 3 の例をあげる．

分子式 **構造異性体**

C_4H_{10} と

Butane **2-Methylpropane**

C_3H_7Cl と

1-Chloropropane **2-Chloropropane**

$C_4H_{10}O$ と

1-Butanol **Diethyl ether**

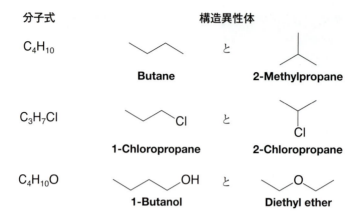

5.2B 立体異性体

立体異性体は構造異性体ではない.

- **立体異性体** stereoisomer は，原子の結合順序は同じであるが，その空間配列が異なっている．分子構造のこのような空間的な問題を考える学問を**立体化学** stereochemistry という．

これまでにも，いくつか立体異性体の例が出てきた．アルケンのシス形とトランス形は立体異性体（1.13B 項）であり，環式化合物のシス形とトランス形も立体異性体である（4.13 節）．

5.2C エナンチオマーとジアステレオマー

立体異性体は，エナンチオマー（「鏡像体」ともいう）とジアステレオマーの 2 種類に大別される．

- **エナンチオマー** enantiomer とは，その分子が互いに**重ね合わせられない鏡像の関係にある立体異性体のことである**．

その他のすべての立体異性体はジアステレオマーである．

- **ジアステレオマー** diastereomer とは，その分子が互いに**鏡像の関係にない立体異性体のことである**．

次に示すアルケンの立体異性体，*cis*- と *trans*-1,2-ジクロロエテンはジアステレオマーである．

***cis*-1,2-Dichloroethene**
($C_2H_2Cl_2$)

***trans*-1,2-Dichloroethene**
($C_2H_2Cl_2$)

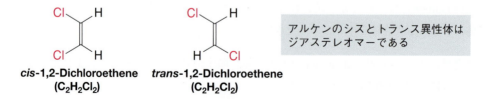

アルケンのシスとトランス異性体はジアステレオマーである

cis- と *trans*-1,2-ジクロロエテンの構造式を調べてみると，同じ分子式（$C_2H_2Cl_2$）をもっており，原子の結合順序も同じであることがわかる．2 個の中心炭素原子は，二重結合で結ばれ，それぞ

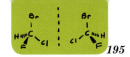

れの炭素原子には塩素原子1個と水素原子1個が結合している．しかし，原子の空間配列は違っており，C＝C結合の回転障壁が大きいために，互いに入れ替わることができない．したがって，両者は立体異性体である．さらに，これらの立体異性体は互いに鏡像ではないので，両者はジアステレオマーであって，エナンチオマーではない．

シクロアルカンのシスとトランス異性体も，ジアステレオマーの例である．このことを次の二つの化合物について考えてみよう．

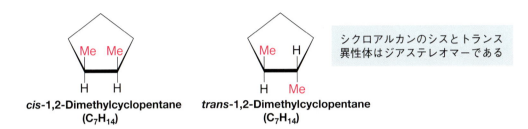

シクロアルカンのシスとトランス異性体はジアステレオマーである

これら二つの化合物は，同じ分子式（C_7H_{14}）をもち，原子の結合順序も同じであるが，原子の空間配列が異なる．一つの化合物ではメチル基が二つとも環の同じ側に結合しているが，もう一方では二つのメチル基が環の反対側に結合している．しかも，メチル基の位置は立体配座の変化で入れ替えることができない．したがって，これらの化合物は立体異性体であり，さらにまた，互いに鏡像の関係にはないのでジアステレオマーである．

シス-トランス異性体が唯一のジアステレオマーではない．5.12節でシス-トランス異性体以外のジアステレオマーについて述べる．

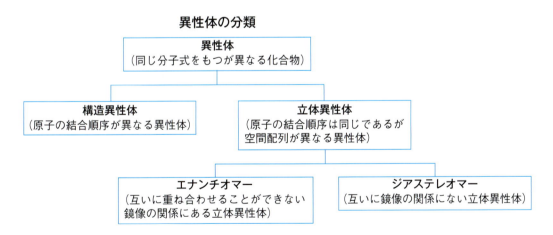

5.3　エナンチオマーとキラル分子

エナンチオマーは，その分子がキラルであるときにのみ存在する．

- **キラル分子** chiral molecule は，その鏡像と重ね合わせることができない分子である．

1,2-ジメチルシクロペンタンのトランス体は，次の図に示すようにその鏡像と**重ね合わせられ**

ないので，**キラル**である．

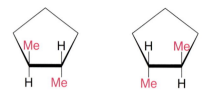

***trans*-1,2-Dimethylcyclopentane の鏡像**
この二つは重ね合わせられないのでエナンチオマーである．

アキラルな分子にはエナンチオマーは存在しない．

- **アキラル分子** achiral molecule は，その鏡像と重ね合わせることができる．

1,2-ジクロロエテンのシス体とトランス体はいずれも，次の図に示すようにその鏡像と**重ね合わせることができる**ので，**アキラル**である．

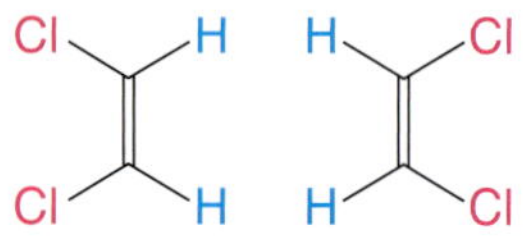

***cis*-1,2-Dichloroethene の鏡像** 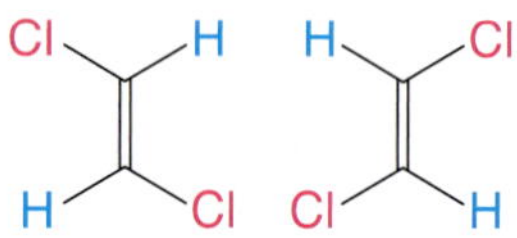　　***trans*-1,2-Dichloroethene の鏡像**

シス体の鏡像は互いに重ね合わせることができる（180°回転すると同じものであることがわかる）．トランス体でも同じことがいえる．

- エナンチオマーはキラル分子にのみ存在する．
- あるキラル分子とその鏡像体は，**1 対のエナンチオマー**とよばれ，その関係は**エナンチオ関係** enantiomeric といわれる．

分子でもどんな物体でも，そのキラリティーを調べる一般的な方法は，その鏡像と重ね合わせることができないことを確かめることである．日常生活でも，キラルな物体やアキラルな物体が多く見られる．例えば，靴はキラルであるが，靴下は通常アキラルである．

分子のキラリティーについては，比較的単純な化合物で考えることができる．2-ブタノールを例にとって考えてみよう．

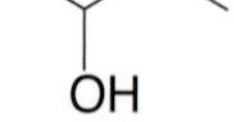

2-Butanol

これまでは 2-ブタノールの分子がキラルかどうかを考えなくてよかったので，構造式は 1 種類の化合物を表すかのように平面的に書いてきた．しかし，2-ブタノールはキラルであって，実際には異なる 2 種類の 2-ブタノール，すなわちエナンチオマーが存在する．このことは，図 5.3 のように三次元式と分子模型で表すとわかる．

分子模型Ⅰを鏡の前に置けば，分子模型Ⅱが鏡の中に見え，逆もまた同様である．この分子模

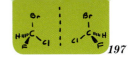

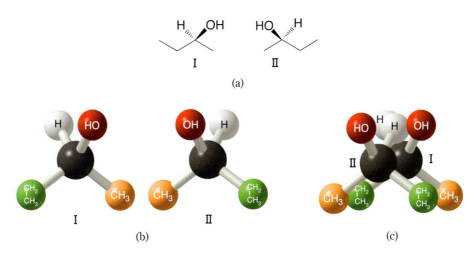

図 5.3　2-Butanol のエナンチオマー
(a) 2-Butanol のエナンチオマー I と II の三次元式．(b) 2-Butanol のエナンチオマーの分子模型．(c) 分子模型 I と II は重ね合わせることができない．

型 I と II は互いに重ね合わせることができない．したがって，これらは同一ではなく異性体である．**分子模型 I と II は鏡像の関係にあって重ね合わせることができないのでエナンチオマーである．**

問題 5.1　図 5.3 の 2-butanol の分子模型を組み立て，互いに重ね合わせることができないことを実際に確かめよ．また，2-bromopropane についても同様に分子模型を作り，それらが重ね合せられるかどうか確かめよ．(a) 2-Bromopropane はキラルであるか．(b) 2-Bromopropane にエナンチオマーが存在するか．

5.4　キラル中心を 1 個もつ分子はキラルである

- **キラル中心** chirality center は 4 個の異なる基と結合した四面体形炭素である．
- **キラル**中心を**一つ**だけもつ分子はキラルであり，1 対のエナンチオマーとして存在できる．

キラル中心を 2 個以上もつ分子もエナンチオマーとして存在できるが，それは鏡像と重ね合わせられない場合だけである（5.12 節で詳しく説明する）．本節ではキラル中心を 1 個だけもつ分子について考える．

キラル中心には（*）を付けて示すことが多い．2-ブタノールでは C2 がそれである（図 5.4）．C2 に付いている 4 個の異なる基はヒドロキシ基，水素原子，メチル基，そしてエチル基である（キラリティーは分子全体としての性質であり，キラル中心は分子をキラルにする構造的な因子の一つにすぎないことに注意しよう）．

構造式中にキラル中心を見つけることができれば，その分子がキラルでエナンチオマーとして

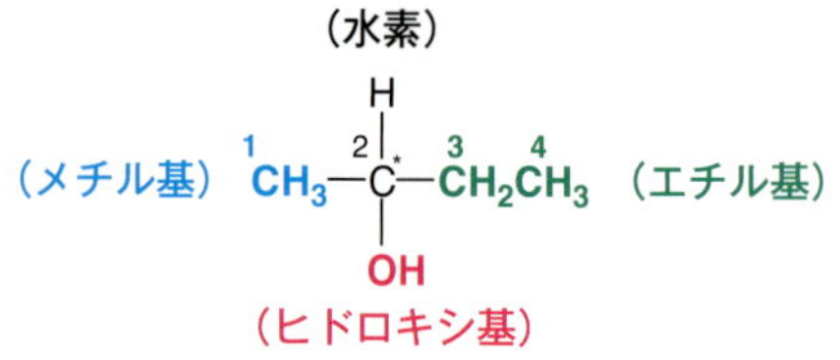

図 5.4　2-Butanol のキラル中心
4個の異なる基と結合した四面体形炭素原子（通常，*印を付けてキラル中心を示す）．

存在するかどうか判定するのに役立つ．

- 分子中にキラル中心が一つだけあれば，例外なくその分子はキラルであり，エナンチオマーが存在する*．

図5.5 は，分子にキラル中心が一つだけあると必ずエナンチオマーが存在することを示している．

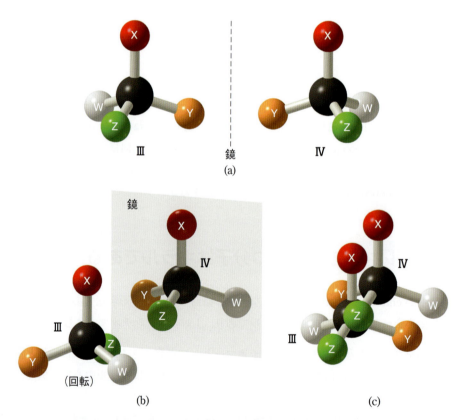

図 5.5　キラル中心を 1 個もつ一般的な分子のキラリティー
(a) 炭素原子のまわりの 4 個の異なる基を任意に III と IV のように置く．(b) III を回転し手鏡の前に置くと，III と IV は互いに鏡像の関係にあることがわかる．(c) III と IV は重なり合わせられないので，キラルでエナンチオマーである．

---

* （訳注）5.12 節に出てくるように，2 個以上のキラル中心をもちながらキラルでない分子がある．一方，キラル中心を一つももたないがキラルな分子もある．

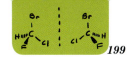

5.4 キラル中心を1個もつ分子はキラルである

- キラル中心を1個だけもつエナンチオマーの重要な性質は，キラル中心に付いている2個の基を入れ替えると一方のエナンチオマーからもう一方のエナンチオマーに変わることである．

図 5.3 (b) でメチル基とエチル基を入れ替えてみれば，このことがよくわかるだろう．別の2個の基を入れ替えても同じ結果になることも確かめてみよう．

このように基を入れ替えることはあくまで分子模型か紙の上で行うものである．実際の分子でこれをやろうとすると，共有結合を切らなくてはならないので，大きなエネルギーが必要になる．2-ブタノールのような分子のエナンチオマーが自然に**相互変換することはない**．

問題 5.2 図 5.5 で示したことを，分子模型を使って確かめよ．ⅢとⅣが互いに鏡像の関係にあり，重ね合わせることができないことを確かめよ．(a) Ⅳについて2個の基を入れ替えてみよ．入れ替えたものとⅢとはどのような関係にあるか．(b) 次にどちらか一方を取り，再びどれか2個の基を入れ替えたとき，両者の関係はどうなるか．

- もし分子内のすべての四面体形原子に結合した置換基の2個またはそれ以上が同じならば，その分子はキラル中心をもたない．その分子は鏡像と重ね合わせることができるのでアキラルである．

このような例として 2-プロパノールがある．C1 と C3 は3個の水素原子と結合しているし，中心炭素には2個のメチル基が結合している．三次元構造は図 5.6 のようになり，一方の構造はその鏡像と重ね合わせることができる．したがって，2-プロパノールにはエナンチオマーが存在するとは考えられないし，実際に 2-プロパノールは1種類しかない．

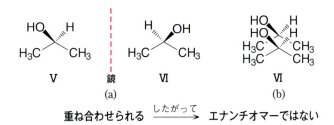

図 5.6 2-Propanol はアキラルである

(a) 2-Propanol（Ⅴ）とその鏡像（Ⅵ）．(b) これらのどちらかを回転すれば重ね合わせることができるので，これらはエナンチオマーではなく，同一化合物を表している．2-Propanol はキラル中心をもっていない．

例題 5.1

2-Bromopentane はキラル中心をもっているか．キラル中心をもっていれば，二つのエナンチオマーの三次元構造式を書け．

解き方と解答：

まず，この分子の構造式を書き，4個の異なる基をもつ炭素原子を探す．この場合，C2

が水素，メチル基，臭素，プロピル基の4種類の基と結合している．したがって，C2がキラル中心である．

2-Bromopentane

これらの構造式は重ね合わせることのできない鏡像になっている．

問題 5.3 次に示す分子には，キラル中心をもつものともたないものがある．キラル中心をもつ分子の二つのエナンチオマーを三次元式で表せ．

(a) 2-Fluoropropane
(b) 2-Methylbutane
(c) 2-Chlorobutane
(d) 2-Methyl-1-butanol
(e) trans-2-Butene
(f) 2-Bromopentane
(g) 3-Methylpentane
(h) 3-Methylhexane
(i) 2-Methyl-2-pentene
(j) 1-Chloro-2-methylbutane

5.5 キラリティーの生物学的重要性

キラリティーに関連した生物学的性質の由来は，しばしば手袋と手の関係にたとえられる．生体内のキラルな結合部位（手袋）にキラル分子（手）が特異的に結合するには，一方の組合せだけが好都合である．分子または生物受容体の部位のどちらかが左右性の観点から不適合であれば，生理

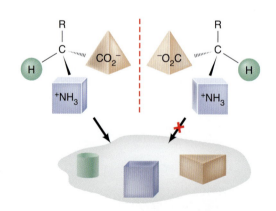

図 5.7 アミノ酸と酵素の結合

アミノ酸の二つのエナンチオマーのうち一方だけが（例えば，酵素の）仮想的な結合部位と3点結合を起こすことができる．

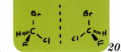

5.5 キラリティーの生物学的重要性

学的応答（神経刺激や触媒反応など）は起こらないであろう．アミノ酸の二つのエナンチオマーのうちの一方だけが結合部位（例えば，酵素）とどのようにして最適な形で相互作用できるか，模式的に図5.7に示す．アミノ酸のキラル中心のために，二つのエナンチオマーのうちの一方だけが正しい配列で3点結合を起こすことができる．

キラル分子の二つのエナンチオマーは，ヒトに対する影響も含めて，いろいろな点で異なった作用を示す．リモネン（22.3節）という化合物の一方のエナンチオマーはオレンジのにおいがするが，もう一方のエナンチオマーはレモンのにおいがする．カルボン（問題5.10参照）という化合物の一方のエナンチオマーはキャラウェイのにおいがするが，もう一方のエナンチオマーはスペアミントのにおいがする．

[Media Bakery]

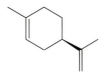

(+)-Limonene
（オレンジに含まれるリモネンのエナンチオマー）

(−)-Limonene
（レモンに含まれるリモネンのエナンチオマー）

[Media Bakery]

同じように，キラル中心をもつ医薬品の効き目も，エナンチオマーによって異なる場合があり，その影響は時には劇的であり，悲劇的な結果をもたらした例もある．1963年以前の数年間，サリドマイド（ラセミ体として市販されていた）という薬が，妊婦のつわりを和らげるために投与された．ところが，1963年になって，この薬を服用した後に生まれた子供の多くに重大な障害が現れることがわかった．

さらに後に，サリドマイドの一方のエナンチオマー（R体）は催眠鎮静作用をもっているが，その薬の中に等量存在したもう一方のエナンチオマー（S体）が催奇性をもつことがわかった．生体内ではサリドマイドのR体とS体は相互変換することがわかったので，二つのエナンチオマーの影響の問題は複雑になっている．現在，米国では，サリドマイドはハンセン氏病に伴う深刻な合併症の治療に対して，厳しい管理下ではあるが，その使用が認められている*．キラルな医薬品については5.11節でも述べる．

Thalidomide

問題 5.4 (a) Limonene と (b) thalidomide のキラル中心はどの原子か．

---

*（訳注）日本でも難治性の多発性骨髄腫の治療薬として承認されている．

問題 5.5 次の分子のキラル中心はどの原子か．

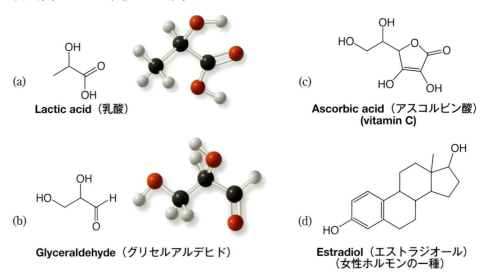

(a) Lactic acid（乳酸）
(b) Glyceraldehyde（グリセルアルデヒド）
(c) Ascorbic acid（アスコルビン酸）(vitamin C)
(d) Estradiol（エストラジオール）（女性ホルモンの一種）

5.6　キラリティーの判別：対称面

　分子の**キラリティー**を調べる最も確実な方法は，一方の分子とその鏡像の分子模型を組み立て，それが重なり合うかどうかを確かめることである．もし二つの分子模型が重なり合うならその分子はアキラルであり，重なり合わないならキラルである．これには，今述べたように実際に分子模型を利用してもよいし，三次元式を書いて頭の中で重ね合わせてみてもよい．

　キラル分子を見分ける別の方法もある．すでに述べたように，**キラル中心が一つだけあれば分子はキラルである**．もう一つの方法は，その分子の対称要素 symmetry element を調べるものである．

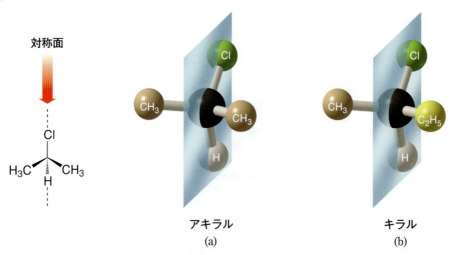

アキラル (a)　　　キラル (b)

図 5.8　2-Chloropropane と 2-chlorobutane
(a) 2-Chloropropane は対称面をもつのでアキラルである．(b) 2-Chlorobutane は対称面をもたないのでキラルである．

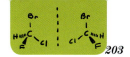

5.7 エナンチオマーの命名法：(R-S) 規則

- 分子に**対称面** plane of symmetry があれば，その分子はキラルではない．
- 対称面（鏡面 mirror plane ともいう）とは，分子を互いに鏡像になるように二等分する架空の面のことである．

その面は複数の原子を通ることもあるし，原子と原子の間を通ることもある．あるいはこれらの両方が当てはまることもある．例えば，2-クロロプロパンは図 5.8 (a) のような対称面をもっているが，2-クロロブタン（図 5.8 (b)）にはそのような対称面はない．

- 対称面をもつすべての分子（最も対称性のよい立体配座で考える）はアキラルである．

例題 5.2

Glycerol（グリセリン；$CH_2OHCHOHCH_2OH$）は脂肪の生合成（Chap. 22）における重要な成分である．(a) Glycerol は対称面をもっているか．Glycerol の三次元構造を書いて対称面がどこにあるか示せ．(b) Glycerol はキラルか．

解き方と解答：

(a) Glycerol は対称面をもっている．対称面を示すためには分子の立体配座と配向を適切に選ぶ必要がある．(b) 対称面をもつ立体配座をとることができるのでアキラルである．

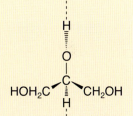

5.7 エナンチオマーの命名法：(R-S) 規則

2-ブタノールの二つのエナンチオマーは，次のように表される．

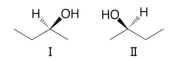

もし，IUPAC 命名法でこれらの**エナンチオマー**を命名すれば，どちらも同じ 2-ブタノール（または s-ブチルアルコール）となる（4.3F 項）．これでは不十分であり，個々の化合物は固有の名称をもたなければならない．しかも，命名法をよく知っている化学者なら誰でも，その化合物に与えられた名称だけから，その構造式が書けなければならない．しかし，2-ブタノールという名称だけでは，構造式はⅠかⅡかわからない．

3 人の化学者，R. S. Cahn（カーン）（英国），C. K. Ingold（インゴールド）（英国），V. Prelog（プレローグ）（スイス）は，立体異性体の命名法を考案し，IUPAC 命名法に加えることによってこれらの問題を解決した．この命名法は **(R-S) 規則**または Cahn-Ingold-Prelog 規則とよばれ，現在 IUPAC 命名法の一部として広く用いられている．

この (R-S) 規則による表示では，2-ブタノールの一方のエナンチオマーは (R)-2-ブタノー

ル，もう一方のエナンチオマーは (S)-2-ブタノールと表示される [(R) は *rectus*，(S) は *sinister* というラテン語に由来している．それぞれ"右"と"左"の意味である]．これらの二つの分子では C2 の**立体配置** configuration が逆であるという．

5.7A （*R*-*S*）立体配置の決め方

（*R*-*S*）表示は次のようにして決める．

1. キラル中心に結合した 4 個の基を (a) (b) (c) (d) とし，その**優先順位** priority をキラル中心に結合している原子の**原子番号**に基づいて決める．最も大きい原子番号をもつ基に最高の優先順位 (a) を与え，次に大きい原子番号の基には次の優先順位 (b) を与える．さらに (c)，(d) と続く．

2-ブタノールのエナンチオマーにこの規則を適用してみよう．

$$\underset{\text{2-Butanol のエナンチオマーの一つ}}{\underset{\text{(b または c)} \quad \text{(b または c)}}{\overset{\text{(a)} \quad \text{(d)}}{\text{HO}\diagdown\text{C}\diagup\text{H}}}}$$

酸素はキラル中心に結合した 4 個の原子のうち，最も大きな原子番号をもっているので，一番高い優先順位の (a) を当てる．水素は最も小さい原子番号であるので，最も低い優先順位の (d) を当てる．しかし，メチル基とエチル基はキラル中心に直接結合している原子が両方とも炭素であるため，その優先順位は原子番号の違いからだけでは決まらない．

2. 優先順位がキラル中心に直接結合している原子の原子番号で決まらない場合には，その原子の次に結合している原子を調べ，順次その隣を調べ，原子番号の違いによって優先順位が決まるまで続ける．最初に差の出るところで順位を決める*．

上のエナンチオマーのメチル基を見てみると，次に結合している原子は 3 個の水素（H, H, H）である．これに対して，エチル基では 1 個の炭素と 2 個の水素原子（C, H, H）である．炭素は水素より原子番号が大きいので，（C, H, H）＞（H, H, H）となり，エチル基を高い優先順位 (b) とし，メチル基を低い順位 (c) とする．

3. ここで，構造式（または分子模型）を回転し，最低優先順位 (d) の基を自分の眼から遠くになるように置く．

---

* 枝分れ鎖のある場合，優先順位の最も高い原子を含む鎖を選ぶ．

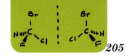

5.7 エナンチオマーの命名法：(R-S) 規則

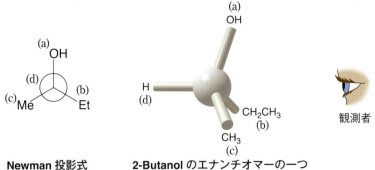

そして，(a) から (b)，次に (c) へと自分の指（または鉛筆）で軌跡をたどる．このとき回る方向が時計回りであれば，そのエナンチオマーは (R) 配置，もしその方向が反時計回りであれば，そのエナンチオマーは (S) 配置であるという．

これを 2-ブタノールのエナンチオマー II に適用すれば (R)-2-ブタノールとなる．

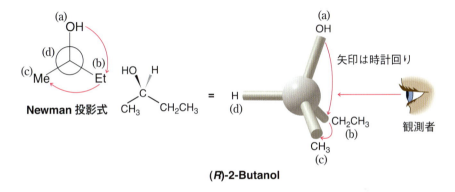

例題 5.3

次に示す bromochlorofluoroiodomethane のエナンチオマーの (R-S) 立体配置を命名せよ．

解き方と解答：

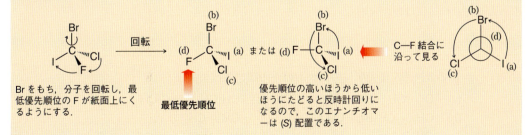

問題 5.6 Bromochlorofluoromethane の二つのエナンチオマーの構造式を示し，(R-S) 立体配置を命名せよ．

単結合だけを含む化合物に対しては，Cahn-Ingold-Prelog 規則の以上三つの規則によって (R-S) 表示ができるが，多重結合を含む化合物については，さらにもう一つの規則が必要になる．

4． 二重結合または三重結合をもつ化合物では，結合している原子が二重または三重に結合しているように置き換えてから優先順位を決める．すなわち，

$$\text{C=Y は } -\underset{(Y)(C)}{\overset{|}{C}}-Y \text{ のように，また } -C \equiv Y \text{ は } -\underset{(Y)(C)}{\overset{(Y)(C)}{C}}-Y \text{ のように，}$$

かっこ内の原子が多重結合の端に二重，三重に結合していると考える．

したがって，ビニル基 $-CH=CH_2$ はイソプロピル基 $-CH(CH_3)_2$ よりも優先順位が高くなる．すなわち，

$-CH=CH_2$ は $-\overset{H}{\underset{(C)}{C}}-\overset{H}{\underset{(C)}{C}}-H$ のように考えるので，$-\overset{H}{\underset{H-C-H}{C}}-\overset{H}{\underset{H}{C}}-H$ よりも優先順位が高くなる．

最初の結合原子はどちらも (C, C, H) であるが，2番目の結合原子を見るとビニル基は (C, H, H) で，イソプロピル基は (H, H, H) であるからである（下図参照）．

$$-\overset{H}{\underset{(C)(C)}{C}}-\overset{H}{\underset{}{C}}-H \quad > \quad -\overset{H}{\underset{H-C-H}{C}}-\overset{H}{\underset{H}{C}}-H$$

C, H, H $>$ **H, H, H**
ビニル基　　　イソプロピル基

もっと複雑な構造には他の規則もあるが，ここではこれ以上触れない．

問題 5.7 次の置換基を優先順位の高いものから順に並べよ．

(a) $-Cl$, $-OH$, $-SH$, $-H$
(b) $-CH_3$, $-CH_2Br$, $-CH_2Cl$, $-CH_2OH$
(c) $-H$, $-OH$, $-CHO$, $-CH_3$
(d) $-CH(CH_3)_2$, $-C(CH_3)_3$, $-H$, $-CH=CH_2$
(e) $-H$, $-N(CH_3)_2$, $-OCH_3$, $-CH_3$
(f) $-OH$, $-OPO_3H_2$, $-H$, $-CHO$

5.7 エナンチオマーの命名法：(R-S) 規則

問題 5.8 次の化合物の (R-S) 配置を決めよ．

(a) [構造式：H₃C、Cl、ビニル、エチルを持つキラル炭素]

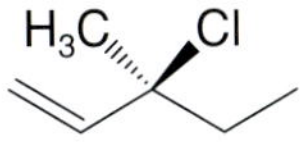

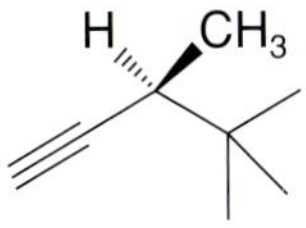

(b) [構造式：HO、H、t-Bu、ビニルを持つキラル炭素]

(c) [構造式：H、CH₃、アルキン、t-Bu を持つキラル炭素]

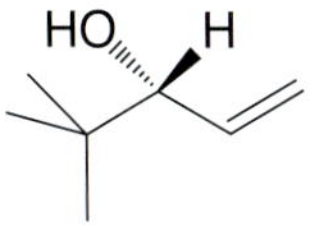

(d) [構造式]

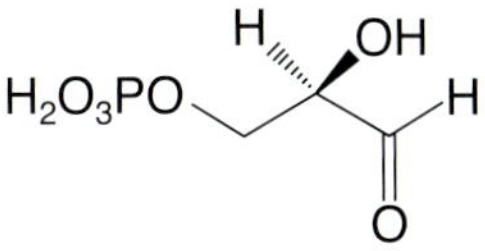

D-Glyceraldehyde-3-phosphate
（解糖の中間体）

例題 5.4

次の二つの構造式はエナンチオマーを表しているか，あるいは書き方を変えただけの同じ化合物を表しているか．

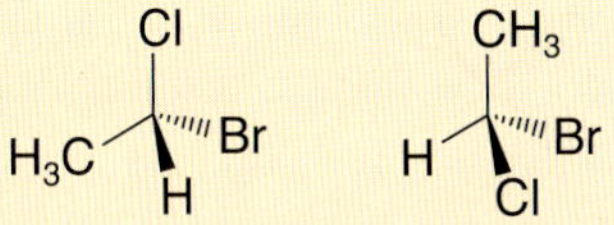

[構造式 A, B]

解き方：

この種の問題を解く第一の方法は，頭の中で一方の化合物を回転させ，もう一方の化合物に一致するか，またはその鏡像になるかを見てみることである（頭の中でこのことが簡単にできるようになるまで分子模型を用いること）．このような一連の回転によって，その構造式を同一のもの，または鏡像のもののどちらかに変換できるであろう．例えば，まず A の C*—Cl 軸のまわりで回転し，H が B と同じ位置にくるようにする．次に C*—H 結合を軸にして回転すると A は B と一致する．

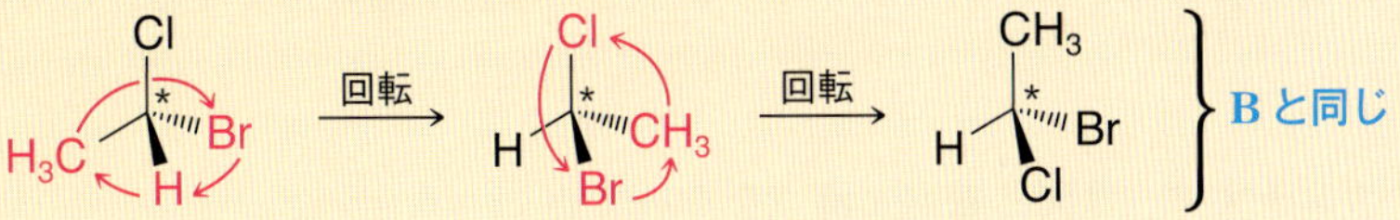

[回転操作の図：A → A → A、B と同じ]

第二の方法は，キラル中心の任意の 2 個の基を入れ替えるとそのキラル中心の立体配置は反転してそのエナンチオマーとなり，もう 1 回入れ替えると，もとの立体配置の化合物にもどるという性質を用いる．A から B に変換するのに何回基の入れ替えが必要かを数えながらこの操作を繰り返す．この例では 2 回の入れ替えが必要であるので，A と B の立体配置は同じであることが結論できる（偶数回のときは同じ化合物で，奇数回のときはエナンチオマーである）．

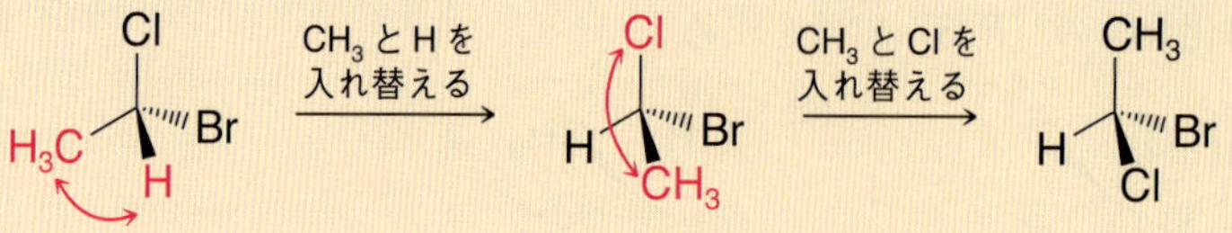

第三の方法はそれぞれの化合物の立体配置を (R-S) 表示で表してみて，同じ名称になればその構造は同一である．この例ではどちらも (R)-1-ブロモ-1-クロロエタンとなる．

解答：
化合物 A と B は同一化合物の配向を変えた分子である．

問題 5.9 次の構造式で示される各組の化合物はエナンチオマーであるか，または同一化合物であるかを判定せよ．

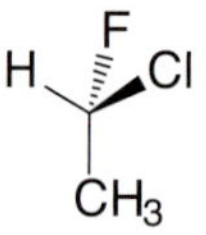

5.8　エナンチオマーの性質：光学活性

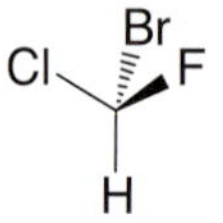

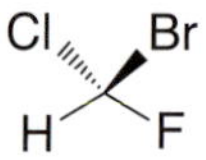

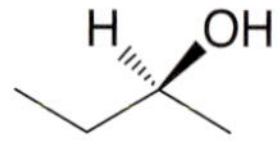

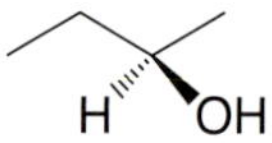

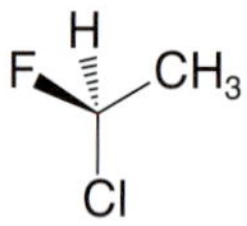

エナンチオマー分子は一方を他方に重ね合わせることができない．このことだけからエナンチオマーが異なる化合物であることがわかる．ではそれらはどのように違っているのだろうか．エナンチオマーは構造異性体やジアステレオマーのように融点や沸点が異なるだろうか．答えはノーである．

- 純粋なエナンチオマーは同じ融点と沸点をもっている．

また，屈折率，通常の溶媒に対する溶解度，赤外線吸収スペクトル，アキラルな反応剤に対する反応速度などが異なるだろうか．これらの答えもすべてノーである．

これらの性質の多く（沸点，融点，溶解度など）は，分子間力の大きさ（2.13 節）によるものであり，互いに鏡像関係にある分子では分子間力は同じである．その例として，表 5.1 に 2-ブタノールのエナンチオマーの沸点がある．

しかし，エナンチオマー混合物は純粋なエナンチオマーとは異なる性質を示す．表 5.1 には酒石酸でその例を示している．天然の異性体の (+)-酒石酸の融点は，非天然の (−)-酒石酸と同じく，168〜170 ℃ であるが，両エナンチオマーの等量混合物（ラセミ体という，5.9A 項）であ

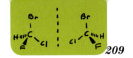

5.8 エナンチオマーの性質：光学活性

表 5.1　2-ブタノールと酒石酸のエナンチオマーの物理的性質

化合物	沸点（bp）または融点（mp）
(R)-2-Butanol	99.5 ℃（bp）
(S)-2-Butanol	99.5 ℃（bp）
(＋)-(R,R)-Tartaric acid（酒石酸）	168〜170 ℃（mp）
(−)-(S,S)-Tartaric acid	168〜170 ℃（mp）
(±)-Tartaric acid	210〜212 ℃（mp）

る（±)-酒石酸の融点は 210〜212 ℃ である．

- エナンチオマーは別のキラルな物質と相互作用させたときに初めてその挙動に違いが現れる．別のキラルな物質には同じ化合物のエナンチオマーも含まれる．

このことは上の融点のデータから明らかである．二つのエナンチオマーは他のキラルな分子との反応においても異なった反応速度を示す．また，キラルな溶媒に対して異なる溶解度を示す．

エナンチオマーの違いを観察する簡単な方法は，平面偏光に対する挙動を見ることである．

- 平面偏光がエナンチオマーの中を通ると，その偏光面が**回転する**．
- 純粋な二つのエナンチオマーは偏光面を逆向きに同じ大きさだけ回転させる．
- このようなエナンチオマーの偏光に対する挙動から，それぞれのエナンチオマーを**光学活性化合物** optically active compound という．

このエナンチオマーの挙動を理解するためには，平面偏光の性質を理解する必要がある．また，旋光計がどのような装置かを知る必要がある．

5.8A 平面偏光

光は電磁現象で，1 本の光線は互いに垂直な電場振動と磁場振動からできている（図 5.9）．

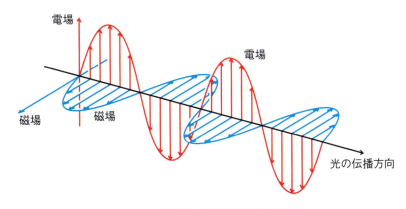

図 5.9　自然光の電場と磁場の振動
この図では一平面の波を示しているが，通常の光はあらゆる面で振動している．

自然光を一方の端から電場振動の面について観測し，その振動面が見えたとすると，この電場振動はその伝播方向に垂直なあらゆる面で起こっていることがわかる（図 5.10）．磁場の振動面についても同じである．

自然光が偏光フィルターを通過すると，偏光フィルターと電場が相互作用し，得られる光の電場（磁場はこれに垂直である）は，ただ一方向の面内で振動する光だけとなる．これを **平面偏光** plane-polarized light という（図 5.11 (a)）．平面偏光が垂直な偏光面をもつフィルターに当たると光は透過できない（図 5.11 (b)）．この現象は偏光サングラスのレンズあるいは偏光フィルターを用いて証明できる（図 5.11 (c)）．

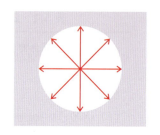

図 5.10　自然光の電場振動
伝播方向に対して垂直なあらゆる面で起こっている．

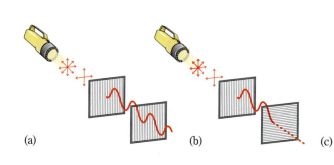

［写真提供：Michael Watson for John Wiley & Sons, Inc.］

図 5.11　平面偏光
(a) 自然光が偏光フィルターを通過すると平面偏光が得られる．2 枚目の偏光フィルターの偏光面を 1 枚目のフィルターに合わせると平面偏光は透過できる．(b) 2 枚目のフィルターを 90°回転すると平面偏光は遮られ透過できない．(c) 偏光サングラスのレンズを互いに垂直に並べると光線は透過できない．

5.8B　旋光計

- 平面偏光に対する光学活性化合物の効果を測定するために使う装置が **旋光計** polarimeter である．

旋光計の概略図を図 5.12 に示す．その主要部分は（1）光源（通常はナトリウムランプ），（2）偏光子，（3）光の通路に置く光学活性物質または溶液を入れる試料管，（4）検光子，（5）偏光面の回転角度を測定する角度計からできている．

検光子（図 5.12）は偏光子と同じものである．偏光子と検光子の間に何も入れないか，または試料管に光学不活性な物質が入っている場合，装置の読みは 0°となる．このときに偏光子と検光子の軸が平行になり，透過する光は最大である．これに対して，光学活性物質，例えば一方のエナンチオマーの溶液を試料管に入れると，平面偏光はその測定管を透過する間にある方向に回転する．透過する光の明るさが最大になるところを見つけるには検光子を時計回りか，または反時計回りに回転しなければならない．もし，検光子の回転が観測者から見て時計回りになるときその旋光度 α（角度で表す）は正（+）であるといい，反時計回りになれば負（−）であるという．

5.8 エナンチオマーの性質：光学活性

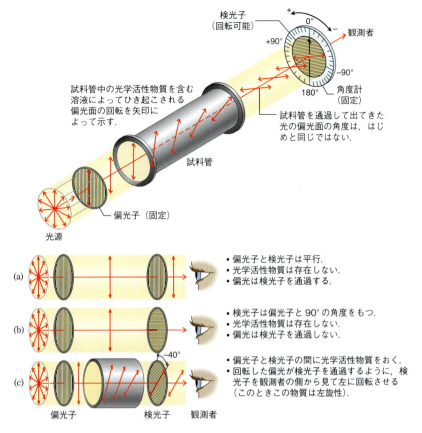

図 5.12　旋光計の主要部分と旋光度の測定
［J. R. Holum, *Organic chemistry: A Brief Course*, John Wiley & Sons, 1975, p.316 から許可を得て転載］

平面偏光を時計回りに回転させる物質を**右旋性** dextrorotatory，反時計回りに回転させる物質を**左旋性** levorotatory であるという（ラテン語の *dexter* "右"と *laevus* "左"に由来する）．

5.8C　比旋光度

- 平面偏光がエナンチオマーの入った溶液を通過し，その偏光面が回転するとき，その角度の大きさはキラル分子の数に依存する．

したがって，この角度は試料管の長さと試料の濃度によって変わる．測定値を標準状態に換算するために次の式によって計算しなおす．この値を**比旋光度** specific rotation という．

$$[\alpha] = \frac{\alpha}{c \cdot l}$$

ここで，$[\alpha]$ = 比旋光度，α = 観測回転角，c = 溶液の濃度［1 mL 中の g 数（g mL^{-1}）；溶液にしない場合は液体試料の密度（g mL^{-1}）］，l = 測定管の長さ（dm，1 dm = 10 cm）．

比旋光度は測定温度や用いた光の波長によっても変動するので，比旋光度には次のように測定温度と測定波長を書き加える．例えば次のように記載する．

$$[\alpha]_\mathrm{D}^{25} = +3.12$$

これはナトリウムランプの D 線（波長 589.6 nm）を光源として用い，25℃で，ある光学活性物質の濃度 1.00 g mL^{-1} の試料を 1 dm の試料管中で測定したところ，平面偏光を時計回り方向に 3.12°回転させたという意味である*．

(R)-2-ブタノールと (S)-2-ブタノールの比旋光度を次に示す．

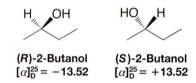

(R)-2-Butanol　　　(S)-2-Butanol
$[\alpha]_\mathrm{D}^{25} = -13.52$　　$[\alpha]_\mathrm{D}^{25} = +13.52$

- 偏光面の回転の向き（+）または（−）を光学活性物質の名称に書き加えることが多い．

次に 2 組のエナンチオマーについてその例を示す．

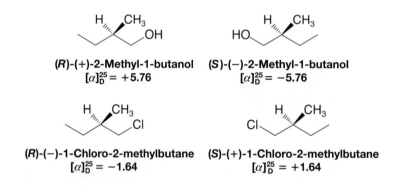

これまでの例から重要な原理がわかる．

- エナンチオマーの (R) と (S) 立体配置と平面偏光の回転の向き [(+) または (−)] の間には明確な関係は存在しない．

(R)-(+)-2-メチル-1-ブタノールと (R)-(−)-1-クロロ-2-メチルブタンは同じ立体配置をもっている．すなわち，原子の空間配列は同じである．しかし，平面偏光を回転させる向きは逆である．

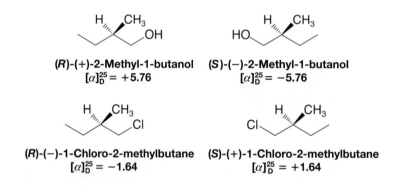

(R)-(+)-2-Methyl-1-butanol　　同じ(R)配置　　(R)-(−)-1-Chloro-2-methylbutane

この例から，もう一つの重要な原理が明らかになる．

- (R) と (S) の表示と比旋光度の符号（平面偏光の回転の向き）とは関係ない．

---

* 回転の大きさは測定に用いた溶媒にも依存する．そのため，化学文献中には必ず溶媒を記載することになっている．（訳注）IUPAC 立体化学命名規則に従って，比旋光度には単位（°）を付けない．

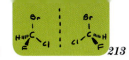

(R)-(+)-2-メチル-1-ブタノールは右旋性（+）で，(R)-(−)-1-クロロ-2-メチルブタンは左旋性（−）である．

波長を変動させて旋光度を測定する旋光分散 optical rotatory dispersion（ORD）とよばれる方法を用いれば，キラル分子の立体配置と関係付けることができる．しかし，これは本書の範囲を越えるので触れない．

問題 5.10 （+)-Carvone（カルボン）の立体配置を右に示した．(+)-Carvone はキャラウェイ油の主成分で，その特徴的なにおいのもとである．そのエナンチオマーの（−)-carvone はスペアミント油の主成分で，その特徴的なにおいを与えている．Carvone のエナンチオマーが同じにおいをもたないという事実は，これらの化合物に対する鼻の受容体がキラルであり，適合したエナンチオマーだけが受容体に合うのであろうということを示唆している．(+)- と（−)-carvone を (R-S) 命名法で命名せよ．

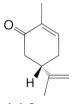

(+)-Carvone

5.9 エナンチオマー混合物

完全に一方のエナンチオマーだけからなる試料，あるいは一方のエナンチオマーが過剰な試料は平面偏光を回転させる．図 5.13 (a) は，平面偏光が (R)-2-ブタノール分子にぶつかって偏光面をわずかに一方向へ回転させる様子を示している．さらに平面偏光は次々と (R)-2-ブタノール分子にぶつかって，同じ方向に偏光面を回転させていく．しかし，試料に (S)-2-ブタノール分子が含まれると，このエナンチオマー分子は偏光面を逆方向に回転させる（図 5.13 (b))．(R) と (S) エナンチオマーが等量存在すれば，偏光面の回転は観測されない．

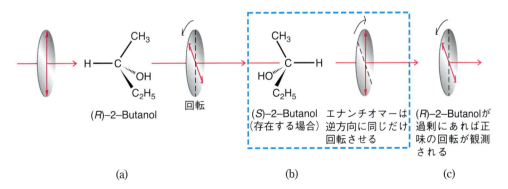

図 5.13 ラセミ体が平面偏光を回転しない理由
(a) 平面偏光がキラル分子である (R)-2-butanol にぶつかると，少しだけ偏光面を回転させる．(b) この回転は (S)-2-butanol 分子にぶつかると完全に打ち消される．(c) 偏光面の正味の回転が起こるのは，一方のエナンチオマーが過剰にある場合である．

5.9A ラセミ体

- エナンチオマーの等モル混合物は**ラセミ体** racemate（または**ラセミ混合物** racemic mixture）とよばれる．**ラセミ体は平面偏光を回転しない**．

ラセミ体では，一方のエナンチオマー分子の平面偏光に対する効果がもう一方のエナンチオマー分子の効果によって打ち消されるので，正味として光学活性は観測されない．

ラセミ体は（±）で示されることが多い．2-ブタノールのラセミ体は次のように表される．

$$(\pm)\text{-2-Butanol} \quad \text{または} \quad (\pm)\text{-CH}_3\text{CH}_2\text{CHOHCH}_3$$

5.9B ラセミ体とエナンチオマー過剰率

単一のエナンチオマーからできている光学活性物質は**光学的に純粋**である．または，**エナンチオマー過剰率** enantiomeric excess（略して *ee*）が100％であるという．光学的に純粋な(S)-(+)-2-ブタノールは+13.52の比旋光度（$[\alpha]_D^{25} = +13.52$）を示す．一方，等モル量以下の(R)-(−)-2-ブタノールを含む(S)-(+)-2-ブタノールの試料は+13.52〜0の比旋光度を示す．このような試料のエナンチオマー過剰率は100％よりも小さい．

エナンチオマー過剰率は**光学純度** optical purity ともいわれ，次のように定義される．

$$\%\text{エナンチオマー過剰率} = \frac{\text{一方のエナンチオマーのモル数} - \text{もう一方のエナンチオマーのモル数}}{\text{両エナンチオマーの全モル数}} \times 100$$

エナンチオマー過剰率は，比旋光度からも計算できる．

$$\%\text{エナンチオマー過剰率}^* = \frac{\text{観測された比旋光度}}{\text{純粋なエナンチオマーの比旋光度}} \times 100$$

例えば，(S)-(+)-2-ブタノールの試料が+6.76の比旋光度を示したとすると，そのエナンチオマー過剰率は50％と計算できる．

$$\text{エナンチオマー過剰率} = \frac{+6.76}{+13.52} \times 100 = 50\%$$

この試料のエナンチオマー過剰率が50％であるということは，試料の50％が光学的に純粋な（+）のエナンチオマー（過剰のほう）であり，残りの50％はラセミ体であるということである．ラセミ体である50％については，旋光度が互いに打ち消しあうので，（+）のエナンチオマーの50％だけが観測される旋光度に貢献している．そのため，観測された旋光度はこの混合物が（+）のエナンチオマーだけからできているとした場合の50％（半分）である．

---

* この計算は単一のエナンチオマーまたはエナンチオマーの混合物にだけ用いるべきで，他の化合物が混じった不純な試料に用いてはいけない．

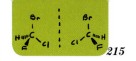

例題 5.5
上記の混合物の実際の立体異性体比はいくらになるか.

解答:
　混合物全体について，その 50％は二つのエナンチオマーを等量含むラセミ体である．したがって，この 50％のうちの 25％は（−）のエナンチオマーであり，25％は（+）のエナンチオマーである．混合物（過剰のほう）の残りの 50％は（+）のエナンチオマーである．したがって，（+）体は 75％で，（−）体は 25％である．

問題 5.11　2-Methyl-1-butanol（5.8C 項）のある試料は，$[\alpha]_D^{25} = +1.15$ の比旋光度を示した．(a) この試料のエナンチオマー過剰率を求めよ．(b) (R) と (S) エナンチオマーのどちらが過剰に含まれているか．

5.10　キラル分子の合成

5.10A　ラセミ体

　アキラルな基質からキラルな生成物が得られるという反応はよくある．しかし，触媒，反応剤，溶媒などによるキラルな影響がない場合には，光学不活性なラセミ体しか得られない．すなわち，生成物はエナンチオマーの 50：50 の混合物として得られる．

　一例として，ブタノンのニッケル触媒水素化による 2-ブタノールの合成を見てみよう．この反応では，水素分子が C＝C 結合に付加する反応と同じように，水素分子が C＝O 結合に付加する．

$$\underset{\substack{\text{Butanone}\\(\text{アキラル分子})}}{\text{CH}_3\text{CH}_2\text{CCH}_3} \;+\; \underset{\substack{\text{水素}\\(\text{アキラル分子})}}{\text{H—H}} \;\xrightarrow{\text{Ni}}\; \underset{\substack{(\pm)\text{-2-Butanol}\\ [\text{キラルな分子であるが}\\(R) \text{と} (S) \text{の 50：50 の混合物}]}}{(\pm)\text{-CH}_3\text{CH}_2\overset{*}{\text{C}}\text{HCH}_3}$$

　図 5.14 にこの反応の立体化学を示す．ブタノンはアキラルなので，金属触媒の表面に対して分子のどちらの面から吸着しても違いは生じない．平面三方形のカルボニル基のどちらの面も同じ確率で金属平面と相互作用する．水素原子が金属からカルボニル基へ移動すると C2 がキラル中心になる．反応過程でキラルな影響が全くないので，生成物は二つのエナンチオマー，(R)-$(-)$-2-ブタノールと(S)-$(+)$-2-ブタノールのラセミ体として得られる．

　このような反応をキラルな影響下で，例えば酵素やキラルな触媒存在下に行うと，生成物は通常ラセミ体ではなくなる．

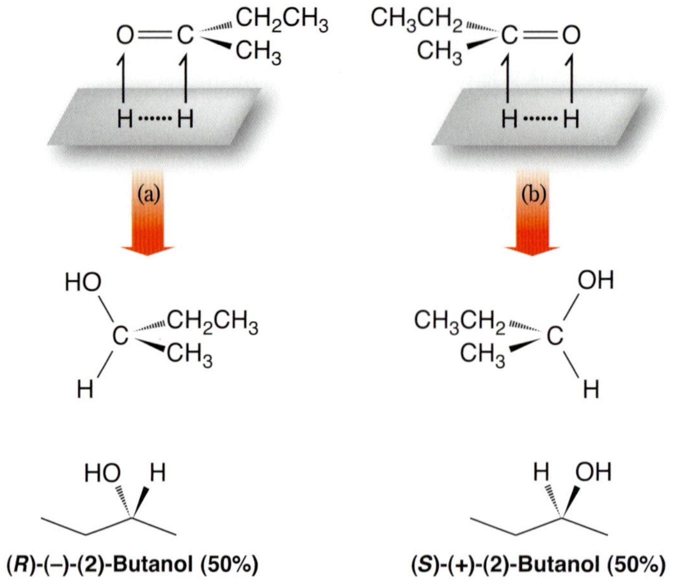

図 5.14　ニッケル触媒存在下における butanone と水素の反応

径路 (a) と径路 (b) の反応速度は等しいので，(R)-(−)-2-ブタノールと (S)-(+)-2-ブタノールは等量，ラセミ体として得られる．

5.10B　立体選択的合成

立体選択的反応 stereoselective reaction とは，立体異性体を生成する可能性のある反応において，一方の立体異性体を他の立体異性体よりも優先的に生成する反応のことである．

- ある反応で，一方のエナンチオマーがもう一方のエナンチオマーよりもより多く生成するとき，その反応は**エナンチオ選択的** enantioselective であるという．
- ある反応が一つのジアステレオマーを他のジアステレオマーよりも優先的に生成するとき，その反応は**ジアステレオ選択的** diastereoselective であるという．

反応がエナンチオ選択的であるためには，キラルな反応剤，キラルな触媒，またはキラルな溶媒が反応過程に影響を及ぼしているはずである．

自然界ではほとんどの反応が立体選択的であり，キラルな影響はタンパク質である**酵素** enzyme によってもたらされる．酵素は極めて効率的な生体触媒である．酵素は非常に速い速度で反応を起こすことができるばかりではなく，反応に対するキラルな影響は劇的なほど大きい．酵素はキラルであり，反応が起こるときに反応分子が一時的に結合する活性部位をもっている．その活性部位はキラルであり（図 5.7），キラルな基質の一方のエナンチオマーだけがそれにぴったりと適合し，反応する．

多くの酵素が有機化学研究室で使われており，有機化学者はこの酵素の性質を利用して立体選択的反応を行っている．例えば，**リパーゼ** lipase とよばれる酵素がある．リパーゼは，エステル（2.10B 項）が水分子と反応してカルボン酸とアルコールに変換される**加水分解** hydrolysis とよばれる反応を触媒する．

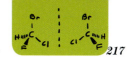

$$\text{R}\overset{\text{O}}{\underset{}{\text{C}}}\text{OR'} + \text{HOH} \xrightarrow{\text{加水分解}} \text{R}\overset{\text{O}}{\underset{}{\text{C}}}\text{OH} + \text{HO—R'}$$

エステル　　水　　　　　　　　カルボン酸　　　アルコール

　出発物のエステルがキラルでラセミ体であっても，リパーゼは選択的に一方のエナンチオマーだけと反応して，対応するキラルなカルボン酸とアルコールを生成し，もう一方のエステルのエナンチオマーは反応しないで残るか非常にゆっくりと反応する．その結果得られるのは，主として基質（エステル）の一方の立体異性体と加水分解生成物（カルボン酸）のもう一方の立体異性体からなる混合物であり，両者は物理的性質が異なるので通常容易に分離できる．このような方法は**速度論的分割** kinetic resolution とよばれる．この場合，二つのエナンチオマーの反応速度が異なるので，生成物として一方の立体異性体が選択的に得られる．エナンチオマーの分割については 5.15 節で詳しく述べる．次に示す加水分解は，リパーゼによる速度論的分割の例である．

Ethyl (±)-2-fluorohexanoate　　　　Ethyl (R)-(+)-2-fluorohexanoate　　　(S)-(−)-2-Fluorohexanoic acid
[(R) と (S) のラセミ体のエステル]　　（エナンチオマー過剰率 >99%）　　　（エナンチオマー過剰率 >69%）

　ヒドロゲナーゼ hydrogenase という別の酵素が，5.10A 項で見たようなカルボニル基還元のエナンチオ選択的反応に用いられている．Chap. 11 において，酵素の立体選択性についてより詳しく学ぶ．

5.11　キラルな医薬品

　製薬会社と米国 FDA（食品医薬品局）は，キラルな医薬品をラセミ体でなく単独のエナンチオマーとして製造することに高い関心をもってきた．例えば，降圧剤の**メチルドパ**は (S) 体だけが薬効をもっている．**ペニシラミン**の場合には (S) 体は初期の関節リウマチに対する強力な治療薬であるが，(R) 体は治療効果をもたないばかりか，高い毒性をもっている．抗炎症薬**イブプロフェン**は (S) 体だけに効力があるにもかかわらず，ラセミ体として市販されてきた．(R) 体は抗炎症作用をもたず，体内で徐々に (S) 体に変化するが，(S) 体単独のほうがラセミ体よりも効果が高い．

Ibuprofen

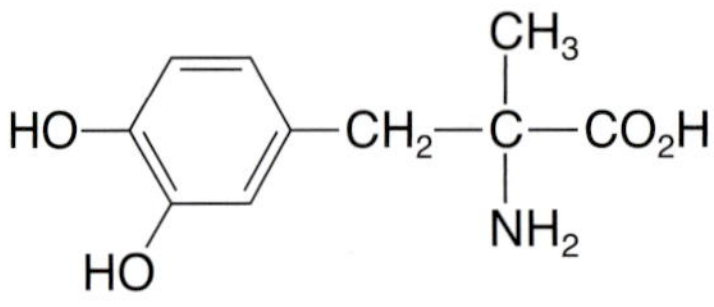

218   Chap. 5 　立体化学：キラルな分子

Methyldopa

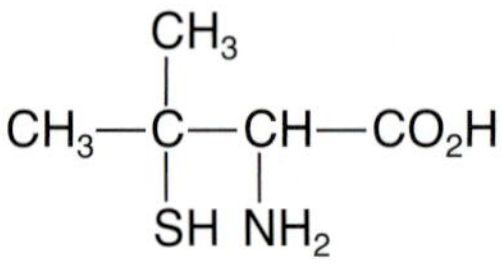

Penicillamine

問題 5.12 次の医薬品の （*S*） 異性体の三次元式を示せ.
(a) Methyldopa　　(b) Penicillamine　　(c) Ibuprofen

問題 5.13 抗ヒスタミン薬の fexofenadine（フェキソフェナジン）は次のような構造式をもっている．Fexofenadine の （*R*） 配置の構造式を書け．

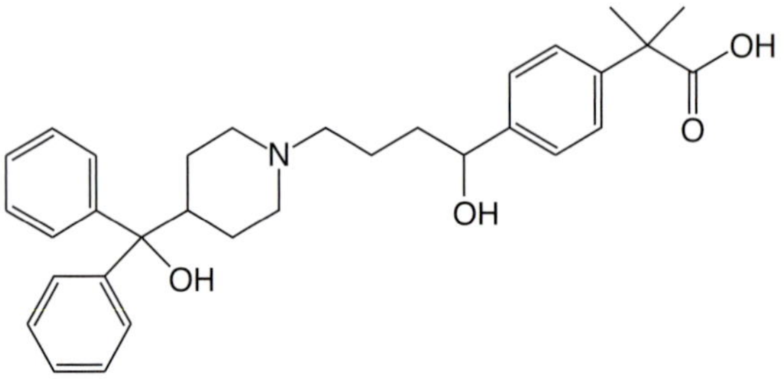

Fexofenadine

問題 5.14 合成麻薬性鎮痛薬 dextropropoxyphene（デキストロプロポキシフェン）のすべてのキラル中心を （*R-S*） 表示で示せ．

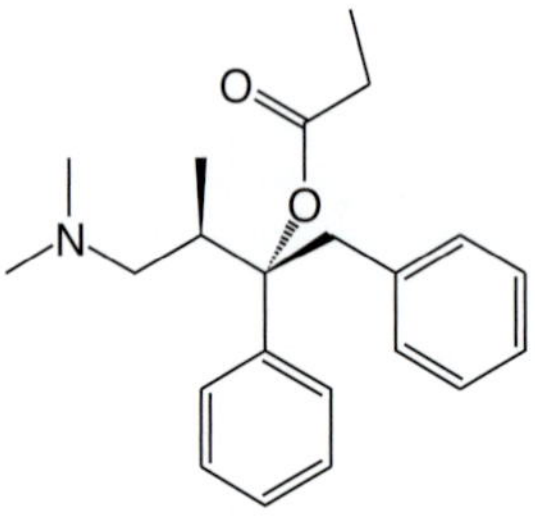

Dextropropoxyphene

　両エナンチオマーが明瞭に違った効果をもつ医薬品として，この他にも多くの例が知られている．医薬品を純粋なエナンチオマーとして合成する必要性から，立体選択的な合成法（5.10B項）やラセミ体の光学分割（純粋なエナンチオマーへの分離，5.15節）が活発な研究分野になっている．

　立体選択的合成の重要性が強調されたのは，2001年度のノーベル化学賞が，化学工業と研究に広く使われている反応触媒を開発した研究者に授与されたことである．W. S. Knowles（ノウルズ）（Monsanto Company, 米国）と野依良治（当時名古屋大学）の立体選択的接触水素化反応に関する研究，ならびに K. B. Sharpless（シャープレス）（Scripps Research Institute, 米国）（スクリップス）の触媒的な立体選択的酸化反応の開発に対してノーベル化学賞が授与された．野依の研究結果と Knowles の古い研究から生まれた一つの重要な例は，立体選択的水素化を含む抗炎症剤ナプロキセンの合成である．

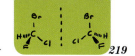

5.12 キラル中心を2個以上もつ分子　219

(S)-Naproxen
（抗炎症薬）
（収率92%, 97% ee）

　この反応の水素化触媒は，ルテニウムと (S)-BINAP（バイナップ）（5.17節参照）というキラルな有機配位子から調製される有機金属錯体である．この水素化は，非常にすぐれたエナンチオマー過剰率（97%）で，しかも高収率（92%）で進行する，実にすばらしい反応である．BINAPとそのキラリティーの由来については5.17節でさらに説明する．

5.12　キラル中心を2個以上もつ分子

　今まで考えてきたキラル分子は，すべてキラル中心を1個だけもつものであった．多くの有機分子，特に生体で重要な役割を果たしている有機化合物には，2個以上のキラル中心をもつものが多い．例えば，コレステロール（22.4B項）は8個のキラル中心をもっている（それがどの炭素であるか確かめよう）．しかし，もっと簡単な分子から始めよう．まず，キラル中心を2個もつ簡単な化合物 2,3-ジブロモペンタンについて考えてみよう．二次元の結合・線式を次に示す．

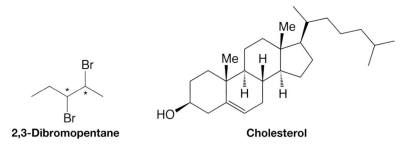

2,3-Dibromopentane　　　Cholesterol

　複数のキラル中心をもつ化合物について，可能な立体異性体の数を求めるには次の規則を用いる．

- 立体異性がキラル中心に基づく化合物においては，**キラル中心の数を n とすると立体異性体の総数は最大 2^n 個である**．

　2,3-ジブロモペンタンにはキラル中心が2個あるので，この化合物には最大4個の立体異性体（$2^2 = 4$）が可能である．

5.12A　キラル中心を2個以上もつ分子の立体異性体の書き方

　2,3-ジブロモペンタンを例として，キラル中心を2個以上もつ分子の可能な異性体をすべて書くにはどうしたらよいか，次の手順に従って説明する．2,3-ジブロモペンタンの場合には，キラ

ル中心が2個あるので最大4個の異性体が可能であることを頭に入れておこう.

1. まず，炭素原子をできるだけ多く紙面上に置き，できるだけ対称になるように炭素骨格部分を書く．2,3-ジブロモペンタンの場合には，単にC2とC3の間の結合だけを書く．この2個だけがキラル中心だからである．
2. ついで，キラル中心に結合している残りの基を，キラル中心間の対称性がよくなるように書き加える．この場合，2個のBrを両方とも外側に向けるか内側に向けるように書き，各キラル中心に水素原子を書き加える．Brを外側に向けて書くと構造式 1 のようになる．この立体配座では重なり形相互作用が生じ，安定な形ではないが，分子中の対称性を見つけやすいように，このように書く．

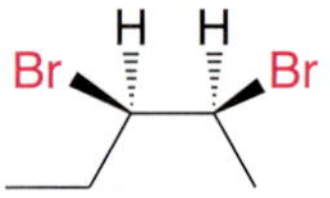

1

3. 一つ目の立体異性体のエナンチオマーを書くために，横に並べるか上下に並べて，その鏡像を書く．そのとき，紙面に垂直な鏡面を仮想的に考えればよい．結果は構造式 2 である．

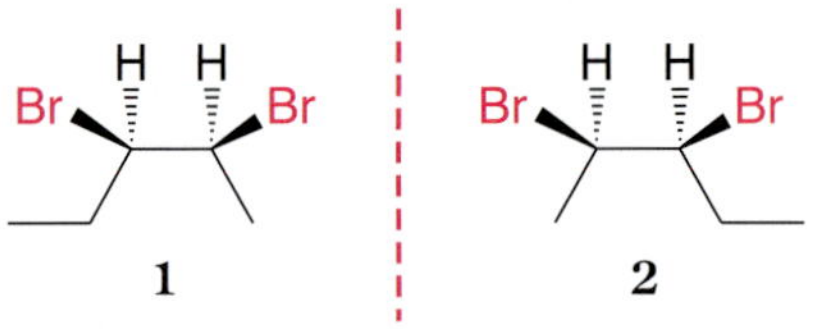

1　　鏡　　2

4. 別の立体異性体を書くために，どちらか1個のキラル中心上の二つの基を入れ替える．そうすれば，キラル中心の (R, S) 配置が反転する．

   - 順々に各キラル中心の2個の基を入れ替えれば，可能な立体異性体がすべて書ける．

   構造式 1 の C2 の Br と H を入れ替えると構造式 3 が得られる．その鏡像を書けば，構造式 4 が得られる．

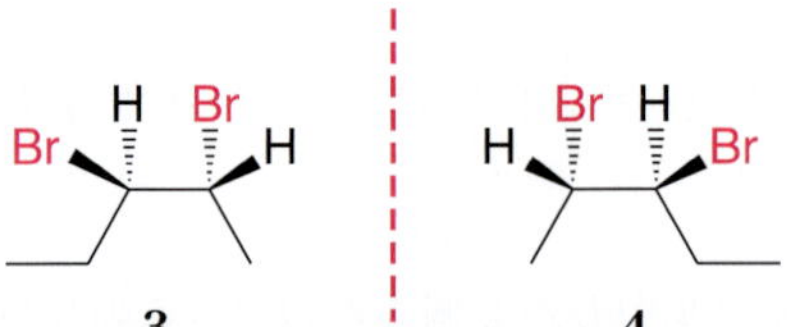

3　　鏡　　4

5. 次に，構造式を二つずつ比べて，どれがエナンチオマー対で，どれがジアステレオマーかそれらの関係を調べる．5.12B項で見るように，特別な場合には，分子内の対称面のために構造式のどれかが同一になるのを確かめる．

1 と 2 は重ね合わせることができないので，別の化合物を表しており，原子の空間的な配置

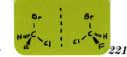

が異なるだけなので立体異性体である．**1** と **2** は互いに鏡像になっているので，エナンチオマー対を表している．構造式 **3** と **4** はもう 1 組のエナンチオマーに相当する．**1** ～ **4** はすべて異なるので，2,3-ジブロモペンタンには全部で 4 個の立体異性体があることになる．

　ここで，別の構造式を書いても，他にはもう立体異性体は存在しないと確信できるだろう．単結合あるいは分子全体を回転させたり，原子の配列を変えたりすれば，ここに書いた 4 個の構造式のいずれかと同じになるはずである．さらに，これらのことを異なる色の球を使った分子模型を作って確かめてみるとよい．

　1 ～ **4** で表した化合物は，いずれも光学活性である．すなわち，これらの化合物をそれぞれ旋光計で測定するといずれも異なる旋光性を示す．

　1 と **2** の化合物はエナンチオマー，また，**3** と **4** もエナンチオマーである．それでは **1** と **3** の化合物の関係はどうだろうか．

　1 と **3** は立体異性体であるが鏡像関係にはないので，**1** と **3** はジアステレオマーである．

- ジアステレオマーは異なる物理的性質（融点，沸点，溶解度など）をもっている．

問題 5.15

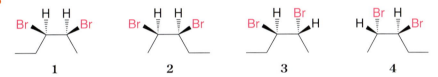

上の構造式 **1** ～ **4** について，(a) **3** と **4** がエナンチオマーであるとすると，**1** と **4** はどういう異性体の関係になるか．(b) **2** と **3**，**2** と **4** の関係はどうか．(c) **1** と **3** は同じ融点を示すだろうか．(d) 沸点はどうか．(e) 溶解度はどうか．

例題 5.6

2-Bromo-4-chloropentane の立体異性体の構造式をすべて書け．

解き方と解答：

2-Bromo-4-chloropentane の C2 と C4 がキラル中心である．最初に炭素鎖を書くが，できるだけ多くの炭素が紙面上にくるように，そして C2 と C4 の間で対称性がよくなるようにする．この場合，通常のジグザグの結合・線式で C2 と C4 の間で対称になる．C2 と C4 に Br と Cl をそれぞれ書き加え，さらに H を書き加えれば構造式 I ができる．そのエナンチオマー II を書くには，鏡面を仮想的に考えて鏡像を書けばよい．

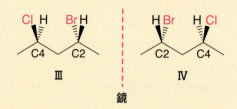

別の立体異性体を書くためには，一つのキラル中心で2個の基を入れ替えて反転させればよい．C2の反転でIIIが得られる．次にIIIのエナンチオマーをその鏡像として書く（IV）．

最後に，すべての構造式が異なることを確認する．どの構造式でも分子内の対称面はないので，同一の構造式ができてくることはない．しかし，2,4-dibromopentaneの場合には事情が異なり，次項で説明するようなメソ異性体がある．

5.12B　メソ化合物

キラル中心を2個もつ化合物に，いつも四つの立体異性体があるとは限らず，三つしかない場合もある．

- キラル中心を複数もつにもかかわらず，分子全体としてアキラルになる場合がある．

これを理解するために，2,3-ジブロモブタンの立体構造式を書いてみよう．前と同じように，まず一つの立体異性体の構造式を書き，次にその鏡像を書く．

構造式AとBは重ね合わせることができないので，1組のエナンチオマーを表している．
次に，新しい構造式Cとその鏡像関係にあるDを書いてみよう．ここで，今までとは状況が違っている．この二つの構造式は重ね合わせることができる．すなわち，CとDは1組のエナンチオマーを表しているのではなく，同一化合物である．

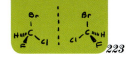

5.12 キラル中心を 2 個以上もつ分子

構造式 **C**（または **D**）で表される分子は，二つのキラル中心をもっているにもかかわらず，キラルではない．

- 分子内に対称面があれば，その分子はアキラルである．
- **メソ化合物** meso compound は，複数のキラル中心をもち分子内に対称面をもつアキラルな分子である．メソ化合物は光学不活性である．

分子のキラリティーを調べる確かな方法は分子模型を組み立て（あるいは構造式を書いて），これを鏡にうつした分子模型（構造式）と重なり合うかどうかを確かめてみることである．もし重なれば，その分子はアキラルであり，重ならなければキラルである．

この方法によって **C** と **D** はアキラルであることを確かめた．また，別の方法によっても **C** がアキラルであることを証明することができる．図 5.15 に示すように，構造式 **C** と **D** は対称面をもっている（5.6 節）．

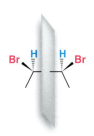

図 5.15 *meso*-2,3-Dibromobutane の対称面
この平面は分子を鏡像に 2 等分する．

次の二つの問題は上の構造式 **A** ～ **D** で表される化合物に関するものである．

問題 5.16 次のうち光学活性を示すものはどれか．
    (a) **A** の純粋な試料   (c) **C** の純粋な試料
    (b) **B** の純粋な試料   (d) **A** と **B** の等モル混合物

問題 5.17 次に示すのは，化合物 **A**, **B**, **C** を重なり形でない立体配座で書き表したものである．それぞれの構造式は **A**, **B**, **C** のどれを表しているか．

例題 5.7

次の化合物，**X**, **Y**, **Z** のうち，メソ化合物はどれか．

解き方と解答：

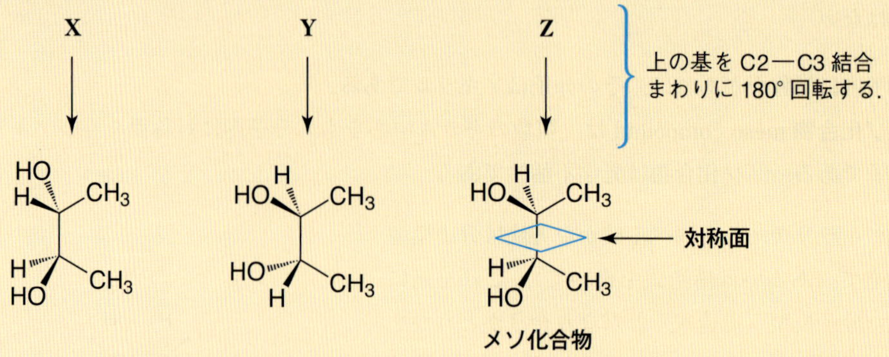

X、Y、Zそれぞれの分子について、上の基をC2—C3結合まわりに180°回転する。

Zには対称面があり、メソ化合物である。

それぞれの分子について、C2—C3結合まわりに上側を180°回転して、2個のメチル基を比べやすい位置にもってくる。化合物 **Z** の場合には対称面があるので、**Z** はメソ化合物である。**X** と **Y** には対称面はない。

問題 5.18 次の化合物のそれぞれについて、すべての立体異性体の三次元構造式を書け。エナンチオマーの対とメソ化合物を明示すること。

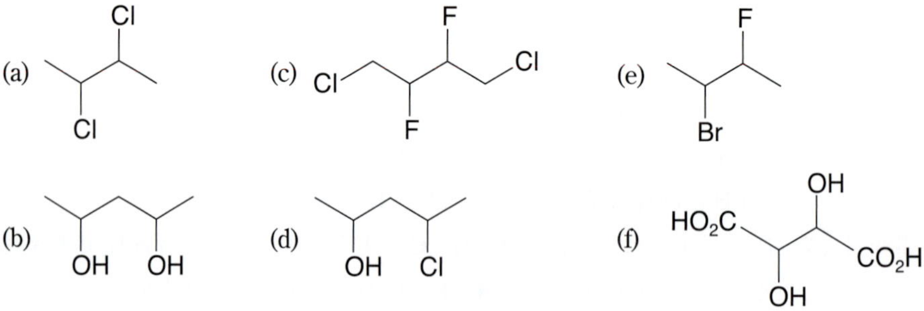

(a) 2,3-ジクロロブタン
(b) 2,4-ペンタンジオール
(c) 1,4-ジクロロ-2,3-ジフルオロブタン
(d) 4-クロロ-2-ペンタノール
(e) 2-ブロモ-3-フルオロブタン
(f) 酒石酸（2,3-ジヒドロキシブタン二酸）

5.12C　キラル中心を2個以上もつ化合物の命名法

1. 化合物が2個以上のキラル中心をもっている場合には、それぞれの炭素について (R)、(S) を決定する。
2. そして、その炭素に番号を付け、どの炭素が (R) か (S) かを表示する。

2,3-ジブロモブタンの立体異性体 **A** について考えてみよう。

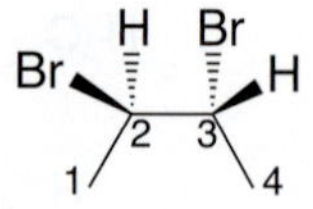

A

2,3-Dibromobutane

まず C2 についてみると、この炭素に結合した最低優先順位の置換基 (H) を観測者から遠くになるように置くと次のようになる。

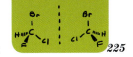

5.13 環式化合物の立体異性　225

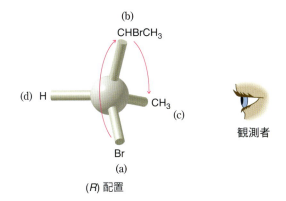

(*R*) 配置

最高優先順位の置換基から次に高い優先順位へとたどると，その順序（–Br，–CHBrCH$_3$，–CH$_3$）は時計回りである．すなわち，C2 は（*R*）配置である．

C3 についても同様の手順を繰り返すと，（*R*）配置であることがわかる．

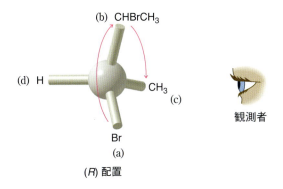

(*R*) 配置

したがって，化合物 **A** は（2*R*,3*R*）-2,3-ジブロモブタンとなる．

問題 5.19 Chloramphenicol（クロラムフェニコール）は放線菌 *Streptomyces venezuelae* 由来の抗生物質であり，特に腸チフスに対して有効である．芳香環に結合したニトロ（–NO$_2$）基をもつ天然物として初めてのものであった．Chloramphenicol のキラル中心は二つとも（*R*）配置であることがわかっている．二つのキラル中心がどの炭素であるか示して，chloramphenicol の三次元式を書け．

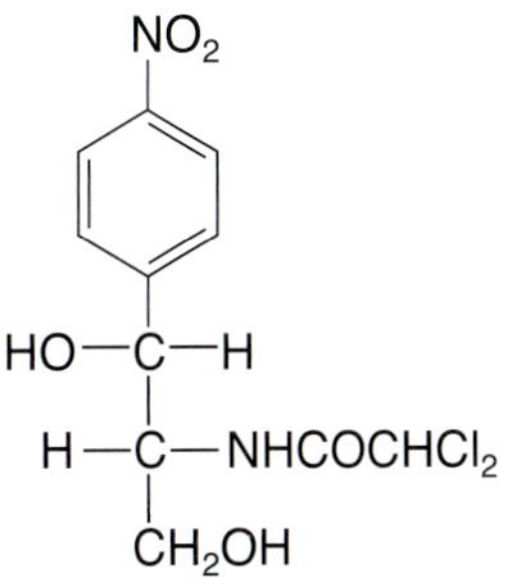

5.13　環式化合物の立体異性

　シクロペンタン誘導体はほぼ平面のシクロペンタン環をもつので，環式化合物の立体異性を議論するには都合がよい化合物である．例えば，1,2-ジメチルシクロペンタンには 2 個のキラル中心があり，3 種類の立体異性体 **5**，**6**，**7** が存在する．

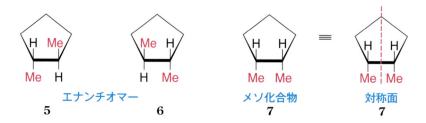

トランス体には一組のエナンチオマー **5** と **6** がある．これに対して *cis*-1,2-ジメチルシクロペンタン（**7**）は環平面に垂直な対称面をもつので，メソ化合物である．

問題 5.20 (a) *trans*-1,2-Dimethylcyclopentane（**5**）はその鏡像（すなわち化合物 **6**）と重なり合うか．(b) *cis*-1,2-Dimethylcyclopentane（**7**）はその鏡像と重なり合うか．(c) *cis*-1,2-Dimethylcyclopentane はキラル分子か．(d) *cis*-1,2-Dimethylcyclopentane は光学活性を示すだろうか．(e) 化合物 **5** と **7** の立体異性の関係を何というか．(f) 化合物 **6** と **7** の関係はどうか．

問題 5.21 1,3-Dimethylcyclopentane のすべての立体異性体の構造式を書け．これらの異性体を鏡像の関係にあるものとメソ化合物（もしあれば）に分類せよ．

5.13A　シクロヘキサン誘導体

1,4-ジメチルシクロヘキサン　1,4-ジメチルシクロヘキサンの構造式を調べてみると，キラル中心は一つもないことがわかる．しかし，この化合物にはシス-トランス異性体が存在することをすでに学んだ（4.13節）．このシス体とトランス体（図5.16）はジアステレオマーである．どちらの化合物もキラルではなく，したがって光学的に不活性である．1,4-ジメチルシクロヘキサンのシス体とトランス体は両方とも対称面をもっている．

1,3-ジメチルシクロヘキサン　1,3-ジメチルシクロヘキサンにはキラル中心が2個あるので，立体異性体は4個（$2^2 = 4$）まで可能性があるが，実際には3個の異性体しかない．*cis*-1,3-ジメチルシクロヘキサンは対称面をもつ（図5.17）のでアキラルである．

trans-1,3-ジメチルシクロヘキサンは対称面をもたないので，一組のエナンチオマーとして存在する（図5.18）．*trans*-1,3-ジメチルシクロヘキサンの二つのエナンチオマーの分子模型を作ってみるとよい．両者を重ね合わせることができないこと，さらに一方のエナンチオマーの環を反転しても重ね合わせることができないことがはっきりするだろう．

1,2-ジメチルシクロヘキサン　1,2-ジメチルシクロヘキサンもキラル中心を2個もっているので，4個まで立体異性体が可能である．しかし，この場合にも3個の異性体しかない．*trans*-1,2-ジメチルシクロヘキサン（図5.19）には1組のエナンチオマーがある．この分子は対称面をもたない．

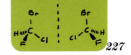

5.13 環式化合物の立体異性

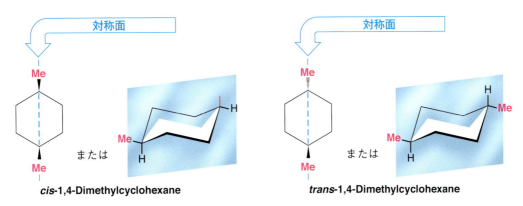

図 5.16 *cis*- および *trans*-1,4-Dimethylcyclohexane
シス体とトランス体は互いにジアステレオマーである．両者とも対称面をもつのでアキラルである．

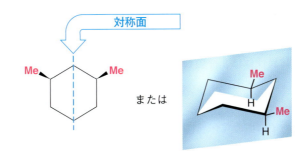

図 5.17 *cis*-1,3-Dimethylcyclohexane
対称面をもつのでアキラルである．

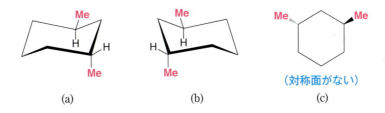

図 5.18 *trans*-1,3-Dimethylcyclohexane
対称面をもたないので，一組のエナンチオマーがある．(a) と (b) の構造式は重ね合わせることができない．一方の構造式の環を反転しても，もう一方の構造式に重ね合わせることはできない．(c) は (b) の簡略化した表記法．

cis-1,2-ジメチルシクロヘキサンでは，いくぶん事態が複雑である．図 5.20 のように二つの立体配座 (c) と (d) について考えてみると，この両者は鏡像の関係にあり，一方を他方に重ね合わせることができない．どちらも対称面はないし，キラル分子である．しかし，環反転によって相互変換できる．したがって，これら二つの構造式はエナンチオマーを表しているが，分けることはできない．室温よりかなり低い温度でも，両者はすばやく相互変換しているからである．これらは同一化合物の別の立体配座を表しているにすぎない．(c) と (d) は立体配置の異なる立体異性体ではなくて，**配座異性体**である（4.9A 項参照）．すなわち，1,2-ジメチルシクロヘキサンに

図 5.19 *trans*-1,2-Dimethylcyclohexane

対称面をもたないので，一組のエナンチオマー (a) と (b) として存在する [(a) と (b) は最も安定な立体配座で書いてある．環反転するといずれも 2 個のメチル基がアキシアルになる]．

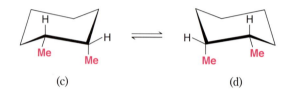

図 5.20 *cis*-1,2-Dimethylcyclohexane の環反転

二つのいす形配座 (c) と (d) として存在し，すばやく相互変換している．

は，常温で単離可能な立体異性体は 3 種類しか存在しない．

問題 5.22 次の化合物のすべての立体異性体の構造式を書き，エナンチオマーの関係にある組合せと，もしあればアキラルな化合物に分類せよ．
  (a) 1-Bromo-2-chlorocyclohexane (c) 1-Bromo-4-chlorocyclohexane
  (b) 1-Bromo-3-chlorocyclohexane

問題 5.23 問題 5.22 の解答でエナンチオマーの関係にあるものは (*R-S*) 命名法で表示せよ．

5.14 キラル中心の結合が開裂しない反応を使って立体配置を関係付けること

- もし反応がキラル中心の結合を切らずに進行するなら，そのような反応は**立体配置の保持** retention of configuration で進行したという．反応の結果，キラル中心に結合している基の優先順位が変わったために (*R-S*) 表示が変わったとしても，この事実は変わらない．

まず，立体配置の保持で進み，(*R-S*) 表示も変化しないような反応を考えてみよう．そのような例として，(*S*)-(−)-2-メチル-1-ブタノールが塩酸と反応して (*S*)-(+)-1-クロロ-2-メチルブタンを生成する反応がある．この反応ではキラル中心の結合は切れていない（この反応がどのように起こるかについては 10.8A 項で説明する）．

5.14 キラル中心の結合が開裂しない反応を使って立体配置を関係付けること

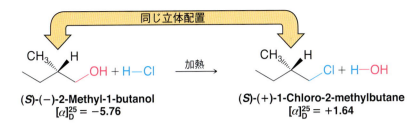

この例ではキラル中心の (R-S) 表示が変化していないのに旋光度の符号は変化しているので，旋光度の符号が (R-S) 表示とは直接関係ないことを示す例にもなっている．

次に，(R)-1-ブロモ-2-ブタノールが亜鉛と酸と反応して (S)-2-ブタノールを生成する反応を考えてみよう．ここでは，この反応においてキラル中心の結合が開裂していないことだけ確認できれば，反応がどのように進むかは関係ない．

この反応は立体配置の保持で進んでいるが，キラル中心に結合している置換基の優先順位が (Br が H に置き換わったせいで) 変化したために (R-S) 表示が変化している．

例題 5.8

Acetone 中で (R)-1-bromo-2-butanol が KI と反応すると，生成物は 1-iodo-2-butanol である．生成物は (R) か (S) 配置のどちらか．

解き方と解答:

キラル中心の結合が切れていないので，反応は次のように書ける．

C1 の臭素がヨウ素に置き換わっても C1 の優先順位は変化しないので，生成物の立体配置は (R) である．

5.14A 相対配置と絶対配置

キラル中心との結合が開裂しない反応は，キラル分子の立体配置を関係付けるのに有用である．すなわち，ある化合物の相対配置が同じであるということを証明するのに用いられる．すぐ前で述べた反応例では，いずれも生成物は基質と同じ相対配置をもっている．

- 別の分子のキラル中心が共通の基を3個もっておりこれらの中心原子とともにピラミッド形の配置で重ね合わせることができれば，二つのキラル中心の**相対配置** relative configuration は同じである．

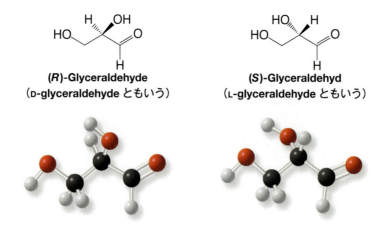

化合物 I と II の相対配置は同じである．共通の基と中心原子は重ね合わせることができる．

1951 年より前には，キラル分子の相対配置しか知られていなかった．それ以前は，キラル分子中の置換基の実際の立体配置を確実に証明することは不可能であった．いいかえれば，光学活性化合物の絶対配置を決定することはできなかった．

- キラル中心の**絶対配置** absolute configuration は (R) または (S) で表示されるものである．これはキラル中心まわりの置換基の実際の空間配列が明らかである場合にのみ特定できる．

絶対配置がわかる以前には，立体化学がわかっている反応を用いてキラル分子の立体配置を，標準物質として任意に選ばれた一つの化合物グリセルアルデヒドに関係付けるということが行われた．

Glyceraldehyde

グリセルアルデヒドはキラル中心を一つもっているので，一組のエナンチオマーとして存在する．

(R)-Glyceraldehyde
(D-glyceraldehyde ともいう)

(S)-Glyceraldehyd
(L-glyceraldehyde ともいう)

古い立体配置の表示法では，(R)-グリセルアルデヒドは D-グリセルアルデヒド，(S)-グリセルアルデヒドは L-グリセルアルデヒドとよばれていた．この命名法は，炭水化物の命名に特別の意味付けを与えて今でも使われている（21.2B 項参照）．

グリセルアルデヒドの一方のエナンチオマーである (R)-グリセルアルデヒドは右旋性 $(+)$ で，もう一方の (S)-グリセルアルデヒドは，当然，左旋性 $(-)$ である．しかし 1951 年以前は，どちらの立体配置がどちらのエナンチオマーに対応しているかわからなかった．化学者たちは，$(+)$-異性体を仮に (R) 配置であると仮定して，その他の分子の立体配置は，立体化学のわかっている反応を用いてこのグリセルアルデヒドの $(+)$ または $(-)$ のエナンチオマーに関係付けた．

例えば，$(-)$-乳酸の立体配置は，次の一連の反応を通して $(+)$-グリセルアルデヒドに関係付けられた．

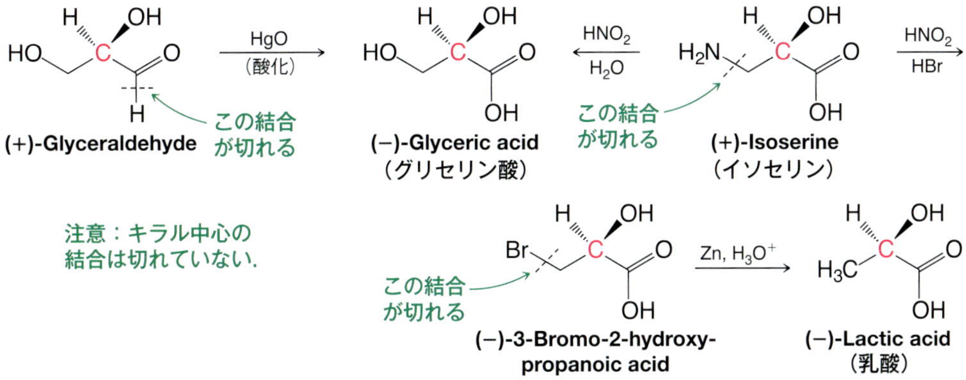

5.14 キラル中心の結合が開裂しない反応を使って立体配置を関係付けること

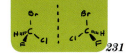

(+)-Glyceraldehyde → HgO（酸化） → (−)-Glyceric acid（グリセリン酸） → HNO₂/H₂O ← (+)-Isoserine（イソセリン） → HNO₂/HBr → (−)-3-Bromo-2-hydroxy-propanoic acid → Zn, H₃O⁺ → (−)-Lactic acid（乳酸）

この結合が切れる

注意：キラル中心の結合は切れていない．

これらの反応の立体化学はすべて既知である．反応はキラル中心（赤色で示している）の結合が開裂することなく進行しているので，立体配置は保持されている．もし，(+)-グリセルアルデヒドの立体配置が (R) で左下図のように書けるとすると，(−)-乳酸の立体配置も (R) であり，右下図のように書ける．

(R)-(+)-Glyceraldehyde   (R)-(−)-Lactic acid

(−)-グリセルアルデヒドの立体配置は，立体化学のわかっている反応を用いて，(+)-酒石酸にも関係付けられた．

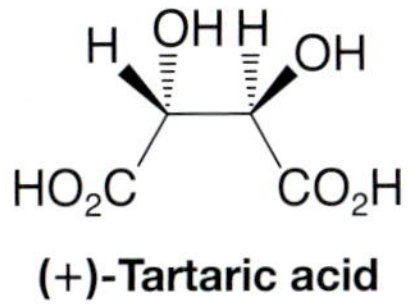

(+)-Tartaric acid

1951 年，オランダの J. M. Bijvoet（バイフート）(University of Utrecht) は X 線回折法を用いて，(+)-酒石酸が上に示すような絶対配置をもっていることを決定した．すなわち，最初に仮定した (+)-グリセルアルデヒドと (−)-グリセルアルデヒドの立体配置も正しいことが証明されたのである．したがって，これまでにグリセルアルデヒドのエナンチオマーに関係付けられたすべての化合物の立体配置がわかり，これらを絶対配置で示すことができるようになった．

例題 5.9

アキラルな tartaric acid（酒石酸）を三次元式で書け．

解き方と解答：

Tartaric acid は二つのキラル中心をもっているので，アキラルな異性体は対称面をもっているメソ化合物であるに違いない．

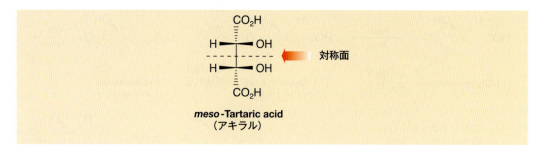

5.15 エナンチオマーの分離：光学分割

光学活性化合物やラセミ体についての重要な問題は，エナンチオマーをどのようにして分離するかということである．エナンチオマー同士は通常の溶媒に対しては同じ溶解度をもち，また同じ沸点を示す．したがって，有機化合物を分離するのによく使われる結晶化や蒸留などの方法は，ラセミ体の二つのエナンチオマーを分離するのには役立たない．

5.15A Pasteur によるエナンチオマーの分離

1848 年 L. Pasteur によって行われた酒石酸塩のラセミ体の分離が鏡像異性という現象の発見につながった．このため，Pasteur は立体化学の創始者といわれている．

(+)-酒石酸はブドウ酒製造の副産物の一つである（生物は通常キラル分子の一方のエナンチオマーだけを作る）．Pasteur は酒石酸のラセミ体の試料をある化学工場主からもらいうけた．彼はラセミ体の酒石酸のナトリウムアンモニウム複塩の結晶を作り，その結晶構造の研究を行っていた．そして，この結晶に 2 種類の形があることに気付いた．その一つはすでに知られていた (+)-酒石酸ナトリウムアンモニウム複塩の結晶と同一であり，もう一つの結晶は一つ目の結晶とは重ね合わせることのできない鏡像の関係にあった．すなわち，2 種類の結晶はキラルであった．彼はピンセットと拡大鏡を用いてそれらを拾い分け，それぞれを水に溶かし，旋光度を測定した．一つ目の結晶の溶液は右旋性を示し，(+)-酒石酸ナトリウムアンモニウム複塩と同一であることが証明された．二つ目の結晶の溶液は左旋性であった．すなわち，平面偏光を逆方向に同じ角度だけ回したのである．この結晶は (−)-酒石酸ナトリウムアンモニウム複塩であった．結晶を溶液に溶かせば，当然，見かけ上の結晶形のキラリティーは消失するはずであるが，溶液中でも光学活性が残った．したがって，Pasteur は分子自体がキラルでなければならないと考えた．

酒石酸の二つの形の光学活性が分子自体の性質によるものであるという証明と鏡像異性に関する Pasteur の発見は，1874 年の van't Hoff と Le Bell による炭素の四面体構造の提案の基となった．

(+)-酒石酸や (−)-酒石酸の塩のようにキラルな結晶を作ったり，エナンチオマーが酒石酸ナトリウムアンモニウム塩の結晶のようにキラルな形で別々に結晶化したりするような有機化合物はあいにく少ない．そのため，この Pasteur の方法は一般的には適用できない．

5.15B 現在のエナンチオマーの分割法

エナンチオマーを分離する最も有用な方法の一つは，次のようなものである．

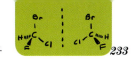

- ラセミ体を他の光学活性化合物の一方のエナンチオマーと反応させると，ジアステレオマーの混合物が生じる．ジアステレオマーは融点，沸点や溶解度が異なるので，通常の方法で分離することができる．

ジアステレオマーの再結晶による分離がその一つである．この方法の詳細は 19.3F 項で説明する．もう一つの方法は酵素による**光学分割** optical resolution である．この場合，酵素がラセミ体の一方のエナンチオマーを選択的に他の化合物に変換する．その後，反応を起こさなかったエナンチオマーと新しく生成した化合物を分離する．5.10B 項で述べたリパーゼによる反応はこのタイプの光学分割の例である．

現在，キラルな媒体を用いたクロマトグラフィーがエナンチオマーを分割するために広く使われている．この方法は，高速液体クロマトグラフィー high-performance liquid chromatography (HPLC) にも応用されている．ラセミ体の分子はキラルなクロマトグラフィーの媒質（固定相）とジアステレオマー様の相互作用を起こし，クロマトグラフィー装置を通過する際，ラセミ体の両エナンチオマーは異なった速度で移動することになる．それぞれのエナンチオマーは，クロマトグラフィー装置から溶出する際に，別々に分けて集められる（19.3 節の"エナンチオマーの HPLC 分離の化学"を参照すること）．

5.16　炭素以外のキラル中心をもつ化合物

4 個の異なる基（または原子）と結合している四面体形原子なら何でもキラル中心となる．下に炭素以外のキラル中心をもつ分子の例を示す．

ケイ素やゲルマニウムは周期表で炭素と同じ族に属し，炭素と同じように四面体形化合物を作る．4 個の異なる基（または原子）がケイ素やゲルマニウム，窒素原子に結合しているとその分子はキラルになり，そのエナンチオマーは原理的に光学分割することができる．

スルホキシド sulfoxide もキラルであり，その 4 個の異なる基の一つは非共有電子対である．アミンも同様であるが，実際にはエナンチオマーを単離することは難しい（19.2B 項）．

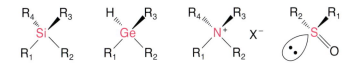

5.17　キラル中心をもたないキラル分子

ある分子が，もしその鏡像と重なり合わないならばキラルである．われわれが見かける大部分のキラル分子はキラル中心をもっているが，他の構造要素がキラリティーの原因となるキラル分子もある．例えば，非常に大きな回転障壁をもっているために，個々の配座異性体が分離でき精製できるような化合物がある．これらの配座異性体は立体異性体である．

安定で単離できるような配座異性体は**アトロプ異性体** atropisomer とよばれる．キラルなアトロプ異性体の存在が，立体選択的反応のキラル触媒の開発に大きく貢献した．その一例がBINAPであり，両エナンチオマーを次に示す．

BINAPのキラリティーは，ほぼ直交した二つのナフタレン環を結ぶ結合の回転が制約されていることによる．このねじれに対する障壁のために二つの配座異性体，(S)- と (R)-BINAP*がエナンチオマーとして分割できるのである．それぞれのエナンチオマーをルテニウムやロジウムのような金属の配位子として用いる（リン原子の非共有電子対が金属に配位する）と，キラルな有機金属錯体が生成し，立体選択的な水素化や他の工業的に重要な反応の触媒となる．このキラル配位子の重要性は，ロジウム-(S)-BINAP触媒による異性化反応を用いた (−)-メントールの工業的合成が年間約 3,500 トンになるということからもよくわかる．

アレンも立体異性を示す化合物である．アレンは次のように結合した二重結合をもつ分子である．

アレンの二つのπ結合の面は互いに直交している．

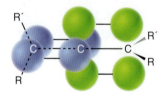

このπ結合の立体構造のために，末端炭素に結合した基が互いに直交した面内にある．その結果，末端炭素に異なる置換基をもつアレンはキラルになる（図 5.21）（アレンにはシス-トランス異性はない）．

鏡

図 5.21　1,3-Dichloroallene のエナンチオマー

これらの二つの分子は互いに鏡像の関係にあり，重なり合わないのでキラルである．しかし，キラル中心をもっていない．

---

* （訳注）これらのキラル中心を持たないキラル分子の (R-S) 規則はこのテキストの範囲を越えるので，ここでは触れない．

◆補充問題

5.24 次の化合物のうち，どの分子がキラルで，エナンチオマーとして存在するか．

(a) 1,3-Dichlorobutane
(b) 1,2-Dibromopropane
(c) 1,5-Dichloropentane
(d) 3-Ethylpentane
(e) 2-Bromobicyclo[1.1.0]butane
(f) 2-Fluorobicyclo[2.2.2]octane
(g) 2-Chlorobicyclo[2.1.1]hexane
(h) 5-Chlorobicyclo[2.1.1]hexane

5.25 下に示す salbutamol（サルブタモール）は喘息の治療によく処方される気管支拡張剤である．*R* 配置のエナンチオマーの三次元式を，くさび結合を用いて書け．できるだけ多くの炭素原子を紙面上に置き，非共有電子対と水素原子（Me と書いたメチル基を除く）をすべて示すこと．

Salbutamol

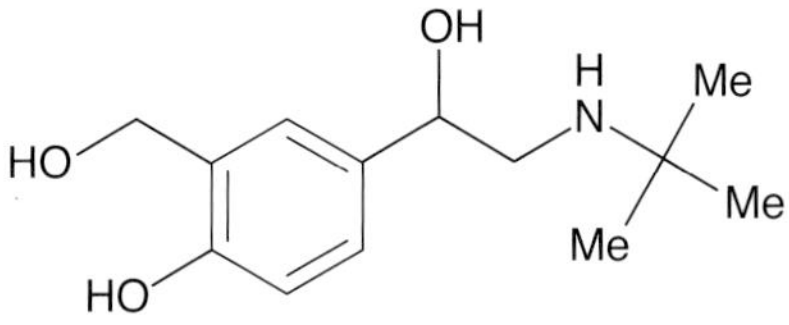

5.26* (a) 2,2-Dichlorobicyclo[2.2.1]heptane の構造式を書け．(b) この化合物は何個のキラル中心をもつか．(c) 2^n 則に従うと，何個の立体異性体が予想されるか．(d) 実際には，この化合物にはエナンチオマーが1組しか存在しない．なぜか説明せよ．

5.27* 下に（2*R*,3*R*）-，（2*S*,3*S*）-，および（2*R*,3*S*）-2,3-dichlorobutane の Newman 投影式を示す．(a) どれがどの化合物に当たるか．(b) どれがメソ化合物か．

A　**B**　**C**

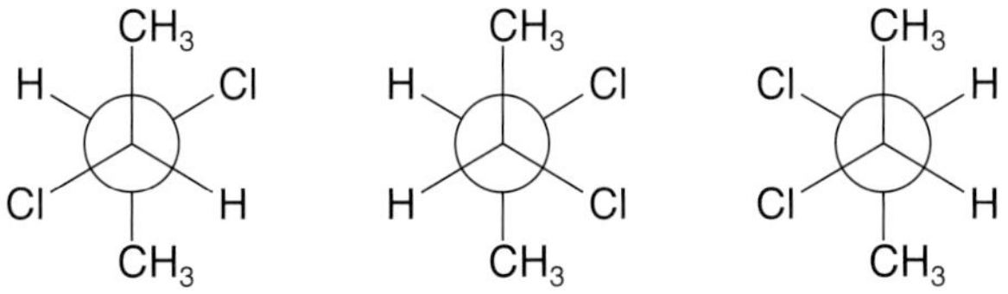

5.28 次に示す化合物のキラル中心の立体配置を（*R*-*S*）表示で示し，それぞれの組合せの化合物の関係が，エナンチオマー，ジアステレオマー，構造異性体，同一化合物のいずれであるか述べよ．分子模型で答えを確かめるとよい．

(a)

と

(b)

と

(c)

と

(d)

と

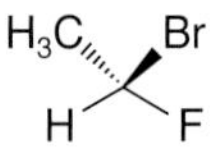

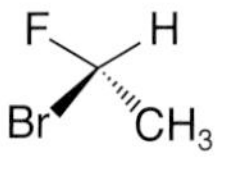

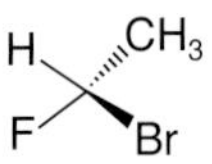

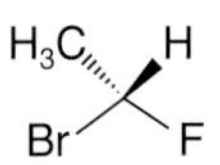

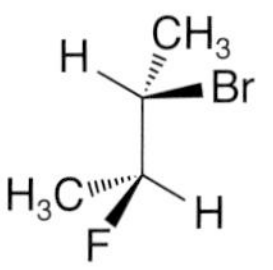

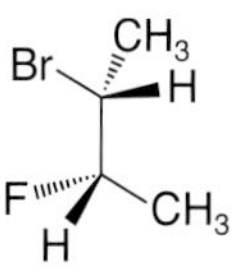

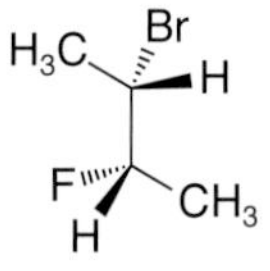

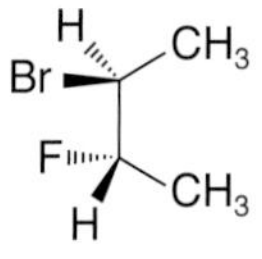

(e), (f), (g), (h), (i), (j), (k), (l), (m), (n), (o)

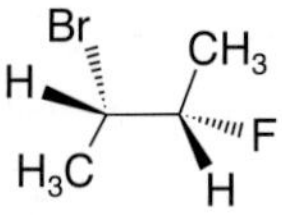

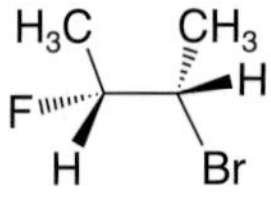

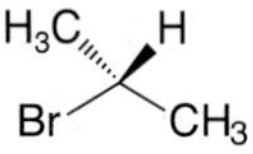

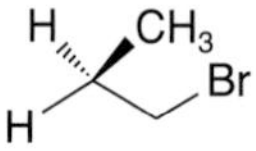

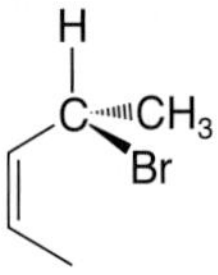

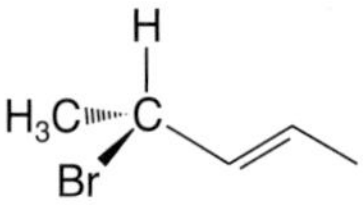

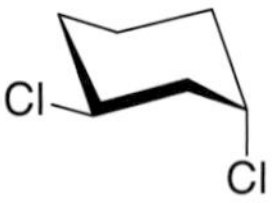

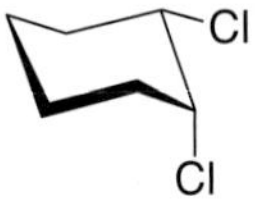

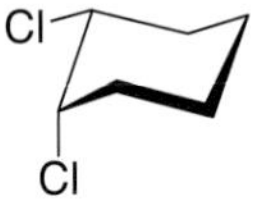

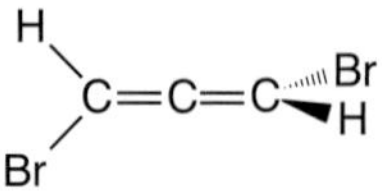

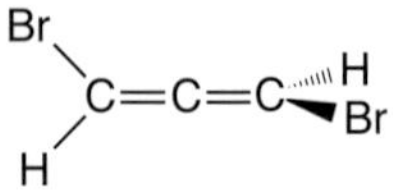

5.29 Aspartame（アスパルテーム）は人工甘味料の一つである．アスパルテームの各キラル中心の立体配置を（R-S）表示で示せ．

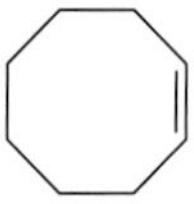

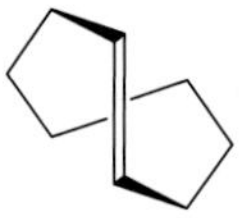

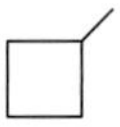

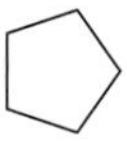

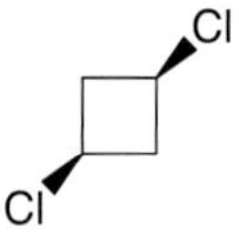

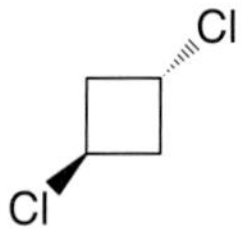

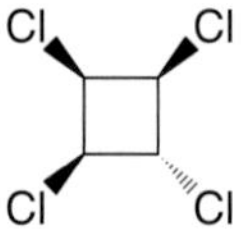

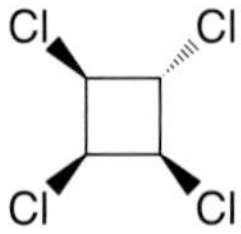

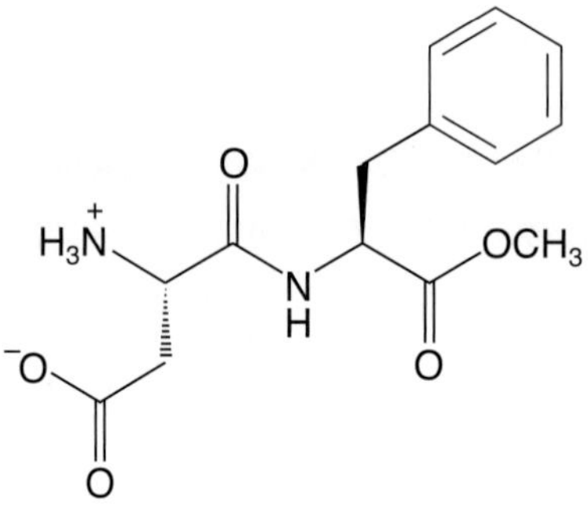

Aspartame

Chapter

6

イオン反応:
ハロゲン化アルキルの求核置換反応と脱離反応

　置き換えること(置換)がよいことであるとは限らない.例えば,クッキーを作るときに砂糖の代わりに塩を使いたいとは間違っても思わないだろう.しかし,置換によってはよいものが得られることもある.有機化学ではそうであることが多い.求核置換反応によって,ある化合物の官能基を全く異なる官能基に変換し,性質の異なる新しい化合物を得ることができる.また,生物は数多くの特異的な置換反応を用いて生命を維持している.

本章で学ぶこと:
- どのような基を置換したり脱離したりすることができるか
- そのような反応の機構
- そのような反応が起こる反応条件

6.1　ハロゲン化アルキル

- **ハロゲン化アルキル** alkyl halide* のハロゲン原子は sp^3 混成(四面体形)炭素に結合している.
- ハロゲン原子は炭素よりも電気陰性度(表 1.1)が大きいので,ハロゲン化アルキルの C—X 結合は分極しており,炭素原子は部分正電荷($\delta+$)を帯び,ハロゲン原子は部分負電荷($\delta-$)を帯びている.

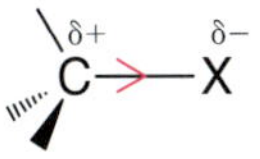

[写真提供:(砂糖の入ったボール)Sylvie Shirazi Photography/Getty Images(塩と砂糖を注ぎ込む)Tom Grill/Getty Images]

* (訳注)ハロゲン化アルキルの IUPAC 命名法による系統的名称はハロアルカン haloalkane である.

表 6.1 炭素−ハロゲンの結合距離と結合の強さ

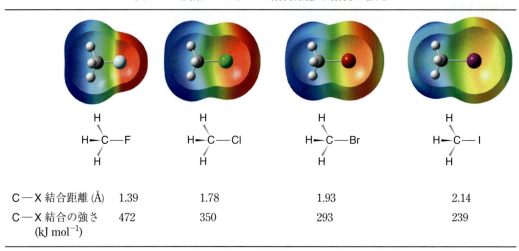

C—X 結合距離 (Å)	1.39	1.78	1.93	2.14
C—X 結合の強さ (kJ mol^{-1})	472	350	293	239

- ハロゲン化アルキルは，ハロゲン原子をもつ炭素に直接結合している炭素基（R）の数によって，第一級，第二級，第三級に分類される（2.5 節）．

ハロゲン原子は周期表の下にいくほど原子のサイズが大きくなる．すなわち，フッ素原子が最小で，ヨウ素原子が最大である．その結果，周期表の下にいくに従って C—X の結合距離は長くなり，C—X 結合の強さは弱くなる（表6.1）．4種類のハロゲン化メチルの van der Waals 表面の静電ポテンシャル図（球・棒分子模型をその中に書き入れている）は，X をフッ素からヨウ素まで換えていくと，極性，C—X 結合距離そしてハロゲン原子の大きさがどのように変化するかを示している．フッ化メチルは極性が極めて高く，C—F 結合は最も短く最も強い．これに対してヨウ化メチルは極性が低く，C—I 結合は最も長く最も弱い．

実験室や化学工業では，ハロゲン化アルキルを極性の低い化合物の溶媒として，また多くの化合物の合成原料として用いている．ハロゲン化アルキルのハロゲン原子は容易に他の基に置換され，また多重結合の導入にも用いられる．

ハロゲン原子がアルケンの炭素に結合している化合物は，**ハロゲン化アルケニル** alkenyl halide とよばれ，古い命名法ではビニル型ハロゲン化物 vinylic halide ともいわれていた．ハロゲンが芳香環に結合している化合物は，総称名としては**ハロゲン化アリール** aryl halide*とよばれ，特に芳香環がベンゼン環であれば**ハロゲン化フェニル** phenyl halide といわれる．これらの化合物のようにハロゲンが sp^2 炭素に結合している化合物の反応性は，ハロゲン化アルキルのように sp^3 炭素に結合している化合物とは大きく異なる．本章ではハロゲン化アルキルの反応について説明し，ハロゲン化アルケニルやハロゲン化アリールの反応については述べない．

---

*（訳注）アリール aryl とは1価の芳香族炭化水素基の一般名である．

ハロゲン化アルケニル　　　ハロゲン化フェニル（ハロゲン化アリールの一種）

6.1A　ハロゲン化アルキルの物理的性質

ほとんどのハロゲン化アルキルは，水に対する溶解度は非常に低く，ハロゲン化物同士は互いに混じり合い，また無極性溶媒にはよく溶ける．ジクロロメタン（CH_2Cl_2，塩化メチレン methylene chloride ともよばれる），トリクロロメタン（$CHCl_3$，クロロホルム chloroform ともよばれる），テトラクロロメタン（CCl_4，四塩化炭素 carbon tetrachloride ともよばれる）は無極性または低い極性をもつ有機化合物の溶媒としてよく用いられる．しかし，CH_2Cl_2, $CHCl_3$, CCl_4 など多くのクロロアルカン類は蓄積性の毒性をもち，発がん性があるので，ドラフトの中で十分注意して取り扱う必要がある．

問題 6.1　次の化合物の IUPAC 名を書け．

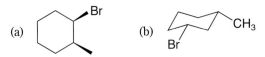

問題 6.2　次の有機ハロゲン化物を，第一級，第二級，第三級に分類せよ．

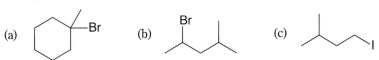

6.2　求核置換反応

求核置換反応 nucleophilic substitution reaction は，有機反応の中でも最も基本的な反応の一つである．求核置換反応においては，置換反応を受ける分子（基質）の**脱離基** leaving group（LG）が**求核剤** nucleophile（Nu:）で置換される＊．

- **求核剤**は常に Lewis 塩基であり，負電荷をもつものも電荷をもたないものもある．
- **脱離基**は，基質から外れるとき常に結合電子対をもって離れていく．

基質 substrate は多くの場合ハロゲン化アルキル（R—Ẍ:）であり，脱離基はハロゲン化物イオン（:Ẍ:⁻）である．次に求核置換反応の一般式と実際の反応例をいくつか示す．

＊　本章では，反応式の中で求核剤は赤色で，脱離基は青色で示す．

Chap. 6 イオン反応：ハロゲン化アルキルの求核置換反応と脱離反応

$$\text{Nu}^- + \text{R–LG} \longrightarrow \text{R–Nu} + {}^-\text{LG}$$

求核剤は基質に電子対を供与するLewis塩基である．

炭素と脱離基の間の結合が切れ，その結合電子対を脱離基に与える．

求核剤はその電子対を用いて，基質の炭素と新しい共有結合を作る．

脱離基は基質と結合していた電子対をもらう．

$$\text{HO}^- + \text{CH}_3\text{–I} \longrightarrow \text{CH}_3\text{–OH} + \text{I}^-$$

$$\text{CH}_3\text{O}^- + \text{CH}_3\text{CH}_2\text{–Br} \longrightarrow \text{CH}_3\text{CH}_2\text{–OCH}_3 + \text{Br}^-$$

$$\text{I}^- + \text{CH}_3\text{CH}_2\text{CH}_2\text{–Cl} \longrightarrow \text{CH}_3\text{CH}_2\text{CH}_2\text{–I} + \text{Cl}^-$$

$$\text{R}_3\text{N:} + \text{H}_3\text{C–I} \longrightarrow \text{R}_3\text{N}^+\text{–CH}_3 + \text{I}^-$$

求核置換反応では，基質の炭素と脱離基の結合はヘテロリシス (3.4節) で切れる．求核剤の非共有電子対は炭素と新しい結合を作る．

後で問題になる重要な疑問は，脱離基と炭素の間の結合がいつ切れるのかということである．求核剤と炭素の間の新しい結合が生成するのと同時に切れるのだろうか．

$$\text{Nu}^- + \text{R–X} \longrightarrow \text{Nu}^{\delta-}\text{---R---X}^{\delta-} \longrightarrow \text{Nu–R} + \text{X}^-$$

それとも，脱離基との結合のほうが先に切れるのだろうか．

$$\text{R–X} \longrightarrow \text{R}^+ + \text{X}^-$$

それに続いて結合が生成するのか．

$$\text{Nu}^- + \text{R}^+ \longrightarrow \text{Nu–R}$$

6.6節と6.9節で述べるように，その答えは基質の構造に大きく依存する．

例題 6.1

(a) メトキシドイオン（CH_3O^-；NaOCH_3 として）の methanol 溶液は，methanol (CH_3OH) に水素化ナトリウム (NaH) を加えることによって調製できる．可燃性の気体（水素）が同時に生成する．このとき起こる酸塩基反応を書け．(b) この溶液に CH_3I を加えて加熱したときに起こる求核置換反応を書け．

解き方と解答：

(a) 3.15節で述べたように，水素化ナトリウムは Na^+ イオンとヒドリド (H^-) イオンからなり，ヒドリドイオンは非常に強力な塩基である［非常に弱い酸である H_2 ($pK_a = 35$，表3.1) の共役塩基である］．起こっている酸塩基反応は次のようになる．

$$\text{CH}_3\ddot{\text{O}}-\text{H} + \text{Na}^+ :\text{H}^- \longrightarrow \text{H}_3\text{C}-\ddot{\text{O}}:^- \text{Na}^+ + \text{H}:\text{H}$$

Methanol　　　水素化ナトリウム　　ナトリウムエトキシド　　　水素
（より強い酸）　　（より強い塩基）　　（より弱い塩基）　　　（より弱い酸）

(b) メトキシドイオンが CH_3I と求核置換反応を起こす．

$$\text{CH}_3-\ddot{\text{O}}:^- \text{Na}^+ + \text{CH}_3-\ddot{\text{I}}: \xrightarrow{\text{CH}_3\text{OH}} \text{H}_3\text{C}-\ddot{\text{O}}-\text{CH}_3 + \text{Na}^+ + :\ddot{\text{I}}:^-$$

6.3　求核剤

求核剤は正電荷中心を求める反応剤である．

- 負電荷をもつイオンや中性の分子で非共有電子対をもつものは求核剤になりうる．

求核剤がハロゲン化アルキルと反応するとき，ハロゲンが結合している炭素原子が正電荷中心として求核剤を引き付ける．この炭素は，電気陰性度の大きいハロゲン原子が C—X 結合の電子を自分のほうに引き寄せるため，部分正電荷を帯びている．

次の二つの例を見てみよう．一つは負電荷をもつ Lewis 塩基が求核剤になっており，もう一つは電荷をもたない Lewis 塩基が求核剤になっている．

1. **負電荷をもつ求核剤**（この場合は水酸化物イオン）を用いると，中性の生成物（この場合はアルコール）が生成する．負の求核剤と炭素の間に共有結合が生成することによって，求核剤の形式電荷が中和される．

   負電荷をもつ求核剤による求核置換の結果，中性の生成物が生じる．

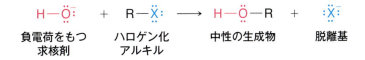

2. **電荷をもたない求核剤**（この場合は水）を用いると，最初にできるのは正電荷をもつ生成物である．中性の求核剤は基質と共有結合を作ることによって，正の形式電荷を得る．中性の生成物は，初期生成物の形式正電荷をもつ原子からプロトンが取り去られて初めて生じる．

中性の求核剤による求核置換の結果，最初に生じるのは正電荷をもつ生成物である．

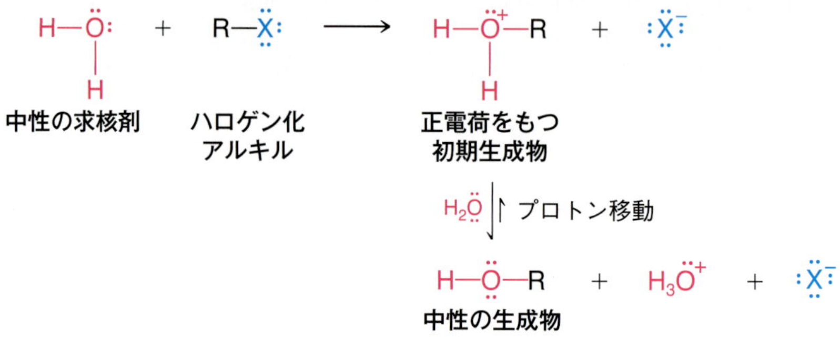

$$H-\overset{..}{\underset{H}{O}}-H + R-\overset{..}{\underset{..}{X}}: \longrightarrow H-\overset{..}{\underset{H}{O}}{}^+-R + :\overset{..}{\underset{..}{X}}:^-$$

中性の求核剤　　ハロゲン化アルキル　　正電荷をもつ初期生成物

$H_2\overset{..}{O}$ ↓↑ プロトン移動

$$H-\overset{..}{\underset{..}{O}}-R + H_3\overset{..}{O}{}^+ + :\overset{..}{\underset{..}{X}}:^-$$

中性の生成物

このような反応では，求核剤は溶媒分子であることが多い．溶媒分子は大過剰に存在するために，平衡はアルキルオキソニウムイオンから水分子へのプロトン移動のほうにかたよる．この反応は加溶媒分解の例であり，6.12B項で詳しく説明する．

下に示すように，ハロゲン化アルキルとアンモニア（NH₃）の反応は，求核剤が電荷をもたない別の例になる．過剰のアンモニアがあれば，平衡はアルキルアンモニウムイオンからプロトンを取って中性のアミンを生成する方向にかたよる．

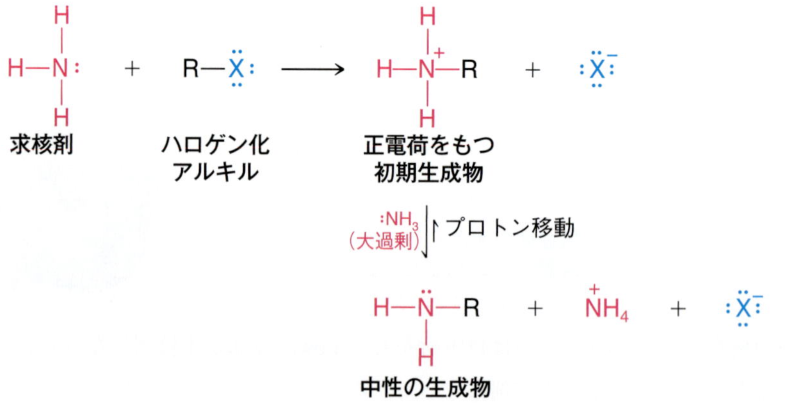

$$H-\overset{H}{\underset{H}{N}}-H + R-\overset{..}{\underset{..}{X}}: \longrightarrow H-\overset{H}{\underset{H}{N}}{}^+-R + :\overset{..}{\underset{..}{X}}:^-$$

求核剤　　ハロゲン化アルキル　　正電荷をもつ初期生成物

:NH₃（大過剰）↓↑ プロトン移動

$$H-\overset{H}{\underset{..}{N}}-R + \overset{+}{N}H_4 + :\overset{..}{\underset{..}{X}}:^-$$

中性の生成物

例題 6.2

次の反応式を正味のイオン反応式で書き直し，それぞれ求核剤，基質，脱離基を明示せよ．

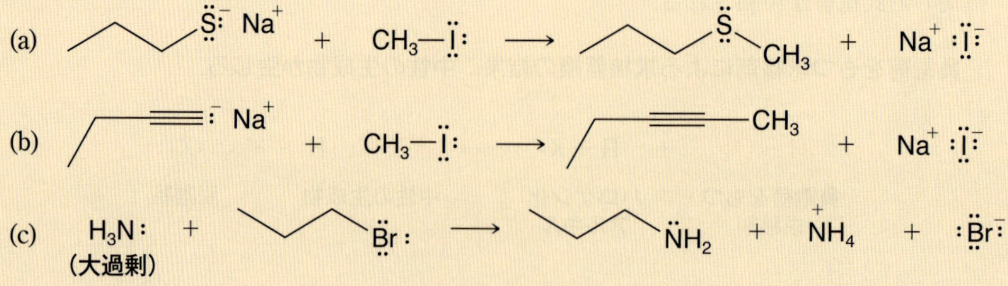

(a) CH₃CH₂CH₂–S⁻ Na⁺ + CH₃–I: ⟶ CH₃CH₂CH₂–S–CH₃ + Na⁺ :I:⁻

(b) CH≡C–CH₂⁻ Na⁺ + CH₃–I: ⟶ CH≡C–CH₂–CH₃ + Na⁺ :I:⁻

(c) H₃N: （大過剰） + CH₃CH₂CH₂–Br: ⟶ CH₃CH₂CH₂–NH₂ + ⁺NH₄ + :Br:⁻

解き方：

正味のイオン反応式には，反応に関係ない傍観イオンは含めないが，電荷と他の化学種については化学量論関係が合っている．傍観イオンは，反応における共有結合変化には含まれ

ないイオンであり，化学反応式の両側に現れる．反応式 (a) と (b) では，Na^+ イオンが傍観イオンであり，正味のイオン反応式には含めない．反応式 (c) においては，反応物の中にイオンがないので，生成物に見られるイオンは，共有結合変化で生じたものであって，傍観イオンではない．反応式 (c) は，正味のイオン反応式にしても簡単にはならない．

求核剤は，電子対を用いて生成物分子中の共有結合を作る．このように電子対を用いている化学種を見つければ，それが求核剤である．**脱離基**は，反応物分子の一つから電子対をもって外れていくものであり，そのような化学種を見つければよい．**基質**は，反応物のうち求核剤と結合を作り，脱離基を放出するものである．

解答：
反応式 (a) と (b) の正味のイオン反応式は次のようになるが，反応式 (c) はこれ以上簡単にはできない．求核剤，基質，脱離基は次のようになる．

(a)

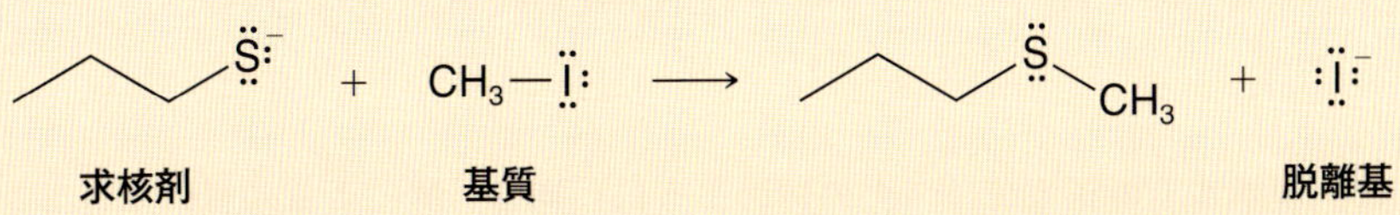

求核剤 　　　　　基質 　　　　　　　　　　　　　　　　　　脱離基

(b)

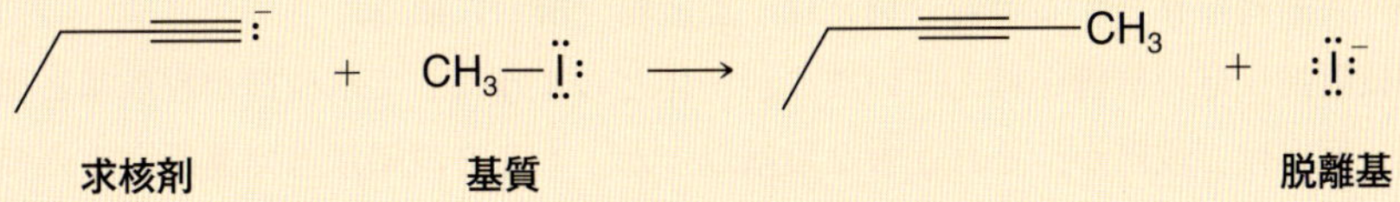

求核剤 　　　　　基質 　　　　　　　　　　　　　　　　　　脱離基

(c)

求核剤 　　　　　基質 　　　　　　　　　　　　　　　　　　　　　　　脱離基

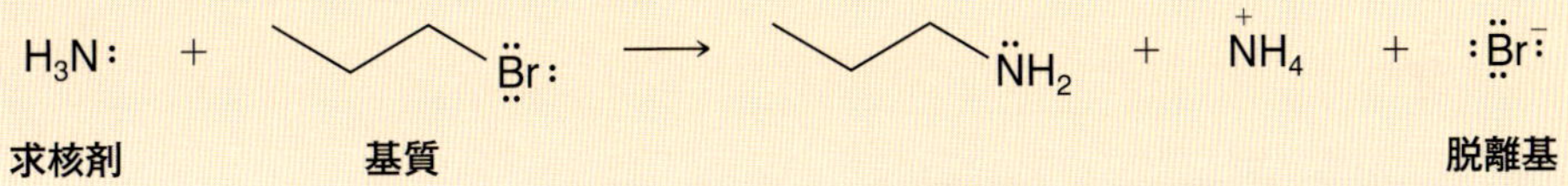

問題 6.3 次の反応式を正味のイオン反応式で書き直し，それぞれ求核剤，基質，脱離基を明示せよ．

(a) CH_3I + CH_3CH_2ONa ⟶ $CH_3OCH_2CH_3$ + NaI
(b) NaI + CH_3CH_2Br ⟶ CH_3CH_2I + $NaBr$
(c) $2\,CH_3OH$ + $(CH_3)_3CCl$ ⟶ $(CH_3)_3COCH_3$ + $CH_3\overset{+}{O}H_2$ + Cl^-
(d) 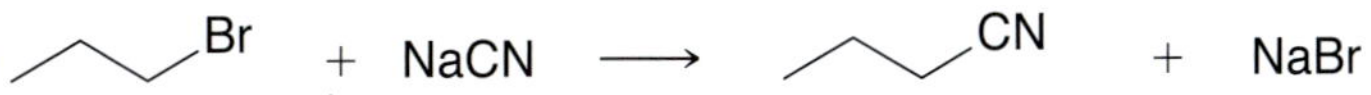 ⟋⟍Br + $NaCN$ ⟶ ⟋⟍CN + $NaBr$
(e) 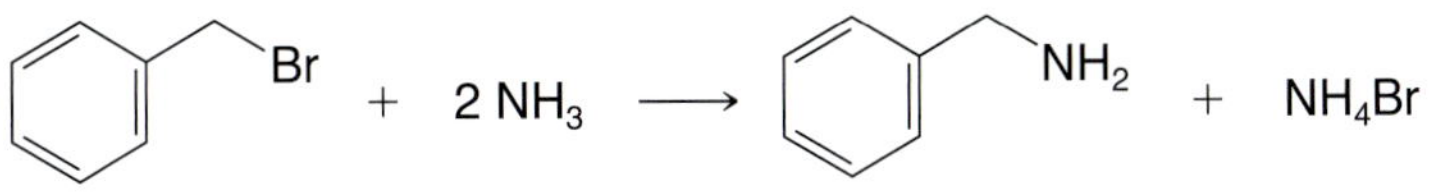 PhCH₂Br + $2\,NH_3$ ⟶ PhCH₂NH₂ + NH_4Br

6.4 脱離基

求核置換反応において基質となりうるためには，よい脱離基をもっていなければならない．

- **よい脱離基**は，脱離して，比較的安定で弱塩基性の分子またはアニオンになる置換基である．

これまでに出てきた例（6.2 節と 6.3 節）では，脱離基はハロゲンであった．ハロゲン化物イオンは弱い塩基である（X^- は強酸 HX の共役塩基である）ために，よい脱離基である．

脱離基によっては，水やアルコールのような中性の分子として外れるものもある．これが可能になるためには，脱離基は（外れる前には）形式正電荷をもっていなければならない．この脱離基が外れるときには電子対をもっていくので形式電荷が 0 になる．次に示すのは，脱離基が水分子として外れる例である．

$$CH_3-\overset{..}{\underset{H}{O}}: \; + \; CH_3-\overset{+}{\underset{H}{\overset{..}{O}}}-H \longrightarrow CH_3-\overset{+}{\underset{H}{\overset{..}{O}}}-CH_3 \; + \; :\overset{..}{\underset{H}{O}}-H$$

後述するように，脱離基上の正電荷は（上の例のように）通常，酸による基質のプロトン化によって生成する．しかし，現実的に基質のプロトン化に酸を使うことができるのは，求核剤自体の塩基性が低く，大過剰に存在する場合（例えば，加溶媒分解）に限る．

これから，求核置換反応の機構を考えていこう．一体どのようにして求核剤が脱離基と置き換わるのだろうか．反応は 1 段階か，それとも 2 段階以上か．もし 2 段階以上で進行するのであれば，どのような中間体が含まれているのだろうか．そして，どの段階が速く，どの段階が遅いのか．このような疑問に答えるためには，化学反応の速度についての知識が必要である．

6.5 求核置換反応の速度論：S_N2 反応

反応速度（**速度論** kinetics）を実際にどのように測定するのかを知るために，例として水溶液中における塩化メチルと水酸化物イオンの反応を考えてみよう．

$$CH_3-Cl \; + \; {}^-OH \; \xrightarrow[H_2O]{60\,°C} \; CH_3-OH \; + \; Cl^-$$

塩化メチルは水にはあまり溶けないが，速度論の研究を行う目的には十分，水酸化ナトリウム水溶液に溶ける．反応速度は温度に依存することがわかっている（6.7 節）ので，反応は一定温度で行う．

6.5A 反応速度の測定法

反応速度は実験的には，塩化メチルか水酸化物イオンが反応液から消失する速度，またはメタノ

表 6.2　60 ℃における CH_3Cl と HO^- の反応の速度の研究

実験 No.	初期濃度 [CH_3Cl] (mol L^{-1})	初期濃度 [HO^-] (mol L^{-1})	初期速度 (L mol^{-1} s^{-1})
1	0.0010	1.0	4.9×10^{-7}
2	0.0020	1.0	9.8×10^{-7}
3	0.0010	2.0	9.8×10^{-7}
4	0.0020	2.0	19.6×10^{-7}

ールか塩化物イオンが溶液中に現れる速度を測定することによって決定できる．この測定には，反応が始まって短時間経ったときに反応混合物から少量のサンプルを抜き取り，CH_3Cl または HO^- あるいは CH_3OH または Cl^- の濃度を分析する．反応が進行すれば反応物の濃度が変わるので，初速度 initial rate を求める．反応物の最初の濃度（初期濃度 initial concentration）はわかっている（なぜなら，溶液を作るときに量るから）ので，反応物が反応溶液から消失する速度，あるいは生成物が現れる速度は容易に計算できる．

　一定の反応温度で，反応物の初期濃度を変えて同様の実験を何度か繰り返す．その結果の一例を表 6.2 に示す．

　この実験の結果を見ると，速度は塩化メチルと水酸化物イオンの両方の濃度に依存していることがわかる．実験 2 で，塩化メチルの濃度を 2 倍にすると，速度は 2 倍になる．実験 3 で水酸化物イオンの濃度を 2 倍にすると，速度は 2 倍になる．実験 4 で，両者の濃度を同時に 2 倍にすると，速度は 4 倍になる．

　これらの結果を比例式として表すと，

$$\text{速度} \propto [CH_3Cl][HO^-]$$

となり，速度定数 rate constant とよばれる比例定数 k を導入すると方程式で表すことができる．

$$\text{速度} = k[CH_3Cl][HO^-]$$

この反応温度におけるこの反応の速度定数 k は 4.9×10^{-4} L mol^{-1} s^{-1} となる（これを自分で計算して確かめよう）．

6.5B　反応次数

　前項の反応は全体として**二次** second order であるといわれる*．したがって，この反応が起こるためには，水酸化物イオンと塩化メチルが衝突しなければならないと結論するのが合理的である．この反応は**二分子反応** bimolecular reaction であるという（二分子的であるというのは，この反応の速度を決めている段階において二つの化学種が関係しているということである．一般に反応の段階に含まれる化学種の数を**反応分子数** molecularity という）．このタイプの反応を **S_N2 反応**（**置換** substitution, **求核的** nucleophilic, **二分子的** bimolecular の略）という．

---

* 一般に反応全体の次数は反応式　速度 = $k[A]^a[B]^b$ における「べき指数」a と b の和に等しい．例えば，ある反応で速度 = $k[A]^2[B]$ という関係があったとすると，この反応速度は [A] に関して二次，[B] に関して一次，全体として三次ということになる．

6.6 S$_N$2 反応の機構

基本的な S$_N$2 反応の機構は 1937 年に E. D. Hughes（ヒューズ）と Sir Christopher Ingold（インゴールド）によって提案された．次の模式図に示すように，分子軌道の相互作用*もこの機構を支持している．

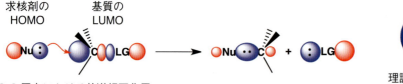

S$_N$2 反応における軌道相互作用

理論計算で得られた CH$_3$Cl の反結合性分子軌道

求核剤の電子対の入った軌道（最高被占分子軌道 highest occupied molecular orbital：HOMO）が基質の空軌道（最低空分子軌道 lowest unoccupied molecular orbital：LUMO；脱離基が付いた炭素の反対側のローブが大きい）と重なりはじめる．反応が進むにつれて求核剤と炭素原子の結合が強まり，炭素原子と脱離基間の結合は弱まる．求核剤と炭素間に新しい結合が生成することによって，炭素と脱離基間の結合の開裂に必要な大部分のエネルギーがまかなわれる．

この機構によれば，

- 求核剤は脱離基をもつ炭素の**背面**，すなわち脱離基とは正反対の方向から接近する．
- 求核剤が結合を作り脱離基が外れていくと，炭素原子の立体配置が**反転**† inversion し，四面体形炭素の立体配置が逆転する．

塩化メチルと水酸化物イオンの反応の機構は「反応機構」ボックスに示すように表される．

- S$_N$2 反応は**遷移状態** transition state といわれる不安定な原子配列の状態を通って，1 段階（中間体を経ずに）で進行する．

遷移状態は不安定な一時的な原子配列の状態であり，求核剤と脱離基の両方が置換を受ける炭素に部分的に結合している．このように遷移状態は求核剤（水酸化物イオン）と基質（塩化メチル分子）の両方からなっているので，この機構は実測の二次反応速度式とよく一致している．

---

* （訳注）原著の軌道図は不適切な点があると思われるので，変更した．反応は分子間の被占分子軌道と空分子軌道の相互作用によって進行する．エネルギー準位の差が小さいほど相互作用が大きくなるので，一つの反応物のいちばんエネルギー準位の高い被占軌道（**HOMO**）と，もう一方の反応物のいちばんエネルギー準位の低い空軌道（**LUMO**）との間の相互作用が，反応において最も重要になる．

† Hughes と Ingold が 1937 年に論文を発表する以前に，このような反応で脱離基をもつ炭素の立体配置の反転についてはかなり知られていた．この最初の報告はラトビアの化学者 P. Walden（ワルデン）によって 1896 年に発表されており，彼の功績を称えてこの反転を **Walden 反転**とよんでいる．S$_N$2 反応のこの点についてはさらに 6.8 節で述べる．

反応機構

S_N2 反応の機構

反応

$$HO^- + CH_3Cl \longrightarrow CH_3OH + Cl^-$$

機構

[構造式：HO⁻ が CH₃Cl の炭素を背面から攻撃し、遷移状態を経て CH₃OH と Cl⁻ を生成する図]

遷移状態

| 負電荷をもった水酸化物イオンが部分的に正電荷を帯びた炭素に背面から攻撃する．塩素原子は炭素との結合電子対をもって離れはじめる． | 遷移状態では，酸素と炭素の間に結合が部分的にできつつあり，炭素と塩素の結合が部分的に切れかけている．炭素原子の立体配置は反転しはじめる． | 酸素と炭素の間に新しい結合が生成し，塩化物イオンは離れてしまっている．炭素の立体配置は反転している． |

- 結合の生成と開裂が同時に（協奏的に）起こるので，S_N2 反応は **協奏反応** concerted reaction といわれ，遷移状態は一つしかない．

遷移状態の寿命は極めて短く，分子振動が1回起こるほどの時間（約 10^{-12} 秒）しか存在しない．しかし，遷移状態のエネルギーと構造は化学反応を考える上で極めて重要であるので，さらに次節で考える．

6.7 遷移状態論：自由エネルギー図

- 負の自由エネルギー変化で進行する（エネルギーを周囲に放出する）反応を **発エルゴン反応** exergonic reaction といい，逆の（エネルギーを周囲から吸収する）反応を **吸エルゴン反応** endergonic reaction という．

水溶液中における塩化メチルと水酸化物イオンの反応は非常に発エルゴン的であり，60 ℃ (333 K) で $\Delta G° = -100 \text{ kJ mol}^{-1}$ である．反応はまた発熱的 exothermic でもあり，$\Delta H° = -75 \text{ kJ mol}^{-1}$ である．

$$CH_3-Cl + {}^-OH \longrightarrow CH_3-OH + Cl^- \quad \Delta G° = -100 \text{ kJ mol}^{-1}$$

この反応の平衡定数は非常に大きく，3.9 節の式に従って計算すると，$K_{eq} = 5.0 \times 10^{15}$ になる．平衡定数がこれほど大きいと，反応は完結するまで進む．

自由エネルギー変化が負であるということは，エネルギー的にはこの反応は **下り坂** downhill の反応である．すなわち，反応の生成物の自由エネルギーは反応物*のそれより低いということ

---

*（訳注）本書では「反応物」を「基質」+「反応剤」として用いる．

である．しかし，実際には，共有結合が切れる反応はすべて，坂を下る前にまずエネルギーの山を登っていかなくてはならない．このことは反応がたとえ発エルゴン反応であっても同じである．

反応系の自由エネルギー* free energy の変化（y 軸）を反応座標（x 軸）に対してプロットすると，図 6.1 のようなグラフが得られ**自由エネルギー図**とよばれる．図 6.1 と図 6.2 は一般化した S_N2 反応の例である．

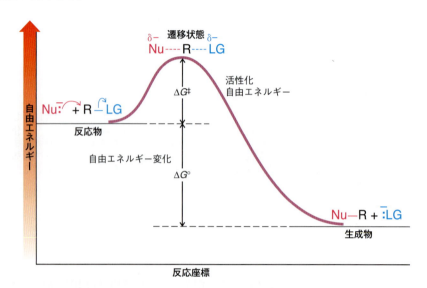

図 6.1 負の自由エネルギー変化（$\Delta G°$）を伴う仮想的な S_N2 反応の自由エネルギー図

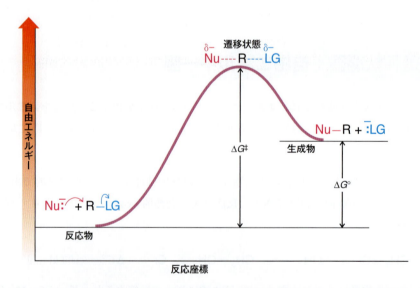

図 6.2 正の自由エネルギー変化（$\Delta G°$）を伴う仮想的な S_N2 反応の自由エネルギー図

---

*（訳注）本書では，原著に従って，自由エネルギーを Gibbs（ギブズ）エネルギーの意味に使っている．$\Delta G^{\ddagger}$ はデルタ・ジー・ダブルダガー，また $\Delta G°$ はデルタ・ジー・ゼロと読む．

- 横軸の**反応座標** reaction coordinate は，反応物から生成物まで反応の進行の度合いを表している．この場合には，R—L の結合距離が反応の進行とともに伸びていくので，これを反応座標として使うことができる．
- エネルギー曲線の極大点は，反応の遷移状態に相当する．
- 反応の**活性化自由エネルギー** free energy of activation（$\Delta G^{\ddagger}$）は，反応物と遷移状態のエネルギー差である．
- **反応の自由エネルギー変化** free energy change for the reaction（ΔG°）は，反応物と生成物のエネルギー差である．

エネルギーの山の頂上は遷移状態に相当する． 反応物と遷移状態間の自由エネルギーの差が活性化自由エネルギー $\Delta G^{\ddagger}$ であり，反応物と生成物間の自由エネルギーの差がその反応の自由エネルギー変化 ΔG° である．図 6.1 の例では，生成物の自由エネルギー準位のほうが反応物の準位より低くなっている．たとえ話でいうと，あるエネルギー状態の谷にある反応物が別の谷の低いエネルギー状態にある生成物のところに行くためには，エネルギーの山（遷移状態）を越えなければならないということである．

共有結合が切れる反応で，全体として正の自由エネルギー変化になる場合（図 6.2）にも，活性化自由エネルギーがいる．すなわち，生成物のほうが反応物より自由エネルギーが大きいとき，その活性化自由エネルギーはさらに大きくなる（すなわち，$\Delta G^{\ddagger} > \Delta G^{\circ}$）．いいかえれば，**登り坂** uphill の反応（吸エルゴン反応）では低い谷にある反応物と高い谷にある生成物の間にはエネルギーのもっと高い山があるということになる．

自由エネルギーと反応座標のプロットを三次元的にとると，二次元的に示したエネルギーの山の頂上（図 6.1 と図 6.2 の遷移状態）は，実際の山の頂上ではなくむしろ峠に相当する（図 6.3）ことがわかる．反応物と生成物は山脈に似たエネルギー障壁で隔てられている．反応物から生成物に至るルートは無数にあるが，遷移状態は最も低いルートの中で最も高い位置に相当する．

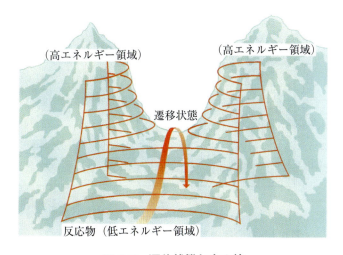

図 6.3 遷移状態と山の峠

[J.E. Leffler and E. Grunwald, *Rates and Equilibria of Organic Reactions*, John Wiley & Sons, Inc., New York, 1963, p.6 から許可を得て転載]

6.7A 温度と反応速度

ほとんどの化学反応は温度が高くなるほどより速く進行する．S_N2 反応の速度の増大は，温度が高くなるとともに活性化自由エネルギー（$\Delta G^{\ddagger}$）を越えるのに十分なエネルギーをもった反応物間の衝突回数が多くなるということと関係している（図 6.4）．

- 室温近くで温度が 10 ℃ 上がると，多くの反応で速度は約 2 倍になる．

反応速度がこのように著しく増大するのは，高い温度ではエネルギー障壁を乗り越えるのに十分なエネルギーをもつ反応物同士の衝突回数が大きく増加することからきている．ある温度における分子の運動エネルギーはすべて同じであるわけではない．図 6.4 に低い温度 T_{low} と高い温度 T_{high} の二つの温度（それほど大きく違わない）で衝突のエネルギー分布を示した．温度が異なるとエネルギーの分布状況が変わる（曲線の形で示されている）ので，温度が少し上昇するだけで，反応を起

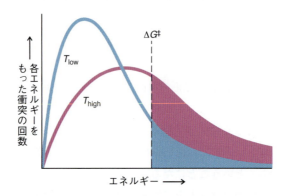

図 6.4　二つの異なる温度 T_{low} と T_{high} における衝突のエネルギー分布
活性化自由エネルギーより高いエネルギーをもった衝突の回数をそれぞれの曲線の下に色分けして示している．

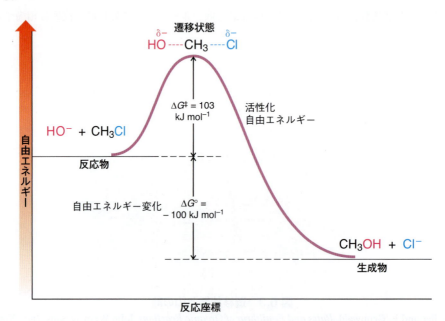

図 6.5　60 ℃ における methyl chloride と水酸化物イオンの反応の自由エネルギー図

こすのに十分なエネルギーをもった衝突の回数が著しく増加する．図 6.4 で衝突した分子が反応するのに必要な最少の自由エネルギーを $\Delta G^{\ddagger}$ としよう．そのとき，反応を起こすのに十分なエネルギーをもった衝突回数は，$\Delta G^{\ddagger}$ と同じかそれ以上の自由エネルギーを示す部分の面積に比例する．T_{low} ではこの数は小さく，T_{high} では大きい．したがって温度が少し上昇するだけで，反応を起こすのに十分なエネルギーをもった衝突回数が著しく増加することになる．

塩化メチルと水酸化物イオンの反応の自由エネルギー図を図 6.5 に示す．この反応の活性化自由エネルギーは 60 ℃ で $\Delta G^{\ddagger} = 103$ kJ mol^{-1} であり，これは 60 ℃ で数時間反応するとほぼ完了するくらいの値である．

6.8 S$_N$2 反応の立体化学

S$_N$2 反応の **立体化学** stereochemistry は，すでに述べた反応機構と直接関係している．

- **求核剤は脱離基の背面から基質の炭素に近付く**．すなわち，生成する求核剤との結合は開裂する脱離基との結合の反対側（180°）になる．
- S$_N$2 反応による脱離基の求核的置換は，基質炭素の **立体配置の反転** inversion of configuration を起こす．

この反転の過程は次のように図示できる．ちょうど，傘が強風にあおられてひっくり返るのに似ている．

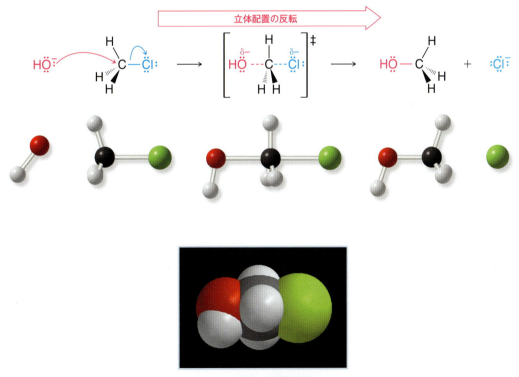

S$_N$2 反応の遷移状態

しかし，塩化メチルのような分子では求核剤の攻撃による炭素原子の立体配置の反転を実験によって確かめることができない．それはもとの塩化メチルの形と反転した形とが全く同じであるからである．しかし，*cis*-1-クロロ-3-メチルシクロペンタンのような環状分子を用いると，立体配置の反転を確認することができる．*cis*-1-クロロ-3-メチルシクロペンタンが水酸化物イオンと S_N2 反応を起こすと，*trans*-3-メチルシクロペンタノールが生成する．すなわち，ヒドロキシ基はもとの塩素原子とは環の反対側に付いたことになる．

この反応の遷移状態はおそらく次のようなものであろう．

例題 6.3

trans-1-Bromo-3-methylcyclobutane が NaI と S_N2 反応したとき生じる生成物の構造式を書け．

解き方と解答：
まず反応物の構造式を書き，求核剤，基質，脱離基を明示する．次に，求核剤が脱離基をもつ基質炭素の背面から攻撃し，その炭素原子で立体配置の反転が起こることに注意して，生成物の構造式を書く．

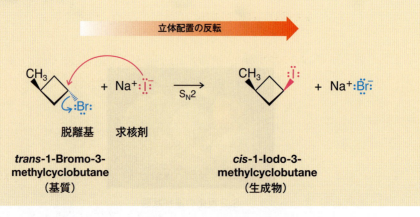

問題 6.4 いす形立体配座（4.11節）を用いて，*trans*-1-bromo-4-*t*-butylcyclohexane がヨウ化物イオンと反応するときに起こる求核置換反応を示せ（基質も生成物も最も安定な立体配座で示すこと）．

- S_N2 反応は常に立体配置の反転を伴って起こる

S_N2 反応が非環状化合物のキラル中心で起こる場合にも，立体配置の反転を観測することができる．例として，(R)-(−)-2-ブロモオクタンと水酸化ナトリウムの反応がある．2-ブロモオクタンと生成物の 2-オクタノールの両エナンチオマーの立体配置と比旋光度はわかっているので，この反応で立体配置の反転が起こっているかどうかを確かめることができる．

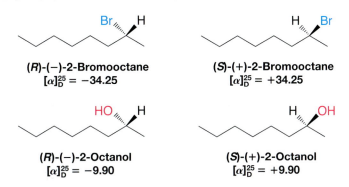

光学的に純粋な，(R)-(−)-2-ブロモオクタン（$[\alpha]_D^{25} = -34.25$）を水酸化ナトリウムと反応させると，光学的に純粋な (S)-(+)-2-オクタノール（$[\alpha]_D^{25} = +9.90$）が得られる．

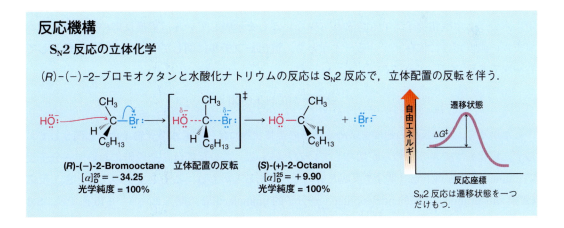

問題 6.5 キラル中心の結合が切れる S_N2 反応は，反応の立体化学がわかっているので，分子の立体配置を関係付けるのに用いることができる．
(a) 次の実験データから，2-chlorobutane のエナンチオマーの立体配置を決定せよ [(−)-2-butanol の立体配置は 5.8C 項にある]．

$$(+)\text{-2-Chlorobutane} \xrightarrow[S_N2]{HO^-} (-)\text{-2-Butanol}$$

$[\alpha]_D^{25} = +36.00$ $[\alpha]_D^{25} = -13.52$
光学純度 = 100%   光学純度 = 100%

(b) 光学的に純粋な (+)-2-chlorobutane をアセトン中でヨウ化カリウムと S_N2 反応で反応させると，得られる 2-iodobutane は負の旋光度を示す．(−)-2-Iodobutane の立体配置を書け．また，(+)-2-iodobutane の立体配置はどうか．

6.9 塩化 t-ブチルと水酸化物イオンの反応：S_N1 反応

求核置換反応のもう一つの反応機構，S_N1 反応を考えてみよう．Hughes ら (6.6 節) は，塩化 t-ブチルと水との反応を研究し，t-ブチルアルコール生成の反応速度論はこれまで述べてきた置換反応の場合とは大きく異なることを見出した．

$$\underset{t\text{-Butyl chloride}}{(CH_3)_3C\text{-}Cl} + H_2O \longrightarrow \underset{t\text{-Butyl alcohol}}{(CH_3)_3C\text{-}OH} + HCl$$

塩化 t-ブチルの置換反応の速度は，pH 7 (水酸化物イオン濃度は 10^{-7} M で水がおもな求核剤になる) でも，水酸化物イオン濃度 0.05 M (もっと強力な求核剤である水酸化物イオンの濃度は pH 7 のときより約 50 万倍大きい) で測定しても同じであった．これらの結果は，反応の律速段階に水分子も水酸化物イオンも含まれていないことを示唆している．置換反応の速度は塩化 t-ブチルの濃度だけに依存している．すなわち，**塩化 t-ブチルに関して一次であり，全体としても一次である**．

$$速度 = k\,[(CH_3)_3CCl]$$

したがって，この反応の速度を決める段階の遷移状態には，水も水酸化物イオンも関与しておらず，塩化 t-ブチル分子のみが関与しているといえる．この反応は律速段階において**一分子反応** unimolecular reaction (単分子反応ともいう) であるといわれ，このタイプの反応を **S_N1 反応** (**置換** substitution, **求核的** nucleophilic, **一分子的** unimolecular の略) という．6.15 節では，S_N1 反応と競争してアルケンを生成する脱離反応が起こりうることを説明する．しかし，上で見た実験条件 (高温ではなく弱塩基性条件) では，S_N1 反応が支配的に起こる．

S_N1 反応の機構はどのように説明できるのだろうか．そのためには，反応が 2 段階以上で起こる可能性を考える必要がある．しかし，多段階反応だとするとどのような速度論が予想されるのだろうか．以下，これらのことについて考えてみよう．

6.9A 多段階反応と律速段階

- 反応が数段階で起こる場合には，エネルギー障壁が最も高い段階の遷移状態エネルギーによって全体の反応速度が決まる．このような段階を**律速段階** rate-determining step または rate-limiting step という．

次の多段階反応を考えてみよう．

$$\text{反応物} \xrightarrow[\text{(遅い)}]{k_1} \text{中間体 1} \xrightarrow[\text{(速い)}]{k_2} \text{中間体 2} \xrightarrow[\text{(速い)}]{k_3} \text{生成物}$$

　　　　　　　　段階 1　　　　　　段階 2　　　　　　段階 3

この例のように，段階1が遅いということは，段階1の速度定数が段階2および3の速度定数よりずっと小さいということである．すなわち，$k_1 \ll k_2$ または k_3 である．段階2と3が速いということは，その速度定数が大きいということで，二つの中間体の濃度が高ければ，この反応は理論的には速く起こるはずである．しかし，実際には段階1が遅いために中間体の濃度は常に低く，段階2と3は段階1と同じ速度で起こることになる．

6.10　S_N1 反応の機構

塩化 *t*-ブチルと水との反応（6.9節）の機構は，3段階で書ける．下の「反応機構」ボックス"S_N1 反応の機構"には，自由エネルギー図に対応する段階を示してあるので参考にしてほしい．二つの**中間体** intermediate が生成する．段階1が遅い反応で，律速段階にあたる．この段階で，塩化 *t*-ブチル分子はイオン化し，*t*-ブチルカチオンと塩化物イオンになる．この段階の遷移状態では，塩化 *t*-ブチルの C—Cl 結合はほとんど切れて，イオンになりはじめている．

$$CH_3-\overset{\overset{\displaystyle CH_3}{|}}{\underset{\underset{\displaystyle CH_3}{|}}{C}}{}^{\delta+}\text{-----}\overset{\delta-}{Cl}$$

溶媒（水）は，できつつあるイオンを溶媒和によって安定化する．一般にカルボカチオンの生成はゆっくりと起こり，通常吸熱的な過程であり，自由エネルギーからいえば登り坂である．

反応機構
S_N1 反応の機構
反　応

$$CH_3-\overset{\overset{\displaystyle CH_3}{|}}{\underset{\underset{\displaystyle CH_3}{|}}{C}}-\ddot{\underset{..}{Cl}}: + 2\,H_2O \longrightarrow CH_3-\overset{\overset{\displaystyle CH_3}{|}}{\underset{\underset{\displaystyle CH_3}{|}}{C}}-\ddot{O}H + H_3O^+ + :\ddot{\underset{..}{Cl}}:^-$$

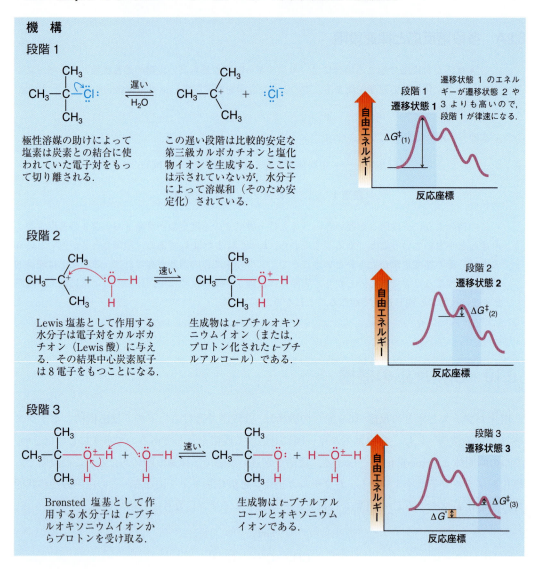

最初の段階では C—Cl 結合のヘテロリシスが起こる．この段階では他に結合の生成がないので，反応は非常に吸熱的であり，自由エネルギー図からわかるように，活性化自由エネルギーは大きいはずである．それにもかかわらず，**ハロゲン化物イオンの脱離が起こるのは溶媒である水のイオン化能によるところが大きい**．実験によると，気相（溶媒のない状態）における活性化自由エネルギーは約 630 kJ mol^{-1} にも達するが，水溶液中における活性化自由エネルギーは約 84 kJ mol^{-1} と極めて低い．**水分子が生成したカチオンやアニオンを取り囲み安定化するからである**（2.13D 項参照）．

段階 2 で中間体の t-ブチルカチオンはすばやく水と反応し，t-ブチルオキソニウムイオン $(CH_3)_3CO\overset{+}{H}_2$ となり，さらにこの中間体から段階 3 でプロトンが水分子に移動し，t-ブチルアルコールが生成する．

6.11　カルボカチオン

　1920年代から，いろいろなイオン反応でアルキルカチオンが中間体となっているという証拠が蓄積されはじめた．しかし，アルキルカチオンは極めて不安定で，反応性が高いために，1962年以前の研究ではすべてそれらは直接観測することのできない，非常に寿命の短い反応種と考えられていた＊．ところが，1962年になって G. A. Olah（University of Southern California，1994年ノーベル賞受賞）（オラー）とその共同研究者らはアルキルカチオンを比較的安定に存在できるような条件で作り，スペクトルによって観測できることを初めて報告した．

6.11A　カルボカチオンの構造

- カルボカチオンは平面三方形である．

　カルボカチオンの平面三方形構造は，BF_3（1.16D項）と同じように sp^2 混成に基づいて説明できる（図6.6）．

- カルボカチオンの中心炭素は電子不足であり，その原子価殻には6電子しかない．

　図6.6に示したように，これらの6個の電子は水素原子あるいはアルキル基とσ結合を形成するために使われている．

- カルボカチオンのp軌道には電子が入っていないが，反応するときには電子対を受け入れることができる．

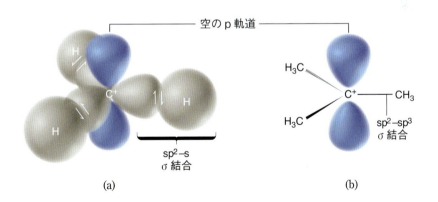

図6.6　カルボカチオンの構造
　(a) メチルカチオンの軌道模式図．結合は水素原子の1s軌道と炭素原子の3個の sp^2 の重なりによって作られたシグマ（σ）結合である．p軌道は空である．(b) t-ブチルカチオンの線・くさび表示．炭素原子間の結合はメチル基の sp^3 軌道と中心炭素の sp^2 軌道との重なりによって作られている．

＊　後で述べるように，芳香環をもつカルボカチオンにはもっと安定なものがあり，そのうちの一つは1901年にはすでに研究されていた．

6.11B　カルボカチオンの相対的安定性

カルボカチオンの安定性は，正電荷をもつ３価の炭素原子に付いているアルキル基の数に関係している．

- 第三級カルボカチオンが最も安定で，メチルカチオン*が最も不安定である．
- 安定性の順序は次のとおりである．

$$\underset{\substack{\text{第三級}\\(\text{最も安定})}}{\overset{R}{\underset{R}{C^{+}}}\!\!-\!\!R} > \underset{\text{第二級}}{\overset{R}{\underset{R}{C^{+}}}\!\!-\!\!H} > \underset{\text{第一級}}{\overset{H}{\underset{R}{C^{+}}}\!\!-\!\!H} > \underset{\substack{\text{メチル}\\(\text{最も不安定})}}{\overset{H}{\underset{H}{C^{+}}}\!\!-\!\!H}$$

このカルボカチオンの安定性の順序は，超共役によって説明される．

- **超共役** hyperconjugation は，電子の入っている結合性 σ 軌道から隣接する空の p 軌道へ電子が（部分的な重なりによって）非局在化することによって起こる（4.8B 項）．

カルボカチオンの場合，空の軌道は p 軌道であり，電子の入っている軌道は隣接する炭素の C—H または C—C σ 結合である．この σ 結合の電子をカルボカチオンの空の p 軌道と共有することによって正電荷が非局在化される．

- 超共役，誘起効果，あるいは共鳴によって電荷が分散または非局在化すると，常に系は安定になる．

図 6.7 は結合性 σ 軌道と隣接するカルボカチオンの空の **p 軌道との超共役の模式図である**．

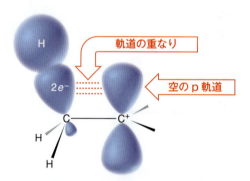

図 6.7　超共役：メチル基がどのようにしてカルボカチオンの正電荷を安定化しているか
メチル基の C—H σ 結合の一つの結合性 σ 軌道と空の p 軌道の部分的な重なりによって，結合電子対が p 軌道に流れ込み sp² 混成炭素の正電荷を幾分か弱め，メチル基の水素は幾分か正電荷を帯びる．このような電荷の非局在化（分散）によって大きな安定化がもたらされる．このような結合性 σ 軌道と空の p 軌道の相互作用を超共役という．

---

* （訳注）メチルカチオンは第一級カチオンには含めないで，メチルカチオンとして別に扱う．

6.11 カルボカチオン

　第三級カルボカチオンはカルボカチオンのまわりにC—H結合（場合によってはC—Hの代わりにC—C結合）をもった3個の炭素原子をもち，空のp軌道と部分的な重なりをもっている．第二級カルボカチオンはカルボカチオンのまわりに2個の炭素原子しかなく，したがって超共役の可能性が少なくなり，より不安定になる．第一級カルボカチオンでは超共役できる炭素は1個になり，さらに不安定になる．メチルカチオンは超共役の可能性がなく，最も不安定である．次に具体的な例を示す．

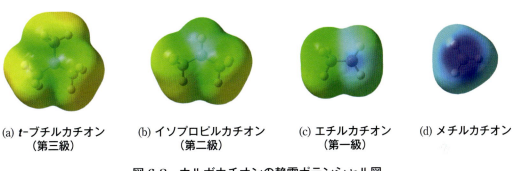

　要約すると，カルボカチオンの相対的な安定性は第三級＞第二級＞第一級＞メチルの順であり，この傾向はこれらのカルボカチオンの静電ポテンシャル図でもわかる（図6.8）．

図6.8　カルボカチオンの静電ポテンシャル図
(a)〜(d)のカチオンの静電ポテンシャル図は順に正電荷の非局在化の大きいものから小さいものになっていることを示している（直接比較できるように静電ポテンシャルの色を同じ尺度に合わせてある）．

例題 6.4

次のカルボカチオンを，安定性の増大する順に並べよ．

解き方と解答：
　Aは第一級，Bは第三級，Cは第二級カルボカチオンである．したがって，安定性は次の順に大きくなる．A＜C＜B．

問題 6.6 次のカルボカチオンを，安定性の増大する順に並べよ．

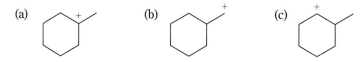

6.12　S_N1 反応の立体化学

S_N1 反応の第一段階でできたカルボカチオンは平面三方形構造をとっている（6.11A 項）ので，これが求核剤と反応するときには，その前面からでも背面からでも反応できる（次図参照）．t-ブチルカチオンにはキラル中心がないので，どちら側から反応しても同じ生成物になるので区別できない（このことを分子模型で確かめよ）．

しかし，カルボカチオンによっては二つの反応方向で異なる立体異性体を与える．この点について 6.12A 項で考える．

6.12A　ラセミ化を伴う反応

光学活性化合物がラセミ体になる反応は，ラセミ化 racemization を伴って進行したといわれる．反応中にもとの化合物の光学活性が完全に消失するとき，その反応は完全ラセミ化で進行したという．もし，もとの化合物がその光学活性の一部を失い，すなわちエナンチオマーが部分的にラセミ体に変化するとき，この反応は部分ラセミ化で進行したという．

• ラセミ化は，キラルな分子が反応中にアキラルな反応中間体になる場合には必ず起こる．

このような反応の例として，脱離基がキラル中心から外れて起こる S_N1 反応があげられる．この反応は一般に大幅な部分ラセミ化，または完全ラセミ化で進行する．例えば，光学活性な (S)-3-ブロモ-3-メチルヘキサンを水性アセトン溶液中で加熱すると，3-メチル-3-ヘキサノールのラセミ体が生成する．

6.12 S_N1 反応の立体化学

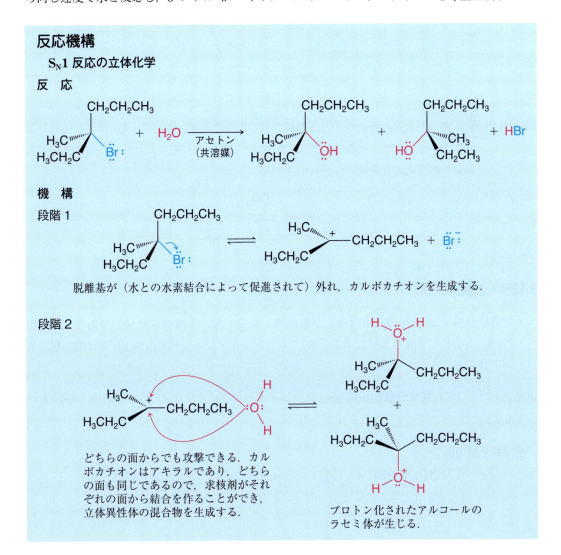

その理由：S$_N$1 反応は反応中間体としてカルボカチオンを経由して進行するが，そのカルボカチオンは平面三方形構造をとっているのでアキラルである．この中間体はその分子平面の両側から同じ速度で水と反応し，3-メチル-3-ヘキサノールの二つのエナンチオマーを等量生成する．

段階3

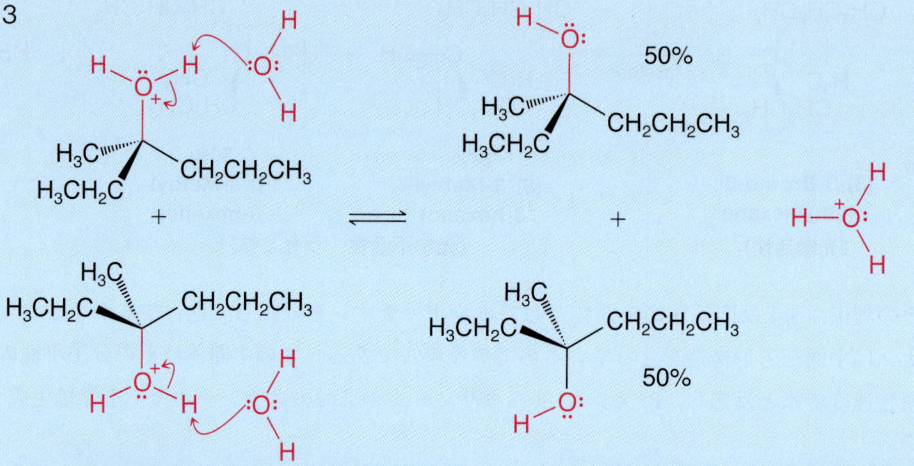

もう1分子の溶媒（水）がアルキルオキソニウムイオンからプロトンを取る．

生成物はラセミ体である．

問題 6.7 カルボカチオンの構造が平面三方形であることを念頭において，(a) 次の反応に含まれるカルボカチオン中間体の構造式を書き，(b) 得られるアルコール（一つとは限らない）の構造式を書け．

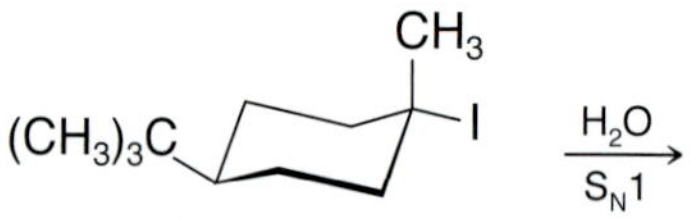

$$(CH_3)_3C\text{-cyclohexyl-}CH_3,I \xrightarrow[S_N1]{H_2O}$$

6.12B　加溶媒分解

- **加溶媒分解** solvolysis は，溶媒分子が求核剤となって起こる求核置換反応である（solvent "溶媒" + lysis "分解"：溶媒による分解）．ハロゲン化アルキルと水の S_N1 反応は加溶媒分解の例である．

溶媒が水の場合には**加水分解** hydrolysis，メタノールの場合には**メタノリシス** methanolysis といってもよい．

加溶媒分解の例

$(CH_3)_3C\text{—}Br + H_2O \longrightarrow (CH_3)_3C\text{—}OH + HBr$

$(CH_3)_3C\text{—}Cl + CH_3OH \longrightarrow (CH_3)_3C\text{—}OCH_3 + HCl$

例題 6.5
次の加溶媒分解反応では何が得られるか.

解き方と解答：
このブロモシクロヘキサンは第三級だから，methanol 中で臭化物イオンを失って第三級カルボカチオンを生成する．カルボカチオンは平面三方形だから，どちらの面からでも溶媒分子（methanol）と反応でき，2 種類の生成物を与える．

6.13 S_N1 および S_N2 反応の速度に影響する因子

S_N2 と S_N1 反応の機構を学んできたが，次の問題はなぜ塩化メチルが S_N2 機構で反応し，塩化 t-ブチルが S_N1 機構で反応するのかを説明することである．また，あるハロゲン化アルキルが種々の反応条件で求核剤と反応するとき，S_N1 機構と S_N2 機構のどちらの経路を通って進行するか予測できるとよい．

このような問題はそれぞれの反応の相対的速度による．与えられた反応条件で，ハロゲン化アルキルと求核剤が S_N2 機構では速く反応するけれども，S_N1 機構ではゆっくりとしか反応しないならば，ほとんどの分子は S_N2 機構の経路を通って反応するであろう．一方，別のハロゲン化アルキルと別の求核剤は S_N2 機構では反応がゆっくりと進む（または全く反応しない）かもしれない．そのとき反応が S_N1 機構で速く進むならば，反応は S_N1 機構で進行することになるだろう．

- S_N1 と S_N2 反応の相対速度には多くの因子が関係している．その中で，最も重要な因子を次にあげる．

1. 基質の構造
2. 求核剤の濃度と反応性（ただし，S_N2 反応についてのみ）
3. 溶媒の効果
4. 脱離基の性質

6.13A　基質の構造効果

S_N2 反応　単純なハロゲン化アルキルの S_N2 反応の反応性の順序は次のようになっている．

メチル＞第一級＞第二級≫（第三級：反応しない）

ハロゲン化メチルの反応が最も速く，第三級ハロゲン化物は S_N2 機構では反応しない．表 6.3 に一般的な S_N2 反応の相対速度を示す．

ハロゲン化ネオペンチルは第一級ハロゲン化物であるが，非常に不活性である．

ハロゲン化ネオペンチル

この反応性の順序を決めている重要な因子は立体効果であり，この場合は立体障害である．

- **立体効果** steric effect とは，分子の反応部位やその近くの空間的広がりによって引き起こされる（反応速度に対する）効果をいう．
- **立体障害** steric hindrance とは，分子の反応部位やその近くにある原子や基の空間的な広がりが，その反応を妨害したり，遅くしたりすることを意味している．

分子やイオンが反応するためには，それらの反応中心が互いに結合距離まで接近しなければならない．ほとんどの分子は適当な自由度をもっているが，非常に大きな，かさ高い基は必要な遷移状態の生成を邪魔することが多い．場合によってはその生成を完全に妨害してしまう．

S_N2 反応では脱離基をもつ炭素の結合距離の範囲内に求核剤が接近しなければならない．そのために，この炭素あるいはその近くにあるかさ高い置換基が，大きな反応抑制効果をもつことに

表 6.3　S_N2 反応におけるハロゲン化アルキル（RX）の相対的反応速度

置換基	化合物	相対速度
メチル	CH_3X	30
第一級	CH_3CH_2X	1
第二級	$(CH_3)_2CHX$	0.03
ネオペンチル	$(CH_3)_3CCH_2X$	0.00001
第三級	$(CH_3)_3CX$	～0

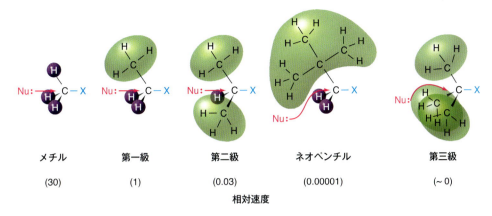

図 6.9　S_N2 反応の立体効果

なる（図 6.9）．そのような大きな置換基は遷移状態の自由エネルギーを増大し，したがって反応の活性化自由エネルギーを増大する．単純なハロゲン化アルキルの S_N2 反応では，ハロゲン化メチルが最も速い．この場合，求核剤の接近を妨げているのは 3 個の小さな水素だけである．ところが，ハロゲン化ネオペンチルや第三級ハロゲン化物は，そのかさ高い置換基のために求核剤の接近が著しく妨げられており，反応性が最も低くなっている（第三級の基質は S_N2 機構で反応しないといってよい）．

例題 6.6

次の臭化アルキルを，S_N2 反応における反応性が減少する順に並べよ．

A　　　**B**　　　**C**　　　**D**

解き方と解答：
　それぞれの基質について脱離基が付いている炭素を調べ，S_N2 反応における立体障害の可能性を見積もる．**C** は第三級であり，三つの基が求核剤の接近を妨害するので最も反応が遅いであろう．**D** は第二級で，**A** と **B** は第一級である．したがって，**D** は **C** より速く反応するが，**A** と **B** よりは遅い．**A** と **B** はともに第一級ではあるが，**B** のアルキル基が隣接炭素にメチル基をもっているので立体障害が大きい．したがって，反応性の順序は，**A** > **B** > **D** ≫ **C** である．

S_N1 反応

- S_N1 反応における基質の反応性を決めるおもな因子は，生成してくるカルボカチオンの相対的安定性である．

単純なハロゲン化アルキルのうち，（実質的には）第三級ハロゲン化合物だけが S_N1 機構で反応すると考えてよい（後に，ハロゲン化アリルやハロゲン化ベンジルなども比較的安定なカルボ

カチオンを生成するため，S_N1 機構で反応することを述べる．12.3，14.15 節参照）．

　第三級カルボカチオンは，隣接する 3 個の炭素と結合している σ 結合が超共役（6.11B 項）によってカルボカチオンの空の p 軌道に電子を供給するために安定化される．第二級や第一級カルボカチオンは超共役による安定化が小さい．メチルカチオンは安定化されない．S_N1 反応では比較的安定なカルボカチオンを生成することが重要で，それによって律速段階 R—L → R$^+$ + L$^-$ の活性化自由エネルギーが小さくなり，全体の反応がかなりの速さで進行するようになるのである．

Hammond-Leffler の仮説（ハモンド レフラー）　塩化 t-ブチルと水の S_N1 反応の自由エネルギー図（6.10 節）を見てみると，段階 1，すなわち脱離基がイオン化してカルボカチオンを生成する段階は自由エネルギーから見ると登り坂（$\Delta G° > 0$）である．エンタルピーから見ても登り坂（$\Delta H° > 0$）であり，したがってこの段階は吸熱的である．

- **Hammond-Leffler の仮説**によれば，エネルギーの登り坂にある段階の遷移状態はその段階の生成物の構造とよく似ている．

　S_N1 反応の段階 1 の生成物（実際には中間体）はカルボカチオンだから，それを安定化する因子，例えば電子供与基による正電荷の分散は，正電荷ができつつある遷移状態も安定化させることになる．

脱離基のイオン化

$$CH_3-\underset{\underset{CH_3}{|}}{\overset{\overset{CH_3}{|}}{C}}-Cl \xrightarrow{H_2O} \left[CH_3-\underset{\underset{CH_3}{|}}{\overset{\overset{CH_3}{|}}{C^{\delta+}}}\cdots Cl^{\delta-} \right]^{\ddagger} \xrightarrow{H_2O} CH_3-\underset{\underset{CH_3}{|}}{\overset{\overset{CH_3}{|}}{C^+}} + Cl^-$$

基質　　　　　　　　遷移状態は $\Delta G°$ が正の　　　　3 個の電子供与基に
　　　　　　　　　　値であるのでこの段階　　　　　よって安定化された
　　　　　　　　　　の生成物に似ている　　　　　　この段階での生成物

　ハロゲン化メチル，第一級または第二級のハロゲン化アルキルが S_N1 機構で反応するためには，イオン化してメチル，第一級または第二級のカルボカチオンを生成しなくてはならない．しかし，これらのカルボカチオンは第三級カルボカチオンよりもエネルギーがはるかに高く，その生成反応の遷移状態のエネルギーも高い．

- 単純なハロゲン化メチル，第一級または第二級ハロゲン化アルキルの S_N1 反応の活性化エネルギーは極めて高い（反応が遅い）ので，実際にはこれらの S_N1 反応が S_N2 反応と競争することはない．

Hammond-Leffler の仮説は極めて一般的であり，図 6.10 を考えることによってよりよく理解できる．この仮説をいいかえると，遷移状態の構造は自由エネルギーの近い安定な化学種に似ているといえる．例えば，非常に**吸エルゴン的な段階**（青色の曲線）では，遷移状態は自由エネルギーの近い生成物の近くに位置しているために，**遷移状態の構造は生成物の構造に似ている**と

考えられる．反対に，非常に**発エルゴン的な段階**（赤色の曲線）では，遷移状態は自由エネルギーの近い反応物の近くに位置しており，**遷移状態の構造は反応物の構造に似ている**と推定できる．Hammond-Leffler の仮説の非常に価値ある点は，遷移状態という重要ではあるが，寿命の短い化学種を視覚化する方法を教えてくれることである．以後の章での議論にもしばしば用いられる．

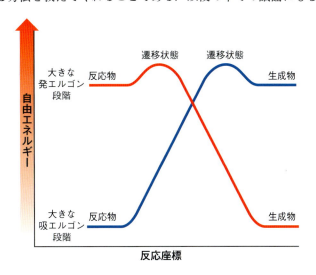

図 6.10　Hammond-Leffler の仮説
　大きな発エルゴン段階（赤色）の遷移状態は反応物の近くにあって，構造が反応物に似ている．大きな吸エルゴン段階（青色）の遷移状態は生成物の近くにあって，構造が生成物（この場合はカルボカチオン）に似ている．

［W. Pryor, *Free Radicals*, McGraw-Hill Co., 1996, p.156 の許可を得て転載］

問題 6.8　四つの第一級ハロゲン化アルキルのエタノール中における加溶媒分解（エタノリシス）の相対速度は次のとおりである．

CH_3CH_2Br, 1.0；$CH_3CH_2CH_2Br$, 0.28；$(CH_3)_2CHCH_2Br$, 0.030；$(CH_3)_3CCH_2Br$, 0.00000042

(a) これらの反応はそれぞれ S_N1 であろうか，S_N2 であろうか．
(b) 観測された相対速度を立体効果に基づいて説明せよ（ヒント：図 6.9 参照）．

6.13B　求核剤の濃度と強さの影響

- 求核剤は S_N1 反応の律速段階には関係しないので，S_N1 反応の速度は求核剤の種類や濃度のどちらにも影響されない．
- S_N2 反応の速度は攻撃する求核剤の種類と濃度の両方に依存する．

6.5 節で，求核剤の濃度を高くすると，S_N2 反応の速度がどのくらい大きくなるかを述べた．ここでは S_N2 反応の速度が求核剤の種類とどうかかわっているか調べよう．

- 求核剤の相対的な強さ（**求核性** nucleophilicity）は，ある基質に対する S_N2 反応の相対的な

反応速度で測定できる．

強い求核剤というのは与えられた基質と速やかに反応するものであり，弱い求核剤とは同じ条件下，同じ基質に対してゆっくりと反応するものである．

例えば，ヨウ化メチルとの求核置換反応ではメトキシドイオンは強い求核剤であり，ヨウ化メチルはすばやく反応してジメチルエーテルを与える．

$$CH_3O^- + CH_3I \xrightarrow{速い} CH_3OCH_3 + I^-$$

ところが，メタノールはヨウ化メチルとの反応では弱い求核剤であって，同じ条件ではメトキシドイオンに比べて極めて遅い．

$$CH_3OH + CH_3I \xrightarrow{非常に遅い} CH_3\overset{+}{O}(H)CH_3 + I^-$$

- 求核剤の相対的な強さは，次の三つの構造上の特性と関係している．

1. **負電荷をもつ求核剤はその共役酸よりも常に強い求核剤である**．例えば，水酸化物イオン（HO^-）は H_2O よりも強い求核剤であり，アルコキシドイオン（RO^-）は ROH よりも強い求核剤である．
2. **求核性原子が同じ求核剤では，その求核性は塩基性の強さに相関している**．例えば，酸素化合物の求核性の順序は次のとおりである．

$$RO^- > HO^- \gg RCO_2^- > ROH > H_2O$$

これはまた塩基性の順でもある．RO^- は HO^- より少し強い塩基であり，HO^- はカルボン酸イオン（RCO_2^-）よりずっと強い塩基である．
3. **求核性原子が異なる場合には，その求核性は塩基性の強さとは相関しない**．例えば，プロトン性溶媒中では HS^-, $N\equiv C^-$, および I^- はいずれも HO^- より弱い塩基であるが，HO^- よりも強い求核剤である．

$$HS^- > N\equiv C^- > I^- > HO^-$$

求核性と塩基性 求核性と塩基性度は関係しているが，同じ方法で測定されるものではない．

- 塩基性は酸塩基反応の平衡位置によって測定され，pK_a で表される．
- 求核性は置換反応の相対速度によって測定される．

例えば，水酸化物イオン（HO^-）はシアン化物イオン（CN^-）よりも強い塩基である．平衡では，HO^- のほうがプロトンに対してより大きな親和性をもっている（H_2O の pK_a は約 16 で，HCN の pK_a は約 10 である）．しかし，HO^- よりもシアン化物イオン（$N\equiv C^-$）のほうが強い求核剤であり，脱離基をもった炭素とより速く反応する．

問題 6.9 次の求核剤を求核性の減少する順に並べよ．

$CH_3CO_2^-$ CH_3OH CH_3O^- CH_3CO_2H $N\equiv C^-$

6.13C　S_N2 と S_N1 反応における溶媒効果

- S_N2 反応は**極性非プロトン性溶媒** polar aprotic solvent（例：アセトン，THF，DMF，DMSO）で起こりやすい．
- S_N1 反応は**極性プロトン性溶媒** polar protic solvent（例：EtOH，MeOH，H_2O）で起こりやすい．

これらの**溶媒効果** solvent effect の重要な要因となるのは，(a) S_N2 反応においては求核剤に対する溶媒の相互作用を最小限にすることと，(b) S_N1 反応においては溶媒による脱離基のイオン化の促進とイオン性中間体の安定化である．順にこれらの因子をさらに詳しく説明する．

極性非プロトン性溶媒は S_N2 反応を促進する

- 非プロトン性溶媒は水素結合できる水素原子をもっていない．
- アセトン，テトラヒドロフラン（THF），DMSO，DMF，HMPAのような極性非プロトン性溶媒は，単独であるいは共溶媒として S_N2 反応によく用いられる．

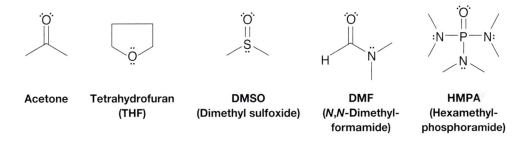

Acetone　**Tetrahydrofuran (THF)**　**DMSO** (Dimethyl sulfoxide)　**DMF** (*N,N*-Dimethyl-formamide)　**HMPA** (Hexamethyl-phosphoramide)

- S_N2 反応の速度は，極性非プロトン性溶媒中で行うと一般的に桁違いに大きくなり，100万倍にも達する．

極性非プロトン性溶媒は，その非共有電子対を用いてカチオンを溶媒和によって溶解するが，アニオンとはそれほど強い相互作用をもつことができない．それは水素結合もできないし，溶媒分子の正電荷をもつ領域も立体障害のためにアニオンに近付くことができないからである．この溶媒和の違いのために，アニオンは遊離した状態でカチオンや溶媒に邪魔されることなく求核剤として反応できるので，S_N2 反応の速度が増大する．例えば，ヨウ化ナトリウムのナトリウムイオンは DMSO によって溶媒和されるが，ヨウ化物イオンは遊離状態のまま残され，求核剤として反応する．

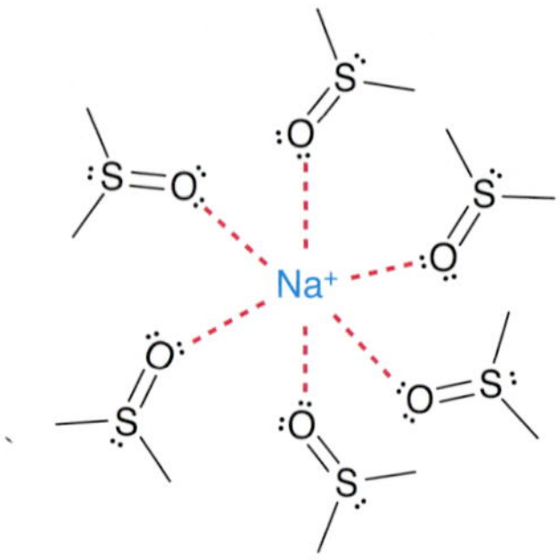

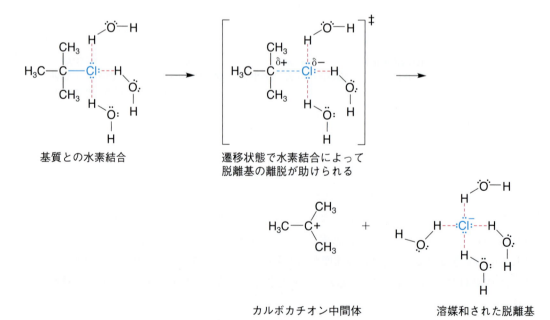

ジメチルスルホキシド分子によって溶媒和されたナトリウムイオンと"裸の"ヨウ化物イオン（このような溶媒和は三次元的に起こっているが，ここでは二次元で表している）

極性非プロトン性溶媒中の，これらの"裸の"アニオンは塩基としても求核剤としても非常に反応性が高い．例えば，DMSO 中ではハロゲン化物イオンの求核性の順序は塩基性の順序と同じになる．しかし，すぐ下で説明するように，プロトン性溶媒中ではハロゲン化物イオンの求核性の順序は塩基性の順序とは逆になる．

$$F^- > Cl^- > Br^- > I^-$$

非プロトン性溶媒中におけるハロゲン化物イオンの求核性

極性プロトン性溶媒は S_N1 反応を促進する

- プロトン性溶媒は，水素結合を形成する水素原子を少なくとも 1 個もっている．
- プロトン性溶媒（H_2O, EtOH, MeOH など）は，離れていく脱離基と水素結合を作ることによってカルボカチオンの生成を助け，それによってカルボカチオン生成の遷移状態のエネルギーを下げる．

基質との水素結合　　遷移状態で水素結合によって脱離基の離脱が助けられる

カルボカチオン中間体　　溶媒和された脱離基

溶媒の極性は大まかには**比誘電率** dielectric constant で表される．比誘電率は溶媒が正負の電荷を引き離す力の尺度である．比誘電率が大きい溶媒ほどイオン同士の静電的な引力と反発は小さくなる．表 6.4 に一般的な溶媒の比誘電率を示す．

表 6.4　よく用いられる溶媒の比誘電率

溶媒	構造式	比誘電率
Water（水）	H_2O	80
Formic acid（ギ酸）	HCO_2H	59
Dimethyl sulfoxide（DMSO）（ジメチルスルホキシド）	$(CH_3)_2S=O$	49
N,N-Dimethylformamide（DMF）（N,N-ジメチルホルムアミド）	$HCON(CH_3)_2$	37
Acetonitrile（アセトニトリル）	$CH_3C\equiv N$	36
Methanol（メタノール）	CH_3OH	33
Hexamethylphosphoramide（HMPA）（ヘキサメチルリン酸トリアミド）	$[(CH_3)_2N]_3P=O$	30
Ethanol（エタノール）	CH_3CH_2OH	24
Acetone（アセトン）	CH_3COCH_3	21
Acetic acid（酢酸）	CH_3CO_2H	6

（← 溶媒の極性の増加方向）

水はイオン化を促進するには最も効果的な溶媒であるが，ほとんどの有機化合物は水にあまり溶けない．しかし，通常アルコールには溶けるので，混合溶媒として用いることが多い．メタノール–水やエタノール–水が求核置換反応によく用いられる混合溶媒である．

プロトン性溶媒は S_N2 反応において求核剤を妨害する

溶媒和された求核剤が基質と反応するためには，溶媒分子を一部取り除く必要がある．一方，極性非プロトン性溶媒中では，溶媒と求核剤の間の水素結合ができないので，求核剤は溶媒分子によって邪魔されていない．

- プロトン性溶媒（H_2O，EtOH，MeOH など）との水素結合は求核剤を取り囲み，求核置換反応における反応性を阻害している．

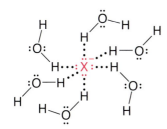 

プロトン性溶媒の水分子がハロゲン化物イオンを水素結合によって溶媒和している

- 水素結合の程度は求核剤によって異なる．小さい求核性原子との水素結合は，周期表の同じ族（列）の大きい求核性原子との水素結合よりも強い．

例えば，フッ化物イオンは最も小さなハロゲン化物イオンであり，電荷が最も密になっているので，他のハロゲン化物イオンよりも強く溶媒和される．したがって，プロトン性溶媒中では，フッ化物イオンは他のハロゲン化物イオンほど強い求核剤ではない．ヨウ化物イオンは最も大きなハロゲン化物イオンであり，プロトン性溶媒中では溶媒和が最も弱い．そのためハロゲン化物イオンの中では最も強い求核剤である．

$$\text{I}^- > \text{Br}^- > \text{Cl}^- > \text{F}^-$$
プロトン性溶媒中におけるハロゲン化物イオンの求核性

同じ効果は硫黄の求核剤と酸素の求核剤を比べるときにも見られる．硫黄原子は酸素原子より大きいので，プロトン性溶媒中でそれほど強くは溶媒和されない．したがって，チオール（R—SH）はアルコール（R—OH）より強い求核剤であり，RS⁻イオンはRO⁻イオンより強い求核剤である．

大きな求核性原子をもつ求核剤の反応性が高いことには，溶媒和だけが関係しているわけではない．大きな原子はより大きな**分極率** polarizability（電子雲の変形しやすさ）をもっている．そのため，大きな求核性原子は，電子がより強固に保持されている小さな求核性原子よりも基質に対して電子を与えやすい．

いくつかの一般的な求核剤のプロトン性溶媒中での相対的求核性は次のようになる．

$$\text{HS}^- > \text{N}\equiv\text{C}^- > \text{I}^- > \text{HO}^- > \text{N}_3^- > \text{Br}^- > \text{CH}_3\text{CO}_2^- > \text{Cl}^- > \text{F}^- > \text{H}_2\text{O}$$
プロトン性溶媒中における相対的求核性

問題 6.10 次の溶媒をプロトン性と非プロトン性の溶媒に分類せよ．
Formic acid（HCO₂H）；acetone（CH₃COCH₃）；acetonitrile（CH₃CN）；formamide（HCONH₂）；ethanol（CH₃CH₂OH）；アンモニア（NH₃）；dimethylformamide〔(CH₃)₂NCHO〕；ethylene glycol（HOCH₂CH₂OH）

問題 6.11 Propyl bromide と NaCN の反応を，DMF 中で行ったときと ethanol 中で行ったときでは，どちらが速いと考えられるか．また，そうなる理由を説明せよ．
$$\text{CH}_3\text{CH}_2\text{CH}_2\text{Br} + \text{NaCN} \longrightarrow \text{CH}_3\text{CH}_2\text{CH}_2\text{CN} + \text{NaBr}$$

問題 6.12 極性非プロトン性溶媒中ではどちらがより強い求核剤となるか．
(a) CH₃CO₂⁻ と CH₃O⁻　　(b) H₂O と H₂S

6.13D　脱離基の性質

- 脱離基は基質との結合に用いられていた電子対をもって離れていく．
- よい脱離基とは，脱離した後，安定なアニオンまたは分子になるものである．

まず，基質から外れたときアニオンになる脱離基について考えてみよう．弱塩基では負電荷が安定化されているから，弱塩基になる脱離基はよい脱離基である．負電荷を安定化することが重要な理由は，遷移状態の構造を考えると理解できる．S_N1反応でもS_N2反応でも，遷移状態では脱離基は負電荷を帯びる．

6.13 S_N1 および S_N2 反応の速度に影響する因子

S_N1 反応（律速段階）

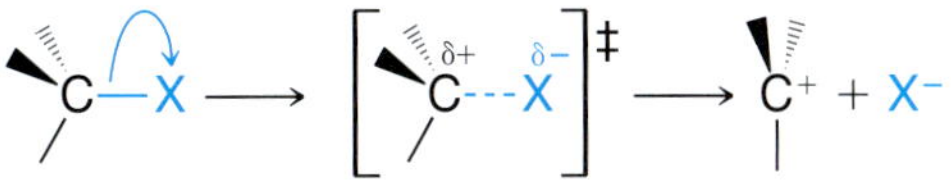

S_N2 反応

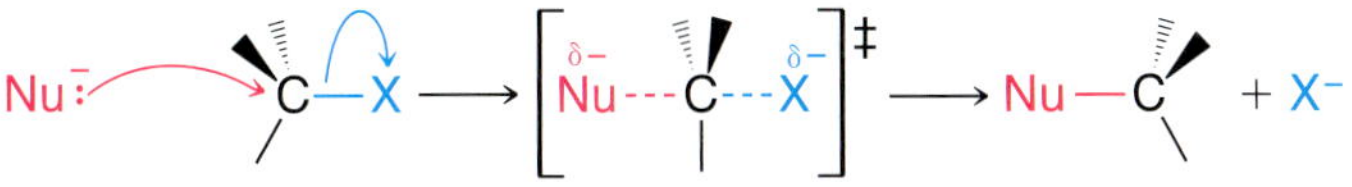

生成物ができつつある状態で負電荷が安定化されるということは，遷移状態が安定化される（自由エネルギーが下がる）ということに他ならない．この結果，活性化自由エネルギーが下がり，したがって反応速度が増大する．

- ハロゲンの中では，ヨウ化物イオンが最もよい脱離基で，フッ化物イオンは最も悪い脱離基である．

$$I^- > Br^- > Cl^- \gg F^-$$

これはちょうど塩基性の順序とは逆である．

$$F^- \gg Cl^- > Br^- > I^-$$

よい脱離基となる弱塩基としてはこの他に，後に述べるアルカンスルホン酸イオン，アルキル硫酸イオンおよび p-トルエンスルホン酸イオンがある．これらのアニオンはすべて強酸の共役塩基である．

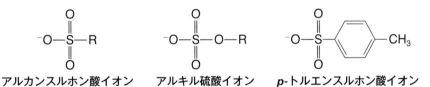

| アルカンスルホン酸イオン | アルキル硫酸イオン | p-トルエンスルホン酸イオン |

トリフルオロメタンスルホン酸イオン（$CF_3SO_3^-$：トリフラートイオンとよばれるが，IUPAC規則では認められていない）は最高の脱離基の一つとして知られている．これは特別強い酸である CF_3SO_3H（pK_a -5 〜 -6）の共役塩基である．

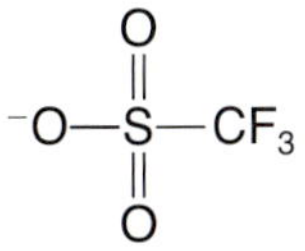

トリフラートイオン
（"超脱離基"）

- 強塩基性のアニオンが脱離基となることはほとんどない．

例えば，水酸化物イオンは強塩基であり，次のような反応は起こらない．

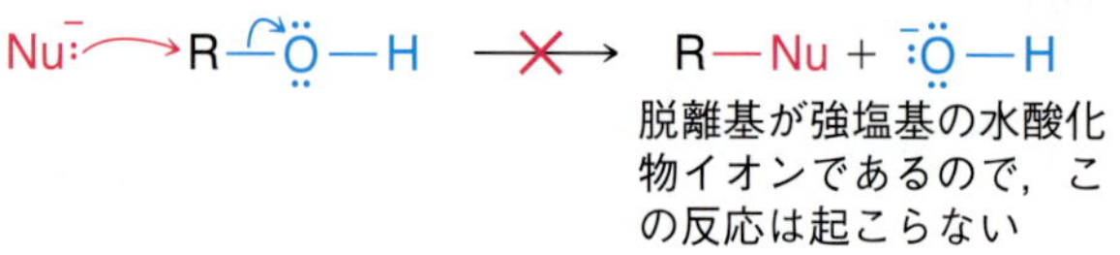

$$\text{Nu}^{-} \curvearrowright \text{R}\!-\!\ddot{\text{O}}\!-\!\text{H} \xrightarrow{\times} \text{R}\!-\!\text{Nu} + :\!\ddot{\text{O}}\!-\!\text{H}$$

脱離基が強塩基の水酸化物イオンであるので，この反応は起こらない

しかし，アルコールを強酸に溶かせば，求核剤との置換を起こすようになる．酸はアルコールの -OH 基をプロトン化し，脱離基を水酸化物イオンから水分子に変える．H_2O は HO^{-} よりはるかに弱い塩基であり，よい脱離基である．

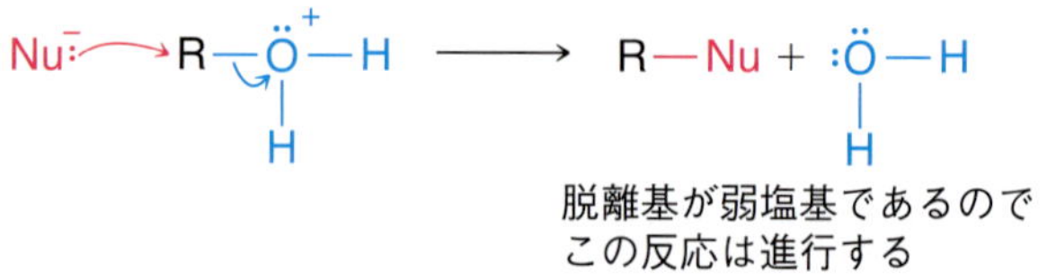

$$\text{Nu}^{-} \curvearrowright \text{R}\!-\!\overset{+}{\underset{\underset{H}{|}}{\ddot{\text{O}}}}\!-\!\text{H} \longrightarrow \text{R}\!-\!\text{Nu} + :\!\underset{\underset{H}{|}}{\ddot{\text{O}}}\!-\!\text{H}$$

脱離基が弱塩基であるのでこの反応は進行する

問題 6.13 CH_3OH 中で次の五つの化合物と CH_3O^{-} による S_N2 反応を行ったとき，反応性が減少する順に化合物を並べよ．

CH_3F, CH_3Cl, CH_3Br, CH_3I, $CH_3OSO_2CF_3$

- ヒドリドイオン（$H:^{-}$）やアルカニドイオン（$R:^{-}$）のように非常に強力な塩基は脱離基とはならない．

したがって，次のような反応は起こらない．

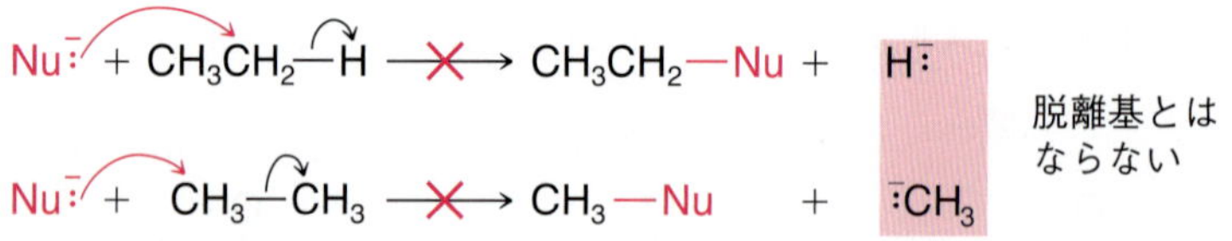

$$\text{Nu}^{-} + CH_3CH_2\!-\!\text{H} \xrightarrow{\times} CH_3CH_2\!-\!\text{Nu} + \boxed{H:^{-}} \quad \text{脱離基とは}$$
$$\text{Nu}^{-} + CH_3\!-\!CH_3 \xrightarrow{\times} CH_3\!-\!\text{Nu} + \boxed{:CH_3} \quad \text{ならない}$$

注意：よい脱離基とは脱離した後，弱塩基になるものである．

例題 6.7

次の反応が butyl iodide の合成に使えない理由を説明せよ．

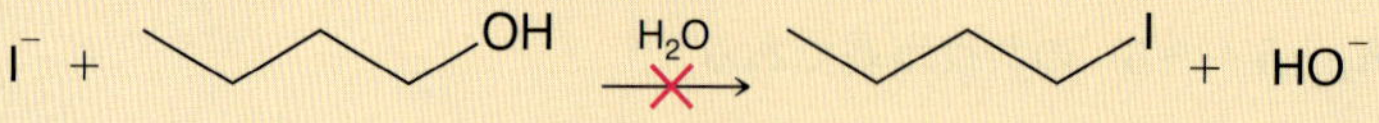

$$I^{-} + CH_3CH_2CH_2CH_2\!-\!OH \xrightarrow[\times]{H_2O} CH_3CH_2CH_2CH_2\!-\!I + HO^{-}$$

解き方と解答：

この反応が起こるためには水酸化物イオン（HO^{-}）が脱離基になる必要があるが，強い塩基である HO^{-} は脱離基にならない．この反応を酸性条件で行えば，脱離基が水分子になるので可能になる．

S_N1 と S_N2 反応のまとめ

S_N1：次の条件が S_N1 反応に適している

1. 比較的安定なカルボカチオンを生成する基質（例：脱離基が第三級炭素に結合した基質）
2. 比較的弱い求核剤
3. 極性プロトン性溶媒（例：EtOH, MeOH, H_2O）

したがって，S_N1 機構は第三級アルキルハロゲン化物の加溶媒分解で，特に極性の高い溶媒を用いたときに重要になる．加溶媒分解の求核剤はアニオンではなく溶媒の中性分子であるので求核性が弱い．

S_N2：次の条件が S_N2 反応に適している

1. 比較的立体障害の小さい脱離基をもつ基質（例：ハロゲン化メチル，第一級および第二級アルキル）

$$CH_3-X \ > \ R-CH_2-X \ > \ R-\underset{\text{第二級}}{\overset{R'}{CH}}-X$$
　　メチル　　　　第一級　　　　　第二級

　第三級ハロゲン化物は S_N2 機構では反応しない．

2. 強い求核剤（通常アニオン）
3. 高濃度の求核剤
4. 極性非プロトン性溶媒

ハロゲン脱離基の脱離のしやすさは S_N1 反応でも S_N2 反応でも同じ傾向になる．

$$R-I \ > \ R-Br \ > \ R-Cl \quad S_N1 \text{ または } S_N2 \text{ 反応}$$

フッ化アルキルはあまりにも反応が遅いので，求核置換反応にはほとんど使われない．
　表 6.5 にこれらの要因をまとめた．

表 6.5　S_N1 と S_N2 反応を有利にする要因

要因	S_N1	S_N2
基質	第三級 （比較的安定なカルボカチオンの生成）	メチル＞第一級＞第二級 （立体障害の小さい基質）
求核剤	弱い Lewis 塩基，中性分子，加溶媒分解では溶媒	強い Lewis 塩基，求核剤が高濃度ほど速度が速い
溶媒	プロトン性（例：アルコール，水）	非プロトン性極性 （例：DMF, DMSO）
脱離基	S_N1, S_N2 反応ともに I＞Br＞Cl＞F （脱離して弱い塩基になるものほどよい脱離基である）	

6.14 有機合成：S_N2 反応を用いる官能基の変換

有機合成において S_N2 反応は官能基を別の官能基に変換できる点で非常に有用である．このような反応は**官能基変換** functional group transformation または**官能基相互変換** functional group interconversion とよばれる．図 6.11 に示すとおり，S_N2 反応を用いてハロゲン化メチル，第一級および第二級ハロゲン化アルキルをアルコール，エーテル，チオール，チオエーテル，ニトリル，エステルなどに変えることができる（注：チオ thio- という接頭語は酸素原子を硫黄原子に置き換えた化合物に用いられる）．

塩化および臭化アルキルは求核置換反応によってヨウ化アルキルに変えられる．

$$R\text{—Cl} \text{ または } R\text{—Br} \xrightarrow{I^-} R\text{—I} + Cl^- \text{（または } Br^-\text{）}$$

S_N2 反応のもう一つ重要な点はその**立体化学**（6.8 節）である．S_N2 反応は脱離基をもつ炭素上で必ず**立体配置の反転**を伴う．したがって，基質の立体配置がわかっていれば，その生成物の立体配置もわかる．例えば，(S)-2-メチルブタンニトリルを得たいとしよう．

(S)-2-メチルブタンニトリルは (R)-2-ブロモブタンが手に入れば，次のようにして合成することができる．

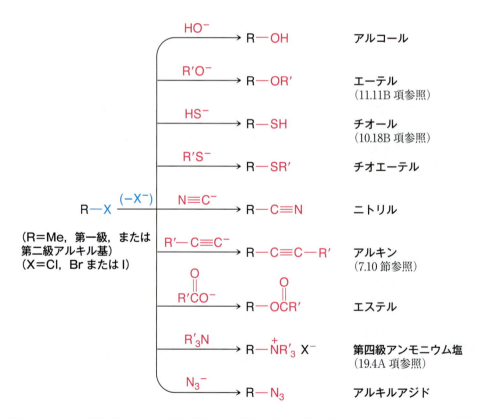

図 6.11 ハロゲン化メチル，第一級および第二級ハロゲン化アルキルの S_N2 反応を用いる官能基変換

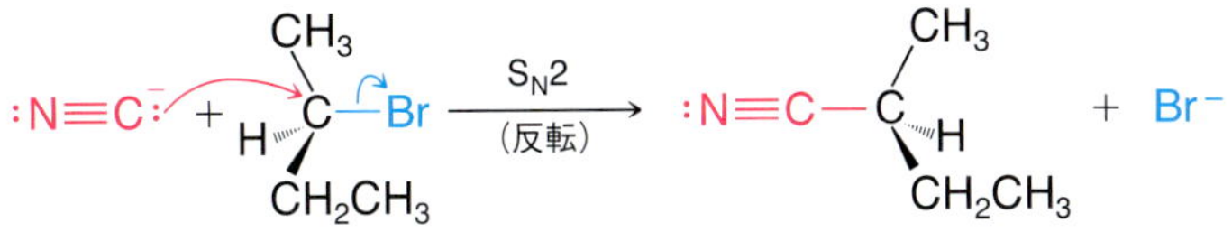

6.15 ハロゲン化アルキルの脱離反応

(R)-2-Bromobutane + :N≡C:⁻ →[SN2, 反転] (S)-2-Methylbutanenitrile + Br⁻

問題 6.14 (S)-2-Bromobutane を用いて次の化合物の (R)体を合成せよ．

(a) 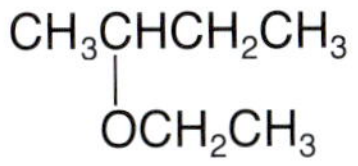 CH₃CHCH₂CH₃
      |
      OCH₂CH₃

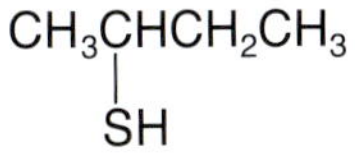

(b) 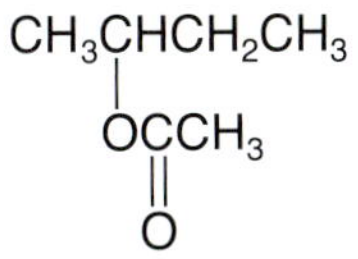 CH₃CHCH₂CH₃
      |
      OCCH₃
       ‖
       O

(c) CH₃CHCH₂CH₃
      |
      SH

(d) 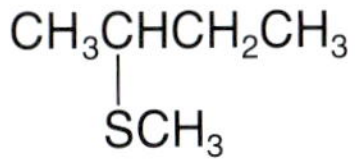 CH₃CHCH₂CH₃
      |
      SCH₃

6.14A ハロゲン化ビニルとハロゲン化フェニルは反応性が低い

6.1 節で述べたように，二重結合の一方の炭素にハロゲンが結合している化合物を**ハロゲン化アルケニル**またはビニル型ハロゲン化物といい，ベンゼン環にハロゲンが結合しているものを**ハロゲン化アリール**または**ハロゲン化フェニル**という．

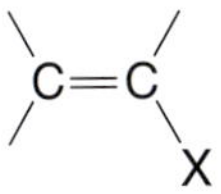

ハロゲン化アルケニル 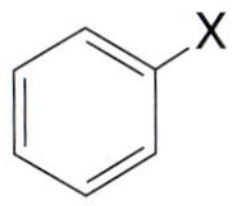　　ハロゲン化フェニル（ハロゲン化アリールの一種）

● ハロゲン化アルケニルとハロゲン化フェニルは一般的に S_N1 または S_N2 反応を起こさない．

アルケニルカチオンやフェニルカチオンは比較的不安定で，容易には生成しないので，これらのハロゲン化物は S_N1 機構で反応しない．また，ハロゲン化アルケニルやハロゲン化フェニルの C—Cl 結合はハロゲン化アルキルの結合より強く（理由は後に述べる），さらに二重結合やベンゼン環の電子は求核剤の背面からの接近を妨げているため S_N2 機構でも反応しない．

6.15 ハロゲン化アルキルの脱離反応

ハロゲン化アルキルの脱離反応は置換反応と競争的に起こる重要な反応である．**脱離反応** elimination reaction は，基質中の隣り合った原子から分子の一部（YZ）が脱離し，多重結合が導入される反応である．

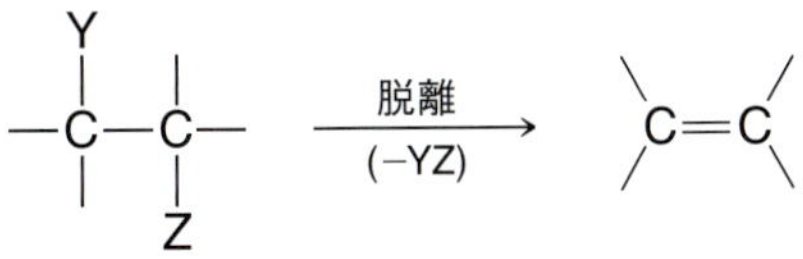

6.15A 脱ハロゲン化水素

ハロゲン化アルキルの隣接原子から HX が脱離してアルケンを生成する反応は，アルケンの合成法としてよく用いられる．ハロゲン化アルキルを強塩基と加熱するとこの反応が起こる．次に二つの例をあげる．

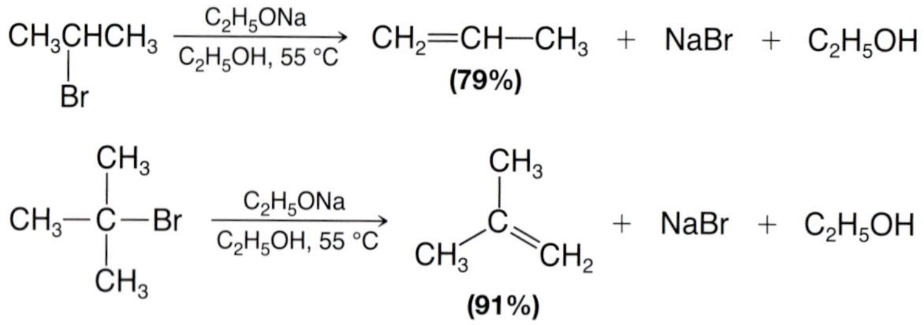

$$CH_3CHCH_3 \xrightarrow[C_2H_5OH, 55°C]{C_2H_5ONa} CH_2=CH-CH_3 + NaBr + C_2H_5OH$$
$$\underset{Br}{|} \qquad\qquad\qquad (79\%)$$

$$CH_3-\underset{\underset{CH_3}{|}}{\overset{\overset{CH_3}{|}}{C}}-Br \xrightarrow[C_2H_5OH, 55°C]{C_2H_5ONa} \underset{CH_3}{\overset{CH_3}{C}}=CH_2 + NaBr + C_2H_5OH$$
$$(91\%)$$

このような反応は臭化水素の脱離だけに限らない．塩化アルキルも塩化水素を脱離するし，ヨウ化アルキルもヨウ化水素を脱離し，いずれの場合もアルケンを生成する．ハロゲン化水素がこのようにしてハロゲン化アルキルから脱離する反応を**脱ハロゲン化水素** dehydrohalogenation という．これらの脱離には，S_N1 反応と S_N2 反応と同様に，脱離基と塩基が必要である．

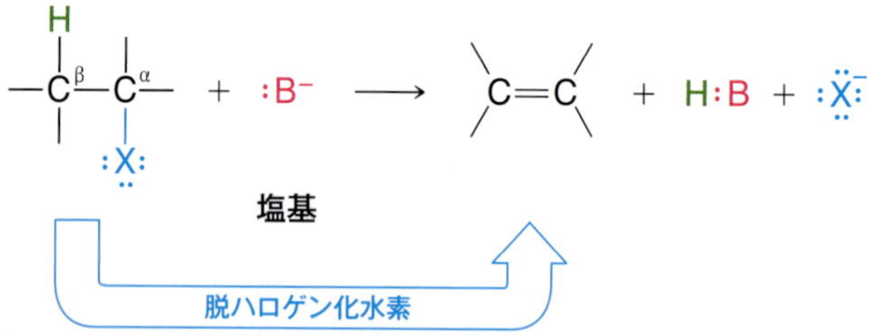

置換基（すなわち，上の反応ではハロゲン原子）の付いている炭素を **α 炭素**といい，その隣の炭素を **β 炭素**という．β 炭素に結合している水素は **β 水素**といわれる．脱ハロゲン化水素では脱離する水素は β 炭素の水素であるので，この反応を **β 脱離** β elimination という．また **1,2 脱離** 1,2 elimination ともいう．

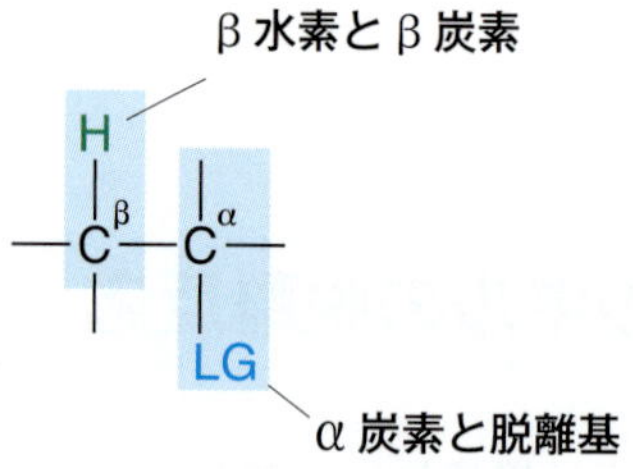

脱ハロゲン化水素については，Chap. 7 で詳しく述べるが，ここでは基本的な特徴だけを説明しておこう．

6.15B 脱ハロゲン化水素に使われる塩基

いろいろな強塩基が脱ハロゲン化水素に用いられる．エチルアルコールに溶かした水酸化カリウム（KOH/EtOH）が使われることもあるが，ナトリウムエトキシド（EtONa）のようなアルコールの共役塩基は特にすぐれている．

アルコールの共役塩基（アルコキシドイオン）はアルコールにアルカリ金属を反応させて作られる．

$$2\ R-\ddot{O}H\ +\ 2\ Na\ \longrightarrow\ 2\ R-\ddot{O}:^-\ Na^+\ +\ H_2$$
　　　アルコール　　　　　　　　ナトリウム
　　　　　　　　　　　　　　　　アルコキシド

この反応は一種の**酸化還元反応** oxidation-reduction reaction である．金属ナトリウムは酸素原子と結合している水素原子と反応し，水素ガス，ナトリウムイオンと水酸化物イオンを生じる．ナトリウムと水との反応は激しく，ときには爆発的に反応する．

$$2\ H\ddot{O}H\ +\ 2\ Na\ \longrightarrow\ 2\ H\ddot{O}:^-\ Na^+\ +\ H_2$$
　　　　　　　　　　　　　　水酸化ナトリウム

ナトリウムアルコキシドはまたアルコールと水素化ナトリウム（NaH）との反応でも得られる．ヒドリドイオン（H:⁻）は非常に強い塩基（H_2 の pK_a は 35）である．

$$R-\ddot{O}-H\ +\ Na^+\ H^-\ \longrightarrow\ R-\ddot{O}:^-\ Na^+\ +\ H-H$$

ナトリウム（およびカリウム）アルコキシドは通常大過剰のアルコールを用いて作られ，大過剰のアルコールは反応の溶媒となる．ナトリウムエトキシドもこのように作られることが多い．

$$2\ CH_3CH_2\ddot{O}H\ +\ 2\ Na\ \longrightarrow\ 2\ CH_3CH_2\ddot{O}:^-\ Na^+\ +\ H_2$$
　　Ethanol　　　　　　　　　　大過剰のエタノールに溶けた
　　（大過剰）　　　　　　　　　　ナトリウムエトキシド

カリウム t-ブトキシド（t-BuOK）もすぐれた脱ハロゲン化水素剤になる．

$$2\ (CH_3)_3C-\ddot{O}H\ +\ 2\ K\ \longrightarrow\ 2\ (CH_3)_3C-\ddot{O}:^-\ K^+\ +\ H_2$$
　　t-Butyl alcohol　　　　　　　　　カリウム t-ブトキシド
　　（大過剰）

6.15C 脱ハロゲン化水素の機構

脱離反応はいろいろな機構で起こる．ハロゲン化アルキルの脱離反応では二つの機構が特に重要である．それは今学んだばかりの S_N2 反応と S_N1 反応に密接に関係しているからである．一つは律速段階が二分子反応であることから **E2 反応**とよばれ，もう一つは律速段階が一分子反応であるので **E1 反応**とよばれる．

6.16 E2反応

臭化イソプロピルをエタノール中ナトリウムエトキシドと加熱すると，プロペンを生成する．この反応速度は臭化イソプロピルの濃度とエトキシドイオンの濃度に依存する．反応速度式は基質と塩基について一次であり，全体として二次である．

$$速度 = k[\text{CH}_3\text{CHBrCH}_3][\text{C}_2\text{H}_5\text{O}^-]$$

- 反応次数から，律速段階の遷移状態にはハロゲン化アルキルとアルコキシドイオンの両者が含まれていることがわかる．したがって，この反応は二分子反応である．このような反応を **E2反応** という．

多くの実験結果は，E2反応が次のように起こることを示している．

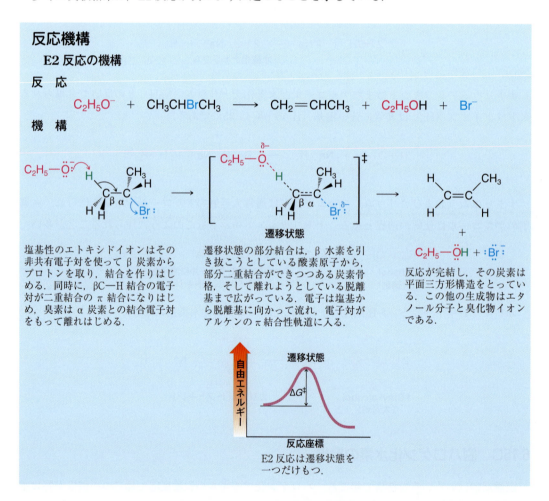

E2反応については，7.6D項でさらに詳しく述べるが，脱離する水素と脱離基の配列は任意ではなく，上に示したように，すべての関係する原子（βH，βC，αCおよびBr）が同一平面内になるように配列することが必要である．

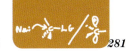

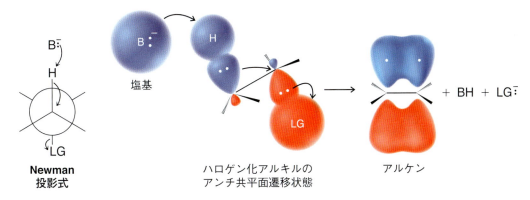

ここで必要な立体的配置はS_N2反応の場合と似ていることに注意しよう．S_N2反応（6.6節）では，求核剤は**反対側**から脱離基を押し出しているが，E2反応では，塩基が水素を引き抜くと同時に，**C—H結合の電子対が反対側（アンチ側）**から脱離基を押し出している（7.7C項で，シン共平面E2遷移状態も可能であること述べる）．

6.17 E1 反応

脱離反応によっては一次反応速度式に従って起こるものもある．このタイプの脱離反応はE1反応とよばれる．例えば，塩化 t-ブチルを 25 °C で 80% の水-エタノールで処理すると，置換生成物が83%の収率で，脱離生成物（2-メチルプロペン）が17%の収率で得られる．

- 最初の段階では，置換反応も脱離反応も共通の中間体として t-ブチルカチオンを生成する．これはまた両方の反応の律速段階であり，ともに一次反応で一分子反応である．

置換反応か脱離反応のどちらが起こるかは，次の段階（速い段階）にかかっている．

- 溶媒分子が t-ブチルカチオンの正電荷をもつ炭素原子に求核剤として反応すると，生成物は t-ブチルエチルエーテルか t-ブチルアルコールである．これはとりもなおさず S_N1 反応である．

S_N1 反応

$$CH_3-\overset{CH_3}{\underset{CH_3}{C^+}} + Sol-\overset{..}{\underset{..}{O}}H \xrightarrow{速い} CH_3-\overset{CH_3}{\underset{CH_3}{C}}-\overset{+}{\underset{H}{O}}\!\!-\!\!Sol \rightleftharpoons CH_3-\overset{CH_3}{\underset{CH_3}{C}}-\overset{..}{\underset{..}{O}}\!\!-\!\!Sol + H-\overset{+}{\underset{H}{O}}\!\!-\!\!Sol$$

(Sol—OH = H—O—H または CH_3CH_2—OH)　　H—Ö—Sol

- しかし，溶媒分子が塩基として働き，β水素の一つをプロトンとして引き抜くと，生成物は 2-メチルプロペンとなる．これが E1 反応である．

E1 反応

$$Sol-\overset{..}{\underset{H}{O}}: \curvearrowright H-CH_2-\overset{CH_3}{\underset{CH_3}{C^+}} \xrightarrow{速い} Sol-\overset{+}{\underset{H}{O}}\!\!-\!\!H + CH_2=\overset{CH_3}{\underset{CH_3}{C}}$$

2-Methylpropene

E1 反応はほとんど常に S_N1 反応を伴って起こる．

反応機構

E1 反応の機構

反　応

$$(CH_3)_3CCl + H_2O \longrightarrow CH_2=C(CH_3)_2 + H_3O^+ + Cl^-$$

機　構

段階 1

$$CH_3-\overset{CH_3}{\underset{CH_3}{C}}-\overset{..}{\underset{..}{Cl}}: \xrightarrow[H_2O]{遅い} CH_3-\overset{CH_3}{\underset{CH_3}{C^+}} + :\overset{..}{\underset{..}{Cl}}:^-$$

極性溶媒の助けによって，塩素は結合していた炭素から結合電子対をもって離れる．

この遅い段階で，比較的安定な第三級カルボカチオンと塩化物イオンを生成する．これらのイオンはまわりの水分子によって溶媒和（安定化）されている．

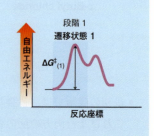

段階 1
遷移状態 1
$\Delta G^\ddagger_{(1)}$
自由エネルギー
反応座標

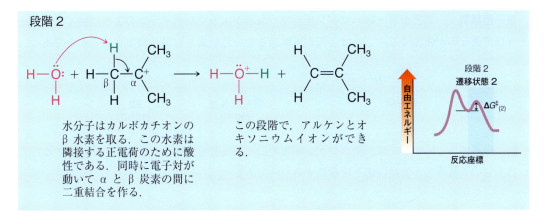

6.18 置換反応と脱離反応のどちらが起こりやすいか

すべての求核剤は塩基になり得，またすべての塩基（水素を攻撃する）は求核剤（電子不足の炭素原子を攻撃する）になり得る．これは両者とも活性本体が非共有電子対だからである．したがって，求核置換反応と脱離反応とが互いに競争して起こることは何ら不思議なことではない．次にどちらが起こりやすいかを決める因子を整理し，いくつかの例をあげよう．

6.18A S_N2 反応と E2 反応の比較

S_N2 反応と E2 反応はともに高濃度の強い求核剤または塩基を用いると有利になる．求核剤（塩基）が塩基としてβ水素を攻撃［(a) の経路］すれば脱離反応となり，脱離基の付いている炭素を求核剤が攻撃［(b) の経路］すれば置換反応が起こる．

次の反応例が置換と脱離に対するいくつかの効果を示している．基質の立体障害（ハロゲン化アルキルの種類），温度，塩基/求核剤のサイズ（EtONa と t-BuOK），および塩基性と分極率の効果などである．また，これらの例において，有機反応を表す一般的な方法も示している．すなわち，反応剤を反応矢印の上に書き，溶媒と温度を矢印の下に書く．そして，基質と主生成物だけを反応矢印の両側に書く．また，結合・線式の使用と反応剤や溶媒の略号の使用など，有機化学者がよく使う簡略化表現も用いる．

第一級基質　基質が第一級ハロゲン化物で，塩基がエトキシドイオンのように強くて小さいときは置換反応が優先する．これは塩基が脱離基をもった炭素を容易に攻撃できるからである．

$$\text{CH}_3\text{CH}_2\text{Br} \xrightarrow[\text{EtOH, 55 °C}]{\text{EtONa}} \text{CH}_3\text{CH}_2\text{OCH}_2\text{CH}_3 + \text{CH}_2=\text{CH}_2$$

第一級　　　　　　　　　　　　　おもに S_N2　　　　　　　　E2
　　　　　　　　　　　　　　　　　(90%)　　　　　　　　　　(10%)

第二級基質　しかし，第二級ハロゲン化物では，強塩基を用いると脱離反応が優先する．これは基質の立体障害が置換反応を困難にするためである．

第二級　　　　　　　　　　　　　おもに E2　　　　　　　　　S_N2
　　　　　　　　　　　　　　　　　(79%)　　　　　　　　　　(21%)

第三級基質　第三級ハロゲン化物の場合には，基質の立体障害が大きすぎて，S_N2 反応は起こらないから脱離反応がはるかに優先し，特に高温で反応すればますます有利になる．置換反応が起こるとすれば，S_N1 機構である．

加熱しないとき

第三級　　　　　　　　　　　　　おもに E2　　　　　　　　　S_N1
　　　　　　　　　　　　　　　　　(91%)　　　　　　　　　　(9%)

加熱したとき

第三級　　　　　　　　　　　　　E2 と E1 だけ
　　　　　　　　　　　　　　　　　(100%)

温度　反応温度を上げると，置換よりも脱離（E1 と E2）が有利になる．脱離反応は結合の変化が多いために，置換反応より活性化自由エネルギーが大きい．高温にすると，脱離も置換も速度は速くなるが，脱離の障壁を越すエネルギーをもった分子の割合が置換反応よりも多くなる．さらに脱離反応は，脱離によって生成する生成物の数が置換反応より多くなるから，エントロピー的に有利になる．その上に自由エネルギー式 $\Delta G° = \Delta H° - T\Delta S°$ でエントロピー項には温度係数が付いているから，高温ほどエントロピー効果が強まる．

塩基/求核剤の大きさ　ハロゲン化アルキルの脱離反応を有利にする一つの方法は反応温度を上げることであるが，もう一つの方法は，t-ブトキシドイオンのように立体障害の大きい強塩

基を用いることである．*t*-ブトキシドイオンのかさ高い 3 個のメチル基は置換反応を妨害し，脱離反応を優先させる．次に，二つの反応例でこの効果を見てみよう．立体障害の少ないメトキシドイオンは臭化オクタデシルとおもに置換反応によって反応するが，かさ高い *t*-ブトキシドイオンの場合は脱離反応が主になる．

立体障害の小さい塩基/求核剤

$$\underset{15}{\text{Br}} \xrightarrow[\text{CH}_3\text{OH, 65 °C}]{\text{CH}_3\text{ONa}} \underset{15}{\text{CH}_2=\text{CH}} \quad + \quad \underset{15}{\text{OCH}_3}$$

E2 (1%)   S$_N$2 (99%)

立体障害の大きい（かさ高い）塩基/求核剤

$$\underset{15}{\text{Br}} \xrightarrow[\text{t-BuOK, 40 °C}]{\text{t-BuOK}} \underset{15}{\text{CH}_2=\text{CH}} \quad + \quad \underset{15}{\text{O}t\text{-Bu}}$$

E2 (85%)   S$_N$2 (15%)

塩基性と分極率　E2 と S$_N$2 の相対速度に影響するもう一つの要因は，塩基/求核剤の相対的な塩基性と分極率である．アミドイオン（$^-$NH$_2$）やアルコキシドイオン（特に立体障害のあるもの）のように塩基性は強いが分極しにくい塩基を用いると，脱離（E2）が増加する傾向がある．塩化物イオン（Cl$^-$）または酢酸イオン（CH$_3$CO$_2^-$）のように弱い塩基または Br$^-$，I$^-$ または RS$^-$ のように弱くて分極率の高い塩基を用いると置換（S$_N$2）が増大する．例えば，酢酸イオンは臭化イソプロピルとほとんど一方的に S$_N$2 機構で反応する．

$$\text{CH}_3\text{CO}_2^- + (\text{CH}_3)_2\text{CHBr} \xrightarrow[(\sim 100\%)]{\text{S}_N 2} \text{CH}_3\text{CO}_2\text{CH}(\text{CH}_3)_2 + \text{Br}^-$$

上の反応と同じ基質に対して，もっと強い塩基のエトキシドイオンを使うと，主として E2 機構で脱離反応が進行する．

6.18B　第三級ハロゲン化合物：E1 反応と S$_N$1 反応の比較

E1 反応と S$_N$1 反応は共通の中間体を経由して進むので，反応性に影響する因子に対して同じように変化する．したがって，E1 反応も安定なカルボカチオンを生成する基質（例：第三級ハロゲン化物），弱い求核剤（弱塩基），および極性溶媒を使用したほうが有利になる．

E1 生成物と S$_N$1 生成物の相対比に影響を与えることは難しい．それはカルボカチオンの反応（プロトンの脱離と溶媒分子との結合）はいずれも，その活性化自由エネルギーが非常に小さいからである．

一分子反応でいえば，特に低い温度では S$_N$1 反応のほうが E1 反応よりも起こりやすい．しかし，一般に第三級ハロゲン化物の置換反応は合成法としてはあまり有用ではない．脱離反応のほ

うがずっと起こりやすいからである．反応温度を上げると S_N1 反応より E1 反応のほうが有利になる．

- 第三級基質から脱離生成物を得たいのであれば，強塩基を使って E2 反応を起こさせるのが簡単である．

6.19 まとめ

簡単なハロゲン化アルキルの置換反応と脱離反応の反応経路をまとめると次表のようになる．

表 6.6 S_N1, S_N2, E1 および E2 反応のまとめ

CH_3X	H R–C–X H	R R–C–X H	R R–C–X R
メチル	第一級	第二級	第三級
	二分子反応（S_N2/E2）のみ		S_N1/E1 または E2
S_N2 反応をする	おもに S_N2 反応．ただし，立体障害のある強塩基［例：$(CH_3)_3CO^-$］を用いるとおもに E2 反応	弱塩基（例：I^-，CN^-，RCO_2^-）のときもおもに S_N2 反応．強塩基（例：RO^-）のときはおもに E2 反応	S_N2 反応は起こらない．加溶媒分解のとき S_N1/E1 反応の両方が起こる．低温では S_N1 反応が優先する．強塩基（例：RO^-）を用いると E2 反応が優先する

表 6.6 の使い方について次の例題で考えてみよう．

例題 6.8

次の反応における生成物（一つとは限らない）を予想せよ．それぞれの生成物が得られる反応機構（S_N1, S_N2, E1 または E2）を示し，生成物の相対的な収率（その生成物のみ，主生成物，あるいは副生成物という程度でよい）を予想せよ．

(a) CH₃CH₂CH₂Br $\xrightarrow[\text{CH}_3\text{OH, 50 °C}]{\text{CH}_3\text{O}^-}$

(b) CH₃CH₂CH₂Br $\xrightarrow[t\text{-BuOH, 50 °C}]{t\text{-BuO}^-}$

(c) (H,Br)CHCH₃ $\xrightarrow[\text{CH}_3\text{OH, 50 °C}]{\text{HS}^-}$

(d) (CH₃CH₂)₂C(Br)CH₂CH₃ 構造 $\xrightarrow[\text{CH}_3\text{OH, 50 °C}]{\text{HO}^-}$

(e) 第三級 Br 基質 $\xrightarrow[\text{CH}_3\text{OH, 25 °C}]{}$

解き方と解答：

(a) 基質は第一級ハロゲン化物である．塩基/求核剤 CH_3O^- は強塩基（立体障害のない塩基）でありよい求核剤である．表6.6から，この反応は S_N2 が主になると考えられる．したがって主生成物は ⌒⌒OCH_3 であり，副生成物は E2 反応による ⌒= であろう．

(b) 基質は同じであるが，塩基/求核剤は t-BuO⁻ で，これは強いが立体障害の大きい塩基である．したがって主生成物は E2 反応による ⌒= であり，副生成物は S_N2 反応による ⌒⌒O-t-Bu であろう．

(c) 基質は (S)-2-bromobutane であり，第二級ハロゲン化物である．脱離基はキラル中心に結合している．塩基/求核剤は HS⁻ で，これはよい求核剤であるが弱塩基である．したがって S_N2 反応が予想され，キラル中心での立体配置の反転が起こる．したがって生成物は (R)異性体である．

(d) 塩基/求核剤は HO⁻ で，これは強塩基でよい求核剤である．しかし，基質が第三級ハロゲン化物であるので S_N2 は期待できない．主生成物は E2 反応による ⌒=⌒ である．

この温度で強塩基の存在下では S_N1 反応生成物 ⌒⌒OCH_3 の生成は期待できない．

(e) この反応は加溶媒分解である．塩基/求核剤は溶媒の CH_3OH であり，これは弱塩基（したがって E2 反応は起こらない）で弱い求核剤である．基質は第三級ハロゲン化物である（したがって S_N2 反応は起こらない）．この温度では S_N1 反応が優先的に起こり，⌒⌒OCH_3 が得られるものと思われる．副反応は E1 反応であり，⌒=⌒ が副生成物になると考えられる．

◆補充問題

6.15 S_N2 機構で反応させるとき，どちらのハロゲン化アルキルがより速く反応すると思われるか．またそうなる理由を説明せよ．

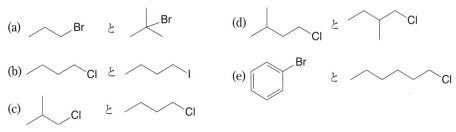

6.16 次に示すそれぞれ (1) と (2) の反応の組合せのうち，プロトン性溶媒中でどちらの S_N2 反応が速いと考えられるか．

(a) (1) CH₃CH₂CH₂Cl + EtO⁻ ⟶ CH₃CH₂CH₂OEt + Cl⁻

(2) CH₃CH₂CH₂Cl + EtOH ⟶ CH₃CH₂CH₂OEt + HCl

(b) (1) CH₃CH₂CH₂Cl + EtO⁻ ⟶ CH₃CH₂CH₂OEt + Cl⁻

(2) CH₃CH₂CH₂Cl + EtS⁻ ⟶ CH₃CH₂CH₂SEt + Cl⁻

(c) (1) CH₃CH₂CH₂Br (1.0 M) + MeO⁻ (1.0 M) ⟶ CH₃CH₂CH₂OMe + Br⁻

(2) CH₃CH₂CH₂Br (1.0 M) + MeO⁻ (2.0 M) ⟶ CH₃CH₂CH₂OMe + Br⁻

6.17 次に示すそれぞれ (1) と (2) の反応の組合せのうち，どちらの S_N1 反応が速いと考えられるか．その理由を説明せよ．

(a) (1) (CH₃)₃CCl + H₂O ⟶ (CH₃)₃COH + HCl

(2) (CH₃)₃CBr + H₂O ⟶ (CH₃)₃COH + HBr

(b) (1) (CH₃)₃CCl + H₂O ⟶ (CH₃)₃COH + HCl

(2) (CH₃)₃CCl + MeOH ⟶ (CH₃)₃COMe + HCl

(c) (1) (CH₃)₃CCl (1.0 M) + EtO⁻ (1.0 M) $\xrightarrow{\text{EtOH}}$ (CH₃)₃COEt + Cl⁻

(2) (CH₃)₃CCl (2.0 M) + EtO⁻ (1.0 M) $\xrightarrow{\text{EtOH}}$ (CH₃)₃COEt + Cl⁻

(d) (1) (CH₃)₃CCl (1.0 M) + EtO⁻ (1.0 M) $\xrightarrow{\text{EtOH}}$ (CH₃)₃COEt + Cl⁻

(2) (CH₃)₃CCl (1.0 M) + EtO⁻ (2.0 M) $\xrightarrow{\text{EtOH}}$ (CH₃)₃COEt + Cl⁻

(e) (1) (CH₃)₃CCl + H₂O ⟶ (CH₃)₃COH + HCl

(2) C₆H₅Cl + H₂O ⟶ C₆H₅OH + HCl

6.18 Propyl bromide (1-bromopropane) の求核置換反応を使って次の化合物を合成する方法を示せ（必要な化合物は何を使ってもよい）．

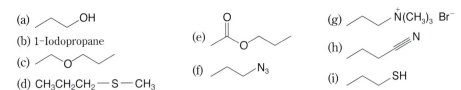

(b) 1-Iodopropane

(d) CH₃CH₂CH₂—S—CH₃

6.19 ハロゲン化メチル，エチル，あるいはシクロペンチルを基質（出発物質）として，次の化合物の合成法を反応式で示せ．必要な溶媒，無機試薬は何を使ってもよい．2段階以上の反応が必要な場合もある．ただし，この問題の中で一度合成法を示したものは繰り返す必要はない．

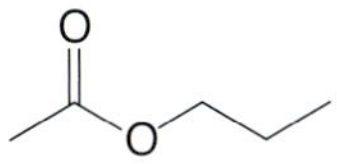

(a) CH₃I（塩化メチルから）　(d) ＯＨ　(g) CH₃CN　(j) ＯMe

(b)  I（塩化エチルから）　(e) CH₃SH　(h) 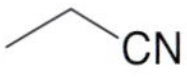 CN　(k)  （シクロペンテン）

(c) CH₃OH　(f) SH　(i) CH₃OCH₃

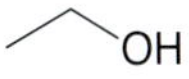

6.20 次に仮想的な求核置換反応を示した．予想される生成物は適度の速度では得られないので，どの反応も合成化学的には有用ではない．それぞれの場合について反応が進行しない理由を説明せよ．

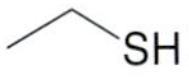

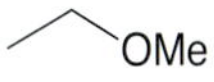

(a)  ＋ HO⁻ ⤳ OH ＋ ⁻CH₃

(b)  ＋ HO⁻ ⤳ OH ＋ H⁻

(c) ☐ ＋ HO⁻ ⤳ ⁻ OH

(d) Br ＋ N≡C⁻ ⤳ CN ＋ Br⁻

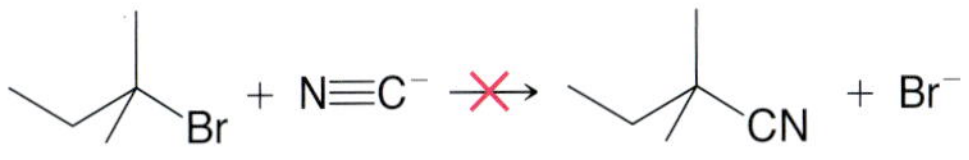

(e) NH₃ ＋ CH₃OCH₃ ⤳ CH₃NH₂ ＋ CH₃OH

(f) NH₃ ＋ CH₃OH₂⁺ ⤳ CH₃NH₃⁺ ＋ H₂O

6.21 次に示す反応の一つを用いて isopropyl methyl ether を合成したい．どちらの反応がより高い収率を与えるだろうか．その理由を説明せよ．

(1) 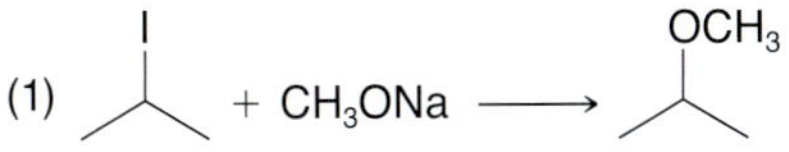 (CH₃)₂CHI ＋ CH₃ONa ⟶ (CH₃)₂CHOCH₃　　(2) 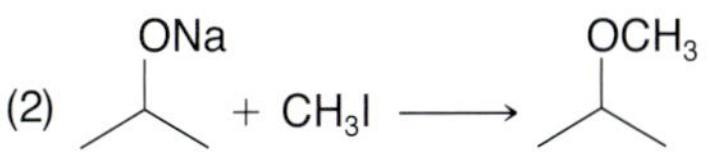 (CH₃)₂CHONa ＋ CH₃I ⟶ (CH₃)₂CHOCH₃

6.22 適当なハロゲン化アルキルを出発物質として，次の化合物の合成法を示せ．他にどのような反応剤を用いてもよい．複数の可能性がある場合にはより収率の高い方法を選べ．

(a) Butyl *s*-butyl ether
(b) [structure: ethyl *t*-butyl sulfide]
(c) Methyl neopentyl ether
(d) Methyl phenyl ether
(e) [structure: benzyl cyanide (PhCH₂CN)]
(f) [structure: benzyl acetate]
(g) (*S*)-2-Pentanol
(h) (*R*)-2-Iodo-4-methylpentane
(i) [structure: 3,3-dimethyl-1-butene]
(j) *cis*-4-Isopropylcyclohexanol
(k) [structure: (S)-2-methylbutanenitrile with H and CN on stereocenter]
(l) *trans*-1-Iodo-4-methylcyclohexane

6.23 Ethyl bromide と isobutyl bromide はともに第一級ハロゲン化物であるが，S$_N$2 反応において ethyl bromide のほうが isobutyl bromide より 10 倍以上速く反応する．また，強塩基でもあり，求核剤でもある EtO$^-$ とそれぞれの化合物を反応させると，isobutyl bromide は置換生成物よりはむしろ脱離生成物をより多く与えるが，ethyl bromide は逆の結果を与える．これらの結果を説明せよ．

6.24 極性非プロトン性溶媒中，次の組合せの求核剤のうちどちらの反応性が高いか．

(a) CH$_3$$\bar{\text{N}}$H と CH$_3NH_2$
(b) CH$_3$O$^-$ と CH$_3$CO$_2^-$ ($^-$OAc)
(c) CH$_3$SH と CH$_3$OH
(d) H$_2$O と H$_3$O$^+$
(e) NH$_3$ と $\overset{+}{\text{N}}$H$_4$
(f) H$_2$S と HS$^-$
(g) CH$_3$CO$_2^-$ ($^-$OAc) と HO$^-$

6.25 次の反応の生成物を説明する反応機構を書け．

(a) HOCH$_2$CH$_2$Br $\xrightarrow[\text{H}_2\text{O}]{\text{HO}^-}$ [epoxide (oxirane)]

(b) H$_2$N(CH$_2$)$_4$Br $\xrightarrow[\text{H}_2\text{O}]{\text{HO}^-}$ [pyrrolidine]

6.26 1-Bromobicyclo[2.2.1]heptane は S$_N$1 反応にもまた S$_N$2 反応にも不活性である．この理由を説明せよ．

Chapter

7

アルケンとアルキンⅠ：性質と合成．ハロゲン化アルキルの脱離反応

　地球上には72億人（2014年現在）が七つの大陸で暮らしているが，ある説によると，自分と他人との間には"六次の隔たり* six degrees of separation"しかないといわれる．いいかえれば，われわれはすべて友達の友達である．奇異に聞こえるかもしれないが，有機分子でも大きな違いはない．アルケンやアルキンは，複雑な分子を容易に合成できるC—C結合形成反応やいろいろな他の官能基へ変換する鍵となる連結器である．実際，アルケンやアルキンがある分子の合成にかかわる場合，めったに6工程もかからない．むしろ，1，2工程で済む．

　本章で学ぶこと：
  • アルケンとアルキンの性質と命名法
  • アルケンやアルキンからアルカンへの変換法
  • 有機化合物の合成経路をどのように計画するか

7.1　はじめに

　アルケン alkene は C＝C 結合を含む炭化水素である．アルケンの代わりに**オレフィン** olefin という古い名称（IUPAC 命名法では認められていない）もしばしば用いられる．エテン ethene（慣用名はエチレン ethylene）は最も簡単なアルケンであり，以前は olefiant gas（ラテン語の *oleum* "油" と *facere* "作る" に由来する）とよばれていた．その理由は気体であるエテン（C_2H_4）は塩素と反応して油状の $C_2H_4Cl_2$ を生成するからであった．

［写真提供：Media Bakery］

＊（訳注）「人は友達の友達を六人ほどたどっていくと世界中の人々とつながりを見出すことができる」という仮説をいう．この言葉についてもっと知りたい人は上記の用語をキーワードにしてウェブサイトを検索するとよい．

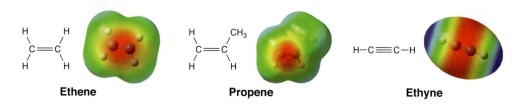

7.1A　アルケンとアルキンの物理的性質

　アルケンとアルキンは対応するアルカンと似た物理的性質を示す．炭素数が4個までのアルケンやアルキンは2-ブチンを除いて室温では気体である．アルケンとアルキンは無極性であるので，無極性または極性の低い溶媒に溶ける．一方，アルケン，アルキンとも水には極めて溶けにくい（どちらかというとアルキンのほうがまだ溶けやすい）．またアルケンとアルキンの密度は水より小さい．

7.2　アルケンのジアステレオマーの(*E-Z*)規則

　4.5節ではアルケンの立体化学の表示にシスとトランス（**シス-トランス異性体** *cis-trans isomer*）という用語が用いられることを学んだ．アルケンのジアステレオマーの立体化学の表示に用いられるシス-トランス表示法は二置換アルケンの場合には問題ないが，三置換や四置換アルケンに対しては不明確であるか，または全く適用できなくなる．下の例について見てみよう．

$$\underset{\mathbf{A}}{\underset{H}{\overset{Br}{\diagdown}}C=C\underset{F}{\overset{Cl}{\diagup}}}$$

　例えば，**A**には同じ基が2個ないのでシスかトランスかが決められない．
　このような場合にはCahn-Ingold-Prelog規則（5.7節）による基の順位則に基づいた新しい表示法が用いられる．この方法は**(*E-Z*)規則**といわれ，どのようなアルケンのジアステレオマーにも適用できる．

7.2A　(*E-Z*)規則によるアルケンの立体化学の決め方

1. 二重結合の一方の炭素に結合している2個の基について優先順位を決める．
2. もう一方の炭素についても同じように優先順位を決める．

(Z)-2-Bromo-1-chloro-1-fluoroethene　　(E)-2-Bromo-1-chloro-1-fluoroethene

3. 一方の炭素の優先順位の高い基ともう一方の炭素の優先順位の高い基を比べる．2個の優先順位の高い基が二重結合の同じ側にあるとき，そのアルケンを (Z) と表示する（ドイツ語の zusammen "ともに" に由来する）．もし，優先順位の高い2個の基が二重結合の反対側にあれば，そのアルケンを (E) と表示する（ドイツ語の entgegen "反対に" に由来する）．別の例を示す．

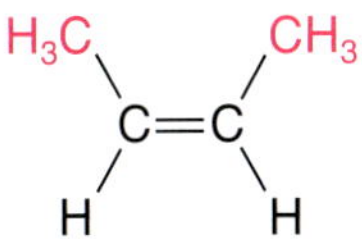

(Z)-2-Butene または (Z)-but-2-ene
(cis-2-butene)

$CH_3 > H$

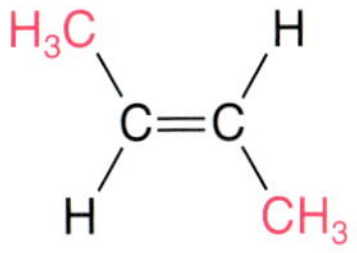

(E)-2-Butene または (E)-but-2-ene
(trans-2-butene)

例題 7.1

1-Bromo-1,2-dichloroethene の2個の立体異性体は，二重結合が三置換であるので，通常のシスとトランスを使っては命名できない．しかし，(E-Z) 命名法では可能である．それぞれ異性体の構造式を書き，命名せよ．

解き方と解答：

次のように構造式を書き，Cl が H より高い優先順位をもつこと，Br は Cl より高い優先順位をもつことに着目する．C1 の高い優先順位をもつ基は Br であり，C2 の高い優先順位をもつ基は Cl である．左の構造式では優先順位の高い Br と Cl 原子は二重結合の反対側にあるから，この異性体は (E) である．右の構造式では Br と Cl 原子は同じ側にあるから，この異性体は (Z) である．

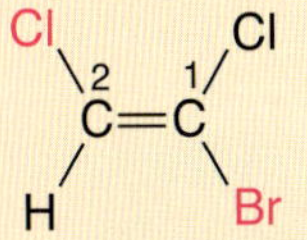

$Cl > H$
$Br > Cl$

(E)-1-Bromo-1,2-dichloroethene　　(Z)-1-Bromo-1,2-dichloroethene

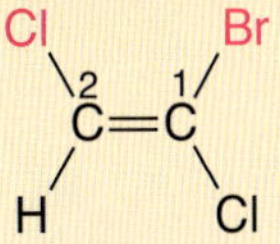

問題 7.1 (*E-Z*) 規則 [(e) と (f) は (*R-S*) 表示も併せて] を用いて，次の化合物の IUPAC 名を書け．

(a) Br, Cl / H, CH₂CH₂CH₃ 上のC=C

(b) Cl, I / Br, CH₂CH₃ 上のC=C

(c) H₃C, H / CH₂CH(CH₃)₂, CH₃ 上のC=C

(d) Cl, I / CH₃, CH₂CH₃ 上のC=C

(e) H₃C, H / CH(CH₃)(C₂H₅), CH₃ 上のC=C

(f) Br, H / Cl, CH(CH₃)(CH₂CH₂CH₃) 上のC=C

7.3 アルケンの相対的安定性

アルケンのシスとトランス異性体では安定性が異なる．

- 二重結合の同じ側にある2個のアルキル基の立体的な混み合い（立体障害）によるひずみのために，一般にシス異性体はトランス異性体より不安定である（図7.1）．

この効果は，後に述べるように，実験的にアルケンの熱力学的なデータを比較することによって定量的に測定できる．

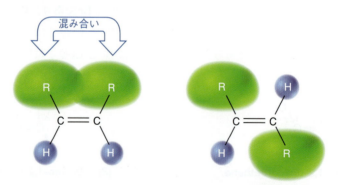

図 7.1 アルケンのシス-トランス異性体
シス異性体は隣接するアルキル基間の混み合いにより，大きなひずみをもつためトランス異性体より不安定である．

7.3A 反応熱

アルケンに水素を付加する反応，すなわち**水素化** hydrogenation（4.16A 項，7.13 節）は発熱反応である．反応のエンタルピー変化は**反応熱** heat of reaction，またはこの場合には特に**水素化熱** heat of hydrogenation とよばれる．

$$\mathrm{C=C} + \mathrm{H-H} \xrightarrow{\mathrm{Pt}} -\underset{\mathrm{H}}{\overset{|}{\mathrm{C}}}-\underset{\mathrm{H}}{\overset{|}{\mathrm{C}}}- \qquad \Delta H° \simeq -120 \text{ kJ mol}^{-1}$$

水素化によって同じアルカンを与えるアルケンについては，水素化熱を比較することによってアルケンの相対的な安定性を定量的に測定できる．3種類のブテン異性体を白金触媒で水素化した実験結果を図 7.2 に示す．これらの異性体はすべて同じ生成物のブタンを与えるが，反応熱はそれぞれ異なる．ブタンに変換するとき，1-ブテンが最も多くの熱（127 kJ mol^{-1}）を放出し，次は cis-2-ブテン（120 kJ mol^{-1}）で，trans-2-ブテンは最少（115 kJ mol^{-1}）である．この結果から，トランス異性体はブタンに変換するときに放出されるエネルギーが最少であるので，シス異性体よりも安定であることがわかる．また，末端アルケンの 1-ブテンは最も発熱量が大きいから，いずれの二置換アルケンよりも不安定である．同一の水素化生成物を与えないアルケンの場合は水素化熱による方法では比較できない．このような場合には，燃焼熱のような熱力学的なデータを比較する必要があるが，ここでは省略する．

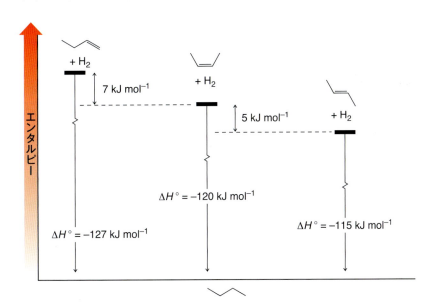

図 7.2　3種類のブテン異性体の白金触媒による水素化のエネルギー図
水素化熱の差による安定性の順序は trans-2-butene ＞ cis-2-butene ＞ 1-butene である．

7.3B アルケンの相対的安定性

多数のアルケンを調べてみると，その安定性は二重結合に付いているアルキル基の数に関係していることがわかる．

- 二重結合にアルキル基が多く付いていればいるほど（二重結合が多置換であるほど），そのアルケンは安定である．

アルケンの安定性の順序は一般に次のように表せる*．

アルケンの相対的安定性

四置換 ＞ 三置換 ←――― 二置換 ―――→ 一置換 ＞ 無置換

例題 7.2

二つのアルケン 2-methyl-1-pentene と 2-methyl-2-pentene のうちどちらがより安定か．

解き方と解答：

二つのアルケンの構造式を書き，それぞれの二重結合にいくつの置換基が付いているかを調べる．

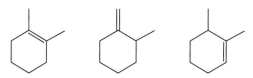

2-Methyl-1-pentene
（二置換，より不安定）　　　　　2-Methyl-2-pentene
（三置換，より安定）

2-Methyl-1-pentene は二重結合に二つの置換基をもっているが，2-methyl-2-pentene は三つである．したがって，2-methyl-2-pentene のほうがより安定である．

問題 7.2 次のシクロアルケンを安定な順に並べよ．

問題 7.3 三つのアルケンの水素化熱は次のとおりである．

　　　2-Methyl-1-butene （−119 kJ mol^{-1}）
　　　3-Methyl-1-butene （−127 kJ mol^{-1}）

---

* この安定性の順序は，先に述べたシス，トランスの安定性の説明と一見矛盾するように見えるかもしれない．詳細な説明は省くが，矛盾するわけではなくて，二重結合を作る sp^2 混成炭素の電子吸引性とアルキル基の電子供与性 (6.11B 項) がうまくかみ合うためであるというのがその理由の一つである．

2-Methyl-2-butene（-113 kJ mol^{-1}）

(a) それぞれのアルケンの構造式を書き，二重結合が一置換，二置換，三置換あるいは四置換であるか分類せよ．(b) 水素化したとき，得られる生成物の構造式を書け．(c) これら三つのアルケンの安定性を比較するのに水素化熱を用いることができるか．(d) もしできるならその順序を，できなければその理由を示せ．(e) このアルケンの異性体が他にあれば，その構造式を書け．(f) これらの異性体の相対的な安定性の順序を書け．

問題 7.4　次の組合せの中でより安定なアルケンを予想せよ．

(a) 2-Methyl-2-pentene と 2,3-dimethyl-2-butene　(b) *cis*-3-Hexene と *trans*-3-hexene　(c) 1-Hexene と *cis*-3-hexene　(d) *trans*-2-Hexene と 2-methyl-2-pentene

7.4　シクロアルケン

5 員環以下のシクロアルケンはシス形しか存在しない（図 7.3）．これらの小さい環にトランスの二重結合を入れると，立体的なひずみがかかりすぎるからである（分子模型を使って確かめてみよう）．*trans*-シクロヘキセンは図 7.4 に示した構造に近いと考えられる．これは，寿命の短い反応中間体として生成しているという実験的な証拠が得られているが，安定な分子としては単離できない．

trans-シクロヘプテンも分光学的に観測され，その存在が証明されたが，寿命が短すぎて単離されていない．

しかし，*trans*-シクロオクテン（図 7.5）は単離されている．8 員環になると，環が十分大きいので，トランス二重結合が存在しても室温で安定に存在できる．*trans*-シクロオクテンはキラルであり，1 組のエナンチオマーが存在する．分子模型を使って確かめてみよう．

Cyclopropene　Cyclobutene　Cyclopentene　Cyclohexene

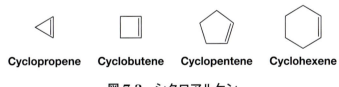

図 7.3　シクロアルケン

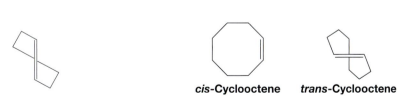

図 7.4　仮想的な *trans*-cyclohexene
この分子は非常にひずみが大きくて室温では存在しない．

cis-Cyclooctene　*trans*-Cyclooctene

図 7.5　Cyclooctene のシスとトランス異性体

7.5 脱離反応によるアルケンの合成

脱離反応 elimination reaction はアルケンの合成に最も重要な反応である．本章では，ハロゲン化アルキルの脱ハロゲン化水素とアルコールの脱水の二つのアルケンの合成法について述べる．

ハロゲン化アルキルの脱ハロゲン化水素（6.15，6.16 および 7.6 節）

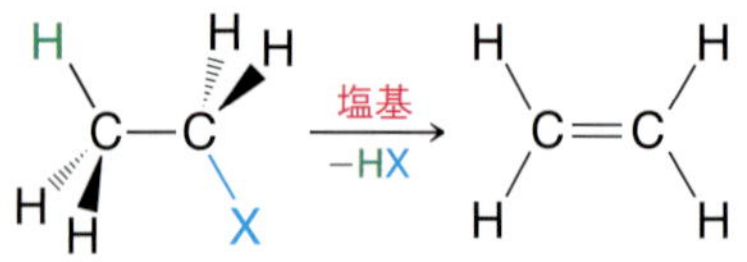

アルコールの脱水（7.7，7.8 節）

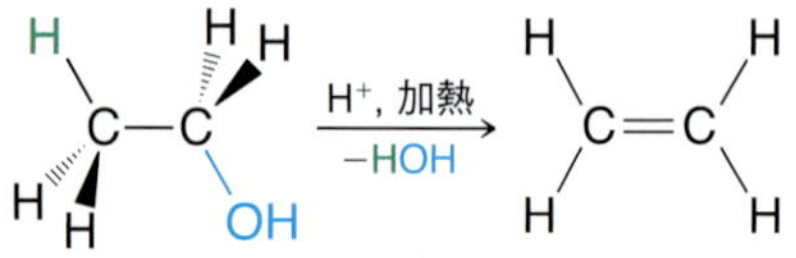

7.6 ハロゲン化アルキルの脱ハロゲン化水素

- **脱ハロゲン化水素** dehydrohalogenation によってアルケンを合成するときに用いられる最良の方法は，E2 反応を促進する条件である．

E2 機構では，塩基が β 炭素から水素（β 水素）を引き抜くと同時に α 炭素から脱離基が離れ，二重結合が生成する．

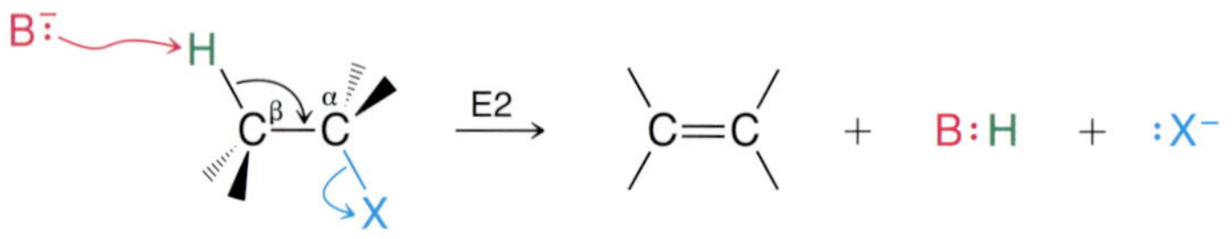

E1 反応は，一般に結果が一定しないため，E1 機構に有利な反応条件は避けるべきである．E1 反応でできるカルボカチオン中間体は，7.8 節で述べるように，炭素骨格の転位を伴うことがある．また，E1 機構と競合する S_N1 機構による置換生成物も副生する．

7.6A E2 機構に有利な条件

1. 可能ならば第二級または第三級ハロゲン化アルキルを用いる．
   理由：基質の立体障害は置換反応を妨げる．
2. 第一級ハロゲン化アルキルを用いるときは，大きな塩基を用いる．

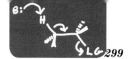

理由：大きな塩基は置換反応を妨げる．

3. アルコキシドイオンのように強くて分極率の小さい塩基を高濃度で用いる．

理由：弱くて分極率の大きい塩基は二分子反応を有利にしないので，一分子反応（S_N1 や E1 反応）と競合することになる．

4. エタノール中ナトリウムエトキシド（EtONa/EtOH）や t-ブチルアルコール中カリウム t-ブトキシド（t-BuOK/t-BuOH）が E2 反応に用いられる代表的な塩基である．

理由：上の 3 で述べた理由に合っている（通常エタノールに金属ナトリウムまたは t-ブタノール金属カリウムを溶解して調製する）．

5. 高い反応温度を用いる．そのほうが一般に置換より脱離に有利であるからである．

理由：脱離反応は置換反応よりエントロピー的に有利である（生成物の数のほうが基質より多くなるから）．したがって Gibbs（ギブズ）の自由エネルギー式 $\Delta G° = \Delta H° - T\Delta S°$ の $\Delta S°$ が有利である上に，高温ほど T は大きくなるから $\Delta S°$ の項がより大きくなり，$\Delta G°$ がさらに負（反応に有利）になる．

7.6B　Zaitsev 則：小さな塩基を用いると，多置換アルケンの生成が有利になる

6.15〜6.17 節で述べた脱ハロゲン化水素では，次に示すような単一の脱離生成物を与える例のみを示した（三つ目の例は 6.18B 項に出ている）．

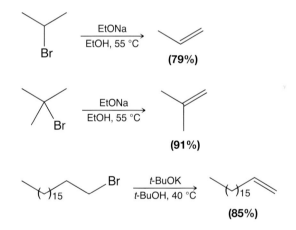

しかし，多くのハロゲン化アルキルの脱ハロゲン化水素では二つ以上の生成物を与える．例えば，2-ブロモ-2-メチルブタンは経路（a）と（b）に示すように二つの生成物 2-メチル-2-ブテンと 2-メチル-1-ブテンを生成する可能性がある．

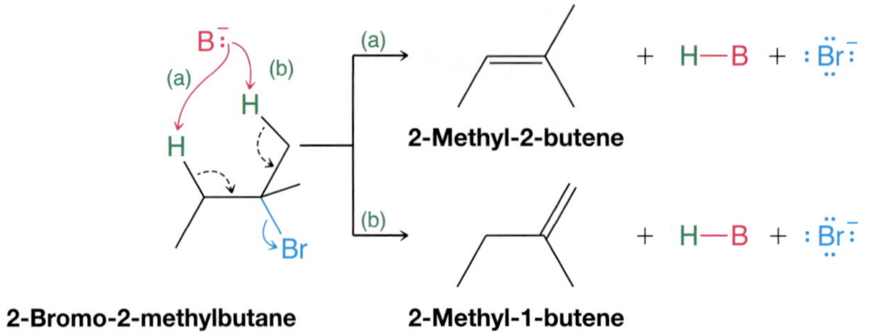

2-Bromo-2-methylbutane → 2-Methyl-2-butene / 2-Methyl-1-butene

- エトキシドイオンや水酸化物イオンのように小さな塩基を用いると，主生成物は置換基の多いアルケンである（より安定なアルケンでもある）．

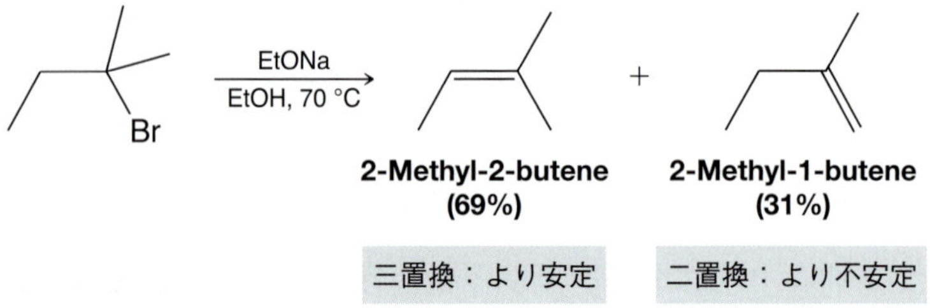

2-Methyl-2-butene (69%) 三置換：より安定
2-Methyl-1-butene (31%) 二置換：より不安定

（EtONa, EtOH, 70 °C）

2-メチル-2-ブテンは三置換アルケン（二重結合に3個のメチル基をもつ）であり，2-メチル-1-ブテンは二置換アルケンである．したがって，2-メチル-2-ブテンが主生成物になる．

- 脱離がより安定な多置換アルケンを与えるように進行するとき，この脱離は**Zaitsev**則（ザイツェフ）に従ったという．これはその規則の発見者である19世紀のロシアの化学者 A. N. Zaitsev（1841-1910）の名にちなんだものである（Zaitsev は Zaitzev, Saytzeff, Saytseff, Saytzev と音訳されることがある）．

このようになる理由は，それぞれの反応の遷移状態（6.16節参照）における二重結合性と関係がある．

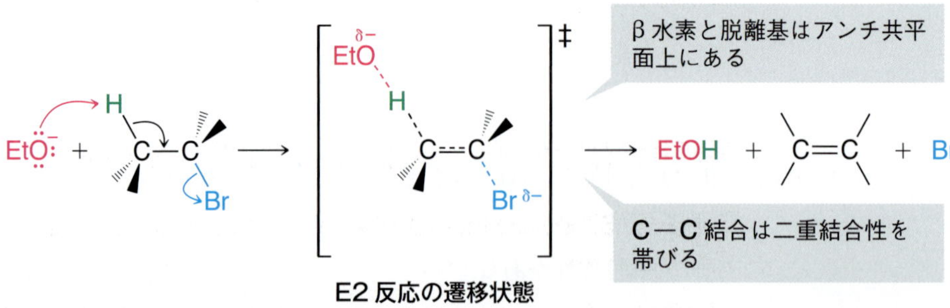

β水素と脱離基はアンチ共平面上にある

C—C 結合は二重結合性を帯びる

E2 反応の遷移状態

2-メチル-2-ブテンに至る反応の遷移状態（図7.6）は三置換アルケンの二重結合性を帯びる．また，2-メチル-1-ブテンに至る反応の遷移状態は二置換アルケンの二重結合性を帯びる．2-メチル-2-ブテンに至る遷移状態のほうがより安定なアルケンに似ているので，その遷移状態のほうがより安定である［Hammond-Leffler の仮説（ハモンド レフラー）（図6.10）を思い出そう］．この遷移状態のほうがより安定である（自由エネルギーが低い）ので，この反応の活性化自由エネルギーはより低く

2-メチル-2-ブテンのほうが速く生成する．これが 2-メチル-2-ブテンが主生成物となる理由である．

- 一般に，一方の生成物が他の生成物に比べ，その活性化自由エネルギーがより小さいために生成速度が速くその結果優先的に得られたとき，**速度支配** kinetic control の生成物という（12.9A 項参照）．

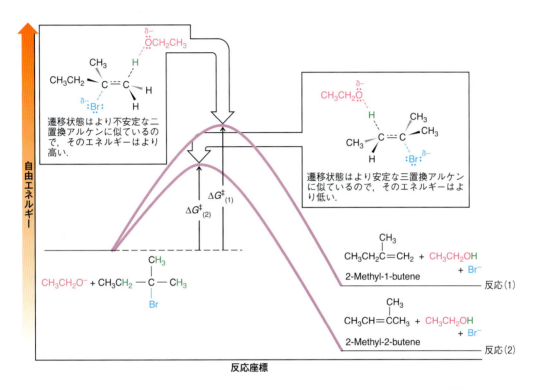

図 7.6　2-Bromo-2-methylbutane の脱ハロゲン化水素における遷移状態
より安定なアルケンを与える反応 (2) は，より不安定なアルケンを与える反応 (1) より速く起こる．活性化自由エネルギー $\Delta G^{\ddagger}_{(2)}$ は $\Delta G^{\ddagger}_{(1)}$ より小さい．

例題 7.3

Zaitsev 則を用いて，次の反応の主生成物を予想せよ．

解き方と解答:

アルケン **B** は三置換二重結合であり，一方 **A** の二重結合は一置換である．したがって，**B** のほうがより安定であり，Zaitsev 則によれば，これが主生成物になると考えられる．

問題 7.5 2-Bromobutane を 55 ℃で ethanol 中ナトリウムエトキシドを用いて脱臭化水素するときの主生成物を予想せよ．

問題 7.6 次のハロゲン化アルキルを ethanol 中カリウムエトキシドで脱ハロゲン化水素するとき，生成すると思われるアルケンをすべて書き，その中から主生成物を Zaitsev 則によって予想せよ．

    (a) 2-Bromo-3-methylbutane   (b) 2-Bromo-2,3-dimethylbutane

7.6C　大きな塩基を用いると置換基の少ないアルケンが生成する

- *t*-ブチルアルコール（*t*-BuOH）中かさ高い塩基としてカリウム *t*-ブトキシド（*t*-BuOK）を使って脱ハロゲン化水素を行うと，**より置換基の少ないアルケンが生成する**．

かさ高い塩基

t-BuOK / *t*-BuOH, 75 ℃

2-Methyl-2-butene (27.5%) — 置換基の多いアルケンであるが，より遅く生成する

2-Methyl-1-butene (72.5%) — 置換基の少ないアルケンであるが，より速く生成する

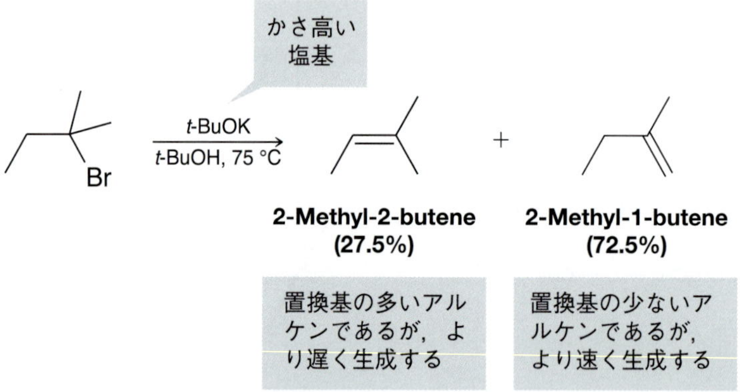

この理由には，塩基自身の立体的なかさ高さと，*t*-ブチルアルコール中では塩基が溶媒と会合してさらにかさ高くなっていることに関係している．遷移状態において，大きな *t*-ブトキシドイオンはより混み合った内側の第二級水素を引き抜くことが困難になるだろう．その代わり，むき出しになったメチル基の第一級水素を引き抜くことになる．

- 脱離反応によって置換基の少ないアルケンが生成するとき，その脱離反応は **Hofmann 則**（ホフマン）（19.12A 項）に従って進行したという．

例題 7.4

次のアルケンの合成を考えてみよう．このアルケンの収率を最大にするには，どのような塩基を用いたらよいか．

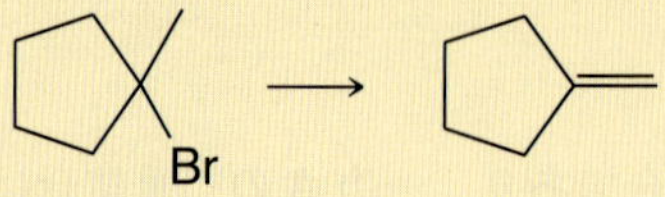

解き方と解答:
この場合には置換基の少ないアルケンが欲しいのであるから，Hofmann 則を適用できるようにする．そのために t-butanol 中カリウム t-ブトキシドを用いる．

問題 7.7 例題 7.3 の脱ハロゲン化水素において化合物 **A** をできるだけ高収率で得るためには，どのような塩基を用いたらよいか．

7.6D　E2 反応の立体化学：遷移状態における原子の空間配列

- E2 反応の遷移状態では，塩基を含む 5 個の原子が同一平面上に並ばなくてはならない．

生成しつつあるアルケンの π 結合ができるためには，H—C—C—LG が同一平面上に並んで軌道が正しく重なる必要がある（6.16 節参照）．その並び方には次の二通りがある．

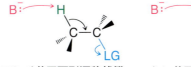

アンチ共平面形遷移状態　　シン共平面形遷移状態
（優先する）　　　　　　　（ある種の固定された
　　　　　　　　　　　　　　分子にのみ見られる）

- **アンチ共平面形** anti coplanar 遷移状態のほうが優先する．

シン共平面形 syn coplanar 遷移状態は，アンチ形をとれない構造的に固定した分子の場合にのみ見られる．理由：アンチ共平面形遷移状態はねじれ形配座（したがってエネルギーが低い）であるが，シン共平面形遷移状態は重なり形配座である（問題 7.8 を参照せよ）．

問題 7.8 Ethyl bromide のような簡単な分子について，なぜアンチ共平面形遷移状態がシン共平面形遷移状態よりも優位であるのかについて Newman 投影式を書いて説明せよ．

アンチ共平面形配座が優先するという証拠は，環状分子についての実験結果から得られる．シクロヘキサンのいす形配座では，隣接する炭素上の 2 個の基が両方ともアキシアルのときアンチ共平面になる．このうちの一方が水素で，もう一方が脱離基であるとき，E2 反応のアンチ共平面形遷移状態の条件が満たされる．水素と脱離基がアキシアル-エクアトリアルやエクアトリアル-エクアトリアルではアンチ共平面形遷移状態がとれない（注意：いす形配座ではシン共平面もとれない）．

β水素と塩素はともにアキシアルである．そのためアンチ共平面形遷移状態がとれる．

β水素と塩素がともにアキシアルであるときのアンチ共平面になることを Newman 投影式で示す．

例として，シクロヘキサン環を含む化合物，塩化ネオメンチルと塩化メンチルの E2 反応における挙動について考えてみよう．

Neomenthyl chloride

Menthyl chloride

塩化ネオメンチルの安定な立体配座（反応機構図を見よ）では，2 個のアルキル基がエクアトリアル，塩素がアキシアルになっている．また，C1 と C3 にはアキシアル水素もある．塩基がどちらの水素を攻撃してもアンチ共平面形遷移状態がとれるので，1-メンテンと 2-メンテンの両方が速やかに生成する．このとき，Zaitsev 則に従って，1-メンテン（多置換アルケン）が主生成物になる．

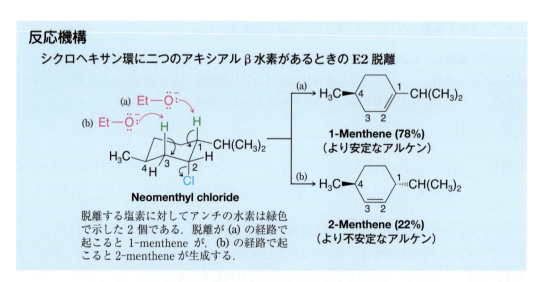

反応機構
シクロヘキサン環に二つのアキシアル β 水素があるときの E2 脱離

Neomenthyl chloride

脱離する塩素に対してアンチの水素は緑色で示した 2 個である．脱離が (a) の経路で起こると 1-menthene が，(b) の経路で起こると 2-menthene が生成する．

(a) → 1-Menthene (78%)（より安定なアルケン）

(b) → 2-Menthene (22%)（より不安定なアルケン）

一方，塩化メンチルの安定な立体配座では塩素を含む 3 個の置換基すべてがエクアトリアルである．塩素がアキシアルになるためには，大きなイソプロピル基とメチル基の両方がアキシアルの立体配座をとらなくてはならない．この立体配座自身が高エネルギーであり，さらに環反転に必要なエネルギーを伴うため，反応の活性化自由エネルギーもそれだけ高くなる．したがって塩化メンチルの E2 反応は非常に遅く，C1 の水素原子は塩素に対してアキシアルにはなれないので，生成物は Zaitsev 則に反して 2-メンテンのみである．この生成物（置換基の少ないアルケ

ン）は Hofmann 形の生成物といわれることがある（7.6C，19.12A 項）.

反応機構

シクロヘキサン環がより不安定な立体配座をとったときにしかアキシアル β 水素が存在しない場合の E2 脱離

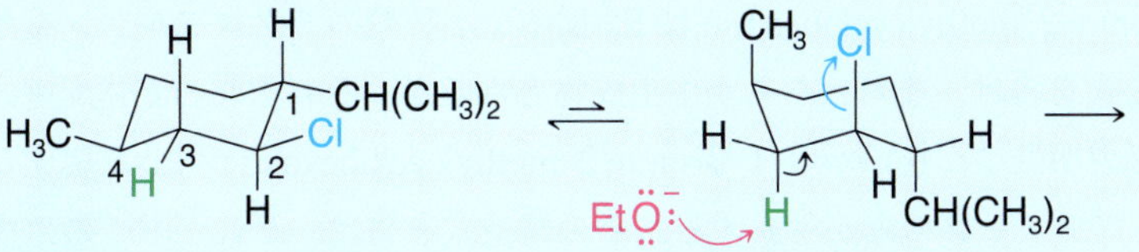

Menthyl chloride
（より安定な立体配座）

脱離基に対してアンチの β 水素がないので，この立体配座からは脱離は起こらない．

Menthyl chloride
（より不安定な立体配座）

緑色で示した水素と塩素はアンチであるので，この立体配座からは脱離が起こる．

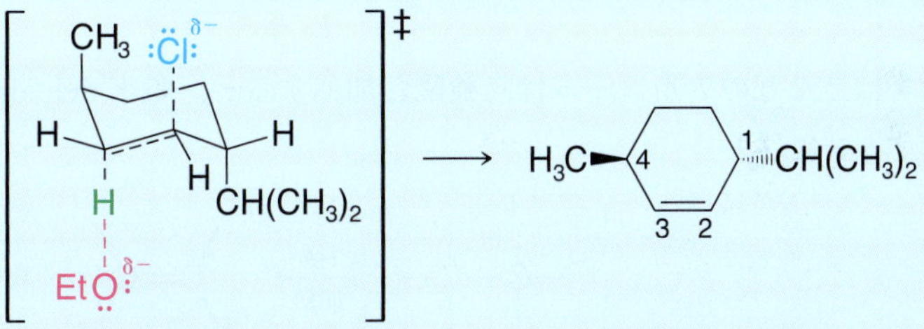

E2 脱離が起こるアンチ共平面形遷移状態．

2-Menthene (100%)

例題 7.5

次の化合物を ethanol 中ナトリウムエトキシドで脱塩化水素するとき，主生成物を予想せよ．

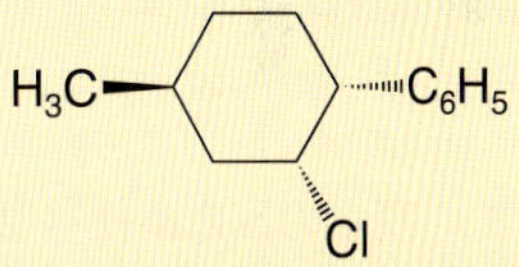

解き方と解答：

E2 機構で脱塩化水素が起こるためには，塩素がアキシアルでなくてはならない．アキシアル塩素をもつ次の立体配座には塩素に対してアンチ共平面の水素原子が 2 個ある．二つの生成物ができるであろうが，より安定な B が主生成物である．

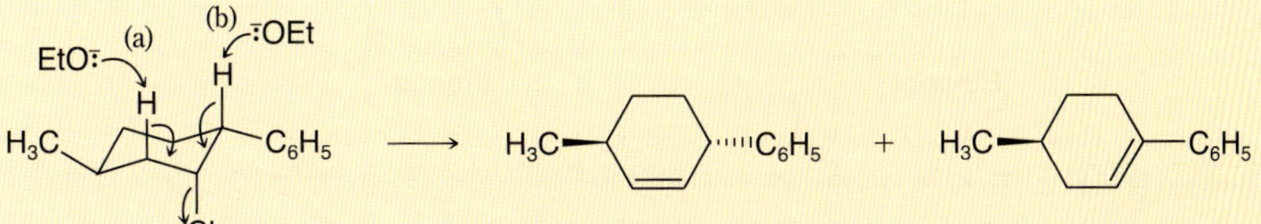

A 二置換アルケン，より不安定（副生成物）

B 三置換アルケン，より安定（主生成物）

問題 7.9　cis-1-Bromo-4-t-butylcyclohexane は ethanol 中ナトリウムエトキシドと速やかに反応して，4-t-butylcyclohexene になる．同じ条件下で，trans-1-bromo-4-t-butylcyclohexane は反応が非常に遅い．立体配座式を書いて，シスとトランス異性体の反応の差を説明せよ．

問題 7.10　(a) cis-1-Bromo-2-methylcyclohexane は E2 反応で 2 種類のシクロアルケンを与える．その構造式を書け．またどちらが主生成物となるか．それぞれの立体配座式を書いてそれを説明せよ．(b) trans-1-Bromo-2-methylcyclohexane が E2 反応すると，1 種類のシクロアルケンのみが生成する．その構造式を書け．それが唯一の生成物となる理由について立体配座式を用いて説明せよ．

7.7　アルコールの酸触媒脱水

- ほとんどのアルコールは，強酸と加熱すると，**脱水** dehydration（水分子を失う）してアルケンになる．

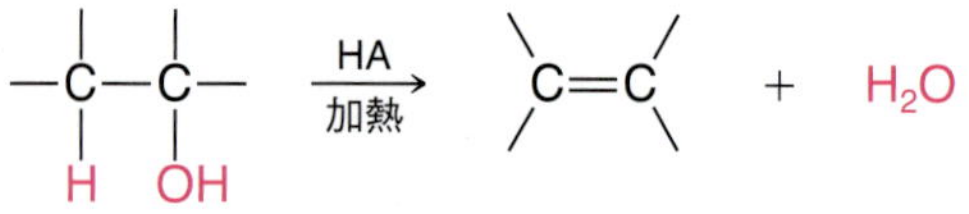

これは一種の**脱離反応**であって，高温ほど起こりやすい（6.18A 項）．実験室で最もよく用いられる酸は，Brønsted-Lowry 酸，すなわち硫酸やリン酸のようなプロトン供与体である．工業的な気相脱水反応には，アルミナ（Al_2O_3）のような Lewis 酸が用いられる．

アルコールの脱水反応にはいくつかの特徴がある．

1. 脱水の反応条件（温度や酸の濃度）はアルコールの構造によって異なる．
   (a) **第一級アルコール**は，最も脱水されにくい．例えば，エチルアルコールの脱水には濃硫酸とともに 180 ℃ に加熱する必要がある．

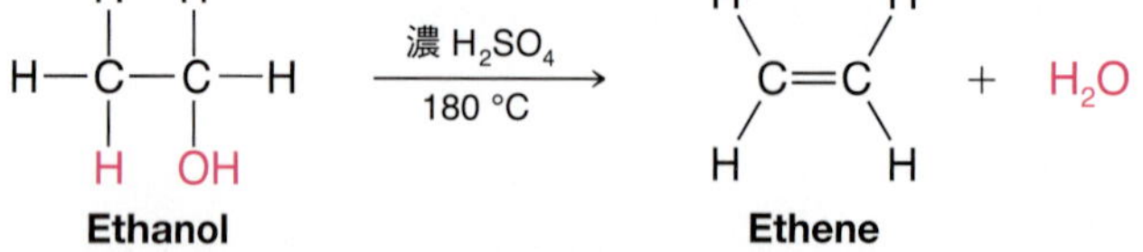

   (b) **第二級アルコール**は，通常もっと温和な条件で脱水される．例えば，シクロヘキサノールは 85% リン酸と 165〜170 ℃ に加熱すれば脱水される．

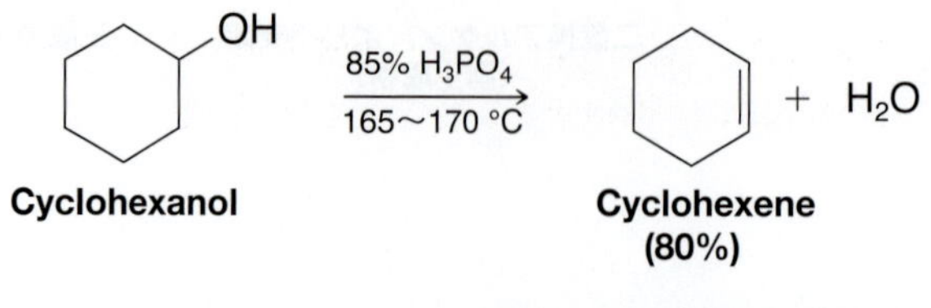

(c) 第三級アルコールは極めて容易に脱水するので条件はずっと温和になる．例えば，*t*-ブチルアルコールは20%硫酸中85℃の温度で脱水される．

$$\text{CH}_3\text{-C(CH}_3)(\text{OH})\text{-CH}_3 \xrightarrow[85\ ^\circ\text{C}]{20\%\ \text{H}_2\text{SO}_4} \text{CH}_2\text{=C(CH}_3)_2 + \text{H}_2\text{O}$$

t-Butyl alcohol　　　　2-Methylpropene (84%)

- アルコールの脱水されやすさは，第三級＞第二級＞第一級の順である．

$$\underset{\text{第三級アルコール}}{\text{R-CR}_2\text{-OH}} > \underset{\text{第二級アルコール}}{\text{R-CHR-OH}} > \underset{\text{第一級アルコール}}{\text{R-CH}_2\text{-OH}}$$

この理由は7.7B項で述べるが，反応のとき生成するカルボカチオンの相対的な安定性と関係している．

2. ある種の**第一級と第二級アルコールは，脱水の過程で炭素骨格の転位** rearrangement **を伴う**．例えば，3,3-ジメチル-2-ブタノールを脱水すると，次に示すように転位が起こる．

$$\text{(CH}_3)_3\text{C-CH(OH)CH}_3 \xrightarrow[80\ ^\circ\text{C}]{85\%\ \text{H}_3\text{PO}_4} (\text{CH}_3)_2\text{C=C(CH}_3)_2 + \text{CH}_2\text{=C(CH}_3)\text{CH(CH}_3)_2$$

3,3-Dimethyl-2-butanol　　2,3-Dimethyl-2-butene (80%)　　2,3-Dimethyl-1-butene (20%)

基質の炭素骨格がC-C(C)(C)-C-Cであるのに対して，生成物の炭素骨格は転位してC-C(C)-C(C)-Cになっている．7.8節で述べるように，この反応ではより安定なカルボカチオンが生成するようにメチル基が隣の炭素に転位している（ほぼ同じエネルギーをもつカルボカチオンへの転位も基質によっては可能である）．

7.7A　第二級と第三級アルコールの脱水の反応機構：E1反応

これらの反応は，F. Whitmore（ホイットモア）（Pennsylvania State University）によって提案された段階的な反応機構によって説明される．

この反応機構はプロトン化されたアルコール（アルキルオキソニウムイオン）を基質とするE1反応である．*t*-ブチルアルコールの脱水を例にとって考えてみよう．

段階1　アルコールのプロトン化

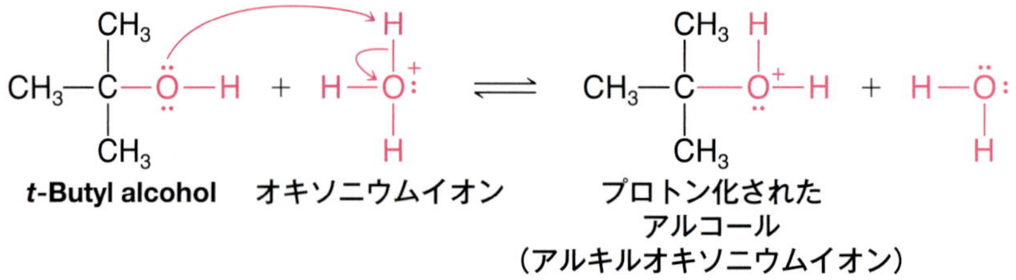

t-Butyl alcohol　　**オキソニウムイオン**　　**プロトン化された　アルコール　（アルキルオキソニウムイオン）**

　この段階は酸塩基反応であり，酸からアルコールの非共有電子対の一つにプロトンが速やかに移動する．希硫酸を用いるときは，酸はオキソニウムイオンであり，濃硫酸を用いるときは硫酸そのものが酸として作用する．この段階はアルコールと強酸のすべての反応に共通している．

　このプロトン化されたアルコールの酸素上の正電荷はC—O結合をはじめ酸素に付いているすべての結合を弱める．そのため段階2ではC—O結合が切断される．脱離基は水分子である．

段階2　水分子の脱離

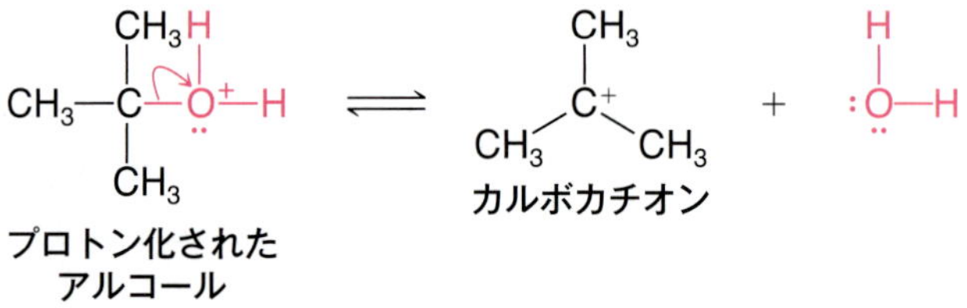

プロトン化された　アルコール　　**カルボカチオン**

　このときC—O結合は**ヘテロリシス** heterolysis で切れる．すなわち，結合電子対は水分子に取られ，カルボカチオンができる．このカルボカチオンは，原子価殻に8電子ではなく，6電子しかもっていないため当然高い反応性をもっている．

　最後の段階3で，次に示すように，水分子がカルボカチオンのβ炭素からプロトンを引き抜き，その結果オキソニウムイオンとアルケンが生成する．

段階3　β水素の脱離

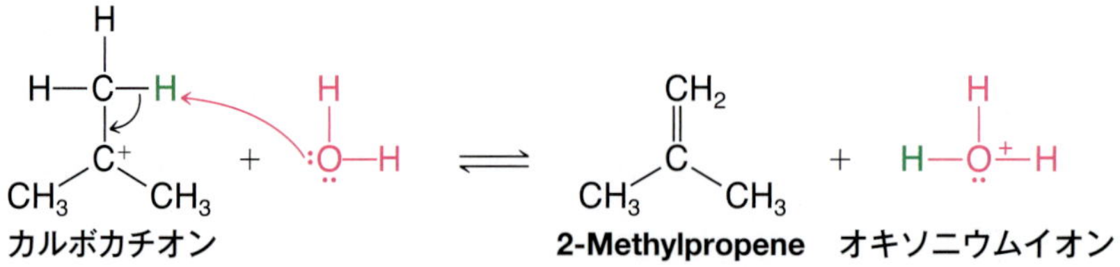

カルボカチオン　　　　**2-Methylpropene**　**オキソニウムイオン**

　この段階3もまた酸塩基反応である．3個のメチル基に付いている9個の水素の中のどれか1個が水分子に移動する．プロトンが取れると残された電子対はアルケンの二重結合の二つ目の結合となり，中央の炭素は電子のオクテットを回復する．遷移状態を含めたこの過程を軌道で表すと次のようになる．

7.7 アルコールの酸触媒脱水

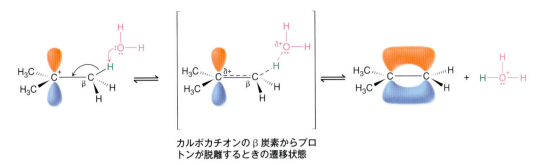

カルボカチオンのβ炭素からプロトンが脱離するときの遷移状態

問題 7.11 2-Propanol の脱水は 14 M H_2SO_4 中 100 ℃で起こる．(a) カーブした矢印を用いて，この脱水反応の機構のすべての段階を書け．(b) アルコールの脱水反応で酸触媒の役割について説明せよ（ヒント：酸がなければどうなるかを考えよ）．

7.7B　カルボカチオンの安定性と遷移状態

6.11B 項でカルボカチオンの安定性は，第三級＞第二級＞第一級＞メチルの順であることを述べた．第二級と第三級アルコールの脱水反応の最も遅い段階は，「反応機構」ボックスの段階 2，すなわち，プロトン化されたアルコールからカルボカチオン生成の段階である．段階 1 と段階 3 は単なる酸塩基反応であって非常に速く起こる．段階 2 はプロトン化されたヒドロキシ基が脱離基として失われるから吸エルゴン過程であり（6.7 節），したがって律速段階 rate-determining step である．

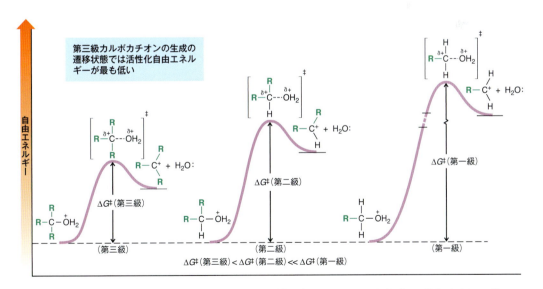

図 7.7 プロトン化された第三級，第二級，第一級アルコールからカルボカチオンの生成の自由エネルギー図
活性化自由エネルギーの大きさの順序は，第三級＜第二級＜＜第一級である．

段階 2 が律速段階であるから，この段階でアルコールの脱水されやすさが決まる．このことを念頭におけば，なぜ第三級アルコールが最も脱水されやすいかが説明できる．すなわち，第三級カルボカチオンはその生成のための活性化自由エネルギーが最も小さいために最も容易に生成する（図 7.7 を見よ）．第二級アルコールの脱水はそれほど容易ではない．それは，脱水のための活性化自由エネルギーがより大きく，第二級カルボカチオンの安定性が低いためである．カルボカチオンを経る第一級アルコールの脱水の活性化自由エネルギーはさらに大きく，別の反応機構で脱水が進行する（7.7C 項）．

反応機構
第二級または第三級アルコールの酸触媒による脱水：E1 反応

段階 1

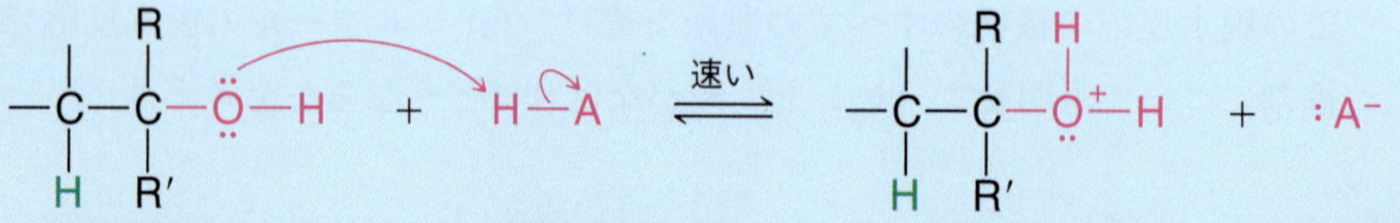

第二級または第三級アルコール（通常硫酸もしくはリン酸）（R′ は H でもよい）　＋　酸触媒　⇌ 速い　プロトン化されたアルコール　＋　共役塩基

アルコールは酸からすばやくプロトンを受け取る．

段階 2

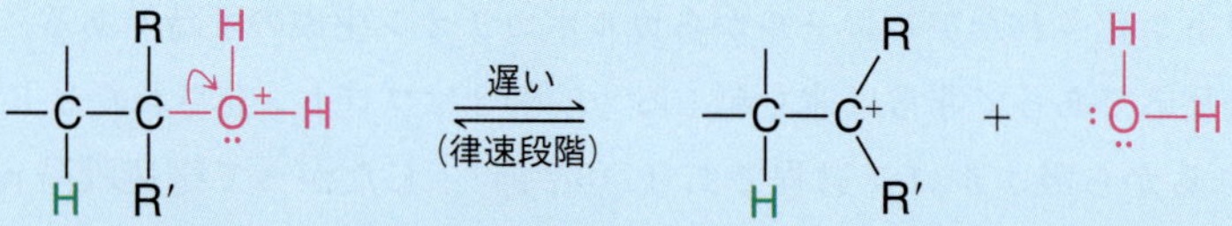

プロトン化されたアルコール　⇌ 遅い（律速段階）　カルボカチオン　＋　H_2O

プロトン化されたアルコールは水分子を失いカルボカチオンになる．この段階は遅く，律速段階である．

段階 3

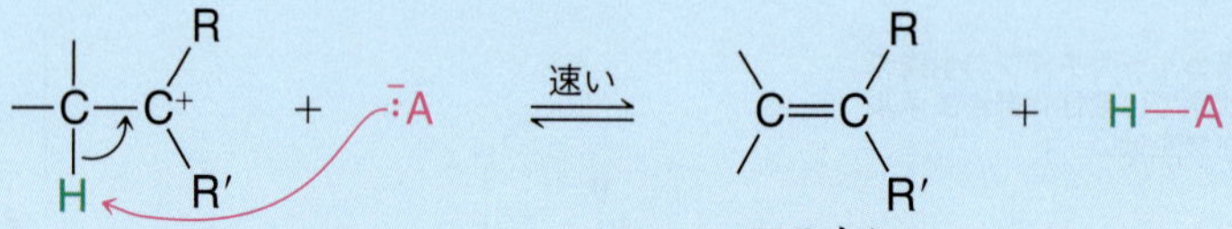

カルボカチオン　＋　:A⁻　⇌ 速い　アルケン　＋　H—A

カルボカチオンは塩基にプロトンを渡す．この段階の塩基は，未反応のアルコール，水，酸の共役塩基のどれであってもよい．このプロトンの移動によってアルケンが生成する．酸の役割は触媒的であることに注意しよう（反応中に使われ，また再生される）．

問題 7.12 次のアルコールを酸触媒脱水のしやすさの順に並べよ．

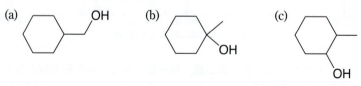

7.7C　第一級アルコールの脱水の反応機構：E2 反応

　第一級アルコールの脱水は E2 機構によって起こる．その理由は，E1 機構によって脱水されるには第一級カルボカチオンが不安定すぎるためである．第一級アルコールの脱水の第一段階は E1 機構と同じようにアルコールのプロトン化である．次に，プロトン化されたヒドロキシ基がよい脱離基として働き（脱離基は水である），反応混合物中の塩基が β 水素を奪うと同時に，アルケンの二重結合の生成と水の脱離が起こる．

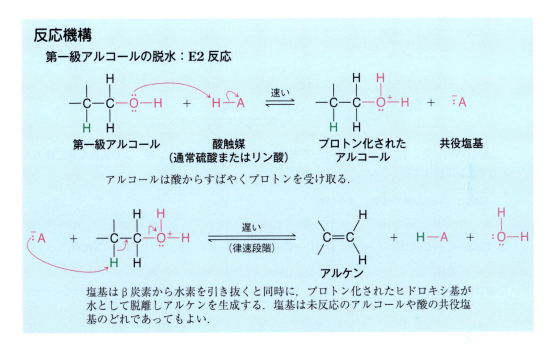

7.8　カルボカチオンの安定性と転位反応

　カルボカチオンの安定性と遷移状態におけるその効果については学んだので，次にある種のアルコールの脱水において見られる炭素骨格の転位について考えてみよう．

7.8A　第二級アルコールの脱水中に起こる転位反応

　3,3-ジメチル-2-ブタノールの脱水中に起こる転位についてもう一度見てみよう．

この脱水の段階1は通常のプロトン化である．

段階1　アルコールのプロトン化

$$\text{CH}_3\text{-}\underset{\underset{\text{CH}_3}{|}}{\overset{\overset{\text{CH}_3}{|}}{\text{C}}}\text{-CH-CH}_3 + \text{H-}\overset{+}{\text{O}}\text{H}_2 \rightleftharpoons \text{CH}_3\text{-}\underset{\underset{\text{CH}_3}{|}}{\overset{\overset{\text{CH}_3}{|}}{\text{C}}}\text{-CH-CH}_3 + \text{H}_2\ddot{\text{O}}:$$
（OH基が：OHで、プロトン化後は $\overset{+}{\text{OH}}_2$）

プロトン化されたアルコール

段階2でプロトン化されたアルコールは水を失って，第二級カルボカチオンを生成する．

段階2　水分子の脱離

$$\text{CH}_3\text{-}\underset{\underset{\text{CH}_3}{|}}{\overset{\overset{\text{CH}_3}{|}}{\text{C}}}\text{-CH-CH}_3 \rightleftharpoons \text{CH}_3\text{-}\underset{\underset{\text{CH}_3}{|}}{\overset{\overset{\text{CH}_3}{|}}{\text{C}}}\text{-}\overset{+}{\text{CH}}\text{-CH}_3 + \text{H}_2\ddot{\text{O}}:$$

第二級カルボカチオン

ここで転位が起こる．すなわち，**より不安定な第二級カルボカチオンが，より安定な第三級カルボカチオンに転位する．**

段階3　メチル基の移動による転位

$$\text{CH}_3\text{-}\underset{\underset{\text{CH}_3}{|}}{\overset{\overset{\text{CH}_3}{|}}{\overset{+}{\text{C}}}}\text{-CHCH}_3 \longrightarrow \left[\text{CH}_3\text{-}\underset{\underset{\text{CH}_3}{|}}{\overset{\overset{\text{CH}_3}{|}}{\text{C}}}^{\delta+}\text{-}\overset{\delta+}{\text{CH}}\text{CH}_3\right]^{\ddagger} \longrightarrow \underset{\underset{\text{H}_3\text{C}}{|}}{\overset{\overset{\text{CH}_3}{|}}{\text{H}_3\text{C-C}}}\text{-}\overset{+}{\text{C}}\text{HCH}_3$$

第二級カルボカチオン　　　　**遷移状態**　　　　**第三級カルボカチオン**
　（より不安定）　　　　　　　　　　　　　　　**（より安定）**

この転位は，正電荷をもった炭素に隣接する炭素原子からアルキル基（この場合メチル基）が移動することによって起こる．このメチル基は電子対をもって，すなわち，メチルアニオン（メタニドイオン）として移動する（**メタニド移動** methanide shift という）．遷移状態においては，移動するメチル基はその電子対を用いて両方の炭素原子と部分的に結合していて，決してひとときも炭素骨格から離れることはない．移動が完了すると，メチルアニオンが外れた位置の炭素はカルボカチオンとなり，一方，もとの炭素上にあった正電荷は中和される．一つの基が隣の炭素に移動しているので，この種の転位を一般に **1,2 移動** 1,2 shift という．

反応の最終段階は，新しくできたカルボカチオンから反応混合物中の塩基によってプロトンが脱離してアルケンが生成する段階である．ただし，この反応は次の二つの経路をとる．

段階 4　β水素の脱離

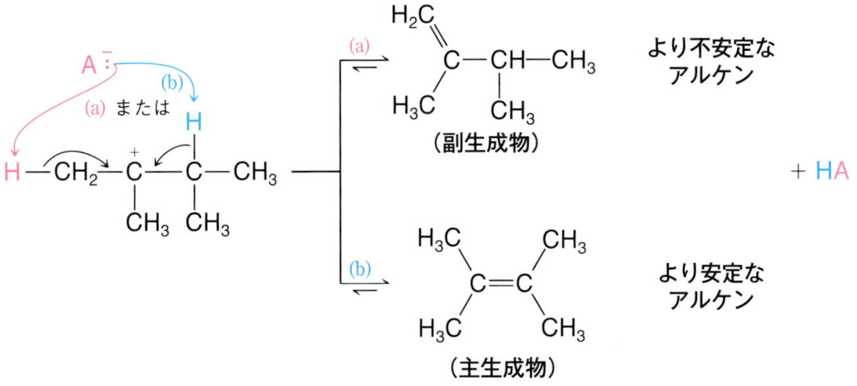

優先的に得られるアルケンは，生成するアルケンの安定性によって決まる．すなわち，反応条件（熱と酸）において，生成する二つのアルケン間に平衡（上の図に ⇌ の矢印が入っていることに注意しよう）が成り立つ．より低いポテンシャルエネルギーをもつより安定なアルケンのほうが主生成物となる．そのような反応は，**熱力学支配** thermodynamic control の反応とよばれる．経路 (b) は最も安定な四置換アルケンを与える経路で，ほとんどのカルボカチオンはこの経路をとる．一方，経路 (a) はより不安定な二置換アルケンを与える経路で，ポテンシャルエネルギーが高く副生成物となる．

- 酸触媒によるアルコールの脱水では，より安定なアルケンが生成するのが一般的である（**Zaitsev 則**）．

多くのカルボカチオンの反応を調べてみると，上述のような転位は極めて一般的である．**アルカニド**移動や**ヒドリド**移動によってより安定なカルボカチオンができるときには，このような転位は常に起こると考えてよい．次に例を示す．

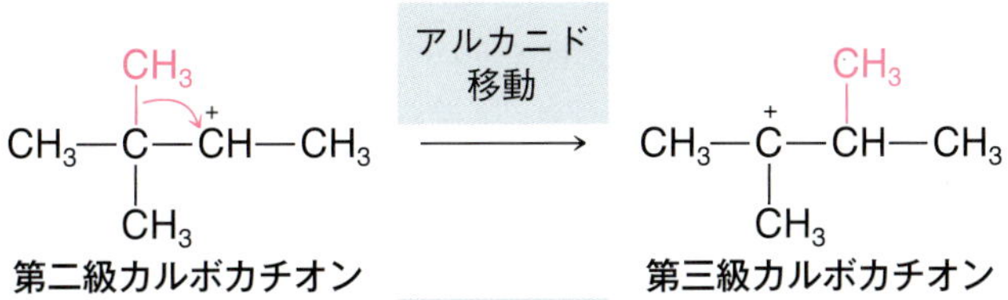

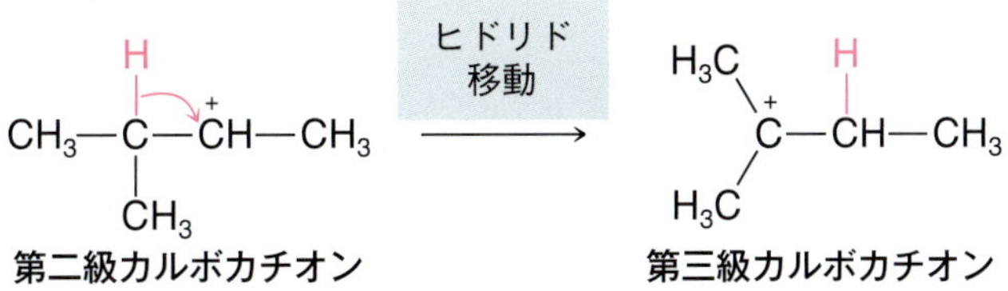

次の例に示すように，カルボカチオンの転位により環の大きさが変わることもある．このような転位は環のひずみが解消するとき特に起こりやすい．

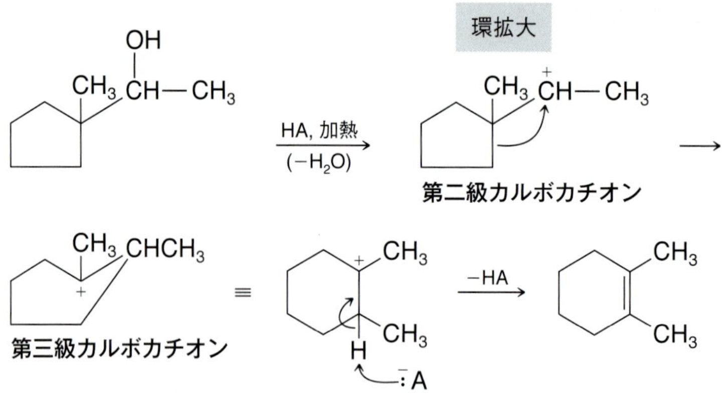

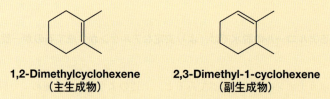

ほぼ同じエネルギーをもったカルボカチオンへの転位（例えば，ある第二級カルボカチオンから別の第二級カルボカチオンへ）も起こることがあり，そのために反応が複雑になることがある．

例題 7.6

上記脱水の主生成物はなぜ1,2-dimethylcyclohexene で，2,3-dimethylcyclohexene ではないのかについて説明せよ．

1,2-Dimethylcyclohexene
（主生成物）

2,3-Dimethyl-1-cyclohexene
（副生成物）

解き方と解答:

脱水ではおもにより安定な生成物（2種類の生成物が可能なとき）が生成することを学んだところである．また，アルケンの安定性は二重結合に付いているアルキル基の数に関係していることも知っている．1,2-Dimethylcyclohexene は四置換二重結合をもつ（より安定である）が，一方の2,3-dimethylcyclohexene の二重結合は三置換である．

7.9 末端アルキンの酸性度

末端アルキンの sp 炭素に結合している水素は**アセチレン水素** acetylenic hydrogen といい，アルケンやアルカンの炭素に結合している水素よりもかなり酸性が強い（3.7A項）．このことはエチン，エテン，およびエタンの pK_a 値を比べてみるとよくわかる．

末端アルキンはアルケンやアルカンより約 10^{20} 倍酸性が強い

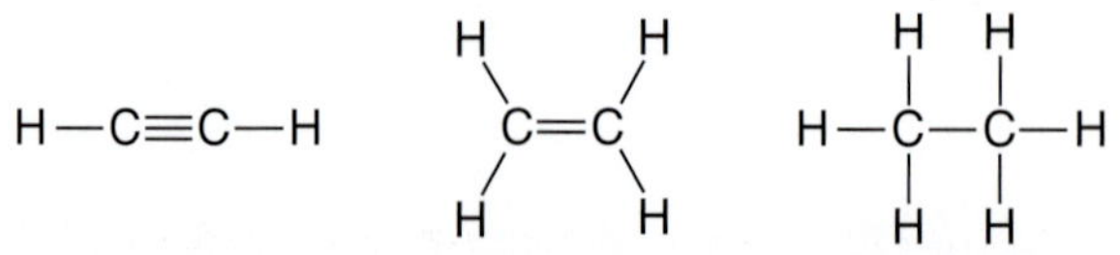

$H-C\equiv C-H$　　$H_2C=CH_2$　　H_3C-CH_3

$pK_a = 25$　　$pK_a = 44$　　$pK_a = 50$

各アニオンの塩基性度の順序は酸性度の逆である．

塩基性の強さ

$$\bar{\ }CH_2CH_3 > \bar{\ }CH=CH_2 > \bar{\ }C\equiv CH$$

周期表の第2周期元素も含めて，それに付く水素の相対的な酸性度と塩基性度の順序は次のようになる．この順序は，末端アルキンを基質として使うとき，どの塩基と溶媒を使うべきかを考えるのに便利である．

酸性の強さ

酸性大　　　　　　　　　　　　　　　　　　　　　　　　酸性小

$$H—\ddot{O}H > H—\ddot{O}R > H—C\equiv CR > H—\ddot{N}H_2 > H—CH=CH_2 > H—CH_2CH_3$$

pK_a　15.7　　16〜17　　　　25　　　　　　38　　　　　　44　　　　　　50

塩基性の強さ

　　　　　塩基性小　　　　　　　　　　　　　　　　　　塩基性大

$$\bar{\ }\ddot{O}H < \bar{\ }\ddot{O}R < \bar{\ }C\equiv CR < \bar{\ }\ddot{N}H_2 < \bar{\ }CH=CH_2 < \bar{\ }CH_2CH_3$$

この順序から，末端アルキンはアンモニアよりも酸性が強いが，アルコールや水より酸性が弱いことがわかる．

例題 7.7

反応で強塩基が必要なとき，ナトリウムアミド（NaNH$_2$）が有用である．ナトリウムアミドを塩基として用いたいとき，methanol のような溶媒は使えない．その理由を説明せよ．

解き方と解答：

アルコールの pK_a は 16〜17 であるが，アンモニアの pK_a は 38 である．これは methanol のほうがアンモニアよりもはるかに酸性であり，アンモニアの共役塩基（$^-$NH$_2$ イオン）はアルコキシドイオンよりはるかに塩基性であることを意味している．したがって，次の酸塩基反応はナトリウムアミドを methanol に加えた瞬間に起こる．

$$CH_3OH + NaNH_2 \xrightarrow{CH_3OH} CH_3ONa + NH_3$$

　　より強い酸　　より強い塩基　　　　　　より弱い塩基　　より弱い酸

pK_a 差がこれほど大きいと，ナトリウムアミドは methanol をナトリウムアミドよりはるかに弱い塩基であるナトリウムエトキシドに変えてしまう．

問題 7.13　次の酸塩基反応の生成物を予想せよ．平衡が生成物のほうにそれほど有利にならないと考えられる場合は，そのことを指摘せよ．それぞれの場合について，どれがよ

り強い酸，より強い塩基，より弱い酸，より弱い塩基であるか指摘せよ．

(a) $CH_3CH=CH_2 + NaNH_2 \longrightarrow$
(b) $CH_3C\equiv CH + NaNH_2 \longrightarrow$
(c) $CH_3CH_2CH_3 + NaNH_2 \longrightarrow$
(d) $CH_3C\equiv C^{\bar{}} + CH_3CH_2OH \longrightarrow$
(e) $CH_3C\equiv C^{\bar{}} + NH_4Cl \longrightarrow$

7.10　脱離反応によるアルキンの合成

- アルキンはアルケンからビシナルジハロゲン化物 vicinal dihalide (*vic*-ジハロゲン化物 *vic*-dihalide と略される) とよばれる化合物を経て合成される．

vic-ジハロゲン化物は隣接する炭素上にハロゲンをもつ化合物である（vicinal はラテン語の *vicinus* "隣接"に由来する）．*vic*-ジハロゲン化物は 1,2-ジハロゲン化物ともよばれる．例えば，*vic*-ジブロミドはアルケンに臭素を付加することによって得られる（8.11 節）．これを強塩基で 2 回脱ハロゲン化水素するとアルキンが生成する．

$$RCH=CHR + Br_2 \longrightarrow R-\underset{Br}{\underset{|}{C}}H-\underset{Br}{\underset{|}{C}}H-R \xrightarrow{2\,NaNH_2} R-C\equiv C-R + 2\,NH_3 + 2\,NaBr$$

脱ハロゲン化水素は 2 段階で起こり，まずブロモアルケンができ，ついでアルキンになる．

7.10A　アルキン合成の実験室的応用

この 2 回の脱ハロゲン化水素は別々の反応として行ってもよいし，また一つの混合物中で連続的に行ってもよい．強塩基のナトリウムアミド（$NaNH_2$）を用いると，一つの混合物中で 2 回の脱離反応を行うことができる．この場合，少なくとも 1 モルのジハロゲン化物当たり 2 モル当量のナトリウムアミドが必要である．例えば，1,2-ジフェニルエテンに臭素を付加すると，1,2-ジフェニルエチンの合成に必要な *vic*-ジブロミドが得られる．

1,2-Diphenylethene $\xrightarrow{Br_2}$ $C_6H_5-\underset{Br}{\underset{|}{C}}H-\underset{Br}{\underset{|}{C}}H-C_6H_5$ $\xrightarrow{Na^+\,:\ddot{N}H_2}$

$\xrightarrow{Na^+\,:\ddot{N}H_2}$ $C_6H_5-C\equiv C-C_6H_5$　**1,2-Diphenylethyne**

7.10 脱離反応によるアルキンの合成

反応機構
vic-ジハロゲン化物の脱ハロゲン化によるアルキンの生成

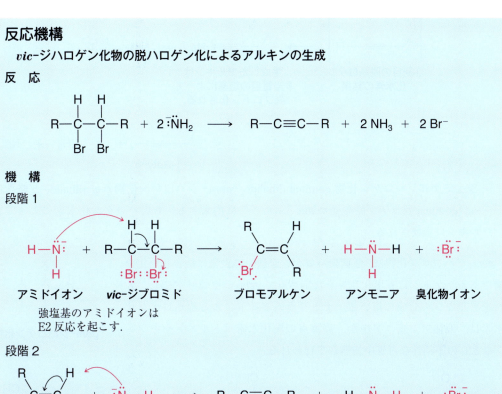

- 次の例のように，生成物が末端アルキンである場合には，3モル当量のナトリウムアミドが必要である．

vic-ジハロゲン化物の最初の脱ハロゲン化水素で2種類のブロモアルケンの混合物が生成するが，すぐに2回目の脱ハロゲン化水素が起こり，末端アルキンが生成する．末端アルキンのアセチレン水素は酸性が強いので，3モル目のナトリウムアミドにより脱プロトン化されナトリウムアルキニドとなる（7.9節参照）．ナトリウムアルキニドに塩化アンモニウムを加えると，目的の1-ブチンが生成する．

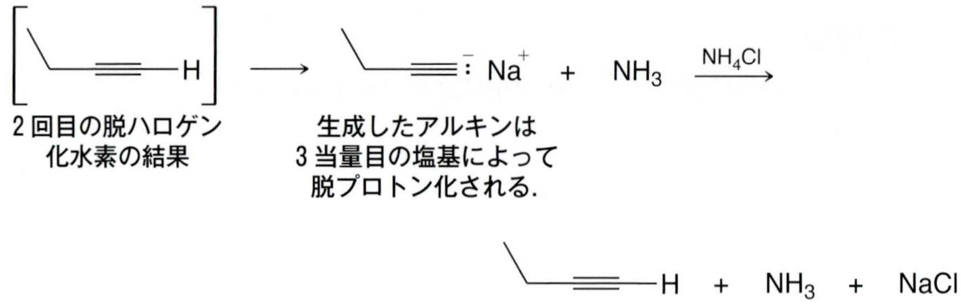

[図: 2回目の脱ハロゲン化水素の結果のアルキンが、3当量目の塩基によって脱プロトン化され、アルキニドナトリウム + NH₃ となり、NH₄Cl により 1-Butyne + NH₃ + NaCl を生じる反応式]

- **ジェミナル**ジハロゲン化物 geminal dihalide (*gem*-ジハロゲン化物 *gem*-dihalide と略される. geminal はラテン語の*geminus* "ふたご" に由来する) も脱ハロゲン化水素によってアルキンに変換される.

gem-ジハロゲン化物は，2個のハロゲンが同一の炭素に結合した化合物である．ケトンに五塩化リンを反応させて *gem*-ジクロリドにし，これをアルキンの合成に用いる．ナトリウムアミドによる脱ハロゲン化水素は，液体アンモニア中か，高沸点の炭化水素（トルエンやキシレンなど）の不活性な溶媒中加熱して行われる．

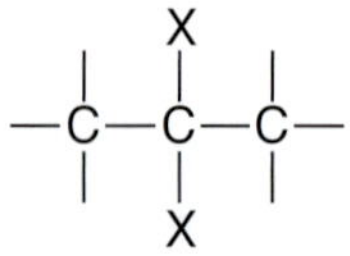

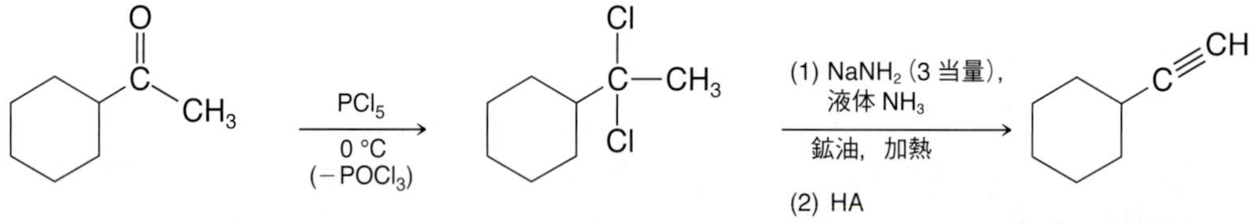

[構造図: *gem*-ジハロゲン化物の一般構造]

[反応スキーム: Cyclohexyl methyl ketone → (PCl₅, 0℃, −POCl₃) → *gem*-ジクロリド (70〜80%) → (1) NaNH₂ (3当量), 液体NH₃, 鉱油, 加熱 (2) HA → Cyclohexylethyne (46%)]

問題 7.14 次の化合物から propyne を合成する反応経路を 1 段階ずつ書け.

(a) CH_3COCH_3 (c) $CH_3CHBrCH_2Br$

(b) $CH_3CH_2CHBr_2$ (d) $CH_3CH=CH_2$

7.11 末端アルキンは C—C 結合形成のための求核剤に変換できる

- エチンや末端アルキン (pK_a 25) のアセチレン水素はナトリウムアミド (NaNH₂) のような強塩基により脱プロトンされ，アルキニドイオンを生成する．

$$H-C\equiv C-H + NaNH_2 \xrightarrow{\text{液体 NH}_3} H-C\equiv C:^- Na^+ + NH_3$$

$$CH_3C\equiv C-H + NaNH_2 \xrightarrow{\text{液体 NH}_3} CH_3C\equiv C:^- Na^+ + NH_3$$

- アルキニドイオンは，第一級ハロゲン化アルキルなどの基質と C—C 結合を生成する有用な求核剤である．

7.11 末端アルキンはC—C結合形成のための求核剤に変換できる

次に，アルキニドイオンと第一級ハロゲン化アルキルを用いるアルキル化によるC—C結合形成反応の一般式と具体例を示す．

一般式

$$R-C\equiv C:^- Na^+ + R'CH_2-Br \longrightarrow R-C\equiv C-CH_2R' + NaBr$$

ナトリウム　　　　第一級ハロゲン化　　　　　一または二置換
アルキニド　　　　アルキル　　　　　　　　　アセチレン

（RまたはR'，あるいは両方が水素でもよい）

具体例

$$CH_3CH_2C\equiv C:^- Na^+ + CH_3CH_2-Br \xrightarrow{\text{液体 } NH_3} CH_3CH_2C\equiv CCH_2CH_3 + NaBr$$

3-Hexyne
(75%)

アルキニドイオンが求核剤として反応し，第一級ハロゲン化アルキルのハロゲン化物イオンと置換する．これはS$_N$2反応（6.5節）である．

$$RC\equiv C:^- \quad \underset{H}{\overset{R'}{C}}-\ddot{Br}: \xrightarrow[S_N2]{\text{求核置換}} RC\equiv C-CH_2R' + NaBr$$

Na$^+$

ナトリウム　　第一級ハロゲン化
アルキニド　　アルキル

- アルキニドイオンのアルキル化には，競合する脱離反応を避けるため第一級ハロゲン化アルキルが用いられる．

第二級や第三級ハロゲン化アルキルを用いた場合には，アルキニドイオンは求核剤としてよりも強塩基として作用し，置換反応よりむしろE2脱離が主反応となる．

$$RC\equiv C:^- H-\overset{R}{\underset{}{C}}\cdots H \atop \overset{|}{C}-Br \atop H \; R'' \xrightarrow{E2} RC\equiv CH + R'CH=CHR'' + Br^-$$

第二級ハロゲン化
アルキル

例題 7.8

1-Propyne から 1-phenyl-2-butyne を合成せよ．

$$H_3C-\equiv-H \longrightarrow H_3C-\equiv-CH_2C_6H_5$$

1-Propyne　　　　　　　　**1-Phenyl-2-butyne**

解き方と解答：
1-Propyne のアセチレン水素は酸性であるので，強塩基である $NaNH_2$ によってアルキニドイオンにする．このアルキニドイオンを求核剤として，benzyl bromide と S_N2 反応させる．

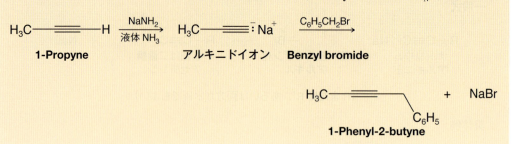

7.11A アルキニドイオンのアルキル化に見られる構造と反応性に関するいくつかの一般原理

アルキニドイオンの**アルキル化**を例にとって，これまで議論してきた構造と反応性についていくつかの基本的な原理を復習しよう．

1. アルキニドイオンの調製は，単純な **Brønsted-Lowry の酸塩基反応**である．これまで見てきたように（7.9, 7.11 節），末端アルキンの水素は弱酸性（$pK_a \approx 25$）であり，ナトリウムアミドのような強塩基で引き抜くことができる．この酸性度が大きい理由は 3.7A 項で説明した．
2. 生成したアルキニドイオンは **Lewis 塩基**であり（3.3 節），電子対受容体（**Lewis 酸**）であるハロゲン化アルキルと反応する．したがって，アルキニドイオンは末端の炭素上に負電荷をもつ**求核剤**（3.4, 6.3 節；正電荷を求める反応剤）である．
3. ハロゲン化アルキルはハロゲンの付いた炭素原子が，部分的に正電荷を帯びているので，**求電子剤**（3.4, 8.1 節；負電荷を求める反応剤）である．ハロゲン化アルキルの極性は，ハロゲン原子と炭素原子間の電気陰性度の差に起因している．

エチニド（アセチリド）イオンと塩化メチル（クロロメタン）の静電ポテンシャル図（図7.8）は，それぞれ代表的なアルキニドイオンとハロゲン化アルキルの相補的な求核性と求電子

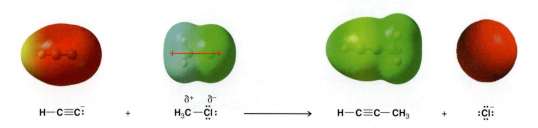

図 7.8 Ethynide（acetylide）ion と methyl chloride の反応
静電ポテンシャル図は，エチニドイオンと methyl chloride がそれぞれ相補的に求核性と求電子性をもっていることを示している．Methyl chloride の双極子モーメントが赤色の矢印で示されている．

性を示している．エチニドイオンはその末端炭素に負電荷が強く局在しており，静電ポテンシャル図では赤色で示されている．逆に，塩化メチルは電気陰性度の大きい塩素原子が付いた炭素原子に部分正電荷をもっている（塩化メチルの双極子モーメントはC—X結合上にある）．アルキニドイオンが求核剤として反応するとき，第一級ハロゲン化アルキルの部分正電荷をもった炭素に引き寄せられる．両者が正しい方向と十分なエネルギーをもって衝突すると，アルキニドイオンはハロゲン化アルキルに2個の電子を与えて新しい結合を生成すると同時に，ハロゲン化アルキルのハロゲンと置換する．ハロゲンはそれまで炭素と結合していた電子対をもってアニオンとして離れる．これはすでに Chap. 6 で述べたのと同じ S_N2 反応である．

7.12 アルケンの水素化

- アルケンは種々の金属触媒の存在下で水素と反応し，二重結合の各炭素に1個ずつ水素原子が付加する（4.16A，5.10A 項）．この水素化反応を**接触水素化** catalytic hydrogenation という．

触媒には通常白金，パラジウム，ニッケルなどの微粉末が用いられる（4.16A 項）．これらの触媒は反応溶液に溶けないので，これらの触媒を用いる水素化反応を**不均一触媒** heterogeneous catalysis で進行するという．一方，反応溶液に溶ける触媒を用いる水素化反応は**均一触媒** homogeneous catalysis で進行するといわれる．代表的な均一触媒にはリンやその他の配位子をもったロジウムやルテニウム錯体がある．最もよく知られた均一触媒は Wilkinson 触媒で，塩化トリス（トリフェニルホスフィン）ロジウム {$Rh[(C_6H_5)_3P]_3Cl$} である．次に不均一触媒と均一触媒を用いた反応例を示す．

これらの例で示した接触水素化反応は典型的な**付加反応**であり，**還元**の一つである．

- C—C 単結合のみからなる化合物（アルカンなど）は，その式がもちうる最大数の水素原子をもっているので，**飽和化合物**であるといわれる．
- C—C 多重結合をもつ化合物（アルケン，アルキン，芳香族化合物）は，その式がもちうる最大数の水素原子より少ないので，**不飽和化合物**といわれる．

不飽和化合物は**接触水素化**により飽和化合物に**還元**される．次に示すのは，脂肪 fat の物理的性質を変えるために食品産業で行われている不飽和トリグリセリドから飽和トリグリセニド（両方とも脂肪である）への接触水素化反応の例である．

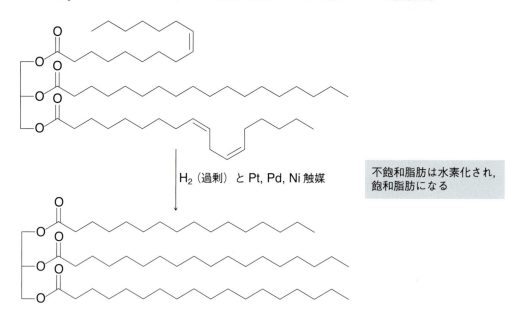

不飽和脂肪は水素化され、飽和脂肪になる

天然の不飽和脂肪はシス二重結合をもつため，飽和脂肪に比べ不規則に並んでいる．そのため，不飽和脂肪間の分子間力が弱くなり，飽和脂肪に比べ融点は低くなる．

食品工業における水素化の化学

食品工業ではマーガリンや調理用固形脂肪を作るのに，液体の植物油を半固形油に変換する目的で接触水素化を用いている．多くの市販の食料品のラベルを見ると，"硬化油脂"と書かれているのを見つけることができるだろう．食料品にこれらの油が用いられるのはいくつかの理由があるが，その一つは部分水素化された植物油は日もちがよいことにある．

脂肪と油（22.2節）は"脂肪酸"といわれる長い炭素鎖をもつカルボン酸のグリセリンエステルである．脂肪酸には飽和（二重結合をもたないもの），モノ不飽和（二重結合を一つもつもの），ポリ不飽和（二重結合を二つ以上もつもの）脂肪酸がある．油は，脂肪より一つまたはそれ以上の二重結合をもつ脂肪酸の割合が高い．油を部分水素化すると，二重結合の一部が単結合になる．これは一定の硬さをもつマーガリンや調理用半固形脂肪を作るのに使われている．

部分水素化された植物油を作るために接触水素化を用いることによって生じる問題点の一つは，水素化に用いられる触媒が脂肪酸の二重結合の一部を異性化することである．ほとんどの天然油脂中の脂肪酸の二重結合はシス配置である．水素化に用いられる触媒はシス二重結合の一部を非天然型のトランス配置に変換する．トランス脂肪酸の健康への影響については研究途上にあるが，これまでの実験では血清中のコレステロールとトリアシルグリセリンの濃度を増加させ，それがひいては心臓病の危険性を増大することが懸念されている．

7.13 水素化：触媒の役割

アルケンの水素化は発熱反応（$\Delta H° \simeq -120 \text{ kJ mol}^{-1}$）である．

7.13 水素化：触媒の役割

$$R-CH=CH-R + H_2 \xrightarrow{\text{水素化}} R-CH_2-CH_2-R + 熱$$

通常，触媒を用いない水素化の活性化自由エネルギーは高いため，アルケンの水素化は触媒がないと室温では起こらない．しかし，金属触媒の存在のもとでは室温で容易に起こる．このときの触媒の役割は活性化自由エネルギーの低い新しい経路を設定することである（図7.9）．

不均一水素化触媒は，通常は微粉末の白金，パラジウム，ニッケルやロジウムを粉末状の炭素（炭）の表面に担持したものである．金属触媒は反応容器中に満たされた水素分子を化学反応によってその表面に吸着する．金属表面の不対電子が水素の電子と対になって水素と表面で結合する（図7.10 (a)）．アルケン（図ではエテンを示している）も，水素の吸着された金属表面に衝突すると，同じように吸着される（図7.10 (b)）．ついで水素原子が1個ずつ段階的にアルケンに移動し，金属表面上でアルカンが生成する．その後アルカンが触媒から離れる（図7.10 (c) と(d)）．その結果，両方の水素原子が分子平面の同じ側から付加する．このような付加の様式をシン付加という（7.14A項）．

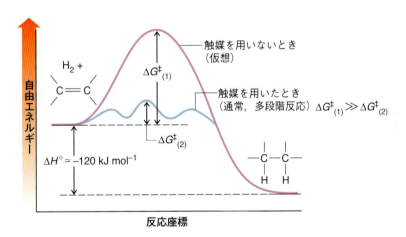

図7.9　触媒を用いて行ったアルケンの水素化反応と触媒を用いないで行った仮想の水素化反応の自由エネルギー

触媒を用いないときの活性化自由エネルギー［$\Delta G^{\ddagger}_{(1)}$］は触媒を用いたときの活性化自由エネルギー［$\Delta G^{\ddagger}_{(2)}$］よりもはるかに大きい．触媒なしの水素化反応は実際には起こらない．

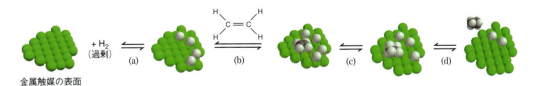

金属触媒の表面

図7.10　白金微粉末を触媒として用いたときのアルケンの水素化の機構
(a) 水素の吸着，(b) アルケンの吸着，(c) と (d) 2個の水素原子が段階的にアルケンの同じ面に移動（シン付加）し，アルカンを生成する．分子模型はエテンとエタンを示している．

7.13A シン付加とアンチ付加

付加する反応剤 X—Y の X と Y がアルケンまたはアルキンの同じ側（面）から入る付加を**シン付加** syn addition という．白金触媒を用いたときの水素（X＝Y＝H）の付加はシン付加である．

$$\text{C}=\text{C} + \text{X—Y} \longrightarrow \underset{\text{X}}{\text{C}}-\underset{\text{Y}}{\text{C}} \Bigg\} \text{シン付加}$$

シン付加の反対が**アンチ付加** anti addition である．アンチ付加では付加する反応剤 X—Y の X と Y がアルケンまたはアルキンの反対側から入る．

$$\text{C}=\text{C} + \text{X—Y} \longrightarrow \underset{\text{X}}{\text{C}}-\underset{\ }{\overset{\text{Y}}{\text{C}}} \Bigg\} \text{アンチ付加}$$

Chap. 8 で多くのシン付加とアンチ付加の実例が登場する．

7.14 アルキンの水素化

反応条件や用いる触媒によって C≡C 結合には1モル当量または2モル当量の水素が付加する．白金触媒を使用すると，アルキンは一般に2モル当量の水素を付加してアルカンを与える．

$$\text{CH}_3\text{C}\equiv\text{CCH}_3 \xrightarrow{\text{Pt, H}_2} [\text{CH}_3\text{CH}=\text{CHCH}_3] \xrightarrow{\text{Pt, H}_2} \text{CH}_3\text{CH}_2\text{CH}_2\text{CH}_3$$

特別な触媒あるいは反応剤を用いれば，アルキンの**水素化**をアルケンの段階で止めることができる．さらに，条件により二置換アルキンから （*E*）- と （*Z*）-アルケンを作り分けることができる．

7.14A 水素のシン付加：*cis*-アルケンの合成

P-2 触媒とよばれるホウ化ニッケルは**不均一触媒**であり，この触媒を用いると，アルキンの水素化をアルケンの段階で止めることができる．この触媒は酢酸ニッケルを水素化ホウ素ナトリウムで還元すると得られる．

$$\text{Ni}(\text{OCCH}_3)_2 \xrightarrow[\text{EtOH}]{\text{NaBH}_4} \underset{\textbf{P-2}}{\text{Ni}_2\text{B}}$$

- P-2触媒を用いて二置換アルキンを水素化すると，水素はシン付加して（*Z*）- または *cis*-アルケンを与える．

次の3-ヘキシンの水素化はその例である．この反応は触媒表面で起こるシン付加である（7.13節）．

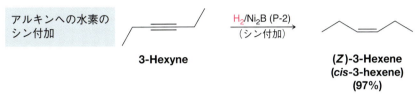

二置換アルキンから *cis*-アルケンを生成する触媒としては，この他に炭酸カルシウムを担体としたパラジウム触媒が用いられる．これは前もって酢酸鉛（Ⅱ）とキノリン（アミンの一種，19.1B項参照）で処理して活性を弱めたパラジウム触媒であり，**Lindlar触媒**（リンドラー）とよばれる．

$$R-C\equiv C-R \xrightarrow[\text{quinoline}]{\text{H}_2,\ \text{Pd/CaCO}_3\ (\text{Lindlar触媒})} \underset{H\quad H}{\overset{R\quad R}{C=C}}$$
（シン付加）

7.14B　水素のアンチ付加：*trans*-アルケンの合成

- アルキンを低温で液体アンモニアまたはエチルアミン中，金属リチウムまたは金属ナトリウムで還元すると，アルキンの三重結合に対して水素原子のアンチ付加が起こる．

この反応は**溶解金属還元** dissolving metal reduction といわれ，（*E*）- または *trans*-アルケンが生成する．反応機構は分子中に不対電子をもつラジカルを含む（Chap. 10 参照）．

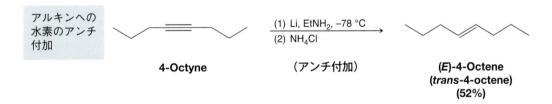

7.15　有機合成化学へのいざない．その1

これまで有機合成に有用な多くのツールについて学んだ．その中には求核置換反応，脱離反応，7.12～7.14節で述べた水素化反応がある．ここでは有機合成の論理と逆合成解析法について考えよう．その後簡単な分子の合成のために求核置換反応（アルキニドイオンのアルキル化）や水素化反応を応用してみよう．

7.15A なぜ有機合成をするか

有機合成は簡単な前駆体から目的の有機分子を構築するプロセスである．有機化合物の合成はいろいろな理由から行われる．新薬を開発する化学者はある種の薬理作用を高めたり，あるいは副作用を減らしたりするために有機合成を行う．次に構造式を示したエイズ治療薬，硫酸インジナビル（一般名）は研究室でデザイン，合成された後，医薬品として承認されるとすぐに大量合成に移された．また，反応機構を証明するために，あるいは，ある種の微生物がどのようにある化合物を代謝するかを知るために特殊な化合物が必要になることがある．このような場合には，例えば，特定の位置がジュウテリウム（重水素），トリチウム，または炭素の同位体などによって"標識された"化合物が必要となろう．

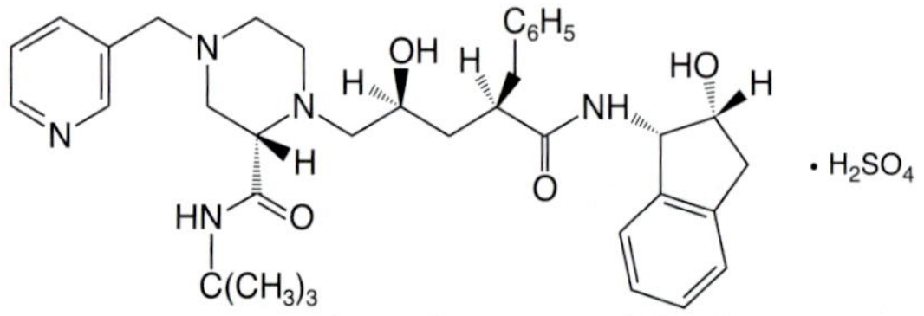

Indinavir sulfate（HIV プロテアーゼ阻害剤）

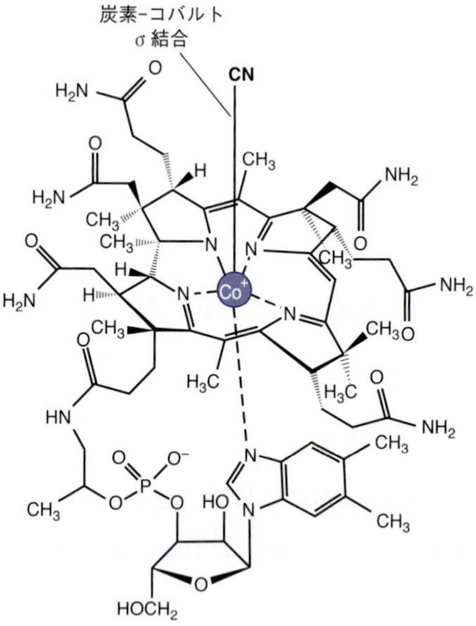

Vitamin B$_{12}$

非常に簡単な有機合成であれば，たった一つの化学反応で済むこともある．しかし，場合によっては数段階から 20 以上の段階を必要とすることもある．有機合成の画期的な例は，R. B. Woodward（ウッドワード）（Harvard University, 1965 年ノーベル化学賞受賞者）と A. Eschenmoser（エッシェンモーザー）（Swiss Federal Institute of Technology）によって 1972 年に報告されたビタミン B$_{12}$ の合成である．彼らのビタミン B$_{12}$ の合成は 11 年かかり，90 段階以上を必要とし，ほぼ 100 人の研究者が携わった．しかし，ここでは勿論もっと簡単な例を取り扱う．

有機合成には一般に二つのタイプの反応が含まれる．
1. ある官能基を他の官能基に変換する反応
2. 新しい C—C 結合を作る反応

これまでにこれら両方のタイプの反応を学んできた．水素化反応はアルケンやアルキンの C＝C 結合または C≡C 結合を単結合に変換する（実際には，こうすることによって不飽和炭素官能基がなくなる）．アルキニドイオンによるアルキル化は C—C 結合を生成する．要するに，

有機合成というのは官能基の相互変換と C—C 結合形成のオーケストラである．多くの方法がこれらの両方を達成するのに用いられる．

7.15B　逆合成解析：有機合成を計画する

　望む標的分子 target molecule を合成するために，ある前駆体 precursor から必要なステップをすぐに考えつくこともある．しかし望む化合物に到達するのに要する変換の順序を初めから終わりまですべて"見通す"には複雑すぎることが多い．このような場合，終わり（標的分子）はわかっているが，初めがわからないのであるから，必要とされるステップを 1 ステップずつ逆向きにさかのぼって考える．まず，標的分子を作るために反応させる当面の前駆体を考えることから始める．これができれば，次にその新しい中間の標的分子を作るためにはどのような前駆体がよいかを決め，以下これを繰り返す．このプロセスは，通常の実験室で容易に入手できる簡単な化合物に達するまで繰り返される．

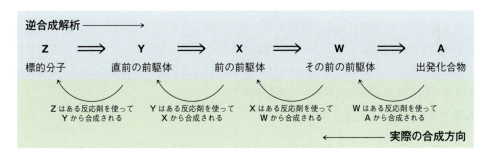

- このようなプロセスを**逆合成解析** retrosynthetic analysis という．
- 白抜きの矢印⇒は**逆合成矢印** retrosynthetic arrow といい，分子は直前の中間前駆体から化学反応によって合成できることを意味している．

　これまでの有機合成でもある種の分析的な計画が行われたことがあったが，逆合成解析という用語を作り，誰もが複雑な分子の合成計画を立てることができるような原理をまとめた最初の化学者は E. J. Corey（コーリー）（Harvard University，1990 年ノーベル化学賞受賞者）である．逆合成解析が完成すると，実際に合成を行う．すなわち最も簡単な前駆体からスタートし，標的分子ができるまで 1 段階ずつ合成を進めていく．

- 逆合成解析を行うとき，できるだけ多くの可能性のある前駆体を考えつくことが必要で，そうすることによって異なる合成ルートが可能になる（図 7.11）．

　それぞれのルートの利点と欠点をあげて，最も有効な合成ルートを決定する．どのルートが最も適しているかの予想は，その合成経路に含まれる反応の限界点，出発物質の入手のしやすさなどによって決まる．7.15C 項でこの例を見てみよう．実際には二つ以上のルートがうまくいくこともある．またある場合には，最も有効なあるいは成功するルートを見出すために，実験室でいくつかの方法を試してみることが必要なこともある．

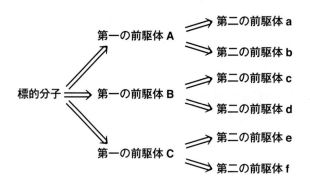

図 7.11 逆合成解析
逆合成解析では，目的化合物から種々の前駆体へ逆に考えることによって，いくつかの合成ルートを見出すことができる．

7.15C 前駆体を決める

官能基の変換を行う場合には，与えられた官能基を別のものに変換できる反応を収めたツールボックス（道具箱）が必要である．有機化学を学んでいくうちに，反応のツールボックスを充実させるようにする．同じように，C—C 結合を作るためには，反応のレパートリーを増やしておかなくてはならない．さらに，これらの中から目的に合った反応を選ぶためには，構造と反応性に関する基本的な原理を頭に入れておく必要がある．

3.3A 項と 7.12 節で述べたように，

- 多くの有機反応は完全なまたは部分的な逆符号の電荷をもつ分子の相互作用に基づいている．

逆合成解析法の非常に重要な点は，合成前駆体の中に逆符号の，すなわち相補的な電荷をもつことができそうな原子を標的分子の中に見つけ出すことである．例えば，1-シクロヘキシル-1-ブチンの合成を考えてみよう．本章で学んだ反応に基づいて，相補的な極性をもつ前駆体としてアルキニドイオンとハロゲン化アルキルを考えるだろう．この両者を反応させれば，この分子に到達できる．

逆合成解析

Cy—C≡C—CH₂CH₃ ⟹ Cy—C≡C:⁻ ⟹ Cy—C≡C—H
1-Cyclohexyl-1-butyne   + $\overset{\delta-}{Br}$—$\overset{\delta+}{CH_2CH_3}$

アルキニドイオンとハロゲン化アルキルは相補的な極性をもつ

合成

Cy—C≡C—H $\xrightarrow{\text{NaNH}_2}_{(-\text{NH}_3)}$ Cy—C≡C:⁻ Na⁺ $\xrightarrow{\text{CH}_3\text{CH}_2\text{—Br}}_{(-\text{NaBr})}$ Cy—C≡C—CH₂CH₃

しかし,ときには標的分子の中で,逆符号の電荷をもつ位置,あるいは相補的な前駆体に導くような逆合成の結合切断点がどこであるかすぐにわからないこともある.アルカンの合成がその例である.アルカンは前駆体分子中に逆符号の電荷を直接もっているような炭素原子を含んでいない.しかし,アルカン中のC—C結合はアルキンの水素化(官能基の相互変換)で作ることができるだろうと考えつけば,アルキンの2個の原子は逆符号の電荷をもつ前駆体(すなわち,アルキニドイオンとハロゲン化アルキル)から結合することができるだろう.

無機物から有機物への化学

1862年 F. Wöhler (ヴェーラー) は,亜鉛とカルシウムの合金を炭素と加熱するとカルシウムカーバイド(CaC$_2$)ができることを発見した.彼はこのカルシウムカーバイドを水と反応させることによってアセチレンを合成した.

$$C \xrightarrow{\text{亜鉛-カルシウム合金, 加熱}} CaC_2 \xrightarrow{2H_2O} HC\equiv CH + Ca(OH)_2$$

このようにして作られたアセチレンは,灯台のランプや昔の鉱夫のヘッドランプに用いられた.有機合成の立場からすると,アルキンを用いてC—C結合を作ったり,他の官能基に変換したりする反応により理論的には何でも合成することができる.1828年 Wöhler によるシアン酸アンモニウムから尿素への変換が無機物質から有機化合物の最初の合成(1.1A項)ではあるが,彼のカルシウムカーバイドの発見とその水との反応によってアセチレンを作ったことが,形式的には無機物質と有機合成の全分野を結んだことになる.

2-メチルヘキサンの逆合成解析をしてみよう.

逆合成解析

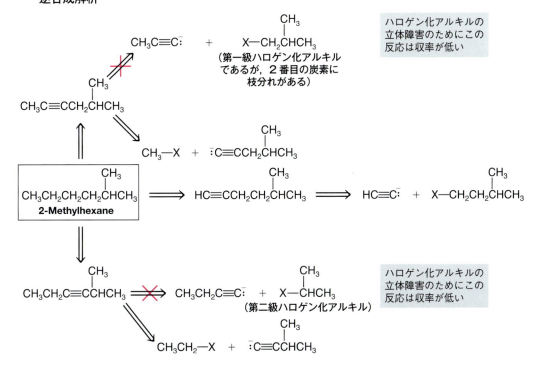

330　Chap. 7　アルケンとアルキン I：性質と合成．ハロゲン化アルキルの脱離反応

上の逆合成解析で述べたように，合成（前向き）の方向に適用される反応に含まれる限界を頭に入れておかなくてはならない．先の例では，二つの経路を捨てなくてはならなかった．一つは第二級ハロゲン化アルキルを使っているためであり，もう一つは2番目の炭素（β炭素）に枝分れがある第一級ハロゲン化アルキルを使っているためである（6.13A 項，7.11 節）．

例題 7.9

イエバエの性誘因物質，muscalure（ムスカルア）から最も簡単なアルキンの ethyne へさかのぼる逆合成経路を書け．その後，合成法を示せ．必要な無機物質や溶媒，必要な長さのハロゲン化アルキルは何を使ってもよい．

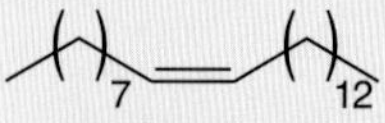

解き方と解答：

本章で学んだばかりの二つの反応を使おう．アルキンへの水素のシン付加とアルキニドイオンのアルキル化である．

逆合成解析

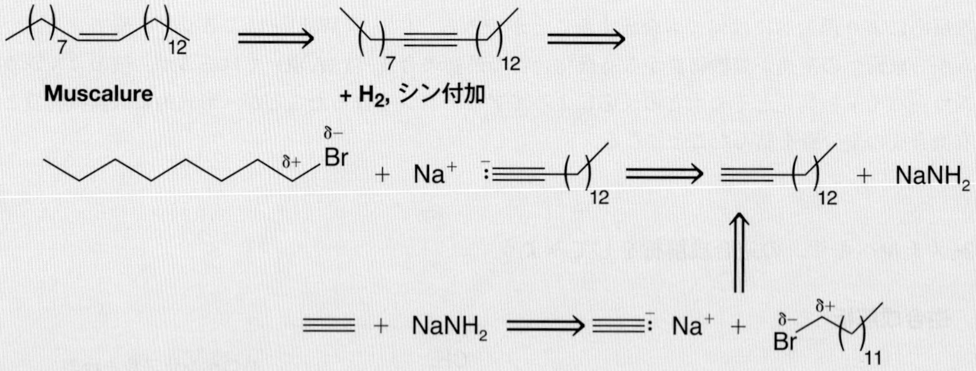

合成

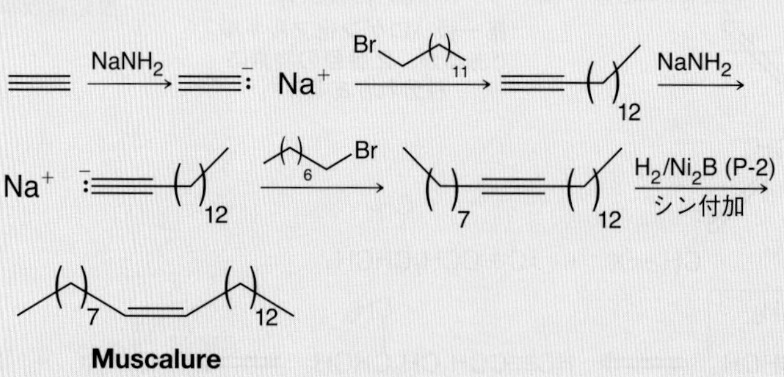

7.15D　存在理由

逆合成解析を用いて合成の問題を解くことは有機化学を学ぶときの喜びの一つである．想像できるように，技術と芸術性がある．長年にわたって多くの化学者はその心で有機合成に携わって

◆補充問題

7.15 次の化合物名は間違っている．正しい化合物名およびなぜ間違っているかを書け．

    (a) *trans*-3-Pentene   (c) 2-Methylcyclohexene   (e) (Z)-3-Chloro-2-butene

    (b) 1,1-Dimethylethene   (d) 4-Methylcyclobutene   (f) 5,6-Dichlorocyclohexene

7.16 次の化合物の構造式を書け．

    (a) 3-Methylcyclobutene   (g) (Z,4R)-4-Methyl-2-hexene

    (b) 1-Methylcyclopentene   (h) (E,4S)-4-Chloro-2-pentene

    (c) 2,3-Dimethyl-2-pentene   (i) (Z)-1-Cyclopropyl-1-pentene

    (d) (Z)-3-Hexene   (j) 5-Cyclobutyl-1-pentene

    (e) (E)-2-Pentene   (k) (R)-4-Chloro-2-pentyne

    (f) 3,3,3-Tribromopropene   (l) (E)-4-Methylhex-4-en-1-yne

7.17 次の化合物の IUPAC 名を書け．

(a) 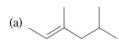   (c)    (e)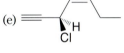

(b)   (d) 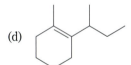   (f)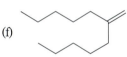

7.18 表を見ないで，次の化合物を酸性度の大きいものから順に並べよ．

    Pentane   1-Pentene   1-Pentyne   1-Pentanol

7.19 次の化合物から cyclopentene を合成せよ．

    (a) Bromocyclopentane   (b) Cyclopentanol

7.20 Ethyne を出発物質に用いて，次の化合物の合成法を反応式で示せ．必要な反応剤は何を用いてもよい．この問題の中で一度合成法を示したものは繰り返す必要はない．

    (a) Propyne   (f) 1-Pentyne   (k) $CH_3CH_2C{\equiv}CD$

    (b) 1-Butyne   (g) 2-Hexyne

    (c) 2-Butyne   (h) (Z)-2-Hexene   (l) $\underset{D\quad\ D}{\overset{H_3C\quad CH_3}{C=C}}$

    (d) *cis*-2-Butene   (i) (E)-2-Hexene

    (e) *trans*-2-Butene   (j) 3-Hexyne

7.21* *trans*-2-Methylcyclohexanol を酸触媒脱水すると，その主成分は 1-methylcyclohexene である．しかし，*trans*-1-bromo-2-methylcyclohexane を脱ハロゲン化水素すると，主生成物は 3-methylcyclohexene である．二つの反応の生成物が異なることを説明せよ．

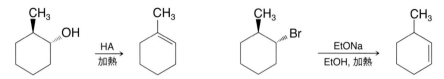

7.22* 次のハロゲン化アルキルの脱ハロゲン化水素を ethanol 中ナトリウムエトキシドを用いて行うとき，生成するすべてのアルケンの構造式を書け．2 種類以上の生成物を生じるときは，どれが主生成物でどちらが副生成物となるかも示せ（ただし，生成物のシス-トランス異性体については考えなくてもよい）．

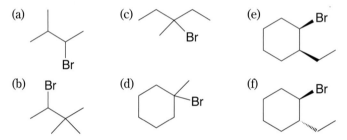

7.23* 次のハロゲン化アルキルの脱ハロゲン化水素を *t*-butyl alcohol 中カリウム *t*-ブトキシドを用いて行うとき，生成するすべてのアルケンの構造式を書け．2 種類以上の生成物を生じるときは，どちらが主生成物でどちらが副生成物となるかも示せ（ただし，生成物のシス-トランス異性体については考えなくてもよい）．

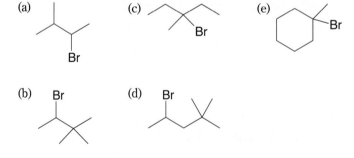

7.24* 適当なハロゲン化アルキルと塩基を用いて，主または唯一の生成物として次の化合物を合成せよ．

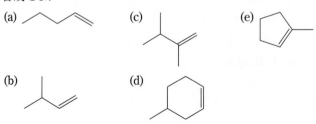

補充問題

7.25 次のアルコールを酸触媒によって脱水するとき，反応性の高い順に並べよ（最も反応性の高いものを最初にする）．

1-Pentanol   2-Methyl-2-butanol   3-Methyl-2-butanol

7.26* 1-Bromobicyclo[2.2.1]heptane は塩基と加熱しても脱離反応をしない．これを説明せよ（分子模型を組み立てて考えよ）．

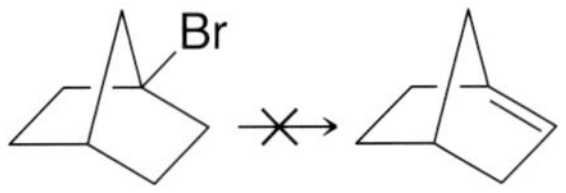

7.27 ジュウテリウムで標識した次の化合物を ethanol 中ナトリウムエトキシドで脱離反応したところ，唯一の生成物はジュウテリウムを含まない 3-methylcyclohexene であった．この事実を説明せよ．

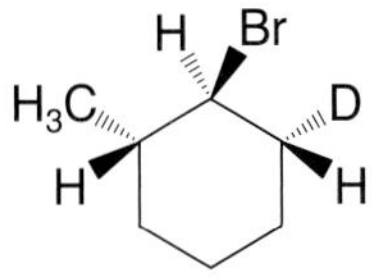

Chapter

アルケンとアルキンⅡ：付加反応

　Chap. 6 と Chap. 7 で，置換反応と脱離反応の結合形成と切断の段階に電子対がどのように働いているかを議論した．これらの反応では，求核剤と塩基が電子対供与体として働いている．本章では，**アルケン**と**アルキン**の付加反応について学ぶ．これらの反応では，二重結合または三重結合が電子対供与体として働いて結合が形成される．

　アルケンとアルキンは陸上にも海洋にも，自然界には豊富に存在する．例えば，海洋から見出されたダクチリンと（3E）-ラウレアチンの構造式を示す．これらの化合物は，他の多くの海洋天然物と同じようにハロゲンを含んでいる．ある種の海洋生物はこれらの化合物を自己防衛のために産生しており，それらの多くが細胞毒性を示す．興味深いことに，それらの化合物に含まれるハロゲンは，本章（8.11節）で学ぶ反応と類似の生物反応によって取り込まれる．そのため，ダクチリンや（3E）-ラウレアチンのような化合物は，美しい海洋環境で生成し，興味深い構造や性質を有するだけでなく，その背景には非常に興味深い化学がある．

Dactylyne　　　**(3E)-Laureatin**

本章で学ぶこと：
- アルケンの付加反応の位置選択性および立体選択性
- アルケンへの水，ハロゲン，炭素およびその他の官能基の付加反応
- より高度に酸化された化合物を生成する二重結合の開裂反応
- アルケンの反応と類似のアルキンの反応

[写真提供：（サンゴ）© Mehmet Torlak/iStockphoto；（熱帯魚ディスカス）© cynoclub/iStockphoto]

8.1 アルケンの付加反応

すでに 7.13 節において，アルケンの付加反応として，二重（または三重）結合に水素が付加する水素化反応について学んだ．本章では，水素化反応とは異なる機構をもつ別のタイプの付加反応について学ぶ．反応剤の求電子部位を **E**，求核部位を **Nu** として，これらの反応を一般式で示すと次のようになる．

$$\mathrm{C{=}C} + \mathrm{E{-}Nu} \xrightarrow{\text{付 加}} \mathrm{E{-}C{-}C{-}Nu}$$

本章ではこのタイプの反応として，ハロゲン化水素，水（酸触媒存在下）およびハロゲンの付加について学ぶ．さらにアルケンに付加するその他の特殊な反応剤についても学ぶ．

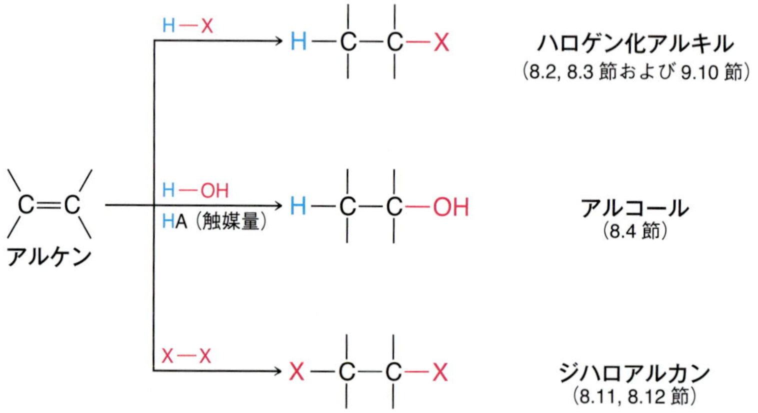

アルケン
- H–X → H–C–C–X　ハロゲン化アルキル（8.2, 8.3 節および 9.10 節）
- H–OH, HA（触媒量）→ H–C–C–OH　アルコール（8.4 節）
- X–X → X–C–C–X　ジハロアルカン（8.11, 8.12 節）

8.1A　アルケンへの付加反応を理解すること

アルケンの付加反応がなぜ起こるかは，C＝C 結合のもつ次の二つの特性によって理解できる．

1. 付加反応により，1 個の π 結合と 1 個の σ 結合（1.12, 1.13 節）が 2 個の σ 結合に変化する．この変化は通常はエネルギー的に有利な過程である．2 個の σ 結合ができるときに発生するエネルギーは，π 結合のほうが σ 結合より弱いため 1 個の σ 結合と 1 個の π 結合を切るのに要するエネルギーより大きい．したがって，付加反応は通常は発熱反応である．

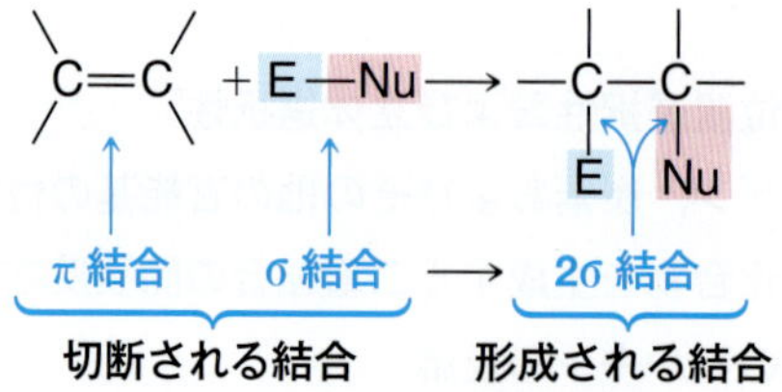

$$\mathrm{C{=}C} + \mathrm{E{-}Nu} \longrightarrow \mathrm{{-}C{-}C{-}}\ (\mathrm{E},\ \mathrm{Nu})$$

π 結合　σ 結合　→　2σ 結合
切断される結合　　形成される結合

2. π 結合電子はむきだしになっている．π 結合は p 軌道の重なりによって作られているために，π 電子は二重結合平面の上下に広がっている．

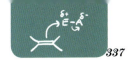

8.1 アルケンの付加反応

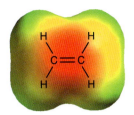

Ethene の静電ポテンシャル図はπ結合領域の負電荷密度がより高いことを示している

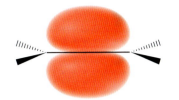

π結合の電子対はπ分子軌道の上下両方のローブに分布している

求電子付加

- アルケンのπ結合電子は求電子剤と反応する.
- **求電子剤** electrophile は電子を求める反応剤である. それらは**求電子性** electrophilicity をもつ.

求電子剤には Brønsted–Lowry 酸のようなプロトン供与体, 臭素のような中性分子（その一端が正に分極できる）, BH_3, BF_3 や $AlCl_3$ のような Lewis 酸がある. 空軌道をもつ金属イオン, 例えば, 銀イオン Ag^+, 水銀イオン Hg^{2+} や白金イオン Pt^{2+} も求電子剤として反応する.

例えば, ハロゲン化水素はアルケンと反応して, π結合から2電子を受け取り, ハロゲン化物イオンを失って, 水素と一つの炭素原子の間にσ結合を形成する. その結果, もう一方の炭素に空の p 軌道と正電荷が生じる. 全体としてはアルケンと HX からカルボカチオンとハロゲン化物イオンが生成する.

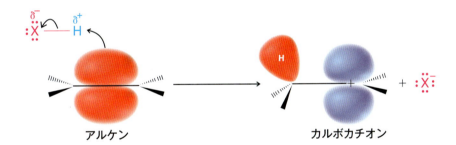

カルボカチオンは非常に活性であるので, ハロゲン化物イオンの電子対を1組受け入れて結合する.

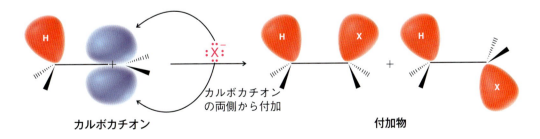

求電子剤は Lewis 酸である　求電子剤とは, 電子対を受け取ることのできる分子またはイオンである. 一方, 求核剤 nucleophile は, 電子対を与えることのできる分子またはイオン

(Lewis 塩基) である．求電子剤の反応には必ず求核剤も存在する．例えば，アルケンのプロトン化において，求電子剤は酸から与えられるプロトンであり，求核剤はアルケンである．

$$\ddot{X}-H + C=C \longrightarrow -C-C^+ + :\ddot{X}:^-$$

求電子剤　　　求核剤

カルボカチオンがハロゲン化物イオンと反応する次の段階では，カルボカチオンが求電子剤であり，ハロゲン化物イオンが求核剤である．

$$-C-C^+ + :\ddot{X}:^- \longrightarrow -C-C-$$

求電子剤　　　求核剤

8.2　アルケンへのハロゲン化水素の求電子付加：反応機構と Markovnikov 則

ハロゲン化水素（HI，HBr，HCl，HF）はアルケンの二重結合に付加する．

$$C=C + H-X \longrightarrow -C-C-$$

これらの付加は，酢酸や CH_2Cl_2 といった溶媒にハロゲン化水素を溶かしアルケンと混合するか，アルケン自身を溶媒にしてアルケンに直接気体のハロゲン化水素を吹き込むことによって行われる．HF はピリジンにポリフッ化水素*を溶かして用いる．

- アルケン付加におけるハロゲン化水素の反応性の順序は次のようになる．

$$HI > HBr > HCl > HF$$

多置換アルケンを用いないかぎり，HCl の反応は遅いので合成法としての有用性は低い．HBr の付加は速いが，9.9 節で述べるように，別の反応経路をとることがあるので注意する必要がある．

非対称のアルケンに対する HX の付加の仕方は，二通り考えられる．しかし，実際には通常一つの生成物が優位に得られる．例えば，プロペンに HBr が付加するとき，1-ブロモプロパンと 2-ブロモプロパンが得られると考えられるが，実際の主生成物は 2-ブロモプロパンである．

$$\diagup\!\!\!= + H-Br \longrightarrow \underset{Br}{\diagup\!\!\!\diagdown} \quad (\underset{}{Br\diagdown\!\!\!\diagup}\ \text{はほとんど生成しない})$$

2-Bromopropane　　**1-Bromopropane**

---

*（訳注）HF は沸点 19.5°C の液体であり，会合体として存在する．

2–メチルプロペンに HBr を反応させたとき，主生成物は 2–ブロモ–2–メチルプロパンであって 1–ブロモ–2–メチルプロパンではない．

2-Methylpropene **2-Bromo-2-methylpropane** **1-Bromo-2-methylpropane**

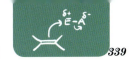

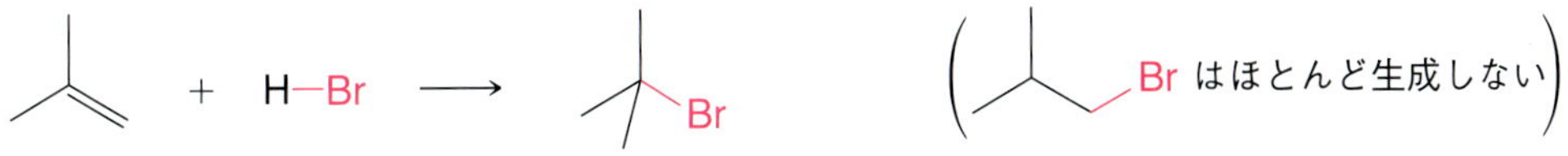

ロシアの化学者 V. Markovnikov（マルコフニコフ）は，このような例を多数集めて考察し，1870 年，Markovnikov 則として知られる規則を見出した．

- **Markovnikov 則**とは，**アルケンに HX が付加するとき，水素はより多くの水素をもつ炭素に付加する***という規則である．

プロペンへの HBr の付加を例にとって説明すると，次のようになる．

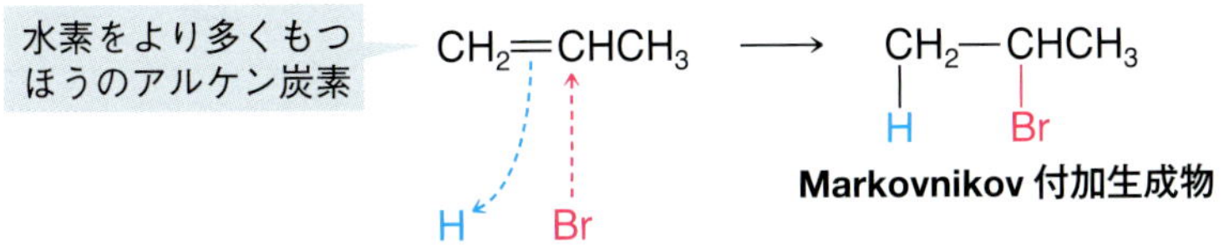

Markovnikov 則に従った反応を，Markovnikov 付加という．

アルケンへのハロゲン化水素の付加反応は，次に示す 2 段階の反応機構で進行する．

反応機構

アルケンへのハロゲン化水素の付加

段階 1

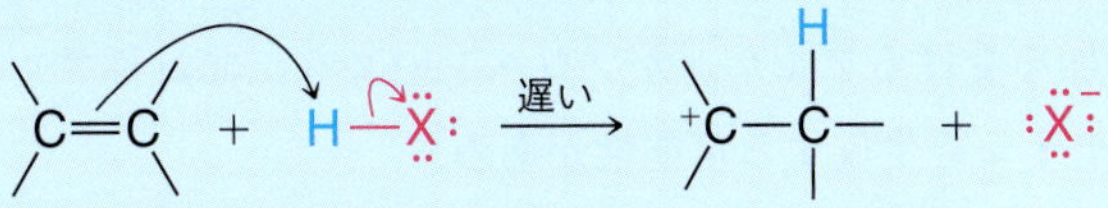

アルケンの π 電子が HX のプロトンと結合を生成し，カルボカチオンとハロゲン化物イオンを生じる．

段階 2

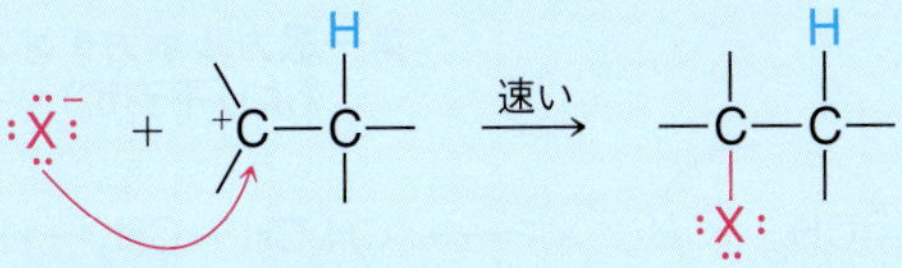

ハロゲン化物イオンはカルボカチオンに電子対を与え，ハロゲン化アルキルとなる．

重要な段階，すなわち**律速段階** rate-determining step は段階 1 である．段階 1 でアルケンがハロゲン化水素のプロトンに電子対を与え，カルボカチオンを生成する．この段階（図 8.1）は

* Markovnikov は原著では，ハロゲン原子の付加に着目して“非対称なアルケンとハロゲン化水素の反応において，ハロゲン化物イオンはより少ない水素原子をもつ炭素に付加する”と述べている．

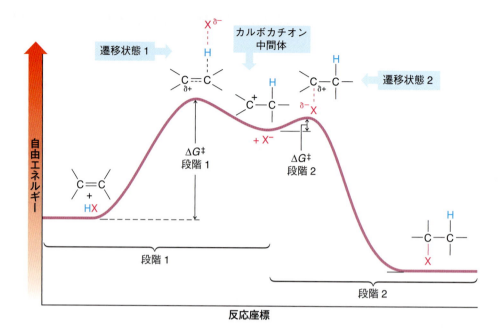

図 8.1　HX のアルケンへの付加反応の自由エネルギー図
段階 1 の活性化自由エネルギーは段階 2 よりずっと大きい.

大きな吸エルゴン反応であって,大きい活性化自由エネルギーを必要とする.したがって,反応はゆっくりと起こる.段階 2 では反応性の高いカルボカチオンがハロゲン化物イオンと結合して安定化する.この発エルゴン的な段階は活性化自由エネルギーが小さいので非常に速く起こる.

8.2A　Markovnikov 則の理論的説明

ハロゲン化水素の付加を受けるアルケンがプロペンのように非対称アルケンのときには,段階 1 で 2 種類のカルボカチオンを生成する可能性がある.

しかし,これら 2 種類のカルボカチオンの安定性は同じではなく,第二級カルボカチオンのほうが安定である.この第二級カルボカチオンの大きな安定性のために,Markovnikov 則に従って付加反応が進行することが説明される.例えば,プロペンに HBr が付加するとき,反応は次の経路に従う.

8.2 アルケンへのハロゲン化水素の求電子付加：反応機構と Markovnikov 則

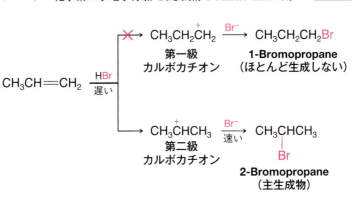

段階 1 で，より安定な第二級カルボカチオンが優位に生じるので，主生成物は 2-ブロモプロパンとなる．

- より安定なカルボカチオンのほうが優位に生成するのは，それが速く生成するからである．

このことを図 8.2 に示した自由エネルギー図によって理解しよう．

- 第二級カルボカチオン（最終的には 2-ブロモプロパンを与える）を経由する反応（図 8.2）は，活性化自由エネルギーが小さい．これはその遷移状態がより安定な第二級カルボカチオンに似ているからである．
- 第一級カルボカチオン（最終的には 1-ブロモプロパンを与える）を経由する反応は活性化

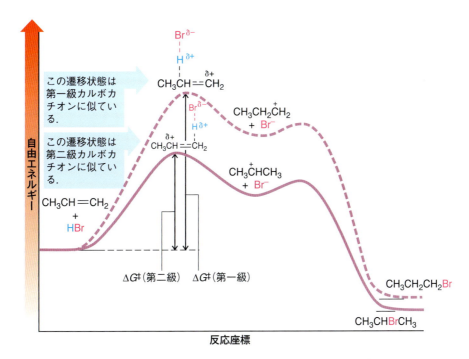

図 8.2　HBr の propene への付加反応の自由エネルギー図
$\Delta G^{\ddagger}$（第二級）のほうが $\Delta G^{\ddagger}$（第一級）より小さい．

自由エネルギーが大きい．これはその遷移状態がより不安定な第一級カルボカチオンに似ているためである．この反応は非常に遅いので，先の反応とはほとんど競争にならない．

2-メチルプロペンと HBr の反応では，同じようにカルボカチオンの安定性により，2-ブロモ-2-メチルプロパンだけを生成する．この場合，最初の段階，すなわちプロトンの付加では，第三級カルボカチオンと第一級カルボカチオンの選択が行われることになるので，その安定性の差はさらに大きくなる．そこで，第三級カルボカチオンを経る反応に比べて活性化自由エネルギーが非常に大きいために，第一級カルボカチオンを経て生成される 1-ブロモ-2-メチルプロパンは得られない．

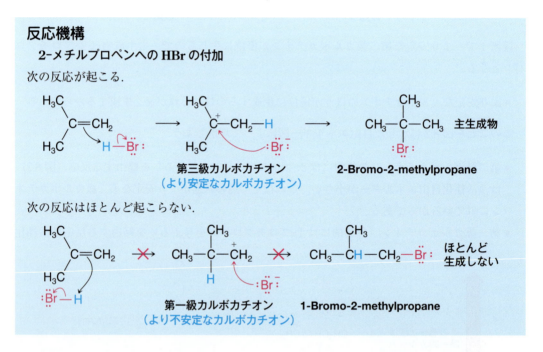

- アルケンに対する HX の付加反応で，はじめに形成されるカルボカチオンがより安定なカルボカチオンに転位できる場合には，常に転位が起こる（7.8 節参照）．

8.2B Markovnikov 則の一般的な説明

アルケンにハロゲン化水素がイオン的に付加する機構を理解できたので，次に求電子剤がどのようにアルケンに付加するかを考えてみよう．

- **Markovnikov 則**：二重結合に非対称な反応剤がイオン的に付加するとき，その反応剤の正電荷を帯びた部分が，より安定なカルボカチオン中間体を生じるように二重結合の一方の炭素と結合する．
- この求電子剤の付加が最初に（反応剤の求核的な部分が付加する前に）起こるので，その結果，反応全体の配向が決まる．

8.2 アルケンへのハロゲン化水素の求電子付加:反応機構とMarkovnikov則

このMarkovnikov則を用いれば，ICl（塩化ヨウ素 iodine chloride）のような反応剤の付加反応についても予測できる．塩素は電気陰性度が大きいから，ヨウ素の部分が正電荷を帯びる．その結果，IClの2-メチルプロペンへの付加は次のように進行し，2-クロロ-1-ヨード-2-メチルプロパンを与える．

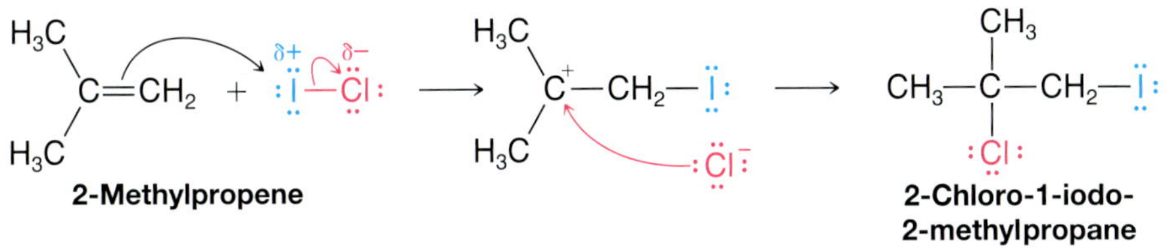

問題 8.1 Propene への IBr（臭化ヨウ素 iodine bromide）のイオン的な付加反応によって得られる生成物の構造式と名称を書け．

問題 8.2 次の付加反応の反応機構を説明せよ．

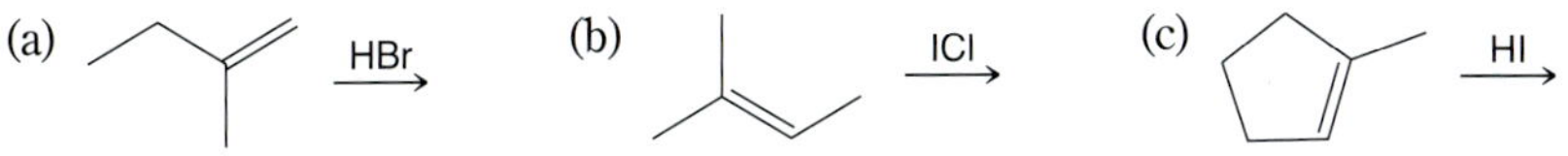

(a) ～HBr (b) ～ICl (c) ～HI

8.2C 位置選択的反応

アルケンへのハロゲン化水素のMarkovnikov付加のような反応を**位置選択的 regioselective** であるという．"regio"というのは方向という意味のラテン語の"*regionem*"に由来している．

- 二つまたはそれ以上の構造異性体が生成する可能性がある反応で，実際には唯一の生成物，または一方の生成物が多く得られる場合，その反応は**位置選択的反応 regioselective reaction** であるという．

例えば，プロペンに対してHXが付加する場合，二つの構造異性体を生じる可能性がある．ところがすでに見てきたように，この反応は一つの異性体のみを与える．したがって，この反応は位置選択的である．

8.2D Markovnikov則の例外

9.10節でMarkovnikov則の例外について学ぶが，一般式ROORで表される過酸化物の存在下にHBrのアルケンへの付加を行ったとき，Markovnikov則とは逆の付加が起こる．

- 過酸化物存在下，アルケンにHBrを反応させると，**逆Markovnikov付加** anti-Markovnikov addition が起こる．すなわち，Hは水素原子が少ないほうの炭素に付加する．

プロペンを例にとれば，付加は次のように起こる．

$$\text{CH}_3\text{CH}=\text{CH}_2 + \text{HBr} \xrightarrow{\text{ROOR}} \text{CH}_3\text{CH}_2\text{CH}_2\text{Br}$$

9.10節では，この反応が本節のはじめで述べたようなイオン機構ではなく，ラジカル機構で進行することを学ぶ．

- このような逆Markovnikov付加は，**過酸化物の存在下HBrを付加させるときにのみ起こる**．HF, HCl, あるいはHIを使用した場合には，たとえ過酸化物が存在していても逆Markovnikov付加はほとんど見られない．

8.3　アルケンへのイオン的付加反応の立体化学

1-ブテンとHXの付加反応について考えてみよう．この反応の生成物は一つのキラル中心をもつ2-ハロブタンである．

$$\text{CH}_3\text{CH}_2\text{CH}=\text{CH}_2 + \text{HX} \longrightarrow \text{CH}_3\text{CH}_2\overset{*}{\text{C}}\text{HCH}_3$$
$$\phantom{\text{CH}_3\text{CH}_2\text{CH}=\text{CH}_2 + \text{HX} \longrightarrow \text{CH}_3\text{CH}_2}|$$
$$\phantom{\text{CH}_3\text{CH}_2\text{CH}=\text{CH}_2 + \text{HX} \longrightarrow \text{CH}_3\text{CH}_2}\text{X}$$

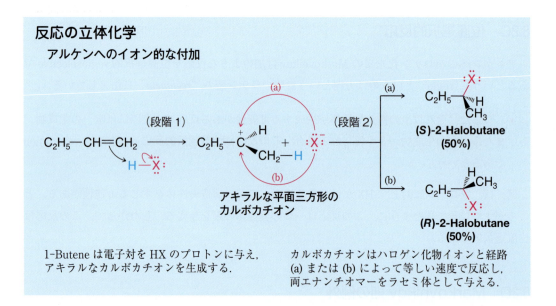

反応の立体化学
アルケンへのイオン的な付加

1-Butene は電子対をHXのプロトンに与え，アキラルなカルボカチオンを生成する．

カルボカチオンはハロゲン化物イオンと経路(a)または(b)によって等しい速度で反応し，両エナンチオマーをラセミ体として与える．

したがって，生成物は1対のエナンチオマーとして得られる．ここでこれらのエナンチオマーがどのように得られるかが問題になる．一方のエナンチオマーがもう一方のエナンチオマーより多く生成するのだろうか．答えはノーである．すなわち，次に示すように，付加の段階1で生成するカルボカチオンは平面三方形をとり，**アキラル** achiral である（分子模型を組めば対称面をもつことがわかる）．段階2で，このアキラルなカルボカチオンにハロゲン化物イオンが攻撃するとき，**反応はどちらの面からも同じ確率で起こる**．2種類のエナンチオマーを与える反応は同じ割合で起こり，等量のエナンチオマーからなるラセミ体を与える．

8.4 アルケンへの水の付加：酸触媒水和

酸触媒下，アルケンの二重結合に水が付加する反応をアルケンの**水和** hydration という．この反応は，低分子量のアルコールを工業的に製造するための最も有用な方法である．アルケンの水和反応の触媒として最もよく用いられる酸は，硫酸とリン酸である．この反応も通常位置選択的であり，Markovnikov 則に従う．一般に次のように書ける．

$$\text{C=C} + \text{HOH} \xrightarrow{\text{H}_3\text{O}^+} \text{-C-C-} \quad (\text{H, OH})$$

一例として2-メチルプロペンの水和をあげる．

$$\text{(2-Methylpropene)} + \text{HOH} \xrightarrow[25\ ^\circ\text{C}]{\text{H}_3\text{O}^+} \text{2-Methyl-2-propanol}$$

2-Methylpropene
(isobutene)

2-Methyl-2-propanol
(t-butyl alcohol)

酸触媒によるアルケンの水和反応は Markovnikov 則に従うので，次に示すエテンの水和のような特別な場合を除いて，第一級アルコールを得ることはできない．

$$\text{CH}_2=\text{CH}_2 + \text{HOH} \xrightarrow[300\ ^\circ\text{C}]{\text{H}_3\text{PO}_4} \text{CH}_3\text{CH}_2\text{OH}$$

8.4A 反応機構

アルケンの水和の反応機構は，アルコールの脱水の機構とちょうど逆になる．このことは次に示す2-メチルプロペンの水和の機構と 7.7A 項で述べた 2-メチル-2-プロパノール（t-ブチルアルコール）の脱水の機構を比較してみるとよくわかる．

反応機構

アルケンの酸触媒水和

段階 1

アルケンはプロトンに電子対を与え，安定な第三級カルボカチオンを生じる．

段階 2

このカルボカチオンは1分子の水と反応し，プロトン化されたアルコールを与える．

段階3

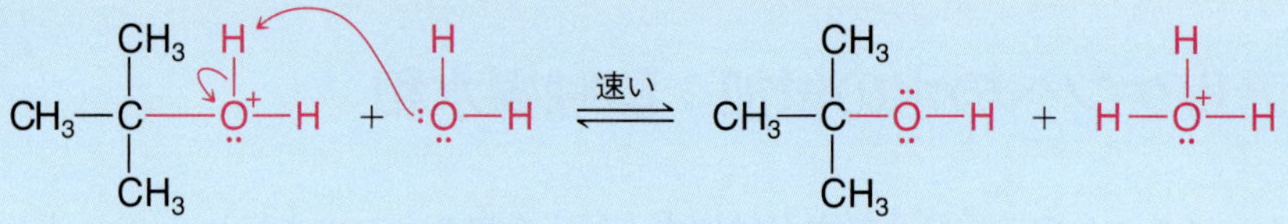

[構造式: $CH_3-C(CH_3)(CH_3)-\overset{+}{O}H-H$ + :ÖH $\xrightleftharpoons{\text{速い}}$ $CH_3-C(CH_3)(CH_3)-\ddot{O}H$ + $H-\overset{+}{O}H-H$]

プロトンが水分子に移動し，生成物となる．

水和反応の律速段階はカルボカチオンが生成する段階1である．この段階を見れば，水の二重結合への付加が Markovnikov 付加になることを理解できる．つまり，段階1では不安定な第一級カルボカチオンよりも安定な第三級カルボカチオンができるので，2-メチル-2-プロパノール (t-ブチルアルコール) が生成する．

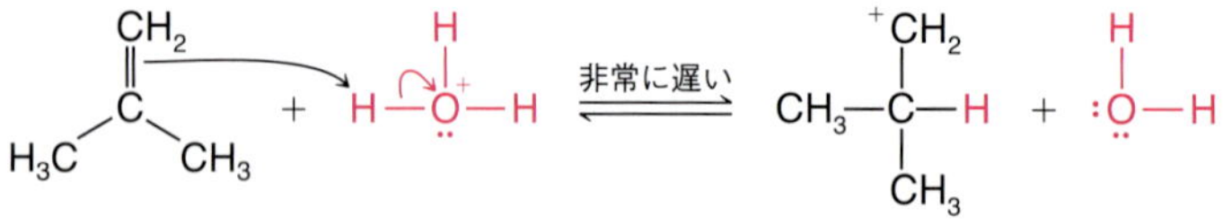

[構造式: イソブチレン + $H-\overset{+}{O}H-H$ $\xrightleftharpoons{\text{非常に遅い}}$ 第一級カルボカチオン + :ÖH]

← この反応は第一級カルボカチオンを生成するので実際には起こらない

最終的にアルケンが水和されるかアルコールが脱水されるかは，両反応の平衡位置で決まる．したがって，アルコールの脱水には，水の濃度を低くするために濃硫酸を用いるほうがよい．生成する水を除去し，反応温度を高温にするのがよい．一方，アルケンの水和には，水の濃度が高い薄い酸を用いるほうがよく，一般に低い反応温度で行う．

例題 8.1

次の反応を説明する機構を書け．

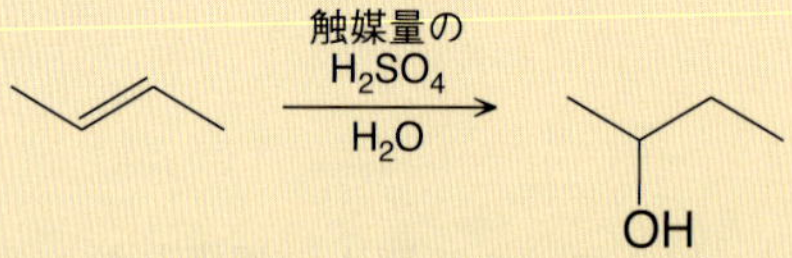

[反応式: 2-ブテン $\xrightarrow[\text{H}_2\text{O}]{\text{触媒量の H}_2\text{SO}_4}$ 2-ブタノール]

解き方と解答：

硫酸と水から生成したオキソニウムイオンが，アルケンにプロトンを与えてカルボカチオンが生成する．ついでカルボカチオンは水分子から電子対を受け入れ，プロトン化されたアルコールとなる．そのプロトンを水に与え，アルコールが得られる．

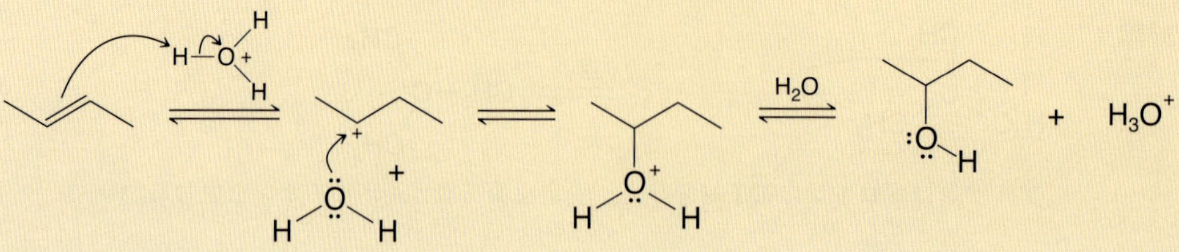

[機構の構造式]

問題 8.3 (a) 次の反応の機構を書け．

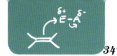

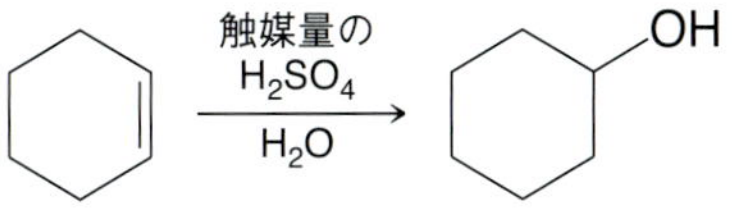

(b) その生成物の収率を上げるための一般的な反応条件とは何か．

(c) Cyclohexanol の脱水により cyclohexene を得る逆反応を進める一般的な条件は何か．

(d) 1-Methylcyclohexene の酸触媒水和反応によって得られる生成物は何か．また，それが得られる理由を説明せよ．

問題 8.4 次にアルケンの酸触媒水和における反応性の順序を示す．この理由を説明せよ．

$$(CH_3)_2C=CH_2 > CH_3CH=CH_2 > CH_2=CH_2$$

8.4B　転　位

- アルケンの水和は**転位** rearrangement を伴って複雑になることがある．

　第一段階で生じたカルボカチオンは，転位が可能ならば，必ずより安定なカルボカチオンまたは等しいエネルギーのカルボカチオンに転位する．

　次の例では，3,3-ジメチル-1-ブテンの水和によって 2,3-ジメチル-2-ブタノールが主生成物として得られる．

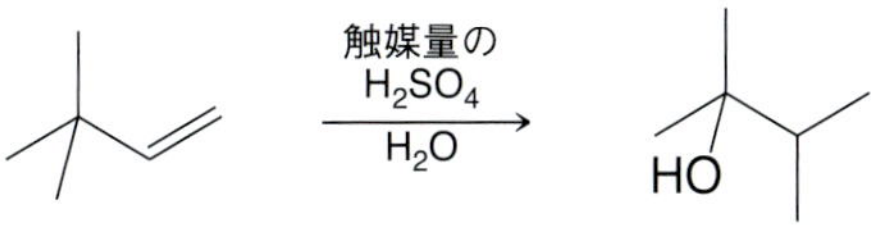

3,3-Dimethyl-1-butene　　　2,3-Dimethyl-2-butanol
　　　　　　　　　　　　　　　（主生成物）

例題 8.2

次の反応の機構を説明せよ．

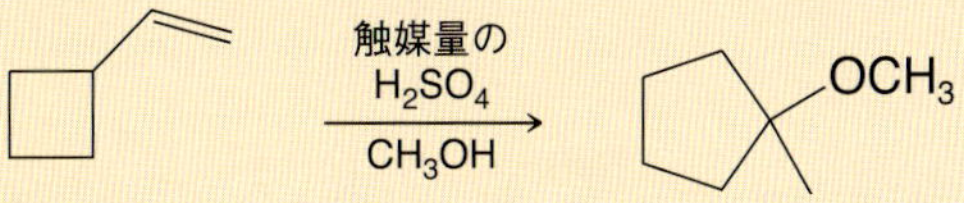

解き方と解答：
　これまで学んできたように，触媒量の硫酸を含む methanol のような強酸性溶媒中では，アルケンはプロトン化されてカルボカチオンになる．上記の反応では，最初に第二級カルボカチオンが生成し，ついで下記のようなアルカニド（アルキルアニオン）移動およびヒドリド移動が起こり，第三級カルボカチオンとなる．これが溶媒（methanol）と反応してエーテルを与える．

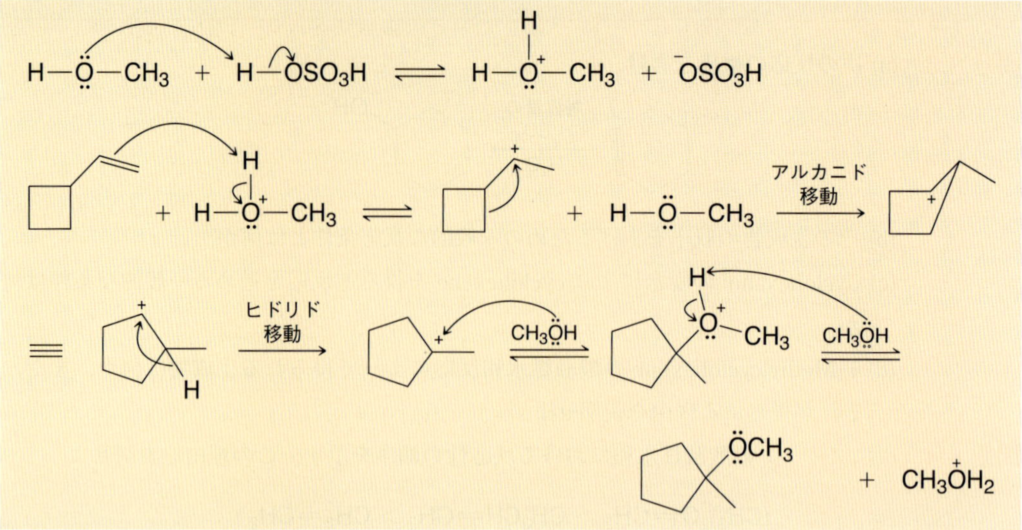

8.5 アルケンのオキシ水銀化-脱水銀によるアルコールの合成：Markovnikov 付加

オキシ水銀化-脱水銀 oxymercuration–demercuration とよばれる 2 段階法は，転位を伴わずにアルケンからアルコールを合成する実験室的に有用な方法である．

- アルケンは酢酸水銀(Ⅱ)とテトラヒドロフラン（THF）-水混合溶媒中で反応してヒドロキシアルキル水銀化合物を生成する．これをさらに水素化ホウ素ナトリウムで還元すると，アルコールが得られる．

段階 1：オキシ水銀化

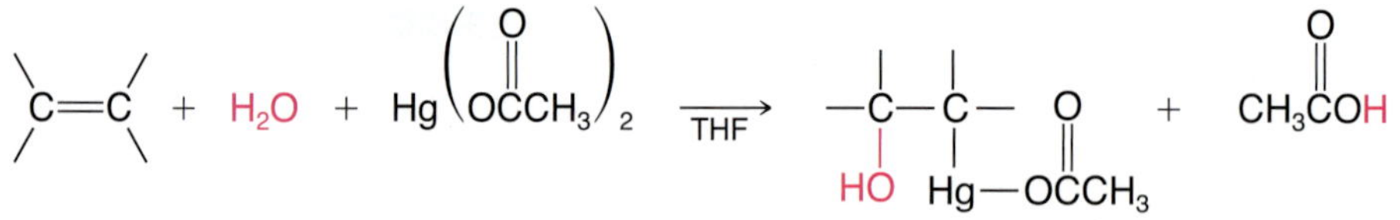

段階 2：脱水銀

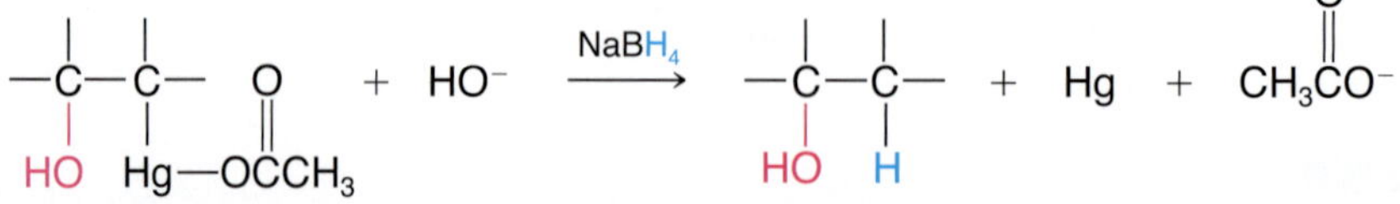

- 段階 1 の**オキシ水銀化**では，水と酢酸水銀(Ⅱ)が二重結合に付加する．
- 段階 2 の**脱水銀**では，水素化ホウ素ナトリウムでアセトキシ水銀基を還元的に水素に置換する（以後アセトキシ基を -OAc と略す）．

これら二つの段階は同じ反応容器中で行うことができ，室温またはそれ以下の温度で速やかに進行する．段階 1 のオキシ水銀化は通常，数秒から数分以内に完結する．段階 2 の脱水銀も通常

1 時間以内で完了する．以上の全工程を経て通常 90％以上の高収率でアルコールが得られる*．

8.5A オキシ水銀化-脱水銀の位置選択性

オキシ水銀化-脱水銀はまた高い位置選択性を示す．

- オキシ水銀化-脱水銀における H- と -OH の付加の配向性は結果的に Markovnikov 則に従う．すなわち，H- は二重結合の二つの炭素のうち，より多くの水素原子をもつ炭素に結合する．

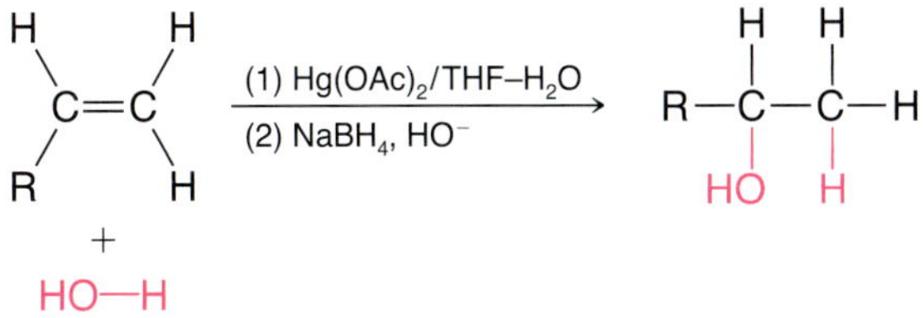

次に具体例を示す．

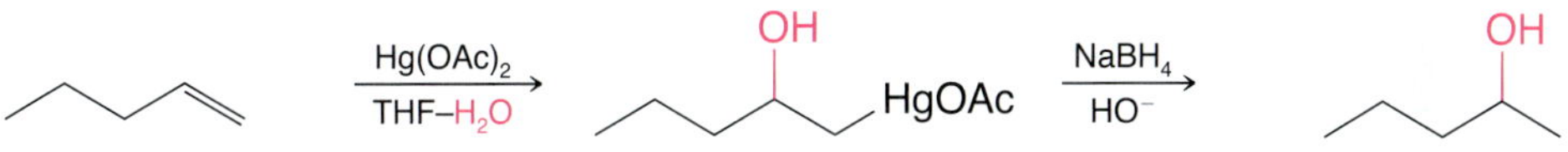

1-Pentene **2-Pentanol (93%)**

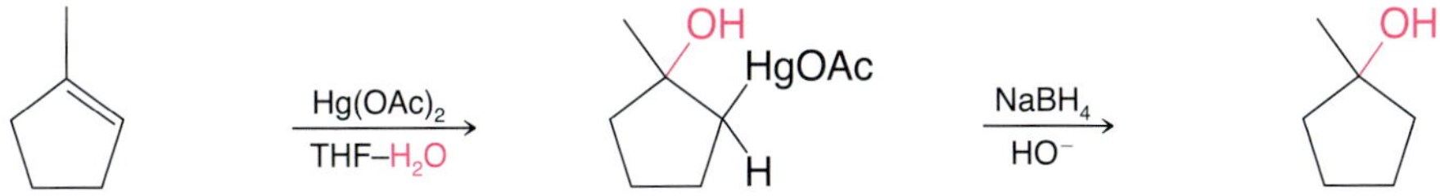

1-Methylcyclopentene **1-Methylcyclopentanol**

8.5B オキシ水銀化-脱水銀では転位は起こらない

- オキシ水銀化-脱水銀では炭素骨格の転位は起こらない．

このことを示すよい例は 3,3-ジメチル-1-ブテンのオキシ水銀化-脱水銀である．先に 8.4B 項で学んだ 3,3-ジメチル-1-ブテンの**水和**の場合とは対照的である．

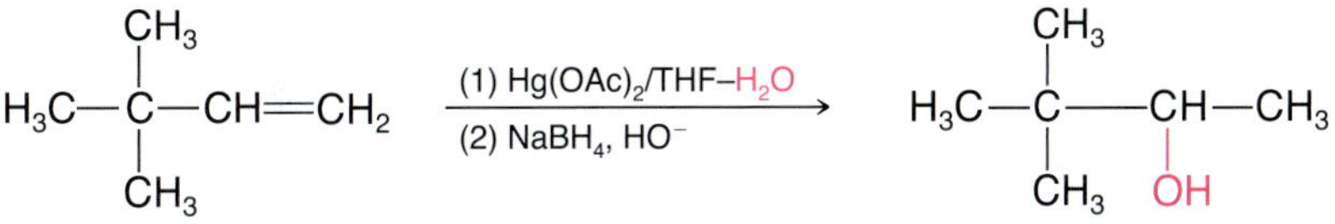

3,3-Dimethyl-1-butene **3,3-Dimethyl-2-butanol (94%)**

ガスクロマトグラフィーでこの反応生成物の混合物を分析したところ，転位生成物 2,3-ジメチ

* 水銀化合物は非常に有害である．水銀化合物を使う反応を始める前に，最新の取扱法や保管法について習熟しておく必要がある．

ル-2-ブタノールは全く認められなかった．これに対して3,3-ジメチル-1-ブテンの酸触媒水和では，主生成物として2,3-ジメチル-2-ブタノールが得られる．

8.5C　オキシ水銀化の反応機構

オキシ水銀化における付加の配向性とこの反応で転位が起こらない理由を説明しよう．

- まず水銀イオン種 $\overset{+}{\text{HgOAc}}$ が二重結合の置換基の少ない炭素原子，すなわちより多くの水素原子をもつ炭素原子に求電子攻撃し，架橋された3員環中間体を形成することがこの反応機構の鍵となっている．

3,3-ジメチル-1-ブテンを例にとって示す．

反応機構
オキシ水銀化

段階1

$$\text{Hg(OAc)}_2 \rightleftharpoons \overset{+}{\text{HgOAc}} + \text{AcO}^-$$

まず，酢酸水銀は解離する．

段階2

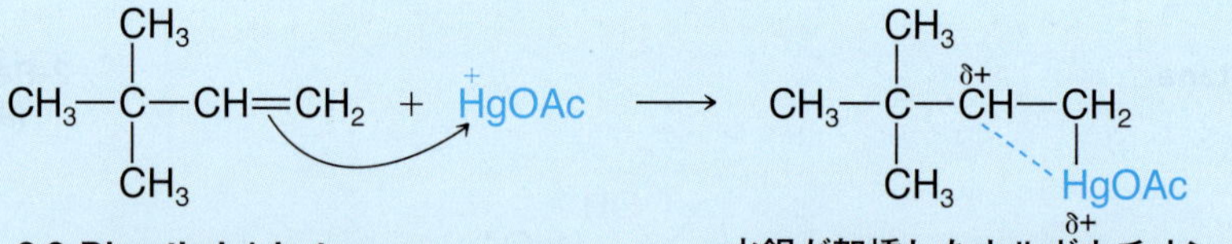

3,3-Dimethyl-1-butene　　　　　　　水銀が架橋したカルボカチオン

アルケンは求電子的な $\overset{+}{\text{HgOAc}}$ イオンに電子対を供与し，水銀で架橋されたカルボカチオンを生成する．このカルボカチオンの正電荷はより多く置換された第二級炭素原子と水銀原子の両方にまたがって存在する．この炭素原子上の正電荷のかたよりによって Markovnikov 配向性が決まる．しかし，この正電荷は転位を引き起こすほど大きくない．

段階3

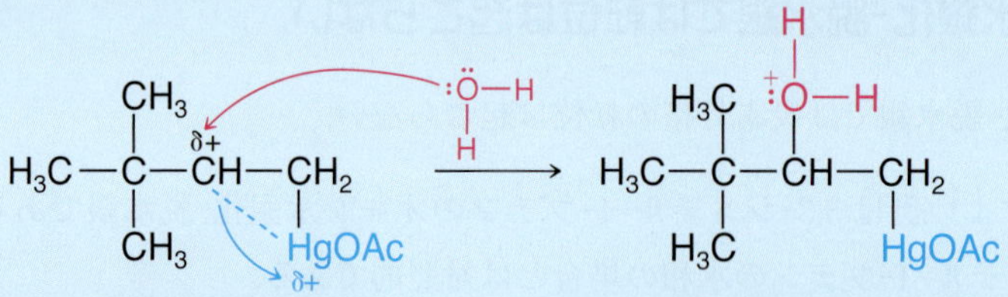

水分子が水銀で架橋されたマーキュリニウムイオン上のより大きな部分正電荷をもつ炭素を攻撃する．

段階4

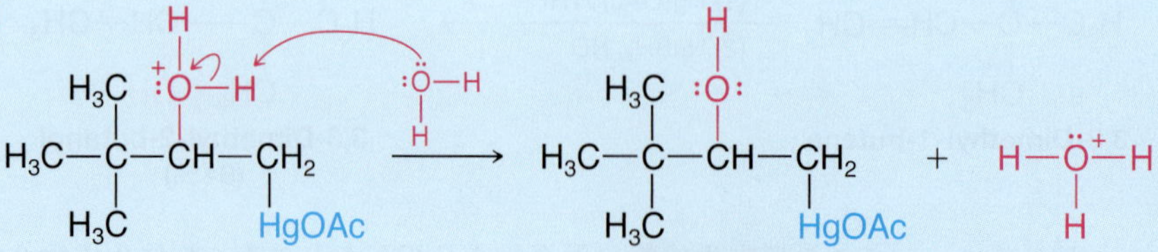

ヒドロキシアルキル水銀化合物

酸塩基反応によってプロトンが別の水分子または酢酸イオンに移動する．この段階でヒドロキシアルキル水銀化合物が生成する．

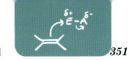

8.6 ヒドロホウ素化-酸化によるアルケンからアルコールへの変換：逆 Markovnikov-シン水和

計算によると，反応で生成した水銀が架橋したカルボカチオン（マーキュリニウムイオン mercurinium ion）の正電荷はその水銀部分のほうにかたよって存在し，多置換炭素原子上にはわずかの正電荷しか存在しない．この多置換炭素上の正電荷は Markovnikov 付加を説明するには十分大きいが，炭素骨格の転位が起こるには小さすぎる．

水が架橋マーキュリニウムイオンを攻撃するとき，ヒドロキシ基は水銀置換基に対してアンチ付加するが，次の水銀と水素の置換反応の立体化学は制御されない．この段階はおそらく Chap. 9 で述べるようなラジカル機構で進んでいると思われ，最終的には立体化学は混ざってしまう．

- オキシ水銀化-脱水銀は，最終的には -H と -OH がアルケンにアンチ付加したものとシン付加したものの混合物を与える．
- オキシ水銀化-脱水銀の位置選択性は Markovnikov 則に従う．

問題 8.5 オキシ水銀化-脱水銀を用いて，次のアルコールを合成するのに必要なアルケンの構造と必要な反応剤を示せ．

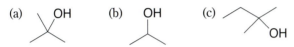

8.6 ヒドロホウ素化-酸化によるアルケンからアルコールへの変換：逆 Markovnikov-シン水和

- 二重結合への**逆 Markovnikov 水和**が，ジボラン（B_2H_6）またはボラン-テトラヒドロフラン溶液（BH_3:THF）を用いて達成される．

この反応は，水が直接付加するのではなく，2 段階で反応が進む．最初の段階は二重結合へのホウ素原子と水素原子の付加で，**ヒドロホウ素化** hydroboration という．第二段階はアルキルボラン中間体の**酸化**と加水分解によるアルコールとホウ酸の生成である．次にプロペンのヒドロホウ素化-酸化を例にとって，逆 Markovnikov 付加の位置選択性を説明しよう．

- ヒドロホウ素化-酸化は逆 Markovnikov 付加の位置選択性に加えて，シン付加の立体化学で起こる．

例として 1-メチルシクロペンテンの反応を示す．

次の二つの節で，この反応が逆 Markovnikov 付加の位置選択性とシン付加の立体化学をとる機構について詳しく考えてみよう．

8.7 ヒドロホウ素化：アルキルボランの合成

アルケンのヒドロホウ素化は，先に述べた逆 Markovnikov 付加とシン水和を含む多くの有用な合成方法の原点となった反応である．この反応は H. C. Brown（Purdue University）によって発見され，次のように単純に書き表すことができる*．

$$\text{アルケン} \quad + \quad \text{水素化ホウ素} \quad \xrightarrow{\text{ヒドロホウ素化}} \quad \text{アルキルボラン}$$

ヒドロホウ素化には，ボラン（BH_3）の二量体で気体のジボラン（B_2H_6），またはより便利なジボランを THF に溶かした反応剤を用いる．ジボランを THF 中に通じると，ボラン（Lewis 酸）と THF が反応して Lewis 酸-塩基複合体を形成する．この複合体は BH_3:THF と表される．

$$B_2H_6 \quad + \quad 2 : \!\!\bigcirc\text{(THF)} \quad \longrightarrow \quad 2\ H\text{–}B\text{–}O\text{(THF)} \quad (BH_3\text{:THF})$$

ジボラン　　　　THF　　　　　　　　　　　BH_3:THF
(tetrahydrofuran)

BH_3:THF を含む溶液は市販されている．ヒドロホウ素化は，通常，THF の他，ジエチルエーテル $[(CH_3CH_2)_2O]$ またはより分子量の大きな"ジグリム diglyme" $[(CH_3OCH_2CH_2)_2O$, *diethylene glycol dimethyl ether*] などのエーテル系溶媒中で行われる．ジボランやアルキルボランは空気中で自然発火するので，その取り扱いには十分注意が必要である．BH_3:THF の溶液もアルゴンや窒素などの不活性ガス雰囲気下で，注意して使用しなければならない．

8.7A ヒドロホウ素化の反応機構

プロペンのような末端アルケンを BH_3:THF の溶液と反応させると，水素化ホウ素が 3 分子のアルケンの二重結合に次々に付加してトリアルキルボランが生成する．

---

* Brown は有機ホウ素化合物の研究で 1979 年のノーベル化学賞を受賞した．

8.7 ヒドロホウ素化：アルキルボランの合成

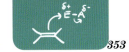

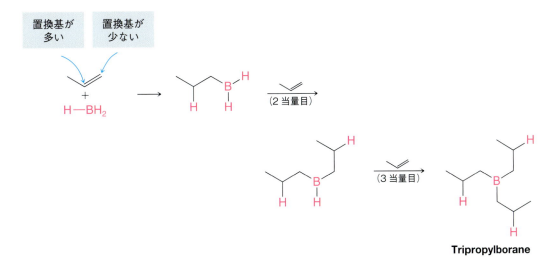

- それぞれの付加の段階で，ホウ素原子は二重結合の置換基の少ない炭素に付加し，水素原子はホウ素原子から二重結合のもう一方の炭素に移動する．
- ヒドロホウ素化は位置選択的であり，逆 Markovnikov 付加である．

ホウ素原子が置換基の少ない炭素に付加しやすいことを表す別の例を次に示す．パーセント値はホウ素原子が入る割合を示す．

ホウ素原子が二重結合の置換基の少ない炭素と結合する理由の一つに，**立体因子**をあげることができる．すなわち，かさ高いホウ素を含む基は置換基の少ない炭素のほうにより近付きやすい．

ヒドロホウ素化の機構は，次のように考えられている．BH_3 の二重結合への付加は，まず二重結合の π 電子が BH_3 の空の p 軌道（次の「反応機構」ボックスを見よ）に供与されることから始まる．次にこの複合体は，ホウ素原子が二重結合の置換基の少ない炭素と，また水素原子がもう一方の炭素原子と部分的に結合した 4 中心遷移状態を経て付加生成物になる．この遷移状態では，電子が二重結合の多置換炭素からホウ素原子のほうに移動する．その結果，多置換炭素は部分正電荷を帯びるが，電子供与性のアルキル基によってその正電荷が安定化される．このような電子的要因からも，ホウ素が置換基の少ないほうの炭素に結合するほうが有利になる．

- 全体として，立体的要因と電子的要因の両方によって，付加は逆 Markovnikov 配向となる．

反応機構

ヒドロホウ素化

最初に，π錯体が形成され，ついでホウ素が立体障害の少ない炭素原子に結合した環状4中心遷移状態へ移行する．この遷移状態において点線で書かれた結合は，部分的に結合しつつあるか, 切れかけている結合を表す．このような遷移状態を経て，水素とホウ素官能基がシン付加したアルキルボランができる．さらに残りのB-H結合も同様に付加して，最終的にはトリアルキルボランができる．

ヒドロホウ素化の軌道図

8.7B　ヒドロホウ素化の立体化学

- ヒドロホウ素化の遷移状態では，ホウ素原子と水素原子が二重結合の面に対して同じ側から付加する必要がある．

ヒドロホウ素化の立体化学

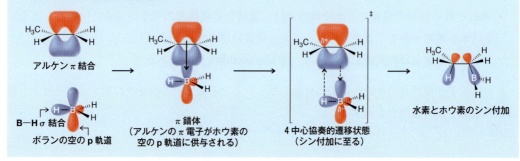

1-メチルシクロペンテンのヒドロホウ素化の例を見ると，シン付加の結果がよくわかる．水素化ホウ素が1-メチルシクロペンテン環の下側からシン付加したエナンチオマーと上側からシン付加したエナンチオマーが同じ割合で生成する．

問題 8.6 ヒドロホウ素化で次のアルキルボランを合成するのに必要なアルケンを書け.

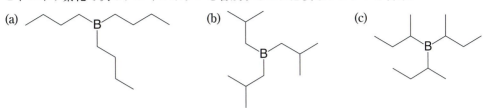

(d) 1-Methylcyclohexene のヒドロホウ素化における立体化学について説明せよ.

問題 8.7 2-Methyl-2-butene のような立体障害の大きなアルケンに BH_3:THF を 2 モル作用させると，ジアルキルボランができる．2 モルの 2-methyl-2-butene に 1 モルの BH_3 を加えたとき，bis(3-metyl-2-butyl)borane が生成し，その慣用名を"disiamylborane（ジシアミルボラン）"という．この構造式を書け．Bis(3-methyl-2-butyl)borane は立体障害の大きなボランを必要とするような合成において有用である（"disiamyl" という名称は，体系的には認められていない名称の "*di*secondary-*iso-amyl*" に由来する．"amyl" は 5 炭素からなるアルキル基の古い慣用名である）．

8.8　アルキルボランの酸化と加水分解

　ヒドロホウ素化によって得られたアルキルボランは通常単離することなく，同一の容器に過酸化水素の塩基性水溶液を加えて酸化と加水分解することによってアルコールに変換される．

$$R_3B \xrightarrow[\text{(酸化と加水分解)}]{H_2O_2,\ NaOH\ 水溶液,\ 25\ ^\circ C} 3R-OH + B(ONa)_3$$

- **酸化と加水分解の段階は，立体配置を保持して進行する**．すなわち，はじめに結合していたホウ素は，同じ炭素上で立体配置を保持したまま最終的にヒドロキシ基に変換される．

　次にその酸化と加水分解の反応機構を考え，立体配置の保持がどのように起こるか見てみよう．

　アルキルボランの酸化は，3 価のホウ素原子へのヒドロペルオキシドイオン（HOO⁻）の付加で始まる．ホウ素原子に負の形式電荷をもつ不安定な中間体が生じる．アルキル基が電子対をもってホウ素から隣接する酸素に移動して水酸化物イオンと置き換わり，ホウ素上の負電荷は中和される．このときキラル中心をもつアルキル基の移動は，アルキル基の立体配置を保持して起こる．ヒドロペルオキシドイオンの付加と移動は，すべてのアルキル基が酸素原子に移動するまでさらに 2 回繰り返され，ホウ酸トリアルキルエステル [B(OR)₃] となる．このホウ酸エステルは塩基性加水分解を受けて，3 分子のアルコールと無機ホウ酸イオンを与える．

反応機構
トリアルキルボランの酸化

トリアルキル　ヒドロペルオキシド　　不安定な中間体　　　　　　　　　　　　　　　　　　　　ホウ酸エステル
ボラン　　　　　イオン

ホウ素原子はヒドロペルオキシドイオンから電子対を受け入れて不安定な中間体となる．

アルキル基はホウ素から隣接する酸素原子に転位し，水酸化物イオンが脱離する．アルキル基がキラル中心をもつとき，その立体配置は保持される．

ホウ酸エステルの加水分解

ホウ酸トリアルキル　　　　　　　　　　　　　　　　　　　　　　　　　　　　　　　　　アルコール
エステル

水酸化物イオンがホウ酸エステルのホウ素原子を攻撃する．

アルコキシドイオンがホウ酸エステルイオンから脱離してホウ素の形式電荷が0になる．

プロトン移動により，アルコール1分子の生成が完結する．引き続き同様の反応が繰り返され，3個のアルコキシ基がアルコールとして放出され，無機ホウ酸イオンが残る．

8.8A　アルキルボランの酸化と加水分解の位置選択性と立体選択性

- ヒドロホウ素化-酸化は**位置選択的**であり，最終的には水のアルケンへの**逆 Markovnikov**付加である．
- そのため，この方法は，アルケンの酸触媒水和やオキシ水銀化-脱水銀によって通常得ることのできないアルコールの合成法となる．

例えば，1-ヘキセンの酸触媒水和（またはオキシ水銀化-脱水銀）は2-ヘキサノールを与える．

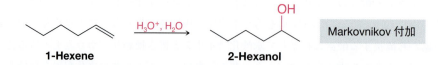

これに対して1-ヘキセンのヒドロホウ素化-酸化は逆 Markovnikov 生成物の1-ヘキサノールを与える．

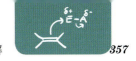

8.8 アルキルボランの酸化と加水分解

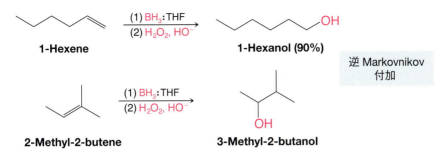

- ヒドロホウ素化-酸化は**立体特異的**であり，最終的には −H と −OH が**シン付加**する．

ヒドロホウ素化-酸化によるアルコール合成の酸化段階は立体配置を保持して進行するので，**ヒドロキシ基はアルキルボラン化合物のホウ素原子とそのままの配置で置き換わる**．この 2 段階（ヒドロホウ素化と酸化）の反応を通して，最終的に −H と −OH がシン付加したことになる．図 8.3 に示した 1-メチルシクロペンテンの水和の例で，ヒドロホウ素化-酸化における逆 Markovnikov 付加およびシン付加について復習しよう．

図 8.3　1-Methylcyclopentene のヒドロホウ素化-酸化

最初の反応はボランのシン付加である．この図では，ホウ素と水素が 1-methylcyclopenetene の下側から付加している場合を示している．上側からの反応も同じ速度で起こり，エナンチオマーが得られる．第二の反応では，ヒドロキシ基とホウ素原子が立体保持で置換している．最終的に −H と −OH がシン付加した *trans*-2-methylcyclopentanol が得られる．

問題 8.8　ヒドロホウ素化-酸化によって次のアルコールを合成するために必要なアルケンと反応剤をそれぞれ示せ．

(a), (b), (c), (d), (e), (f)

例題 8.3

次の変換を行うための方法を簡単に述べよ．

1-Phenylethanol → 2-Phenylethanol

解き方と解答：

逆合成解析により，2-phenylethanol は phenylethene (styrene) のヒドロホウ素化-酸化によって得られる．さらに phenylethene は 1-phenylethanol の脱水により得られる．

1-phenylethanol →(H_2SO_4, 加熱)→ Phenylethene →((1) BH_3:THF, (2) H_2O_2, HO^-)→ 2-phenylethanol

8.9 アルケンの水和のまとめ

アルケンへの付加反応によるアルコールの合成法として，異なる位置化学と立体化学の特徴をもつ3種類の方法について学んだ．

1. **アルケンの酸触媒水和**は，Markovnikov 則に従うが，もしカルボカチオン中間体がより安定なカルボカチオンに転位できる場合は構造異性体の混合物を与える．
2. **オキシ水銀化-脱水銀**は，Markovnikov 則に従い，カルボカチオンの転位を伴わずに，アルケンを水和することができる．そこで Markovnikov 付加を目指す場合，しばしば酸触媒水和よりもこの方法が選択される．しかし，これらの二つの方法は両方とも生成物の立体化学を制御することができない．いずれの方法でもアルケンに対してシス付加およびトランス付加したものの混合物となる．
3. **ヒドロホウ素化-酸化**は，アルケンに逆 Markovnikov 則に従ってシン付加した水和生成物を与える．

表 8.1 アルケンからアルコールへの変換方法

反応	条件	位置選択性	立体化学	転位の有無
酸触媒水和	触媒量の HA, H_2O	Markovnikov 付加	選択性なし	多い
オキシ水銀化-脱水銀	(1) $Hg(OAc)_2$, THF–H_2O (2) $NaBH_4$, HO^-	Markovnikov 付加	選択性なし	ほとんどなし
ヒドロホウ素化-酸化	(1) BH_3:THF (2) H_2O_2, HO^-	逆 Markovnikov 付加	立体特異的：–H と –OH のシン付加	ほとんどなし

これらの方法は位置化学と立体化学に関して相補的な特徴をもっていることから，アルケンの水和によって特定のアルコールを合成したい場合，有用な選択肢となる．表8.1にまとめを示す．

8.10 アルキルボランのプロトン化分解

アルキルボランを酢酸と加熱すると C—B 結合が開裂して水素に置換される．

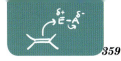

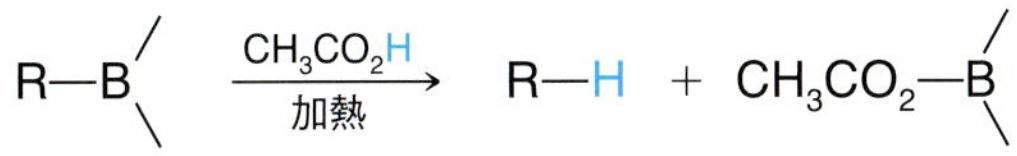

- アルキルボランのプロトン化分解 protonolysis は，立体配置保持で進行する．水素はアルキルボランのホウ素が結合していた位置でそのまま置き換わる．

アルケンを水素化するには，接触水素化（7.12節）が一般的な方法であるが，ヒドロホウ素化とそれに続くプロトン化分解をその別法として用いることができる．アルキルボランとジュウテリウム（重水素；^{2}H または D）化またはトリチウム（^{3}H または T）化された酢酸の反応は，これらの同位体元素をある化合物の特定の位置に導入する有用な方法になる．

問題 8.9 Deuterioacetic acid（ジュウテリオ酢酸；CH_3CO_2D）を用いて，適当なアルケン（またはシクロアルケン）から次のジュウテリウム標識化合物を合成する方法を述べよ．

(a) $(CH_3)_2CHCH_2CH_2D$

(b) $(CH_3)_2CHCHDCH_3$

(c) 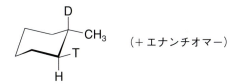 （＋エンンチオマー）

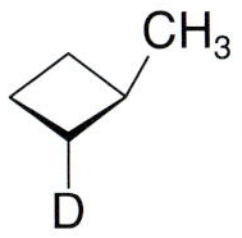

(d) BD_3:THF と CH_3CO_2T を用いて，次の化合物を合成する方法を述べよ．

（＋エナンチオマー）

8.11 アルケンへの臭素および塩素の求電子付加

アルケンは非求核性溶媒*中，塩素や臭素とすばやく反応し，*vic*-ジハロゲン化物を生成する．次に例としてエテンと塩素の反応を示す．

---

*（訳注）酸素や窒素を含まない溶媒．

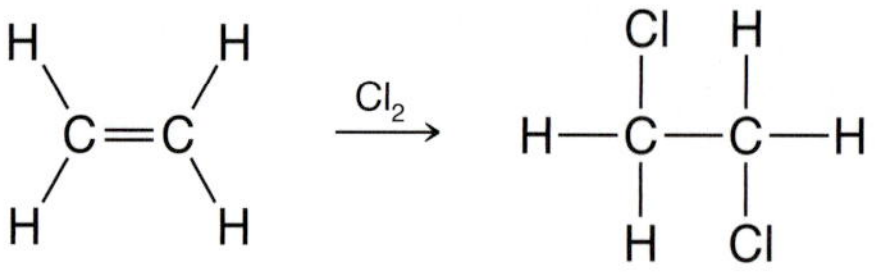

Ethene → 1,2-Dichloroethane

1,2-ジクロロエタンは溶媒やポリ塩化ビニルの原料として利用されることから，この付加反応は工業的に有用である．

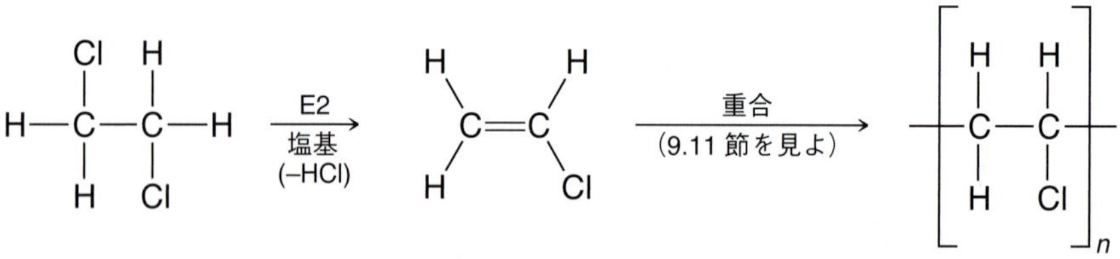

1,2-Dichloroethane →(E2, 塩基, −HCl)→ Vinyl chloride →(重合, 9.11節を見よ)→ Poly(vinyl chloride)

ハロゲンの二重結合への付加反応のその他の例をあげる．

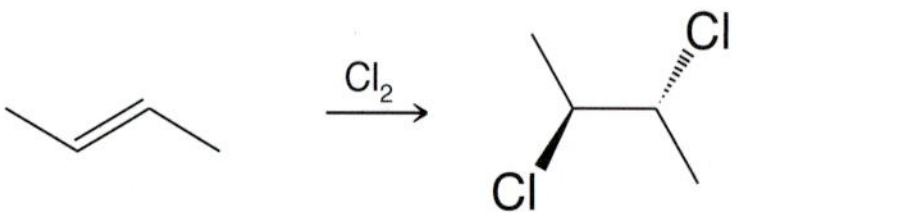

trans-2-Butene →(Cl$_2$)→ meso-1,2-Dichlorobutane

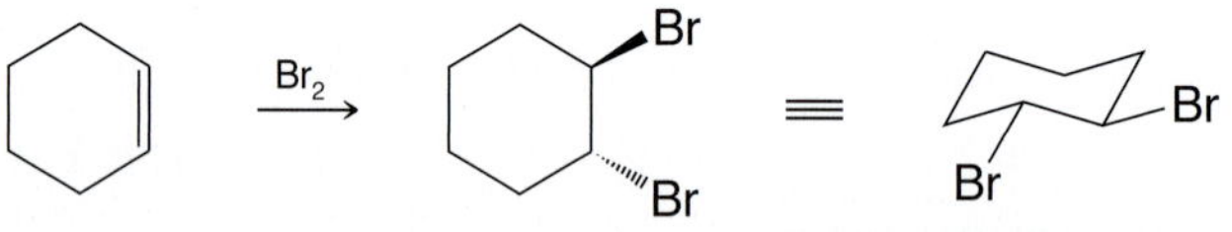

Cyclohexene →(Br$_2$)→ trans-1,2-Dibromocyclohexane

これらの二つの例は，**ハロゲンは二重結合に対してアンチ付加する**ことを示している．

臭素をこの反応に使うと，炭素-炭素多重結合の定性試験に利用することができる．アルケン（アルキンに関しては8.17節参照）に臭素を加えると，臭素の赤褐色の色はアルケン（またはアルキン）が過剰に存在すると瞬時に消失する．

アルケン（無色） + 臭素（赤褐色） →(室温, 暗所)→ vic-ジブロミド（無色）

> すばやく脱色が起これば，アルケンまたはアルキンの存在が証明される

このような反応は**アルカン**の場合と著しく異なる．アルカンは室温で光のない状態では，臭素や塩素と全く反応しない．室温で光照射するか高温にするとアルカンも反応するが，付加反応ではなくChap. 9で述べるラジカル機構による置換反応である．

R—H（アルカン，無色） + Br$_2$（臭素，赤褐色） →(室温, 暗所)→ 反応しない

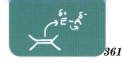

8.11A ハロゲン付加の反応機構

アルケンへの臭素または塩素の付加の反応機構として，次のようなカルボカチオンを経由する反応機構が考えられる．

この機構は先に H—X のアルケンへの付加反応で学んだものとよく似ているが，重要な点で異なる．本節で学んだように，臭素や塩素はアルケンにアンチ付加 anti addition するからである．

臭素のシクロペンテンへの付加は，*cis*-1,2-ジブロモシクロペンタンではなく，*trans*-1,2-ジブロモシクロペンタンを与える．

trans-1,2-Dibromocyclopentane
（ラセミ体）

cis-1,2-Dibromocyclohexane
（メソ化合物）

アンチ付加の機構として，下の「反応機構」ボックスの段階 1 に示したように，まず臭素分子からアルケンに臭素原子が移動し，環状ブロモニウムイオン bromonium ion と臭化物イオンが形成される．ついでこの環状ブロモニウムイオンに対して，アンチ付加が起こる．

段階 2 において，臭化物イオンがブロモニウムイオンの炭素 1 と炭素 2 のどちらかに背面攻撃（S_N2 機構）すると，開環して *trans*-1,2-ジブロミドが生成する．この攻撃は，**ブロモニウムイオンの臭素と反対側**の立体的にすいている方向から起こる．このとき，環状ブロモニウムイオンのもう一方の炭素に攻撃が起こるとエナンチオマーが生成する．

反応機構

アルケンへの臭素の付加

段階 1

ブロモニウムイオン　臭化物イオン

臭素分子がアルケンに近付くと，アルケンの π 結合の電子と近いほうの臭素の電子の反発によって，臭素分子が分極し，アルケンに近い臭素原子が求電子的になる．この臭素原子にアルケンから電子対が供与され，遠いほうの臭素原子と置換する．こうして，新たに結合した臭素原子が，カルボカチオンになるはずの炭素に電子対を与え，正電荷を非局在化させて安定化する．この結果，架橋ブロモニウムイオン中間体が生成する．

段階 2

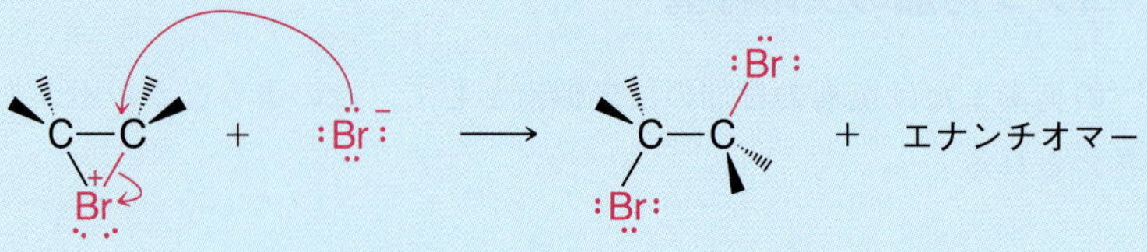

ブロモニウムイオン　臭化物イオン　　　vic-ジブロミド

臭化物イオンはブロモニウムイオンのどちらかの炭素を S_N2 反応で背面攻撃して開環し，vic-ジブロミドを生成する．

シクロペンテンへの臭素の付加の例を示す．

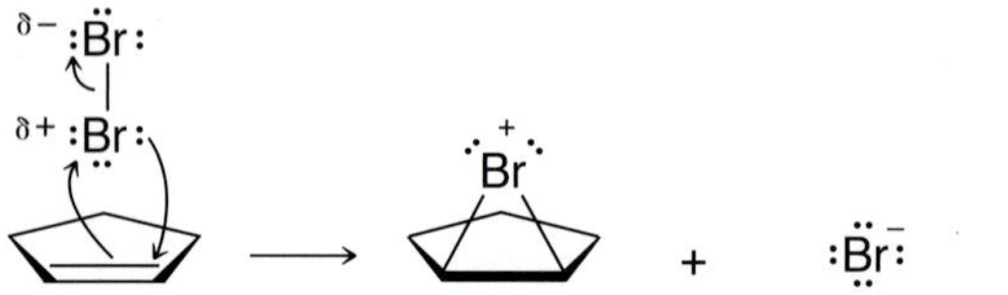

環状ブロモニウム　　臭化物イオン
イオン

対称面　　　　　　　エナンチオマー

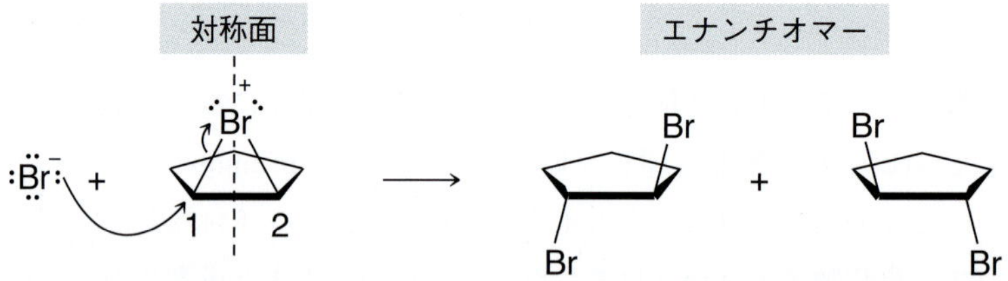

環状ブロモニウム　　　　trans-1,2-Dibromocyclopentane
イオン　　　　　　　　　　　（ラセミ体）

シクロペンテンの環状ブロモニウムイオンは対称であるから，ブロモニウムイオンの炭素への攻撃はどちらの炭素にも同等に起こる．このブロモニウムイオンは臭素と，炭素1と炭素2の中央を横切る垂直な対称面をもつ．したがって，trans-ジブロミドはラセミ体として得られる．

アルケンへの Cl_2 や I_2 の付加反応の機構も臭素の場合と同じで，対応する**ハロニウムイオン** halonium ion の形成と開環反応を含む．

架橋マーキュリニウムイオンと同様に，ブロモニウムイオンにおいても二つの炭素に必ずしも対称的に電荷が分布するわけではない．もし一方の炭素が他方より多く置換されていれば，正電荷がより安定化されるので，正電荷を多くもつことになる（正電荷をもつ臭素は環上の二つの炭素から電子を引き付けるが，それらの炭素の置換の状態が異なれば，電子の引き付け方も等しくはない）．その結果，より正に荷電した炭素がもう一方の炭素よりも，求核剤の攻撃を受けやすくなる．しかし，Br_2，Cl_2 や I_2 のように対称な反応剤との反応では，違いはわからない．この点に関しては，8.13節でハロニウムイオンに対する求核剤の位置選択的反応を紹介する．

海：それは生理活性天然物の宝庫である

世界中の海はハロゲン化物イオンの広大な貯蔵庫である．海水中のハロゲン化物イオンの濃度は塩化物イオンが約 0.5 M，臭化物イオンは約 1 mM，ヨウ化物イオンは約 1 μM である．そのため，海洋生物の多くの代謝産物の構造中にハロゲン原子が取り込まれていることは驚くに値しないだろう．なかでも興味深いポリハロゲン化物に，ハロモン，テトラクロロメルテンセン，ポリ塩素化スルホリピド，ダクチリン，(3*E*)-ラウレアチン，ペイソノール A やアザメロンなどがある．それにしてもこれら代謝産物中にハロゲン原子が非常に多く含まれることは驚きである．これらの代謝産物のいくつかは，それを生産する生物にとって，捕食動物の阻止や競合種の成長の阻害によって種の生存を促すための防御機構を担っている．一方，人類にとって，海洋天然物の豊富な資源は新しい医薬品の資源としての可能性をますます増大させている．例えばハロモンは，ある種のがん細胞に対する細胞毒性を有し，前臨床試験が実施されている．ダクチリンはペントバルビタール代謝阻害剤であり，またペイソノール A はヒト免疫不全ウイルス（HIV）の逆転写酵素の中程度のアロステリック阻害剤である．

ハロゲン化海洋天然物の生合成もまた非常に興味深い．いくつかのハロゲン原子は，海水に溶けているときのハロゲン化合物イオン（アニオン）の性質に基づく Lewis 塩基や求核剤としてではなく，むしろ求電子剤（カチオン）として導入されると考えられる．では，どのようにして海洋生物は求核的なハロゲン化物イオンを求電子剤に変換して代謝産物に取り込ませるのだろうか．

多くの海洋生物はハロペルオキシダーゼ haloperoxidase という酵素をもっており，これには求核的なヨウ化物，臭化物，塩化物イオンを I^+，Br^+，Cl^+ のような求電子剤に変換する働きがある．いくつかのハロゲン化海洋天然物の生合成過程において，正に荷電したハロゲンイオンがアルケンやアルキンのπ電子の攻撃を受け付加反応をする．

8.12 立体特異的反応

ハロゲンのアルケンに対するアンチ付加は，**立体特異的反応** stereospecific reaction の一例である．

- **立体特異的反応**とは，互いに立体異性体の関係にある基質を出発物質としてその反応を行ったとき，それぞれ互いに立体異性体の関係にある生成物を優先的または一方的に与える反応のことである．

例として，*cis*- および *trans*-2-ブテンと臭素との反応を考えてみよう．*trans*-2-ブテンと臭素との反応では，メソ化合物（2*R*,3*S*）-2,3-ジブロモブタンが生成し，*cis*-2-ブテンと臭素との反応では，(2*R*,3*R*)- および (2*S*,3*S*)-2,3-ジブロモブタンの等量混合物（ラセミ体）が生成する．

反応 1

trans-2-Butene → (2*R*,3*S*)-2,3-Dibromobutane
（メソ化合物）

反応 2

cis-2-Butene → (2*R*,3*R*)-2,3-Dibromobutan + (2*S*,3*S*)-2,3-Dibromobutan
（一対のエナンチオマー）

基質の *cis*- および *trans*-2-ブテンはジアステレオマーの関係にある立体異性体である．反応 1 の生成物である (2*R*,3*S*)-2,3-ジブロモブタンはメソ化合物であり，これは反応 2 における生成物（2,3-ジブロモブタンの一対のエナンチオマー）の立体異性体である．したがって，上記の定義から，これらの反応は立体特異的反応といえる．すなわち，基質の一方の立体異性体 *trans*-2-ブテンがメソ化合物を生成物として与え，またもう一方の立体異性体の *cis*-2-ブテンは異なる立体異性体の生成物（等量のエナンチオマーの混合物，すなわちラセミ体）を与える．

以上の結果についてその反応機構を調べれば，もっとよく理解できる．次の「反応機構」ボックスに示す最初の反応は，*cis*-2-ブテンと臭素の付加によってアキラルなブロモニウムイオンが生成することを示している．このブロモニウムイオンには対称面がある．ここで生じたブロモニウムイオンは，(a), (b) いずれの経路でも臭化物イオンと反応できる．(a) の経路からは 2,3-ジブロモブタンの一方のエナンチオマーが，(b) の経路からはもう一方のエナンチオマーが生成する．この二つの経路の反応は同じ比率で起こり，したがって二つのエナンチオマーが等量生じる．すなわちラセミ体となる．

2 番目の反応は，*trans*-2-ブテンにアルケンの面の下側から臭素が反応し，キラルなブロモニウムイオン中間体が生じることを示している．このとき上側から攻撃が起これば，鏡像関係のブロモニウムイオンが得られる．このようにして生じたキラルなブロモニウムイオンまたはそのエナンチオマーに臭化物イオンが反応する場合，(a) と (b) いずれの経路でも全く同じアキラルな生成物，*meso*-2,3-ジブロモブタンが得られる．

反応機構

cis- および *trans*-2-Butene への臭素の付加

cis-2-Butene に臭素を反応させると，2,3-dibromobutane のエナンチオマーを次の機構で与える．

(2R,3R)-2,3-Dibromobutane（キラル）

(2S,3S)-2,3-Dibromobutane（キラル）

ブロモニウムイオン（アキラル）

cis-2-Butene に臭素を反応させるとアキラルなブロモニウムイオンと臭化物イオンを生成する（アルケンの上側から臭素が反応しても，同一のブロモニウムイオンが生成する）．

ブロモニウムイオンは (a)，(b) いずれの経路でも臭化物イオンと同じ比率で反応し，エナンチオマーを等量ずつ生成する（すなわちラセミ体となる）．

trans-2-Butene に臭素を反応させると，*meso*-2,3-dibromobutane を次の機構で与える．

(2R,3S)-2,3-Dibromobutane（メソ化合物）

(2R,3S)-2,3-Dibromobutane（メソ化合物）

ブロモニウムイオン（キラル）

trans-2-Butene に臭素を反応させるとキラルなブロモニウムイオンと臭化物イオンを生成する（上側から反応すると，もう一方のエナンチオマーが得られる）．

ブロモニウムイオンは臭化物イオンと (a) および (b) の経路で反応して，同じアキラルなメソ化合物を生成する（ブロモニウムイオン中間体のもう一方のエナンチオマーの反応も同様の結果となる）．

8.13 ハロヒドリンの生成

- アルケンのハロゲン化を求核性のある溶媒中，例えば水溶液中で行うと，反応の主生成物は *vic*-ジハロゲン化物ではなく，**ハロヒドリン** halohydrin とよばれるハロアルコール halo alcohol になる．

溶媒として高濃度で存在する水分子が求核剤となり，ハロニウムイオン中間体と優先的に反応する．その結果，ハロヒドリンが主生成物として得られる．ハロゲンが臭素の場合は**ブロモヒドリン** bromohydrin，塩素の場合は**クロロヒドリン** chlorohydrin という．

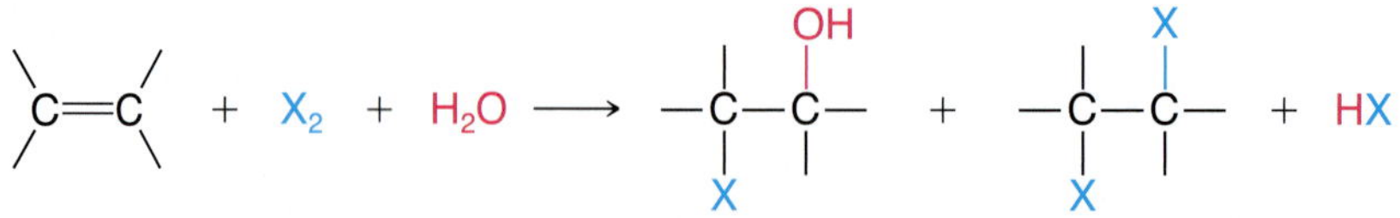

$$\text{C=C} + X_2 + H_2O \longrightarrow \underset{\substack{\text{ハロヒドリン}\\\text{（主生成物）}}}{-\overset{OH}{\underset{X}{C}}-\overset{}{\underset{}{C}}-} + \underset{\substack{\text{vic-ジハロゲン化物}\\\text{（副生成物）}}}{-\overset{X}{\underset{X}{C}}-\overset{}{\underset{}{C}}-} + HX$$

X = Cl または Br

ハロヒドリンの生成は次の「反応機構」ボックスで説明される．

段階1はハロゲンの付加と同じだが，段階2が異なる．ハロヒドリンの生成の場合には，水が求核剤として反応し，ハロニウムイオンの一方の炭素を攻撃する．その結果，3員環が開環し，プロトン化されたハロヒドリンが生成する．これがプロトンを失ってハロヒドリンを生成する．

反応機構
アルケンからハロヒドリンの生成

段階1

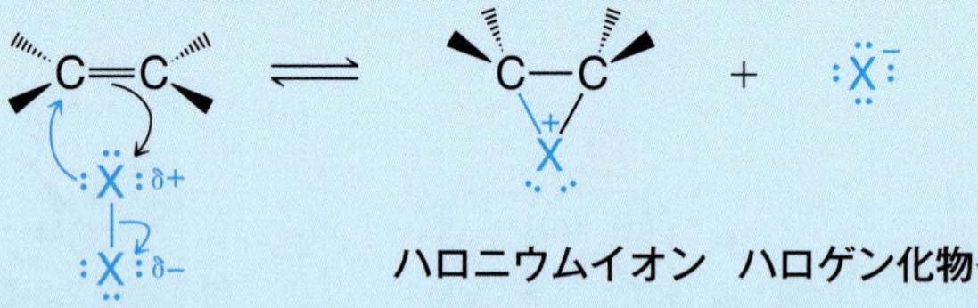

ハロニウムイオン　ハロゲン化物イオン

この段階はアルケンに対するハロゲンの付加と同じである（8.11A項を参照）．

段階2と3

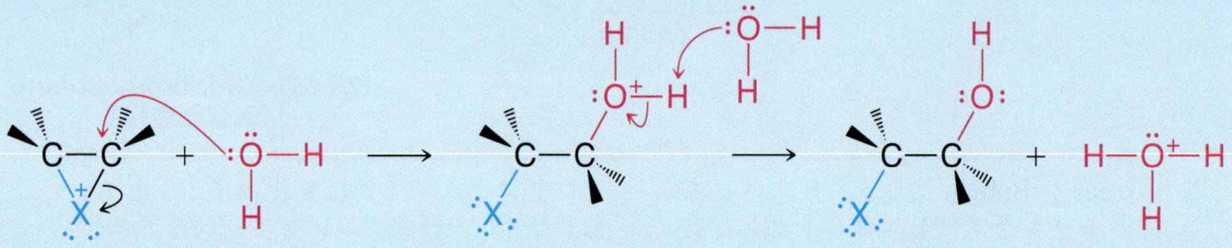

ハロニウムイオン　　　プロトン化された　　　ハロヒドリン
　　　　　　　　　　ハロヒドリン

ここで X⁻ ではなく多量に存在する水分子が求核剤として働き，環上の炭素を攻撃してプロトン化されたハロヒドリンを生じる．

プロトン化されたハロヒドリンからプロトンが水に移動し，ハロヒドリンとオキソニウムイオンが生成する．

問題 8.10 次の反応の機構を説明せよ．

- アルケンが非対称のときには，ハロゲンは水素を多くもつ炭素に結合する．

中間体のブロモニウムイオンの結合は非対称である．多置換の炭素はより安定なカルボカチオンに似ているため，より多く正電荷を帯びている．したがって水はこの炭素を優先的に攻撃する．このとき，たとえ第一級炭素のほうが立体的にすいていても，第三級炭素はより大きな正電荷を帯び，反応の活性化自由エネルギーが低くなる．

> このブロモニウムイオンは，第三級炭素のほうが第一級炭素より正電荷を安定化できるので，架橋した非対称構造をとる

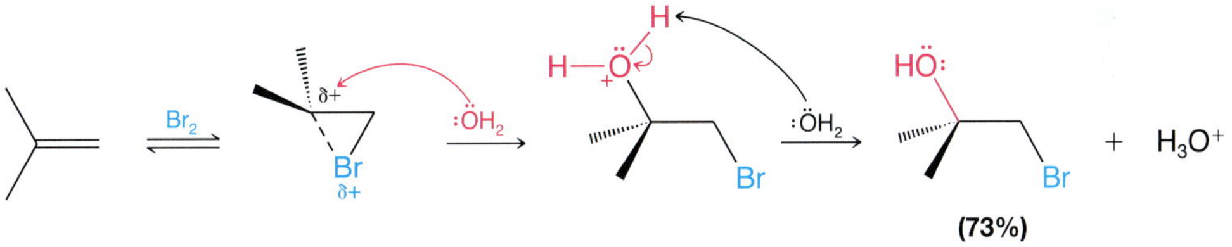

8.14 2価の炭素化合物：カルベン

非共有電子対と2本の結合をもつ炭素化合物が存在する．これらの2価の炭素化合物を**カルベン** carbene とよんでいる．カルベンは中性で形式電荷をもたない．大部分のカルベンは非常に不安定で，短寿命であり，生成すると直ちに他の分子と反応する．カルベンの反応は，多くの場合高い立体特異性を示すことから興味深い反応である．また，ビシクロ[4.1.0]ヘプタン（右図参照）のような3員環を含む化合物の合成に非常に有用である．

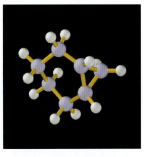

Bicyclo[4.1.0]heptane

8.14A メチレンの構造と反応

最も簡単なカルベンは**メチレン** methylene（:CH_2）である．メチレンは，猛毒の黄色気体であるジアゾメタン（CH_2N_2）の分解によって生成する．この分解は，ジアゾメタンの加熱（熱分解）またはその吸収波長の光を照射（光分解）することによって起こる．

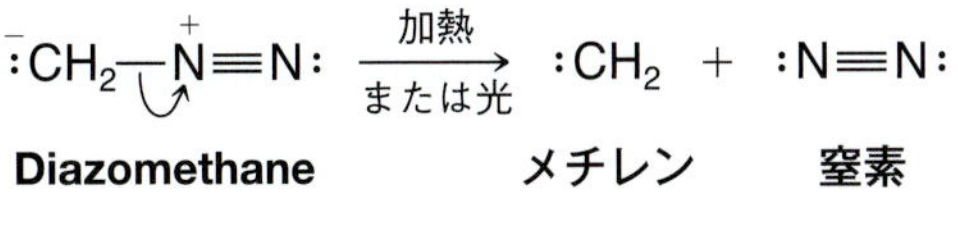

Diazomethane　　　メチレン　　窒素

ジアゾメタンの構造は，実際には四つの構造の共鳴混成体で表される．

$$^-:CH_2-\overset{+}{N}\equiv N: \longleftrightarrow CH_2=\overset{+}{N}=\overset{-}{N}: \longleftrightarrow {}^-:CH_2-\overset{+}{\ddot{N}}=\ddot{N}: \longleftrightarrow \overset{+}{CH_2}-\overset{-}{\ddot{N}}=\ddot{N}:$$

　　　　Ⅰ　　　　　　　　Ⅱ　　　　　　　　Ⅲ　　　　　　　　Ⅳ

ジアゾメタンの分解を考える場合，Ⅰの共鳴構造を用いればよい．ⅠのC—N結合がヘテロリシスすることによってメチレンと窒素分子が生成することが理解できる．

メチレンは，アルケンの二重結合に付加することによってシクロプロパンを生成する．

アルケン　　　メチレン　　　Cyclopropane

8.14B　その他のカルベンの反応：ジハロカルベン

ジハロカルベン dihalocarbene は，アルケンからシクロプロパン誘導体を合成するために，しばしば用いられる．ジハロカルベンのほとんどの反応は**立体特異的**である．

> :CX$_2$ の付加は立体特異的である．アルケンの置換基 R がトランスなら，生成物はトランスとなる（アルケンの R がシスであれば，生成物はシスとなる）

+ エナンチオマー

ジクロロカルベンは，クロロホルムから塩化水素を **α脱離** α elimination させて合成される［クロロホルムの水素は，塩素原子の誘起効果により中程度の酸性度（pK_a ≈ 24）を有する］．この反応は，ハロゲン化アルキルからアルケンを合成する（6.15節）ためのβ脱離反応に似ているが，脱離基が引き抜かれるプロトンと同じ炭素上にある点が異なる．

$$R-\ddot{\underset{..}{O}}{:}^-K^+ + H{:}CCl_3 \rightleftharpoons R-\ddot{\underset{..}{O}}{:}H + {}^-{:}CCl_3 + K^+ \xrightarrow{遅い} {:}CCl_2 + {:}\ddot{\underset{..}{Cl}}{:}^- + K^+$$

ジクロロカルベン

β水素を有する化合物は優先的にβ脱離するが，クロロホルムのようにβ水素をもたずにα水素をもつ化合物ではα脱離が起こる．

多様なシクロプロパン誘導体が，アルケンの存在下でジクロロカルベンを発生させることによって合成されている．例えば，クロロホルムをカリウム t-ブトキシドで処理して得られたジクロロカルベンをシクロヘキセンに反応させると，二環性生成物が得られる．

7,7-Dichlorobicyclo[4.1.0]heptane
(59%)

問題 8.11 次の反応の生成物を書け．

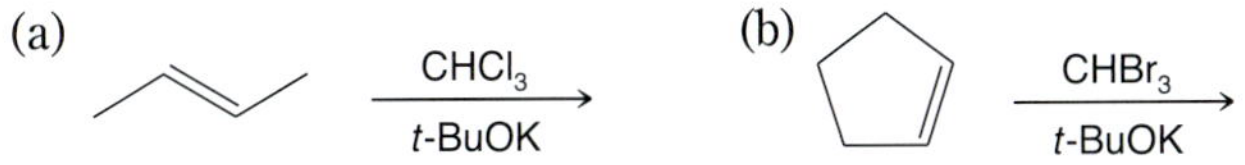

(a) CH₃CH=CHCH₃ + CHCl₃ / t-BuOK →

(b) シクロペンテン + CHBr₃ / t-BuOK →

8.15 アルケンの酸化：シン 1,2-ジヒドロキシ化

アルケンの C=C 結合の酸化反応は多数知られている．

- **1,2-ジヒドロキシ化** 1,2-dihydroxylation は重要なアルケンの酸化的な付加反応である．

四酸化オスミウムは **1,2-ジオール** 1,2-diol（**グリコール** glycol ともよばれる）を合成するのに広く用いられている．過マンガン酸カリウムもよく用いられるが，強い酸化剤であるので，ジオールがさらに酸化されて開裂することがある（8.16 節）．

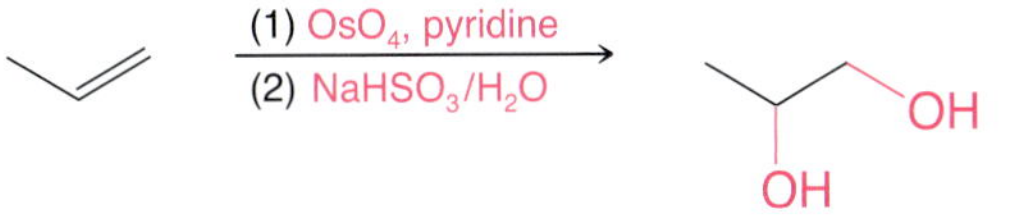

Propene → (1) OsO_4, pyridine (2) $NaHSO_3/H_2O$ → 1,2-Propanediol (propylene glycol)

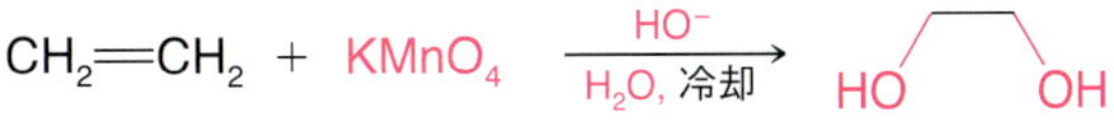

$CH_2=CH_2$ + $KMnO_4$ → HO^- / H_2O, 冷却 → HO–CH₂–CH₂–OH
Ethene → 1,2-Ethanediol (ethylene glycol)

8.15A アルケンのシン 1,2-ジヒドロキシ化の反応機構

- 四酸化オスミウムによって 1,2-ジオールを生成する反応は，まず酸素原子の**シン付加** syn addition によってオスミウムを含む環状中間体が生成する．ついで O—Os 結合が開裂し，立体化学が変わることなく新しい 2 本の C—O 結合ができる．

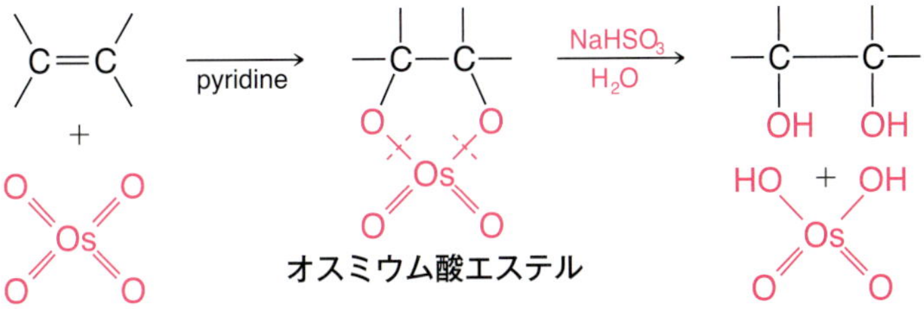

C=C + OsO_4 → pyridine → オスミウム酸エステル → $NaHSO_3$ / H_2O → ジオール + H_2OsO_3

ジヒドロキシ化のシン付加は，シクロペンテンと四酸化オスミウムとの反応において容易に確かめることができる．生成物は *cis*-1,2-シクロペンタンジオールである．

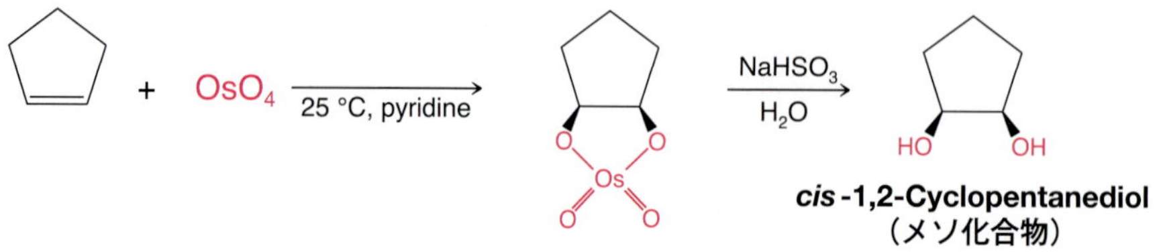

四酸化オスミウムは猛毒で，揮発性があり，また非常に高価である．このため，共酸化剤を併用して四酸化オスミウムを触媒的に用いる方法が開発されている．ジヒドロキシ化の反応溶液に触媒量の四酸化オスミウムを加え，これに化学量論量の共酸化剤を加えると，使用された四酸化オスミウムが再酸化されて，すべてのアルケンがジオールに変換されるまで反応が続く．N-メチルモルホリン N-オキシド N-methylmorpholine N-oxide（NMO）が触媒量の四酸化オスミウムとともに最もよく用いられる共酸化剤である．この方法はプロスタグランジン合成の研究過程で見出された（22.5節）．

四酸化オスミウムによる触媒的 1,2-ジヒドロキシ化

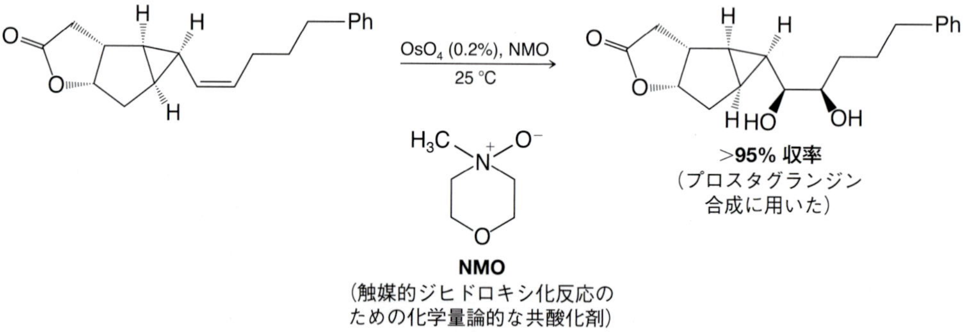

>95% 収率
（プロスタグランジン合成に用いた）

NMO
（触媒的ジヒドロキシ化反応のための化学量論的な共酸化剤）

問題 8.12 次のジオールの合成に必要なアルケンと反応剤を書け．

(a)　　　(b) 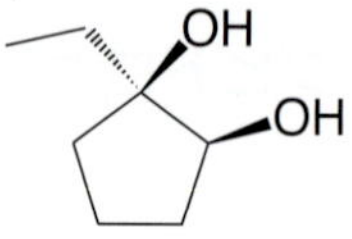 （ラセミ体）　　　(c) （ラセミ体）

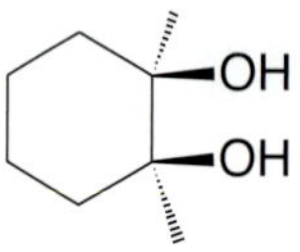

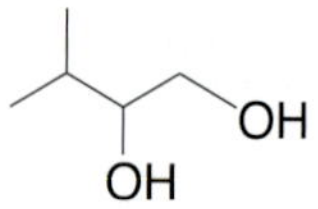

例題 8.4

(Z)-2-Butene を pyridine 中，OsO_4 で処理し，続いて $NaHSO_4$ 水溶液を作用させると，分割できない光学不活性なジオールが得られた．一方，(E)-2-butene を同様に処理すると，光学不活性であるが，エナンチオマーに分割できるジオールが得られた．これらの事実を説明せよ．

考え方と解答：
いずれの反応も二重結合のシン-ジヒドロキシ化であることを思い出そう．(Z)-2-Butene からは単一のメソ化合物が得られ，(E)-2-butene のシン付加からは一対のエナンチオマー

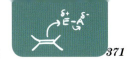

が得られる．したがってこの反応は立体特異的である．

触媒的不斉ジヒドロキシ化の化学[*]

触媒的不斉シン-ジヒドロキシ化の開発によって，ジヒドロキシ化の合成上の有用性が著しく拡大した．K. B. Sharpless（Scripps 研究所）と共同研究者らは，酸化反応混合液にキラルなアミンを添加するとエナンチオ選択的な触媒的シン-ジヒドロキシ化が起こることを発見した．この反応は，複雑な有機化合物の合成に広く用いられる重要なツールとなった．この他の不斉酸化法（10.13 節）とあわせて，Sharpless は 2001 年のノーベル化学賞を受賞した（W. Knowles と野依良治も，触媒的不斉還元により 2001 年のノーベル化学賞を同時に受賞している．7.13A 項）．下に示すように，Sharpless の触媒的不斉ジヒドロキシ化は，抗がん剤のパクリタキセル paclitaxel（タキソール Taxol が商品名となったので前者の名称が使われるようになった）の側鎖のエナンチオ選択的合成に応用されている．この反応は，触媒量の OsO_4 等価体である $K_2OsO_2(OH)_4$，エナンチオ選択性を誘導するキラルアミン配位子，および化学量論的な共酸化剤として NMO を用いて行われた．生成物は 99 ％エナンチオマー過剰率で得られた．

四酸化オスミウムによる触媒的不斉 1,2-ジヒドロキシ化[*]

[[*]Sharpless *et al.*, *Journal of Organic Chemistry*, **59**, 5104（1994）. Copyright 1994 American Chemical Society より許可を得て転載]

8.16 アルケンの酸化的開裂

アルケンは過マンガン酸カリウムやオゾン，その他の反応剤を用いて酸化的に開裂される．過マンガン酸カリウム（$KMnO_4$）は強力な酸化剤として用いられ，オゾン（O_3）は緩和な酸化剤として用いられる［アルキンや芳香環も $KMnO_4$ や O_3 で酸化される（14.13D 項）］．

8.16A 熱塩基性過マンガン酸カリウムによる開裂

- アルケンの二重結合は，塩基性過マンガン酸カリウムの熱水溶液によって酸化的に開裂する．

この開裂は四酸化オスミウムによる 1,2-ジオール合成の中間体（8.15A 項）と類似の環状中間体を経由して起こると考えられている．

- 一置換炭素原子をもつアルケンは酸化的開裂によりカルボン酸塩になる．
- 二置換の炭素原子はケトンになる．
- 無置換の炭素原子は二酸化炭素になる．

次に置換様式の異なるアルケンを過マンガン酸カリウムで開裂した結果を示す．このとき，カルボン酸塩が生成する場合は，カルボン酸を得るために溶液を酸性にする必要がある．

$$CH_3CH=CHCH_3 \xrightarrow[\text{加熱}]{KMnO_4, HO^-, H_2O} 2\ CH_3C(=O)O^- \xrightarrow{H_3O^+} 2\ CH_3C(=O)OH$$

（シスまたはトランス） 　　　　　　　　　酢酸イオン　　　　　　Acetic acid

$$\underset{}{CH_3CH_2C(CH_3)=CH_2} \xrightarrow[\text{(2) } H_3O^+]{\text{(1) } KMnO_4,\ HO^-,\ \text{加熱}} CH_3CH_2C(=O)CH_3 + O=C=O + H_2O$$

過マンガン酸カリウムは，酸化的開裂反応の他に，未知化合物の不飽和結合の有無を検出する**不飽和度試験**にも用いられる．

- 紫色の過マンガン酸カリウム溶液は，アルケンまたはアルキンが存在すると，酸化反応が起こるために，脱色され，茶色の二酸化マンガン（MnO_2）が沈殿する．

アルケンの酸化的開裂は，アルケン鎖や環の中の二重結合の位置を決定するためにも用いられることがある．この決定の過程では，逆合成解析を行うときのように，反応とは逆向きに考える必要がある．すなわち，生成物からそれを与える基質の方向にさかのぼっていく．次の例題でそれがどのように行われるかを見てみよう．

例題 8.5

C_8H_{16} の分子式をもつ未知のアルケンを熱塩基性過マンガン酸塩で酸化すると炭素数 3 の

propanoic acid（プロパン酸）と炭素数5のpentanoic acid（ペンタン酸）が得られた．もとのアルケンの構造式を書け．

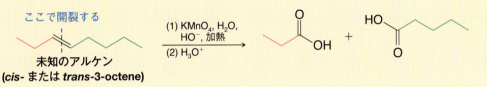

解き方と解答：
　生成物のカルボニル基が，どの位置で酸化的開裂したかを知る鍵になる．したがって，酸化的開裂は次のように起きたと予想されるので，与えられた分子式から考えて，未知のアルケンは *cis-* または *trans*-3-octene でなければならない．

8.16B　オゾン分解

- アルケンの開裂反応で最も有用な反応はオゾン（O_3）を用いる方法である．

オゾン分解 ozonolysis は，アルケンの CH_2Cl_2 溶液中に低温（$-78\,°C$）でオゾンを吹き込んだ後，ジメチルスルフィド，または亜鉛と酢酸で処理する．全体として次のような結果になる．

この反応は合成ツールとして有用であるばかりでなく，生成物の構造からさかのぼって予測することにより，アルケンの二重結合の位置を決定できる．

- アルケンが二重結合で開裂すると，上の例のように二重結合のそれぞれの炭素は，開裂後に酸素と二重結合を作る．

異なる置換様式のアルケンの反応の例を次に示す．

例題 8.6

C_7H_{12} の分子式をもつ未知のアルケンをオゾン分解し，酸性にすると次の化合物だけが得られた．このアルケンの構造式を書け．

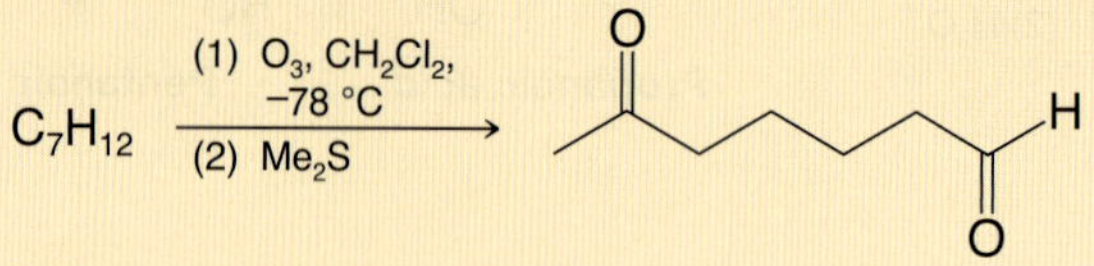

$$C_7H_{12} \xrightarrow[\text{(2) Me}_2\text{S}]{\text{(1) O}_3,\ \text{CH}_2\text{Cl}_2,\ -78\ ^\circ\text{C}} \text{CH}_3\text{CO-CH}_2\text{CH}_2\text{CH}_2\text{CH}_2\text{-CHO}$$

解き方と解答：

単一の生成物が得られており，基質と同数の炭素原子を含んでいるはずである．二重結合は環に含まれていたと考えるのが妥当である．二重結合がオゾン分解されて環が開く．

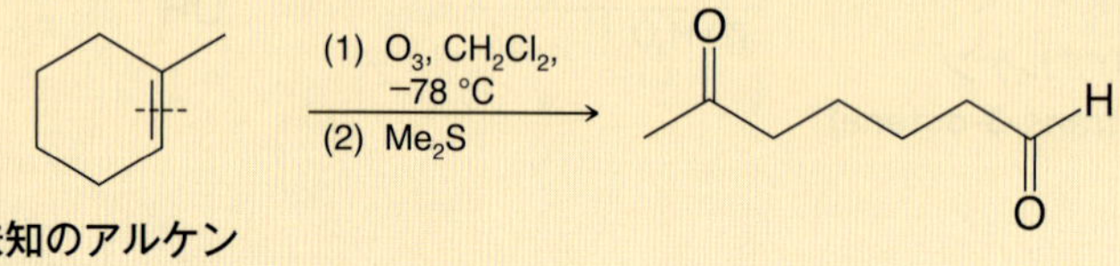

未知のアルケン
(1-methylcyclohexene)

問題 8.13 次のオゾン分解反応の生成物を書け．

(a) エチリデンシクロペンタン $\xrightarrow[\text{(2) Me}_2\text{S}]{\text{(1) O}_3}$

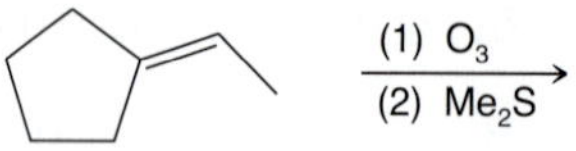

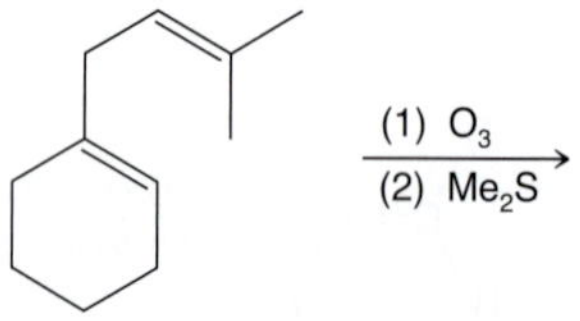

(b) ビシクロ[4.2.0]オクタ-1(6)-エン $\xrightarrow[\text{(2) Me}_2\text{S}]{\text{(1) O}_3}$

(c) 1-(3-メチル-2-ブテニル)シクロヘキセン $\xrightarrow[\text{(2) Me}_2\text{S}]{\text{(1) O}_3}$

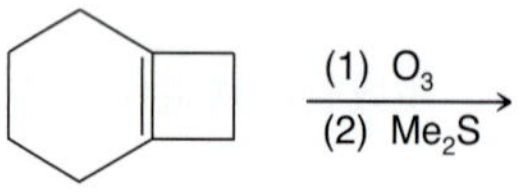

アルケンへのオゾン付加の機構は，初期オゾニド（モロゾニド molozonide ともよばれる）といわれる不安定な化合物の生成から始まる．この反応は激しく起こり，自然に**オゾニド** ozonide として知られる化合物に転位する．この転位は，初期オゾニドが反応性の高い分解物となり，再結合してオゾニドを与えると考えられている．オゾニドは非常に不安定な化合物で，低分子量のオゾニドは激しく爆発することがある．

8.17 アルキンへの臭素と塩素の求電子付加

反応機構
アルケンのオゾン分解

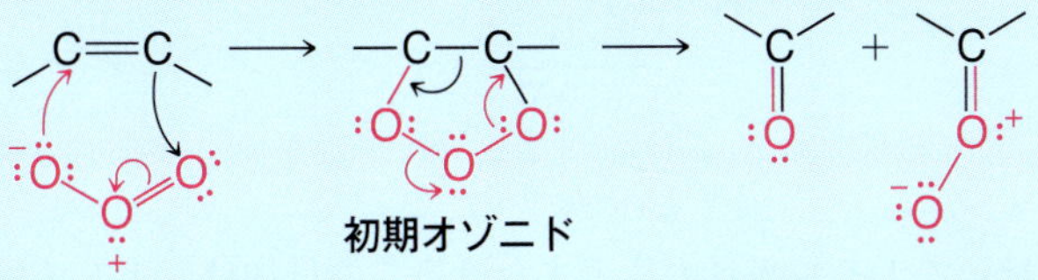

オゾンがアルケンに付加して初期オゾニドが生成する．　　初期オゾニド分解物

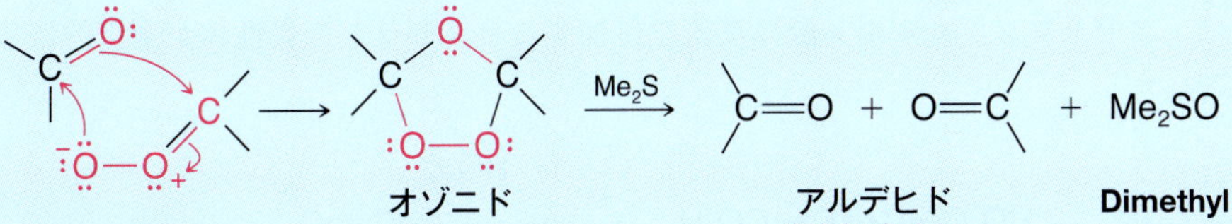

オゾニド　　　　　　　　アルデヒドまたはケトン　　Dimethyl sulfoxide

分解物が再結合してオゾニドを生成する．

問題 8.14 アルケンをオゾンに続いて dimethyl sulfide で処理したとき，次のカルボニル化合物が得られた．もとのアルケンの構造式を書け．

(a) 　　　(c)

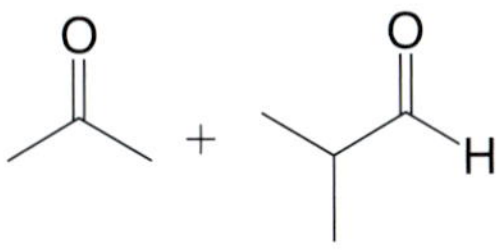

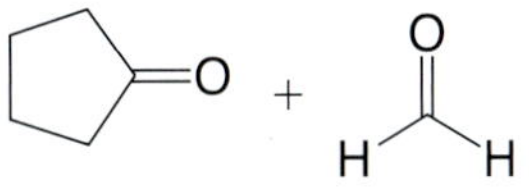

(b) 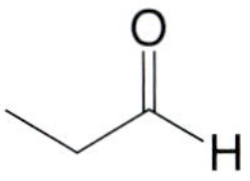 　　（1 モルのアルケンから 2 モル得られる）

8.17 アルキンへの臭素と塩素の求電子付加

- 塩素と臭素はアルキンに対してもアルケンと同じように付加する．
- アルキンには使用するハロゲンのモル当量に応じて，1 回か 2 回の付加反応が起こる（1 モルまたは 2 モルのハロゲンを付加させることができる）．

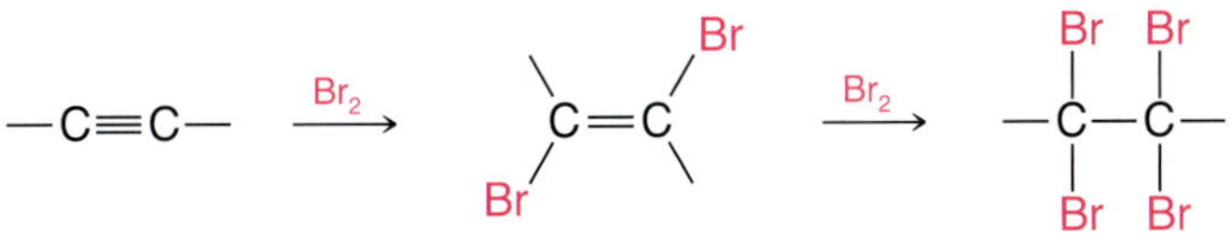

ジブロモアルケン　　　テトラブロモアルカン

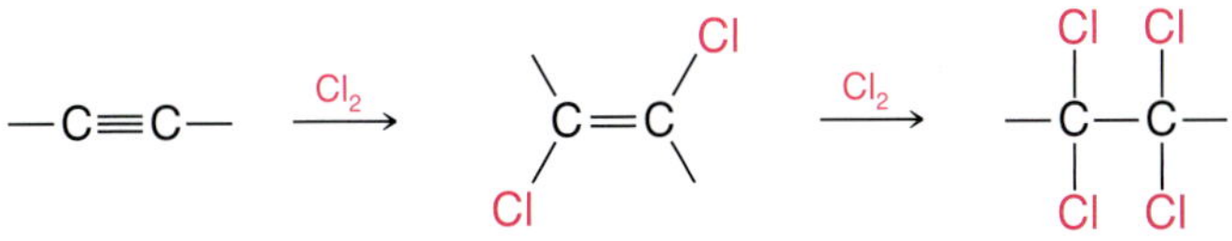

ジクロロアルケン　　　テトラクロロアルカン

ハロゲンを1モル当量使えば，通常ジハロアルケンを得ることができる．

OH
Br_2 (1 モル)
0 °C
Br
OH
Br

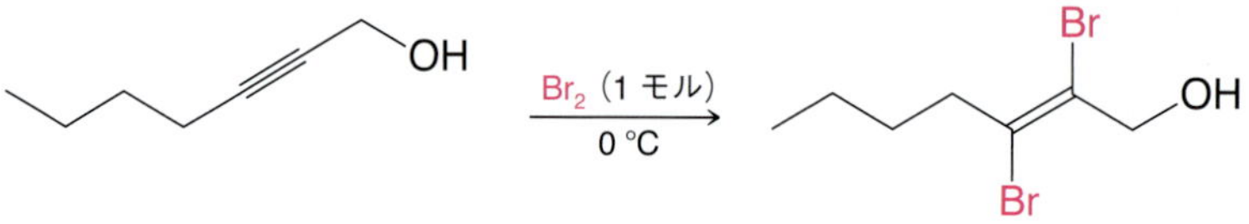

- 通常，アルキンに対して1モル当量の塩素または臭素の付加は，アンチ付加で進行し，その結果 *trans*-ジハロアルケンが得られる．

例えば，アセチレンジカルボン酸に臭素を付加すると，トランス異性体が選択的に70%の収率で得られる．

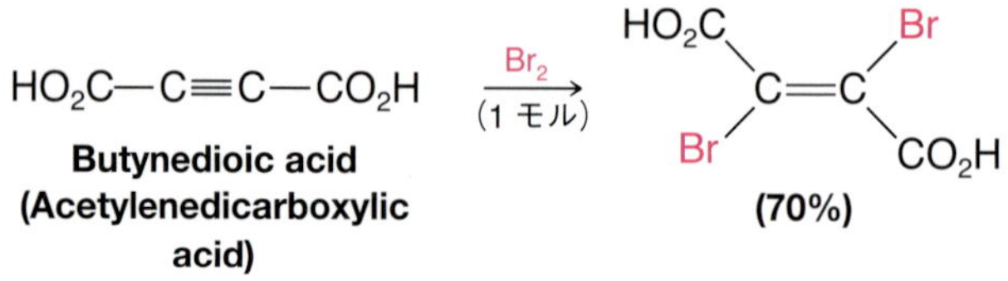

$HO_2C-C\equiv C-CO_2H$
Butynedioic acid
(Acetylenedicarboxylic acid)
Br_2
(1 モル)
HO_2C
Br
C=C
Br
CO_2H
(70%)

問題 8.15 アルケンはアルキンより求電子剤（例えば，Br_2，Cl_2，HCl）に対する反応性が高い．しかし，アルキンにこれらの求電子剤を1モル当量作用させると，“アルケンの段階”でたやすく反応が止まり，それ以上付加反応は起こらない．これは一見矛盾しているように見えるが，そうではない．このことを説明せよ．

8.18 アルキンへのハロゲン化水素の付加

- アルキンは1モル当量のハロゲン化水素（HCl，HBr）と反応してハロアルケンを与え，2モル当量の場合は *gem*-ジハロゲン化物を与える．
- いずれの場合にも付加は**位置選択的**であり，**Markovnikov 則**に従う．

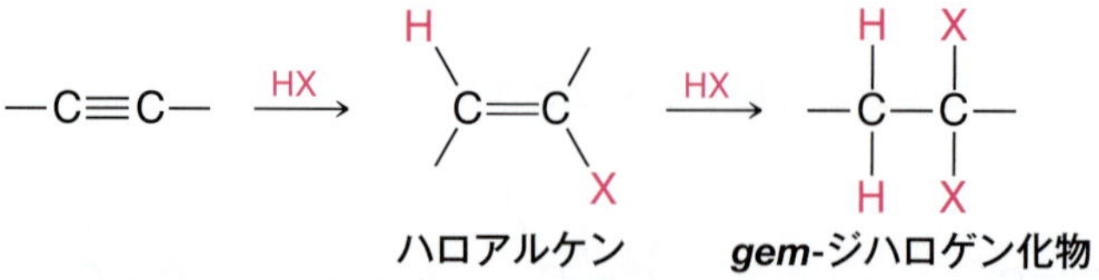

—C≡C—
HX
H
C=C
X
HX
H X
—C—C—
H X
ハロアルケン
gem-ジハロゲン化物

ハロゲン化水素の水素はより多くの水素をもつほうの炭素原子に付く．例えば，1-ヘキシンは1モル当量の臭化水素とゆっくり反応して2-ブロモ-1-ヘキセンを与え，2モル当量の臭化水素と反応して2,2-ジブロモヘキサンを与える．

HBr
Br
HBr
Br
Br
2-Bromo-1-hexene
2,2-Dibromohexane

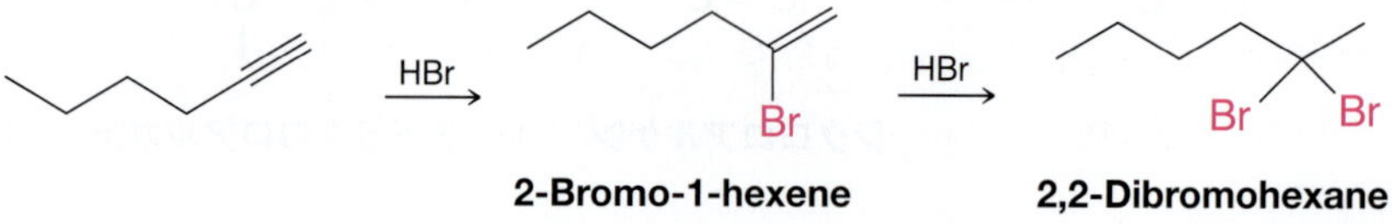

反応混合物に過酸化物が存在すると，アルキンへの臭化水素の逆 Markovnikov 付加が起こる．この反応はラジカル機構で進行する（Chap. 9）．

8.19　有機合成化学へのいざない．その 2　合成計画をどう立てるか

実際に合成を計画するには次の相互に関連した四つの項目を考慮する．
1. 炭素骨格の構築
2. 官能基の変換
3. 位置化学の制御
4. 立体化学の制御

これらの項目のいくつかについては，これまでの章ですでに学んだ．

- 7.15 節で逆合成解析の考え方と，さらにアルカンとアルケンやアルキン等の炭素骨格の構築のために，この考え方をどのように応用するかについて学んだ．
- 6.14 節で官能基変換の意味と，求核置換反応がこの目的のためにどのように用いられるかについて学んだ．

他の章でも気が付かないうちに，炭素骨格の構築や官能基変換の方法に関する基礎知識を身に付けてきた．そろそろ，これまで学んできたすべての反応とそれらの有機合成への応用について，まとめるときがきたようだ．これは"**有機合成のツールキット**"となろう．ここでは，いくつかの新しい例を取り上げて，上記の合成戦略に関する 4 項目がわれわれの合成計画に，どのように統合されていくかを見てみよう．

8.19A　逆合成解析

2-ブロモブタンを 2 個またはそれ以下の炭素をもつ化合物から合成する場合を考えてみよう．この合成は炭素骨格の構築，官能基変換，そして位置選択性の制御を含んでいる．

2-ブロモブタンの逆合成解析

まず，さかのぼって考えよう．最終的な標的分子の 2-ブロモブタンは，1-ブテンに臭化水素を付加すれば 1 工程で合成できる．この官能基変換の位置選択性は Markovnikov 付加でなけれ

ばならない.

逆合成解析

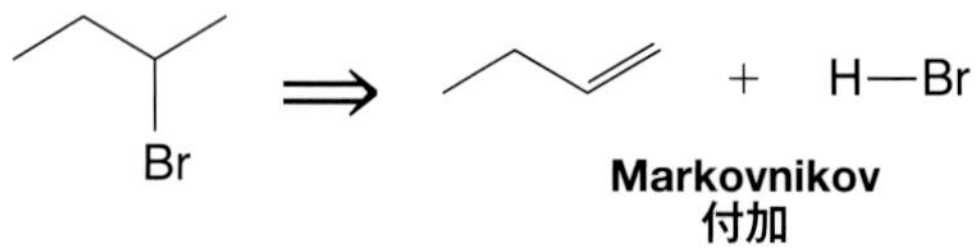

(2-ブロモブタン) ⇒ (1-ブテン) + H—Br
Markovnikov 付加

合成

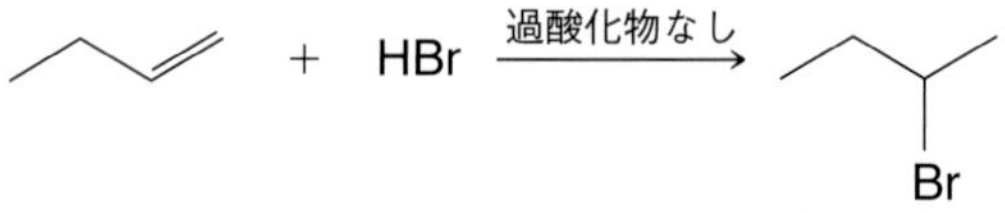

(1-ブテン) + HBr —過酸化物なし→ (2-ブロモブタン)

白抜きの矢印は，標的分子からその前駆体に至る逆合成過程を示す記号であることを思い出そう．

標的分子 ⇒ 前駆体

炭素数 2 以下の化合物から 1-ブテンの合成

一度に一つの反応を仮定してさかのぼっていくと，1-ブテンの前駆体は 1-ブチンであることがわかる．1-ブチンに 1 モルの水素を付加させると，1-ブテンができる．次に新たな標的となった 1-ブチンに関して，炭素数 2 以下の化合物から炭素骨格を合成しなければならないという条件を考慮すると，1-ブチンは臭化エチルとアセチレンからアルキニドイオンのアルキル化によって合成できることに気付くだろう．

- **逆合成解析の鍵**は，まず最終標的分子から順に逆に進んでいきながら，それぞれの標的分子を手前の前駆体から一つの反応でいかに合成するかを考えることである．

逆合成解析

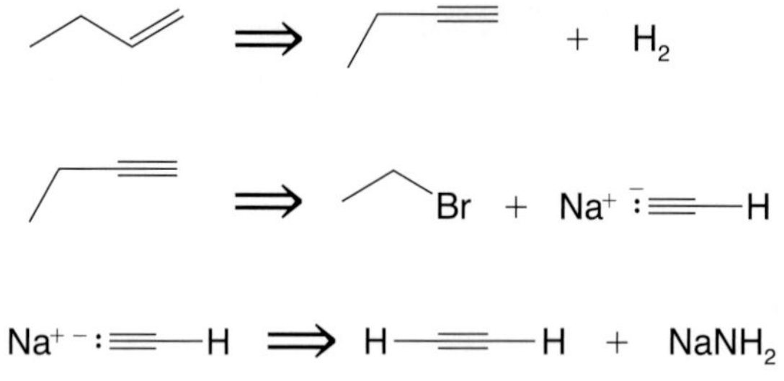

(1-ブテン) ⇒ (1-ブチン) + H$_2$

(1-ブチン) ⇒ (臭化エチル) Br + Na$^+$:≡—H

Na$^+$:≡—H ⇒ H—≡—H + NaNH$_2$

合成

H—≡—H + Na$^+$:NH$_2$ —液体 NH$_3$, −33 ℃→ Na$^+$:≡—H

(エチル)Br + Na$^+$:≡—H —液体 NH$_3$, −33 ℃→ (1-ブチン)

(1-ブチン) + H$_2$ —Ni$_2$B (P-2)→ (1-ブテン)

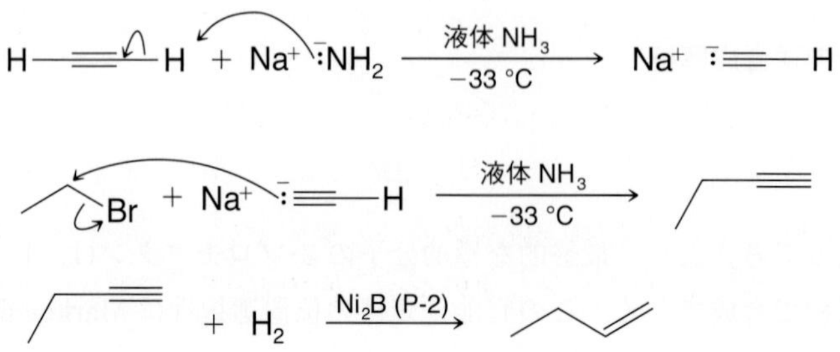

8.19B 結合切断，シントン，合成等価体

- 逆合成解析の一つの方法は，逆合成の一段階として結合の一つを切断してみることである（7.15 節）．

例えば，すぐ上で見た合成において重要な工程は，新しい C—C 結合を作ることである．逆合成解析を次のように示すことができる．

この切断によってできた仮想的なフラグメントはエチルカチオンとエチニドイオンである．

- 一般的に逆合成の結合切断でできるこれらのフラグメントを**シントン**（合成素子）synthon とよぶ．

上記のようなシントンを考えると，エチルカチオンとエチニドイオンを結合することによって理論的には 1-ブチン分子を合成できることになる．しかし，実験室の薬品棚にはカルボカチオンやカルボアニオンの入ったビンが並んでいるわけではない．反応中間体としても，エチルカチオンを考えるのは合理的ではない．そこで，これらシントンの**合成等価体** synthetic equivalent が必要になる．ナトリウムアセチリドはエチニドイオンとナトリウムカチオンを含んでいるので，エチニドイオンの合成等価体はナトリウムアセチリドである．またエチルカチオンの合成等価体は臭化エチルである．これは次のように説明できる．もし臭化エチルを S_N1 反応させた場合，エチルカチオンと臭化物イオンが生じる．しかし臭化エチルは第一級ハロゲン化アルキルなので，S_N1 反応は起こさないことを知っている．一方，臭化エチルはナトリウムアセチリドのような強い求核剤と容易に S_N2 反応を起こすであろう．これで得られる化合物は，エチルカチオンとナトリウムアセチリドの反応から得られると予想される生成物と同じである．したがって，この反応で臭化エチルはエチルカチオンの合成等価体として働いていることがわかる．

2-ブロモブタンはまた炭素数 2 またはそれ以下の化合物から，(E)- または (Z)-2-ブテンを中間体とするルートでも合成できる．この合成については自分で考えてみるとよい．

8.19C 立体化学の考察

次に立体化学を制御する必要がある合成の例を考えてみよう．すなわち，2,3-ブタンジオールのエナンチオマーである ($2R,3R$)-2,3-ブタンジオールと ($2S,3S$)-2,3-ブタンジオールを炭素数が 2 以下の化合物から，メソ異性体を副生させないように，合成することを考えてみよう．

2,3-ブタンジオールのラセミ体の合成計画における立体化学

エナンチオマーの等量混合物ラセミ体を得るための最終段階は trans-2-ブテンのシン-1,2-ジヒドロキシ化反応である．この反応は立体特異的であり，目的の 2,3-ブタンジオールをラセミ体として生成する．このとき cis-2-ブテンを用いると，メソ体の 2,3-ブタンジオールが得られてし

まうので，*trans*-2-ブテンを用い，*cis*-2-ブテンを用いないことが重要な選択である．

逆合成解析

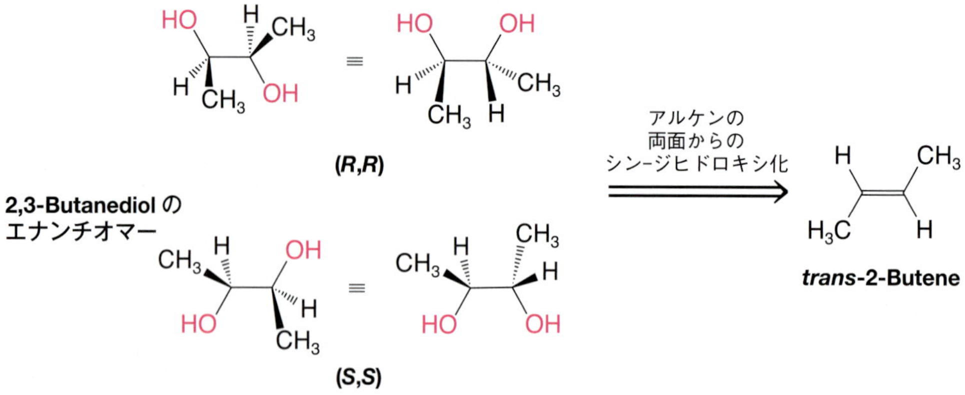

HO
H
CH_3
OH
(*R*,*R*)
2,3-Butanediol の
エナンチオマー
(*S*,*S*)
アルケンの
両面からの
シン-ジヒドロキシ化
H_3C
trans-2-Butene

合成

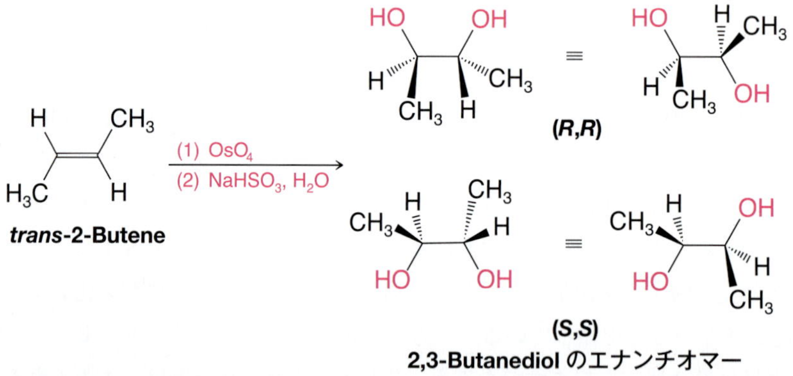

trans-2-Butene
(1) OsO_4
(2) $NaHSO_3$, H_2O
(*R*,*R*)
(*S*,*S*)
2,3-Butanediol のエナンチオマー

- この反応は立体選択的反応の一例である．立体選択的反応とは，ある基質（それは必ずしもキラルな立体異性体である必要はなく，アルキンでもよい）から，すべての可能な立体異性体の中から一つの立体異性体を選択して，優先的もしくは一方的に与える反応である．
- **立体選択的反応と立体特異的反応の違い**に注意しよう．立体特異的反応とは，互いに立体異性体の関係にある基質を出発物質としてその反応を行ったとき，それぞれ互いに立体異性体の関係にある生成物を優先的または一方的に与える反応のことである（8.12 節）．立体特異的な反応はすべて立体選択的であるが，その逆は必ずしも正しくはない．

trans-2-ブテンは 2-ブチンを液体アンモニア中金属リチウムで処理して得られる．この反応では水素がアンチ付加して必要なトランス体が得られる．

逆合成解析

H
CH_3
H_3C
アンチ付加
CH_3—≡—CH_3 + H_2
trans-2-Butene
2-Butyne

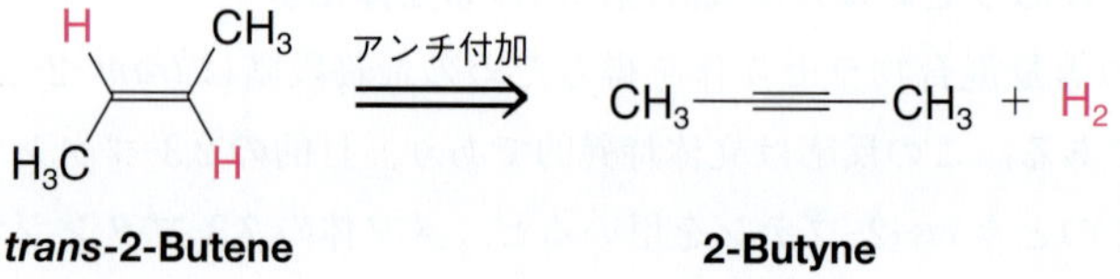

合成

$$CH_3\text{—}{\equiv}\text{—}CH_3 \xrightarrow[\substack{(2)\ NH_4Cl \\ (H_2\text{のアンチ付加})}]{(1)\ Li,\ EtNH_2} \underset{H_3C}{\overset{H}{\diagdown}}C{=}C\underset{H}{\overset{CH_3}{\diagup}}$$

2-Butyne　　　　　　　　　　　　　　　*trans*-2-Butene

プロピンをまずナトリウムプロピニド sodium propynide に変換し，次にナトリウムプロピニドをヨウ化メチルでアルキル化することにより，2-ブチンを合成することができる．

逆合成解析

$$CH_3\text{—}{\equiv}\text{⁞}CH_3 \Longrightarrow CH_3\text{—}{\equiv}\text{—}^{:-}Na^+ + CH_3\text{—}I$$

$$CH_3\text{—}{\equiv}\text{—}^{:-}Na^+ \Longrightarrow CH_3\text{—}{\equiv}\text{—}H + NaNH_2$$

合成

$$CH_3\text{—}{\equiv}\text{—}H \xrightarrow[(2)\ CH_3I]{(1)\ NaNH_2/液体\ NH_3} CH_3\text{—}{\equiv}\text{—}CH_3$$

プロピンはエチンから得る．

逆合成解析

$$H\text{—}{\equiv}\text{⁞}CH_3 \Longrightarrow H\text{—}{\equiv}\text{—}^{:-}Na^+ + CH_3\text{—}I$$

合成

$$H\text{—}{\equiv}\text{—}H \xrightarrow[(2)\ CH_3I]{(1)\ NaNH_2/液体\ NH_3} CH_3\text{—}{\equiv}\text{—}H$$

例題 8.7　立体特異的多段階合成の例

炭素数2以下の化合物を原料として *meso*-3,4-dibromohexane を立体特異的に合成する方法を示せ．

解き方と解答：

標的分子から逆合成を始める．標的分子はメソ化合物であるので，まず次式のように分子内の対称面がわかるように構造式を書く．次に，*vic*-1,2-ジブロミドはアルケンにアンチ付加すれば得られるので，臭素原子が互いにアンチになるように，アルケンの付加生成物としての立体配座を示す構造式に書きなおす．そして，アルキル基の相対的な位置関係をそのままにして 1,2-ジブロミドのアルケン前駆体の構造式を書くと，(*E*)-3-hexene となる．(*E*)-アルケンは ethylamine または液体アンモニア中，Li を用いてアルキンに水素をアンチ付加させて得られるので（7.14B項），3-hexyne が (*E*)-3-hexene の適切な前駆体であることがわかる．最後に，末端アルキンのアルキル化反応を考えれば，3-hexyne は ethyne (acetylene) にハロゲン化エチルでアルキル化を2回連続して行えば得られるとわかる．以上より，逆合成解析は次のようになる．

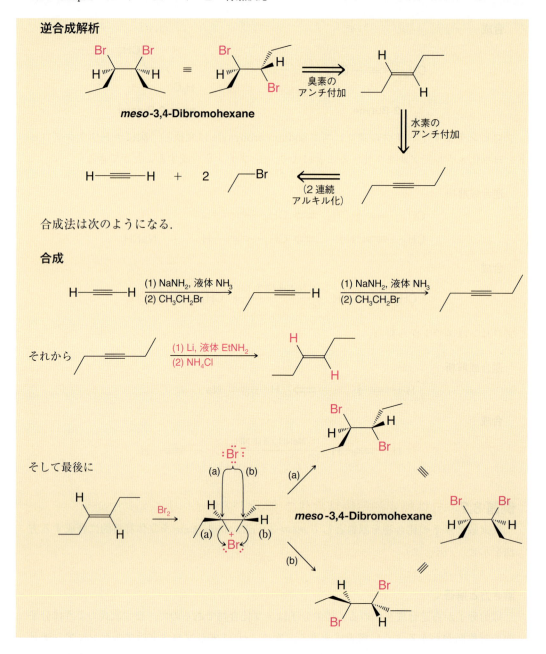

◆補充問題

8.16 1-Butene に次の反応剤を反応させたときに得られる生成物の構造式を書け.

(a) HI
(b) H_2, Pt
(c) 希硫酸, 加温
(d) HBr
(e) CCl_4 中 Br_2
(f) H_2O 中 Br_2
(g) HCl
(h) O_3, ついで Me_2S
(i) OsO_4, ついで $NaHSO_3/H_2O$
(j) $KMnO_4$, ⁻OH, 加熱, ついで H_3O^+
(k) THF-H_2O 中 $Hg(OAc)_2$, ついで $NaBH_4$, OH⁻
(l) BH_3:THF, ついで H_2O_2, ⁻OH

補充問題

8.17 次の反応の主生成物の構造式を書け．必要なら立体異性体も示せ．

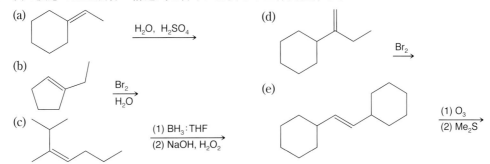

8.18 2-Butyne に次の反応剤を反応させたときに得られる生成物の構造式を書け．

(a) HBr 1モル　　(g) 液体 NH_3 中 Li
(b) HBr 2モル　　(h) H_2（過剰）/Pt
(c) Br_2 1モル　　(i) H_2（2モル）/Pt
(d) Br_2 2モル　　(j) 熱 $KMnO_4$, ^-OH, ついで H_3O^+
(e) H_2, Ni_2B (P-2)　　(k) O_3, ついで Me_2S
(f) HCl 1モル　　(l) 液体 NH_3 中 $NaNH_2$

8.19 2-Methylpropene を出発物質とし，必要な反応剤を用いて次の化合物を合成せよ．

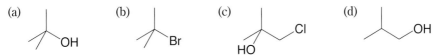

8.20 1-Methylcyclohexene に次の反応剤を反応させたときに得られる生成物の構造式を立体化学がわかるように書け．ジュウテリウムまたはトリチウム原子の位置も示せ．

(a) (1) BH_3:THF, (2) CH_3CO_2T　　(c) (1) BD_3:THF, (2) NaOH, H_2O_2, H_2O
(b) (1) BD_3:THF, (2) CH_3CO_2D

8.21* 臭素は cyclohexene にアンチ付加する．そのとき生成物ははじめジアキシアル配座で得られるが，環反転してジエクアトリアル配座の *trans*-1,2-dibromocyclohexane となる．しかし，不飽和ビシクロ化合物 I を用いて同様の反応を行うと，付加生成物は非常に安定なジアキシアル体である．この理由を説明せよ（分子模型を用いるとよい）．

8.22* Geranial（ゲラニアール）はレモングラス油の成分である．これにオゾン分解と Me_2S 処理を行ったときに得られる生成物の構造式を書け．

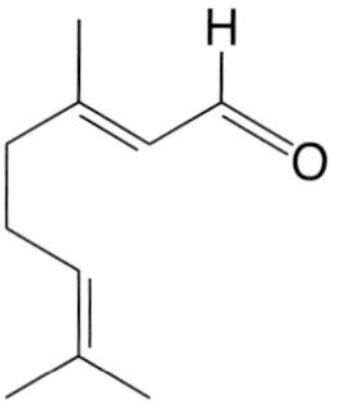

Geranial

8.23* フェロモン pheromone（4.7節）は動物（特に昆虫）によって分泌され，同種の他の個体に特異的な行動を起こさせる物質である．フェロモンは非常に低濃度で有効であり，性誘引物質，警報物質，集合物質などがある．シンクイガ codling moth の性誘引フェロモンは $C_{13}H_{24}O$ の分子式をもっている．次の反応結果から，このフェロモンの構造式を予想して書け．ただし他の検討から二重結合は（2Z,6E）である．

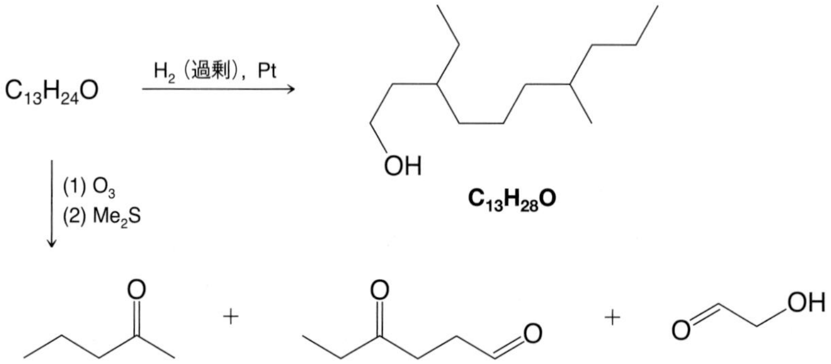

8.24 一般式 $HO_2CCH=CHCO_2H$ で表される2種類のジカルボン酸がある．一方のジカルボン酸は maleic acid（マレイン酸）で，もう一方は fumaric acid（フマル酸）である．OsO_4 とついで $NaHCO_3/H_2O$ で処理すると，maleic acid は *meso*-tartaric acid（酒石酸），fumaric acid は（±）-tartaric acid を与えた．maleic acid と fumaric acid の立体化学構造式を書け．上記の実験結果からどのように考えて解答に導いたかも説明せよ．

8.25 問題 8.24 の解答を参考に，maleic acid と fumaric acid への臭素付加反応の立体化学に関する次の問いに答えよ．(a) 臭素付加によってメソ化合物を与えるジカルボン酸はどれか．(b) ラセミ体を与えるのはどれか．

Chapter 9

ラジカル反応

　不対電子は激しい（ラジカル）ともいえる反応性を通して多くの難しい問題に深くかかわっている．実際，不対電子をもつ反応種はラジカルとよばれ，オゾン層の破壊や日常生活にかかわる製品の合成は勿論，燃焼，老化，病気の化学にも含まれている．例えば，数千から数百万の分子量をもつポリエチレンはラジカル反応によって作られ，プラスチックフィルムやラップから水，清涼飲料，しょうゆなどを入れるボトル，防弾チョッキ，腰や膝の人工関節に至る実用的な用途をもつ．われわれが呼吸している酸素（O_2）も，生物学的過程で化学信号物質として働いている一酸化窒素（NO）も，不対電子をもつ分子である．ブルーベリーやニンジンに含まれるような色の付いた天然物は酸素ラジカルと反応し，望ましくない生物学的ラジカル反応からわれわれの身を守ってくれる．経済も，例えばポリエチレンのようなポリマーを作るのに用いられる反応から，一酸化窒素の生物学的信号経路に作用する医薬品に至るまで，大いにラジカルに依存している．

本章で学ぶこと：
- ラジカルの性質，その生成，および反応性
- 自然界におけるラジカルのかかわる重要な反応

9.1　はじめに：どのようにしてラジカルが生成し，また反応するか

　これまで学んできたほとんどの反応は，機構的にはすべて**イオン反応** ionic reaction である．イオン反応は，共有結合が**ヘテロリシス（不均等開裂）** heterolysis で切れて起こる反応で，反応物，中間体，あるいは生成物のいずれかにイオンが含まれる．

　これとは別に，共有結合が**ホモリシス（均等開裂）** homolysis によって切れ，**ラジカル** radical （または**フリーラジカル** free radical）とよばれる不対電子 unpaired electron をもつ中間体を生成する反応様式がある．

［写真提供：Image Source］

$$A:B \xrightarrow{\text{ホモリシス}} A\cdot + \cdot B$$

各原子はそれらを結合している共有結合から1電子ずつ取る

ラジカル

この例は，**つり針型のカーブした矢印*** single-barbed curved arrow の使い方を示している．この場合には **1 電子**の移動（前に出てきた2電子を含む電子対の移動ではない）を示している．すなわち，AとBは共有結合に含まれる2電子を1個ずつ分け合って切れる．

9.1A　ラジカルの生成

- 共有結合をホモリシスで切るには，熱または光のエネルギーが供給されなくてはならない（9.2節）．

例えば，**過酸化物** peroxide とよばれる O—O 単結合をもつ化合物は，加熱すると簡単にホモリシスする．これは O—O 結合が弱いためである．生成物は二つのラジカルであり，アルコキシルラジカル alkoxyl radical† とよばれる．

$$R-\ddot{O}:\ddot{O}-R \xrightarrow{\text{加熱}} 2\,R-\ddot{O}\cdot$$

ジアルキルペルオキシド　アルコキシルラジカル

ジアルキルペルオキシドのホモリシス

ハロゲン分子（X_2）も比較的弱い結合で，加熱するか，ハロゲン分子が吸収できる波長の光を照射すると容易にホモリシスする．

$$:\ddot{X}:\ddot{X}: \xrightarrow{\text{ホモリシス}\atop\text{加熱または光照射}} 2\,:\ddot{X}\cdot$$

ハロゲン分子のホモリシス

このホモリシスの生成物は，ハロゲン原子である．ハロゲン原子は不対電子をもっているのでラジカルである．

9.1B　ラジカルの反応

- ほとんどすべての小さなラジカルは寿命が短く，非常に活性である．

---

* 本書では，反応機構を説明するとき，次のような矢印を用いている．
1. 矢印⤴は不対電子の攻撃，1電子移動やホモリシスによる結合の切断を示す．
2. 矢印⤴は電子対の攻撃，または2電子移動やヘテロリシスによる結合の切断を示す．

† （訳注）ラジカルの命名法では，(1) アルカンから水素原子が1個取れてできたラジカルは，アルキルラジカルのように，基名の後にラジカルを付けて命名する．(2) ·OH，·OR や $CH_3CO_2\cdot$ の場合は，それぞれヒドロキシルラジカル hydroxyl radical，アルコキシルラジカル alkoxyl radical，アセトキシルラジカル acetoxyl radical のように基名の後に "l" を付けて命名する．

9.2 結合解離エネルギー（*DH*°）　　387

ラジカルが他の分子と衝突すると，その不対電子を電子対にしようとする傾向がある．その一つの方法は，他の分子から原子を引き抜くことである．原子を引き抜くとは，ホモリシスによる結合開裂で原子を取り，その原子と別のラジカルが結合することである．例えば，ハロゲン原子がアルカンと反応して水素原子を引き抜く場合を考えてみよう．この**水素引き抜き反応** hydrogen abstraction によって，ハロゲン原子 :Ẍ·（ラジカル）の不対電子は水素原子 H·（ラジカル）の電子と対を作る（結合する）．しかし，その一方でこの場合にはアルキルラジカル R·ができる．このアルキルラジカルは，本章で述べるように，さらに反応を続ける．

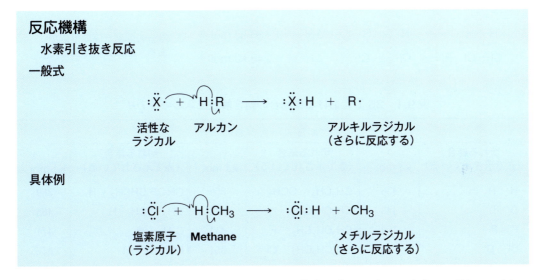

このような挙動は**ラジカル反応** radical reaction に特有のものである．もう一つ別のラジカルの反応様式の例をあげよう．ラジカルが多重結合に付加して，新しいラジカルを生成する場合である．この新しいラジカルはさらに反応を続ける．このタイプの反応については 9.10 節で学ぶ．

9.2　結合解離エネルギー（*DH*°）

原子が共有結合して分子になるとき，共有結合ができるとともに，エネルギーが放出される．生成物の分子はもとの別々の原子より低いエンタルピー enthalpy をもっているからである．例えば，水素原子が結合して水素分子を生成するときには，反応は発熱的 exothermic である．生

成する水素分子1モル当たり 436 kJ の熱が放出される．同様に，塩素原子が結合して塩素分子を生成するとき，この反応によって塩素分子1モル当たり 243 kJ の熱が放出される．

H· + H· ⟶ H—H $\Delta H° = -436$ kJ mol^{-1} 結合の生成は発熱反応である．$\Delta H°$ は負である

Cl· + Cl· ⟶ Cl—Cl $\Delta H° = -243$ kJ mol^{-1}

結合の開裂だけが起こる反応は常に吸熱的 endothermic である．ホモリシスによって水素や塩素の共有結合を切るのに必要なエネルギーは，それぞれの原子が結合して分子を作るときに放出されるエネルギーに等しい．ただし，結合開裂反応の $\Delta H°$ は正の値である．

H—H ⟶ H· + H· $\Delta H° = +436$ kJ mol^{-1} 結合の開裂は吸熱反応である．$\Delta H°$ は正である

Cl—Cl ⟶ Cl· + Cl· $\Delta H° = +243$ kJ mol^{-1}

表 9.1 25 ℃ における単結合の結合解離エネルギー $DH°$ [a]

A:B ⟶ A· + B·

切れる結合（赤で示されている）	kJ mol^{-1}	切れる結合（赤で示されている）	kJ mol^{-1}	切れる結合（赤で示されている）	kJ mol^{-1}
H—H	436	CH_3CH_2—OCH_3	352	CH_2=$CHCH_2$—H	369
D—D	443	$CH_3CH_2CH_2$—H	423	CH_2=CH—H	465
F—F	159	$CH_3CH_2CH_2$—F	444	C_6H_5—H	474
Cl—Cl	243	$CH_3CH_2CH_2$—Cl	354	HC≡C—H	547
Br—Br	193	$CH_3CH_2CH_2$—Br	294	CH_3—CH_3	378
I—I	151	$CH_3CH_2CH_2$—I	239	CH_3CH_2—CH_3	371
H—F	570	$CH_3CH_2CH_2$—OH	395	$CH_3CH_2CH_2$—CH_3	374
H—Cl	432	$CH_3CH_2CH_2$—OCH_3	355	CH_3CH_2—CH_2CH_3	343
H—Br	366	$(CH_3)_2CH$—H	413	$(CH_3)_2CH$—CH_3	371
H—I	298	$(CH_3)_2CH$—F	439	$(CH_3)_3C$—CH_3	363
CH_3—H	440	$(CH_3)_2CH$—Cl	355	HO—H	499
CH_3—F	461	$(CH_3)_2CH$—Br	298	HOO—H	356
CH_3—Cl	352	$(CH_3)_2CH$—I	222	HO—OH	214
CH_3—Br	293	$(CH_3)_2CH$—OH	402	$(CH_3)_3CO$—$OC(CH_3)_3$	157
CH_3—I	240	$(CH_3)_2CH$—OCH_3	359	$\underset{\text{O}}{\overset{\text{O}}{C_6H_5C}}$—$\underset{}{\overset{}{OCC_6H_5}}$	139
CH_3—OH	387	$(CH_3)_2CHCH_2$—H	422		
CH_3—OCH_3	348	$(CH_3)_3C$—H	400	CH_3CH_2O—OCH_3	184
CH_3CH_2—H	421	$(CH_3)_3C$—Cl	349	CH_3CH_2O—H	431
CH_3CH_2—F	444	$(CH_3)_3C$—Br	292		
CH_3CH_2—Cl	353	$(CH_3)_3C$—I	227	$\underset{}{\overset{\text{O}}{CH_3C}}$—H	364
CH_3CH_2—Br	295	$(CH_3)_3C$—OH	400		
CH_3CH_2—I	233	$(CH_3)_3C$—OCH_3	348		
CH_3CH_2—OH	393	$C_6H_5CH_2$—H	375		

[a] $DH°$ 値は式 $DH°[A-B] = H_f[A·] + H_f[B·] - H_f[A-B]$ を用いて，生成熱 (H_f) のデータから計算するか，信頼できるデータ集から直接得られたものである．

- 共有結合を切るためには，エネルギーが供給されなければならない．
- 共有結合をホモリシスによって切るのに必要なエネルギーは，**結合解離エネルギー** bond dissociation energy とよばれ，通常 *DH*° と略される．

例えば，水素と塩素の結合解離エネルギーは次のように書かれる．

H—H
(*DH*° = 436 kJ mol^{-1})

Cl—Cl
(*DH*° = 243 kJ mol^{-1})

いろいろな共有結合の結合解離エネルギーは実験的に求めるか，関連するデータから計算によって求められる．そのいくつかの *DH*° を表 9.1 に示す．

9.2A 結合解離エネルギーをラジカルを用いて相対的安定性を決める

結合解離エネルギーは，ラジカルの相対的な安定性を比較するのに便利である．表 9.1 のデータに，プロパンの第一級と第二級 C—H 結合の *DH*° の値がある．

(*DH*° = 423 kJ mol^{-1})　　　(*DH*° = 413 kJ mol^{-1})

指定された C—H 結合がホモリシスで切れるとき，ΔH° の値は次に示したようになるということである．

　　　プロピルラジカル　　　　　　　　ΔH° = +423 kJ mol^{-1}
　　　（第一級ラジカル）

　　　イソプロピルラジカル　　　　　　ΔH° = +413 kJ mol^{-1}
　　　（第二級ラジカル）

これらの反応は次の 2 点で共通している．第一に両者は同じアルカン（プロパン）から出発しているということ，第二に両者はともにアルキルラジカルと水素原子を生成するということである．しかし，結合開裂に必要なエネルギーの量と生成するアルキルラジカルの種類が異なる．これら二つの相異点は互いに関連しているはずである．

- アルキルラジカルは不対電子をもつ炭素の種類によって第一級，第二級，または第三級に分類される．このことはちょうどカルボカチオンが正電荷をもっている炭素原子によって分類されるのと同じである．

プロパンから第一級ラジカル（プロピルラジカル）が生成するには，同じ化合物から第二級ラジカル（イソプロピルラジカル）を生成するのに必要なエネルギーよりも大きなエネルギーを加えなければならない．これは第一級ラジカルのほうがより多くのエネルギーを吸収し，したがって，より大きなポテンシャルエネルギーをもっているということである．化学種の相対的な安定

性はそのポテンシャルエネルギー（値が小さいほど安定である）に関係付けられるから，第二級ラジカルはより安定なラジカルといえる（図9.1 (a)）．事実，イソプロピルラジカル（第二級ラジカル）はプロピルラジカル（第一級ラジカル）より 10 kJ mol^{-1} 安定である．

同様に，表9.1のデータを使ってイソブタンをもとにして t-ブチルラジカル（第三級ラジカル）とイソブチルラジカル（第一級ラジカル）の安定性を比較することができる．

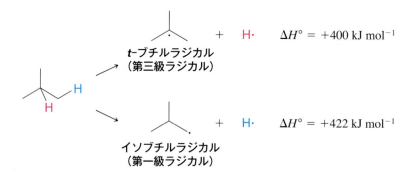

この二つのラジカルの安定性の差は，さらに大きく開いていることがわかる（図9.1 (b)）．第三級ラジカルは第一級ラジカルより 22 kJ mol^{-1} も安定である．

これらの例に見られたことは，アルキルラジカル一般にも当てはまることで，その相対的安定性は次のようになる．

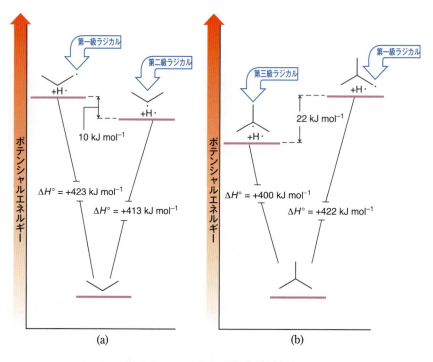

図 9.1　ラジカルの安定性の比較
(a) Propane に対するプロピルラジカル（＋H·）とイソプロピルラジカル（＋H·）のポテンシャルエネルギーの比較．第二級ラジカルは第一級ラジカルより 10 kJ mol^{-1} 安定である．(b) Isobutane に対する t-ブチルラジカル（＋H·）とイソブチルラジカル（＋H·）のポテンシャルエネルギーの比較．第三級ラジカルは第一級ラジカルより 22 kJ mol^{-1} 安定である．

9.3 アルカンとハロゲンの反応

- ラジカルの相対的な安定性の順序は，第三級＞第二級＞第一級＞メチル*である．

$$第三級 > 第二級 > 第一級 > メチル$$

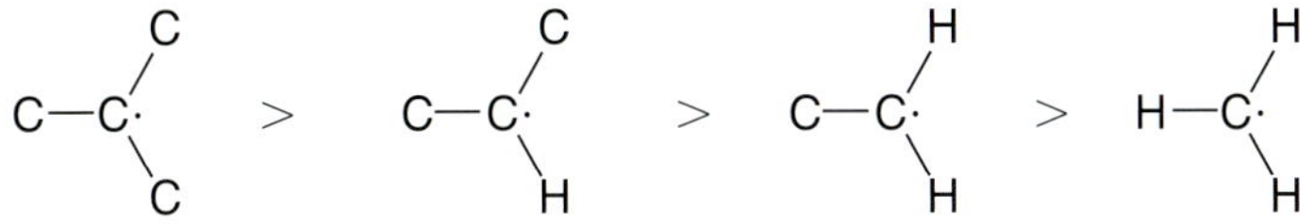

- アルキルラジカルの安定性の順序はカルボカチオン（6.11B項）のそれと同じである．

アルキルラジカルは電荷をもっていないが，奇数の電子をもつ炭素は電子不足である．したがって，この炭素に結合しているアルキル基は**超共役**による安定化効果をもたらす．すなわち，この炭素にアルキル基が多く付いているほど，そのラジカルはより安定である．したがって，ラジカルとカルボカチオンの相対的な安定性の理由は同じである．

例題 9.1

次のラジカルを第一級，第二級，第三級に分類し，安定性が減少する順に並べよ．

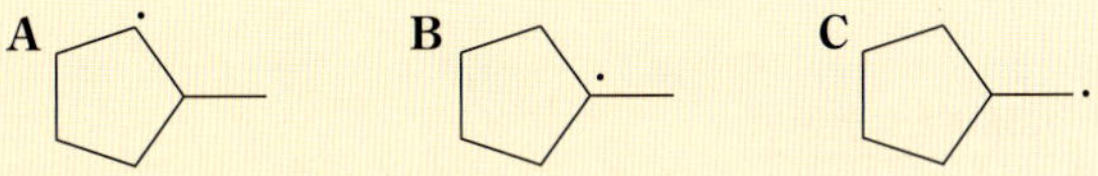

解き方と解答：

各ラジカルの不対電子をもっている炭素を見て，ラジカルのタイプを分類する．**B** は第三級ラジカルである（不対電子をもっている炭素が第三級であるため）．したがって，最も安定である．**C** は第一級ラジカルで最も不安定である．そして第二級ラジカルは両者の中間に入る．安定性の順序は **B＞A＞C** である．

問題 9.1 次のラジカルをその安定性が減少する順に並べよ．

9.3 アルカンとハロゲンの反応

- アルカンはハロゲン分子と反応して，**ラジカルハロゲン化** radical halogenation といわれる**置換反応** substitution reaction によってハロゲン化アルキルを生成する．

ラジカルハロゲン化によってモノハロゲン化アルキルを生成する反応の一般式は次頁に示したとおりである．この反応はラジカルハロゲン化とよばれる．9.4 節に示すように，その反応機構にラジカルという不対電子をもった反応種を含んでいるからである．この反応は求核置換反応で

---
*（訳注）メチルラジカルは第一級ラジカルに含めないで，メチルラジカルとして別に取り扱う．

はない．

$$\text{R-H} + \text{X}_2 \longrightarrow \text{R-X} + \text{HX}$$

- ハロゲン原子はアルカンの1個またはそれ以上の水素原子を置換し，相当するハロゲン化水素を副生物として与える．

フッ素，塩素，臭素だけがアルカンとこのように反応する．ヨウ素はエネルギー的に不利なためほとんど反応しない．

9.3A　多置換反応

アルカンのハロゲン化を複雑にする要因は，アルカンを過剰に用いないかぎり（例題9.2参照），常に多置換反応が起こることである．次の例に示すように，塩素とメタン（ともに室温で気体）を混合し，混合物を加熱するか，または光照射すると，反応が激しく起こりはじめ，最終的には次のような生成物を与える．

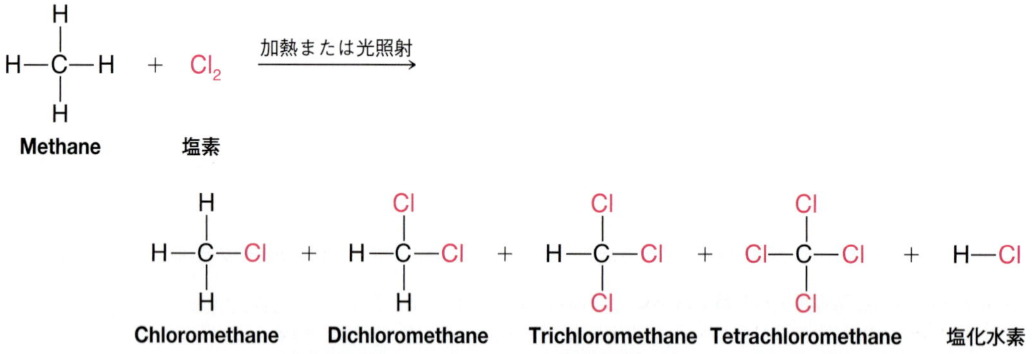

Methane ＋ Cl_2 　加熱または光照射→
塩素

Chloromethane ＋ Dichloromethane ＋ Trichloromethane ＋ Tetrachloromethane ＋ 塩化水素
（塩素化されたメタンのモル数の合計は，反応したメタンのモル数と等しい）

この混合物が得られることを理解するためには，反応が進行するに従って基質と生成物の濃度がどのように変化するかを考える必要がある．最初は，反応混合物中に存在する化合物は塩素とメタンだけであり，起こる反応はクロロメタンと塩化水素を生成する反応である．

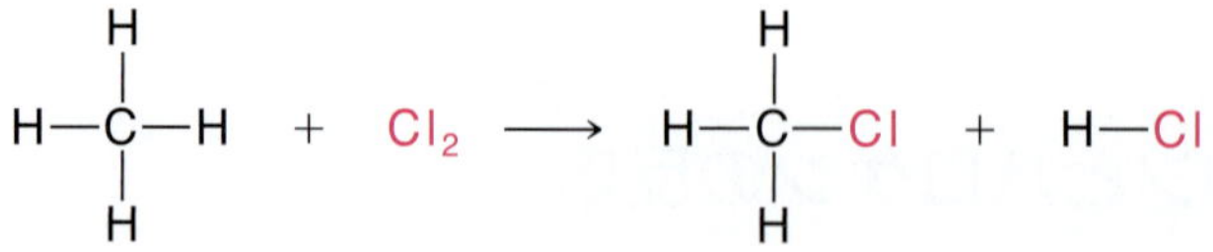

$CH_4 + Cl_2 \longrightarrow CH_3Cl + HCl$

しかし，反応が進むに従って反応混合物中のクロロメタンの濃度が高くなり，第二の置換反応が起こりはじめる．すなわち，クロロメタンが塩素と反応してジクロロメタンを生成する．

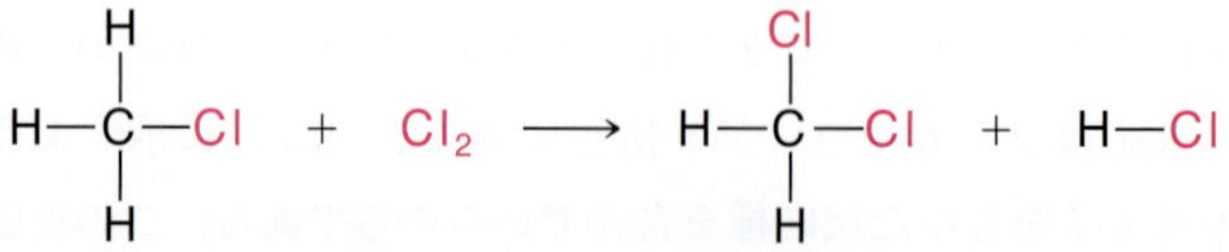

$CH_3Cl + Cl_2 \longrightarrow CH_2Cl_2 + HCl$

ジクロロメタンはさらにトリクロロメタン（クロロホルム）を生じる．そして，トリクロロメ

タンも混合物中に蓄積すると塩素と反応してテトラクロロメタン（四塩化炭素）を生成する．ClによるHの置換が起こるごとに1分子のHClが生成する．

例題 9.2

Chloromethane（CH_3Cl）を合成したいとき，大過剰のmethaneを用いるとCH_2Cl_2，$CHCl_3$，CCl_4の生成が抑えられ，CH_3Clの収量を最大にできる．理由を説明せよ．

解き方と解答：

Methaneを大過剰に用いると，塩素がmethaneと反応する確率が最大となる．反応系中には常にmethaneが多量にあるので，塩素が濃度の比較的低いCH_3ClやCH_2Cl_2などと反応する確率は小さい（反応終了後，未反応のmethaneを回収し再利用することができる）．

9.3B 塩素の選択性は低い

炭素数の多いアルカンを**塩素化** chlorination すると，大抵の場合，いろいろなポリクロロアルカンの他に，モノクロロアルカンの異性体の混合物が得られる．

- 塩素は選択性が比較的低い．すなわち，塩素はアルカンの水素原子の種類（第一級，第二級，第三級）を区別できない．

光によって促進されるイソブタンの塩素化の例を示す．

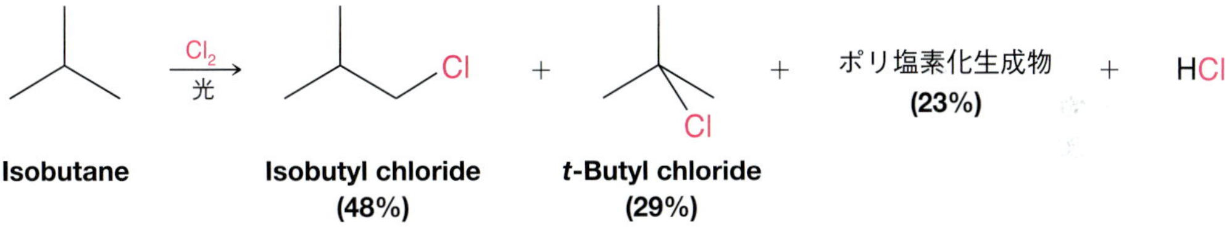

Isobutane + Cl_2 / 光 → **Isobutyl chloride** (48%) + **t-Butyl chloride** (29%) + ポリ塩素化生成物 (23%) + HCl

- アルカンの塩素化は通常複雑な混合物を与えるので，特定の塩化アルキルの合成を目的とするときには合成法としてはあまり有用ではない．
- 例外は，水素がすべて等価なアルカン（またはシクロアルカン）のハロゲン化である［等価な水素原子というのは，それをある他の基（例えば，塩素）で置き換えたとき，同一化合物を与えるものと定義される（8.8節）］．

例えば，ネオペンタンはモノハロゲン化物をただ1種類だけ生成する．この場合，ネオペンタンを過剰に用いると多置換体の生成を抑えることができる．

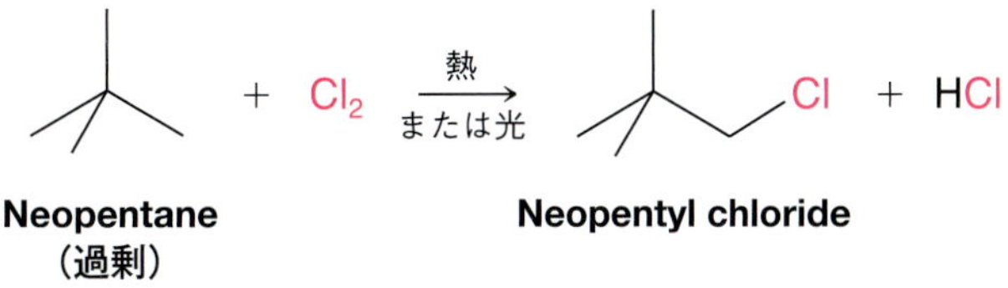

Neopentane（過剰） + Cl_2 → (熱または光) → **Neopentyl chloride** + HCl

- 臭素はアルカンに対して一般に塩素より反応性は低いが，選択性は高い．

臭素の選択性については 9.5A 項で述べる．

9.4 メタンの塩素化：反応機構

メタンと塩素の気相反応は，ラジカルハロゲン化反応の反応機構を調べるにはよい例である．

$$CH_4 + Cl_2 \longrightarrow CH_3Cl + HCl \ (+ \ CH_2Cl_2, \ CHCl_3, \ と \ CCl_4)$$

いくつかの重要な実験事実がこの反応の機構を理解するのに役立つ．

1. **この反応は熱または光によって促進される**．メタンと塩素は室温で光を照射しない状態では反応しない．ところが，メタンと塩素の気体混合物に，Cl_2 が吸収する波長の紫外光を照射すると両者は室温で反応する．また，この気体混合物を 100℃ 以上に加熱すると，暗所でも反応する．
2. **光による反応は非常に効率がよい**．比較的少ない光量子で，比較的多量の塩素化された生成物が得られる．

これらの事実によく一致する反応機構として，数段階からなる次のような機構が考えられている．すなわち，最初の段階は熱または光によって塩素分子が二つの塩素原子に開裂する段階である．段階 2 は塩素原子による水素の引き抜きである．

反応機構

メタンのラジカル塩素化

反 応

$$CH_4 + Cl_2 \xrightarrow{熱または光} CH_3Cl + HCl$$

機 構

連鎖開始段階

段階 1　塩素の開裂　　:Ḉl⌒Ḉl: $\xrightarrow{熱または光}$:Ḉl· + ·Ḉl:

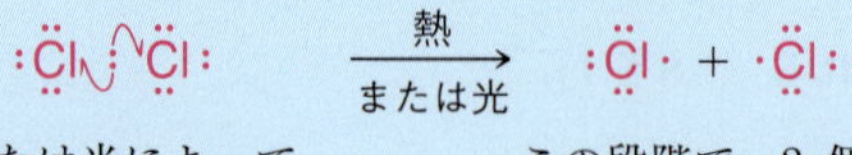

熱または光によって，塩素分子は解離する；各原子は結合電子を 1 個ずつ分け合う．

この段階で，2 個の非常に活性な塩素原子が生成する．

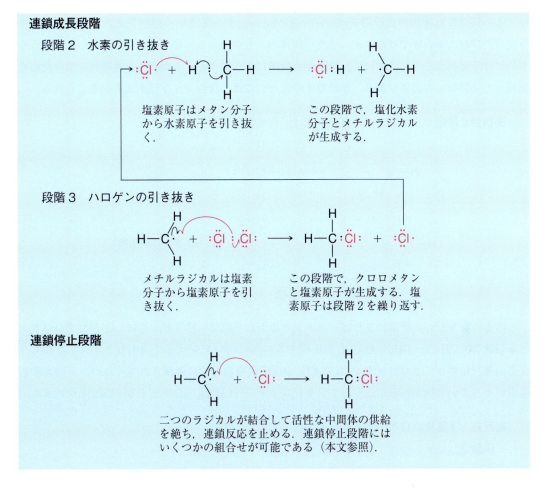

段階3では，非常に活性なメチルラジカルが塩素分子と反応して塩素原子を引き抜く．その結果，クロロメタン（反応の最終生成物の一つ）と塩素原子を生成する．後者は特に重要で，段階3で生成した塩素原子が別のメタン分子を攻撃し，段階2が繰り返され，そしてさらに段階3が繰り返される．このようなサイクルが何百回何千回と繰り返される（段階3が繰り返されるごとに，クロロメタン分子ができる）．

- このように各サイクルで活性中間体が生成し，それがまた次のサイクルを引き起こす引き金となる．この連続的な多段階機構を**連鎖反応** chain reaction という．

段階1を**連鎖開始段階** chain-initiating step といい，**この段階でラジカルが生成する**．段階2と3を**連鎖成長段階** chain-propagating step という．この段階では**一つのラジカルがまた別のラジカルを生成する**．

この反応の連鎖性を考慮すると，光による反応が非常に効率よく起こる事実が説明できる．数千のクロロメタン分子を生成するには，どの瞬間にでも塩素原子がほんの少しあればよい．

それでは，連鎖はなぜ止まるのだろうか．なぜ1個の光量子だけで，存在するメタン分子すべてを塩素化することができないのだろうか．実際にはそれはできない．なぜなら低温では絶えず光の照射を続けないと反応が遅くなったり，停止したりするからである．これらの疑問に対して

は，この反応には**連鎖停止段階** chain-terminating step があるというのが答えとなるだろう．そうたびたび起こるわけではないが，活性中間体の一方か，あるいは両方を使い果たしてしまうくらいには十分起こる．したがって，連鎖停止段階によって失われる中間体を連続的に補うために，連続して光照射する必要がある．連鎖停止段階としては，次のような停止反応が考えられる．

連鎖停止段階：ラジカルの消費（例えば，再結合による）

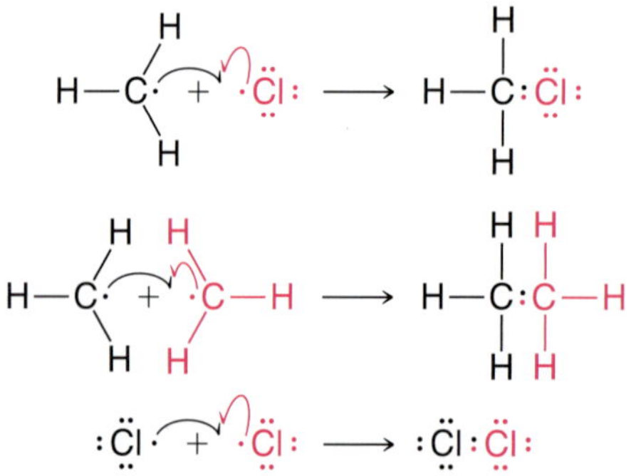

（エタンは副生物）

このようなラジカル機構によれば，メタンと塩素の反応で（HClとともに）どうしてハロゲンの多置換体，CH_2Cl_2，$CHCl_3$ や CCl_4 が生成するのかについてもうまく説明できる．すなわち，反応の進行に伴ってクロロメタン（CH_3Cl）が反応混合物の中に蓄積されてくるが，その水素も塩素によって引き抜かれる．こうしてジクロロメタン（CH_2Cl_2）を生成する連鎖反応が始まる．

副反応：多置換ハロゲン化された副生物の生成

段階2

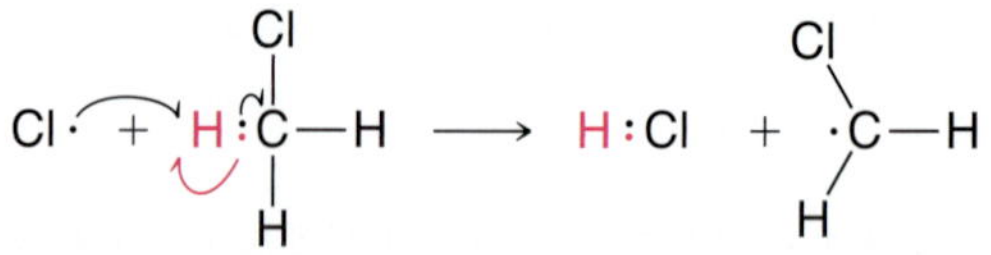

段階3

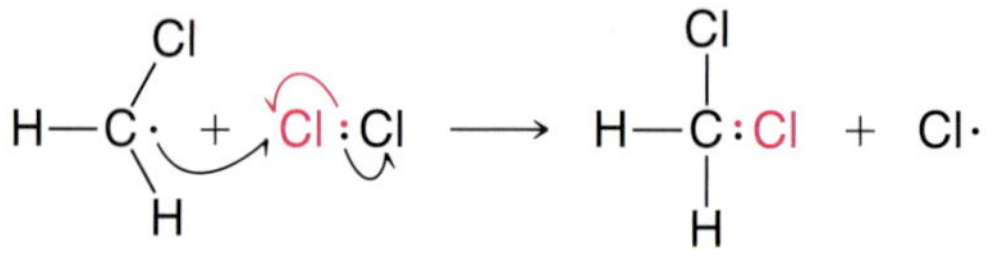

Dichloromethane

段階2が繰り返され，それからまた段階3が繰り返される．段階2の繰り返しのたびにHCl分子が生成し，段階3の繰り返しのたびに CH_2Cl_2 分子が生成する．

例題 9.3

Methane を塩素化すると，生成物の中に chloroethane がほんのわずか認められる．これはどうして生成したのだろうか．その生成にはどのような意味があるだろうか．

解き方と解答：

二つのメチルラジカルが結合して，少量の ethane が生成する．

$$2 \cdot CH_3 \longrightarrow CH_3:CH_3$$

副生物として生成したethaneがラジカルハロゲン化反応（9.5節参照）によってchloroethaneを生成する．二つのメチルラジカルが結合するのは，methaneの塩素化反応の連鎖停止段階の一つであるという提案に対する証拠となるという意味で，この観測は意義がある．

問題 9.2 CCl_4を最終的に最も多く合成したいとすれば大過剰の塩素を使えばよいという．この理由を説明せよ．

9.5 高級アルカンのハロゲン化

高級アルカンも同じ連鎖機構でハロゲンと反応する．例えば，エタンは塩素と反応してクロロエタン（塩化エチル）を生成する．その反応機構は次のとおりである．

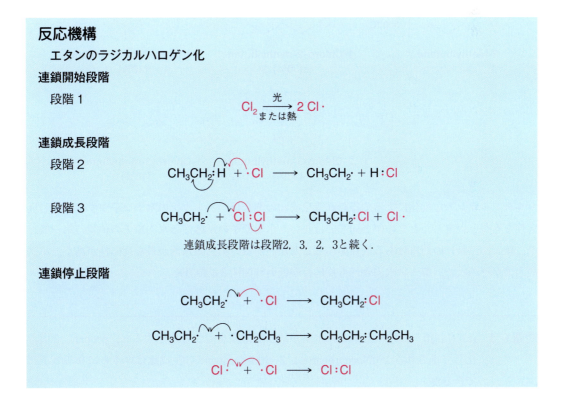

問題 9.3 Ethane を塩素化すると，1,1-dichloroethane と 1,2-dichloroethane が ethane の多置換塩素化物とともに生成してくる（9.3A項参照）．1,1-Dichloroethane と 1,2-dichloroethane の生成を説明する連鎖反応機構を書け．

3個以上の炭素原子をもつアルカンを**塩素化**すると，多置換塩素化物とともにモノクロロ体の異性体が生成する．次に例を示す．パーセントは各反応で生成したモノクロロ体の全量に対する割合を表している．

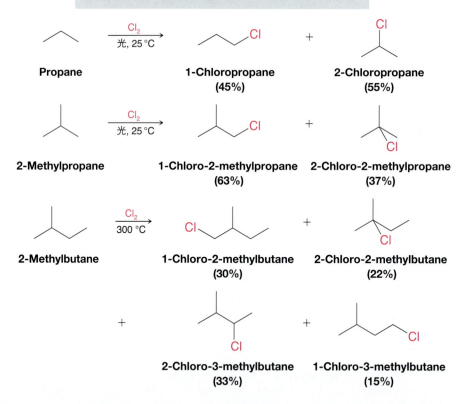

高級アルカンの塩素化によって得られる生成物の割合は，アルカンの水素原子がすべて同じ反応性をもつと仮定したときの値と同じではない．水素原子の反応性と水素原子の種類（第一級，第二級，第三級）の間にはある関係のあることがわかる．第三級水素が最も反応性が高く，第二級水素がその次で，第一級水素が最も反応性が低い（問題9.4 参照）．

問題 9.4 (a) もし第一級水素と第二級水素が同じ反応性をもつと仮定すると，propane を塩素化して得られる 1-chloropropane と 2-chloropropane の生成比はいくらになると予想できるか．

(b) 第一級水素と第三級水素が同じ反応性であるとすると，2-methylpropane を塩素化して得られる 1-chloro-2-methylpropane と 2-chloro-2-methylpropane の生成比はいくらになると予想できるか．

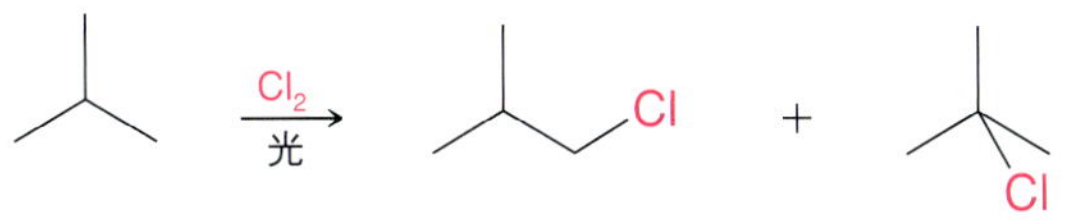

(c) それぞれの計算で得られた値と上にあげた実際の結果（本節）を比較し，水素原子の反応性の順序が第三級＞第二級＞第一級であることを確かめよ．

　第一級，第二級および第三級水素の塩素化反応の相対的な反応性は，以前に述べた結合解離エネルギー（表 9.1）に基づいて説明できる．三つのうち，第三級 C—H 結合を切るのに要するエネルギーが最も小さく，第一級 C—H 結合を切るのに要するエネルギーが最も大きい．C—H 結合が切れる段階，すなわち水素原子の引き抜き段階が塩素化の位置を決めることになるから，第三級水素を引き抜く活性化エネルギーが最小で，第一級水素を引き抜く活性化エネルギーが最大となると予想される．すなわち，塩素化に対する反応性は第三級水素が最も高く第二級水素がその次で，第一級水素が最も低い．しかし，第一級，第二級，第三級水素が塩素で置換される速度の差は大きくない．

- 実験室で合成法として用いることができるほどには，塩素は水素原子の種類を区別しない．

例題 9.4

分子式 C_5H_{12} のアルカンを塩素化すると，分子式 $C_5H_{11}Cl$ の生成物を 1 種類だけ与える．このアルカンの構造式は何か．

解き方と解答：

このアルカンの水素原子はすべて等価である．そのためどの水素を置換しても同じ生成物を与える．これが可能な唯一の炭素 5 個のアルカンは neopentane である．

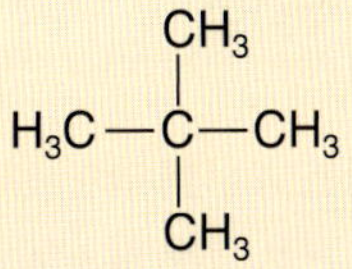

$$H_3C-\underset{\underset{CH_3}{|}}{\overset{\overset{CH_3}{|}}{C}}-CH_3$$

問題 9.5 ある種のアルカンの塩素化反応は実験室での合成にも用いられることがある．例えば，cyclopropane から chlorocyclopropane，cyclobutane から chlorocyclobutane の合成である．これを可能にしている分子の構造的な特徴は何か．

問題 9.6 次のアルカンは塩素と反応して，1種類のモノクロロ置換生成物を与える．このことから，それぞれのアルカンの構造式を推定せよ．
    (a) C_5H_{10} (b) C_6H_{18}

9.5A 臭素の選択性

臭素は水素原子の種類を区別する能力が塩素より著しく高い．

- 臭素はアルカンに対して一般に塩素より反応性が低い．しかし，臭素が反応するときは，攻撃位置の選択性は高い．
- 臭素化は置換反応に対して選択的で，最も安定なラジカル中間体が生成する．

例えば，2-メチルプロパンと臭素の反応では，ほとんど一方的に第三級水素が置換される．

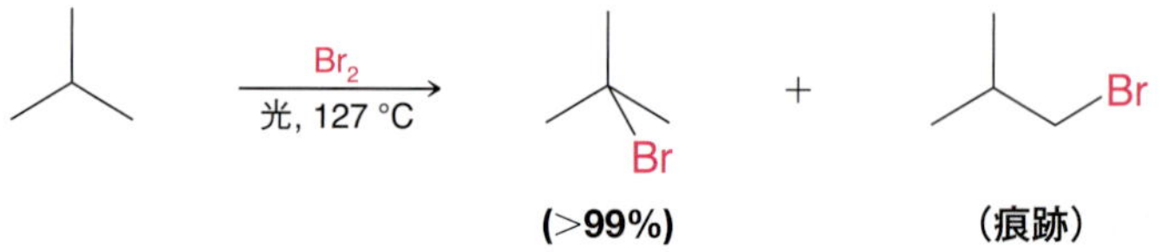

2-メチルプロパンが塩素と反応するときは，非常に異なった結果が得られる．

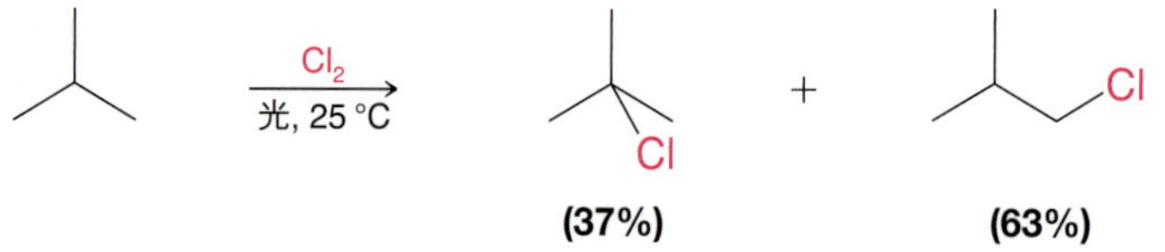

フッ素は塩素よりずっと活性で，塩素より選択性がない．

9.6 アルキルラジカルの構造

ほとんどのアルキルラジカルは，平面三方形構造をとっていることが実験的にわかっている．この構造は sp^2 混成炭素によって説明される．アルキルラジカルにおいては，p 軌道に不対電子が入っている（図 9.2）．

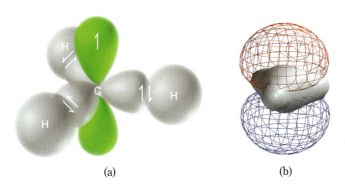

図 9.2 メチルラジカルの構造
(a) メチルラジカルの図．中心に sp^2 混成炭素，p 軌道中の不対電子，そして共有結合の 3 組の電子対からなる．不対電子は p 軌道の上下どちらのローブにあってもよい．(b) メチルラジカルについて計算した図．不対電子の入っている分子軌道が赤色と青色のローブで示されている．炭素と水素のまわりの結合性電子密度の高い領域は灰色で示されている．

9.7 四面体形キラル中心ができる反応

- **アキラル分子**が反応して四面体形の**キラル中心**を 1 個もつ化合物を生じるとき，生成物は**ラセミ体**である．

このことは，キラルな影響（酵素やキラルな反応剤や溶媒を用いるなど）がない場合にはいつも正しい．

ペンタンのラジカル塩素化を例にして，この原理を説明しよう．

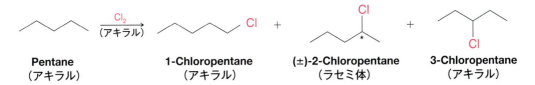

Pentane　　　　　**1-Chloropentane**　　　**(±)-2-Chloropentane**　　　**3-Chloropentane**
（アキラル）　　　　（アキラル）　　　　　（ラセミ体）　　　　　　　（アキラル）

この反応は，多置換塩素化物とともに，この反応式に示した生成物を与える（多置換体の生成を抑えるために，過剰のペンタンを使うことができる）．1-クロロペンタンも 3-クロロペンタンもキラル中心をもたないが，2-クロロペンタンはキラル中心を 1 個もっている．しかし，これはラセミ体として得られる．その理由は次の反応機構を見ればわかる．

反応機構
ペンタンの C2 の塩素化の立体化学

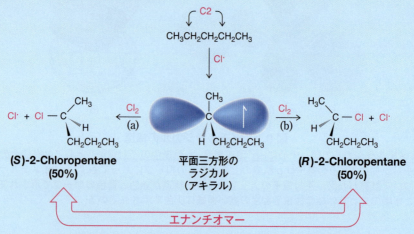

C2 から水素原子が引き抜かれると，アキラルな平面三方形構造のラジカルが生成する．このラジカルは経路 (a) か (b) を経由して塩素とどちら側からでも反応する．ラジカルはアキラルであるから，同じ確率でどちらかの経路で反応する．したがって，二つのエナンチオマーが等量生成し，2-クロロペンタンのラセミ体になる．

9.8 アリル位置換とアリル型ラジカル

- アルケン二重結合に隣接した sp³ 混成炭素を**アリル位** allyl position という．

次にいくつかの例を示す．

印を付けた炭素に結合した水素原子はアリル位水素である

下の塩素や臭素原子はアリル位に結合している

アリル位水素はラジカル置換反応では特に活性である．アリル位水素を置換することによってアリル型ハロゲン化物を合成することができる．例えば，プロペンは高温またはハロゲンの濃度を低くしたラジカル条件下で臭素または塩素と反応する．その結果は**アリル位置換** allylic substitution である．

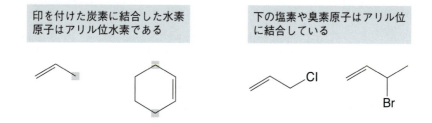

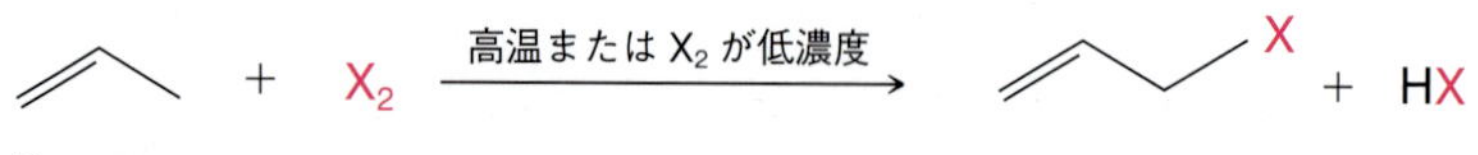

一方，プロペンが臭素または塩素と反応するとき，低温では，すでに Chap. 8 で学んだタイプ

の付加反応が起こる.

$$\text{CH}_2=\text{CHCH}_3 + X_2 \xrightarrow[\text{CCl}_4]{\text{低温}} \text{XCH}_2\text{CH}(X)\text{CH}_3$$

　反応をアリル位置換のほうにかたよらせるためには，ラジカルの生成に有利な反応条件あるいはハロゲンを絶えず低濃度で供給する反応条件が必要である．

9.8A　アリル位塩素化（高温）

プロペンと塩素を 400 ℃の気相で反応させると，プロペンはアリル位塩素化される．

$$\text{CH}_2=\text{CHCH}_3 + \text{Cl}_2 \xrightarrow[\text{気相}]{400\ °C} \text{CH}_2=\text{CHCH}_2\text{Cl} + \text{HCl}$$

Propene　　　　　　　　3-Chloropropene
(allyl chloride)

アリル位置換の反応機構は，本章の前半で学んだアルカンの**ハロゲン化** halogenation の連鎖反応と同じである．連鎖開始段階で塩素分子が塩素原子に解離する．

連鎖開始段階

$$:\!\ddot{\text{Cl}}-\ddot{\text{Cl}}: \longrightarrow 2\,:\!\ddot{\text{Cl}}\cdot$$

連鎖成長の第一段階で，塩素原子はアリル位の水素原子の一つを引き抜く．この段階で生成したラジカルはアリルラジカルとよばれる．

連鎖成長の第一段階

$$\text{CH}_2=\text{CHCH}_2\text{H} + \cdot\ddot{\text{Cl}}: \longrightarrow \text{CH}_2=\text{CHCH}_2\cdot + \text{H}-\ddot{\text{Cl}}$$

アリルラジカル

連鎖成長の第二段階で，アリルラジカルは塩素分子と反応する．

連鎖成長の第二段階

$$\text{CH}_2=\text{CHCH}_2\cdot + :\!\ddot{\text{Cl}}-\ddot{\text{Cl}}: \longrightarrow \text{CH}_2=\text{CHCH}_2\ddot{\text{Cl}}: + :\!\ddot{\text{Cl}}\cdot$$

Allyl chloride

　この段階で塩化アリル（3-クロロプロペン）と塩素原子が生成する．塩素原子は第一段階の連鎖成長を繰り返す．連鎖反応は連鎖停止段階（9.4節）でラジカルがなくなるまで続く．

9.8B　N-ブロモスクシンイミドによるアリル位臭素化（Br_2 の低濃度条件）

プロペンを四塩化炭素（CCl_4）に溶かした N-ブロモスクシンイミド（NBS）と過酸化物または光の存在下に反応させると，プロペンのアリル位臭素化が起こる．

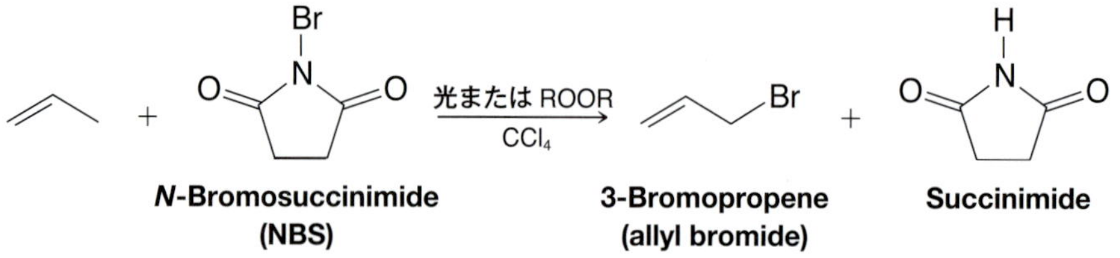

N-Bromosuccinimide (NBS) + プロペン → **3-Bromopropene (allyl bromide)** + **Succinimide**（光または ROOR，CCl_4）

反応は少量の Br· （おそらく NBS の N—Br 結合の解離によって生成する）の生成によって開始される．この反応のおもな成長段階はアリル位塩素化と同じである（13.2A 項）．

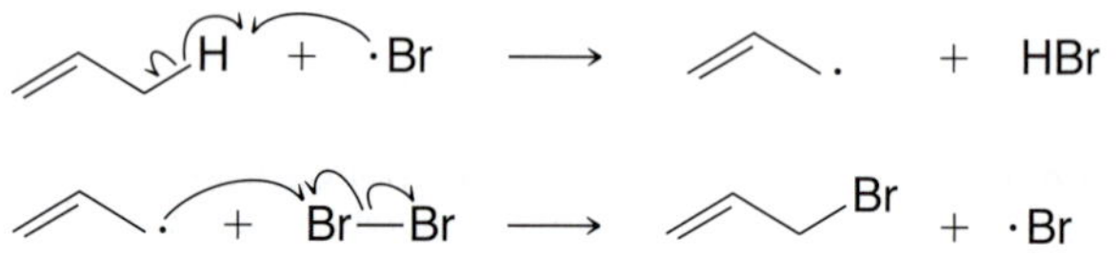

アリル-H + ·Br ⟶ アリル· + HBr

アリル· + Br—Br ⟶ アリル-Br + ·Br

NBS は，反応混合物中，絶えずしかし非常に低濃度の臭素を供給する固体である．NBS は置換反応で生成した HBr とすばやく反応する．HBr 1 分子が Br_2 1 分子と置き換わる．

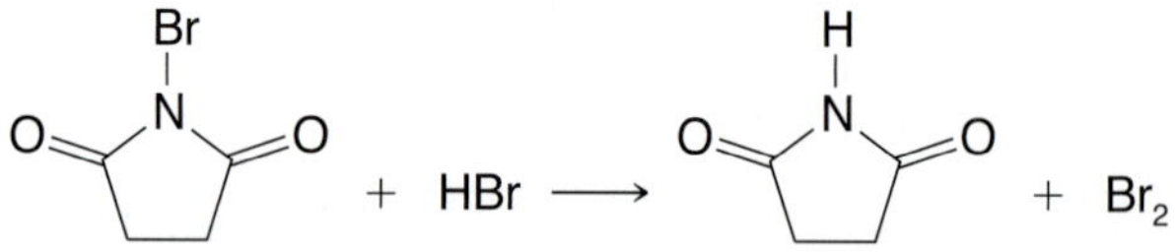

NBS + HBr ⟶ Succinimide + Br_2

この条件，すなわち非極性溶媒中で臭素が非常に低濃度であると，臭素は二重結合にほとんど付加せず，置換反応によってアリル位水素と置き換わる．

シクロヘキサンとの次の反応は NBS によるアリル位臭素化のもう一つの例である．

シクロヘキセン → 3-ブロモシクロヘキセン（NBS, ROOR，加熱，CCl_4）　82〜87%

- 一般に，NBS はアリル位臭素化に用いられるよい反応剤である．

9.8C　アリル型ラジカルは安定化されている

アリル位の C—H 結合の結合解離エネルギーを調べて，他の C—H 結合の結合解離エネルギーと比べてみよう．

9.8 アリル位置換とアリル型ラジカル

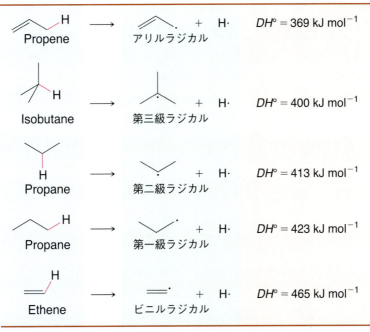

この他の結合解離エネルギーについては表9.1を見よ.

この表から，プロペンのアリル位C—H結合は，イソブタンの第三級C—H結合やビニル位C—H結合よりもずっと容易に切断されることがわかる．

- アリル位C—H結合が切れやすいということは，第一級，第二級，第三級，ビニル型ラジカルに比べて，アリル型ラジカルは最も安定であるということを意味している（図9.3）．

ラジカルの相対的な安定性：アリルまたはアリル型＞第三級＞第二級＞ビニルまたはビニル型

なぜアリル型ラジカルが安定であるかの理由については12.2節で説明する．

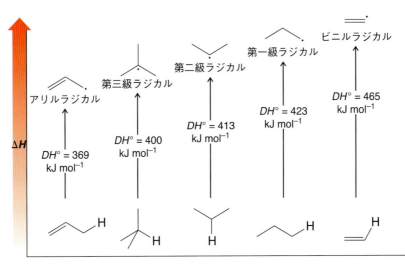

図9.3 第一級，第二級，第三級，ビニルラジカルと比べたときのアリルラジカルの相対的安定性

9.9 ベンジル位置換とベンジル型ラジカル

- ベンゼン環に隣接する sp^3 炭素を**ベンジル位** benzylic position という.

次にいくつかの例を示す.

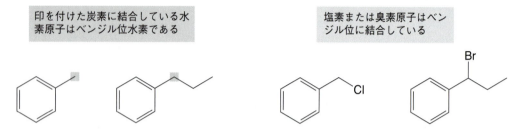

印を付けた炭素に結合している水素原子はベンジル位水素である

塩素または臭素原子はベンジル位に結合している

ベンジル位水素はラジカル置換反応においてアリル位水素よりさらに活性である.それはベンジルラジカルに可能な非局在化が一層顕著で安定だからである(14.12A 項参照).

例えば,トルエンを光照射下に NBS と反応させると,主生成物は臭化ベンジルである.NBS は低濃度の Br_2 を供給し,反応は 9.8B 項で学んだアリル位臭素化と類似している.

$$\text{Toluene} + \text{NBS} \xrightarrow{\text{光}} \text{Benzyl bromide (64\%)} + \text{(succinimide)}$$

メチルベンゼンのベンジル位塩素化は 400～600 ℃の気相または紫外光の存在下で起こる.過剰の塩素を用いると,側鎖に多重塩素化が起こる.

$$\text{CH}_3 \xrightarrow[\text{熱または光}]{\text{Cl}_2} \text{CH}_2\text{Cl (Benzyl chloride)} \xrightarrow[\text{熱または光}]{\text{Cl}_2} \text{CHCl}_2 \text{ (Dichloromethylbenzene)} \xrightarrow[\text{熱または光}]{\text{Cl}_2} \text{CCl}_3 \text{ (Trichloromethylbenzene)}$$

これらのハロゲン化は本章の前半で述べた 9.5 節のアルカンのハロゲン化と同じラジカル連鎖機構で起こる.ハロゲン分子が解離してハロゲン原子となり,そのハロゲン原子がメチル基の水素を引き抜いて連鎖反応を開始する.

ベンジル位ラジカルの安定性とベンジル位ハロゲン化については 14.12 節で述べる.

9.10 アルケンへのラジカル付加：臭化水素の逆 Markovnikov 付加

アルケンへの臭化水素の付加の配向性については，1933 年まで混乱していた．あるときは Markovnikov（マルコフニコフ）の法則に従って付加するが，あるときは全く逆の配向性を示すという状態であった．同じ実験条件であると思われるのに，ある研究室では Markovnikov 付加体が得られ，別の研究室では逆 Markovnikov 付加体が得られた．同じ化学者でも同じ条件で反応して，別の機会には異なる結果が得られた．

この謎は 1933 年，M. S. Kharasch（カラッシュ）と F. R. Mayo（メイヨー）（University of Chicago）の研究によって解決された．彼らは大気中の酸素がアルケンと反応して生成した有機過酸化物（9.12D 項参照）がその原因であることを明らかにした．Kharasch と Mayo は過酸化物かヒドロペルオキシドを含むアルケンが臭化水素と反応すると，臭化水素は逆 Markovnikov 付加することを見出した．

R—Ö—Ö—R　　　　R—Ö—Ö—H
　過酸化物　　　　　ヒドロペルオキシド

- 過酸化物またはヒドロペルオキシドを含むアルケンが臭化水素と反応するとき，HBr の逆 Markovnikov 付加が起こる．

過酸化物の存在下では，例えばプロペンは 1-ブロモプロパンを与える．過酸化物が存在しないときや，ラジカルを捕捉する物質が存在するときは，正常な Markovnikov 付加が起こる．

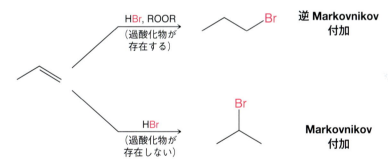

- 過酸化物が存在するとき，臭化水素が逆 Markovnikov 付加する唯一のハロゲン化水素である．

フッ化水素，塩化水素やヨウ化水素は，過酸化物が存在していても，逆 Markovnikov 付加をしない．

臭化水素の逆 Markovnikov 付加の反応機構は過酸化物によって開始される**ラジカル連鎖反応**である．

反応機構

HBr の逆 Markovnikov 付加

連鎖開始段階

段階 1

$$R-\ddot{O}:\ddot{O}-R \xrightarrow{加熱} 2\,R-\ddot{O}\cdot$$

加熱によって弱い O—O 結合がホモリシスで切れる.

段階 2

$$R-\ddot{O}\cdot + H:\ddot{B}r: \longrightarrow R-\ddot{O}:H + :\ddot{B}r\cdot$$

アルコキシルラジカルが HBr から水素原子を引き抜き,臭素原子ができる.

連鎖成長段階

段階 3

$$:\ddot{B}r\cdot + H_2C=CH-CH_3 \longrightarrow :\ddot{B}r:CH_2-\dot{C}H-CH_3$$
第二級ラジカル

臭素原子は二重結合に付加し,より安定な第二級ラジカルを生成する.

段階 4

$$:\ddot{B}r-CH_2-\dot{C}H-CH_3 + H:\ddot{B}r: \longrightarrow :\ddot{B}r-CH_2-\underset{H}{CH}-CH_3 + \cdot\ddot{B}r:$$
1-Bromopropane

第二級ラジカルは HBr から水素原子を引き抜く.これによって生成物（1-bromopropane）と臭素原子を生成する.段階 3 と 4 が繰り返され,連鎖反応になる.

段階 1 は,過酸化物分子の単純なホモリシスで,2 個のアルコキシルラジカルが生成する.過酸化物の O—O 結合は弱く,この反応は容易に起こる.

$$R-\ddot{O}:\ddot{O}-R \longrightarrow 2\,R-\ddot{O}\cdot \qquad \Delta H° \simeq +150 \text{ kJ mol}^{-1}$$
過酸化物　　アルコキシルラジカル

段階 2 は,このラジカルによって水素原子が引き抜かれる段階で,発熱反応で活性化エネルギーが小さい.

$$R-\ddot{O}\cdot + H:\ddot{B}r: \longrightarrow R-\ddot{O}:H + :\ddot{B}r\cdot \qquad \Delta H° \simeq -96 \text{ kJ mol}^{-1}$$
活性化エネルギーは小さい

段階 3 で生成物の臭素の配向が決まる.そのようになるのはより安定な第二級ラジカルが生成することと,第一級炭素を攻撃するほうが,立体障害が少ないからである.もし臭素原子がプロペンの第二級炭素を攻撃すると,より不安定な第一級ラジカルが生成することになる.その上,第二級炭素への攻撃は立体障害がより大きい.

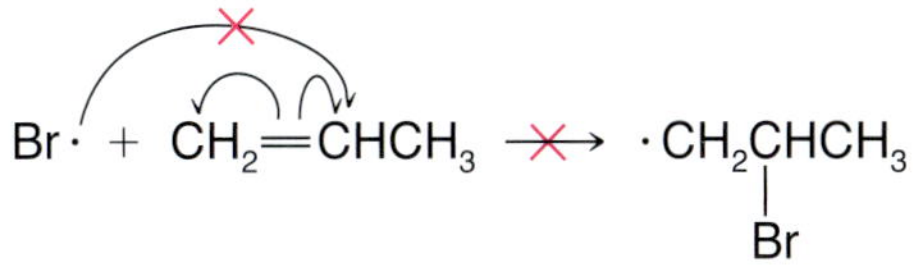

9.10 アルケンへのラジカル付加：臭化水素の逆 Markovnikov 付加

$$\text{Br} \cdot + \text{CH}_2=\text{CHCH}_3 \xrightarrow{\times} \cdot\text{CH}_2\text{CHCH}_3$$
$$\qquad\qquad\qquad\qquad\qquad\quad |$$
$$\qquad\qquad\qquad\qquad\qquad\text{Br}$$

第一級ラジカル
（不安定）

段階 4 では，段階 3 で生成したラジカルが臭化水素から水素原子を引き抜く．この水素引き抜きによって臭素原子（不対電子をもっているから，これもラジカルである）が生成し，それが再び段階 3 を引き起こし，そして段階 4 が起こる．すなわち連鎖反応となる．

9.10A　HBr のアルケンへの Markovnikov 付加と逆 Markovnikov 付加のまとめ

HBr がアルケンに付加する仕方に 2 種類あることを示した．過酸化物が存在しないときには，二重結合を最初に攻撃する反応剤はプロトンである．プロトンは小さいので立体効果は重要ではない．プロトンはイオン機構によって二重結合と反応し，より安定なカルボカチオンを生成する．その結果は Markovnikov 付加である．極性のプロトン性溶媒がこの反応には有利である．

イオン付加

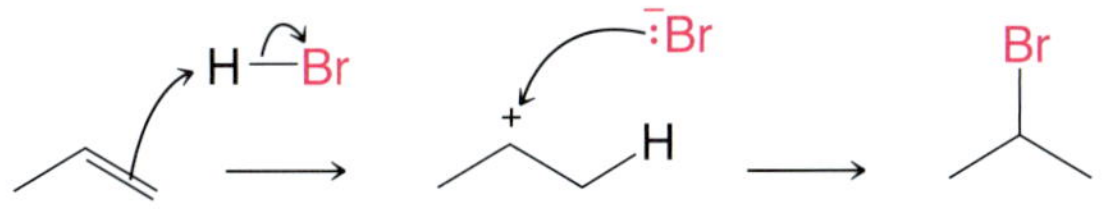

より安定なカルボカチオンを生成する付加 → Markovnikov 生成物

過酸化物が存在するときは，二重結合を最初に攻撃する反応剤はより大きな臭素原子である．これはラジカル機構によって立体障害の小さい炭素原子を攻撃し，より安定なラジカル中間体を生成する．その結果は逆 Markovnikov 付加である．無極性溶媒のほうがラジカル反応には望ましい．

ラジカル付加

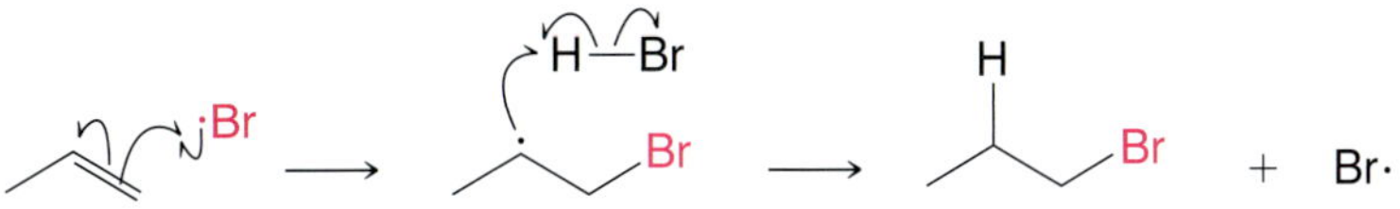

より安定なラジカルを生成する付加 → 逆 Markovnikov 生成物 + Br·

9.11 アルケンのラジカル重合：連鎖重合体

ポリマー（重合体）polymer は，多くの繰り返し単位からなる**高分子** macromolecule とよばれる大きな分子である．高分子を合成するのに用いられる分子のサブユニットは**モノマー（単量体）** monomer とよばれ，モノマーが結合する反応を**重合** polymerization という．多くの重合はラジカルによって開始される．

例えば，エチレン（エテン）はポリエチレンというポリマーを合成するのに用いられるモノマーである．

$$m\,CH_2=CH_2 \xrightarrow{\text{重合}} -CH_2CH_2-(CH_2CH_2)_n-CH_2CH_2-$$

Ethylene モノマー　　　　　　　　　　　Polyethylene ポリマー

（モノマー単位）

（m と n は大きな数字である）

ポリエチレンのようなポリマーは付加反応によって作られるから，**連鎖重合体** chain-growth polymer または**付加重合体** addition polymer とよばれる．ポリエチレンの生成する段階をもう少し詳しく見てみよう．

エチレン（エテン）を少量の有機過酸化物（ジアシルペルオキシド diacyl peroxide など）とともに 1,000 気圧で加熱すると，ラジカル機構によって重合する．

反応機構
エチレン（エテン）のラジカル重合

連鎖開始段階

段階 1

$$R-\overset{O}{\overset{\|}{C}}-O:O-\overset{O}{\overset{\|}{C}}-R \longrightarrow 2\,R:\overset{O}{\overset{\|}{C}}-O\cdot \longrightarrow 2\,CO_2 + 2\,R\cdot$$

ジアシルペルオキシド

ジアシルペルオキシドが解離し，二酸化炭素ガスを発生する．

段階 2

$$R\cdot + CH_2=CH_2 \longrightarrow R:CH_2-CH_2\cdot$$

生成したアルキルラジカルが，連鎖反応を開始する．

連鎖成長段階

段階 3

$$R-CH_2CH_2\cdot + n\,CH_2=CH_2 \longrightarrow R-(CH_2CH_2)_n-CH_2CH_2\cdot$$

鎖はエチレン単位が次々に付加して長くなる．この過程は再結合か不均化 disproportionation によって成長が止まるまで続く．

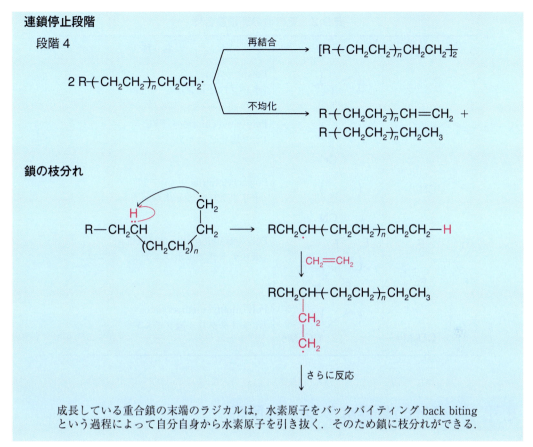

ポリエチレンは，分子量が100万くらいにならないと一般的には役に立たない．非常に高分子量のポリエチレンは開始剤を低濃度にすることによって得られる．ごく少量の鎖の成長が開始され，それぞれの鎖は大量のモノマーを利用できる．開始剤を多く加えると，重合中に鎖の成長が停止したり，新しい鎖ができたりする．

ポリエチレンは1943年以来市場に出て，ボトル，フィルム，シート，電線の絶縁体などに用いられている．

ポリエチレンは **Ziegler–Natta触媒**(チーグラー ナッタ)を用いる別の方法でも作られる．この触媒は遷移金属の有機金属錯体である．この方法ではラジカルはできず，枝分れがない．この方法で作られたポリエチレンは密度が高く，融点が高く，強度も強い．

もう一つのよく知られたポリマーはポリスチレンである．これに用いられるモノマーはスチレンである．

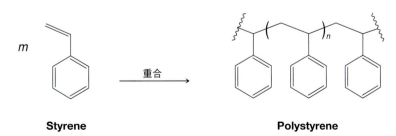

Styrene　　　　　　　　　　　　　　**Polystyrene**

表9.2に連鎖重合体の代表例をまとめた．

表 9.2　その他の連鎖重合体

モノマー	ポリマー	名　称
CH₂=CHCH₃	-(CH₂-CH(CH₃))ₙ-	Polypropylene（ポリプロピレン）
CH₂=CHCl	-(CH₂-CH(Cl))ₙ-	Poly(vinyl chloride), PVC（ポリ塩化ビニル）
CH₂=CHCN	-(CH₂-CH(CN))ₙ-	Polyacrylonitrile（ポリアクリロニトリル）
CF₂=CF₂	-(CF₂-CF₂)ₙ-	Poly(tetrafluoroethene), Teflon（ポリテトラフルオロエテン，テフロン）
CH₂=C(CH₃)CO₂Me	-(CH₂-C(CH₃)(CO₂Me))ₙ-	Poly(methyl methacrylate)（ポリメタクリル酸メチル）

9.12　その他の重要なラジカル反応

ラジカルの反応機構はその他の多くの有機反応を理解するのにも重要である．後の章でもその例を示すが，ここでは2, 3のラジカルとラジカル反応を調べてみよう．

9.12A　分子状酸素とスーパーオキシド

最も重要なラジカルの一つ（生命あるかぎりあらゆる瞬間に出会っているもの）は分子状酸素 molecular oxygen である．基底状態における分子状酸素はそれぞれの酸素原子に1個ずつの不対電子をもつジラジカル diradical である．ラジカルとして，酸素はこれまで述べてきたラジカルと同様に水素を引き抜くことができる．この能力があるので酸素が自動酸化（9.12C項）や燃焼反応（9.12D項）に関与できるのである．生体系では，酸素は電子受容体である．分子状酸素が電子を1個受け取ると，スーパーオキシド superoxide（O_2^-）とよばれるラジカルアニオンになる．スーパーオキシドは生理学的に都合のよい役割と悪い役割をあわせもっている．例えば，ヒトの免疫システムは病原体に対する防御にスーパーオキシドを利用しているが，一方，スーパーオキシドは加齢に関係する変性疾患や健康な細胞に対する酸化的損傷に関与している．スーパーオキシドジスムターゼ superoxide dismutase は，スーパーオキシドを過酸化水素と分子状酸素へ変換する反応を触媒して，スーパーオキシドの濃度レベルを調整している．一方，過酸化水素も，ヒドロキシルラジカル（HO・）を生成することから有害である．カタラーゼ catalase は，過酸化水素を水と酸素に変換することによって，ヒドロキシルラジカルが遊離することを防いでいる．

$$2\,O_2^{\cdot -} + 2\,H^+ \xrightarrow{\text{スーパーオキシドジスムターゼ}} H_2O_2 + O_2$$

$$2\,H_2O_2 \xrightarrow{\text{カタラーゼ}} 2\,H_2O + O_2$$

9.12B　一酸化窒素（NO）

アミノ酸のアルギニンから体の中で作られる一酸化窒素は不対電子をもち，血圧の調節や免疫応答など多様な生物学的な過程で，化学メッセンジャーとして機能している．

9.12C　自動酸化

リノール酸 linoleic acid は**ポリ不飽和脂肪酸**の一つである．天然にはポリ不飽和脂肪（7.12 節の「食品工業における水素化の化学」と Chap. 23）中にエステルとして存在する．「ポリ不飽和」というのは二つまたはそれ以上の二重結合を含む化合物のことである．

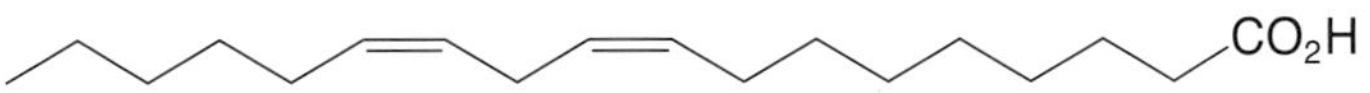
CO2H

Linoleic acid
（天然にはエステルとして存在している）

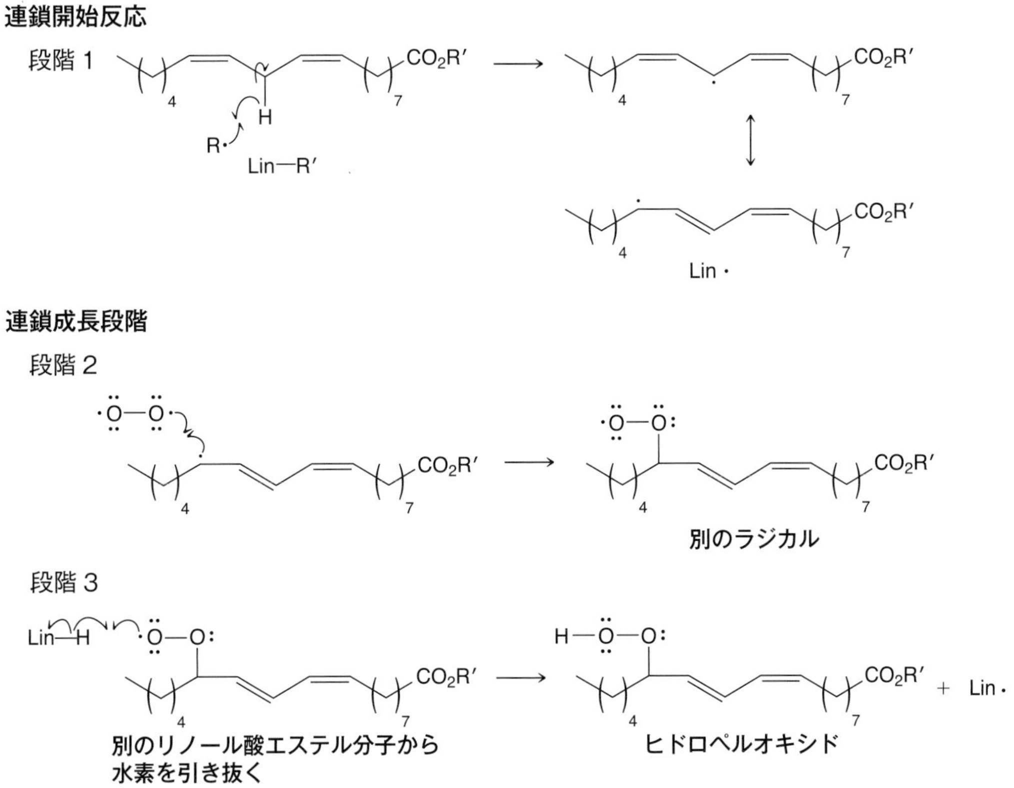
連鎖開始反応
段階 1
CO2R′
4
7
H
R·
Lin—R′
Lin·
連鎖成長段階
段階 2
別のラジカル
段階 3
Lin—H
H—O—O:
別のリノール酸エステル分子から
水素を引き抜く
ヒドロペルオキシド
+ Lin·

図9.4　リノール酸エステルの自動酸化

ポリ不飽和脂肪酸は私たちの食物成分の油脂中に広く存在している．また，いろいろな生体機能を担っている体内組織の中にも広く存在する．リノール酸エステルの二つの二重結合に挟まれた CH_2 基の水素原子は，ラジカルによって特に引き抜かれやすい（その理由は Chap. 12 で説明する）．この水素原子の一つが引き抜かれるとリノール酸エステルのラジカル（Lin・）が生成する．これが **自動酸化** autoxidation（図 9.4）といわれる連鎖反応によって酸素と反応し，ヒドロペルオキシドが生成する．自動酸化は多くの物質で起こる反応である．例えば，油脂の変質や空気中に放置された油のしみた布の自然発火にも関係している．自動酸化は体の中でも起こり，不可逆的な損傷の原因となる．

 抗酸化剤の化学

もしラジカルの生成を止めたいとき，例えば自動酸化のように害を及ぼすような反応を止めたい場合，適当なラジカル捕捉剤を加える必要がある．そのような物質は抗酸化剤 antioxidant とよばれ，新しい，より安定なラジカルに変換して連鎖反応を停止させるか，あるいは活性なラジカルを消費して安定な化学種を作る．このような物質として二つあげておこう．一つはビタミン E（α-トコフェロールとしても知られている），もう一つは BHT（ブチル化ヒドロキシトルエン）である．

Vitamin E
(α-tocopherol)

両者とも，ラジカル種と反応して，まずフェノキシルラジカルを生成する．下に BHT がペルオキシルラジカル（ROO・）と反応する例を図示してある．これは自動酸化防止の鍵になるもので，この反応によって非常に活性なラジカル種を完全に共有結合をもつより不活性な分子（ここではヒドロペルオキシド ROOH）に変換し，隣接する芳香環と立体的に大きな t-ブチル基によって安定化されたフェノキシルラジカルを生成する．

BHT
(Butylated hydroxytoluene)   **BHT ラジカル**

ビタミン E は天然の抗酸化剤である．これは多くの食品中に含まれ，私たちの体内で有害と思われるラジカル種を補足する．一方，BHT は多くの食品に保存剤として添加される合成物質である．

9.12D　アルカンの燃焼

アルカンが酸素と反応するときには（例えば，石油ストーブ，ガスストーブやエンジン中）複雑な一連の反応が起こり，最終的にはアルカンは二酸化炭素と水になる．燃焼の正確な機構は十分に

はわかっていないが，重要な反応は下に示すような連鎖開始段階と連鎖成長段階を含むラジカル連鎖機構であることがわかっている．

$$RH + O_2 \longrightarrow R\cdot + \cdot OOH \quad \text{連鎖開始段階}$$

$$\left.\begin{array}{l} R\cdot + O_2 \longrightarrow R-OO\cdot \\ R-OO\cdot + R-H \longrightarrow R-OOH + R\cdot \end{array}\right\} \text{連鎖成長段階}$$

連鎖成長段階の2番目の段階で生成する一つの生成物は R—OOH で，アルキルヒドロペルオキシド alkyl hydroperoxide という．アルキルヒドロペルオキシドの O—O 結合は非常に弱く，切れてまた別のラジカルを生成し，それがまた他の連鎖反応を開始する．

$$RO-OH \longrightarrow RO\cdot + \cdot OH$$

オゾンの枯渇とクロロフルオロカーボン類（CFCs）の化学

高度約 25 km の成層圏では，非常に高エネルギー（極めて短波長）の紫外光によって，酸素分子（O_2）がオゾン（O_3）に変えられる．その反応を以下に示す．

$$\text{段階1} \quad O_2 + \text{光} \longrightarrow O + O$$
$$\text{段階2} \quad O + O_2 + M \longrightarrow O_3 + M + \text{熱}$$

ここで M は，段階2で放出されたエネルギーの一部を吸収することのできる別の粒子を示す．

段階2で生成したオゾンはまた，高エネルギーの紫外光によって次のように反応する．

$$\text{段階3} \quad O_3 + \text{光} \longrightarrow O_2 + O + \text{熱}$$

段階3で生成した酸素原子は段階2に戻り，そしてこれが次々に繰り返される．結局，高エネルギーの紫外光は熱に変えられてしまう．この反応サイクルのおかげで，生物にとって破壊的な紫外線の放射から地球の生物が守られている．この遮蔽があるために，地球上に生命が存在できるといえよう．地球表面で高エネルギーの紫外光が少し増えただけでも，皮膚がんが著しく増加すると考えられている．

クロロフルオロカーボン類（CFCs）あるいは**フレオン** freon ［（訳注）日本ではフロンとよばれている］とよばれるクロロフルオロメタンやクロロフルオロエタンの製造が 1930 年から始まった．これらの化合物は冷媒，溶媒，エアロゾル缶の噴霧剤として用いられてきた．代表的なフレオンにはトリクロロフルオロメタン trichlorofluoromethane（$CFCl_3$，フレオン-11 とよばれる）とジクロロジフルオロメタン dichlorodifluoromethane（CF_2Cl_2，フレオン-12 とよばれる）がある．

フレオン-12 の連鎖反応
連鎖開始段階

$$\text{段階1} \quad CF_2Cl_2 + \text{光} \longrightarrow CF_2Cl\cdot + Cl\cdot$$

連鎖成長段階

$$\text{段階2} \quad Cl\cdot + O_3 \longrightarrow ClO\cdot + O_2$$
$$\text{段階3} \quad ClO\cdot + O \longrightarrow O_2 + Cl\cdot$$

紫外光によってフレオンの C—Cl 結合の一つがホモリシスを起こし，連鎖反応を開始する．ここで生成した塩素原子が真の悪役であって，成層圏から拡散して出て行くか，別の物質と反応する前に，何千何万個のオゾン分子を破壊する連鎖反応を開始する．

1975年にアメリカ国立科学アカデミー（The National Academy of Sciences）の研究によってRowlandとMolina*の予測は支持され，1978年1月以後，アメリカではエアロゾル缶にフレオンを使用することが禁止された．

1985年に南極のオゾン層にオゾンホールが発見された．後の研究によって塩素原子によるオゾンの破壊がこのオゾンホールの発生の主要因であることが強く示唆された．このオゾンホールは年々大きくなっており，北極のオゾン層にも見られるようになっている．もし，オゾン層がなくなれば，破壊的な太陽光が地球上に到達することになるだろう．

問題が地球規模であることから，1987年には「モントリオール議定書」が提案された．この議定書は合意した国に対してクロロフルオロカーボン類の製造と消費を減らすことを義務付けている．世界の工業国は1996年1月1日現在でクロロフルオロカーボン類の製造を中止し，120ヵ国がモントリオール議定書に署名している．世界的に成層圏のオゾンの減少についての理解が進み，クロロフルオロカーボン類の禁止が加速している．

---

* 1974年までに，世界中のフレオンの生産高は年間約100万トンになった．ほとんどのフレオンはたとえ冷媒用に使われているものでも，最後には大気中に出て未変化のまま成層圏に拡散していく．1974年6月，F. S. RowlandとM. J. Molinaは初めて，成層圏でフレオンがラジカル連鎖反応を起こし，自然のオゾンのバランスを崩してしまうであろうという論文を発表した．1996年のノーベル化学賞は，この領域の研究に対してP. J. Crutzen, MolinaとRowlandに授与された．例えば，フレオン-12を用いた場合に起こる反応を例としてあげた．

Chapter 10

アルコール，エーテル，およびチオール：合成と反応

　ケーキ屋さんに入って，ケーキや菓子から発するペパーミントやバニラのほのかな香りを嗅いだことがあるだろう．あるいはアニスの入った菓子が好きかもしれない．これらのにおいや香りは，アルコールやエーテルの官能基をもった天然由来の物質から出ており，数百種類のそのような物質が知られている．アルコールやエーテルは香料として使われる他に，あるものは，例えば不凍剤や医薬品などの役割をもつものもある．これらの化合物の物理的性質や反応性を理解することは，どうすれば別のもっと価値のある性質をもつ新しい物質を作り出すのにそれらを用いることができるかを知ることになろう．

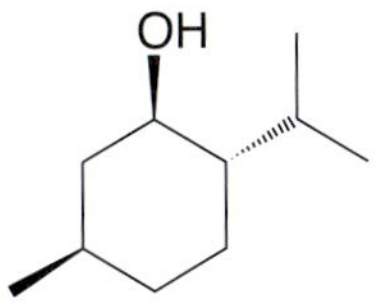

(−)-Menthol（メントール）（ペパーミントから）

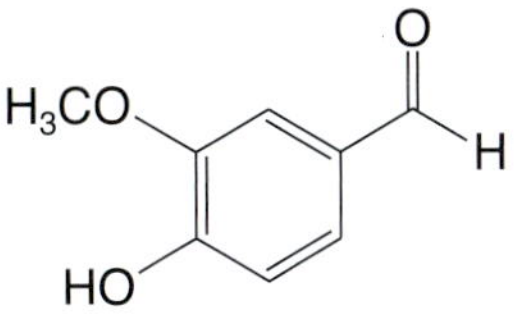

Vanillin（バニリン）（バニラ豆から）

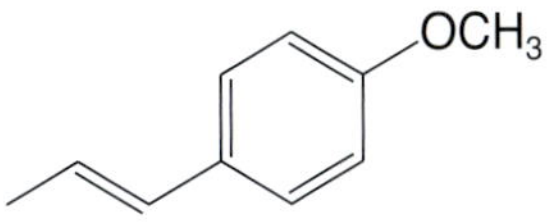

Anethole（アネトール）（ウイキョウから）

本章で学ぶこと：
- アルコールやエーテル，およびチオールやチオエーテルの構造，性質，命名法や合成法
- これらの基をもつ重要な物質

10.1　構造と命名法

　アルコールは飽和炭素原子にヒドロキシ基 hydroxy group（−OH）の付いた化合物である．その飽和炭素原子は，単純なアルキル基の炭素であってもよいし，コレステロールのようにもっと

［写真提供：（ペパーミント）© Alexey Ilyashenko/iStockphto;（甘草の根）© Fabrizio Troiani/Age Fotostock America, Inc.;（バニラのさやと種）© STOCKFOOD LBRF/Age Fotostock America, Inc.］

複雑な分子の一部であってもよい．アルコールはアルコール炭素に付いている炭素の数によって，第一級，第二級，第三級に分類される．

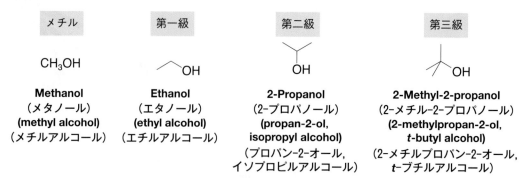

また，その炭素は，アルケンあるいはアルキンに付いた飽和炭素原子であってもよいし，ベンゼン環に付いた飽和炭素原子であってもよい*．

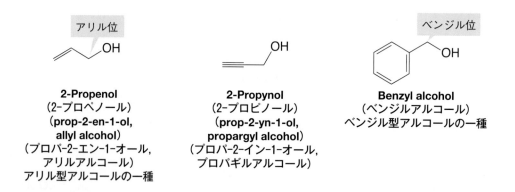

ヒドロキシ基がベンゼン環に直接付いている化合物を**フェノール** phenol という（フェノールは Chap. 20 で詳しく述べる）．フェノールは総称名としても用いられる．

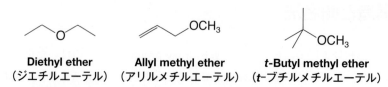

エーテルはアルコールとは異なり，その酸素原子に 2 個の炭素原子が結合している．このとき炭化水素基はアルキル，アルケニル，ビニル，アルキニル，あるいはアリール基のいずれであってもよい．次にいくつかの例を示す．

---

* （訳注）ヒドロキシ基が，C＝C 結合の不飽和炭素に付いている化合物はエノール enol といわれる（16.2 節参照）．

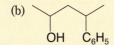
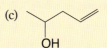

Divinyl ether
(ジビニルエーテル)

Methyl phenyl ether
(メチルフェニルエーテル)

10.1A　アルコールの命名法

アルコールの IUPAC 命名法については，すでに 2.6 節と 4.3F 項で述べたが，復習の意味で次の問題を考えてみよう．

> **例題 10.1**
>
> 次のアルコールの IUPAC 名を書け．
>
> (a)  (b) (c)
>
> **解き方と解答：**
>
> ヒドロキシ基を含む最長鎖の alkane（アルカン）を母体名とする．末尾の -e を除いて接尾語 -ol（オール）を付ける．ついでヒドロキシ基の付いている位置番号が最小になるようにこの最長鎖の端から番号を付ける．したがって，名称は次のようになる．
>
> (a) (c)
>
> **2,4-Dimethyl-1-pentanol**
> (2,4-ジメチル-1-ペンタノール)
> (2,4-dimethylpentan-1-ol)
> (2,4-ジメチルペンタン-1-オール)
>
> **4-Penten-2-ol**
> (4-ペンテン-2-オール)
> (pent-4-en-2-ol)
> (ペンタ-4-エン-2-オール)
>
> (b)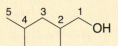
>
> **4-Phenyl-2-pentanol**
> (4-フェニル-2-ペンタノール)
> (4-phenylpentan-2-ol)
> (4-フェニルペンタン-2-オール)
>
> （訳注）IUPAC 則では，位置番号を接尾語の直前に付ける命名法が勧められている．

- ヒドロキシ基は，接尾語としては二重結合や三重結合より優先する（例題 10.1 の (c) を参照）．

慣用名では，アルコールを methyl alcohol（メチルアルコール），ethyl alcohol（エチルアルコール）などのように alkyl alcohol（**アルキルアルコール**）と命名する（2.6 節）．

問題 10.1　Isopropanol や *t*-butanol と命名するのは何が間違っているか．

10.1B　エーテルの命名法

簡単なエーテルには慣用名が用いられることが多い．酸素に付いている二つの置換基の名称をアルファベット順に並べ，その後に ether（エーテル）を付けて命名する（日本語名は途中で切らずに続ける）．

Ethyl methyl ether
（エチルメチルエーテル）

Diethyl ether
（ジエチルエーテル）

t-Butyl phenyl ether
（t-ブチルフェニルエーテル）

しかし，複雑なエーテルやエーテル結合を二つ以上もつ化合物には IUPAC 名が用いられる．IUPAC 命名法では，エーテルは alkoxyalkane（アルコキシアルカン），alkoxyalkene（アルコキシアルケン），alkoxyarene（アルコキシアレーン）と命名される．RO- 基を**アルコキシ基** alkoxy group という．

2-Methoxypentane
（2-メトキシペンタン）

1-Ethoxy-4-methylbenzene
（1-エトキシ-4-メチルベンゼン）

1,2-Dimethoxyethane (DME)
（1,2-ジメトキシエタン）

環状エーテルにはいくつかの命名法がある．簡単な方法は，置換命名法といわれるもので，環状エーテルを対応する環状炭化水素の名称に，CH$_2$ 基を酸素原子で置き換えたことを示す **oxa-**（オキサ）をその環状炭化水素名の前に付ける．もう一つの方法では，3員環エーテルを **oxirane**（オキシラン），4員環エーテルを **oxetane**（オキセタン）と命名する．単純な環状エーテルには慣用名も用いられる．次の例には慣用名をカッコ内に示してある．Tetrahydrofuran（テトラヒドロフラン；THF）や 1,4-dioxane（1,4-ジオキサン）は有用な溶媒である．

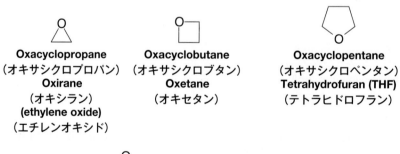

Oxacyclopropane
（オキサシクロプロパン）
Oxirane
（オキシラン）
(ethylene oxide)
（エチレンオキシド）

Oxacyclobutane
（オキサシクロブタン）
Oxetane
（オキセタン）

Oxacyclopentane
（オキサシクロペンタン）
Tetrahydrofuran (THF)
（テトラヒドロフラン）

1,4-Dioxacyclohexane
（1,4-ジオキサシクロヘキサン）
(1,4-dioxane)
（1,4-ジオキサン）

Polyethylene oxide (PEO)
（ポリエチレンオキシド）
（ethylene oxide から作られる水溶性のポリマー）

エチレンオキシドはポリエチレンオキシド［PEO，ポリエチレングリコール（PEG）ともよばれる］の出発物質である．PEOは，多くの実用的な用途がある．例えば，インターフェロンのようなタンパク質性医薬品に結合させ効力の延長，医薬品の寿命の延長などの他，皮膚用クリームや消化管の手術前の緩下剤の基剤としても用いられる．

10.2 アルコールとエーテルの物理的性質

多くのアルコールとエーテルの物理的性質を表10.1と表10.2に示す．

- エーテルの沸点は，同じ分子量の炭化水素の沸点とほぼ同じである．

例えば，ジエチルエーテル（分子量74）の沸点は34.6 ℃で，ペンタン（分子量72）は36 ℃である．

- アルコールの沸点は，同じ分子量のエーテルや炭化水素よりもずっと高い．

表10.1 アルコールの物理的性質

名称	式	mp (℃)	bp (℃) (1気圧)	水に対する溶解度 (g/100 mL H_2O)
モノヒドロキシアルコール				
Methanol（メタノール）	CH_3OH	−97	64.7	∞*
Ethanol（エタノール）	CH_3CH_2OH	−117	78.3	∞
Propyl alcohol（プロピルアルコール）	$CH_3CH_2CH_2OH$	−126	97.2	∞
Isopropyl alcohol（イソプロピルアルコール）	$CH_3CH(OH)CH_3$	−88	82.3	∞
Butyl alcohol（ブチルアルコール）	$CH_3CH_2CH_2CH_2OH$	−90	117.7	8.3
Isobutyl alcohol（イソブチルアルコール）	$CH_3CH(CH_3)CH_2OH$	−108	108.0	10.0
s-Butyl alcohol（s-ブチルアルコール）	$CH_3CH_2CH(OH)CH_3$	−114	99.5	26.0
t-Butyl alcohol（t-ブチルアルコール）	$(CH_3)_3COH$	25	82.5	∞
ジオールとトリオール				
Ethylene glycol（エチレングリコール）	CH_2OHCH_2OH	−13	197.6	∞
Propylene glycol（プロピレングリコール）	$CH_3CHOHCH_2OH$	−59	188.2	∞
Trimethylene glycol（トリメチレングリコール）	$CH_2OHCH_2CH_2OH$		210〜212	∞
Glycerol（グリセリン）	$CH_2OHCHOHCH_2OH$	17.8	290.0（分解）	∞

*（訳注）∞は無限大という意味であり，どんな割合でも水と混じり合うという意味である．

表 10.2 エーテルの物理的性質

名　称	式	mp (°C)	bp (°C) (1 気圧)
Dimethyl ether （ジメチルエーテル）	CH_3OCH_3	−138	−24.9
Ethyl methyl ether （エチルメチルエーテル）	$CH_3OCH_2CH_3$		10.8
Diethyl ether （ジエチルエーテル）	$CH_3CH_2OCH_2CH_3$	−116	34.6
1,2-Dimethoxyethane (DME) （1,2-ジメトキシエタン）	$CH_3OCH_2CH_2OCH_3$	−68	83
Oxirane （オキシラン）		−112	12
Tetrahydrofuran (THF) （テトラヒドロフラン）		−108	65.4
1,4-Dioxane （1,4-ジオキサン）		11	101

例えば，ブチルアルコール（分子量 74）の沸点は 117.7 °C である．この沸点の特長と理由についてはすでに 2.13C 項で述べた．

- アルコール分子は**水素結合** hydrogen bond によって互いに分子間で会合できるのに対して，エーテルや炭化水素はそれができない．

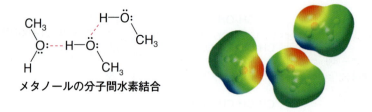

メタノールの分子間水素結合

しかし，エーテルは水と水素結合を作ることができる．したがって，エーテルは同じ分子量のアルコールと同じくらいの水に対する溶解度をもち，炭化水素とは大きく異なる．

例えば，ジエチルエーテルと 1-ブタノールは水に対して同じ溶解度（室温で 100 mL 当たり約 8.0 g）をもっている．これに対して，ほぼ同じ分子量のペンタンは水にほとんど溶けない．

メタノール，エタノール，2 種類のプロピルアルコール，および t-ブチルアルコールは水と完全に混じり合う（表 10.1）．アルコールの水に対する溶解度は，分子の炭化水素の部分が長くなるに従って減少する．長鎖のアルコールは"アルカン様"となり，水とは性質が異なってくる．

例題 10.2

1,2-Propanediol（propylene glycol）や 1,3-propanediol（trimethylene glycol）は，butyl alcohol とほぼ同じ分子量でありながら沸点が高い（表 10.1 参照）．この事実を説明せよ．

解き方と解答:

二つのジオールには 2 個のヒドロキシ基があり，そのため butyl alcohol より多くの水素結合を作ることができる．分子間水素結合が多いということは，1,2-propanediol や 1,3-propanediol の分子はより強く会合し，そのために沸点が高くなることを意味する．

10.3 重要なアルコールとエーテル

10.3A メタノール

メタノールは，かつてほとんど木材の乾留（空気を遮断して木材を高温に加熱する）によって生産された．メタノールを "木精 wood alcohol" とよぶのは，この製造法に由来している．今日では，ほとんどのメタノールは一酸化炭素の接触水素化によって製造される．この反応は高圧下高温（300～400 ℃）で行われる．

$$CO + 2H_2 \xrightarrow[\text{ZnO-Cr}_2\text{O}_3]{\substack{300\sim400\ °C \\ 200\sim300\ \text{気圧}}} CH_3OH$$

メタノールは毒性が強く，少量の摂取でも失明し多量では死を招く．メタノールの蒸気を吸入するか，皮膚を長時間その蒸気にさらしても中毒する．

10.3B エタノール

エタノールは糖の発酵によって作ることができ，ほとんどのアルコール性飲料は発酵によって作られる．果汁の糖を発酵させて得られるワインは，エチルアルコールの合成としてたぶん，人類の最初の有機合成といえるだろう．いろいろな原料から得られる糖がアルコール飲料の製造に用いられるが，穀類 grain からのものが多く，そのためエチルアルコールは "grain alcohol*" とよばれることがある．

一般に発酵は糖と水との混合物に酵母を加えて行われる．酵母には，最終的に単純な糖 ($C_6H_{12}O_6$) をエタノールと二酸化炭素に変える長い連続した反応を促進する酵素が含まれている．

$$C_6H_{12}O_6 \xrightarrow{\text{酵母}} 2\ CH_3CH_2OH + 2\ CO_2$$
（収率約 95 %）

発酵だけでは 12～15 % 以上のエタノールを含む飲料は得られない．これ以上高濃度になると酵母が不活性化されるからである．さらにアルコールの濃度を濃くするためにはこの水溶液を蒸留する．

エタノールは工業的には重要な化学薬品である．工業用には，エテンの酸触媒水和によって作られる．

---

* （訳注）しいて訳せば "穀物アルコール" であるが日本ではあまり使われない．

$$\text{CH}_2=\text{CH}_2 + \text{H}_2\text{O} \xrightarrow{\text{酸}} \text{CH}_3\text{CH}_2\text{OH}$$

世界のエタノールの約5%がこの方法によって作られる．

　エタノールには催眠性がある．興奮性があるように錯覚されているが，実際は大脳の働きを抑制する．有毒であるが，メタノールに比べればずっと毒性が少ない．ラットでは致死量は13.7 g·kg^{-1}である．

生物燃料としてのエタノールの化学

　エタノールは，穀物，スイッチグラス（イネ科の多年生の雑草）やサトウキビなどの農産物の発酵によって作られるので，再生可能エネルギーといわれる．勿論，収穫物自身は，太陽からの光エネルギーを光合成によって化学エネルギーに変換することによって成長する．こうして得られたエタノールはさまざまな割合でガソリンと混ぜられ，内燃エンジンに用いられる．2007年で，アメリカのエタノール生産は6.5億ガロンにも達し，ついでブラジルの5億ガロンである．

　ガソリンの代替品として用いられた場合，エタノールはエネルギー含量が単位体積当たりガソリンの約34%小さい．このこととトウモロコシのような農業収穫物を作り出すのに要するコストの問題から，エネルギー源としてエタノールを基盤とする計画に対して疑問が投げかけられている．トウモロコシからエタノールを製造するのは，サトウキビから製造するよりも5，6倍も効率が悪い．これは食料収穫物をエネルギー源に転用しているので世界の食料不足を引き起こしかねない．

10.3C　エチレングリコールとプロピレングリコール

　エチレングリコール ethylene glycol（HOCH$_2$CH$_2$OH）は低分子量であるが，高沸点で，水と完全に混じる（表10.1）．この性質からエチレングリコールは自動車の不凍液として優れている．しかし，エチレングリコールには毒性がある．そのために，毒性が低い代替品として現在ではプロピレングリコール propylene glycol（1,2-プロパンジオール 1,2-propanediol）が広く用いられている．

コレステロールと心臓病の化学

　コレステロール（22.4節も参照）はステロイドホルモンや細胞膜の前駆体となっているアルコールであり，生命に必須である．一方，コレステロールが動脈中に蓄積すると，心臓病や動脈硬化症の原因になる．いずれもヒトの重大な死亡原因になっている．身体が健康であるためには，コレステロールの生合成とその利用の微妙なバランスが必要である．その結果，動脈への蓄積は最小限に保たれる．

　コレステロールの血中レベルが高い人にとって治療は簡単で，コレステロールや脂肪の低い食事をとることである．遺伝的理由でコレステロールの血中レベルが高い人の場合は，コレステロールを減らすために他の手段が必要になる．一つの治療法はスタチンという薬を摂ることである．この薬はコレステロールの生合成を阻害するようにデザインされたものである．

体内でコレステロールの代謝は数段階を経て行われるが，その一つは酵素の HMG-CoA レダクターゼによって触媒され，基質としてメバロン酸イオンを用いる．スタチンはこの段階を阻害し，コレステロールの血中レベルを下げる．ロバスタチンは真菌の一種である *Aspergillus terreus* から単離された化合物であり，最初に上市されたスタチンである．現在は他の多くのスタチン類が用いられている．

ロバスタチンの赤色で示した δ-ラクトン部分が開環して生じる δ-ヒドロキシカルボン酸イオンがメバロン酸イオンに似ていることから，HMG-CoA レダクターゼの活性部位に結合し，この酵素の競合阻害剤として働き，それによってコレステロールの生合成を阻害する．

10.3D　ジエチルエーテル

ジエチルエーテルは沸点の低い，かつ引火性の高い化合物である．実験室でジエチルエーテルを使用するときは特別の注意を払う必要がある．裸火や電灯のスイッチのスパークなどがもとで，ジエチルエーテルと空気の混合物が爆発することがあるからである．

ほとんどのエーテルは**自動酸化**（9.12C 項）とよばれるラジカル反応によって空気中の酸素と徐々に反応して過酸化物を作る．空気と接触した状態で（ビンの中のエーテルの上にある空気で十分である）数カ月以上放置しておくと過酸化物がエーテル中に蓄積する．過酸化物は極めて爆発性が高いので，このようなエーテル溶液を乾固近くまで蒸留すると，突然大音響をあげて爆発することがある．エーテルは抽出用によく使われるので，蒸留する前にエーテル中に過酸化物が存在しないかどうか試験し，もしあれば分解しなくてはいけない（実験書の注意を参考にせよ）．

ジエチルエーテルはかつて外科麻酔剤として用いられた．現在最もよく使われる全身麻酔薬は，セボフルラン sevoflurane [$(CF_3)_2CHOCH_2F$] とイソフルラン isoflurane [$(CF_3)ClCHOCHF_2$] である．これらはジエチルエーテルと違って燃えない．

10.4　アルケンからアルコールの合成

すでにアルケンからアルコールを合成する方法として，**酸触媒水和**，**オキシ水銀化-脱水銀**と**ヒドロホウ素化-酸化**を学んだ（それぞれ 8.4 ～ 8.8 節参照）．これらの方法を以下に簡単にまとめておこう．

1. **酸触媒水和** アルケンは酸触媒の存在下で水を付加しアルコールを生成する (8.5 節). この付加は **Markovnikov の位置選択性**（マルコフニコフ）に従って起こる. この反応は可逆的であり, 反応機構は単にアルコールの脱水の逆反応である (7.7 節).

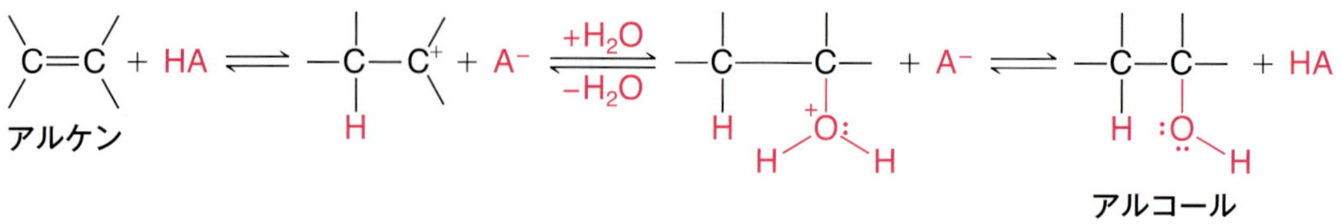

アルケンの酸触媒水和は, カルボカチオン中間体がヒドリドイオン (H^-) またはアルカニドイオン (R^-) の移動によって（より安定かまたはエネルギー的に同じカルボカチオンになる可能性がある場合には）カルボカチオン中間体が転位することがあるので, 合成法としては有用性に限界がある. アルコールの異性体の混合物が得られることになるからである.

2. **オキシ水銀化-脱水銀** アルケンは, 酢酸水銀と水-テトラヒドロフラン (THF) 溶液中で反応してヒドロキシアルキル水銀化合物を生成する. これを水素化ホウ素ナトリウムで還元するとアルコールが得られる (8.5 節).

オキシ水銀化

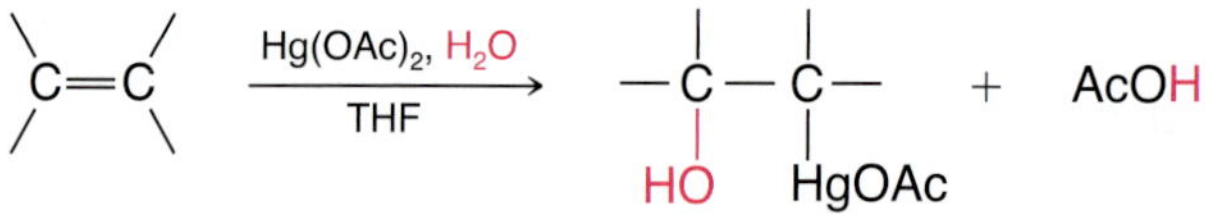

脱水銀

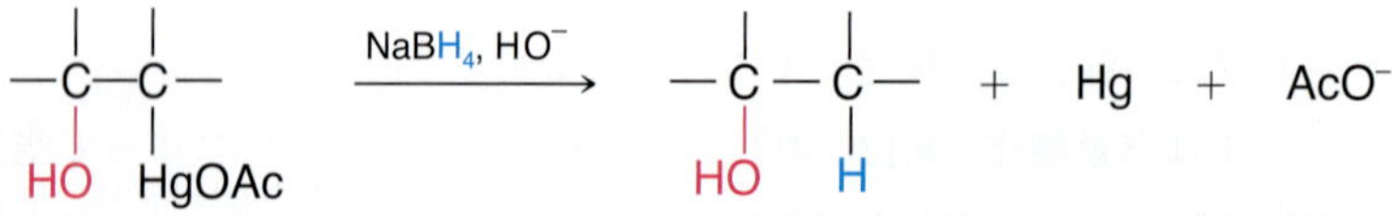

最終的には, H^- と $-OH$ は Markovnikov 則に従って位置選択的に付加する. この反応では転位が起こることはない. 反応全体として, アルケンの水和は立体選択的ではない. オキシ水銀化の段階はアンチ付加で起こっても, 脱水銀の段階に立体選択性がない（ラジカル機構で進行するのであろう）ので, シンとアンチ付加体の混合物が得られる.

3. **ヒドロホウ素化-酸化** アルケンは BH_3:THF またはジボラン (B_2H_6) と反応してアルキルボランを生成する. アルキルボランを過酸化水素と塩基で酸化および加水分解するとアルコールが得られる (8.6 〜 8.8 節).

ヒドロホウ素化

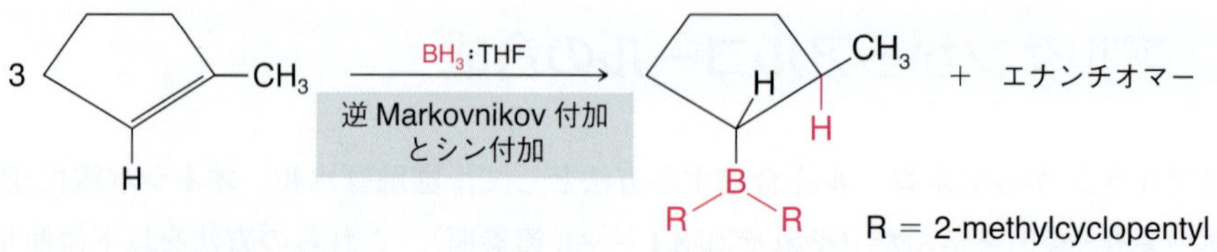

R = 2-methylcyclopentyl

+ エナンチオマー

逆 Markovnikov 付加とシン付加

酸化

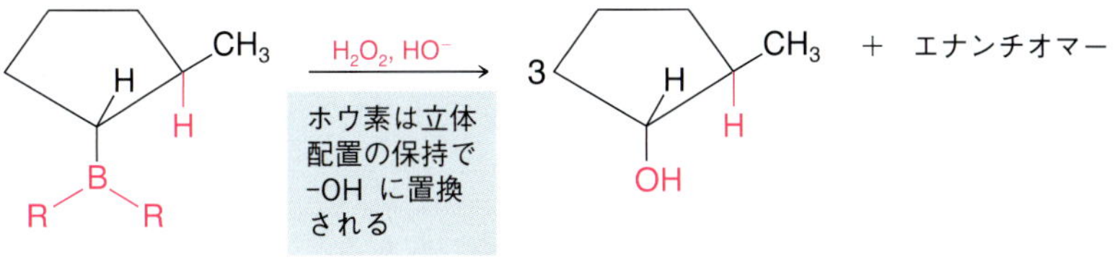
CH3
H
H
B
R
R
H2O2, HO−
ホウ素は立体配置の保持で-OH に置換される
3
CH3
H
H
OH
+ エナンチオマー

最初の段階では，ホウ素と水素がアルケンにシン付加する．第二の段階で過酸化水素と塩基で処理すると，ホウ素は -OH と立体配置の保持で置換する．**H- と -OH の付加は最終的には逆 Markovnikov 則に従って立体選択的に起こり，H- と -OH がシン付加する**．したがって，オキシ水銀化-脱水銀とヒドロホウ素化-酸化は位置選択性に関しては相補的である．

例題 10.3

次の反応を行うにはどのような条件を用いればよいか．

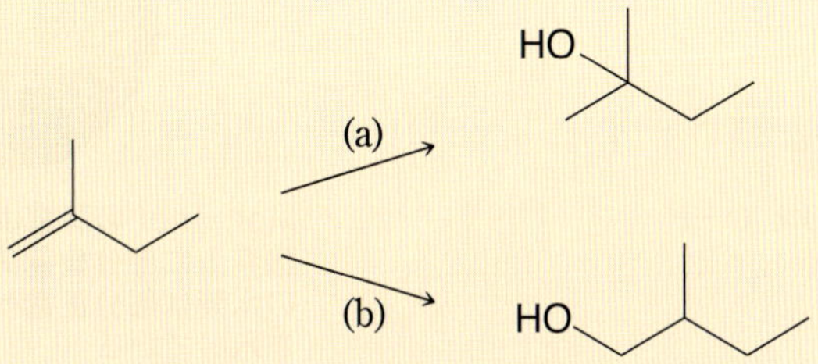
HO
(a)
(b)
HO

解き方と解答：

経路 (a) による合成はアルケンに水が Markovnikov 付加している．したがって，酸触媒水和かオキシ水銀化-脱水銀を用いる．

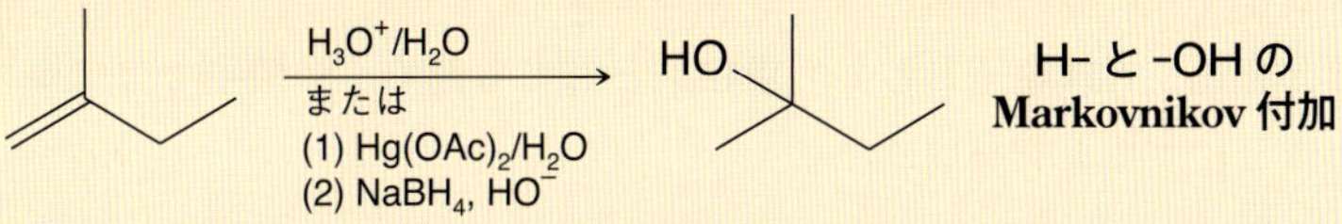
H3O+/H2O
または
(1) Hg(OAc)2/H2O
(2) NaBH4, HO−
HO
H- と -OH の
Markovnikov 付加

経路 (b) による合成は逆 Markovnikov 付加で起こっているから，ヒドロホウ素化-酸化を選ぶ．

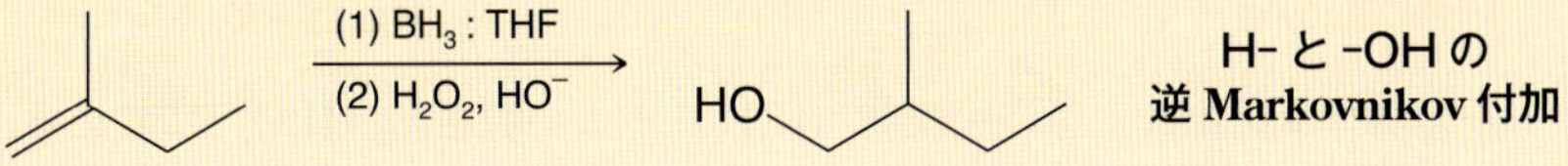
(1) BH3 : THF
(2) H2O2, HO−
HO
H- と -OH の
逆 Markovnikov 付加

問題 10.2 次の反応の主生成物を予測せよ．

(a) 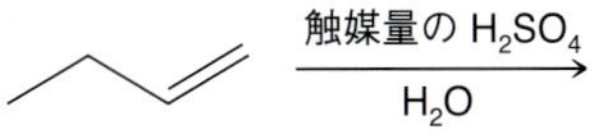
触媒量の H2SO4
H2O

(b) 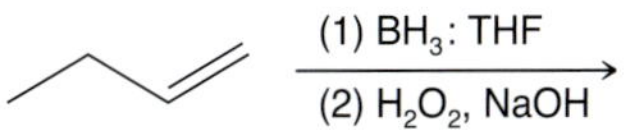
(1) BH3 : THF
(2) H2O2, NaOH

(c) 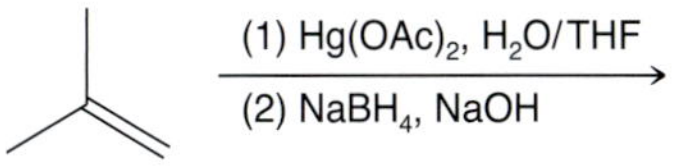
(1) Hg(OAc)2, H2O/THF
(2) NaBH4, NaOH

10.5 アルコールの反応

アルコールの反応は主として次のように起こる.

- ヒドロキシ基の酸素原子は求核性があり，弱塩基でもある.
- ヒドロキシ基の水素原子は，弱酸である.
- ヒドロキシ基は置換反応や脱離反応ができるように脱離基に変換することができる.

アルコールの反応を理解するために，まずこの官能基の電子分布を調べ，それがどのように反応性に影響するかを調べてみよう．アルコールの酸素原子はC―O結合とO―H結合の両方を分極している.

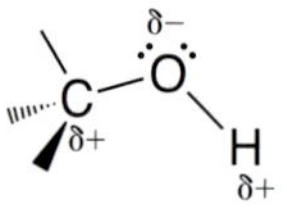

アルコールのC―OとO―H
結合は分極している

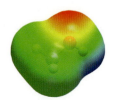

Methanolの静電ポテンシャル図は，
酸素上に部分負電荷，ヒドロキシ基上
の水素は部分正電荷を帯びていること
を示している

O―H結合の分極によってこの水素は部分正電荷を帯びることになり，そのためアルコールは弱い酸として働くことが説明される（10.6節）．また，C―O結合の分極によって炭素原子は部分的に正電荷を帯びているので，この炭素は求核攻撃を受けてもよいように思われるが，⁻OHが強塩基で脱離しにくいため，実際にはそうはならない.

酸素原子の非共有電子対は**塩基**としても**求核剤**としても働く．強酸中ではアルコールは塩基として働き，次のようにプロトンを取る.

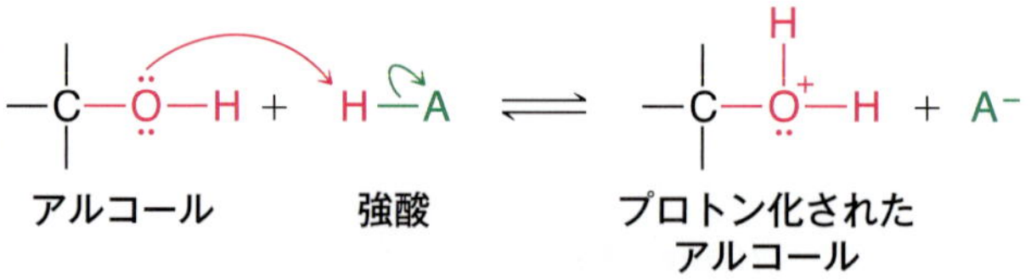

- アルコールのプロトン化は，悪い脱離基（HO⁻）をよい脱離基（H_2O）に変える.

プロトン化は同時に，アルコールの炭素をより正にする（$-\overset{+}{O}H_2$は$-OH$より電子吸引性が大きいため）．その結果，求核攻撃を受けやすくなる.

- アルコールがプロトン化されると，置換反応が可能となる（このときS_N2反応になるかS_N1反応になるかはアルコールの種類による，10.8節）.

10.6 酸としてのアルコール

プロトン化されたヒドロキシ基はよい脱離基（H₂O）である

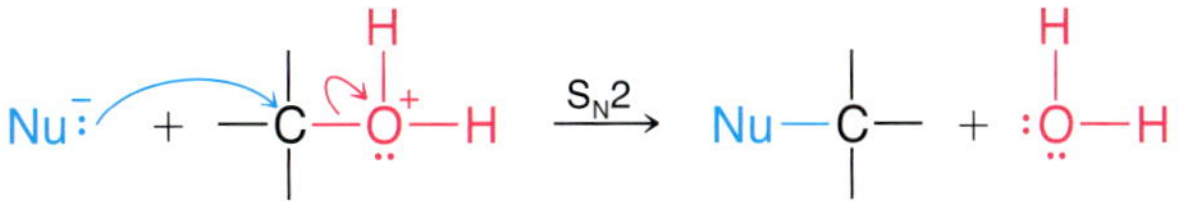

$Nu^- + -C-O^+H_2 \xrightarrow{S_N2} Nu-C- + :O-H$ (H)

プロトン化されたアルコール

アルコールはまた求核剤でもあるから，それ自身がプロトン化されたアルコールと反応する．この反応はエーテル合成の重要な段階である（10.11A 項）．

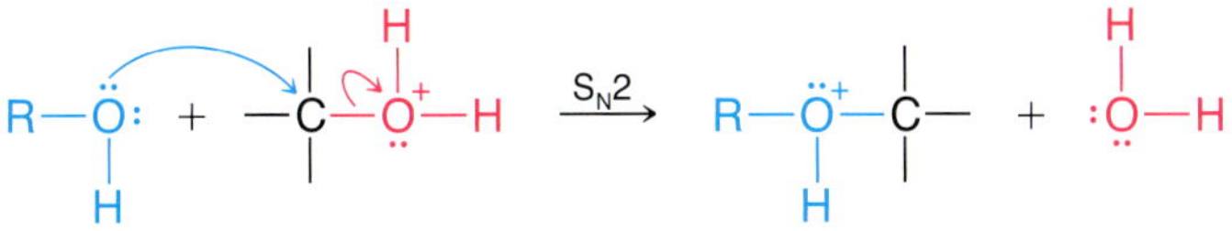

$R-\ddot{O}-H + -C-O^+H_2 \xrightarrow{S_N2} R-O^+-C- + :O-H$ (H)

プロトン化されたエーテル

十分高温で，求核剤が存在しないときには，プロトン化されたアルコールは E1 または E2 反応をする．これはアルコールの脱水反応である（7.7 節）．

アルコールはまた PBr_3 や $SOCl_2$ と反応して臭化アルキルや塩化アルキルを与える．この反応も，アルコールの非共有電子対が求核剤として働いている（10.9 節）．

10.6 酸としてのアルコール

- アルコールは水とほぼ同じ酸性度をもっている．

メタノールは水（$pK_a = 15.74$）よりわずかに強い酸であるが，ほとんどのアルコールは水より弱い酸である．表 10.3 にアルコールの pK_a 値を示す．

$R-\ddot{O}-H + :\ddot{O}-H \rightleftharpoons R-\ddot{O}^- + H-O^+-H$ (H) (H)

アルコール　　　　　　　　　　　アルコキシドイオン

（R が大きいと，溶媒和によるアルコキシドイオンの安定化が小さくなり，さらに誘起効果によって大きく不安定化され，平衡はアルコールのほうに一層かたよる）

- t-ブチルアルコールのように立体障害の大きいアルコールは，エタノールやメタノールのよ

表10.3　弱酸の pK_a 値

酸	pK_a
CH_3OH	15.5
H_2O	15.74
CH_3CH_2OH	15.9
$(CH_3)_3COH$	18.0

うに立体障害の小さいアルコールより弱い酸であり，したがってその共役塩基はより強い塩基になる．

この酸性度の違いの一つの理由は，溶媒和と関係がある．立体障害の小さいアルコールは，脱プロトンしてできるアルコキシドイオンのまわりを水分子が取り巻き，溶媒和して安定化する．この安定化のためにアルコールの共役塩基（RO⁻）はできやすくなり，酸性度が増大する．アルコールのR基が大きいと，アルコキシドイオンに対する溶媒和は妨げられ，アルコキシドイオンは安定化されない．共役塩基の安定化は効果的でなく，したがって，立体障害の大きいアルコールはより弱い酸になる．立体障害の大きいアルコールが弱い酸であるもう一つの理由は，アルキル基の電子供与性誘起効果に関係している．立体障害の大きいアルコール（アルキル基の数が多い）のアルキル基は電子を供与してO—H結合を切れにくくし，立体障害の小さいアルコール（アルキル基の数が少ない）よりもアルコキシドイオンを生成しにくくする（注意：酸の共役塩基を安定化するすべての要因は酸性度を増大する）．

- すべてのアルコールは末端アルキンよりははるかに強い酸であり，また水素，アンモニア，アルカンよりはさらに強い酸である（表3.1 参照）．

相対的酸性度

この中では，水とアルコールが最も強い酸である

$H_2O > ROH > RC{\equiv}CH > H_2 > NH_3 > RH$

ナトリウムおよびカリウムアルコキシドは，アルコールにナトリウムやカリウム金属，または水素化ナトリウムを反応させて作られる（6.15B 項）．ほとんどのアルコールは一般に水より弱い酸であるから，アルコキシドイオンは水酸化物イオンよりも強い塩基である．

- アルコールより高い pK_a 値をもつ化合物の共役塩基はアルコールを脱プロトンする．

相対的塩基性度

$R^- > H_2N^- > H^- > RC{\equiv}C^- > RO^- > HO^-$

水酸化物イオンはこの中では最も弱い塩基である

問題 10.3 次の化合物の溶液に，ethanol を加えたときに起こると思われる酸塩基反応の反応式を書け．また，反応式に，より強い酸，より強い塩基などを付記せよ（表3.1 を参照せよ）．

(a) NaNH₂　　(b) H—≡⁻Na⁺　　(c) CH₃C(=O)ONa　　(d) NaOH

ナトリウムおよびカリウムアルコキシドは有機合成で塩基としてよく用いられる（6.15B 項）．水酸化物イオンよりは強い塩基が必要であるが，アミドイオンやアルカンのアニオンほど強い塩

基を必要としないというときには，エトキシドイオンや t-ブトキシドイオンなどのアルコキシドイオンが用いられる．また，溶解性の問題で，反応を水中ではなく，アルコール中で行う必要があるときにもアルコキシドイオンが用いられる．

10.7　アルコールからハロゲン化アルキルへの変換

ここからいくつかの節は，アルコールのヒドロキシ基の置換反応に関するものである．

- ヒドロキシ基は脱離基としてよくない（脱離するとすれば，HO^- として脱離する）ので，これからの反応の共通のテーマは，ヒドロキシ基を弱い塩基として脱離できる基に変換することである．

これらの反応過程は，アルコール酸素が塩基または求核剤として反応することから始まる．その後，修飾された酸素が置換される．まず，アルコールをハロゲン化アルキルに変換する反応を考えてみよう．

アルコールをハロゲン化アルキルに変換するのに，最もよく用いられるのは次の反応剤である．

- ハロゲン化水素（HCl，HBr，または HI）
- 三臭化リン（PBr_3）
- 塩化チオニル（$SOCl_2$）

これらの反応の利用例を次に示す．これらの反応はいずれもアルコールの C—O 結合を切断することによって起こる．それぞれの場合に，ヒドロキシ基がまず適当な脱離基に変換される（詳しくは 10.9 節参照）．それぞれの反応を調べれば，この変換がどのようにして起こるかがわかるであろう．

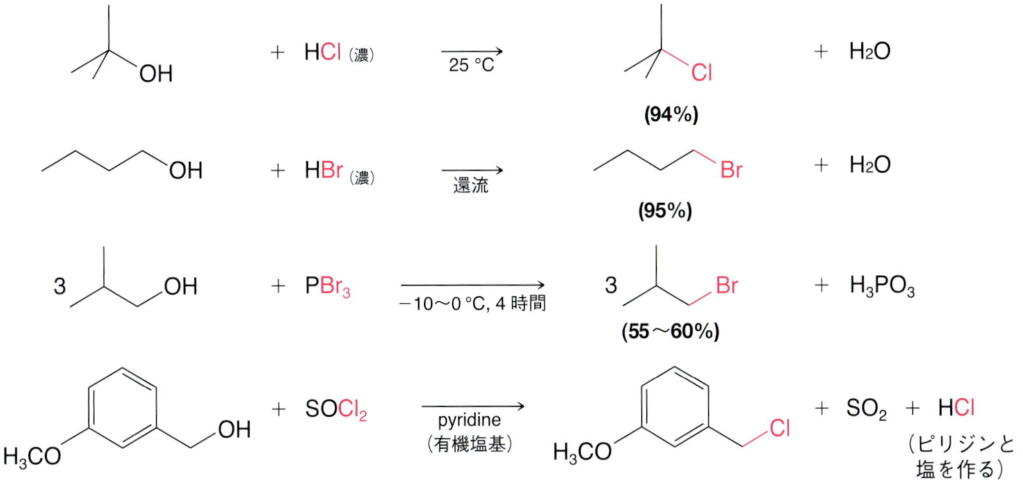

10.8 アルコールとハロゲン化水素の反応によるハロゲン化アルキルの合成

アルコールがハロゲン化水素と反応すると，置換反応が起こってハロゲン化アルキルと水を生成する．

$$R{-}OH + HX \longrightarrow R{-}X + H_2O$$

- アルコールの反応性の順序は，第三級＞第二級＞第一級＜メチルである（メチル基は特別である）．
- ハロゲン化水素の反応性の順序は，HI＞HBr＞HCl である（HF は一般に不活性である）．

この反応は酸触媒反応である．したがって，アルコールは強酸性のハロゲン化水素，HCl, HBr や HI とは反応するが，酸性でない NaCl, NaBr や NaI とは反応しない．第一級と第二級アルコールにハロゲン化ナトリウムと濃硫酸の混合物と反応させると，塩化または臭化アルキルが得られる．

$$ROH + NaX \xrightarrow{H_2SO_4} RX + NaHSO_4 + H_2O$$

10.8A アルコールと HX の反応の反応機構

- 第二級，第三級，アリル，およびベンジルの各アルコールの反応は，カルボカチオンを経由する機構によって進行する（3.13 節で学んだ機構）．すなわち**プロトン化されたアルコールが基質となって S_N1 機構で進行する**．

t-ブチルアルコールと塩酸（H_3O^+, Cl^-）の反応を例にとってこの機構をもう一度説明しよう．この S_N1 置換機構のはじめの 2 段階は，アルコールの脱水反応と同じである（7.7 節）．

段階 1

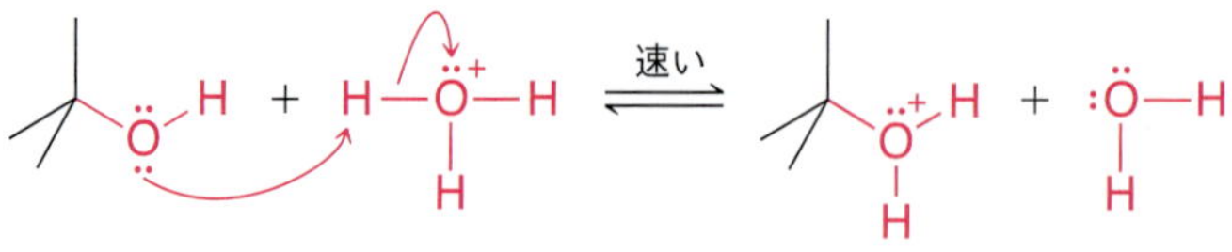

（速い）　アルコールがプロトンを取る

段階 2

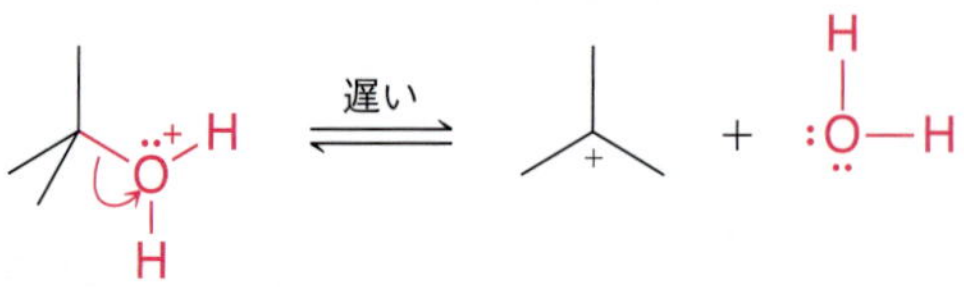

（遅い）　プロトン化されたヒドロキシ基が脱離基としてはずれ，カルボカチオンと水が生成する

段階 3 では，アルコールの脱水反応とハロゲン化アルキルの生成反応はそれぞれ異なった経路をたどる．すなわち，脱水反応ではカルボカチオンが E1 反応によって隣接炭素のプロトンを失いアルケンを生成する．これに対して，ハロゲン化アルキルの生成反応ではカルボカチオンが

10.8 アルコールとハロゲン化水素の反応によるハロゲン化アルキルの合成

S_N1 反応によって求核剤（ハロゲン化物イオン）と反応する．

段階 3

ハロゲン化物イオンがカルボカチオンと反応する

それでは，この二つの反応の差はどこから来るのであろうか．

アルコールを脱水するときは，一般に濃硫酸中高温で行われる．アルコールがプロトン化した後，この反応液中に存在する硫酸水素イオン（HSO_4^-）は，弱い求核剤であり，しかも低濃度でしか存在しない．高温では，非常に活性なカルボカチオンはプロトンを失って安定化しアルケンになる．さらにアルケンは通常揮発性であるから，生成すると反応混合物中から蒸留されて取り除かれ，平衡はアルケンの生成のほうにかたよることになる．この反応は **E1 反応**である．

> この逆反応，すなわちアルケンの水和（8.5 節）では，カルボカチオンは求核剤と反応する．この場合は水と反応する．アルケンの水和は希硫酸中で行われるから，水の濃度は高い．ある場合には，またカルボカチオンは HSO_4^- イオンあるいは硫酸と反応する．このときには，硫酸水素アルキル（$R\text{-}OSO_2OH$）を生成する．

アルコールをハロゲン化アルキルに変換するときは，酸の存在下ハロゲン化物イオンを反応させる．高温にはしない．ハロゲン化物イオンはよい求核剤（水よりもはるかに強い）であり，また高濃度で存在しているのでカルボカチオンはハロゲン化物イオンの電子対と反応してハロゲン化アルキルとなって安定化する．この反応は S_N1 反応である．

ハロゲン化アルキルの生成反応とアルコールの脱水反応は，結局，求核置換反応と脱離反応の競争反応の例である（6.18 節を参照）．アルコールからハロゲン化アルキルへの変換反応では，アルケンの生成（すなわち脱離反応）を伴うことがよくある．カルボカチオンのこれら二つの反応の活性化自由エネルギーにはそれほど大きな差がないので，カルボカチオンはすべて求核剤と反応するのではなく，一部はプロトンを失ってアルケンとなって安定化する．

第一級アルコール　アルコールからハロゲン化アルキルへの変換反応がすべてカルボカチオンを経由して進行するのではない．

- 第一級アルコールやメタノールでは明らかに S_N2 機構を経由して反応が進行している．

この反応で，酸はプロトン化されたアルコールを生成する役目をしている．これにハロゲン化物イオンが反応して水分子（よい脱離基）と置換し，ハロゲン化アルキルが生成する．

（プロトン化された第一級アルコールまたは methanol）　　　（よい脱離基）

酸の必要性　ハロゲン化物イオン（特にヨウ化物イオンと臭化物イオン）は強い求核剤であるが，アルコール自身と置換反応をするほど強くはない．

- 次のような反応は起こらない．それは脱離基が強塩基の水酸化物イオンであるからである*．

$$:\!\ddot{\text{B}}\text{r}\!:^- + -\!\overset{|}{\underset{|}{\text{C}}}\!-\!\ddot{\text{O}}\text{H} \;\;\xmapsto{\times}\;\; :\!\ddot{\text{B}}\text{r}\!-\!\overset{|}{\underset{|}{\text{C}}}\!- + :\!\ddot{\text{O}}\text{H}^-$$

アルコールとハロゲン化水素の反応が，なぜ酸で促進されるかを見てみよう．

- 酸はアルコールのヒドロキシ基をプロトン化し，よい脱離基に変換する．

塩化物イオンは臭化物イオンやヨウ化物イオンよりも弱い求核剤であるから，塩化亜鉛あるいは類似の Lewis 酸を反応混合物に加えないかぎり，塩化水素は第一級または第二級アルコールとは反応しない．塩化亜鉛はよい Lewis 酸であり，アルコールの酸素上の非共有電子対と会合して複合体を作る．これはヒドロキシ基の脱離基としての可能性を高め，塩化物イオンと置換する．

$$\text{R}\!-\!\underset{\text{H}}{\ddot{\text{O}}}\!: + \text{ZnCl}_2 \;\rightleftharpoons\; \text{R}\!-\!\underset{\text{H}}{\overset{+}{\ddot{\text{O}}}}\!-\!\bar{\text{Z}}\text{nCl}_2$$

$$:\!\ddot{\text{Cl}}\!:^- + \text{R}\!-\!\underset{\text{H}}{\overset{+}{\ddot{\text{O}}}}\!-\!\bar{\text{Z}}\text{nCl}_2 \;\longrightarrow\; :\!\ddot{\text{Cl}}\!-\!\text{R} + [\text{Zn(OH)Cl}_2]^-$$

$$[\text{Zn(OH)Cl}_2]^- + \text{H}_3\text{O}^+ \;\rightleftharpoons\; \text{ZnCl}_2 + 2\,\text{H}_2\text{O}$$

- アルコールとハロゲン化水素の反応で，特にカルボカチオンを経由する場合，しばしば**転位**を伴う．

第二級アルコールをハロゲン化水素と反応させたとき，どのようにして転位が起こるか．例題 10.4 にそれを示そう．

例題 10.4

3-Methyl-2-butanol を HBr と反応させると，2-bromo-2-methylbutane を単一の生成物として与える．この反応機構を書け．

$$\underset{\text{OH}}{\diagup\!\!\!\diagdown}\!\!\!\diagdown \;\xrightarrow{\text{HBr}}\; \underset{\text{Br}}{\diagup\!\!\!\diagdown}\!\!\!\diagdown$$

解き方と解答：
この反応は最初に生成したカルボカチオンからヒドリドイオンの移動による転位を含む．

---

* この逆反応は Chap. 6 で述べたとおり，アルコールの合成法である．

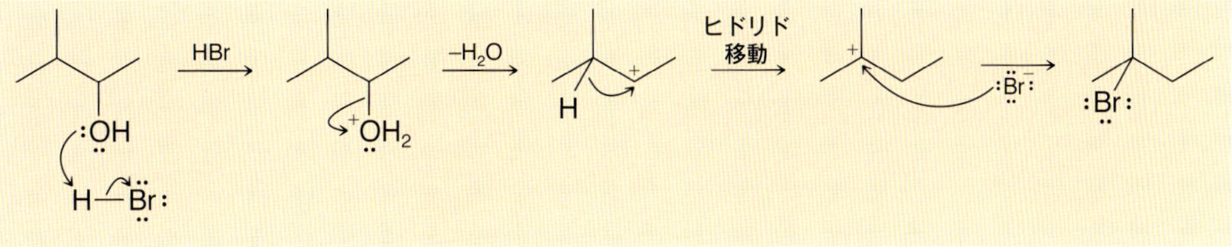

10.9 アルコールと PBr₃ または SOCl₂ の反応によるハロゲン化アルキルの合成

問題 10.4 (a) 第三級アルコールのほうが第二級アルコールより HX とより速く反応する．(b) Methanol が第一級アルコールより HX とより速く反応する．その理由を説明せよ．

アルコールの中にはハロゲン化水素と反応させると，転位が起こるものがある．転位を起こさずに第二級アルコールをハロゲン化アルキルに変換するにはどうすればよいだろうか．この解答は次節で述べるように，三臭化リン（PBr₃）や塩化チオニル（SOCl₂）のような反応剤を用いることである．

10.9 アルコールと PBr₃ または SOCl₂ の反応によるハロゲン化アルキルの合成

第一級または第二級アルコールは三臭化リン phosphorus tribromide（PBr₃）と反応して臭化アルキルを与える．

$$3\ R\text{—}OH\ +\ PBr_3\ \longrightarrow\ 3\ R\text{—}Br\ +\ H_3PO_3$$
（第一級または第二級）

- アルコールと PBr₃ の反応は，カルボカチオンを経由しない．また，特に反応温度を 0 ℃以下にすると炭素骨格の転位なしに起こる．
- PBr₃ はアルコールを対応する臭化アルキルに変換するための反応剤としてよく用いられる．

この反応の機構では，PBr₃ の臭素が 3 分子のアルコールと連続的に置換して，亜リン酸トリアルキル［P(OR)₃］と 3 分子の HBr を生成する．

$$ROH\ +\ PBr_3\ \longrightarrow\ P(OR)_3\ +\ 3\ HBr$$

P(OR)₃ は，3 分子の HBr と反応して，3 分子の臭化アルキルと 1 分子のホスホン酸を生成する．

$$P(OR)_3\ +\ 3\ HBr\ \longrightarrow\ 3\ RBr\ +\ HP(OH)_2{=}O$$

- SOCl₂ は第一級と第二級塩化アルキルの合成反応剤である．

塩化チオニル thionyl chloride（SOCl₂）は第一級および第二級アルコールを塩化アルキルに変換

する．ピリジン（C_5H_5N）が反応を促進するために加えられることが多い．アルコールが次式のようにSOCl$_2$を攻撃し，塩化物イオンを放出し，プロトンをピリジンに与える．その結果，クロロ亜硫酸アルキル alkyl chlorosulfite が生成する．

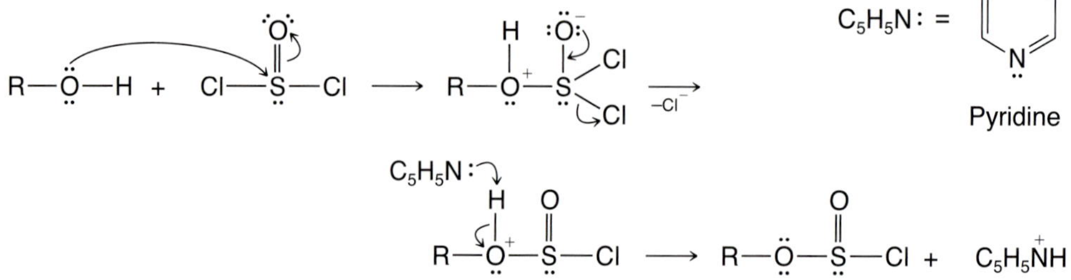

このクロロ亜硫酸アルキル中間体は，最初にSOCl$_2$がアルコールと反応したのと同じように，もう1分子のピリジンと塩化物イオンを放出しながら反応し，ピリジニウム亜硫酸アルキル中間体を与える．それから塩化物イオンが基質の炭素を攻撃して脱離基の亜硫酸誘導体と置換する．後者はさらに気体のSO$_2$とピリジンに分解する（ピリジンが存在しないと，反応は立体配置を保持して進行する）．

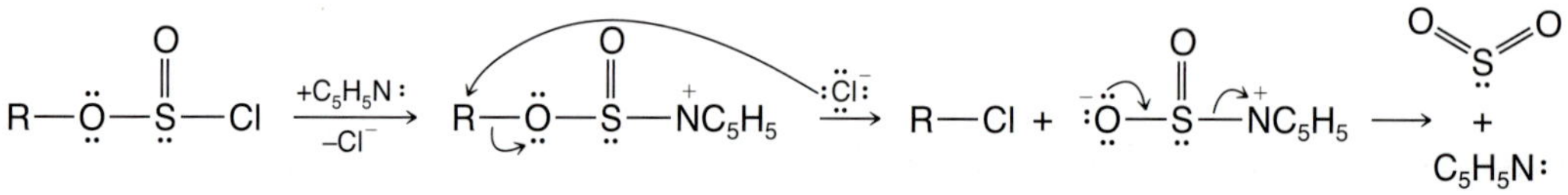

例題 10.5

アルコールを原料として次の化合物を合成せよ．

(a) Benzyl bromide　　(b) Cyclohexyl chloride　　(c) Butyl bromide

解答：

(a) 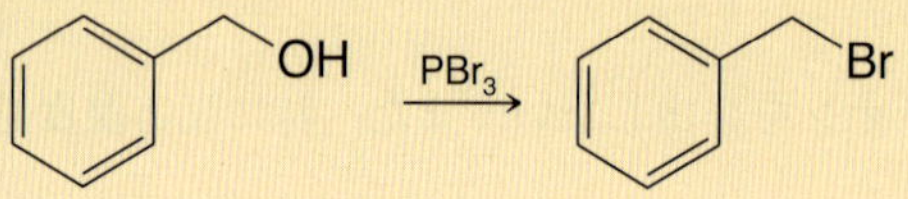 ベンジルアルコール $\xrightarrow{PBr_3}$ ベンジルブロミド

(b) 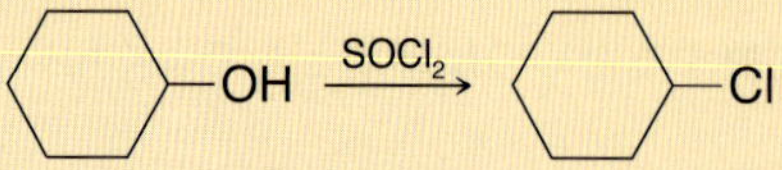 シクロヘキサノール $\xrightarrow{SOCl_2}$ シクロヘキシルクロリド

(c) 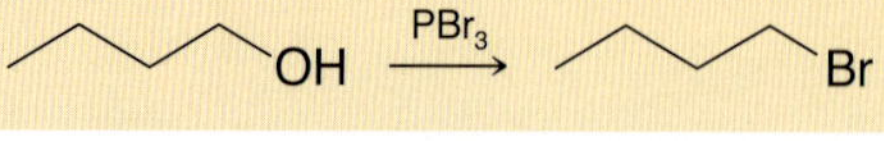 ブタノール $\xrightarrow{PBr_3}$ ブチルブロミド

10.10　メシラート，トシラート，トリフラート：よい脱離基をもつアルコール誘導体

アルコールのヒドロキシ基は**スルホン酸エステル** sulfonate ester に変換することによってよい脱離基に変えられる．この目的に使われる最も一般的なスルホン酸エステルは，メタンスルホン酸エステル（**メシラート** mesylate と略称される），p-トルエンスルホン酸エステル（**トシラート**

10.10 メシラート,トシラート,トリフラート:よい脱離基をもつアルコール誘導体

tosylate と略称される) とトリフルオロメタンスルホン酸エステル（**トリフラート** triflate と略称される*）である.

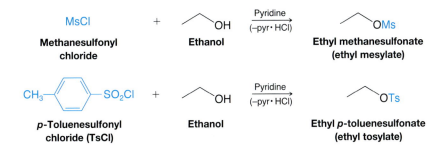

メシル（mesyl）基 / トシル（tosyl）基 / トリフィル（trifyl）基*

アルキルメシラート（メタンスルホン酸アルキル） / アルキルトシラート（*p*-トルエンスルホン酸アルキル） / アルキルトリフラート（トリフルオロメタンスルホン酸アルキル）

目的のスルホン酸エステルは，通常アルコールにピリジン中対応する塩化スルホニルを作用させて作られる．すなわちメシラートには塩化メタンスルホニル（塩化メシル），トシラートには塩化 *p*-トルエンスルホニル（塩化トシル），トリフラートには塩化トリフルオロメタンスルホニル（またはトリフルオロメタンスルホン酸無水物）が用いられる．ピリジンは溶媒として用いる他に，生成する HCl を中和するためにも用いられる．例えば，エタノールは塩化メタンスルホニルと反応してメタンスルホン酸エチル（エチルメシラート）を，また塩化 *p*-トルエンスルホニルと反応して *p*-トルエンスルホン酸エチル（エチルトシラート）を与える.

ここで重要なことは，スルホン酸エステルの生成の際，アルコールの炭素の立体化学に関係しないことである．なぜならアルコールの C—O 結合はこの段階には関与していないからである．したがって，もしアルコールの炭素がキラル中心であったとしても，立体配置はスルホン酸エステルが生成する段階では変化しない．反応は**立体配置の保持** retention of configuration で進行する．スルホン酸エステルが求核剤と反応するとき，求核置換反応の通常の要因がかかわってくる.

求核置換反応の基質 メシラート，トシラート，トリフラートはすぐれた脱離基であるため，求核置換反応の基質としてよく用いられる．よい脱離基といえるのは，脱離して生成するスルホン酸イオンが非常に弱い塩基であるからである．この中では，トリフラートイオンが最も弱い塩基であるから，この中では最もよい脱離基である.

---
* (訳注) トリフィル基とトリフラートという名称は，IUPAC 規則では認められていないが，現在も慣例として用いられている.

$$\text{Nu}^- + \text{R}-\text{OSO}_2\text{R}' \longrightarrow \text{Nu}-\text{R} + \text{R}'\text{SO}_3^-$$

スルホン酸アルキル　　　　　　　　　　スルホン酸イオン
（トシラート，メシラートなど）　　　　（非常に弱い塩基-よい脱離基）

- アルコールに求核置換反応を行うには，アルコールをまずスルホン酸エステルに変換し，その後求核剤と反応させる．
- 反応機構が S_N2 のとき，次の2番目の例に示したように，もともとアルコールのヒドロキシ基の付いていた炭素では**立体化学の反転** inversion of configuration が起こる．

段階1

$$\underset{\text{R}'}{\overset{\text{R}}{\text{H}\cdot\text{C}\cdot\text{OH}}} + \text{TsCl} \xrightarrow[(-\text{pyr}\cdot\text{HCl})]{\text{保持}} \underset{\text{R}'}{\overset{\text{R}}{\text{H}\cdot\text{C}\cdot\text{OTs}}}$$

段階2

$$\text{Nu}^- + \underset{\text{R}'}{\overset{\text{R}}{\text{H}\cdot\text{C}\cdot\text{OTs}}} \xrightarrow[S_N2]{\text{反転}} \underset{\text{R}'}{\overset{\text{R}}{\text{Nu}\cdot\text{C}\cdot\text{H}}} + \text{TsO}^-$$

スルホン酸エステルの生成に，アルコールのC—O結合の開裂が含まれていないことは，次の反応機構によって説明される．塩化メタンスルホニルを例に示す．

反応機構
アルコールからメシラート（メタンスルホン酸アルキル）への変換

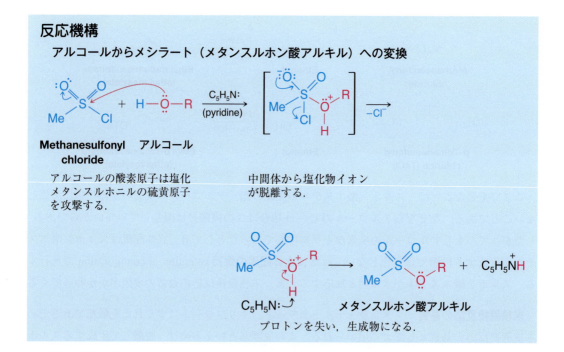

Methanesulfonyl chloride　アルコール

アルコールの酸素原子は塩化メタンスルホニルの硫黄原子を攻撃する．

中間体から塩化物イオンが脱離する．

メタンスルホン酸アルキル

プロトンを失い，生成物になる．

例題 10.6
次の反応式に必要な反応剤を入れよ.

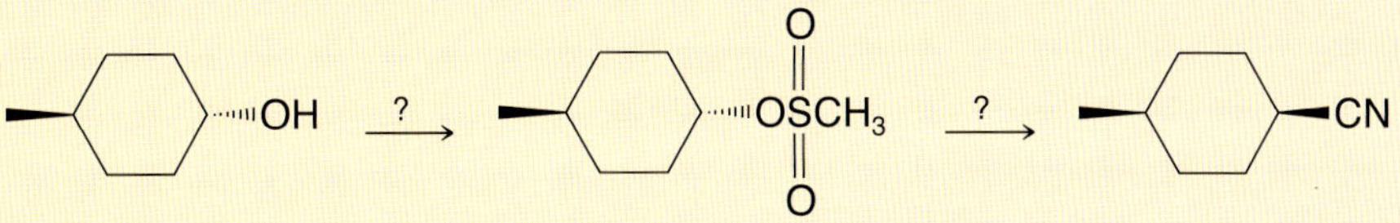

解き方と解答：

 2段階にわたる全体的な変換では，アルコールのヒドロキシ基を立体配置の反転を伴ってシアノ基にすることである．これを行うには，最初の段階として，アルコールのヒドロキシ基をよい脱離基に変える必要がある．これは pyridine 中 methanesulfonyl chloride を用いて，メタンスルホン酸エステル（メシラート）にすることによって可能になる．第2段階はメタンスルホニル（メシル）基の S_N2 置換反応である．それは dimethylformamide（DMF）のような極性溶媒中シアン化カリウムかシアン化ナトリウムを用いることによって達成される．

問題 10.5　生成物 X，Y，A，B の構造式を，立体化学を含めて書け．

(a) (R)-2-Butanol + TsCl/Pyridine → X → NaOH (S_N2) → Y

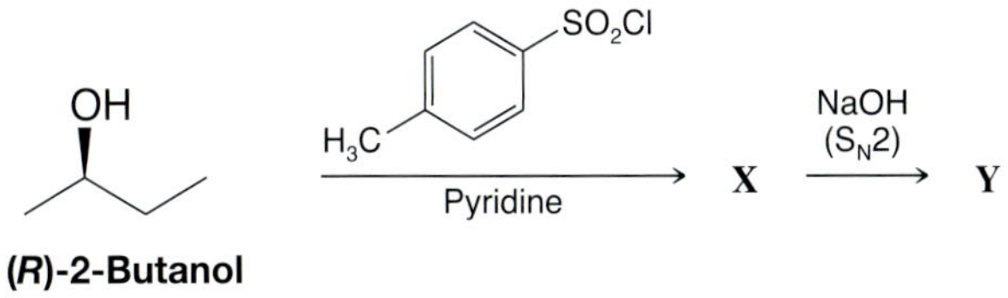

(b) trans-2-methylcyclohexanol + TsCl/Pyridine → A → LiCl → B

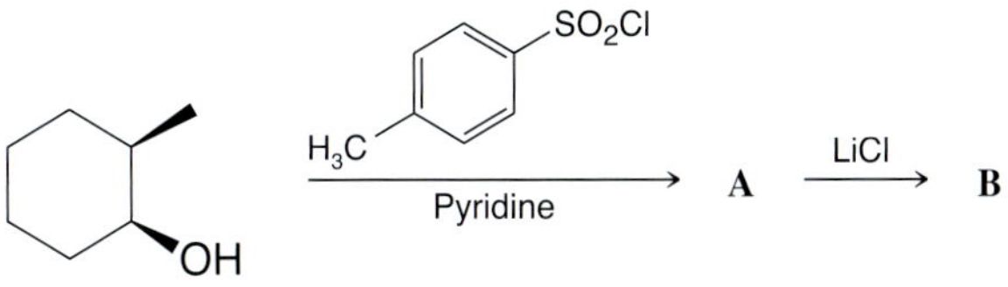

10.11　エーテルの合成

10.11A　アルコールの分子間脱水によるエーテルの合成

 2分子のアルコールは，酸触媒置換反応によって脱水するとエーテルを生成する．

$$R-OH + HO-R \xrightarrow[-H_2O]{HA} R-O-R$$

 この反応はアルコールの酸触媒脱水反応によるアルケンの生成反応（7.7，7.8節）と競争して起こる．エーテルへのアルコールの分子間脱水 intermolecular dehydration は一般に，アルケンへのアルコールの脱水より低温で起こる．また，エーテルを生成すると同時に留去して系外に出

すことによってこの反応を促進することができる．例えば，市販のジエチルエーテルはエタノールの脱水によって作られている．140 ℃ではジエチルエーテルが主生成物となり，180 ℃ではエテンが主生成物となる．

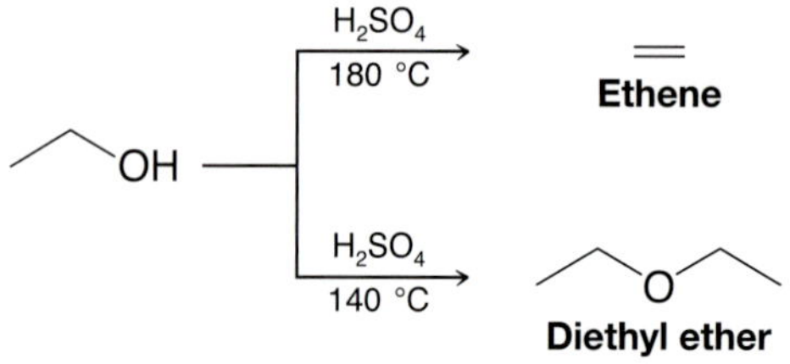

このエーテルの生成は，求核剤として反応するアルコール1分子と，基質として働くもう1分子のプロトン化されたアルコールとの間の S_N2 機構で説明される（10.5節を参照）．

反応機構
アルコールの分子間脱水によるエーテルの合成

段階1

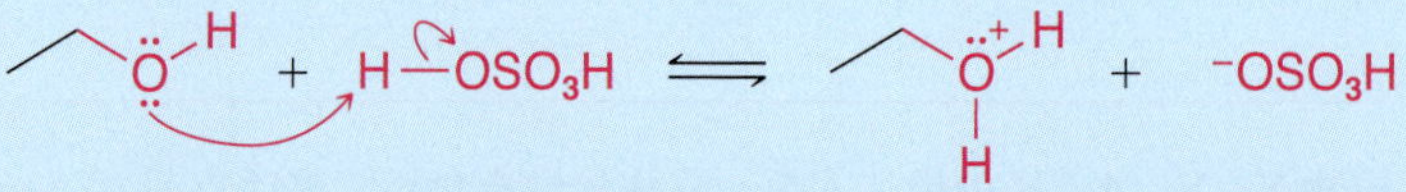

この段階はアルコールが硫酸からプロトンを取る酸塩基反応である．

段階2

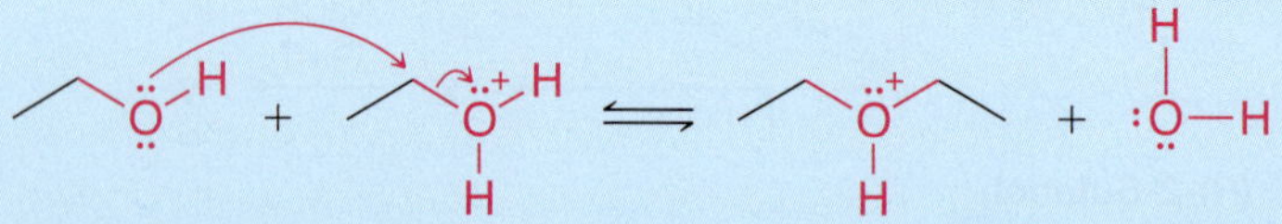

別のアルコール分子が求核剤として反応し，プロトン化されたアルコールを S_N2 反応で攻撃する．

段階3

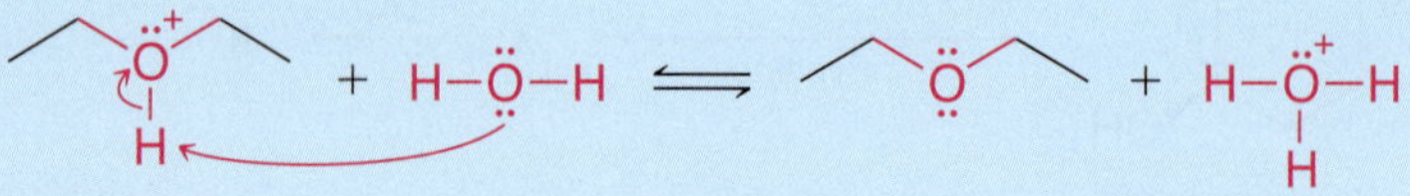

酸塩基反応によって，プロトン化されたエーテルから水分子（または別のアルコール分子）にプロトン移動が起こり，エーテルに変換される．

分子間脱水による合成法の制約　分子間脱水によるエーテルの合成法には重要な制約がある．

- 第二級アルコールの分子間脱水によってエーテルを合成したいとき，アルケンが容易に生成するので，反応はうまくいかない．
- 第三級アルキル基をもつエーテルを合成しようとしても，もっぱらアルケンが得られる．
- 分子間脱水反応は，第一級アルコールから非対称のエーテルを合成する目的には用いられない．なぜならエーテルの混合物が得られるからである．

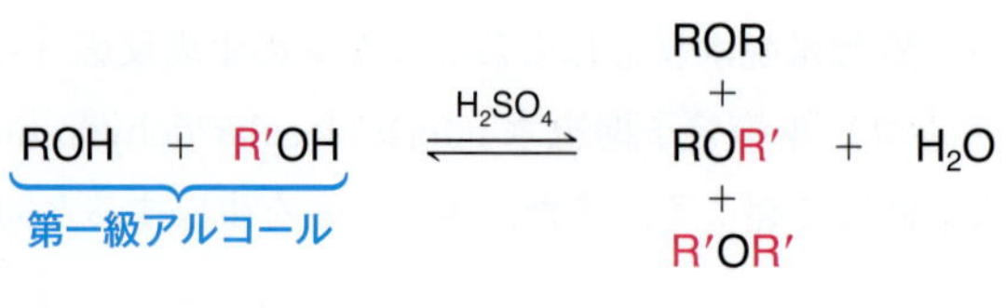

問題 10.6 一方が *t*-ブチル基で，もう一方が第一級アルキル基の非対称エーテルの場合は例外で，第一級アルコールと硫酸の混合物に室温で *t*-butyl alcohol を加えることによって目的を達成することができる．この反応の機構を書き，この反応が成功する理由を述べよ．

$$R-OH + HO-C(CH_3)_3 \xrightarrow{\text{触媒量の } H_2SO_4} R-O-C(CH_3)_3 + H_2O$$

10.11B　Williamson のエーテル合成

非対称エーテルの重要な合成法は，**Williamson 合成**（ウィリアムソン）として知られている求核置換反応である．

• Williamson のエーテル合成は，ハロゲン化アルキル，スルホン酸のアルキルエステル，あるいは硫酸のアルキルエステルとナトリウムアルコキシドとの S_N2 反応によって行われる．

反応機構

Williamson のエーテル合成

$$R-\ddot{O}{:}^- \; Na^+ \; + \; R'-LG \longrightarrow R-\ddot{O}-R' + Na^+ \; {:}LG^-$$

ナトリウム　　　　ハロゲン化アルキル，　　　　エーテル
（またはカリウム）　スルホン酸アルキル，
アルコキシド　　　または硫酸ジアルキル

$-LG = -\ddot{B}r{:}, \; -\ddot{I}{:}, \; -OSO_2R'', \; $ または $\; -OSO_2OR''$

アルコキシドイオンが基質と S_N2 機構で反応してエーテルが生成する．基質は立体障害がなく，よい脱離基をもっていなければならない．代表的な基質としては第一級または第二級ハロゲン化アルキルやスルホン酸アルキル，硫酸ジアルキルなどがある．

次に Williamson 合成の具体例を示す．ナトリウムアルコキシドはアルコールに NaH を反応させて作ることができる．

$$\text{CH}_3\text{CH}_2\text{CH}_2\text{OH} + \text{NaH} \longrightarrow \text{CH}_3\text{CH}_2\text{CH}_2\text{O}^-\text{Na}^+ + \text{H-H}$$
Propyl alcohol　　　　　　　　　　　　ナトリウムプロポキシド

$$\xrightarrow{\text{CH}_3\text{CH}_2\text{I}} \text{CH}_3\text{CH}_2\text{CH}_2\text{-O-CH}_2\text{CH}_3 + \text{NaI}$$
Ethyl propyl ether (70%)

• これは S_N2 反応であるから，その制約を受ける．ハロゲン化アルキル，スルホン酸エステル，あるいは硫酸エステルのアルキル基が第一級（あるいはメチル基）のとき，よい結果が得られる．**もし基質が第三級ならば脱離反応のみが起こる**．また，低温では置換反応のほうが脱離反応より有利になる．

問題 10.7 (a) Williamson 合成によって isopropyl methyl ether を作る二つの方法を示せ．(b) 二つの方法のうち，エーテルの収率がよいのはどちらの方法か．またその理由を説明せよ．

例題 10.7

環状エーテルの tetrahydrofuran（THF）は，4-chloro-1-butanol を NaOH 水溶液で処理することによって合成される．この反応の機構を書け．

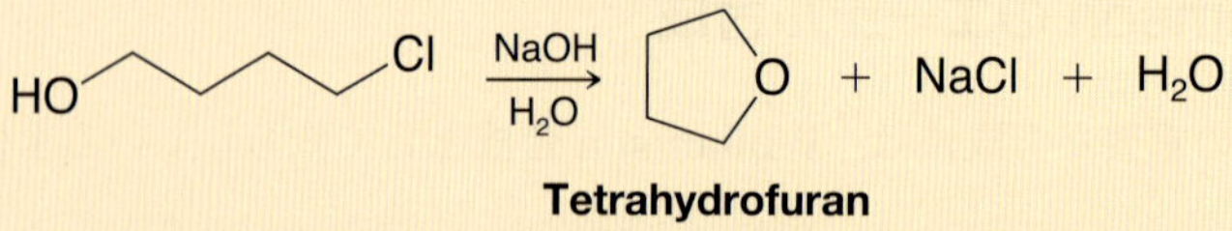

HO–CH₂CH₂CH₂CH₂–Cl $\xrightarrow[\text{H}_2\text{O}]{\text{NaOH}}$ Tetrahydrofuran + NaCl + H₂O

解き方と解答：

4-Chloro-1-butanol のヒドロキシ基からプロトンを取ると，アルコキシドイオンが生成し，これが分子内 S_N2 反応によって環を形成する．

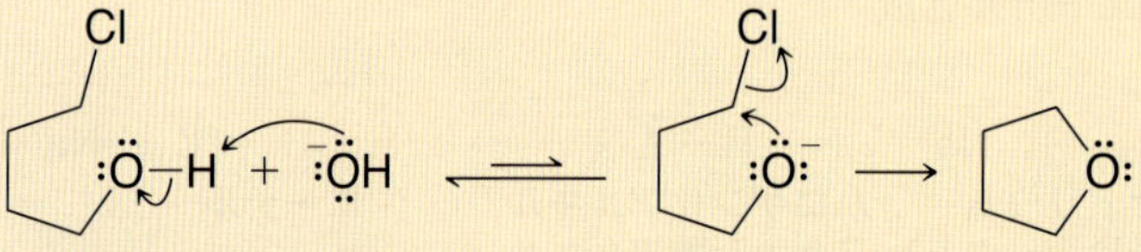

アルコールを水酸化物イオンと処理しても，アルコキシドイオンのほうに平衡が大きくかたよることはないが，生成したアルコキシドイオンはすぐに分子内 S_N2 反応を起こす．アルコキシドイオンが置換反応によって消費されると，別のアルコール分子の脱プロトンによって補給され，反応は完結する．

問題 10.8 エポキシドはハロヒドリンに塩基を反応させることによって合成できる．(a) と (b) の反応機構を書け．(c) ではエポキシドは生成しない．この理由を説明せよ．

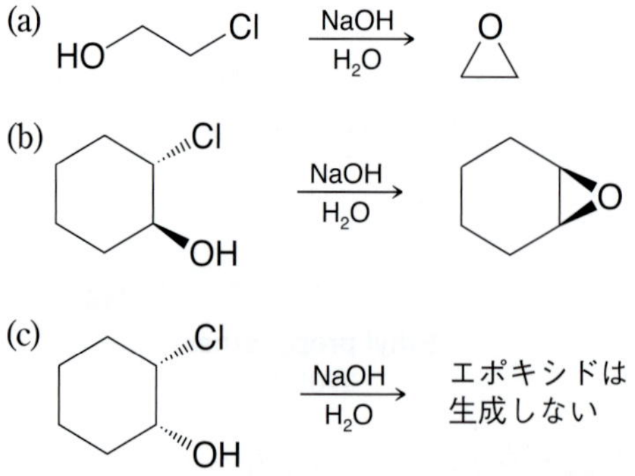

(a) HO–CH₂CH₂–Cl $\xrightarrow[\text{H}_2\text{O}]{\text{NaOH}}$ エポキシド

(b) trans-2-クロロシクロヘキサノール $\xrightarrow[\text{H}_2\text{O}]{\text{NaOH}}$ シクロヘキセンオキシド

(c) cis-2-クロロシクロヘキサノール $\xrightarrow[\text{H}_2\text{O}]{\text{NaOH}}$ エポキシドは生成しない

問題 10.9 生成物 **A 〜 D** の構造式を書け（ヒント：**B** と **D** は立体異性体である）．

10.11 エーテルの合成

[反応スキーム: (S)-1-phenylpropan-2-ol → K (−H₂) → A → (with allyl bromide) → B; また TsCl, pyr で C へ; C → allyl alcohol / K₂CO₃ → D]

10.11C アルコールの保護基としての t-ブチルエーテル

第一級アルコールを硫酸のような強酸に溶かし，この混合物にメチルプロペン（イソブテン）を加えると，t-ブチルエーテルが得られる（この方法を用いると，メチルプロペンの二量化や重合を最小にできる）．

$$R\text{—}OH + \text{(isobutene)} \xrightarrow{H_2SO_4} R\text{—}O\text{—}C(CH_3)_3 \quad \} \; t\text{-ブチル保護基}$$

- *t*-ブチルエーテルは，その分子の他の部分である反応を行うとき，第一級アルコールを保護するために用いられる．
- *t*-ブチル**保護基** protecting group はエーテルを希酸で処理すると，容易に切ることができる．

例えば，3-ブロモ-1-プロパノールとナトリウムアセチリドから 4-ペンチン-1-オールを合成したいとしよう．もしそれらを直接反応させると，強塩基性のナトリウムアセチリドがヒドロキシ基と最初に反応するので，アルキル化は不成功に終わるだろう．

$$\text{HO—CH}_2\text{CH}_2\text{CH}_2\text{—Br} + \text{HC≡C}^-\text{Na}^+ \longrightarrow \text{Na}^+ {}^-\text{O—CH}_2\text{CH}_2\text{CH}_2\text{—Br} + \text{HC≡CH}$$

3-Bromo-1-propanol

競争的な酸塩基反応のために，アルキル化は不成功に終わる

しかし，もしヒドロキシ基を先に保護すれば，この合成はうまくいく．

$$\text{HO—CH}_2\text{CH}_2\text{CH}_2\text{—Br} \xrightarrow[(2) \text{isobutene}]{(1)\,H_2SO_4} t\text{-BuO—CH}_2\text{CH}_2\text{CH}_2\text{—Br} \xrightarrow{\text{HC≡C}^-\text{Na}^+}$$

最初に −OH を保護しておけば，アルキル化は成功する

$$t\text{-BuO—CH}_2\text{CH}_2\text{CH}_2\text{—C≡CH} \xrightarrow{H_3O^+/H_2O} \text{HO—CH}_2\text{CH}_2\text{CH}_2\text{—C≡CH} + t\text{-BuOH}$$

4-Pentyn-1-ol

10.11D シリルエーテル保護基

- ヒドロキシ基は**シリルエーテル**に変換することによって酸塩基反応から保護できる．

最も汎用されるシリルエーテル**保護基**は，t-ブチルジメチルシリルエーテル *t*-butyldimethylsilyl ether ［*t*-Bu(Me)₂Si-O-R または TBS-O-R］であるが，トリエチルシリ，トリイソプロピルシリルや *t*-ブチルジフェニルシリル基なども用いられる．*t*-ブチルジメチルシリルエーテルは

pH 4〜12 くらいの pH で安定である．TBS 基はイミダゾール，ピリジンなどの芳香族アミン（塩基）の存在下に t-ブチルクロロジメチルシランとアルコールとを反応させて得ることができる．

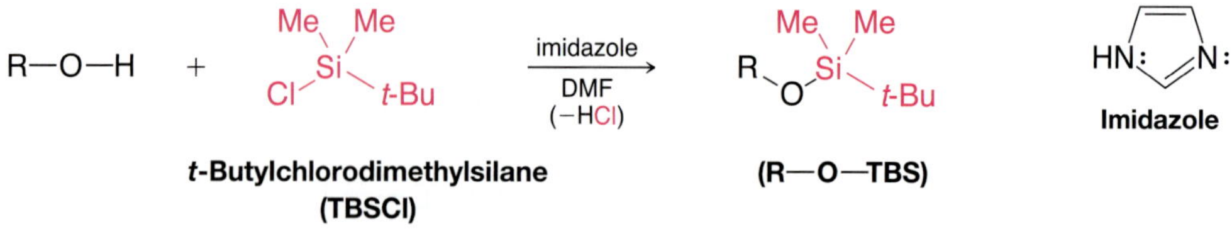

- TBS 基はフッ化物イオン（フッ化テトラブチルアンモニウムまたは HF 水溶液がよく使われる）を作用させると除去できる．この条件は他の官能基には影響することが少ないため，TBS エーテルがよい保護基として用いられる理由である．

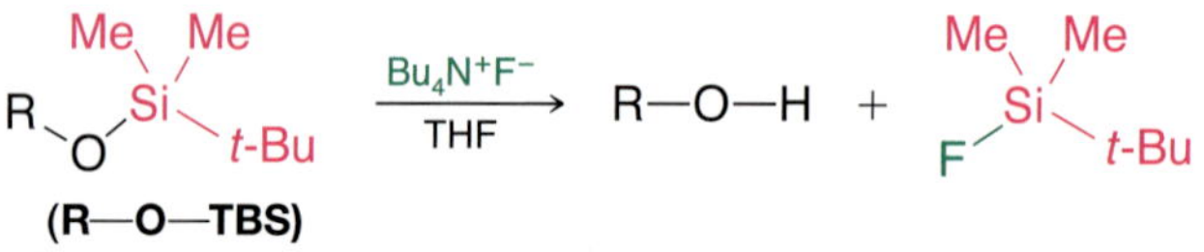

アルコールをシリルエーテルにすると揮発性になる．そのためにこの性質はガスクロマトグラフィーによるアルコール（シリルエーテルとして）の分析に利用される．この目的にはトリメチルシリルエーテルがよく使われる．しかし，トリメチルシリルエーテルは多くの反応条件下で不安定であるため，有機合成の保護基としてはあまり用いられない．

例題 10.8

次の合成において必要な反応剤と中間体 A〜E を書け．

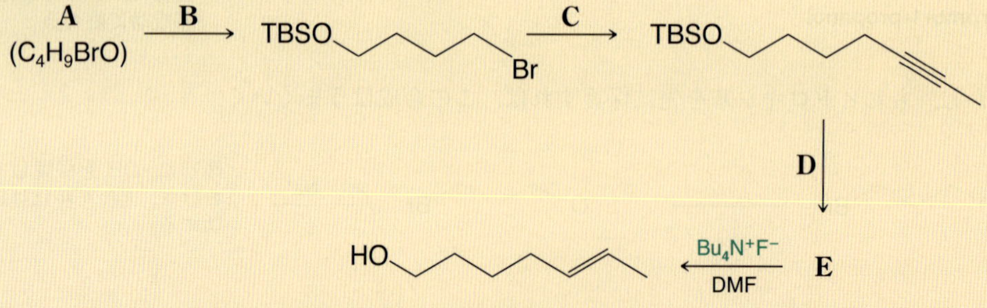

解き方と解答：

いくつかの点に気を付けて考えよう．TBS（t-butyldimethylsilyl）保護基が含まれていること，炭素鎖の炭素数が A の 4 から最終生成物の 7 に増えていること，アルキンがアルケンのトランス体に還元されていること．A にはケイ素原子は含まれていない．しかし，B の反応条件の後の生成物には含まれている．したがって，A は，B の条件で TBS エーテルとして保護されるアルコールでなくてはならない．A は 4-bromo-1-butanol で，条件 B は DMF 中 imidazole と TBSCl（t-butylchlorodimethylsilane）である．条件 C は臭素が脱離し，アルキンが入って炭素鎖が 3 炭素分伸びている．したがって，C の反応条件には，ナトリウ

ムプロピニドが含まれている．これは NaNH₂ または CH₃MgBr のような塩基を用いて，propyne の脱プロトンによって生成したものであろう．E から最終生成物へ至る反応条件は TBS 基の除去であり，アルキンをトランス体のアルケンに変換するものではない．したがって，E はまだ TBS エーテルをもっており，すでにトランス二重結合を含んでいる．反応条件 D は，(1) Li，Et₂NH，(2) NH₄Cl で，これはアルキンをトランス体のアルケンに変換する反応条件である．E は *trans*-5-hepten-1-ol の TBS エーテル（7-*t*-butyldimethylsiloxy-2-heptene と命名される）でなければならない．

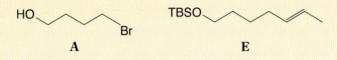

A ／ E

10.12　エーテルの反応

ジアルキルエーテルは酸以外の反応剤とはほとんど反応しない．ジアルキルエーテル分子中の反応活性部位は，アルキル基の C—H 結合とエーテル結合の -O- 基だけである．エーテルは求核剤や塩基の攻撃に抵抗する（なぜか？）．エーテルがこのように反応性に乏しいことと，エーテル酸素の電子対を供与することによって他のカチオンを溶媒和できることから，反応溶媒として広く用いられる．

エーテルの酸素は弱いが塩基性を示す．すなわち，エーテルはプロトン供与体と反応し，**オキソニウム塩** oxonium salt を生成する．

Et—Ö—Et + HBr ⇌ Et—Ö⁺(H)—Et + Br⁻

オキソニウム塩

10.12A　エーテルの開裂

ジアルキルエーテルを強酸（HI，HBr，H₂SO₄ など）と加熱すると C—O 結合が切れる．例えば，ジエチルエーテルは熱濃臭化水素酸と反応して，2分子のブロモエタンを与える．

Et—Ö—Et + 2 HBr ⟶ 2 Et—Br + H₂O　　エーテルの開裂

この反応の機構は，まずオキソニウムイオンができ，ついでこれに臭化物イオンが求核剤として攻撃し，S_N2 機構でエタノールとブロモエタンを生成する．過剰の HBr はエタノールと反応して，2分子目のブロモエタンを生成する．

反応機構
強酸によるエーテルの開裂

段階 1

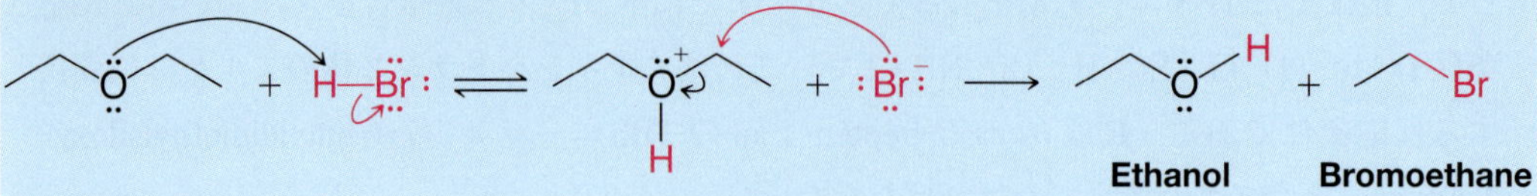

Ethanol   Bromoethane

段階 2

段階 2 ではできたばかりの ethanol が過剰に存在する HBr と反応して，2 分子目の bromoethane が生成する．

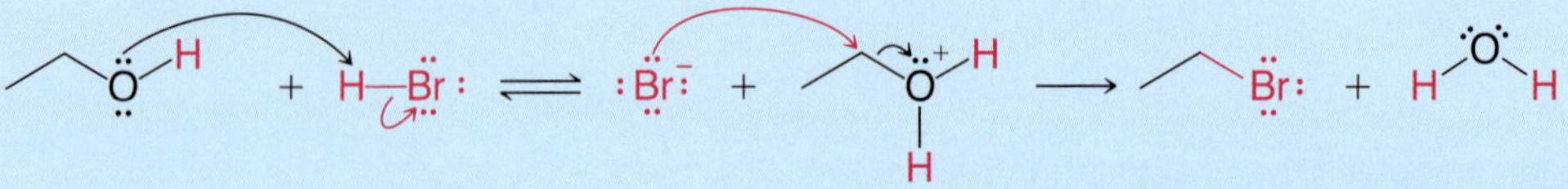

問題 10.10 エーテルを冷濃ヨウ化水素酸（HI）で処理すると次のように開裂する．

$$R—O—R + HI \longrightarrow ROH + RI$$

混合エーテルの場合，生成するアルコールとヨウ化アルキルはアルキル基の性質によって決まる．反応機構を書いて次の結果を説明せよ．

(a) OMe → OH + MeI (HI)

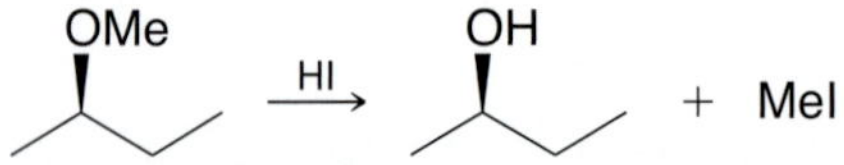

(b) OMe → I + MeOH (HI)

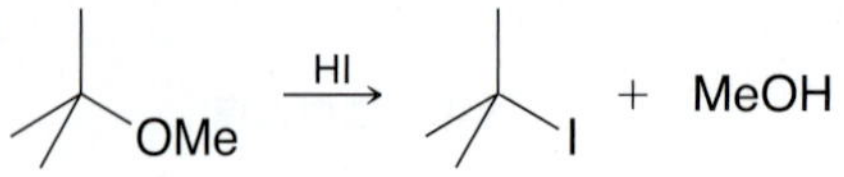

10.13 エポキシド

エポキシド epoxide は 3 員環の環状エーテルの総称名である．IUPAC 命名法では最も単純なエポキシドを**オキシラン**という．これはエチレンオキシドという慣用名でもよばれる．

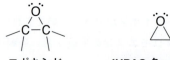

エポキシド　　　IUPAC 名：oxirane
　　　　　　　慣用名：ethylene oxide

10.13A エポキシドの合成：エポキシ化

エポキシドはアルケンと有機過酸 peroxy acid（RCO_3H，または単に peracid という）との反

応で合成される．この反応を**エポキシ化** epoxidation という．最もよく用いられる過酸の一つは *m*-クロロ過安息香酸* *m*-chloroperbenzoic acid（mCPBA）である．次の反応はその一例である．

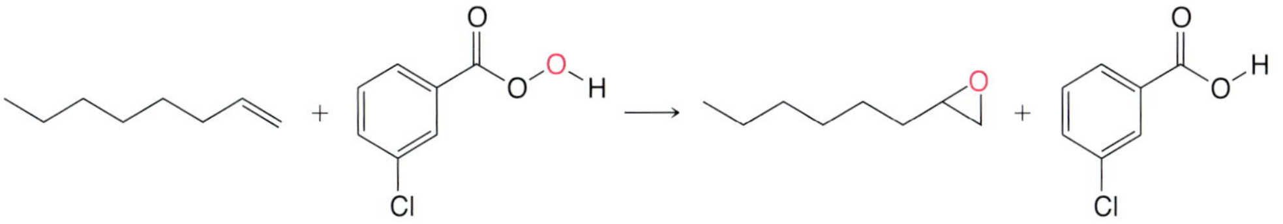

1-Octene + mCPBA → (81%) + *m*-Chlorobenzoic acid

m-クロロ安息香酸はこの反応の副生物である．次の例に示すように，化学反応式には書かれないことが多い．

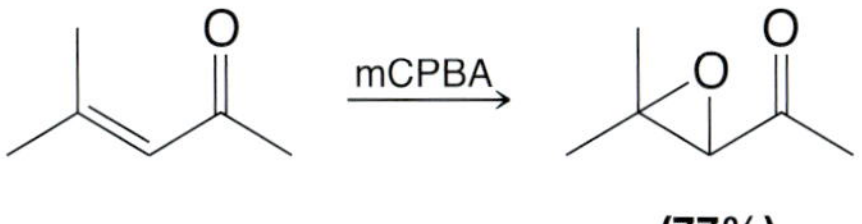

(77%)

この反応には過酸の酸素原子がアルケンに移動する次の機構が提案されている．

反応機構
アルケンのエポキシ化

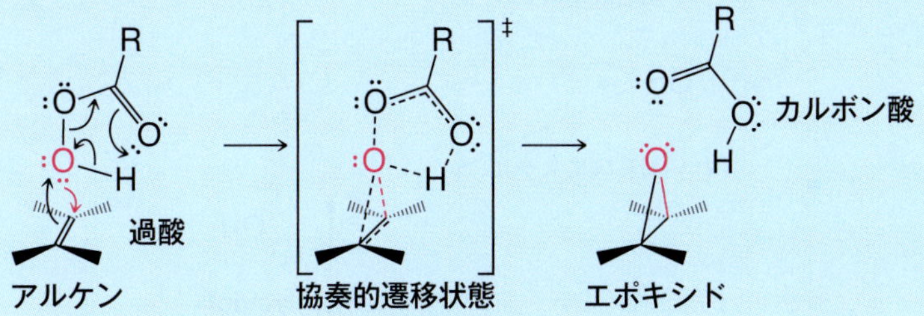

アルケン　　協奏的遷移状態　　エポキシド　　カルボン酸

過酸から酸素がアルケンに環状一段階機構で移動する．その結果，酸素はアルケンにシン付加し，エポキシドとカルボン酸が生成する．

Sharpless の不斉エポキシ化の化学

1980 年，K. B. Sharpless（当時 Stanford University，現在は Scripps Research Institute）とその共同研究者ら［(訳注) その中には九州大学の香月 勗 教授も含まれている］は，キラル合成の最も貴重な手段の一つとなった方法を報告した．この方法は，アリル型アルコール（10.1 節）を非常に高いエナンチオ選択性（一方のエナンチオマーを優先的に与えること，5.10B 項）で，キラルなエポキシアルコールに変換するものである．Sharpless はこの研究で 2001 年度のノーベル化学賞を野依良治（7.14 節）らとともに受賞した．

この不斉エポキシ化は，アリル型アルコール，*t*-ブチルヒドロペルオキシド，チタニウム（Ⅳ）

---

*（訳注）過酸は，カルボン酸の名称の前に "ペルオキシ peroxy" を付けて命名する．例えば，peroxypropionic acid（ペルオキシプロピオン酸）．ただし，performic acid（過ギ酸），peracetic acid（過酢酸），perbenzoic acid（過安息香酸）の慣用名は残されている．

テトライソプロポキシド [Ti(O-*i*-Pr)$_4$] と酒石酸エステルの一方のエナンチオマーを用いる．次にその反応例をあげる．

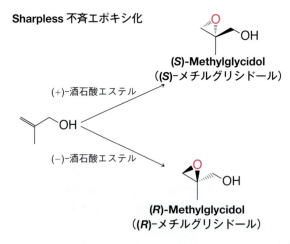

生成するエポキシドの酸素原子は，*t*-ブチルヒドロペルオキシドから供給される．反応のエナンチオ選択性は，光学的に純粋な酒石酸エステルを配位子にもつチタニウム錯体に由来する．(+)-または (-)- 酒石酸エステルのどちらを用いるかは，どちらのエポキシドを目的物とするかによって選択する（ジエチルかジイソプロピルエステルが用いられる）．反応の立体化学的な選択性はよく研究されていて，キラル配位子として (+)-または (-)- 酒石酸エステルのどちらを選べば，どちらのキラルなエポキシドが高いエナンチオ選択性で得られるかがわかっている．

これらの化合物は，分子中にエポキシ基（非常に反応性の高い求電子基），ヒドロキシ基（求核剤となりうる基）と少なくともキラル中心が1個あるので，非常に有用で応用範囲の広いシントン（合成等価体ともいう）になる．このため多くの重要な化合物のキラル合成に広く用いられている．

10.13B エポキシ化の立体化学

- アルケンと過酸の反応は，必然的に**シン** syn 付加であり，また**立体特異的** stereospecific に進行する．さらに，酸素原子はアルケンのいずれの面からでも付加できる．

例えば，*trans*-2-ブテンはラセミ体の *trans*-2,3-ジメチルオキシランを与える．アルケンのいずれの面からも付加が起こり，エナンチオマーの混合物が生成する．一方，*cis*-2-ブテンは，アルケンのどちらの面に酸素原子が付加しても，基質も生成物も対称面をもっているので，*cis*-2,3-ジメチルオキシランのみを与える．もし基質に別のキラル中心が存在すれば，ジアステレオマーが生成する．

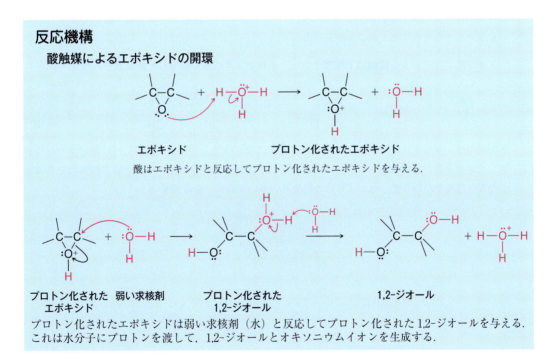

10.14 エポキシドの反応

- エポキシドはその高度にひずんだ 3 員環構造のために，求核剤に対して他のエーテルよりははるかに反応性が高い．

酸触媒は求核攻撃を受ける炭素上のエーテル基をよい脱離基（アルコール）に変えることによって，エポキシド環の開環を助ける．酸触媒は求核剤が水やアルコールのように弱い求核剤であるときは特に重要である．

反応機構
酸触媒によるエポキシドの開環

酸はエポキシドと反応してプロトン化されたエポキシドを与える．

プロトン化されたエポキシドは弱い求核剤（水）と反応してプロトン化された 1,2-ジオールを与える．これは水分子にプロトンを渡して，1,2-ジオールとオキソニウムイオンを生成する．

エポキシドは塩基触媒によっても開環する．このような開環反応は他のエーテルでは起こらないが，求核剤（塩基でもある）がアルコキシドイオンや水酸化物イオンのように強い場合には，エポキシドへの攻撃が可能になり，環のひずみのために開環する．最後に塩基が再生され触媒反応になる．

反応機構

塩基触媒によるエポキシドの開環

強い求核剤　**エポキシド**　**アルコキシドイオン**

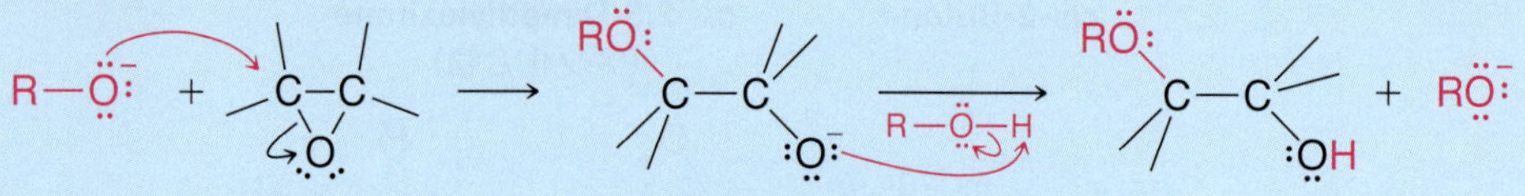

アルコキシドイオンや水酸化物イオンのように強い求核剤（塩基でもある）は，ひずみの大きいエポキシド環を直接 S_N2 反応で開環することができ，最後に再生される．

- 非対称のエポキシドの**塩基触媒による開環**は，求核剤が**置換基の少ないほうの炭素原子**を攻撃して起こる．

例えば，メチルオキシランはアルコキシドイオンとおもに第一級炭素原子で反応する．

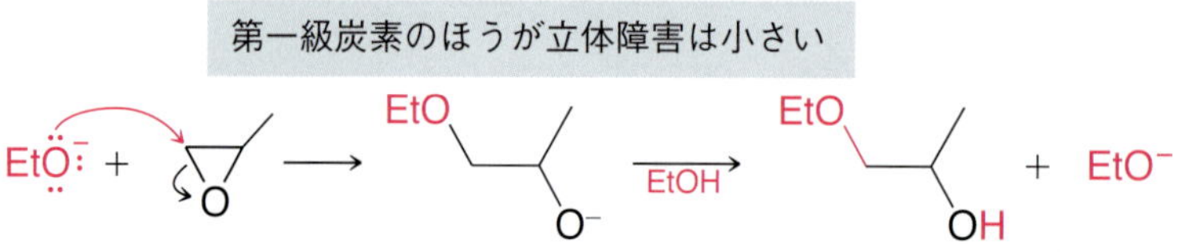

Methyloxirane　**1-Ethoxy-2-propanol**

その理由は，この反応が結局 S_N2 反応であり，先に学んだ（6.13A 項）ように S_N2 反応は立体障害の少ない第一級炭素で速く起こるからである．

- 非対称エポキシドを**酸触媒で開環**すると，求核剤は**より多く置換した炭素原子**を攻撃する．

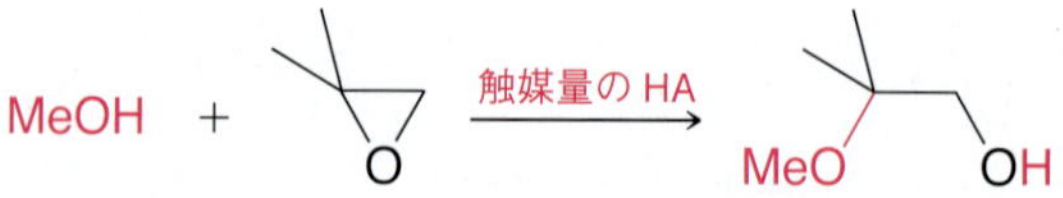

その理由は，プロトン化されたエポキシドの結合は非対称で，より多く置換している炭素のほうが少し正電荷を帯びているからである．この反応は S_N1 反応に似ている．そのため求核剤は立体障害が大きいにもかかわらず，もっぱらこの置換基の多い炭素原子を攻撃する．

プロトン化された
エポキシド

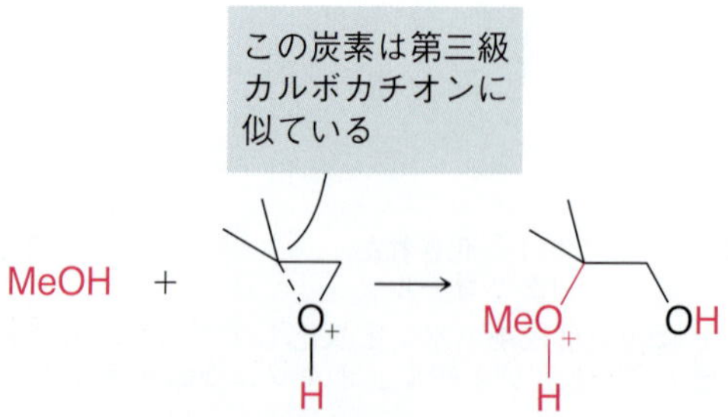

置換基の多いほうの炭素が正電荷を帯びる理由は，それが第三級カルボカチオンに似ているからである（この反応の説明は 8.14 節で述べた非対称アルケンからハロヒドリンが生成する場合とよく似ている）．

問題 10.11 Oxirane (ethylene oxide) から導かれる次の生成物を構造式で示せ.

(a) エポキシド + MeOH (触媒量の HA) → $C_3H_8O_2$ **Methyl Cellosolve** (メチルセロソルブ)

(b) エポキシド + EtOH (触媒量の HA) → $C_4H_{10}O_2$ **Ethyl Cellosolve** (エチルセロソルブ)

(c) エポキシド + KI / H_2O → C_2H_5IO

(d) エポキシド + NH_3 → C_2H_7NO

(e) エポキシド + MeONa / MeOH → $C_3H_8O_2$

問題 10.12 次の反応の機構を説明せよ.

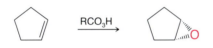

10.15 エポキシド経由によるアルケンのアンチ 1,2-ジヒドロキシ化

シクロペンテンを過酸でエポキシ化すると 1,2-エポキシシクロペンタンが得られる.

Cyclopentene →(RCO_3H)→ 1,2-Epoxycyclopentane

1,2-エポキシシクロペンタンを酸触媒下で加水分解すると, *trans*-1,2-シクロペンタンジオールが得られる. 求核剤である水はプロトン化したエポキシドをエポキシ基の反対側から攻撃する. 攻撃を受けた炭素は立体配置が反転する. ここに示した反応式では一方の炭素原子だけが攻撃されているが, もう一方の炭素原子が攻撃されると *trans*-シクロペンタン-1,2-ジオールのもう一方のエナンチオマーを生成することになる.

+ エナンチオマー
trans-Cyclopentane-1,2-diol

したがって, アルケンをエポキシ化してから酸触媒による加水分解を行うと, 全体としては二重結合を**アンチ 1,2-ジヒドロキシ化** anti 1,2-dihydroxylation する方法となる (8.15 節のシン

1,2-ジヒドロキシ化と反対である）．この反応の立体化学は前述のシクロペンテンの臭素化の立体化学（8.12 節）とよく似ている．

問題 10.13 次の反応の適切な反応剤または中間体 A ～ E を書け．

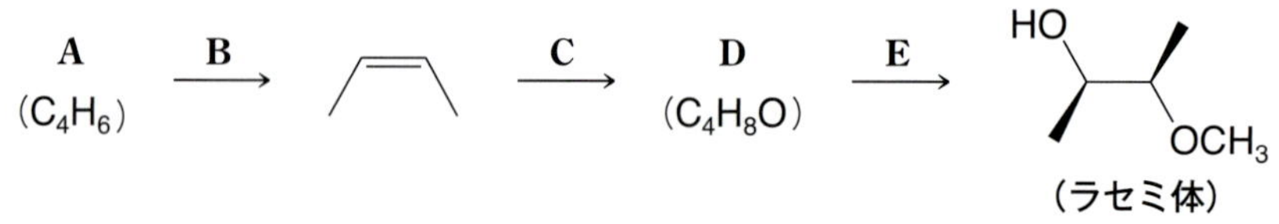

$$\underset{(C_4H_6)}{A} \xrightarrow{B} \diagup\!\!\!\diagdown \xrightarrow{C} \underset{(C_4H_8O)}{D} \xrightarrow{E} \underset{(\text{ラセミ体})}{\overset{HO}{\diagup}\!\!\!\diagdown_{OCH_3}}$$

例題 10.9

10.13B 項で，*cis*-2-butene をエポキシ化すると *cis*-2,3-dimethyloxirane が得られ，*trans*-2-butene をエポキシ化すると *trans*-2,3-dimethyloxirane が得られることを述べた．(a) これら二つのエポキシドを酸触媒加水分解したとき得られる生成物を書け．(b) これらの反応（エポキシ化と酸加水分解）は立体特異的といえるか．

解答：

(a) メソ化合物，*cis*-2,3-dimethyloxirane を加水分解すると，(2*R*,3*R*)-butane-2,3-diol と (2*S*,3*S*)-butane-2,3-diol が生成する（図 10.1）．この二つはエナンチオマーである．水の攻撃はどちらの炭素にも［図 10.1 の経路 (a) と経路 (b)］同じ速度で起こるから，生成物は，両者の等量混合物，すなわちラセミ体として得られる．

10.15 エポキシド経由によるアルケンのアンチ 1,2-ジヒドロキシ化

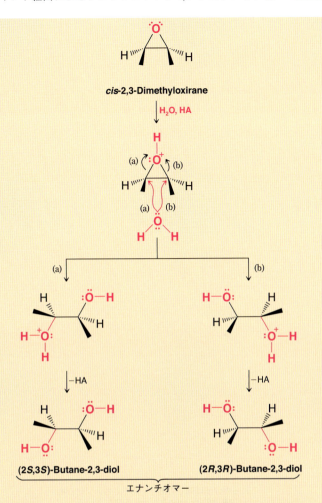

図10.1 *cis*-2,3-Dimethyloxirane の酸触媒加水分解

　一方，*trans*-2,3-dimethyloxirane のどちらのエナンチオマーを酸加水分解しても，得られる化合物はただ一つで，メソ化合物 (2*R*,3*S*)-butane-2,3-diol である．一方のエナンチオマーの加水分解を図 10.2 に示した（もう一方のエナンチオマーについても同様の反応式が書ける．同じ生成物が得られることを確かめよ）．

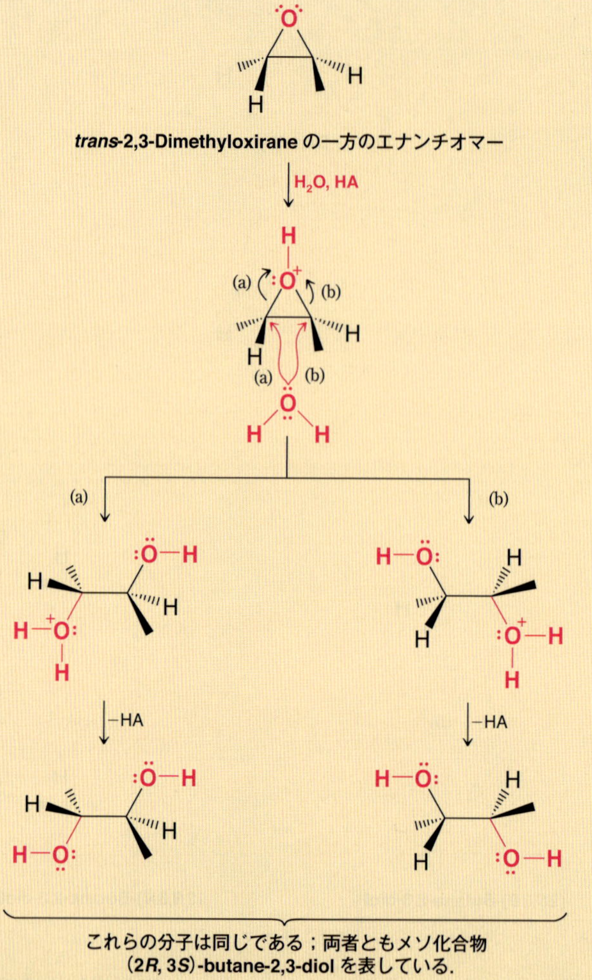

図10.2 *trans*-2,3-Dimethyloxirane の一方のエナンチオマーの酸触媒加水分解

(b) このアルケンをジオール（グリコール）に変換する二つの段階（エポキシ化と酸加水分解）はいずれも立体特異的であるので，全体の反応は二重結合への立体特異的なアンチ 1,2-ジヒドロキシ化といえる（図10.3）．

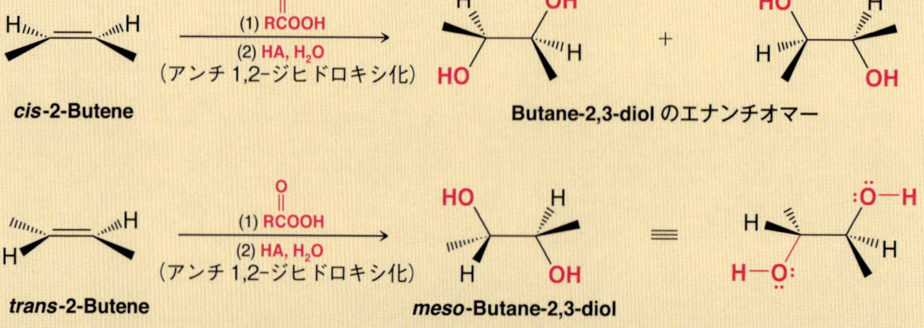

図10.3 エポキシ化と酸触媒加水分解の全体の反応は，二重結合への立体特異的なアンチ 1,2-ジヒドロキシ化である

cis-2-Butene はラセミ体の butane-2,3-diol を与え，*trans*-2-butene はメソ化合物を与える．

10.15 エポキシド経由によるアルケンのアンチ 1,2-ジヒドロキシ化

環境にやさしいアルケンの酸化法の化学

環境にやさしい合成法を開発しようとする努力は、化学研究の非常に活発な研究分野の一つになっている。これを"グリーンケミストリー green chemistry"といい、例えば危険な反応剤や有害の可能性がある反応剤を環境にやさしい反応剤に置き換えることや、他に代替品がない場合には危険な反応剤の使用量をより少なくする触媒的な方法を開発することなどがある。

自然は環境にやさしい酸化法のヒントを提供してくれる。メタンモノオキシゲナーゼ（MMO）という酵素は鉄を触媒に用いて小さな炭化水素を過酸化水素で酸化し、アルコールやエポキシドに変換する。この例はアルケンの酸化の新しい実験室的な方法を触発することになった。L. Que（University of Minnesota）によって開発された 1,2-ジヒドロキシ化の方法では、鉄触媒と過酸化水素によってアルケンから 1,2-ジオールとエポキシドの混合物を与えるという反応である（ジオールとエポキシドの生成比は反応条件によって変わる。ジヒドロキシ化の場合にある程度のエナンチオ選択性が見られる）。もう一つの方法は、E. Jacobsen（Harvard University）によって開発されたエポキシ化法である。この方法もアルケンをエポキシ化するのに鉄触媒と過酸化水素を用いるが、この場合にはジオールは生成しない。

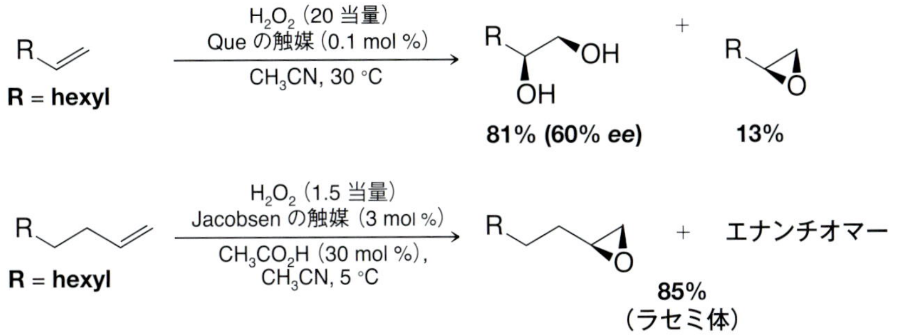

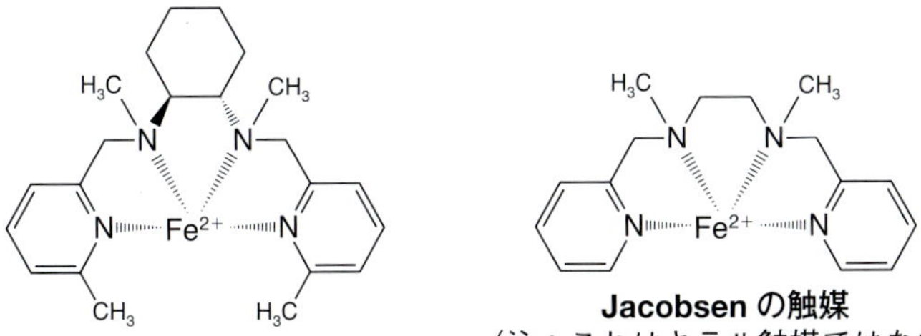

これら二つの方法は無毒の金属触媒を使い、また安価で比較的安全な酸化剤（反応の過程で水に変換される）が用いられている点で環境にやさしいといえよう。

環境にやさしい反応剤による副生物の少ないプロセス、触媒サイクル、高収率などグリーンケミストリーに対する要請は、現在あるいは未来の化学者の研究を一層推進することになることは間違いない。後の章でも実際に用いられているか、現在開発中のグリーンケミストリーの例を示すことになる。

10.16 クラウンエーテル

クラウンエーテル crown ether は，18-クラウン-6 を例に示したような構造式をもつ化合物である．クラウンエーテルは，x-クラウン-y と命名される．ここで，x は環を構成している全原子数を，y は酸素原子の数を示す．クラウンエーテルの重要な性質は，18-クラウン-6 とカリウムイオンの例に示したように，カチオンを取り込むことができる点にある＊．

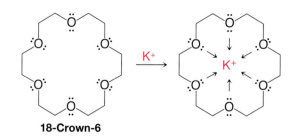

18-Crown-6

クラウンエーテルは多くの塩をベンゼンなどの無極性溶媒に溶かすことができる．クラウンエーテルが金属カチオンに配位すると，金属イオンは炭化水素様の外壁で囲まれたイオンになる．例えば，18-クラウン-6 はカリウムイオンを取り込む．このクラウンエーテルの穴の大きさがちょうどカリウムイオンの大きさと合い，しかも 6 個の酸素原子が Lewis 酸-塩基の複合体のようにその電子対を中央のカリウムイオンに供給できるようにうまく配置しているからである．

- クラウンエーテルと取り込まれたイオンの関係を **ホスト-ゲストの関係** host-guest relationship という（クラウンエーテルは **ホスト** であり，取り込まれるカチオンは **ゲスト** である）．

例えば，KF, KCN や酢酸カリウムのような塩が触媒量の 18-クラウン-6 を用いることによって，非プロトン性溶媒に運び込まれ溶解する．非極性の溶媒中でクラウンエーテルを用いると，S_N2 反応に非常に有利になる．F^-, CN^-, 酢酸イオンのような求核剤が非極性の溶媒中では溶媒和されないし，同時にクラウンエーテルに取り囲まれてカチオンが会合できないからである．

> ### 運搬型抗生物質とクラウンエーテルの化学
>
> イオノフォア ionophore といわれる抗生物質がある．いくつかの代表的な抗生物質の例としては，モネンシン monensin，ノナクチン nonactin，グラミシジン gramcidin，バリノマイシン valinomycin がある．モネンシンとノナクチンの構造式を次頁に示した．モネンシンやノナクチンのようなイオノフォア抗生物質は，クラウンエーテルと同じように金属カチオンに配位する．その作用機序は，細胞膜の内側と外側のイオンの正常な濃度勾配を壊すことにある．細胞膜の内壁は，脂質の炭化水素部分で構成されているため（Chap. 22），炭化水素様になっている．

＊ 1987 年のノーベル化学賞は，J. Pedersen（ペダーセン）（DuPont 社），D. J. Cram（クラム）（UCLA），J. -M. Lehn（レーン）（Louis Pasteur（パスツール） University, France）へクラウンエーテルに関する研究に対して授与された．

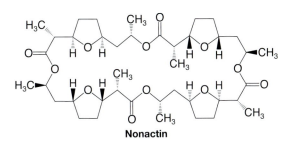

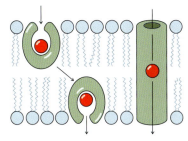

運搬イオノフォアがイオンを運搬している図（左）とチャンネルを作ってイオンを通過させている図（右）．赤色がナトリウムまたはカリウムイオンである．
[D. Voet and J. G. Voet, *Biochemistry*, 2nd ed., John Wiley & Sons, Inc., 1995 から許可を得て転載]

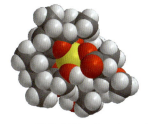

イオノフォア抗生物質モネンシンがナトリウムイオンと複合体を作っている．黄色がナトリウムイオンで，赤色が酸素原子である．

　通常，細胞は細胞膜の内側と外側で定まったナトリウムとカリウムイオンの濃度勾配を維持している．カリウムイオンは内側に取り込まれ，ナトリウムイオンは外側に押し出される．この濃度勾配は，神経作用，栄養分の細胞内への移動，適当な細胞の大きさの維持に必須である．ナトリウムとカリウムイオンが細胞膜を通過する生化学的な速度は遅く，その移動には細胞のエネルギーを消費する［これらの研究に対して，1997年度のノーベル化学賞がJ. Skou（Aarhus University, Denmark）に授与された］．

　モネンシンは運搬イオノフォアといわれる．ナトリウムイオンと結合し，細胞膜を通過してイオンを運ぶからである．グラミシジンとバリノマイシンは，チャンネル形成イオノフォアといわれる．膜を貫通する穴をあけるからである．モネンシンのイオン捕捉能は，おもにそのエーテル官能基に由来する．したがって，これはポリエーテル抗生物質の例である．その酸素はLewis酸-塩基相互作用によってナトリウムイオンと結合し，分子模型に示したように，八面体形の複合体を作る．この複合体はカチオンに対しては疎水性のホストであり，細胞膜の一方から他方へモネンシンをゲストとして運ぶ．この運搬過程によって，細胞機能に必要なナトリウムイオンの濃度勾配を壊してしまう．ノナクチンは，カリウムイオンに強く配位することによって，カリウムイオンが膜を容易に通過するようにしてその濃度勾配を壊してしまうという別のタイプのイオノフォアである．

10.17　アルケン，アルコールおよびエーテルの反応のまとめ

本章とChap. 8で有機合成を計画するときに非常に有用な反応を学んだ．

- アルコールをハロゲン化アルキル，スルホン酸エステル，エーテル，またアルケンに変換できるようになった．
- アルケンを酸化すれば，（その構造と条件によるが）エポキシド，ジオール，アルデヒド，ケトン，カルボン酸にすることができる．
- アルケンをアルカン，アルコールあるいはハロゲン化アルキルにすることができる．
- *vic*-ジハロゲン化物から作ることができる末端アルキンを使えば，それから誘導されるアルキニドイオンを用いて求核置換反応によってC—C結合を作ることができる．

これらを総合すると，われわれはこれまで学んだ官能基を直接または間接的に相互変換できる反応のレパートリーをもったことになる．次の10.17A項にアルケンの反応をまとめる．

10.17A 合成にアルケンを用いる方法

- アルケンはこれまで学んだ他のほとんどすべての官能基の出発点になる．

また多くの反応においてある程度生成物の位置化学と立体化学を制御することができることから，アルケンは合成の有用な中間体である．

- **二重結合にMarkovnikov配向で水和をするには**，2種類の方法がある．(1) オキシ水銀化-脱水銀（8.5節）と (2) 酸触媒水和（8.4節）である．

このうちオキシ水銀化-脱水銀のほうが，操作が簡単で転位を伴わないから，実験室ではより有用である．

- **二重結合に逆Markovnikov配向で水和をするには**，ヒドロホウ素化-酸化（8.6～8.8節）を用いる．ヒドロホウ素化-酸化ではH-と-OHがシン付加する．

また，**有機ホウ素化合物のホウ素は，水素，ジュウテリウム（^{2}Hまたは D），あるいはトリチウム（^{3}HまたはT）に置き換えることができる**（8.10節）．

- **二重結合にHXをMarkovnikov配向で付加させるには**（8.2節），アルケンとHF，HCl，HBr，HIを反応させる．
- **HBrを逆Markovnikov配向で付加させるには**（8.2D項，9.10節），アルケンにHBrと過酸化物を反応させる（ただし，他のハロゲン化水素は過酸化物が存在していても，逆Markovnikov付加をしない）．
- **二重結合に臭素または塩素を付加させる**ことができる（8.11節）．付加はアンチ付加である（8.12節）．
- 水中で臭素化または塩素化すると，二重結合に**X-と-OHが付加**しハロヒドリンができる．この付加もアンチ付加である．
- **二重結合をシン1,2-ジヒドロキシ化するには**，$KMnO_4$の低温の希薄な塩基性溶液か，OsO_4ついでNaHSO₃（8.15節）を用いる．このうち，$KMnO_4$は酸化が進み過ぎて，アルケ

ンの二重結合を切断することがあるので，OsO₄のほうが望ましい．

- **二重結合をアンチ 1,2-ジヒドロキシ化するには**，アルケンをエポキシドにしてから酸触媒加水分解（10.15節）する．

これらの反応式は本章と Chap. 8 にある．

10.18 チオール

硫黄は周期表の 16 族の酸素のすぐ下にあり，これまでに述べた酸素化合物に対応する硫黄化合物がある．重要な有機硫黄化合物を次に示す．

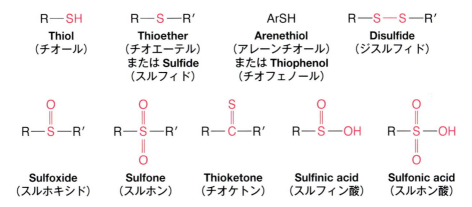

アルコールに相当する硫黄化合物は**チオール** thiol とよばれる．簡単なチオールを次に示す．

CH₃CH₂SH	CH₃CH₂CH₂SH	CH₃CHCH₂CH₂SH (CH₃ 側鎖)	CH₂＝CHCH₂SH
Ethanethiol	1-Propanethiol	3-Methyl-1-butanethiol	2-Propene-1-thiol
（エタンチオール）	（1-プロパンチオール）	（3-メチル-1-ブタンチオール）	（2-プロペン-1-チオール）
（天然ガスに加えられる）	（タマネギに含まれる）	（スカンクが放つ）	（ニンニクに含まれる）

一般に硫黄化合物や特に低分子量のチオールは悪臭をもつ．硫化水素（H₂S）を使っている化学研究室の近くを通ると，誰でも腐った卵のにおいに似た強い悪臭に気が付く．3-メチル-1-ブタンチオールはスカンクが防御の武器として用いる液体に含まれる不快な成分の一つである．1-プロパンチオールは切ったばかりのタマネギから発せられるし，2-プロペン-1-チオールはニンニクのにおいに関係する化合物の一つである．

におい以外に，硫黄と酸素の化合物は化学的な違いがある．

1. 硫黄原子は酸素原子より大きく，分極しやすい．そのため硫黄化合物のほうが求核剤として強く，**メルカプト基** mercapto group（–SH）をもつ化合物はアルコールよりも強い酸である．例えば，エタンチオラートイオン（CH₃CH₂S⁻）は炭素原子と反応するとき，エトキシドイオン（CH₃CH₂O⁻）よりずっと強い求核剤である．一方，エタノールはエタンチオールより弱い酸であるから，エトキシドイオンのほうが共役塩基としてはより強い．

2. チオールの S–H 基の結合解離エネルギー（約 365 kJ mol⁻¹）はアルコールの O–H 結合の値（約 430 kJ mol⁻¹）よりずっと小さい．S–H 結合が弱いことから，弱い酸化剤と反応させたとき，酸化的カップリング反応をしてジスルフィドを生成する．

$$2\,RS-H + H_2O_2 \longrightarrow RS-SR + 2\,H_2O$$
チオール　　　　　　ジスルフィド

アルコールはこのような反応をしない．アルコールに酸化剤を反応させると，酸化は強い O—H 結合よりもより弱い C—H 結合（約 380 kJ mol^{-1}）で起こる．

3. C—S 結合は弱く，その反結合性 σ* 軌道のエネルギー準位も低いので，隣接する炭素の負電荷（非共有電子対）と相互作用（一種の超共役）してカルボアニオンを安定化できる．すなわち，アルキルチオ基に隣接する炭素上の水素原子はアルコキシ基に隣接する水素原子より酸性である．例えば，メチルチオベンゼンはブチルリチウムと次のように反応するが，アニソール（$CH_3OC_6H_5$）はこのような反応をしない．

$$\text{Ph-SCH}_3 + \text{BuLi} \longrightarrow \text{Ph-SCH}_2^{-}\text{Li}^{+} + \text{Butane}$$
Methylthiobenzene

10.18A　チオールの物理的性質

チオールの水素結合は非常に弱い．この水素結合はアルコールの比ではない．このため低分子量のチオールの沸点は対応するアルコールより低い．例えば，エタンチオールはエタノールより 40 ℃低い（37 ℃と 78 ℃）．チオール分子間の水素結合の弱さはエタンチオールとその異性体のジメチルスルフィド（チオエーテル）の沸点を比べてみてもわかる．

CH$_3$CH$_2$SH　　　CH$_3$SCH$_3$
bp 37 ℃　　　　bp 38 ℃

チオールの物理的性質を表 10.4 に示す．

表 10.4　チオールの物理的性質

化合物	構造	mp (℃)	bp (℃)
Methanethiol（メタンチオール）	CH$_3$SH	−123	6
Ethanethiol（エタンチオール）	CH$_3$CH$_2$SH	−144	37
1-Propanethiol（1-プロパンチオール）	CH$_3$CH$_2$CH$_2$SH	−113	67
2-Propanethiol（2-プロパンチオール）	(CH$_3$)$_2$CHSH	−131	58
1-Butanethiol（1-ブタンチオール）	CH$_3$(CH$_2$)$_2$CH$_2$SH	−116	98

10.18B　チオールの合成

臭化またはヨウ化アルキルは硫化水素のカリウム塩と反応してチオールを生成する．

$$R-Br + KOH + \underset{(過剰)}{H_2S} \xrightarrow[\text{加熱}]{EtOH} R-SH + KBr + H_2O$$

生成したチオールは酸性が強く，水酸化カリウムとチオラートイオンになっている．この反応で過剰の H_2S を使わないと，反応の主生成物はスルフィド（チオエーテル）になる．スルフィドは次の反応式に示すようにして生成する．

$$R-SH + KOH \longrightarrow R-\ddot{S}:^- K^+ + H_2O$$

$$R-\ddot{S}:^- K^+ + R-\ddot{B}r: \longrightarrow R-\ddot{S}-R + KBr$$
チオエーテル

ハロゲン化アルキルはまたチオ尿素 thiourea とも反応し，安定な S-アルキルイソチオウロニウム塩を与える．これはチオールを合成するのに用いられる．

$$\underset{\textbf{Thiourea}}{\underset{H_2N}{\overset{H_2N}{>}}C=\ddot{S}:} + CH_3CH_2-\ddot{B}r: \xrightarrow{EtOH} \underset{\substack{\textbf{S-Ethylisothiouronium}\\ \textbf{bromide}\\ \textbf{(95\%)}}}{\underset{H_2N}{\overset{H_2N}{>}}C=\overset{+}{\underset{\ddot{\,}}{S}}-CH_2CH_3\ Br^-}$$

$\downarrow\ ^-OH/H_2O$，その後 H_3O^+

$$\underset{\textbf{Urea}}{\underset{H_2N}{\overset{H_2N}{>}}C=O} + \underset{\substack{\textbf{Ethanethiol}\\(90\%)}}{CH_3CH_2SH}$$

10.18C　生化学におけるチオールとジスルフィド

チオールとジスルフィドは細胞中では重要な化合物で，多くの生化学的酸化還元反応で両者は相互変換される．

$$2\ RSH \underset{[H]}{\overset{[O]}{\rightleftarrows}} R-S-S-R$$

例えば，リポ酸は生化学的酸化の重要な補因子 cofactor で，この酸化還元反応をする．

Lipoic acid ⇌ Dihydrolipoic acid

アミノ酸のシステインとシスチンも同様に相互変換される．

$$2\ \underset{\substack{|\\NH_2}}{HO_2CCHCH_2}SH \underset{[H]}{\overset{[O]}{\rightleftarrows}} \underset{\substack{|\\NH_2}}{HO_2CCHCH_2}S-S\underset{\substack{|\\NH_2}}{CH_2CHCO_2H}$$

Cysteine　　　　　　　　　Cystine

◆補充問題

10.14 次のアルコールを IUPAC 命名法で命名せよ．

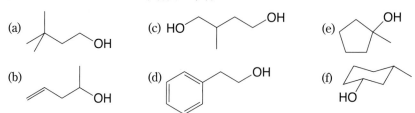

10.15 次の化合物の構造式を示せ．

(a) (Z)-But-2-en-1-ol
(b) (R)-Butane-1,2,4-triol
(c) (1R,2R)-Cyclopentane-1,2-diol
(d) 1-Ethylcyclobutanol
(e) 2-Chlorohex-3-yn-1-ol
(f) Tetrahydrofuran
(g) 2-Ethoxypentane
(h) Ethyl phenyl ether
(i) Diisopropyl ether
(j) 2-Ethoxyethanol

10.16 オキシ水銀化-脱水銀によって，次の化合物を合成するのに必要なアルケンを書け．ただし，一つとは限らない．

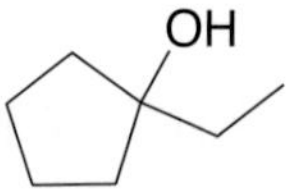

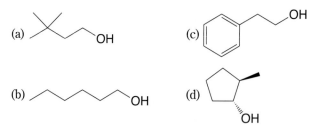

10.17 ヒドロホウ素化-酸化によって，次の化合物を合成するのに必要なアルケンを書け．

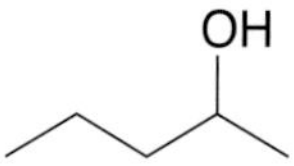

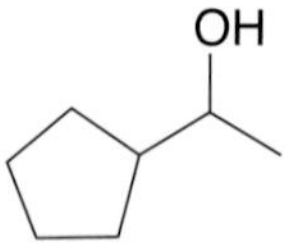

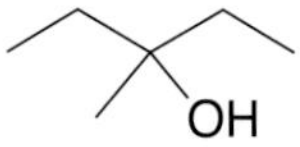

(a) (b) (c) (d)

10.18 次の各化合物から 2-bromobutane を合成する方法を示せ（数段階必要な場合もある）．

(a) 2-Butanol　　(b) 1-Butanol　　(c) 1-Butene　　(d) 1-Butyne

10.19 次の反応で得られる主生成物の構造式 **A** ～ **L** を書け．2 種類以上の生成物が得られると考えられる場合はそれも含めて書け．

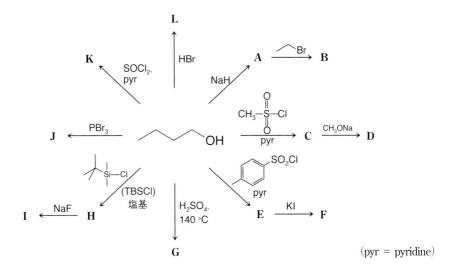

10.20 マイマイガ gypsy moth の性誘引フェロモン，disparlure（ディスパールア）の合成を下に示す．Disparlure と合成中間体 A ～ D の構造式を書け．

10.21 次の合成に必要な反応剤を書け．2段階以上必要である．

10.22 化合物 A ～ J の構造式を書け．必要な場合は立体化学も示せ．また，A と C，および H と J の立体化学的な関係を書け．

(pyr = pyridine)

10.23 *vic*-ハロアルコール（ハロヒドリン）はエポキシドを HX で処理しても得られる．(a) この方法を用いて cyclopentene から 2-chlorocyclopentanol を合成する方法を示せ．(b) この生成物の立体化学はシスかトランスか．この一連の反応はアルケンから考えるとシン付加かアンチ付加か．

Chapter 11

カルボニル化合物から
アルコールの合成：
酸化還元と有機金属化合物

　有機化学者に「あなたの好きな官能基は何ですか」と尋ねると，大部分の化学者は「カルボニル基を含む官能基である」と答えるであろう．なぜであろうか．それはカルボニル基がアルデヒド，ケトン，カルボン酸，エステル，アミドなどの多くの重要な官能基の中心にあるからである．さらには，カルボニル基には多くの重要な官能基間の相互変換を行うなど多才な能力があるという理由による．このようなカルボニル基の特性に加え，求核付加と求核付加-脱離という反応機構的に関連した2種類の反応を修得すると，化学からみれば大きな武器を一つ手に入れたようなものだ．

　カルボニル基は，多くの天然有機化合物，ナイロンのように重要な合成化合物，あるいは糖類や核酸の構造や重要な生化学反応において，本質的でかつ重要な役割を演じている．

> **本章で学ぶこと：**
> - カルボニル化合物の構造と反応性
> - 酸化還元によるカルボニル化合物とアルコールとの相互変換
> - カルボニル化合物と有機金属反応剤の反応による C—C 結合形成

11.1　カルボニル基の構造

　カルボニル化合物にはアルデヒド，ケトン，カルボン酸，エステル，アミドなど幅広い化合物が含まれる．

［写真提供：FSTOP/Image Source Limited］

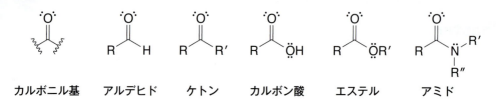

カルボニル炭素はsp²混成である．すなわち，カルボニル炭素とそれに結合している3個の原子は同一平面上にある．3個の結合した原子の結合角は，平面三方形構造から予想される値，すなわち約120°になっている．

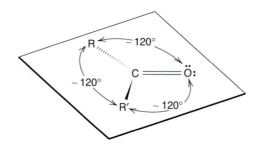

C＝O結合はσ結合の2電子とπ結合の2電子からなっている．π結合は炭素原子のp軌道と酸素原子のp軌道の重なりによってできており，π結合の電子対はσ結合の上下両面に広がる二つのローブを占有している．

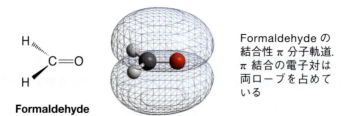

電気陰性度の大きい酸素原子がσ結合とπ結合の両方の電子を強く引き寄せ，カルボニル基を大きく分極させている．π結合の分極は次のような共鳴構造によって表される．その結果，炭素原子は部分正電荷を帯び，酸素原子は部分負電荷を帯びている．

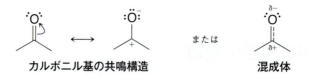

このC＝O結合の分極は，カルボニル化合物のかなり大きな双極子モーメントの数字に現れている．

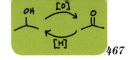

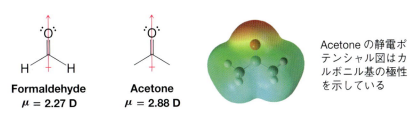

Acetone の静電ポテンシャル図はカルボニル基の極性を示している

11.1A　カルボニル化合物の求核剤との反応

カルボニル化合物の最も重要な反応は**カルボニル基への求核付加** nucleophilic addition である．カルボニル基はその炭素原子が部分正電荷を帯びているために求核攻撃を受けやすい．

- 求核剤はその電子対を使ってカルボニル炭素と結合し，C＝O 結合の π 結合電子対は酸素原子に移動する．

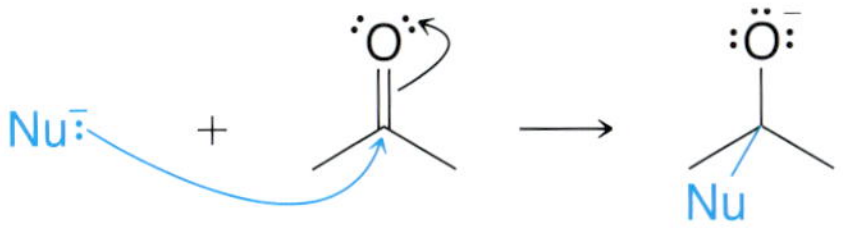

反応が進むに従って炭素原子は，sp^2 混成の平面三方形構造から sp^3 混成の四面体形構造に変化する．

- 二つの重要な求核剤として，$NaBH_4$ や $LiAlH_4$ （11.3 節）などに由来する**ヒドリドイオン**（水素化物イオン）hydride ion と RLi や RMgX （11.7C 項）などに由来する**カルボアニオン**（炭素陰イオン）carbanion がある．

もう一つの関連する重要な反応は，アルコールやカルボニル化合物の**酸化**と**還元**である（11.2〜11.4 節）．例えば，第一級アルコールは酸化されてアルデヒドに，アルデヒドは還元されてアルコールになる．

第一級アルコール ⇌(酸化/還元) アルデヒド

まず，有機化合物の酸化と還元の一般論から始めよう．

11.2　有機化学における酸化と還元

- 有機分子の**還元** reduction とは，通常分子の水素含量が増加するか，あるいはその酸素含量が減少する反応をいう．

例えば，カルボン酸のアルデヒドへの変換は酸素含量が減少するので還元である．

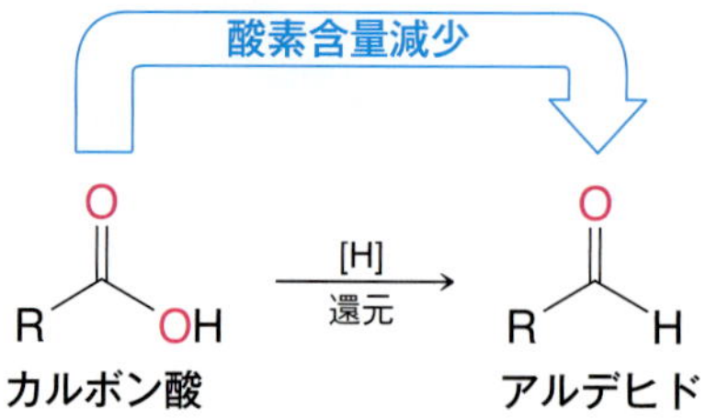

$$\text{カルボン酸} \xrightarrow[\text{還元}]{[H]} \text{アルデヒド}$$

アルデヒドのアルコールへの変換も還元である．

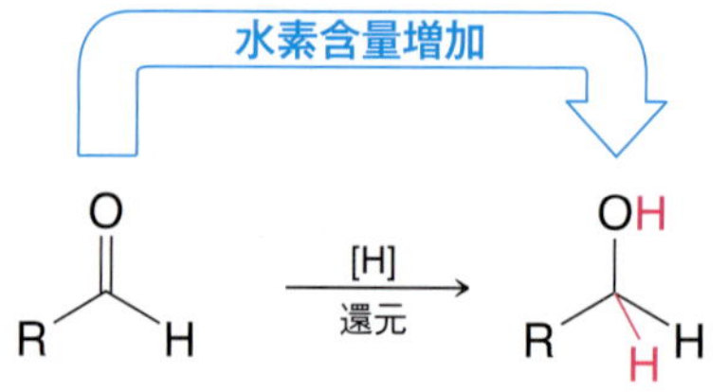

$$\text{アルデヒド} \xrightarrow[\text{還元}]{[H]} \text{アルコール（水素含量増加）}$$

アルコールのアルカンへの変換もまた還元である．

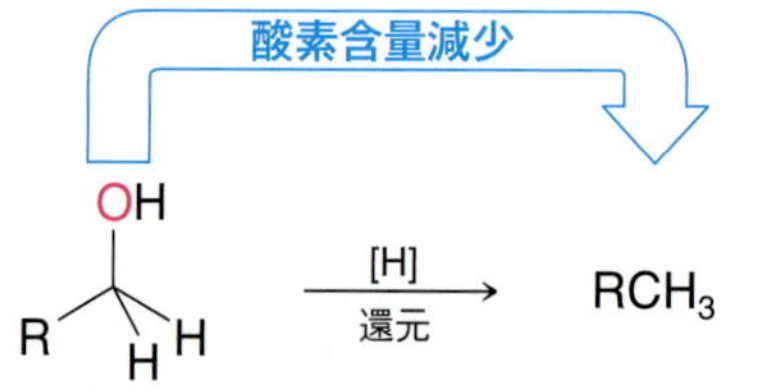

$$\text{アルコール} \xrightarrow[\text{還元}]{[H]} RCH_3 \quad \text{（酸素含量減少）}$$

これらの例では，有機化合物の還元が起こったことを示すのに [H] の記号を用いている．通常，還元剤を特定することなしに一般式を書くときにこれを用いる．

- 還元の逆が**酸化** oxidation である．酸化とは有機分子の酸素含量が増加するか，あるいは水素含量が減少する反応をいう．

すなわち，上述の反応の逆が有機分子の酸化である．有機化合物が酸化されたことを示すのに [O] の記号を用いる．これらの酸化と還元は次のように要約できる．

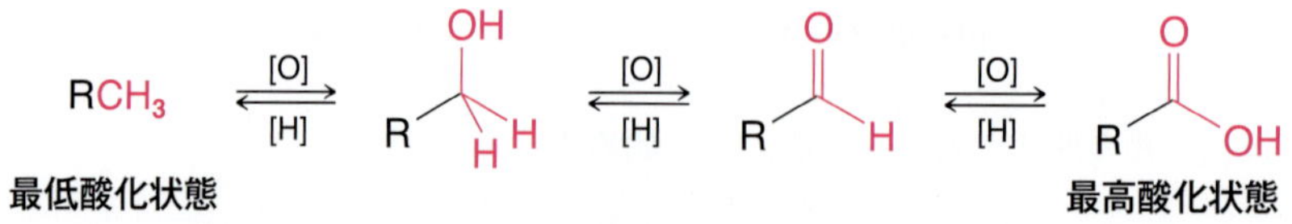

$$RCH_3 \underset{[H]}{\overset{[O]}{\rightleftarrows}} RCH_2OH \underset{[H]}{\overset{[O]}{\rightleftarrows}} RCHO \underset{[H]}{\overset{[O]}{\rightleftarrows}} RCOOH$$

最低酸化状態　　　　　　　　　　　　　　　　　　　　　　最高酸化状態

- 有機化合物の酸化は，広義には炭素より電気陰性度の大きい元素の含有量が増加する反応と定義される．

例えば，水素原子が塩素原子と置換する反応は酸化である．

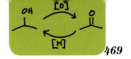

$$Ar-CH_3 \underset{[H]}{\overset{[O]}{\rightleftarrows}} Ar-CH_2Cl \underset{[H]}{\overset{[O]}{\rightleftarrows}} Ar-CHCl_2 \underset{[H]}{\overset{[O]}{\rightleftarrows}} Ar-CCl_3$$

勿論，有機化合物が還元される一方で**還元剤** reducing agent は必然的に酸化される．有機化合物が酸化されるとき，**酸化剤** oxidizing agent は還元される．これらの酸化剤や還元剤の多くは無機化合物であるが，実際にどのようなものが使われているか，11.3 節と 11.4 節でそのいくつかを見てみよう．

11.2A　有機化合物の酸化状態

有機化合物の炭素原子の酸化状態を決める方法の一つに，形式電荷（1.5 節）を計算したときに用いたのと類似の方法がある．この方法は，**ある反応で酸化状態が変化する炭素に付いている置換基を根拠にして決める**．形式電荷を求めるときは，共有結合の電子は同等に分け合っているものと仮定した．**炭素原子の酸化状態を計算するときには，電気陰性度**（1.3A 項と表 1.1）**の大きいほうの元素に電子を割り振る**．例えば，水素（または炭素より電気陰性度の小さい原子）との結合一つに -1，酸素，窒素，あるいはハロゲン（F，Cl，Br）との結合一つに $+1$ の数値を当てて酸化状態を計算する．他の炭素との結合は酸化状態に影響しない．

そうすると，例えばメタンの炭素の酸化状態は -4 となり，二酸化炭素は $+4$ となる．ある炭素原子の酸化状態が増大すれば酸化であり，減少すれば還元である．

例題 11.1

Methanol（CH_3OH），formaldehyde（HCHO），formic acid（HCO_2H）の炭素の酸化状態を求めよ．また，methane と二酸化炭素も含めて酸化状態の増加する順に並べよ．Methanol から formaldehyde への変換は酸化か還元か．

解き方と解答：

各炭素の酸化状態を，炭素より電気陰性度の大きい（または小さい）原子との結合の数に基づいて計算する．

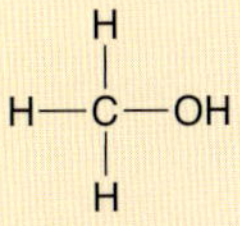

Methanol
C と結合している原子
3 H　=-3
1 O　=$+1$
合計　=-2
= C の酸化状態

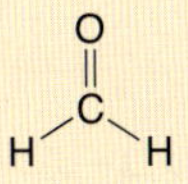

Formaldehyde
C と結合している原子
2 H　=-2
2 O　=$+2$
合計　=0
= C の酸化状態

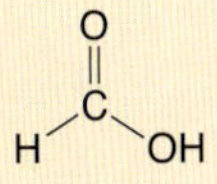

Formic acid
C と結合している原子
1 H　=-1
3 O　=$+3$
合計　=$+2$
= C の酸化状態

各化合物の炭素の酸化状態に基づいた順番はすべてを含めて次のようになる．

$$CH_4 = -4 < CH_3OH = -2 < HCHO = 0 < HCOOH = +2 < CO_2 = +4$$

最低の酸化状態　　　　　　　　　　　　　　　　　　　　　　　　　最高の酸化状態

Methanol から formaldehyde への変換は，酸化状態が -2 から 0 に増大するので，酸化である．

問題 11.1 Ethanol, acetaldehyde, acetic acid の各炭素の酸化状態を求めよ．

問題 11.2 (a) アルケンの水素化を付加反応としてきたが，有機化学者はこれをよく"還元"という．11.1A項で述べた方法で酸化状態を計算し，この"還元"について説明せよ．

(b) 次の反応について同様な説明をせよ．

11.3 カルボニル化合物の還元によるアルコールの合成

第一級および第二級アルコールは，カルボニル基（>C=O）をもつ種々の化合物の**還元**によって合成できる．いくつかの例を一般式で示す．

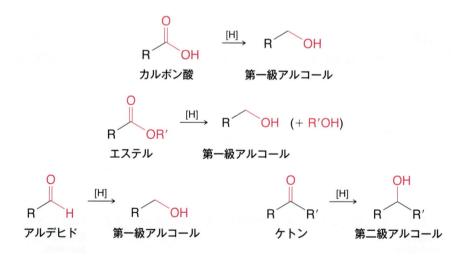

11.3A 水素化アルミニウムリチウム

- 水素化アルミニウムリチウム lithium aluminum hydride（$LiAlH_4$，LAH と略す）は，カルボン酸とエステルを第一級アルコールに還元する．

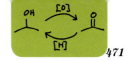

11.3 カルボニル化合物の還元によるアルコールの合成

LAH による還元の例として，2,2-ジメチルプロパン酸からの 2,2-ジメチルプロパノール（ネオペンチルアルコール）への変換反応を示す．

2,2-Dimethylpropanoic acid → **Neopentyl alcohol (92%)**
(1) LiAlH$_4$/Et$_2$O
(2) H$_2$O/H$_2$SO$_4$

カルボン酸の LAH 還元

エステルの LAH 還元は2種類のアルコールを与える．一方はエステルのカルボニル部分から生じ，他方はエステルのアルコキシ部分から生じる．

(1) LAH/Et$_2$O
(2) H$_2$O/H$_2$SO$_4$
R–CO–OR' → R–CH$_2$OH + R'OH

エステルの LAH 還元

カルボン酸とエステルの還元はアルデヒドとケトンの還元よりも難しい．しかし，LAH はこの還元を行うのに十分なほど強力な<u>還元剤</u>である．すぐ次に述べるように，アルデヒドとケトンの還元には水素化ホウ素ナトリウム（NaBH$_4$）が一般的に用いられるが，この還元剤はカルボン酸とエステルを還元することができない．

LAH を使うときには，水や他のプロトン性溶媒（アルコールなど）が入らないように十分注意する必要がある．**LAH はプロトン供与体と激しく反応して水素ガスを発生する**．LAH 還元の溶媒には，一般に無水のジエチルエーテル（Et$_2$O）が用いられる．反応終了後，過剰の LAH を分解するために注意深く酢酸エチルを加えて，その後にアルミニウム錯体を水で分解する．

11.3B　水素化ホウ素ナトリウム

- アルデヒドとケトンは**水素化ホウ素ナトリウム** sodium borohydride（NaBH$_4$）によって容易に還元される．

通常，これらの還元には NaBH$_4$ が LAH よりすぐれている．なぜならば，NaBH$_4$ は水やアルコール性溶媒中で効果的かつ安全に用いることができるが，LAH を用いる場合には，特別な注意をはらう必要があるからである．

Butanal → **1-Butanol (85%)**
NaBH$_4$ / H$_2$O

アルデヒドの NaBH$_4$ 還元

Butanone → **2-Butanol (87%)**
NaBH$_4$ / H$_2$O

ケトンの NaBH$_4$ 還元

アルデヒドとケトンは，水素と金属触媒あるいはアルコール溶媒中金属ナトリウムによっても

還元できる．

　LiAlH$_4$ あるいは NaBH$_4$ によるカルボニル化合物の還元の重要な段階は，金属からカルボニル炭素へのヒドリドイオンの移動である．このとき，**ヒドリドイオン**は求核剤として反応している．次に NaBH$_4$ によるケトンの還元の反応機構を示す．

> **反応機構**
> **ヒドリド移動によるアルデヒドとケトンの還元**
>
> ヒドリド移動　　　　アルコキシドイオン　　アルコール

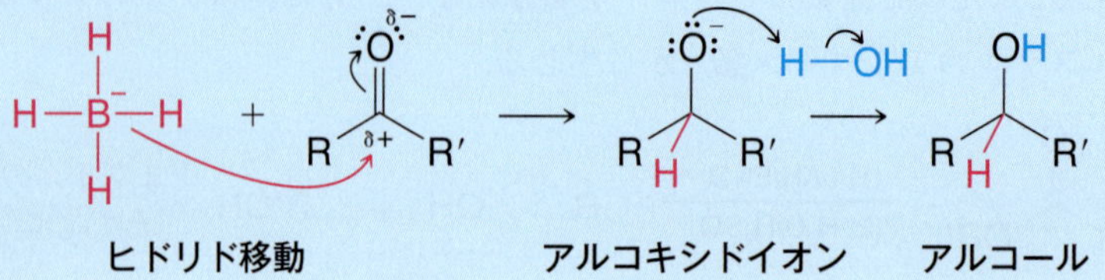

これらの各段階は，ホウ素に付いている水素が全部使われるまで繰り返される．

11.3C　LiAlH$_4$ と NaBH$_4$ の反応性のまとめ

　NaBH$_4$ は LiAlH$_4$ より緩和な還元剤である．LiAlH$_4$ はカルボン酸，エステル，アルデヒド，ケトンを還元するが，NaBH$_4$ はアルデヒドとケトンだけを還元する．

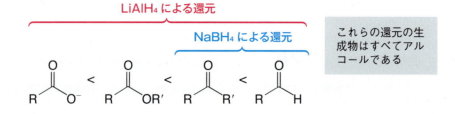

これらの還元の生成物はすべてアルコールである

　LiAlH$_4$ は水と激しく反応するので，反応は無水の溶媒（通常は無水エーテル）中で行わなければならない．これとは対照的に，NaBH$_4$ による還元は水やアルコール中で行うことができる．

問題 11.3　次の変換 (a) 〜 (c) を行うには，NaBH$_4$ あるいは LiAlH$_4$ のうちどちらの還元剤を用いればよいか．

(a)

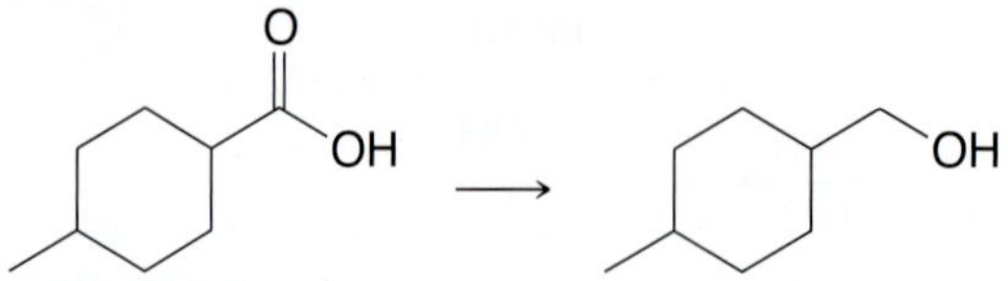

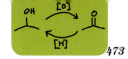

11.3 カルボニル化合物の還元によるアルコールの合成

(b) [反応式]

(c) [反応式]

カルボニル基の立体選択的還元の化学

エナンチオ選択性

　カルボニル基の**立体選択的** stereoselective 還元は，多くの有機合成において重要である．NaBH$_4$ や LiAlH$_4$ のようなアキラルな反応剤はアキラルな平面三方形の基質の両面から同じ速度で反応するので，生成物はラセミ体になる．しかし，例えば酵素はキラルであり，アキラルな基質が反応すると一般的にはキラルな生成物のうち一方のエナンチオマーを多く生成する．このような反応を**エナンチオ選択的** enantioselective であるという．アルコール脱水素酵素のような酵素を用いて還元すると，補酵素である NADH が働き，平面三方形のカルボニル基の二つの面を区別し，四面体形生成物の2種類の可能な立体異性体のうち，主として一方が生成する（もし基質がキラルであったとすると，カルボニル基からもう一つの新しいキラル中心が形成されるので，一方のジアステレオマーが優先的に生成することになる．このような反応を**ジアステレオ選択的** diastereoselective であるという）．

　平面三方形炭素の二つの面は，Cahn-Ingold-Prelog（カーン インゴールド プレローグ）の優先規則（5.7 節）によって，*re* 面または *si* 面といわれる．すなわち，平面三方形炭素に結合している基を優先順位に従って一方の面から眺めたとき，時計まわりになっていればその面を *re* 面，反時計まわりになっていれば *si* 面とする．

re 面（上から見たとき，3個の基の優先順位が時計まわりに並んでいる）

si 面（下から見たとき，3個の基の優先順位が反時計まわりに並んでいる）

カルボニル基の *re* 面と *si* 面（ここで Cahn-Ingold-Prelog の優先順位を O>R^1>R^2 とする）

　補酵素 NADH による多くの酵素反応では，基質の *re* 面か *si* 面のいずれを優先するかが知られている．したがって，これらの酵素のいくつかが有用な立体選択的触媒として有機合成に使われている．最も広く用いられているのは酵母のアルコール脱水素酵素である．もう一つは好熱菌（高温で生育している細菌）から得られる酵素である．低温で反応を行うほうがエナンチオ選択性は高いが，この熱に安定な酵素を用いると，高温（場合によっては 100 ℃以上）で反応できるので早く反応を完結することができる．

96% *ee*（5.9B項で説明済み）
（収率 85%）

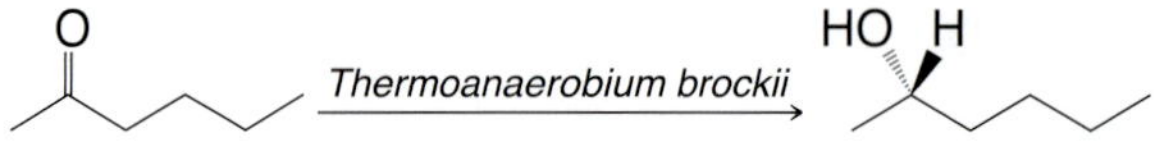

また，多くの不斉還元剤も開発されている．それらのほとんどは水素化アルミニウムかホウ素還元剤の誘導体であり，1個またはそれ以上のキラルな配位子をもっている．例えば，(*R*)-または(*S*)-Alpine-Borane（アルピンボラン：Sigma-Aldrich社の商品名）はジボラン（B_2H_6）と（+)-または（−)-α-ピネン（天然の炭化水素）から得られる．LAHとキラルなアミンから作られた反応剤もある．酵素やこれらの反応剤による還元の立体選択性の程度は基質の構造に依存する．

97% *ee*
（収率 60〜65%）

(*R*)-Alpine-Borane

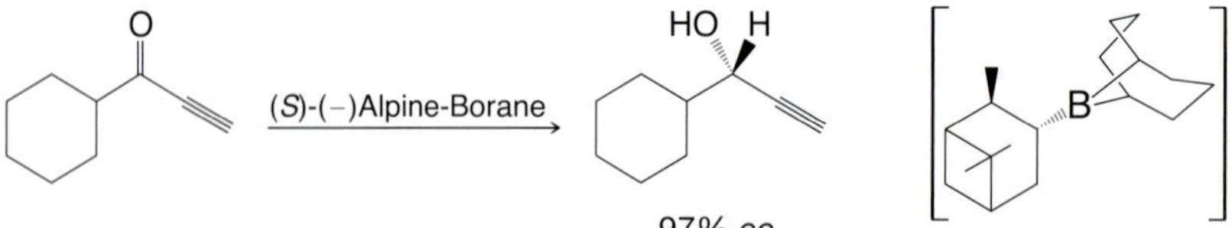

プロキラリティ

NADHの反応の立体化学に関するもう一つの問題は，還元の過程においてC4位の2個の水素原子のどちらがヒドリドとして移動するかである．どちらの水素原子が移動するかは，関与する酵素によって決まっている．これらの水素原子は立体化学命名法を拡張して，**プロキラル** prochiral であるといわれ，一方の水素をpro-*R*，他方をpro-*S*とよぶ．すなわち，一方の水素原子をより優先順位の高い原子（他の置換基の順位に影響を及ぼさないように，この場合はジュウテリウムDを選ぶ）に置換した仮想上の化合物を考えたとき，その立体配置が*R*であれば置換した水素原子がpro-*R*であり，*S*であれば置換した水素原子がpro-*S*であると定義される．

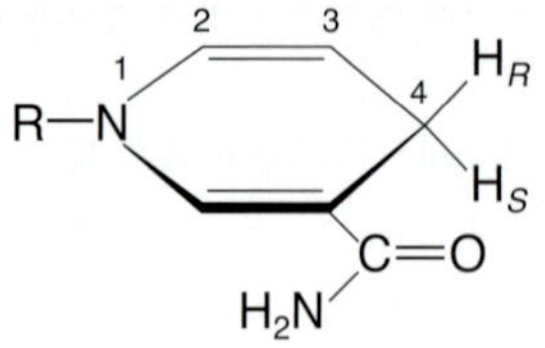

NADHのニコチンアミド環，pro-*R*および
pro-*S*の水素を示している

一般的に，**プロキラル中心** prochiral center とは，付加によって新しいキラル中心になる平面三方形原子（ケトンの還元のように），あるいは二つの同一の基の一つを他に置き換えることによって新しいキラル中心になる四面体形原子のことである．

11.4 アルコールの酸化

第一級アルコールはアルデヒドに酸化することができ，さらにアルデヒドはカルボン酸に酸化することができる．

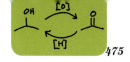

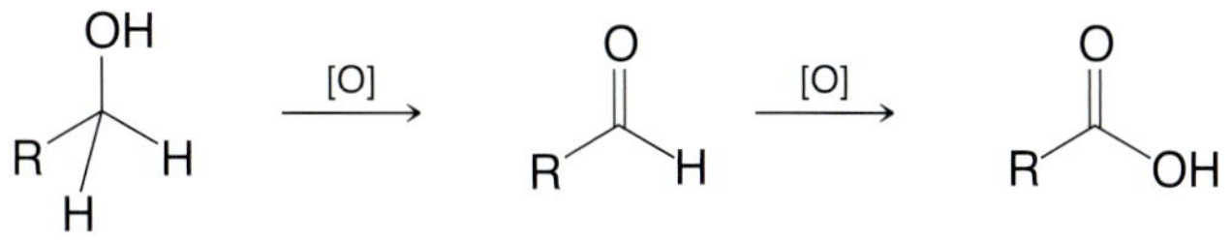

11.4 アルコールの酸化

第一級アルコールはアルデヒドを経てカルボン酸へと酸化される.

第一級アルコール → アルデヒド → カルボン酸

第二級アルコールはケトンに酸化される.

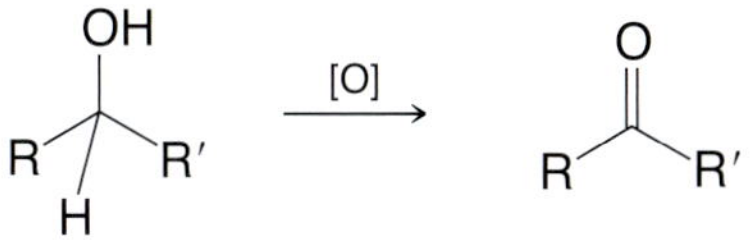

第二級アルコール → ケトン

第三級アルコールはカルボニル化合物には酸化できない.

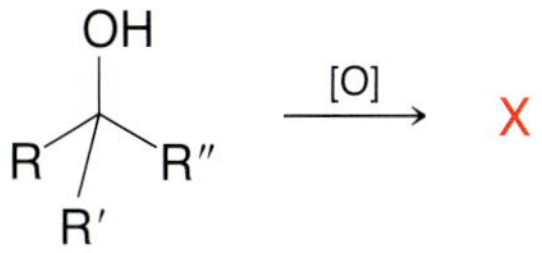

第三級アルコール → X

　これらの例には共通点が一つある．**酸化**が起こるとアルコールまたはアルデヒドの炭素から水素原子が1個失われる．第三級アルコールはアルコール炭素に水素をもたないので酸化できない．

11.4A　アルコールの酸化に共通の反応機構

　上で述べたような第一級アルコールと第二級アルコールの酸化は，どのような酸化剤であっても，共通の反応機構によって進行する．まず，これらの酸化剤はヒドロキシ基の酸素に，一時的にある種の脱離基を導入する．ヒドロキシ炭素から水素を失い，酸素から脱離基が外れることによって，C＝Oπ結合を形成する脱離が起こることになる．カルボニル二重結合の生成反応は，アルケン二重結合を生成する脱離と基本的には同じような機構で進行する．一般的な反応経路を次に示す．

脱離によるアルコールの酸化の反応機構

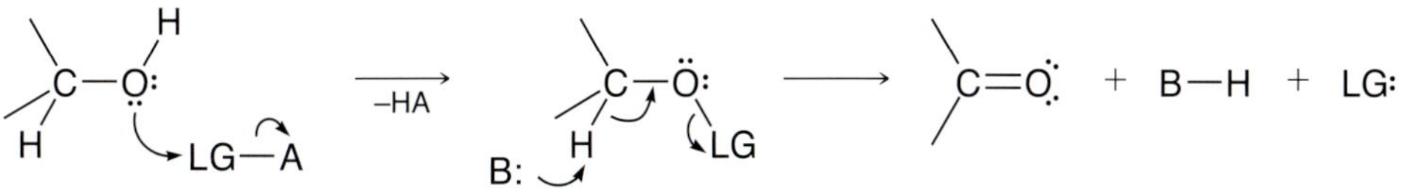

第一級および第二級アルコールは酸化剤と反応して酸素原子に脱離基（LG）を付ける

脱離段階で，塩基がアルコール炭素上の水素を取り，脱離基が外れることによってC＝Oπ結合が形成され，酸化生成物になる

　第一級アルコールと第二級アルコールは，酸化において必要とされる水素原子をアルコール炭素にもっているし，ヒドロキシ基には脱離基が導入されると失われる水素原子をもっている．
　上の酸化の反応機構において，アルデヒドには酸化されるヒドロキシ基がないにもかかわらず，

どのようにしてカルボン酸に酸化されるのか疑問に思うかもしれない．答えは，アルデヒドの酸化反応混合物に水が含まれるか否かによる．水があると，アルデヒドは（Chap. 15で学ぶように**付加反応**によって）水和物を生成する．

$$\underset{\text{アルデヒド}}{\overset{H}{\underset{R}{C}}=O} \xrightarrow{+H_2O} \underset{\text{アルデヒド水和物}}{\overset{H}{\underset{HO}{R-C-\overset{H}{O}:}}} \xrightarrow{[O]} \underset{\text{カルボン酸}}{\overset{HO}{\underset{R}{C}}=O}$$

アルデヒド水和物の炭素には，脱離に必要なヒドロキシ基と水素原子の両方がある．したがって，水が存在する場合にはアルデヒドは上記の反応機構によって酸化される．アルデヒド水和物は平衡状態において低濃度であるかもしれないが，酸化によって消費されると，LeChatelier（ルシャトリエ）の原理によって平衡がかたよりアルデヒド分子が対応するカルボン酸へと酸化される方向に進む．アルデヒドは水が存在しなければ上の反応機構で酸化されることはないという事実は，第一級アルコールを特異的にアルデヒドあるいはカルボン酸に酸化する反応条件を選択するとき役に立つ．

次に，アルコールの共通の酸化反応機構によって進行するSwern酸化とクロム酸エステルを含む酸化法について考えてみよう．

11.4B　Swern酸化

Swern（スワーン）酸化は，第一級アルコールからアルデヒドあるいは第二級アルコールからケトンを合成する方法として汎用性があり，有用である．反応は無水条件で行われるので，第一級アルコールからはアルデヒドが得られ，カルボン酸は生成しない．第二級アルコールはケトンに酸化される．

PhCH$_2$OH $\xrightarrow[\text{(2) Et}_3\text{N}]{\text{(1) DMSO, (COCl)}_2, -60\,°C}$ PhCHO　　第一級アルコールのSwern酸化はアルデヒドを与える

シクロヘキサノール $\xrightarrow[\text{(2) Et}_3\text{N}]{\text{(1) DMSO, (COCl)}_2, -60\,°C}$ シクロヘキサノン　　第二級アルコールのSwern酸化はケトンを与える

反応操作は連続的に行われる．まずジメチルスルホキシド（DMSO）中に塩化オキサリル（ClCOCOCl）を滴下してクロロジメチルスルホニウム塩を作る（このときCO$_2$, CO, HClが副生する）．次に，この反応液に基質のアルコールを加えて，ヒドロキシ基に脱離基となるジメチルスルホニオ基を導入する．最後に塩基としてアミンを加えて脱離を進行させる．

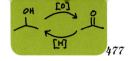

11.4 アルコールの酸化

反応機構
Swern 酸化

段階 1

$$\text{H}_3\text{C}-\underset{\underset{\text{CH}_3}{|}}{\overset{\overset{\text{O}}{\|}}{\text{S}}} + \underset{\text{Cl}}{\text{O}=\text{C}-\text{C}=\text{O}}-\text{Cl} \longrightarrow \text{H}_3\text{C}-\overset{+}{\underset{\underset{\text{CH}_3}{|}}{\text{S}}}-\text{Cl} \quad \text{Cl}^- + CO_2 + CO$$

Dimethyl sulfoxide (DMSO)　　Oxalyl chloride $(COCl)_2$　　Chlorodimethylsulfonium salt

DMSO と塩化オキサリルは反応してクロロジメチルスルホニウム塩を形成する.

段階 2

第一級および第二級アルコールはスルホニウム塩と反応して酸素原子に脱離基を付ける. 同時に, ヒドロキシプロトンがはずれ HCl ガスが発生する.

酸素原子は脱離によって失われる脱離基をもつことになる.

段階 3

塩基：B（通常，トリエチルアミンあるいはジイソプロピルアミン）は正電荷をもつ硫黄原子の隣のメチル基からプロトンを引き抜く.

アニオン性メチル基がアルコール炭素からプロトンを引き抜くことによって C=O π 結合が形成される. ジメチルスルフィドが脱離基として外れ, 酸化生成物が生じる.

Swern 酸化では，種々のジメチルスルホニウム塩を発生させるための反応剤として，塩化オキサリルの代わりに無水トリフルオロ酢酸なども用いられる.

問題 11.4 次の Swern 酸化の生成物を書け. 何も起こらないときはそのように書け.

(a) フルフリルアルコール $\xrightarrow{\text{(1) DMSO, (COCl)}_2, -60\,°\text{C}}_{\text{(2) Et}_3\text{N}}$

(b) [PhO-CH₂CH₂CH₃ の構造] →(1) DMSO, (COCl)₂, –60 °C / (2) Et₃N

(c) [1,4-シクロヘキサンジオール(HO–C₆H₁₀–OH)] →(1) DMSO, (COCl)₂ 2 当量, –60 °C / (2) Et₃N(過剰)

11.4C　クロム酸（H_2CrO_4）酸化

クロム酸（H_2CrO_4）のような Cr(VI) 酸化剤による酸化は，操作が簡単なので広く使われてきた．この反応は，クロム酸エステルを中間体とし，11.4A 項に示したような一般機構と類似の脱離で進む．しかしながら，Cr(VI) は発がん性をもち，環境に害があるので，Swern 酸化のような方法の重要性がますます高まっている．

Jones 反応剤（ジョーンズ）は，Cr(VI) 酸化剤のクロム酸（H_2CrO_4）反応剤としてよく知られているものの一つである．Jones 反応剤は三酸化クロム（CrO_3）あるいは二クロム酸ナトリウム（$Na_2Cr_2O_7$）を硫酸水溶液に加えることによって調製される．反応は，通常，酸化されない溶媒である水，アセトンあるいは酢酸溶液中で行われる．第一級アルコールは前述のアルデヒドの水和物を経て，カルボン酸に酸化される．第二級アルコールはケトンに酸化される．次に示すのは，Jones 反応剤を用いる酸化の例である．

Cyclooctanol →(H_2CrO_4, acetone, 35 °C)→ Cyclooctanone (92～96%)

前述のように，クロム酸酸化の反応機構はアルコールとのクロム酸エステルの生成から始まる．ついで，H_2CrO_3 分子がカルボニル化合物の C=O 結合を生成する脱離段階の脱離基として働く．

クロム酸溶液はオレンジ色であるが，H_2CrO_3 はさらに還元され Cr(III) を含む生成物の混合液になり暗緑色を呈する*．したがって，Jones 反応剤のような反応剤が官能基の呈色試験に使える．第一級あるいは第二級アルコールとアルデヒドは Jones 反応剤によって速やかに酸化され，溶液は数秒以内に暗緑色になる．これらの官能基がなければ，最終的に副反応で色が変わるまで，溶液はオレンジ色のままである．この色の変化は，呼気のアルコールテストの原理になっている．

H_2CrO_4（澄んだオレンジ色の溶液）→（第一級または第二級アルコール，またはアルデヒドを加える）→ H_2CrO_3 + 酸化生成物（暗緑色の溶液）

---

*クロム酸（H_2CrO_4）のクロム原子は Cr(VI) であるが，さらに還元されて Cr(III) になる．

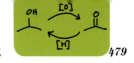

反応機構
クロム酸酸化

段階1 クロム酸エステルの生成

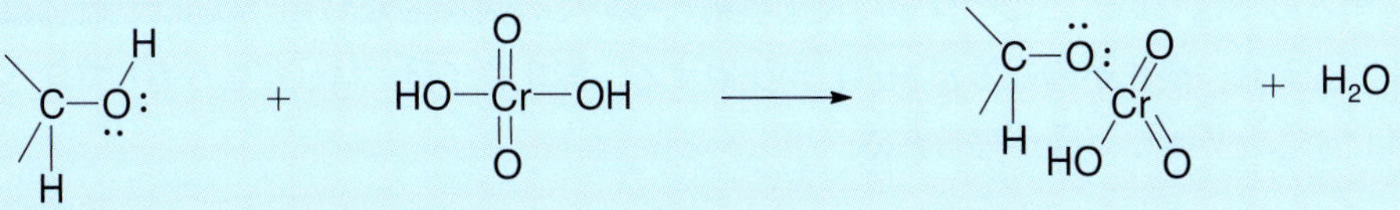

第一級または第二級アルコールがクロム酸と反応し、水を失ってクロム酸エステルを生成し、アルコール酸素に脱離基が付く。

アルコール酸素原子は脱離によって失われる脱離基をもっている。

段階2 H_2CrO_3 の脱離による酸化

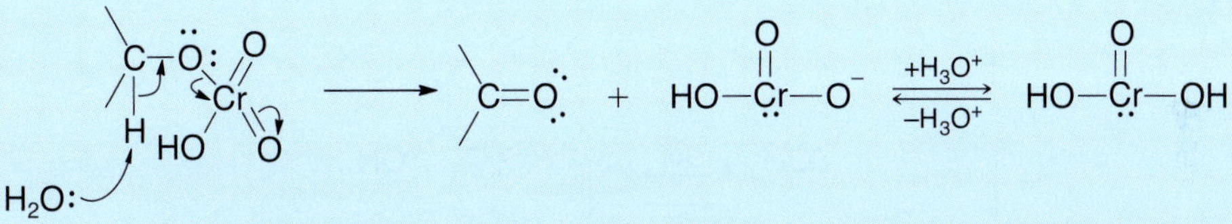

水分子がアルコール炭素からプロトンを取り、$C=O\pi$ 結合を形成する。クロム原子は還元され H_2CrO_3 が離れると、酸化生成物が生じる。

11.4D クロロクロム酸ピリジニウム（PCC）

クロロクロム酸ピリジニウム（PCC）は、ピリジン（C_5H_5N），HCl，および CrO_3 から生成した Cr（Ⅵ）塩である。PCC はジクロロメタンに溶けるので、水の存在しない状態で使うことができる。その結果，無水条件でアルデヒド水和物が存在しないので，第一級アルコールをアルデヒドに酸化することができる。一方，Jones 反応剤は水溶液なので第一級アルコールをカルボン酸まで酸化する。次に PCC 酸化の例を二つ示す。

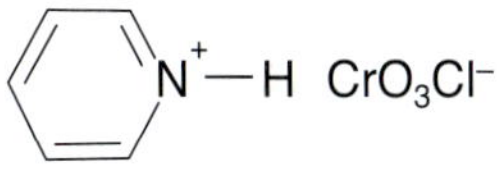

Pyridinium chlorochromate (PCC)

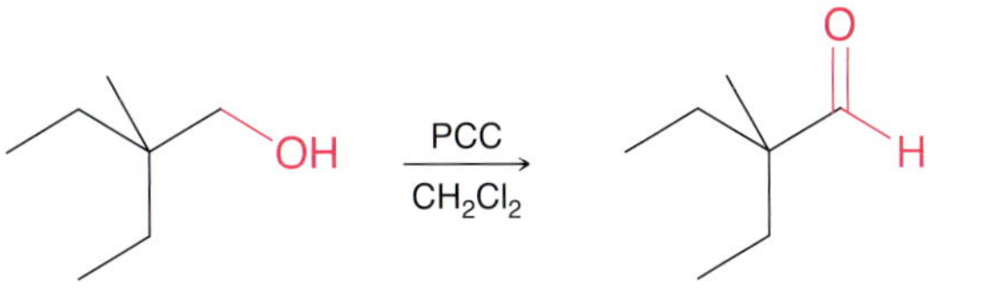

2-Ethyl-2-methyl-1-butanol → 2-Ethyl-2-methylbutanal
(PCC / CH_2Cl_2)

第一級アルコールのアルデヒドへの PCC 酸化

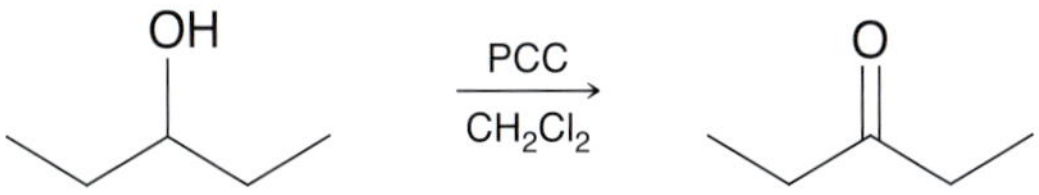

3-Pentanol → Pentan-3-one
(PCC / CH_2Cl_2)

第二級アルコールのケトンへの PCC 酸化

11.4E 過マンガン酸カリウム（KMnO$_4$）

第一級アルコールとアルデヒドは過マンガン酸カリウム（KMnO$_4$）によってカルボン酸にまで酸化される．第二級アルコールはケトンに酸化される．これらの反応は，上に述べたような機構で進行するのではない（ここではその反応機構については説明しない）．反応は一般に塩基性水溶液中で行われ，酸化が起こるとMnO$_2$が沈殿する．酸化終了後，MnO$_2$をろ過して除き，ろ液を酸性にするとカルボン酸が得られる．

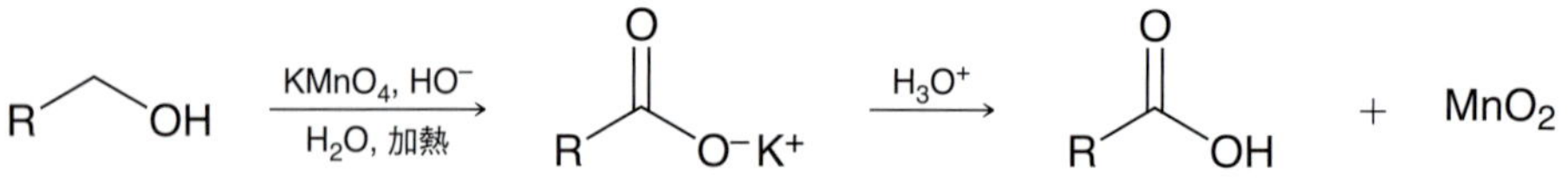

$$R-CH_2OH \xrightarrow[\text{H}_2\text{O, 加熱}]{\text{KMnO}_4, \text{HO}^-} R-COO^-K^+ \xrightarrow{\text{H}_3\text{O}^+} R-COOH + MnO_2$$

例題 11.2
次の変換を行うために使う反応剤を示せ．

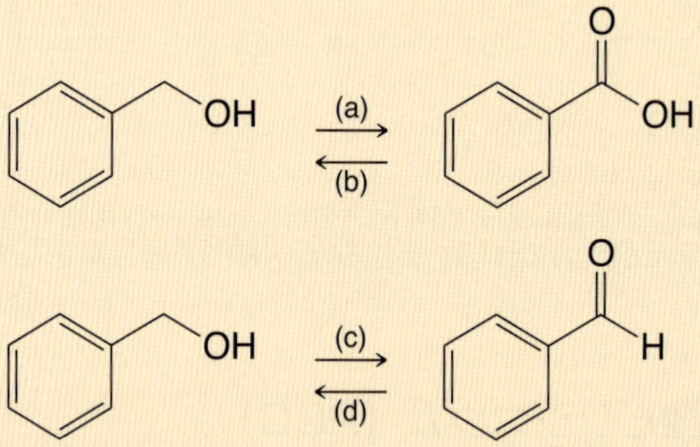

(a) ベンジルアルコール → 安息香酸
(b) 逆反応

(c) ベンジルアルコール → ベンズアルデヒド
(d) 逆反応

解き方と解答：
(a) 第一級アルコールをカルボン酸に酸化するためには，(1) アルカリ水溶液中で過マンガン酸カリウムを用いて，(2) 酸水溶液（H$_3$O$^+$）で後処理する．あるいは，クロム酸（H$_2$CrO$_4$）を用いる．
(b) カルボン酸を第一級アルコールへ還元するためにはLiAlH$_4$を用いる．
(c) 第一級アルコールをアルデヒドへ酸化するためには，Swern酸化あるいはPCC酸化を使う．
(d) アルデヒドを第一級アルコールへ還元するためには，（好ましくは）NaBH$_4$を用いるか，あるいはLiAlH$_4$を用いる．

問題 11.5 次の変換を行うにはどうすればよいか示せ．

(a) 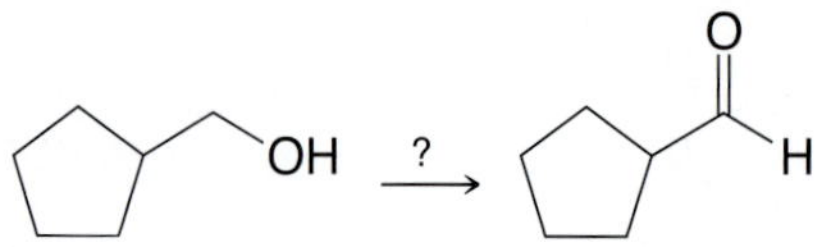 シクロペンチルメタノール → シクロペンタンカルボアルデヒド

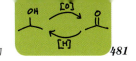

(b) [構造式: シクロペンチルメタノール → シクロペンタンカルボン酸]

(c) [構造式: シクロペンタノール → シクロペンタノン]

(d) [構造式: シクロペンテン → ペンタンジアール (グルタルアルデヒド)]

11.5 有機金属化合物

- 炭素−金属結合を含む化合物を**有機金属化合物** organometallic compound という．

炭素−金属結合の性質は，イオン結合性のものから共有結合性のものまで広い範囲にわたっている．有機金属化合物の有機部分の構造も炭素−金属結合の性質に多少は影響を及ぼすが，金属自身の特性のほうがずっと重要である．炭素−ナトリウム結合や炭素−カリウム結合はイオン性が強く，炭素−鉛，炭素−スズ，炭素−水銀，炭素−タリウム（III）結合はほとんど共有結合性である．炭素−マグネシウム結合と炭素−リチウム結合は両者の中間に位置する．

$$-\overset{|}{\underset{|}{C}}\!:\!^- M^+ \qquad -\overset{|}{\underset{|}{\overset{\delta-}{C}}}\!:\!\overset{\delta+}{M} \qquad -\overset{|}{\underset{|}{C}}\!-\!M$$

イオン結合性大　　　　　　　　　　　　　　　　　　　共有結合性大
(M = Na$^+$ または K$^+$)　　(M = Mg または Li)　　(M = Pb, Sn, Hg, または Tl)

有機金属化合物の反応性は，炭素−金属結合のイオン性の割合が大きくなるほど高くなる．アルキルナトリウムやアルキルカリウムの反応性は非常に高く，これらの化合物は最も強力な塩基であるといえる．また水と爆発的に反応し，空気に触れると発火する．有機水銀化合物や有機鉛化合物は反応性が低く，揮発性で空気中でも安定であるが，すべて有毒である．これらは一般に無極性溶媒に溶け，例えば，テトラエチル鉛 tetraethyllead はかつてガソリンの"アンチノック剤"として用いられていた．

リチウムとマグネシウムの有機金属化合物は有機合成には極めて重要である．これらの化合物はエーテル溶液中では比較的安定である．しかし，これらの炭素−金属結合はかなりイオン性を帯びている．このイオン性のために有機リチウムとマグネシウム化合物の金属と直接結合している炭素原子は，強塩基であると同時にまた強力な求核性をもつ．次に，実際の反応例から有機リチウムとマグネシウム化合物の性質を考えてみよう．

11.6 有機リチウム化合物と有機マグネシウム化合物の合成

11.6A 有機リチウム化合物

　有機リチウム化合物は一般に有機ハロゲン化物の金属リチウムによる還元によって合成される．これらの反応は通常エーテル溶媒中で行われる．有機リチウムは強い塩基であるので，湿気があってはいけない（なぜか．理由を考えてみよう）．溶媒のエーテルとしてはジエチルエーテルとテトラヒドロフラン（THF，環状エーテルの一種である）が最もよく用いられる．

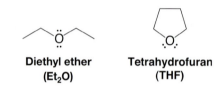

Diethyl ether (Et₂O) 　　Tetrahydrofuran (THF)

- 有機リチウム化合物は次のように合成される．

$$R-X + 2Li \xrightarrow{Et_2O} RLi + LiX$$
（または Ar—X）　　　　（または ArLi）

　ハロゲン化アルキルまたはアリールの反応性は，RI＞RBr＞RCl の順である（RF を用いることはほとんどない）．

　例えば，臭化ブチルを金属リチウムとジエチルエーテル中で反応させるとブチルリチウムのエーテル溶液が得られる．

$$\text{Butyl bromide} + 2Li \xrightarrow[-10\,°C]{Et_2O,} \text{Butyllithium}\,(80\sim90\%) + LiBr$$

　アルキルリチウムやアリールリチウム反応剤の中にはヘキサンや他の炭化水素溶液として市販されているものもある．

11.6B Grignard 反応剤

　ハロゲン化有機マグネシウムはフランスの化学者 V. Grignard（グリニャール）によって 1900 年に初めて合成された．Grignard はこの合成によって 1912 年ノーベル賞を受賞している．現在では彼に敬意を表してハロゲン化有機マグネシウムを **Grignard 反応剤** とよんでいる．Grignard 反応剤は有機合成に広く用いられている．

- Grignard 反応剤は通常，無水エーテル溶媒中で有機ハロゲン化物と金属マグネシウムを反応させることによって合成される．

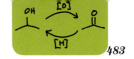

$$\text{RX} + \text{Mg} \xrightarrow{\text{Et}_2\text{O}} \text{RMgX}$$
$$\text{ArX} + \text{Mg} \xrightarrow{\text{Et}_2\text{O}} \text{ArMgX}$$

Grignard 反応剤

有機ハロゲン化物のマグネシウムに対する反応性はRI＞RBr＞RClの順である．フッ化有機マグネシウムはほとんど調整されていない．アリールGrignard反応剤は臭化アリールやヨウ化アリールから容易に合成されるが，塩化アリールとマグネシウムの反応は非常に遅い．Grignard反応剤は通常単離することなく，そのまま次の反応に用いられる．

Grignard反応剤は一般式RMgXで示されるが，実際の構造はもっと複雑である．ほとんどのGrignard反応剤はハロゲン化アルキルマグネシウムとジアルキルマグネシウムの平衡にあることが実験によって明らかにされている．

$$2\,\text{RMgX} \rightleftharpoons \text{R}_2\text{Mg} + \text{MgX}_2$$

Alkylmagnesium halide   **Dialkylmagnesium**

しかし，本書では便宜上Grignard反応剤をRMgXで表すことにする．

次に示すように，Grignard反応剤はエーテル溶媒と錯体を作っている．

このエーテル分子との錯体形成はGrignard反応剤の生成と安定性に大きな役割を果たしている．

Grignard反応剤の生成機構は複雑であり，論争の対象になってきたが，次のようなラジカル機構であると考えられている．

$$\text{R}-\text{X} + :\text{Mg} \longrightarrow \text{R}\cdot + \cdot\text{MgX}$$
$$\text{R}\cdot + \cdot\text{MgX} \longrightarrow \text{RMgX}$$

11.7　有機リチウムと有機マグネシウム化合物の反応

11.7A　酸性水素をもつ化合物との反応

- Grignard反応剤や有機リチウム化合物は非常に強い塩基であるので，酸素，窒素，硫黄のような電気陰性度の大きい原子に付いた水素をもつ化合物とならばどのような化合物とでも反応する．

Grignard反応剤と有機リチウム化合物を次のように表せば，その反応が理解しやすい．

484 Chap. 11 カルボニル化合物からアルコールの合成：酸化還元と有機金属化合物

$$\overset{\delta-}{R}\overset{\delta+}{:}MgX \quad と \quad \overset{\delta-}{R}\overset{\delta+}{:}Li$$

　Grignard 反応剤と水やアルコールとの反応は，酸塩基反応そのものであり，より弱い共役酸とより弱い共役塩基を生成する．

- Grignard 反応剤はあたかもアルカンのアニオン，すなわちカルボアニオンのように反応する．

$$R-MgX + H-\ddot{O}-H \longrightarrow R-H + H\ddot{O}:^- + Mg^{2+} + X^-$$

より強い塩基　　　より強い酸　　　　より弱い酸　　より弱い
　　　　　　　　(pK_a 15.7)　　　(pK_a 40〜50)　塩基

$$R-MgX + H-\ddot{O}-R \longrightarrow R-H + R\ddot{O}:^- + Mg^{2+} + X^-$$

より強い塩基　　　より強い酸　　　　より弱い酸　　より弱い
　　　　　　　　(pK_a 15〜18)　　(pK_a 40〜50)　塩基

例題 11.3

　Phenyllithium（フェニルリチウム）が水と反応するときの反応式を書き，それぞれより強い酸，より弱い酸，より強い塩基，より弱い塩基を表示せよ．

解き方と解答：
　Phenyllithium も，対応する Grignard 反応剤と同様に，カルボアニオンのように振る舞う．Phenyllithium の共役酸のベンゼンは pK_a = 40 〜 50 の弱酸であるので，phenyllithium は強塩基である．したがって，次のように酸塩基反応が進行する．

$$Ph-Li + H-\ddot{O}H \longrightarrow Ph-H + H\ddot{O}:^- + Li^+$$

より強い塩基　　より強い酸　　　　より弱い酸　　より弱い
　　　　　　　　　　　　　　　　　　　　　　　塩基

問題 11.6 次の変換を行うのに必要な反応剤は何か．

(a) C₆H₅Br → C₆H₅D　（D＝ジュウテリウム）

(b) (CH₃)₃C-Br → (CH₃)₃C-D

　Grignard 反応剤と有機リチウム化合物は水やアルコールの水素よりもずっと弱い酸性プロトンでも引き抜く．

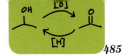

11.7 有機リチウムと有機マグネシウム化合物の反応

- Grignard 反応剤と有機リチウム化合物は 1-アルキンの末端水素と酸塩基反応を起こし，それぞれハロゲン化アルキニルマグネシウムとアルキニルリチウムの有用な合成法になる．

R'─≡─H （末端アルキン，より強い酸，pK_a ～25） + R─MgX （Grignard 反応剤，より強い塩基） ⟶ R'─≡─$^{-}$MgX^{+} （ハロゲン化アルキニル，より弱い塩基） + R─H （アルカン，より弱い酸，pK_a 40～50）

R'─≡─H （末端アルキン，より強い酸） + R─Li （アルキルリチウム，より強い塩基） ⟶ R'─≡─$^{-}$Li^{+} （アルキニルリチウム，より弱い塩基） + R─H （アルカン，より弱い酸）

アルカンの pK_a 値は 40～50 であるのに対して末端アルキンの pK_a は約 25（表 3.1）であることから，上の反応は完結する．

Grignard 反応剤は強塩基であるというだけでなく，また強力な求核剤でもある．

- Grignard 反応剤の求核剤としての反応は，最も重要な反応の一つである．次にその反応について考える．

11.7B　Grignard 反応剤のエポキシドとの反応

- Grignard 反応剤は求核剤としてエポキシド epoxide（オキシラン oxirane）と反応する．この反応はアルコールの簡便な合成法になっている．

Grignard 反応剤の求核性のアルキル基はエポキシドの部分正電荷を帯びた炭素を攻撃する．ひずみの大きい 3 員環は開環し，第一級アルコールのマグネシウム塩が生成する．ついで酸性にするとアルコールが得られる（この反応を 10.14 節で述べた塩基触媒による開環反応と比較せよ）．次に反応例を示す．

$$R\text{─MgX} + \text{Oxirane} \longrightarrow R\text{─}\!\!\!\diagup\!\!\diagdown\!\!\text{─OMg}^{2+}X^{-} \xrightarrow{H_3O^+} R\text{─}\!\!\!\diagup\!\!\diagdown\!\!\text{─OH （第一級アルコール）}$$

$$\text{PhMgBr} + \text{（エポキシド）} \xrightarrow{Et_2O} \text{PhCH}_2\text{CH}_2\text{OMgBr} \xrightarrow{H_3O^+} \text{PhCH}_2\text{CH}_2\text{OH}$$

- Grignard 反応剤は置換エポキシドの置換基の少ないほうの炭素を攻撃する．

$$\text{PhMgBr} + \text{（メチルオキシラン）} \xrightarrow{Et_2O} \text{PhCH}_2\text{CH(CH}_3\text{)OMgBr} \xrightarrow{H_3O^+} \text{PhCH}_2\text{CH(OH)CH}_3$$

11.7C　Grignard 反応剤のカルボニル化合物との反応

- Grignard 反応剤と有機リチウム化合物の最も重要な合成反応は，これらが求核剤として不飽和炭素，特にカルボニル基の炭素を攻撃する反応である．

11.1A 項で述べたように，カルボニル基をもつ化合物は求核剤の攻撃を受けやすい．Grignard 反応剤は次のようにカルボニル化合物（アルデヒドとケトン）と反応する．

反応機構

Grignard 反応

反応

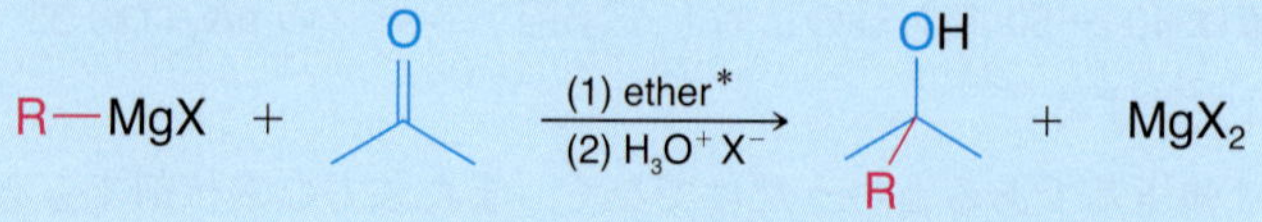

$$R\text{—}MgX + \underset{}{\overset{O}{\|}} \xrightarrow[\text{(2) } H_3O^+ X^-]{\text{(1) ether}^*} \underset{R}{\overset{OH}{|}} + MgX_2$$

機構

段階 1

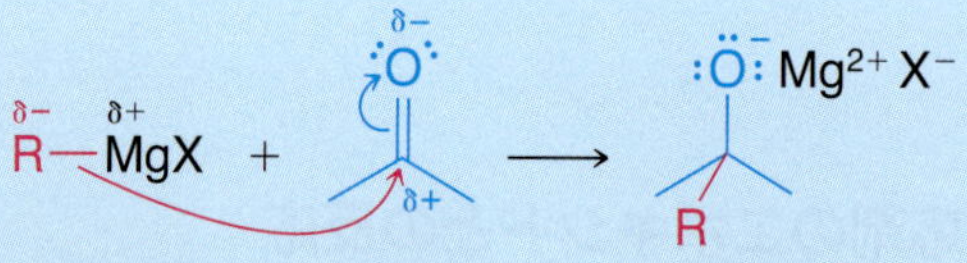

Grignard 反応剤 ＋ カルボニル化合物 → ハロマグネシウムアルコキシド

強い求核剤である Grignard 反応剤はその電子対を使ってカルボニル炭素と結合を作る．カルボニル基の π 電子対が酸素原子に移動する．この反応はカルボニル基に対する求核付加である．その結果 $Mg^{2+}X^-$ を対イオンとするアルコキシドイオンが生成する．

段階 2

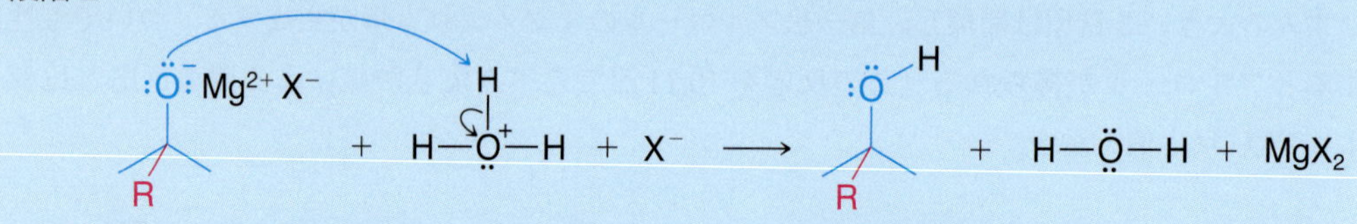

ハロマグネシウムアルコキシド ＋ H_3O^+ ＋ X^- → アルコール ＋ $H\text{—}O\text{—}H$ ＋ MgX_2

第 2 段階では，希酸（HX）を加えることによってアルコキシドイオンにプロトン化が起こり，アルコールと MgX_2 が生成する．

---

* 矢印の上の "(1) ether" は第 1 段階で Grignard 反応剤とカルボニル化合物をエーテル溶液中で反応させることを意味し，"(2) $H_3O^+X^-$" はその後第 2 段階として希酸を加え，アルコールの塩 (ROMgX) をアルコールに変えることを意味している．第三級アルコールの場合は酸によって容易に脱水するので，NH_4Cl の水溶液が用いられる．NH_4Cl は ROMgX を ROH に変換するには十分酸性であるが，脱水は引き起こさない．

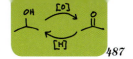

11.8 Grignard反応によるアルコールの合成

カルボニル化合物へのGrignard付加反応は,第一級,第二級,または第三級アルコールの合成に用いられるので,特に重要である.

1. **Grignard反応剤はホルムアルデヒドと反応して第一級アルコールを与える.**

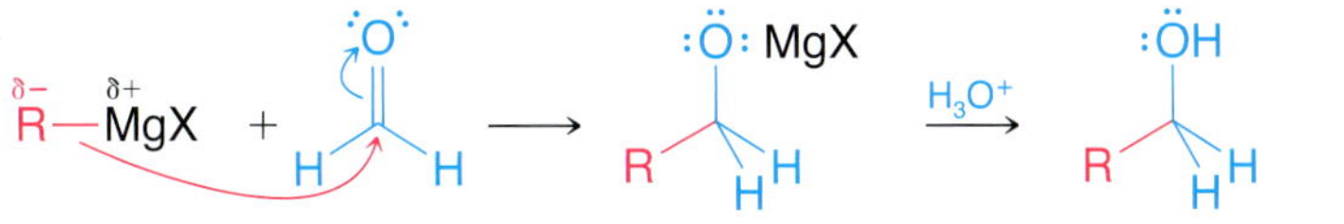

   Formaldehyde → 第一級アルコール

2. **Grignard反応剤はホルムアルデヒド以外のアルデヒドと反応して第二級アルコールを与える.**

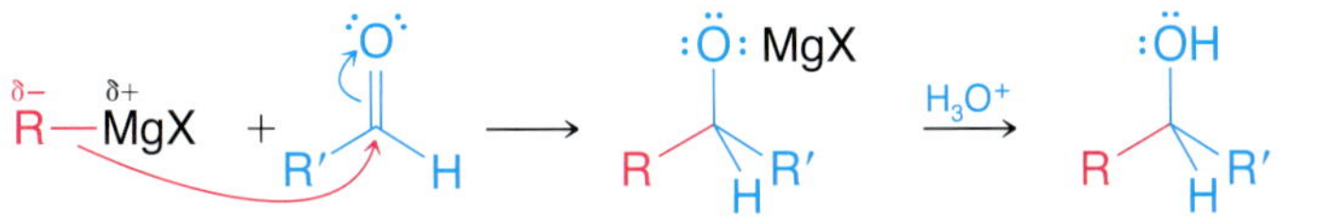

   ホルムアルデヒド以外のアルデヒド → 第二級アルコール

3. **Grignard反応剤はケトンと反応して第三級アルコールを与える.**

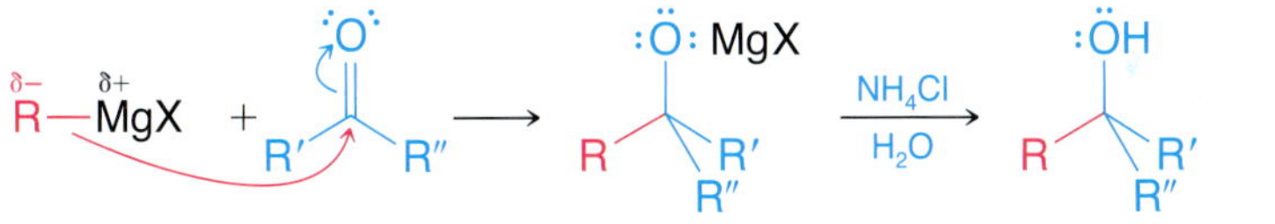

   ケトン → 第三級アルコール

4. **エステルは2分子のGrignard反応剤と反応して第三級アルコールを与える.** Grignard反応剤がエステルのカルボニル基に付加すると,最初の付加物は不安定で,マグネシウムアルコキシドが外れてケトンが生成する.しかし,ケトンはエステルよりもGrignard反応剤に対する反応性が高いので,生成したケトンはすぐに反応液中で2分子目のGrignard反応剤と反応する.生成した付加物を加水分解すると,**2個の同じアルキル基をもつ第三級アルコール**が得られる.このアルキル基はGrignard反応剤のアルキル基に由来する.

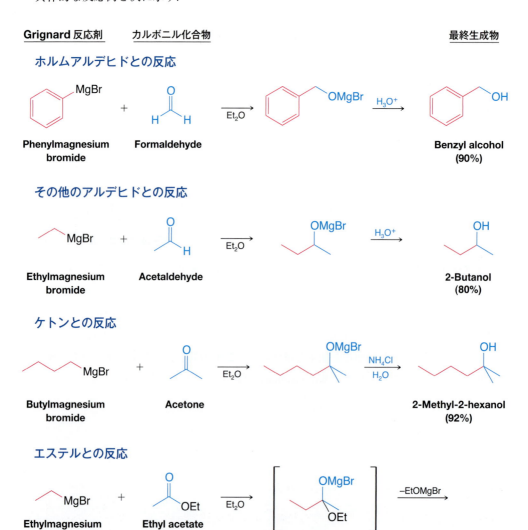

具体的な反応例を次に示す.

Grignard 反応剤　　カルボニル化合物　　　　　　　　　　　最終生成物

ホルムアルデヒドとの反応

Phenylmagnesium bromide + Formaldehyde → Benzyl alcohol (90%)

その他のアルデヒドとの反応

Ethylmagnesium bromide + Acetaldehyde → 2-Butanol (80%)

ケトンとの反応

Butylmagnesium bromide + Acetone → 2-Methyl-2-hexanol (92%)

エステルとの反応

Ethylmagnesium bromide + Ethyl acetate →

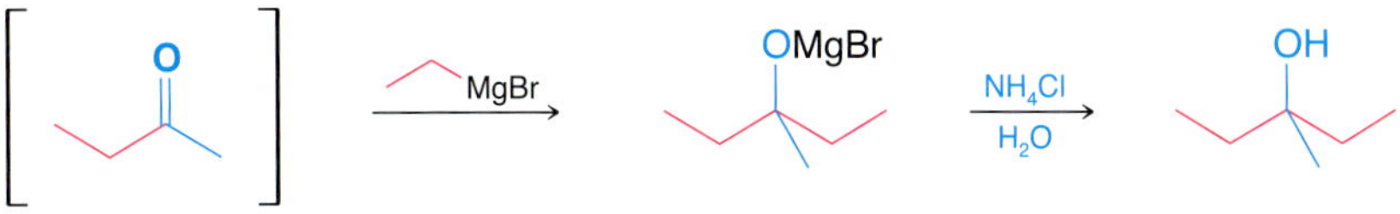

11.8 Grignard 反応によるアルコールの合成

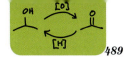

3-Methyl-3-pentanol
(67%)

例題 11.4

次の合成反応をどのように行うかを示せ.

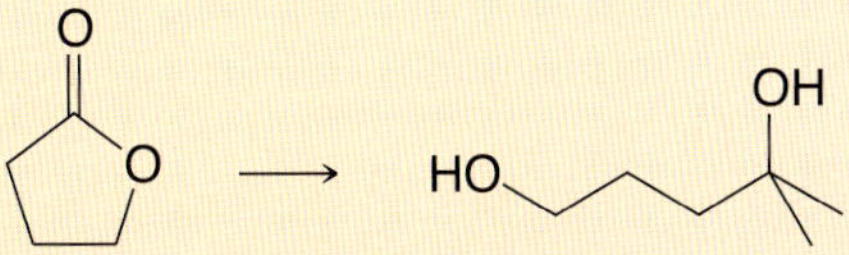

解き方と解答:

この例ではラクトン(環状エステル)を二つの同じアルキル基(メチル基)をもつ第三級アルコールに変換している.したがって,下式のように2当量の Grignard 反応剤(この場合はヨウ化メチルマグネシウム)が必要である.

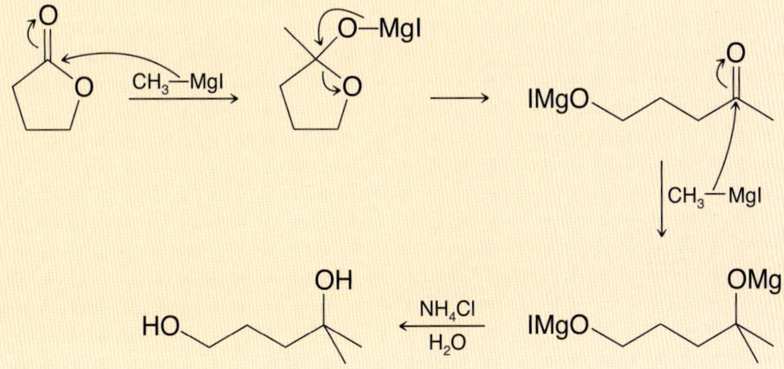

問題 11.7 エステルと Grignard 反応剤との反応の機構を参考にして,次の反応の機構を書け.

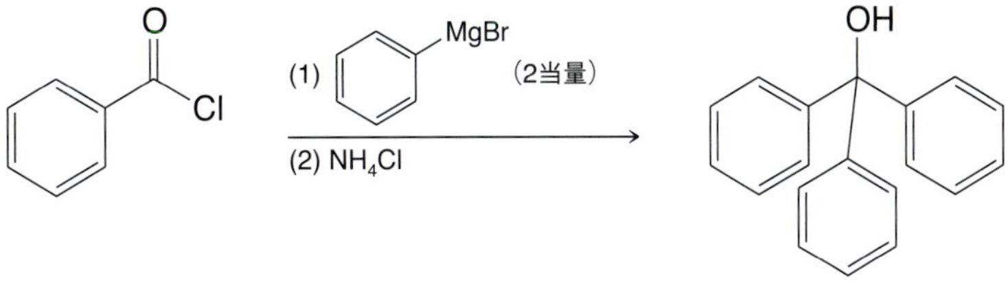

11.8A Grignard 反応を用いる合成計画

Grignard 反応をうまく用いればほとんどのアルコールが合成できる.Grignard 反応を用いる合成計画にあたっては,適切な Grignard 反応剤と適切なアルデヒド,ケトン,エステル,また

はエポキシドを選べばよい．合成したいアルコールの構造式を検討し，−OH 基の付いた炭素に結合しているアルキル基やアリール基に注目する．通常は二つ以上の合成法があるので，出発化合物のうち利用しやすいものを選択し最終的な合成計画を決定する．例で考えてみよう．

3-フェニル-3-ペンタノールを合成したいとしよう．まず，その化合物の構造式を吟味し，−OH 基の付いた炭素に結合している基はフェニル基1個とエチル基2個であることを確かめる．

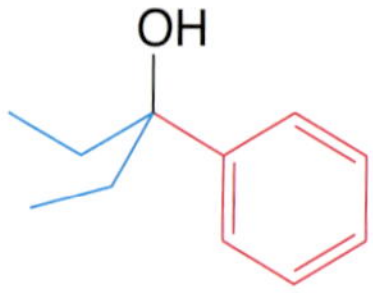

3-Phenyl-3-pentanol

この化合物を合成するには次に示すような三つの異なった方法が考えられる．

1. 二つのエチル基をもつケトン（3-ペンタノン）を用い，これに臭化フェニルマグネシウムを反応させる．

逆合成解析

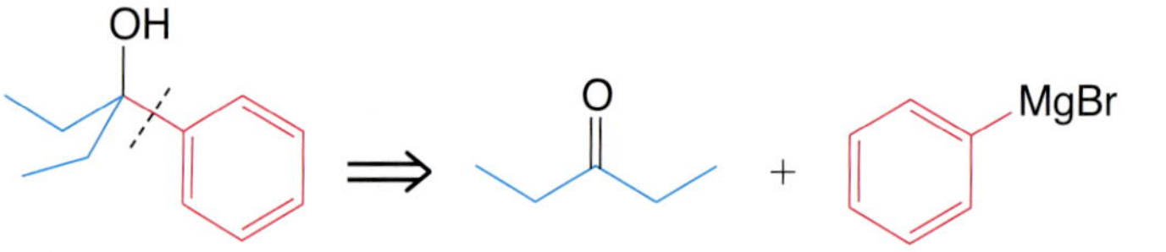

合成

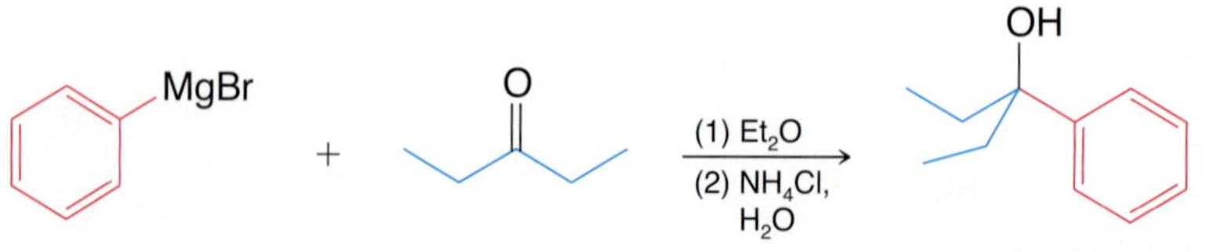

Phenylmagnesium bromide + 3-Pentanone → (1) Et$_2$O / (2) NH$_4$Cl, H$_2$O → 3-Phenyl-3-pentanol

2. エチル基とフェニル基をもつケトン（エチルフェニルケトン）を用い，これに臭化エチルマグネシウムを反応させる．

逆合成解析

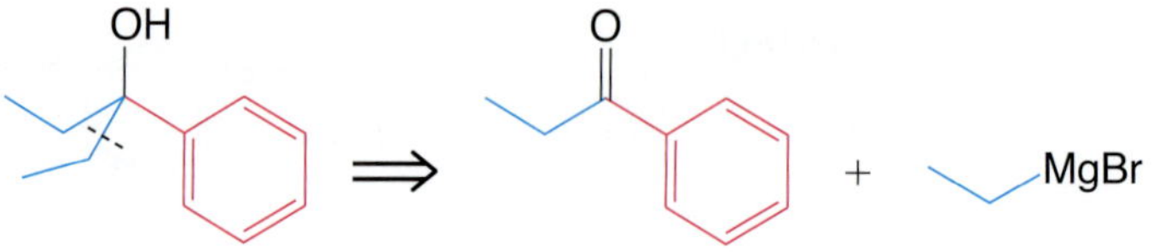

11.8 Grignard 反応によるアルコールの合成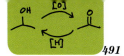

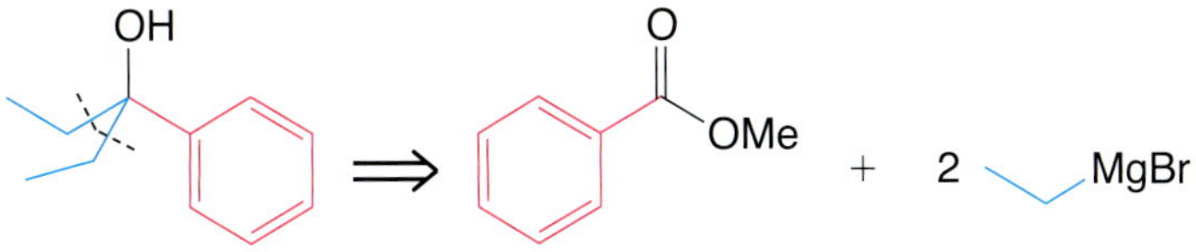

合成

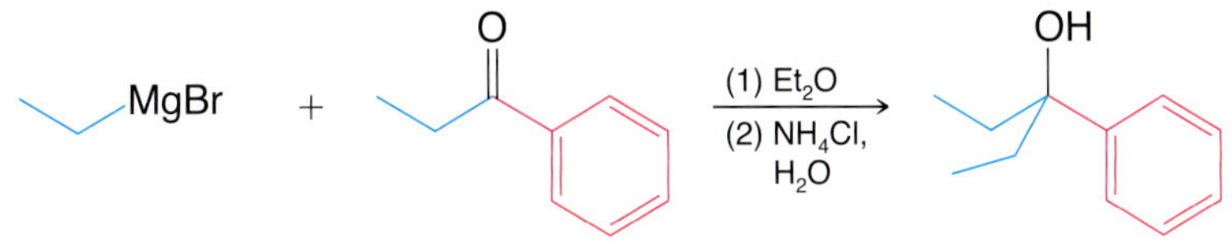

Ethylmagnesium bromide + Ethyl phenyl ketone → (1) Et₂O (2) NH₄Cl, H₂O → 3-Phenyl-3-pentanol

3. 安息香酸エステルを用い，これに2モルの臭化エチルマグネシウムを反応させる．

逆合成解析

合成

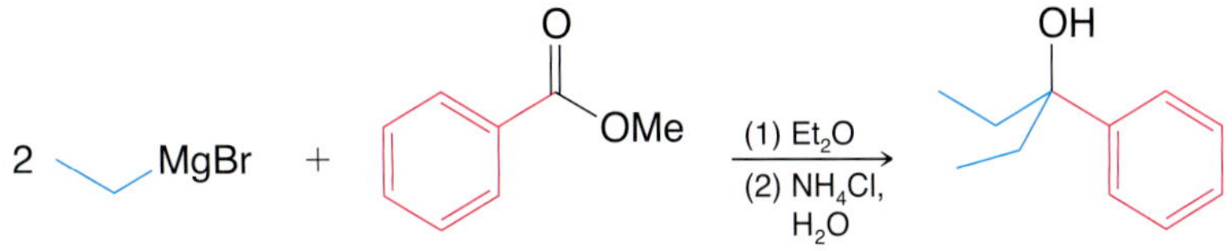

2 Ethylmagnesium bromide + Methyl benzoate → (1) Et₂O (2) NH₄Cl, H₂O → 3-Phenyl-3-pentanol

これらの合成法はいずれも目的の化合物を 80% 以上の収率で与える．

例題 11.5
多段階合成に関する例題

炭素数 4 以下のアルコール 1 種類を用いて，**A** を合成する方法を示せ．

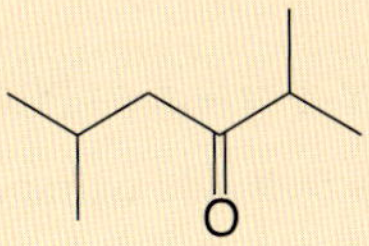

A

解き方と解答：

Grignard 反応で 2 種類の炭素数 4 の化合物から炭素骨格を作る．次に得られたアルコールを酸化すると目的のケトンが得られる．

逆合成解析

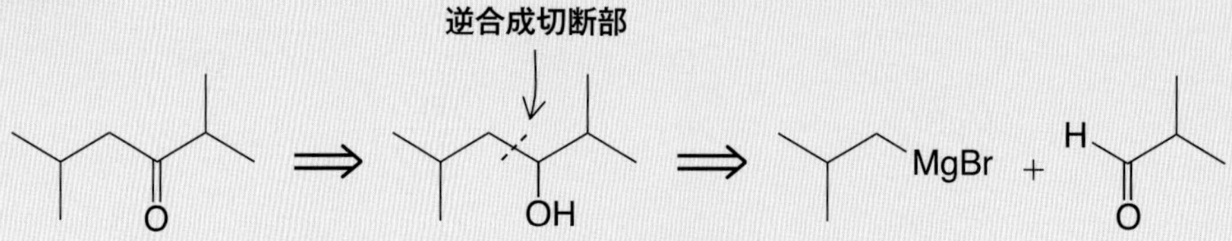

```
          逆合成切断部
              ↓
   A    ⟹      B          C
        (OH中間体)    イソブチルMgBr + イソブチルアルデヒド
```

合成

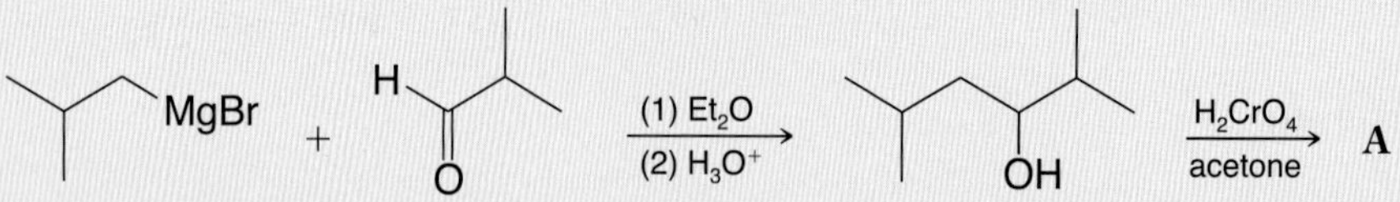

イソブチルMgBr (B) + イソブチルアルデヒド (C)
$\xrightarrow{\text{(1) Et}_2\text{O}, \text{(2) H}_3\text{O}^+}$
アルコール中間体
$\xrightarrow{\text{H}_2\text{CrO}_4, \text{acetone}}$ A

Grignard 反応剤 **B** とアルデヒド **C** は isobutyl alcohol から合成できる．

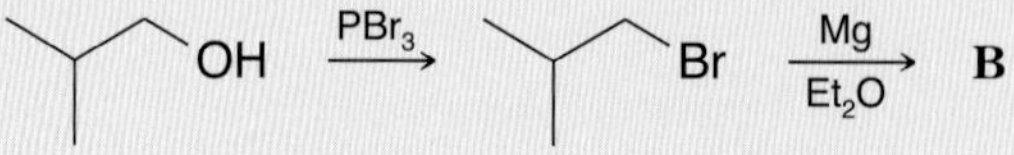

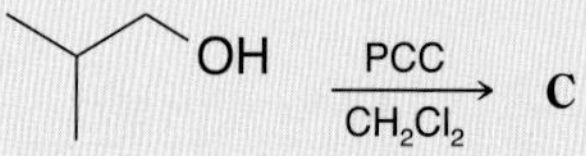

イソブチル-OH $\xrightarrow{\text{PBr}_3}$ イソブチル-Br $\xrightarrow{\text{Mg}, \text{Et}_2\text{O}}$ **B**

イソブチル-OH $\xrightarrow{\text{PCC}, \text{CH}_2\text{Cl}_2}$ **C**

例題 11.6
多段階合成に関する例題

Bromobenzene と他の必要な反応剤を用いて，次のアルデヒドの合成法を考えよ．

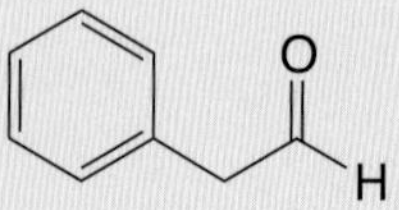

(PhCH₂CHO の構造式)

解き方と解答：

逆向きに考えると，アルデヒドはアルコールの PCC 酸化 (11.4D 項) によって合成できる．アルコールは臭化フェニルマグネシウムに oxirane を反応させると得られる [Grignard 反応剤と oxirane の反応はもとのハロゲン化物に $-\text{CH}_2\text{CH}_2\text{OH}$ を導入する極めて有用な方法である (11.7B 項)]．臭化フェニルマグネシウムは bromobenzene とマグネシウムから合成できる．

逆合成解析

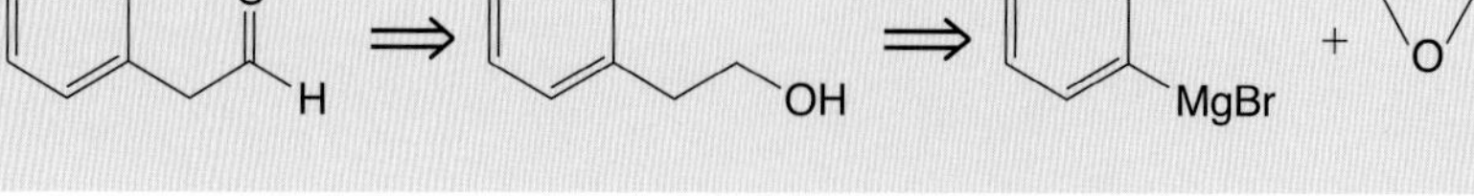

PhCH₂CHO ⟹ PhCH₂CH₂OH ⟹ PhMgBr + oxirane

11.8 Grignard 反応によるアルコールの合成

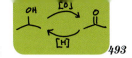

合成

PhBr →(Mg, Et₂O)→ PhMgBr →((1) oxirane, (2) H₃O⁺)→ PhCH₂CH₂OH →(PCC, CH₂Cl₂)→ PhCH₂CHO

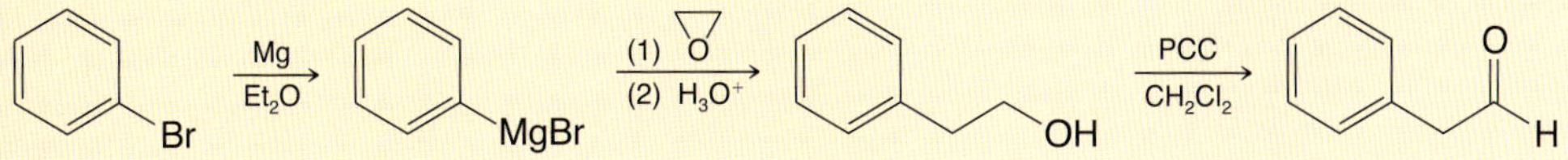

問題 11.8 ハロゲン化アルキルやハロゲン化アリールを出発原料として，次のアルコールの逆合成解析と実際の合成法を書け．

(a)  2-methyl-2-butanol (三つの方法)

(b)  3-methyl-3-pentanol (三つの方法)

(c) 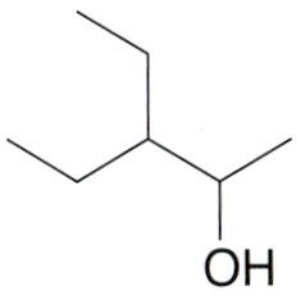 3-methyl-2-pentanol — 2-methyl-3-pentanol 型 (二つの方法)

(d) 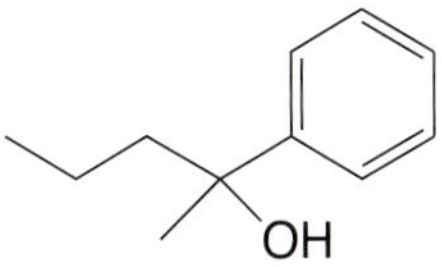 2-phenyl-2-pentanol (三つの方法)

(e) 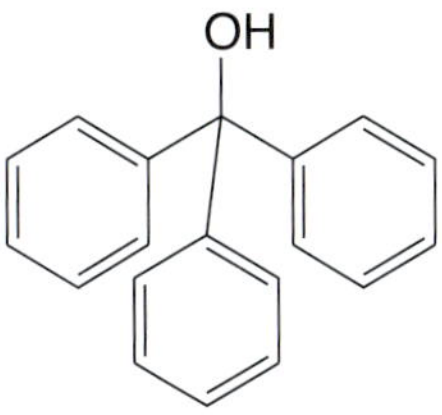 triphenylmethanol (二つの方法)

(f) 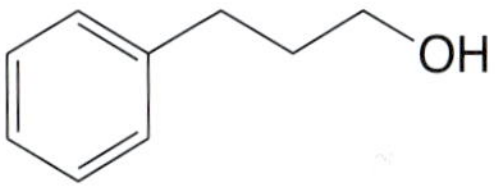 3-phenyl-1-propanol (二つの方法)

問題 11.9 次の化合物の逆合成解析と実際の合成法を書け．出発原料としては phenylmagnesium bromide, oxirane, formaldehyde, および炭素数 4 以下のアルコールまたはエステルを用い，無機反応剤や酸化反応条件（Swern 酸化や PCC など）は何を使ってもよい．

(a) 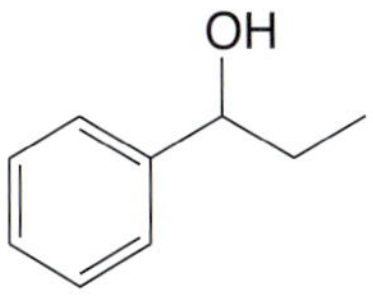 1-phenyl-1-propanol

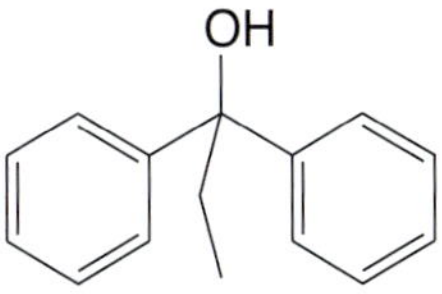

(b) 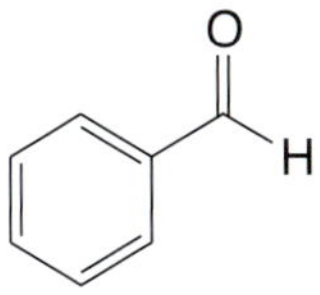 benzaldehyde

(c) 1,1-diphenyl-1-propanol

(d) 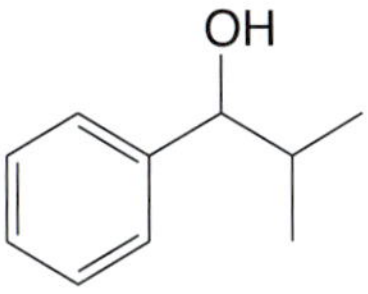 2-methyl-1-phenyl-1-propanol

11.8B　Grignard 反応剤の制約

Grignard 反応は有機合成反応の中でも最も用途の広いものの一つであるが，この合成法にも制約がある．その制約の大部分は，Grignard 反応剤の有用性と同じ原因に起因する．それは求核剤および塩基としての非常に高い反応性である．

Grignard 反応剤は非常に強力な塩基で，事実上カルボアニオンである．

- アルカンやアルケンの水素よりも酸性の強い水素をもつ有機化合物からは Grignard 反応剤を合成することができない．

例えば，分子内に $-OH$ 基，$-NHR$ 基，$-SH$ 基，$-CO_2H$ 基，または $-SO_3H$ 基をもつ有機ハロゲン化物から Grignard 反応剤は合成できない（もし Grignard 反応剤ができたとしても，直ちに分子内の酸性基と反応してしまう）．

- Grignard 反応剤は強力な求核剤であるから，カルボニル，エポキシ，ニトロ，またはシアノ（$-CN$）基をもつ有機ハロゲン化物からも Grignard 反応剤は合成できない．

もしこのような反応を試みても，少しでも生成した Grignard 反応剤はすぐに未反応の基質と反応してしまうだろう．

$-OH$, $-NH_2$, $-NHR$, $-CO_2H$, $-SO_3H$, $-SH$, $-C\equiv C-H$

アルデヒド，ケトン，エステル，アミド，$-NO_2$，$-C\equiv N$，エポキシド

｝これらの基をもつ Grignard 反応剤は合成できない*

したがって，**Grignard 反応剤の合成に使えるのは，ハロゲン化アルキルあるいは他の有機ハロゲン化物で C=C 結合（芳香環を含む），アセチレン水素をもっていない三重結合，エーテル結合，または $-NR_2$ 基をもつものに限られる．**

Grignard 反応剤は酸性化合物に対して極めて反応性が高いので，Grignard 反応剤を合成するときには，反応装置から湿気を除去することに特に注意するとともに，溶媒として無水エーテルを用いなければならない．

先に述べたように，アセチレン水素は Grignard 反応剤に対して十分に酸性であるので，アセチレン水素をもったハロゲン化物からも Grignard 反応剤は合成できない．

- 末端アセチレン水素をアルキル Grignard 反応剤と反応させることによって，アルキンの Grignard 反応剤が合成できる（11.7A 項参照）．

このアルキンの Grignard 反応剤は，次の例のように，他の合成に用いることができる．

---

*このような基の反応性を抑えるために，保護基が用いられる（10.11C, 10.11D 項，11.9 節参照）．

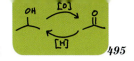

11.8 Grignard反応によるアルコールの合成

- Grignard反応による合成計画を立てるとき，基質として用いるアルデヒド，ケトン，エポキシド，またはエステルが酸性基をもっていないように気を付けなくてはならない．

なぜならGrignard反応剤は求核剤としてカルボニル炭素やエポキシ炭素と反応するよりも，単に塩基として酸性水素と反応するからである．例えば，4-ヒドロキシ-2-ブタノンと臭化メチルマグネシウムの反応では，次の一つ目の反応が先に起こってしまい，二つ目の反応は起こらない．

4-Hydroxy-2-butanone

しかし，1当量のGrignard反応剤を無駄にしてもよければ，2当量のGrignard反応剤を用いるとカルボニル基に付加させることができる．

この方法は，Grignard反応剤が他の反応剤より安価な場合や小規模の反応に用いることがある．

11.8C 有機リチウム反応剤の利用

有機リチウム反応剤（RLi）もGrignard反応剤と同様にカルボニル化合物と反応するので，アルコールの合成法として用いられる．

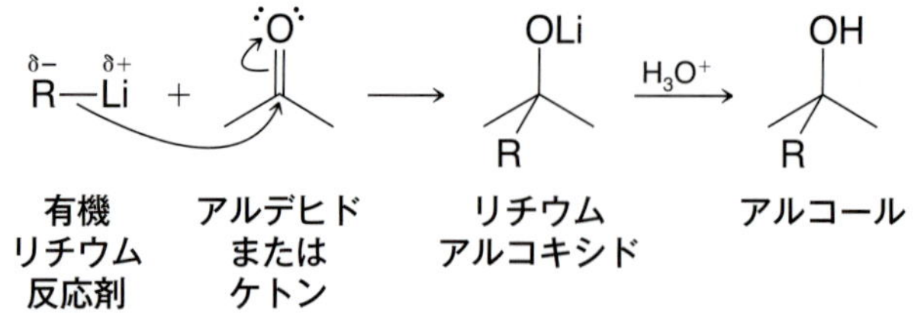

有機リチウム反応剤は合成や取り扱いが難しいが，Grignard 反応剤よりも反応性がいくぶん高いという利点がある．

11.8D　ナトリウムアルキニドの利用

ナトリウムアルキニド（7.11 節参照）もアルデヒドやケトンと反応してアルコールを与える．次に例を示す．

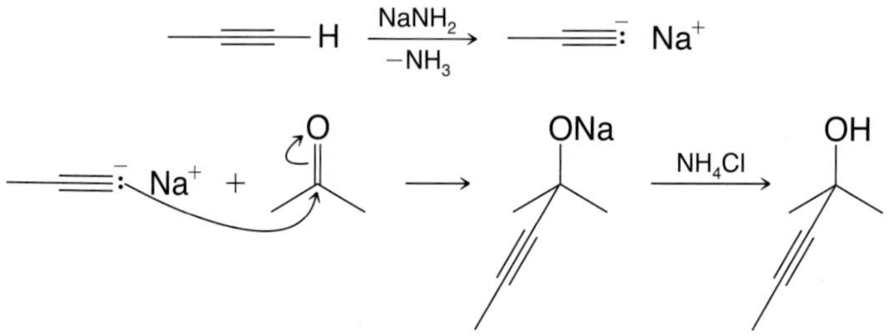

例題 11.7
多段階合成に関する例題

炭素数 6 以下の炭化水素，有機ハロゲン化物，アルコール，ケトン，またはエステルと他の必要な反応剤を用いて，次の化合物の逆合成解析と実際の合成法を示せ．

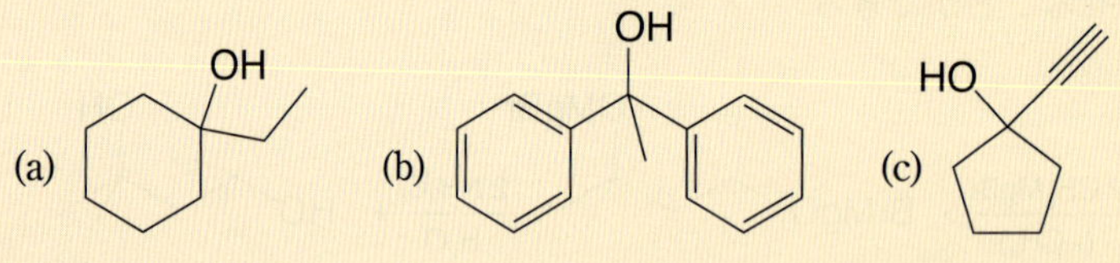

解答：

(a)

逆合成解析

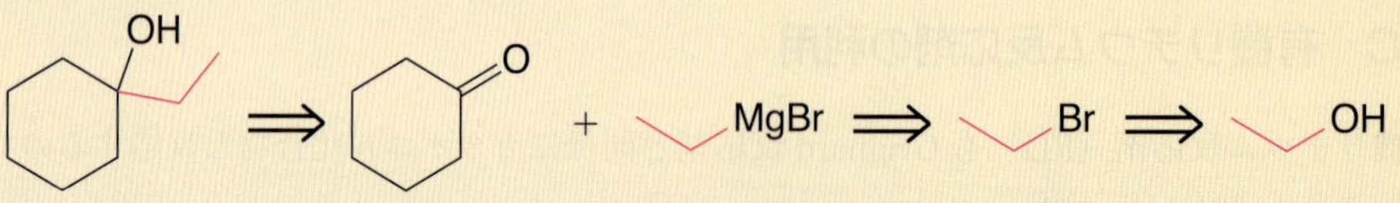

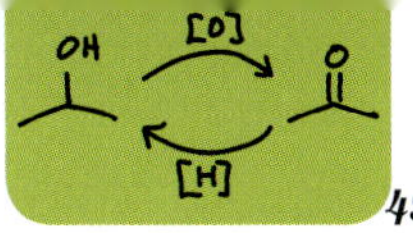

合成

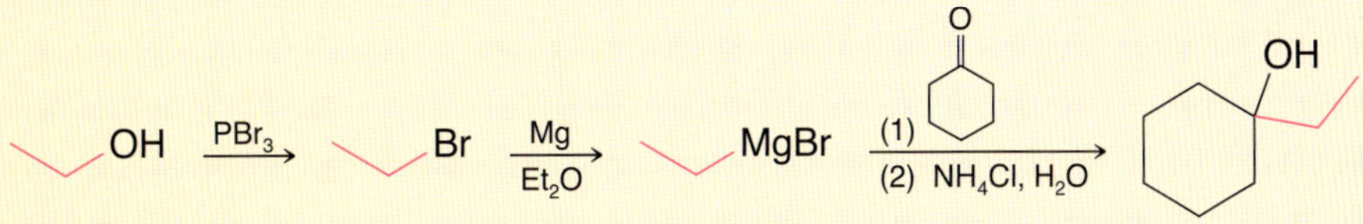

(b) 逆合成解析

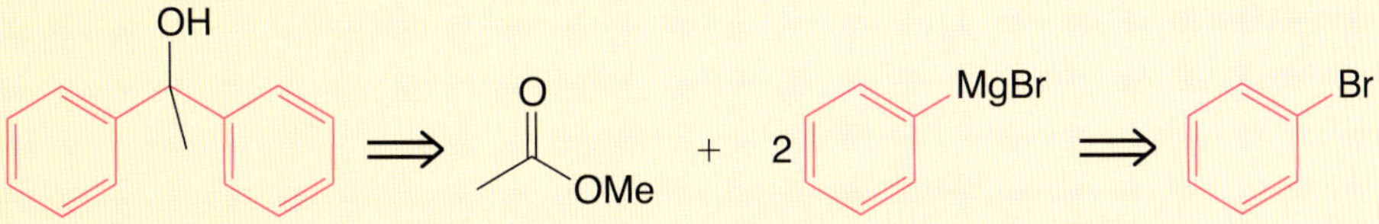

合成

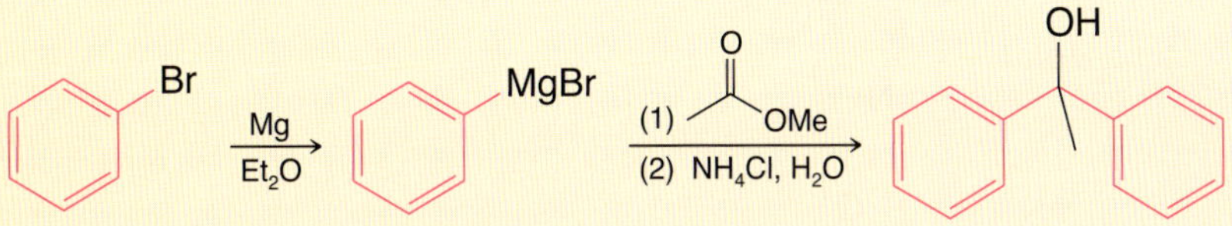

(c) 逆合成解析

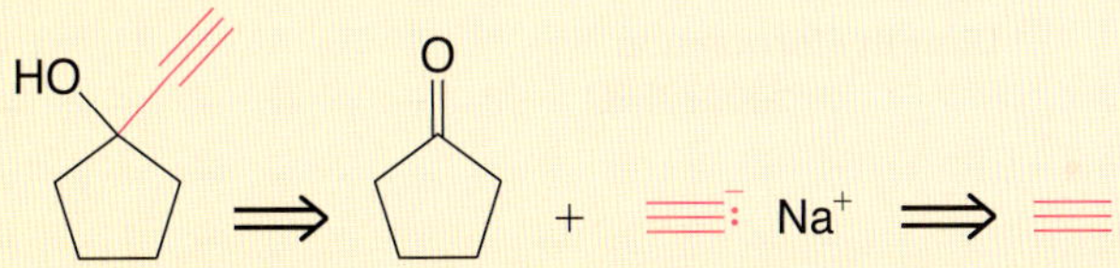

合成

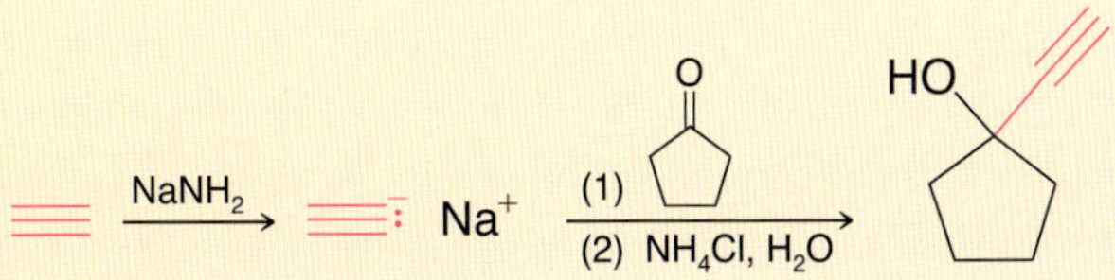

11.9　保護基

- **保護基** protecting group は，ある反応を行うとき，基質の構造中にその反応条件で反応する別の基を含む場合に用いられる．

例えば，アルコール性ヒドロキシ基をもつハロゲン化アルキルから Grignard 反応剤を調製する場合に，先にアルコールを *t*-ブチルジメチルシリル（TBS）エーテル（10.11D 項）のように Grignard 反応剤と反応しない官能基に変換しておけば，その Grignard 反応剤も合成することが

できる．この場合 Grignard 反応が終わってから，フッ化物イオンによってシリルエーテルを脱保護して，もとのアルコールを再生させる（問題 11.29 参照）．下に示す 1,4-ペンタンジオールの合成がその反応例である．有機リチウム反応剤やアルキニドイオンを調製する際，好ましくない官能基をあわせもつ場合にも，これと同じような考え方が適用できる．後の章でも，いろいろな反応において官能基を保護する考え方を紹介する（15.7C 項）．

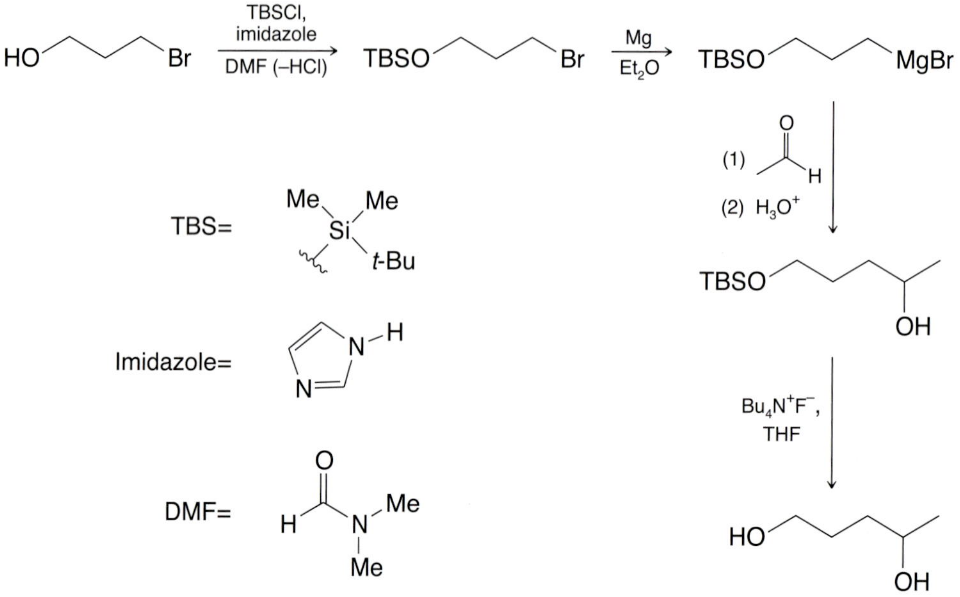

TBS = Si(Me)(Me)(t-Bu)

Imidazole = (構造)

DMF = Dimethylformamide（非プロトン性極性溶媒）

1,4-Pentanediol

例題 11.8

保護基を用いて次の化合物の合成法を示せ．

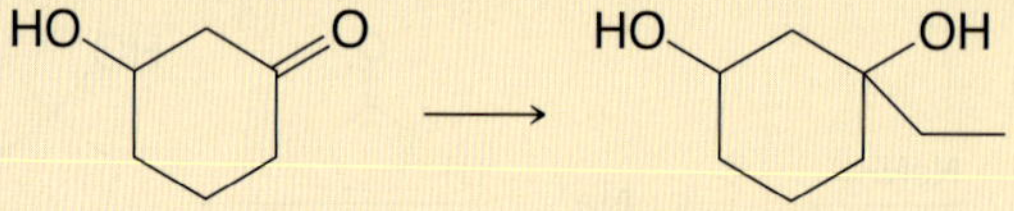

解き方と解答：

まず，アルコールの –OH 基を TBS エーテルに変換することによって保護する．次に臭化エチルマグネシウムを反応させ，希酸で後処理する．その後，脱保護する．

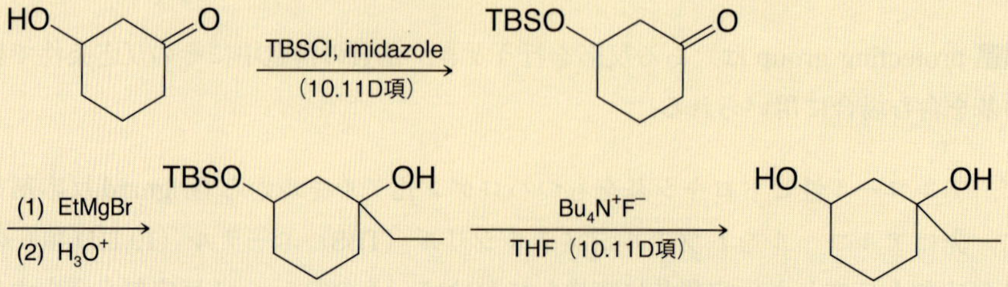

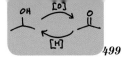

◆補充問題

11.10 Ethylmagnesium bromide (CH₃CH₂MgBr) に次の反応剤を反応させたとき，得られる生成物は何か．

(a) H₂O

(b) D₂O

(c) PhCHO 次に H₃O⁺

(d) PhCOPh 次に NH₄Cl, H₂O

(e) PhCO₂Me 次に NH₄Cl, H₂O

(f) PhCOCH₃ 次に NH₄Cl, H₂O

(g) CH₃C≡CH 次に CH₃CHO さらに H₃O⁺

11.11 Propyllithium (CH₃CH₂CH₂Li) に次の反応剤を反応させたとき，得られる生成物は何か．

(a) (CH₃)₂CHCHO 次に H₃O⁺

(b) (CH₃)₂CHCOCH₃ 次に NH₄Cl, H₂O

(c) 1-Pentyne 次に (CH₃)₂CO さらに NH₄Cl, H₂O

(d) Ethanol

(e) CH₃CO₂D

11.12 1-Bromo-2-methylpropane [isobutyl bromide；(CH₃)₂CHCH₂Br] に次の反応剤を反応させたとき，得られる生成物は何か．

(a) HO⁻, H₂O

(b) ⁻CN, ethanol

(c) t-BuOK, t-BuOH

(d) MeONa, MeOH

(e) (1) Li, Et₂O；(2) (CH₃CO)₂O；(3) NH₄Cl, H₂O

(f) Mg, Et₂O 次に CH₃CHO, さらに H₃O⁺

(g) (1) Mg, Et₂O；(2) CH₃CO₂Me；(3) NH₄Cl, H₂O

(h) (1) Mg, Et₂O；(2) エチレンオキシド；(3) H₃O⁺

(i) (1) Mg, Et₂O；(2) HCHO；(3) NH₄Cl, H₂O

(j) Li, Et₂O；(2) MeOH

(k) Li, Et₂O；(2) H—≡—H

11.13 次の変換反応を行うにはどのような酸化剤または還元剤を用いればよいか.

(a) 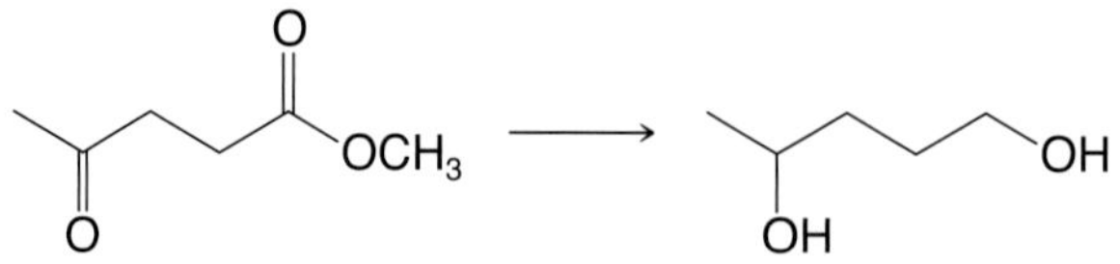 ケト基とエステル基をもつ化合物 → ジオール

(b) 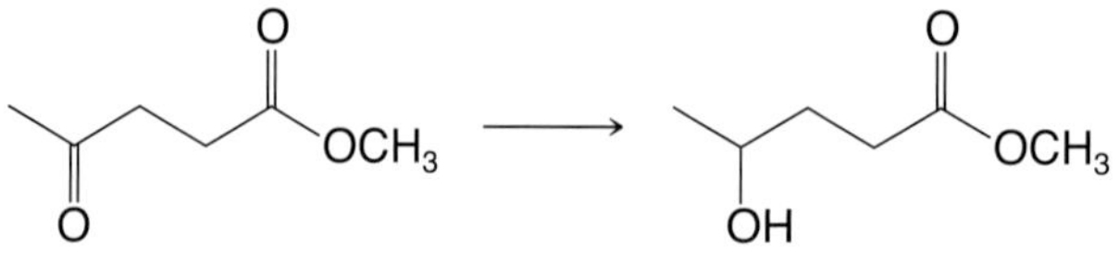 ケト基とエステル基をもつ化合物 → ヒドロキシエステル

(c)  HOOC−CH₂CH₂CH₂−COOH → HO−(CH₂)₅−OH

(d)  HO−(CH₂)₅−OH → HOOC−CH₂CH₂CH₂−COOH

(e)  HO−(CH₂)₅−OH → OHC−CH₂CH₂CH₂−CHO

11.14 次の反応の生成物は何か.

(a) 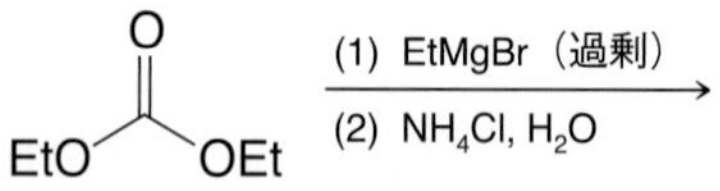 (EtO)₂C=O (1) EtMgBr (過剰) / (2) NH₄Cl, H₂O

(b) 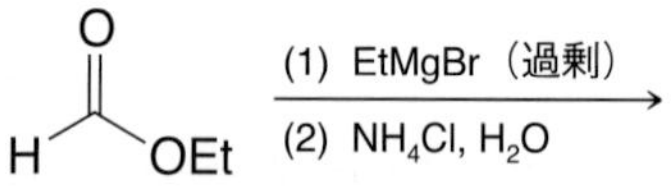 HCOOEt (1) EtMgBr (過剰) / (2) NH₄Cl, H₂O

11.15 次の還元の生成物は何か.

(a) 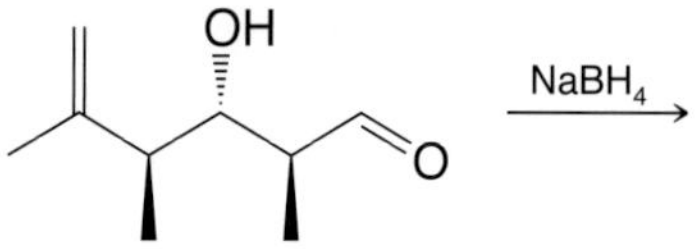 イソプロペニル基をもつヒドロキシアルデヒド + NaBH₄

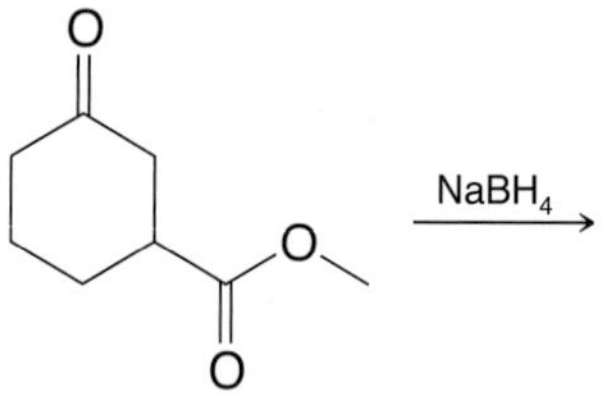

(b) 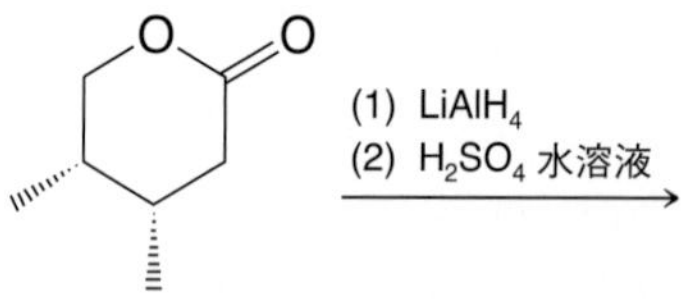 ジメチル置換δ-ラクトン (1) LiAlH₄ / (2) H₂SO₄ 水溶液

(c) 3-オキソシクロヘキサンカルボン酸メチル + NaBH₄

11.16 次の酸化の生成物は何か.

11.17 次の反応の生成物は何か.

11.18 次の反応のおもな生成物は何か.

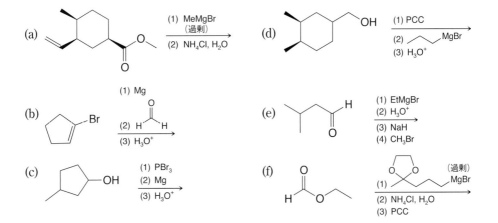

11.19 次の反応の生成物は何か．

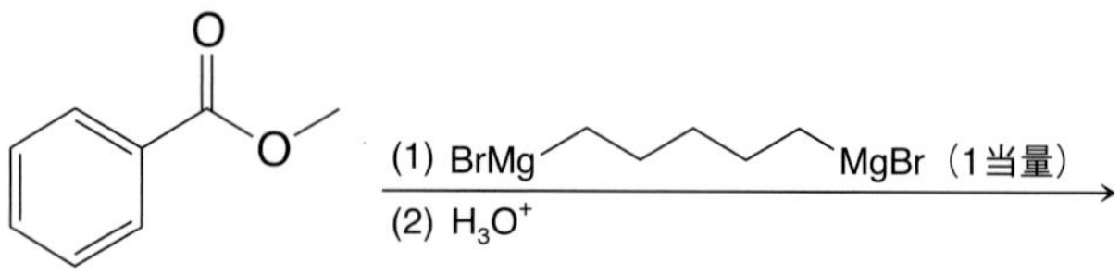

安息香酸メチル + BrMg(CH₂)₆MgBr (1当量)
(1) 上記
(2) H₃O⁺

11.20 次の反応の機構を書け．形式電荷とカーブした矢印を書いて電子の動きを示すこと．

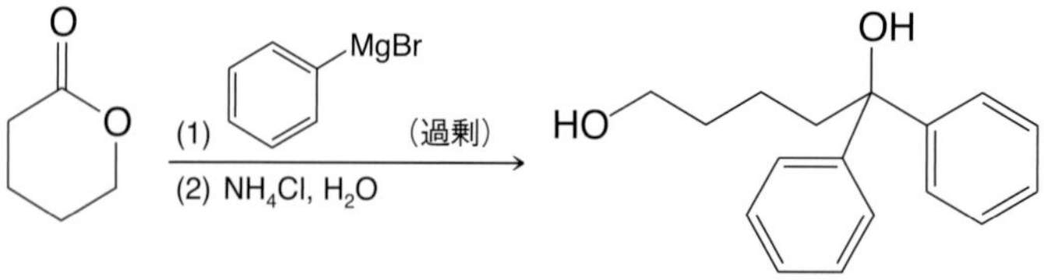

δ-バレロラクトン + PhMgBr (過剰)
(1)
(2) NH₄Cl, H₂O
→ HO(CH₂)₄C(Ph)₂OH

11.21 Oxirane や oxetane は Grignard 反応剤や有機リチウム反応剤と反応してアルコールを与えるが，tetrahydrofuran は，これらの有機金属反応剤を調製する場合の溶媒として用いられるくらい反応性が低い．三つの酸素環状化合物の反応性の違いを説明せよ．

11.22 次の反応式における有機化合物 **A ～ H** の構造を示せ．

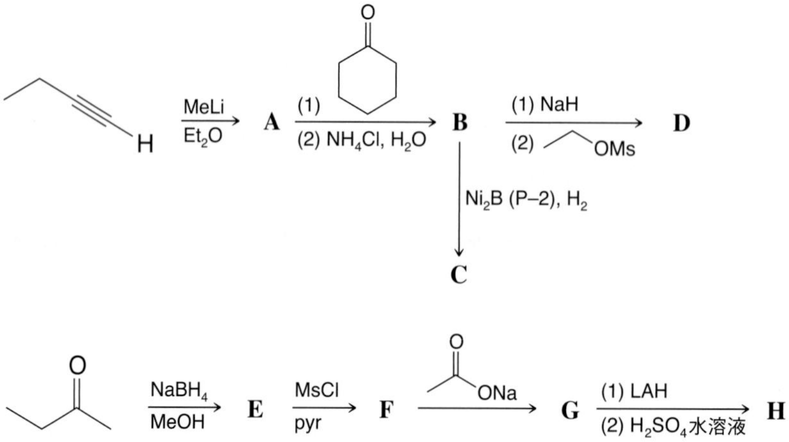

1-ブチン ―MeLi/Et₂O→ **A** ―(1) シクロヘキサノン / (2) NH₄Cl, H₂O→ **B** ―(1) NaH / (2) EtOMs→ **D**

B ―Ni₂B (P–2), H₂→ **C**

2-ブタノン ―NaBH₄/MeOH→ **E** ―MsCl/pyr→ **F** ―CH₃COONa→ **G** ―(1) LAH / (2) H₂SO₄水溶液→ **H**

11.23 2-Propanol から次の化合物を合成する反応経路を示せ（数段階必要な場合もある）．

(a) 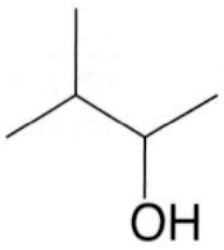 3-メチル-2-ブタノール

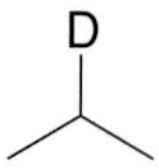

(b) 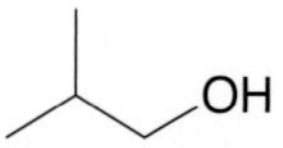 2-メチル-1-プロパノール

(c) 1-クロロ-3-メチルブタン

(d) 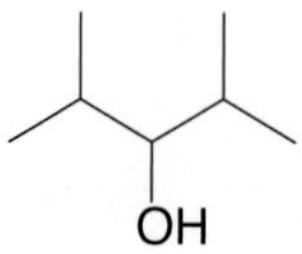 2,4-ジメチル-3-ペンタノール

(e) 2-重水素化プロパン

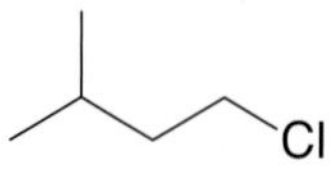

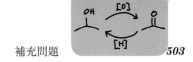

補充問題

11.24 1-Pentanol から次の化合物を合成せよ（無機反応剤は何を使ってもよい．また，同じ化合物の合成を二度以上書く必要はない）．

(a) 1-Bromopentane
(b) 1-Pentene
(c) 2-Pentanol
(d) Pentane
(e) 2-Bromopentane
(f) 1-Hexanol
(g) 1-Heptanol
(h) Pentanal, 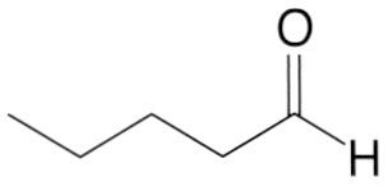
(i) 2-Pentanone, 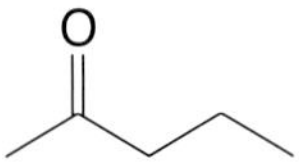
(j) Pentanoic acid, 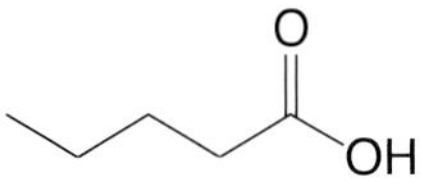
(k) Dipentyl ether（二つの方法）
(l) 1-Pentyne
(m) 2-Bromo-1-pentene
(n) Pentyllithium
(o) 4-Methyl-4-nonanol

11.25 次の反応式で変換を行うのに必要な反応剤 (a) 〜 (g) を示せ．2 段階以上必要な場合もある．

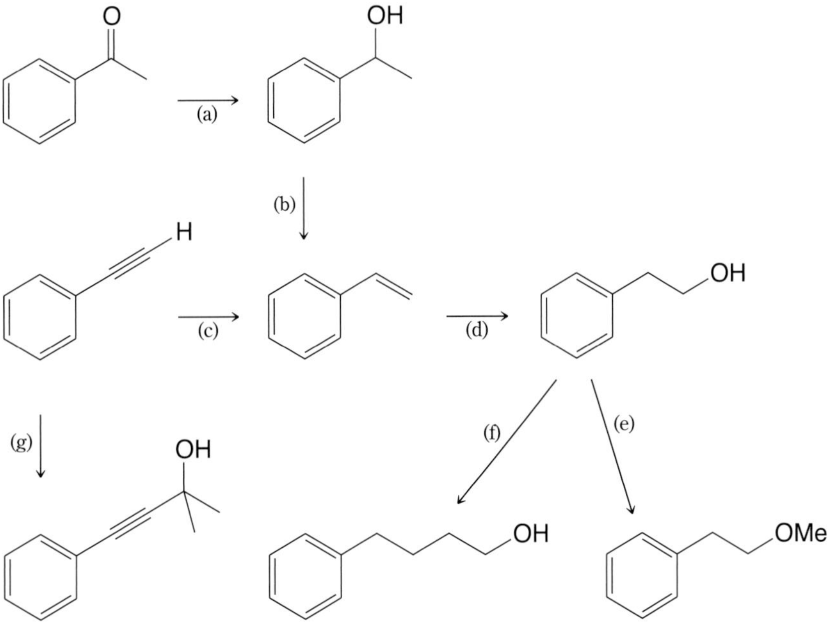

11.26 炭素数 4 個以下のアルコールまたはエステルを用いて次の化合物を合成せよ．まず，逆合成解析を示すこと．必ず 1 段階で Grignard 反応剤を用い，必要なら bromobenzene と oxirane を用いてもよい．また，溶媒と無機反応剤（酸化剤と還元剤を含む）は何を用いてもよい．

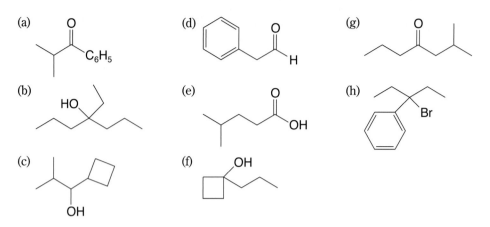

11.27 炭素数4以下の化合物を用いて弱い催眠薬（睡眠導入薬）であるラセミ体のmeparfynol（メパルフィノール）を合成するための逆合成解析と実際の合成法を書け．

Chapter 12

共役不飽和系

　草木やニンジン，そしてお気に入りのブルージーンズの色と，それらの色を見分ける私たちの能力にはどのような共通点があるだろうか．いずれも単結合と二重結合を交互にもつ分子に起因している．この結合様式は**共役**として知られる現象と関係している．**共役不飽和化合物**には，ニンジンの橙色を生み出す β-カロテン，光合成を行う緑色の色素であるクロロフィル a，ブルージーンズに特有の青色を与えるインディゴが含まれる．これらの化合物に色があるのは，二重結合の共役と化合物の可視光と紫外光への相互作用によっている．さらには，このような分子は，生じるアニオン，カチオン，およびラジカル活性種が通常よりかなり大きい安定化を受けることによって，特色のあるさまざまな反応性をもっている．

本章で学ぶこと：
- ラジカル，アニオン，およびカチオンの共役と共鳴構造
- **Diels-Alder 反応**：共役ジエンとジエノフィルが 1,4 付加環化して 6 員環を生じる反応

12.1 はじめに

　共役系 conjugated system は，最低限一つの π 結合とそれに隣接する p 軌道をもつ原子を一つもっている．隣接原子の p 軌道は，1,3-ブタジエンのように別の π 結合の一部であってもよいし，ラジカル，カチオン，あるいはアニオンの反応中間体のそれであってもよい．一例として，2-プロペニル基から導かれた基の慣用名は**アリル** allyl 基という．一般に一つまたはそれ以上の π 結合に隣接するラジカル，カチオン，あるいはアニオンを考えるとき，すなわち，プロペンよりも炭素鎖が長い分子を考えるときには，二重結合に隣接する位置を**アリル位** allylic position という．次に示すのは，ブタジエンおよびアリルラジカルと**アリル型*****カルボカチオン** allylic carbocation

---

［写真提供：(観葉植物) Media Bakery；(ニンジン) Image Source；(ブルージーンズ) Media Bakery］

*（訳注）アリル allyl は $CH_2=CH-CH_2-$ のみに用いられる名称であり，アリル型 allylic は $\diagdown C=C-C-$ に対する一般名である．

の共鳴混成体の化学式とそれぞれの分子軌道を表している．

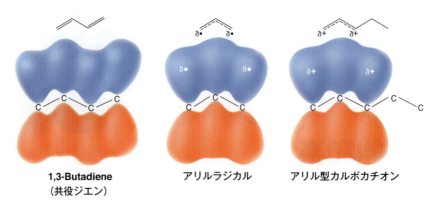

1,3-Butadiene
（共役ジエン）　　アリルラジカル　　アリル型カルボカチオン

アリル位におけるラジカル置換反応は，Chap. 9 で見たように，ラジカル中間体が共役系に含まれるために，特に起こりやすくなっている．

例題 12.1
　天然色素の一つである cryptoxanthin（クリプトキサンチン）の構造式においてすべてのアリル位水素を□で囲め．

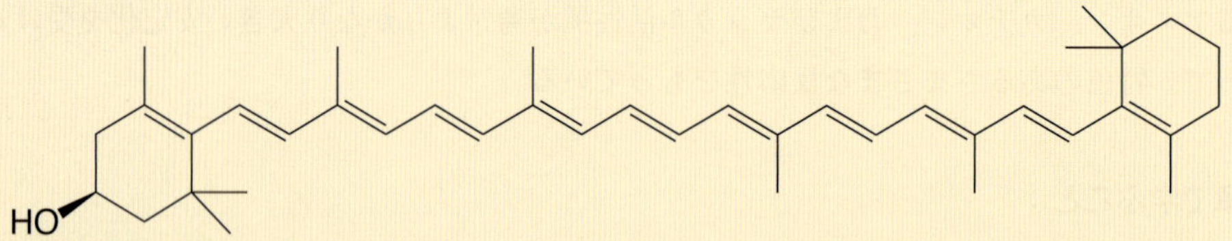

解き方と解答：
　Cryptoxanthin においてアリル位水素原子は π 結合の隣にある sp^3 混成炭素に存在する．

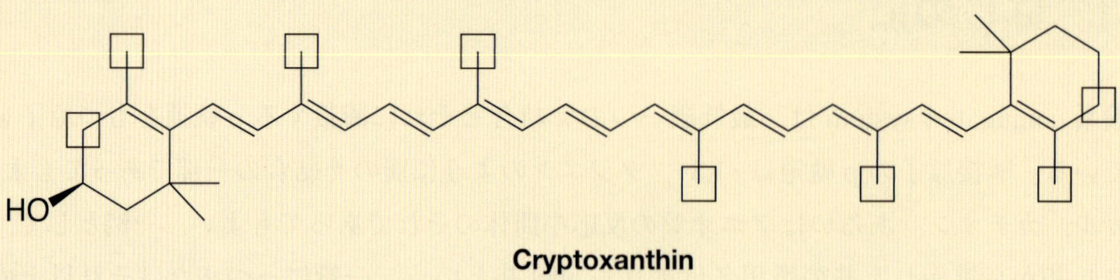

Cryptoxanthin

12.2　アリルラジカルの安定性

　アリルラジカルの安定性を説明する方法は二つある．一つは分子軌道法，もう一つは共鳴理論によるものである．二つの方法は同じ結果を与えるが，分子軌道法による説明のほうが視覚化されやすいので，この方法から始めることにする（その前に 1.11 節と 1.13 節で述べた分子軌道法

について，もう一度復習することを勧める）．

12.2A　アリルラジカルの分子軌道法による説明

アリル位水素がプロペンから引き抜かれるとアリルラジカルとなり（下図），メチル基のsp³混成炭素がsp²混成炭素に変わる（9.7節）．この新しくできたsp²混成炭素のp軌道は中央の炭素原子のp軌道と重なる．

- アリルラジカルでは，三つのp軌道が重なって炭素原子3個を含む1組の分子軌道を形成する．
- アリルラジカルの新しいp軌道は二重結合と共役しているといい，アリルラジカルは共役不飽和系であるという．

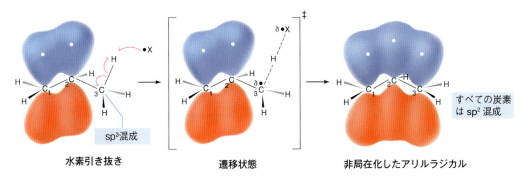

- アリルラジカルの不対電子1個とπ結合の電子2個は，三つの炭素原子上に**非局在化** delocalization している．

この不対電子の非局在化は，アリルラジカルが第一級，第二級，第三級ラジカルに比べてずっと安定であることをよく説明する（第一級，第二級，第三級ラジカルもいくぶんかは非局在化しているが，それはσ結合の超共役（6.11B項）によるものであるから，それほど大きなものではない）．

図12.1に，アリルラジカルの三つのπ分子軌道をつくるための三つのp軌道の組合せの方法を示した．原子軌道を組み合わせてできる分子軌道の数は，用いた原子軌道の数と同数であることをもう一度思い出そう（1.11節）．**結合性π分子軌道**は最もエネルギーが低く，三つの炭素原子すべてに広がり，逆スピンをもつ2電子によって占められている．この結合性π分子軌道は，すべて同じ位相をもつp軌道のローブが隣接する炭素原子の間で重なった結果としてできあがっている．軌道のこのタイプの重なりは，原子間の結合が存在する領域におけるπ電子の密度を増加する．**非結合性π分子軌道**には不対電子が1個入っており，中央の炭素上には節がある．ここに節があるということは，不対電子がC1およびC3の近傍にのみ存在することを意味する．**反結合性π*分子軌道**は，逆位相のp軌道のローブが隣接炭素原子の間で重なった結果としてできあがる．反結合性π*分子軌道におけるこのような軌道の重なり方は，原子の間のどの領域にも節があることを意味する．アリルラジカルの基底状態では，いちばんエネルギー準位の高い反結合性π*分子軌道には電子は入っていない．したがって空軌道である．

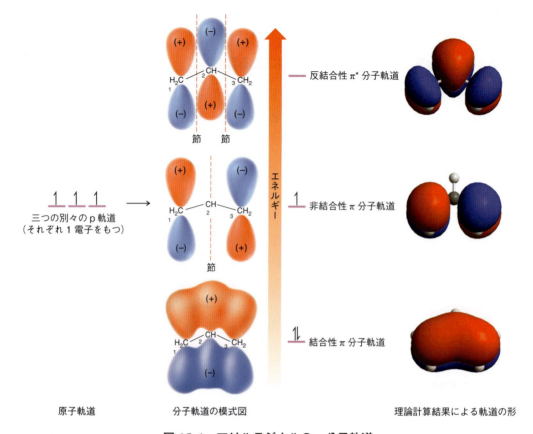

図 12.1 アリルラジカルの π 分子軌道
三つの原子軌道の組合せによってアリルラジカルの三つの分子軌道ができあがる．結合性 π 分子軌道は，炭素原子の p 軌道の上面と下面において，同じ位相をもつ三つのローブが重なってできる．非結合性 π 分子軌道は C2 上に節を一つもっている．反結合性 π* 分子軌道は C1 と C2 および C2 と C3 の間に二つの節をもっている．量子力学の原理によって計算されたアリルラジカルの分子軌道の形を右側に示した．

分子軌道理論によって得られたアリルラジカルは次の構造式のように書くことができる．

$$\underset{H}{\overset{H}{\underset{\frac{1}{2}\cdot}{C}}}\!=\!\underset{H}{\overset{H}{C}}\!=\!\underset{H}{\overset{}{\underset{\frac{1}{2}\cdot}{C}}}$$

ここで点線は C—C 結合が両方とも部分二重結合であることを示している．分子軌道法の計算結果から次の三つの事実がわかる．すなわち，第一に 3 個の原子すべてを含む π 結合がある．第二に，C1 と C3 原子の横に $\frac{1}{2}\cdot$ の記号が書かれているが，これは不対電子が等しく C1 と C3 の近傍に存在しているということを表している．第三に，アリルラジカルの両端は等価 equivalent である．このように，上の構造式にはアリルラジカルの分子軌道法計算の結果がすべて含まれている．

12.2B アリルラジカルの共鳴による説明

アリルラジカルの構造は**A**のように書けるが，等価な構造の**B**のように書いてもよい．

構造**B**は構造**A**を裏返したものを意味するのではない．原子核は動かしていない．電子を次のように動かしただけである．**ここで注意することは原子核を動かしていない**ということである．

　共鳴理論（1.8節）によると，ある化学種に対して**電子の位置だけが異なる**二つの構造が書ける場合には，その化学種はいずれかの構造一つだけで表されるのではなく，両者の**混成体** hybrid として表される．混成体は二つの方法で表示される．一つは**A**と**B**の両方を書いて両頭の矢印で両者を結ぶ方法である．この矢印は二つの構造が共鳴構造であることを示すのに用いられる特別な矢印である．

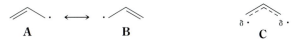

もう一つは，二つの共鳴構造を混ぜ合わせて一つの構造**C**で書き表す方法である．
　このようにして共鳴理論によっても分子軌道理論から得られた結果と全く同じ結果が得られる．構造**C**はアリルラジカルのC—C結合が部分二重結合をもっていることを表している．共鳴構造**A**と**B**も不対電子がC1とC3原子にのみ関係していることを示している．構造**C**ではC1とC3原子上に$\delta \cdot$を書いてこれを示している．共鳴構造**A**と**B**は等価であるから，不対電子の電子密度もC1とC3に等しく配分されている．
　共鳴理論のもう一つの規則は次のようなものである．

- ある化学種に等価な<u>共鳴構造</u>が二つ書ける場合には常に，その化学種は一つの共鳴構造から予想されるよりもずっと安定である．

Aか**B**だけを見ると，これらは第一級ラジカルに似ているので，アリルラジカルの安定性は第一級ラジカルとほぼ同じくらいであると考えるかもしれない．これはアリルラジカルの安定性を著しく過小評価していることになる．共鳴理論によれば，**A**と**B**は等価な共鳴構造であるから，アリルラジカルはそのいずれよりもずっと安定であるはずである．すなわち，第一級ラジカルよりもずっと安定であるということになる．これは実験結果とよく合っている．すなわち，**アリルラジカルは第三級ラジカルよりも安定である**．
　アリルラジカルの中心炭素原子C2に不対電子をもつ次の構造は，正しい共鳴構造ではないことを強調しておかなければならない．なぜならば，共鳴理論によるとすべての共鳴構造の不対電子は同数でなければならないからである（12.4A項参照）．他のすべての共鳴構造には不対電子が1個だけであるのに対して，この構造には3個の不対電子がある．

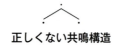
正しくない共鳴構造

> **例題 12.2**
>
> 次に示すように，C1 を ^{13}C で標識した propene のアリル位塩素化反応を行うと，C1 と C3 が標識された 3-chloro-1-propene が 50：50 の混合物として得られる．この結果を説明する反応機構を書け（* は ^{13}C で標識された炭素の位置を示す）． 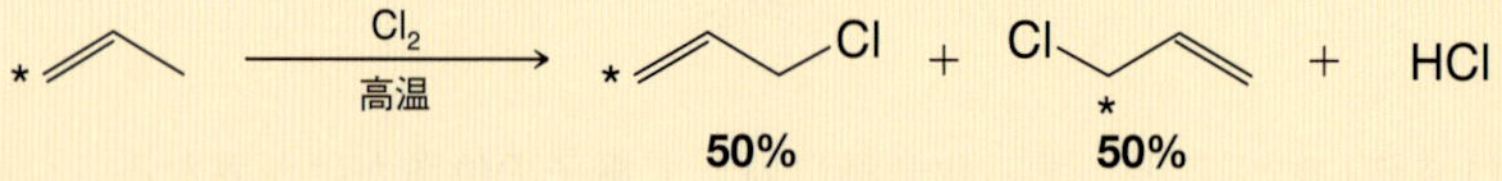
>
> **解き方と解答：**
>
> アリル位塩素化反応の反応機構には，塩素原子によってアリル位の水素原子が引き抜かれて生じる共鳴安定化されたラジカルが含まれていること（9.8A 項参照）を再確認しよう．この場合のラジカルは，二つの共鳴構造（これらは等価であるが，標識の位置だけが異なる）の混成体であるから，両端で Cl_2 と反応して異なる位置が標識された 50：50 の混合物を与える．

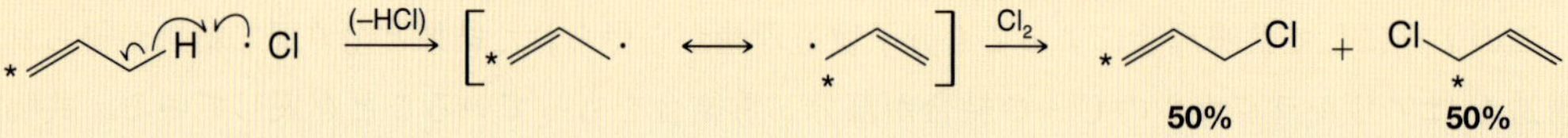

問題 12.1　C3 位を ^{13}C で標識した cyclohexene の臭素化によって得られる生成物を予想せよ．ただし，立体異性体は考慮しなくてよい．

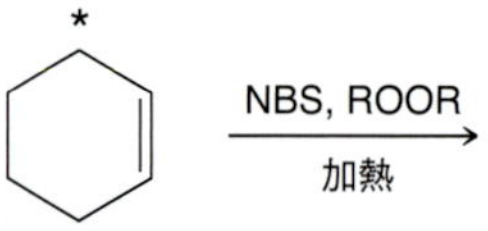

12.3　アリルカチオン

- **アリルカチオン** allyl cation（または**プロペニルカチオン** propenyl cation）$CH_2=CHCH_2^+$ は第二級カルボカチオンよりもずっと安定であり，ほぼ第三級カルボカチオンに匹敵する．

一般にカルボカチオンの安定性の順序は次のとおりである．

12.3 アリルカチオン

アリルカチオンの分子軌道を図 12.2 に示す.

アリルカチオンもアリルラジカルと同じように共役不飽和系である．組み立てた分子軌道の形とその右には量子化学計算による分子軌道を示した．

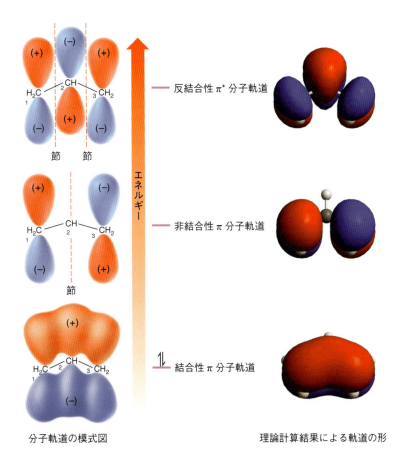

図 12.2　アリルカチオンの π 分子軌道

アリルラジカル（図 12.1）と同じように，アリルカチオンの結合性 π 分子軌道は逆スピンの 2 電子によって占められている．しかしながら，非結合性 π 分子軌道には電子が入っていない．

共鳴理論によるとアリルカチオンは次に示すような構造 D と E の混成体として表される．

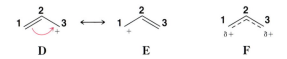

DとEは等価な共鳴構造であるので，共鳴理論からアリルカチオンは特別に安定であると予想できる．正電荷はDではC3に，またEではC1に存在しているが，共鳴理論から正電荷は両炭素上に非局在化していることがわかる．C2には正電荷はない．混成体Fは，DとEの電荷と結合の特性を合わせて表している．

例題 12.3

Allyl bromide（3-bromo-1-propene）は容易にカルボカチオンを生じる．これを説明せよ．

解き方と解答：

Allyl bromide はイオン化してアリルカチオン（下に示した）を生じるが，このカチオンは共鳴安定化を受けるので，単純な第一級カチオンよりもずっと安定である．

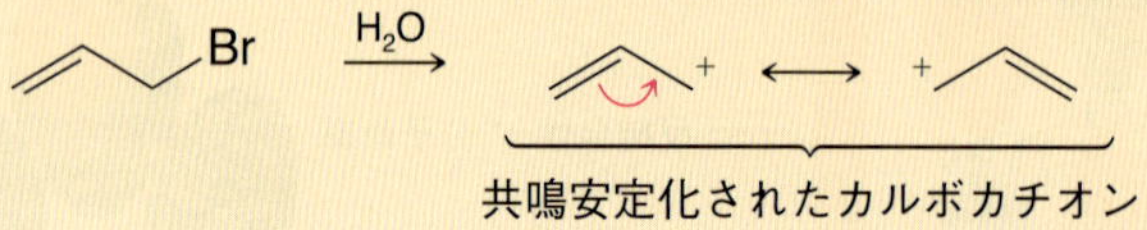

共鳴安定化されたカルボカチオン

問題 12.2 (a) (E)-2-Butenyl trifluoromethanesulfonate から生じるカルボカチオンの共鳴構造を書け．

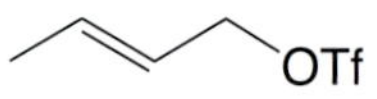

(b) このカルボカチオンの共鳴構造のうちの一つが，他のものに比べて共鳴混成体により大きく寄与している．その共鳴構造はどれか．

(c) このカルボカチオンが塩化物イオンと反応するとき，予想される生成物は何か．

12.4 共鳴理論のまとめ

すでにこれまでにも共鳴理論を使ってきたが，本章ではπ結合に非局在化した電子や電荷をもつラジカルやイオンを取り扱う性質上共鳴理論をよく用いる．共鳴理論はこのような系には特に有用で，この後の章でも繰り返し用いられる．1.8節でも共鳴理論について述べたが，ここで共鳴構造を書くための規則と，その構造が混成体全体にどの程度寄与しているかを推測する規則をまとめておこう．

12.4A 共鳴構造を書くための規則

1. **共鳴構造**resonance structure**は紙の上だけで存在する**．共鳴構造は実際には存在しないが，一つのLewis構造では書き表せないような分子，ラジカル，あるいはイオンの構造を表すのに有用である．共鳴構造あるいは共鳴寄与体とよばれるLewis構造を2個またはそれ以上書

12.4 共鳴理論のまとめ 513

き，これらの構造を両頭の矢印（⟷）でつなぐ．実際の分子，ラジカルまたはイオンはこれらすべての構造を混成したものと考える．

2. **共鳴構造を書くときには，電子を動かすことだけが許されている**．原子はすべての構造で同じ位置にあり，動かしてはならない．例えば，構造 3 はアリル型カチオンの共鳴構造ではない．この式を書くためには水素原子を動かさなくてはならないが，共鳴理論ではこれは許されない．

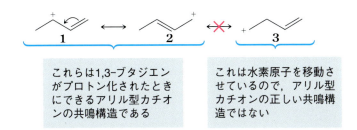

これらは1,3-ブタジエンがプロトン化されたときにできるアリル型カチオンの共鳴構造である

これは水素原子を移動させているので，アリル型カチオンの正しい共鳴構造ではない

一般に電子を移動させる場合，上の例のように π 結合の電子と非共有電子対の電子のみを移動させる．

3. **すべての構造は正しい Lewis 構造でなくてはならない**．例えば炭素が 5 個の結合をもつ構造を書いてはいけない．

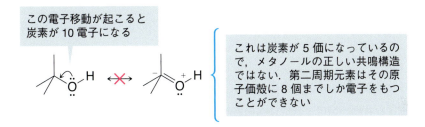

この電子移動が起こると炭素が 10 電子になる

これは炭素が 5 価になっているので，メタノールの正しい共鳴構造ではない．第二周期元素はその原子価殻に 8 個までしか電子をもつことができない

4. **すべての共鳴構造は同じ数の不対電子をもっていなくてはならない**．アリルラジカルは 1 個の不対電子しかもっていないのに，次の構造は 3 個の不対電子をもっているので，アリルラジカルの共鳴構造ではない．

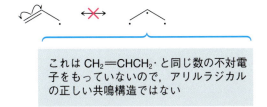

これは $CH_2=CHCH_2\cdot$ と同じ数の不対電子をもっていないので，アリルラジカルの正しい共鳴構造ではない

5. **非局在化した電子系に含まれる原子はすべて平面上かまたはほぼ平面上になくてはならない**．例えば 2,3-ジ-*t*-ブチルブタジエンは，そのかさ高い *t*-ブチル基が構造をねじれさせ，二つの二重結合が同一平面上になるのを妨げるために，非共役ジエンのような挙動をする．同一平面上にないために，C2 と C3 位の p 軌道は重なることができず，非局在化（したがって，共鳴）できない．

2,3-Di-*t*-butyl-1,3-butadiene

6. **実際の分子のエネルギーはその共鳴構造に予測されるエネルギーのどれよりも低い**．例えば，実際のアリルカチオンは共鳴構造 **4** または **5** のいずれよりも安定である．**4** と **5** は第一級カルボカチオンに類似しているが，アリルカチオンは第二級カルボカチオンより安定（低エネルギー）である．このような安定化を**共鳴安定化** resonance stabilization という．

Chap. 13 でベンゼンが著しく共鳴安定化されていることについて述べるが，ベンゼンは次のような二つの等価な構造の混成体であるためである．

Benzene の共鳴構造　　**または**　　**混成体を表す式**

7. **等価な共鳴構造は混成体に対して同等の寄与をし，このような系はより大きな共鳴安定化を得る**．構造 **4** と **5** は等価であるので，アリルカチオンに同等の寄与をしている．これはまた大きな安定化の寄与をしており，アリルカチオンの異常な安定性が説明できる．同じことがアリルラジカルの等価な構造 **A** と **B**（12.2B 項）についてもいえる．

8. **より安定な共鳴構造ほど混成体への寄与は大きい**．等価でない構造の寄与は異なる．例えば，次のカチオンは構造 **6** と **7** の混成体である．構造 **6** は **7** より寄与が大きい．なぜならば，構造 **6** は一般的な第三級カルボカチオンでかつアリル位のカチオンであるが，構造 **7** は一般的な第一級カルボカチオンでかつアリル位のカチオンである．第三級カルボカチオンのほうが第一級カルボカチオンより安定であるので，全体として，構造 **6** は構造 **7** より安定である．

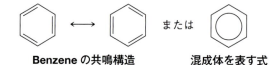

6 の寄与のほうが大きいということは混成体の炭素 **b** 上の部分正電荷が炭素 **d** より大きいということを意味している．また，炭素 **c** と **d** の間の結合は炭素 **b** と **c** の間の結合より二重結合性が高いということをも意味している．

12.4B 共鳴構造の相対的な安定性

共鳴構造の相対的な安定性を決めるのに次のような規則が役立つだろう．

a. **共有結合を多くもつ構造のほうがより安定である**．このことは，原子が共有結合するとエネルギーが下がるということを知っていればうなずけることである．1,3-ブタジエンの構造中，**8** のほうが 1 個余分に結合をもっているので最も安定でかつ最も寄与が大きい（後で出てくる規則 **c** によってもこれが最も安定であるといえる）．

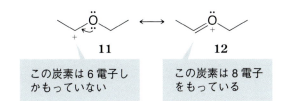

この構造は共有結合を最も多くもっているので，最も安定である

b. **すべての原子が満たされた原子価殻（すなわち，貴ガス構造）をもつ構造は特に安定で混成体に大きな寄与をする**．例えば，**12** ではすべての原子が満たされた原子価殻をもっているので，**11** よりカチオンの安定化に対してより大きな寄与をしている（**12** は **11** より共有結合が多いことにも注目しよう．規則 **a**）．

この炭素は 6 電子しかもっていない　　　この炭素は 8 電子をもっている

c. **電荷の分離は安定性を減少させる**．正負の電荷を分離するにはエネルギーがいる．したがって正負の電荷が分離している構造は，電荷の分離を含まないものより大きなエネルギー（より不安定である）をもっている．このことから，次の塩化ビニルの二つの構造の中で，構造 **13** は電荷が分離していないから大きな寄与をしているといえる（構造 **14** が混成体に寄与していないというのではなくて，**14** の寄与が小さいということである）．

例題 12.4

Acrolein（アクロレイン）の共鳴構造を書き，共鳴混成体に対してどの共鳴構造が最も寄与が大きいかを示せ．

> **解き方と解説：**
> まず分子の構造を書き，次に矢印で示すように電子を移動させる．右の構造は電荷が分離しており，より不安定である．左の構造はより多くの結合をもち，より安定である．この二つの要素を考えると，左の構造がより安定である．これが共鳴混成体により大きく寄与している． 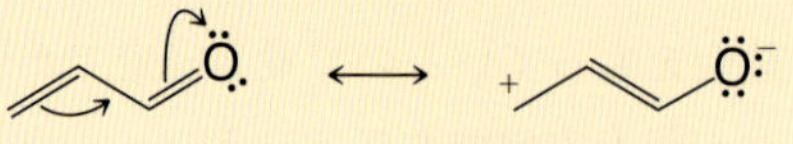
>
> 結合がより多い　　　　電荷が分離している

問題 12.3 次の分子，ラジカル，またはイオンについて重要な共鳴構造をすべて書け．

(a), 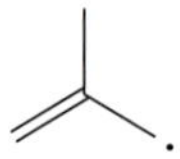 (b),  (c),  (d),  (e), 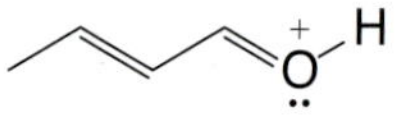 (f) CH₂=CH—Br, (g), 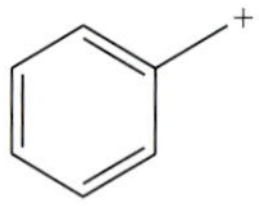 (h), 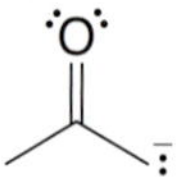 (i), 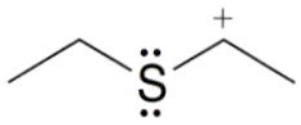 (j)

問題 12.4 各組の共鳴構造の中で共鳴混成体に対して最も寄与の大きいものを指摘し，その理由を述べよ．

(a), 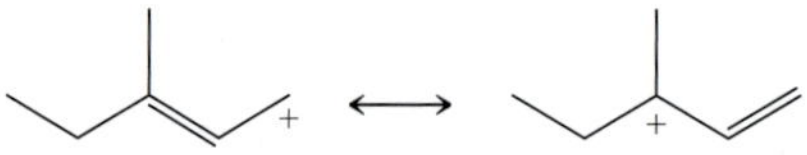 (b), 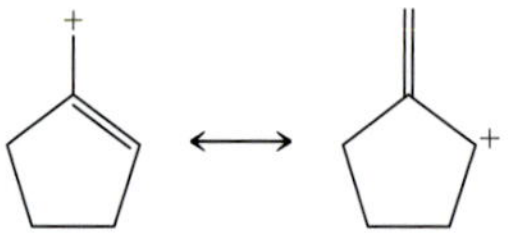 (c), 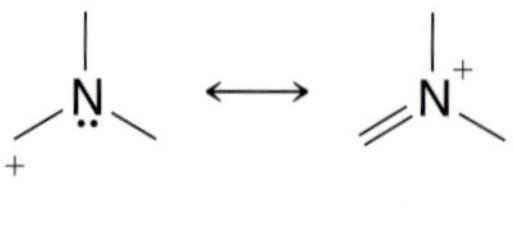 (d), 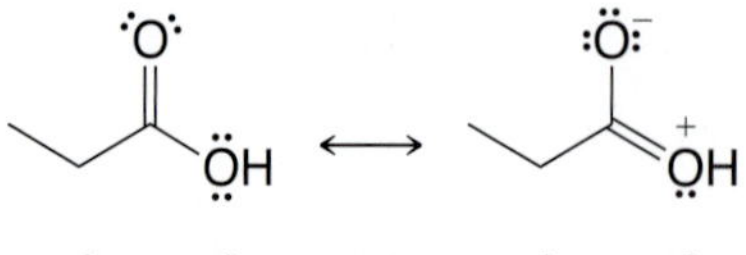 (e),  (f) :NH₂—C≡N: ⟷ ⁺NH₂=C=N:⁻

12.5 アルカジエンとポリ不飽和炭化水素

問題 12.5 次に示す C₂H₄O のエノール形とケト形（18.1節参照）は電子の位置が異なっているが共鳴構造ではない．その理由を説明せよ．

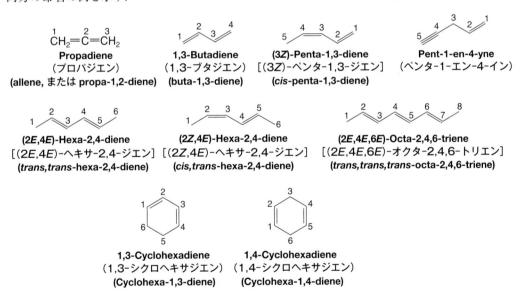

12.5 アルカジエンとポリ不飽和炭化水素

　一つの分子中に2個以上の二重結合や三重結合をもつ炭化水素が数多く知られている．2個の二重結合をもつ炭化水素を**アルカジエン** alkadiene，3個の二重結合をもつものは**アルカトリエン** alkatriene という．これらを略して単に"**ジエン** diene"，"**トリエン** triene"ということがある．2個の三重結合をもつ炭化水素を**アルカジイン** alkadiyne，二重結合と三重結合を各々1個ずつもつ炭化水素を**アルケンイン** alkenyne，あるいは略して単に"**エンイン** enyne"という．次のポリ不飽和炭化水素の例から個々の化合物の命名法について勉強しよう．IUPAC命名法（4.5節と4.6節）では二重結合や三重結合の位置番号は名称の最初か，それぞれの接尾語の直前に置く．両方の命名の例を示す．

　ポリエン化合物の二重結合は，**集積二重結合** cumulated double bond，**共役二重結合** conjugated double bond，あるいは**孤立二重結合** isolated double bond に分類される．

- 1,2-ジエン（アレンともよばれるプロパジエン）の二重結合は，一つの炭素（中央の炭素）が2個の二重結合に関与しているので**集積している**という．

集積した二重結合をもつ化合物は一般に**クムレン** cumulene とよばれる．**アレン**という名称

（5.17 節）は，炭素 3 個からなる集積二重結合 1 組をもつ化合物に対する総称名としても用いられる．

集積二重結合

Allene　　集積ジエン

- **共役**ポリエンでは二重結合と単結合が交互に並んでいる．

共役二重結合

1,3-Butadiene　　共役ジエン

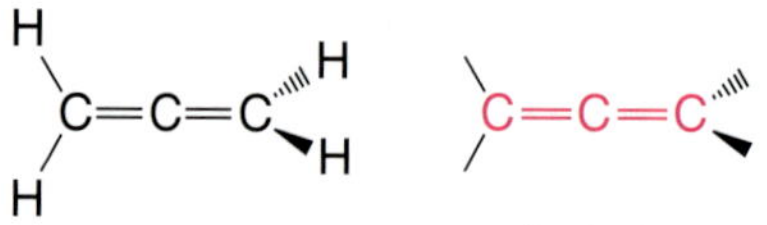

1,3-ブタジエンは共役ジエンの例である．また，(2*E*, 4*E*, 6*E*)-オクタ-2,4,6-トリエンは共役アルカトリエンの例である．

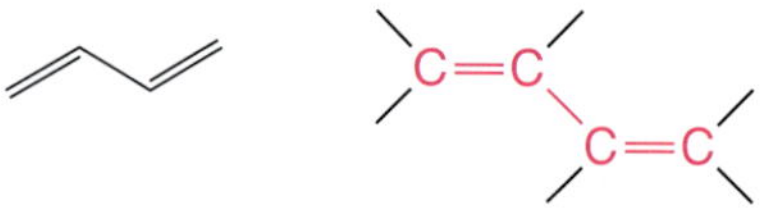

- 1 個またはそれ以上の飽和炭素がアルカジエンの二重結合の間に入った場合には，その二重結合は**孤立している**といわれる．

孤立したジエンの例としては 1,4-ペンタジエンがある．

孤立二重結合

孤立ジエン
($n \neq 0$)　　1,4-Pentadiene

適切に置換された集積ジエン（アレン類）は，キラル炭素原子をもっていなくてもキラル分子となることがあることを Chap. 5 で述べた．また，集積二重結合は天然有機化合物の中にも見出されている．一般に集積ジエンは孤立ジエンより不安定である．

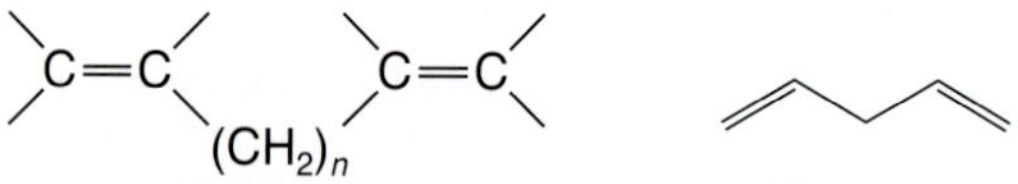

孤立ジエンの二重結合はその名前が示すとおり孤立した“エン ene”として反応し，アルケンの反応ならどんな反応でも起こす．2 回反応することができる以外はその反応性に特別な点は見られない．それに対して共役ジエンは二重結合同士が相互作用しあうためにずっと興味深い．この相互作用のために予期しないような性質や反応性を示す．そこでこの共役ジエンの化学について，さらに詳しく考察してみよう．

12.6 1,3-ブタジエン：電子の非局在化

12.6A 1,3-ブタジエンの結合距離

1,3-ブタジエンの C＝C と C—C 結合の結合距離は次のように実測されている．

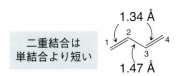

C1—C2 結合と C3—C4 結合の結合距離は（実験誤差の範囲内で）エテンの C＝C 結合と同じである．しかし，1,3-ブタジエンの中央の結合（1.47 Å）はエタンの C—C 結合（1.54 Å）よりかなり短くなっている．

これは別に意外なことではない．1,3-ブタジエンの炭素はすべて sp^2 混成であり，したがってブタジエンの中央の結合は sp^2 軌道が重なってできている．これに対してエタンの C—C 結合は sp^3 混成が重なったもので，sp^3-sp^3 の結合はより長いのである．実際，表 12.1 を見れば結合炭素の混成状態が sp^3 から sp に変わるに従って，C—C 結合の結合距離が次第に短くなっているのがわかる．

表 12.1　炭素–炭素単結合の結合距離と混成状態

化合物	混成状態	結合距離（Å）
H₃C—CH₃	sp^3–sp^3	1.54
CH₂＝CH—CH₃	sp^2–sp^3	1.50
CH₂＝CH—CH＝CH₂	sp^2–sp^2	1.47
HC≡C—CH₃	sp–sp^3	1.46
HC≡C—CH＝CH₂	sp–sp^2	1.43
HC≡C—C≡CH	sp–sp	1.37

12.6B 1,3-ブタジエンの立体配座

1,3-ブタジエンには 2 種類の**立体配座** conformation，すなわち s-シス配座と s-トランス配座が可能である．

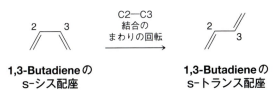

1,3-Butadiene の
s-シス配座

1,3-Butadiene の
s-トランス配座

1,3-ブタジエンの s-シス配座と s-トランス配座は単結合のまわりの回転によって相互変換で

きるため，これらは真のシス-トランス異性ではない（そのため，single に由来する接頭語 s を付ける）．室温では s-トランス立体配座のほうが優位である．1,3-ブタジエンや他の 1,3-共役ジエンの s-シス構造が Diels-Alder 反応に必要であることは 12.10 節で述べる．

例題 12.5

1,3-Butadiene は平衡状態では，ほとんど s-トランス立体配座で存在していることを説明せよ．

解き方と解答：

1,3-Butadiene の s-シス立体配座は s-トランス立体配座よりも不安定であるので存在比率が低い．なぜなら，s-シス立体配座においては 1 位と 4 位の炭素原子の水素原子間に立体反発があるからである．このような立体反発は s-トランス立体配座にはない．したがって，s-トランスのほうがより安定であり，平衡においてより優先して存在する．

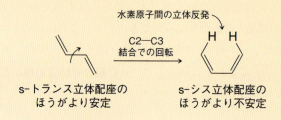

s-トランス立体配座のほうがより安定　　s-シス立体配座のほうがより不安定

12.6C　1,3-ブタジエンの分子軌道

1,3-ブタジエンの C2 と C3 の 2 個の炭素原子は，C2 と C3 の p 軌道間で重なりが生じるほど近い（図 12.3）．この重なりは C1 と C2（または C3 と C4）の軌道間の重なりほど大きくはない．しかし，C2 と C3 の軌道が重なると中央の結合が部分二重結合性を帯び，さらに 1,3-ブタジエンの π 電子 4 個は 4 個の原子上に非局在化できるようになる．

図 12.4 に 1,3-ブタジエンの四つの p 軌道がどのように重なって，四つの π 分子軌道ができるかを示す．

- 1,3-ブタジエンの 2 個の π 分子軌道は結合性分子軌道である．基底状態ではこれらの軌道はそれぞれ逆スピンの 2 電子をもつ 4 個の π 電子をもつ．

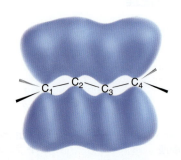

図 12.3　1,3-Butadiene の p 軌道
（計算によって求められた 1,3-butadiene の分子軌道図の形は図 12.4 を見よ）

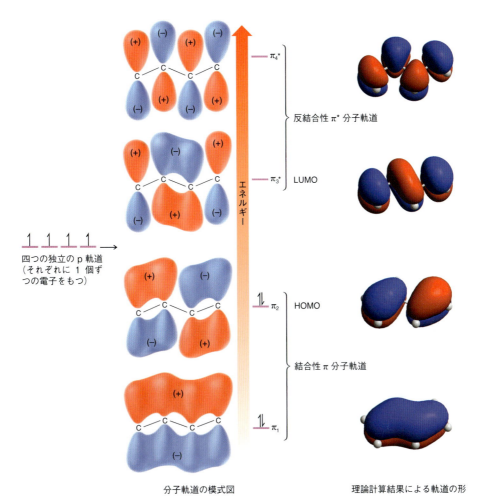

図 12.4　1,3-Butadiene の π 分子軌道
模式図と理論計算によって得られた分子軌道図とを示した.

- 残りの 2 個の π 分子軌道は反結合性分子軌道である．基底状態ではこれらの軌道は空(から)である．

1,3-ブタジエンが 217 nm の波長の光を吸収すると，電子 1 個が最高被占軌道 highest occupied molecular orbital（HOMO(ホモ)）から最低空軌道 lowest unoccupied molecular orbital（LUMO(ルモ)）に励起される．

- 1,3-ブタジエンで述べた非局在化した結合はすべての共役ポリエンに特徴的である．

12.7　共役ジエンの安定性

- 共役アルカジエンは異性体の孤立アルカジエンより熱力学的に安定である．

この共役ジエンの余分の安定性は，次の二つの例について表 12.2 の **水素化熱** heat of hydrogenation を解析してみるとよくわかる．

表 12.2　アルケンとアルカジエンの水素化熱

化合物	H_2 (mol)	$\Delta H°$ (kJ mol^{-1})
1-Butene	1	-127
1-Pentene	1	-126
trans-2-Pentene	1	-115
1,3-Butadiene	2	-239
trans-1,3-Pentadiene	2	-226
1,4-Pentadiene	2	-254
1,5-Hexadiene	2	-253

1,3-ブタジエン自身は同じ炭素鎖の孤立ジエンと直接比較することができない．しかし，1,3-ブタジエンの水素化熱と 2 モルの 1-ブテンを水素化して得られる水素化熱とを比較することができる．

$$\Delta H° \text{ (kJ mol}^{-1}\text{)}$$

2　 /\\/　+ 2 H$_2$ ⟶ 2　/\\/　　2 × (−127) = −254
　　1-Butene

　 /\\=/　+ 2 H$_2$ ⟶　/\\/　　　　　= −239
　1,3-Butadiene　　　　　　　　　差　　15 kJ mol^{-1}

1-ブテンは 1,3-ブタジエンの二つの二重結合のいずれか一方と同種の一置換二重結合をもっているから，1,3-ブタジエンを水素化したとき，2 モルの 1-ブテンと同じ量の熱（−254 kJ mol^{-1}）を出すものと予想される．しかし，実際には 1,3-ブタジエンは 239 kJ mol^{-1} を出すのみで，予想より 15 kJ mol^{-1} 少ない．したがって，共役は共役系に対して余分の安定化をもたらしていると結論できる（図 12.5）．

共役によって得られる安定化の評価は，*trans*-1,3-ペンタジエンの水素化熱と，1-ペンテンと *trans*-2-ペンテンの水素化熱の合計を比較してもできる．こうして同等な形の二重結合を比較することができる．

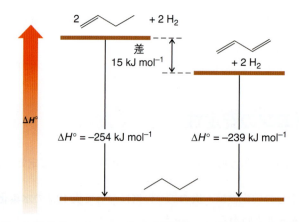

図 12.5　2 モルの 1-butene と 1 モルの 1,3-butadiene の水素化熱

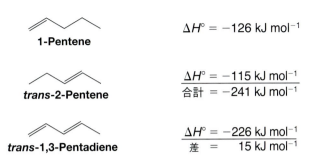

これによると，*trans*-1,3-ペンタジエンは共役によって 15 kJ mol^{-1} の安定化を得ていると計算できる．この値は 1,3-ブタジエンで得られた値（15 kJ mol^{-1}）と同じである．

このような計算を他の共役ジエンについて行っても同様な結果が得られることから，共役ジエンは孤立ジエンより安定であるといえる．問題は共役ジエンのこの余分の安定化はどこからきているのかということである．それには二つの要因が考えられる．一つは中央の C—C 結合が強いことであり，もう一つは電子が共役ジエンにおいては非局在化していることである．

例題 12.6

1,3-Cyclohexadiene と 1,4-cyclohexadiene のどちらがより安定であるか．その理由を述べよ．また，その答えを確認するためにはどのような実験を行えばよいか．

解き方と解答：

1,3-Cyclohexadiene は共役ジエンであり，このことからより安定であると考えられる．この確認には，両方の化合物の水素化熱を測定すればよい．水素化反応で両者は同一の生成物（cyclohexane）を与えるので，水素化熱の小さいほうがより安定であるといえる．

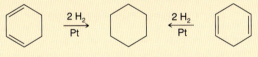

1,3-Cyclohexadiene　　Cyclohexane　　1,4-Cyclohexadiene
（共役ジエン）　　　　　　　　　　　　（孤立ジエン）

12.8　紫外可視光の吸収と色

われわれが目にする色は分子の共役と関係している．基底状態の分子が光のエネルギーを吸収して，電子が被占軌道から空軌道に昇位するとその分子は励起状態になる．吸収される光のエネルギーはちょうど被占軌道と空軌道のエネルギー差に相当するものである（紫外可視スペクトルに関してはA4章を参照すること）．

光のエネルギーはその振動数に比例する．いいかえれば，波長が短いほど高エネルギーである．可視光の波長は 400〜800 nm で，短波長側に紫外線，長波長側に赤外線がある．光の振動数 ν（ニュー）あるいは波長 λ（ラムダ）とエネルギー E には次の関係がある，h は Planck 定数（3.99×10^{-13} kJ s mol^{-1}），c は光速（3.00×10^{8} m s^{-1}）である．

$E = h\nu = hc/\lambda = 1.20 \times 10^{-4}/\lambda$ (m) kJ mol^{-1}　（波長 λ を m 単位で表したとき）

空軌道と被占軌道のエネルギー準位の差が，可視光のエネルギーに相当し，ある一定の波長の光を吸収すると，その補色が見える．例えば，450 nm の青色の光が吸収されると橙色が見え，640 nm の赤色光が吸収されると青緑色が見える．

エテンの π 分子軌道には，Chap. 1 の図 1.26 に示したように，結合性 π 軌道と反結合性 π★軌道があるが，171 nm の紫外光を吸収すると結合性 π 軌道の電子が 1 個 π★軌道に昇位して励起状態になる．1,3-ブタジエンの場合（図 12.4 参照）には，電子が HOMO から LUMO に昇位して 217 nm の紫外光を吸収する．このような化合物では，軌道間のエネルギー差が大きく，高エネルギーの紫外線しか吸収しないので無色で目には見えない．しかし，もっと共役系が大きくなり分子軌道の数が多くなると，軌道のエネルギー準位が詰まってきて，そのエネルギー差は小さくなる．すなわち，励起エネルギーが小さくなり，長波長の光を吸収できるようになる．可視光を吸収すると，われわれの目の視物質も反応して色が見えるようになる．

例えば，共役した二重結合を 11 個もつ β-カロテンは青緑色領域（455 nm）の光を吸収するので黄橙色に見える．これはニンジンなどに含まれる色素である．リコペンも 11 個の共役二重結合をもち，505 nm の光を吸収し，トマトなどの赤色の原因になっている．

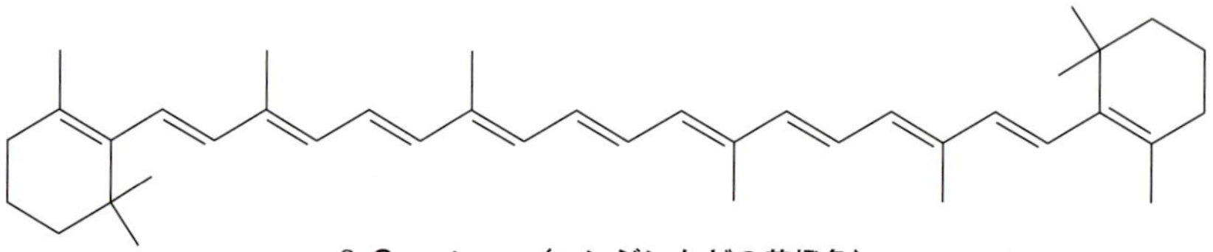

β-Carotene（ニンジンなどの黄橙色）

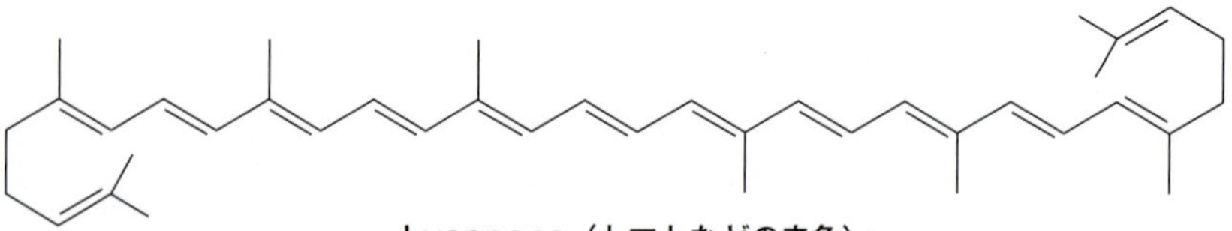

Lycopene（トマトなどの赤色）

12.9　共役ジエンへの求電子攻撃：1,4 付加

共役ジエンは非共役ジエン（孤立ジエン）より安定であるというだけでなく，求電子剤と反応するとき，特別の反応性を示す．

- 共役ジエンは，共通のアリル型中間体を通って 1,2 と 1,4 付加の両方を行う．

例えば，1,3-ブタジエンに 1 モルの塩化水素を反応させると，2 種類の生成物 3-クロロ-1-ブテンと 1-クロロ-2-ブテンが得られる．

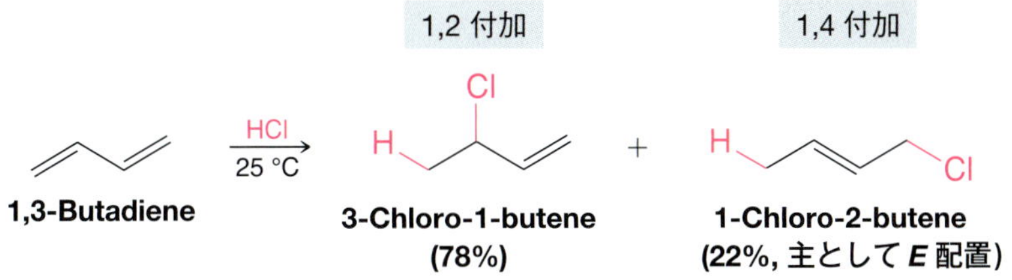

12.9 共役ジエンへの求電子攻撃：1,4付加

もし第一の生成物（3-クロロ-1-ブテン）だけが生成するのであれば特別変わったことではない．塩化水素は1,3-ブタジエンの一方の二重結合に普通に付加した（1,2付加）と考えればよい．変わっているのは第二の生成物，1-クロロ-2-ブテンである．この生成物の二重結合は中央の原子間にあり，塩化水素の水素と塩素原子はC1とC4に付加（1,4付加）している．

1,3-ブタジエンとHClの反応から，1,2と1,4付加体がどのようにして生成するのかを理解するために，次の反応機構を考えてみよう．

段階1

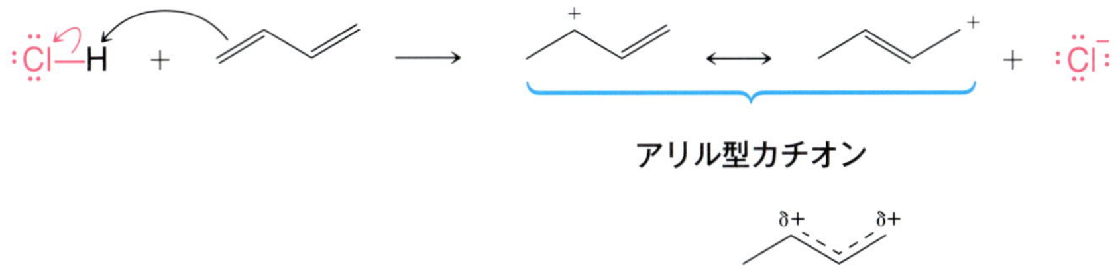

アリル型カチオン

段階2

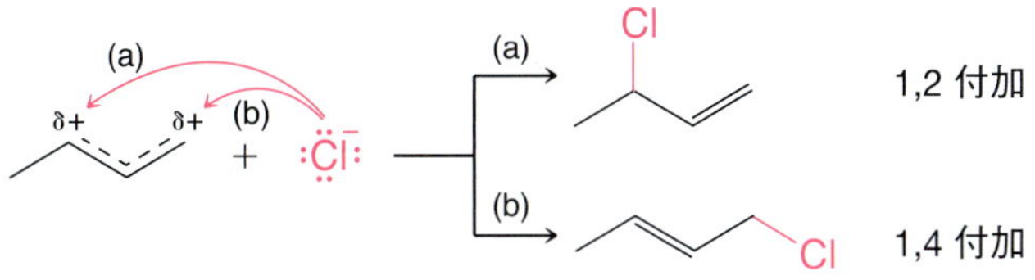

1,2付加
1,4付加

段階1ではプロトンが1,3-ブタジエンの末端炭素の一方に付加して，共鳴で安定化されたアリル型カチオンを生成する．もし，内側の炭素にプロトンの付加が起こると，共鳴による安定化のない不安定な第一級カルボカチオンが生成することになるので，実際には起こらない．

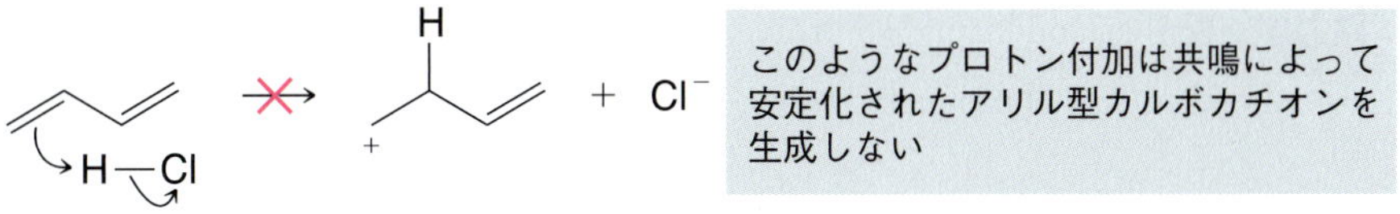

このようなプロトン付加は共鳴によって安定化されたアリル型カルボカチオンを生成しない

段階2では塩化物イオンが，部分的に正電荷を帯びたアリル型カチオンのどちらかの炭素と結合する．一方の炭素と結合すれば1,2付加体が生成するし，もう一方と結合すれば1,4付加体が生成する．

この例で，1,2や1,4というのは炭素原子の位置番号がIUPAC命名法でたまたま一致しているだけであることに注意しよう．

- 共役二重結合がその分子のどこにあっても，共役ジエン系に対する付加の様式をいうのに，1,2 や 1,4 が用いられる．

例えば，2,4-ヘキサジエンへの付加反応に対しても 1,2 付加や 1,4 付加という．

1,3-ブタジエンは塩化水素以外の求電子剤とも 1,4 付加をする．次に臭化水素（過酸化物の存在しない条件）と臭素の付加の例を示す．

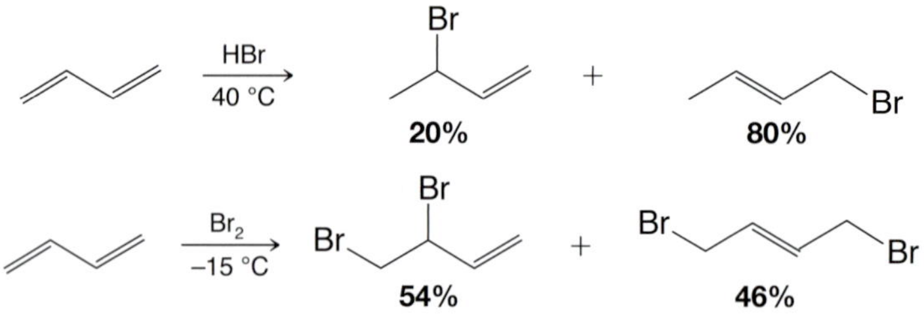

このような反応は他の共役ジエンでも一般に見られる．共役トリエンは 1,6 付加を起こすこともある．臭素が 1,3,5-シクロオクタトリエンに 1,6 付加している例を示す．

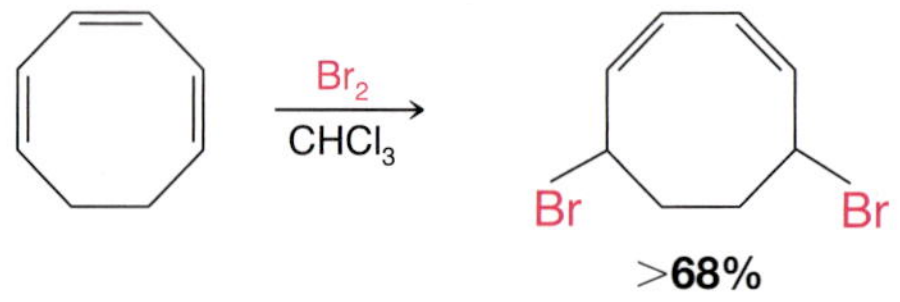

12.9A　化学反応の速度支配と熱力学支配

1,3-ブタジエンに臭化水素が付加する反応は，また反応性に関して重要な点を示唆する．すなわち，複数の経路がある反応では，反応温度が生成比を左右する．一般に，

- より低い温度で優先的に得られる生成物は，より低い活性化エネルギーの経路によって生成するものである．このとき反応は**速度支配** kinetic control で進行したといい，このときの主生成物を**速度支配生成物** kinetic product という．
- 可逆反応でより高い温度で優先的に得られる生成物は，より安定なものである．このとき反応は**熱力学支配** thermodynamic control で進行したといい，このときの主生成物を**熱力学支配生成物** thermodynamic product という．

1,3-ブタジエンに臭化水素をイオン付加させたときの特別な反応条件を考えてみよう．

- **ケース 1.**　1,3-ブタジエンと臭化水素を低温（−80 ℃）で反応させたとき，主生成物は 1,2 付加体である．1,2 付加体が 80%，1,4 付加体が 20% 得られる．
- **ケース 2.**　1,3-ブタジエンと臭化水素を高温（40 ℃）で反応させたとき，主生成物は 1,4 付加体である．1,2 付加体が 20%，1,4 付加体が 80% 得られる．
- **ケース 3.**　低温の反応で得られた混合物をそのまま加温していくと，二つの生成物の相対比は，反応を高温で行ったときと同じになる．すなわち，1,4 付加体が主生成物になる．

12.9 共役ジエンへの求電子攻撃：1,4付加

この結果をまとめて示すと次のようになる．

さらに 3-ブロモ-1-ブテン（低温での主生成物）の純粋な試料を高温の反応条件にすると，1,4 付加体が主生成物となった平衡混合物が得られる．

平衡は 1,4 付加体に有利であるから，この生成物はより安定であるはずである．

1,3-ブタジエンと臭化水素の反応は，化学反応の結果がどのように決定されるかについて説明するのに非常によい例である．一つは，競争反応の相対速度の差によって，もう一つは最終生成物の相対的な安定性によって決まるということである．低温では生成物の相対的な量は二つの付加の相対速度によって決まる．1,2 付加が速く起こり，1,2 付加体が主生成物になる．高温では生成物の相対的な量は平衡位置によって決まる．1,4 付加体がより安定であり，したがって，これが主生成物となる．

1,3-ブタジエンと臭化水素の反応は，図 12.6 を見ればさらによく理解できるだろう．

- この反応の全体の結果を決める段階は，アリル型カチオンが臭化物イオンと結合する段階である．

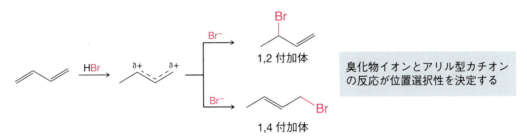

図 12.6 を見ると，1,4 付加体のほうが 1,2 付加体より安定であるが，1,2 付加体に至る活性化自由エネルギーは 1,4 付加体に至る活性化自由エネルギーより小さいことがわかる．

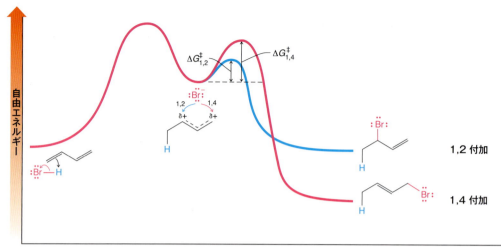

図 12.6 1,3-Butadiene に HBr が 1,2 および 1,4 付加する場合の自由エネルギー図と反応座標図

- **低温**では中間体のアリル型イオンと臭化物イオンが衝突したときに，高いほうの障壁（1,4 付加体を与える）を越えるだけのエネルギーをもっているものは，低いほうの障壁（1,2 付加体を与える）を越えるだけのエネルギーをもっているものより少ない．

- 低温では（この例では $-80\,^\circ\mathrm{C}$）1,2 付加体も 1,4 付加体の生成も不可逆である（これが大切な点である）．すなわち，一旦生成物になると，どちらも生成物の深いポテンシャルエネルギーの谷底からはい上がってアリル型カチオンに戻るだけのエネルギーをもたない．1,2 付加のほうが速いので 1,2 付加体が優先的に生成する．この反応の主生成物は**速度支配生成物**とよばれる．

- **高温**では中間体のイオンの衝突は十分なエネルギーをもっているので，1,2 付加体と 1,4 付加体の両方をすばやく生成する．しかし，両者はアリル型カチオンに戻るだけのエネルギーも十分与えられている．

- 1,2 付加体は 1,4 付加体よりアリル型カチオンに戻るエネルギー障壁が小さい（青色の曲線）ので，1,2 付加体のほうが 1,4 付加体よりも多くアリル型カチオンに戻ることができる．このような高温の条件では，1,4 付加体のほうが安定なので，1,2 付加体を消費して 1,4 付加体がより多く生成する．1,4 付加体は**熱力学支配生成物**とよばれる．

最後に，この例は生成物の安定性だけから相対的な反応速度を予測すると間違うことがあるということを示している．しかし，いつもこうだとは限らない．共通の中間体から二つあるいはそれ以上の生成物ができるときに，最も安定な生成物が最も速く生成する場合も多い．

問題 12.6 (a) 1,3-Butadiene と HBr の 1,2 付加が 1,4 付加より速いという事実を説明せよ（ヒント：アリル型カチオンの共鳴混成体における二つの構造の相対的な寄与の大きさを考えよ）．(b) 1,4 付加体のほうがより安定であるという事実を説明せよ．

12.10 Diels-Alder 反応：ジエンの 1,4 付加環化反応

1928年，二人のドイツの化学者 O. Diels（ディールス）と K. Alder（アルダー）はジエンの 1,4 付加環化反応 1,4-cycloaddition reaction を発見した．以来，この反応に彼らの名前が冠せられるようになった．この反応は応用範囲が広く合成的に利用価値が極めて高いことがわかり，1950年 Diels と Alder にノーベル化学賞が授与された．

Diels-Alder 反応は，例えば 1,3-ブタジエンと無水マレイン酸を 100 ℃に加熱したときに起こる反応で，生成物は定量的に得られる．

1,3-Butadiene（ジエン） + Maleic anhydride（ジエノフィル） →(benzene, 100 ℃) 付加体（100%）

- 一般に，**Diels-Alder 反応**は**共役ジエン**（4π 電子系）と**ジエノフィル** dienophile (diene + ギリシャ語：*philia* "愛する"）とよばれる二重結合をもつ化合物（2π 電子系）の間で起こる．Diels-Alder 反応の生成物を**付加体** adduct という．

Diels-Alder 反応ではジエンとジエノフィルの二つのπ結合が消費されて二つの新しいσ結合が形成される．σ結合は通常π結合より強いので，付加体の生成のほうがエネルギー的には有利であるが，ほとんどの Diels-Alder 反応は可逆反応である．

Diels-Alder 反応の結合の変化は次のようにカーブした矢印を用いて表すことができる*．

ジエン ジエノフィル → 付加体

Diels-Alder 反応の最も簡単な例は，1,3-ブタジエンとエテンの反応であるが，ブタジエンと

---

*（訳注）カーブした矢印では付加体の立体化学を説明することができない．

無水マレイン酸の反応に比べて反応速度が遅く，加圧して反応を行う必要がある．

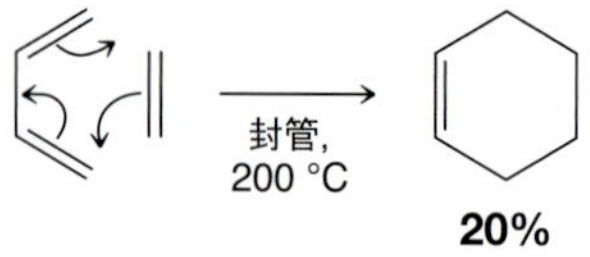

封管，200 ℃ → 20%

Diels-Alder 反応を用いた合成反応の例として，K. C. Nicolaou（ニコラウ）（現 Rice University）による抗がん薬，パクリタキセル paclitaxel の合成を示す．

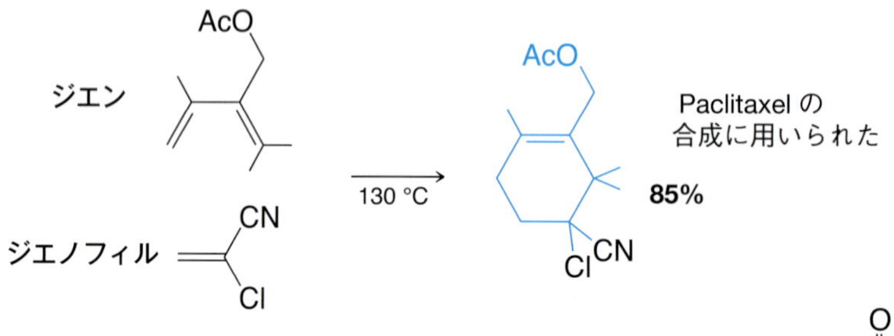

ジエン / ジエノフィル 130 ℃ → 85% Paclitaxel の合成に用いられた

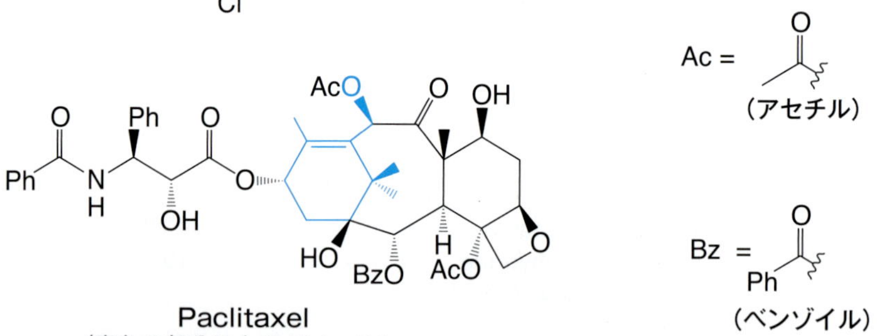

Ac = アセチル
Bz = ベンゾイル

Paclitaxel
（青色の部分は上の Diels-Alder 付加体から導かれたものである）

Diels-Alder 反応はペリ環状反応 pericyclic reaction の一例である．**ペリ環状反応とは，環状の遷移状態を経て 1 段階で起こる協奏反応である．その遷移状態において分子軌道の対称性が反応経路を決定している**．

一般に，ジエノフィルは共役ジエンと 1,4 付加によって反応して 6 員環を形成する．この反応は，環を形成するそれぞれの反応剤の原子数にちなんで，**[4+2] 付加環化反応**（環化付加反応ともいう）とよばれる．また，反応は熱によって起こる（熱反応）．ジエンとジエノフィルのどの位置にも置換基をもつことができる．ジエノフィルの部分構造となりうる代表的な電子吸引基を Z と Z' として示した．

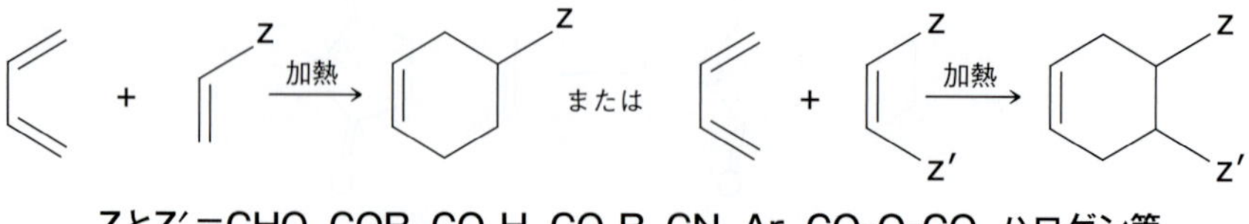

Z と Z' = CHO, COR, CO_2H, CO_2R, CN, Ar, CO-O-CO, ハロゲン等

12.10A　Diels-Alder 反応を有利にする因子

Alder は，Diels-Alder 反応にはジエノフィルに電子吸引基，ジエンに電子供与基が付いている組合せがよいと述べている．無水マレイン酸は，二重結合と隣接する炭素に二つの電子吸引性のカルボニル基をもっているので，非常に強いジエノフィルである．

ジエンに結合したアルキル基の電子供与性効果も大きく，例えば，2,3-ジメチル-1,3-ブタジエンは Diels-Alder 反応で 1,3-ブタジエンの約 5 倍の反応性を示す．この反応には勿論カルボカチオンは含まれていないけれども，誘起効果 inductive effect によってアルキル基がカルボカチオンに電子を供与するように，この場合のメチル基も同様の働きをする．2,3-ジメチル-1,3-ブタジエンはプロペナール（アクロレイン）とわずか 30 ℃で反応し，付加体が定量的に得られる．

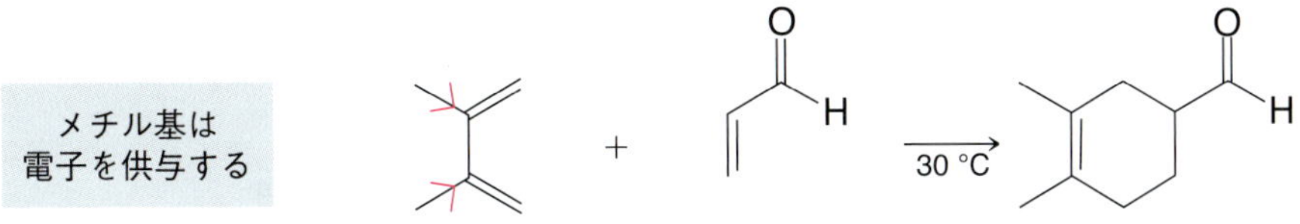

メチル基は電子を供与する

2,3-Dimethyl-1,3-butadiene　　Propenal　　　　　100%

C. K. Bradsher（Duke University）はジエノフィルとジエンの電子吸引基と電子供与基の組合せを逆にしても付加体の収率は変わらないことを明らかにした．すなわち，電子吸引基をもつジエンは電子供与基をもつジエノフィルと容易に反応する．

Diels-Alder 反応の反応速度上昇の要因としては，上記の置換基の相補的な電子効果の他に高温や高圧も含まれる．一方，Lewis 酸触媒が最近広く用いられるようになってきた．次の反応は，Lewis 酸触媒の存在下に室温で容易に起こる Diels-Alder 反応の一例である．

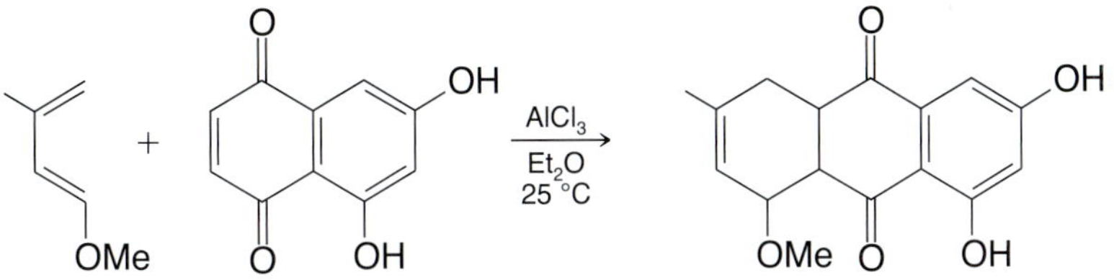

12.10B　Diels-Alder 反応の立体化学

Diels-Alder 反応を立体化学の面から考えてみよう．Diels-Alder 反応が合成化学上，非常に有用であるのは次のような理由による．

1. **Diels-Alder 反応は立体特異的である．この反応はシン付加で起こり，ジエノフィルの立体配置は生成物にそのまま保持される．** この点を説明するために二つの例を次に示す．

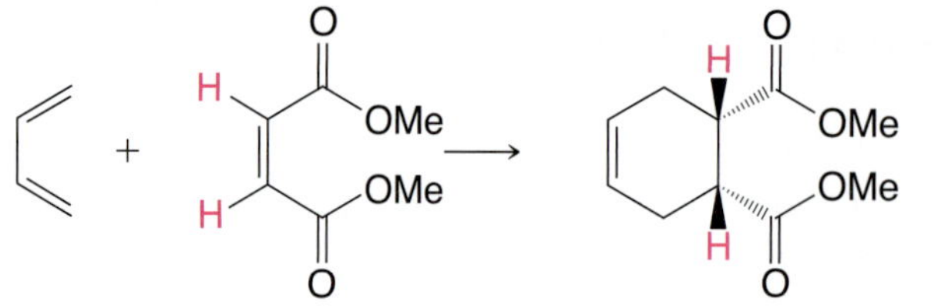

Dimethyl maleate
（シス-ジエノフィル）

Dimethyl cyclohex-4-ene-*cis*-1,2-dicarboxylate

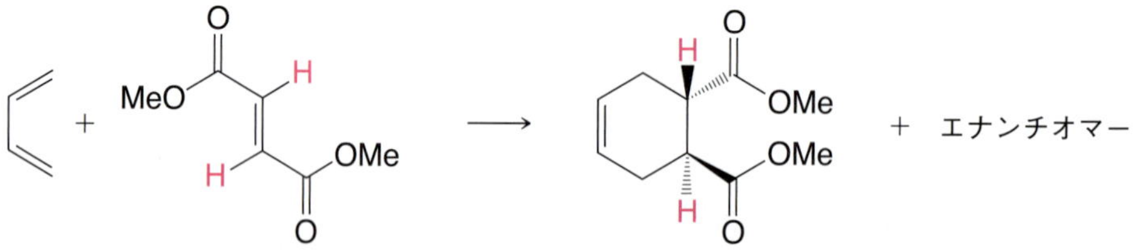

Dimethyl fumarate
（トランス-ジエノフィル）

Dimethyl cyclohex-4-ene-*trans*-1,2-dicarboxylate ＋ エナンチオマー

最初の例ではシス-ジエノフィルが1,3-ブタジエンと反応してシス形の付加体を与える．2番目の例では，ちょうど逆の結果になり，トランス-ジエノフィルがトランス付加体を与えている．

2. **ジエンは必ず s-シス配座で反応する．**

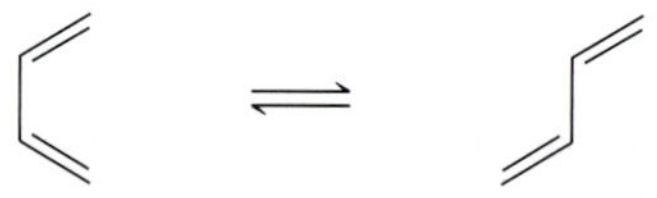

s-シス配座　⇌　s-トランス配座

s-トランス配座で反応したとすると，その生成物はトランス二重結合を含む6員環状化合物となり，非常に大きなひずみをもつことになる．このような経路は Diels-Alder 反応では一度も認められていない．

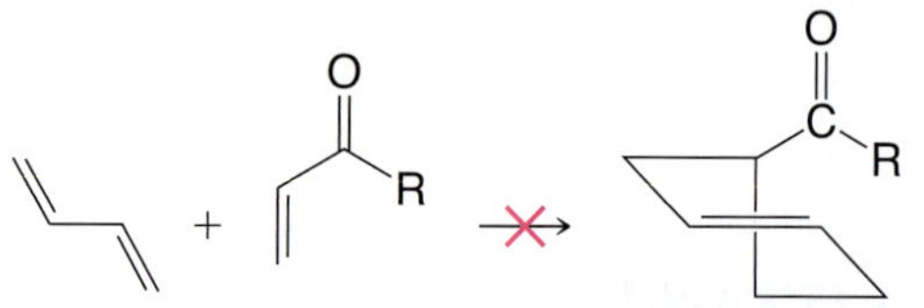

ひずみが大きい

Diels-Alder 反応では二重結合が s-シス配座に固定されている環状ジエンが反応しやすい．例えば，シクロペンタジエンは室温で無水マレイン酸と反応して次の付加体を定量的に与える．

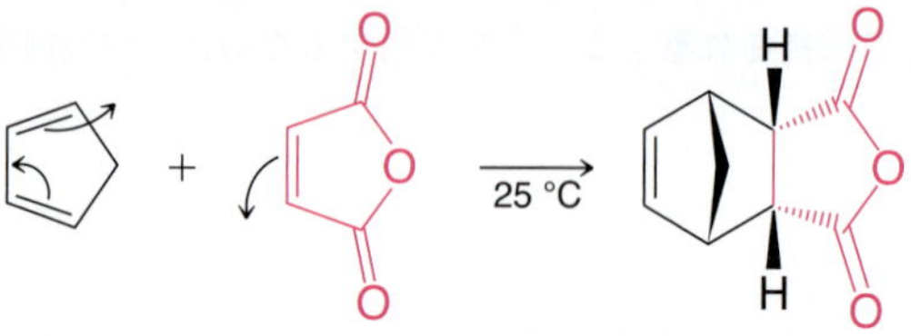

12.10 Diels-Alder 反応：ジエンの 1,4 付加環化反応

シクロペンタジエンは，室温で放置しておくだけで徐々にそれ自身で Diels-Alder 反応を起こすほど活性である．

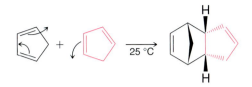

この反応は可逆的で，"ジシクロペンタジエン"を蒸留すると 2 モルのシクロペンタジエンに分解する．

シクロペンタジエンの反応は Diels-Alder 反応の立体化学に関する次の 3 番目の特徴を示している．

3. **Diels-Alder 反応は，速度支配の条件ではエキソ形よりむしろエンド形で進行する．**

今までの反応例や以下の例で見られるように，ジエノフィルにはカルボニル基やπ電子をもつその他の電子吸引基がしばしば含まれる．

- Diels-Alder 反応では，ジエンと反応するとき，ジエノフィルと電子吸引基の方向に対してエンドとエキソの用語が使われる．
- 遷移状態で，ジエノフィルの電子吸引基がジエンのπ分子軌道の上（あるいは下）に並ぶように反応するとき，その接近する方向を**エンド** *endo* という．
- 遷移状態で，ジエノフィルの電子吸引基がジエンのπ電子から離れるように配列するとき，その接近する方向を**エキソ** *exo* という．
- Diels-Alder 反応では，エンドとエキソの両方の遷移状態を経て生成物の生成が可能であるが，通常エンド遷移状態のほうが低エネルギーであるので，エンド付加体を優先して与える．

このエンド選択性の発現する理由についての詳細はここでは議論しないが，エンド遷移状態のエネルギーを低くする軌道の重なりが関係している．

図 12.7 に示す (2E,4E)-ヘキサ-2,4-ジエンとプロペン酸メチル（慣用名ではアクリル酸メチル）の反応例を考えてみよう．エンドとエキソの接近の仕方が生成物における（ジエノフィルに起因する）電子吸引基の立体化学に影響を与えていることに注意しよう．

図 12.7 には，エンドとエキソの両方の例においてジエンの下からジエノフィルが接近する図を示しているが，ジエノフィルはジエンの上からもまた接近できる．これが図示している生成物のエナンチオマーが生成する理由である．一般に，基質の片方あるいは両方がキラルでなければ，あるいはキラル触媒の影響を受けなければ，Diels-Alder 反応は生成物として両エナンチオマー（ラセミ体）を与える．

Diels-Alder 反応では，一般により不安定なエンド体（速度支配生成物）が優先的に生成するが，反応を高温で行うと，より安定なエキソ体（熱力学支配生成物）が生成するようになる（12.9A 節参照）．特に，フランのような芳香族性をもつジエン体を用いるとその傾向が一層強くなる．それは，逆反応が起こりやすくなるためである［例：問題 12.22 (d) や問題 12.24］．

(a)

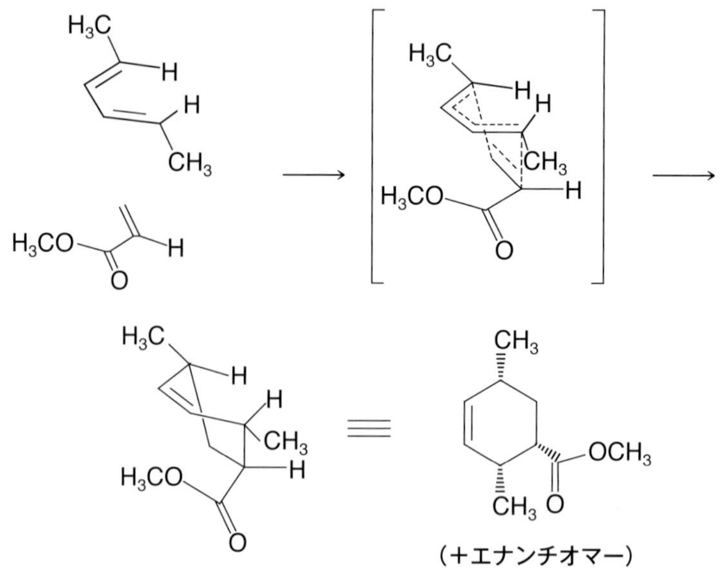

（＋エナンチオマー）

エンド接近：ジエノフィルの電子吸引基がジエンのπ系の真下に並ぶ（図示している）あるいは，π系の真上に並ぶ（図示していない）接近の仕方．この二つのエンド接近が生成物の両エナンチオマーを与える．

(b)

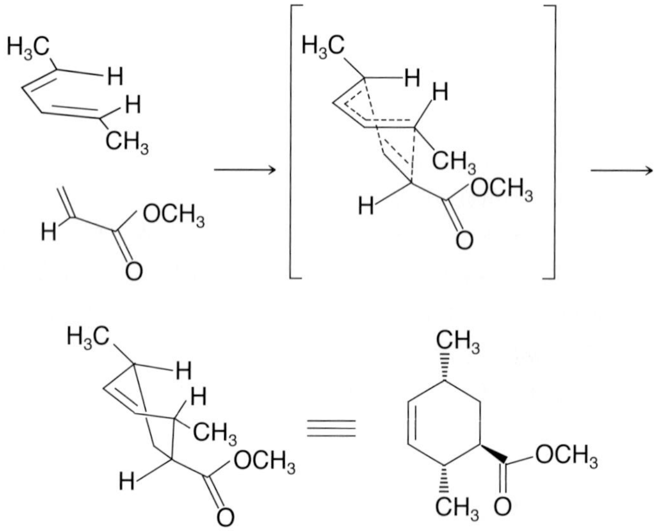

（＋エナンチオマー）

エキソ接近：ジエノフィルの電子吸引基がジエンのπ系の下ではあるがπ系から離れて並ぶ（図示している），あるいは，π系の上ではあるがπ系から離れて並ぶ（図示していない）接近の仕方．この二つの可能なエキソ接近は生成物の両エナンチオマーを与える．

図 12.7 (2*E*,4*E*)-Hexa-2,4-diene と methyl propenoate の Diels-Alder 反応

エンド接近 (a) とエキソ接近 (b)．ジエノフィルの電子吸引基のπ電子軌道がジエンのπ電子軌道に接近して並ぶエンド遷移状態のほうが，エキソ遷移状態に比べて有利である．

12.10 Diels-Alder 反応：ジエンの 1,4 付加環化反応

問題 12.7* Cyclopentadiene と maleic anhydride の Diels-Alder 反応におけるエンドとエキソの遷移状態を書け．ただし，それぞれの場合に，一方のエナンチオマーを与える遷移状態だけを書けばよい．

問題 12.8* (2E,4E)-Hexa-2,4-diene と methyl propenoate の反応式を次のように書いたとき，(a) エンドおよびエキソ付加体がそれぞれ一対のエナンチオマーになる理由を述べよ．(b) エンド エナンチオマーのどちらか一方とエキソ エナンチオマーのどちらか一方との立体化学的な関係を何というか．

エンド付加による主生成物　　　エキソ付加による副生成物
（＋エナンチオマー）　　　　　（＋エナンチオマー）

エンドとエキソの用語はまたビシクロ [2.2.1] ヘプタン bicyclo [2.2.1] heptane のような橋かけ環 bridged ring の立体化学を表示するのにも用いられる．

- ビシクロ環系では，最も長い橋（この場合は炭素2個の橋）を基準とし，この橋に対して反対側にある置換基をエキソ，同じ側にある置換基をエンドという．

炭素1個の橋
炭素2個の橋

Rはエキソ　　　　　　　Rはエンド
（最長の橋から離れている）　（最長の橋に近い）

下に示すシクロペンタジエンとプロペン酸メチルの Diels-Alder 反応を考えてみよう．主生成物のエステル置換基は，短い炭素1個の橋よりも長い炭素2個の橋により近いのでエンドである．副生成物のエステル置換基は，最長の橋から離れているのでエキソである．

エンド生成物（主）　　　　エキソ生成物（副）
（＋エナンチオマー）　　　（＋エナンチオマー）

4. Diels-Alder 反応おいては，ジエンの立体配置も保持される．ジエノフィルの立体配置が Diels-Alder 反応生成物において保持されるのと同様に（前出 **1** 参照），ジエンの立体配置もまた保持される．すなわち，ジエンとジエノフィルの両方の E と Z アルケンの立体配置が，Diels-Alder 付加体中の新しく生じる四面体形のキラル中心に移行されるということである．例として，マレイン酸無水物と (2E,4E)-ヘキサ-2,4-ジエンおよびそのジアステレオマーである (2E,4Z)-ヘキサ-2,4-ジエンとの，二つの反応を考えてみよう．それぞれの反応において主生成物であるエンド体の構造だけを示してある．

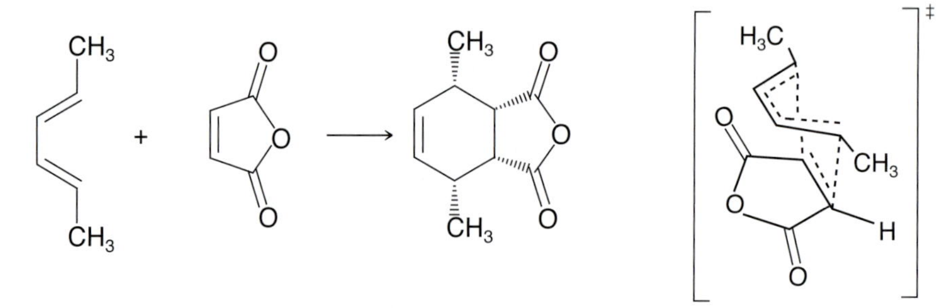

(2E,4E)-Hexa-2,4-diene + Maleic anhydride → エンド主生成物（メソ化合物）　（遷移状態）

ジエンの立体配置が変わると，付加体の立体化学も異なる．

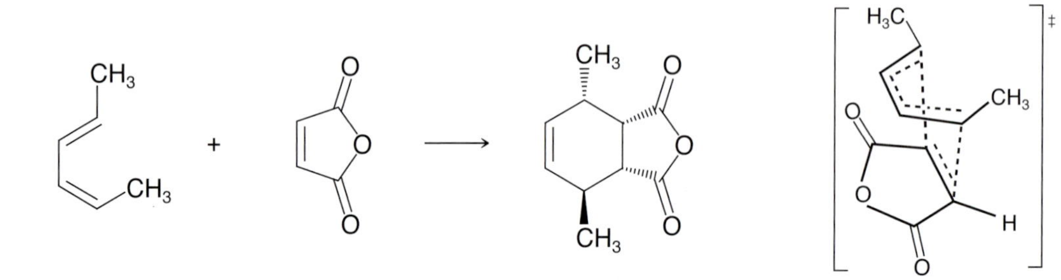

(2E,4Z)-Hexa-2,4-diene + Maleic anhydride → エンド主生成物（＋エナンチオマー）　（遷移状態）

上図に示す二つの反応でわかるように，ジエンは s-シス配座で反応するので，その遷移状態を考察するとジエンの立体配置がどのように付加体の立体化学に移行されるかが理解しやすくなるだろう．

12.10C　Diels-Alder 反応の生成物を予測する方法

例題でこの問題を考えてみよう．

例題 12.7

次の Diels-Alder 反応の生成物を予測せよ．

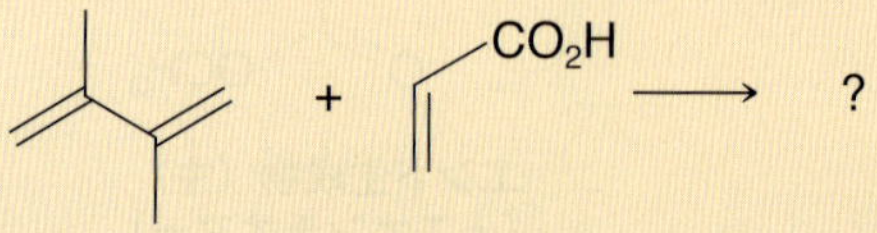

解き方と解答：
　ジエン成分を s-シス立体配座に書き直す．そうすると，二つの二重結合の両端がジエノフィルの二重結合の近くにくる．次に，二つの分子が協奏的に一つの環状の分子になるように電子対を動かす．

12.10 Diels-Alder 反応：ジエンの 1,4 付加環化反応

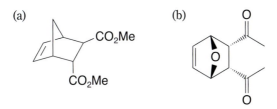

問題 12.9* 次の反応で予想される生成物は何か.

問題 12.10* 次の化合物を合成するにはどのようなジエンとジエノフィルを用いればよいか.

問題 12.11* Diels-Alder 反応はジエノフィルが三重結合（アルキン誘導体）であってもよい. 次の化合物を合成するにはどのようなジエンとジエノフィルを用いればよいか.

Diels–Alder 反応を用いた天然物合成

合成の目標になる多くの有機化合物が Diels–Alder 反応を使って合成されている．すでに学んだように，非環状の前駆体から Diels–Alder 反応は，場合によってはその立体特異的反応によって一度に四つのキラル中心をもった6員環を生成する．また，他の官能基を導入するのに有用な二重結合を生成する．Diels–Alder 反応の有用性によって，O. Diels と K. Alder は 1950 年のノーベル化学賞を受賞した．

Cortisone　　Morphine　　Reserpine

Diels–Alder 反応を用いて合成された天然化合物には，モルヒネ (M. Gates)，レセルピン (R. B. Woodward)，コレステロールとコルチゾン（両者とも Woodward），プロスタグランジン $F_{2\alpha}$ と E_2 (22.5 節；E. J. Corey)，ビタミン B_{12} (7.15A 項；A. Eschenmoser と Woodward)，パクリタキセル (12.10 節；K. C. Nicolaou) などがある．

 ひょっとして別の名前をもったかもしれない反応の話

O. Diels（教授）と K. Alder（大学院学生）が 1928 年に有名な論文に発表した反応は，シクロペンタジエン2分子とベンゾキノンが結合する反応であった．すでにこの反応の一般性や重要性については述べた．

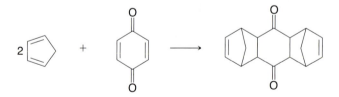

Cyclopentadiene　　*p*-Benzoquinone

しかし，シクロペンタジエンとベンゾキノンの反応を行ったのは，Diels と Alder が最初ではなかった．彼らの前に何人かが同じ反応を行っている．最初に行ったのは，J. Thiele と彼の大学院生であった W. Albrecht で，1906 年のことである．Thiele は下に示した化合物が生成したと考えた．Albrecht は別の付加生成物であると考えた．次にこの反応を行ったのは，H. Staudinger で 1912 年に第三の構造を考えた．これらの構造はすべて間違っていた．しかし，構造決定に必要なスペクトル法などのツールがなかったことや，当時付加環化反応について前例がなかったことから，彼らの失敗を非難することは酷であろう．

O. Diels (1876–1954)
[Associated Press (AP Photo)]

K. Alder (1902–1958)
[Science Source/Photo Researchers, Inc.]

Thiele (1906)   Albrecht (1906)   Staudinger (1912)

話の最後に付け加えることは，似た反応を行い，その上環状付加反応生成物の構造を正しく予想した教授と大学院生のチームがあったということである．それは H. von Euler と K. Josephson によって行われたもので，Diels と Alder の 8 年前のことである．しかし，彼らの推定構造は仮のもので，その論文中でその構造を証明するさらなる研究を行うと約束しておきながら，どういうわけかその研究は現れなかった．それに対して，Diels と Alder はこの反応に関してさらに多くの研究を行って，著しく拡張した．そのためこの反応に彼らの名前が冠せられるようになった．

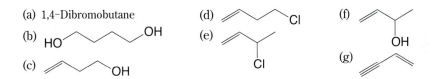

◆補充問題

12.12 次の化合物から 1,3-butadiene を合成するのに必要な反応剤を書け．

(a) 1,4-Dibromobutane

(b) HO〜〜OH

(c) 〜〜OH

(d) 〜〜Cl

(e) 〜Cl

(f) 〜OH

(g) 〜≡

12.13 1,3-Butadiene 1 モルに対して次の各反応剤を反応させたときに予想される生成物は何か（何も反応が起こらないと思われるときにはそのように指示すること）．

(a) Cl_2　1 モル

(b) Cl_2　2 モル

(c) Br_2　2 モル

(d) H_2　2 モルと Ni

(e) H_2O 中で Cl_2　1 モル

(f) 熱 $KMnO_4$（過剰）

(g) H_2O，触媒量の H_2SO_4

12.14 2-Methyl-1,3-butadiene（isoprene）に HCl が 1,4 付加する場合，主生成物は 1-chloro-3-methyl-2-butene であり，1-chloro-2-methyl-2-butene は生成しない．これを説明せよ．

12.15 (a) 1,4-Pentadiene の C3 に付いている水素原子はラジカルによって非常に引き抜かれやすい．この理由を説明せよ． (b) 1,4-Pentadiene の C3 に付いているプロトンは propene のメチル水素より酸性が強い．この理由を説明せよ．

12.16 次の生成物の生成を説明する反応機構を書け．

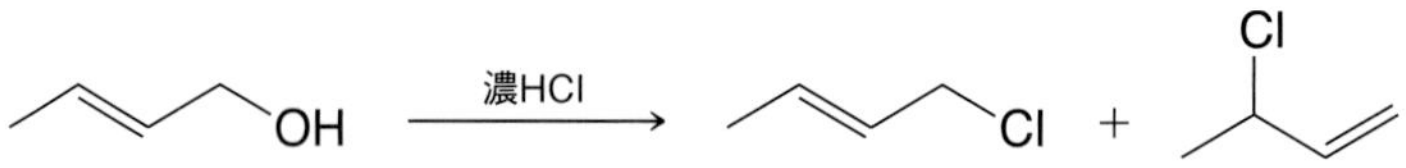

CH₃-CH=CH-CH₂-OH →(濃HCl)→ CH₃-CH=CH-CH₂-Cl + CH₃-CH(Cl)-CH=CH₂

12.17 1,2-ジハロゲン化合物を脱ハロゲン化水素すると，2 モルの HX の脱離を伴って，通常は共役ジエンではなくアルキンを与える．しかし，1,2-dibromocyclohexane を脱ハロゲン化水素すると，1,3-cyclohexadiene が高収率で得られる．その理由を説明せよ．

12.18 1-Bromobutane と 4-bromo-1-butene はともに第一級ハロゲン化物であるが，後者のほうがより速く脱離反応する．その理由を説明せよ．

12.19* 次の化合物は両者とも maleic anhydride（無水マレイン酸）と Diels-Alder 反応を起こさない．その理由を説明せよ．

(a) HC≡C—C≡CH   (b) シクロヘキセン=CH₂

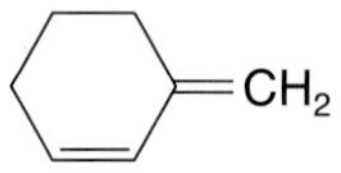

12.20 Cyclopentadiene は ethene と 160〜180 ℃で Diels-Alder 反応をする．この反応の生成物の構造式を書け．

12.21* アルキンも Diels-Alder 反応のジエノフィルとして用いることができる．次の化合物と 1,3-butadiene の反応によって得られる付加体の構造式を書け．

(a) MeO-CO-C≡C-CO-OMe
(Dimethyl acetylenedicarboxylate)

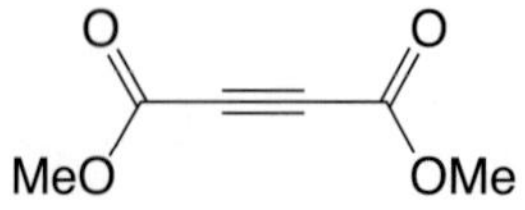

(b) F₃C—C≡C—CF₃
(Hexafluoro-2-butyne)

12.22* 次の反応の生成物を書け．

(a), (b), (c), (d), (e), (f), (g) の反応

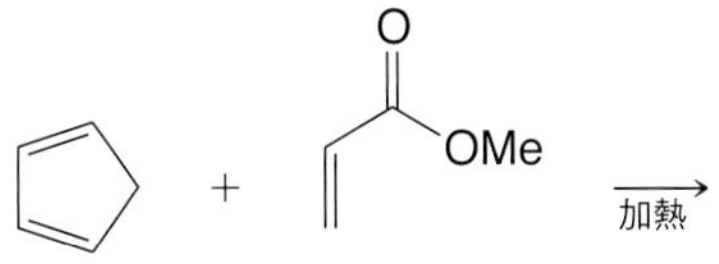

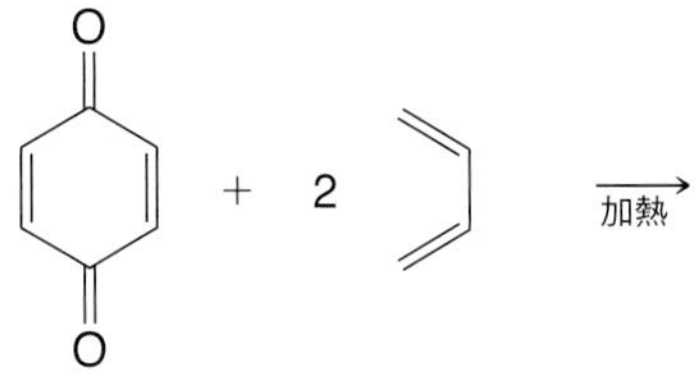

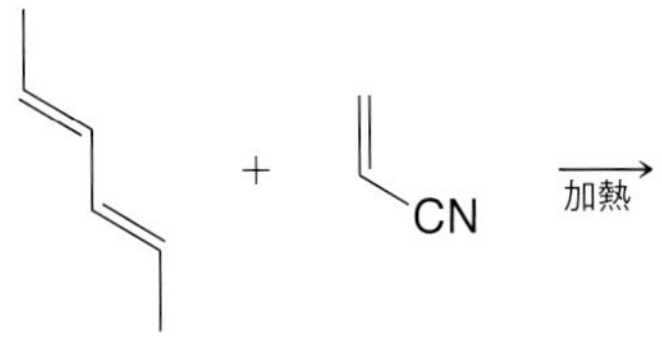

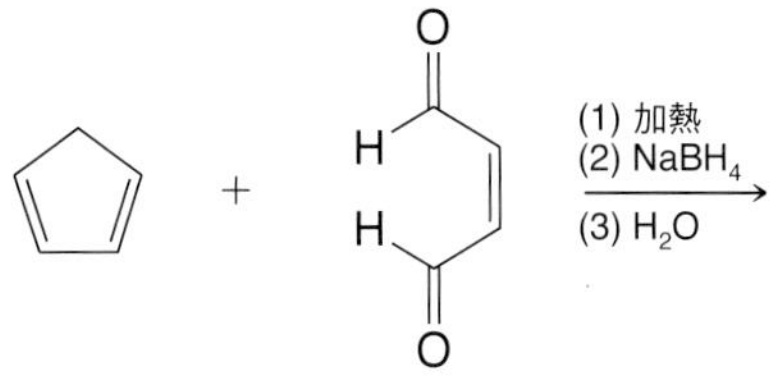

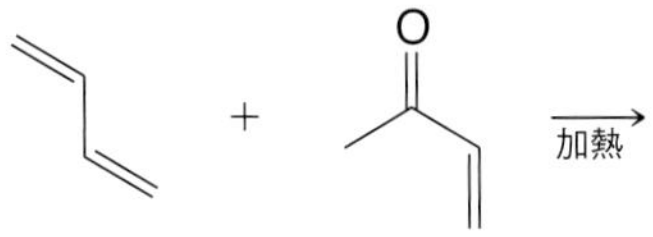

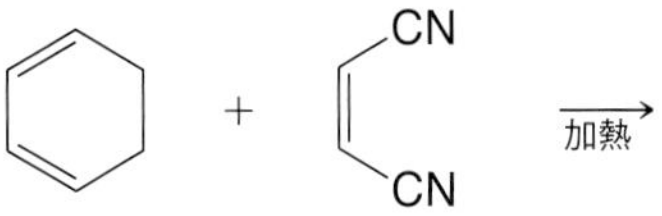

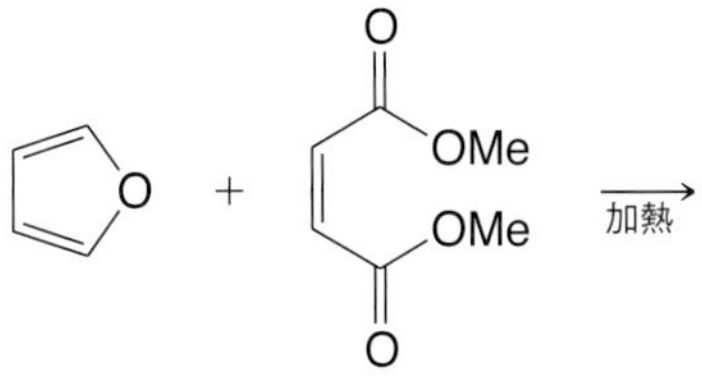

12.23* どのようなジエンとジエノフィルを用いると次の化合物を合成できるか（ただし，ラセミ体として考えよ）．

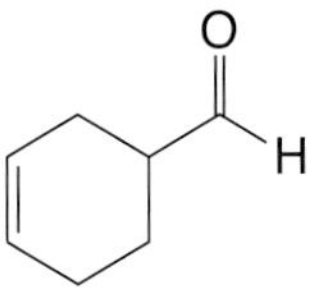

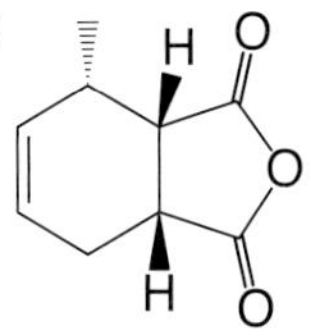

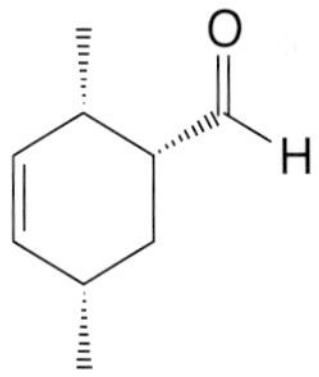

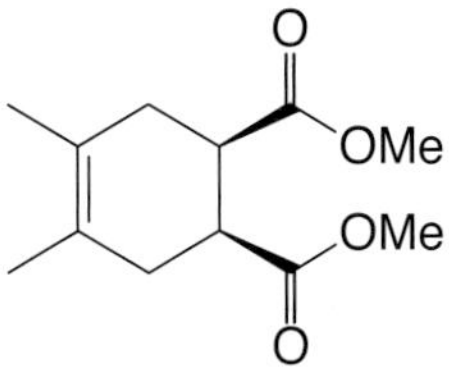

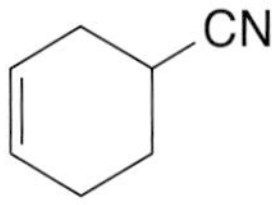

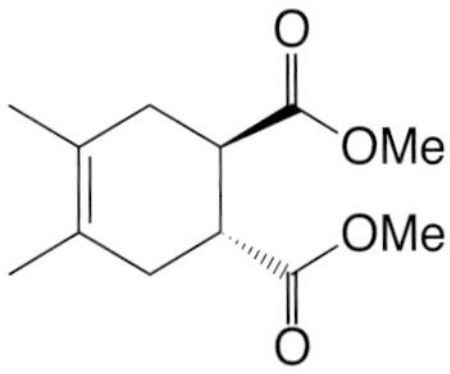

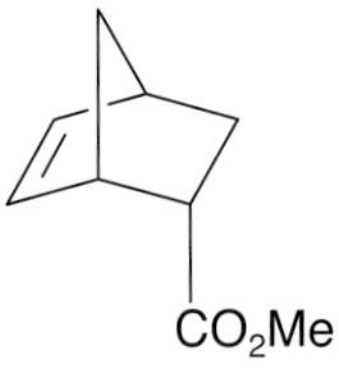

12.24* Furan と maleimide を 25 ℃で Diels-Alder 反応をすると，主生成物はエンド付加体である．90 ℃でこの反応を行うと，主生成物はエキソ異性体になる．エンド付加体は 90 ℃に加熱すると，エキソ付加体に異性化する．この結果を説明せよ．

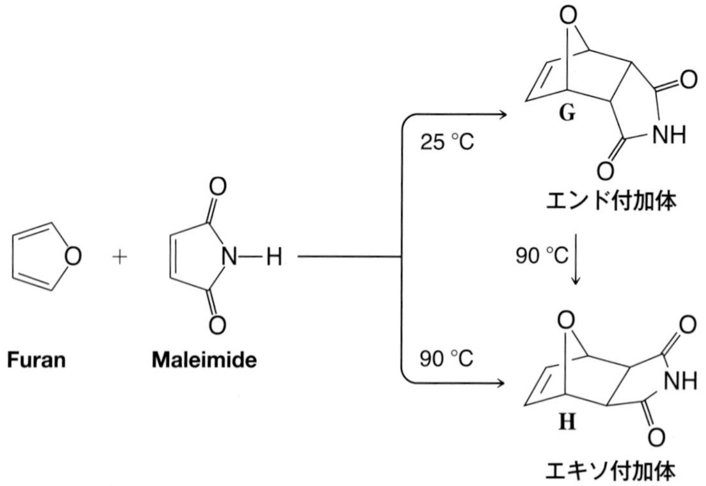

Chapter 13

芳香族化合物

日常の会話で"芳香性"といえば，入れ立てのコーヒーやシナモンロールのにおいなどを思い浮かべる．有機化学の歴史の中で，よいにおいのする"芳香性"の化合物が植物の天然油から単離された頃もそうであった．これらの化合物の構造が研究されるとともに，多くの化合物がベンゼンに見られるような不飽和度の高い炭素6個からなる構造単位を含むことがわかってきた．この特別な環構造はベンゼン環として知られるようになり，ベンゼン環を含む芳香族化合物は，そのにおいよりもその電子構造に基づいて分類される大きな化合物群となった．

本章で学ぶこと：
- 芳香族性という用語に含まれる構造上の原理
- ベンゼンの正しい構造を決定した初期の挑戦
- 芳香性という特別な性質をもつ分子を予想するための規則
- 芳香性を示す特別な分子群

13.1 ベンゼンの発見

ベンゼン環を含む芳香族化合物の数例を次に示す．これらの構造ではベンゼン環を表すのに，これまで使ってきたベンゼンの構造（次頁の右側）と違って，六角形に円を書いて示している．この意味は後で説明するように，環状 6π 電子を表している．

芳香族化合物とよばれる化合物群に関する研究は，1825年イギリスの科学者 M. Faraday（ファラデー）（Royal Institution）による新しい炭化水素，ベンゼンの発見に始まる．彼は当時，鯨油を熱分解して作られていた灯火用ガスからベンゼンを単離した．

1834年，ドイツの化学者 E. Mitscherlich（ミッシェルリッヒ）（University of Berlin）は安息香酸を酸化カルシウムと加熱することによってベンゼンを合成し，さらに蒸気密度の測定によって分子式が C_6H_6 であることを明らかにした．

［写真提供：（精油の入ったボトル）© Elena Schweitzer/iStockphoto；（シナモンロール）Image Source；（アスピリン錠）© Urs Siedentop/iStockphoto］

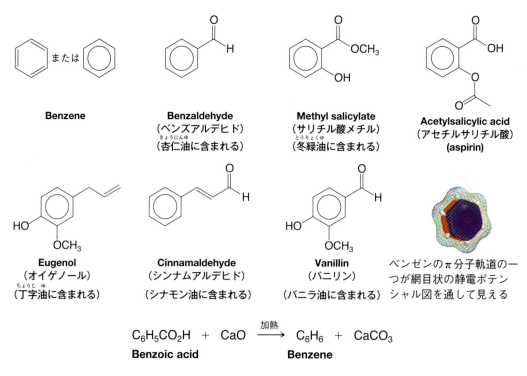

$C_6H_5CO_2H + CaO \xrightarrow{加熱} C_6H_6 + CaCO_3$
Benzoic acid　　　　　　　　Benzene

　分子式そのものが驚きであった．ベンゼンは炭素原子と同じ数の水素原子しかもっていない．その当時知られていたほとんどの化合物は水素の含量がずっと多く，炭素原子の 2 倍くらいはあった．C_6H_6 の分子式をもつベンゼンは不飽和度が高く，水素不足指数が 4 である．結局，化学者たちはベンゼンが異常で興味ある性質をもつ新しい種類の有機化合物であることに気付いた．13.3 節で述べるように，**ベンゼンは高度に不飽和な化合物に予想されるような反応性を示さない**．

　19 世紀後半になって，Kekulé-Couper-Butlerov の原子価理論が既知有機化合物すべてに系統的に適用された．その一つの成果として，有機化合物は二つに大別されることになった．すなわち，**脂肪族化合物** aliphatic compound と**芳香族化合物** aromatic compound である．脂肪族化合物に分類されたものは，その当時，その化合物の化学的挙動が"脂肪様"であることを意味した（現在は，アルカン，アルケン，アルキン，あるいはそれらの誘導体のことである）．その当時，芳香族化合物に分類されたものは，水素/炭素の比が低く，"芳香"をもつものであった．その頃，芳香族化合物は香油，樹脂，精油から得られたからである．

　Kekulé は，当時知られていた芳香族化合物がすべて炭素数 6 の単位を含み，化学変換や分解反応を行ってもその炭素数 6 の単位がそのまま残っていることを初めてつきとめた．その後，ベンゼンはこの新しい化合物群の基本化合物であることが明らかになった．しかし，その構造が明確に理解されるには，1920 年代の量子力学の発展を待たねばならなかった．

13.2　ベンゼン誘導体の命名法

　一置換ベンゼンを命名するのに 2 種類の命名法が用いられる．

- **Benzene**（ベンゼン）を基本名とし，置換基を接頭語で示す方法である．

その例として次のようなものがある．

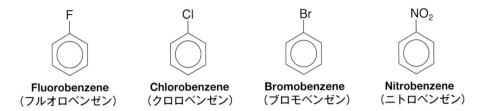

- 単純でよく見られる化合物には，置換基とベンゼン環を一緒にして慣用的に認められている基本名を用いる．

メチルベンゼンは **toluene**（トルエン），ヒドロキシベンゼンは **phenol**（フェノール），アミノベンゼンは **aniline**（アニリン）とよばれる．その他の例も含めて次に示す．

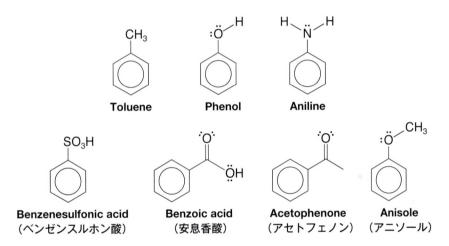

- 二つの置換基があるときには，その相対位置を接頭語 *ortho*（オルト），*meta*（メタ），*para*（パラ）（省略形 *o*-, *m*-, *p*-）または数字を用いて示す．

ジブロモベンゼンを例にとると次のとおりである．

ニトロ安息香酸は次のようになる．

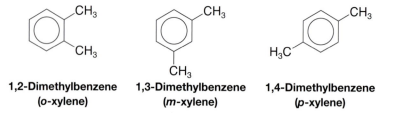

2-Nitrobenzoic acid (*o*-nitrobenzoic acid) 3-Nitrobenzoic acid (*m*-nitrobenzoic acid) 4-Nitrobenzoic acid (*p*-nitrobenzoic acid)

ジメチルベンゼンは通常 **xylene**（キシレン）とよばれる．

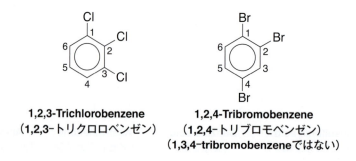

1,2-Dimethylbenzene (*o*-xylene) 1,3-Dimethylbenzene (*m*-xylene) 1,4-Dimethylbenzene (*p*-xylene)

- ベンゼン環に三つ以上の置換基がある場合には，その位置は数字を用いて示される．

例として次に二つの化合物を示す．

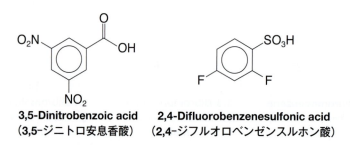

1,2,3-Trichlorobenzene （1,2,3-トリクロロベンゼン） 1,2,4-Tribromobenzene （1,2,4-トリブロモベンゼン）（1,3,4-tribromobenzeneではない）

- **置換基の位置番号ができるだけ小さい数字になるように**ベンゼン環に番号を付ける．
- 三つ以上の置換基があってそれが異なっている場合にはアルファベット順に並べる．
- ある置換基がベンゼン環と一緒になって基本名となるときには，その置換基の位置を1とし，その基本名を用いる．

3,5-Dinitrobenzoic acid （3,5-ジニトロ安息香酸） 2,4-Difluorobenzenesulfonic acid （2,4-ジフルオロベンゼンスルホン酸）

- ベンゼン環が置換基として命名される場合には，**フェニル基** phenyl group とよばれる．フェニル基は C_6H_5-，Ph-，あるいは φ- という略号で表される．

飽和の炭素鎖とベンゼン環1個からなる炭化水素は炭素数の多いほうの誘導体として命名される．不飽和の炭素鎖あるいは炭素鎖に他の官能基をもつ場合はその炭素鎖の誘導体として命名される．次に例を示す．

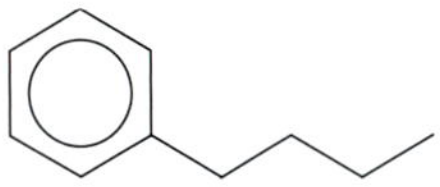

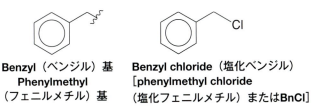

Butylbenzene
（ブチルベンゼン）

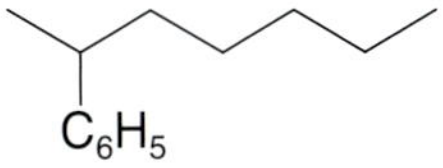

2-Phenylheptane
（2-フェニルヘプタン）

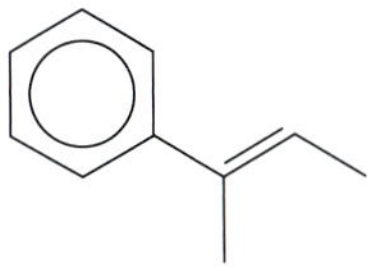

(*E*)-2-Phenyl-2-butene
[(*E*)-2-フェニル-2-ブテン]

- **ベンジル基** benzyl group という名称は，フェニルメチル基の別称であり，Bn と略される．

Benzyl（ベンジル）基
Phenylmethyl
（フェニルメチル）基

Benzyl chloride（塩化ベンジル）
[phenylmethyl chloride
（塩化フェニルメチル）または**BnCl**]

芳香族炭化水素は一般に**アレーン***arene と総称される．**アリール***基 aryl group はアレーンから水素を1個除去したもので，その略号は Ar– である．したがって，アルカンが RH で示されるように，アレーンは ArH で示される．

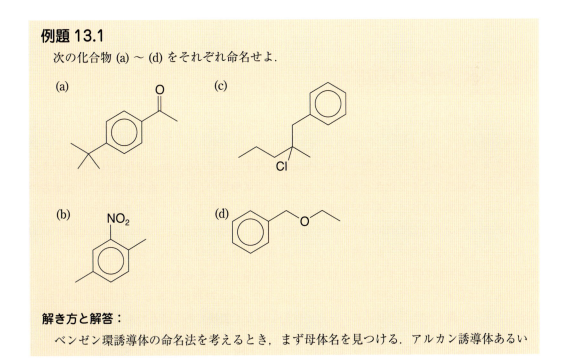

例題 13.1

次の化合物 (a) 〜 (d) をそれぞれ命名せよ．

解き方と解答：
ベンゼン環誘導体の命名法を考えるとき，まず母体名を見つける．アルカン誘導体あるい

---

*（訳注）日本語名では arene を「アレーン」また aryl を「アリール」とし，それぞれ allene「アレン」および allyl「アリル」と区別する．

はベンゼン誘導体として命名する．置換基としてはフェニル基あるいはベンジル基を用いる．また，IUPAC 規則で認められている慣用名がある化合物はそれを用いてもよいが，慣用名に置換基を付けることは認められていない．(a) 1-Acetyl-4-*t*-butylbenzene あるいは methyl 4-*t*-butylphenyl ketone．(b) は三つの置換基があるので，アルファベット順に位置番号を付けて，1,4-dimethyl-2-nitrobenzene となる．(c) はアルキル鎖がクロロ基をもつのでこれを母体名とし，ベンゼン環をフェニル置換基として命名する．名称は 2-chloro-2-methyl-1-phenylpentane となる．(d) はエーテルである．エーテルの命名法により benzyl ethyl ether あるいは ethyl phenylmethyl ether のようになる．IUPAC 名では ethoxymethylbenzene となる．

問題 13.1 次の化合物 (a) 〜 (d) をそれぞれ命名せよ．

13.3 ベンゼンの反応

19 世紀半ば頃の化学者にとってベンゼンは悩みの種であった．その分子式からベンゼン分子は不飽和度が高く（13.1 節），そのためにそれなりの反応をするのではないかと考えられた．例えば，アルケンと同じように付加によって臭素を脱色するのではないか，酸化されて過マンガン酸カリウム水溶液の色を変化させるのではないか，金属触媒の存在下，水素を簡単に付加するのではないか，強酸の存在下に水を付加するのではないかというようなことが考えられた．

ところが，ベンゼンはこれらのどれとも反応しない（次頁の反応式）．ベンゼンを暗所で臭素と反応させても，また過マンガン酸カリウム水溶液や希酸と処理しても，何も起こらない．ベンゼンはニッケル触媒の存在下で水素を付加するが，高温，高圧が必要である．

ベンゼンは臭素と反応するが，臭化第二鉄のような Lewis (ルイス) 酸触媒があるときにだけ反応する．しかし，もっと驚くべきことは，この反応が付加ではなく**置換**であることである．

置換　　$C_6H_6 + Br_2 \xrightarrow{FeBr_3} C_6H_5Br + HBr$　　　起こる

付加　　$C_6H_6 + Br_2 \not\rightarrow C_6H_6Br_2 + C_6H_6Br_4 + C_6H_6Br_6$　　起こらない

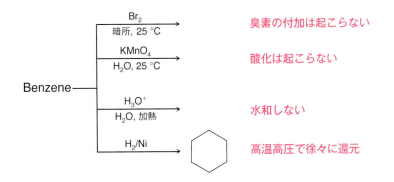

　ベンゼンに臭素を反応させると，ただ1種類のブロモベンゼンが生成する．すなわち，分子式 C_6H_5Br をもつ化合物がただ1種類，生成物中に見出されるのみである．同様に，ベンゼンを塩素化するとただ1種類のクロロベンゼンが生成する．

　これらの事実には二つの説明が可能である．第一の説明は，ベンゼンの6個の水素のうち，1個だけがこれらの反応剤に対して活性であるというものである．第二の説明は，ベンゼンの6個の水素はすべて等価で，その中のどの一つを置換基で置き換えても同じ生成物を与えるというものである．後でわかるように後者の説明のほうが正しい．

13.4　ベンゼンの Kekulé 構造

　1865年，ドイツの化学者 A. Kekulé はベンゼンに対して今日でも用いられている（ただし，Kekulé の考えた意味とは違ってはいるが）構造式を提出した（2.1D項）*．Kekulé はベンゼンの炭素原子は環を作り，しかも単結合と二重結合が交互に結合し，それぞれの炭素に水素原子1個が付いていると考えた．この構造式は炭素原子が四つの結合を作れるという原子価理論と，ベンゼンの水素原子はすべて等価であるという条件を満足するものであった．

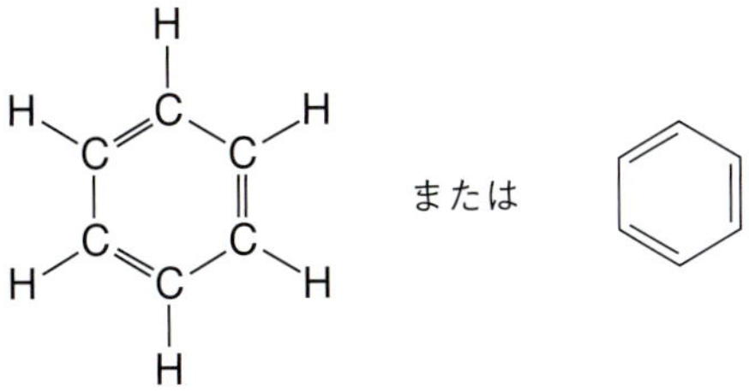

Benzene の Kekulé 構造

　しかし，この **Kekulé 構造**には問題点があった．Kekulé 構造によると，二つの異なった 1,2-ジブロモベンゼンが存在することになる．その一つは臭素をもつ炭素同士が単結合で結ばれているものであり，もう一方は二重結合で結ばれているものである．

---

* 1861年，オーストリアの化学者 J. J. Loschmidt（ロシュミット）はベンゼン環を円で表した．しかし，彼は炭素原子がその環の中で実際にどのように配列しているかについては示さなかった．

これらの 1,2-ジブロモベンゼンは異性体として存在しない

- しかし，実際にはただ一つの 1,2-ジブロモベンゼンしか見出されていない．

この相反する問題を解決するために，Kekulé はベンゼン（とその誘導体）には平衡関係にある二つの形があり，その平衡は非常に速く，そのためにそれぞれの化合物を単離することはできないのであると説明した．すなわち，二つの 1,2-ジブロモベンゼンも速い平衡関係にあって，この二者を単離することができなかったのであると考えた．

ベンゼン環の結合異性体間のこのような平衡は存在しない

- 今日ではこの説明は間違っており，そのような平衡は存在しないことは誰でも知っている．

それにもかかわらず，Kekulé のベンゼンの表示法は前進への重要な第一歩であった．その上，違った意味ではあるが，実用的な理由から今日でもこの構造式は用いられている．

ベンゼンが付加よりむしろ置換によって反応することは，**芳香族性** aromaticity に関してもう一つ別の見方を提供してくれた．ある化合物が芳香族とよばれるためには，実験的には不飽和度が高いにもかかわらず，付加反応よりはむしろ置換反応をしなければならない．

1900 年以前は，化学者は単結合と二重結合を交互に含む環をもつことが芳香族性を示す構造上の特性であると考えていた．当時はベンゼンとベンゼン誘導体（すなわち，6 員環をもつ化合物）が知られていた唯一の芳香族化合物であった．化学者は当然別の例を探しにかかった．シクロオクタテトラエンはそのいい目標となった．

Cyclooctatetraene

1911 年に，R. Willstätter はシクロオクタテトラエンを合成することに成功した．しかし，それはベンゼンとは似ても似つかぬものであった．シクロオクタテトラエンは臭素や水素を容易に付加し，過マンガン酸カリウム溶液によって酸化される．したがって，この化合物は明らかに芳香族ではない．これらの発見は Willstätter には大きな失望を与えたに違いないが，非常に意味のあることであった．この結果，化学者たちはベンゼンの芳香族性の起源を見出すべく，さらに深く追求することになったのである．

13.5 ベンゼンの熱力学的安定性

ベンゼンはその Kekulé 構造から考えると付加反応を行うであろうと考えられるにもかかわらず、置換反応をするという異常な性質をもっていることを学んだ。ベンゼンは他にも異常性を示す。すなわち、Kekulé 構造から考えられる以上に熱力学的に安定である。どのくらい安定であるか、次の熱化学的な結果を見てみよう。

二重結合を一つもつ6員環化合物であるシクロヘキセンは簡単にシクロヘキサンに水素化される。この反応の水素化熱 $\Delta H°$ を測定すると -120 kJ mol^{-1} であり、この値は二置換アルケンの値に極めて近い。

Cyclohexene + H$_2$ →(Pt) Cyclohexane $\Delta H° = -120$ kJ mol^{-1}

1,3-シクロヘキサジエンを水素化するとほぼ2倍、すなわち、$\Delta H°$ は約 -240 kJ mol^{-1} になるであろうと予想される。この実験を実際に行ってみると、$\Delta H°$ は -232 kJ mol^{-1} であった。この値は計算値に非常に近い。その差は共役二重結合をもつ化合物が孤立二重結合をもつ化合物よりも、常にいくらか安定であるという事実を考慮すれば説明できる (12.7 節)。

1,3-Cyclohexadiene + 2 H$_2$ →(Pt) Cyclohexane

計算値 $\Delta H° = 2 \times (-120) = -240$ kJ mol^{-1}
実測値 $\Delta H° = -232$ kJ mol^{-1}

この考え方を拡張して、ベンゼンを 1,3,5-シクロヘキサトリエンだとすると、それを水素化したとき約 360 kJ mol^{-1} [$\Delta H° = 3 \times (-120)$] の熱を出すと予想される。実際に実験してみると、その結果は驚くほど異なっている。反応は発熱的であるが、わずか 208 kJ mol^{-1} しか発熱しない*。

Benzene + 3 H$_2$ →(Pt) Cyclohexane

計算値 $\Delta H° = 3 \times (-120) = -360$ kJ mol^{-1}
実測値 $\Delta H° = -208$ kJ mol^{-1}
差 $= 152$ kJ mol^{-1}

この結果を図 13.1 のように表すと、ベンゼンは予想よりはるかに安定であるということが明らかになる。仮想的な 1,3,5-シクロヘキサトリエンより 152 kJ mol^{-1} も安定である。実際に放出される熱量と Kekulé 構造から計算された熱量の差を、その化合物の共鳴エネルギー resonance energy という。

---

* (訳注) $\Delta H°$ がマイナスのとき、発熱量はプラスになる。

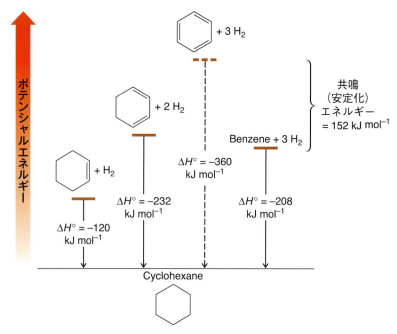

図 13.1 Cyclohexene, 1,3-cyclohexadiene, 1,3,5-cyclohexatriene（仮想分子）と benzene の相対的安定性

13.6 ベンゼンの構造の現代的理論

　ベンゼンの異常な挙動と安定性が理解されはじめたのは，1920年代に量子力学が発展してきてからである．量子力学は分子の結合について二つの見方を提供した．すなわち，共鳴理論と分子軌道理論である．ベンゼンへの適用を通じて二つの理論を考えてみよう．

13.6A　ベンゼンの構造の共鳴理論による説明

　共鳴理論（1.8節，12.4節）には，一つの分子に対して電子の位置だけが異なる Lewis 構造が二つ以上書ける場合，その個々の構造はその化合物の化学的または物理的性質と完全には一致しないという基本的な前提がある．これを認めるとすれば，ベンゼンに対する二つの Kekulé 構造（ⅠとⅡ）の本当の意味を理解できる．

- 次頁に示す二つの Kekulé 構造ⅠとⅡは電子の位置のみ異なる．したがって，構造ⅠとⅡは Kekulé が提唱したように平衡関係にある二つの別々の分子を表しているのではない．

　構造ⅠとⅡは分子式と原子価の古典的な規則*，そして6個の水素が化学的に等価であるという事実を考慮に入れた上で，われわれの書ける式の中でベンゼンの構造に最も近いものである．Kekulé 構造のもつ問題点は Lewis 構造であることにある．Lewis 構造は電子が局在している形

---

* （訳注）炭素は4価，水素は1価であるということ．

で表記される（実際のベンゼンでは電子は非局在化している）．幸い，共鳴理論はこの種の問題に直面したときに立ち止まるのではなく，ここから抜け出す方法を示してくれる．

- 共鳴理論によると，Kekulé 構造 I と II をベンゼンの真の構造に対する共鳴寄与構造と考え，両頭の矢印（化学平衡の表示のための二つの別々の矢印ではない）で結ぶ．

もう一度強調しておくが，共鳴構造 I と II は平衡関係にあるのではないし，また，真の分子の構造式でもない．単純な原子価則でしばられるかぎり，これはわれわれの書ける最も真の分子に近い構造式であり，真の分子を混成体として図式化するのに非常に有用なものである．

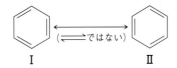

注意深く構造を見てみよう．構造 I の単結合はすべて構造 II では二重結合になっている．

- Kekulé 構造 I と II の混成体（平均）には，炭素間に完全な単結合も完全な二重結合もない．結合次数は単結合と二重結合の中間になる．

実験的な証拠はこのことを証明している．分光学的測定によると，ベンゼン分子は平面であり，C—C 結合はすべて同じ長さである．そのうえ，ベンゼンの C—C 結合の長さ（図 13.2）は 1.39 Å であって，この値は sp^2 混成の C—C 単結合（1.47 Å）（表 12.1 参照）と C＝C 結合（1.34 Å）の中間の値である．

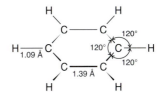

図 13.2　Benzene の結合距離と結合角（σ 結合だけを示している）

- ベンゼンの混成体構造は正六角形の中に円を書いて，式 III のように表される．

III

しかし，π 電子対の数を計算する必要がある場合もあり，この目的には Kekulé 構造 I と II のどちらか一方を用いる．そうするのは，Kekulé 構造では π 電子対と全 π 電子数がはっきりしているが，円で表されると π 電子対の数がはっきりしないという理由からだけである．ベンゼン環の円は，6π 電子が環を作っている 6 個の炭素原子のまわりに非局在化していることを示している．しかし本章の後半で見るように，環の大きさが異なり，非局在化している π 電子数も異なるような系も円で表すことができる．

- ベンゼンの実際の構造（共鳴混成体 III で表される）は，寄与しているどちらの共鳴構造よりも安定である．ベンゼンには複数の等価な共鳴構造が書けるからである．

仮想的な 1,3,5-シクロヘキサトリエンとベンゼンとのエネルギー差を共鳴エネルギーという．

これは電子の非局在化によるベンゼンの安定化を示している．

問題 13.2 Benzene が 1,3,5-cyclohexatriene であったとすると，下の構造に示すように C—C 結合は交互に長さが異なる．この構造を共鳴構造と考えて両頭の矢印で結ぶと共鳴理論の基本原則に反する．このことを説明せよ．

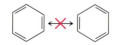

13.6B　ベンゼンの構造の分子軌道法による説明

　ベンゼン環の炭素原子の結合角がすべて 120°であるという事実は，炭素原子が sp^2 混成であることを強く示唆している．これを認めた上で，sp^2 炭素原子で平面の 6 員環を組み立てると，図 13.3(a) と (b) で示すようなベンゼンのもう一つの構造が現れてくる．これらのモデルではそれぞれの炭素は sp^2 混成であり，隣接する炭素の p 軌道と重なることのできる p 軌道をもっている．環のまわりのすべての p 軌道が重なると，その結果は図 13.3(c) に示したモデルになる．

- 量子力学の原理（1.11 節）により，π 分子軌道の数はそれを作ったもとの原子軌道の数と同じである．そして，各軌道には逆スピンになった電子が 2 個まで入ることができる．

ベンゼンの炭素原子の p 軌道だけを考えると，ベンゼン環の六つの π 分子軌道ができあがる．それらを図 13.4 に示す．

　ベンゼンの基底状態電子配置は，図 13.4 に示す π 分子軌道に 6π 電子を最低エネルギーの軌道から始めて 2 電子ずつ入れていくことによって得られる．最低エネルギーの π 分子軌道は，環の面の上下ですべての p 軌道が同位相の重なりをもっている．この π 分子軌道には環に垂直な節面（軌道の位相が変化する面）が存在しない．その次にエネルギーの高い二つの π 分子軌道には一つの節面がある（一般に π 分子軌道のエネルギーが高くなるごとに節面が一つ増える）．これら二つの軌道のエネルギー準位は等しく，縮退している．以上の三つの π 分子軌道にそれぞれ 2 電子が収容され，合わせてベンゼンの結合性 π 分子軌道を形成している．さらにその次にエネルギーの高い二つの π 分子軌道には二つの節面があり，いちばんエネルギー準位の高い π 分子軌道には三つの節面がある*．これら三つの π 分子軌道はベンゼンの反結合性 π★ 分子軌道であり，基底状態において電子は入っ

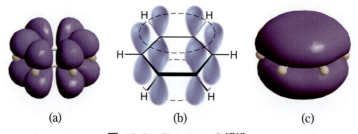

図 13.3　Benzene の構造
　(a) 環になった 6 個の sp^2 混成炭素原子［各炭素は水素原子（灰色の球で示されている）を 1 個もっている］．それぞれの炭素は環の上下に p 軌道のローブをもっている．(b) (a) の p 軌道を模式化した図．(c) 環のまわりの p 軌道が重なると，環の上下を取り囲む π 分子軌道になる（軌道のローブの位相の違いは示していない）．

13.6 ベンゼンの構造の現代的理論

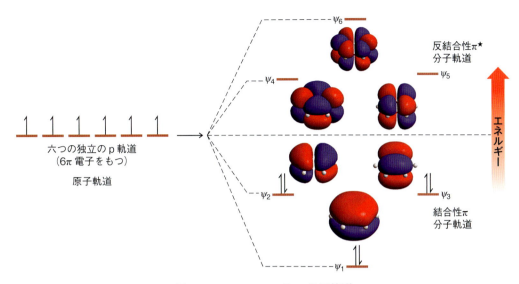

図13.4　Benzeneのπ分子軌道
六つのp原子軌道が相互作用して，どのように六つのπ分子軌道ができるかを示す．三つのπ分子軌道のエネルギー準位は孤立したp軌道よりも低い．これらは結合性π分子軌道である．残りの三つのπ分子軌道のエネルギー準位は孤立したp軌道よりも高い．これらは反結合性π★分子軌道である．π分子軌道 ψ_2 と ψ_3 および ψ_4 と ψ_5 は，それぞれ同じエネルギー準位にあり，縮退しているといわれる．

ていない．ベンゼンは非局在化したπ電子の閉じた結合性殻 closed bonding shell をもっているといわれる．なぜなら，その結合性π分子軌道のすべてがスピンを対にした2電子で満たされていて，反結合性π★分子軌道には1電子も入っていないからである．この閉じた結合性殻によって，部分的にではあるがベンゼンの安定性が説明される．

ベンゼンのπ分子軌道は，量子化学に基づく計算によって求められたベンゼンの静電ポテンシャル図（図13.5）を見るとよくわかる．ベンゼンの電子は非局在化しており，またベンゼン環の上下（下側は図には示されていない）に等しく広がっている．

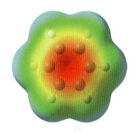

図13.5　Benzeneの静電ポテンシャル図

---

* （訳注）いずれの軌道にも，もう一つ環の面に節面がある．

13.7　Hückel 則：(4n+2)π 電子則

1931 年にドイツの物理学者 E. A. A. J. Hückel（ヒュッケル）は共役分子の π 分子軌道について，上述の理論計算を行い，ベンゼンのように環を構成している**各原子が p 軌道をもつ平面単環式化合物**の一般的な性質を明らかにした．これを **Hückel 則**という．その計算によると，$(4n+2)π$ 電子（ここで $n = 0, 1, 2, 3, \cdots$ すなわち，2, 6, 10, 14 個……の π 電子）をもつ平面単環式化合物はベンゼンのように非局在化した π 電子の閉じた殻をもち，したがって，かなりの共鳴エネルギーをもつはずである．

- いいかえると，Hückel 則によれば，**2, 6, 10, 14 個……の非局在化した π 電子をもつ平面単環式化合物は**芳香族 aromatic **である．**

13.7A　Hückel 則による単環式化合物の π 分子軌道のエネルギー図の書き方*

単環式共役系の π 分子軌道のエネルギー図を Hückel 則に基づいて書く簡単な方法がある．その手順を次に示す．

1. 環に含まれる炭素数に相当する正多角形を，一つの頂点を底にして書く．
2. 正多角形のすべての頂点を通る（に接する）円を書く．
3. 円に接している正多角形のすべての頂点に対応するように高さを合わせて，この円の外側に，水平に短い線を書く．これらの線の高さがそれぞれの π 分子軌道の相対的なエネルギー準位を表している．
4. 次に，円の中心を通る水平な破線を引く．この破線より下が結合性 π 分子軌道のエネルギー準位である．この破線より上が反結合性 π* 分子軌道のエネルギー準位であり，非結合性 π 分子軌道は破線上にある．
5. 最後に，環に含まれる π 電子の数に応じて，最低エネルギーの π 分子軌道から高いエネルギー準位の π 分子軌道に向かって，電子を表す矢印を書いていく．縮退する π 分子軌道には，まずそれぞれ 1 電子を満たしてから，必要ならばその後逆スピンの電子を付け加える．

例えば，この方法をベンゼンに応用すると（図 13.6），ベンゼンの量子力学計算に基づくエネルギー準位図（図 13.4）と同じエネルギー準位図ができあがる．

シクロオクタテトラエンが芳香族ではないことは，次のように理解できる．シクロオクタテトラエンは 8π 電子をもっているが，8 は Hückel 数ではない．すなわち，$4n+2$ 系列の数字ではなく $4n$ 系列の数字である．平面分子であると仮定して，シクロオクタテトラエンに円－正多角形法を応用すると（図 13.7），ベンゼンのように π 電子の閉じた結合性殻をもたず，二つの非結合性 π 分子軌道にそれぞれ不対電子（ラジカル）として 1 電子ずつもつようになる（Hund の規則，1.10A 項参照）．不対電子をもつ分子は通常不安定であり，高い反応性をもつ．したがって，シクロオクタテトラエンはベンゼンには全く似ていなくて，芳香族性であるはずがない．

---

*（訳注）芳香族化合物の分子軌道のエネルギー準位を計算によらず簡単に求めるこの方法（円-正多角形法）は，1953 年に米国の A. A. Frost（フロスト）によって考案された．ここで用いられる円は Frost 円とよばれている．

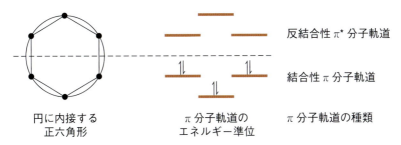

図 13.6　円–正多角形法による benzene の π 分子軌道のエネルギー図
円の中心を通る水平な破線を基準にして，下が結合性 π 分子軌道，上が反結合性 π* 分子軌道である．破線上の π 分子軌道は非結合性 π 分子軌道である（ただし，benzene にはない）．

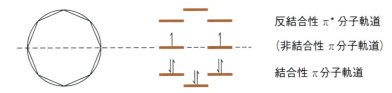

図 13.7　仮想的な平面状の cyclooctatetraene の π 分子軌道のエネルギー図

シクロオクタテトラエン分子は平面構造をとっても安定化が得られないので，バスタブのような形（下図）をしていることがわかっている（13.7D 項でシクロオクタテトラエンが平面になると安定性を失うことを述べる）．シクロオクタテトラエンの結合は長い結合と短い結合が交互になっている．X 線構造解析によると，それぞれ 1.48Å と 1.34Å である．

Cyclooctatetraene のバスタブ形構造

13.7B　アヌレン

アヌレン annulene という名称は，単結合と二重結合とを交互にもっている単環式化合物の総称名として使われている．アヌレンの環の大きさは角カッコで囲んだ数字で表される．例えば，ベンゼンは［6］アヌレンであり，シクロオクタテトラエンは［8］アヌレンである*．

- Hückel 則によると，アヌレンが $(4n+2)$ π 電子をもち，平面状の炭素骨格をもつ場合に芳香族であるということになる．

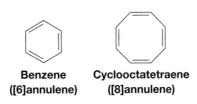

Benzene
([6]annulene)

Cyclooctatetraene
([8]annulene)

1960 年以前は Hückel 則を試すことのできるアヌレンは，ベンゼンとシクロオクタテトラエン

---

* この名称はベンゼンやシクロオクタテトラエンにはほとんど用いられない．10 個またはそれ以上の炭素原子からなる共役単環式化合物に用いられる．

だけであった．ところが1960年代に入って，主としてF. Sondheimer によって多数の大環状アヌレンが合成され，Hückel 則の予測が確かめられた．

［14］，［16］，［18］，［20］，［22］，［24］アヌレンを考えてみよう．これらのうち，［14］，［18］，［22］アヌレンは，Hückel 則の予想通り（それぞれ $4n+2$ の $n=3, 4, 5$ に相当する），芳香族であることが明らかになった．［16］アヌレンと［24］アヌレンは芳香族ではなく，反芳香族 antiaromatic である（13.7D 項参照）．これらは $4n\pi$ 系の化合物であり，$(4n+2)\pi$ 系の化合物ではない．

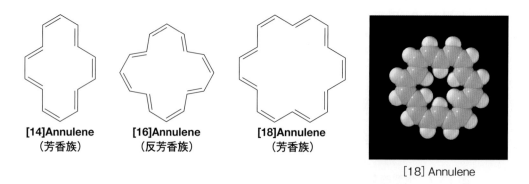

［10］と［12］アヌレンも合成されているがいずれも芳香族ではない．［12］アヌレンは12電子であるから，当然芳香族ではないと予想される．［10］アヌレンは電子の数からすると芳香族であると考えられる．しかし，その環はいずれも平面がとれない．

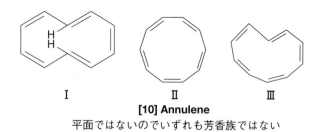

[10] Annulene
平面ではないのでいずれも芳香族ではない

［10］アヌレン I は二つのトランス二重結合をもっている．結合角は約 120°でそれほど大きな角度ひずみはない．しかし環の中央の水素2個が互いにぶつかり合って環の炭素は平面をとることができない(分子模型で確かめよ)．環が平面でないから，炭素原子の p 軌道は平行でなくなり，したがって環のまわりで重なり合って芳香族系の π 分子軌道を作ることができない．

シス二重結合のみからなる［10］アヌレン II は，もし平面構造をとるとその内角は 144°となり，かなりの結合角ひずみをもつことになる．この化合物が芳香族となるために平面になることによって得られる安定性は，大きな結合角ひずみによる不安定化効果によって帳消しにされる．同様に，結合角ひずみのために平面になれないトランス二重結合を一つもつ［10］アヌレン III も芳香族ではない．

［4］アヌレン（シクロブタジエン）も失敗を重ねた末，1965年 R. Pettit (University of Texas, Austin) らによって合成された．シクロブタジエンは $4n\pi$ 系分子で，$(4n+2)\pi$ 系分子ではないから，予想されるように非常に不安定な化合物で反芳香族である（13.7D 項参照）．

Cyclobutadiene
または [4]annulene
（反芳香族）

例題 13.2

上述の円-正多角形法を用いてπ分子軌道図を作り，cyclobutadieneが芳香族性ではないことを示せ．

解き方と解答：

13.7A項で述べた方法に従って，円に内接する正四角形とπ分子軌道のエネルギー準位を書く．

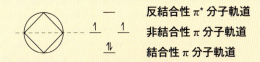

このモデルから理解できるように，二つの非結合性π分子軌道に不対電子がそれぞれ1個ずつ入っていて，cyclobutadieneのπ分子軌道は閉殻していないので，芳香族性ではないことがわかる．

13.7C 芳香族イオン

これまで述べた中性分子の他に，正電荷あるいは負電荷のいずれかをもつ単環式の化学種が数多く知られている．これらのイオンの中には意外な安定性を示すものがあり，**芳香族イオン** aromatic ionであると考えられる．Hückel則はこれらのイオンの性質を説明するのにも有用である．シクロペンタジエニドイオン cyclopentadienide ion（またはシクロペンタジエニルアニオン cyclopentadienyl anion）とシクロヘプタトリエニルカチオン cycloheptatrienyl cation の2例について考えてみよう．

シクロペンタジエンは芳香族化合物ではない．しかし，炭化水素としては異常に酸性が強い（シクロペンタジエンのpK_aが16であるのに対してシクロヘプタトリエンのpK_aは36である）．その強い酸性のために，シクロペンタジエンは少し強い塩基を用いるとアニオンに変えることができる．そのうえ，できたシクロペンタジエニドイオンは異常に安定である．また，シクロペンタジエニドイオンの水素5個はすべて等価であることが証明されている．

Cyclopentadiene   Cyclopentadienide ion

シクロペンタジエンの軌道図（図13.8）を見ると，シクロペンタジエン自身が芳香族ではない理由がよくわかる．適当な数の電子をもたないばかりか，p軌道をもたないsp^3混成のCH_2基が間に入っているので，その電子は環全体に非局在化できない．

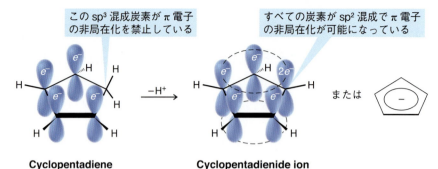

図 13.8　Cyclopentadiene と cyclopentadienide ion の p 軌道の模式図

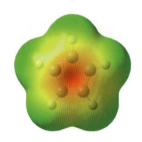

図 13.9　Cyclopentadienide ion の静電ポテンシャル図
このイオンは全体として負に荷電している．最も負電荷の大きい領域は赤色で示され，最も小さい領域は緑色で示されている．負電荷は上の面と下の面（この図では見えない）の中心部に集まっており，イオンの余分の電子は芳香族 π 電子系に含まれている．

ところがいったん CH_2 炭素がプロトンを失って sp^2 混成になると（図 13.8），残った電子 2 個が新しくできた p 軌道に入る．この新しい p 軌道は両側の p 軌道と重なり合うことができ，6 個の非局在化した π 電子をもつ環を作ることになる．電子が非局在化するので水素はすべて等価になる．シクロペンタジエニドイオンの静電ポテンシャル図は，環内に負電荷が等しく分布しており，全体として対称な環構造をとっていることを示している（図 13.9）．

π 電子数の 6 という数は，勿論，Hückel 数（$4n+2$ で n が 1 の場合）である．

- シクロペンタジエニドイオンは実際，**芳香族アニオン**である．シクロペンタジエンの酸性度が異常に高いのはこのアニオンの安定性によるものである．

例題 13.3*

円-正多角形法を用いて π 分子軌道図を作り，シクロペンタジエニドイオンが芳香族性をもつことを示せ．

解き方と解答：
13.7A 項で述べた方法に従って，頂点の一つを下にして円に内接する正五角形を書き，π 分子軌道のエネルギー準位を書くと，三つの軌道が結合性で二つが反結合性であることがわかる．

13.7 Hückel則：$(4n+2)\pi$電子則

反結合性 π^* 分子軌道

結合性 π 分子軌道

Cyclopentadienide ion* は Hückel 数の 6π 電子をもっているので，これらは結合性 π 分子軌道を完全に満たし，不対電子は一つもなく，反結合性 π^* 分子軌道も空である．これは芳香族イオンに予想されることである．

シクロヘプタトリエン（図 13.10）は 6π 電子をもっている．しかし，シクロヘプタトリエンの6電子は，p 軌道をもたない CH_2 基のために環全体には非局在化できない．

シクロヘプタトリエン（慣用名：トロピリデン tropylidene）からヒドリドイオンを引き抜くような反応剤で処理すると，シクロヘプタトリエニルカチオン（またはトロピリウムイオン*）が生成する．シクロヘプタトリエンからヒドリドイオンの引き抜きは予想外に容易に起こり，シクロヘプタトリエニルカチオンは異常に安定であることがわかっている．また，シクロヘプタトリエニルカチオンの7個の水素すべてが等価であることもわかっている．図 13.10 をよく見れば，これらの事実がどのように説明できるかわかる．

シクロヘプタトリエンの CH_2 基からヒドリドイオンを取り除くと，空の p 軌道ができるとともに，その炭素は sp^2 混成となる．できたカチオンは7個の重なり合った p 軌道に6個の非局在化した π 電子をもつことになる．したがって，シクロヘプタトリエニルカチオンは**芳香族カチオン**であり，すべての水素は等価である．これはまさに実験的に見出された結果と一致する．

シクロヘプタトリエニルカチオンについて計算した静電ポテンシャル図（図 13.11）もこのイオンが対称であることを示している．芳香族系にかかわる電子の静電ポテンシャルが相対的に黄色からオレンジ色で示されており，環の上面に（また見えないが裏面にも）均一に分布している．勿論，イオン全体の電荷は正であり，正に荷電している部分はイオンの周辺部に青色で示されている．

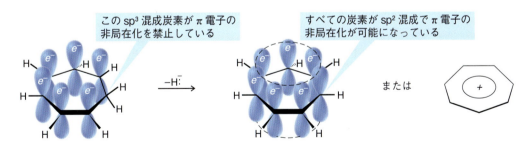

図 13.10 Cycloheptatriene と cycloheptatrienyl cation（tropylium ion）の p 軌道の模式図

---

*（訳注）カルボアニオン（炭素陰イオン）とカルボカチオン（炭素陽イオン）の区別の仕方：
1) 語尾に –ide ion が付いているか，基名の後に anion が付いている場合はカルボアニオンである．
2) 語尾に –ium ion が付いているか，基名の後に cation が付いている場合はカルボカチオンである．

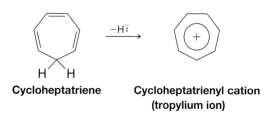

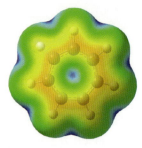

図 13.11 Cycloheptatrienyl cation の静電ポテンシャル図

このイオンは全体としては正に荷電しているが，比較的負電荷の大きい部分は環の上面のまわりに（そして見えないが下面にも）見られ，それらの電子は芳香環の π 電子系を形成している．

問題 13.3* 円-正多角形法を用いて cyclopentadienyl cation は芳香族であるか否かを説明せよ．

Cyclopentadienyl cation

問題 13.4* (a) Cycloheptatrienide ion および (b) cycloheptatrienyl cation は芳香族であるといえるか．円-正多角形法を用いて示せ．

問題 13.5 1,3,5-Cycloheptatriene は 1,3,5-heptatriene より酸性が弱い．このことを問題 13.4 (a) の解答に基づいて説明せよ．

問題 13.6 1,3,5-Cycloheptatriene は 0 ℃で CCl_4 中，Br_2 と反応させると，1,6 付加物を与える．(a) 生成物の構造式を書け．(b) この 1,6 付加物は加熱すると HBr を簡単に脱離して分子式 C_7H_7Br の tropylium bromide（臭化トロピリウム）という化合物を与える．Tropylium bromide は非常に高融点（mp 203 ℃）で，無極性溶媒に不溶であるが，水には溶ける．その水溶液に硝酸銀水溶液を加えると，AgBr の沈殿を生じる．これらの実験結果を説明する tropylium bromide の構造式を書け．

13.7D 芳香族と反芳香族化合物

- 芳香族化合物は，環全体に非局在化した π 電子をもっており，π 電子の非局在化によって安定化

されている.

　環系のπ電子が非局在化しているかどうかを知る最もよい方法の一つは，NMRスペクトル法を用いるものである（Ⅲ巻のA2章参照）．この方法はπ電子が非局在化しているかどうかについての直接的な証拠を提供する.

　一体，化合物がπ電子の非局在化によって安定化されているというのはどういうことだろうか．13.5節において，ベンゼンの水素化熱を仮想的な1,3,5-シクロヘキサトリエンの計算値と比較することによって，ベンゼン（π電子が非局在化している）は1,3,5-シクロヘキサトリエン（π電子が非局在化していないモデル）より安定であると結論した．そのエネルギー差を共鳴エネルギー（非局在化エネルギー）または安定化エネルギーという.

　他の芳香族化合物について同じような比較をするには，適当なモデルを選ぶ必要がある.

　環状化合物がπ電子の環状非局在化によって安定化を受けているかどうかを評価する一つの方法は，環状化合物のπ電子エネルギーを，同数のπ電子をもつ対応する鎖状化合物と比較することである．この方法はアヌレンのみならず，芳香族カチオンやアニオンにも適用できるので特に有用である（ひずみのある環状化合物には補正が必要になる）.

　この方法を使うには，次の手順による.

1. 環状化合物と同数のπ電子をもつsp^2炭素からなる鎖状化合物をモデルとして選ぶ.
2. この鎖の端の水素2個をとってつなぐと，もとの環状化合物になる.

- 信頼できる計算や実験に基づいて，環状化合物のπ電子エネルギーのほうが鎖状化合物より低ければ，その環は**芳香族** aromatic である.
- 環状化合物のπ電子エネルギーのほうが高ければ**反芳香族** antiaromatic である.

　π電子エネルギーを決めるための実際の計算や実験についてはここでは述べないが，次の四つの例でこの方法を考えてみよう.

シクロブタジエン　シクロブタジエンについては次のような仮想的な変換を考える.

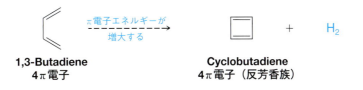

計算と実験の結果はシクロブタジエンのπ電子エネルギーがその鎖状モデルより高いことを示しており，したがって，シクロブタジエンは反芳香族である.

ベンゼン　次の仮想的な変換を考える.

計算と実験の結果からベンゼンは1,3,5-ヘキサトリエンよりπ電子エネルギーがずっと低いことが確認される．この比較から，ベンゼンは芳香族である.

シクロペンタジエニドイオン 次に示す鎖状アニオンの仮想的な変換を考える．

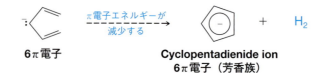

計算と実験から環状アニオンのほうが鎖状のものよりπ電子エネルギーが低いことが確かめられる．したがって，シクロペンタジエニドイオンは芳香族である．

シクロオクタテトラエン シクロオクタテトラエンについては次の仮想的な変換を考える．

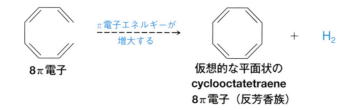

計算と実験の結果によると，平面状のシクロオクタテトラエンはその鎖状化合物のオクタテトラエンよりπ電子エネルギーが高い．したがって，シクロオクタテトラエンがもし平面をとれば反芳香族である．13.7A 節で示したように実際にはシクロオクタテトラエンは平面ではないので，反芳香族化合物ではなく，単なる環状ポリエンである．

例題 13.4

計算によると，アリルカチオンからシクロプロペニルカチオンへの仮想的な変換によってπ電子エネルギーは減少する．これはシクロプロペニルカチオンの芳香族性について何を意味しているか．

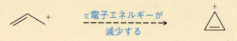

解き方と解答：
環状カチオンのπ電子エネルギーがアリルカチオンよりも低くなっているので，シクロプロペニルカチオンは芳香族であるといえる（このカチオンについては問題 13.9 も参照せよ）．

13.8 その他の芳香族化合物

13.8A ベンゼノイド芳香族化合物

これまでに述べたものの他にも多くの芳香族化合物の例が知られている．**多環式芳香族炭化**

13.8 その他の芳香族化合物

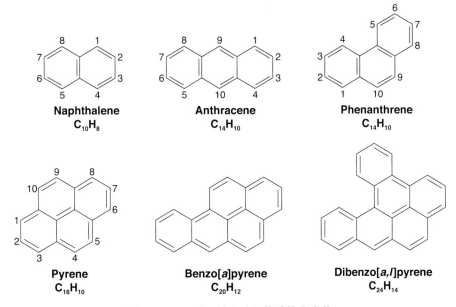

図 13.12　ベンゼノイド芳香族化合物
Benzo [*a,l*] pyrene のようなある種の多環式芳香族炭化水素（PAH）は発がん性をもつ.

水素 polycyclic aromatic hydrocarbon（**PAH**）とよばれる**ベンゼノイド芳香族化合物**[*] benzenoid aromatic compound の一群があり，その代表例を図 13.12 に示した.

● 多環式ベンゼノイド芳香族炭化水素はすべて 2 個以上のベンゼン環が縮合してできている.

ナフタレンを例にとってこのことを説明しよう.

共鳴理論によれば，ナフタレン分子は 3 個の Kekulé 構造の混成体であると考えられる. Kekulé 構造の一つで最も重要なものを図 13.13 に示す. ナフタレンには二つの環に共通する炭素が 2 個（C4a と C8a）ある. この二つの原子は環縮合 ring fusion 位にあるという. この炭素はその結合をすべて他の炭素原子との結合に使っており，したがって水素原子をもたない.

ナフタレンの π 分子軌道の計算を図 13.14 のモデルを用いて行うと，実験から得られた結果とよく一致する. 10π 電子が二つの環にまたがって非局在化し，Kekulé 構造個々について計算されたエネルギーよりも低いことを示している. したがって，ナフタレンはかなりの共鳴エネルギ

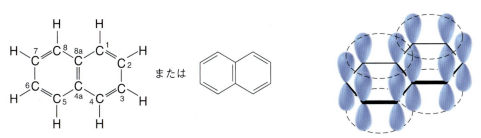

図 13.13　Naphthalene の Kekulé 構造の一つ　　図 13.14　Naphthalene の p 軌道の模式図

[*]（訳注）–oid（オイド）というのは「～のようなもの」という意味である. 他にアルカロイド，ステロイド，テルペノイドなどの例がある.

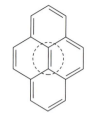 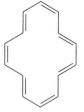 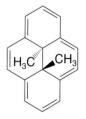

図 13.15　Pyrene の Kekulé 構造の一つ
内部の二重結合を強調するために点線で囲んである．

[14]Annulene

trans-15,16-Dimethyldihydropyrene

ーをもっている．さらに，ベンゼンについてわれわれのもっている知見から考えると，ナフタレンが付加よりも置換によって反応し，また芳香族化合物に特有な種々の性質を示すことが理解できる．

アントラセンとフェナントレン（図 13.12）は構造異性体である．アントラセンでは三つの環が直線状に縮合しており，フェナントレンは折れ曲がった分子を作るように縮合している．これらの分子はともに大きな共鳴エネルギーをもち，芳香族化合物に特有の化学的性質を示す．

ピレン（図 13.15）も芳香族である．ピレン自身は古くから知られていたが，ピレン誘導体が Hückel 則の興味ある応用を示すことから，研究の対象となった．

ピレンの Kekulé 構造（図 13.15）に注目してみよう．ピレンの全 π 電子数は 16 である．16 は非 Hückel 数であるが，Hückel 則は単環式化合物のみに適用される．ピレンは四環性であるから直接には適用できない．しかし，ピレンの内部の二重結合を無視して，周辺部だけを見てみると，14π 電子をもつ平面環になる．周辺環は［14］アヌレンとよく似ている．14 は Hückel 数（$4n+2$ で $n=3$ の場合）である．内部の二重結合を除くと，ピレンは芳香族と予想できる．

この予想は V. Boekelheide（ベーケルハイド）（University of Oregon）が *trans*-15,16-ジメチルジヒドロピレンを合成し，芳香族であることを示したことで，確かめられた．

13.8B　非ベンゼノイド芳香族化合物

ナフタレン，フェナントレン，アントラセンはベンゼノイド芳香族化合物の例である．一方，シクロペンタジエニドイオン，シクロヘプタトリエニルカチオン，*trans*-15,16-ジメチルジヒドロピレンや芳香族アヌレン（［6］アヌレンを除く）は **非ベンゼノイド芳香族化合物** nonbenzenoid aromatic compound に分類される．

非ベンゼノイド芳香族炭化水素の別の例として，アズレンがある．アズレンは 205 kJ mol^{-1} の共鳴安定化エネルギーをもっている．図 13.16 に示したアズレンの静電ポテンシャル図からわかるように，アズレンの二つの環の間でかなりの電荷分離が見られる．

問題 13.7　Azulene はかなり大きい双極子モーメントをもっている．Azulene の共鳴構造を書き，その双極子モーメントと芳香族性を説明せよ．

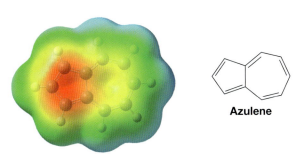

図 13.16　Azulene の静電ポテンシャル図
赤色部分は電子密度の高い領域を示し，青色部分は電子密度が低い領域を示す．

13.8C　フラーレン

　1990 年，W. Krätschmer（Max Planck Institute, Heidelberg）と D. Huffman（University of Arizona）らは C_{60}（サッカーボール様分子で正式名はバックミンスターフラーレン buckminsterfullerene であるが，バッキーボール bucky ball ともよばれる）の最初の実用的な合成法を報告した．黒鉛 graphite（グラファイト）を不活性気体の雰囲気下で加熱すると得られるこの C_{60} は，フラーレン fullerene とよばれる新しい芳香族化合物群の一つである．フラーレンは切頂二十面体の形状をしたドーム状の建物（ジオデシック・ドーム）の設計で知られる米国の建築家 Buckminster Fuller にちなんで名付けられたカゴ型分子である．C_{60} の構造とその存在は，この 5 年も前に H. W. Kroto（University of Sussex），R. E. Smalley，R. F. Curl（Rice University）ら*によって確立されていた．彼らは黒鉛をレーザーで気化させて得られる炭素クラスター cluster（複数の原子の集合体）の混合物中に非常に安定な成分として C_{60} と C_{70} を見出した（図 13.17）．1990 年以降，C_{60} より大きいあるいは小さい多数のフラーレンが合成され，その興味ある性質が研究されている．

　フラーレンは，ジオデシック・ドームと同様に五角形と六角形のネットワークでできている．球面になるためには，フラーレンはちょうど 12 個の五角形の面がなくてはならないが，六角形の面の数はいろいろ変えることができる．例えば，C_{60} は 20 個の六角形の面をもち，C_{70} は 25 個である．フラーレンの各炭素原子は sp^2 混成である．各炭素原子はそれぞれ 3 個の隣接炭素原子と結合し，残りの電子 1 個は p 軌道に残り，分子全体に非局在化している．そのため分子全体が芳香族性をもっている．

　フラーレンの物性はその合成よりももっと魅力的であることが次第に明らかにされつつある．フラーレンは高い電子親和性をもち，容易にアルカリ金属から電子を受け取り，"バッキド buckide" 塩を作る．その一つ K_3C_{60} は安定な金属性の結晶で，C_{60} のボール状分子が面心立方格子構造をとり，C_{60} の格子間にカリウムイオンをもっている．18 K に冷却すると超電導となる．さらに金属原子がこのカゴの中に取り込まれたフラーレンも合成されている．

---

*この 3 人は 1996 年度ノーベル化学賞を受賞した．

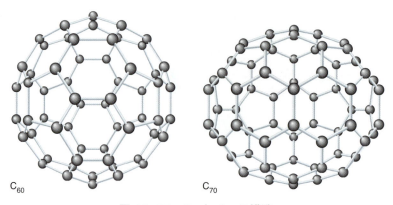

図 13.17　C_{60} と C_{70} の構造
[F. Diederich & R. L. Whetten, *Acc. Chem. Res.* **25**, 119-126（1992）から転載]

カーボンナノチューブの化学

カーボンナノチューブ carbon nanotube は，バックミンスターフラーレンに関連する比較的新しい炭素同素体である．1991年日本の飯島澄男（当時 NEC 研究所）によって発見された．ナノチューブは黒鉛（グラファイト；ベンゼン環が亀甲型の金網のように平面に網状になったもの）の一層の炭素板（グラフェン graphene）を巻いて管状にした構造をしている．その両端はバッキーボールの半分でふたをしたようになっている．ナノチューブはスチールの約100倍の強度をもっている．新合成材料の強化材としての性質の他に，その構造によって電導体や半電導体としての性質が明らかにされている．また DNA やタンパク質の分析のための原子間力顕微鏡（atomic force microscope：AFM）のプローブチップとして用いられる．ドラッグデリバリーのための分子サイズの試験管やカプセルとしての利用など多くの応用が試みられている．

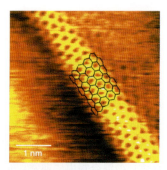

ナノチューブの壁はベンゼン環の網でできている．
[Image courtesy of C. M. Lieber, Harvard University]

13.9　ヘテロ環芳香族化合物

これまで述べてきた環状化合物はその環がすべて炭素だけからできているものであった．しかし，環状化合物の中には炭素以外の元素を環の中にもっているものが数多くある．

- 炭素以外の元素を含む環状化合物を**ヘテロ環化合物**[*] heterocyclic compound という．

ヘテロ環化合物は天然に非常に広く存在する．このことに加えて，これらの分子の中には芳香

---

[*]（訳注）"ヘテロ環化合物"は"複素環化合物"ともいう．かつて"ヘテロ原子"が"複素原子"とよばれていたからである．

族化合物があるという理由から，**ヘテロ環芳香族化合物** heterocyclic aromatic compound の例をいくつか紹介する．

窒素，酸素，硫黄などのヘテロ原子*heteroatom を含むヘテロ環化合物が最も一般的である．四つの重要な例を Kekulé 式で示す．いずれも芳香族化合物である．

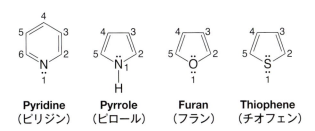

- ピリジンは電子的にはベンゼンと似ている．
- ピロール，フラン，チオフェンはシクロペンタジエニドイオンと関係がある．

ピリジンやピロールの窒素原子は sp^2 混成である．ピリジンでは，sp^2 混成の窒素は π 電子系に結合性電子を 1 個提供している（図 13.18）．この電子と 5 個の炭素の p 軌道の π 電子と合わせて，ベンゼンと同じように，6π 電子系を形成している．ピリジンの窒素の 1 組の非共有電子対は sp^2 軌道にあって，環を作っている原子と同じ平面内にある．この sp^2 軌道は環の p 軌道と重ならない（したがって，p 軌道に対して直交しているという）．すなわち，窒素原子上の非共有電子対は芳香族 6π 電子系には含まれていない．そして，この電子対がピリジンの弱塩基性のもとになっている．

ピロール（図 13.19）では，電子配置が異なっている．ピロール環の炭素原子からは 4π 電子しか芳香族性に寄与していないので，sp^2 混成の窒素から 2π 電子を提供する必要がある．すなわち，窒素の p 軌道の π 電子は非共有電子対とはならずに，この π 電子は芳香族 6π 電子系に含まれるので，プロトンを引き抜く目的には使えない．そのために，水溶液中ではピロールはほとんど塩基性を示さない．

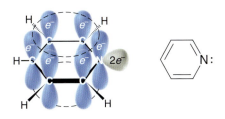

図 13.18　Pyridine の p 軌道の模式図
Pyridine は芳香族で，弱塩基である．その窒素原子の非共有電子対は sp^2 軌道（灰色で示す）にあり，芳香族系には含まれない．

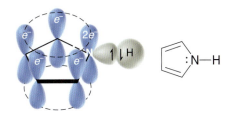

図 13.19　Pyrrole の p 軌道の模式図
Pyrrole は芳香族であるが，塩基性ではない．窒素の非共有電子対は芳香族系の一部になっている．

---

* （訳注）ヘテロ原子とは，炭素と水素以外の原子の総称である．"ヘテロ"は"異なる"という意味のギリシャ語由来の接頭語である．

例題 13.5

Imidazole（イミダゾール）には二つの窒素がある．N3 は（pyridine の窒素と似て）比較的塩基性であり，N1 は（pyrrole の窒素と似て）塩基性ではない．この二つの窒素の塩基性の違いについて説明せよ．

解き方と解答：

Imidazole が N3 にプロトンを受け取るとき，プロトンと結合するための電子対は芳香族性にかかわる 6π 電子には含まれない．したがって，生じる共役酸は芳香族性を保っており，（芳香族カチオンとして）安定化のための共鳴エネルギーを失わない．

（芳香族） （芳香族）

一方，もし N1 の非共有電子対がプロトンを受け取ると仮定すると，生成するイオン（実際には生じないが）は芳香族性でなくなり，共鳴安定化が失われてより高いポテンシャルエネルギーをもつことになるであろう．したがって，N1 は塩基性ではない．

フランとチオフェンは構造的にはピロールによく似ている．フランの酸素原子とチオフェンの硫黄原子は sp^2 混成である．これらの化合物では，ヘテロ原子の p 軌道が π 電子系に 2π 電子を提供している．フランとチオフェンの酸素と硫黄原子は π 電子系と直交する sp^2 軌道にも非共有電子対をもっている（図 13.20）．

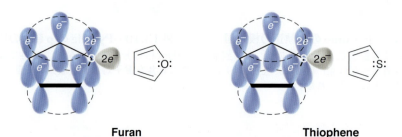

Furan　　　　　　　　Thiophene

図 13.20　Furan と thiophene の p 軌道の模式図

13.10 生化学における芳香族化合物

芳香環をもつ化合物は生体系で起こる反応でも重要な位置を占めている．それらをすべてここで述べることは不可能であるが，その数例をあげる．

タンパク質の合成に必要なアミノ酸のうち二つはベンゼン環をもっている．

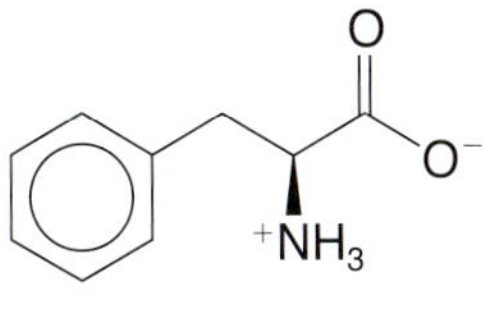

Phenylalanine
（フェニルアラニン）

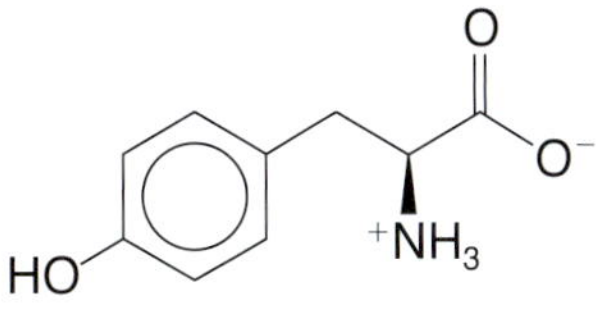

Tyrosine
（チロシン）

第三の芳香族アミノ酸はトリプトファンでベンゼン環にピロール環が縮合している（この芳香環系はインドールとよばれる．19.1B 項参照）．

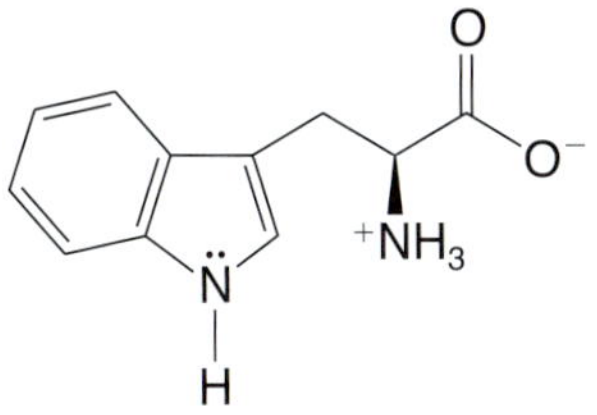

Tryptophan
（トリプトファン）

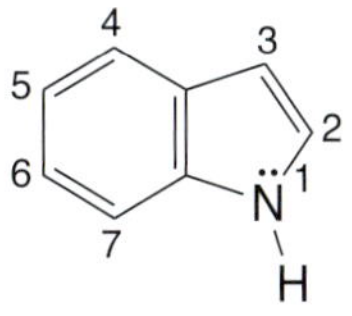

Indole
（インドール）

進化の過程でヒトはベンゼン環を合成する生化学的能力をもたなかった．そのためフェニルアラニンやトリプトファン誘導体は食物から摂取しなければならない．チロシンはフェニルアラニンからフェニルアラニンヒドロキシラーゼという酵素による触媒反応によって合成されるから，フェニルアラニンがあるかぎり食物から摂る必要はない．

またヘテロ環芳香族化合物は多くの生化学系に見られる．プリンやピリミジンの誘導体はDNA や RNA の必須部分である．

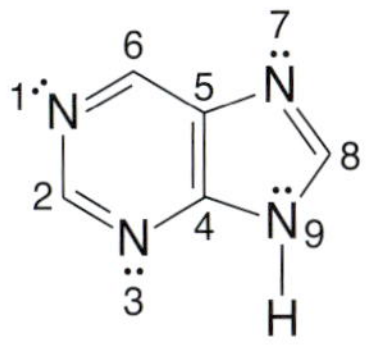

Purine
（プリン）

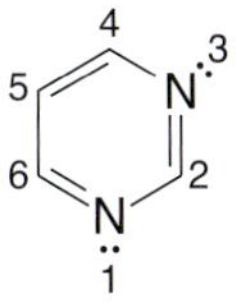

Pyrimidine
（ピリミジン）

ニコチンアミドアデニンジヌクレオチド nicotinamide adenine dinucleotide（NAD$^+$）は，生化学的酸化還元反応で最も重要な補酵素 coenzyme の一つで，その構造にはピリジン（ニコチンアミド）とプリン（アデニン）が含まれている．NAD$^+$の構造式を図 13.21 に示す．これはピリジ

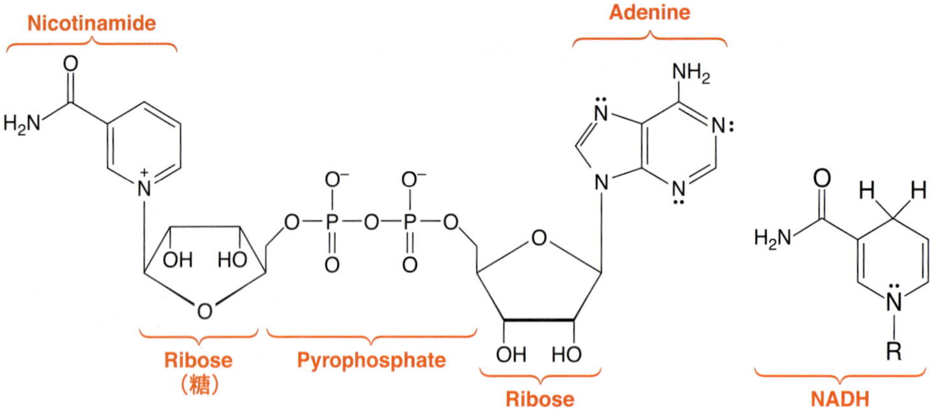
Nicotinamide
Adenine
Ribose
(糖)
Pyrophosphate
Ribose
NADH

図 13.21 Nicotinamide adenine dinucleotide (NAD$^+$)

ニウム（ピリジンの四級塩）芳香環を含む酸化型である．この補酵素の還元型は NADH でピリジン環は環に余分の水素と 2π 電子をもちもはや芳香環ではない．

多くの芳香族化合物は生命に必須であるが，中には有害なものもある．ベンゼン自身を含めてベンゼノイド化合物は発がん性 carcinogenic である．特に発がん性の高い二つの例，ベンゾ[*a*]ピレンと 7–メチルベンゾ[*a*]アントラセンをあげておこう．

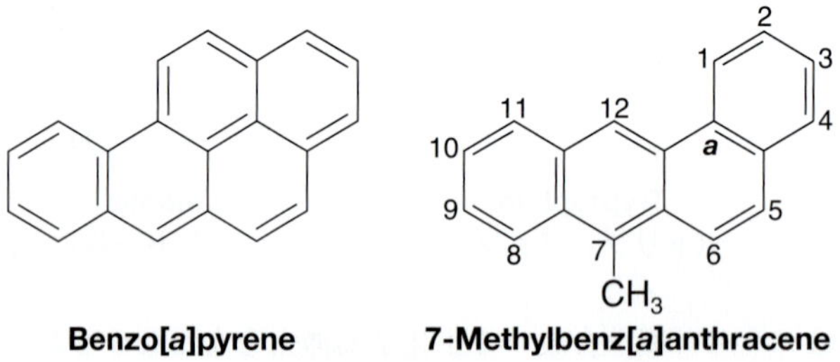
Benzo[a]pyrene
7-Methylbenz[a]anthracene

ベンゾ[*a*]ピレンはタバコの煙や自動車の排気ガスに含まれる．また，化石燃料の不完全燃焼ガスや炭状になるまで焼いたステーキにも含まれるし，夏の暑い日のアスファルト道路からも出ている．ベンゾ[*a*]ピレンは，ハツカネズミの剃毛した皮膚にこれを塗り付けるだけで確実に皮膚がんを起こさせるほどの発がん性がある．

◆ 補充問題

13.8 次の化合物の構造式を書け.

(a) 3-Nitrobenzoic acid
(b) *p*-Bromotoluene
(c) *o*-Dibromobenzene
(d) *m*-Dinitrobenzene
(e) 3,5-Dinitrophenol
(f) *p*-Nitrobenzoic acid
(g) 3-Chloro-1-ethoxybenzene
(h) *p*-Chlorobenzenesulfonic acid
(i) Methyl *p*-toluenesulfonate
(j) Benzyl bromide
(k) *p*-Nitroaniline
(l) *o*-Xylene
(m) *t*-Butylbenzene
(n) *p*-Methylphenol
(o) *p*-Bromoacetophenone
(p) 3-Phenylcyclohexanol
(q) 2-Methyl-3-phenyl-1-butanol
(r) *o*-Chloroanisole

13.9 次の化合物は, それぞれ異性体をもっている. それらの構造式を書き, それぞれ命名せよ.

(a) トリブロモベンゼン
(b) ジクロロフェノール
(c) ニトロアニリン
(d) メチルベンゼンスルホン酸
(e) $C_6H_5—C_4H_9$ の異性体

13.10 次の化学種のうち芳香族性を示すのはどれか.

(a)
(d)
(g)
(j)

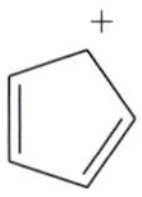

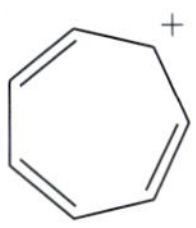

(b)
(e)
(h)
(k)

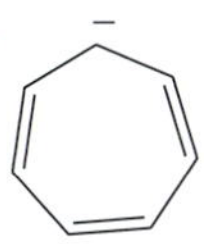

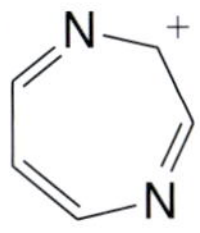

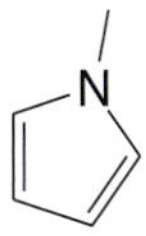

(c)
(f)
(i)

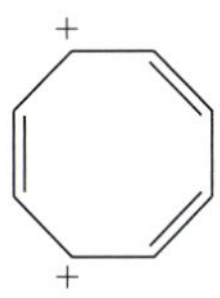

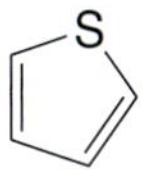

13.11 次のイオンが芳香族性を示すかどうかを Hückel 則に基づいて判別せよ.

(a) ▷⁺   (b) ▷⁻

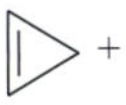

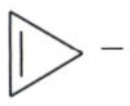

13.12* 次の化合物に HCl を 1 当量反応させたときに得られる生成物の構造式を示せ．

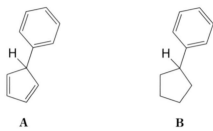

13.13 次の化合物の表示された水素原子のうち，どちらの酸性がより強いか．また，その理由を説明せよ．

13.14 Hückel 則（13.7 節）は厳密には単環式化合物のみに適用されるが，次の naphthalene の共鳴構造の一つに示したように，周辺の二重結合だけを含む共鳴構造を考えると，ある種の二環式化合物にも適用できると考えられる．

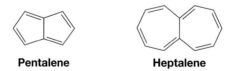

Naphthalene（13.8A 項）や azulene（13.8B 項）は 10π 電子をもち，芳香族である．下に示す pentalene は明らかに反芳香族で，−100 ℃ でも不安定である．Heptalene も合成されたが，臭素を付加し，酸とも反応し，平面ではない．これらの化合物に Hückel 則は適用できるだろうか．もし適用できるとすれば，これらの化合物が芳香族性を示さないことを説明せよ．

Pentalene   **Heptalene**

13.15 (a) 1960 年 T. Katz（カッツ）（Columbia University）は，cyclooctatetraene を金属カリウムと反応させると，2π 電子を付加して安定な平面状のジアニオン $C_8H_8^{2-}$（ジカリウム塩として）を生成することを示した．この結果を説明せよ．

$$\text{cyclooctatetraene} \xrightarrow[\text{THF}]{2\text{当量の K}} 2\,K^+ \; C_8H_8^{2-}$$

(b) 1964 年 Katz は，次の化合物から（butyllithium を塩基として用いて）2 個のプロトンを取ると，安定なジアニオン $C_8H_6^{2-}$（ジリチウム塩として）を生成することを示した．生成物の構造式を示し，その安定性を説明せよ．

13.16 13.7B 項に示した [10]annulene はどれも芳香族ではないが，次の 10π 電子系は芳香族である．どのような要因がこの系を芳香族にしたのか．

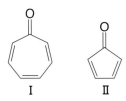

13.17* Cycloheptatrienone（Ⅰ）は非常に安定である．これに対して cyclopentadienone（Ⅱ）は非常に不安定でそれ自身で Diels-Alder 反応を起こす．(a) 二つの化合物の安定性の違いについて説明せよ．(b) Cyclopentadienone の自己 Diels-Alder 反応付加体の構造式を書け．

13.18 5-Chloro-1,3-cyclopentadiene には，アリル位にクロロ基がある．一般的にアリル型ハロゲン化物はイオン化しやすいにもかかわらず，この化合物の S_N1 加溶媒分解反応は銀イオンの存在下でも非常に遅い．この反応性を説明せよ．

13.19 Furan は benzene よりも芳香族性が低い．それは両者の共鳴エネルギー（furan は 96 kJ mol^{-1}，benzene は 152 kJ mol^{-1}）を測定するとよくわかる．Furan が benzene より芳香族性が低く，ジエンとして反応することを示すにはどのような反応を考えればよいか．

13.20 Phenanthrene について次の問いに答えよ．
(a) Phenanthrene のおもな共鳴構造 5 個を書け．(b) これを基にして C9—C10 結合の結合距離を推測せよ．(c) 二重結合性についてはどうか．(d) Phenanthrene は大抵の芳香族化合物とは異なり，臭素 1 モルを付加し，分子式 $C_{14}H_{10}Br_2$ の化合物を生成する．これを説明せよ．

Chapter 14

芳香族化合物の反応

　芳香族化合物には標準的な反応条件では安定であり，反応しないという特別な電子的性質があるが，芳香環に結合している原子を他のものに変換できる"芳香族求電子置換反応"とよばれる多くの反応がある．例えばこれらの反応によってベンゼンの水素原子を，ハロ基，カルボニル基，アルキル基などの置換基に変換することができる．これらの反応によって，室温では液体であり溶媒として使われるベンゼンを，アスピリンなどの医薬品や火薬であるトリニトロトルエン（TNT）など何千もの異なる分子に作り変えることができる．後述するように，生合成においても同様の反応によって，代謝における主要なホルモンの一つであるチロキシンなどのような生体物質が作られている．化合物の合成法の可能性は無限であるが，その可能性を開く鍵は，反応がどのように起こるかを決める概念，論理，法則の理解にある．

本章で学ぶこと：
- ベンゼンの置換反応を可能にする一般的な因子
- ベンゼン環の置換基がどのように反応性に影響し，続いて起こる置換反応を制御するか
- 環に導入された置換基を他の官能基に変換する反応

14.1　芳香族求電子置換反応

芳香族化合物の最も重要な反応は求電子剤が環の水素原子と置き換わる反応である．

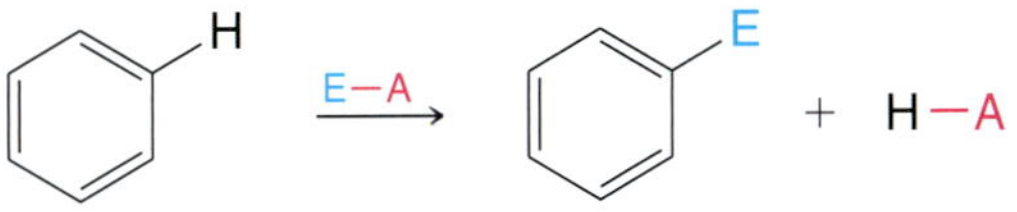

（E—A は求電子的な反応剤）

　このような反応は，**芳香族求電子置換反応** electrophilic aromatic substitution reaction とよばれ，ベンゼンのような芳香環に種々の置換基を直接導入するのに用いられ，重要な芳香族化合物の合

[写真提供：Image Source]

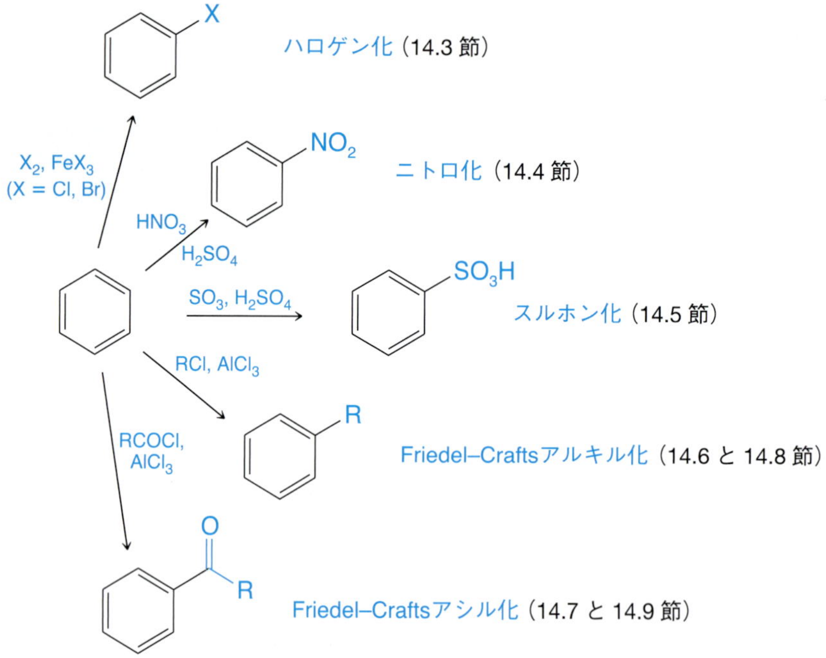

図 14.1　芳香族求電子置換反応

成法になっている．図 14.1 に，本章で説明する 5 種類の芳香族求電子置換反応を示す．これらには C—C 結合の生成やハロゲン化が含まれる．

　生体における重要な芳香族求電子置換反応の一例は，甲状腺ホルモンのチロキシンの生合成である．この反応においてチロシン（アミノ酸）のベンゼン環の水素がヨウ素に置換され，チロキシンが生合成される．

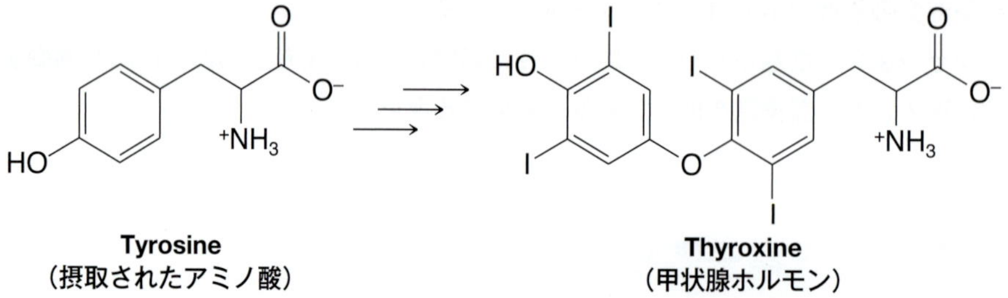

Tyrosine
（摂取されたアミノ酸）

Thyroxine
（甲状腺ホルモン）

14.2　芳香族求電子置換反応の一般的反応機構：アレーニウムイオン

　ベンゼンの π 電子は強い求電子剤と反応する．この点ではベンゼンもアルケンに似ている．HBr の付加（8.2 節）のように，アルケンが求電子剤と反応するとき，アルケンの π 結合の電子が求電子剤と反応してカルボカチオン中間体を与える．

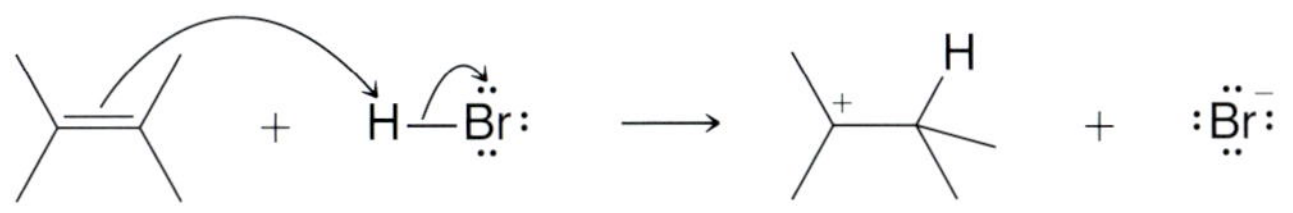

14.2 芳香族求電子置換反応の一般的反応機構：アレーニウムイオン

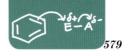

アルケンから生成したカルボカチオン中間体は，次に求核剤である臭化物イオンと反応して，付加生成物を与える．

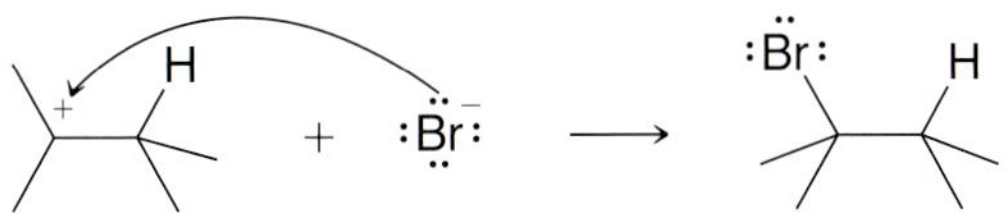

しかし，ベンゼンとアルケンの反応の類似性は，求核攻撃を受ける前のカルボカチオンのところまでである．Chap. 13 で述べたように，ベンゼンは 6π 電子の閉殻をもつことによって特別な安定性をもっている．

- ベンゼンは求電子攻撃を受けやすいにもかかわらず，付加反応よりむしろ置換反応を起こしやすい．

置換反応をすると，求電子剤による攻撃が起こった後，ベンゼンの芳香族 6π 電子系が再生される．**芳香族求電子置換反応**の一般的な反応機構を調べてみれば，この反応がどのように起こっているか理解できる*．

多数の実験事実から，求電子剤がベンゼンの電子系を攻撃すると，まず**アレーニウムイオン** arenium ion† という**非局在化したシクロヘキサジエニルカチオン** delocalized cyclohexadienyl cation が生成することがわかっている．この段階は Kekulé 式で示すほうが，π 電子の流れを追うにはわかりやすい．

段階 1

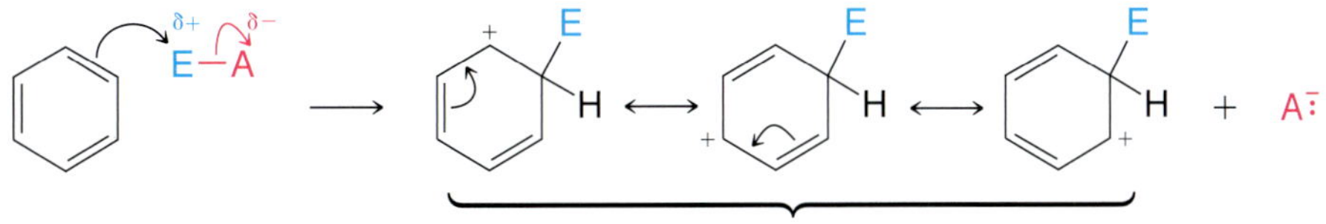

アレーニウムイオン
（非局在化したシクロヘキサジエニルカチオン）

- 段階 1 では，求電子剤が 6π 電子系から 2π 電子を取ってベンゼン環の一つの炭素との間に σ 結合を形成する．

---

* 本書の化学式においては，青色は求電子性または電子吸引性をもつ基（Lewis 酸）を示し，赤色は求核性または電子供与性をもつ基（Lewis 塩基）を示す．

† （訳注）–ium はカチオン（陽イオン）を表す接尾語である．

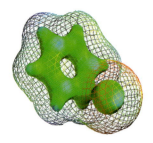

図 14.2 Benzene への臭素の求電子付加(14.3 節参照)でできたアレーニウムイオンの静電ポテンシャル図

この静電ポテンシャル図は結合性電子の主要位置(中央の緑色と青色の部分)を示したものであり,正電荷(青色)は求電子剤が結合した炭素のオルトとパラ位にあることがわかる.この電荷の分布はアレーニウムイオンの共鳴構造と一致している(van der Waals 表面は網目で表示されている).

これによって環状 π 電子系が壊される.すなわち,アレーニウムイオンの生成によって求電子剤が結合した炭素は sp^3 混成となるので,この炭素はもはや p 軌道をもたない.ベンゼン環の残りの 5 個の炭素原子は sp^2 混成であり,p 軌道をもっている.アレーニウムイオンの 4 個の π 電子は五つの p 軌道に非局在化する.ベンゼンに臭素が求電子付加したアレーニウムイオンの静電ポテンシャル図を計算すると,正電荷がアレーニウムイオンの環上に分布しており(図 14.2),ちょうど共鳴構造で示されたのと同じ結果になっている.

- 段階 2 で,アレーニウムイオンは,求電子剤が結合した炭素原子からプロトンを失い,芳香族性を回復する

段階 2

このプロトンの結合に使われていた 2π 電子は環の π 電子系に入る.求電子剤の結合している炭素は再び sp^2 混成に戻り,完全に非局在化した 6π 電子をもつベンゼン誘導体が生成する.プロトンを引き抜く塩基としては,例えば,求電子剤から生成したアニオンである.

問題 14.1 アレーニウムイオンの三つの共鳴構造から,それぞれプロトンが引き抜かれてベンゼン環が再生する過程を,カーブした矢印を用いて示せ.

Kekulé 構造は芳香族求電子置換反応の反応機構を書く上で,共鳴理論を使うことができる点で都合がよい.しかし簡単に書こうとすれば,次のようにベンゼンを混成体構造で表し,アレーニウムイオンを非局在化したシクロヘキサジエニルカチオンとして書き表すこともできる.

14.2 芳香族求電子置換反応の一般的反応機構：アレーニウムイオン

段階 1 の反応式（ベンゼン + E—A → アレーニウムイオン + :A⁻）

段階 2 の反応式（アレーニウムイオン中間体 → 置換ベンゼン + H—A）

　求電子置換反応におけるアレーニウムイオンは，遷移状態ではなく，真の中間体であるという確かな実験的証拠がある．すなわち，自由エネルギー図において，アレーニウムイオンは二つの遷移状態のエネルギーの谷間にある（図 14.3）．

　段階 1 の活性化自由エネルギー［$\Delta G^{\ddagger}_{(1)}$］は，図 14.3 に示すように，段階 2 の活性化自由エネルギー［$\Delta G^{\ddagger}_{(2)}$］よりはるかに大きいことがわかっている．これはわれわれの予想と一致する．ベンゼンと求電子剤からアレーニウムイオンが生成する反応は，ベンゼン環がその共鳴エネルギーを失うために非常に吸熱的である．これに対して，アレーニウムイオンから置換ベンゼンが生成する反応は，ベンゼン環がその共鳴エネルギーを獲得するので非常に発熱的である．

　次に示す 2 段階のうち，段階 1（アレーニウムイオンの生成）は大きい活性化自由エネルギーをもつので，通常，芳香族求電子置換反応の律速段階になる．

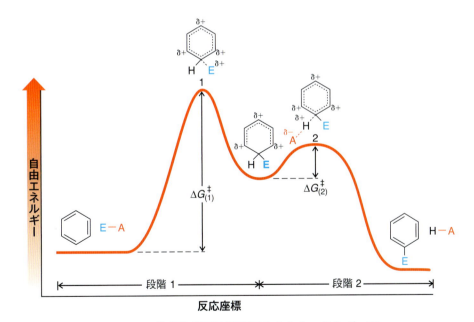

図 14.3　芳香族求電子置換反応の自由エネルギー図
アレーニウムイオンは遷移状態 1 と 2 の間にある真の中間体である．遷移状態 1 は，求電子剤とベンゼン環の一つの炭素との間に結合ができつつある状態である．遷移状態 2 はベンゼン環の同じ炭素とその水素との間の結合が切れつつある状態である．水素原子と塩基の間の結合も部分的にできている．

段階1 ベンゼン + E―A ⟶ [複合体] + :A⁻   遅い，律速段階

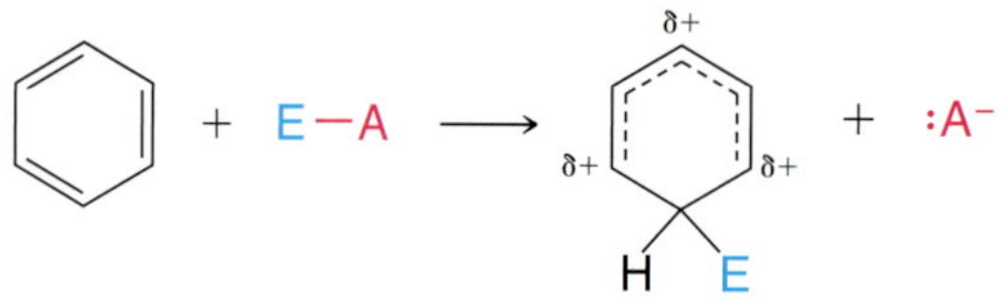

段階2 [複合体] ⟶ ベンゼン-E + H―A   速い

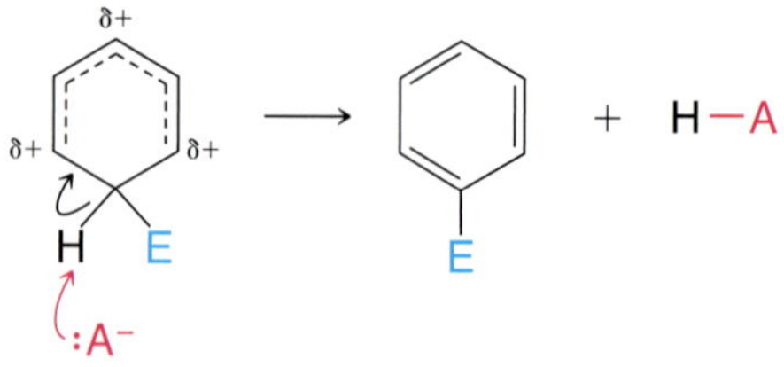

プロトンを失う段階2の遷移状態は，段階1の遷移状態よりも低く，この場合全体の反応速度には影響を及ぼさない．

14.3 ベンゼンのハロゲン化

ベンゼンは，Lewis酸が存在すると，臭素や塩素と容易に反応してハロゲン置換生成物を高収率で与える．

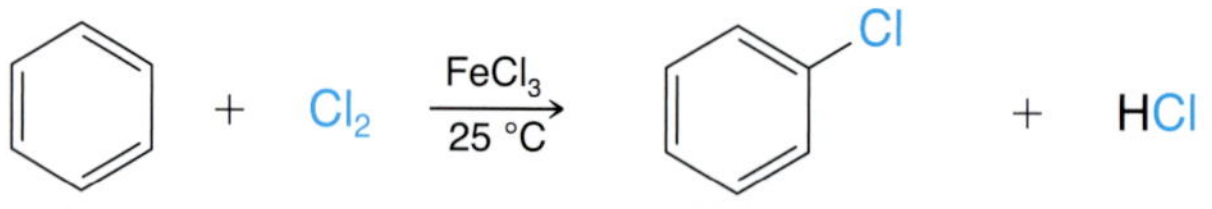

$$\text{ベンゼン} + Cl_2 \xrightarrow[25\,°C]{FeCl_3} \text{Chlorobenzene (90\%)} + HCl$$

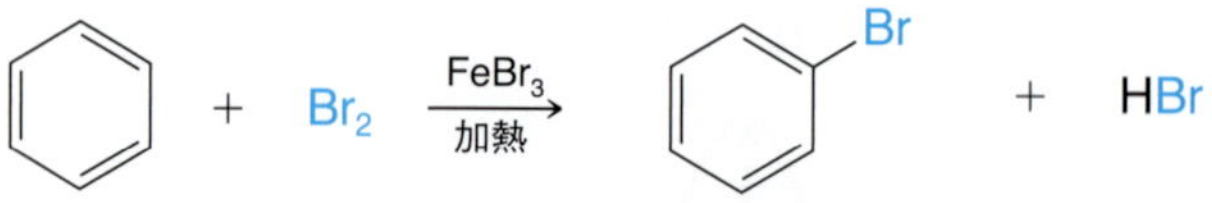

$$\text{ベンゼン} + Br_2 \xrightarrow[\text{加熱}]{FeBr_3} \text{Bromobenzene (75\%)} + HBr$$

塩素化によく用いられるLewis酸としては$AlCl_3$と$FeCl_3$があり，臭素化には$FeBr_3$がよく用いられる．これらのLewis酸はハロゲンを強い求電子剤にする目的で使われる．芳香族求電子臭素化の反応機構を次に示す．

反応機構
芳香族求電子臭素化
段階1

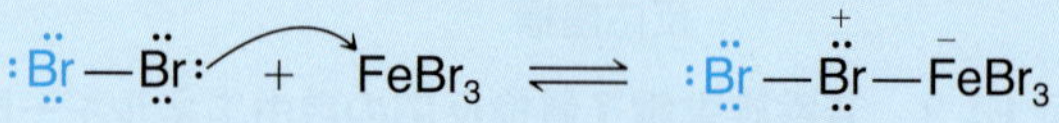

$$:\ddot{Br}-\ddot{Br}: + FeBr_3 \rightleftharpoons :\ddot{Br}-\overset{+}{\ddot{Br}}-\overset{-}{FeBr_3}$$

臭素が$FeBr_3$と結合し複合体をつくる．

段階2

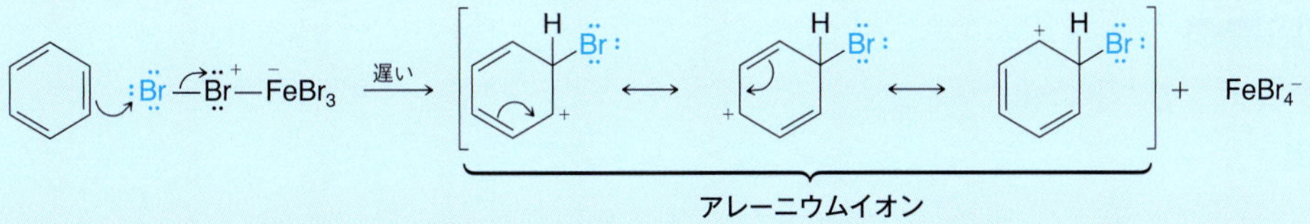

ベンゼン環から末端の臭素原子に電子対が供与され，アレーニウムイオンを生成し，もう一つの臭素原子の形式電荷を中和する．

段階3

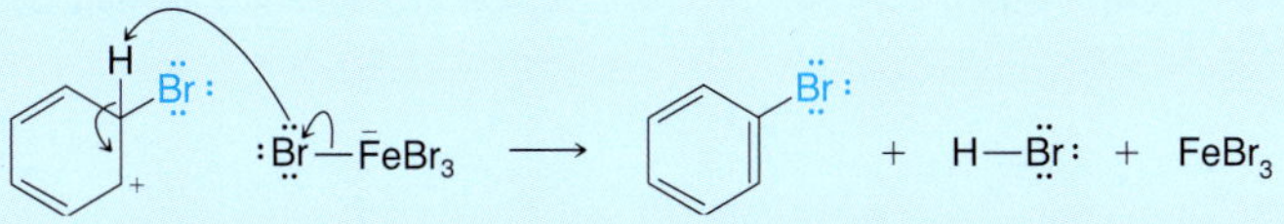

アレーニウムイオンからプロトンが引き抜かれ，ブロモベンゼンが生成するとともに触媒が再生される．

塩化第二鉄存在下におけるベンゼンの塩素化の機構は，今述べた臭素化の場合と同様である．

フッ素はベンゼンとあまりに激しく反応するので，芳香族フッ素化には特別な条件と装置とが必要である．それでも反応をモノフッ素化の段階で止めることは困難である．したがって，フルオロベンゼンは19.7D項で述べる間接的な方法で作られる．

一方，ヨウ素は非常に不活性で，直接ヨウ素化をするには特別の手法を用いなければならない．すなわち，硝酸のような酸化剤の存在下で行われる．

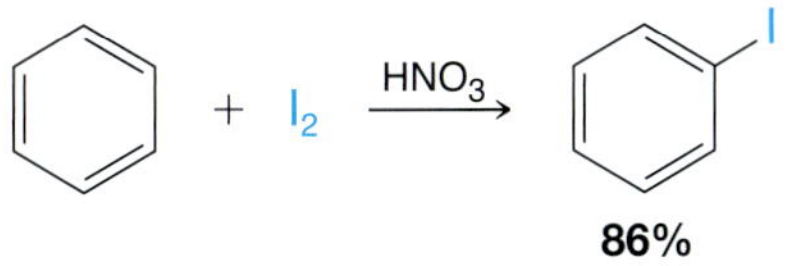

14.4 ベンゼンのニトロ化

ベンゼンのニトロ化は，濃硝酸と濃硫酸の混酸と反応させると起こる．

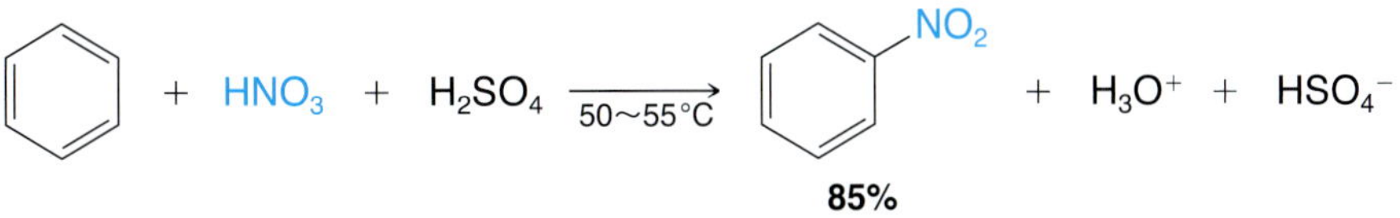

濃硫酸は，次の反応機構の最初の2段階に示すように，求電子剤であるニトロニウムイオン nitronium ion（NO_2^+）の濃度を高めることによって，この反応を加速する．

反応機構
ベンゼンのニトロ化

段階1

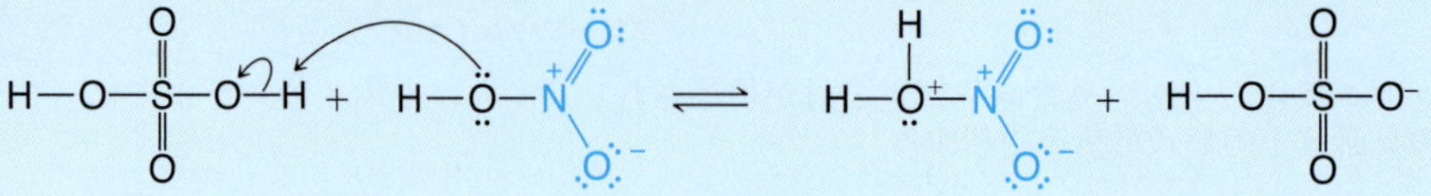

この段階で硝酸がより強い酸である硫酸からプロトンを受け取る．

段階2

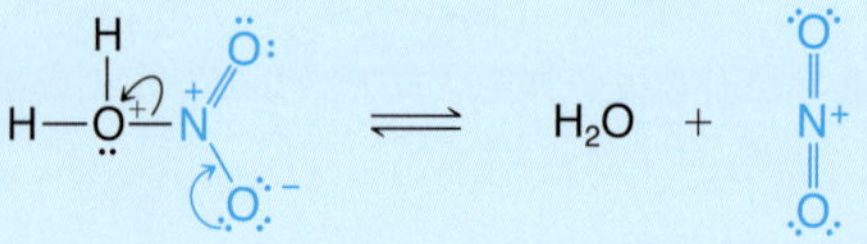

プロトン化された硝酸は解離してニトロニウムイオンを生成する．

段階3

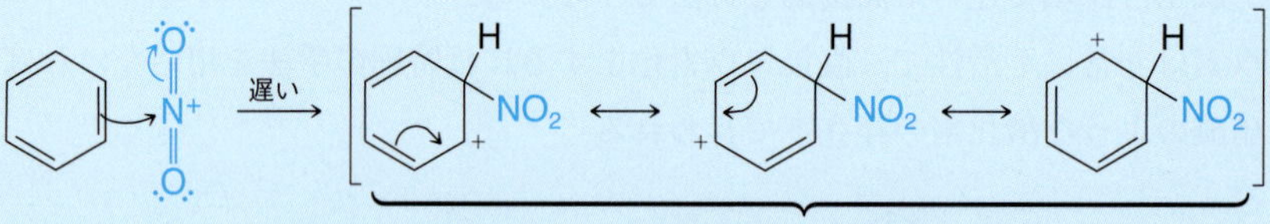

ニトロニウムイオンがニトロ化における真の求電子剤であり，これがベンゼンと反応して共鳴安定化したアレーニウムイオンを生成する．

段階4

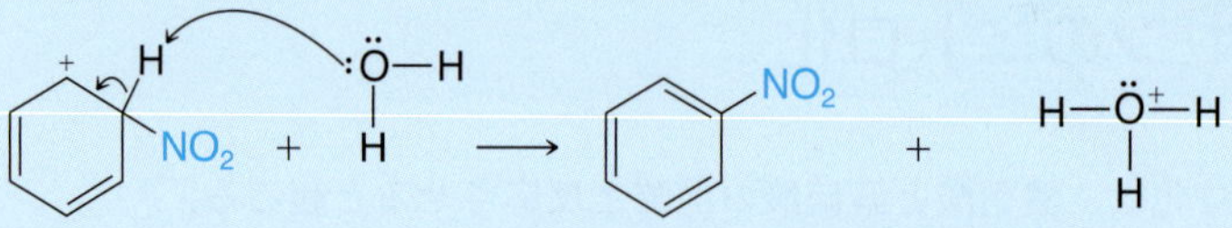

次にアレーニウムイオンはプロトンを Lewis 塩基に引き渡してニトロベンゼンが生成する．

問題 14.2* H_2SO_4 の pK_a は -9, HNO_3 の pK_a は -1.4 である．濃硝酸と濃硫酸の混酸を用いるほうが，濃硝酸だけを用いた場合より速くニトロ化が起こることを説明せよ．

14.5 ベンゼンのスルホン化

ベンゼンは発煙硫酸と室温で反応してベンゼンスルホン酸を生成する．発煙硫酸は三酸化硫黄

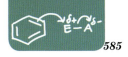

(Sulfur trioxide；SO$_3$)を溶かし込んだ硫酸である．濃硫酸のみでもスルホン化は起こるが，反応速度は遅い．いずれにしても，求電子剤はプロトン化された三酸化硫黄と考えられる．

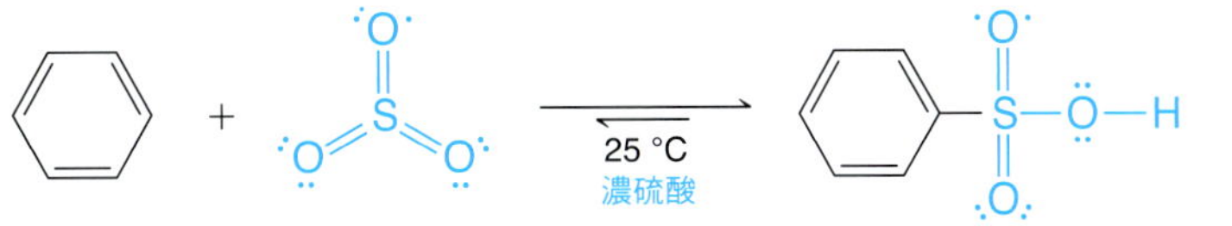

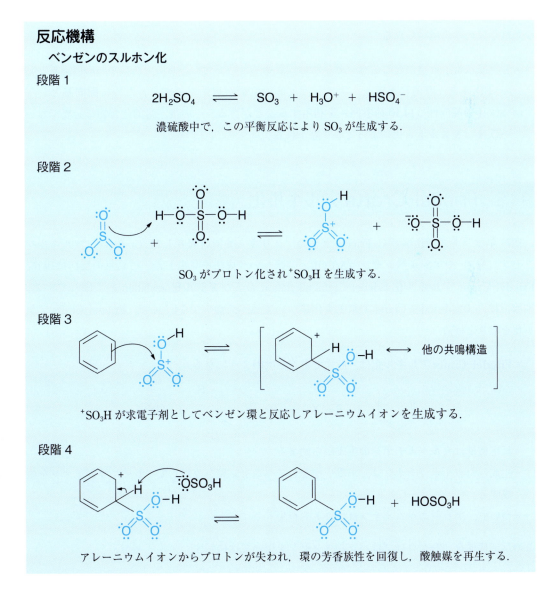

三酸化硫黄は，濃硫酸中では H$_2$SO$_4$ が同時に酸および塩基として作用する平衡反応によって生成する（次の反応機構の段階1）．

反応機構
ベンゼンのスルホン化

段階1

$$2H_2SO_4 \rightleftharpoons SO_3 + H_3O^+ + HSO_4^-$$

濃硫酸中で，この平衡反応により SO$_3$ が生成する．

段階2

SO$_3$ がプロトン化され $^+$SO$_3$H を生成する．

段階3

$^+$SO$_3$H が求電子剤としてベンゼン環と反応しアレーニウムイオンを生成する．

段階4

アレーニウムイオンからプロトンが失われ，環の芳香族性を回復し，酸触媒を再生する．

硫酸から三酸化硫黄のできる段階1を含めて，すべての段階が平衡反応である．すなわち，反

応全体が可逆であり，平衡位置は反応条件によって決まる．

$$\text{C}_6\text{H}_6 + \text{H}_2\text{SO}_4 \rightleftharpoons \text{C}_6\text{H}_5\text{SO}_3\text{H} + \text{H}_2\text{O}$$

- ベンゼン環をスルホン化する［$-\text{SO}_3\text{H}$（スルホ基 sulfo 基という）を導入する］ためには，濃硫酸か，もっとよいのは発煙硫酸を用いる．これらの条件では平衡位置は十分右にかたよって，ベンゼンスルホン酸が収率よく得られる．
- ベンゼン環から $-\text{SO}_3\text{H}$ を**除去したい場合**には希硫酸を用いて，通常，混合物中に水蒸気を通じる．水の濃度を大きくすると平衡は左にずれ，脱スルホン化 desulfonation が起こる．

後述するように，芳香族化合物の合成法において，スルホン化と脱スルホン化による合成手法がしばしば巧みに用いられる．

- 芳香族求電子置換が起こるベンゼン環の位置をふさいでおくために，あらかじめ**保護基**として $-\text{SO}_3\text{H}$ を一時的に導入し，次に行う反応の位置選択性を制御するために**配向基**として $-\text{SO}_3\text{H}$ の配向性（14.10 節参照）を利用することがある．その後，目的化合物に必要でない $-\text{SO}_3\text{H}$ は脱スルホン化によって取り除かれる．

14.6　Friedel-Crafts アルキル化

1877 年フランスの化学者 C. Friedel（フリーデル）と彼のアメリカ人共同研究者 J. M. Crafts（クラフツ）は，アルキルベンゼン（ArR）やアシルベンゼン（ArCOR）の新しい合成法を見出した．これらの反応は現在，**Friedel-Crafts アルキル化** Friedel-Crafts alkylation および**アシル化** acylation とよばれている．本節では，まず Friedel-Crafts アルキル化について述べ，ついで 14.7 節で，Friedel-Crafts アシル化を取り上げる．

- **Friedel-Crafts アルキル化**は一般式で書くと次のようになる．

$$\text{C}_6\text{H}_6 + \text{R}-\text{X} \xrightarrow{\text{AlCl}_3} \text{C}_6\text{H}_5\text{R} + \text{HX}$$

- 反応機構はカルボカチオンの生成から始まる．
- 生成したカルボカチオンは，求電子剤としてベンゼン環を攻撃してアレーニウムイオンを生成する．
- ついで，アレーニウムイオンはプロトンを失う．

この反応機構を，2-クロロプロパンとベンゼンを用いて次に示す．

反応機構
Friedel-Crafts アルキル化

段階 1

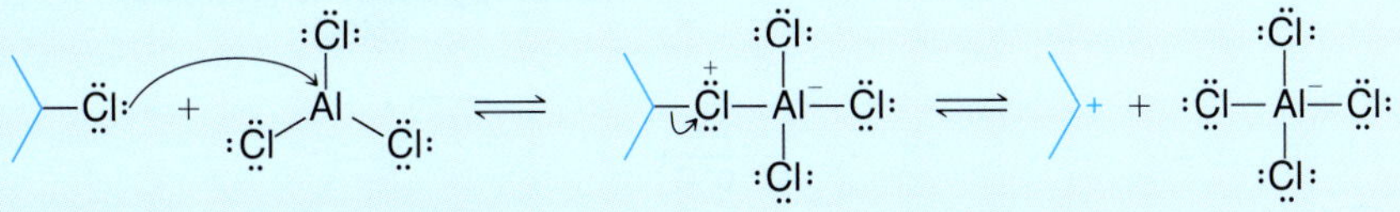

段階 1 は Lewis の酸塩基反応である（14.3 節を参照）.

複合体が解離してカルボカチオンと $AlCl_4^-$ を生成する.

段階 2

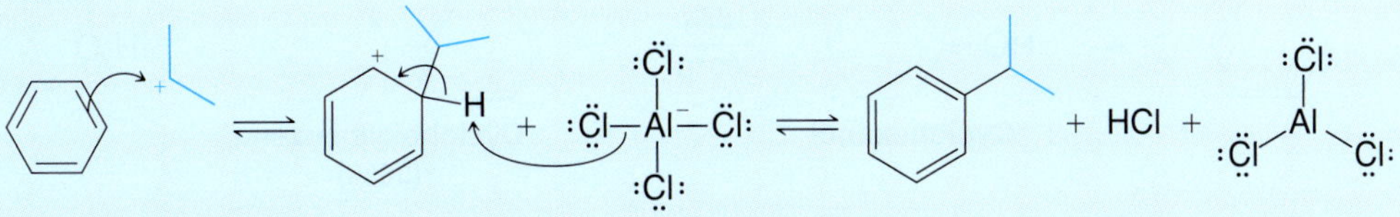

このカルボカチオンが求電子剤として働き，ベンゼンと反応してアレーニウムイオンを生成する.

アレーニウムイオンからプロトンが引き抜かれイソプロピルベンゼンが生成する. この段階で $AlCl_3$ が再生し，HCl が遊離する.

- R—X が第一級ハロゲン化物のときは，完全なカルボカチオンは多分生成していないであろう. 塩化アルミニウムはハロゲン化アルキルと錯体を作り，これがカルボカチオン様求電子剤として反応する.

この錯体の C—X 結合はほとんど切れかけており，そのため，その炭素はかなり正電荷を帯びている. 完全なカルボカチオンではないが，あたかもカルボカチオンのように反応して，正に荷電したアルキル基を芳香環に移す.

$$\overset{\delta+}{RCH_2}\text{----}\overset{\delta-}{\ddot{Cl}}:AlCl_3$$

- これらの錯体はカルボカチオンに非常によく似ているので，典型的なカルボカチオン転位を起こす（14.8 節）.
- Friedel-Crafts アルキル化で，ハロゲン化アルキルと塩化アルミニウムの組合せだけが用いられるとはかぎらない. 他に多くの反応剤の組合せも，カルボカチオン（あるいはカルボカチオン様のもの）を作るものなら同様に用いられる.

例えば，アルケンと酸の混合物も用いられる.

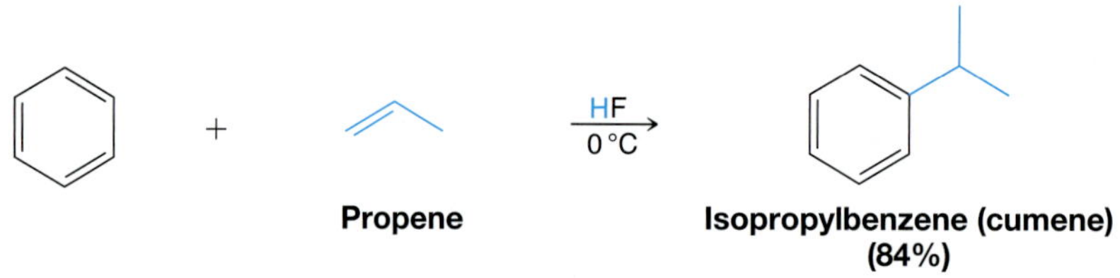

[反応式: ベンゼン + Propene → Isopropylbenzene (cumene) (84%), HF, 0°C]

[反応式: ベンゼン + Cyclohexene → Cyclohexylbenzene (62%), HF, 0°C]

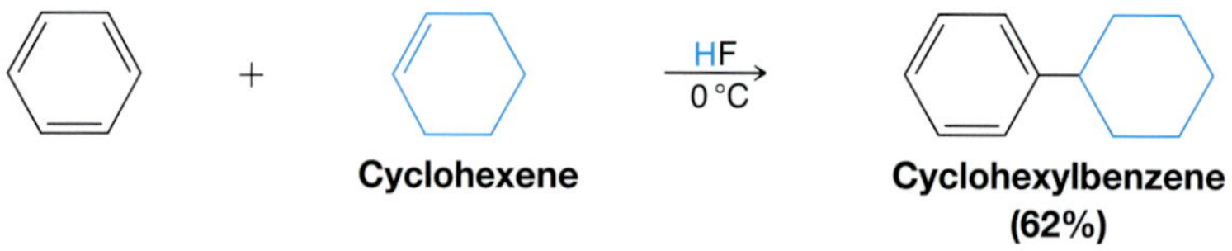

また，アルコールと酸の混合物も用いられる．

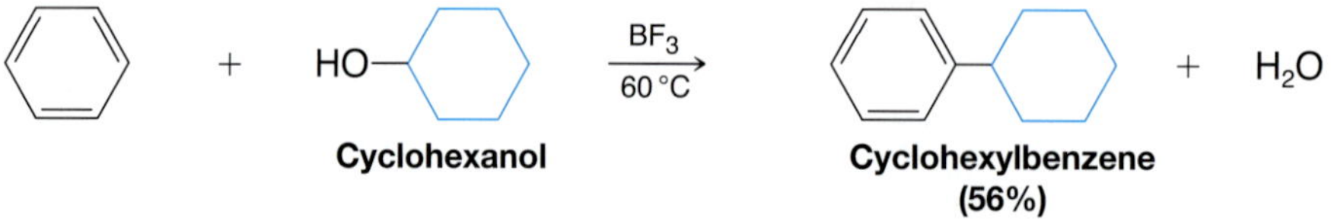

[反応式: ベンゼン + Cyclohexanol → Cyclohexylbenzene (56%) + H_2O, BF_3, 60°C]

Friedel-Crafts アルキル化にはいくつかの重要な制約がある．これらについては 14.8 節で説明する．

問題 14.3 液体 HF（沸点 19.5 ℃）中，benzene に propene を反応させると isopropylbenzene が生成する（上式）．この反応機構を示せ．反応機構は，生成物が propylbenzene ではなく，isopropylbenzene であることを説明するものでなければならない．

14.7 Friedel-Crafts アシル化

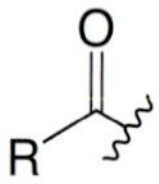

R-CO- 基を **アシル基** acyl group といい，ある化合物にアシル基を導入する反応を **アシル化** という．よく出てくるアシル基に，アセチル基とベンゾイル基がある［ベンゾイル基（-COC$_6$H$_5$）はベンジル基（-CH$_2$C$_6$H$_5$）と間違いやすいので注意しよう．13.2 節を参照のこと］．

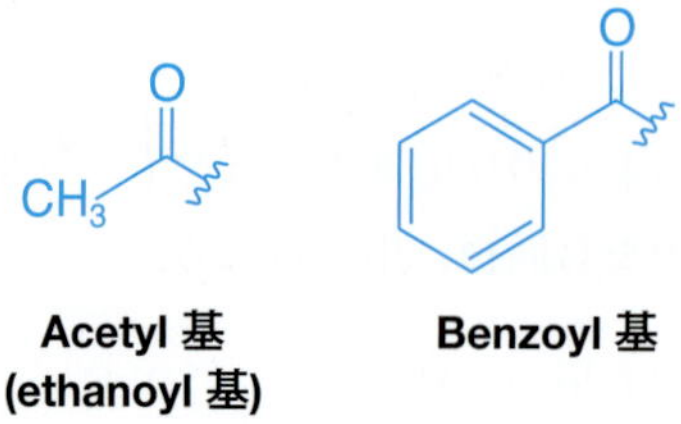

Acetyl 基
(ethanoyl 基)

Benzoyl 基

Friedel-Crafts アシル化 は芳香族化合物に **ハロゲン化アシル** acyl halide（塩化アシル acyl chloride であることが多い）を反応させることによって行われる．芳香族化合物が特に反応性の

14.7 Friedel-Crafts アシル化

高いものでなければ，反応には少なくとも 1 当量の AlCl₃ のような Lewis 酸が必要である．反応生成物はアリールケトンである．

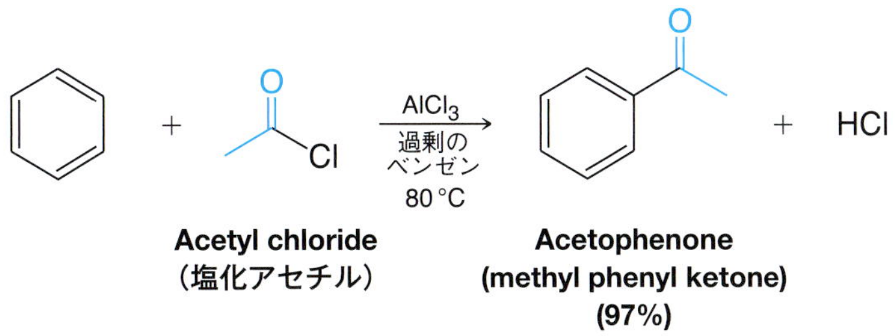

Acetyl chloride
（塩化アセチル）

Acetophenone
(methyl phenyl ketone)
(97%)

塩化アシル（**酸塩化物** acid chloride ともいう）は，カルボン酸を塩化チオニル（thionyl chloride；SOCl₂）や五塩化リン（phosphorus pentachloride；PCl₅）と処理することによって容易に得られる（16.5A 項）．

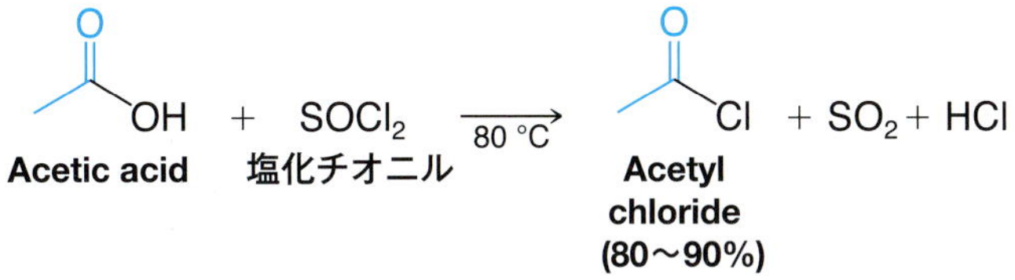

Acetic acid　塩化チオニル　**Acetyl chloride** (80〜90%)

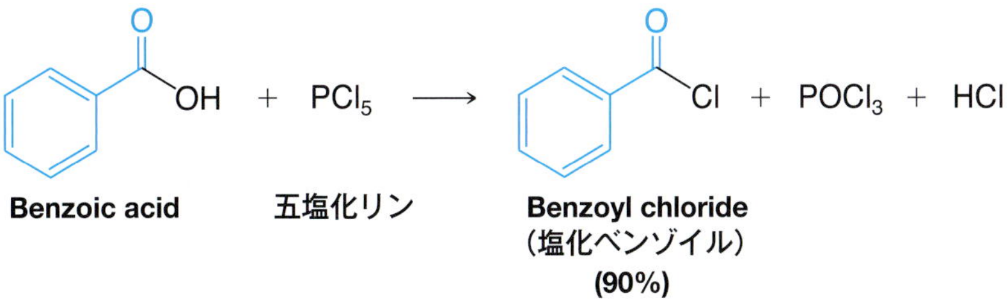

Benzoic acid　五塩化リン　**Benzoyl chloride**（塩化ベンゾイル）(90%)

Friedel-Crafts アシル化はカルボン酸無水物を用いて行うこともできる．一例を次に示す．

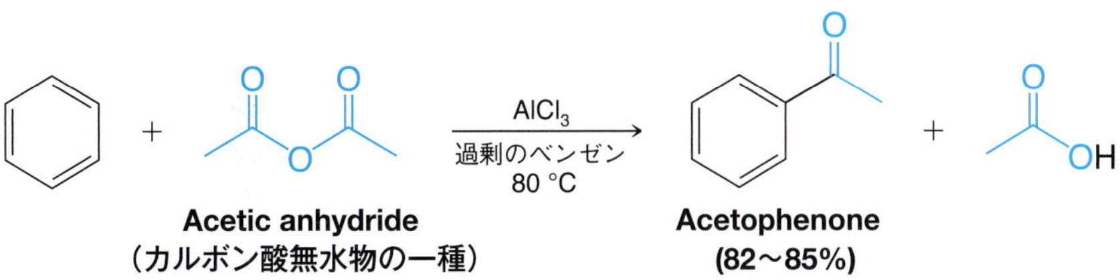

Acetic anhydride（カルボン酸無水物の一種）　**Acetophenone** (82〜85%)

ほとんどの Friedel-Crafts アシル化の求電子剤は，ハロゲン化アシルから生成する**アシリウムイオン** acylium ion（アシルカチオン acyl cation ともいう）である．

段階 1

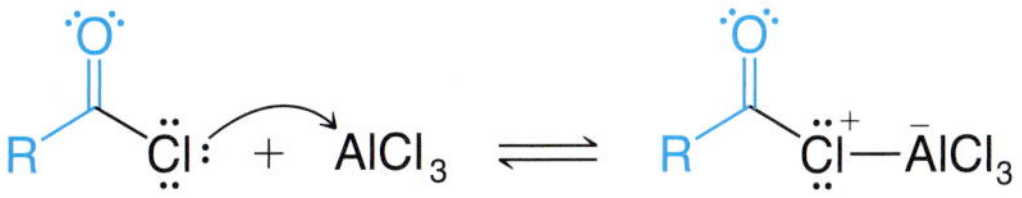

段階 2

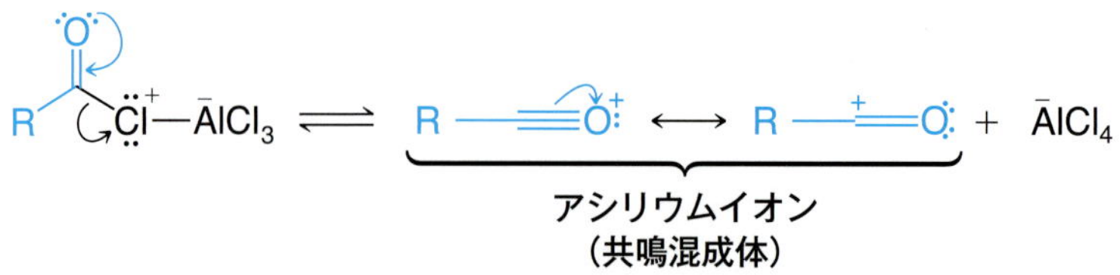

[反応式: アシルクロリド–AlCl₃ 錯体 ⇌ R—C≡O⁺ ↔ R—C=O⁺ + AlCl₄⁻]

アシリウムイオン
(共鳴混成体)

例題 14.1

アシリウムイオンが，無水酢酸から AlCl₃ の存在下，どのようにして生成するかを示せ．

解き方と解答：

AlCl₃ は Lewis 酸であり，非共有電子対をもっている無水酢酸が Lewis 塩基である．次式にカーブした矢印で示すように，反応機構は Lewis の酸塩基反応から始まり，アシリウムイオンが生成すると考えられる．

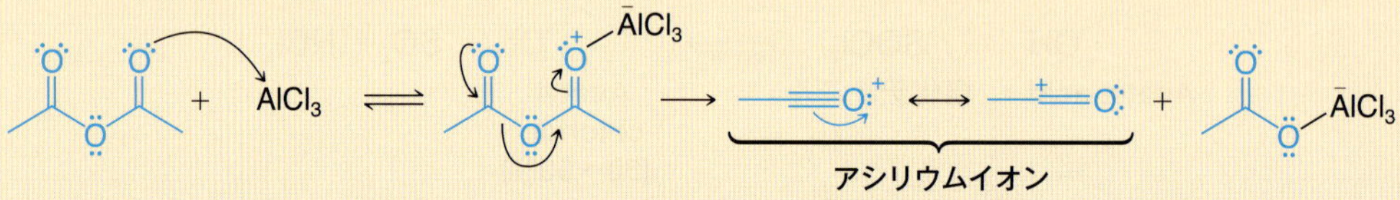

[反応式: 無水酢酸 + AlCl₃ ⇌ 中間体 → アシリウムイオン (R—C≡O⁺ ↔ R—C=O⁺) + CH₃COO—AlCl₃]

アシリウムイオン

ベンゼンの Friedel-Crafts アシル化のその後の段階は次のとおりである．

反応機構

Friedel-Crafts アシル化

段階 3

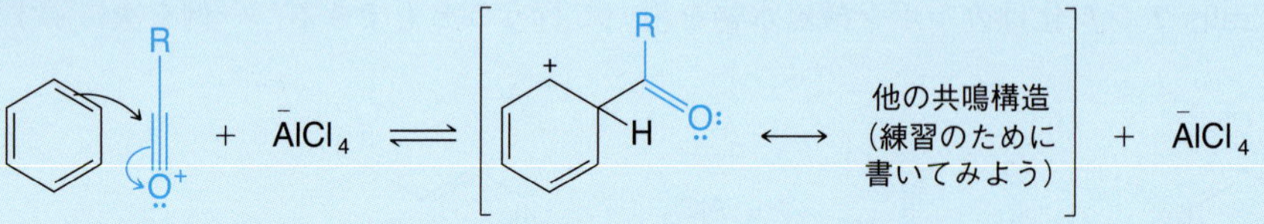

[反応式: ベンゼン + アシリウムイオン + AlCl₄⁻ ⇌ アレーニウムイオン中間体 (他の共鳴構造 (練習のために書いてみよう)) + AlCl₄⁻]

求電子剤として働くアシルカチオンはベンゼンと反応してアレーニウムイオンを生成する．

段階 4

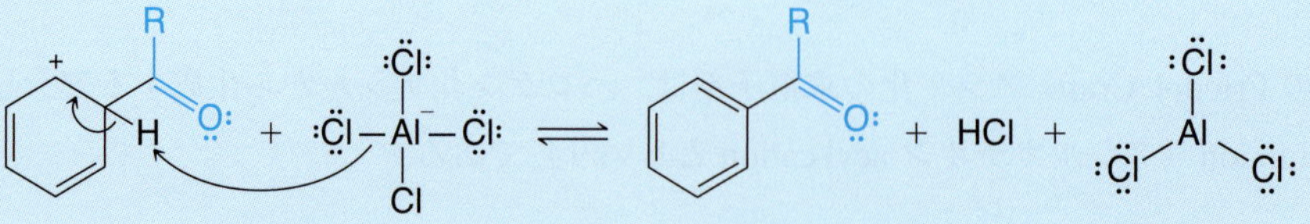

[反応式: アレーニウムイオン + AlCl₄⁻ ⇌ アリールケトン + HCl + AlCl₃]

アレーニウムイオンからプロトンが除かれ，アリールケトンが生成する．

段階 5

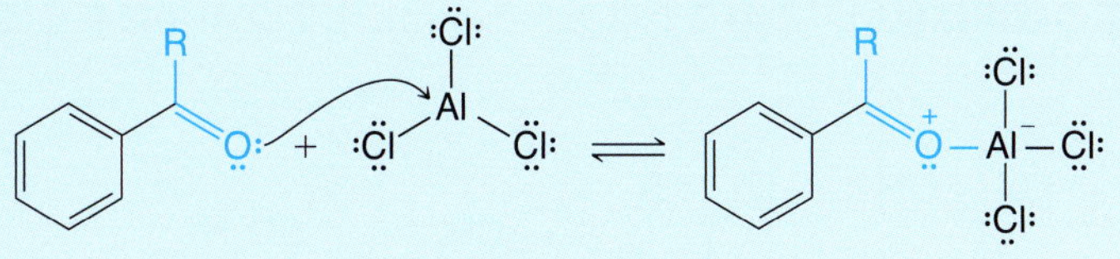

ケトンは Lewis 塩基として $AlCl_3$ (Lewis 酸) と反応して錯体を作る.

段階 6

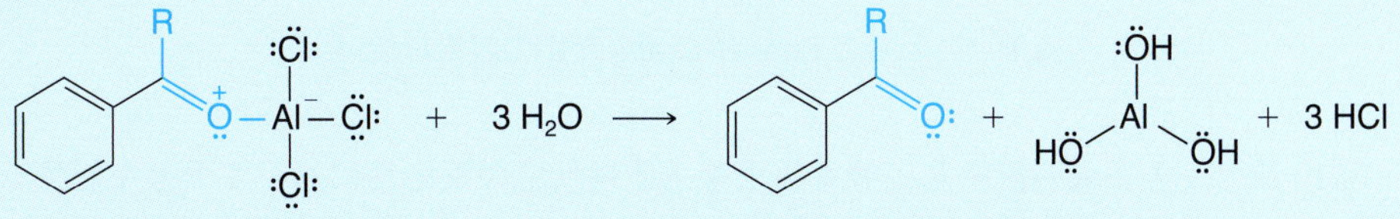

錯体は水で処理することによってケトンを遊離し, Lewis 酸を加水分解する.

Friedel-Crafts アシル化の重要な合成への応用例を 14.9 節でいくつか取り上げる.

14.8 Friedel-Crafts 反応の制約

Friedel-Crafts 反応にはいくつかの制約があって, その利用が制限される.

1. **ハロゲン化アルキル, アルケン, あるいはアルコールから生成したカルボカチオンが, より安定なカルボカチオンに転位できる場合には通常転位が起こる. そして反応によって得られる主生成物は通常, より安定なカルボカチオンからの生成物である.**

   例えば, ベンゼンを臭化ブチルでアルキル化すると, 生成してくるブチルカチオン (第一級カルボカチオン) の一部は, ヒドリド (H^-) 移動により, より安定な第二級カルボカチオンに変わる. そのため, ベンゼンは両方のカルボカチオンと反応してブチルベンゼンと s-ブチルベンゼンを生成する.

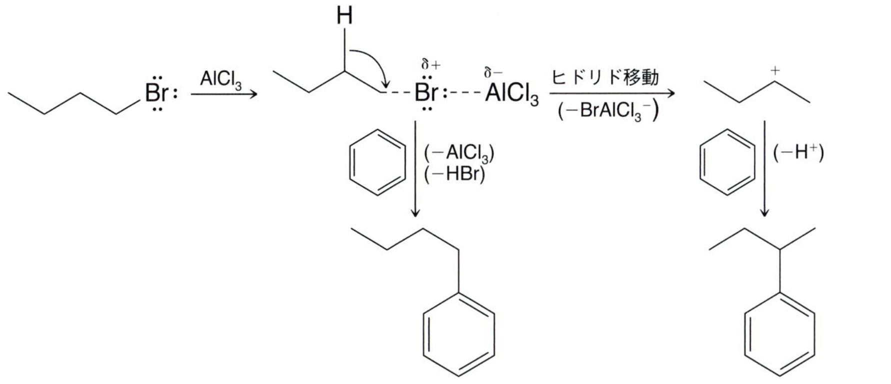

Butylbenzene
(混合物中 32〜36%)

s-Butylbenzene
(混合物中 64〜68%)

2. 芳香環に強い電子吸引基（14.11 節），あるいは -NH₂, -NHR や -NR₂ 基があるときには，通常 Friedel-Crafts 反応の収率は低い．このことはアルキル化にもアシル化にも当てはまる．

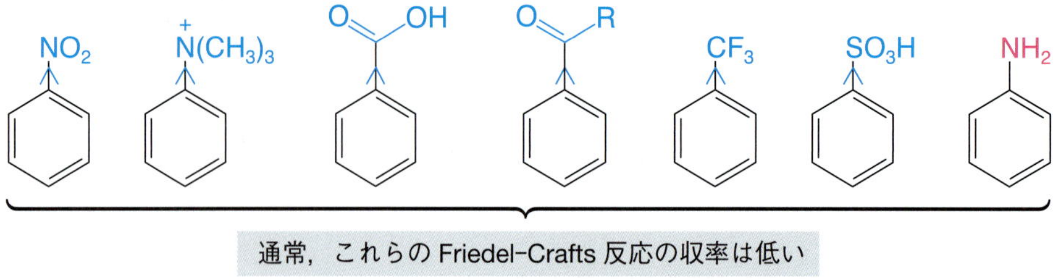

通常，これらの Friedel-Crafts 反応の収率は低い

14.10 節で，芳香環の置換基は芳香族求電子置換反応の反応性に対して大きな影響を与えることを述べるが，**電子吸引基は芳香環を電子不足にして不活性化する**．ハロゲンよりも電子吸引性（不活性化）の強い置換基，すなわち，**メタ配向基（14.11C 項）は芳香環をあまりにも電子不足にするため，これらの置換基をもつベンゼン誘導体は Friedel-Crafts 反応を受け付けない**．また，-NH₂，-NHR，-NR₂ 基は Friedel-Crafts 反応に用いられる Lewis 酸と錯体を作ることによって強い電子吸引基に変わる．

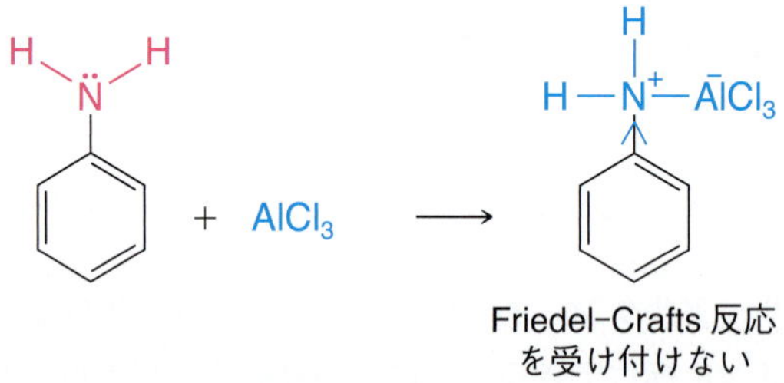

Friedel-Crafts 反応を受け付けない

3. ハロゲン化アリールやハロゲン化ビニルはカルボカチオンを簡単には生成しないので（6.14A 項参照），この反応のハロゲン化物成分として用いることはできない．

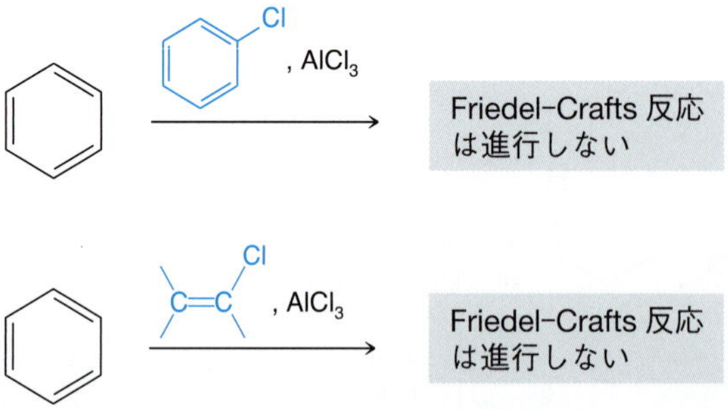

Friedel-Crafts 反応は進行しない

Friedel-Crafts 反応は進行しない

4. **多置換アルキル化がしばしば起こる**．アルキル基は電子供与基であり，アルキル基が 1 個ベンゼン環に導入されると，環が活性化され，さらに置換反応が進む（14.10 節参照）．

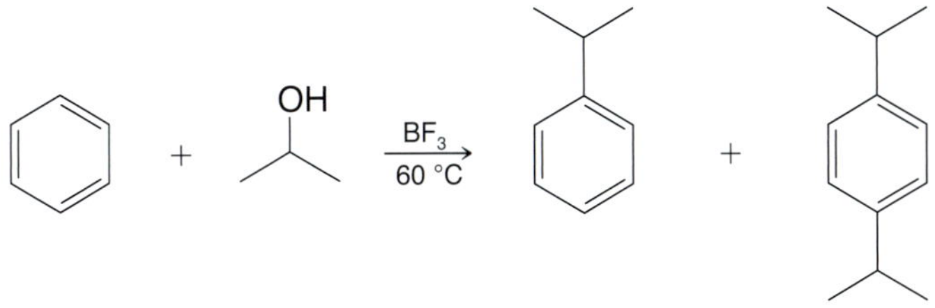

14.8 Friedel-Crafts 反応の制約

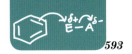

$$\text{benzene} + \text{isopropanol} \xrightarrow[60\ ^\circ\text{C}]{\text{BF}_3} \text{Isopropylbenzene (24\%)} + p\text{-Diisopropylbenzene (14\%)}$$

しかし，**Friedel-Crafts** アシル化では，多置換アシル化は起こらない．アシル基（RCO−）はそれ自身電子吸引基であり，これが反応の最終段階（14.7節）で$AlCl_3$と錯体を作ると，さらに強い不活性化基（電子吸引基）になる．そのためにこれ以上置換反応は進まず，モノアシル化で反応を止めることができる．

例題 14.2

$AlCl_3$ の存在下，benzene に直接 1-chloro-2,2-dimethylpropane〔neopentyl chloride；$(CH_3)_3CCH_2Cl$〕を反応させると，主生成物は 2-methyl-2-phenylbutane であり，2,2-dimethyl-1-phenylpropane（neopentylbenzene）ではない．この結果を説明せよ．

解き方と解答：

$AlCl_3$ が 1-chloro-2,2-dimethylpropane と直接反応すれば，第一級カルボカチオンが生成することになる．しかし，第一級カルボカチオンは生成せず，実際にはメチル基が転位（メタニド移動）してより安定な第三級カルボカチオンを生成し，benzene と反応する．

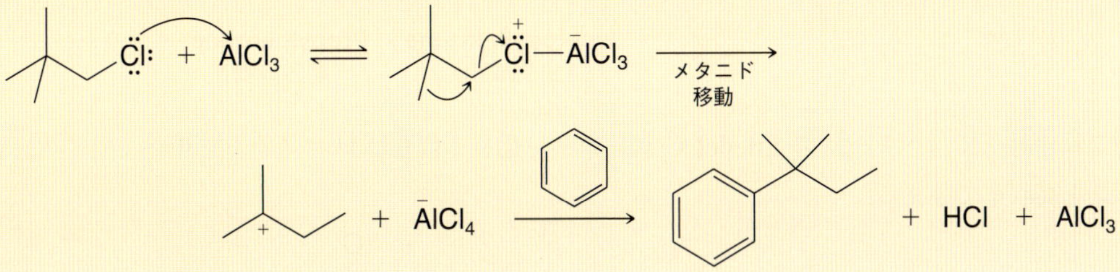

問題 14.4 次の反応を説明する反応機構を書け．

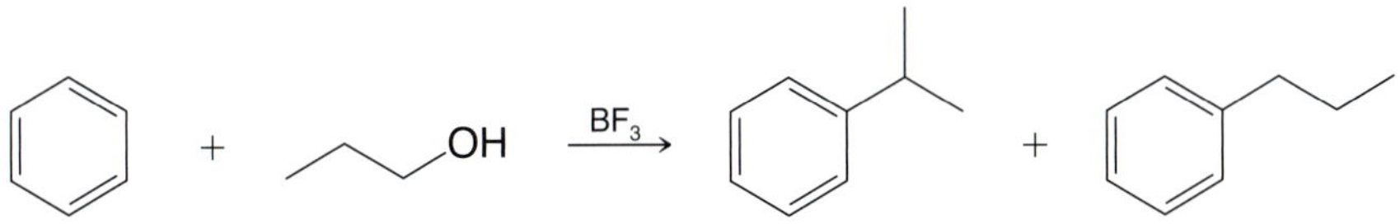

$$\text{benzene} + n\text{-propanol} \xrightarrow{\text{BF}_3} \text{isopropylbenzene} + n\text{-propylbenzene}$$

14.9 Friedel-Crafts アシル化の有機合成への応用：Clemmensen 還元と Wolff-Kishner 還元

- Friedel-Crafts アシル化では炭素鎖の転位が起こらない．

アシリウムイオンは共鳴によって安定化しているため，他の大抵のカルボカチオンよりも安定である．したがって，転位を起こす要因がない．転位が起こらないから Friedel-Crafts アシル化と C＝O 基の CH_2 基への還元を続けて行うと，第一級アルキルベンゼンの合成法としては Friedel-Crafts アルキル化反応よりもすぐれた方法になる．

- アリールケトンの C＝O 基は CH_2 基に還元できる．

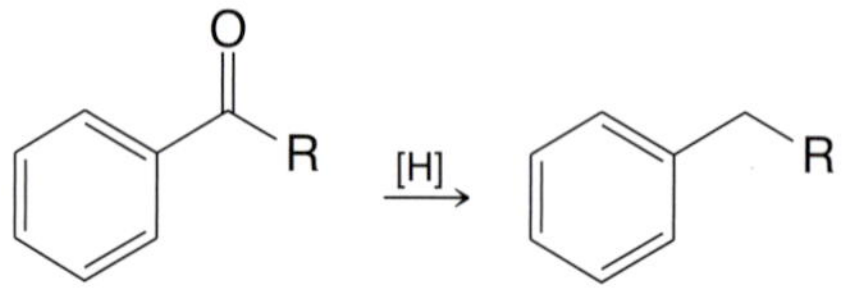

一例として，プロピルベンゼンの合成を考えてみよう．もし Friedel-Crafts アルキル化反応を使って合成しようとすれば，転位が起こり，主生成物はイソプロピルベンゼンになってしまう（問題 14.4 参照）．

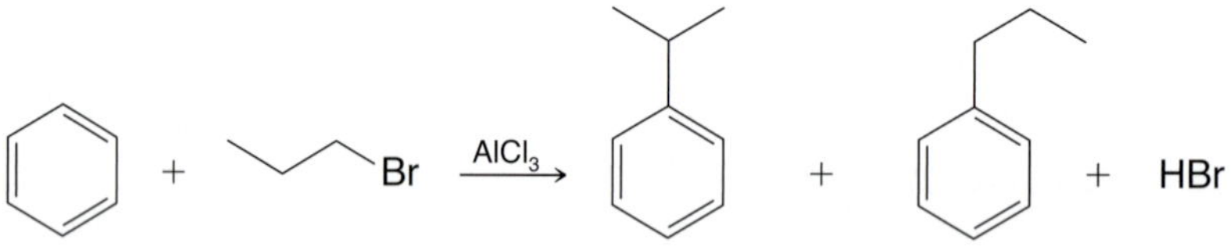

Isopropylbenzene（主生成物） Propylbenzene（副生成物）

これに対して，ベンゼンの Friedel-Crafts アシル化を，塩化プロパノイルを用いて行うと，ケトンを高収率で与える．

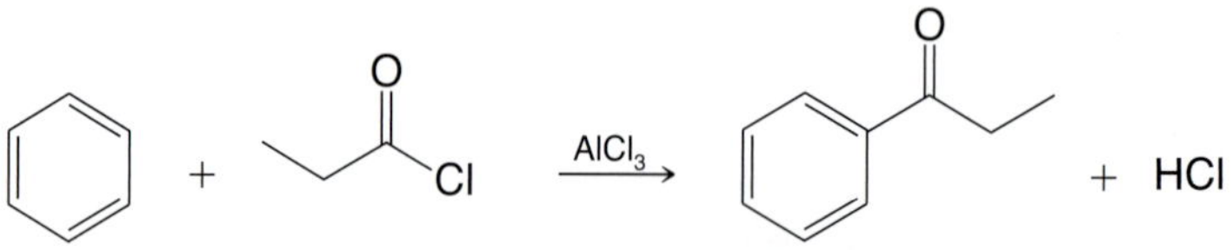

Propanoyl chloride　　Ethyl phenyl ketone (90%)

このケトンはいくつかの方法でプロピルベンゼンに還元できる．

14.9A　Clemmensen 還元

カルボニル基をメチレン基に還元する一般的方法の一つ，Clemmensen 還元では，ケトンを亜鉛アマルガムとともに塩酸と還流する（注意：19.4 節で述べるように，亜鉛と塩酸による還元

14.9 Friedel-Crafts アシル化の有機合成への応用：Clemmensen 還元と Wolff-Kishner 還元

はニトロ基もアミノ基に還元する）.

Clemmensen 還元

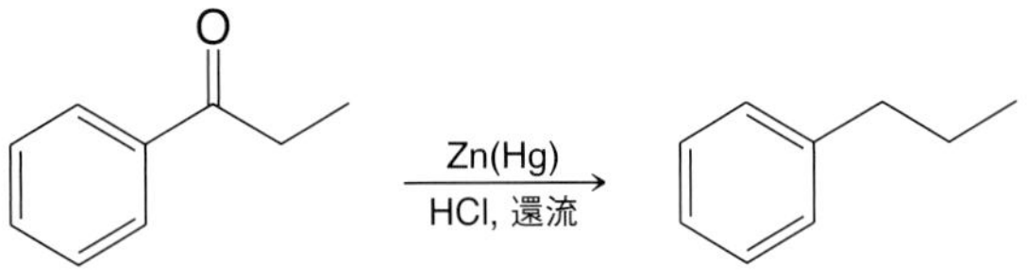

Ethyl phenyl ketone → Propylbenzene (80%)
Zn(Hg), HCl, 還流

14.9B　Wolff-Kishner 還元

カルボニル基をメチレン基に還元するもう一つの方法に，Wolff-Kishner 還元（15.8C 項）がある．この方法では，ケトンをヒドラジンと強塩基とともに加熱する．塩基性条件で行われる Wolff-Kishner 還元は，酸性条件で行われる Clemmensen 還元と相補的である．Wolff-Kishner 還元は単離できないがヒドラゾン中間体を経て進行する．例えば，エチルフェニルケトンは Wolff-Kishner 還元によってプロピルベンゼンに還元される．

Wolff-Kishner 還元

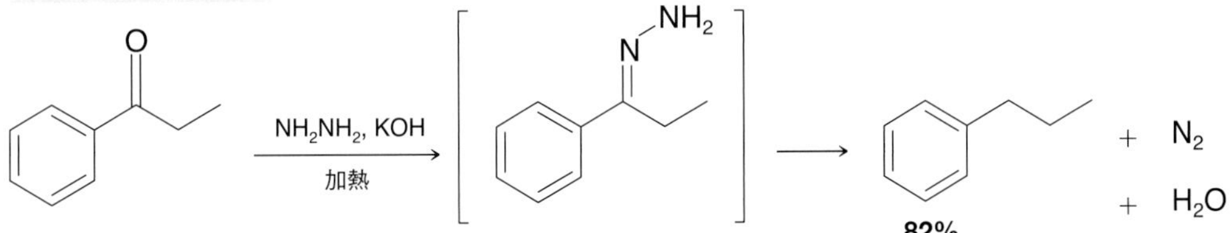

エチルフェニルケトン → [ヒドラゾン中間体（15.8C項参照）] → プロピルベンゼン (82%) + N_2 + H_2O
NH₂NH₂, KOH, 加熱

環状無水物を用いて Friedel-Crafts アシル化を行うと，芳香族化合物に新しい環を加える手段となる．一例を次に示す．Clemmensen 還元ではケトンだけが還元され，カルボン酸は還元されずに残る．同じ結果は Wolff-Kishner 還元によっても得られる．

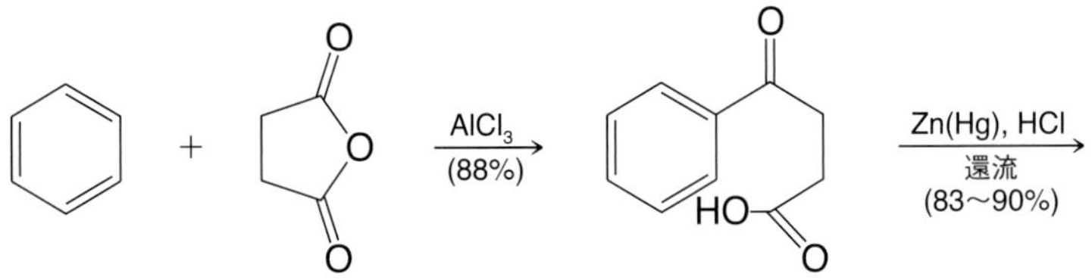

Benzene（過剰） + Succinic anhydride（無水コハク酸） → 3-Benzoylpropanoic acid
AlCl₃ (88%)
→ Zn(Hg), HCl, 還流 (83〜90%)

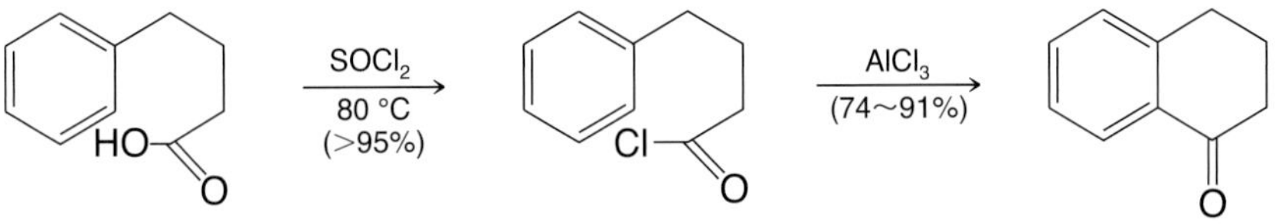

4-Phenylbutanoic acid（4-フェニルブタン酸） → 4-Phenylbutanoyl chloride（塩化4-フェニルブタノイル） → α-Tetralone（α-テトラロン）
SOCl₂, 80 °C (>95%)
AlCl₃ (74〜91%)

問題 14.5 Benzene と適当な塩化アシルまたは酸無水物を用いて，次の化合物を合成する方法を示せ．

(a) **Butylbenzene**

(b)

(c) **Diphenylmethane**

(d) **9,10-Dihydroanthracene**

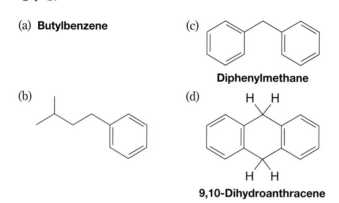

14.10　置換基の影響：反応性と配向性

ベンゼン環にすでにある**置換基** substituent group は，芳香族求電子置換反応に対する**反応性** reactivity と求電子攻撃の位置，すなわち**配向性** orientation の両方に影響を及ぼす．

- ある置換基は環の反応性をベンゼン自身より高める（ベンゼンより速く反応する）．そのような置換基を**活性化基** activating group という．
- ある置換基は環の反応性をベンゼンより低くする（ベンゼンより反応が遅くなる）．そのような置換基を**不活性化基** deactivating group という．

14.10A　置換基の反応性に対する影響

芳香族求電子置換反応の遅い段階，すなわち反応全体の速度を決める段階（律速段階）は第一段階であることを，14.2 節の図 14.3 で示した．この段階では，求電子剤がベンゼン環から電子対を受け入れることによって反応する．

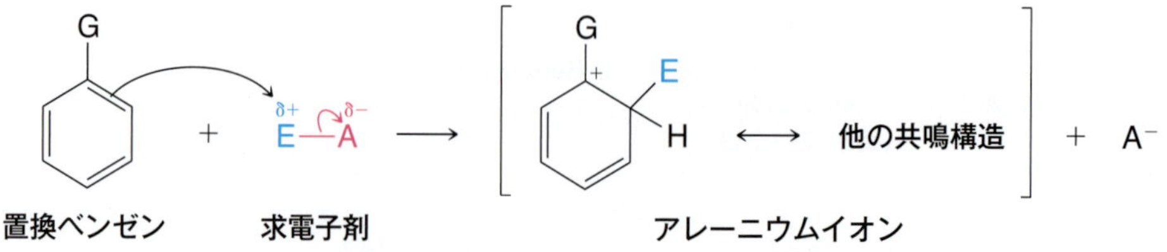

ベンゼン環にすでにある置換基 Z が電子を供与すると，環が電子豊富になり，環の求核性が増し，求電子剤に対する反応性が高くなるので反応が速くなる．

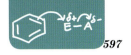

14.10 置換基の影響：反応性と配向性

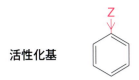

活性化基

一方，ベンゼン環上の置換基 Y が電子を吸引すると，環は電子不足になり，求電子剤との反応は遅くなる．

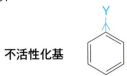

不活性化基

14.10B　オルト-パラ配向基とメタ配向基

ベンゼン環上の置換基は，置換反応の**配向性**にも影響する．置換基は2種類に分類できる．

- **オルト-パラ配向基** *ortho-para* director は，新しく入ってくる基をオルトまたはパラ位に配向する．

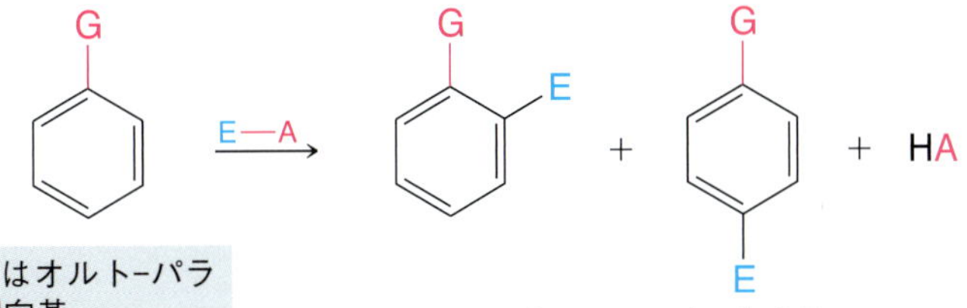

Gはオルト-パラ配向基　　オルト生成物　　パラ生成物

- **メタ配向基** *meta* director は，新しく入ってくる基をメタ位に配向する．

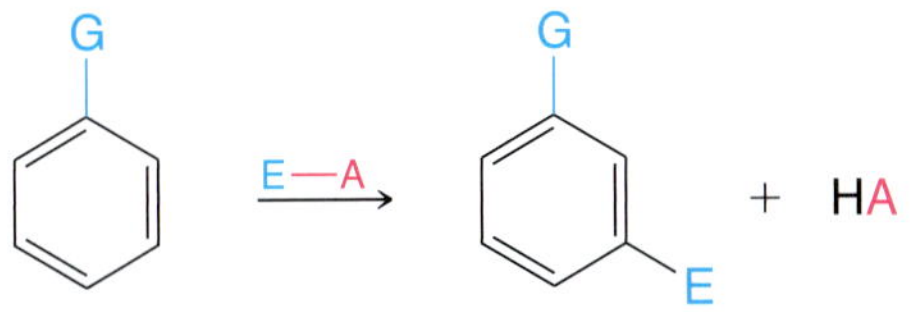

Gはメタ配向基　　メタ生成物

14.10C　電子供与基と電子吸引基

置換基が活性化基であるか不活性化基であるか，またオルト-パラ配向基であるかメタ配向基であるかは，主として，その置換基が電子を供与するか吸引するかに依存する．

- すべての電子供与基は活性化基で，オルト-パラ配向基である．
- ハロ基は例外であるが，他のすべての電子吸引基は不活性化基で，メタ配向基である．
- ハロ基は弱い不活性化基で，オルト-パラ配向基である．

Gが電子を供与すると，環は活性化され，反応は速くなり，オルトまたはパラ位に反応する

 Gが電子を吸引すると，環は不活性化され，反応は遅くなり，メタ位に反応する（ハロゲンは例外）

14.10D　活性化基：オルト-パラ配向基

- アルキル置換基は電子供与基であり，**活性化基**であるとともに，**オルト-パラ配向基**である．

例えば，トルエンはすべての求電子置換反応において，ベンゼンよりかなり速く反応する．

トルエンの高い反応性はいろいろな点で認められる．例えば，トルエンはベンゼンよりも緩和な条件，すなわち，低温でかつ低濃度の求電子剤を用いて求電子置換反応を行うことができる．また，同じ条件下ではトルエンはベンゼンより速く反応する．例えば，ニトロ化はベンゼンより25倍も速い．

また，トルエンの求電子置換反応では，大部分の置換がメチル基のオルトとパラ位で起こる．例えば，硫酸と硝酸の混酸を用いてトルエンをニトロ化すると，次に示す相対比でモノニトロトルエンが得られる．

得られたモノニトロトルエンの96％（59％＋37％）はオルトとパラ位にニトロ基の入ったもので，メタ位にニトロ基の入ったものはわずか4％である．

問題 14.6　Toluene のニトロ化反応で，メチル基が配向性に何の影響ももたないとしたときの異性体の生成比と実際のニトロ化の生成比を比べると，メチル基がオルト-パラ配向基であることがわかる．メチル基が配向性に影響しないとしたときの異性体の生成比を求め，この事実を説明せよ．

14.10 置換基の影響：反応性と配向性

トルエンのオルトおよびパラ位における置換が優先的になっているのはニトロ化に限らない．同様な挙動はハロゲン化やスルホン化などでも観察される．

- 非共有電子対をもつ原子が芳香環に直接結合しているような置換基，例えばアミノ，ヒドロキシ，アルコキシ，あるいはアシルアミノ基（–NHCOR）やアシルオキシ基（–OCOR）のように酸素や窒素が直接ベンゼン環に結合している基は強い活性化基であり，また強力なオルト-パラ配向基である．

例えば，フェノールやアニリンは臭素水と触媒なしでも反応して，両オルト位とパラ位が置換された化合物，トリブロモ体がほとんど定量的に得られる．

- 一般に，ベンゼン環に隣接する原子上に非共有電子対をもっている置換基（例えば，ヒドロキシ基やアミノ基）は，非共有電子対をもたない基（例えば，アルキル基）よりも強い活性化基である．
- 共鳴効果によるベンゼン環への電子密度の寄与のほうが，誘起効果を通じて起こる寄与よりも一般に大きい．

アシルアミノ基（–NHCOR）やアシルオキシ基（–OCOR）もベンゼン環に隣接して非共有電子対をもっているが，そのカルボニル基が非共有電子対と共役してベンゼン環から電子密度を遠ざけるように共鳴に寄与するために，その活性化効果は弱められる．共鳴がベンゼン環に電子密度を供与するだけに働いているアミノ基やヒドロキシ基よりも，活性化が弱められている．

共鳴効果と誘起効果によるアレーニウムイオンの安定化の例

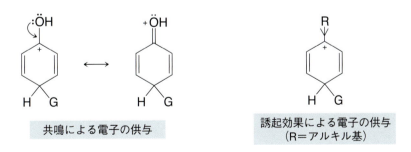

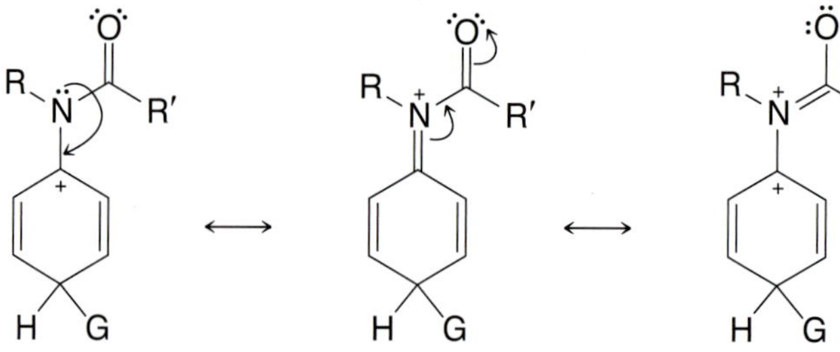

共鳴による環への電子の供与は，環から電子密度を遠ざけるような共鳴構造（右端の式）の寄与によって弱められる

14.10E 不活性化基：メタ配向基

- ニトロ基は非常に強い**不活性化基**である．なぜなら窒素と酸素原子が共同して強力な電子吸引基になるからである．

ニトロベンゼンのニトロ化の速度はベンゼンのわずか 10^{-4} 倍である．ニトロ基は**メタ配向基**である．ニトロベンゼンを硝酸と硫酸でニトロ化すると，93％の置換がメタ位で起こる．

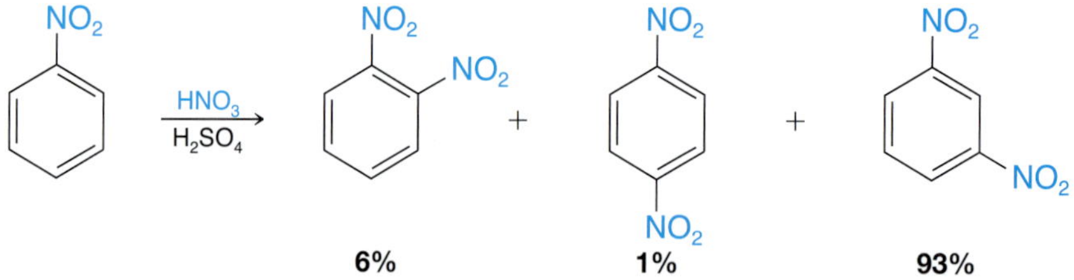

6% 1% 93%

- カルボキシ基（$-CO_2H$），スルホ基（$-SO_3H$）やトリフルオロメチル基（$-CF_3$）も強い不活性化基で，またメタ配向基でもある．

14.10F ハロ基：不活性化オルト-パラ配向基

- クロロ，ブロモ，ヨード基はオルト-パラ配向基である．しかし，これらは非共有電子対をもっているにもかかわらず，ハロゲンの電気陰性効果（電子吸引性誘起効果）のために不活性化基である．

例えば，クロロベンゼンやブロモベンゼンのニトロ化の速度は，ベンゼンよりもともにおよそ30分の1である．クロロベンゼンの塩素化，臭素化，ニトロ化およびスルホン化によって得られるモノ置換生成物の割合（％）を表14.1に示す．ブロモベンゼンの求電子置換からも，同様な結果が得られる．

表 14.1　Chlorobenzene の求電子置換反応

反　応	オルト体 (%)	パラ体 (%)	全オルトおよびパラ体 (%)	メタ体 (%)
塩素化	39	55	94	6
臭素化	11	87	98	2
ニトロ化	30	70	100	
スルホン化		100	100	

14.10G　置換基の分類

代表的な置換基の反応性と配向性に関する効果を表 14.2 にまとめた．

表 14.2　芳香族求電子置換反応における置換基効果

オルトーパラ配向基	メタ配向基
強い活性化基 $-\ddot{N}H_2,\ -\ddot{N}HR,\ -\ddot{N}R_2$ $-\ddot{O}H,\ -\ddot{O}:^-$	中程度の不活性化基 $-C\equiv N$ $-SO_3H$
中程度の活性化基 $-\ddot{N}H-C(=O)R$ $-\ddot{O}-C(=O)R,\ -\ddot{O}R$	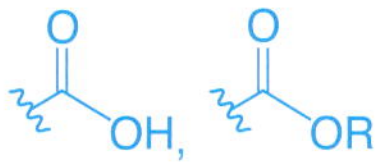 $-C(=O)OH,\ -C(=O)OR$ $-C(=O)H,\ -C(=O)R$
弱い活性化基 $-R$ (alkyl) $-C_6H_5$ (phenyl)	強い不活性化基 $-NO_2$ $-\overset{+}{N}R_3$ $-CF_3,\ CCl_3$
弱い不活性化基 $-\ddot{F}:,\ -\ddot{C}l:,\ -\ddot{B}r:,\ -\ddot{I}:$	

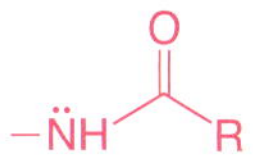

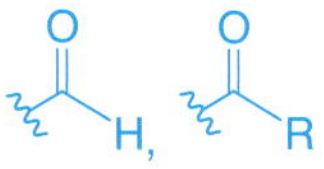

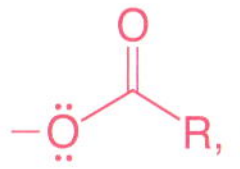

例題 14.3

次の置換基をもつ芳香環は活性化されているか不活性化されているかを示せ．また，それらの置換基をオルトーパラ配向基とメタ配向基に分類せよ．

(a) 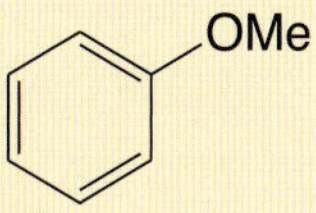 C₆H₅–OMe　　(b) 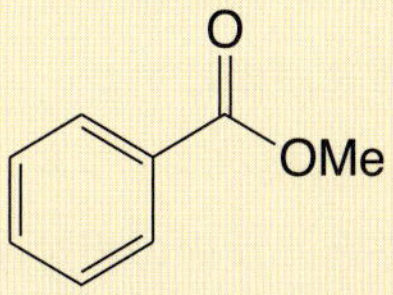 C₆H₅–C(=O)OMe　　(c) C₆H₅–O–C(=O)CH₃

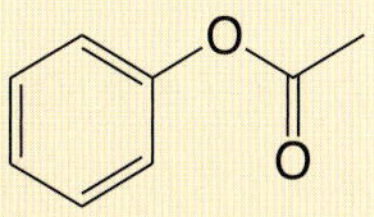

(d) 構造式：アセトアニリド (PhNHCOCH₃)
(e) 構造式：クロロベンゼン (PhCl)
(f) 構造式：ベンゼンスルホン酸 (PhSO₂OH)

解き方と解答：
　もし置換基が電子供与基であれば芳香環を活性化してオルト-パラ配向となる．逆に，電子吸引基であれば芳香環を不活性化してメタ配向となる（ハロゲンは例外で電子吸引基であるが，オルト-パラ配向となる）．(a) 活性化；エーテル酸素はオルト-パラ配向基である．(b) 不活性化；エステルのカルボニル基はメタ配向基である．(c) 活性化；エステルの酸素が芳香環に直接結合している（アセトキシ基）のでオルト-パラ配向基である．(d) 活性化；アミド窒素（アセトアミノ基）はオルト-パラ配向基である．(e) 不活性化；ハロゲンは誘起効果によって不活性化するが，共鳴効果によってオルト-パラ配向基である．(f) 不活性化；スルホン酸のスルホ基はメタ配向基である．

問題 14.7 次の反応を行ったときに得られる主生成物を書け．なお，主生成物がオルトとパラ異性体の混合物の場合はそのように書くこと．
　(a) Toluene をスルホン化する．
　(b) Benzoic acid をニトロ化する．
　(c) Nitrobenzene を臭素化する．
　(d) Isopropylbenzene を Friedel-Crafts アセチル化する．

14.11　芳香族求電子置換反応における置換基効果の詳細

14.11A　反応性：電子供与基と電子吸引基の効果

反応速度の差は，律速段階の遷移状態を調べることによって説明できる．

- 反応物と比較して遷移状態のエネルギーが下がると，活性化自由エネルギーが小さくなり，反応速度が増大する．
- 反応物と比較して遷移状態のエネルギーが上がると，活性化自由エネルギーが大きくなり，反応速度が小さくなる．

　置換ベンゼンの求電子置換反応における律速段階はアレーニウムイオンの生成段階である．ここで，置換基（水素を含む）を G で表すと，置換ベンゼンを一般式で書くことができる．
　多くの反応についてこの段階を調べてみると，反応の相対速度は，G が電子を**供与する**か，**吸引する**かに依存していることがわかる．

14.11 芳香族求電子置換反応における置換基効果の詳細

- **G** が電子供与基ならば反応はベンゼンよりも速くなる.
- **G** が電子吸引基ならば反応はベンゼンよりも遅くなる.

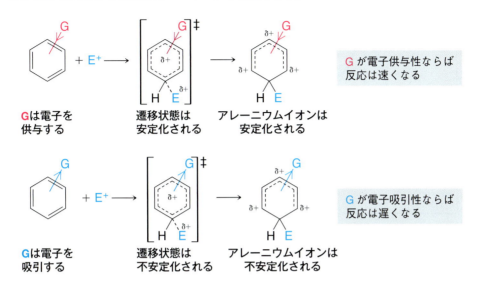

したがって，置換基 G は基質よりも遷移状態の安定性に強く影響を与えているであろうと考えられる．

- 電子供与基は遷移状態を安定化するが，電子吸引基は遷移状態を不安定化する.

遷移状態はアレーニウムイオンに似ており，アレーニウムイオンは非局在化したカルボカチオンであるということからすれば，この考え方は全く合理的である．

この効果は，Hammond-Leffler の仮説（6.13A 項）を適用することによって説明できる．アレーニウムイオンは高エネルギー中間体であり，そこに至る段階（その生成反応）は強い吸熱反応である．したがって，Hammond-Leffler の仮説によれば，アレーニウムイオン自身と生成反応の遷移状態とは非常によく似ているはずである．

アレーニウムイオンは正電荷をもつので，電子供与基はアレーニウムイオンとそこに至る遷移状態を安定化すると考えられる．遷移状態は非局在化したカルボカチオンができつつある状態だからである．電子吸引基の影響についても同様に考えることができる．電子吸引基はアレーニウムイオンをより不安定にするはずであるし，またそこに至る遷移状態をより不安定にするはずである．

図 14.4 は，置換基の電子吸引性と供与性が芳香族求電子置換反応の活性化自由エネルギーにどのように影響するかを示している．

2 種類のアレーニウムイオンの静電ポテンシャル図を図 14.5 に示し，電子供与性のメチル基が正電荷を安定化する効果と，電子吸引性のトリフルオロメチル基が正電荷を不安定化する効果を比較した．図 14.5 (a) のアレーニウムイオンは，トルエンのパラ位に臭素が求電子攻撃して生成したものである．図 14.5 (b) のアレーニウムイオンは，トリフルオロメチルベンゼンのパラ位に臭素が求電子攻撃して生成したものである．図 14.5 (a) では環上の原子の青色がずっと弱くなっ

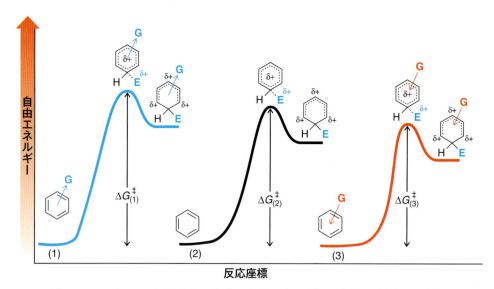

図 14.4　アレーニウムイオン生成の自由エネルギーに対する置換基の効果

電子吸引基（→ G）と電子供与基（← G）の効果を無置換体（ベンゼン）と比べている．(1) の青色のエネルギー変化では，電子吸引基 G が遷移状態のエネルギーを押し上げ，活性化自由エネルギーの障壁が最も高いために反応は最も遅い．反応 (2) は置換基がない場合で比較の基準になる．(3) の赤色のエネルギー変化では，電子供与性基 G が遷移状態を安定化し，活性化自由エネルギーが最も低いために反応は最も速い．

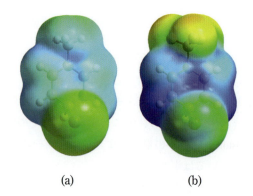

　　　　　(a)　　　　　　　(b)

図 14.5　(a) Toluene と (b) trifluoromethylbenzene への臭素の求電子付加によって生成したアレーニウムイオンの静電ポテンシャル図

二つの静電ポテンシャル図は，同じ色調の基準で作成されているので直接比較できる．

ている．すなわち，正電荷が薄められ，アレーニウムイオンが安定化していることを示している．一方，図 14.5 (b) では青色が濃くなっている．これは正電荷が一層強められていることを示している．

14.11B　誘起効果および共鳴効果：配向性の理論

置換基が電子吸引性であるか電子供与性であるかという性質は，誘起効果と共鳴効果の二つの因子によって説明できる．この二つの因子はまた芳香族求電子置換反応の配向性も決定する．

14.11 芳香族求電子置換反応における置換基効果の詳細

誘起効果 ここで置換基 G の **誘起効果** inductive effect は，環が求電子剤によって攻撃されたとき，G と環炭素の分極した結合と環にできる正電荷との間の静電的な相互作用から生じる．例えば，もし G が炭素より電気陰性度の大きい原子（または原子団）であるときには，環炭素はこの結合双極子の正の末端になる．

$$G^{\delta-} \leftarrow \bigcirc^{\delta+} \quad (例えば G = F, Cl, Br)$$

求電子剤がこのような環を攻撃すると，環の正電荷がさらに増えることになるので，求電子攻撃は遅くなるだろう．ハロゲンはすべて炭素より電気的に陰性であり，電子吸引性誘起効果を示す．環に結合した原子が完全な正電荷か，または部分的な正電荷をもっているその他の基も電子吸引性誘起効果を示す．そのような基を次に示す．

$$\rightarrow \overset{+}{N}R_3 \ (R = アルキル基, H) \quad \rightarrow \overset{\delta+}{C} \overset{X^{\delta-}}{\underset{X^{\delta-}}{\uparrow}} X^{\delta-} \quad \rightarrow \overset{+}{N} \overset{O}{\underset{O^-}{\diagup}} \quad \rightarrow \overset{O^-}{\underset{O}{S^+}} - OH$$

$$\rightarrow \overset{\ddot{O}:}{\underset{G}{C}} \longleftrightarrow \rightarrow \overset{:\ddot{O}:^-}{\underset{G}{C^+}} \quad (G = H, R, OH, OR)$$

> 環に結合した原子に完全な正電荷
> または部分的正電荷をもつ電子吸引基

共鳴効果 置換基 G の **共鳴効果** resonance effect とは，置換基 G が中間体のアレーニウムイオンの共鳴安定化を増大させるか減少させるかという効果のことである．すなわち，置換基 G が，アレーニウムイオンに対して書ける三つの共鳴構造の一つを，水素のときに比べて安定化するか，不安定化するかということである．特に，G が非共有電子対をもつ原子のときには，G に正電荷のある 4 番目の共鳴構造が可能であるためアレーニウムイオンに余分の安定化をもたらす．

この電子供与性共鳴効果の強さは次のような順序になる．

電子供与性大 $-\ddot{N}H_2, \ -\ddot{N}R_2 \ > \ -\ddot{O}H, \ -\ddot{O}R \ > \ -\ddot{X}:$ 電子供与性小
(X はハロ基)

この順序はこれらの基の活性化能の順にもなっている．

- アミノ基は最も強い活性化基であり，ヒドロキシ基やアルコキシ基は少し弱い活性化基であり，ハロ基は弱い不活性化基である．

X＝Fのとき，この順序は非共有電子対をもつ原子の電気陰性度の順になっている．原子が電気陰性であるほど，その原子は正に荷電しにくい，すなわち非共有電子対を出しにくい（フッ素は最も電気陰性度が大きく，窒素は最も小さい）．X＝Cl，Br，Iのとき，共鳴によるハロゲンの電子供与性が比較的弱いことは，別の要因で説明される．これらのハロゲン原子はすべて炭素原子より大きく，そのために，非共有電子対を含む軌道が核から遠く離れているので，炭素の2p軌道とうまく重ならない（14.11D項参照）．これは一般的な現象で，共鳴効果は周期表の異なった周期の原子間では効果的ではない．

14.11C　メタ配向基

- メタ配向基はすべて，その環に直接結合している原子上に部分正電荷，または完全な正電荷をもっている．

トリフルオロメチル基を例にとって考えてみよう．トリフルオロメチル基は，電気陰性度の大きいフッ素原子が3個付いているために非常に強い電子吸引基である．芳香族求電子置換反応においては強い不活性化基であり，強いメタ配向基である．トリフルオロメチル基のこの特性は，次のように説明することができる．

トリフルオロメチル基はアレーニウムイオン生成の遷移状態を非常に不安定化し，反応速度に影響する．すなわち，できつつあるカルボカチオンからさらに電子を吸引して環の正電荷を増大する．

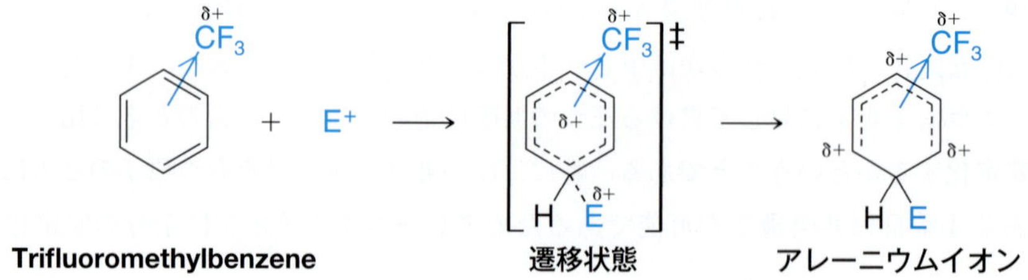

Trifluoromethylbenzene　　　　遷移状態　　　　アレーニウムイオン

トリフルオロメチル基の芳香族求電子置換反応における配向性は，トリフルオロメチルベンゼンのオルト，メタ，およびパラ位に求電子攻撃が起こるときに生じるアレーニウムイオンの共鳴構造を検討すれば理解できる．

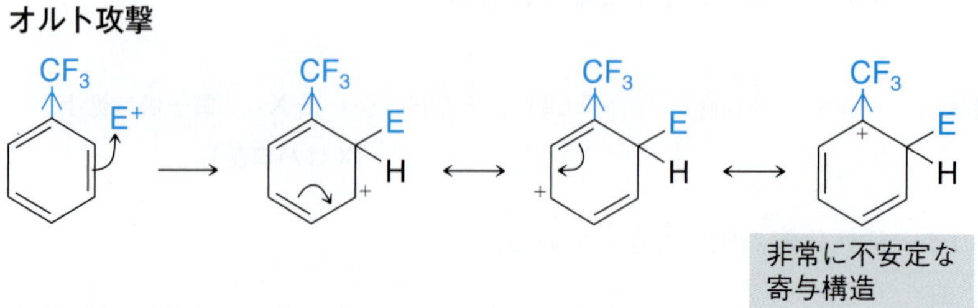

オルト攻撃

非常に不安定な寄与構造

14.11 芳香族求電子置換反応における置換基効果の詳細

メタ攻撃

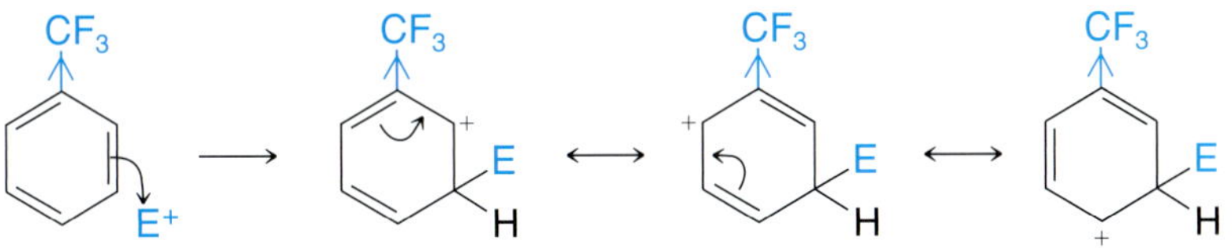

[反応式：トリフルオロメチルベンゼンへのメタ位での E⁺ 攻撃による三つの共鳴構造]

パラ攻撃

[反応式：トリフルオロメチルベンゼンへのパラ位での E⁺ 攻撃による三つの共鳴構造]

非常に不安定な寄与構造

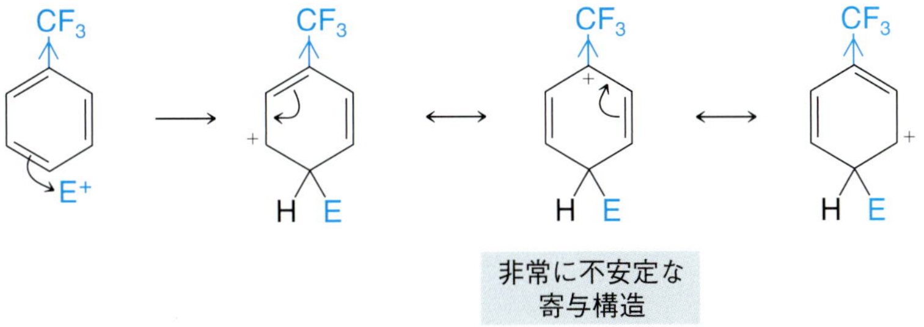

- オルトおよびパラ位の攻撃によって生じたアレーニウムイオンの共鳴構造のうちの一つは，その正電荷が電子吸引基の付いている環炭素にあるために，他に比べて非常に不安定になっている．
- メタ位攻撃によって生じたアレーニウムイオンには，このような非常に不安定な共鳴構造はない．
- したがって，メタ置換アレーニウムイオンに至る遷移状態の不安定化が最も小さいので，メタ位攻撃が有利となると考えられる．

これは実験結果と完全に一致している．トリフルオロメチル基は強力なメタ配向基の一つである．

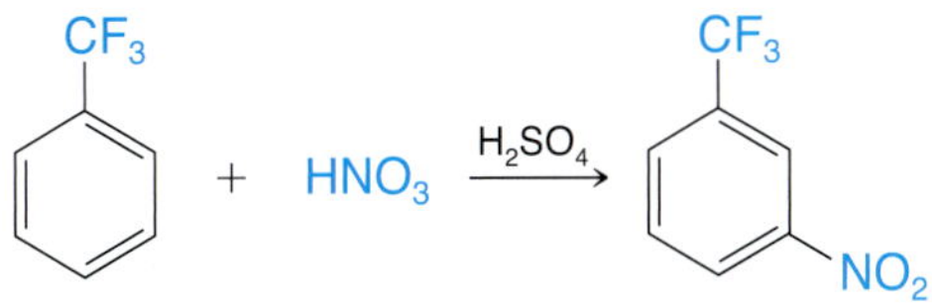

[反応式：トリフルオロメチルベンゼン + HNO₃ → (H₂SO₄) → 3-ニトロトリフルオロメチルベンゼン ほぼ100%]

Trifluoromethylbenzene

しかし，注意しておかなくてはならないことは，メタ置換が有利であるというものの，それは三つの不利な反応の中では不利の程度が最も小さいというだけのことである．トリフルオロメチルベンゼンのメタ置換の活性化自由エネルギーはオルトやパラ置換のときよりは小さいが，ベンゼンの場合よりはるかに大きい．すなわち，トリフルオロメチルベンゼンのメタ置換はオルトやパラ置換より速く起こる（メタ配向）が，ベンゼンに比べればずっと遅いのである（不活性化）．

- ニトロ基，カルボキシ基や他のメタ配向基（表14.2）はいずれも強い電子吸引基であり，すべて同様に考えてよい．

例題 14.4

Benzaldehyde がメタ位でニトロ化されるとき，生成するアレーニウムイオンの共鳴構造とそれらの混成体の構造を示せ．

解き方と解答：

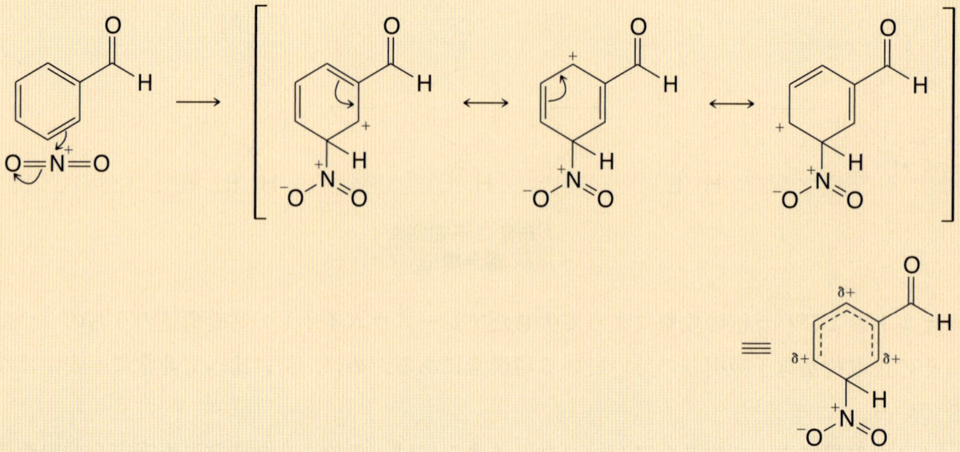

14.11D オルトーパラ配向基

アルキル基とフェニル基を除くと，表 14.2 にあるオルトーパラ配向基はすべて次の一般式で表される．

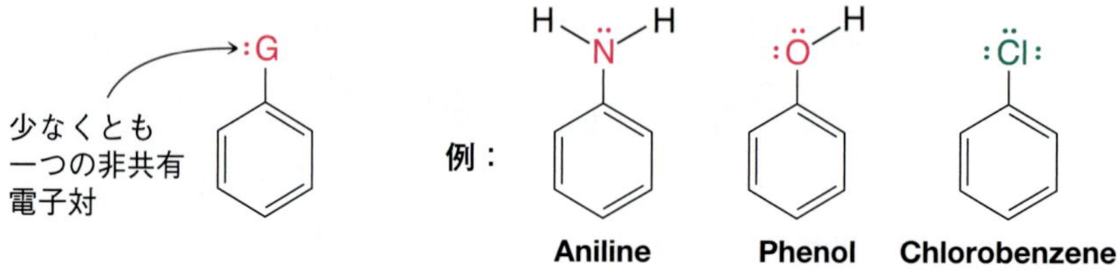

少なくとも一つの非共有電子対

例： Aniline　Phenol　Chlorobenzene

この構造上の特徴，すなわち環に結合する原子上にある非共有電子対が，求電子置換反応における配向性を決定し，また反応性に影響を及ぼしている．

非共有電子対をもつこれらの置換基の配向性は，主として電子供与性の共鳴効果に起因する．この共鳴効果はアレーニウムイオン，したがってアレーニウムイオンに至る遷移状態に関与している．

ハロゲンを除けば，これら置換基の反応性に対する効果もまた電子供与性の共鳴効果が主原因になっている．そしてこの場合もまた，同じ効果がアレーニウムイオンに至る遷移状態にも関与している．

これらの共鳴効果を理解するために，まずアミノ基の効果について考えてみよう．アミノ基は強い活性化基であるばかりでなく，強いオルトーパラ配向基である．アニリンが触媒なしでも室

14.11 芳香族求電子置換反応における置換基効果の詳細

温で臭素と反応して，両オルト位とパラ位が置換された生成物を与えることは先に述べたとおりである（14.10D 項）．

アミノ基は誘起効果によってわずかながら環から電子を吸引する．窒素は炭素より電気的に陰性であるからである．しかし，ベンゼン環の炭素は sp^2 混成であるために，アルカンの sp^3 混成の炭素よりもいくらか電気的に陰性になっているので，アニリンの窒素と環の炭素の電気陰性度の差はあまり大きくない．

- 芳香族求電子置換反応におけるアミノ基の共鳴効果は，その誘起効果よりはるかに重要である．アミノ基はこの共鳴効果のために電子供与性である．

アニリンにおけるオルト，メタ，およびパラ位での求電子攻撃から生じるアレーニウムイオンの共鳴構造を書けば，これを理解することができる．

オルト攻撃

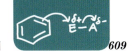

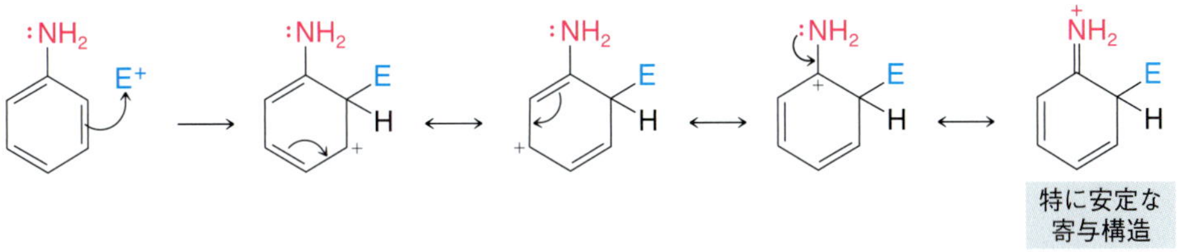

特に安定な寄与構造

メタ攻撃

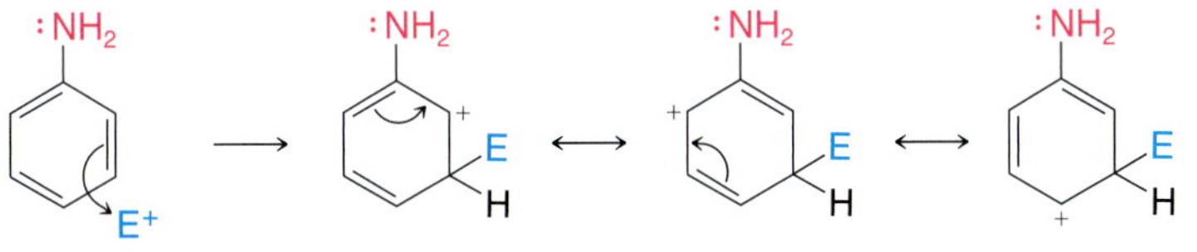

パラ攻撃

特に安定な寄与構造

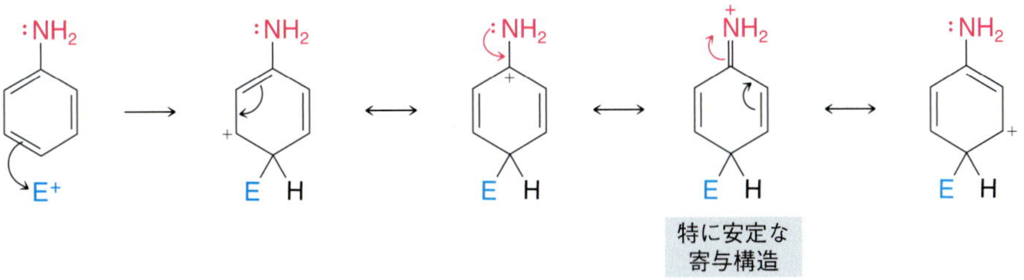

合理的な共鳴構造は，オルトとパラ位攻撃によって生じるアレーニウムイオンには4個書けるのに対して，メタ位攻撃から生成するアレーニウムイオンには3個しか書けないことがわかる．すなわち，オルトおよびパラ置換アレーニウムイオンがメタ置換アレーニウムイオンより安定であることを意味している．しかしもっと重要なことは，オルトおよびパラ置換アレーニウムイオンの共鳴混成体には特別に安定な構造が寄与している点である．この安定な共鳴構造は窒素原子の非共有電子対を使って窒素と環の炭素との間にもう一つの共有結合を作っている．この余分の結合のために，この共鳴構造ではすべての原子が完全なオクテットを達成している．このことが

全共鳴構造の中でこの構造を最も安定にしている．この構造は特に安定であるので，混成体への寄与も大きい．すなわち，オルトおよびパラ置換アレーニウムイオンがメタ位攻撃から生じたアレーニウムイオンより，かなり安定であるということである．いいかえれば，オルトおよびパラ置換アレーニウムイオンを生成する遷移状態は，その活性化自由エネルギーが特に小さくなっている．その結果，求電子剤はオルト位とパラ位で非常に速やかに反応する．

問題 14.8 Phenol のヒドロキシ基が活性化基で，オルト-パラ配向基である理由を，共鳴理論を用いて説明せよ．ここでは，phenol がオルト，メタ，パラ位で Br^+ イオンと反応したときに生成するアレーニウムイオンを書いて説明するとよい．

問題 14.9 Phenol は酢酸ナトリウムの存在下で acetic anhydride と反応させると，phenyl acetate を生成する．

Phenyl acetate の CH_3COO- 基は phenol の $-OH$ 基（問題 14.8）と同様，オルト-パラ配向基である．(a) これを説明せよ．(b) Phenyl acetate は芳香族求電子置換反応に対して phenol よりも反応性が低い．共鳴理論を用いてこれを説明せよ．(c) Aniline は芳香族求電子置換反応に対して非常に高反応性で，そのため好ましくない反応も起こる（14.14A 項参照）．これを避けるための方法の一つは，aniline に acetyl chloride または acetic anhydride を反応させ acetanilide に変換するものである．

アセトアミド（アセチルアミノ）基 CH_3CONH- の配向性はどうなっているか．
(d) アセトアミド基がアミノ基 $-NH_2$ より不活性である理由を説明せよ．

ハロ基の配向性と反応性に対する効果は，一見矛盾しているように思われる．ハロ基はオルト-パラ配向性を示す唯一の不活性化基である（表 14.2）［このために，ハロ基は赤色（電子供与性）や青色（電子吸引性）でなく緑色で表示している］．他の不活性化基はすべてメタ配向性である．しかし，ハロ基の電子吸引性誘起効果が反応性に影響し，電子供与性共鳴効果が配向性を決定すると考えれば，ハロ基の見かけ上の矛盾した挙動を容易に説明することができる．

これらの仮定をクロロベンゼンに適用してみよう．塩素原子は電気陰性度が大きい．そのため

14.11 芳香族求電子置換反応における置換基効果の詳細

塩素原子はベンゼン環から電子を吸引し，それによってベンゼン環を不活性化していると考えられる．

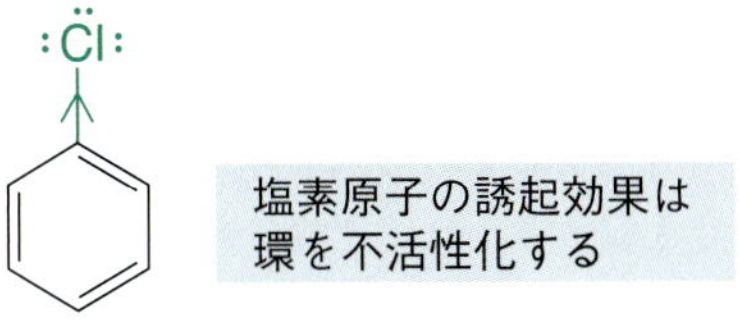

塩素原子の誘起効果は環を不活性化する

一方，求電子攻撃されたとき，塩素原子はアミノ基やヒドロキシ基と同じように，**その非共有電子対を供与することによって**，オルトおよびパラ置換アレーニウムイオンを，メタ置換アレーニウムイオンに比べて安定化する．非共有電子対は，オルトおよびパラ置換アレーニウムイオンの共鳴混成体に寄与する比較的安定な共鳴構造を作る．

オルト攻撃

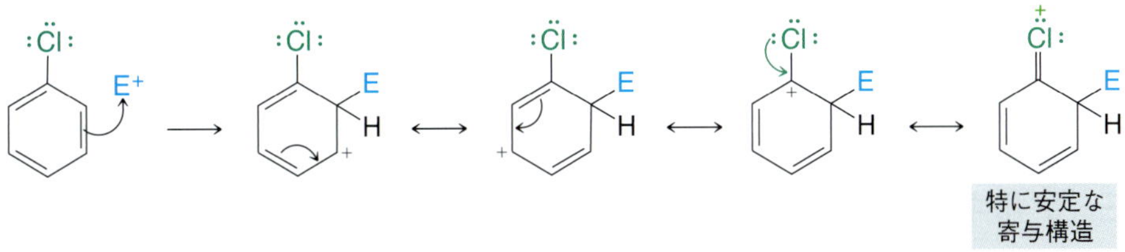

特に安定な寄与構造

メタ攻撃

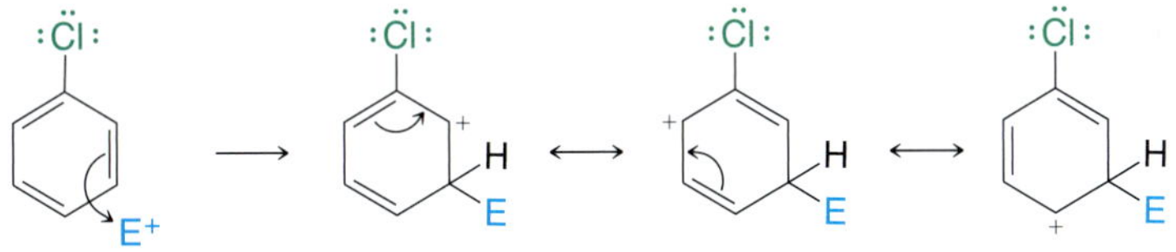

パラ攻撃

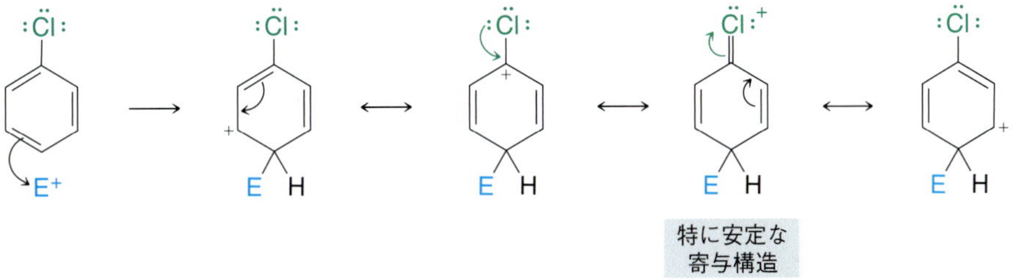

特に安定な寄与構造

クロロベンゼンについていえることは，勿論，ブロモベンゼンにも当てはまる．ハロ基の誘起効果および共鳴効果を次のように要約することができる．

- ハロ基は電子吸引性誘起効果によってベンゼンよりも芳香環を電子不足にする．このためベンゼンよりも芳香族求電子置換反応の活性化自由エネルギーが大きくなるので，ハロ基は不活性化基となる．
- ハロ基は電子供与性共鳴効果によって，オルトおよびパラ位置換へ導く過程の活性化自由エネルギーを，メタ位置換の場合よりも小さくしている．このためハロ基はオルト-パラ配向基である．

ハロゲンの特別な効果を説明するための根拠と先に述べたアミノ基やヒドロキシ基の説明の根拠とでは一見矛盾があると思われるかもしれない．というのは，酸素は塩素，臭素，ましてヨウ素よりも電気陰性度が大きい．それにもかかわらず，ヒドロキシ基は活性化基であるが，ハロゲンは不活性化基である．この説明として，ベンゼン環に結合した置換基 $-\ddot{G}$ ($-\ddot{G} = -\ddot{N}H_2$, $-\ddot{O}-H$, $-\ddot{F}:$, $-\ddot{C}l:$, $-\ddot{B}r:$, $-\ddot{I}:$) が非共有電子対をもち，その共鳴効果によってアレーニウムイオンに至る遷移状態を安定化することができると考えれば理解できる．今 $-\ddot{G}$ が $-\ddot{O}H$ や $-\ddot{N}H_2$ であるとすると，炭素の 2p 軌道と酸素または窒素の 2p 軌道がうまく重なり合って共鳴できる．この場合は原子がほぼ同じ大きさだからである．しかし，塩素がベンゼン環に電子対を供与するためには炭素の 2p 軌道と塩素の 3p 軌道が重ならなければならない．塩素原子は炭素原子よりはるかに大きく，またその 3p 軌道は核から離れていることから，このような重なりは効果的ではない．臭素やヨウ素ではこの重なりはさらに悪い．フルオロベンゼン $G = -\ddot{F}:$ がフッ素の高い電気陰性度にもかかわらず最も活性の高いハロベンゼンであり，同時に $-\ddot{F}:$ がハロゲンの中で最も強力なオルト-パラ配向性をもつ事実から，この説明の正しさがわかるだろう．フッ素の非共有電子対の供与は，フッ素と炭素の 2p 軌道同士の重なりによって，$-\ddot{N}H_2$ や $-\ddot{O}H$ と同じように起こる．この軌道の重なりは $=C$ と $-\ddot{F}:$ の軌道がほぼ同じ大きさであることから効果的である．

14.11E　アルキルベンゼンのオルト-パラ配向性と反応性

　アルキル基は水素より電子供与性が高い．このためにアルキル基はアレーニウムイオンに至る遷移状態を安定化し，求電子置換に対してベンゼン環を活性化する．

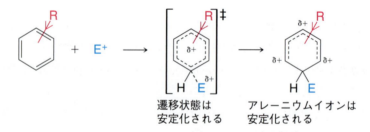

そのため，アレーニウムイオンに至る段階の活性化自由エネルギーはアルキルベンゼンのほうがベンゼンより小さくなり，アルキルベンゼンはベンゼンより速く反応する．

　アルキル基はオルト-パラ配向基である．これもアルキル基の電子供与性によって説明できる．アルキル基が正電荷をもつ炭素に結合しているときのその効果は特に重要である（6.11 節および図 6.8 で示したように，アルキル基はカルボカチオンを安定化できる）．

　例えば，トルエンが求電子置換反応をするときに生じるアレーニウムイオンの共鳴構造を書けば，次のようになる．

14.11 芳香族求電子置換反応における置換基効果の詳細

オルト攻撃

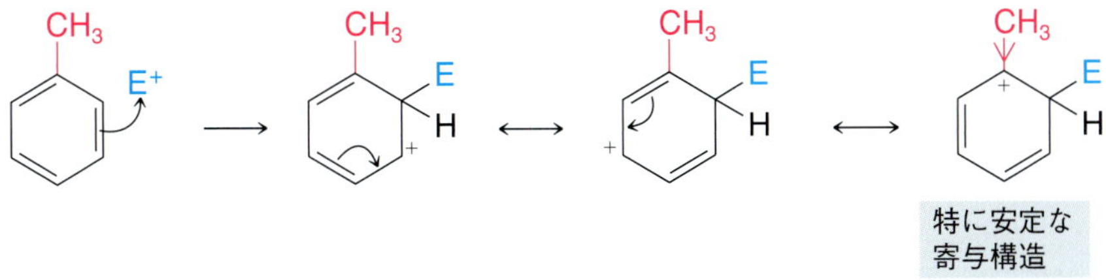

メタ攻撃

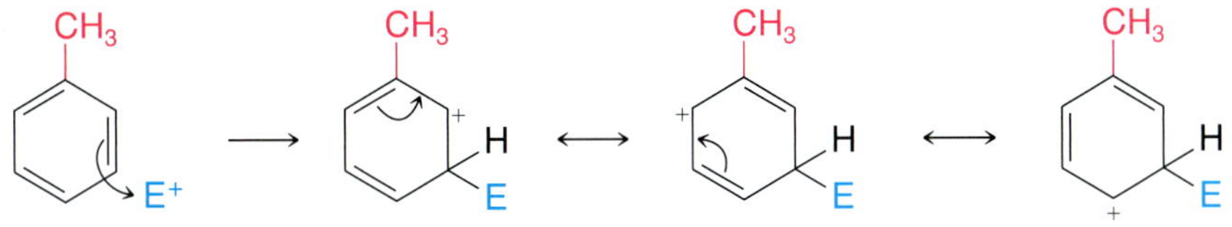

パラ攻撃

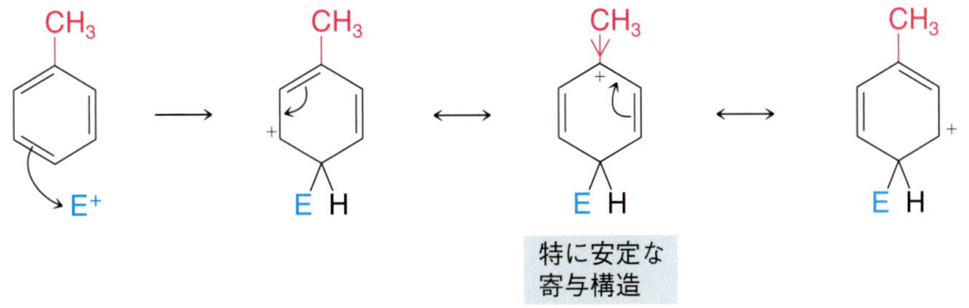

オルトとパラ位を攻撃したときには，環の正に荷電した炭素にメチル基が結合した共鳴構造が書ける．これらの構造は他のどれよりも安定である．それはメチル基が電子を供与することによる安定化の寄与が最も効果的なためである．したがって，この構造はオルト–パラ置換アレーニウムイオンの共鳴混成体に大きな（安定化）寄与をする．このような共鳴構造はメタ置換アレーニウムイオンにはない．その結果，メタ置換アレーニウムイオンはオルトあるいはパラ置換アレーニウムイオンより，不安定であると考えられる．オルトおよびパラ置換アレーニウムイオンはより安定であり，それらに至る遷移状態の活性化自由エネルギーは小さくなり，結局，オルトおよびパラ置換が最も速く起こることになる．

配向性と反応性に及ぼす**置換基効果**が論理的に理解できたところで，表14.2をもう一度見て，まとめて復習しておこう．

問題 14.10 Biphenyl をニトロ化するとき，benzene より速く反応し，その主生成物は 1-nitro-2-phenylbenzene と 1-nitro-4-phenylbenzene である．反応機構を書いてこの結果を説明せよ．

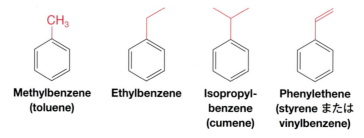

14.12　アルキルベンゼンの側鎖の反応

脂肪族と芳香族の二つの基からできている炭化水素もまた**アレーン** arene に含まれる．例えば，トルエン，エチルベンゼン，イソプロピルベンゼンは**アルキルベンゼン** alkylbenzene である．

Methylbenzene (toluene)　Ethylbenzene　Isopropyl-benzene (cumene)　Phenylethene (styrene または vinylbenzene)

フェニルエテンは通常スチレンとよばれるが，**アルケニルベンゼン** alkenylbenzene の一例である．これらすべての化合物の脂肪族部分は**側鎖** side chain とよばれる．

スチレンの工業的合成の化学

スチレンは最も重要な工業薬品の一つで，日本国内の年間生産量は 290 万トン以上（2012 年）にもなる．スチレンの工業的な合成の出発物質はエチルベンゼンであり，これはベンゼンの Friedel-Crafts アルキル化によって合成される．

ベンゼン + $CH_2=CH_2$ $\xrightarrow{\text{HCl} \atop \text{AlCl}_3}$ Ethylbenzene

ついで，エチルベンゼンを触媒（酸化亜鉛または酸化クロム）の存在下に脱水素するとスチレンが得られる．

エチルベンゼン $\xrightarrow[630\ °C]{触媒}$ Styrene（収率 90〜92%） + H_2

大部分のスチレンはポリスチレン樹脂の合成に使われる．

スチレン $\xrightarrow{触媒}$ Polystyrene

14.12A　ベンジル型ラジカルとカチオン

トルエンのメチル基から水素1個が引き抜かれると**ベンジルラジカル** benzyl radical とよばれるラジカルが生成する.

ベンジルラジカルという名称はトルエンから導かれるラジカルに対して用いられる．一般に，ベンゼン環に直接結合した側鎖炭素上に不対電子をもつラジカルには，**ベンジル型ラジカル** benzylic radical という名称が用いられる．ベンゼン環に直接結合した炭素（ベンジル位炭素）上の水素原子を，**ベンジル位水素** benzylic hydrogen とよんでいる．ベンジル位炭素に結合した基を**ベンジル位置換基** benzylic substituent という．

ベンジル位から脱離基（LG）が外れると**ベンジル型カチオン** benzylic cation が生成する.

ベンジル型ラジカルとベンジル型カチオンはともに**共役不飽和系** conjugated unsaturated system であり，両者とも極めて安定である．その安定性はアリル型ラジカルやアリル型カチオンよりも少し安定である．ベンジル型ラジカルとベンジル型カチオンの安定性は，共鳴理論によって説明することができる．どちらの場合にも，芳香環のオルトとパラ位炭素上に，不対電子を，または正電荷をもつような共鳴構造を書くことができる（次頁の構造を見よ）．すなわち，共鳴によって不対電子または正電荷が非局在化し，この非局在化がラジカルやカチオンを極めて安定にしている．

図 14.6 にベンジルラジカルとベンジルカチオンの計算によって得られた分子モデルと静電ポテンシャル図を示す．これらの図は，ラジカルの不対電子またはカチオンの正電荷がオルトとパラ位に存在していることを示しており，上で述べた共鳴構造と一致している．

ベンジル型ラジカルは共鳴によって安定化されている

ベンジル型カチオンは共鳴によって安定化されている

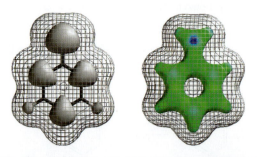

図 14.6 ベンジルラジカルとベンジルカチオンの静電ポテンシャル図
ベンジルラジカル（左図）の計算によって得られたモデルで、灰色のローブは不対電子の電子密度の位置を示している．このモデルによると、不対電子はおもにベンジル、オルトとパラ位の炭素にあり、共鳴による結果とよく一致している．ベンジルカチオン（右図）の結合性電子の計算によって得られた静電ポテンシャル図によると、正電荷（青色の領域）がおもにベンジル、オルトとパラ位に存在していることを示しており、上で述べたベンジルカチオンの共鳴による結果と一致している．両者の van der Waals 表面は網目で示されている．

14.12B　ベンジル位ハロゲン化

トルエンや他のアルキルベンゼンに臭素や塩素を反応させるとき、Lewis 酸の存在下に行うと、芳香族求電子置換によってベンゼン環の水素原子が置換されることを述べた．また、臭素や塩素によってアルキル側鎖のベンジル位水素を置換することもできる．これはラジカル反応で、加熱や光照射するか、過酸化物のようなラジカル開始剤を加えることによって起こる（9.9 節参照）．この反応が可能なのは、ベンジル型ラジカル中間体の特別な安定性（14.12A 項）に基づいている．例えば、トルエンのベンジル位塩素化は、次に示すように、気相で 400〜600 ℃に加熱するか UV 光照射することによって起こる．過剰の塩素があると多置換体が生成する．

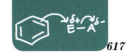

14.12 アルキルベンゼンの側鎖の反応

トルエン → Benzyl chloride → Dichloromethyl-benzene → Trichloromethyl-benzene
(各段階: Cl₂, 熱または光)

反応機構

ベンジル位ハロゲン化

連鎖開始段階

段階1

$$X-X \xrightarrow{\text{過酸化物, 加熱, または光}} 2\,X\cdot$$

過酸化物,加熱,または光照射はハロゲン分子を開裂してラジカルを生成する.

連鎖成長段階

段階2

$$C_6H_5-CH_2-H + X\cdot \longrightarrow C_6H_5-\dot{C}H_2 + H-X$$

(ベンジルラジカル)

ハロゲンラジカルがベンジル位水素を引き抜き,ベンジルラジカルとハロゲン化水素分子を生成する.

段階3

$$C_6H_5-\dot{C}H_2 + X-X \longrightarrow C_6H_5-CH_2-X + X\cdot$$

(ベンジルラジカル) (ハロゲン化ベンジル)

ベンジルラジカルがハロゲン分子と反応し,ハロゲン化ベンジル生成物とハロゲン原子を生成する.ハロゲン原子はさらに連鎖成長反応を繰り返す.

連鎖停止段階

段階4

$$C_6H_5CH_2\cdot + \cdot X \longrightarrow C_6H_5CH_2-X$$
$$C_6H_5CH_2\cdot + \cdot CH_2C_6H_5 \longrightarrow C_6H_5CH_2-CH_2C_6H_5$$

種々のラジカルカップリング反応が連鎖反応を停止する.

NBS(N-ブロモスクシンイミド,9.9節)は化学量論量(この場合は基質と等モル用いる)の臭素を低濃度で生成するので,ベンジル位臭素化によく用いられる.

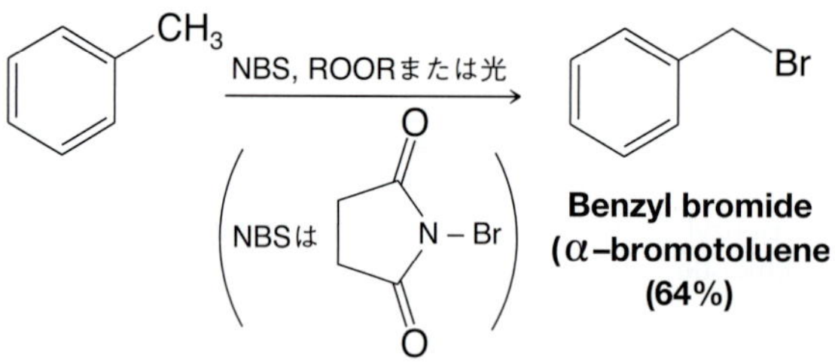

ベンジル位ハロゲン化は，求核置換や脱離反応に必要となる脱離基を導入するために役立つ．例えば，トルエンからベンジルエチルエーテルを合成したいのならば，まず上の方法でトルエンから臭化ベンジルを合成し，ついで臭化ベンジルをナトリウムエトキシドと反応させればよい．

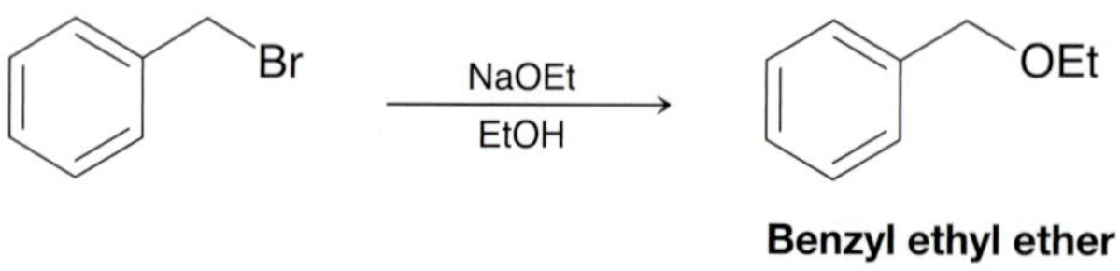

14.13 アルケニルベンゼン

14.13A 共役アルケニルベンゼンの安定性

- アルケニルベンゼンのうち，側鎖二重結合がベンゼン環と共役しているものは，そうでないものよりも安定である．

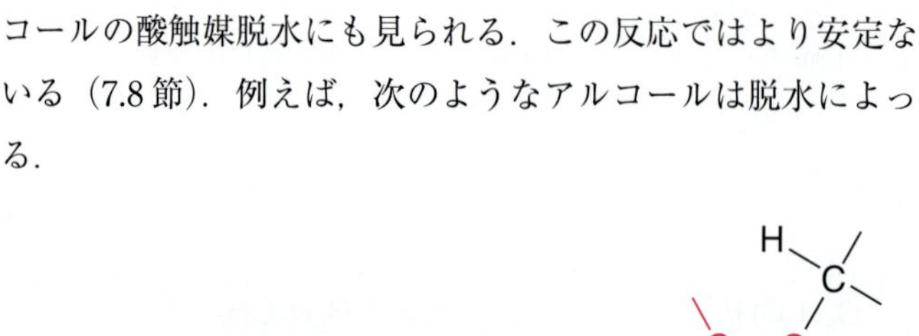

共役系のほうが非共役系より安定

共役系　　　　**非共役系**

その証拠はアルコールの酸触媒脱水にも見られる．この反応ではより安定なアルケンを生成することが知られている（7.8節）．例えば，次のようなアルコールは脱水によって一方的に共役したアルケンを与える．

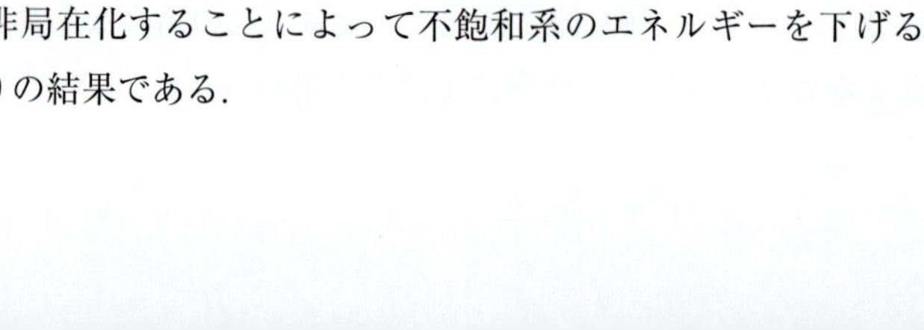

共役はπ電子を非局在化することによって不飽和系のエネルギーを下げるので，この安定性はまさに予想どおりの結果である．

14.13B　アルケニルベンゼンの二重結合への付加

過酸化物の存在下に，HBr を 1-フェニルプロペンの二重結合に付加させると，主生成物として 2-ブロモ-1-フェニルプロパンが生成する．

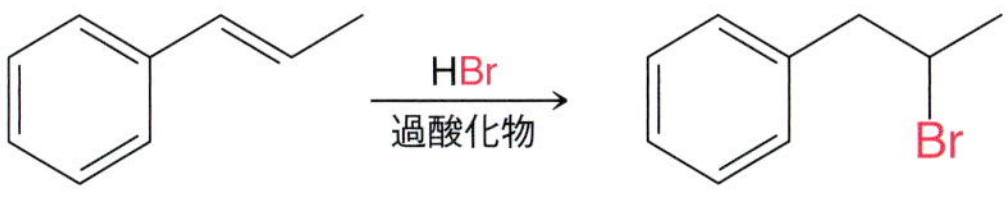
HBr
過酸化物
Br

1-Phenylpropene　　**2-Bromo-1-phenylpropane**

過酸化物のない条件では，HBr はちょうど逆の配向で付加する．

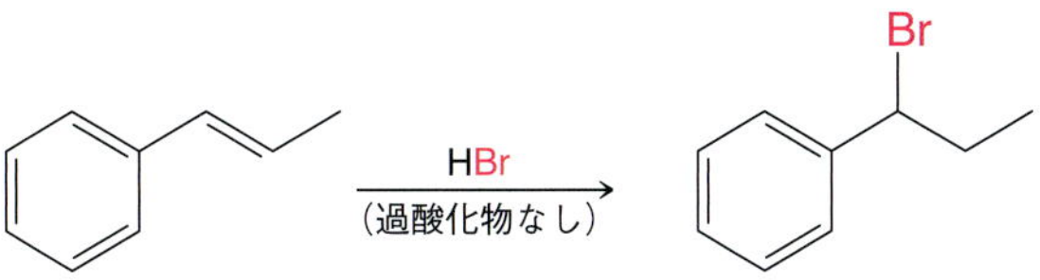
Br
HBr
（過酸化物なし）

1-Phenylpropene　　**1-Bromo-1-phenylpropane**

1-フェニルプロペンへの HBr の付加は，過酸化物の存在下ではベンジル型ラジカルを通って進行し，過酸化物がなければベンジル型カチオンを通って進行する（9.9 節参照）．

14.13C　側鎖の酸化

強い酸化剤を使うとトルエンは安息香酸に酸化される．この酸化は加熱しながらアルカリ性過マンガン酸カリウム溶液を用いて行うことができる．この方法はほとんど定量的に安息香酸を与える．

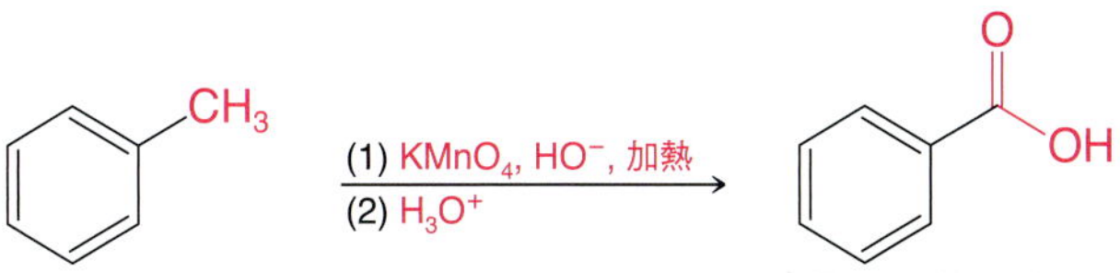
CH3
(1) KMnO4, HO−, 加熱
(2) H3O+
O
OH

Benzoic acid
（ほぼ100%）

側鎖の酸化の特徴は酸化がベンジル位炭素で起こることである．

- メチル基より長いアルキル基をもつアルキルベンゼンも酸化により安息香酸に分解される．

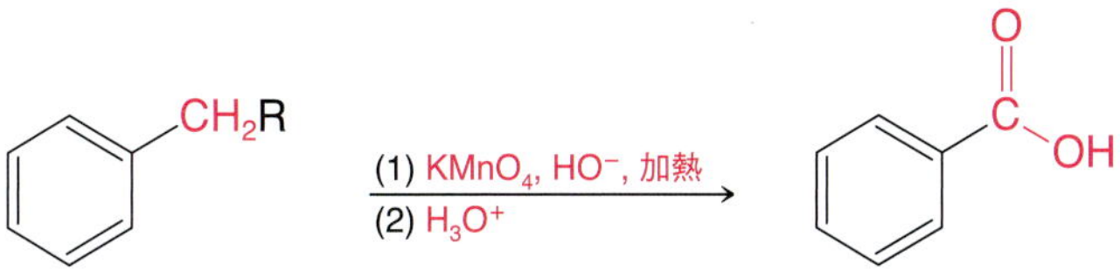
CH2R
(1) KMnO4, HO−, 加熱
(2) H3O+
O
C
OH

アルキルベンゼン　　**Benzoic acid**

側鎖の酸化はベンジル位ハロゲン化に似ている．第1段階で酸化剤がベンジル位水素を引き抜くことによって開始される．酸化が一旦ベンジル位炭素で開始されると，その位置でさらに酸化が進み，最終的には酸化剤はベンジル位炭素をカルボキシ基にまで酸化する．このとき，残りの側鎖の炭素は切り離される（t-ブチルベンゼンは側鎖の酸化に抵抗する．その理由を考えよ）．

- 側鎖の酸化はアルキル基だけではなく，アルケニル，アルキニル，アシル基も同様に，熱アルカリ性過マンガン酸カリウム溶液で酸化される．

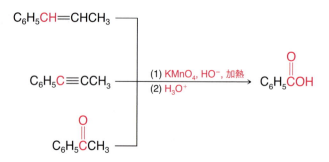

14.13D　ベンゼン環の酸化

アルキルベンゼンのベンゼン環は，オゾン分解して，過酸化水素で処理すると，カルボキシ基に変換される．

$$R-C_6H_5 \xrightarrow[(2) H_2O_2]{(1) O_3, CH_3CO_2H} R-COOH$$

14.14　有機合成への応用

芳香環の置換反応およびアルキルベンゼンやアルケニルベンゼンの側鎖の反応をうまく取り入れると，有機合成の強力な手段となる．これらの反応を上手に用いることによって，多数のベンゼン誘導体を合成することができる．

- 合成を計画するときに考えなくてはならないことの一つは，反応の順序である．

例えば，o-ブロモニトロベンゼンを合成したいとしよう．ブロモ基はオルト-パラ配向基であるから，まず環に臭素を導入すべきであることはすぐにわかる．

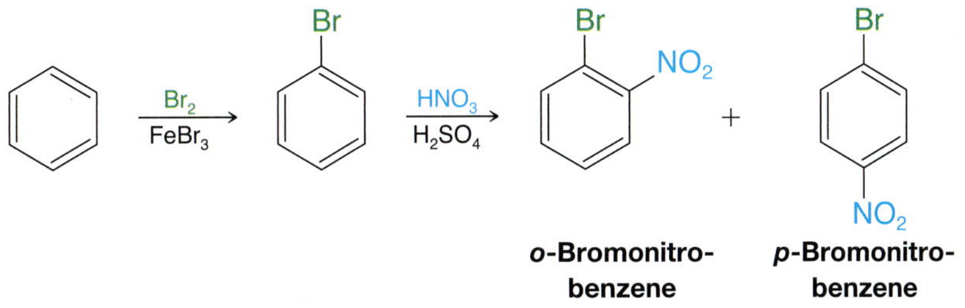

14.14 有機合成への応用

生成物として得られるオルト体とパラ体はクロマトグラフィーなどの方法によって分離できる．しかし，もし最初にニトロ基を導入したとすると，主生成物として m-ブロモニトロベンゼンが得られることになる．

正しい順序を選ぶことが重要な例として，o-，m-，および p-ニトロ安息香酸の合成をあげよう．o- と p-ニトロ安息香酸はトルエンをニトロ化し，o- と p-ニトロトルエンを分離，ついでメチル基をカルボキシ基に酸化すれば得られる．

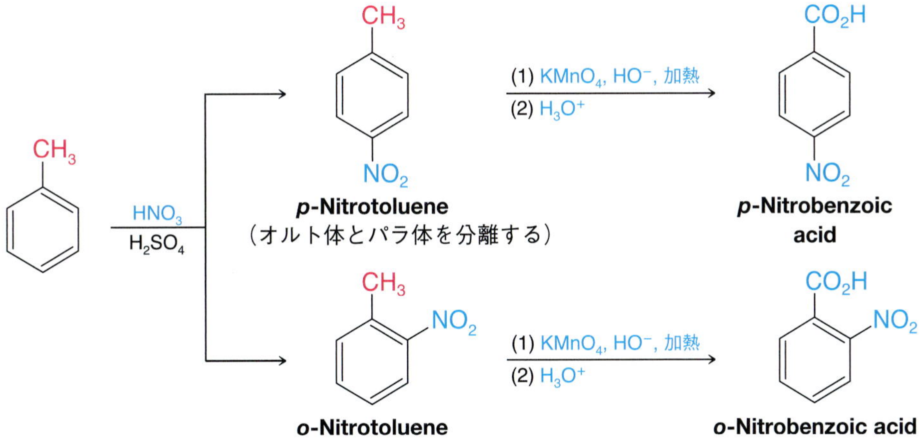

反応の順序を逆にすると m-ニトロ安息香酸を合成することができる．

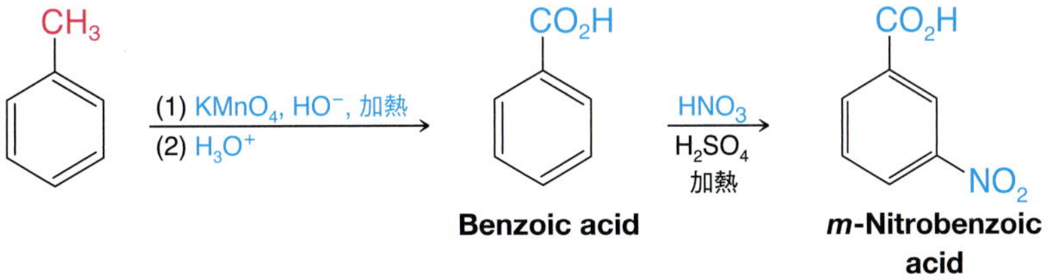

例題 14.5

Toluene を出発物として，(a) 1-bromo-2-trichloromethylbenzene，(b) 1-bromo-3-trichloromethylbenzene，(c) 1-bromo-4-trichloromethylbenzene の合成法を書け．

解き方と解答：
化合物 (a) と (c) は toluene 環の臭素化，ついで3当量の塩素を用いて側鎖を塩素化すれ

ば得られる．

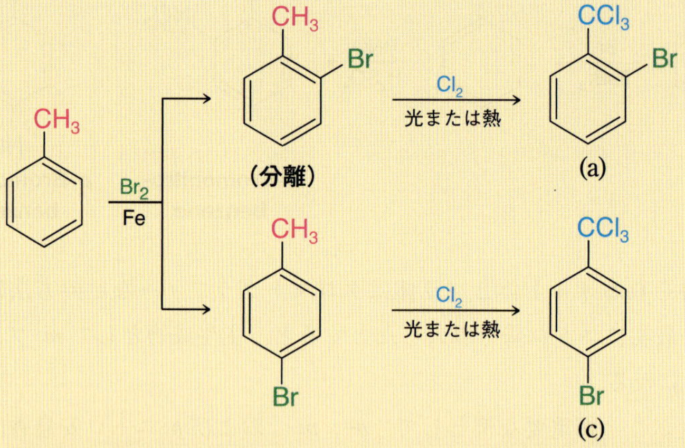

[反応スキーム: トルエンを Br₂/Fe で臭素化し，オルト体（2-ブロモトルエン）とパラ体（4-ブロモトルエン）を分離．それぞれを Cl₂（光または熱）でベンジル位を塩素化して (a) 2-ブロモ-1-(トリクロロメチル)ベンゼン および (c) 4-ブロモ-1-(トリクロロメチル)ベンゼン を得る．]

化合物 (b) を合成するには反応の順序を逆にする．まず側鎖を -CCl₃ 基に変換してメタ配向基にすると，臭素を目的の位置に入れることができる．

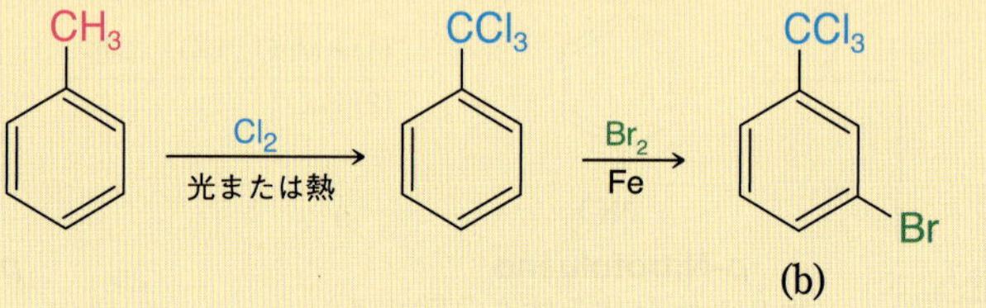

[反応スキーム: トルエン → Cl₂（光または熱） → (トリクロロメチル)ベンゼン → Br₂/Fe → (b) 3-ブロモ-1-(トリクロロメチル)ベンゼン]

問題 14.11 Benzene から *m*-chloroethylbenzene を合成したい．

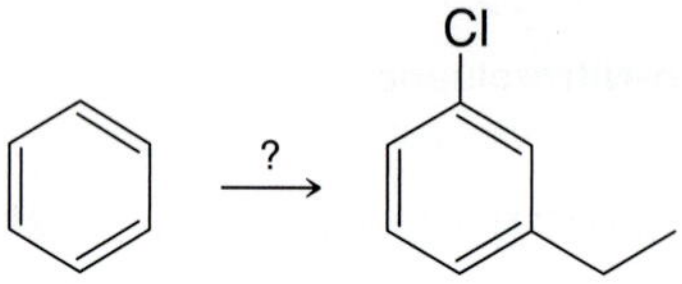

[ベンゼン → ? → m-クロロエチルベンゼン]

Benzene を塩素化してから CH₃CH₂Cl と AlCl₃ で Friedel-Crafts アルキル化を行うか，Friedel-Crafts アルキル化を行ってから塩素化すればよいと考えるかもしれないが，どちらの方法もよくない．(a) 成功しない理由を述べよ．(b) 正しい順序で行えば，3段階で目的化合物を得る方法がある．この方法を示せ．

14.14A 保護基と封鎖基の利用

- アミノ基やヒドロキシ基のように非常に強力な活性化基があると，ベンゼン環の反応性が高くなりすぎて望ましくない副反応も起こる．

求電子置換反応に用いられる反応剤の中には，硝酸のように強い酸化剤になるものもある（求電子剤も酸化剤もともに電子を求める性質がある）．そのため，アミノ基やヒドロキシ基は求電

子剤に対して環を活性化しているだけでなく，酸化に対しても環を活性化しているといえる．例えば，アニリンのニトロ化では，硝酸によってベンゼン環が酸化され，かなり分解される．したがって，アニリンを直接ニトロ化するのは *o*- や *p*-ニトロアニリンの合成法としてよい方法とはいえない．

アニリンを塩化アセチル CH₃COCl か無水酢酸 (CH₃CO)₂O で処理してアセトアニリドにすると，アミノ基はアセトアミド基 (-NHCOCH₃) に変わる．この基は適度に環を活性化するだけで，ベンゼン環は酸化されにくくなる（問題 14.9 参照）．アニリンのアミノ基をアセトアニリドとして保護すると，直接ニトロ化が可能になる．

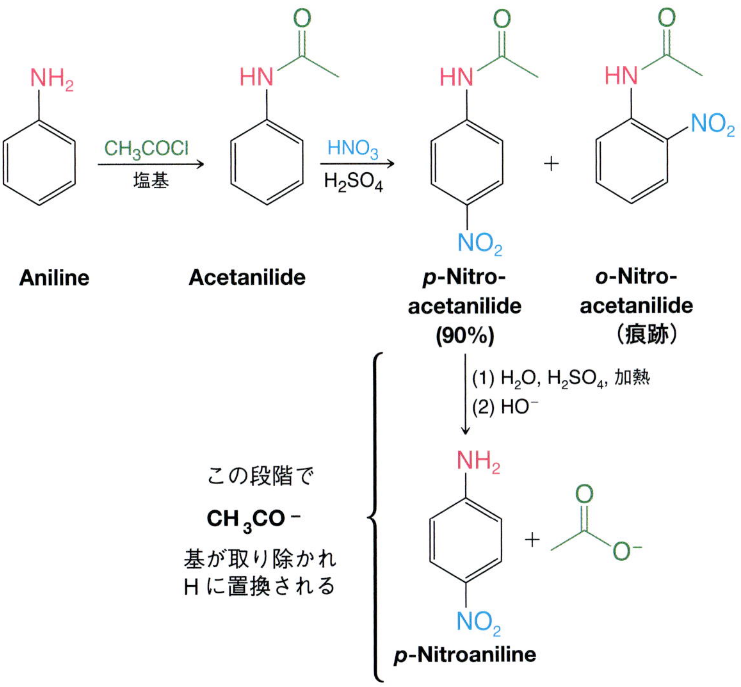

アセトアニリドをニトロ化すると，ごく少量のオルト異性体とともに高収率で *p*-ニトロアセトアニリドが得られる．*p*-ニトロアセトアニリドの酸加水分解（16.8F 項）でアセチル基を除くと高収率で *p*-ニトロアニリンが得られる．

次に *o*-ニトロアニリンの合成法を考えてみよう．アセトアニリドの直接ニトロ化では *o*-ニトロアセトアニリドはごくわずかしか得られないので，上に述べた合成法は明らかによい方法ではない（アセトアミド基は多くの反応においてパラ配向基である．例えば，アセトアニリドの臭素化はほとんど一方的に *p*-ブロモアセトアニリドを与える）．

しかし，次に示す反応によって *o*-ニトロアニリンが合成できる．
ここでは -SO₃H が "封鎖基 blocking group" として用いられている．-SO₃H は後の段階で脱スルホン化によって除くことができる．この例では脱スルホン化に用いた反応剤（希硫酸）はまた，硝酸による酸化からベンゼン環を "保護" するために用いたアセチル基をも都合よく除いてくれる．

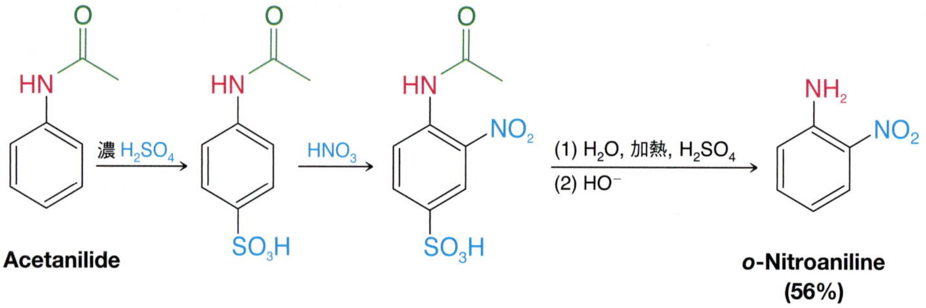

14.14B 二置換ベンゼンにおける配向性

- ベンゼン環上に二つの異なる置換基があるとき，一般的に，より強力な活性化基（表14.2）が反応の結果を決定する．

一例として p-メチルアセトアニリドの求電子置換の配向性を考えてみよう．アセトアミド基はメチル基より強い活性化基である．次の例はアセトアミド基が反応の結果を決定することを示している．置換は主としてアセトアミド基のオルト位で起こる．

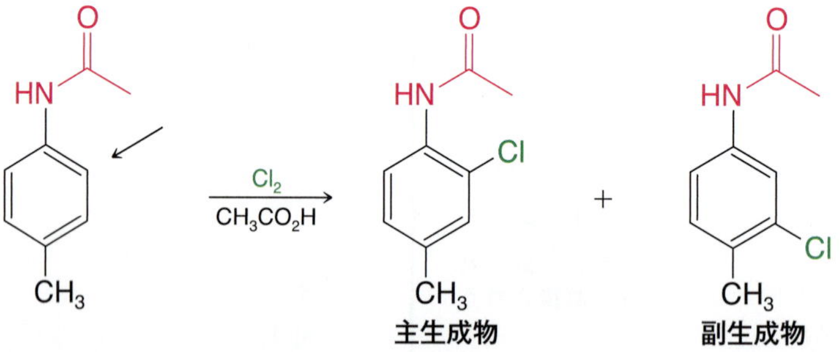

- オルト-パラ配向基はすべてメタ配向基よりも活性化基であるので，オルト-パラ配向基が次の置換の位置を決定する．

立体効果もまた求電子置換反応には重要である．

- メタ置換基に挟まれた位置には，他の位置が空いていれば，置換はほとんど起こらない．

このよい例が m-ブロモクロロベンゼンのニトロ化において見られる．塩素と臭素の間にニトロ基の入ったモノニトロ体の生成はわずか1%である．

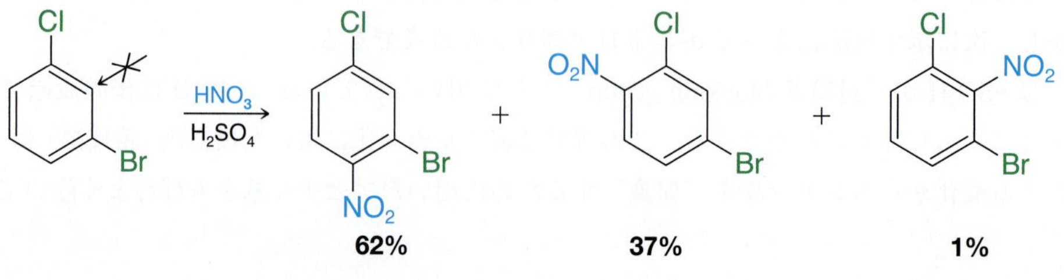

問題 14.12　次の各化合物をニトロ化した場合の主生成物を予想せよ.

(a)

(b)

(c)

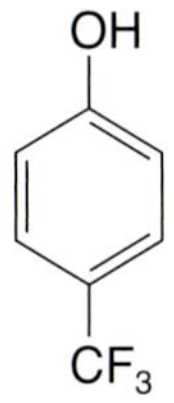

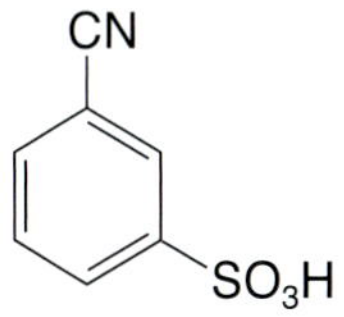

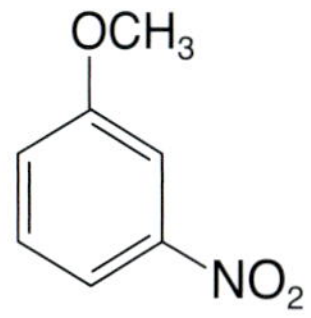

14.15　ハロゲン化アリルとハロゲン化ベンジルの求核置換反応

ハロゲン化アリルやハロゲン化ベンジルは他のハロゲン化物と同様，次のように分類される.

第一級ハロゲン化アリル	**第二級ハロゲン化アリル**	**第三級ハロゲン化アリル**	**第一級ハロゲン化ベンジル**	**第二級ハロゲン化ベンジル**	**第三級ハロゲン化ベンジル**

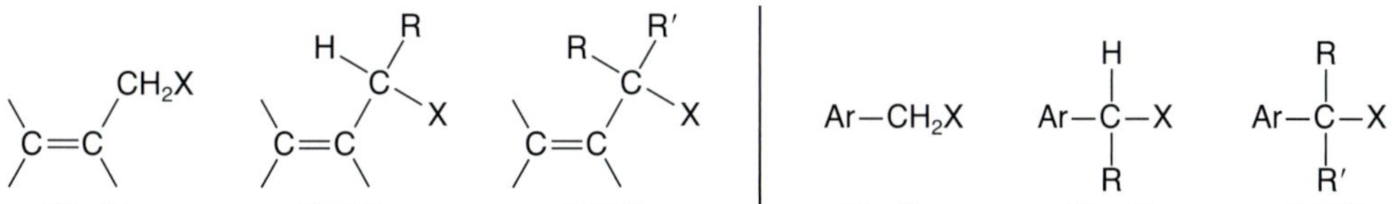

これらの化合物はすべて求核置換反応を起こす．第三級ハロゲン化アリルと第三級ハロゲン化ベンジルは，他の第三級ハロゲン化アルキル（6.13A 項）と同様に，ハロゲンが結合している炭素上の 3 個のかさ高い基による立体障害のために S_N2 機構ではなくて，もっぱら S_N1 機構によって求核剤と反応する.

第一級および第二級ハロゲン化アリルやベンジルは，通常の非酸性溶媒中では S_N2 機構または S_N1 機構のいずれによっても反応する．これらのハロゲン化物は，第一級や第二級ハロゲン化アルキルと構造的に類似している（ハロゲンの付いている炭素上にアルキル基が 1 個または 2 個付いていても S_N2 攻撃を妨げない）ので，当然 S_N2 機構で反応できる．しかし，これらの第一級および第二級ハロゲン化アリルやベンジルは，第一級および第二級ハロゲン化アルキルとは違って，比較的安定な**アリル型またはベンジル型カルボカチオン**を生成するために S_N1 機構によっても反応できる.

ハロゲン化アルキル，アリル，およびベンジルの反応性に対する構造の効果をまとめると表 14.3 のようになる.

表14.3 ハロゲン化アルキル，ハロゲン化アリル，ハロゲン化ベンジルの求核置換反応のまとめ

これらのハロゲン化物はS_N2機構でのみ反応する．

CH_3-X $R-CH_2-X$ $R-CH-X$
                           $|$
                           R'

これらのハロゲン化物はS_N1機構でもS_N2機構でも反応する．

$Ar-CH_2-X$ $Ar-CH-X$ $C=C-CH_2-X$ $C=C-CHR-X$
                $|$
                R

これらのハロゲン化物はおもにS_N1機構で反応する．

$R'-CR(R'')-X$ $Ar-CR(R')-X$ $C=C-CR(R')-X$

*第二級ハロゲン化アルキルが水性エタノールや水性アセトンのような通常の非酸性溶媒中でいくらかでも S_N1 機構で反応するかどうか確かではないが，実際的な目的という観点から見れば，間違いなく S_N2 反応のほうが重要である．

例題 14.6

3-Chloro-1-butene のいずれかのエナンチオマーを加水分解したときに得られる生成物は光学不活性である．これを説明せよ．

解き方と解答:

この加溶媒分解は S_N1 反応である．中間体のアリル型カチオンはアキラルであり，水と反応して 3-buten-2-ol のエナンチオマーの等量混合物（ラセミ体）と少量のアキラルな 2-buten-1-ol を与える（後者にはシス-トランス異性体がある）．

$$\underset{(R) \text{ または } (S)}{CH_2=CH-CHCl-CH_3} \xrightarrow{H_2O} \underset{アキラル}{[CH_2\cdots CH\cdots CH\cdots CH_3]^+} \rightarrow \underset{ラセミ体}{CH_2=CH-CH(OH)-CH_3} + \underset{アキラル}{HO-CH_2-CH=CH-CH_3}$$

（2 種類のジアステレオマーである．シス体とトランス体が可能）

14.16 芳香族化合物の還元

ベンゼンはニッケルのような金属触媒を用いて高圧下で水素化すると，3モル当量の水素を付加してシクロヘキサンを生成する（13.3節）．中間体のシクロヘキサジエンやシクロヘキセンは，ベンゼンより速く水素化されるので，この反応では単離されない．

14.16 芳香族化合物の還元

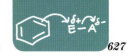

Benzene →(H₂/Ni 遅い) Cyclohexadienes + →(H₂/Ni 速い) Cyclohexene →(H₂/Ni 速い) Cyclohexane

14.16A　Birch還元

　ベンゼンは液体アンモニアとアルコールの混合液中アルカリ金属（Na, Li, K）で処理すると，1,4-シクロヘキサジエンに還元される．この溶解金属還元は，開発したオーストラリアの化学者A. J. Birch に因んで，**Birch還元** Birch reduction とよばれている．

Benzene →(Na, 液体NH₃, EtOH) 1,4-Cyclohexadiene

　Birch還元の機構は，アルキンの還元の反応機構（7.14B項）と類似している．アルカリ金属からの電子移動とアルコールからのプロトン移動が連続して起こる．ベンゼンのBirch還元では，一般的に1,4-シクロヘキサジエンが得られるが，共役安定化した1,3-シクロヘキサジエンよりも優先して生成する理由はまだ明らかではない．

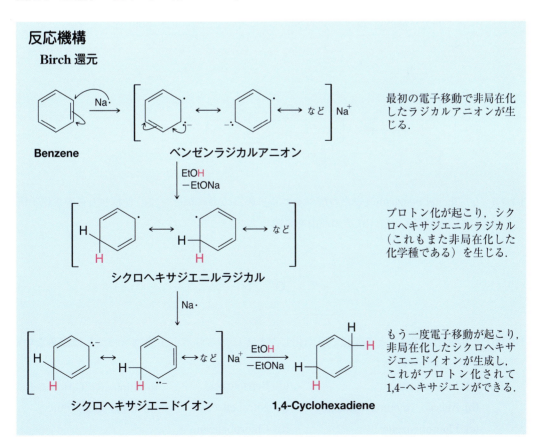

反応機構　Birch還元

Benzene →(Na·) ベンゼンラジカルアニオン　最初の電子移動で非局在化したラジカルアニオンが生じる．

→(EtOH, −EtONa) シクロヘキサジエニルラジカル　プロトン化が起こり，シクロヘキサジエニルラジカル（これもまた非局在化した化学種である）を生じる．

→(Na·) シクロヘキサジエニドイオン →(EtOH, −EtONa) 1,4-Cyclohexadiene　もう一度電子移動が起こり，非局在化したシクロヘキサジエニドイオンが生成し，これがプロトン化されて1,4-ヘキサジエンができる．

ベンゼン環の置換基は反応経路に影響を与える．メトキシベンゼン（アニソール）のBirch還元では1-メトキシ-1,4-シクロヘキサジエンが生成する．これは希酸で加水分解され2-シクロヘキセノンになる．この方法は2-シクロヘキセノン類の有用な合成法になっている．

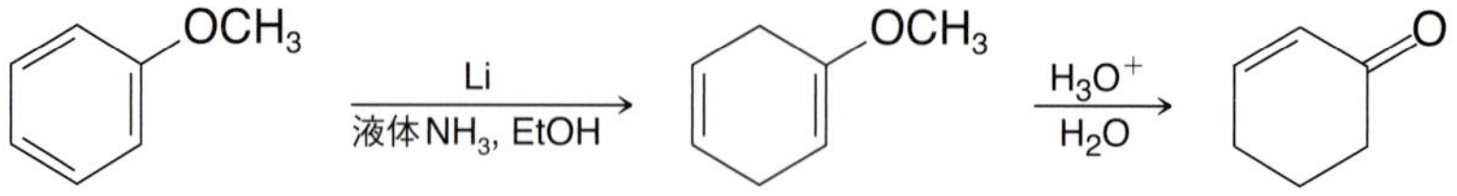

Methoxybenzene (anisole) →(Li, 液体NH₃, EtOH)→ 1-Methoxy-1,4-cyclohexadiene (84%) →(H_3O^+, H_2O)→ 2-Cyclohexenone

問題 14.13* TolueneをBirch還元すると組成式C_7H_{10}の化合物が得られた．これをオゾン酸化し，続いて亜鉛と酢酸で還元したところ，CH_3COCH_2CHOと$OHCCH_2CHO$が得られた．Birch還元で得られた化合物の構造を示せ．

◆補充問題

14.14 次の各反応の詳しい機構を書け．また，中間体のアレーニウムイオンの共鳴構造と共鳴混成体の構造を示せ．

(a) トルエン →(HNO_3, H_2SO_4)→ p-ニトロトルエン

(b) p-キシレン →($Br_2, FeBr_3$)→ 2-ブロモ-p-キシレン

(c) ベンゼン + (シクロブチルメチル)ブロミド →($AlBr_3$)→ シクロペンチルベンゼン

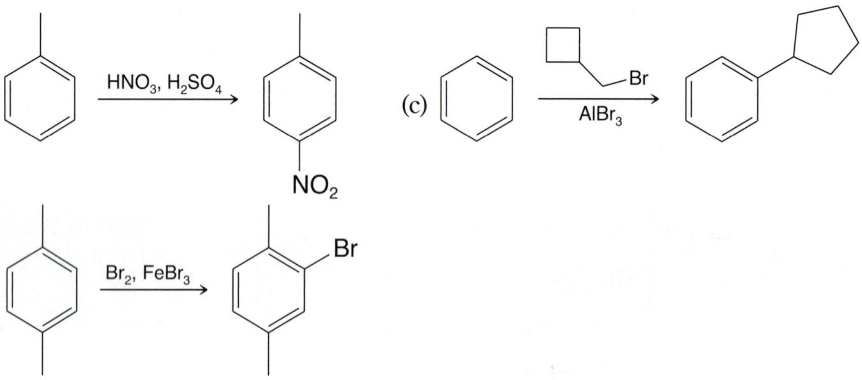

14.15 (a) Phenyl benzoate（安息香酸フェニル）の二つのベンゼン環のうちどちらが求電子置換を受けやすいか．(b) その理由を説明せよ．

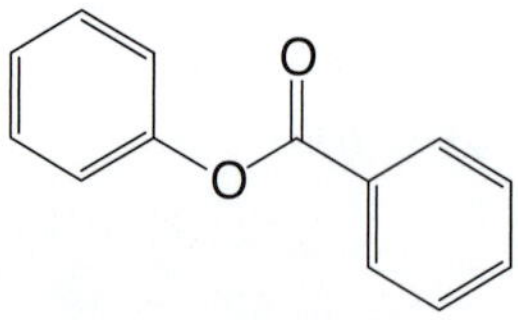

14.16 次の化合物をCl_2と$FeCl_3$で塩素化したときに得られる主生成物（一つとは限らない）を構造式で示せ．

(a) Ethylbenzene
(b) Anisole（methoxybenzene）
(c) Fluorobenzene
(d) Benzoic acid
(e) Nitrobenzene
(f) Chlorobenzene
(g) Biphenyl（$C_6H_5-C_6H_5$）
(h) Ethyl phenyl ether

14.17 次の化合物について，ニトロ化の主生成物（一つとは限らない）を予測せよ．

(a) 4-Chlorobenzoic acid
(b) 3-Chlorobenzoic acid
(c)

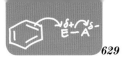
Benzophenone

14.18 次の化合物を Br_2 と $FeBr_3$ で臭素化したとき，主として得られるモノブロモ体（一つとは限らない）の構造式を書け．

(a) 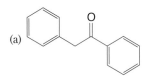 (b) 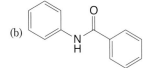 (c)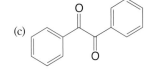

14.19 Benzene を出発物質として次の化合物の合成法を示せ．

(a) Isopropylbenzene
(b) *t*–Butylbenzene
(c) Propylbenzene
(d) Butylbenzene
(e) 1–*t*–Butyl–4–chlorobenzene
(f) 1–Phenylcyclopentene
(g) *trans*-2-Phenylcyclopentanol
(h) *m*–Dinitrobenzene
(i) *m*–Bromonitrobenzene
(j) *p*–Bromonitrobenzene
(k) *p*–Chlorobenzenesulfonic acid
(l) *o*–Chloronitrobenzene
(m) *m*–Nitrobenzenesulfonic acid

14.20 Toluene を出発物質として次の化合物の合成法を示せ．

(a) *m*–Chlorobenzoic acid
(b) *p*–Methylacetophenone
(c) 2–Bromo–4–nitrotoluene
(d) *p*–Bromobenzoic acid
(e) 1–Chloro–3–trichloromethylbenzene
(f) *p*–Isopropyltoluene（*p*–cymene）
(g) 1–Cyclohexyl–4–methylbenzene
(h) 2,4,6–Trinitrotoluene（TNT）
(i) 4–Chloro–2–nitrobenzoic acid
(j) 1–Butyl–4–methylbenzene

14.21 Aniline を出発物質として次の化合物の合成法を示せ．

(a) *p*–Bromoaniline
(b) *o*–Bromoaniline
(c) 2–Bromo–4–nitroaniline
(d) 4–Bromo–2–nitroaniline
(e) 2,4,6–Tribromoaniline

14.22 次の反応はうまく進行しない．理由を述べよ．

 $\xrightarrow[\text{(3) NH}_2\text{NH}_2, \text{HO}^-, \text{加熱}]{\text{(1) HNO}_3/\text{H}_2\text{SO}_4 \quad \text{(2) CH}_3\text{COCl}/\text{AlCl}_3}$

14.23* 2,6-Dichlorophenol は 2 種類のマダニ（*Amblyomma americanum* と *A. maculatum*）の雌から単離された性誘引物質である．これらの雌のマダニは 2,6-dichlorophenol を約 5 ng 作る．これ以上の量が必要と仮定して，phenol から 2,6-dichlorophenol を合成する方法を書け（ヒント：Phenol を 100 ℃でスルホン化すると，おもに *p*-hydroxybenzenesulfonic acid が得られる）．

14.24* 2-Methylnaphthalene は toluene から次の経路によって合成される．それぞれの中間体の構造を示せ．

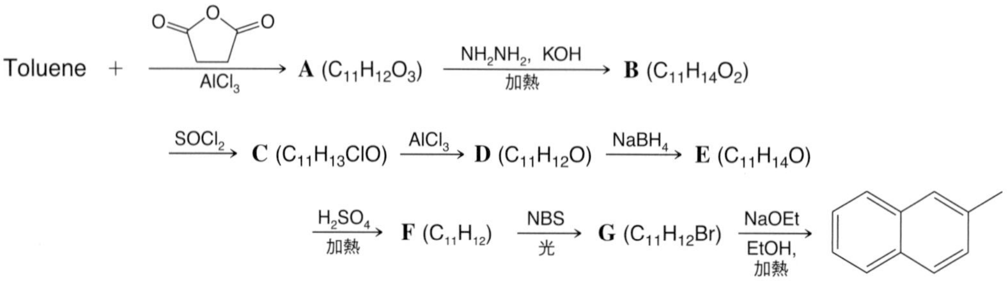

Toluene + (無水マレイン酸) $\xrightarrow{\text{AlCl}_3}$ A (C$_{11}$H$_{12}$O$_3$) $\xrightarrow[\text{加熱}]{\text{NH}_2\text{NH}_2,\ \text{KOH}}$ B (C$_{11}$H$_{14}$O$_2$)

$\xrightarrow{\text{SOCl}_2}$ C (C$_{11}$H$_{13}$ClO) $\xrightarrow{\text{AlCl}_3}$ D (C$_{11}$H$_{12}$O) $\xrightarrow{\text{NaBH}_4}$ E (C$_{11}$H$_{14}$O)

$\xrightarrow[\text{加熱}]{\text{H}_2\text{SO}_4}$ F (C$_{11}$H$_{12}$) $\xrightarrow[\text{光}]{\text{NBS}}$ G (C$_{11}$H$_{12}$Br) $\xrightarrow[\text{EtOH, 加熱}]{\text{NaOEt}}$ 2-methylnaphthalene

索　引

ア

アキシアル(axial)　177
アキシアル結合(axial bond)　173
アキラル(achiral)　191,196,344,401
アキラル分子(achiral molecule)　196
アクリロニトリル(acrylonitrile)　81
アクロレイン(acrolein)　515
アザメロン(azamerone)　363
亜酸化窒素(nitrous oxide)　76
アシリウムイオン(acylium ion)　589
アシル化(acylation)　586,588
アシルカチオン(acyl cation)　589
アシル基(acyl group)　588
アスコルビン酸(ascorbic acid)　202
アスピリン(aspirin)　55,544
アズレン(azulene)　566
アセチル基(acetyl group)　588
アセチルサリチル酸(acetylsalicylic acid)　544
アセチレン(acetylene)　8,46,62,159,92
アセチレン水素(acetylenic hydrogen)　159,314
アセトアニリド(acetanilide)　610,623
アセトアミド(acetamide)　81
アセトアルデヒド(acetaldehyde)　12,79,83
アセトキシルラジカル(acetoxyl radical)　386
アセトニトリル(acetonitrile)　81
アセトフェノン(acetophenone)　545
アセトン(acetone)　17,79,85,269,467
アダマンタン(adamantane)　183
アデニン(adenine)　86
アトルバスタチン(atorvastatin)　55
アトロプ異性体(atropisomer)　234
アニソール(anisole)　545,628
アニリニウムイオン(anilinium ion)　114
アニリン(aniline)　545,610,623
アヌレン(annulene)　557
アネトール(anethole)　417
アミド(amide)　81

アミドイオン(amide ion)　133
アミン(amine)　76
アリル(allyl)　505
アリール(aryl)　238
アリル位(allyl position)　402
アリル位(allylic position)　505
アリル位塩素化(allylic chlorination)　403,510
アリル位臭素化(allylic bromination)　404
アリル位置換(allylic substitution)　402
アリル型(allylic)　505
アリル型カチオン(allylic cation)　525
アリル型カルボカチオン(allylic carbocation)　505,506
アリル型ラジカル(allylic radical)　402,404
アリルカチオン(allyl cation)　510
　π分子軌道　511
アリル基(allyl group)　157
アリール基(aryl group)　547
アリルラジカル(allyl radical)　403,506
　安定性(stability)　506
　π分子軌道　508
アルカジイン(alkadiyne)　517
アルカジエン(alkadiene)　186,517
　水素化熱　522
アルカトリエン(alkatriene)　186,517
アルカニドイオン(alkanide ion)　134
アルカニド移動(alkanide shift)　313
アルカン(alkane)　60,139,143
　合成　184
　ハロゲンの反応　391
　物理的性質　160
アルキニドイオン(alkynide ion)　120,159,320
アルキルアルコール(alkyl alcohol)　419
アルキルオキソニウムイオン(alkyloxonium ion)　130,307
アルキル基(alkyl group)　69,144
アルキルヒドロペルオキシド(alkyl hydroperoxide)　415
アルキルベンゼン(alkylbenzene)　614
　オルト-パラ配向性と反応性　612

アルキルボラン(alkylborane)　352
　酸化と加水分解　355
　プロトン化分解　359
アルキルラジカル(alkyl radical)　400
アルキン(alkyne)　46,60,139,292
　臭素と塩素の求電子付加　375
　水素化　185,324
　ハロゲン化水素の付加　376
　命名法　158
アルケニルベンゼン(alkenylbenzene)　614,618
　二重結合への付加　619
アルケニン(alkenyne)　186,517
アルケノール(alkenol)　157
アルケン(alkene)　40,60,139,291
　エポキシ化　447
　オゾン分解　375
　酸触媒水和　345
　シス-トランス異性体　294
　臭素および塩素の求電子付加　359
　水素化　185,321
　水素化熱　522
　双極子モーメント　67
　相対的安定性　294
　ハロヒドリンの生成　366
　付加反応　336
　命名法　155
アルケンの相対的安定性(relative stability of alkene)　296
アルコキシアルカン(alkoxyalkane)　420
アルコキシアルケン(alkoxyalkene)　420
アルコキシアレーン(alkoxyarene)　420
アルコキシ基(alkoxy group)　420
アルコキシドイオン(alkoxide ion)　133,429,450
アルコキシルラジカル(alkoxyl radical)　386,408
アルコール(alcohol)　72,124
　酸化(oxidation)　474
　酸触媒脱水(acid-catalyzed dehydration)　306
　ハロゲン化アルキル　431
　物理的性質　421
　分子間脱水　439
アルコール脱水素酵素(alcohol dehydrogenase)　473
アルデヒド(aldehyde)　78
アルピンボラン((S)-Alpine-

2　索引

Borane）474
アレーニウムイオン（arenium ion）579,596,604,606
　安定化　599
アレン（allene）234,517
アレーン（arene）547,614
アレーンチオール（arenethiol）459
安息香酸（benzoic acid）80,545,619
アンチ形配座（anti conformation）166
アンチ共平面形（anti coplanar）303
アンチ 1,2-ジヒドロキシ化（anti 1,2-dihydroxylation）451
アンチ付加（anti addition）324,325,361
安定性（stability）122
アントラセン（anthracene）565
アンドロステロン（androsterone）162
アンフェタミン（amphetamine）77
アンモニア（ammonia）15,51
　双極子モーメント　67
アンモニウムイオン（ammonium ion）9,15,99
α 脱離（α elimination）368
α 炭素（α carbon atom）278
α-テトラロン（α-tetralone）595
α-トコフェロール（α-tocopherol）414
Alder, K.　529,538
IUPAC　142
IUPAC 命名法（IUPAC system）143
（R-S）規則（R-S system）203

イ

飯島澄男　568
イオノフォア（ionophore）456
イオン（ion）6
イオン間力（ion-ion force）84
イオン結合（ionic bond）6,63
イオン-双極子間力（ion-dipole force）90
イオン反応（ionic reaction）100,385
いす形配座（chair conformation）169
異性体（isomer）17,193
　分類　195
位相符号（phase sign）30
イソオクタン（isooctane）141
イソブタン（isobutane）142,147,393
イソブチルアルコール（isobutyl alcohol）152
イソブチル基（isobutyl group）148
イソブチルラジカル（isobutyl radical）390
イソブチレン（isobutylene）155
イソフルラン（isoflurane）425
イソプロピルアミン（isopropylamine）77
イソプロピル基（isopropyl group）147,148,206
イソプロピルベンゼン（isopropylbenzene）594
イソプロピルラジカル（isopropyl radical）389
イソペンタン（isopentane）142
位置選択性（regioselectivity）349,356
位置選択的（regioselective）343,376
位置選択的反応（regioselective reaction）343
位置番号（locant）150
一分子反応（unimolecular reaction）254
一酸化窒素（nitric monoxide）413
1,2 移動（1,2 shift）312
イブプロフェン（ibuprofen）217
イミダゾール（imidazole）444,570
インジナビル硫酸塩（indinavir sulfate）326
インドール（indole）571
E1 反応（E1 reaction）279,281,282,285,307
E2 反応（E2 reaction）279,280,283,303,311
（E-Z）規則（（E-Z） system）292
Ingold, C. K.　203
Ingold, Sir Christopher　246

ウ

右旋性（dextrorotatory）211
ウンデカン（undecane）162
運動エネルギー（kinetic energy）121
Wilkinson 触媒（Wilkinson' s catalysis）321
Williamson 合成（Williamson synthesis）441
Willstätter, R.　550
Wöhler, F.　3,329
Wolff-Kishner 還元（Wolff-Kishner reduction）595
Woodward, R. B.　326

エ

エキソ（exo）533
エクアトリアル（equatorial）177
エクアトリアル結合（equatorial bond）173
エステル（ester）80
エストラジオール（estradiol）74,202
エタニドイオン（ethanide ion）134
エタノール（ethanol）72,125,127,418,423
枝分れアルカン（branched-chain alkane）140
枝分れのない（unbranched）140
エタン（ethane）39,60,83,144,397
　重なり形配座　164
　結合距離　48
　静電ポテンシャル図　119
　ねじれ形配座　164
エタン酸（ethanoic acid）142
エタンチオール（ethanethiol）459
エチニドイオン（ethynide ion）320
エチニルエストラジオール（ethynyl estradiol）62
エチニル基（ethynyl group）159
エチルアミン（ethylamine）83
エチルアルコール（ethyl alcohol）72,83,418
エチル基（ethyl group）69
エチルメチルケトン（ethyl methyl ketone）79
エチレン（ethylene）8,40,155,291
エチレンオキシド（ethylene oxide）75,420,446
エチレングリコール（ethylene glycol）424
エチン（ethyne）8,46,83,159
　結合距離　48
　静電ポテンシャル図　119
エテニル基（ethenyl group）157
エーテル（ether）75
　開裂　445
　合成　439
　物理的性質　422
　命名法　420
エテン（ethene）8,83,155,291
　結合距離　48
　静電ポテンシャル図　119
　π 分子軌道　42
エトキシドイオン（ethoxide ion）126
エナンチオ選択的（enantioselective）216,473
エナンチオマー（enantiomer）194,195
　光学活性　208
　分離　232
　命名法　203
エナンチオマー過剰率（enantiomeric excess）214
エネルギー（energy）121
エポキシ化（epoxidation）447
エポキシド（epoxide）446,449,485

塩(salt) 7
エンイン(enyne) 517
塩化アシル(acyl chloride) 588
塩化アセチル(acetyl chloride) 589
塩化エチル(ethyl chloride) 150
塩化オキサリル(oxalyl chloride) 476
塩化チオニル(thionyl chloride) 431,435,589
塩化 p-トルエンスルホニル(p-toluenesulfonyl chloride) 437
塩化ネオメンチル(neomenthyl chloride) 304
塩化 t-ブチル(t-butyl chloride) 254
塩化プロパノイル(propanoyl chloride) 594
塩化ベンジル(benzyl chloride) 547
塩化メタンスルホニル(methanesulfonyl chloride) 437
塩化メチレン(methylene chloride) 239,304
塩化ヨウ素(iodine chloride) 343
塩基性度(basicity) 118,430
塩基の強さ(base strength) 112
塩酸(hydrochloric acid) 100
円-正多角形法(polygon-and-circle method) 557
塩素化(chlorination) 393,398
エンタルピー(enthalpy) 122,387
エンタルピー変化(enthalpy change) 122,123
エンド($endo$) 533
エントロピー変化(entropy change) 91,123
AFM 568
AO 34,49
Eschenmoser, A. 326
HMPA 269
LAH 470
LCAO 法(linear combination of atomic orbital) 35
mCPBA 447
MO 34,49
NBS 404,617
s 軌道(s orbital) 31
s 性(s character) 119
S_N1 反応(S_N1 reaction) 254,265, 275,282,285
　速度に影響する因子 263
　立体化学 260
S_N2 反応(S_N2 reaction) 244,245, 275,283
　官能基の変換 276
　機構 246
　速度に影響する因子 263
　立体化学 251
　立体効果 265
sp 軌道(sp orbital) 47,50
sp^2 軌道(sp^2 orbital) 41,50
sp^3 軌道(sp^3 orbital) 37,50
sp 混成(sp hybridization) 46
sp^2 混成(sp^2 hybridization) 40
sp^3 混成(sp^3 hybridization) 36

オ

オイゲノール(eugenol) 75,544
オキサ(oxa-) 420
オキシ水銀化(oxymercuration) 348,350,426
オキシ水銀化-脱水銀(oxymercuration-demercuration) 348,426
オキシラン(oxirane) 420,446,485
オキセタン(oxetane) 420
オキソニウムイオン(oxonium ion) 99,109,130
オキソニウム塩(oxonium salt) 445
(2E,4E,6E)-オクタ-2,4,6-トリエン((2E,4E,6E)-octa-2,4,6-triene) 517
オクタン価(octane rating) 141
オクテット則(octet rule) 6
　例外 13
オゾニド(ozonide) 374
オゾン分解(ozonolysis) 373
オゾンホール(ozone hole) 416
オリンピアダン(olympiadane) 172
オルト($ortho$) 545
オルト-パラ配向基($ortho$-$para$ director) 597,598,608
オレフィン(olefin) 291
折れ曲がった形(bent shape) 52
温度(temperature) 250
Olah, G. A. 257
Oparin, A. 2

カ

殻(shell) 5
化合物(compound) 4
重なり形配座(eclipsed conformation) 163
過酸(peroxy acid) 446
過酸化物(peroxide) 386,407
加水分解(hydrolysis) 216,262
カタラーゼ(catalase) 412
活性化基(activating group) 596,598
活性化自由エネルギー(free energy of activation) 249
カテナン(catenane) 172
価電子(valence electron) 5
カピリン(capillin) 62
カプサイシン(capsaicin) 55
カーブした矢印(curved arrow) 26,100
カーボンナノチューブ(carbon nanotube) 568
過マンガン酸カリウム(potassium permanganate) 372,480
加溶媒分解(solvolysis) 262
カリウム t-ブトキシド(potassium t-butoxide) 302
カルシウムカーバイド(calcium carbide) 329
カルベン(carbene) 367
カルボアニオン(carbanion) 105,467
カルボカチオン(carbocation) 105,131,257,308
　安定性と転位反応 311
　安定性の順序 511
カルボキシ基(carboxy group) 79
カルボキシラートイオン(carboxylate ion) 125
カルボキシラト基(carboxylato group) 126
カルボニル基(carbonyl group) 78
　求核付加(nucleophilic addition) 467
　共鳴構造 466
　構造 465
カルボン(carvone) 79,213
カルボン酸(carboxylic acid) 79,124
カルボン酸イオン(carboxylate ion) 125
環拡大(ring expansion) 314
還元(reduction) 467,470
還元剤(reducing agent) 469,471
環縮合(ring fusion) 565
官能基(functional group) 64,68
官能基相互変換(functional group interconversion) 276
官能基変換(functional group transformation) 276
環反転(ring flip) 173
環ひずみ(ring strain) 167
簡略化構造式(condensed structural formula) 20
Cahn-Ingold-Prelog 規則(Cahn-Ingold-Prelog system) 203,292
Cahn-Ingold-Prelog の優先規則 473
Cahn, R. S. 203
Curl, R. F. 567
Katz, T. 574
Kharasch, M. S. 407

キ

貴ガス(noble gas)　6
ギ酸(formic acid)　80,109,142
ギ酸イオン(formate ion)　29,80
基質(substrate)　239,243,247
キシレン(xylene)　546
基底状態(ground state)　36
軌道(orbital)　31
軌道混成(orbital hybridization)　36
逆合成解析(retrosynthetic analysis)　327,377
逆合成矢印(retrosynthetic arrow)　327
逆 Markovnikov 水和(anti-Markovnikov's hydration)　351
逆 Markovnikov 則(anti-Markovnikov's rule)　427
逆 Markovnikov 付加(anti-Markovnikov addition)　343,356,407
吸エルゴン反応(endergonic reaction)　247
求核剤(nucleophile)　107,239,241,337
求核性(nucleophilicity)　267
求核置換反応(nucleophilic substitution reaction)　239
求電子剤(electrophile)　106,337,596,337
求電子付加(electrophilic addition)　337
吸熱的(endothermic)　388
吸熱反応(endothermic reaction)　123
キュバン(cubane)　184
鏡像体(enantiomer)　194
協奏反応(concerted reaction)　247
橋頭(bridgehead)　154
共鳴安定化(resonance stabilization)　514
共鳴エネルギー(resonance energy)　551
共鳴寄与体(resonance contributor)　27
共鳴効果(resonance effect)　605
共鳴構造(resonance structure)　27,509,512
共鳴理論(resonance theory)　27
鏡面(mirror plane)　203
共役(conjugation)　505
共役アルケニルベンゼン(conjugated alkenylbenzene)　618
共役塩基(conjugate base)　99,111
共役系(conjugated system)　505
共役酸(conjugate acid)　99

共役ジエン(conjugated diene)　506, 518,529
　安定性　521
　1,4 付加　524
共役二重結合(conjugated double bond)　517
共役不飽和化合物(conjugated unsaturated compound)　505
共役不飽和系(conjugated unsaturated system)　615
共有結合(covalent bond)　6,7
極性(polarity)　63
極性共有結合(polar covalent bond)　63
極性非プロトン性溶媒(polar aprotic solvent)　269
極性プロトン性溶媒(polar protic solvent)　269
極性分子(polar molecule)　65
キラリティー(chirality)　191,202
　生物学的重要性　200
キラル(chiral)　191,196,197
キラル中心(chiral center)　197,401
　二つ以上もつ分子　219
キラル分子(chiral molecule)　195
均一触媒(homogeneous catalysis)　321
均等開裂(homolysis)　385
Gibbs エネルギー変化(Gibbs energy change)　123

ク

グアニン(guanine)　86
組立て原理(aufbau principle)　32
クムレン(cumulene)　517
クラウンエーテル(crown ether)　456
クラッキング(cracking)　141
グラフェン(graphene)　568
グラミシジン(gramcidin)　456
グリコール(glycol)　152,369
グリセリン(glycerol)　203
グリセルアルデヒド(glyceraldehyde)　202,230
クリプトキサンチン(cryptoxanthin)　506
グリーンケミストリー(green chemistry)　455
グルコース(glucose)　82
クロム酸酸化(chromic acid oxidation)　478
クロラムフェニコール(chloramphenicol)　225
クロロエタン(chloroethane)　83
m-クロロ過安息香酸(m-chloroperbenzoic acid)　447
クロロクロム酸ピリジニウム(pyridinium chlorochromate)　479
クロロ酢酸イオン(chloroacetate ion)　128
クロロヒドリン(chlorohydrin)　366
クロロベンゼン(chlorobenzene)　545
　求電子置換反応　601
クロロホルム(chloroform)　239
クロロメタン(chloromethane)　83,392
　双極子モーメント　66
Clemmensen 還元(Clemmensen reduction)　594
Crafts, J. M.　586
Cram, D. J.　456
Crutzen, P. J.　416
Grignard, V.　482
Grignard 反応(Grignard reaction)　486
　アルコールの合成　487
　合成計画　489
Grignard 反応剤(Grignard reagent)　482
　エポキシドとの反応　485
　カルボニル化合物との反応　486
　制約　494
Krätschmer, W.　567
Kroto, W.　567
Que の触媒(Que's catalyst)　455
Que, L.　455

ケ

形式電荷(formal charge)　14
結合解離エネルギー(bond dissociation energy)　389
結合角(bond angle)　19
結合角ひずみ(angle strain)　167
結合距離(bond length)　33
結合順序(connectivity)　17,19
結合性殻(closed bonding shell)　555
結合性分子軌道(bonding molecular orbital)　34,37,49
結合性 π 分子軌道(bonding π orbital)　507
結合・線式(bond-line formula)　21
結合電子対(bonding pair)　50
ケトン(ketone)　78
原子(atom)　4
原子価殻(valence shell)　5,6
原子価殻電子対反発(VSEPR)モデル(valence shell electron-pair repulsion model)　50
原子核(nucleus)　4
原子価電子(valence electron)　5

原子間力顕微鏡（atomic force microscope） 568
原子軌道（atomic orbital） 31,34,49
原子質量単位（atomic mass unit） 4
原子番号（atomic number） 4
元素（element） 4
Kekulé 構造式（Kekulé structure） 62,552
Kekulé, A. 62
Kekulé-Couper-Butlerov の原子価理論（Kekulé-Couper-Butlerov theory of valence） 544
Kössel, W. 5

コ

光学活性化合物（optically active compound） 209
光学純度（optical purity） 214
光学分割（optical resolution） 233
高級アルカンのハロゲン化 397
格子間力（lattice force） 84
合成等価体（synthetic equivalent） 379
酵素（enzyme） 216
構造異性体（constitutional isomer） 17,142,193
構造式（structural formula） 18
高速液体クロマトグラフィー（high-performance liquid chromatography） 233
高分子（macromolecule） 410
五塩化リン（phosphorus pentachloride） 589
黒鉛（グラファイト）（graphite） 567
国際純正および応用化学連合（International Union of Pure and Applied Chemistry） 142
穀類（grain） 423
ゴーシュ形配座（gauche conformation） 166
ゴーシュ相互作用（gauche interaction） 175
木びき台式（sawhorse formula） 163
孤立ジエン（isolated diene） 518
孤立電子対（lone pair） 50
孤立二重結合（isolated double bond） 517
コルチゾン（cortisone） 538
コレステロール（cholesterol） 219,424
混成原子軌道（hybrid atomic orbital） 36,49
混成体（hybrid） 509
コンホーマー（conformer） 163

Corey, E. J. 327

サ

最高被占分子軌道（highest occupied molecular orbital） 246,521
最低空分子軌道（lowest unoccupied molecular orbital） 246,521
酢酸（acetic acid） 80,83,127,142
酢酸イオン（acetate ion） 125,126,128
酢酸エチル（ethyl acetate） 81,83
酢酸ナトリウム（sodium acetate） 83,84
酢酸フェニル（phenyl acetate） 610
左旋性（levorotatory） 211
サリチル酸（salicylic acid） 55
サリチル酸メチル（methyl salicylate） 544
サリドマイド（thalidomide） 201
酸（acid） 111
酸塩化物（acid chloride） 589
酸塩基反応（acid-base reaction） 98
酸化（oxidation） 427,468,475
酸化還元反応（oxidation-reduction reaction） 279
三角錐（trigonal pyramid） 51
三角錐構造（trigonal pyramidal shape） 77
酸化剤（oxidizing agent） 469
酸化状態（oxidation state） 469
酸化二窒素（nitrous oxide） 76
三環式化合物（tricyclic compound） 183
三酸化硫黄（sulfur trioxide） 584
三酸化クロム（cromium trioxide） 478
三臭化リン（phosphorus tribromide） 431,435
三重結合（triple bond） 8
酸触媒加水分解（acid-catalyzed hydrolysis） 453
酸触媒水和（acid-catalyzed hydration） 345
酸性度（acidity） 117,124,430
　溶媒の効果 129
酸性度定数（acidity constant） 108
酸の強さ（acid strength） 108
三フッ化ホウ素（boron trifluoride） 52,104
Zaitsev 則（Zaitsev's rule） 300

シ

1,3-ジアキシアル相互作用（1,3-diaxial interaction） 175
ジアステレオ選択的（diastereoselective） 216,473

ジアステレオマー（diastereomer） 194
ジアゾメタン（diazomethane） 367
ジアルキルペルオキシド（dialkyl peroxide） 386
シアン酸アンモニウム（ammonium cyanate） 3
シヴェトン（civetone） 162
ジエチルエーテル（diethyl ether） 83,418,420,425
ジエノフィル（dienophile） 529
ジエン（diene） 517
四塩化炭素（carbon tetrachloride） 65,239
1,4-ジオキサン（1,4-dioxane） 420
ジオール（diol） 152
1,2-ジオール（1,2-diol） 369
シグマ（σ）結合（sigma bond） 37,38,50,163
ジグリム（diglyme） 352
シクロアルカン（cycloalkane） 139,152,167
　合成 184
　物理定数 161
　物理的性質 160
シクロアルケノール（cycloalkenol） 157
シクロアルケン（cycloalkene） 297
　命名法 155
シクロオクタテトラエン（cyclooctatetraene） 550,557,564
シクロブタジエン（cyclobutadiene） 558,563
シクロブタン（cyclobutane） 168
シクロプロパン（cyclopropane） 152,167
1,3-シクロヘキサジエン（1,3-cyclohexadien） 517,551
1,4-シクロヘキサジエン（1,4-cyclohexadien） 517
シクロヘキサン（cyclohexane） 627
　立体配座 169
シクロヘキサン誘導体（cyclohexane derivative） 226
シクロヘキセン（cyclohexene） 551
シクロヘプタトリエニルカチオン（cycloheptatrienyl cation） 559
　静電ポテンシャル図 562
シクロペンタジエニドイオン（cyclopentadienide ion） 559,564
　静電ポテンシャル図 560
シクロペンタジエニルアニオン（cyclopentadienyl anion） 559
シクロペンタジエン（cyclopentadiene） 533,538
シクロペンタン（cyclopentane） 152,169
ジクロロカルベン

(dichlorocarbene) 368
ジクロロジフルオロメタン (dichlorodifluoromethane) 415
ジクロロメタン (dichloromethane) 239,396
四酸化オスミウム (osmium tetroxide) 369,371
シス (*cis*) 157
シスチン (cystine) 461
システイン (cysteine) 461
シス-トランス異性 (*cis-trans* isomerism) 45,176,178,292
ジスルフィド (disulfide) 459
自動酸化 (autoxidation) 413,425
シトシン (cytosine) 86
ジハロカルベン (dihalocarbene) 368
gem-ジハロゲン化物 (*gem*-dihalide) 318,376
vic-ジハロゲン化物 (*vic*-dihalide) 316
1,2-ジヒドロキシ化 (1,2-dihydroxylation) 369
ジプロトン酸 (diprotic acid) 99
脂肪酸 (fatty acid) 322
脂肪族化合物 (aliphatic compound) 544
ジメチルエーテル (dimethyl ether) 40,75
1,2-ジメチルシクロヘキサン (1,2-dimethylcyclohexane) 181
1,3-ジメチルシクロヘキサン (1,3-dimethylcyclohexane) 180
1,4-ジメチルシクロヘキサン (1,4-dimethylcyclohexane) 178
ジメチルスルホキシド (dimethyl sulfoxide) 269,476
N,*N*-ジメチルホルムアミド (*N*,*N*-dimethylformamide) 269
1,2-ジメトキシエタン (1,2-dimethoxyethane) 420
自由エネルギー (free energy) 248
自由エネルギー図 (free-energy diagram) 248
自由エネルギー変化 (free energy change for the reaction) 249
臭化アリル (allyl bromide) 512
臭化イソプロピル (isopropyl bromide) 150
臭化水素 (hydrogen bromide) 逆 Markovnikov 付加 407
重合 (polymerization) 410
重合体 (polymer) 410
重水素 (deuterium) 5
集積ジエン (cumulated diene) 518
集積二重結合 (cumulated double bond) 517
臭素 (bromine) 400

ジュウテリウム (deuterium) 5,134
ジュウテリオ酢酸 (deuterioacetic acid) 359
縮合環 (fused ring) 154
縮退軌道 (degenerate orbital) 32
酒石酸 (tartaric acid) 231
笑気ガス (laughing gas) 76
硝酸イオン (nitrate ion) 15,29
初期濃度 (initial concentration) 245
触媒 (catalysis) 322
初速度 (initial rate) 245
ジラジカル (diradical) 412
シリルエーテル (silyl ether) 443
シン共平面形 (syn coplanar) 303
シン 1,2-ジヒドロキシ化 (syn 1,2-dihydration) 458
親水性 (hydrophilic) 91
シントン (合成素子) (synthon) 379
シンナムアルデヒド (cinnamaldehyde) 544
trans-シンナムアルデヒド (*trans*-cinnamaldehyde) 79
シン付加 (syn addition) 324,357, 369,448
Jacobsen の触媒 (Jacobsen's catalyst) 455
Jacobsen, E. 455
Jones 反応剤 (Jones reagent) 478
Schrödinger, E. 29
Sharpless 不斉エポキシ化 (Sharpless asymmetric epoxidation) 448
Sharpless, K. B. 218,371,447
si 面 (*si* face) 473

ス

水素化 (hydrogenation) 184,295, 322
水素化アルミニウムリチウム (lithium aluminum hydride) 470
水素化ナトリウム (sodium hydride) 134
水素化熱 (heat of hydrogenation) 295,521
水素化物イオン (hydride ion) 467
水素化ベリリウム (beryllium hydride) 53
水素化ホウ素ナトリウム (sodium borohydride) 471
水素結合 (hydrogen bond) 85,90, 422
水素引き抜き反応 (hydrogen abstraction) 387
水素不足指数 (index of hydrogen deficiency) 186
水素分子 (hydrogen molecule) エネルギー図 35

水平化効果 (leveling effect) 110, 133
水和 (hydration) 89,345
スチレン (styrene) 411,614
スーパーオキシド (superoxide) 412
スーパーオキシドジスムターゼ (superoxide dismutase) 412
スルフィド (sulfide) 459
スルフィン酸 (sulfinic acid) 459
スルホ基 (sulfo group) 586
スルホキシド (sulfoxide) 233,459
スルホン (sulfone) 459
スルホン酸 (sulfonic acid) 459
スルホン酸エステル (sulfonate ester) 436
Skou, J. 457
Smalley, R. E. 567
Stoddart, J. F. 172
Swern 酸化 (Swern oxidation) 476

セ

生気説 (vitalism) 3
正四面体形 (tetrahedral) 50
静電ポテンシャル図 (electrostatic potential map) 28,64
石油 (petroleum) 140
接触クラッキング (catalytic cracking) 141
接触水素化 (catalytic hydrogenation) 321
絶対配置 (absolute configuration) 230
接頭語 (prefix) 150
接尾語 (suffix) 150
セボフルラン (sevoflurane) 76,425
遷移元素 (transition element) 9
遷移状態 (transition state) 246,247
前駆体 (precursor) 327,328
旋光計 (polarimeter) 210

ソ

相 (phase) 83
双極子 (dipole) 63
双極子-双極子相互作用 (dipole-dipole force) 85
双極子モーメント (dipole moment) 63,65
相対的安定性 (relative stability) 122
相対配置 (relative configuration) 229
側鎖 (side chain) 614
速度支配 (kinetic control) 301,526
速度支配生成物 (kinetic product) 526,528

速度定数(rate constant)　245
速度論(kinetics)　244
速度論的分割(kinetic resolution)　217
疎水性(hydrophobic)　91
疎水性効果(hydrophobic effect)　91
存在確率(probability)　31
Sondheimer, F.　558

タ

第一級アルコール(primary alcohol)　306,311,433
第一級水素(primary hydrogen)　149,398
第一級炭素(primary carbon)　70
第一級ラジカル(primary radical)　389,390
第三級アルコール(tertiary alcohol)　307
第三級水素(tertiary hydrogen)　149,398
第三級炭素(tertiary carbon)　71
第三級ハロゲン化合物(tertiary halide)　285
第三級ラジカル(tertiary radical)　390
対称面(plane of symmetry)　203
対称要素(symmetry element)　202
第二級アルコール(secondary alcohol)　306,312
第二級水素(secondary hydrogen)　149,398
第二級炭素(secondary carbon)　70
第二級ラジカル(secondary radical)　389
ダイヤモンド(diamond)　183
多環式芳香族炭化水素(polycyclic aromatic hydrocarbon)　564
タキソール(Taxol)　371
ダクチリン(dactylyne)　62,363
多重共有結合(multiple covalent bond)　8
ダッシュ構造式(dash structural formula)　19
脱水(dehydration)　306
脱水銀(demercuration)　348,426
脱スルホン化(desulfonation)　586
脱ハロゲン化水素(dehydrohalogenation)　278,298
1,2脱離(1,2 elimination)　278
脱離基(leaving group)　239,244
　性質　272
脱離反応(elimination reaction)　277,298,306,316
炭化水素(hydrocarbon)　60,139
単結合(single bond)　38,139
結合解離エネルギー　388
炭酸イオン(carbonate ion)
　静電ポテンシャル図　28
炭素陰イオン(carbanion)　105,467
炭素-炭素三重結合(carbon-carbon triple bond)　8
炭素-炭素単結合(carbon-carbon single bond)　8
炭素-炭素二重結合(carbon-carbon double bond)　8
炭素陽イオン(carbocation)　105
単量体(monomer)　410

チ

チオエーテル(thioether)　459,461
チオケトン(thioketone)　459
チオ尿素(thiourea)　461
チオフェノール(thiophenol)　459
チオフェン(thiophene)　569,570
チオール(thiol)　459
置換(substitution)　548
置換基(substituent group)　596
置換基効果(substitution effect)　128,613
置換式命名法(substitutive nomenclature)　150
置換反応(substitution reaction)　131,391
チミン(thymine)　86
チモール(thymol)　74
中間体(intermediate)　255
中性子(neutron)　4
超強酸(superacid)　110
超共役(hyperconjugation)　164,258
直鎖アルカン(straight-chain alkane)　140
直線状(linear)　50
チロキシン(thyroxine)　578
チロシン(tyrosine)　571,578
Ziegler-Natta触媒(Ziegler-Natta catalyst)　411

ツ

つり針型のカーブした矢印(single-barbed curved arrow)　386

テ

デカリン(decalin)　182
デキストロプロポキシフェン(dextropropoxyphene)　218
デシルアルコール(decyl alcohol)　91
デスフルラン(desflurane)　76
テトラエチル鉛(tetraethyllead)　481
テトラクロロメルテンセン(tetrachloromertensene)　363
テトラヒドロフラン(tetrahydrofuran)　75,269,352,420,442
デバイ(debye)　64
テフロン(teflon)　89
転位(rearrangement)　307,312,347,434
電気陰性度(electronegativity)　6,63
電気的引力(attractive electric force)　92
典型元素(main group element)　9
電子吸引基(electron-withdrawing group)　602
電子吸引性(electron withdrawing)　120
電子吸引性誘起効果(inductive electron-withdrawing effect)　126
電子供与基(electron-releasing group)　602
電子供与性(electron donating)　120
電子対供与体(electron-pair donor)　103
電子対受容体(electron-pair acceptor)　103
電子の確率密度(electron probability density)　31
電子密度面(electron density surface)　40
$DH°$　389
Diels-Alder反応(Diels-Alder reaction)　529
　立体化学　531
　(2E,4E)-Hexa-2,4-diene　534
　methyl propenoate　534
Diels, O.　529,538
Dirac, P.　29
DMF　269
DMSO　269
TBSCl　444
Thermoanaerobium brockii　474
THF　269,352,420

ト

同位体(isotope)　4
同族体(homologue)　160
同族列(homologous series)　160
トシラート(tosylate)　436
トシル基(tosyl group)　437
ドーパミン(dopamine)　77
トランス(*trans*)　157
トランスアンニュラー(渡環)ひずみ(transannular strain)　172
トランス脂肪酸(trans-fatty acid)

322
トリエン(triene) 517
トリクロロフルオロメタン (trichlorofluoromethane) 415
トリチウム(tritium) 5,134
トリフィル基(trifyl group) 437
トリプトファン(tryptophan) 571
トリフラート(triflate) 437
トリフラートイオン(triflate ion) 273
トリフルオロメチルベンゼン (trifluoromethylbenzene) 604, 607
トリメチルアミン(trimethylamine) 77
トルエン(toluene) 545,604,615
トロピリデン(tropylidene) 561

ナ

ナトリウムアミド(sodium amide) 315
ナトリウムアルキニド(sodium alkynide) 496
ナトリウムエトキシド(sodium ethoxide) 279
ナトリウムプロピニド(sodium propynide) 381
ナフタレン(naphthalene) 565
ナプロキセン(naproxen) 219
波の建設的相互作用(constructive interference of wave) 30
波の相殺的相互作用(destructive interference of wave) 30

ニ

二塩基酸(diprotic acid) 99
二環式化合物(bicyclic compound) 182
ニコチン(nicotine) 77
ニコチンアミドアデニンジヌクレオチド(nicotinamide adenine dinucleotide) 571
二酸化炭素(carbon dioxide) 53
二重結合(double bond) 44,458
二置換シクロアルカン (disubstituted cycloalkane) 176
二置換ベンゼン(disubstituted benzene)
　配向性 624
ニトリル(nitrile) 81
ニトロアニリン(nitroaniline) 623
ニトロトルエン(nitrotoluene) 621
ニトロニウムイオン(nitronium ion) 583
ニトロベンゼン(nitrobenzene) 545

二分子反応(bimolecular reaction) 245
二面角(dihedral angle) 163
乳酸(lactic acid) 202
Newman 投影式(Newman projection formula) 163,205
Nicolaou, K. C. 530

ネ

ネオペンタン(neopentane) 142, 149,393
ネオペンチル基(neopentyl group) 148
ねじれ形配座(staggered conformation) 163
ねじれ障壁(torsional barrier) 164
ねじれひずみ(torsional strain) 165,167
ねじれ舟形配座(twist boat conformation) 171
熱クラッキング(thermal cracking) 141
熱力学支配(thermodynamic control) 313,26
熱力学支配生成物(thermodynamic product) 526,528
年代測定(carbon dating) 5

ノ

ノナクチン(nonactin) 456
野依良治 218
ノルエチンドロン(norethindrone) 73
Knowles, W. S. 218

ハ

パイ(π)結合(π bond) 42,50
配向性(orientation) 596,597
配座異性体(conformational isomer) 163,227
配座解析(conformational analysis) 163
パイ(π)分子軌道(π molecular orbital) 43
パクリタキセル(paclitaxel) 371, 530
橋(bridge) 154
橋かけ環(bridged ring) 154,535
"旗ざお"間相互作用("flagpole" interaction) 170
発エルゴン反応(exergonic reaction) 247
発がん性(carcinogenic) 572
バックミンスターフラーレン (buckminsterfullerene) 567

発熱的(exothermic) 247,387
発熱反応(exothermic reaction) 123
波動関数(wave function) 29
波動力学(wave mechanics) 29
バニリン(vanillin) 417,544
パラ(para) 545
パラフィン(paraffin) 184
バリノマイシン(valinomycin) 456
ハロアルカン(haloalkane) 70,149, 237
ハロアルコール(halo alcohol) 365
ハロゲン化(halogenation) 403
ハロゲン化アシル(acyl halide) 588
ハロゲン化アリール(aryl halide) 71,238,592
ハロゲン化アリル(allylic halide)
　求核置換反応 625
ハロゲン化アルキル(alkyl halide) 70,150,237,264,432
　脱離反応 277
ハロゲン化アルキルマグネシウム (alkylmagnesium halide) 483
ハロゲン化アルケニル(alkenyl halide) 71,238
ハロゲン化水素(hydrogen halide) 431
ハロゲン化ビニル(vinyl halide) 277,592
ハロゲン化フェニル(phenyl halide) 238,277
ハロゲン化ベンジル(benzylic halide)
　求核置換反応 625
ハロゲン原子(halogen atom) 386
ハロ置換基(halo substituent) 600
ハロニウムイオン(halonium ion) 99,362
ハロヒドリン(halohydrin) 365
ハロペルオキシダーゼ (haloperoxidase) 363
ハロモン(halomon) 363
反結合性分子軌道(antibonding molecular orbital) 34,49
反結合性 π* 分子軌道(antibonding π* orbital) 507
反転(inversion) 246
反応座標(reaction coordinate) 249
反応性(reactivity) 596
反応速度(reaction rate) 250
反応熱(heat of reaction) 295
反応物(reactant) 247
反応分子数(molecularity) 245
反芳香族(antiaromatic) 558,563
$(4n+2)π$電子則 556
Barton, D. H. R. 169
Bijvoet, J. M. 231
BINAP 219,234

Birch還元（Birch reduction） 627
Birch, A. J. 627
Hammond-Lefflerの仮説
 （Hammond-Leffler postulate）
 266,267,300,603
Hassel, O. 169
Heisenberg, W. 29
Huffman, D. 567
Pasteur, L. 232
Pauliの排他原理（Pauli exclusion
 principle） 32
Perkin, W. H. 135

ヒ

非共有電子対（unshared pair） 50
非局在化（delocalization） 507
非局在化効果（delocalization effect）
 126
非結合性電子対（nonbonding pair）
 50
非結合性π分子軌道（nonbonding π
 orbital） 507
ビシクロ[4.4.0]デカン（bicyclo
 [4.4.0]decane） 182
ビシクロ[1.1.0]ブタン（bicyclo
 [1.1.0]butane） 184
ビシクロヘプタン（bicycloheptane）
 154
ビシクロ[2.2.1]ヘプタン（bicyclo
 [2.2.1]heptane） 535
比旋光度（specific rotation） 211
ビタミンB_{12}（vitamin B_{12}） 326
ビタミンC（vitamin C） 3
ビタミンE（vitamin E） 414
ヒドリドイオン（hydride ion） 134,
 467,472
ヒドリド移動（hydride shift） 313,
 472
ヒドロキシ基（hydroxy group） 72,
 150,417
ヒドロキシルラジカル（hydroxyl
 radical） 386
ヒドロゲナーゼ（hydrogenase）
 217
ヒドロペルオキシド
 （hydroperoxide） 407
ヒドロホウ素化（hydroboration）
 351,352,426
 立体化学 354
ビニル型ハロゲン化物（vinylic
 halide） 238
ビニル基（vinyl group） 157,206
ビフェニル（biphenyl） 614
非プロトン性極性溶媒（polar aprotic
 solvent） 498
ピペリジン（piperidine） 77
非ベンゼノイド芳香族化合物
 （nonbenzenoid aromatic
 compound） 566
比誘電率（dielectric constant） 270,
 271
標識化合物（labeled compound）
 134
標準自由エネルギー変化（standard
 free-energy change） 123
標的分子（target molecule） 327
ヒラタケ（oyster mushroom） 54
ピリジン（pyridine） 436,569
ピリミジン（pyrimidine） 571
ピレン（pyrene） 565
 Kekulé構造 566
ピロール（pyrrole） 569
BHT 414
Hughes, E. D. 246
Hükel則（Hückel's rule） 556
Hükel, E. A. A. J. 556
p軌道（p orbital） 31
P-2触媒（P-2 catalysis） 324
PAH 565
PEO 420

フ

封鎖基（blocking group） 623
フェキソフェナジン（fexofenadine）
 218
フェナントレン（phenanthrene）
 565
フェニルアラニン（phenylalanine）
 571
フェニル基（phenyl group） 70,546
フェニルメチル基（phenylmethyl
 group） 547
フェノール（phenol） 74,115,418,
 545,610
フェロモン（pheromone） 162
付加（addition） 548
1,4付加環化反応（1,4-cycloaddition
 reaction） 529
[4+2]付加環化反応（[4+2]
 cycloaddition reaction） 530
付加重合体（addition polymer） 410
付加体（adduct） 529
不活性化基（deactivating group）
 596,600
付加反応（addition reaction） 476
不均一触媒（heterogeneous
 catalysis） 321,324
不均一水素化触媒（heterogeneous
 hydrogenation catalyst） 323
不均等開裂（heterolysis） 385
複素環化合物（heterocyclic
 compound） 568
節面（nodal plane） 49
不対電子（unpaired electron） 385

1,3-ブタジエン（1,3-butadiene）
 506,517,522
 結合距離 519
 分子軌道 520
 立体配座 519
 π分子軌道 521
 p軌道 520
ブタン（butane） 144,147,166
ブチルアルコール（butyl alcohol）
 152
t-ブチルアルコール（t-butyl
 alcohol） 131,152,254,443
ブチル化ヒドロキシトルエン
 （butylated hydroxytoluene） 414
ブチル基（butyl group） 69
s-ブチル基（s-butyl group） 148
t-ブチル基（t-butyl group） 148,
 176
t-ブチルクロロジメチルシラン（t-
 butylchlorodimethylsilane） 444
t-ブチルラジカル（t-butyl radical）
 390
ブチルリチウム（butyllithium） 482
フッ化エチル（ethyl fluoride）
 静電ポテンシャル図 120
フッ化リチウム（lithium fluoride）
 63
沸点（boiling point） 84,88,160
物理的性質（physical property） 83
1-ブテン（1-butene） 522
舟形配座（boat conformation） 170
部分二重結合（partial double bond）
 27
部分負電荷（partial minus） 28
不飽和化合物（unsaturated
 compound） 60,321
不飽和度（degree of unsaturation）
 186
不飽和度試験（chemical test for
 unsaturation） 372
フラーレン（fullerene） 567
フラン（furan） 569,570
プリズマン（prismane） 184
フリーラジカル（free radical） 385
プリン（purine） 571
フルオロカーボン（fluorocarbon）
 89
フルオロベンゼン（fluorobenzene）
 545
フレオン（freon） 415
プロキラリティ（prochirality） 474
プロキラル（prochiral） 474
プロキラル中心（prochiral center）
 474
プロトン化されたアルコール
 （protonated alcohol） 130,428
プロトン化されたエーテル
 （protonated ether） 429

プロトン化分解(protonolysis) 359
プロトン性溶媒(protic solvent) 129,271
プロパ-2-エニル基(prop-2-enyl group) 157
プロパジエン(propadiene) 517
プロパン(propane) 144,147
1,2-プロパンジオール(1,2-propanediol) 424
1-プロパンチオール(1-propanethiol) 459
プロピニドイオン(propynide ion) 159
プロピルアルコール(propyl alcohol) 19,152
プロピル基(propyl group) 69,147
プロピルラジカル(propyl radical) 389
プロピレン(propylene) 155
プロピレンオキシド(propylene oxide) 17
プロピレングリコール(propylene glycol) 424
プロピン(propyne) 46
プロペニルカチオン(propenyl cation) 510
プロペン(propene) 41,155
N-ブロモスクシンイミド(N-bromosuccinimide) 404,617
ブロモニウムイオン(bromonium ion) 361,365
ブロモヒドリン(bromohydrin) 366
ブロモベンゼン(bromobenzene) 545
分極率(polarizability) 87,272
分散力(dispersion force) 87
分子(molecule) 7
分子間脱水(intermolecular dehydration) 439
分子間力(intermolecular force) 84
分子軌道(molecular orbital) 34,49
分子式(molecular formula) 17
分子状酸素(molecular oxygen) 412
Bradsher, C. K. 531
Brønsted-Lowry 酸(Brønsted-Lowry acid) 337
Brønsted-Lowry の酸-塩基(Brønsted-Lowry acid-base) 108
Brønsted-Lowry の酸塩基反応(Brønsted-Lowry acid-base reaction) 98,320
Brown, H. C. 352
Faraday, M. 543
Friedel, C. 586
Friedel-Crafts アシル化(Friedel-Crafts acylation) 588
Friedel-Crafts アルキル化(Friedel-Crafts alkylation) 586
Friedel-Crafts 反応(Friedel-Crafts reaction)
　制約 591
Frost 円(Frost circle) 556
Hund の規則(Hund's rule) 32
Planck 定数(Planck constant) 523
Prelog, V. 203
van der Waals 力(van der Waals force) 84
van't Hoff, J. H. 24,165

ヘ

平衡(equilibrium) 28
平衡支配(equilibrium control) 114
平衡定数(equilibrium constant) 108,123
ペイソノール A(peyssonol A) 363
平面三方形(trigonal planar) 25,50
平面偏光(plane-polarized light) 210
(2E,4E)-ヘキサ-2,4-ジエン((2E,4E)-hexa-2,4-diene) 517, 535
(2Z,4E)-ヘキサ-2,4-ジエン((2Z,4E)-hexa-2,4-diene) 517
ヘキサメチルりん酸トリアミド(hexamethylphosphoramide) 269
ヘキサン(hexane)
　異性体の物理定数 143
ヘテロ環化合物(heterocyclic compound) 568
ヘテロ環芳香族化合物(heterocyclic aromatic compound) 569
ヘテロ原子(heteroatom) 64,569
ヘテロリシス(heterolysis) 105, 308,385
ペニシラミン(penicillamine) 217
ヘプタン(heptane) 145
ペリ環状反応(pericyclic reaction) 530
ペルオキシ(peroxy) 447
ベンジル位(benzylic position) 406
ベンジル位水素(benzylic hydrogen) 615
ベンジル位置換基(benzylic substituent) 615
ベンジル位ハロゲン化(benzylic halogenation) 616
ベンジルエチルエーテル(benzyl ethyl ether) 618
ベンジル型カチオン(benzylic cation) 615
ベンジル型ラジカル(benzylic radical) 406,615
ベンジルカチオン(benzyl cation)
　静電ポテンシャル図 616
ベンジル基(benzyl group) 70,547
ベンジルラジカル(benzyl radical) 615
　静電ポテンシャル図 616
ベンズアルデヒド(benzaldehyde) 79,544
ベンゼノイド芳香族化合物(benzenoid aromatic compound) 565
ベンゼン(benzene) 544,545,551, 563
　共鳴構造 514
　結合距離と結合角 553
　臭素の求電子付加 580
　スルホン化 584
　静電ポテンシャル図 555
　ニトロ化 583
　熱力学的安定性 551
　ハロゲン化 582
　反応 548
　π分子軌道 555
　Kekulé 構造 549
ベンゼンスルホン酸(benzenesulfonic acid) 545,584
ベンゾイル基(benzoyl group) 588
ベンゾキノン(p-benzoquinone) 538
ベンゾニトリル(benzonitrile) 82
ベンゾ[a]ピレン(benzo[a]pyrene) 565,572
ペンタ-1-エン-4-イン(pent-1-en-4-yne) 517
trans-1,3-ペンタジエン(trans-1,3-pentadiene) 522
(3Z)-ペンタ-1,3-ジエン((3Z)-penta-1,3-diene) 517
ペンタリド(pentalide) 162
β-カロテン(β-carotene) 524
β 水素(β hydrogen atom) 278
β 脱離(β elimination) 278
β 炭素(β carbon atom) 278
β-ピネン(β-pinene) 61
Boekelheide, V. 566
Heisenberg の不確定性原理(Heisenberg uncertainty principle) 33
Pedersen, J. 456
Pettit, R. 558

ホ

補因子(cofactor) 461
傍観イオン(spectator ion) 100
芳香族(aromatic) 556,563
芳香族アニオン(aromatic anion)

560
芳香族イオン(aromatic ion) 559
芳香族化合物(aromatic compound) 60,543,544
　還元 626
芳香族カチオン(aromatic cation) 561
芳香族求電子置換反応(electrophilic aromatic substitution reaction) 577
　自由エネルギー図 581
芳香族性(aromaticity) 550
飽和化合物(saturated compound) 60,321
補酵素(coenzyme) 571
保護基(protecting group) 443,497, 586
ホスト–ゲストの関係(host-guest relationship) 456
母体化合物(parent compound) 150
ポテンシャルエネルギー(potential energy) 121
ポテンシャルエネルギー図(potential energy diagram) 164
ホモリシス(homolysis) 385
ポリエチレンオキシド(polyethylene oxide) 420
ポリスチレン(polystyrene) 411,614
ポリフッ化水素(polyhydrogen fluoride) 338
ポリ不飽和脂肪酸(polyunsaturated fatty acid) 413
ポリ不飽和炭化水素(polyunsaturated hydrocarbon) 517
ポリマー(polymer) 410
ホルムアルデヒド(formaldehyde) 11,79,466
Born, M. 31
Hofmann 則(Hofmann rule) 302
HOMO 246,521
von Hofmann, A. W. 135
Whitmore, F. 307

マ

巻矢印(curly arrow) 26
マーキュリニウムイオン(mercurinium ion) 351
末端アルキン(terminal alkyne) 133,159,318
　酸性度 314
末端水素(terminal hydrogen) 144
マレイン酸無水物(maleic anhydride) 535
Markovnikov 則(Markovnikov's rule) 339,342,376
Markovnikov 付加(Markovnikov addition) 339,407
Markovnikov, V. 339

ミ

水(water) 15,52
　双極子モーメント 67
密度(density) 161
Miller, S. 2
Mitscherlich, E. 543

ム

無機化合物(inorganic compound) 1
ムスカルア(muscalure) 162,330

メ

メシラート(mesylate) 436
メシル基(mesyl group) 437
メソ化合物(meso compound) 223
メタ(*meta*) 545
メタニドイオン(methanide ion) 118
メタニド移動(methanide shift) 312
メタノゲンス(methanogens) 61
メタノリシス(methanolysis) 262
メタノール(methanol) 11,72,418, 423
メタ配向基(*meta* director) 597, 600,606
メタン(methane) 8,24,36,50,60,83, 144,392
　塩素化 394
メタン酸(methanoic acid) 142
メチルアミン(methylamine) 10
メチルアルコール(methyl alcohol) 72,418
メチルカチオン(methyl cation) 258
メチル基(methyl group) 69
メチルドパ(methyldopa) 217
2-メチルプロペン(2-methylpropene) 155
7-メチルベンゾ[*a*]アントラセン(7-methylbenz[*a*]anthracene) 572
N-メチルモルホリン *N*-オキシド(*N*-methylmorpholine *N*-oxide) 370
メチルラジカル(methyl radical) 391,401
メチレン(methylene) 367
メチレン基(methylene group) 70

メトキシベンゼン(methoxybenzene) 628
メパルフィノール(meparfynol) 504
メルカプト基(mercapto group) 459
メントール(menthol) 73,417
Mayo, F. R. 407

モ

木精(wood alcohol) 423
モネンシン(monensin) 456
モノマー(monomer) 410
モーブ(mauve) 136
モーベイン(mauveine) 136
モルヒネ(morphine) 538
Molina, M. J. 416

ユ

有機(organic) 3
有機化合物(organic compound) 1
有機金属化合物(organometallic compound) 481
誘起効果(inductive effect) 120, 126,531,605
有機リチウム化合物(organolithium compound) 482
優先順位(priority) 204,293
優先配座(preferred conformation) 174
融点(melting point) 84,160
Urey, H. 2

ヨ

溶解金属還元(dissolving metal reduction) 325
溶解度(solubility) 89,161
陽子(proton) 4
溶媒効果(solvent effect) 269
溶媒和(solvation) 89,129

ラ

ラジカル(radical) 385
ラジカルハロゲン化(radical halogenation) 391
ラジカル反応(radical reaction) 385,387
ラセミ化(racemization) 260
ラセミ混合物(racemic mixture) 214
ラセミ体(racemate, racemic form) 214,215,401
ラダーラン(ladderane) 183

リ

リコペン(lycopene) 524
律速段階(rate-determining step) 255,309,339
立体異性体(stereoisomer) 45,194
立体化学(stereochemistry) 194,251
立体化学の反転(inversion of configuration) 438
立体効果(steric effect) 264
立体障害(steric hindrance) 264
立体選択性(steroselectivity) 356,473
立体選択的反応(stereoselective reaction) 216,380
立体特異的(stereospecific) 448
立体特異的反応(stereospecific reaction) 363,380
立体配座(conformation) 163,519,204
立体配置の反転(inversion of configuration) 251
立体配置の保持(retention of configuration) 228,437
立体反発(steric repulsion) 165
リノール酸(linoleic acid) 413
リパーゼ(lipase) 216
リポ酸(lipoic acid) 461
リモネン(limonene) 201
量子力学(quantum mechanics) 29
Lindlar 触媒(Lindlar's catalysis) 325

ル

ルテニウム(ruthenium) 219
Le Bel, L. A. 24
LeChatelier の原理(LeChatelier's principle) 476
Lewis 塩基(Lewis base) 106
Lewis 構造(Lewis structure) 8,552
  書き方 9
Lewis 酸(Lewis acid) 104
Lewis の酸塩基理論(Lewis acid-base theory) 103
Lewis, G. N. 5,103
LUMO 246,521

レ

レセルピン(reserpine) 538
レチナール(retinal) 79

連鎖開始段階(chain-initiating step) 395
連鎖重合体(chain-growth polymer) 410,412
連鎖成長段階(chain-propagating step) 395
連鎖停止段階(chain-terminating step) 396
連鎖反応(chain reaction) 395
Lehn, J. -M. 456
re 面(*re* face) 473

ロ

ロバスタチン(lovastatin) 55,425
ローブ(lobe) 31
London 力(London force) 87
Loschmidt, J. J. 549
Rowland, F. S. 416

ワ

Walden 反転(Walden inversion) 24
Walden, P. 246

元素の

周期\族	1	2	3	4	5	6	7	8	9
1	1 H 水素 1.008								
2	3 Li リチウム 6.941	4 Be ベリリウム 9.012							
3	11 Na ナトリウム 22.990	12 Mg マグネシウム 24.305							
4	19 K カリウム 39.10	20 Ca カルシウム 40.08	21 Sc スカンジウム 44.96	22 Ti チタン 47.87	23 V バナジウム 50.94	24 Cr クロム 51.99	25 Mn マンガン 54.94	26 Fe 鉄 55.85	27 Co コバルト 58.93
5	37 Rb ルビジウム 85.47	38 Sr ストロンチウム 87.62	39 Y イットリウム 88.91	40 Zr ジルコニウム 91.22	41 Nb ニオブ 92.91	42 Mo モリブデン 95.94	43 Tc* テクネチウム (99)	44 Ru ルテニウム 101.07	45 Rh ロジウム 102.91
6	55 Cs セシウム 132.91	56 Ba バリウム 137.33	57～71 ランタノイド	72 Hf ハフニウム 178.49	73 Ta タンタル 180.95	74 W タングステン 183.84	75 Re レニウム 186.21	76 Os オスミウム 190.23	77 Ir イリジウム 192.22
7	87 Fr* フランシウム (223)	88 Ra* ラジウム (226)	89～103 アクチノイド	104 Rf* ラザホージウム (267)	105 Db* ドブニウム (268)	106 Sg* シーボーギウム (271)	107 Bh* ボーリウム (272)	108 Hs* ハッシウム (277)	109 Mt* マイトネリウム (276)

凡例:
- 非金属元素
- 典型金属
- 遷移金属
- メタロイド

原子番号 元素記号[注1]
元素名
原子量[注2]

	57～71 ランタノイド	57 La ランタン 138.91	58 Ce セリウム 140.12	59 Pr プラセオジム 140.91	60 Nd ネオジム 144.24	61 Pm* プロメチウム (145)	62 Sm サマリウム 150.36
	89～103 アクチノイド	89 Ac* アクチニウム (227)	90 Th* トリウム 232.04	91 Pa* プロトアクチニウム 231.04	92 U* ウラン 238.03	93 Np* ネプツニウム (237)	94 Pu* プルトニウム (239)

注1：安定同位体が存在しない元素には元素記号の右肩に*を示す．
注2：安定同位体がなく，天然で特定の同位体組成を示さない元素については，
備考：アクチノイド以降の元素については，周期表の位置は暫定的である．

©日本化学会